Herter/ Lörcher
**Nachrichtentechnik**

Eberhard Herter
Wolfgang Lörcher

# Nachrichtentechnik

Übertragung – Vermittlung – Verarbeitung

9., bearbeitete Auflage
mit 533 Bildern

HANSER

Unserem verstorbenen Kollegen Prof. Dr.-Ing. Walter Röcker gewidmet.
W. Röcker und E. Herter waren die Autoren der 1. Auflage dieses Buches (1976).
Ein Jahr später wurde unser Kollege im Alter von nur 37 Jahren völlig unerwartet aus seinem Schaffen gerissen. Wir führen die Arbeit in seinem Sinne weiter.

Prof. Dipl.-Ing. Eberhard Herter
Geschäftsführender Gesellschafter
Herter*Kom* GmbH Stuttgart

Prof. Dr.-Ing. Wolfgang Lörcher
FH Esslingen



Bibliografische Information Der Deutschen Bibliothek
Die Deutsche Bibliothek verzeichnet diese Publikation in der Deutschen Nationalbibliografie; detaillierte bibliografische Daten sind im Internet über <http://dnb.ddb.de> abrufbar.

ISBN 3-446-22684-2


Internet: `http://www.hanser.de`

Satz: Dr. Siegfried Fechner, Alzenau-Wasserlos
Druck und Bindung: Druckhaus „Thomas Müntzer“ GmbH, Bad Langensalza
Printed in Germany

# Vorwort

Seit es Leben auf der Erde gibt, findet in den Gehirnen der Lebewesen Nachrichtenverarbeitung statt. Die ersten Menschen verfügten auch bereits über leistungsfähige Nachrichtenübertragung: Sprache. Wenn gelegentlich ein Nachrichtenaustausch zwischen Menschen notwendig wurde, die keinen direkten Kontakt hatten, dann hat man Dritte als Vermittler benutzt (Boten, Kuriere). Nachrichtentechnik mit den Teilgebieten Verarbeitung, Übertragung und Vermittlung ist also so alt wie die Menschheit.

Nachrichtentechnik im heutigen Sinn begann mit den ersten technischen Nutzungen der Elektrizität, die vor allem der Reichweitenerhöhung der Nachrichtenübertragung dienten: Telegrafie. Mit den ersten Fernsprech-Ortsnetzen kam Ende des 19. Jahrhunderts auch der Wunsch nach automatischer Vermittlung auf, wobei aber die technischen Lösungen (z.B. Wähler) feinmechanische Systeme waren. Deshalb war das Interesse der Forscher fast ausschließlich auf die Nachrichtenübertragung gerichtet. Man erfand immer leistungsfähigere Modulations- und Multiplexverfahren und vor allem die drahtlose Übertragung. Eine Welt ohne Radio, Fernsehen und Handy können wir uns heute nicht mehr vorstellen.

Mit der Erfindung des Transistors begann eine neue Ära. Die integrierten Schaltungen mit immer höherer Integrationsdichte ermöglichten erstmals eine leistungsfähige Nachrichtenverarbeitung außerhalb des menschlichen Gehirns; dafür waren Theorien und Arbeitsweisen erforderlich, welche die Ausbildung der Nachrichtentechniker bis dahin nicht bereitgestellt hatte. So kam es, dass ausgerechnet die Nachrichtenverarbeitung (ältestes Gebiet der Nachrichtentechnik, siehe oben) sich unter dem Namen Informatik verselbständigt hat.

Durch die technische Entwicklung kommen aber alle Teilgebiete der Nachrichtentechnik in immer engere Beziehung zueinander; einige Beispiele:

- Die gleichartigen digitalen Lösungen bei Übertragungs- und Vermittlungssystemen führen zu einem Zusammenwachsen dieser Gebiete, was durch das Kunstwort „Übermittlung“ ausgedrückt wird.
- Moderne Übermittlungssysteme enthalten eine Vielzahl nachrichtenverarbeitender Systeme.
- Nachrichtenverarbeitung hat ihre eigenen Übermittlungsaufgaben, z.B. Kommunikation in verteilten Systemen.

Man muss deshalb alle Teilgebiete der Nachrichtentechnik im Zusammenhang sehen. Das ist das Credo dieses Buches seit der 1. Auflage 1976, wie nachstehender Auszug aus dem damaligen Vorwort zeigt:

*Nachrichtentechnik ist ein so umfangreiches Gebiet, daß die meisten Lehrbücher von vornherein in mehreren Bänden angelegt werden; dabei ist es notwendig, den Stoff in sinnvoller Weise in Teilgebiete zu gliedern. Darüber hinaus besteht offenbar ein großer Bedarf an noch tiefer gehenden Monographien über eng begrenzte Bereiche. Die Fülle dieser letztgenannten Bücher ist sehr schwer zu übersehen.*

*Das vorliegende Buch geht einen anderen Weg. Es hat zwei wesentliche Zielsetzungen:*

- *Dem Studierenden der Nachrichtentechnik wird eine praxisorientierte Darstellung geboten. Sie soll die Vorlesungen in dem Sinne begleiten, daß die verschiedenen Lehrgebiete in Verbindung gebracht und in Systembeispielen die vielfältigen Querbeziehungen aufgezeigt werden. Von der Konzeption her stellt das Buch daher auch für den in der Praxis Tätigen und für Studierende der Nachbargebiete eine geeignete Zusammenfassung der modernen Nachrichtentechnik dar.*
- *Es ist künftig notwendig, die gesamte Nachrichtentechnik in engem Zusammenhang zu sehen, weil die technische Entwicklung Teilgebiete einander nahebringt, welche früher nur wenig Beziehungen hatten. Man vergleiche die frühere und die künftige Situation in den nachstehenden Beispielen:*

- *Übertragungstechnik und Vermittlungstechnik. Die früher sehr verschiedenen Realisierungen werden künftig immer ähnlicher (Stichworte Elektronik, Digitaltechnik, Zeitmultiplex usw.), und es gibt heute schon Systeme, wo eine Trennung nach der klassischen Begriffen gar nicht mehr möglich ist.*
- *Nachrichtenübertragung und Nachrichtenverarbeitung. Im Gegensatz zu der bisher gesehenen unabhängigen Entwicklung der beiden Gebiete wird in Zukunft eine immer enger werdende Integration treten. Beispiele: Einsatz von Rechnern zur Vermittlung, zur Netzüberwachung, zur Datenreduktion, zur Realisierung verschiedenster Systemteile (z.B. Filter), usw. Der Planer eines zukünftigen Nachrichtennetzes wird z.B. abwägen, in welchem Maße er durch Nachrichtenverarbeitung vor, während und nach der Übertragung die Anforderungen an Kapazität und Störabstand der Übertragungswege reduzieren kann. Eine weitere Integration ergibt sich daraus, daß zum Austausch von Daten zwischen Rechenanlagen Übertragungssysteme verwendet werden.*

*Aus wirtschaftlichen Gründen einerseits, aber andererseits auch um im Sinne der Zielsetzungen überschaubar zu bleiben, ist der Umfang des Buches begrenzt. Trotzdem soll auf einen gewissen Tiefgang nicht verzichtet werden. Zu diesem Zweck werden repräsentative Teilgebiete als exemplarische Beispiele genauer behandelt und durch entsprechende Hinweise die Anwendung der Erkenntnisse auf verwandte Teilgebiete, die nur in Übersichtskapiteln besprochen werden, vorbereitet.*

Diese integrierte Betrachtungsweise wird am besten dadurch gewährleistet, dass das Werk grundsätzlich einbändig erscheint; natürlich erzwingt dann der Fortschritt der Technik gelegentlich eine völlige Neubearbeitung. In Kapitel 1 kann nachgelesen werden, welche Überlegungen der letzten Neubearbeitung (8. Auflage 2000) zugrunde lagen.

Die vorliegende 9. Auflage enthält eine wesentliche Erweiterung: Der Abschnitt 7.6 ist die weltweit erste aktuelle Beschreibung des von E. Herter erfundenen Universalnetzes der Zukunft.

Wir danken dem Carl Hanser Verlag für die gute Ausstattung des Buches und unseren Ehefrauen für das geduldige Korrekturlesen. Schon jetzt danken wir allen, die uns Hinweise zu Fehlern und Verbesserungsmöglichkeiten geben werden.

Im September 2003 Eberhard Herter Wolfgang Lörcher

# Inhaltsverzeichnis

# 1 Einführung

## 1.1 Nachrichtentechnik – von den Anfängen bis zum heutigen Stand

Im Anfang war das Wort (Joh. 1,1). Gott hat die ersten Menschen nachrichtentechnisch hervorragend ausgestattet, siehe Bild 1.1-1. Gegenüber dem Austausch von Nachrichten hatte der Austausch von Energie und Materie, der uns heute so wichtig ist, in der Urzeit wenig Bedeutung: Der Mensch war weitgehend auf seine eigenen Muskeln angewiesen, und im Übrigen war noch nicht einmal das Geld erfunden.

Der Mensch hat sich nach und nach die Erde untertan gemacht, und der weltweite Handel kam in Gang. Obwohl die Reichweite des menschlichen Kommunikationssystems nach Bild 1.1-1 für solche Entfernungen nicht ausreicht, gab es noch bis zum Ende des Mittelalters keine nennenswerten Neuigkeiten auf nachrichtentechnischen Gebiet. Die Menschen hatten zur langfristigen Speicherung von Nachrichten frühzeitig die Schrift erfunden und konnten sich damit für den Nachrichtenweitverkehr behelfen: Man transportierte beschriebenes Papier (Briefpost).

Eine Nachrichtenübertragung im heutigen Sinne wurde erst möglich, nachdem mit den ersten galvanischen Elementen halbwegs brauchbare Quellen elektrischer Energie verfügbar wurden. In der ersten Hälfte des 19. Jahrhunderts entstanden die grundlegenden Verfahren der elektrischen Telegrafie. Damit rückte die erdweite schnelle Nachrichtenübertragung in den Bereich des Möglichen. Nachdem man gelernt hatte, elektrische Leitungen hinreichend gut zu isolieren, wurden die ersten Seekabel möglich, z.B. im Ärmelkanal. In den fünfziger Jahren des 19. Jahrhunderts gelang dann die Verlegung des ersten transatlantischen Seekabels, eine Großtat, die Stefan Zweig in seinen „Sternstunden der Menschheit“ in packender Weise geschildert hat.

Natürlich hat man der Reichweitenerhöhung fast alles opfern müssen, was das menschliche Kommunikationssystem nach Bild 1.1-1 auszeichnete! Statt der analogen Sprachübertragung gelang zunächst nur eine primitive digitale Telegrafie („Fernschreiben“), die Übertragung von Zeichen einer einfachen Schrift (Morsealphabet). Dabei genügt es, auf der Leitung zwei Signalzustände (z.B. Strom oder kein Strom) unterscheiden zu können.

Immerhin war man durch die Telegrafie mit der elektrischen Signalübertragung vertraut geworden und wagte sich nun auch an die Übertragung des Analogsignals Sprache. Der Deutsche Philipp Reis begnügte sich 1861 damit, seinen „Fernsprecher“ als Lehrspielzeug zu entwickeln, während der Amerikaner Graham Bell schon bei der Anmeldung seines Patents 1876 die kommerziellen Möglichkeiten erahnte und deshalb als einer der Väter des weltweiten Fernsprechnetzes gelten kann [10-1].

- Funktioniert auch bei Hindernissen, Nacht und Nebel
- Übertragungsmedium Luft überall vorhanden
- Klangtreue Übertragung feinster Gefühlsregungen
- Rundspruch und Konferenz funktioniert
- Integrierte Ortung und Navigation
- Sprecheridentifizierung

Bild 1.1-1 Kommunikation in der Großfamilie bei den Urmenschen

Während in der Urmenschenfamilie der gewünschte bekannte Partner ggf. durch direkten Zuruf erreicht wurde, gibt es bereits in einem kleinen Fernsprech-Ortsnetz eine neuartige Aufgabenstellung, nämlich das fallweise und zeitweise Herstellen von Verbindungen („Vermittlung“). Zunächst diente ein Mensch als Vermittlungsperson (Handvermittlung). Mit der Erfindung des Wählers (vgl. 6.2) begann dann die automatische Vermittlungstechnik. Allerdings waren bis zum Aufkommen der Halbleitertechnik elektromechanische Konstruktionen wie Wähler und Koordinatenschalter dominierend, so dass viele Aufgabenstellungen und Lösungswege mehr der Feinmechanik zuzurechnen waren.

Vor der Erfindung der Elektronenröhre (1906; Robert Lieben, Lee de Forest) gab es keinen brauchbaren Verstärker für elektrische Analogsignale. Man hätte deshalb kaum die Entfernungen in einem Fernsprech-Ortsnetz überbrücken können, hätte man nicht das Kohlemikrofon als geeigneten Schallwandler entdeckt (Hughes, um 1880). Die Übergangswiderstände zwischen den vielen kleinen Kohlekörnern werden durch den Schalldruck verändert; da das Mikrofon in einem Gleichstromkreis liegt, kann man an seinen Klemmen eine relativ große Wechselspannung abnehmen. Man kann das Kohlemikrofon mit einem Relais vergleichen; dieser „Relaisverstärker“ hat einen erheblichen Klirrfaktor. Die Klangtreue der Übertragung ist dadurch sehr schlecht, und man hat deshalb im Fernsprechnetz die Silbenverständlichkeit, die selbst bei stark amplitudenbegrenzter Sprache noch recht gut sein kann, zum Gradmesser erhoben. Nachdem es nur auf Silbenverständlichkeit ankommt, darf man auch die Bandbreite des Sprachsignals stark begrenzen, was für ökonomische Multiplexsysteme wichtig ist.

Nachdem immer leistungsfähigere Elektronenröhren verfügbar wurden, machten alle Gebiete der Nachrichtenübertragung große Fortschritte. So gelang es bald, mit drahtloser Übertragung die Weltmeere zu überbrücken, und bereits 1923 wurde in Deutschland der öffentliche Rundfunk eingeführt. Wegen der schnell wachsenden Teilnehmerzahl im Fernsprechnetz wurde es erforderlich, die Leitungen zwischen Knoten des Weitverkehrsnetzes durch Multiplexsysteme auszunutzen. Für die analoge Sprachübertragung im Multiplex mit vielen Kanälen bietet sich die Einseitenbandmodulation ohne Träger an; diese sogenannte Trägerfrequenztechnik mit bis zu 10800 Kanälen im Multiplex nutzt die statistischen Eigenschaften der Sprachsignale in optimaler Weise aus, siehe 5.2.4 und 5.5.2.

Wir haben bis jetzt fast ausschließlich über Nachrichtenübertragung gesprochen; das fallweise Herstellen von Verbindungen (Vermittlung) wurde als notwendig erkannt, fand aber wegen der eher feinmechanischen Lösungen weniger Interesse an den elektrotechnischen Fakultäten der Hochschulen. Die Verarbeitung von Nachrichten schließlich fand noch vor einem halben Jahrhundert praktisch ausschließlich in den Gehirnen der Menschen statt.

Eine wichtige Grundlage für eine neue Ära der gesamten Nachrichtentechnik war die hauptsächlich durch die Arbeiten von Shannon 1948 begründete Informationstheorie; durch sie konnte der Begriff Nachricht sauber definiert und auch quantitativ erfasst werden, vgl. 2.2.3. Als dann um 1960 die ersten Halbleiter verfügbar wurden, setzte eine stürmische Entwicklung ein. Ein Vergleich eines einzelnen Transistors mit der hoch entwickelten Röhre hätte vielleicht zu diesem Ergebnis geführt: „Wegen verschiedener schlechter Eigenschaften sollte man sich beim Transistor mit Digitalschaltungen begnügen.“ Aber die rasche technologische Entwicklung ließ dieses akademische Gedankenspiel schnell hinter sich! Immer mehr – 1000, 10000, usw. – Transistorfunktionen konnten auf kleinstem Raum realisiert werden und führten zu den bewusst digital aufgebauten integrierten Schaltungen als Basis aller Stoßrichtungen der Nachrichtentechnik. Die früher völlig getrennten Bereiche Übertragungstechnik und Vermittlungstechnik benutzten plötzlich vergleichbare Lösungen; es kam zu einer zunehmenden Verschmelzung der Bereiche, die sich in dem neuen Kunstwort „Übermittlung“ manifestiert.

Nachrichtenverarbeitung bedeutet, dass durch geeignete Verknüpfung von Nachrichten neue Nachrichten entstehen. Die rasanten Fortschritte bei hochintegrierten digitalen Schaltungen erlaubten den Aufbau immer leistungsfähigerer nachrichtenverarbeitender Systeme („Elektronenrechner“, „Computer“), durch die dann wiederum neue Lösungen bei der Nachrichtenübertragung und -vermittlung möglich werden.

Um nachrichtenverarbeitende Systeme optimal konzipieren und betreiben zu können, mussten und müssen viele neue Methoden und Theorien entwickelt werden. Man denke z.B. an die Automaten, die Vielfalt der Programmiersprachen und Betriebssysteme usw. Indem man alle diese Dinge zur Nachrichtenverarbeitung dazu nimmt, entsteht das Gebiet Informatik, vgl. Bild 1.1-2.

Heute hat die Nachrichtentechnik in allen ihren Teilgebieten auf der Basis von Digitaltechnik, Höchstintegration und Rechneranwendung einen hohen Entwicklungsstand erreicht. Sie hat zunehmenden Einfluss auf die Nachbargebiete und könnte auf dem Weg sein, wieder die zentrale Bedeutung zu erringen, die sie bei der Schöpfung hatte – siehe Joh. 1,1.

Leider ist die tatsächliche Entwicklung der Nachrichtennetze nicht von göttlicher Weitsicht, sondern von menschlicher Unzulänglichkeit gekennzeichnet! Nach 1985 hatte das weltweite Fernsprechnetz den Schlusspunkt seiner Entwicklung erreicht: ISDN. Aus technischer Sicht hätte man danach neue Anschlüsse nur noch als (wenigstens) ISDN-Basisanschlüsse ausführen sollen, um so in einem organischen Aufbauprozess (auch) die Basis für eine leistungsfähige weltweite Rechnervernetzung zu schaffen. Aber damals war die Fernsprechtechnik noch staatliches Monopol, und so gab es die ISDN-Basisanschlüsse nicht zum Nulltarif – was richtig gewesen wäre –, sondern zu so prohibitiven Gebühren, dass „ISDN praktisch nicht stattfand“. Als zehn Jahre später durch die Deregulierung die Nachrichtenübermittlung freigegeben wurde, war man in keiner Weise auf die Rechnervernetzung vorbereitet. In der Not griff man zu dem bereits ein Vierteljahrhundert alten Internet, vgl. 6.8.

Internet ist kein physikalisch vorhandenes eigenständiges Netz; es benutzt das einzig vorhandene weltweite Netz, eben das Fernsprechnetz. Es kommt notgedrungen zu hektischen Klimmzügen, z.B. wurde in aller Eile ein neues Analog-Modem standardisiert. Der Fachmann, der die Zusammenhänge kennt, wusste nicht, ob er lachen oder weinen sollte, als er im Jahre 1999 u.a. diese Überschriften lesen konnte, deren Aussagen übrigens beide wahr sind:

- „Neues Modem erreicht fast ISDN-Geschwindigkeit.“
- „Über Internet billiger als über das Fernsprechnetz telefonieren.“

Nachstehend wollen wir aus der oben geschilderten historischen Entwicklung Lehren ziehen (1.2), um Schlussfolgerungen für die Ausbildung abzuleiten (1.3), die sich dann in Gliederung und Inhalt dieses Buches niederschlagen (1.4).

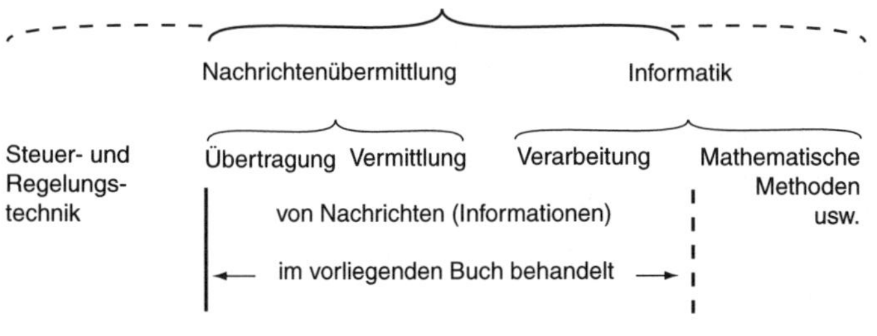


Bild 1.1-2
Einteilung und Abgrenzung der Nachrichtentechnik

## 1.2 Was bringt das 21. Jahrhundert?

### 1.2.1 Einführung

Mindestens einmal pro Jahr kann man in Wirtschaftsblättern und Fachzeitschriften Prognosen für die nächsten Jahre und Jahrzehnte lesen, mit schönen, in aller Regel aufsteigenden Kurven, die Umsätze und Arbeitsplätze darstellen. Ein Spielverderber könnte die Prognosen der vergangenen Jahrzehnte in einer Gesamtübersicht darstellen; man würde dann deutlich sehen, dass zu keiner Zeit die zukünftige Entwicklung richtig gesehen werden konnte, weil sich die Randbedingungen in unvorhersehbarer Weise ändern. Beispielsweise war vor der Deregulierung (Wegfall des staatlichen Monopols für das Fernsprechnetz usw.) das Internet – obwohl seit 1974 vorhanden – überhaupt kein Thema; man vergleiche das mit den Prognosen z.B. für das Jahr 2000!

Wir wollen deshalb hier keine eigene Prognose aufstellen, die genauso wertlos wäre wie alle anderen; vielmehr gilt es, sich über die verschiedenen Einflussgrössen klar zu werden, um dadurch bei Zukunftsprognosen besser die Spreu vom Weizen trennen zu können. Wir betrachten dazu den Einfluss neuer Technologien (1.2.2), die Sache mit den Arbeitsplätzen (1.2.3) und den Konjunktureinfluss (1.2.4). Danach sind wir in der Lage, etwas fundierter über die Zukunft philosophieren zu können (1.2.5 ff.).

### 1.2.2 Technologische Überraschungen

Die Vergangenheit bietet viele Beispiele für Entwicklungen, mit denen niemand rechnen konnte; wir wollen nur zwei herausgreifen.

In Deutschland begannen 1968 mehrere Firmen mit der Entwicklung des rechnergesteuerten Vermittlungssystems EWS1, welches die Wählertechnik ablösen sollte. Dafür wurden in allen Systemteilen völlig neue Komponenten benötigt, von dem mit Schutzgas gefüllten Stahlkontakt bis zum neuen Hauptverteiler. Tausende von Ingenieuren waren beschäftigt, bis das System 1975 endlich lieferbar war – da wollte man es nicht mehr haben! Was war passiert?

Zu Beginn der Entwicklung war ein Rechner sehr groß (z.B. ein ganzes Gestell), sehr teuer und relativ unzuverlässig, so dass man den zentralen Steuerrechner wenigstens duplizieren musste. Ein Ingenieur, der 1968 einen Steuerrechner prognostiziert hätte, der in eine Streichholzschachtel passt und nur wenige Mark kostet, wäre für verrückt erklärt worden. Aber innerhalb weniger Jahre kamen solche Rechner tatsächlich auf (Mikroprozessoren), wodurch völlig neue dezentrale Steuerungskonzepte nahe gelegt wurden. Auch andere Systemteile wurden durch die Großintegration noch während der Entwicklungszeit museumsreif: Paradebeispiel ist das Koppelnetz, wo bei dem Nachfolgesystem eine Karte mit integrierten Schaltungen ein ganzes Gestell mit Schutzgaskontakten ersetzt.

Vielleicht der spektakulärste Fall einer technologischen Trendwende innerhalb kürzester Zeit begab sich in der Übertragungstechnik. Das Hohlkabel (vgl. 3.7.2) war Ende 1974 praktisch fertigungsreif; es war eigentlich nur noch zu klären, was man mit den für damalige Begriffe unglaublich hohen Bitraten anfangen sollte. Aber 1975 kam die sensationelle Meldung, dass es gelungen war, ein Quarzglas mit „nur“ 20 dB/km Dämpfung herzustellen, vgl. 3.7.3. In diesem Augenblick war den Fachleuten klar, dass die Zukunft den flexibleren Lichtwellenleitern (LWL) gehörte, und im Herbst 1975 kam in der „Funkschau“ ein Artikel mit der Überschrift „Was ist eigentlich aus dem Hohlkabel geworden?“

Wir wissen, dass es genauso spektakulär weiterging. Bereits 1981 beschloss die Deutsche Bundespost, im Weitverkehr nur noch LWL-Systeme neu zu beschaffen. Die Dämpfung der modernsten LWL liegt bei ca. 0,2 dB/km; verglichen mit dem LWL von 1975 ist der Leistungsabfall bei der Übertragung also um zwei Größenordnungen kleiner !

Alle oben geschilderten Entwicklungen waren Anfang der siebziger Jahre noch nicht einmal im

Ansatz erkennbar und kamen deshalb auch in den damaligen Prognosen nicht vor.

## 1.2.3 Technischer Fortschritt kostet Arbeitsplätze

### 1.2.3.1 Warum brauchen wir Arbeitsplätze?

Es ist seit langem bekannt, dass – bedingt durch den technischen Fortschritt – immer weniger gearbeitet werden müsste. So lesen wir z.B. in einem 1965 erschienenen Buch [91-1]:

„Bis vor kurzem musste die Mehrzahl der Menschen schwer arbeiten, um eine müßige Minderheit zu unterhalten. Zum ersten Mal in der Menschheitsgeschichte stehen wir heute vor der Möglichkeit, dass nur eine Minderheit zu arbeiten braucht, um der überwiegenden Mehrheit der Bevölkerung ein müßiges Wohlleben zu ermöglichen. Diese Minderheit, die für den Unterhalt der Gesamtbevölkerung arbeiten muss, kann schon sehr bald so klein sein, dass sie sich ausschließlich aus den begabtesten Schichten rekrutieren kann. Gemessen an den Wertmaßstäben unserer heutigen Zivilisation, deren Grundlage das Evangelium der Arbeit ist, wird die gesamte übrige Bevölkerung für die Gesellschaft nutzlos sein.“

Diese damalige Zukunftsvision könnte heute bereits Wirklichkeit sein: Ein einziger großer Farmer wie z.B. im amerikanischen Mittelwesten kann viele Menschen mit Weizen versorgen, und andere Dinge, die der Mensch braucht, könnte man durch einfache Lösungen (Beispiel 1.2.3.3) mit kleinem Arbeitsaufwand realisieren. In einer solchen Gesellschaft hätte dann der Einzelne im Durchschnitt vielleicht 30 Tage Arbeit pro Jahr, so wie er heute 30 Tage Urlaub hat.

Leider haben wir dieser durchaus absehbaren Entwicklung gesellschaftspolitisch nicht Rechnung getragen! Der Anteil am Wohlstandskuchen ist gegen Geld erhältlich, und viel Geld gibt es wie vor hundert Jahren für viel Arbeit, obwohl so viel Arbeit eigentlich weder vorhanden ist noch notwendig wäre. Die meisten Arbeitsplätze hängen direkt oder indirekt an der Autoindustrie, die es bei dem „Horrorszenario“ 1.2.3.3 überhaupt nicht geben würde.

Unter diesen Umständen sind die Politiker nicht zu beneiden! Das heiße Eisen neuer gesellschaftspolitischer Strukturen zur Geldverteilung will keiner anfassen, und so bleibt nur, gebetsmühlenartig die Schaffung von Arbeitsplätzen zu versprechen. Natürlich wird aber dadurch das Naturgesetz nicht außer Kraft gesetzt: Technischer Fortschritt kostet Arbeitsplätze. Auch die vielgerühmten Zukunftstechnologien machen keine Ausnahme, denn für jeden Arbeitsplatz, der z.B. bei Multimedia neu entsteht, mussten vorher viele z.B. bei der Post und im Druckgewerbe verschwinden.

Nachstehend noch zwei Beispiele für „Jobkiller“.

### 1.2.3.2 Fax ersetzt Briefzustellung

Briefe werden heute in vielen Fällen durch Fax übermittelt. Es ist interessant, wie es zum heutigen Stand kam; wir nehmen die Entwicklung in Deutschland als Beispiel.

Die Entwicklung von Kopiergeräten hatte in den achtziger Jahren einen solchen Stand erreicht, dass preiswerte Fernkopierer (Fax) verfügbar wurden. Die Deutsche Bundespost hätte ab diesem Zeitpunkt unter jedes Telefon ein kleines Faxgerät stellen können. Die teure Nachrichtenübermittlung auf Papier, das (mit Laufzeiten von Tagen) durch Menschen transportiert wird, hätte danach auf ein Minimum reduziert werden können.

Die Deutsche Bundespost als staatlicher Betrieb wollte natürlich einen solchen Entwicklungsschritt – er hätte die meisten Arbeitsplätze in der Postzustellung vernichtet – nicht machen. Auch die deutsche Industrie hat die Entwicklung nicht forciert. Nachdem man schon früher die Herstellung von Kameras und Objektiven der japanischen Konkurrenz überlassen hatte, war Japan natürlich auch bei der Entwicklung von Kopierern und Fernkopierern führend geworden.

Der Leser weiß, wie es weiter gegangen ist: Die Teilnehmer haben sich ihr Faxgerät (meist: Made in Japan) selbst gekauft, und die Postämter werden nun doch reihenweise geschlossen.

#### 1.2.3.3 Universelles Wohn-, Verkehrs- und Kommunikationssystem

Zum Schluss wollen wir noch etwas über den Tellerrand der Telekommunikation blicken und uns mit uralten Bedürfnissen der Menschen befassen, nämlich Wohnung und Mobilität.

Wir beschreiben unten ein System, das gegenüber unseren heutigen Verhältnissen einen ungeheuren Fortschritt darstellen würde, und das man schon seit 50 oder mehr Jahren haben könnte! Da es aber den Großteil der heutigen Arbeitsplätze vernichten würde, wird man es nicht realisieren können, so lange Arbeitsplätze ihre derzeitige gesellschaftspolitische Bedeutung haben, vgl. 1.2.3.1

Wir wollen das System anhand von Bild 1.2-1 beschreiben und nehmen an, dass es in einem Land hundertprozentig eingeführt sei. Eine typische Familie besitzt einen von einem Garten umgebenen Bungalow. Wenigstens eines der Zimmer ist als Container ausgebildet, der sich aus eigener Kraft auf Schienen fortbewegen kann. An Stelle einer teuren befestigten Straßenzufahrt hat jedes Haus einen mit mäßiger Geschwindigkeit befahrbaren einfachen Schienenanschluss, z.B. durch die Vorgartenwiese. Zur Energieversorgung bei Fahrten im Hausanschlussbereich hat der Container eine kleine Batterie. Größe und Ausstattung der bewegbaren Räume („Container") kann individuell sehr verschieden sein, wichtig ist nur, dass im ganzen Land in jedem Haus, aber auch z.B. in Hotels, Campingplätzen, Kaufhäusern usw. eine genormte Schnittstelle verwendet wird (Bild 1.2-1).

Es gibt keine Straßen, sondern nur Gehwege und Gleise. Alle Schienentrassen (mit Ausnahme der Hausanschlüsse) haben elektrische Energiezuführung, z.B. über Oberleitung. Zwar kann sich jeder Container aus eigener Kraft überall bewegen, doch bleibt es unbenommen, bei Überlandverbindungen Maßnahmen zur Erzielung größerer Reisegeschwindigkeiten vorzusehen, z.B. das Zusammenstellen von Zügen, denen dann auch leistungsfähige Zugmaschinen vorgespannt werden können. Entsprechende Techniken (vgl. Bild 1.2-1) erinnern an die „Add-and-Drop"-Multiplexer der SDH (vgl.5.5.5).

Die überall vorhandene Normschnittstelle für den Containeranschluss erlaubt es, überall zur Erledigung geschäftlicher oder privater Belange „anzudocken". Dadurch bleibt man in aller Regel „in den eigenen vier Wänden" (z.B. auch im Urlaub) und kann die vertraute Infrastruktur nutzen: Der Installateur, den man gerufen hat, hat seine ganze Werkstatt dabei; der Hausarzt bringt seine Praxis mit; usw.

Das Wohn- und Verkehrssystem hätte man, wie oben gesagt, schon vor Generationen einführen können. Die integrierte Telekommunikation könnte natürlich mit den heutigen Mitteln eleganter ausfallen:

- Die Container-Schnittstelle wird heute neben Starkstrom-, Wasser-, und Abwasseranschlüssen usw. auch ISDN beinhalten, so dass persönliche Kommunikation gegeben sein kann.

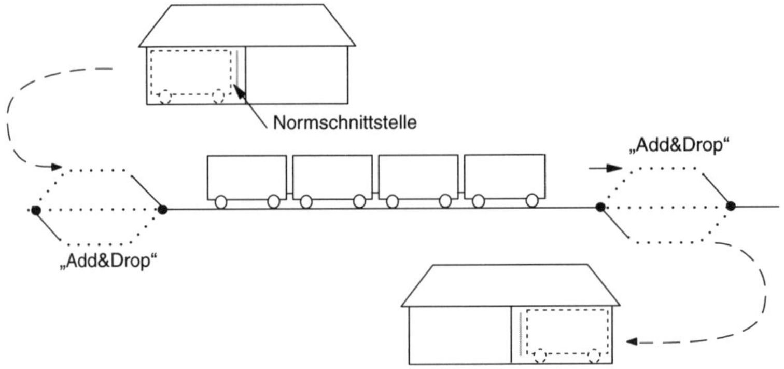


Bild 1.2-1
Wohn- und Verkehrssystem

– Für die unterwegs befindlichen Container sind Lösungen auf der Basis GSM oder V-Sat denkbar. In Zukunft bietet sich natürlich das in 7.6 beschriebene System an.

Durch das System entfiele fast der gesamte bisher unvermeidliche Flächenaufwand für fließenden und ruhenden Verkehr: keine Straßen/Autobahnen/Parkplätze/Parkhäuser/Garagen/Tankstellen usw.; man erinnere sich daran, dass z.B. das heutige Los Angeles zu 30% aus Verkehrsflächen besteht. Man hätte danach genügend Möglichkeiten, z.B. Familien günstige Baugrundstücke anzubieten.

Wie schon gesagt: Das System wird nicht eingeführt werden, da in allen Bereichen unseres Lebens Arbeitsplätze wegfallen würden. Offenkundig wäre vor allem der totale Einbruch bei allem, was mit Verbrennungskraftmaschinen zu tun hat: Wegfall der gesamten Autoindustrie mit allen Zulieferindustrien, und für Erdöl lohnte es nicht mehr, Kriege zu führen.

## 1.2.4 Konjunktur und Ingenieurnachwuchs

Egal ob man in konventionellen oder neuartigen Systemen denkt: Man muss sie entwickeln, fertigen, betreiben usw.; aus diesem Grund wird es für Ingenieure immer etwas zu tun geben. Leider bedeutet vorhandene Arbeit noch nicht, dass ein Arbeitsplatz durch einen Hochschulabsolventen besetzt wird; es gibt nämlich die in Bild 1.2-2 dargestellte periodische Konjunkturabhängigkeit.

In der Großindustrie will man jedes Jahr möglichst schwarze Zahlen sehen und reagiert deshalb mimosenhaft auf jede Veränderung der Steigung der Konjunkturkurve. Wird eine Abschwächung der Konjunktur erkennbar, so kann man durch einen Einstellungsstopp kurzfristig Kosten sparen und dadurch den schwarzen Jahresabschluss retten. Anfang der neunziger Jahre bekamen selbst die Semesterbesten auf ihre Bewerbungen dutzendweise ablehnende Bescheide und mussten sich durch Aushilfsjobs über Wasser halten. Die bemitleidenswerte Situation der Jungingenieure hatte verheerende Auswirkungen auf das Verhalten der Schulabgänger: Viele Abiturienten haben damals vom Ingenieurstudium Abstand genommen. Nach mehreren Jahren, wenn die Konjunkturkurve wieder aufwärts geht, gibt es demzufolge weniger Hochschulabgänger und gleichzeitig einen aufgestauten Bedarf in den Firmen. Dann ist das Wort Ingenieurmangel in aller Munde, was hoffentlich wenigstens den positiven Effekt hat, das Ingenieurstudium wieder attraktiver zu machen. Da die geschilderten Mechanismen dieselben bleiben, ist der nächste Einstellungsstopp absehbar, und der oben geschilderte Ablauf wiederholt sich.

## 1.2.5 Zukunft der Nachrichtentechnik

### 1.2.5.1 Aufgaben und Lösungswege

Wir erinnern uns an Bild 1.1-1: Das perfekte Kommunikationssystem auf der Basis der Sprache, welches die Schöpfung den Menschen mit-

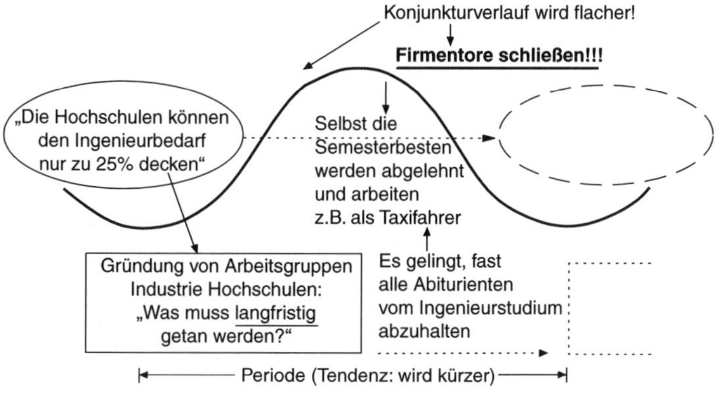


Bild 1.2-2
Ingenieurnachwuchs und Konjunktur

gegeben hat. Nachdem die Menschen die ganze Erde bevölkern, war die Erhöhung der Reichweite wünschenswert, und man kann heute sagen, dass dieses Ziel hinreichend gut erreicht wurde. Dabei liegen die Quellen und Senken der Nachrichtenübertragung offensichtlich in den Gehirnen der beiden kommunizierenden Menschen. Die im direkten Gespräch verwendeten Mechanismen zur Steuerung des Informationsflusses („nicht so schnell") und zur Fehlerkorrektur („wie bitte?") funktionieren bis zu einem gewissen Grad auch noch bei der Weitverkehrsverbindung.

In 2.2.3 werden wir den Begriff Nachricht definieren und die Einheit bit kennen lernen. Die bewusste Informationsaufnahme des Menschen beträgt nach Untersuchungen, die Küpfmüller vor einem halben Jahrhundert gemacht hat, im besten Fall etwa 20 bit/s, meist aber wesentlich kleiner. Die zur verständlichen Sprachübertragung notwendigen Verfahren haben Bitraten, die aus vielerlei Gründen um mehrere Größenordnungen darüber liegen müssen; Größenordnung 10 kbit/s (vgl. 5.3). Wie kommt es aber, dass man heute überall lesen kann, der Teilnehmeranschluss der Zukunft müsse doch wenigstens bei Bitraten von vielen Mbit/s arbeiten? Hängt das vielleicht mit Bildübertragung zusammen?

In unserem relativ großen Gesichtsfeld bemerken wir, dass sich irgendwo etwas tut; wenn wir das genau sehen wollen, müssen wir das Auge so ausrichten, dass das interessierende Detail auf den kleinen Bereich der Netzhaut abgebildet wird, den man „fovea centralis" (Bereich des schärfsten Sehens) nennt. Wenn wir in einem vernünftigen Abstand vor unserem Fernseher sitzen, dann entspricht der ganze Bildschirm etwa einem Öffnungswinkel von 15° und die fovea centralis etwa 1°, siehe Bild 5.4-3. Da man nicht weiß, welches Detail den Betrachter interessiert, muss man notgedrungen das ganze Bild mit gleicher Qualität übertragen, so dass die Übertragungsbitrate schlimmstenfalls um den Faktor $15^2 = 225$ größer wird als eigentlich notwendig. Mit verschiedenen plausiblen Annahmen [73-2] kommt man dann leicht auf z.B. 150 Mbit/s.

Das Fernsehen ist nicht das „Fernauge", das man sich wünschen würde, denn das Kamerateam schreibt uns in jedem Augenblick ein ganz bestimmtes Gesichtsfeld vor! Beispielsweise würden wir gern in einem bestimmten Augenblick einer Atomausstiegsdebatte im Bundestag das Gesicht des Vorsitzenden der Grünen sehen – aber die Kamera ist gerade auf einen fest schlafenden Abgeordneten einer anderen Fraktion gerichtet. Die übertragene Information ist 0 bit, da wir schon wissen, dass dieser Abgeordnete immer schläft.

Ein „Fernauge" im echten Sinne würde uns erlauben, zu einem beliebigen Zeitpunkt von unseren Sofa aus eine beliebige Stadt zu besichtigen oder ganz bestimmte Bilder im Louvre anzusehen. Auch in Zukunft dürfte so etwas nicht entwickelt werden, denn die meisten Menschen sind zufrieden, dass das normale Fernsehen ihnen die Entscheidung abnimmt, für was sie sich interessieren sollen.

Zur Übertragung eines hochwertigen Fernsehbildes wäre eine hohe Bitrate erforderlich, gäbe es nicht die modernen Methoden der Bildverarbeitung, vgl. 5.4. Mit ihnen lässt sich die benötigte Übertragungsbitrate auf Werte unter 1 Mbit/s drücken, so dass auch das Fernsehen als Begründung für hochbitratige Teilnehmeranschlüsse wegfällt. So kommen wir schließlich zu der Erkenntnis, dass es nicht der Mensch ist, der die hohen Bitraten fordert; es ist vielmehr die vielfältige Rechnerunterstützung, die man ihm angedeihen lassen will. Für uns ist das ein Grund, die Rolle des Computers kritisch zu beleuchten, siehe das folgende Kapitel. Dabei werden sich Anregungen dafür ergeben, mit was sich die künftige Nachrichtentechnik u.a. beschäftigen sollte.

Zum Schluss wollen wir in Kapitel 1.2.5.3 noch etwas echte Zukunftsmusik machen.

#### 1.2.5.2 Computer – Diener oder Herr?

Zu Zeiten von Goethe hatte ein vornehmer Herr einen Sekretär, dem er mit einigen Worten Anweisungen geben konnte und der dann einen Diener zum Transport des (z.B.) Schreibens einsetzte (Bild 1.2-3).

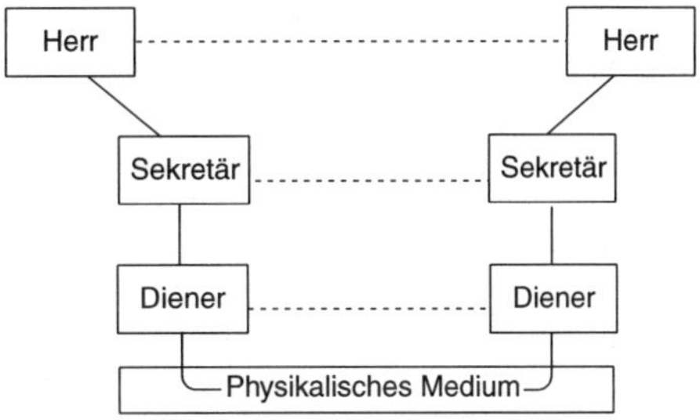


Bild 1.2-3 Herr und Diener zur Zeit von Goethe

Für den modernen Menschen ist der PC Sekretär und Diener zugleich. Da die Menschen seit Goethe sicher nicht intelligenter wurden, der PC und das Netz dahinter aber mit großer Geschwindigkeit leistungsfähiger werden, hat sich das Schichtenmodell de facto längst umgekehrt (Bild 1.2-4): Da der Diener seine Meldungen per Bildschirm liefert, muss der Herr vor dem Diener sitzen und durch eigene Muskelbewegungen (Tastatur, Maus) seine Befehle geben!

Schon seit vielen Jahren haben wir uns daran gewöhnt, dass der Diener über die Qualifikation des Herrn entscheidet: Mitarbeiter mit jahrzehntelanger Erfahrung, die eigentlich für die Firma unentbehrlich sein sollten, werden zum vorzeitigen Ruhestand verurteilt, weil sie mit einer neuen Software nicht zurechtkommen. Auch die jüngere Generation, die heute die bewusste neue Software selbst entwickelt, sollte nicht überheblich werden: Wenn man in das Alter der heutigen Vorruheständler kommen wird, dürfte für einen selbst die gleiche Situation wie oben gegeben sein. Darüber hinaus könnte durch die immer leistungsfähigere Software der Mensch immer entbehrlicher werden: Software-Entwickler müssen gegebene Regeln konsequent beachten, sauber dokumentieren und kurz- und langfristig bereit und verfügbar sein, bei Änderungen von Randbedingungen schnell neue Versionen zu generieren. Das alles kann ein Computer langfristig besser als ein Mensch – warum sollten deshalb nicht viele Programme, die heute ein Informatiker schreibt, morgen vom Computer selbst erzeugt werden?

Insgesamt ist also die Lage des Herrn Besorgnis erregend (siehe Bild 1.2-4): Der Herr sitzt unten und sieht, wie der Diener immer leistungsfähiger wird, damit aufsteigt und natürlich auch immer arroganter wird. Deshalb sollte der Herr alles tun, um hier gegenzusteuern; er muss versuchen, sich wieder über den Diener zu erheben. Den vielen Menschen, denen schon der klassische Fernseher gut genug war, jede freie Minute davor zu verbringen, wird das nicht gelingen. Sie haben in Internet und WWW den noch besseren Fernseher gefunden und glauben fest daran, dass sich etwas verbessert habe: Nicht mehr einen Abend „sinnlos vor der Glotze gesessen“, vielmehr „im Internet gesurft“!

Ein Ingenieur, der heutzutage ein bestimmtes Gerät entwickeln soll, verfügt über Möglichkeiten zur Informationsbeschaffung, die vor zwanzig Jahren noch undenkbar waren. Damals musste ein Ingenieur, der den Stand der Technik feststellen wollte, einige Zeit in der Werksbibliothek zubringen. Wenn er dann aus Zeitgründen seine Recherchen abbrechen musste, konnte er keineswegs sicher sein, die richtigen Fachzeitschriften studiert zu haben. Der heutige Ingenieur dagegen kann sich innerhalb kurzer Zeit einen flächendeckenden Überblick verschaffen und spart dabei so viel Zeit, dass die Entwicklungszeit für ein vergleichbares Produkt wesentlich kürzer sein könnte als früher. Allerdings ist noch nicht sicher, wie es wirklich ausgeht, weil man sich häufig viel zu

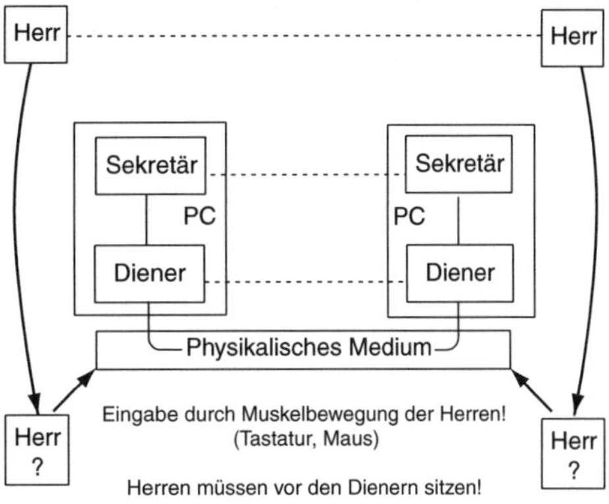


Bild 1.2-4 Herr und Diener heute

viel Informationen über die Konkurrenzprodukte besorgt und sich zu lange mit denen beschäftigt. Auch wenn eine Firma ein bestimmtes Produkt auf Dutzenden von Webseiten beschreibt – sie wird die eigentlichen Feinheiten ihres Entwurfs nicht der Öffentlichkeit preisgeben. Und diese Webseite gibt es bei keiner Firma: die ehrliche Mitteilung an alle Welt, welche Entwicklungsziele man gerade mit welcher Intensität und Priorität verfolgt.

Sowohl im Privatleben als auch im Beruf haben sich für uns moderne Menschen durch den PC Möglichkeiten eröffnet, die wir nicht mehr missen wollen. Indem wir von den Möglichkeiten so weit wie irgend möglich Gebrauch machen, ergibt sich für uns „Herren" automatisch die in Bild 1.2-4 gezeigte Situation: Wir sitzen dauernd vor dem Bildschirm, obwohl wir vielleicht nur wenige Auskünfte vom Diener wollen.

Die erste Maßnahme, um im Sinne von Bild 1.2-5 wieder Ordnung in die Hierarchie zu bringen, ist moderne Sprachverarbeitung: Im Anfang war das Wort! Nehmen wir als Beispiel eine kleine Besprechung am runden Tisch im Büro eines Gruppenleiters. Es geht um die Terminvereinbarung einer Reise zur Cebit, wo die einzelnen Mitarbeiter die Stände verschiedener Konkurrenzfirmen besuchen sollen. Während der Besprechung wird dann mal der eigene Terminkalender, mal der Fahrplan und dann wieder der Hallenbelegungsplan der Cebit benötigt. Der Gruppenleiter unterbricht dann jeweils die Besprechung, geht zu seinem Schreibtisch, ruft die entsprechende Datei auf und kommt nach gewisser Verzögerung mit der gewünschten Information wieder. Es ist ein großer Fortschritt, wenn man dem PC nur ein Stichwort zuzurufen braucht (z.B. „Fahrplan", oder „Städteverbindungen Hannover"), um dann erst an den PC zu gehen, wenn das Bild am Schirm aufgebaut ist. Da Sprachausgabe leicht realisierbar ist, kann man in vielen Fällen am Besprechungstisch bleiben; z.B. wird der PC auf den Zuruf „Termine 7.10." die Termine dieses Tages ansagen.

Der Bericht von der Besprechung beim Gruppenleiter kann ein paar Anregungen geben, aber wird nichts daran ändern, dass in den meisten Berufen auch in Zukunft die Menschen vor dem Bildschirm sitzen werden. Eine leistungsfähige Sprachsteuerung wird man nicht entwickeln, nur um den Fachleuten, die mit dem Computer umgehen können, den einen oder anderen Mausklick zu ersparen; das Ziel muss vielmehr sein, auch Hochbetagten und Kranken, die eventuell dauernd bettlägerig sind, den Diener (!) PC zur Verfügung zu stellen. Ein geeignetes System wird in [93-1] beschrieben.

#### 1.2.5.3 Vom Fernsprechen zum Ferndenken

Die Gedanken im Gehirn eines Menschen sollen die Gedanken im Gehirn eines anderen Menschen beeinflussen. Wenn nicht erkennbar ist, dass eine Nachrichtenübertragung stattfindet, spricht man von Telepathie. Mit einer solchen Aussage kann sich der Nachrichtentechniker nicht zufrieden geben: Wenn die Beeinflussung tatsächlich stattfindet, muss es eine Nachrichtenübertragung geben

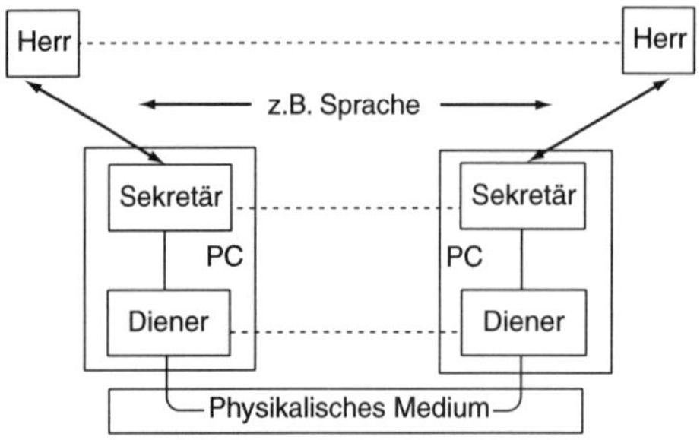


Bild 1.2-5 Zielstellung für die Zukunft

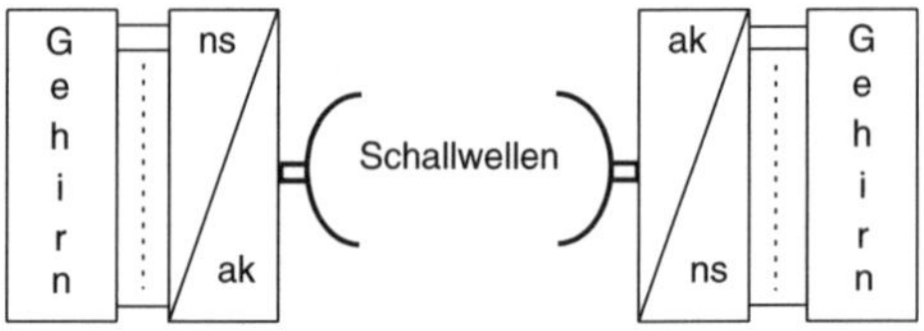


Bild 1.2-6 Schema der akustischen Übertragung

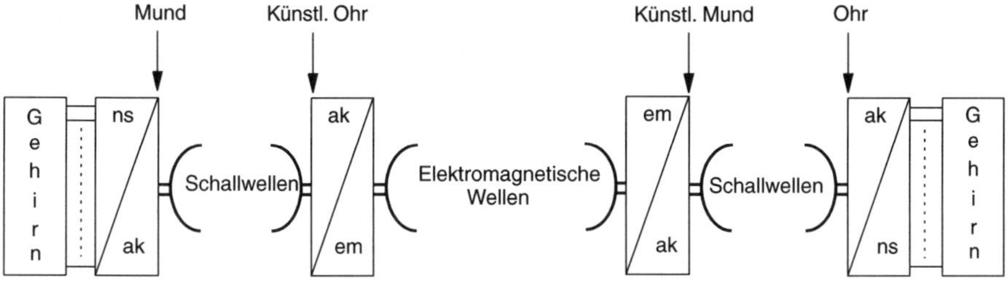


Bild 1.2-7 Schema des drahtlosen Fernsprechens

– nur sind wir (noch) nicht in der Lage, Existenz und Prinzipien des Übertragungssystems zu erkennen. Wir kommen unten nochmals auf das Problem zurück.

Das akustische Übertragungssystem, das die Menschen seit Urzeiten benutzen, könnte man wie in Bild 1.2-6 gezeigt schematisch darstellen. Für die Übertragung mittels Schallwellen muss vom Gehirn aus die Erzeugung eines akustischen Signals (ak) bewirkt werden, und auf der Empfangsseite muss das eintreffende akustische Signal wieder in eine solche Darstellung umgesetzt werden, dass das Gehirn etwas damit anfangen kann. Von den nachrichtentechnischen Vorgängen im Gehirn haben wir noch kaum Kenntnisse, dagegen weiß man schon ein bisschen darüber Bescheid, wie die Signalübertragung vom Gehirn zu einem Körperteil und in Gegenrichtung funktioniert. Für das, was wir hier besprechen wollen, benötigen wir allerdings keine Kenntnisse über die beteiligten Neuronen usw.; wir sagen einfach und bewusst dilettantisch, dass Nervensignale (ns) übertragen werden. Wenn bei der Sprache z.B. ein bestimmter Laut geformt werden muss, dann müssen viele Körperteile (u.a. Stimmbänder/Kehlkopf/Rachen/Gaumenpartie/Zunge/Lippen) in bestimmter Weise agieren und zu diesem Zweck gleichzeitig vom Gehirn geeignet angesteuert werden: Parallelschnittstelle mit vielen Nervensignalen. Ein Laut oder ein ganzes gesprochenes Wort ist durch einen bestimmten „Signalpattern" an dieser Parallelschnittstelle gekennzeichnet.

Bekanntlich ist die Reichweite der Schallwellen (Bild 1.2-6) begrenzt, deshalb hat man den Fernsprecher erfunden. Wir machen gleich den Schritt

Bild 1.2-8 „Ferndenken" mit elektromagnetischen Wellen

zur Funkübertragung (Bild 1.2-7) und sehen, dass wir uns neben der Fernübertragung mit elektromagnetischen Wellen eine zweite Strecke mit Übertragung durch Schallwellen einhandeln, wobei wir doch eigentlich die Übertragung durch Schallwellen durch etwas Besseres ersetzen wollen. Da sind die Mitmenschen mit Telepathie-Fähigkeiten besser dran! Möglicherweise funktioniert Telepathie mit elektromagnetischen Wellen, die wir nur noch nicht erkennen konnten (vielleicht eine besonders raffinierte Version eines Spread-Spektrum-Verfahrens?); also nach dem in Bild 1.2-8 dargestellten Prinzip.

Ein Entwicklungsziel zukünftiger Nachrichtenübertragung könnte sein, mit aus heutiger Sicht denkbaren Techniken ein Verfahren entsprechend Bild 1.2-8 zu realisieren. Man könnte z.B. versuchen, die in Bild 1.2-6 gegebene Parallelschnittstelle „abzuhören". Wenn es gelänge, die dort gegebenen Signalpattern zu erkennen, dann könnte damit der Sender für die elektromagnetischen Wellen direkt angesteuert werden.

## 1.3 Konsequenzen für die Ausbildung

Das wesentliche Ergebnis aus 1.2 ist: Eine spezialisierte Ausbildung für ein Gebiet, das zu Beginn des Studiums Mode war, ist eventuell noch nicht einmal für die erste Berufstätigkeit ein Vorteil:

- Ein Modethema kann ganz schnell durch ein anderes abgelöst werden (Beispiel Hohlkabel und LWL).
- Ein Ingenieur hat tatsächlich die richtigen Spezialkenntnisse, um gleich nach dem Studium ohne viel Einarbeitung produktiv arbeiten zu können. Aber leider wird er zu einer Zeit fertig, wo gerade Einstellungsstopp ist, siehe 1.2.4. Bis sich das wieder ändert, sind seine Kenntnisse veraltet, oder sein Thema ist nicht mehr aktuell.

Im Übrigen wissen wir, dass ein heutiger Ingenieur während seiner Berufslaufbahn mehrere Male etwas völlig Neues lernen muss.

Es ist deshalb anerkannt, dass das Studium so weit es geht zeitlos gültige Grundlagen vermitteln soll. Allerdings sind sich auch die Lehrenden nicht darüber einig, welche Grundlagen immer gelehrt werden sollten, und was dort aussortiert gehört; das soll anhand der Stichworte „analog“ und „digital“ gezeigt werden.

Nachrichtentechnik ist ein Konjunkturmotor, und die Werbung preist uns unter den verschiedensten Stichworten (Informationstechnik/Kommunikationstechnik/Internet/Multimedia/ ...) Nachrichtentechnik an, für die wir unser Geld ausgeben sollen. Dabei ist „digital“ derzeit ein ganz wichtiges Wort. Man könnte eine Umfrage in der Bevölkerung machen, was „digital“ bedeutet, und die Mehrheit würde sagen: modern, zukunftsträchtig, usw. Nur einige alte Lateiner würden sich daran erinnern, dass „digitus“ Finger bedeutet, was auf Abzählbarkeit hinweist; eine Größe gehört zu einer von endlich vielen (abzählbaren) Klassen.

Nun kommt ein Spielverderber, der „digital“ nicht als Synonym für modern ansieht. Er sagt, dass man eben Schuhgrößen einführen musste (Digitalisierung, Quantisierung), weil sich noch nicht alle Menschen Schuhe nach Maß leisten können! Und er weist darauf hin, dass sich die Schöpfung nicht altmodisch vorkommt, wenn sie Analogtechnik benutzt; so finden wir denn auch im menschlichen Gehirn als dem leistungsfähigsten Nachrichtenverarbeitungssystem, das wir nie werden nachbauen können, Analogtechnik vom Feinsten: Sogar die Eigenschaften der Logikschaltungen ändern sich laufend analog (vgl. 9.2).

Man kann die Entwicklung der Nachrichtentechnik deshalb auch so sehen: Erst (notgedrungen) digital, dann analog! Auf die digitale Telegrafie folgte die analoge Fernsprechtechnik, bei der im Weitverkehr ein hoher Entwicklungsstand erreicht wurde (z.B. Trägerfrequenztechnik). Nach der Entdeckung der Halbleiter erlaubte die Digitaltechnik bald die Herstellung integrierter Schaltungen, die heute in allen Bereichen der Technik Verwendung finden. Natürlich entwickeln sich auch die Grundbausteine der Halbleitertechnik weiter. Aus dem Vergleich der Kennlinienfelder (Bild 2.5-34) sieht man, dass man mit dem Feldeffekttransistor bereits fast so schöne Analogschaltungen bauen kann wie mit der Pentode (Elektronenröhre).

Die Lichtwellenleitertechnik hat innerhalb weniger Jahre digitale Übertragungssysteme mit immer höheren Bitraten hervorgebracht. Aber auch hier gibt es Beispiele für kommende Analogtechnik. Nach der Wende bot sich in Ostdeutschland die Chance, mehr als eine Million neue Fernsprechteilnehmer über Lichtwellenleiter (LWL) anzuschließen, um in einem realen Dauerbetrieb Erfahrungen mit der Wartung und dem Betrieb einer derartigen neuen Anschlusstechnik zu sammeln. Natürlich war es Ehrensache, über LWL eine zukunftssichere relativ hohe Bitrate anzubieten. Wie wir in 5.3.4.2 sehen werden, benötigt digitale Übertragung gegenüber analoger Übertragung ein Vielfaches an Bandbreite, so dass im gegebenen Fall die Systemplanung eines Digitalsystems auf Schwierigkeiten stieß. Jedenfalls kamen die verschiedenen unabhängigen Lieferfirmen sämtlich zu dem Ergebnis, dass Analogsysteme vorzuziehen seien.

Ein Fernziel der LWL-Übertragung sind so genannte kohärente Systeme (vgl. 5.8.6). Sollte es eines Tages gelingen, dem Laser eine stabile einfrequente Schwingung beizubringen, dann könnten alle Verfahren, die sich in der klassischen Übertragungstechnik bewährt haben, übernommen werden. Hierzu gehörte z.B. die Trägerfrequenztechnik (Frequenzmultiplextechnik); dass diese von den LWL-Spezialisten als (extrem dichtes) Wellenlängenmultiplex bezeichnet wird, ist kein Widerspruch, denn Frequenz und Wellenlänge sind ja über die Ausbreitungsgeschwindigkeit direkt verknüpft.

Zusammenfassend kann man sagen: Man sollte nicht zu sehr „moderne" Ausbildung propagieren, um nicht fünf oder zehn Jahre später plötzlich als unmodern bezeichnet zu werden.

## 1.4 Konzeption des vorliegenden Buches

Dieses Buch hat seit der 1. Auflage (1976) die gleiche, unveränderte Zielsetzung und Konzeption: Gerade weil das Gesamtwissen immer schneller wächst und weil immer mehr Gebiete in Technik und Wirtschaft mit nachrichtentechnischen Methoden und Aufgabenstellungen in Berührung kommen, müssen die Teilgebiete der Nachrichtentechnik im Zusammenhang gesehen werden; dies wird am besten durch die Darstellung in *einem* Band erreicht.

Bei einem so stark limitierten Umfang können auch die Grundlagen nicht überall in gleicher Ausführlichkeit gebracht werden. Wo die Decke besonders dünn zu werden droht, gibt es zumindest Hinweise auf weiterführende Literatur.

Wir wollen am folgenden Beispiel zeigen, wie praktische Aufgabenstellungen die Konzeption unseres Buches beeinflusst haben. Überall in den Systemen der Nachrichtennetze, in der Regelungstechnik, in Schaltungen der Elektronik usw. finden sich Netzwerke mit frequenzabhängigem Übertragungsverhalten („Filter"). Ein Ingenieur in der Praxis, ursprünglich vielleicht ein Maschinenbauer, benötigt als Teil einer größeren Schaltung ein derartiges Netzwerk, z.B. einen Bandpass (Definition in 2.5.5.1).

Der besagte Ingenieur zieht das vorliegende Buch zurate und findet das erhoffte Kochbuch – nicht! Natürlich nicht, denn das Gebiet „Praktische Realisierung von Filtern" macht sicher weit weniger als ein Prozent des Gebietes aus, welches in unserem Buch behandelt wird. Trotzdem findet der besagte Maschinenbauer, der sich bei der Gelegenheit auch nachrichtentechnisch weiterbilden will, viele für ihn nützliche Dinge, siehe unten.

Das Netzwerk, das entworfen werden soll, hat einen Eingang und einen Ausgang. Diese „Tore" haben typisch zwei Anschlussklemmen („Pole"); wir sprechen also von einem Zweitor oder Vierpol (VP). Ein solcher Vierpol kann in seinem Innern ein sehr komplexes Netzwerk mit vielen Knoten beinhalten. Ohne die heute gegebene Rechnerunterstützung konnten die Entwicklungsingenieure früher ein solches Netzwerk nicht geschlossen (z.B. durch Ansatz von Kreisströmen) berechnen. Sie waren deshalb froh, das Werkzeug Vierpoltheorie (vgl. 2.5.4) zu haben: Man kann sich einen sehr komplexen VP aus vielen Teil-VP mit bekannten Eigenschaften zusammengesetzt denken und nach Regeln der Vierpoltheorie ohne großen Aufwand bestimmen. Heute ist der Einsatz des Rechners selbstverständlich und die Vierpoltheorie wird für den o.g. Zweck nicht mehr unbedingt benötigt – natürlich bleiben ihre Aussagen trotzdem zeitlos gültig.

Wer mit Filterentwurf zu tun hat, muss zwei Hilfsmittel kennen, auf die man schon vor vielen Jahrzehnten gekommen ist:

- Durch die Einführung der normierten Frequenz wird man unabhängig von der absoluten Frequenzlage.
- Durch Frequenztransformation kann man alle Filtertypen auf Tiefpässe zurückführen.

Bevor der eigene Rechner selbstverständlich wurde, hat man (mit o.g. Hilfsmitteln erstellte) „Kataloge normierter Tiefpässe" zum Filterentwurf benutzt.

Mit verlustarmen Induktivitäten L und Kapazitäten C kann man (bei nicht zu hoher Frequenz) hochwertige Filter aufbauen. Das Wickeln einer Spule ist allerdings heute sehr teuer. Man war deshalb froh, als mit dem Aufkommen des Transistors neuartige Realisierungen möglich wurden:

- Durch Gyratoren wird es möglich, alle L durch C zu ersetzen, vgl. 2.5.4.7.
- Vor allem genügen jetzt RC-Kombinationen, um die gewünschten Frequenzgänge zu realisieren. Die bei Verwendung von Widerständen R unvermeidliche Grunddämpfung kann durch Verstärkung mit Transistoren kompensiert werden: Aktive RC-Filter.

Bei der Entwicklung von Transistorschaltungen benutzt man heute geeignete Netzwerk-Analyseprogramme wie z.B. SPICE (vgl. 2.5.6.9). Der oben erwähnte Ingenieur wird deshalb heute meist eine aus der Literatur über Halbleiterschaltungstechnik [02-1] bekannte Schaltung zugrunde legen und diese analysieren. Da in vielen Fällen nicht extreme Forderungen zu erfüllen sind, wird er so ziemlich schnell zu dem benötigten Filter kommen.

Natürlich liefert dieses „Probierverfahren“ keine optimalen Lösungen. Man hat deshalb seit jeher nach echten Syntheseverfahren gesucht: Für eine vorgegebene Übertragungsfunktion möchte man die fertig dimensionierte Schaltung erhalten. Um den prinzipiellen Ablauf einer Synthese zeigen zu können, haben wir den wesentlich einfacheren Fall gewählt: Zweipole, vgl. 2.5.3.2.

Für die Synthese von Filter –Vierpolen stand zuerst die Wellenparametertheorie (vgl. 2.5.5.5) zur Verfügung. Könnte man damit rechnen, dass an den Toren des Filters und auch intern zwischen allen Teilvierpolen sauberer Wellenwiderstandabschluss gegeben ist, dann würde man auch heute noch dieses übersichtliche Verfahren, das mit relativ kleinem Rechenaufwand verbunden ist, anwenden.

Die Innenwiderstände der Sender und Empfänger sind, wenn man Glück hat, reelle Widerstände – also in der Regel nicht gleich dem Wellenwiderstand, der ja auch komplex sein kann. Man hatte deshalb schon frühzeitig den Wunsch, von der Betriebsübertragungsfunktion auszugehen; das war aber zunächst wegen des großen Rechenaufwands nicht möglich. Nachdem geeignete Rechner verfügbar waren, ging man allgemein zur Betriebsparametertheorie über, siehe 2.5.5.6.

Es ist denkbar, dass bei einer zukünftigen Technologie alle beteiligten Teilnetzwerke den sauberen Wellenwiderstandsabschluss bieten. Dann könnte vielleicht die übersichtliche Wellenparametertheorie wieder zu Ehren kommen. Das Beispiel Filter möge gezeigt haben, welche Konzeption dem vorliegenden Buch zugrunde liegt: Gerade weil manche Grundlagen anhand scheinbar veralteter Lehrinhalte vermittelt werden, ist die Darstellung zukunftssicher.

# 2 Signale und Systeme

## 2.1 Einführung

### 2.1.1 Aufgaben der Systemtheorie

Nachrichten (Definition in 2.2.3) werden physikalisch durch Signale (z.B.: elektrische Signale, Rauchzeichen, Gerüche, ...) dargestellt. Bei der Nachrichtenübermittlung über irgend welche Systeme ist es wichtig zu wissen, welche Veränderungen die Signale dabei erfahren. Küpfmüller hat 1949 für dieses zentrale Gebiet der modernen Nachrichtentechnik den Begriff „Systemtheorie“ geprägt [21-1]. In der angelsächsischen Literatur wird dieses Gebiet meist mit „signals and systems“ bezeichnet.

In vielen Fällen lässt sich das „System“ als „black box“ mit mehreren Ein-/Ausgängen (Toren) ansehen. Eine häufige Aufgabenstellung ist die Analyse: An einem Tor wird ein bestimmtes Signal angelegt; wie ist die Reaktion an einem anderen Tor? Das Gegenstück ist die Synthese eines Systems: Das System soll so entworfen werden, dass Ein- und Ausgangssignal in einem vorgegebenen Verhältnis zueinander stehen.

### 2.1.2 Einteilung der Signale

Die Signale werden in der Regel sowohl von der Nachricht abhängige wie auch unabhängige Merkmale (physikalische Größen) enthalten. Die von der Nachricht abhängigen Merkmale heißen *Signalparameter*. Das der Nachricht eindeutig zugeordnete Signal ist das *Nutzsignal*. Es treten praktisch unvermeidlich physikalische Größen auf, welche die Übertragung stören können: *Störsignale*.

Wir können Signale bei der Übertragung nach ihrer äußeren Form klassifizieren. Die Signale können sowohl hinsichtlich des Signalparameters als auch hinsichtlich der Abhängigkeit von der Zeit *kontinuierlich* (*stetig*) oder *diskret* sein. (Für die Signale in Nachrichtenspeichern kann sinngemäß eine entsprechende Einteilung getroffen werden,

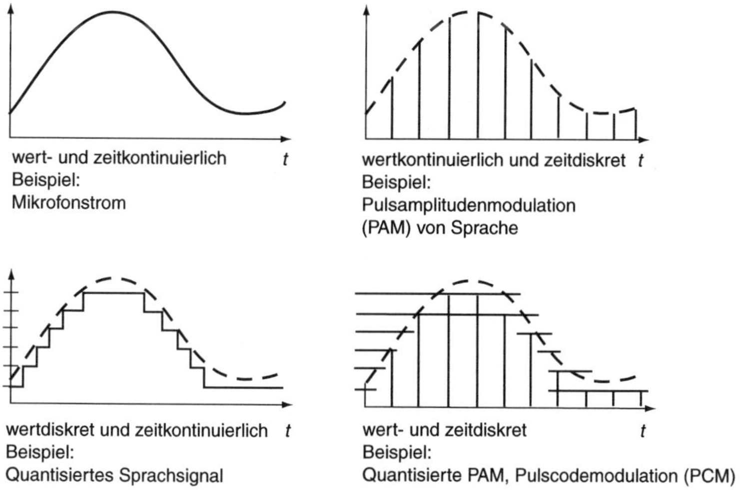


Ordinaten in allen Fällen: Jeweilige Signalparameter

Bild 2.1-1
Einteilung der Signale
[DIN 40146 Bl. 1]

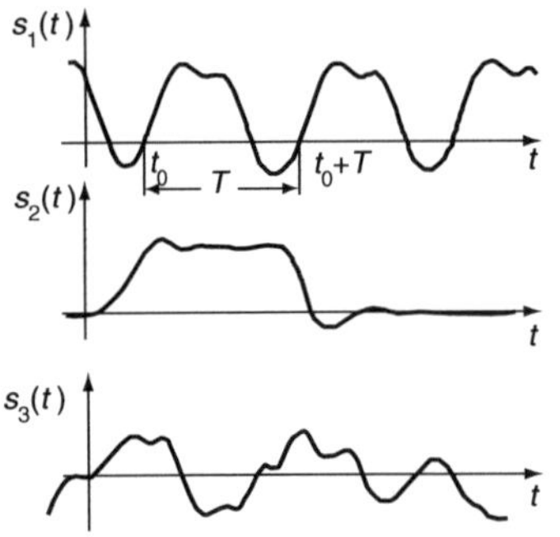


Bild 2.1-2 Determinierte Signale (periodisch: $s_1(t)$; einmalig: $s_2(t)$ und zufälliges Signal $s_3(t)$

wenn wir an Stelle der Abhängigkeit von der Zeit die Abhängigkeit vom Ort einführen.) Bild 2.1-1 zeigt die Einteilung und Beispiele. Die unteren Signale entstehen aus den oberen durch *Quantisierung*, die rechten aus den linken durch *Abtastung*.

Ein *Analogsignal* ist ein Signal, das einen kontinuierlichen Vorgang kontinuierlich abbildet. Dabei ist dem kontinuierlichen Wertebereich des Signalparameters Punkt für Punkt unterschiedliche Information zugeordnet. Im Gegensatz dazu ist ein *Digitalsignal* ein Signal, dessen Signalparameter eine Nachricht darstellt, die nur aus Zeichen besteht. Ein Zeichen – in der Informationstheorie auch gleichbedeutend mit Symbol – ist ein Element aus einer zur Darstellung von Information vereinbarten endlichen Menge von verschiedenen Elementen (Zeichenvorrat).

Bis einschließlich 2.6 befassen wir uns ausschließlich mit *determinierten Signalen* (vgl. Bild 2.1-2), weil determinierte (bekannte, festliegende) Signalverläufe die besten Voraussetzungen für einfache Berechnungen und reprodzierbare Messungen bieten. In der Nachrichtentechnik treten aber hauptsächlich *zufällige Signale* auf! Der Nachrichteninhalt und die damit zusammenhängende Form der Nutzsignale sind nicht vorher bekannt, und als Störsignale spielen vor allem zufällige Signale wie Rauschen eine Rolle. Deshalb wollen wir in 2.7 und 2.8 die Grundlagen der Systemtheorie zufälliger Signale besprechen.

### 2.1.3 Einteilung der Netzwerke

Die Systemtheorie befasst sich häufig mit kleinen Netzwerken (englisch: systems), die man in der hohlen Hand verstecken kann, z.B.: RC-Glieder, Filterschaltungen, Transistorverstärker, usw. Bei dem betrachteten System kann es sich aber auch z.B. um einen Übertragungsabschnitt in einem räumlich ausgedehnten, vielleich sogar weltweiten Netz (englisch: network) handeln. Leider ist der eben erläuterte feine Unterschied weitgehend verloren gegangen: Wahrscheinlich bei den ersten deutschsprachigen Betriebsanleitungen für lokale Netze hat jemand „network" nicht mit Netz, sondern mit Netzwerk übersetzt, sodass es jetzt auch „weltweite Netzwerke" gibt. Es lohnt sich nicht, gegen diese inzwischen weit verbreitete Schlamperei Front zu machen; in Übereinstimmung mit anderen Fachleuten wollen wir sie aber nicht übernehmen (vgl. dazu Rechenberg, P.: Übersetzungen von Informatik-Literatur bekümmert betrachtet, Informatik-Spektrum 14 (1991), 28 - 33).

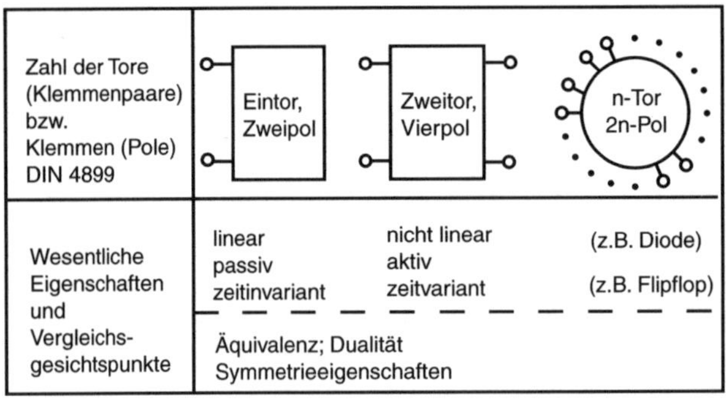


Bild 2.1-3
Einteilung der Netzwerke

Die verschiedenen Systeme haben Zugänge, die man als Tore bezeichnet. Die an einem solchen Tor stattfindende Verbindung zu anderen Systemteilen wird häufig durch ein Klemmenpaar bewerkstelligt, doch gibt es auch Fälle, bei denen die Vorstellung von zwei Anschlussklemmen (Polen) nicht passen will, etwa bei einem Hohlleitereingang.

Mit Abstand am häufigsten kommen Netzwerke mit zwei Zugängen (Eingang, Ausgang) vor. Obwohl nach dem oben Gesagten dem Ausdruck *Zweitortheorie* eigentlich der Vorzug zu geben wäre, benutzt man für die Theorie dieser Netzwerke auch heute noch gern den Ausdruck *Vierpoltheorie*.

Man teilt die Netzwerke nach verschiedenen Gesichtspunkten in Klassen ein. Bild 2.1-3 gibt hierzu eine Übersicht.

Einige Einteilungsbegriffe wollen wir unten noch genauer spezifizieren. Als selbstverständlich nimmt man bei vielen, vor allem übertragungstechnischen Problemen an, dass ein Netzwerk nicht während seiner Untersuchung andere Eigenschaften annimmt; d.h., man setzt *Zeitinvarianz* voraus. (Eine völlig andere Situation ist häufig in der Digitaltechnik und Nachrichtenverarbeitung gegeben, wo man auf zeitvariante Schaltungen für viele Zwecke geradezu angewiesen ist, z.B. beim Speichern.)

### Lineare und nichtlineare Systeme

Bei linearen Systemen gilt der *Überlagerungssatz*. Dies entspricht folgender allgemeiner Definition: *Ruft eine Ursache $u_1(t)$ die Wirkung $v_1(t)$ und eine andere Ursache $u_2(t)$ die Wirkung $v_2(t)$ hervor, dann muss bei einem linearen System die Ursache $a_1 u_1(t) + a_2 u_2(t)$ die Wirkung $a_1 v_1(t) + a_2 v_2(t)$ hervorrufen.* (Gilt für beliebige Erregungen $u_1(t)$ und $u_2(t)$ und für beliebige Konstanten $a_1$ und $a_2$.)

### Passive und aktive Systeme

*Ein System ist passiv, wenn es keinen Beschaltungsfall gibt, in dem das System im zeitlichen Mittel an seinen Klemmen mehr Energie abgibt, als es aufnimmt.* Andernfalls ist es aktiv. (Ein Verstärker ist aktiv, wenn man nur die Anschlusspunkte des Signaleingangs und -ausgangs als Klemmen bezeichnet, nicht aber die Anschlusspunkte für die Energieversorgung.)

### Äquivalenz

Netzwerke, welche trotz verschiedenen Aufbaus elektrisch dasselbe Verhalten aufweisen, bezeichnen wir als (unbedingt) äquivalent. Ein einfaches Beispiel sind Zweipole, die durch $\underline{Z}(p)$ elektrisch voll beschrieben werden. Von bedingter Äquivalenz wird gesprochen, wenn die Äquivalenz nur in einem begrenzten Frequenzbereich gilt.

**Beispiel:**
Die Schaltelemente in Bild 2.1-4 sollen so bestimmt werden, dass $\underline{Z}_1(p) = \underline{Z}_2(p)$ ist (unbedingte Äquivalenz). Um $\underline{Z}_1(p)$ bzw. $\underline{Z}_2(p)$ zu bestimmen, schreiben wir zunächst in gewohnter Weise $\underline{Z}(j\omega)$ an und setzen dann $p$ an Stelle von $j\omega$ (analytische Erweiterung). Wenn bei den gegebenen Schaltungen überhaupt Äquivalenz möglich ist, dann müssen wir beide Scheinwiderstände auf eine zum direkten Koeffizientenvergleich geeignete

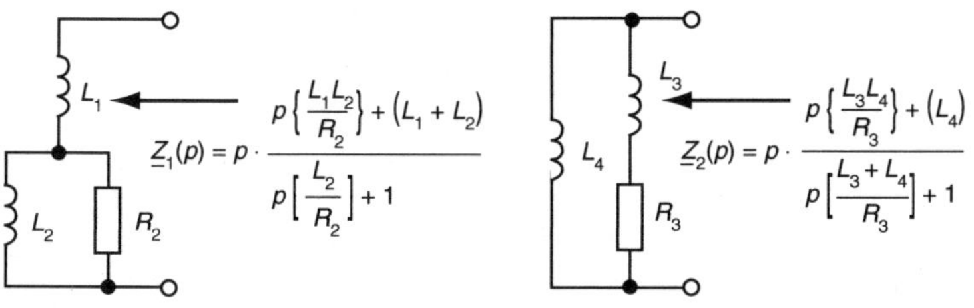


Äquivalenzbedingungen: $L_4 = L_1 + L_2$; $L_3 = \frac{L_1}{L_2}\left(L_1 + L_2\right)$; $R_3 = R_2\left(\frac{L_1 + L_2}{L_2}\right)^2$

Bild 2.1-4
Äquivalente Schaltung

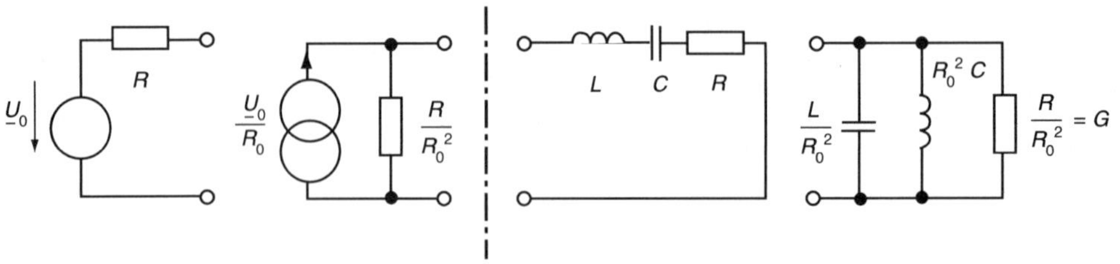


Bild 2.1-5 Duale Zweipole

Form bringen können. Aus diesem Vergleich erhalten wir drei Bestimmungsgleichungen und schließlich die Schaltelemente (Bild 2.1-4).

**Dualität**

Bild 2.1-5 zeigt zwei Beispiele dualer Zweipole.

Allgemein gilt:
Ein Netzwerk ist zu einem zweiten gegebenen Netzwerk *dual* (*widerstandsreziprok*), wenn das erste Netzwerk hinsichtlich des Stromes bis auf einen konstanten Faktor die gleichen Eigenschaften hat wie das zweite für die Spannung, bzw. wenn das erste bis auf einen konstanten Faktor die gleichen Eigenschaften für die Spannung hat wie das zweite für den Strom. *Insbesondere sind zwei Zweipole zueinander dual, wenn der Widerstand des einen Zweipols proportional dem Leitwert des anderen Zweipols ist:*

$$\underline{Z}_1 = \frac{R_0^2}{\underline{Z}_2} \quad \text{oder} \quad \underline{Z}_1 \underline{Z}_2 = R_0^2 \qquad (2.1\text{-}1)$$

Dabei ist $R_0$ ein beliebig vorgebbarer reeller Widerstandswert (*Dualitätsinvariante*).

Sucht man zu einer gegebenen die zugehörige duale Schaltung, so ist für jedes Zweipolelement das duale Gegenstück bereitzustellen. Außerdem muss jede Masche in einen Knoten, und umgekehrt, verwandelt werden.

**Beispiel:**
Zu der gegebenen Schaltung in Bild 2.1-6 wird die duale bestimmt. Dazu markieren wir den aus jeder Masche entstehenden Knoten und deuten durch die Hilfskonstruktion die Lage der dualen Schaltelemente an. Wir können so z.B. eine bestimmte Übertragungsfunktion mit einer Schaltung mit weniger Spulen realisieren.

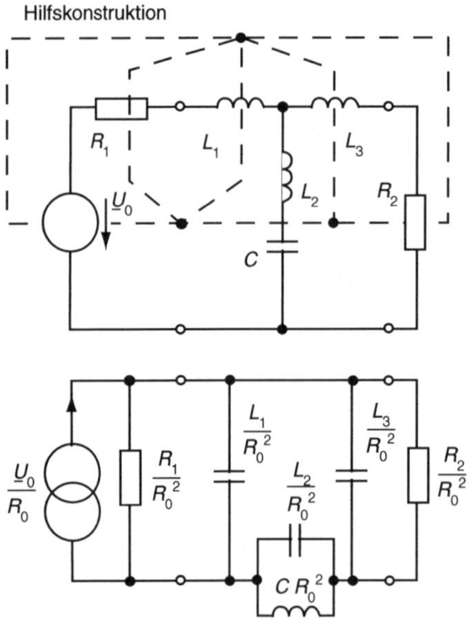


Bild 2.1-6 Duale Schaltung

## 2.2 Wiederholung einiger Grundlagen

### 2.2.1 Logarithmische Verhältnisgrößen: Pegel und Dämpfung

In der Nachrichtentechnik verwenden wir die logarithmische Darstellung des Verhältnisses gleichartiger Größen [DIN 5493] sehr häufig. Falls diese Größen nicht von Natur aus reell sind, betrachtet man laut Norm das Verhältnis ihrer Beträge. Ist die im Nenner des Verhältnisses stehende Größe ein festgelegter Bezugswert, so nennt man das logarithmierte Verhältnis *Pegel*.

Im Übertragungskanal können wir an verschiedenen Stellen durchaus verschiedene Widerstände „sehen“, da auch Übertrager verwendet werden. Leistungsverhältnis und Spannungsverhältnis zweier betrachteter Punkte 1 und 2 hängen zusammen:

$$\frac{P_1}{P_2} = \frac{U_1^2 \cdot Z_2}{Z_1 \cdot U_2^2} = \left(\frac{U_1}{U_2}\right)^2 \cdot \frac{Z_2}{Z_1} \qquad (2.2\text{-}1)$$

Wir können demnach eine vorhandene Angabe z.B. eines Leistungspegels in Spannungspegel umrechnen und umgekehrt, wenn wir das Widerstandsverhältnis kennen. Für $Z_1 = Z_2$ werden beide Pegel einander gleich.

Die Pegel sind dimensionslos. Wir sehen einer Pegelzahl nicht an, mit welchem Logarithmus (ln oder lg) sie gebildet wurde. Deshalb versehen wir die Pegel mit einer „Einheit“, und zwar

- beim natürlichen Logarithmus Neper (Np)
- beim Zehnerlogarithmus Bel (B) bzw. in der Praxis stets Dezibel (dB). 1 B = 10 dB.

Wenn Verwechslungen nicht zu befürchten sind, kann das Kurzzeichen Np (und nur dieses) durch 1 ersetzt werden [DIN 5493], was bei der Leitungsberechnung häufig gemacht wird.

Wir können demnach jeden Pegel mit dem einen oder anderen Logarithmus ausdrücken.

Nach internationalen Vereinbarungen geht nun die Definition bei dB von einem Leistungsverhältnis, bei Np dagegen von einem Spannungsverhältnis aus. Mit Gl. (2.2-1) können wir das jeweils andere Verhältnis ausdrücken, wobei sich bei ungleichen Widerständen ein Korrekturterm ergibt; dies haben wir in Gl. (2.2-2) mit durchgeführt. Wir bezeichnen mit $P_0$ bzw. $U_0$ die Bezugsgröße und mit $P_x$ bzw. $U_x$ die Messgröße und erhalten den *Leistungspegel* $L_p$ (oder auch $L$) und den *Spannungspegel* $L_u$:

$$L = L_p = 10\lg\frac{P_x}{P_0}\,\mathrm{dB} = 20\lg\frac{U_x}{U_0}\,\mathrm{dB} - 10\lg\frac{Z_x}{Z_0}\,\mathrm{dB} \qquad (2.2\text{-}2a)$$

$$L_u = \ln\frac{U_x}{U_0}\,\mathrm{Np} = \tfrac{1}{2}\ln\frac{P_x}{P_0}\,\mathrm{Np} + \tfrac{1}{2}\ln\frac{Z_x}{Z_0}\,\mathrm{Np} \qquad (2.2\text{-}2b)$$

Wir können einen bestimmten Pegel außerdem sowohl in Np als auch in dB angeben, denn es gilt nach Gl. (2.2-2a) und Gl. (2.2-2b):

$$1\,\mathrm{Np} = \left(\frac{2}{\ln 10}\right)\mathrm{B} = \left(\frac{20}{\ln 10}\right)\mathrm{dB}$$
$$1\,\mathrm{Np} = 8{,}686\,\mathrm{dB} \qquad (2.2\text{-}3)$$
$$1\,\mathrm{dB} = 0{,}115\,\mathrm{Np}$$

Genau so wichtig wie der Begriff Pegel ist der Begriff *Dämpfung*. Wir vergleichen die Leistungspegel $L_{p1}$ und $L_{p2}$ an zwei Stellen 1 und 2 im Übertragungsweg. Das logarithmische Verhältnis der Leistungen $P_1$ und $P_2$ an den besagten Stellen bezeichnet man als Dämpfungsmaß $a$:

$$a = 10\lg\frac{P_1}{P_2}\,\mathrm{dB} \qquad (2.2\text{-}4)$$

Mit Gl. (2.2-2) wird

$$L_{p1} - L_{p2} = 10\lg\frac{P_1}{P_0}\,\mathrm{dB} - 10\lg\frac{P_2}{P_0}\,\mathrm{dB} =$$
$$= 10\lg\frac{P_1}{P_2}\,\mathrm{dB}$$

also

$$a = L_{p1} - L_{p2} \qquad (2.2\text{-}5)$$

Bei positiven Werten von $a$ liegt tatsächlich eine Dämpfung vor; negative Werte kennzeichnen eine Verstärkung. Für die Übertragungstechnik sind zwei Darstellungsarten wichtig:

- Als Bezugswert $P_0$ bzw. $U_0$ (oder $I_0$), siehe Gl. (2.2-2), wird der Wert an einer bestimmten Stelle des Übertragungsweges genommen („Relativer Pegel“). In der Regel bezieht man sich auf den Eingang; bei Fernsprechsystemen in Direktwahltechnik (6.2) auf den Punkt nach dem 1. Gruppenwähler.
- Als Bezugswert dient ein festgelegter Normalwert („Absoluter Pegel“). Der Normalwert ist bei der Leistung $P_0$ = 1 mW, bei der Spannung

$U_0 = 0{,}775$ V (ein Effektivwert der Spannung von 0,775 V entspricht an einem Widerstand $Z_0 = 600\ \Omega$ – übliche Anpassung bei Fernsprechleitungen – der Leistung 1 mW). Häufig wird der absolute Pegel in dBm oder Npm angegeben; der Zusatz m weist auf den Bezugswert 1 mW hin. Z. B.: 1 pW ≙ –90 dBm.

**Beispiel:**
In einem Widerstand (Fall a): 600 Ω, (Fall b): 150 Ω) wird eine Leistung $P = 150\ \mu$ W umgesetzt. Wie groß ist der absolute Pegel?

a) Hier werden Leistungspegel $L$ und Spannungspegel $L_u$ gleich, da $Z_0 = 600\ \Omega$ ist. Nach Gl. (2.2-2a):

$$L = L_u = 10\ \lg\frac{150\ \mu\text{W}}{1\ \text{mW}}\text{dB} = -8{,}24\ \text{dBm}$$

b) Da die Leistung gleich bleibt, ändert sich der Leistungspegel nicht. Spannungspegel nach Gl. (2.2-2a):

$$L_u = L + 10\ \lg\frac{Z_X}{Z_0}\text{dB} = -8{,}24\ \text{dB} - 6{,}02\ \text{dB}$$

$$L_u = -14{,}26\ \text{dB}$$

In fast jedem Buch über Nachrichtentechnik findet man Tabellen oder Nomogramme, um Leistungs- oder Spannungsverhältnisse sowohl in dB als auch in Np ausdrücken zu können. Für die praktische Arbeit ist es aber fast hinreichend, wenn wir die in Gl. (2.2-2) und Gl. (2.2-3) niedergelegten Zusammenhänge verstanden und uns zwei Werte gemerkt haben:

- Leistungsverhältnis 2 entspricht 3 dB
  (0,3 B = lg 2)
- Leistungsverhältnis 10 entspricht 10 dB
  (1 B = lg 10),
  damit: Leistungsverhältnis 10 · 10 =100 entspricht (10+10) dB = 20 dB, usw.

Daraus können wir die meisten Werte im Kopf ermitteln.

**Beispiel:**
Ein Sender gibt 1 W ab. Die Strecke hat eine Dämpfung von 118,5 dB. Wie groß ist die Leistung am Ende der Strecke?
Wir kennen einen der fraglichen Dämpfung nahe liegenden Wert: 120 dB sind 12 Größenordnungen der Leistung, d.h. 1 W würde durch 120 dB auf 1 pW gedämpft. Da 3 dB ≙ Faktor 2 bei der Leistung, entsprechen 1,5 dB dem Faktor $\sqrt{2} = 1{,}41$. Ergebnis also 1,41 pW.

Näheres zur Pegelrechnung findet man in [50-5].

### 2.2.2 Grundbegriffe der Wahrscheinlichkeitsrechnung

Bei einem zufälligen Ereignis ist eine Reihe von notwendigen Bedingungen für dessen Charakterisierung erfüllt. Es fehlt aber noch die Kenntnis mindestens einer hinreichenden Bedingung für dessen Eintreten.

Die *Wahrscheinlichkeit* für das Auftreten des Ereignisses $A_i$ bei $N$ Versuchen ($N \to \infty$) wird definiert als

$$P(A_i) = \frac{n(A_i)}{N} = \frac{\text{Zahl der günstigen Versuche}}{\text{Gesamtzahl der Versuche}} \qquad (2.2\text{-}6)$$

$P(A_i) = 0$ bedeutet: Ereignis $A_i$ tritt niemals auf. $P(A_i) = 1$ bedeutet: Ereignis $A_i$ tritt mit Sicherheit auf. Wenn es $k$ verschiedene Ereignisse $A_1$, $A_2$, …, $A_k$ gibt, so gilt für die Summe aller Wahrscheinlichkeiten:

$$\sum_{i=1}^{k} P(A_i) = 1 \qquad (2.2\text{-}7)$$

**Einfache Verknüpfungen**

Wenn sich zwei Ereignisse $A_i$ und $A_j$ gegenseitig ausschließen, so ist die Wahrscheinlichkeit, dass $A_i$ oder $A_j$ auftritt (v:lat. vel= oder):

$$P(A_i \vee A_j) = P(A_i) + P(A_j) \qquad (2.2\text{-}8)$$

Die Wahrscheinlichkeit, dass zwei gegenseitig unabhängige Ereignisse $A_i$ und $B_j$ gleichzeitig auftreten, ist

$$P(A_i, B_j) = P(A_i) \cdot P(B_i) \qquad (2.2\text{-}9)$$

**Beispiel:**
Bei einem ehrlichen Würfel ist die Wahrscheinlichkeit für das Auftreten einer Punktzahl $i$: $P(i) = 1/6$. Die Wahrscheinlichkeit, dass „1“ oder „6“ gewürfelt wird, lautet $P$(„1“ v „6“) = 1/3. Die Wahrscheinlichkeit, dass mit zwei Würfeln gleichzeitig „1“ gewürfelt wird, ist $P$(„1“, „1“) = 1/36.

Die Wahrscheinlichkeit, dass ein Ereignis $A_i$ unter der Bedingung des Auftretens von $B_j$ eintrifft (bedingte Wahrscheinlichkeit), lautet (Bayes'sche Teilungsregel):

$$P(A_i|B_j) = \frac{P(A_i,B_j)}{P(B_j)} \tag{2.2-10}$$

Für das gleichzeitige Auftreten von $A_i$ und $B_j$ gilt daher

$$P(A_i,B_j) = P(A_i|B_j) \cdot P(B_j) = \\ = P(B_j|A_i) \cdot P(A_i) \tag{2.2-11}$$

$P(B_j | A_i)$ ist die durch $A_i$ bedingte Wahrscheinlichkeit für $B_j$. Gl. (2.2-9) ist ein Sonderfall der Gl. (2.2-11) für gegenseitig unabhängige Wahrscheinlichkeiten.

**Beispiel:**
Ein normaler Würfel mit 6 Flächen soll als Tetraëder-Würfel verwendet werden, d.h. nur die Augenzahlen 1 bis 4 sollen vorkommen. Wir wählen folgendes Verfahren: Es wird normal gewürfelt; falls „5" oder „6" vorkommt, ist der Wurf ungültig. Wir fragen nach der Wahrscheinlichkeit für eine „1" beim Tetraëder-Würfel. Die Gleichung (2.2-10) liefert uns die Lösung. Die kombinierte Wahrscheinlichkeit $P(A_j,B_i)$ für das Auftreten einer „1" (Ereignis $A_i$) und die Augenzahl $z \leq 4$ ist 4/6. Also ist die bedingte Wahrscheinlichkeit $P(A_i | B_j)$ für das Auftreten der „1" unter Voraussetzung der Augenzahl $z \leq 4$:

$$P(\text{"1"}|z \leq 4) = \frac{1/6}{4/6} = \frac{1}{4}$$

### Wahrscheinlichkeitsverteilung und Verteilungsdichte

Es sei ein eindimensionaler Merkmalsbereich $A$ mit $k \geq m$ Merkmalen oder Ereignissen gegeben. Die Wahrscheinlichkeit, dass ein Ereignis $A_i$ auftritt, das gleich oder kleiner als ein vorgegebenes Ereignis $A_m$ ist, lautet:

$$P(A_i \leq A_m) = \sum_{i=1}^{m} P(A_i) \tag{2.2-12}$$

Diese so genannte *Summenverteilung* der diskreten Merkmale wird in Bild 2.2-1 anhand eines

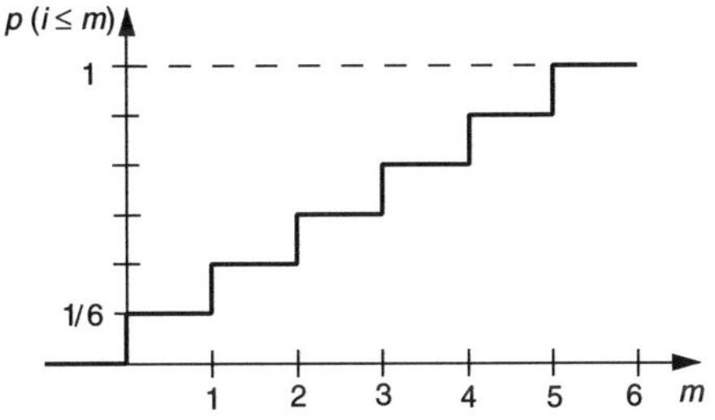


Bild 2.2-1 Summenverteilung des Würfelspiels

Würfels verdeutlicht. Wenn keine diskrete Verteilung sondern ein kontinuierlicher Merkmalsbereich vorliegt, so kann man ebenfalls eine Verteilung angeben. Die Wahrscheinlichkeit, dass ein Merkmal $x_0$ aus einem kontinuierlichen Merkmalsbereich $X$ auftritt, das gleich oder kleiner als das Merkmal $x$ ist, lautet:

$$F(x) = P(x_0 \leq x) \tag{2.2-13}$$

Die kontinuierliche *Wahrscheinlichkeitsverteilung* $F(x)$ ist eine monoton ansteigende Funktion. Bild 2.2-2 zeigt die Wahrscheinlichkeitsverteilung einer Spannungsquelle mit zufälligen Spannungen im Bereich 0 bis 2 V (z.B. Mikrofon).

Die Wahrscheinlichkeit, dass ein Wert $x_0$ zwischen den Werten $x$ und $x+\Delta x$ liegt, wird gegeben durch

$$P(x \leq x_0 \leq x+\Delta x) = F(x+\Delta x) - F(x) = \\ = \Delta F(x) \tag{2.2-14}$$

Wenn nun $\Delta x$ immer kleiner wird und schließlich verschwindet, wird diese Wahrscheinlichkeit null. Man definiert daher die *Verteilungsdichte*:

$$p(x) = \lim_{\Delta x \to 0} \frac{F(x+\Delta x) - F(x)}{\Delta x} = \frac{\mathrm{d}}{\mathrm{dx}} F(x) \tag{2.2-15}$$

In Bild 2.2-2 ist die Verteilungsdichte $p(u)$ ebenfalls eingetragen.

Aus den Gln. (2.2-14) und (2.2-15) folgt, dass die Wahrscheinlichkeit, dass ein Wert $x_0$ zwischen $x$ und $x+\Delta x$ liegt, auch durch $p(x)$ angegeben werden kann:

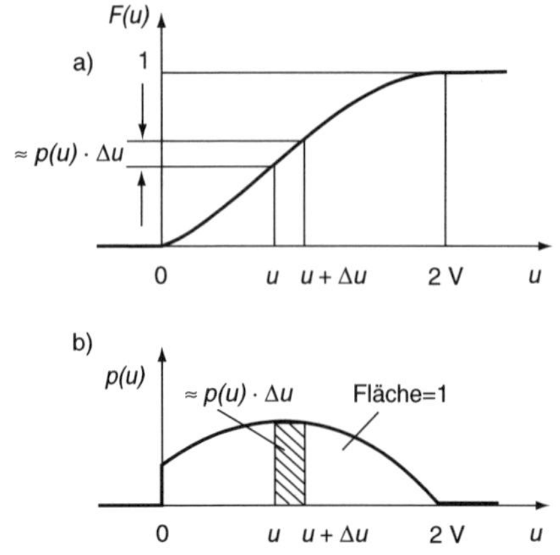


Bild 2.2-2 Wahrscheinlichkeitsverteilung $F(u)$ und Verteilungsdichte $p(u)$ einer zufälligen Spannung $u$ (Spannungsbereich 0 V bis 2 V)

$$P(x \le x_0 \le x + \Delta x) = \int_x^{x+\Delta x} p(\xi)\,\mathrm{d}\xi \approx p(x) \cdot \Delta x \tag{2.2-16}$$

In Bild 2.2-2 ist dies für den Spannungsbereich $u$ bis $u$+$\Delta u$ schraffiert.

Für das Integral über den gesamten Merkmalsbereich gilt:

$$\int_{-\infty}^{+\infty} p(x)\,\mathrm{d}x = 1 \tag{2.2-17}$$

**Bemerkung:**
Für die Wahrscheinlichkeitsverteilung $F(x)$ wird in der Literatur auch der synonyme Begriff „Verteilungsfunktion" verwendet und für die Verteilungsdichte $p(x)$ die Begriffe „Verteilungsdichtefunktion" oder „Wahrscheinlichkeitsdichte". Neben der Definition Gl. (2.2-13) für die Wahrscheinlichkeitsverteilung $F(x)$ gibt es auch die folgende Definition:

$$F_a(x) = P(x_0 \ge x) \tag{2.2-18}$$

$F_a(x)$ ist dann eine monoton absteigende Funktion:

$F_a(x) = 1 - F(x)$ .

**Beispiel:**
Zwei wichtige Verteilungsfunktionen sind:
Gleichverteilung (Bild 2.2-3a):

$$p(x) = \begin{cases} \dfrac{1}{a}, & 0 \le x \le a \\ 0 & \text{sonst} \end{cases}$$

Alle Werte $x$ zwischen 0 und $a$ sind gleichwahrscheinlich.
Normal- oder Gaußverteilung (Bild 2.2-3b):

$$p(x) = \frac{1}{\sqrt{2\pi} \cdot \sigma} \exp\left( -\frac{(x-\overline{x})^2}{2\sigma^2} \right) \tag{2.2-19}$$

Die Größen $\sigma$ (Standardabweichung) und $\overline{x}$ (Mittelwert) kennzeichnen die Breite und die Lage der Verteilungsdichte.

Häufig werden Zufallsereignisse nicht detailliert durch Angabe der Verteilungsdichte beschrieben, sondern man kennzeichnet sie durch Angabe einiger Kennwerte. Die wichtigsten wollen wir definieren:

*Arithmetischer Mittelwert*:

$$\overline{x} = \int_{-\infty}^{+\infty} x\, p(x)\,\mathrm{d}x$$

*Quadratischer Mittelwert*:

$$\overline{x^2} = \int_{-\infty}^{+\infty} x^2\, p(x)\,\mathrm{d}x$$

*Effektivwert*:

$$X_{\text{eff}} = \sqrt{\overline{x^2}}$$

*Streuung*:

$$\sigma^2 = \int_{-\infty}^{+\infty} (x-\overline{x})^2\, p(x)\,\mathrm{d}x = \overline{x^2} - (\overline{x})^2$$

*Standardabweichung*:

$$\sigma = \sqrt{\sigma^2} \tag{2.2-20}$$

**Beispiel:**
Für die Wahrscheinlichkeitsverteilungen aus dem vorhergehenden Beispiel gilt:

*Gleichverteilung*:

$$\bar{x} = 0{,}5\,a; \quad \overline{x^2} = \tfrac{1}{3}a^2; \quad X_{\text{eff}} = a/\sqrt{3}; \quad \sigma^2 = a^2/12$$

*Normalverteilung*: Die Parameter $\bar{x}$ und $\sigma$ stellen schon die Kennwerte dar. Hieraus folgen die anderen Kennwerte.

Weiter gehende detaillierte Darstellungen der Wahrscheinlichkeitsrechnung finden sich in der Spezialliteratur [04].

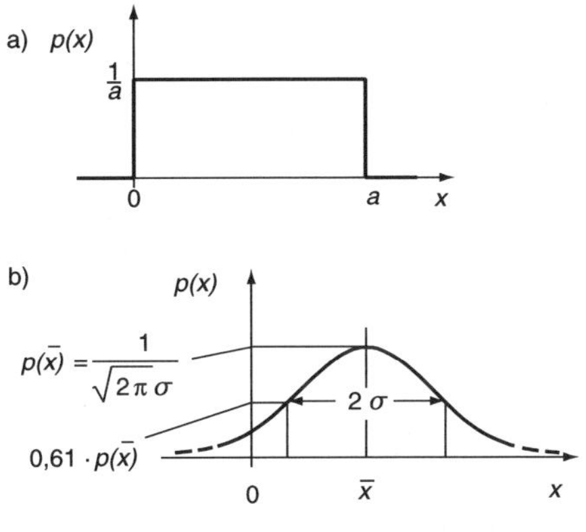


Bild 2.2-3 Verteilungsdichten: a) Gleichverteilung, b) Normalverteilung (Gauß-Verteilung)

## 2.2.3 Grundbegriffe der Informationstheorie

Wir folgen in 2.2.3.1 bis 2.2.3.4 weit gehend der Darstellung, die H. Häberle in [50-17] gegeben hat.

### 2.2.3.1 Informationsgehalt

Zunächst soll der Begriff der „*Information*" an einem einfachen Beispiel erläutert werden, um zu zeigen, dass er sich durchaus innerhalb des umgangssprachlichen Bedeutungsbereichs von „Information" befindet. Allerdings bedarf er im Sinne der Informationstheorie einer exakten und damit einschränkenden Definition.

Nach Bild 2.2-4 enthalte eine Urne sehr viele Kugeln, und zwar sollen 70 % weiß, 20 % schwarz und 10% rot sein. Eine Person X ziehe jeweils eine der Kugeln und teile das Ergebnis der Ziehung einer anderen Person Y mit. X stellt in Verbindung mit der Urne die Nachrichtenquelle dar. Sie erzeugt die Nachrichten „weiß", „schwarz" oder „rot", für die sich der Nachrichtenempfänger Y interessiert. Welche der drei Nachrichten enthält nun die größte Information? Der Empfänger kennt nur ihre Wahrscheinlichkeiten $p_x$, nämlich $p_W = 0{,}7$ für „weiß", $p_S = 0{,}2$ für „schwarz" und $p_R = 0{,}1$ für „rot". Es ist offensichtlich, dass die Nachricht „rot" die größte und die Nachricht „weiß" die geringste Information enthalten muss, denn wären beispielsweise nur weiße Kugeln in der Urne ($p_W = 1$), so würde stets die Nachricht „weiß" erscheinen, und das würde für den Empfänger keinerlei Information bedeuten, da er die Nachricht vorhersehen kann.

Aus dieser Überlegung ergeben sich zunächst zwei Kriterien für die Definition des Informationsgehalts einer Nachricht:

- Der Informationsgehalt $I_x$ einer Nachricht muss umso größer sein, je kleiner die Wahrscheinlichkeit $p_x$ ihres Auftretens ist, d.h. je größer ihr „Überraschungswert" ist. Es wird also die „Neuigkeit" nicht die „Inhaltsschwere" der Nachricht definiert.
- Eine Nachricht mit der Wahrscheinlichkeit $p_x = 1$ muss den Informationsgehalt $I_x = 0$ haben.

Und ein drittes Kriterium für die Definition des Informationsgehalts erhält man, wenn man vernünftigerweise verlangt, dass sich der Informationsgehalt voneinander unabhängiger Nachrichten addieren soll.

Diese drei Kriterien werden von folgender Definition erfüllt:

$$I_x = \operatorname{ld}\frac{1}{p_x}\ \text{bit/Symbol} \qquad (2.2\text{-}21)$$

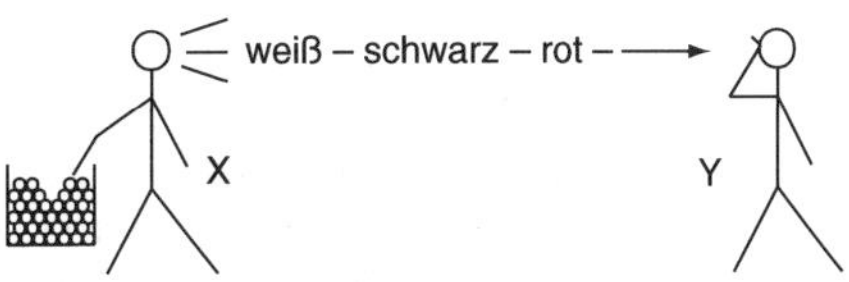


Bild 2.2-4 Ungestörte Nachrichtenübertragung

wobei ld der Logarithmus zur Basis 2 ist und die Einheit bit (von „binary digit“) verwendet wird. Während für das erste Kriterium die Verwendung der reziproken Wahrscheinlichkeit genügen würde, legt schon das zweite Kriterium die Verwendung einer logarithmischen Definition nahe. Das dritte Kriterium macht die logarithmische Definition sogar zwingend notwendig. Dies wird deutlich, wenn man im obigen Beispiel fordert, dass etwa der Informationsgehalt der kombinierten Nachricht „weiß-rot“: $I_{WR} = I_W + I_R$ werden soll. Die Wahrscheinlichkeit für das Auftreten der Nachricht „weiß-rot“ ist $p_{WR} = p_W \cdot p_R$, und damit wird ihr Informationsgehalt nach obiger Definition:

$$I_{WR} = \mathrm{ld}\frac{1}{p_W \cdot p_R} = \mathrm{ld}\frac{1}{p_W} + \mathrm{ld}\frac{1}{p_R} = I_W + I_R \tag{2.2-22}$$

Der Logarithmus ist also notwendig, um das Produkt der reziproken Wahrscheinlichkeiten in eine Summe zu verwandeln.

Die Verwendung des Logarithmus zur Basis 2 ist lediglich eine Maßstabsfrage. Die Basis 2 wurde gewählt, damit für den einfachsten Fall einer symmetrischen, binären Nachricht mit $p_x = 0{,}5$ der Informationsgehalt eines Zeichens $I_x = 1$ bit wird. Der Begriff „bit“ hat 2 verschiedene Bedeutungen: kleingeschrieben ist er in dem hier verwendeten Sinn die Einheit für den Informationsgehalt einer (z.B. auch analogen) Nachricht. Großgeschrieben ist er ein Name für „binäre Stelle oder Ziffer“. In der symmetrischen, binären Nachricht hat also ein „Bit“ den Informationsgehalt $I_x = 1$ bit. In der unsymmetrischen, binären Nachricht kann aber durchaus ein Bit etwa den Informationsgehalt $I_x = 0{,}5$ bit oder $I_x = 2$ bit haben.

In Bild 2.2-5 sind die Zahlenwerte für obiges Beispiel mit den Kugeln in digitaler und analoger Form dargestellt. Die Analogdarstellung verwendet links eine logarithmische Wahrscheinlichkeitsskala und rechts die zugehörige Skala für den Informationsgehalt in bit. Man kann entsprechend den angedeuteten Pfeilen den Informationsgehalt auch als Unsicherheit des Empfängers in Bezug auf die Nachricht deuten. Der Empfang der Nachricht beseitigt dann diese Unsicherheit und macht $p_x$ zu 1.

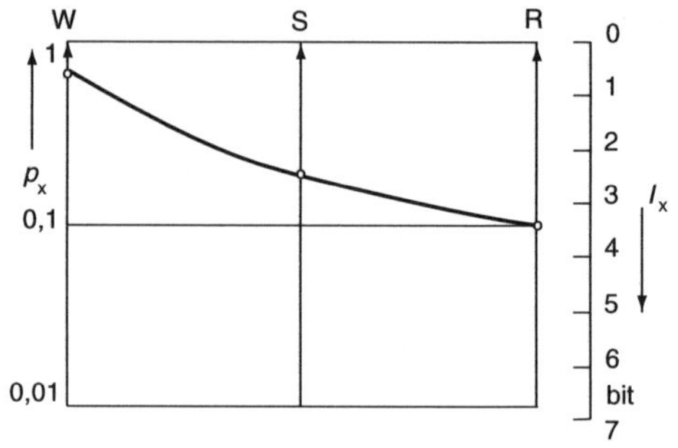


| $x$ | $p_x$ | $I_x$ | $H$ |
|---|---|---|---|
| W | 0,7 | 0,5 bit | 1,14 bit |
| S | 0,2 | 2,3 bit | |
| R | 0,1 | 3,3 bit | |

Bild 2.2-5 Informationsgehalt der Nachrichtenquelle

### 2.2.3.2 Entropie

Mit den bisherigen Überlegungen ist es möglich, den Informationsgehalt bzw. die Unsicherheit von einzelnen Nachrichtenelementen, wie z.B. Buchstaben, Silben, Wörtern und dgl. anzugeben. Nun ist natürlich auch die Frage nach dem mittleren Informationsgehalt bzw. nach der mittleren Unsicherheit aller $x$ möglichen Nachrichtenelemente berechtigt. Hierzu muss man das arithmetische Mittel aller Werte $I_x$ bilden, wobei diese mit der Wahrscheinlichkeit ihres Vorkommens $p_x$ bewertet werden müssen:

$$H = \overline{I_x} = \sum_x p_x \,\mathrm{ld}\frac{1}{p_x} \tag{2.2-23}$$

Man nennt diesen mittleren Informationsgehalt bzw. diese mittlere Unsicherheit *Entropie*.

Der Begriff wurde aus der Thermodynamik entlehnt, wo er ein Maß für die statistische Unordnung bzw. Unsicherheit in einem thermodynamischen System ist.

In dem gewählten Beispiel wird die Entropie $H = 1{,}14$ bit/Symbol. Sie ist stets positiv. Ihr Maximalwert ergibt sich immer für die Gleichverteilung. Er wird *Entscheidungsgehalt* $H_0$ genannt. In dem Beispiel würde man für $p_W = p_S = p_R = 1/3$ die maximale Entropie bzw. den Entscheidungsgehalt $H_0 = 1{,}6$ bit/Symbol erhalten. Dies wäre der Zustand größter mittlerer Unsicherheit. Der Minimalwert $H = 0$ ergibt sich für die Sicherheitsverteilung, bei der eine Nachricht die Wahrscheinlichkeit $p_x = 1$ und alle anderen Nachrichten die Wahrscheinlichkeit $p_x = 0$ haben.

#### 2.2.3.3 Redundanz

Die maximale Entropie bzw. der Entscheidungsgehalt, d.h. der maximale mittlere Informationsgehalt einer Nachricht ist dann gegeben, wenn die einzelnen Nachrichtenelemente gleichverteilt und statistisch unabhängig sind. Jede Abweichung von der Gleichverteilung bzw. von der statistischen Unabhängigkeit bewirkt eine Verringerung des mittleren Informationsgehalts der Nachricht. Diese Verringerung der Entropie nennt man *Redundanz R*; manchmal gibt man auch die *relative Redundanz r* an.
Es gilt:

$$R = H_0 - H \qquad (2.2\text{-}24)$$

$$r = \frac{H_0 - H}{H_0} \qquad (2.2\text{-}25)$$

In unserem Beispiel mit den Kugeln war $H_0 = 1{,}6$ bit/Symbol und $H = 1{,}14$ bit/Symbol. Dafür wird $R = 0{,}46$ bit/Symbol und $r = 0{,}2875$.

**Beispiel:**
*Bedeutung der Redundanz in der Sprache*
Würden in der deutschen Sprache alle 26 Buchstaben mit gleicher Wahrscheinlichkeit ($p_x = {}^1/_{26}$) vorkommen und unabhängig voneinander sein, so wäre der Informationsgehalt eines Buchstabens und folglich auch der Mittelwert $H_0 = I = \text{ld}\ 26 = 4{,}7$ bit. Es tritt aber beispielsweise der Buchstabe e häufiger auf als der Buchstabe x. Berücksichtigt man diese Buchstabenhäufigkeit (wie in dem Beispiel mit den Kugeln), dann wird die Entropie:

$$H = \Sigma p_x \ \text{ld}\ {}^1/_{p_x} = 4{,}1 \text{ bit/Symbol} .$$

Betrachtet man Folgen von 2 Buchstaben, so muss man zusätzlich berücksichtigen, dass z.B. auf ein a viel wahrscheinlicher ein n als ein o folgt. Mit Berücksichtigung dieser „bedingten" Wahrscheinlichkeit wird $H = 3$ bit/Symbol. Berücksichtigt man auch noch die Abhängigkeit der bedingten Wahrscheinlichkeit von allen längeren Buchstabenfolgen und damit auch die Unmöglichkeit bestimmter Buchstabenfolgen, dann ergibt sich nach Küpfmüller $H \approx 1{,}3$ bit/Symbol. Diesen Wert kann man als den Entropiewert der deutschen Sprache bezeichnen. (Noch kleinere Werte ergeben sich natürlich, wenn man als weitere Symbole auch noch Satzzeichen und Zwischenräume berücksichtigt.)

Mit unseren Werten erhalten wir als Redundanz der deutschen Sprache: $R = 3{,}4$ bit/Symbol und $r = 0{,}73$. Das bedeutet, dass bezüglich des Informationsgehalts 73 % der deutschen Sprache überflüssig oder redundant sind und nur 27 % Information tragen.

Die Redundanz in der Sprache ist sehr wichtig: Sie verlängert zwar die eigentliche Nachricht, sie ermöglicht aber das Erkennen und Korrigieren von Fehlern bei gestörten Nachrichten. Die Bedeutung der Redundanz für die Fehlererkennung und -korrektur wird uns in 4.2.2 und 5.2 noch klarer werden.

#### 2.2.3.4 Informationsfluss

Bei allen bisherigen Betrachtungen war die Zeit ausgeschlossen. Aber gerade bei der Nachrichtenübertragung ist die Geschwindigkeit, mit der eine Information übertragen werden kann, eine sehr wichtige Größe. Diese Geschwindigkeit nennt man den *Informationsfluss*. Er ist definiert als

$$F = \frac{H}{T_m} \qquad (2.2\text{-}26)$$

wobei $T_m = \sum p_x T_x$ die mittlere Zeit ist, die für die Übertragung eines Nachrichtenelements benötigt wird. Ihre Einheit ist s/Symbol. Der Informationsfluss $F$ wird in bit/s gemessen.

Wenn in unserem Beispiel die Aussprache für jedes der Worte „weiß", „schwarz", „rot" eine Sekunde dauert ($T_m = 1$ s/Symbol), dann ist der von X nach Y übertragene Informationsfluss $F = 1{,}14$ bit/s.

#### 2.2.3.5 Kanalkapazität

Die *Kanalkapazität ist der maximale Informationsfluss*, der über einen *gegebenen Nachrichtenkanal fehlerfrei übertragen* werden kann:

$$C = F_{\text{max}} = \left(\frac{H}{T_{\text{m}}}\right)_{\text{max}} \tag{2.2-27}$$

Normalerweise hängt der Informationsfluss sowohl von der Nachrichtenquelle als auch vom Kanal ab. Betrachtet man aber alle möglichen Quellen, die an einen gegebenen Kanal überhaupt angeschlossen werden können, und dazu die jeweils erreichbaren maximalen Informationsflüsse, so ist die obere Grenze dieser Werte die Kapazität des betreffenden Kanals.

Die Kanalkapazität ist also eine absolute obere Grenze für die Leistungsfähigkeit eines Nachrichtenkanals. Sie hängt nur vom Kanal und nicht von den statistischen Eigenschaften der Nachrichtenquelle ab. *Shannon* hat sie für einen Kanal der Bandbreite $B$, der durch Rauschen mit Gaußscher Amplitudenverteilung (vgl. 2.7) gestört wird, theoretisch abgeleitet. Mit den Leistungen $P_{\text{S}}$ (Signal) und $P_{\text{N}}$ (Rauschen; noise) am Empfängereingang ergab sich

$$C = B \,\text{ld}\left(1 + \frac{P_{\text{S}}}{P_{\text{N}}}\right) \tag{2.2-28}$$

Der Informationsfluss in einem Übertragungskanal bleibt im praktischen Betrieb in der Regel weit unter der Kanalkapazität. Man kann in Gl. (2.2-28) unter Berücksichtigung der Beziehung ld $x$ = lg $x$/lg 2 auf den Zehnerlogarithmus übergehen. Mit lg 2 ≈ 0,3 wird dann

$$C \approx \frac{B}{3} \underbrace{10 \,\text{lg}\left(1 + \frac{P_{\text{S}}}{P_{\text{N}}}\right)}_{\rho} \tag{2.2-29}$$

In vielen Fällen ist $P_{\text{S}} \gg P_{\text{N}}$, dann wird $\rho \approx 10$ lg ($P_{\text{S}}$ / $P_{\text{N}}$). Also ist hier $\rho$ nichts anderes als das *Signal-/Rauschverhältnis*, ausgedrückt in dB, mit dem der Praktiker arbeitet („Störabstand“).

| Kanal | $\underline{B}$ kHz | $\underline{\rho}$ dB | $\underline{C}$ bit/s |
|---|---|---|---|
| Fernsprechen | 3,1 | 40 | $4{,}1 \cdot 10^{4}$ |
| Rundfunk UKW | 15 | 60 | $3{,}0 \cdot 10^{5}$ |
| Fernsehen | 5000 | 45 | $7{,}5 \cdot 10^{7}$ |
| Informationsaufnahme des Menschen | | | 20 |

Bild 2.2-6 Kapazität einiger Kanäle

Berechnet man die Kanalkapazität wichtiger Übertragungskanäle, so ergeben sich die in Bild 2.2-6 dargestellten Werte. Mit in das Bild aufgenommen ist ein deprimierender Vergleichswert: Untersuchungen über die bewusste Informationsaufnahme des Menschen beim Lesen, Betrachten von Bildern, Hören von Sprache oder Musik haben die Kapazität von etwa 20 bit/s ergeben! In der Nachrichtenverarbeitung gibt es ein ähnliches Problem: die große Diskrepanz zwischen der Kapazität des Rechensystems und der des Menschen erfordert besondere Aufmerksamkeit für die Kommunikation Mensch-Maschine.

In 5.2 werden wir die Modulation und in 5.4 die Codierung kennen lernen. Mithilfe dieser Methoden kann der Nachrichtentechniker versuchen, die Kapazität eines gegebenen Kanals möglichst gut auszunutzen.

#### 2.2.3.6 Nachrichtenquader

Steht ein Kanal für eine gewisse Zeitdauer zur Übertragung zur Verfügung, so kann man sich die *übertragbare Nachrichtenmenge als Quader vorstellen.* Die Kantenlängen des Quaders werden von der verfügbaren Bandbreite, vom Störabstand und von der Übertragungszeit abhängen.

Wir werden später die Anwendung der Pulscodemodulation zur Fernsprechübertragung kennen lernen. Während für die Übertragung des bekannten analogen Fernsprech-Basisbandsignals zwar nur die kleine Bandbreite von 3,1 kHz, dafür aber ein respektabler Störabstand erforderlich ist, benötigt die PCM-Übertragung viel Bandbreite, kommt aber dafür mit kleinem Störabstand aus.

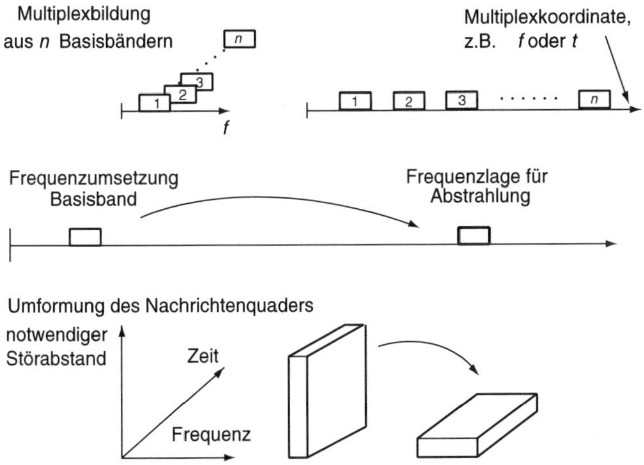


Bild 2.2-7 Aufgaben von Modulation und Codierung

Damit können wir diese „Umformung des Nachrichtenquaders" zusammen mit den Aufgaben der Modulation (bzw. der Codierung) in Bild 2.2-7 schematisch darstellen.

# 2.3 Signalbeschreibung

## 2.3.1 Übersicht

In diesem Kapitel lernen wir, wie man periodische und einmalige Signale sowohl im Zeit- als auch im Frequenzbereich beschreiben kann. Eine detaillierte Behandlung ist z.B. in [51-1]enthalten.

## 2.3.2 Sinusförmige Signale

### 2.3.2.1 Komplexe Kreisfrequenz

Bei der Untersuchung von Netzwerken ergibt sich eine nützliche Erweiterung der gewohnten Beschreibung stationärer Sinusschwingungen: Die Einführung der „komplexen Kreisfrequenz" (oft auch einfach komplexe Frequenz genannt)

$$p = \sigma + \mathrm{j}\,\omega \qquad (2.3\text{-}1)$$

Wir wollen diesen Punkt etwas genauer besprechen. Dabei werden wir immer wieder dasselbe exemplarische Beispiel heranziehen (Reihenschwingkreis).

Wir beginnen mit bekannten Begriffen der komplexen Rechnung, die genormt sind [DIN 5475 Bl. 1], [DIN 5483], [DIN 40110]. Wir nehmen die Spannung $u(t) = \hat{u}\cos(\omega t+\varphi)$ als Beispiel:

| | |
|---|---|
| Augenblickswert | $u$ |
| Amplitude | $\hat{u}$ |
| Effektivwert | $U = \dfrac{1}{\sqrt{2}}\hat{u}$ |
| Komplexe Amplitude | $\underline{\hat{u}} = \hat{u}\,\mathrm{e}^{\mathrm{j}\,\varphi}$ |
| Komplexer Effektivwert | $\underline{U} = U\,\mathrm{e}^{\mathrm{j}\varphi} = \dfrac{1}{\sqrt{2}}\underline{\hat{u}}$ |

(2.3-2)

Der *komplexe Augenblickswert* der zeitlich sinusförmig verlaufenden Spannung ist

$$\underline{u}(t) = \hat{u}\,\mathrm{e}^{\mathrm{j}\varphi}\cdot\mathrm{e}^{\mathrm{j}\omega t} = \underline{\hat{u}}\,\mathrm{e}^{\mathrm{j}\omega t} \qquad (2.3\text{-}3)$$

Der physikalische Augenblickswert ist der Realteil des komplexen Augenblickswertes

$$u(t) = \mathrm{Re}\,\underline{u}(t) = \hat{u}\cos(\omega t + \varphi) \qquad (2.3\text{-}4)$$

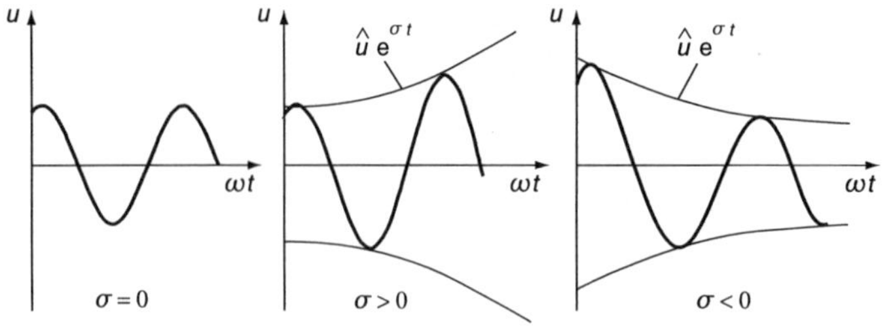


Bild 2.3-1
An- und abklingende Sinusschwingungen

Wir erhalten bei der Darstellung in der komplexen Ebene den physikalischen Augenblickswert, indem wir den komplexen Augenblickswert auf die reelle Achse projizieren.

**Einführung der komplexen Kreisfrequenz *p***

Nun soll die Beschreibung der stationären Sinusschwingung Gl. (2.3-4) auf zeitlich an- und abklingende Schwingungen erweitert werden; zu diesem Zweck wird in Gl. (2.3-4) der Faktor $e^{\sigma t}$ eingeführt:

$$u(t) = \hat{u}\, e^{\sigma t} \cos(\omega t + \varphi) \tag{2.3-5}$$

Bild 2.3-1 zeigt Beispiele für verschiedene $\sigma$. Wir vergleichen nun Gl. (2.3-4) und Gl. (2.3-5):

(2.3-4):

$$u(t) = \hat{u} \cos(\omega t + \varphi) = \mathrm{Re}\left\{ \hat{u}\, e^{j(\omega t + \varphi)} \right\} = \mathrm{Re}\left\{ \hat{u}\, e^{j\varphi} e^{j\omega t} \right\}$$

(2.3-5):

$$u(t) = \mathrm{Re}\left\{ \hat{u}\, e^{\sigma t} e^{j(\omega t + \varphi)} \right\} = \mathrm{Re}\left\{ \hat{u}\, e^{j\varphi} e^{(\sigma + j\omega t)} \right\}$$

Durch Einführung der komplexen Kreisfrequenz $p$ nach Gl. (2.3-1) erhalten wir eine Darstellung sowohl für stationäre als auch für an- und abklin-

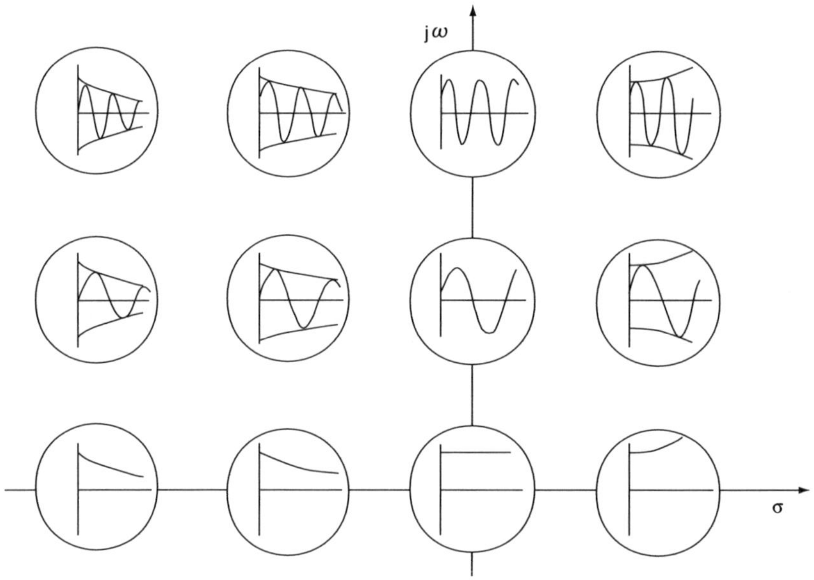


Bild 2.3-2 Ebene der komplexen Kreisfrequenz ($p$-Ebene) mit erläuternden Oszillogrammen

gende Sinusschwingungen. Es wird mit der komplexen Amplitude $\underline{\hat{u}} = \hat{u}\,e^{j\varphi}$ nach Gl. (2.3-2):

Komplexer Augenblickswert

$$\underline{u}(t) = \hat{u}\,e^{j\varphi}e^{pt} = \underline{\hat{u}}\,e^{pt} \tag{2.3-6}$$

Physikalischer Augenblickswert

$$u(t) = \operatorname{Re}\underline{u}(t) = \hat{u}\,e^{\varphi t}\cos(\omega t + \varphi) \tag{2.3-7}$$

Wir können den Zahlenwert der komplexen Kreisfrequenz $p$ in der Gauß'schen Zahlenebene darstellen, wie dies bei komplexen Zahlen üblich ist. Wir sprechen dann von der *Ebene der komplexen Kreisfrequenz* oder *p-Ebene*. Bild 2.3-2 zeigt, welche Oszillogramme bestimmten Punkten der $p$-Ebene zukommen. Punkte auf der imaginären Achse ($j\omega$-Achse) kennzeichnen reine Sinusschwingungen. Für jeden Punkt der Ebene ergibt die Ordinate den Wert der physikalischen Kreisfrequenz (deshalb nur obere $p$-Halbebene vorhanden) und die Abszisse die Schnelligkeit des An- oder Abklingens.

### 2.3.2.2 Einführung negativer Frequenzen

Das am einfachsten zu beschreibende periodische Signal ist die harmonische Schwingung (Bild 2.3-3)

$$s(t) = \hat{s}\cdot\cos(\omega t + \varphi) \tag{2.3-8}$$

Nach den Regeln der Trigonometrie kann man die Cosinusschwingung mit Phasenwinkel $\varphi$ umformen in die Summe einer Cosinus- und einer Sinusschwingung mit dem Phasenwinkel 0:

$$s(t) = \hat{s}\cdot\cos\varphi\cdot\cos\omega t - \hat{s}\cdot\sin\varphi\cdot\sin\omega t$$

$$s(t) = a_1\cdot\cos\omega t + b_1\cdot\sin\omega t \tag{2.3-9a}$$

$$a_1 = \hat{s}\cdot\cos\varphi;\qquad b_1 = -\hat{s}\cdot\sin\varphi \tag{2.3-9b}$$

Für die folgenden Abschnitte ist jedoch noch eine weitere Darstellung der harmonischen Schwingung von besonderem Interesse. Nach der Euler'schen Formel kann man die Cosinusfunktion in zwei Exponentialfunktionen umwandeln, mit denen sich oft einfacher rechnen lässt:

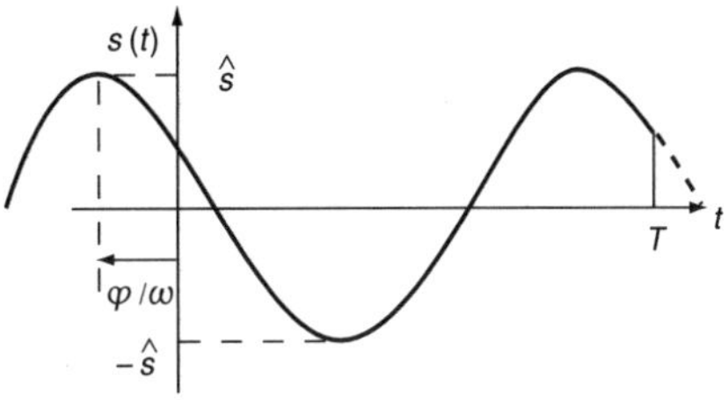


Bild 2.3-3 Harmonische Schwingung

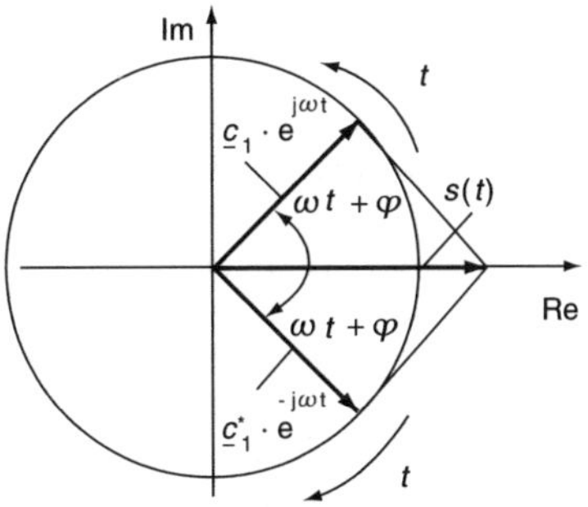


Bild 2.3-4 Zeigerdiagramm der harmonischen Schwingung

$$s(t) = \tfrac{1}{2}\hat{s}\cdot\left(e^{j(\omega t+\varphi)} + e^{-j(\omega t+\varphi)}\right)$$

$$s(t) = \tfrac{1}{2}\hat{s}\cdot e^{j\varphi}\cdot e^{j\omega t} + \tfrac{1}{2}\hat{s}\cdot e^{-j\varphi}\cdot e^{-j\omega t}$$

$$s(t) = \underline{c}_1\cdot e^{j\omega t} + \underline{c}_1^{*}\cdot e^{-j\omega t} \tag{2.3-10}$$

$\underline{c}_1 = \tfrac{1}{2}\hat{s}\cdot e^{j\varphi}$ ist komplexer Zeiger;

$\underline{c}_1^{*} = \tfrac{1}{2}\hat{s}\cdot e^{-j\varphi}$ ist konjugiert komplexer Zeiger.

Es gilt unter Anwendung der Euler'schen Formel und mit Gl. (2.3-9b):

$$\underline{c}_1 = \tfrac{1}{2}\hat{s}\cdot\cos\varphi + j\tfrac{1}{2}\hat{s}\cdot\sin\varphi$$

$$\underline{c}_1 = \tfrac{1}{2}(a_1 - jb_1) \tag{2.3-11}$$

In der komplexen Ebene lässt sich $s(t)$ als Summe zweier komplexer Zeiger $\underline{c}_1$ und $\underline{c}_1^{*}$ darstellen, von denen der eine im Gegenuhrzeigersinn (Kreis-

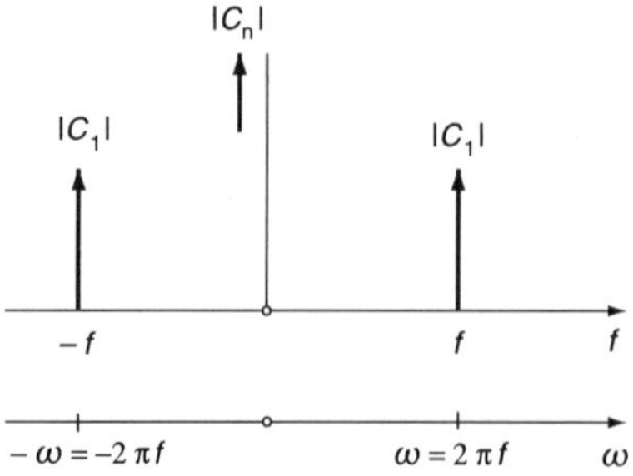


Bild 2.3-5 Zweiseitige spektrale Darstellung der harmonischen Schwingung

frequenz $\omega$) und der andere im Uhrzeigersinn (Kreisfrequenz $-\omega$) umläuft (Bild 2.3-4). Die Summe ist in jedem Augenblick reell. Formal wird hierbei die negative Kreisfrequenz $-\omega$ eingeführt. Physikalisch ist sie nicht zu erfassen. Sie tritt bei reellen Signalen immer gemeinsam mit $+\omega$ auf. Wir kommen so zur *zweiseitigen spektralen Darstellung* der harmonischen Schwingung (Bild 2.3-5). Bei Frequenzen $+f$ und $-f$ ($\omega = 2\pi f$; $-\omega = -2\pi f$) gibt es zwei Anteile des Spektrums mit dem Betrag $|\underline{c}_1|$.

## 2.3.3 Beschreibung beliebiger periodischer Signale

### 2.3.3.1 Fourier-Reihe

Ein periodisches Signal, vgl. Bild 2.3-6, setzt sich zusammen aus der Grundschwingung $f_0 = 1/T$ und den Oberschwingungen, deren Frequenzen ganzzahlige Vielfache der Grundfrequenz $f_0$ sind ($\omega_0 = 2\pi f_0$); außerdem ist evtl. noch ein Gleichanteil enthalten:

$$\begin{aligned} s(t) = s_0 + \hat{s}_1 \cdot \cos(\omega_0 t + \varphi_1) + \\ + \hat{s}_2 \cdot \cos(2\omega_0 t + \varphi_2) + \\ + \hat{s}_3 \cdot \cos(3\omega_0 t + \varphi_3) + \cdots . \end{aligned} \qquad (2.3\text{-}12a)$$

$\varphi_n$ ist die Phasenlage der Teilschwingung mit der Frequenz $n \cdot f_0$. Ähnlich wie in 2.3.2.2 kann man die einzelnen Summanden umformen:

$$\begin{aligned} s(t) = s_0 + \sum_{n=1}^{\infty} [\hat{s}_n \cdot \cos(n\omega_0 t) \cdot \cos\varphi_n - \\ - \hat{s}_n \cdot \sin(n\omega_0 t) \cdot \sin\varphi_n ] \end{aligned} \qquad (2.3\text{-}12b)$$

**Bemerkung:**
Wir bezeichnen den Gleichanteil ($n = 0$) mit $s_0$ und in der Folge mit $a_0$. In der Literatur findet man häufig auch die Bezeichnung $s_0/2$ bzw. $a_0/2$ für den Gleichanteil. Wir kommen bei dem Beispiel am Ende von 2.3.3.3 darauf zurück.

Mit den Beziehungen

$$a_0 = s_0;\ a_n = \hat{s}_n \cdot \cos\varphi_n;\ b_n = -\hat{s}_n \cdot \sin\varphi_n;$$

$$\hat{s}_n = \sqrt{a_n^2 + b_n^2} \qquad (2.3\text{-}13)$$

erhält man

$$\begin{aligned} s(t) = a_0 + \sum_{n=1}^{\infty} [a_n \cdot \cos(n\omega_0 t) \\ + b_n \cdot \sin(n\omega_0 t)] \end{aligned} \qquad (2.3\text{-}14)$$

Nach Fourier kann man die Koeffizienten $a_n$ und $b_n$ berechnen ($n \geq 1$):

$$a_n = \frac{2}{T} \int_0^T s(t) \cdot \cos(n\omega_0 t)\, dt \qquad (2.3\text{-}15a)$$

$$b_n = \frac{2}{T} \int_0^T s(t) \cdot \sin(n\omega_0 t)\, dt \qquad 2.3\text{-}15b)$$

Speziell für $n = 0$ erhält man:

$$a_0 = \frac{1}{T} \int_0^T s(t)\, dt \qquad (2.3\text{-}15c)$$

**Beispiel:**
Fourier-Darstellung einer periodischen Folge von Rechteckimpulsen (Dauer $T_i$), auch Rechteckpuls mit Tastverhältnis $T_i/T$ genannt (Bild 2.3-7). Nach Gl. (2.3-15) bestimmt man die Koeffizienten $a_0 = T_i/T$ und

$$\begin{aligned} a_n &= \frac{2}{n\pi} \cdot \sin\left( n\pi \cdot \frac{T_\mathrm{i}}{T} \right) \\ b_n &= 0 \qquad \text{für} \quad n \geq 1 \end{aligned} \qquad (2.3\text{-}16)$$

Man kann also $s(t)$ wie folgt darstellen:

$$\begin{aligned} s(t) = \frac{T_\mathrm{i}}{T} + \frac{2}{\pi} \cdot \sin\left( \pi \frac{T_\mathrm{i}}{T} \right) \cdot \cos(\omega_0 t) + \\ + \frac{2}{2\pi} \cdot \sin\left( 2\pi \frac{T_\mathrm{i}}{T} \right) \cdot \cos(2\omega_0 t) + \ldots \end{aligned} \qquad (2.3\text{-}17)$$

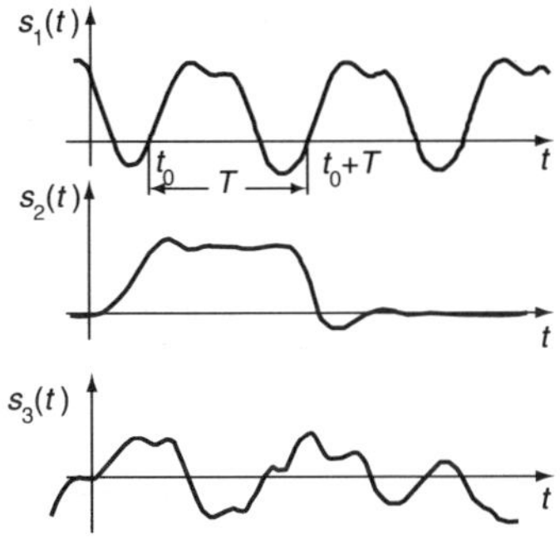


Bild 2.3-6 Determinierte Signale (periodisch: $s_1(t)$; einmalig: $s_2(t)$) und zufälliges Signal $s_3(t)$

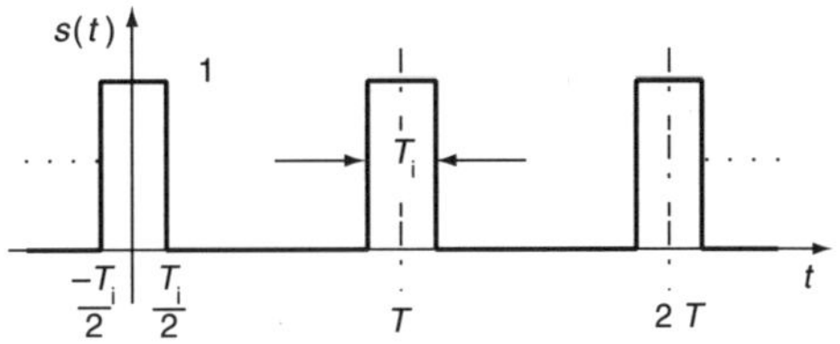


Bild 2.3.7 Rechteckpuls mit Tastverhältnis $T_i/T$

Bild 2.3-8 zeigt $s(t)$ unter Berücksichtigung von $N$ Schwingungen ($s_N(t)$) für das Tastverhältnis $T_i/T = 0{,}2$.

### 2.3.3.2 Klirrfaktor

Hat man die Fourier-Koeffizienten $a_n$ und $b_n$ bestimmt, so kennt man nach Gl. (2.3-13) nicht nur die Amplituden $\hat{s}_n$, sondern auch die Phasenwinkel $\varphi_n$ der einzelnen Schwingungsanteile. Für viele Zwecke (vgl. 5.3.3) genügt jedoch eine pauschale Angabe des Anteils an Oberschwingungen. Der Klirrfaktor $k_n$ gibt das Verhältnis der Amplitude der harmonischen Schwingung der Frequenz $n{\cdot}f_0$ (also die $(n-1)$te Oberschwingung) zur Amplitude der Grundschwingung an:

$$k_n = \frac{\hat{s}_n}{\hat{s}_1} \quad \text{für } n = 2, 3, 4, \cdots \tag{2.3-18}$$

Der *Gesamtklirrfaktor* $k$ setzt die Wurzel aus der quadratischen Summe aller Oberschwingungen ins Verhältnis zur Grundschwingung:

$$k = \frac{\sqrt{\hat{s}_2^2 + \hat{s}_3^2 + \hat{s}_4^2 + \ldots}}{\hat{s}_1} \tag{2.3-19}$$

Aus messtechnischen Gründen wählt man als Bezugsgröße an Stelle von $\hat{s}_1$ häufig den *Effektivwert*

$$S_{\text{eff}} = \sqrt{\frac{1}{T}\int_0^T (s(t))^2\,\mathrm{d}t} = \sqrt{s_0^2 + \frac{\hat{s}_1^2}{2} + \frac{\hat{s}_2^2}{2} + \ldots} \tag{2.3-20}$$

### 2.3.3.3 Komplexe Fourier-Reihe

Ähnlich wie in 2.3.2.2 kann man die Beziehung Gl. (2.3-12) umformen:

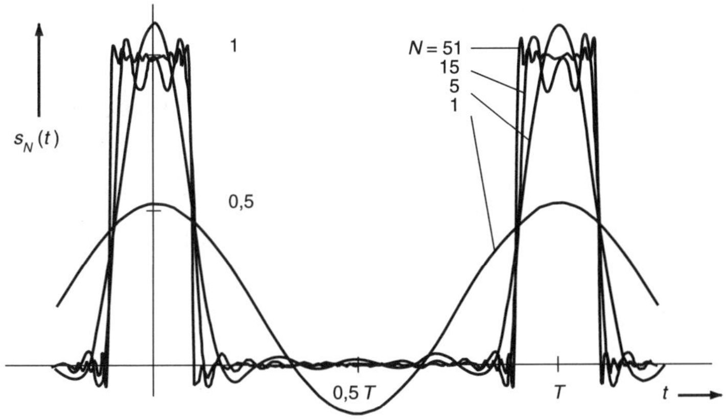


Bild 2.3.8
Fourier-Darstellung eines Rechteckpulses ($T_i/T = 0{,}2$); $s_N(t)$: Frequenzanteile bis einschließlich $N{\cdot}f_0$ werden berücksichtigt

$$s(t)=s_0+\sum_{n=1}^{\infty}\left[\tfrac{1}{2}\hat{s}_n\cdot e^{j\varphi_n}\cdot e^{jn\omega_0 t}+\right.$$
$$\left.+\tfrac{1}{2}\hat{s}_n\cdot e^{-j\varphi_n}\cdot e^{-jn\omega_0 t}\right]$$
$$\underline{c}_n=\tfrac{1}{2}\cdot\hat{s}_n\cdot e^{j\varphi_n} \qquad (2.3\text{-}21)$$
$$\underline{c}_n=\tfrac{1}{2}\cdot\hat{s}_n\cdot\cos\varphi_n+j\tfrac{1}{2}\cdot\hat{s}_n\cdot\sin\varphi_n$$

Mit Gl. (2.3-21) und $\underline{c}_0 = s_0$ gilt:

$$s(t)=\underline{c}_0+\sum_{n=1}^{\infty}\left[\underline{c}_n\cdot e^{jn\omega_0 t}+\underline{c}_n^*\cdot e^{-jn\omega_0 t}\right] \qquad (2.3\text{-}22)$$

$\underline{c}_n$ kann man mit Gl. (2.3-21) und (2.3-13) anders schreiben:

$$\underline{c}_n=\tfrac{1}{2}(a_n-j\,b_n) \qquad (2.3\text{-}23a)$$

Mit Gl. (2.3-15) gilt:

$$\underline{c}_n=\frac{1}{T}\int_0^T s(t)\cdot\left[\cos(n\omega_0 t)-j\sin(n\omega_0 t)\right]\,dt$$

$$\underline{c}_n=\frac{1}{T}\int_0^T s(t)\cdot e^{-jn\omega_0 t}\cdot dt \qquad (2.3\text{-}23b)$$

Für das konjungiert komplexe Glied gilt mit Gl. (2.3-23)

$$\underline{c}_n^*=\underline{c}_{-n} \qquad n\neq 0$$
$$\underline{c}_0=a_0=s_0 \qquad (2.3\text{-}24)$$

Statt Gl. (2.3-22) kann man jetzt schreiben:

$$s(t)=\underline{c}_0+\sum_{n=1}^{\infty}\underline{c}_n\cdot e^{jn\omega_0 t}+\sum_{n=1}^{\infty}\underline{c}_{-n}\cdot e^{-jn\omega_0 t}$$

Die zweite Summe kann umgeformt werden:

$$s(t)=\underline{c}_0+\sum_{n=1}^{\infty}\underline{c}_n\cdot e^{jn\omega_0 t}+\sum_{n=-1}^{-\infty}\underline{c}_n\cdot e^{jn\omega_0 t}$$

Und dann kann man zusammenfassen:

$$s(t)=\sum_{n=-\infty}^{\infty}\underline{c}_n\cdot e^{jn\omega_0 t} \qquad (2.3\text{-}25)$$

Die Koeffizienten $\underline{c}_n$ sind durch Gl. (2.3-23b) gegeben. Wir können dort die Integrationsgrenzen jeweils um T/2 verschieben und erhalten:

$$\underline{c}_n=\frac{1}{T}\int_{-T/2}^{+T/2} s(t)\cdot e^{-jn\omega_0 t}\cdot dt \qquad (2.3\text{-}26)$$

In der Gl. (2.3-25) haben wir durch die formale Einführung von negativen Frequenzen ($n = -\infty$ bis $n = +\infty$) eine knappe und übersichtliche Darstellung für $s(t)$ erreicht: die *komplexe Fourier-Reihe*. Zu den negativen Frequenzen $-nf_0$ gibt es immer die zugehörigen positiven Frequenzen $+nf_0$. Diese symmetrische Spektraldarstellung bewährt sich besonders beim Übergang zur Fourier-Transformation, siehe 2.3.4.1.

Um den Zusammenhang zwischen einseitiger und zweiseitiger Spektraldarstellung – diese Begriffe haben wir schon in 2.3.2.2 eingeführt – noch etwas zu vertiefen, benutzen wird das folgende Beispiel.

**Beispiel:**
Für den Rechteckpuls nach Bild 2.3-7 soll in Bild 2.3-9 die einseitige spektrale Darstellung nach Gl. (2.3-12) und die zweiseitige nach Gl. (2.3-26) verglichen werden.
Nach Gl. (2.3-21) und Gl. (2.3-24) gilt:

$$\hat{s}_n=2\left|\underline{c}_n\right| \qquad n\geq 1$$
$$s_0=c_0$$

Das bedeutet, dass *die einseitige Spektraldarstellung aus der zweiseitigen durch Umklappen entsteht*, wobei die unverändert bleibende Linie bei $n = 0$ sozusagen das Scharnier bildet. Für theoretische Betrachtungen ist die zweiseitige Darstellung am besten geeignet. Die Amplituden $\hat{s}_n$ (einseitige Darstellung) lassen sich mit einem selektiven Spannungsmesser messen.

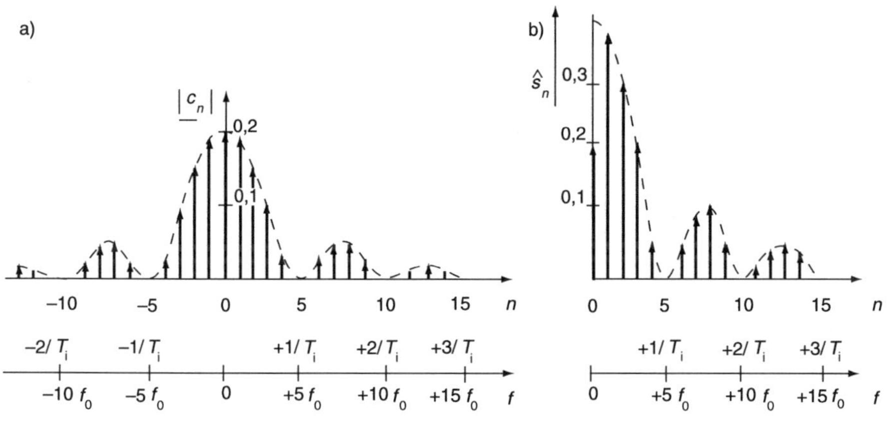


Bild 2.3-9 Amplitudenspektrum für den Rechteckpuls nach Bild 2.3-7, (Tastverhältnis $T_i/T = 0{,}2$): a) zweiseitige spektrale Darstellung, b) einseitige spektrale Darstellung

In beiden Spektraldarstellungen gilt:

- Der Linienabstand $f_0 = 1/T$ ist nur von der Periodendauer $T$ abhängig.
- Die Lage der Nullstellen der Einhüllenden hängt nur von der Impulsdauer $T_i$ ab. Die erste Nullstelle liegt bei $f = 1/T_i$.

Der Gleichanteil ($n = 0$) hat eine bestimmte Größe, die natürlich nicht davon abhängt, ob man ihn mit einem anderen Formelzeichen bezeichnet; vgl. die Bemerkung nach Gl. (2.3-12). Man könnte den unverändert großen Gleichanteil (an Stelle von $s_0$ bzw. $a_0$) auch als $s_0/2$ bzw. $a_0/2$ definieren, was in Bild 2.3-9 rechts den Vorteil hätte, dass der Koeffizient $s_0$ (jetzt nicht zu verwechseln mit dem Gleichanteil!) in der Höhe bis zu der Einhüllenden der übrigen $s_n$ aufschließen würde. Dafür würde die oben erläuterte anschauliche Vorstellung für das „Umklappen" geopfert, denn jetzt müsste man beachten, dass beim Umklappen die Höhe des „Scharniers" sich verdoppelt.

## 2.3.4 Beschreibung nichtperiodischer Signale

### 2.3.4.1 Fourier-Transformation

Die komplexe Fourier-Reihe wurde durch das Formelpaar Gl. (2.3-25) und Gl. (2.3-26) beschrieben. Wir gehen nun von den genannten Formeln aus und lassen die Periodendauer $T$ sehr stark wachsen. Wegen $f_0 = 1/T$ rücken die Spektrallinien immer näher zusammen und im Grenzübergang $T \to \infty$ geht das Linienspektrum in ein kontinuierliches Spektrum über. Allerdings gehen mit $T \to \infty$ die $\underline{c}_n$ gegen null, sodass man $\underline{c}_n \cdot T$ betrachtet. Man definiert im Grenzübergang $\underline{c}_n \cdot T \to S(f)$ und ferner

$$f_0 = \frac{1}{T} \to \mathrm{d}f; \qquad n \cdot f_0 \to f;$$

Aus der Summe wird dann ein Integral. So erhält man die Gleichungen für die Fourier-Transformation:

$$\underline{S}(f) = \int_{-\infty}^{+\infty} s(t) \cdot \mathrm{e}^{-\mathrm{j}2\pi f t} \cdot \mathrm{d}t \tag{2.3-27}$$

$$s(t) = \int_{-\infty}^{+\infty} \underline{S}(f) \cdot \mathrm{e}^{\mathrm{j}2\pi f t} \cdot \mathrm{d}f \tag{2.3-28}$$

**Bemerkung:**
Wählt man an Stelle von $f$ die Kreisfrequenz $\omega$ als Variable, so ergibt sich wegen $\mathrm{d}\omega = 2\pi\,\mathrm{d}f$ in der Formel für $s(t)$ ein Faktor $1/2\pi$ vor dem Integral.

*$\underline{S}(f)$ nennt man die (komplexe) Spektraldichte der Zeitfunktion $s(t)$.* Die Zusammengehörigkeit von $s(t)$ im Zeitbereich und $\underline{S}(f)$ im Frequenzbereich beschreibt man auch kurz durch folgendes Symbol:

$s(t) \circ\!\!-\!\!\bullet\ \underline{S}(f)$

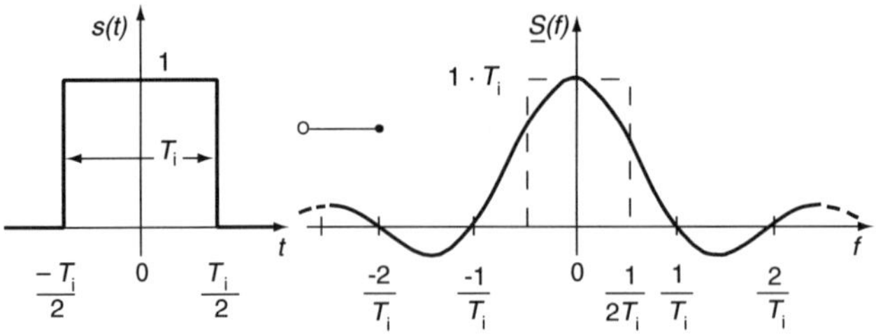


Bild 2.3-10
Symmetrischer Rechteckimpuls, Zeitfunktion und Spektraldichte

Das Fourie-Integral existiert, wenn $s(t)$ zumindest stückweise stetig ist und

$$\int_{-\infty}^{+\infty} |s(t)| \, dt < \infty \tag{2.3-29}$$

gilt. Dieses Bedingung der absoluten Integrierbarkeit ist hinreichend, jedoch nicht notwendig, wie wir in 2.3.4.4 sehen werden. Um die Handhabung der Fourier-Transformation aufzuzeigen und gleichzeitig auf das folgende Kapitel überzuleiten, genügt uns im Augenblick das einfache

**Beispiel:**
Spektraldichte des symmetrischen Rechteckimpulses (Bild 2.3-10). Wir erhalten durch Einsetzen der gegebenen Zeitfunktion

$$s(t) = \begin{Bmatrix} 1, & |t| < T_i/2 \\ 0, & |t| > T_i/2 \end{Bmatrix} \tag{2.3-30}$$

in Gl. (2.3-27) die Spektraldichte

$$\underline{S}(f) = \int_{-T_i/2}^{+T_i/2} 1 \cdot e^{-j2\pi f t} \cdot dt$$
$$= \int_{-T_i/2}^{+T_i/2} \cos(2\pi f t) \, dt - j \int_{-T_i/2}^{+T_i/2} \sin(2\pi f t) \, dt$$

Der zweite Term wird null, also lautet das Ergebnis

$$\underline{S}(f) = \frac{1}{\pi f} \cdot \sin(\pi f T_i)$$
$$= T_i \cdot \frac{\sin(\pi f T_i)}{\pi f T_i} \tag{2.3-31}$$

Der Impuls habe z.B. eine Amplitude von 1 V, und die Dauer sei 1 s. Dann wird

$$\underline{S}(f) = 1\,\text{V} \cdot \text{s} \cdot \frac{\sin(\pi f / \text{Hz})}{\pi f / \text{Hz}}$$

Die Einheit ist V · s = V/Hz. Daher ist die Bezeichnung „Spektraldichte“ verständlich.

### 2.3.4.2 Einheitsimpuls, Dirac-Impuls

Verringert man bei dem eben behandelten Beispiel (Bild 2.3-10) die Impulsdauer $T_i$, so wandert die erste Nullstelle der Spektraldichte zu immer höheren Frequenzen. Gleichzeitig ändert sich aber auch der Maximalwert von $\underline{S}(f)$. Deshalb ist es zweckmäßig, von einem Rechteckimpuls mit der Höhe $1/T_i$ (an Stelle von 1) auszugehen, der also unabhängig vom Wert von $T_i$ immer die Fläche 1 hat. Nach Gl. (2.3-27) erhalten wir:

$$s(t) = \begin{Bmatrix} \frac{1}{T_i}, & |t| < T_i/2 \\ 0, & |t| > T_i/2 \end{Bmatrix}$$
$$\circ\!\!-\!\!\bullet$$
$$\underline{S}(f) = \frac{\sin(\pi f T_i)}{\pi f T_i} \tag{2.3-32}$$

Wir verringern nun $T_i$, bis im Grenzübergang ein unendlich schmaler und unendlich hoher Impuls, nach wie vor mit der Fläche 1, herauskommt. Diesen Impuls, den man als Einheits-, Dirac-, oder $\delta$-Impuls $\delta(t)$ bezeichnet, kann man natürlich nicht zeichnen. Man benutzt als Symbol einen Pfeil endlicher Höhe, neben dessen Spitze man die Fläche (hier 1) anschreibt (Bild 2.3-11).

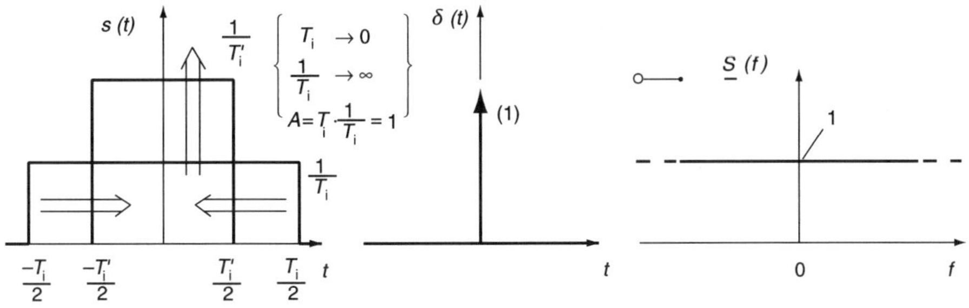


Bild 2.3-11 Übergang vom Rechteckimpuls zum Dirac-Impuls

Beim Grenzübergang $T_i \to 0$ wandert die erste Nullstelle der Spektraldichte ins unendliche, es wird also $\underline{S}(f) = 1$ , wie man auch aus Gl. (2.3-32) ablesen kann: $(\sin x)/x \to 1$ für $x \to 0$. In der in 2.3.4.1 eingeführten symbolischen Schreibweise lautet das Ergebnis:

$$\delta(t) \circ\!\!-\!\!\bullet\; 1 \qquad (2.3\text{-}33)$$

Der Dirac-Impuls ist keine Funktion im gewohnten Sinn, sondern eine so genannte Distribution. Wir befassen uns mit der relativ aufwändigen mathematischen Behandlung nicht, wollen aber nachstehend die wesentlichsten Eigenschaften zusammenfassen. Wir beginnen mit der Fläche $A$:

$$A = \int_{-\infty}^{+\infty} \delta(t)\;\mathrm{d}t = \int_{0-}^{0+} \delta(t)\;\mathrm{d}t = 1 \qquad (2.3\text{-}34)$$

Ausblendeigenschaft ($s(t)$ stetig bei $t = 0$ bzw. $t = T$):

$$\int_{-\infty}^{+\infty} s(t)\,\delta(t)\,\mathrm{d}t = \int_{-\infty}^{+\infty} s(0)\;\delta(t)\;\mathrm{d}t$$

$$= s(0)\cdot \int_{-\infty}^{+\infty} \delta(t)\;\mathrm{d}t = s(0) \qquad (2.3\text{-}35)$$

$$\int_{-\infty}^{+\infty} s(t)\;\delta(t-T)\;\mathrm{d}t = s(T)\cdot \int_{-\infty}^{+\infty} \delta(t-T)\,dt =$$

$$= s(T) \qquad (2.3\text{-}36)$$

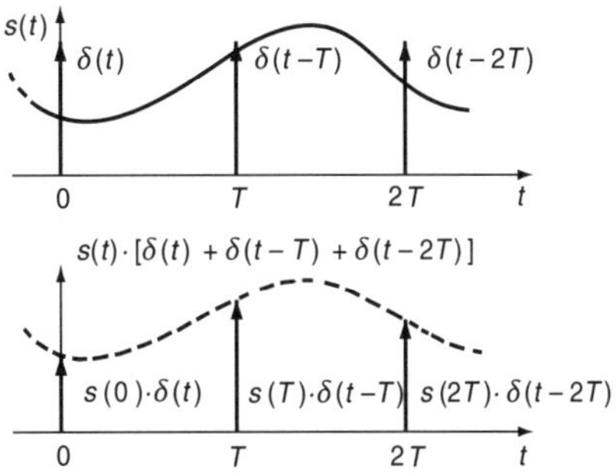


Bild 2.3-12 Ausblenden einer Zeitfunktion (Abtasten)

Das Ausblenden (Bild 2.3-12) kann als Abtasten einer Zeitfunktion angesehen werden.

Hieraus folgt auch die Multiplikation:

$$\begin{aligned} s(t)\cdot\delta(t) &= s(0)\,\delta(t) \\ s(t)\;\delta(t-T) &= s(T)\,\delta(t-T) \end{aligned} \qquad (2.3\text{-}37)$$

### 2.3.4.3 Einheitssprung

Man bezeichnet die Funktion

$$\sigma(t) = \begin{Bmatrix} 1, & t > 0 \\ 0, & t < 0 \end{Bmatrix} \qquad (2.3\text{-}38)$$

als Einheitssprung $\sigma(t)$. Diese „Sprungfunktion" ist zunächst ein geeignetes Hilfsmittel, um bei Funktionen mit Sprungstellen die Angabe von verschiedenen Definitionsbereichen zu vermeiden.

**Beispiel:**

Der Rechteckimpuls $s(t)$ der Höhe $1/T_i$ nach Gl. (2.3-32) lässt sich wie folgt geschlossen anschreiben:

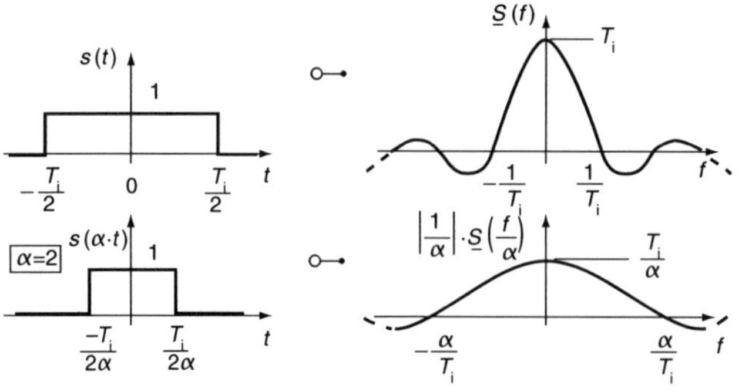


Bild 2.3-13
Ähnlichkeitssatz der Fourier-Transformation: Zeitdauer und Bandbreite sind reziprok (Grundgesetz der Nachrichtentechnik)

$$s(t) = \frac{1}{T_i}\left[\sigma\left(t + \frac{T_i}{2}\right) - \sigma\left(t - \frac{T_i}{2}\right)\right] \qquad (2.3\text{-}39)$$

Wichtig ist aber vor allem der Zusammenhang mit dem Einheitsimpuls $\delta(t)$. Es gilt nämlich:

$$\delta(t) = \frac{\mathrm{d}}{\mathrm{d}t}\sigma(t) \qquad (2.3\text{-}40)$$

Der Einheitsimpuls $\delta(t)$ ist also die Ableitung des Einheitssprungs $\sigma(t)$.

### 2.3.4.4 Aussagen und Gebrauch der Fourier-Transformation

Wir wollen uns jetzt näher mit den Eigenschaften und dem Gebrauch der Fourier-Transformation befassen. Dabei werden wir auf grundlegende Zusammenhänge zwischen Zeitfunktion und Spektrum geführt.

**Sätze der Fourier-Transformation**

Der Beweis der nachstehenden Sätze kann ggf. durch Einsetzen in Gl. (2.3-27) geführt werden. Wir gehen jeweils von einem gegebenen Fourier-Paar $s(t) ○\!\!-\!\!\bullet\ \underline{S}(f)$ aus.

*1) Additionssatz*

Es sei $s(t)$ eine aus zwei Summanden $k_1\, s_1(t)$ und $k_2\, s_2(t)$ zusammengesetzte Zeitfunktion ($k_1$ und $k_2$ sind Konstanten), dann gilt:

$$\begin{array}{ccccc} s(t) & = k_1 \cdot s_1(t) & + & k_2 \cdot s_2(t) \\ \circ\!\!| & \circ\!\!| & & \circ\!\!| \\ \underline{S}(f) & = k_1 \cdot \underline{S}_1(f) & + & k_2 \cdot \underline{S}_2(f) \end{array} \qquad (2.3\text{-}41)$$

*2) Ähnlichkeitssatz*

Mit α als konstanten, reellen Faktor gilt:

$$s(\alpha \cdot t) ○\!\!-\!\!\bullet \frac{1}{|\alpha|} \cdot \underline{S}\left(\frac{f}{\alpha}\right) \qquad (2.3\text{-}42)$$

Diese Aussage nennt man das Grundgesetz der Nachrichtentechnik: Zeitdauer eines Vorgangs und Breite seines Spektrums stehen in einem reziproken Verhältnis (Bild 2.3-13).

*3) Verschiebungssatz*

Die Zeitfunktion $s(t)$ wird um $t_0$ verzögert; dann gilt:

$$s(t - t_0) ○\!\!-\!\!\bullet\ \underline{S}(f)\mathrm{e}^{-\mathrm{j}2\pi f t_0} \qquad (2.3\text{-}43)$$

Der Betrag des Spektrums bleibt gleich, jedoch entsteht eine zur Frequenz $f$ proportionale (zusätzliche) Phasendrehung

$$\varphi = -2\pi\, f\, t_0$$

Wenn das Spektrum um $f_0$ verschoben wird, gilt entsprechend

$$s(t)\,\mathrm{e}^{\mathrm{j}\,2\pi f_0 t} ○\!\!-\!\!\bullet\ \underline{S}(f - f_0) \qquad (2.3\text{-}44a)$$

$$s(t)\,\mathrm{e}^{-\mathrm{j}\,2\pi f_0 t} \circ\!\!-\!\!\bullet\; \underline{S}(f+f_0) \qquad (2.3\text{-}44b)$$

Die ursprüngliche Zeitfunktion $s(t)$ wird mit einer Exponentialfunktion multipliziert. Addiert man die beiden Gleichungen (2.3-44a) und (2.3-44b), so ergibt sich eine wichtige Beziehung:

$$s(t)\cos(2\pi f_0 t) \circ\!\!-\!\!\bullet\; \tfrac{1}{2}\left(\underline{S}(f-f_0)+\underline{S}(f+f_0)\right) \qquad (2.3\text{-}45)$$

Bild 2.3-14 stellt diese Gleichung grafisch dar. Man kann die linke Seite als eine mit $s(t)$ amplitudenmodulierte Cosinusschwingung auffassen. Die rechte Seite gibt das um $\pm f_0$ verschobene Spektrum $\underline{S}(f) \circ\!\!-\!\!\bullet\; s(t)$ des Modulationssignals $s(t)$ an.

*4) Vertauschungssatz*

Aus der Symmetrie der Formeln für die Fourier-Transformation Gln. (2.3-27) und (2.3-28) folgt bei der Vertauschung von $f$ und $t$:

$$s(t) \circ\!\!-\!\!\bullet\; \underline{S}(f); \qquad \underline{S}(t) \circ\!\!-\!\!\bullet\; s(-f) \qquad (2.3\text{-}46)$$

Wenn man also ein Fourier-Paar $s(t) \circ\!\!-\!\!\bullet\; \underline{S}(f)$ kennt, kann man leicht ein zweites Paar daraus entwickeln.

**Beispiel:**

Nach Gln. (2.3-30) und (2.3-31) war

$$s(t)=\begin{cases}1 & |t|<T_\mathrm{i}/2\\ 0 & |t|>T_\mathrm{i}/2\end{cases}$$
$$\updownarrow$$
$$\underline{S}(f)=T_i\cdot\frac{\sin(\pi f T_\mathrm{i})}{\pi f T_\mathrm{i}}$$

Es entsteht die Beziehung ($T_\mathrm{i}\,\#\,2f_\mathrm{g}$, $t\,\#\,f$):

$$s(t)=2f_\mathrm{g}\cdot\frac{\sin(2\pi f_\mathrm{g} t)}{2\pi f_\mathrm{g} t}$$
$$\updownarrow$$
$$\underline{S}(f)=\begin{cases}1, & |f|<|f_\mathrm{g}|\\ 0, & |f|>|f_\mathrm{g}|\end{cases}$$

*5) Differenziation – Integration*

Führt man diese Operationen im Zeitbereich aus, so ergeben sich nachstehende Beziehungen:

$$\frac{\mathrm{d}s(t)}{\mathrm{d}t} \circ\!\!-\!\!\bullet\; \mathrm{j}2\pi f\cdot\underline{S}(f) \qquad (2.3\text{-}47)$$

$$\int_{-\infty}^{t} s(\tau)\,\mathrm{d}\tau \circ\!\!-\!\!\bullet\; \frac{1}{\mathrm{j}2\pi f}\underline{S}(f)+\tfrac{1}{2}\underline{S}(0)\delta(f) \qquad (2.3\text{-}48)$$

Sinngemäße Formeln für Differenziation bzw. Integration im Frequenzbereich lassen sich durch Anwenden des Vertauschungssatzes gewinnen.

*6) Faltungssatz*

Unter der Faltung (Symbol $*$) zweier Zeitfunktionen $s_1(t)$ und $s_2(t)$ versteht man die Beziehung

$$s_1(t)*s_2(t)=\int_{-\infty}^{+\infty} s_1(\tau)s_2(t-\tau)\,\mathrm{d}\tau \qquad (2.3\text{-}49)$$

Die Faltung ist kommutativ, d.h. die Reihenfolge ist vertauschbar:

$$s_1(t)*s_2(t)=s_2(t)*s_1(t)$$

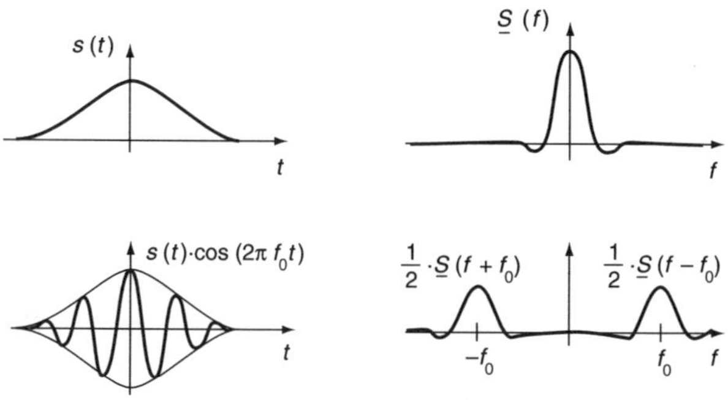


Bild 2.3-14
Frequenzverschiebung: Modulation

Die Verknüpfung durch Fourier-Transformation lautet

$$s_1(t) * s_2(t) \circ\!\!-\!\!\bullet\ \underline{S}_1(f) \cdot \underline{S}_2(f) \quad (2.3\text{-}50)$$

Auch im Frequenzbereich lässt sich die Faltung definieren:

$$\underline{S}_1(f) * \underline{S}_2(f) = \int_{-\infty}^{+\infty} \underline{S}_1(x)\underline{S}_2(f-x)\,\mathrm{d}x \quad (2.3\text{-}51)$$

Es gilt dann:

$$s_1(t) \cdot s_2(t) \circ\!\!-\!\!\bullet\ \underline{S}_1(f) * \underline{S}_2(f) \quad (2.3\text{-}52)$$

**Beispiel:**
Der Beweis soll für Gl. (2.3-50) vorgeführt werden:

$$\underline{S}_1(f) \cdot \underline{S}_2(f) = \int_{-\infty}^{+\infty} \left[ s_1(t) * s_2(t) \right] \cdot \mathrm{e}^{-\mathrm{j}2\pi f t} \cdot \mathrm{d}t =$$

$$= \int_{-\infty}^{+\infty} \int_{-\infty}^{+\infty} \left[ s_1(\tau) s_2(t-\tau)\ \mathrm{d}\tau \right] \cdot \mathrm{e}^{-\mathrm{j}2\pi f t} \cdot \mathrm{d}t$$

Die Reihenfolge der Integration kann vertauscht werden:

$$\underline{S}_1(f) \cdot \underline{S}_2(f) = \int_{-\infty}^{+\infty} s_1(\tau) \left[ \int_{-\infty}^{+\infty} s_2(t-\tau) \cdot \mathrm{e}^{-\mathrm{j}2\pi f t} \cdot \mathrm{d}t \right] \cdot \mathrm{d}\tau =$$

$$= \int_{-\infty}^{+\infty} s_1(\tau) \underline{S}_2(f) \cdot \mathrm{e}^{-\mathrm{j}2\pi f \tau} \cdot \mathrm{d}\tau$$

Bei der Berechnung des Ausdrucks in der eckigen Klammer wurde der Verschiebungssatz verwendet. Schließlich ergibt sich:

$$\underline{S}(f) = \underline{S}_2(f) \cdot \underline{S}_1(f) \quad \text{q.e.d.}$$

Das Wesen des Faltungssatzes wird uns in 2.6 klar werden.

*7) Parsevalsche Beziehung*

Aus der Tatsache, dass die Energie eines Signals sich sowohl im Zeit- als auch im Frequenzbereich angeben lässt, folgt:

$$\int_{-\infty}^{+\infty} \left| s(t) \right|^2 \mathrm{d}t = \int_{-\infty}^{+\infty} \left| \underline{S}(f) \right|^2 \mathrm{d}f \quad (2.3\text{-}53)$$

**Praktische Handhabung der Fourier-Transformation**

In 2.6 werden wir sehen, wie man lineare Systeme rechnerisch behandeln kann. Für die Fälle, in denen eine Fourier-Transformation bzw. -Rücktransformation durchgeführt werden muss, sind zweckmäßige Methoden gefragt. Natürlich kann man heute ggf. auf leistungsfähige Rechnerprogramme zurückgreifen; diese Möglichkeit wollen wir jedoch im Moment zurückstellen. Die teilweise etwas mühsame Berechnung des Fourier-Integrals wird man versuchen zu umgehen. Zunächst kann man in vielen Fällen auf bereits früher berechnete Fourier-Paare $s(t) \circ\!\!-\!\!\bullet\ \underline{S}(f)$ zurückgreifen. In Bild 2.3-15 sind wichtige derartige Korrespondenzen zusammengestellt, weitere findet man in der Literatur. Durch geschickte Anwendung der oben erläuterten Sätze kann man leicht aus bekannten Korrespondenzen neue gewinnen.

**Beispiel:**
Dies sei für den Dreieckimpuls (Nr. 2) gezeigt. Wenn man $s(t)$ zweimal differenziert, erhält man (vgl. Bild 2.3-16 und die Gln. (2.3-38) und (2.3-40)):

$$\frac{\mathrm{d}^2}{\mathrm{d}t^2} s(t) = \frac{1}{T_\mathrm{i}} \left[ \delta(t+T_\mathrm{i}) - 2\delta(t) + \delta(t-T_\mathrm{i}) \right] \quad (2.3\text{-}54)$$

Nach dem Differenziationssatz Gl. (2.3-47) gilt:

$$\frac{\mathrm{d}^2}{\mathrm{d}t^2} s(t) \circ\!\!-\!\!\bullet (\mathrm{j}2\pi f)^2 \cdot \underline{S}(f) \quad (2.3\text{-}55)$$

Durch Anwendung der Korrespondenz Nr. 6 und des Verschiebungssatzes erhalten wir aus den Gln. (2.3-54) und (2.3-55):

$$(\mathrm{j}2\pi f)^2 \cdot \underline{S}(f) = \frac{1}{T_\mathrm{i}} \left[ \mathrm{e}^{-\mathrm{j}2\pi f T_\mathrm{i}} - 2 + \mathrm{e}^{\mathrm{j}2\pi f T_\mathrm{i}} \right]$$

Nach Umformung ergibt sich:

$$\underline{S}(f) = T_\mathrm{i} \left( \frac{\sin(\pi f T_\mathrm{i})}{\pi f T_\mathrm{i}} \right)^2$$

### 2.3.4.5 Laplace-Transformation

Die zweiseitige Fourier-Transformation hat für die Systemtheorie fundamentale Bedeutung, u.a.,

| Nr. | Zeitfunktion | $s(t)$ | $\circ\!\!-\!\!\bullet$ $\underline{S}(f)$ | Spektraldichte |
|---|---|---|---|---|
| 1 | 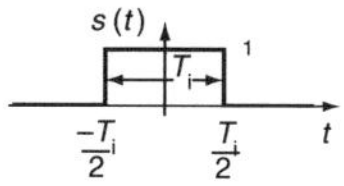 | $s(t)=\begin{cases}1, & \lvert t\rvert<\frac{T_i}{2}\\ 0, & \lvert t\rvert>\frac{T_i}{2}\end{cases}$ Rechteck-Impuls | $\underline{S}(f)=T_i\,\frac{\sin(\pi f T_i)}{(\pi f T_i)}$ | 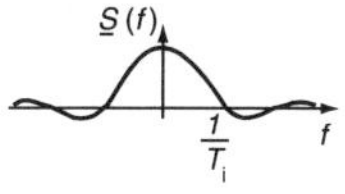 |
| 2 | 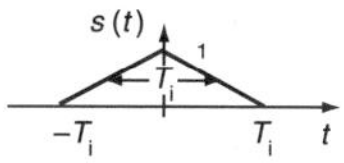 | $s(t)=\begin{cases}1-\frac{\lvert t\rvert}{T_i}, & \lvert t\rvert<T_i\\ 0, & \lvert t\rvert>T_i\end{cases}$ Dreieck-Impuls | $\underline{S}(f)=T_i\left(\frac{\sin(\pi f T_i)}{(\pi f T_i)}\right)^2$ | 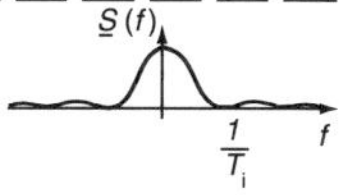 |
| 3 | 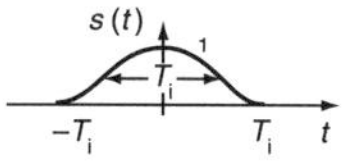 | $s(t)=\begin{cases}\cos^2\left(\frac{\pi t}{2T_i}\right), & \lvert t\rvert<T_i\\ 0, & \lvert t\rvert>T_i\end{cases}$ cos²-Impuls | $\underline{S}(f)=T_i\,\frac{\sin(2\pi f T_i)}{(2\pi f T_i)}\cdot\frac{1}{1-(2fT_i)^2}$ | 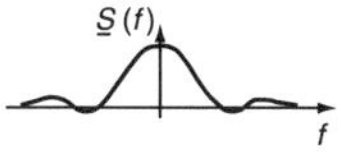 |
| 4 | 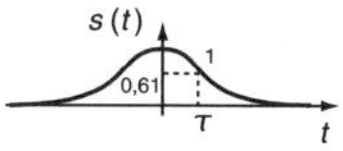 | $s(t)=\mathrm{e}^{-\frac{t^2}{(2\tau^2)}}$ Gauß-Impuls | $\underline{S}(f)=\tau\cdot\sqrt{2\pi}\cdot\mathrm{e}^{-2(\pi\tau f)^2}$ | 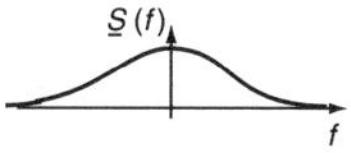 |
| 5 | 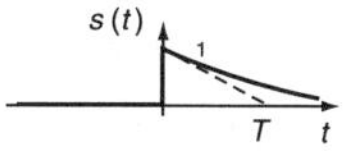 | $s(t)=\begin{cases}\mathrm{e}^{-\frac{t}{T}}, & t>0\\ 0, & t<0\end{cases}$ Exponential-Impuls | $\underline{S}(f)=\frac{T}{1+\mathrm{j}2\pi f T}$ | 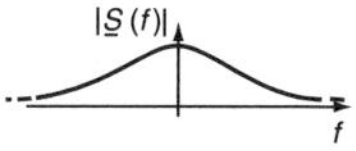 |
| 6 | 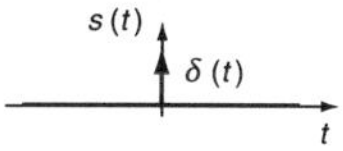 | $s(t)=\delta(t)\left(=\frac{\mathrm{d}\sigma(t)}{\mathrm{d}t}\right)$ Dirac-(Einheits-)-Impuls | $\underline{S}(f)=1$ | 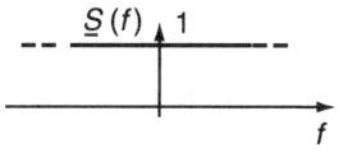 |
| 7 | 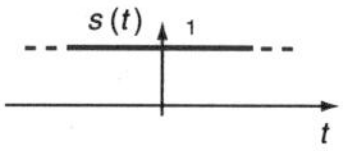 | $s(t)=1$ Gleichspannungs(-signal) | $\underline{S}(f)=\delta(f)$ (Vertauschungssatz, vgl. $\delta(t)\circ\!\!-\!\!\bullet 1$) | 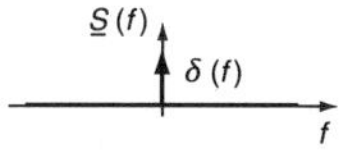 |
| 8 | 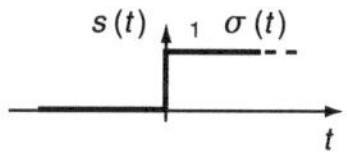 | $\sigma(t)=\begin{cases}1, & t>0\\ 0, & t<0\end{cases}=\int_{-\infty}^{t}\delta(\tau)\,\mathrm{d}\tau$ Sprungfunktion | $\underline{S}(f)=\frac{1}{2}\cdot\delta(f)+\frac{1}{\mathrm{j}2\pi f}$ | 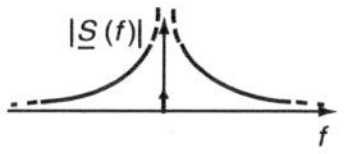 |
| 9 | 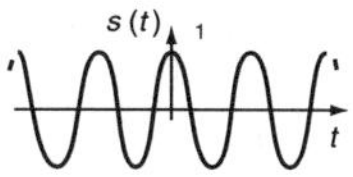 | $s(t)=\cos(2\pi f_0 t)$ cos - Schwingung | $\underline{S}(f)=\frac{1}{2}\cdot\delta(f-f_0)+\frac{1}{2}\cdot\delta(f+f_0)$ | 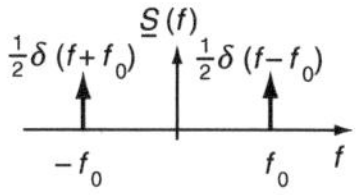 |
| 10 | 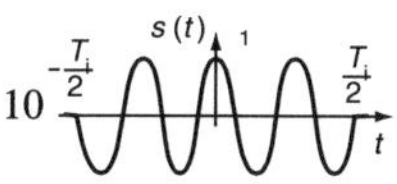 | $s(t)=\begin{cases}\cos(2\pi f_0 t), & \lvert t\rvert<\frac{T_i}{2}\\ 0, & \lvert t\rvert>\frac{T_i}{2}\end{cases}$ cos - Schwingung mit Dauer $T_i$ | $\underline{S}(f)=\frac{T_i}{2}\cdot\frac{\sin(\pi(f-f_0)T_i)}{\pi(f-f_0)T_i}+\frac{T_i}{2}\cdot\frac{\sin(\pi(f+f_0)T_i)}{\pi(f+f_0)T_i}$ | 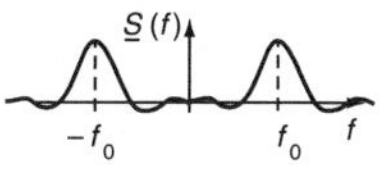 |

Bild 2.3-15 Wichtige Korrespondenzen der Fourier-Transformation

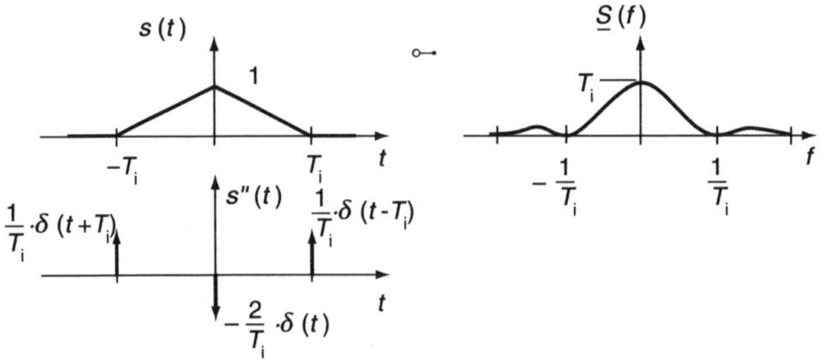


Bild 2.3-16
Ermittlung der Spektraldichte eines Dreieckimpulses

weil sie die Zusammenhänge zwischen Zeitfunktion und Spektrum (siehe 2.3.5) besonders anschaulich darzustellen erlaubt. Dabei ist die Beschreibung symmetrisch zu $f = 0$ und $t = 0$ vorteilhaft.

Für gewisse andere systemtheoretische Aufgabenstellungen ist jedoch die zweiseitige Fourier-Transformation nicht optimal. Beispielsweise gilt bei *Einschaltvorgängen*:

- Es interessieren nur Zeiten nach einem Einschaltaugenblick: $t \geq 0$.
- Die Bedingung der absoluten Integrierbarkeit, Gl. (2.3-29) ist häufig nicht erfüllt, z.B. bei der für Einschaltvorgänge besonders wichtigen *Sprungfunktion* $\sigma(t)$.

Als Alternative, insbesondere für Einschaltvorgänge, bietet sich die *einseitige Laplace-Transformation* an. Sie ist eng mit der Fourier-Transformation verwandt, enthält aber einen „*Konvergenzfaktor*" ($e^{-pt}$, wobei $p = \sigma + j\omega$ die aus 2.3.2.1 bekannte komplexe Kreisfrequenz ist) bereits in ihrer Definition:

$$\underline{S}(p) = \int_0^{\infty} s(t)\,e^{-pt}\,dt \tag{2.3-56}$$

$$s(t) = \frac{1}{j2\pi} \int_{\sigma-j\infty}^{\sigma+j\infty} \underline{S}(p)\,e^{pt}\,dp \tag{2.3-57}$$

$\sigma$ muss so gewählt werden, dass $e^{-\sigma t} \cdot s(t) \rightarrow 0$ geht für $t \rightarrow \infty$.

In der Regel wird man kein Integral lösen müssen, sondern kann ein Problem mit Hilfe bekannter Korrespondenzen behandeln, wie es in 2.6 an einem Beispiel gezeigt werden wird. Bild 2.3-17 enthält die wichtigsten Regeln (Sätze) der Laplace-Transformation. Wir brauchen sie nicht weiter zu erklären, da wir die entsprechenden Sätze der eng verwandten Fourier-Transformation in 2.3.4.4 ausführlich besprochen haben. Die wenigen in Bild 2.3-17 angegebenen Korrespondenzen sind lediglich Beispiele; für die praktische Arbeit stehen ausführliche Korrespondenztabellen zur Verfügung.

## 2.3.5 Zeitfunktion und Spektrum

Unsere bisherigen Untersuchungen nichtperiodischer determinierter Signale ergaben folgenden *Zusammenhang zwischen Zeitfunktion und Spektrum*:

- Nichtperiodische Signale $s(t)$ haben ein kontinuierliches Frequenzspektrum. Es wird durch die Fourier-Transformierte $\underline{S}(f)$ nach Gl. (2.3-27) beschrieben (sofern die Transformierte existiert).
- $\underline{S}(f)$ ist im Allgemeinen komplex und kann deshalb durch Real- und Imaginärteil oder durch Betrags- und Phasenfunktion dargestellt werden. Ist $\underline{S}(f)$ bekannt, so kann die zugehörige Zeitfunktion $s(t)$ durch die Rücktransformation nach Gl. (2.3-28) gewonnen werden; ist nur der Betrag $|\underline{S}(f)|$ bekannt, so ist es natürlich in der Regel nicht möglich, eine eindeutige Zuordnung zu einer Zeitfunktion zu finden.
- Speziell für $f = 0$ bzw. $t = 0$ gilt:

$$\underline{S}(0) = \int_{-\infty}^{+\infty} s(t)\,dt \qquad s(0) = \int_{-\infty}^{+\infty} \underline{S}(f)\,df$$

| | Originalfunktion $s(t)$ ($\equiv 0$ für $t<0$) $\circ\!\!-\!\!\bullet$ | Bildfunktion $\underline{S}(p)$ |
|---|---|---|
| Addition: | $k_1 \cdot s_1(t) + k_2 \cdot s_2(t)$ | $k_1 \cdot \underline{S}_1(p) + k_2 \cdot \underline{S}_2(p)$ |
| Ähnlichkeit: | $s(\alpha t)$ | $\frac{1}{\lvert\alpha\rvert} \cdot \underline{S}\left(\frac{p}{\alpha}\right)$ |
| Verschiebung: | $s(t-t_0)$ | $\underline{S}(p) \cdot e^{-pt_0}$ |
| | $s(t) \cdot \mathrm{e}^{p_0 t}$ | $\underline{S}(p-p_0)$ |
| Differenzation: | $\frac{\mathrm{d}}{\mathrm{d}t} s(t)$ | $p \cdot \underline{S}(p) - s(0\_)$ |
| | $-t \cdot s(t)$ | $\frac{\mathrm{d}}{\mathrm{d}p} \underline{S}(p)$ |
| Integration: | $\int_0^t s(\tau)\,\mathrm{d}\tau$ | $\frac{1}{p} \underline{S}(p)$ |
| | $\frac{1}{t} s(t)$ | $\int_p^\infty \underline{S}(q)\,\mathrm{d}q$ |
| Faltung: | $s_1(t) * s_2(t)$ | $\underline{S}_1(p) \cdot \underline{S}_2(p)$ |
| | $s_1(t) \cdot s_2(t)$ | $\frac{1}{2\pi \mathrm{j}} \cdot \underline{S}_1(p) * \underline{S}_2(p)$ |
| Korrespondenzen: | | |
| 1) | $\delta(t)$ | $1$ |
| 2) | $\sigma(t)$ | $\frac{1}{p}$ |
| 3) | $t$ | $\frac{1}{p^2}$ |
| 4) | $\mathrm{e}^{-\alpha t}$ | $\frac{1}{p+\alpha}$ |
| 5) | $\cos \omega_0 t$ | $\frac{p}{p^2+\omega_0^2}$ |
| 6) | $\sin \omega_0 t$ | $\frac{\omega_0}{p^2+\omega_0^2}$ |
| 7) | $t \cdot \mathrm{e}^{-\alpha t}$ | $\frac{1}{(p+\alpha)^2}$ |
| 8) | $\mathrm{e}^{p_i t}$ | $\frac{1}{p-p_i}$ |

Bild 2.3-17 Regeln und einige Korrespondenzen der Laplace-Transformation

Bild 2.3-15 weist bereits auf gewisse *Symmetrieeigenschaften des Spektrums* hin, die wir aus der umgeformten Gl. (2.3-27) ablesen können:

$$\underline{S}(f) = \int_{-\infty}^{+\infty} s(t) \cdot \cos(2\pi f t)\, dt - \mathrm{j} \int_{-\infty}^{+\infty} s(t) \cdot \sin(2\pi f t)\, dt$$

Bekanntlich spricht man im Fall $s(t) = s(-t)$ von einer geraden und im Fall $s(t) = -s(-t)$ von einer ungeraden Funktion (Beispiele: Cosinus ist gerade, Sinus ist ungerade). Ist bei einem der o. g. Integrale der Integrand insgesamt ungerade, so hat das Integral den Wert 0.

Damit gilt, siehe Bild 2.3-18:

- Für $s(t)$ gerade wird $\underline{S}(f)$ rein reell.
- Für $s(t)$ ungerade wird $\underline{S}(f)$ rein imaginär.
- Für $s(t)$ reell ist $|\underline{S}(f)|$ gerade.

Werden Einzelimpulse periodisch (Periode $T$) wiederholt, dann wird dieses Signal durch eine Fourier-Reihe beschrieben (vgl. 2.3.3.3). Die komplexen Fourier-Koeffizienten $\underline{c}_n$ nach Gl. (2.3-26) lassen sich einfach aus der Spektraldichte $\underline{S}(f)$ des Einzelimpulses bestimmen:

$$\underline{c}_n = \frac{1}{T} \underline{S}(n \cdot f_0), \qquad f_0 = \frac{1}{T}$$

**Beispiel:**
Periodischer Rechteckimpuls (Dauer $T_\mathrm{i}$)

$$\underline{c}_n = \frac{T_\mathrm{i}}{T} \cdot \frac{\sin(n\pi T_\mathrm{i}/T)}{n\pi T_\mathrm{i}/T}$$

Nach Gl. (2.3-16) gilt für dieses periodische Signal:

$$a_n = \frac{2}{n\pi} \cdot \sin(n\pi T_\mathrm{i}/T)$$

$$b_n = 0$$

Daher erhält man mit Gl. (2.3-23a):

$$\underline{c}_n = \frac{1}{n\pi} \cdot \sin(n\pi T_\mathrm{i}/T) = \frac{T_\mathrm{i}}{T} \cdot \frac{\sin(n\pi T_\mathrm{i}/T)}{n\pi T_\mathrm{i}/T}$$

Das Ergebnis stimmt mit der oben gewonnenen Formel überein.

# 2.4 Abtastsysteme

## 2.4.1 Einführung

Im Bild 2.1-1 haben wir zeitkontinuierliche und zeitdiskrete Signale definiert. Zwischen diesen so unterschiedlich aussehenden Signaldarstellungen können sehr enge Beziehungen bestehen: Bandbegrenzte Signale – das ist die Aussage des in 2.4.2 behandelten Abtasttheorems – lassen sich durch in regelmäßigen Abständen entnommene Proben vollständig beschreiben.

In der Praxis haben wir es ausschließlich mit bandbegrenzten Signalen zu tun. Damit gibt es zu einem gegebenen zeitkontinuierlichen Signalverlauf $s(t)$ einen gleichwertigen nur zu bestimmten Zeitpunkten definierten zeitdiskreten Signalver-

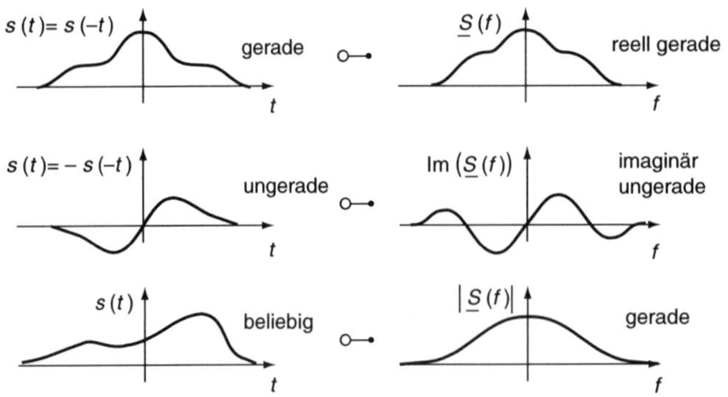


Bild 2.3-18
Symmetrieeigenschaften der Fourier-Transformation

lauf $s_A(t)$; wir können jederzeit von einer dieser Darstellungen auf die andere übergehen. Damit haben wir es in der Hand, die zur jeweiligen Aufgabenstellung – z.B. Übertragung, Verarbeitung usw. – geeignetste Darstellung zu wählen.
Die systemtheoretischen Hilfsmittel, die wir bereits kennen, vor allem die Fourier-Transformation, sind prinzipiell bei allen Signalen anwendbar. Jedoch kann man sich vorstellen, dass es möglich und sinnvoll sein muss, für zeitdiskrete Signale eine spezielle Beschreibung zu finden, die nur zu den diskreten (Abtast-)Zeitpunkten definiert ist. Diese „z-Transformation" werden wir in 2.4.3 kennen lernen.

Bis jetzt haben wir daran gedacht, zu den diskreten Abtastzeiten die analogen Abtastwerte zu benutzen (Pulsamplitudenmodulation, PAM). Wie wir in 2.1.2 diskutiert haben, können wir durch entsprechend feine Quantisierung mit hinreichend kleinem Fehler aus einem analogen Signalwert einen digitalen machen, der sich durch eine Zahl ausdrücken lässt. Für die *digitale Signalverarbeitung* (*DSV*) liegt also die Folge der Signalwerte als Zahlenfolge vor. Damit steht zur Verarbeitung prinzipiell das gesamte Instrumentarium der Mathematik zur Verfügung. Wichtige Hilfsmittel werden wir in 2.4.4 kurz ansprechen: *diskrete Fourier-Transformation* (*DFT*) und *schnelle Fourier-Transformation* (Fast Fourier Transform, *FFT*).

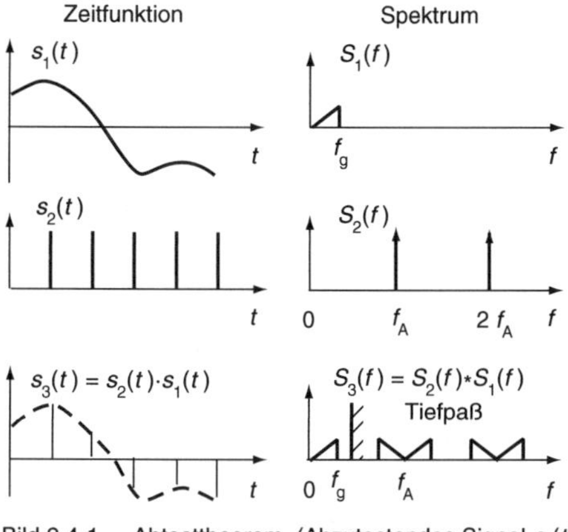


Bild 2.4-1 Abtasttheorem. (Abzutastendes Signal $s_1(t)$, Abtastpuls $s_2(t)$, Abtastproben $s_3(t)$)

## 2.4.2 Abtasttheorem

Gegeben sei ein zeitkontinuierliches Signal $s(t) \circ\!\!-\!\!\bullet \underline{S}(f)$. Im Folgenden setzen wir voraus, dass $\underline{S}(f)$ bandbegrenzt ist, d.h. alle Spektralanteile liegen innerhalb einer endlichen Frequenzbandbreite $B$. Wir haben bereits davon Gebrauch gemacht, dass sich ein solches Signal vollständig durch Abtastproben beschreiben lässt. Es ist nun die Frage, wie groß der Abstand $T$ (Abtastintervall) zwischen zwei aufeinander folgenden Proben sein darf.

**Abtasttheorem im Zeitbereich**

Eine Zeitfunktion $s(t)$, deren Spektrum ausschließlich im Bereich $f = 0 \ldots B$ liegt, wird durch Abtastproben vollständig beschrieben, wenn für das Abtastintervall

$$T \leq \frac{1}{2B} \tag{2.4-1}$$

gilt. Bei äquidistanten Proben muss also die Abtastfrequenz

$$f_A \geq 2B \tag{2.4-2}$$

gewählt werden. Der mathematische Beweis für das Abtasttheorem ist in allen einschlägigen Büchern zu finden. Wir wollen die Zusammenhänge durch Bild 2.4-1 veranschaulichen. Die bandbegrenzte Zeitfunktion und der Abtastpuls (idealisiert: Folge von Dirac-Impulsen) sind jeweils im Zeit- und Frequenzbereich dargestellt. Der Multiplikation der Zeitfunktionen entspricht im Frequenzbereich die Faltung (Faltungssatz, vgl. 2.3.4.4).

Man sieht, dass im Spektrum der Abtastproben das Spektrum des ursprünglichen Signals enthalten ist und durch einen Tiefpass (wie gezeichnet) wieder gewonnen werden kann, vorausgesetzt, dass die Bedingung des Abtasttheorems Gl. (2.4-2) eingehalten wurde.

**Beispiel:**
Nach [ITU-T G.132] wird beim Fernsprechen $f_g = 3{,}4$ kHz und $f_A = 8$ kHz (d.h. $T = 125$ µs) verwendet, so dass die Filter mit erträglichem Aufwand realisiert werden können.

Würde man zulassen, dass die obere Grenzfrequenz $f_g$ des abzutastenden Signals sehr nahe an $f_A/2$ heranrückt, so müsste die Filterflanke entsprechend steil werden (großer Aufwand!); im Grenzfall würde ein idealer Tiefpass benötigt, der bekanntlich nicht realisiert werden kann. Es ist deshalb, wie es scheint, ein rein akademischer Streit, wenn man sich die Frage stellt, ob in Gl. (2.4-1) und (2.4-2) das Gleichheitszeichen stehen darf oder nicht. Andererseits macht man immer wieder die Erfahrung, dass tiefer gehende Erkenntnisse gewonnen werden können, wenn man sich mit solchen Fragen beschäftigt und sie nicht einfach unter den Teppich kehrt.

**Beispiel:**
Das abzutastende Signal sei eine einzelne Sinusschwingung der Frequenz $f$ und werde mit $f_A = 2f$ abgetastet. Man sieht leicht ein, dass der Abtastpuls bei ungünstiger Phasenlage immer nur die Nulldurchgänge des abzutastenden Signals treffen und dadurch keine hinreichende Information liefern kann. Also kein Gleichheitszeichen in den obigen Gleichungen? Aber die mathematische Ableitung des Abtasttheorems führt unzweifelhaft auf das Gleichheitszeichen! So könnte man die Ehre der Theorie beim vorliegenden Beispiel retten: Das zum gegebenen Signal orthogonale Signal lässt sich leicht gewinnen (Beispiel: Orthogonal zu sin ist cos). Durch Abtastproben aus beiden Signalen, die mit $f_A = f$ (jeder Abtastpuls ergibt hier 2 Proben) gewonnen werden, erreicht man tatsächlich eine vollständige Beschreibung.

Eine andere interessante Frage ergibt sich, wenn man das Abtasten bandbegrenzter Signale, deren untere Grenzfrequenz nicht bei null liegt, betrachtet.

**Beispiel:**
Abtasten des durch (z.B.) Einseitenbandmodulation in eine höhere Frequenzlage umgesetzten Fernsprechbandes. Das ITU-T-Fernsprechband (300...3400) Hz wird, wie oben beschrieben, mit $f_A = 8$ kHz abgetastet, wobei die untere Bandgrenze natürlich statt 300 Hz auch 0 Hz sein könnte. Denkt man sich das Band durch Modulation o. Ä. etwa in den Bereich (30,3...33,4) kHz umgesetzt, so könnte man entsprechend mit $f_A =$ 80 kHz abtasten. Dass man hier aber für das Abtasten der gleichen Bandbreite das Zehnfache an Proben aufwendet, kann vom Standpunkt der Informationstheorie aus unmöglich optimal sein, denn mit denselben Proben ließe sich ja auch das Band (0...33,4) kHz vollständig beschreiben.

In der Literatur wird gezeigt, unter welchen Bedingungen für den Abtastpuls (z. B. sog. Doppeltaktverfahren) man tatsächlich mit der Abtastrate $f_A = 8$ kHz auskommen kann.

Signale, die durch Abtastsysteme übertragen oder verarbeitet werden sollen, sind meist nicht von Hause aus bandbegrenzt; z. B. enthält das von einem Menschen kommende Sprachsignal natürlich auch Frequenzen, die wesentlich höher sind als 3,4 kHz. Die dadurch auftretenden Probleme zeigt das folgende Beispiel.

**Beispiel:**
Signalverfälschung durch „aliasing". Einem Abtastsystem mit $f_A = 8$ kHz werden als abzutastende Signale alternativ die Frequenzen 3 kHz und 5 kHz zugeführt. Nach der Demodulation erhält man, wie man es sich anhand der Spektraldarstellung klar machen kann, in beiden Fällen die Frequenz 3 kHz am Ausgang (Bild 2.4-2). Im gegebenen Fall ist 5 kHz eine „Alias-Frequenz" und es gibt noch unendlich viele weitere Alias-Frequenzen: Zeichnet man den zeitlichen Verlauf der Signale, so kann man nämlich durch die (durch $f_A$ = 8 kHz) gegebenen Abtastpunkte einer 3-kHz-Schwingung unendlich viele höhere Sinusschwingungen legen. In [20-1] wird der Faltungsprozess, der im Beispiel auf die Alias-Frequenzen 5 kHz, 11 kHz usw. führt, anschaulich erklärt.

Man wird daher das dem Abtaster angebotene Signal ggf. durch ein „Anti-Aliasing-Filter" bandbegrenzen müssen. Bei der praktischen Realisierung von Abtastsystemen ergeben sich eine Reihe weiterer Details.

**Beispiel:**
Breite der Abtastimpulse (u. Ä.). Dirac-Impulse, mit denen man bekanntlich gern rechnet, kann man praktisch nicht herstellen; deshalb verwendet man Impulse endlicher Breite. In Bild 2.4-3 werden verschiedene Fälle näher erläutert. Schneidet man aus einer Zeitfunktion bei der Probeentnahme nicht nur einen infinitesimal kleinen Bereich, sondern ein längeres Stück heraus (als PAM 2. Art bezeichnet), so ist dies nichts Unvorteilhaf-

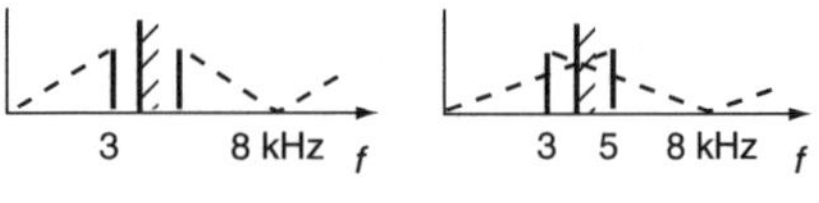


Bild 2.4-2 Beispiel für „aliasing". Zwei einfrequente Signale 3 kHz bzw. 5 kHz, mit $f_A = 8$ kHz abgetastet, ergeben nach der Demodulation (Tiefpass!) jeweils 3 kHz

tes. (Wenn die Impulsdauer nicht aus anderen Gründen begrenzt wäre – Multiplexbildung mit anderen Kanälen usw. –, könnte man ja im Grenzfall die Impulsdauer gleich der Impulsperiode machen, d.h. $s(t)$ original übertragen.)
Eine häufig verwendete Alternative ist „PAM 1. Art“: Eine mit einem sehr kurzen Impuls (Grenzfall Dirac) entnommene Probe bestimmt die Amplitude des PAM-Signals, dessen Impulsdauer aber nun unabhängig gewählt werden kann. Man spricht hier von „Abtast- und Halte“-Schaltungen („sample and hold“). Vor allem auf der Empfangsseite von PAM-Systemen werden solche Schaltungen benutzt. Man erreicht dadurch einen größeren Energieinhalt des Ausgangssignals, erkauft sich diesen Vorteil allerdings durch eine Dämpfungsverzerrung, welche durch einen Entzerrer wieder ausgeglichen werden muss.

**Abtasttheorem im Frequenzbereich**

Wir kennen die Symmetrie der Fourier-Transformation und erwarten deshalb, dass es im Frequenzbereich ein Theorem geben muss, welches das Gegenstück zu dem bisher behandelten Abtasttheorem im Zeitbereich bildet.

Ein Signal $s(t)$ mit der begrenzten Zeitdauer $T_S$ hat eine Spektraldichte $\underline{S}(f) \bullet\!\!-\!\!\circ\, s(t)$, welche vollständig durch die Werte der Spektraldichte bei den diskreten Frequenzen im Abstand $1/(2T_S)$ beschrieben wird.

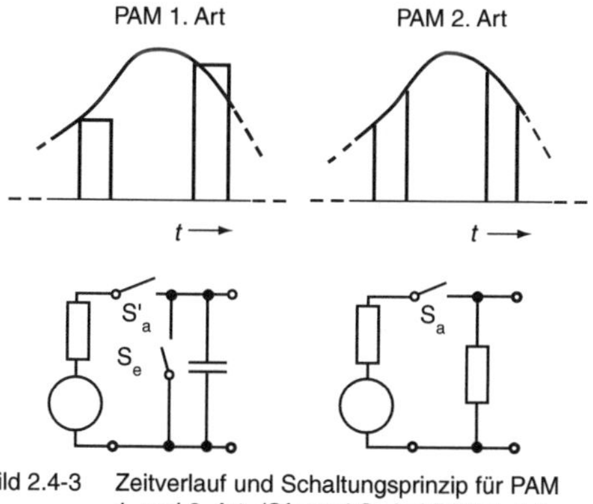


Bild 2.4-3 Zeitverlauf und Schaltungsprinzip für PAM 1. und 2. Art. (S´a und Se bei PAM 1. Art werden jeweils nur kurzzeitig geschlossen)

## 2.4.3 z-Transformation

Bei kontinuierlichen Signalen wurde zur Behandlung die Fourier- und die Laplace-Transformation eingeführt. Für abgetastete Systeme erhält man eine formal ähnliche Behandlung durch die z-Transformation. Sie gibt eine geschlossene Darstellung der Folge der Abtastwerte $s(nT)$, ohne auf die Einhüllende $s(t)$ zurückgreifen zu müssen.

Die Definition der z-Transformation lautet

$$\tilde{S}(z) = \sum_{n=-\infty}^{\infty} s(nT)\, z^{-n} \qquad (2.4\text{-}3)$$

Gl. (2.4-3) wird auch als zweiseitige z-Transformation bezeichnet. Für den Fall $s(nT) \equiv 0$ für $n < 0$ wird noch die einseitige z-Transformation mit der unteren Summationsgrenze $n = 0$ definiert. Die inverse z-Transformation lautet

$$s(nT) = \frac{1}{2\pi \mathrm{j}} \oint \tilde{S}(z)\, z^{n-1}\, \mathrm{d}z \qquad (2.4\text{-}4)$$

Für die z-Transformation lassen sich ebenso wie für die Fourier- und Laplace-Transformation Regeln und Korrespondenzen angeben.

## 2.4.4 Diskrete Fourier-Transformation (DFT) und schnelle Fourier-Transformation (FFT)

Ersetzt man in Gl. (2.4-3) $z$ durch $\mathrm{e}^{\mathrm{j}\omega T}$, dann erhält man die Definition der *diskreten Fourier-Transformation (DFT)*

$$\underline{S}(\omega) = \tilde{S}(\mathrm{e}^{\mathrm{j}\omega T}) = \sum_{n=-\infty}^{\infty} s(nT)\, \mathrm{e}^{-\mathrm{j}n\omega T} \qquad (2.4\text{-}5)$$

Sie hat dieselbe Beziehung zum abgetasteten, zeitdiskreten Signal, wie die Fourier-Transformation zum kontinuierlichen Signal. Um die DFT berechnen zu können, muss eine endliche Anzahl $N$ von Abtastwerten $s(nT)$ vorliegen. Legt man ferner die Zeitachse so, dass die Abtastwerte bei $t = 0$ beginnen, dann erhält man

$$\underline{S}(\omega)=\tilde{S}(\mathrm{e}^{\mathrm{j}\omega T})=\sum_{n=0}^{N-1} s(nT)\,\mathrm{e}^{-\mathrm{j}n\omega T} \qquad (2.4\text{-}6)$$

Dabei ist die Frequenz $\omega$ eine kontinuierliche Variable; da $\underline{S}(\omega)$ periodisch ist mit der Frequenz $2\pi/T$, gilt:

$$\omega=\frac{m}{N}\frac{2\pi}{T} \quad \text{mit} \quad m=0,1,\ldots,N-1$$

Damit ergibt sich für

$$\underline{S}(\omega)=\underline{S}\left(\frac{2\pi m}{NT}\right)=\sum_{n=0}^{N-1} s(nT)\,\mathrm{e}^{-(\mathrm{j}2\pi m n)/N}$$

$$m=0,1,\ldots,N-1 \qquad (2.4\text{-}7)$$

Die inverse DFT ist definiert als

$$s(nT)=\frac{1}{N}\sum_{n=0}^{N-1}\underline{S}\left(\frac{2\pi m}{NT}\right)\mathrm{e}^{(\mathrm{j}2\pi m n)/N}$$

$$n=0,1,\ldots,N-1 \qquad (2.4\text{-}8)$$

Die DFT hat in den vergangenen Jahren besonders dadurch an Bedeutung gewonnen, dass es gelungen ist, mit der schnellen Fourier-Transformation (Fast Fourier Transform, FFT) leistungsfähige Algorithmen zu entwickeln, die es gestatten, die Berechnung auch bei einer größeren Anzahl von Abtastwerten genügend schnell durchzuführen.

## 2.5 Theorie der Netzwerke

### 2.5.1 Einführung

#### 2.5.1.1 Ursache und Wirkung

Bei den im Folgenden betrachteten Netzwerken findet man an einem „Tor“ (Eingang, Ausgang, ...) meist zwei Klemmen („Pole“). Man spricht deshalb synonym z.B. von einem Vierpol oder Zweitor, oder allgemein von einem $2n$-Pol oder $n$-Tor. Eine typische Aufgabe für die Systemtheorie ist: An einem Tor eines Netzwerkes tritt eine gewisse Ursache auf. Welche Wirkung ergibt sich an einem anderen Tor?

Eine andere wichtige Aufgabe ist die Synthese. Man gibt zu einer bestimmten Ursache eine gewünschte Wirkung vor. Wie muss unter diesen Umständen das Netzwerk beschaffen sein? Da wir uns aus Platzgründen nicht ernsthaft mit der Netzwerksynthese befassen können, suchen wir einen besonders einfachen Fall, an dem erste Syntheseüberlegungen demonstriert werden können. Ein solcher Fall ist beim Zweipol (Eintor) gegeben: Wirkung und Ursache treten in der gleichen Masche auf, was die Vielfalt der Möglichkeiten stark einschränkt, siehe 2.5.3.

#### 2.5.1.2 LTI-Typ oder nicht?

Die Abkürzung LTI bedeutet *linear time invariant*. Für derartige Netzwerke existieren leistungsfähige Behandlungsmethoden, so dass man – sofern es sich vertreten lässt – immer gern den LTI-Typ zugrunde legt; dazu nachstehend einige Beispiele.

Wir beginnen mit einer sehr akademischen Bemerkung: Zeitinvariante Netzwerke gibt es wegen der Alterung der Bauelemente überhaupt nicht! Es ist bekannt, wie man sich hier hilft: Man ermittelt Worst-case-Werte für die Alterung der Bauelemente und legt den Untersuchungen ein entsprechend dimensioniertes LTI-Netzwerk zugrunde.

Eine Halbleiterdiode ist ein extrem nichtlineares Bauelement. Man kann sie in vielen Fällen durch eine Knickkennlinie beschreiben, deren beide Teile in sich völlig linear sind. Es liege ein Netz-

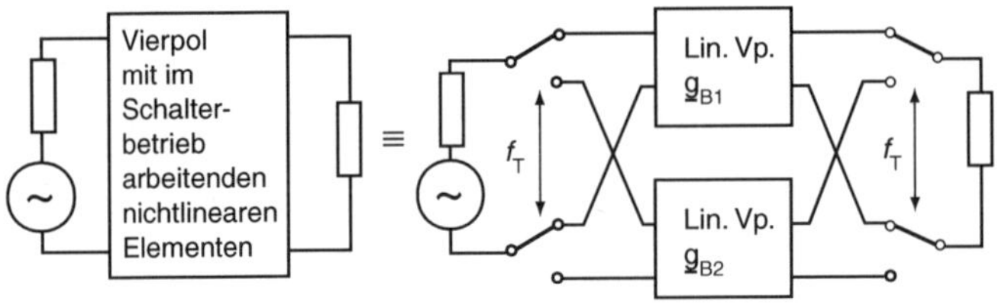


Bild 2.5-1
Nichtlinearer Vierpol mit im Schalterbetrieb arbeitenden nichtlinearen Elementen

werk mit mehreren derartigen Dioden vor, das durch eine Wechselspannung großer Amplitude ausgesteuert wird. Ein Beispiel ist ein Ringmodulator mit der Trägerfrequenz $f_T$.

Offensichtlich kann man dann entsprechend Bild 2.5-1 vorgehen.

Häufig liegen Bauelemente vor, deren Kennlinien in allen ihren Teilen nichtlinear sind. Bei kleinen Aussteuerungen kann man die Kennlinie im Arbeitspunkt durch eine Gerade annähern und dadurch wieder ein lineares Netzwerk der Betrachtung zugrunde legen.

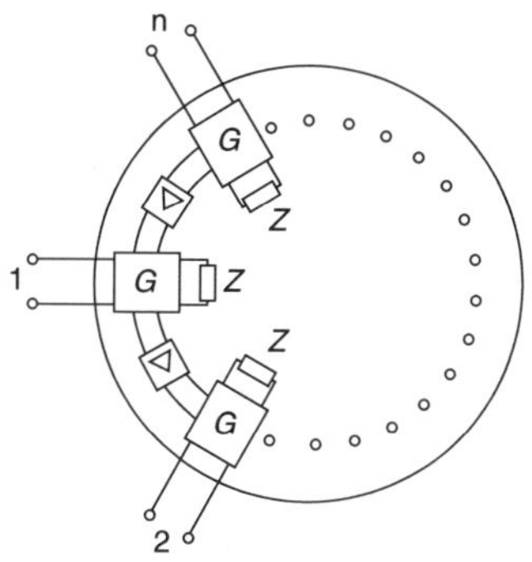


Bild 2.5-3 n-Tor-Zirkulator

### 2.5.1.3 Einige praktisch verwendete Mehrtore

In der Praxis haben Zweitore (Vierpole) mit Abstand die größte Bedeutung. Bezüglich Netzwerken mit mehr als zwei Toren wollen wir uns mit einigen kurzen Hinweisen begnügen. Gerade für Mehrtore ist die Matrixdarstellung, die wir bei den Vierpolen genauer kennen lernen wollen, besonders geeignet; deshalb wurde sie in den entsprechenden Normen gleich für n-Tore definiert.

Bild 2.5-2 zeigt die so genannte Gabelschaltung, auf die wir in Kapitel 5 zurückkommen werden. Sofern alle Tore reflexionsfrei (vgl. Kapitel 3) abgeschlossen sind, sind jeweils gegenüberliegende Tore entkoppelt, weil die an einem Tor eintretende Leistung nur zu den angrenzenden Toren gelangt.

Sofern der Wunsch besteht, einen „Kreisverkehr" (n-Tor-Zirkulator) aufzubauen, könnte man die in Bild 2.5-3 gezeigte Schaltung mit vielen Gabeln G benutzen. In der Höchstfrequenztechnik gibt es Zirkulatoren mit unvergleichlich einfacherem Aufbau, weil dort so genannte gyromagnetische Werkstoffe zur Verfügung stehen. Der Zirkulator besteht aus einem Ferritplättchen, welches durch benachbarte Permanentmagnetplättchen vormagnetisiert wird. Durch Änderung der Lage des Magnetfeldes kann man den Umlaufsinn umkehren, also einen Mikrowellenschalter realisieren. Schließt man einen Dreitorzirkulator an einem Ausgang mit dem Wellenwiderstand ab, so erhält man eine Einwegleitung (Bild 2.5-4).

In der Höchstfrequenztechnik kann man durch geeignete Anordnung spezielle Mehrtore realisieren. Das z.B. aus geeigneten Halbleiterverzweigungen aufgebaute „Magische T" ist der Gabelschaltung vergleichbar. Ein spezielles Mehrtor ist auch der Richtkoppler, vgl. 3.6.1.2

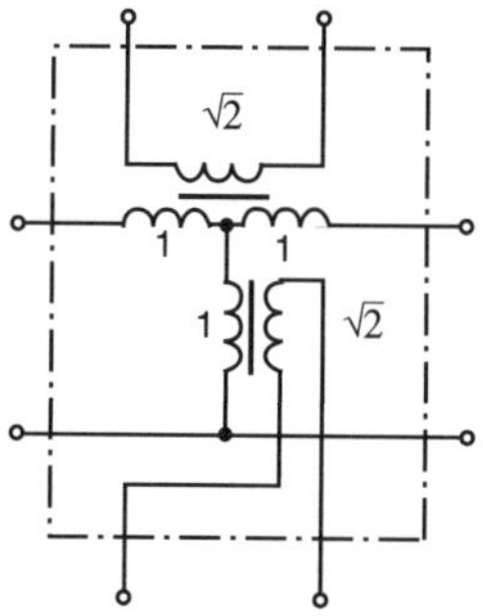


Bild 2.5-2 Gabel

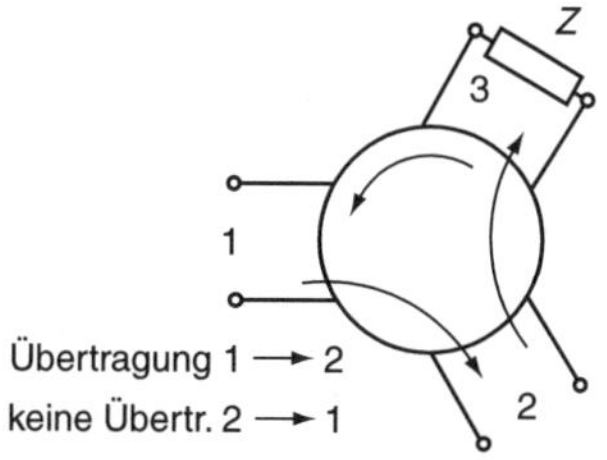


Bild 2.5-4 Dreitorzirkulator als Einwegleitung

#### 2.5.1.4 Weiteres Vorgehen

Wie wollen in 2.5.2 einige Hilfsmittel zur Systembeschreibung kennen lernen und dann in 2.5.3 ff. auf die verschiedenen Netzwerke eingehen. Wenn nichts anderes gesagt wird, handelt es sich immer um LTI-Systeme.

### 2.5.2 Komplexe Frequenz und Eigenschwingungen

Die folgenden Überlegungen sind zur Beschreibung von Netzwerken besonders wichtig. Zunächst erinnern wir an die klassische Operatorenrechnung; sie ist zwar für uns kein besonders wichtiges Hilfsmittel mehr, führt uns aber grundlegende Zusammenhänge vor Augen.

**Operatorenrechnung**

Bei der Einführung der komplexen Rechnung bei Wechselstromgrößen ergab sich z.B. für den Spannungsabfall, den ein sinusförmiger Strom $\underline{i}(t)$ an einer Induktivität hervorruft:

$$\underline{u}_{\mathrm{L}}(t) = L\frac{\mathrm{d}\underline{i}(t)}{\mathrm{d}t} \qquad (2.5\text{-}1)$$

Mit Gl. (2.3-3)

$$\hat{\underline{u}}\mathrm{e}^{\mathrm{j}\omega t} = L\frac{\mathrm{d}\hat{\underline{i}}\,\mathrm{e}^{\mathrm{j}\omega t}}{\mathrm{d}t}$$
$$\hat{\underline{u}} = \mathrm{j}\omega L\hat{\underline{i}} \qquad (2.5\text{-}2)$$

oder mit Effektivwerten

$$\underline{U} = \mathrm{j}\omega L\underline{I} \qquad (2.5\text{-}3)$$

Alle Ströme und Spannungen im linearen Netzwerk mit sinusförmiger Erregung (Frequenz $\omega$) sind selbst wieder sinusförmig (Frequenz $\omega$); sie enthalten in ihren komplexen Augenblickswerten sämtlich den Faktor $\mathrm{e}^{\mathrm{j}\omega t}$, den man manchmal als „Dreher" bezeichnet. Man kann deshalb mit diesem Faktor kürzen und kommt zur gewohnten Darstellung Gl. (2.5-2) bzw. Gl. (2.5-3). Bei der Einführung der komplexen Frequenz trat an die Stelle des „Drehers" $\mathrm{e}^{\mathrm{j}\omega t}$ der „Drehstrecker" $\mathrm{e}^{pt}$. Wir können in linearen Netzen Ströme und Spannungen stets durch Drehstrecker darstellen. Dies führt uns auf die von O. Heaviside und K.W. Wagner begründete sog. *Operatorenrechnung*; sie ist im Prinzip eine erweiterte komplexe Behandlung der Wechselstromprobleme. Wie sich vorher für den induktiven Widerstand in Gl. (2.5-3) der Wert $\mathrm{j}\omega L$ ergab, so ergibt sich nach der „analytischen Erweiterung"

$$p = \sigma + \mathrm{j}\omega$$

der „Operator" $pL$. Praktisch stellen wir für ein gegebenes Netzwerk wie gewohnt mit komplexer Rechnung die Gleichungen auf und ersetzen dann $\mathrm{j}\omega$ durch $p$. Zusammenstellung:

| Gesetz | Operator | |
|---|---|---|
| $u_{\mathrm{R}}(t) = R\,i_{\mathrm{R}}(t)$ | $R$ | |
| $u_{\mathrm{L}}(t) = L\frac{\mathrm{d}i_{\mathrm{L}}(t)}{\mathrm{d}t}$ | $pL$ | |
| $u_{\mathrm{C}}(t) = \frac{1}{C}\int i_{\mathrm{C}}(t)\,\mathrm{d}t$ | $\frac{1}{pC}$ | (2.5-4) |

Die Differenziation führt also auf die Multiplikation mit $p$, die Integration auf die Multiplikation mit $1/p$.

**Darstellung von Netzwerkeigenschaften in der komplexen $p$-Ebene**

Aus der Mathematik ist die Beschreibung einer Funktion durch ihre Pole und Nullstellen bekannt. Eine anschauliche und wichtige Darstellung von Netzwerkeigenschaften ergibt sich, wenn man die *Pole* $p_{\mathrm{x}\mu}$ (Singularitäten, Unendlichkeitsstellen) und die *Nullstellen* $p_{0\nu}$ (Wurzeln) einer das Netzwerk kennzeichnenden Funktion (Übertragungsfunktion; Scheinwiderstand bei Zweipolen) in der $p$-Ebene darstellt. Aus einer derartigen Darstellung können wir z.B. sofort Angaben über die Stabilität machen (siehe 2.5.6.4).

Wir ermitteln Nullstellen und Pole durch eine Faktorenzerlegung des zu untersuchenden komplexen Ausdrucks. Ein bekanntes Beispiel ist der Scheinwiderstand eines einfachen Zweipols, nämlich des Reihenschwingkreises. Wir stellen den Scheinwiderstand $\underline{Z}$ als rationale Funktion (d.h. als Verhältnis zweier Polynome in $p$) dar und ermitteln durch Faktorenzerlegung die Wurzeln des Zählerpolynoms (Nullstellen von $\underline{Z}$) und des Nennerpolynoms (Pole von $\underline{Z}$). Er ergibt sich

$$\underline{Z}(p) = R + pL + \frac{1}{pC} = \frac{p^2 L + pR + \frac{1}{C}}{p} = L\frac{(p-p_{01})(p-p_{02})}{(p-p_{x1})} \qquad (2.5\text{-}5)$$

Durch die Angabe der Pole und Nullstellen ist also $\underline{Z}$ bis auf eine Konstante ($L$) eindeutig bestimmt.
Aus dem Zählerpolynom erhalten wir die Nullstellen

$$p_{01},\, p_{02} = -\frac{R}{2L} \pm \mathrm{j}\sqrt{\frac{1}{LC} - \left(\frac{R}{2L}\right)^2} = +\sigma \pm \mathrm{j}\omega_0' \qquad (2.5\text{-}6)$$

mit den Abkürzungen

$$\sigma = -\frac{R}{2L};\quad \omega_0 = \frac{1}{\sqrt{LC}};\quad \omega_0' = \sqrt{\omega_0^2 - \sigma^2} \qquad (2.5\text{-}7)$$

Der Nenner verschwindet für $p = p_{x1} = 0$, außerdem ergibt sich wegen des Übergewichts von $p$ im Zähler von Gl. (2.5-5) als zweiter Pol $p_{x2} = \infty$.

Durch Eintragen der Nullstellen als kleine Kreise und der Pole als Kreuze erhalten wir ein PN-Diagramm, wie es etwa Bild 2.5-5 für das Beispiel des verlustlosen Reihenschwingkreises ($R$ = 0, damit $\sigma = 0$; $p_{01}, p_{02} = \pm \mathrm{j}\omega$) zeigt. Der zweite Pol bei $\infty$ wird in der angedeuteten Weise vermerkt. Für reale Reihenschwingkreise ist stets $R > 0$. Das Verhalten hängt entscheidend von dem Wurzelausdruck in Gl. (2.5-6) ab. Wir unterscheiden 4 Fälle $p'_{01,2}$ bis $p''''_{01,2}$, welche in Bild 2.5-6 gemeinsam eingetragen sind. Lassen wir $R$ von null ausgehend anwachsen, so können wir unterscheiden:

- Ungedämpfter Schwingkreis ($R$ = 0):

  $$p_{01}', p_{02}' = \pm \mathrm{j}\omega_0$$

- Schwache Dämpfung ($R^2 < 4L/C$):

  $$p_{01}'', p_{02}'' = -\frac{R}{2L} \pm \mathrm{j}\sqrt{\omega_0^2 - \left(\frac{R}{2L}\right)^2}$$

  d.h. Nullstellen konjugiert komplex, auf dem Halbkreis mit Radius $\omega_0$
- Aperiodischer Grenzfall ($R^2 = 4L/C$):

  $$p_{01}''', p_{02}''' = -\frac{R}{2L} = -\omega_0$$

- Starke Dämpfung ($R^2 > 4L/C$):

  $$p_{01}'''', p_{02}'''' = -\frac{R}{2L} \pm \sqrt{\left(\frac{R}{2L}\right)^2 - \omega_0^2}$$

Vergleichen wir die Lage der in Bild 2.5-6 eingetragenen Nullstellen mit den zu Bild 2.3-2 gegebenen Erläuterungen, so bedeuten die Punkte $p''_{01,2}$ abklingende Sinusschwingungen, während bei $p''''_{01,2}$ ein exponentielles Abklingen ohne jede Oszillation eintritt. Die verschiedenen Fälle zeigen jeweils die so genannten Eigenschwingungen, mit denen wir uns jetzt befassen wollen.

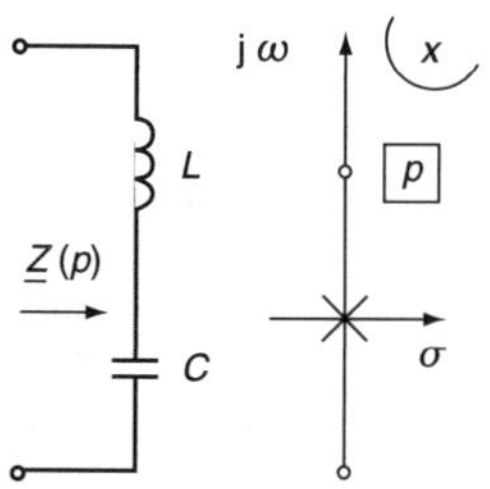


Bild 2.5-5 Idealer Reihenschwingkreis und sein PN-Diagramm

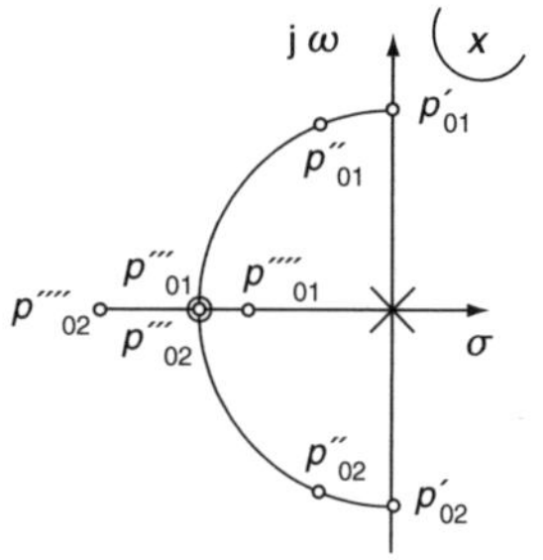


Bild 2.5-6 PN-Diagramm bei verschiedener Dämpfung

**Eigenschwingungen**

Die gewohnte komplexe Rechnung (mit j$\omega$) betrifft den stationären (eingeschwungenen) Fall, bei dem Spannungen und Ströme reine Sinusfunktionen sind. Wenn man aber zum Zeitpunkt $t = 0$ eine sinusförmige Wechselspannung z.B. auf den Reihenschwingkreis schaltet, dann muss erst eine gewisse Zeit verstreichen, bis der Strom sinusförmig wird und diejenige Amplitude und Phase annimmt, welche wir aus der komplexen Wechselstromrechnung erhalten. Der Grund dafür ist, dass sich ab dem Einschaltaugenblick ein zusätzlicher zeitlich abklingender Strom dem stationären Wechselstrom überlagert.

**Beispiel:**

Wir untersuchen den Einschaltvorgang nach Bild 2.5-7. Den Innenwiderstand der Quelle haben wir $R$ zugeschlagen. Die Klemmenspannung $u(t)$ bzw. deren Ableitung ist nach dem Einschalten:

$$u(t) = \hat{u}\,\sin\omega t = i(t)\cdot R + \frac{1}{C}\int i(t)\,\mathrm{d}t + L\frac{\mathrm{d}i}{\mathrm{d}t}$$

$$\frac{\mathrm{d}u}{\mathrm{d}t} = \omega\hat{u}\,\cos\omega t = L\frac{\mathrm{d}^2 i}{\mathrm{d}t^2} + R\frac{\mathrm{d}i}{\mathrm{d}t} + \frac{1}{C}i \qquad (2.5\text{-}8)$$

Die Lösung ist bekanntlich die Addition der allgemeinen Lösung der homogenen Gleichung und einer partikulären Lösung der inhomogenen Gleichung. Eine partikuläre Lösung würden wir am einfachsten aus der Berechnung des stationären Falles erhalten. Da die Lösung der homogenen Gleichung (d.h. Störglied = 0) aber den uns interessierenden zusätzlichen Ausgleichsstrom liefert, beschränken wir uns auf diese. Mit dem Lösungsansatz

$$i(t) = I_0\,\mathrm{e}^{pt} \qquad (2.5\text{-}9)$$

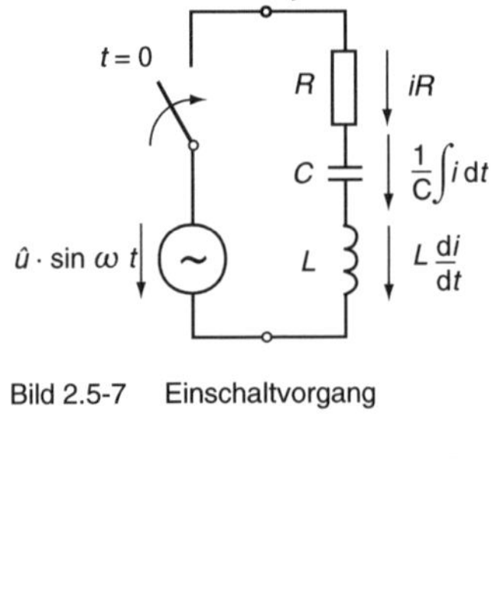


Bild 2.5-7 Einschaltvorgang

erhalten wir als charakteristische Gleichung genau das Zählerpolynom von Gl. (2.5-5) mit den durch Gl. (2.5-6) gegebenen Nullstellen $p_{01}$, $p_{02}$. Damit ist die vollständige Lösung der homogenen Diffenzialgleichung (für $\omega_0^2 \neq \sigma^2$):

$$i(t) = I_0\,(K_1\,\mathrm{e}^{p_{01}t} + K_2\,\mathrm{e}^{p_{02}t}) \qquad (2.5\text{-}10)$$

Die Konstanten $K_1$, $K_2$ ergeben sich aus den Anfangsbedingungen (Spulenstrom, Kondensatorspannung beim Einschalten). Für z.B. $K_1 = K_2 = 0{,}5$ wird mit Gl. (2.5-6)

$$i(t) = I_0\,\mathrm{e}^{\sigma t}\cdot\cos\omega_0' t \qquad (2.5\text{-}11)$$

Man nennt $i(t)$ die Eigenschwingung (Bild 2.5-8), da sie nur von der Größe der Schaltelemente und der in ihnen gespeicherten Energie abhängt. Sie kann beim Reihenschwingkreis nur auftreten, wenn die angeschaltete Quelle den Innenwiderstand null hat (siehe oben). Schaltet man z.B. an einen Reihenschwingkreis, dessen Energiespeicher eine gewisse Energie beinhalten, eine Quelle mit $u = 0$ und $R_i = 0$ (d.i. Kurzschluss), so schwingt er mit seiner Eigenschwingung aus.

Ergebnis: Die *Eigenschwingung* wird bis auf die Anfangsbedingungen vollständig *durch die Lösungen $p_{01}$, $p_{02}$ der charakteristischen Gleichung* bestimmt. Man bezeichnet $p_{01}$, $p_{02}$ deshalb auch als (komplexe) Eigenfrequenz des Reihenschwingkreises.

## 2.5.3 Zweipole

Zweipole (Eintore) stellen deshalb einen Sonderfall unter den verschiedenen Netzwerken dar, weil bei ihnen die *Ursache* (z.B. Strom) und *Wirkung* (z.B. Spannung) in derselben Masche auftreten. Die Übertragungsfunktion ist bei Zweipolen also durch den Scheinwiderstand $\underline{Z}(p)$ bzw. Scheinleitwert $\underline{Y}(p)$ gegeben.

### 2.5.3.1 Zweipolfunktion

Das Verhalten des zeitinvarianten passiven linearen Zweipols wird durch die Funktion $\underline{Z}(p)$ (bzw. $\underline{Y}(p)$) vollständig angegeben; man spricht von der *Zweipolfunktion*. Andererseits können wir den Zweipol durch *Differenzialgleichungen* beschreiben. Beide Möglichkeiten hängen direkt zusammen, wie uns die Operatorenrechnung lehrt, siehe Gl. (2.5-4).

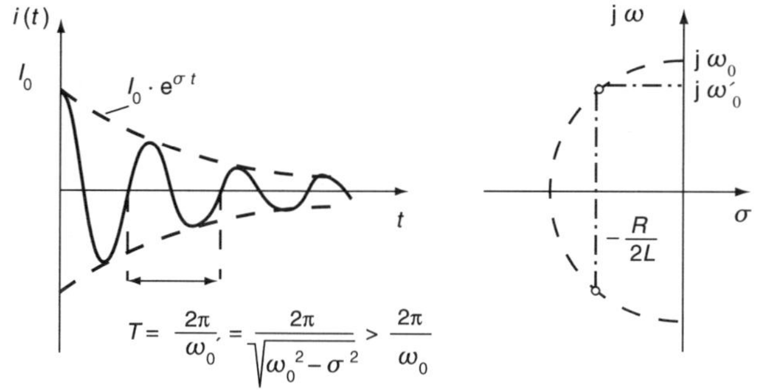


Bild 2-5-8
Eigenschwingung und Eigenfrequenzen

**Beispiel:**
Für den Zweipol nach Bild 2.5-9 sollen Zweipolfunktion und Differenzialgleichung verglichen werden. Wir schreiben wieder $\underline{Z}(\mathrm{j}\omega)$ an, ersetzen dann $\mathrm{j}\omega$ durch $p$ (analytische Erweiterung) und formen noch etwas um:

$$\underline{Z}(\mathrm{j}\omega) = R_1 + \frac{R_2 \cdot \mathrm{j}\omega L}{R_2 + \mathrm{j}\omega L}$$

$$\underline{Z}(p) = \frac{p\frac{L(R_1+R_2)}{R_2} + R_1}{p\frac{L}{R_2} + 1} \tag{2.5-12}$$

Andererseits erhalten wir aus $u(t)$ und $i(t)$ nach Eliminieren von $i_L$ und einigen Umrechnungen:

$$u = i R_1 + L\frac{\mathrm{d}i_L}{\mathrm{d}t}; \qquad i = i_L + \frac{u - iR_1}{R_2}$$

$$\frac{\mathrm{d}i}{\mathrm{d}t}\cdot\frac{L(R_1+R_2)}{R_2} + iR_1 = \frac{\mathrm{d}u}{\mathrm{d}t}\cdot\frac{L}{R_2} + u \tag{2.5-13}$$

Dies ist die Differenzialgleichung des Zweipols. Setzen wir $u(t) = 0$ (Kurzschluss), so wird die rechte Seite der Gleichung null. Es bleibt die homogene Differenzialgleichung für die Eigenschwingung des Stromes bei kurzgeschlossenen Klemmen. Ihre charakteristische Gleichung wird durch den Zähler von $\underline{Z}(p)$ gegeben. Entsprechend erhalten wir bei $i(t) = 0$ (Leerlauf) die D.Gl. für die Eigenschwingung der Spannung bei offenen Klemmen, und der Nenner von $\underline{Z}(p)$ stellt deren charakteristische Gleichung dar.

Gleichgültig, welchen zeitinvarianten passiven linearen Zweipol wir auch wählen, wir erhalten immer lineare Differenzialgleichungen der Form

$$a_m\frac{\mathrm{d}^m i}{\mathrm{d}t^m} + a_{m-1}\frac{\mathrm{d}^{m-1} i}{\mathrm{d}t^{m-1}} + \ldots + a_1\frac{\mathrm{d}i}{\mathrm{d}t} + a_0 i =$$

$$= \frac{\mathrm{d}^n u}{\mathrm{d}t^n} + b_{n-1}\frac{\mathrm{d}^{n-1} u}{\mathrm{d}t^{n-1}} + \ldots + b_1\frac{\mathrm{d}u}{\mathrm{d}t} + b_0 u \tag{2.5-14}$$

und entsprechende Zweipolfunktionen

$$\underline{Z}(p) = \frac{a_m p^m + \ldots + a_1 p + a_0}{p^n + \ldots + b_1 p + b_0} \tag{2.5-15}$$

Aus dem Zusammenhang zwischen Eigenschwingungen und Zweipolfunktion ergeben sich die nachstehenden Eigenschaften der Zweipolfunktion $\underline{Z}(p)$. Da Impedanz $\underline{Z}$ und Admittanz $\underline{Y}$ denselben Sachverhalt beschreiben, nämlich das ohmsche Gesetz („Immittanzfunktionen"), gelten alle Eigenschaften auch für die Zweipolfunktion $\underline{Y}(p)$.

Die Zweipolfunktion $\underline{Z}(p)$ ist eine gebrochen rationale Funktion in $p$ mit konstanten, reellen, stets positiven Koeffizienten. Aber nicht jede Funktion in $p$ mit den genannten Eigenschaften ist eine Zweipolfunktion! Eine Zweipolfunktion gehört

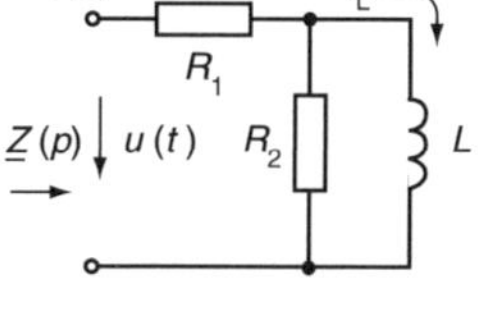


Bild 2.5-9 Zweipol

einer sehr speziellen Funktionsklasse an, den so genannten „positiven Funktionen".

*Eine rationale Funktion entsprechend Gl. (2.5-15) ist dann und nur dann eine Zweipolfunktion, wenn*

*a) alle Koeffizienten reell und positiv sind und* $|m-n| \leq 1$ *ist,*

*b) keine Pole in der rechten Halbebene liegen, die rein imaginären Pole einfach sind und ein reelles positives Residuum besitzen,*

*c) der Realteil von* $\underline{Z}(p)$ *für alle reellen Kreisfrequenzen nicht negativ wird.*

Wir machen nur zwei kurze Bemerkungen:

- Eigenschaft b) erklärt sich aus dem Lösungsansatz $K \cdot e^{pt}$ bei linearen D.Gl. mit konstanten reellen Koeffizienten. Weder das Zähler- noch das Nennerpolynom von $\underline{Z}(p)$ dürfen Wurzeln mit positivem Realteil haben, da sich sonst zeitlich anklingende Eigenschwingungen ergeben würden, was aus Stabilitäts- und Energiegründen nicht möglich ist. Der Grenzfall bei idealen Schaltelementen ist, dass der Realteil einer Wurzel null werden kann; das bedeutet rein sinusförmige Eigenschwingungen. Diese Singularitäten müssen jedoch einfach sein, da bei einer Doppelnullstelle ein Lösungsansatz $t \cdot e^{pt}$ auftritt, was für $\mathrm{Re}(p) = 0$ bereits anschwingend ist. Dagegen sind in der linken p-Halbebene für $\mathrm{Re}(p) < 0$ mehrfache Singularitäten erlaubt: Zeitfunktionen der Form $t^n \cdot e^{pt}$ gehen für $t \to \infty$ gegen null (Mathematik: e-Funktion geht stärker gegen $\infty$ bzw. 0 als jede Potenz).
- Zu Eigenschaft c): Nehmen wir an, $\underline{Z}(p)$ verlaufe in einem gewissen Frequenzbereich in der linken Halbebene. Bei Anlegen einer sinusförmigen Wechselspannung in diesem Bereich würde der Zweipol im Zeitmittel mehr Leistung abgeben als aufnehmen, was bei passivem Zweipol unmöglich ist. Vgl. auch die aus den Grundlagen der Elektrotechnik bekannten Ortskurven der Schwingkreise.

### 2.5.3.2 Reaktanzzweipolfunktion

Ein Reaktanzzweipol ist nur aus Blindwiderständen aufgebaut, d.h. es ist keine Energie in Wärme, Strahlung usw. umsetzbar. Daraus folgt: Die Eigenschwingungen einer offenen oder kurzgeschlossenen Reaktanz können nur stationär sein, sie dürfen also nicht ab- oder anklingen. Demnach dürfen die *Nullstellen und Pole einer Reaktanzfunktion nur auf der imaginären Achse* liegen und einfach sein (einschl. bei $p = 0$ oder $\infty$). Wir gehen von einer gegebenen Reaktanzzweipolfunktion (RZPF) aus und suchen eine Schaltung, welche diese RZPF realisiert.

Aus der Mathematik ist bekannt: Jede gebrochen rationale Funktion $\underline{Z}(p)$ lässt sich auf genau eine Weise in einen Partialbruch entwickeln. Für unseren Fall (Funktion hat nur reelle positive Koeffizienten und nur einfache Pole auf der imaginären Achse) lautet die *Partialbruchentwicklung*:

$$\underline{Z}(p) = \frac{a_0}{p} + \sum_i \left( \frac{a_i}{p - \mathrm{j}\omega_i} + \frac{a_i}{p + \mathrm{j}\omega_i} \right) + a_\infty p$$
$$= \frac{a_0}{p} + \sum_i \frac{2 a_i p}{p^2 + \omega_i^2} + a_\infty p$$

(2.5-16)

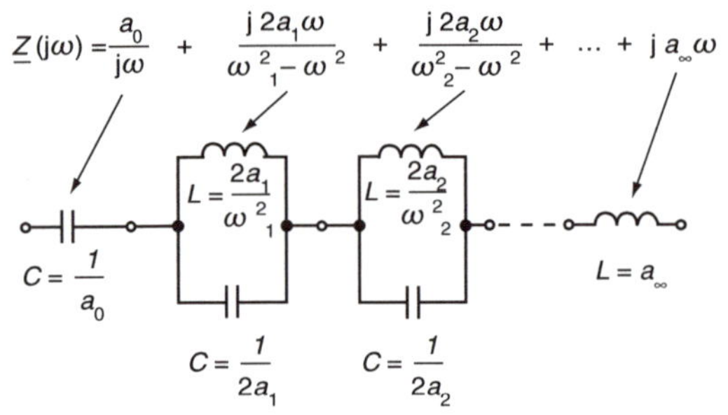


Bild 2.5-10
Partialbruchschaltung

Dabei gilt:

- Der Pol bei $p = 0$ ist $a_0/p$.
- Der Pol bei $p = \infty$ ist $a_\infty \cdot p$.
- Ein Bruchausdruck unter der Summe ist ein Polpaar bei $\pm j\omega$.

Setzen wir in Gl. (2.5-16) $p = j\omega$ und lassen wir nur positive $a_i$ zu, dann können wir sofort die Realisierung angeben, die sog. *Partialbruchschaltung*. $a_0$ ist nämlich, da alle Terme die Dimension Widerstand haben, offensichtlich eine Kapazität der Größe $C = 1/a_0$. Entsprechend steht $a_\infty \cdot p$ für eine Induktivität $L = a_\infty$. Schließlich steht jeder Bruch unter der Summe für einen Parallelkreis (Pol des Widerstandes bei Resonanz). Wir haben damit den in Bild 2.5-10 dargestellten Zusammenhang zwischen $\underline{Z}(j\omega)$ und den Elementen der Partialbruchschaltung. Nachdem hiermit im speziellen Anwendungsfall eine den Forderungen genügende dimensionierte Schaltung vorliegt, können wir durch entsprechende Umwandlungen – vgl. 2.1.3 – zu weiteren Realisierungen kommen.

Bei reinen Reaktanzen ist $\underline{Z}(j\omega) = jX(\omega)$ oder

$$X(\omega) = \frac{\underline{Z}(j\omega)}{j} \qquad (2.5\text{-}17)$$

Durch Ableiten nach $\omega$ kann man zeigen, dass der Reaktanzverlauf $X(\omega)$ an allen Stellen eine positive Steigung hat (*Reaktanztheorem nach FOSTER*). Eine Folge dieses Theorems ist, dass Pole und Nullstellen einander abwechseln müssen. Jede RZPF und damit jeder Reaktanzzweipol kann durch $X(\omega)$ dargestellt werden. Zur vollständigen Festlegung der RZPF ist nach Gl. (2.5-5) außer der Lage der Pole und Nullstellen nur noch ein weiterer bekannter Funktionswert $P_1$ erforderlich. Bild 2.5-11 zeigt den Zusammenhang zwischen Schaltung, Reaktanzverlauf und PN-Diagramm an einem einfachen Beispiel.

Betrachten wir zum Schluss nochmals die RZPF in ihrer ursprünglichen Form, um einen Zusammenhang zwischen dem Grad der Funktion und der Anzahl der Schaltelemente herzustellen. Bei jeder gebrochen rationalen Funktion ist die *Gesamtzahl der Nullstellen gleich der Gesamtzahl der Pole, wobei die Pole und Nullstellen bei* 0 *und* ∞ *mitgezählt* werden müssen. Man bezeichnet diese Gesamtzahl als *Grad*. (Beispiel Reihenschwingkreis: Grad 2.) Der *Grad der Funktion bestimmt die Minimalzahl der Energiespeicher*. Eine Schaltung, die mit der Minimalzahl von Schaltelementen aufgebaut ist, heißt kanonisch. Man kann den Grad einer Schaltung also nicht durch bloßes Abzählen der Schaltelemente bestimmen. Primitives Beispiel: Ersetzt man in Bild 2.5-11 alle Kondensatoren durch Spulen, so wäre der Grad nur noch 1.

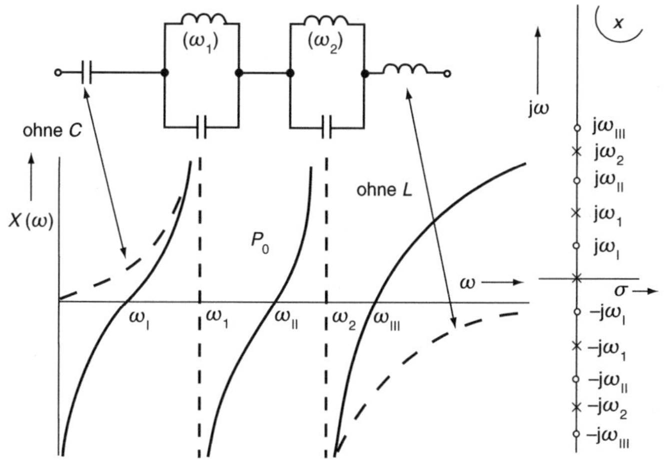


Bild 2.5-11
Reaktanzverlauf und PN-Diagramm

## 2.5.4 Vierpole

### 2.5.4.1 Einführung

Vierpoltheorie (Theorie der Zweitore) beschreibt die Eigenschaften der verschiedenen Vierpole (z. B. Leitungen, Verstärker, Siebschaltungen, Dämpfungsglieder, Funkfelder, usw.), ohne dass man deren inneren Aufbau kennen muss, allein durch die an den Klemmen messbaren Größen. Wir benötigen Methoden zur *Analyse* gegebener Vierpole und zur *Synthese* von Vierpolen mit vorgeschriebenen Eigenschaften. Häufig werden bekannte Teilvierpole so kombiniert, dass ein neuer Gesamtvierpol entsteht, dessen resultierende Kenngrößen berechnet werden sollen (Beispiele: Kettenschaltungen bei der Übertragung; Rückkopplungsschaltungen).

### 2.5.4.2 Grundgleichungen linearer Vierpole

Einen linearen Zweipol (Eintor) konnten wir durch $\underline{Z}(p)$ bzw. $\underline{Y}(p)$ vollständig beschreiben, also durch eine einzige, nur vom Zweipol abhängige Größe. Bei einem Zweitor ist aber der Eingangswiderstand des einen Tors im Allgemeinen auch von dem Abschluss am anderen Tor abhängig. Dieser Eingangswiderstand allein genügt also nicht zur Beschreibung. Wir benötigen weitere Messungen (Ströme, Widerstände, Spannungen usw.), in welche auch wieder außer den Eigenschaften des Vierpols die Größe der außen liegenden Abschlüsse eingeht. Es ist zweckmäßig, wenn wir aus den Ergebnissen solcher Messungen Kenngrößen gewinnen, welche den Vierpol für sich allein charakterisieren (z. B. Wellenwiderstände, Wellenübertragungsmaße, usw.: siehe unten).

Im allgemeinen Fall (Bild 2.5-12a) seien z.B. die vier Ströme bekannt und die vier Potenziale gesucht. Wir benötigen dann vier Gleichungen mit je vier Koeffizienten. Im praktischen Betrieb ergeben sich aber meist wesentliche Vereinfachungen, wie Bild 2.5-12b zeigt:

- Die sendende Quelle mit allen Netzwerken dazwischen kann ersatzweise als Zweipol dargestellt werden. Damit ist $\underline{I}'_1 = -\underline{I}''_1 = \underline{I}_1$ und $\Phi'_1 - \Phi''_1 = \underline{U}_1$.
- Die Netzwerke bis zur Senke können ebenfalls ersatzweise durch einen Zweipol dargestellt werden. Es ist damit $\underline{I}'_2 = -\underline{I}''_2 = \underline{I}_2$ und $\Phi'_2 - \Phi''_2 = \underline{U}_2$.
- In der Regel interessieren die Potenzialdifferenzen $\Phi'_1 - \Phi'_2$ und $\Phi''_1 - \Phi''_2$ nicht. (Ausnahmen gibt es bei Parallel- und Reihenschaltungen von Vierpoleingängen und -ausgängen.)

Wir wollen anhand von Bild 2.5-12b gleich eine Verabredung treffen, die sich vor allem auch für die Leitungen als zweckmäßig erweist. Nach [DIN 1344] gibt es für Scheinwiderstände nur noch das Symbol $\underline{Z}$, während $R$ ein reiner Wirkwiderstand ist. Nun ist es sehr wichtig, dass wir in den Vierpol hinein gemessene Scheinwiderstände ($\underline{Z}_1$, $\underline{Z}_2$) einerseits und außen liegende Abschlusswiderstände andererseits unterscheiden. Da letztere in der Praxis meist reell sind, bietet es sich an, die äußeren Abschlüsse $R_1$, $R_2$ zu nennen. Damit wir dadurch nicht von vornherein an Allgemeinheit einbüßen, wollen wir für komplexe Abschlüsse $\underline{R}_1$, $\underline{R}_2$ als Symbole zulassen.

Unter den erläuterten Voraussetzungen wird das elektrische Verhalten des linearen Zweitors (Vierpols) durch zwei lineare unabhängige Gleichungen zwischen den zwei Torspannungen $\underline{U}_1$, $\underline{U}_2$ und den zwei Torströmen $\underline{I}_1$, $\underline{I}_2$ beschrieben.

**Beispiel:**

Gegeben seien die Ströme. Als Koeffizienten im Gleichungssystem ergeben sich hier durchweg Scheinwiderstände $\underline{Z}$; man spricht von der $\underline{Z}$*–Matrix oder*

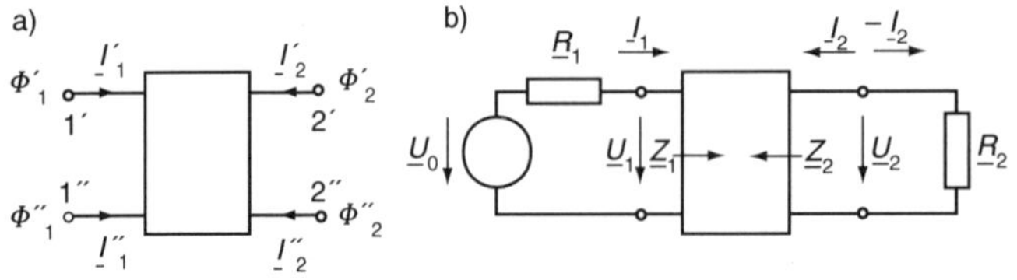


Bild 2.5-12
Vierpol: a) allgemein, b) normaler Betriebsfall

*Widerstandsmatrix* und nennt ihre Elemente Widerstands- oder Impedanzparameter [DIN 4899]:

Gleichungssystem

$$\underline{U}_1 = \underline{Z}_{11}\underline{I}_1 + \underline{Z}_{12}\underline{I}_2$$
$$\underline{U}_2 = \underline{Z}_{21}\underline{I}_1 + \underline{Z}_{22}\underline{I}_2 \qquad (2.5\text{-}18)$$

Matrixschreibweise

$$\begin{pmatrix}\underline{U}_1\\ \underline{U}_2\end{pmatrix} = \begin{pmatrix}\underline{Z}_{11} & \underline{Z}_{12}\\ \underline{Z}_{21} & \underline{Z}_{22}\end{pmatrix}\begin{pmatrix}\underline{I}_1\\ \underline{I}_2\end{pmatrix} \qquad (2.5\text{-}19)$$

Widerstandsmatrix

$$(\underline{Z}) = \begin{pmatrix}\underline{Z}_{11} & \underline{Z}_{12}\\ \underline{Z}_{21} & \underline{Z}_{22}\end{pmatrix} \qquad (2.5\text{-}20)$$

Abgekürzte Schreibweise

$$(\underline{U}) = (\underline{Z})(\underline{I}) \qquad (2.5\text{-}21)$$

### 2.5.4.3 Vierpolparameter

Wenn wir die Reihenfolge der Spannungen und Ströme allgemein verbindlich festlegen und die Stellung der einzelnen Parameter durch die Zahl im Index genau fixieren (1. Stelle nennt die Zeile, 2. Stelle die Spalte), dann gibt uns die Matrix Gl. (2.5-20) dieselbe Information wie das ausgeschriebene Gleichungssystem Gl. (2.5-18).

Die nachstehende Überlegung für das Zweitor (allgemein: n-Tor) klärt den Zusammenhang zwischen verschiedenen möglichen Gleichungssystemen. Von den zusammen 4 (allgemein: 2 $n$) Spannungen und Strömen sollen jeweils 2 (allgemein: $n$) beliebige gesucht sein. Durch Auflösen der 2 (allgemein: $n$) gegebenen Gleichungen – siehe Gl. (2.5-18) – nach beliebigen 2 (allgemein: $n$) Spannungen und Strömen ergeben sich neue Gleichungssysteme. Nun könnte man zwei gesuchte Größen (z.B. $\underline{U}_1$ und $\underline{I}_2$) auf vier verschiedene Arten anschreiben, je nachdem, welche gesuchte Größe in der 1. Zeile, und welche gegebene Größe an erster Stelle in der Zeile steht – vgl. Gl. (2.5-18). Man legt daher für bestimmte gesuchte Größen jeweils eine Anordnung fest [DIN 1344]. Damit sind unter den o.g. Bedingungen allgemein noch $\binom{2n}{n}$ Gleichungssysteme möglich. In Bild 2.5-13 sind für das Zweitor (Vierpol) die nach [DIN 1344] festgelegten $\binom{2\cdot 2}{2}=6$ Gleichungssysteme zusammengestellt. Die verschiedenen Parameter können anhand der Tabelle ineinander umgerechnet werden. Dazu noch zwei Bemerkungen:

- Nach [DIN 1344] und [DIN 4899] verwenden wir in allen Fällen *symmetrische Bezugspfeile* nach [DIN 40148 Bl.1] (siehe Bild 2.5-12b). Bei der Kettenschaltung von Vierpolen ist es zweckmäßig, wenn der Ausgangsstrom des ersten mit dem Eingangsstrom des zweiten Vierpols übereinstimmt; daher rührt der Term $(-\underline{I}_2)$ bei der Definition der Kettenmatrix $(\underline{A})$.
- [DIN 1344] lässt außer der bevorzugten Großschreibung der Parameter auch Kleinschreibung zu; davon machen wir bei $(h)$ Gebrauch, um mit der Literatur über Transistoren konform zu gehen.

Die Matrizenrechnung ist bequem und birgt gerade deshalb bei oberflächlicher Anwendung Fehlerquellen, auf die wir hinweisen wollen. Häufig werden andere Buchstaben verwendet, z.B. bei der Reihenparallelmatrix $(h)$ auch $(D)$, oder bei der Parallelreihenmatrix $(K)$ auch $(C)$ oder $(m)$; dies ist nicht problematisch. Jedoch beachte man, um grobe Fehler – insbesondere Vorzeichenfehler – zu vermeiden, folgenden *Warnhinweis*: Bevor man vierpoltheoretische Formeln aus der Literatur anwendet, ist zu *überprüfen, welche Definitionsgleichungen (Stellung der Matrixelemente!) und Bezugspfeilsysteme verwendet werden*, vgl. Bild 2.5-12b und Bild 2.5-13.

Zum Abschluss wollen wir überlegen, wie wir für einen vorliegenden Vierpol die Matrixelemente bestimmen können.

**Beispiel:**

Die Z-Parameter werden benötigt. Ist die innere Schaltung des Vierpols bekannt, so können wir $(\underline{Z})$ berechnen. Nach Gl. (2.5-18) erhalten wir z.B. für den Vierpol nach Bild 2.5-14:

$$\underline{U}_1 = \underline{Z}_{11}\underline{I}_1 + \underline{Z}_{12}\underline{I}_2$$
$$\underline{U}_2 = \underline{Z}_{21}\underline{I}_1 + \underline{Z}_{22}\underline{I}_2$$
$$\underline{I}_1 = \underline{Y}_{11}\underline{U}_1 + \underline{Y}_{12}\underline{U}_2$$
$$\underline{I}_2 = \underline{Y}_{21}\underline{U}_1 + \underline{Y}_{22}\underline{U}_2$$
$$(Y) = (Z)^{-1}$$

$$\underline{U}_1 = \underline{h}_{11}\underline{I}_1 + \underline{h}_{12}\underline{U}_2$$
$$\underline{I}_2 = \underline{h}_{21}\underline{I}_1 + \underline{h}_{22}\underline{U}_2$$
$$\underline{I}_1 = \underline{K}_{11}\underline{U}_1 + \underline{K}_{12}\underline{I}_2$$
$$\underline{U}_2 = \underline{K}_{21}\underline{U}_1 + \underline{K}_{22}\underline{I}_2$$
$$(K) = (h)^{-1}$$

$$\underline{U}_1 = \underline{A}_{11}\underline{U}_2 + \underline{A}_{12}(-\underline{I}_2)$$
$$\underline{I}_1 = \underline{A}_{21}\underline{U}_2 + \underline{A}_{22}(-\underline{I}_2)$$
$$\underline{U}_2 = \underline{B}_{11}\underline{U}_1 + \underline{B}_{12}(-\underline{I}_1)$$
$$\underline{I}_2 = \underline{B}_{21}\underline{U}_1 + \underline{B}_{22}(-\underline{I}_1)$$
$$(B) = (A)^{-1}$$

| | (Z) | (Y) | (A) | (h) | (K) |
|---|---|---|---|---|---|
| (Z) | $\begin{matrix} Z_{11} & Z_{12} \\ Z_{21} & Z_{22} \end{matrix}$ | $\begin{matrix} \frac{Y_{22}}{\det Y} & \frac{-Y_{12}}{\det Y} \\ \frac{-Y_{21}}{\det Y} & \frac{Y_{11}}{\det Y} \end{matrix}$ | $\begin{matrix} \frac{A_{11}}{A_{21}} & \frac{\det A}{A_{21}} \\ \frac{1}{A_{21}} & \frac{A_{22}}{A_{21}} \end{matrix}$ | $\begin{matrix} \frac{\det h}{h_{22}} & \frac{h_{12}}{h_{22}} \\ \frac{-h_{21}}{h_{22}} & \frac{1}{h_{22}} \end{matrix}$ | $\begin{matrix} \frac{1}{K_{11}} & \frac{-K_{12}}{K_{11}} \\ \frac{K_{21}}{K_{11}} & \frac{\det K}{K_{11}} \end{matrix}$ |
| (Y) | $\begin{matrix} \frac{Z_{22}}{\det Z} & \frac{-Z_{12}}{\det Z} \\ \frac{-Z_{21}}{\det Z} & \frac{Z_{11}}{\det Z} \end{matrix}$ | $\begin{matrix} Y_{11} & Y_{12} \\ Y_{21} & Y_{22} \end{matrix}$ | $\begin{matrix} \frac{A_{22}}{A_{12}} & \frac{-\det A}{A_{12}} \\ \frac{-1}{A_{12}} & \frac{A_{11}}{A_{12}} \end{matrix}$ | $\begin{matrix} \frac{1}{h_{11}} & \frac{-h_{12}}{h_{11}} \\ \frac{h_{21}}{h_{11}} & \frac{\det h}{h_{11}} \end{matrix}$ | $\begin{matrix} \frac{\det K}{K_{22}} & \frac{K_{12}}{K_{22}} \\ \frac{-K_{21}}{K_{22}} & \frac{1}{K_{22}} \end{matrix}$ |
| (A) | $\begin{matrix} \frac{Z_{11}}{Z_{21}} & \frac{\det Z}{Z_{21}} \\ \frac{1}{Z_{21}} & \frac{Z_{22}}{Z_{21}} \end{matrix}$ | $\begin{matrix} \frac{-Y_{22}}{Y_{21}} & \frac{-1}{Y_{21}} \\ \frac{-\det Y}{Y_{21}} & \frac{-Y_{11}}{Y_{21}} \end{matrix}$ | $\begin{matrix} A_{11} & A_{12} \\ A_{21} & A_{22} \end{matrix}$ | $\begin{matrix} \frac{-\det h}{h_{21}} & \frac{-h_{11}}{h_{21}} \\ \frac{-h_{22}}{h_{21}} & \frac{-1}{h_{21}} \end{matrix}$ | $\begin{matrix} \frac{1}{K_{21}} & \frac{K_{22}}{K_{21}} \\ \frac{K_{11}}{K_{21}} & \frac{\det K}{K_{21}} \end{matrix}$ |
| (h) | $\begin{matrix} \frac{\det Z}{Z_{22}} & \frac{Z_{12}}{Z_{22}} \\ \frac{-Z_{21}}{Z_{22}} & \frac{1}{Z_{22}} \end{matrix}$ | $\begin{matrix} \frac{1}{Y_{11}} & \frac{-Y_{12}}{Y_{11}} \\ \frac{Y_{21}}{Y_{11}} & \frac{\det Y}{Y_{11}} \end{matrix}$ | $\begin{matrix} \frac{A_{12}}{A_{22}} & \frac{\det A}{A_{22}} \\ \frac{-1}{A_{22}} & \frac{A_{21}}{A_{22}} \end{matrix}$ | $\begin{matrix} h_{11} & h_{12} \\ h_{21} & h_{22} \end{matrix}$ | $\begin{matrix} \frac{K_{22}}{\det K} & \frac{-K_{12}}{\det K} \\ \frac{-K_{21}}{\det K} & \frac{K_{11}}{\det K} \end{matrix}$ |
| (K) | $\begin{matrix} \frac{1}{Z_{11}} & \frac{-Z_{12}}{Z_{11}} \\ \frac{Z_{21}}{Z_{11}} & \frac{\det Z}{Z_{11}} \end{matrix}$ | $\begin{matrix} \frac{\det Y}{Y_{22}} & \frac{Y_{12}}{Y_{22}} \\ \frac{-Y_{21}}{Y_{22}} & \frac{1}{Y_{22}} \end{matrix}$ | $\begin{matrix} \frac{A_{21}}{A_{11}} & \frac{-\det A}{A_{11}} \\ \frac{1}{A_{11}} & \frac{A_{12}}{A_{11}} \end{matrix}$ | $\begin{matrix} \frac{h_{22}}{\det h} & \frac{-h_{12}}{\det h} \\ \frac{-h_{21}}{\det h} & \frac{h_{11}}{\det h} \end{matrix}$ | $\begin{matrix} K_{11} & K_{12} \\ K_{21} & K_{22} \end{matrix}$ |

Komplexe Größen! Unterstreichung zur besseren Übersicht weggelassen. – Allgemein gilt:
$\det X = \underline{X}_{11}\underline{X}_{22} - \underline{X}_{12}\underline{X}_{21}$

Bild 2.5-13 Gleichungssysteme und Parameterumrechnung

$$\underline{Z}_{11} = \left.\frac{\underline{U}_1}{\underline{I}_1}\right|_{I_2=0} = \underline{Z}_1 + \underline{Z}_3 \quad \underline{Z}_{12} = \left.\frac{\underline{U}_1}{\underline{I}_2}\right|_{I_1=0} = \underline{Z}_3$$

$$\underline{Z}_{21} = \left.\frac{\underline{U}_2}{\underline{I}_1}\right|_{I_2=0} = \underline{Z}_3 \quad \underline{Z}_{22} = \left.\frac{\underline{U}_2}{\underline{I}_2}\right|_{I_1=0} = \underline{Z}_2 + \underline{Z}_3$$

(2.5-22)

Ist dagegen die innere Schaltung des Vierpols nicht bekannt, so müssen wir die Matrixelemente durch Messungen bestimmen. Nach den im Beispiel gegebenen Vorschriften müssen wir jeweils von einer Seite speisen, die Gegenseite leer laufen lassen und eine Spannung und einen Strom messen.

Praktisch können wir bei höheren Frequenzen den für die Messung der *Z*-Parameter notwendigen Leerlauf schlecht realisieren (Abstrahlung usw.). Dasselbe Problem tritt bei $\underline{h}_{12}$ und $\underline{h}_{22}$ auf. Deshalb misst man bei höheren Frequenzen (im Bereich zwischen 1 und 100 MHz) vorzugsweise die *Y-Parameter* (nur Kurzschluss benötigt) und benutzt gegebenenfalls die Umrechnungstabelle.
Bei Frequenzen über 100 MHz geht man auf die so genannten *Streuparameter* über, deren Definition nicht an Spannungen und Ströme, sondern an Leistungswellen gebunden ist. Definition der S-Parameter z.B. in [13-1a].

### 2.5.4.4 Zusammenschaltung von Vierpolen

Gl. (2.5-21) erinnert in ihrer Form an das normale ohmsche Gesetz beim Zweipol. Bei Zweipolen sind wir gewohnt, mit den Scheinwiderständen selbst zu rechnen, ohne dass wir Spannungen und Ströme anschreiben; z. B. erhalten wir den Scheinwiderstand einer Reihenschaltung als die Summe der Einzel-Scheinwiderstände. In ganz entsprechender Weise können wir *bei der Zusammenschaltung von Vierpolen mit den Vierpolmatrizen rechnen*, um die Matrix des resultierenden Gesamtvierpols zu ermitteln.

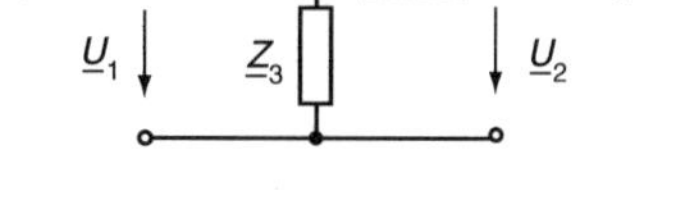


Bild 2.5-14 T-Glied

Bild 2.5-15 zeigt vier Möglichkeiten, wie zwei Vierpole mit ihren Ein- und Ausgängen zu einem resultierenden Vierpol zusammengeschaltet werden können. Sind die Einzelvierpole durch Matrizen wie angegeben repräsentiert, so ergibt sich die Matrix des Gesamtvierpols jeweils durch einfache Addition, wie sich leicht beweisen lässt.

**Beispiel:**
Wir schreiben für die Einzelvierpole in Bild 2.5-15a die vollständigen Gleichungen an:

$$\underline{U}'_1 = \underline{Z}'_{11}\underline{I}'_1 + \underline{Z}'_{12}\underline{I}'_2 \qquad \underline{U}''_1 = \underline{Z}''_{11}\underline{I}''_1 + \underline{Z}''_{12}\underline{I}''_2$$
$$\underline{U}'_2 = \underline{Z}'_{21}\underline{I}'_1 + \underline{Z}'_{22}\underline{I}'_2 \qquad \underline{U}''_2 = \underline{Z}''_{21}\underline{I}''_1 + \underline{Z}''_{22}\underline{I}''_2$$

Für den Gesamtvierpol ist

$$\underline{U}_1 = \underline{U}'_1 + \underline{U}'_1; \quad \underline{U}_2 = \underline{U}'_2 + \underline{U}''_2;$$
$$\underline{I}_1 = \underline{I}'_1 = \underline{I}''_1; \quad \underline{I}_2 = \underline{I}'_2 = \underline{I}''_2;$$

Durch Einsetzen dieser Bedingungen wird

$$\underline{U}_1 = \underbrace{(\underline{Z}'_{11} + \underline{Z}''_{11})}_{\underline{Z}_{11}}\underline{I}_1 + \underbrace{(\underline{Z}'_{12} + \underline{Z}''_{12})}_{\underline{Z}_{12}}\underline{I}_2$$

usw., so dass für den resultierenden Vierpol gilt

$$(\underline{Z}) = (\underline{Z}') + (\underline{Z}'') \qquad (2.5\text{-}23)$$

Wie bereits bei der Erklärung von Bild 2.5-12b gesagt wurde, muss man bei der Reihen- und Parallelschaltung auf Potenzialdifferenzen vor dem Zusammenschalten achten, damit sich keine Ausgleichsströme ergeben. Im Beispiel Bild 2.5-15a dürfen wir nur dann die Zusammenschaltung nach der angegebenen Formel mit Matrizen berechnen, wenn vorher die Potenzialdifferenz zwischen e´ und a´ gleich derjenigen zwischen e´´ und a´´ ist.

**Beispiel:**
Bei der Reihenschaltung von zwei gleichen Vierpolen nach Bild 2.5-14 muss der eine um seine waagrechte Achse gekippt werden, so dass die durchlaufenden Erdverbindungen zusammenkommen. Durch das Kippen ändert sich die Widerstandsmatrix nicht, wie man leicht nachprüft.

Während wir in Bild 2.5-15 durchweg auf die Addition bestimmter Matrizen geführt wurden, erhalten wir bei der Kettenschaltung nach Bild 2.5-16 die *Kettenmatrix* $(\underline{A})$ als Produkt der Kettenmatrizen der Einzelvierpole, wie sich durch Ansatz der Gleichungen zeigen lässt. Es wird:

$$(A) = (\underline{A}')(\underline{A}'') = \begin{pmatrix} \underline{A}'_{11}\underline{A}''_{11} + \underline{A}'_{12}\underline{A}''_{21} & \underline{A}'_{11}\underline{A}''_{12} + \underline{A}'_{12}\underline{A}''_{22} \\ \underline{A}'_{21}\underline{A}''_{11} + \underline{A}'_{22}\underline{A}''_{21} & \underline{A}'_{21}\underline{A}''_{12} + \underline{A}'_{22}\underline{A}''_{22} \end{pmatrix} \qquad (2.5\text{-}24)$$

Achtung! Die Reihenfolge der Matrizen muss der Reihenfolge der Vierpole in der Schaltung entsprechen!

**Beispiel:**
Das T-Glied nach Bild 2.5-14 kann als Kettenschaltung aus drei elementaren Vierpolen nach Bild 2.5-17 berechnet werden.

Bei etwas Übung können wir auch leicht gegebene Schaltungen auf bekannte Teilvierpole zurückführen, wie für einige wichtige Schaltungen (Brückenschaltung, Transistorverstärker, überbrücktes T-Glied) in Bild 2.5-18 bis Bild 2.5-20 dargestellt ist.

### 2.5.4.5 Betriebsverhalten des Vierpols

Der wichtigste Einsatzfall eines Vierpols ist der Betrieb in Kettenschaltung mit anderen Netzwerken als Teil einer Signalübertragung. Nach Bild 2.5-12b beschreiben wir die Zusammenschaltung zwischen Ein- und Ausgang durch die Kettengleichungen

$$\begin{aligned} \underline{U}_1 &= \underline{A}_{11}\underline{U}_2 + \underline{A}_{12}(-\underline{I}_2) \\ \underline{I}_1 &= \underline{A}_{21}\underline{U}_2 + \underline{A}_{22}(-\underline{I}_2) \end{aligned} \qquad (2.5\text{-}25)$$

Der Vierpol beeinflusst die Übertragung zwischen dem sendenden und dem empfangenden Zweipol. Wir vergleichen (siehe dazu 2.2.1) die Scheinleistung, die der Sender bei Anpassung abgeben würde, mit der Scheinleistung, die am Abschluss hinter dem Vierpol tatsächlich auftritt, und definieren [DIN 40148 Bl.1] das komplexe Betriebsdämpfungsmaß $\underline{g}_B$, das Betriebsdämpfungsmaß $a_B$, den Betriebsdämpfungswinkel $b_B$ und den komplexen Betriebsdämpfungsfaktor $\underline{D}_B$:

$$\underline{g}_B = 10\lg \frac{\dfrac{(\underline{U}_0/2)^2}{R_1}}{\dfrac{\underline{U}_2^2}{R_2}}\,\mathrm{dB} = \frac{1}{2}\ln \frac{\dfrac{(\underline{U}_0/2)^2}{R_1}}{\dfrac{\underline{U}_2^2}{R_2}}\,\mathrm{Np} =$$

$$= a_B + \mathrm{j}b_B = \ln\left(\frac{\underline{U}_0}{2\underline{U}_2}\sqrt{\frac{\underline{R}_2}{\underline{R}_1}}\right) = \ln \underline{D}_B \qquad (2.5\text{-}26)$$

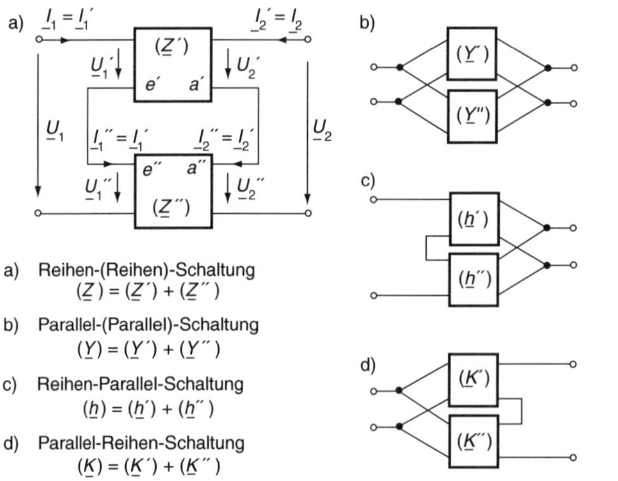


a) Reihen-(Reihen)-Schaltung
$(\underline{Z}) = (\underline{Z}') + (\underline{Z}'')$

b) Parallel-(Parallel)-Schaltung
$(\underline{Y}) = (\underline{Y}') + (\underline{Y}'')$

c) Reihen-Parallel-Schaltung
$(\underline{h}) = (\underline{h}') + (\underline{h}'')$

d) Parallel-Reihen-Schaltung
$(\underline{K}) = (\underline{K}') + (\underline{K}'')$

Bild 2.5-15
Zusammenschaltung von Vierpolen

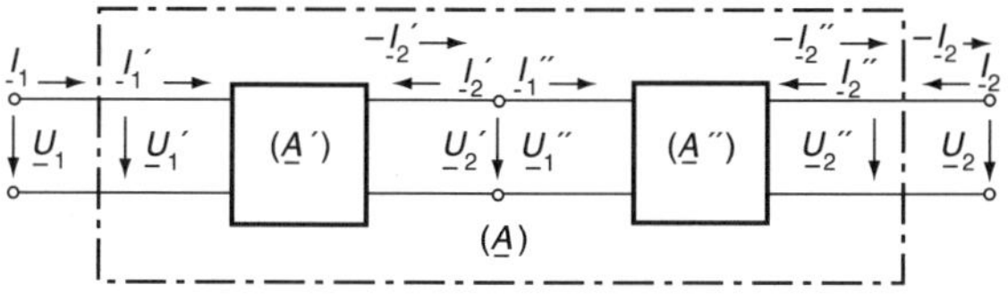


Bild 2.5-16
Kettenschaltung von Vierpolen

$$a_{\mathrm{B}} = \ln\left|\underline{D}_{\mathrm{B}}\right|; \qquad b_{\mathrm{B}} = \operatorname{arc}\underline{D}_{\mathrm{B}} \tag{2.5-27}$$

Den Zusammenhang mit der Kettenmatrix finden wir, indem wir die in Bild (2.5-12b) gegebenen Randbedingungen, nämlich $\underline{U}_2 = -\underline{I}_2\,\underline{R}_2$ und $\underline{U}_0 = \underline{U}_1 + \underline{I}_1\,\underline{R}_1$ in Gl. (2.5-25) einsetzen. Nach einigen Umformungen wird

$$\underline{D}_{\mathrm{B}} = \mathrm{e}^{\underline{g}_{\mathrm{B}}} = \frac{1}{2}\left(\underline{A}_{11}\sqrt{\frac{\underline{R}_2}{\underline{R}_1}} + \frac{\underline{A}_{12}}{\sqrt{\underline{R}_1\underline{R}_2}} + \underline{A}_{21}\sqrt{\underline{R}_1\underline{R}_2} + \underline{A}_{22}\sqrt{\frac{\underline{R}_1}{\underline{R}_2}}\right) \tag{2.5-28}$$

Der Eingangswiderstand $\underline{Z}_1$ in Bild 2.5-12 ergibt sich aus Gl. (2.5-25) mit $\underline{U}_2 = -\underline{I}_2\,\underline{R}_2$:

$$\underline{Z}_1 = \frac{\underline{U}_1}{\underline{I}_1} = \frac{\underline{A}_{11}\underline{R}_2 + \underline{A}_{12}}{\underline{A}_{21}\underline{R}_2 + \underline{A}_{22}} \tag{2.5-29}$$

Als Extremwerte bei Kurzschluss ($\underline{R}_2 = 0$) und Leerlauf ($\underline{R}_2 = \infty$) ergeben sich

$$\underline{Z}_{1\mathrm{K}} = \frac{\underline{A}_{12}}{\underline{A}_{22}}; \qquad \underline{Z}_{1\mathrm{L}} = \frac{\underline{A}_{11}}{\underline{A}_{21}} \tag{2.5-30}$$

Um $\underline{Z}_2$ zu bestimmen, denken wir uns in Bild 2.5-12 die speisende Quelle nach rechts versetzt, so dass der Vierpol links mit $\underline{R}_1 = \underline{U}_1/(-\underline{I}_1)$ abgeschlossen ist. Damit wird mit Gl. (2.5-25) und $\underline{Z}_2 = \underline{U}_2/\underline{I}_2$:

$$\underline{R}_1 = \frac{\underline{U}_1}{-\underline{I}_1} = \frac{\underline{A}_{11}\underline{U}_2 + \underline{A}_{12}(-\underline{I}_2)}{-\underline{A}_{21}\underline{U}_2 - \underline{A}_{22}(-\underline{I}_2)}$$

$$\underline{Z}_2 = \frac{\underline{A}_{22}\underline{R}_1 + \underline{A}_{12}}{\underline{A}_{21}\underline{R}_1 + \underline{A}_{11}} \tag{2.5-31}$$

Für Kurzschluss ($\underline{R}_1 = 0$) und Leerlauf ($\underline{R}_1 = \infty$) wird

$$\underline{Z}_{2\mathrm{K}} = \frac{\underline{A}_{12}}{\underline{A}_{11}} \qquad \underline{Z}_{2\mathrm{L}} = \frac{\underline{A}_{22}}{\underline{A}_{21}} \tag{2.5-32}$$

Als wichtige Kenngrößen des Vierpols definieren wie seine *Wellenwiderstände* $\underline{Z}_{\mathrm{W1}}$ und $\underline{Z}_{\mathrm{W2}}$ durch folgende Vorschrift: Wählt man für den Vierpol als Abschlüsse $\underline{R}_1 = \underline{Z}_{\mathrm{W1}}$ und $\underline{R}_2 = \underline{Z}_{\mathrm{W2}}$, so misst man jeweils den Wert, mit welchem eine Seite abgeschlossen ist, als Widerstand in den Vierpol hinein. Als Formel geschrieben:

$$\underline{Z}_{\mathrm{W1}} = \underline{Z}_1\Big|_{\underline{R}_2 = \underline{Z}_{\mathrm{W2}}} \qquad \underline{Z}_{\mathrm{W2}} = \underline{Z}_2\Big|_{\underline{R}_1 = \underline{Z}_{\mathrm{W1}}} \tag{2.5-33}$$

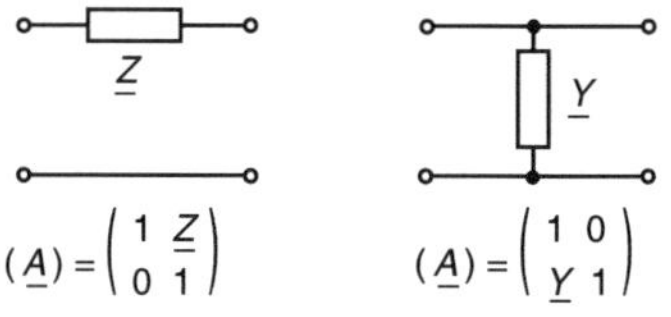


Bild 2.5-17 Elementarvierpole

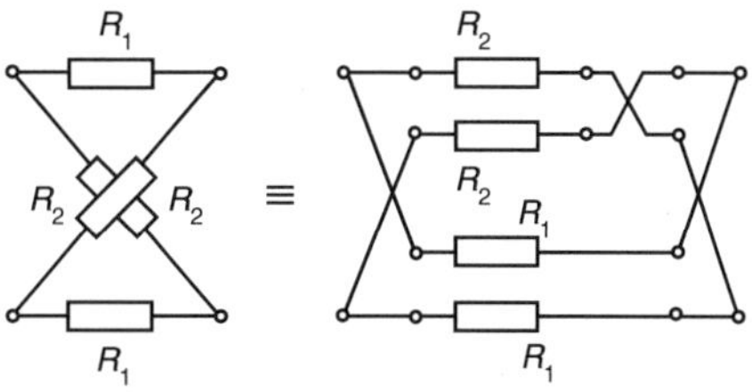


Bild 2.5-18 Brückenschaltung, aufgebaut aus Teilvierpolen

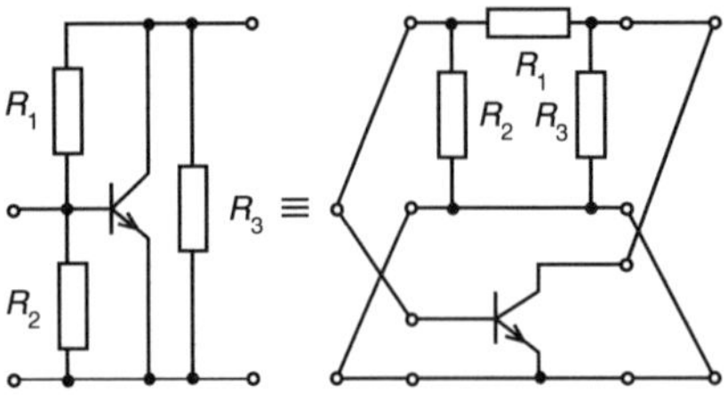


Bild 2.5-19 Transistorverstärker, aufgebaut aus Teilvierpolen

**Beispiel:**
Wir wollen die Wellenwiderstände als Funktion der *A*-Parameter ausdrücken. Indem wir jeweils mit dem Nenner erweitern, erhalten wir aus Gl. (2.5-29) und Gl. (2.5-31):

$$\underline{Z}_1\underline{A}_{21}\underline{R}_2+\underline{Z}_1\underline{A}_{22}=\underline{A}_{11}\underline{R}_2+\underline{A}_{12}$$
$$\underline{Z}_2\underline{A}_{11}+\underline{Z}_2\underline{A}_{21}\underline{R}_1=\underline{A}_{12}+\underline{A}_{22}\underline{R}_1$$

Wir führen nach Gl. (2.5-33) die Wellenwiderstände ein und finden

$$\underline{Z}_{W1}\underline{Z}_{W2}=\frac{\underline{A}_{12}}{\underline{A}_{21}}\quad\text{und}\quad\frac{\underline{Z}_{W1}}{\underline{Z}_{W2}}=\frac{\underline{A}_{11}}{\underline{A}_{22}}\tag{2.5-34}$$

$$\underline{Z}_{W1}=\sqrt{\frac{\underline{A}_{11}\underline{A}_{12}}{\underline{A}_{21}\underline{A}_{22}}}\tag{2.5-35a}$$

$$\underline{Z}_{W2}=\sqrt{\frac{\underline{A}_{22}\underline{A}_{12}}{\underline{A}_{21}\underline{A}_{11}}}\tag{2.5-35b}$$

Mit Gl. (2.5-30) und Gl. (2.5-32) lassen sich die Wellenwiderstände durch die leicht messbaren Eingangswiderstände bei Kurzschluss bzw. Leerlauf der Gegenseite ausdrücken:

$$\underline{Z}_{W1}=\sqrt{\underline{Z}_{1K}\underline{Z}_{1L}}\tag{2.5-36a}$$

$$\underline{Z}_{W2}=\sqrt{\underline{Z}_{2K}\underline{Z}_{2L}}\tag{2.5-36b}$$

Die physikalische Bedeutung des Wellenwiderstandes wird bei den Leitungen offenbar werden. Wir werden dort feststellen, dass wir eine reflexionsfreie Übertragung erreichen, wenn wir dafür sorgen, dass die verschiedenen Vierpole im Zuge des Übertragungssystems jeweils mit ihren Wellenwiderständen abgeschlossen sind. Unter dieser Voraussetzung ergibt sich das *Wellendämpfungsmaß* $\underline{g}_W$ als wichtiger Spezialfall des Betriebsdämpfungsmaßes $\underline{g}_B$.

Beschreiben wir denselben Vierpol entsprechend Bild 2.5-21 einmal in der „normalen" Richtung von links nach rechts, und einmal in der Gegenrichtung, so werden wir auf den so genannten *Umkehrungssatz* geführt. Wir wollen diese beiden Betriebsfälle durch Indices 1, 2 unterscheiden und erhalten zwei Wellendämpfungsmaße $\underline{g}_{1W}$ und $\underline{g}_{2W}$, deren Zusammenhang wir als Übungsbeispiel ableiten wollen.

**Beispiel:**
Für den Betrieb in der „normalen" Richtung finden wir mit $\underline{R}_1 = \underline{Z}_{W1}$ und $\underline{R}_2 = \underline{Z}_{W2}$ durch Einsetzen in Gl. (2.5-28) unter Berücksichtigung von Gl. (2.5-34):

$$e^{\underline{g}_{1W}}=\sqrt{\underline{A}_{11}\underline{A}_{22}}+\sqrt{\underline{A}_{12}\underline{A}_{21}}\tag{2.5-37}$$

Für die obere Schaltung gilt Gl. (2.5-25). Unten wurden zunächst nur die Zählrichtungen der Ströme umgekehrt; rechnen wir nach wie vor von links nach rechts, so folgt

$$\begin{pmatrix}\underline{U}'_1 & 0\\ -(-\underline{I}'_1) & 0\end{pmatrix}=(\underline{A})\begin{pmatrix}\underline{U}'_2 & 0\\ -\underline{I}'_2 & 0\end{pmatrix}$$

Um auf die Übertragung von rechts nach links zu kommen, multiplizieren wir von links her mit der inversen Matrix

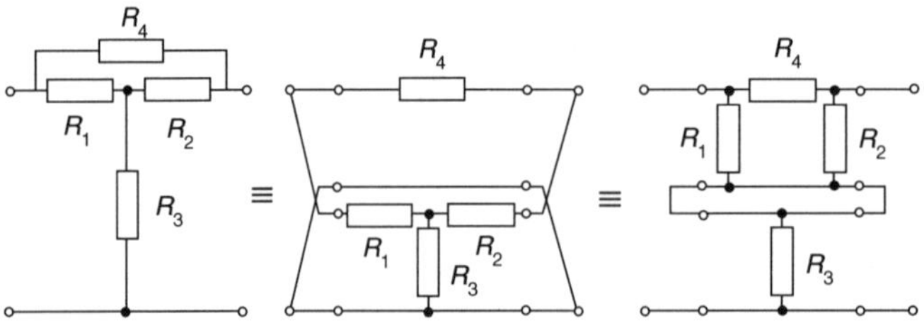


Bild 2.5-20 Überbrücktes T-Glied, aufgebaut aus Teilvierpolen

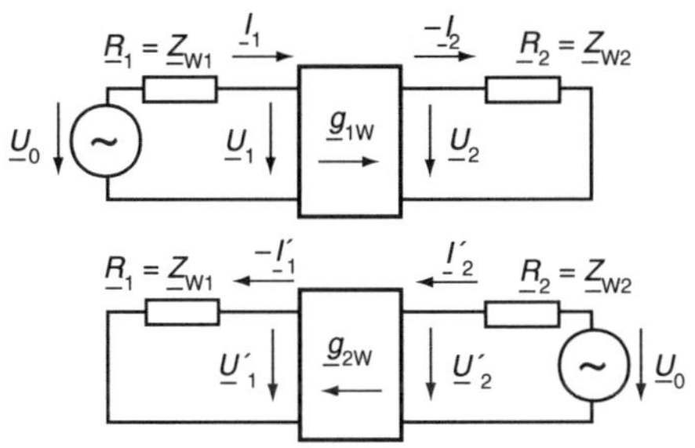


Bild 2.5-21 Zum Umkehrungssatz

$$\begin{pmatrix} \underline{U}'_2 & 0 \\ -\underline{I}'_2 & 0 \end{pmatrix} = (\underline{A})^{-1} \begin{pmatrix} \underline{U}'_1 & 0 \\ -(-\underline{I}'_1) & 0 \end{pmatrix} = \frac{1}{\det A} \begin{pmatrix} \underline{A}_{22} & -\underline{A}_{12} \\ -\underline{A}_{21} & \underline{A}_{11} \end{pmatrix} \begin{pmatrix} \underline{U}'_1 & 0 \\ -(-\underline{I}'_1) & 0 \end{pmatrix}$$

Diese Beziehung ist aber identisch mit

$$\begin{pmatrix} \underline{U}'_2 & 0 \\ \underline{I}'_2 & 0 \end{pmatrix} = \frac{1}{\det A} \begin{pmatrix} \underline{A}_{22} & \underline{A}_{12} \\ \underline{A}_{21} & \underline{A}_{11} \end{pmatrix} \begin{pmatrix} \underline{U}'_1 & 0 \\ -\underline{I}'_1 & 0 \end{pmatrix} \qquad (2.5\text{-}38)$$

Aus Gl. (2.5-38) entnehmen wir, wie die Kettenmatrix $(\underline{A}')$ des umgekehrten Vierpols mit der ursprünglichen Matrix $(\underline{A})$ zusammenhängt:

$$(\underline{A}') = \frac{1}{\det A} \begin{pmatrix} \underline{A}_{22} & \underline{A}_{12} \\ \underline{A}_{21} & \underline{A}_{11} \end{pmatrix} \qquad (2.5\text{-}39)$$

Wenn man also einen Vierpol umkehrt, so muss man die Elemente seiner Kettenmatrix $(\underline{A})$ durch det $A$ dividieren und die Elemente $\underline{A}_{11}$ und $\underline{A}_{22}$ miteinander vertauschen. Jetzt können wir auf Grund des bekannten Zusammenhangs zwischen umgekehrtem und ursprünglichem Vierpol das Wellendämpfungsmaß $\underline{g}_{2W}$ für den Betrieb von rechts nach links angeben; es gilt

$$e^{\underline{g}_{2W}} = \frac{\sqrt{\underline{A}_{22}\underline{A}_{11}} + \sqrt{\underline{A}_{12}\underline{A}_{21}}}{\det \underline{A}} = \frac{1}{\sqrt{\underline{A}_{22}\underline{A}_{11}} - \sqrt{\underline{A}_{12}\underline{A}_{21}}} \qquad (2.5\text{-}40)$$

Mit Gl. (2.5-37) wird schließlich

$$\frac{e^{\underline{g}_{1W}}}{e^{\underline{g}_{2W}}} = \det \underline{A} \qquad (2.5\text{-}41)$$

Ist bei einem Vierpol also det $A = 1$, so ist er übertragungssymmetrisch: $\underline{g}_{1W} = \underline{g}_{2W} = \underline{g}_W$. Bei einem derartigen Vierpol kann man das Wellenübertragungsmaß $\underline{g}_W$ auf einfache Art messtechnisch bestimmen, siehe folgendes Beispiel.

**Beispiel:**

Zusammenhang zwischen $\underline{g}_W$ und den Eingangswiderständen bei Kurzschluss und Leerlauf der Gegenseite. Zunächst gilt nach Gl. (2.5-37) und Gl. (2.5-40) allgemein

$$\frac{1}{2}\left(e^{\underline{g}_{1W}} - e^{-\underline{g}_{2W}}\right) = \sqrt{\underline{A}_{12}\underline{A}_{21}} \qquad (2.5\text{-}42a)$$

$$\frac{1}{2}\left(e^{\underline{g}_{1W}} + e^{-\underline{g}_{2W}}\right) = \sqrt{\underline{A}_{11}\underline{A}_{22}} \qquad (2.5\text{-}42b)$$

Durch Division folgt mit Gl. (2.5-30) und Gl. (2.5-32) für den Fall der Übertragungssymmetrie:

$$\tanh \underline{g}_W = \sqrt{\frac{\underline{Z}_{1K}}{\underline{Z}_{1L}}} = \sqrt{\frac{\underline{Z}_{2K}}{\underline{Z}_{2L}}} \qquad (2.5\text{-}43)$$

### 2.5.4.6 Ersatzschaltungen und Vierpolklassen

Ein Vierpol, dessen Inneres nicht bekannt ist, sei durch eine Vierpolmatrix (z.B. Ergebnis von Messungen; oder Pflichtenheftsforderungen) beschrieben). Oft wünscht man sich einen Ersatzvierpol bestimmter innerer Struktur mit der vorgegebenen Matrix. Man kann sich z.B. eine der in Bild 2.5-22 gezeigten Ersatzschaltungen vorgeben und jeden beliebigen Vierpol darauf zurückführen, d.h. die verschiedenen Zweipole der Ersatzschaltung so bestimmen, dass der gesamte Ersatzvierpol die vorgegebene Matrix hat. Dabei kann man sich vorstellen, dass die Zweipole evtl. in sich recht kompliziert werden und u.U. komplizierte Frequenzabhängigkeiten, Quellen, negative Widerstände usw. beinhalten müssen.

In der Ersatzschaltung eines aktiven Vierpols werden auf jeden Fall gesteuerte Quellen benötigt werden; mit maximal zwei kommt man aus. Gibt man sich als Ersatzschaltung für einen passiven Vierpol die T- oder die π-Ersatzschaltung vor, so zeigt es sich, dass in deren Zweipolen evtl. negative Widerstände benötigt werden. Die X-Schaltung

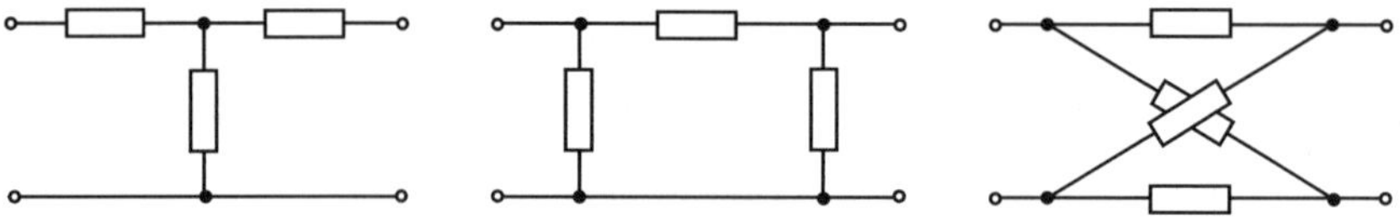

T-Schaltung $\pi$-Schaltung Brückenschaltung

Bild 2.5-22 Wichtige Ersatzschaltungen

(Brückenschaltung) hat mehr Freiheitsgrade; bei ihr ist garantiert, dass ein passiver Vierpol auf jeden Fall auch aus ausschließlich passiven Zweipolen aufgebaut werden kann.
*Abgesehen von Spezialfällen wie Gyrator, Richtungsleitung und Gleichrichter sind passive Vierpole übertragungssymmetrisch (kopplungssymmetrisch, kernsymmetrisch). Bei Übertragungssymmetrie gilt*

$$\det \underline{A} = 1; \quad \underline{Z}_{21} = \underline{Z}_{12}; \quad \underline{Y}_{21} = \underline{Y}_{12}; \quad \underline{h}_{21} = -\underline{h}_{12}; \qquad (2.5\text{-}44a)$$

Nach den Beziehungen in 2.5.4.5 ist dies gleichbedeutend mit den Aussagen

$$\underline{g}_{1W} = \underline{g}_{2W} = \underline{g}_{W}; \quad \tanh \underline{g}_{W} = \sqrt{\frac{\underline{Z}_{1K}}{\underline{Z}_{1L}}} = \sqrt{\frac{\underline{Z}_{2K}}{\underline{Z}_{2L}}} \qquad (2.5\text{-}44b)$$

Nach [DIN 40148 Bl. 2] ist die übliche Bezeichnung „umkehrbare Vierpole“ nicht empfehlenswert. Auch die Benennung „symmetrischer Vierpol“ soll nicht verwendet werden, da es verschiedene Möglichkeiten der Symmetrie gibt. *Ein Vierpol wird widerstandssymmetrisch genannt, wenn sein Eingangswiderstand bei beliebigem Abschlusswiderstand unabhängig von der Betriebsrichtung ist.*

Kennzeichen der *Widerstandssymmetrie*:

$$\underline{Z}_{22} = \underline{Z}_{11}; \quad \underline{Y}_{22} = \underline{Y}_{11}; \quad \underline{A}_{22} = \underline{A}_{11}; \quad \det h = 1 \qquad (2.5\text{-}45a)$$

Nach den Beziehungen in 2.5.4.5 ist dies gleichbedeutend mit den Aussagen

$$\underline{Z}_{1K} = \underline{Z}_{2K}; \quad \underline{Z}_{1L} = \underline{Z}_{2L}; \quad \underline{Z}_{1W} = \underline{Z}_{2W} = \underline{Z}_{W} \qquad (2.5\text{-}45b)$$

Schließlich können bei einem Vierpol *alle Betriebseigenschaften unabhängig von der Betriebsrichtung* sein. Man nennt ihn *kopplungs- und widerstandssymmetrisch, oder längssymmetrisch.* Wichtigstes Beispiel sind die Leitungen.

Kennzeichen der *Längssymmetrie*:

$$\underline{Z}_{21} = \underline{Z}_{12} \quad \text{und} \quad \underline{Z}_{22} = \underline{Z}_{11}$$
$$\underline{Y}_{21} = \underline{Y}_{12} \quad \text{und} \quad \underline{Y}_{22} = \underline{Y}_{11}$$
$$\det A = 1 \quad \text{und} \quad \underline{A}_{22} = \underline{A}_{11}$$
$$\underline{h}_{21} = -\underline{h}_{12} \quad \text{und} \quad \det h = 1 \qquad (2.5\text{-}46)$$

Bei Filterschaltungen ist die Klasse der antimetrischen Vierpole von Bedeutung (Beispiel: Halbglied der Wellenparameterfilter).
Kennzeichen der *Antimetrie*:

$$\det A = 1 \quad \text{und} \quad \underline{A}_{12} = R_0^2\, \underline{A}_{21} \qquad (2.5\text{-}47)$$

Es muss also – abgesehen von der Übertragungssymmetrie – noch eine Dualitätsbedingung eingehalten werden, Gl. (2.1-1). Für die rechnerische Behandlung der Vierpole ist jede der genannten Klasseneigenschaften wertvoll, weil die Zahl der benötigten unabhängigen Parameter reduziert wird:

- Allgemeiner Vierpol: 4 Parameter
- Widerstands- oder übertragungssymmetrischer Vierpol: 3 Parameter
- Passiver widerstandssymmetrischer Vierpol: 2 Parameter
- Antimetrischer Vierpol: 2 Parameter

Zu allen Symmetrieeigenschaften ist noch zu sagen, dass die Schaltung in der Anordnung der Schaltelemente unsymmetrisch sein kann. Es kommt auf das elektrische Verhalten des Vierpols an.

#### 2.5.4.7 Spezielle Vierpole

Wir wollen abschließend einige spezielle Vierpole herausgreifen, deren (näherungsweise) Realisierung seit dem Aufkommen der Halbleiterschaltungstechnik kein Problem mehr ist. Zur Entdämpfung besonders langer Fernsprech-Teilnehmeranschlussleitungen analoger Technik benutzte man oft sog. NLT-Verstärker, das sind Vierpole mit positivem Wellenwiderstand, aber negativem Dämpfungsmaß. Man setzt sie aus sog. Negativ-Impedanz-Konvertern (NIK; UNIK polt Spannung bei gleich bleibendem Strom um, INIK polt Strom bei gleich bleibender Spannung um) zusammen; diese sind widerstands- und übertragungssymmetrisch und haben det $A = -1$.

Ein Dualübersetzer ist der sog. Gyrator. Er ist widerstandssymmetrisch, aber übertragungsunsymmetrisch, und hat die $A$-Matrix

$$(\underline{A})_{\text{Gyrator}} = \begin{pmatrix} 0 & R_G \\ 1/R_G & 0 \end{pmatrix}$$

Wegen det $A = -1$ gehört er nicht zu den antimetrischen Vierpolen. Ist der Gyrator auf einer Seite mit einem komplexen Widerstand abgeschlossen, so erscheint als Eingangswiderstand auf der anderen Seite der duale Widerstand (mit dem positiv reellen Wert $R_G$ als Dualitätsvariante): Möglichkeit für spulenfreie Filter.

## 2.5.5 Grundbegriffe der Siebschaltungen

#### 2.5.5.1 Einführung

Eine besonders wichtige Anwendung der Vierpoltheorie sind Netzwerke, bei denen der Übertragungsfaktor $\underline{H}$ (bzw. dessen reziproker Wert, der Dämpfungsfaktor $\underline{D}$) eine bestimmte Frequenzabhängigkeit aufweist: Siebschaltungen.

Wir befassen uns im vorliegenden Kapitel nur mit Grundlagen, die (weitgehend) zeitlos Gültigkeit haben. Die vier Grundtypen der Siebschaltungen unterscheiden sich durch die Lage von Durchlass- und Sperrbereich. Man führt die normierte (Kreis-)Frequenz $\Omega$ ein (Bild 2.5-23) und kann dadurch alle Filterdimensionierungen auf Tiefpässe zurückführen (vgl. Bild 2.5-26).

Im Folgenden wollen wir zunächst noch einige Hilfsmittel zur Beschreibung der Übertragungsfunktion ansprechen (vgl. 2.5.5.2 bis 2.5.5.4). In der klassischen Nachrichtenübertragung, als noch keine Rechner zur Verfügung standen, war die vergleichsweise einfache Dimensionierung ein wichtiges Argument für die so genannten Wellenparameterfilter, an die wir in 2.5.5.5 kurz erinnern. Heute dominiert die Betriebsparametertheorie, auf die wir in 2.5.5.6 überleiten.

Zum Thema Siebschaltungen gibt es umfangreiche und leicht zugängliche Spezialliteratur [25]. Die folgenden Betrachtungen erleichtern den Einstieg.

Die Norm definiert den Dämpfungsfaktor $\underline{D}$ allgemein als Verhältnis einer beliebigen Eingangs-

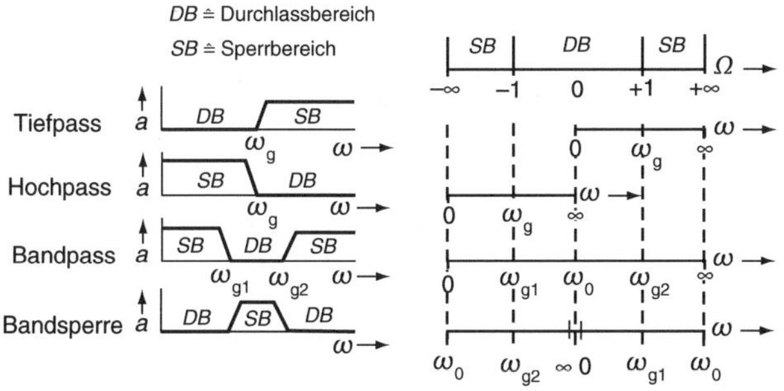


Bild 2.5-23
Siebschaltungen und normierte Frequenz

größe (Ursache) zu einer beliebigen Ausgangsgröße (Wirkung); diese Größen brauchen nicht die gleiche Dimension zu haben.

In der Folge befassen wir uns näher mit dem (komplexen) Übertragungsfaktor

$$\underline{H} = \frac{1}{\underline{D}} = \frac{\text{Wirkung}}{\text{Ursache}} \overset{\text{(z.B.)}}{=} \frac{\underline{U}_2}{\underline{U}_1} \tag{2.5-48}$$

Soll die (in der Regel gegebene) Frequenzabhängigkeit von $\underline{H}$ besonders ausgedrückt werden, dann spricht man auch von Übertragungsfunktion. Beispiele von Übertragungsfunktionen haben wir bereits beim Zweipol (Eintor), bei dem Ursache (z. B. Strom) und Wirkung (z. B. Spannung) in derselben Masche auftreten, kennen gelernt: Scheinwiderstand $\underline{Z}(p)$ und Scheinleitwert $\underline{Y}(p)$. In der Folge denken wir meist an Zwei- oder Mehrtore, bei denen Ursache und Wirkung vorzugsweise an verschiedenen Toren (Eingang, Ausgang) auftreten.

Mit Rücksicht auf die gern benutzte logarithmische Darstellung geht man laut Norm in der Regel davon aus, dass Ursache und Wirkung gleichartige Größen sind, von denen die Leistung quadratisch abhängt (Spannung, Strom, Schalldruck usw.). Dann kann man das komplexe Dämpfungsmaß $\underline{g}$ (Realteil Dämpfungsmaß $a$, Imaginärteil Phasenmaß $b$) definieren:

$$\underline{g} = a + \mathrm{j}b = \ln \underline{D} = \ln \frac{1}{\underline{H}} = -\ln \underline{H} \tag{2.5-49}$$

Alle genannten Größen sind in der Regel frequenzabhängig. Wir gehen von stationärer Sinuserregung aus ($p = \mathrm{j}\omega$). Man bezeichnet $\underline{H}(\mathrm{j}\omega)$ auch als (komplexen) Frequenzgang. Er lässt sich sowohl nach Betrag und Phase, als auch nach Realteil $R(\omega)$ und Imaginärteil $X(\omega)$ darstellen:

$$\begin{aligned} \underline{H}(\mathrm{j}\omega) &= \left|\underline{H}(\mathrm{j}\omega)\right| \mathrm{e}^{-\mathrm{j}b(\omega)} = \\ &= \mathrm{e}^{-a(\omega)}\mathrm{e}^{-\mathrm{j}b(\omega)} = R(\omega) + \mathrm{j}X(\omega) \end{aligned} \tag{2.5-50}$$

Es gibt Netzwerke, durch die nur eine (insbesondere frequenzunabhängige) Dämpfung bewirkt werden soll, während die Phasendrehung nicht interessiert oder direkt null ist: Dämpfungsglieder, Eichleitungen. Als Gegenstück dazu gibt es Netzwerke, welche keine (oder wenigstens keine frequenzabhängige) Dämpfung verursachen, sondern nur Phasendrehung: Allpässe.

Es lässt sich zeigen, dass der Übertragungsfaktor eines beliebigen Systems immer in das Produkt des Übertragungsfaktors eines so genannten *Mindestphasensystems (System minimaler Phase)* und des Übertragungsfaktors eines Allpasses zerlegt werden kann.

### 2.5.5.2 Darstellung der Übertragungsfunktion

Wir beschränken uns hier auf Übertragungssysteme aus konzentrierten, linearen und zeitinvarianten Elementen; diese werden durch gewöhnliche Differenzialgleichungen mit reellen, konstanten Koeffizienten beschrieben. Als Übertragungsfunktion ergibt sich dann eine gebrochen rationale Funktion.

Wir knüpfen an die Behandlung der Zweipole an. Für die Übertragungsfunktion – dort $\underline{Z}(p)$ bzw. $\underline{Y}(p)$ – ergab sich als allgemeine Form Gl. (2.5-15). (Wir nehmen den Koeffizienten der höchsten Potenz des Nennerpolynoms mit 1 an, was man durch Dividieren stets erreichen kann.) Wir schreiben jetzt $\underline{H}(p)$ statt $\underline{Z}(p)$ und erhalten

$$\underline{H}(p) = \frac{a_m p^m + a_{m-1} p^{m-1} + \ldots + a_1 p + a_0}{p^n + b_{n-1} p^{n-1} + \ldots + b_1 p + b_0} \tag{2.5-51}$$

oder

$$\underline{H}(p) = a_m \cdot \frac{(p - p_{0m}) \ldots (p - p_{02})(p - p_{01})}{(p - p_{\mathrm{x}n}) \ldots (p - p_{\mathrm{x}2})(p - p_{\mathrm{x}1})} \tag{2.5-52}$$

Die Wurzeln des Zählerpolynoms ($p_{0\mu}$) und des Nennerpolynoms ($p_{\mathrm{x}\nu}$) ergeben die Nullstellen und Pole der Übertragungsfunktion, die wir wie beim Zweipol als PN-Diagramm darstellen können.

### 2.5.5.3 PN-Diagramm und Eigenschaften der Übertragungsfunktion

Nach Gl. (2.5-52) ist $\underline{H}(p)$ bis auf einen konstanten Faktor durch die Pole und Nullstellen bestimmt. Alle Singularitäten können nur auf der reellen Achse oder in konjugiert komplexen Paaren spiegelbildlich zur reellen Achse liegend auftreten.

Bei *stabiler Übertragungsfunktion* kommen wir durch ähnliche Überlegungen wie bei den Zweipolen zu folgenden Ergebnissen:

- Alle Pole liegen in der linken Halbebene oder auf der imaginären Achse.
- Die Zahl der Nullstellen kann nicht größer sein als die Zahl der Pole (wenn man von einem theoretischen Spezialfall – Resonanzerscheinungen bei Speisung aus innenwiderstandsfreier Quelle – absieht).
- Auf der imaginären Achse dürfen nur einfache Pole liegen.
- Nur bei allpasshaltigen Systemen sind Nullstellen in der rechten Halbebene möglich. Mindestphasensysteme dagegen haben in der rechten Halbebene keinerlei Singularitäten.

Instabile Übertragungsfunktionen ergeben sich, wenn Pole in der rechten Halbebene liegen: *Positiver Realteil der komplexen Frequenz bedeutet Selbsterregung*, siehe 2.5-7. Die Eigenschaften der anklingenden Schwingung ergeben sich aus der Lage des Pols in der $p$-Ebene (vgl. Bild 2.3-2), doch müssen wir von vornherein berücksichtigen, dass bei technischen Systemen die Schwingung nicht über alle Grenzen anwachsen wird, sondern dass eine Begrenzung durch Nichtlinearitäten eintritt. Dies bedeutet, dass sich die Lage des Pols verändert; er wandert zur imaginären Achse, die Schwingung wird stationär.

In der Übertragungsfunktion nach Gl. (2.5-52) stellt jede Klammer die Differenz zweier komplexer Größen in der $p$-Ebene dar. Wir können deshalb das Ergebnis jedes Klammerausdrucks als komplexe Größe (Betrag, Phase) anschreiben. Bei sinusförmiger Erregung ($p = \mathrm{j}\omega$) ergibt sich nach Bild 2.5-24

$$\mathrm{j}\omega - p_{0\mu} = A_{0\mu}\,\mathrm{e}^{\mathrm{j}\varphi_{0\mu}}; \quad \mathrm{j}\omega - p_{\mathrm{x}\nu} = A_{\mathrm{x}\nu}\,\mathrm{e}^{\mathrm{j}\varphi_{\mathrm{x}\nu}} \tag{2.5-53}$$

wobei $A$ und $\varphi$ Funktionen von $\omega$ sind. Damit wird

$$\underline{H}(\mathrm{j}\omega) = a_m \cdot \frac{A_{01}\cdot A_{02}\cdot\ldots\cdot A_{0m}}{A_{\mathrm{x}1}\cdot A_{\mathrm{x}2}\cdot\ldots\cdot A_{\mathrm{x}n}} \cdot \mathrm{e}^{\mathrm{j}(\varphi_{01}+\varphi_{02}+\ldots+\varphi_{0m}-\varphi_{\mathrm{x}1}-\ldots-\varphi_{\mathrm{x}n})} \tag{2.5-54}$$

Wir können also nach dieser Vorschrift die Übertragungsfunktion – bis auf den konstanten Faktor – aus dem PN-Diagramm entnehmen.

### 2.5.5.4 Bode-Diagramm

Diese besonders einfache Methode, um den Amplituden- und Phasengang darzustellen, ist *anwendbar, wenn sinusförmige Erregung* vorliegt *und die Singularitäten ausschließlich auf der (negativ) reellen Achse* liegen (häufiger Fall: RC-Glieder, RC-gekoppelte Verstärker, usw.). Zunächst ist es nahe liegend, dass man Gl. (2.5-54) logarithmiert. Dadurch erhalten wir nämlich ein additives Zusammenwirken der Beiträge der verschiedenen Singularitäten, sowohl was den Betrag als auch was den Winkel betrifft. Wir können den Einfluss jeder Singularität für sich betrachten, d. h. eine jede wirkt so, als ob die anderen nicht vorhanden wären.

Die aus dem PN-Diagramm entnommenen Zeigerlängen sind dimensionsbehaftet. Beim Bode-

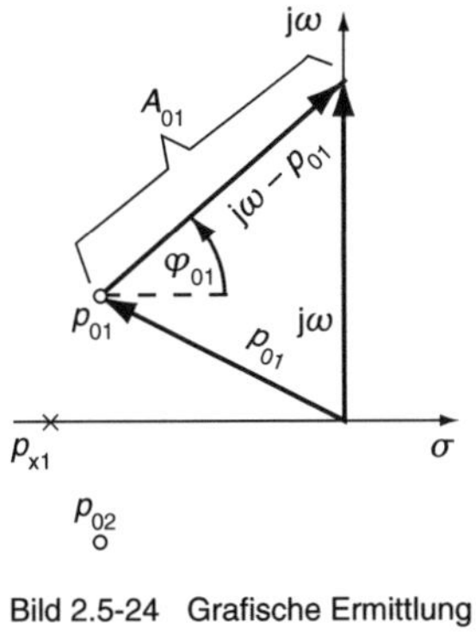


Bild 2.5-24 Grafische Ermittlung von $A$ und $\varphi$

Diagramm wollen wir den Amplitudengang im logarithmischen Maß auftragen, deshalb müssen alle Zeigerlängen auf einen Bezugswert gleicher Dimension (beispielsweise den Wert bei der Frequenz null oder bei einer Bandmittenfrequenz, o. Ä.) normiert sein. Wir benutzen das Bode-Diagramm besonders auch bei Verstärkern, deshalb wollen wir den normierten Wert $v$ „Verstärkung“ nennen, auch wenn er $< 1$ ist. Da wir bei Gl. (2.5-49) die Übertragungsfunktion als Verhältnis von Größen, welche quadratisch mit der Leistung zusammenhängen (wie z. B. Spannungen), definiert haben, wird im logarithmischen Maß als Ordinate $v^*$ aufgetragen

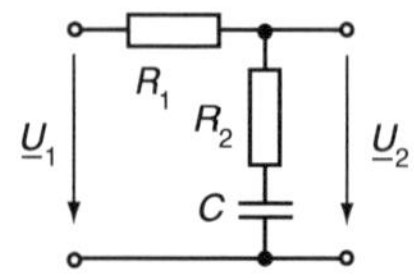


$$\underline{H}(\mathrm{j}\omega) = \frac{\underline{U}_2}{\underline{U}_1} = \frac{\mathrm{j}\omega\, C R_2 + 1}{\mathrm{j}\omega\, C(R_1 + R_2) + 1}$$

Setze $p$ statt $\mathrm{j}\omega$ :

$$H(p) = \frac{R_2}{R_1 + R_2} \cdot \frac{p + 1/CR_2}{p + 1/C(R_1 + R_2)} = a_m \frac{p - p_{01}}{p - p_{x1}}$$

$$p_{x1} = -\frac{1}{C(R_1 + R_2)} \qquad p_{01} = -\frac{1}{CR_2}$$

Eckkreisfrequenzen:

$\omega_{x1} = |p_{x1}|$; $\omega_{01} = |p_{01}|$

Angenommenes Beispiel:

Es sei $R_1 = 4\,R_2$

damit $\omega_{01} = 5\omega_{x1}$

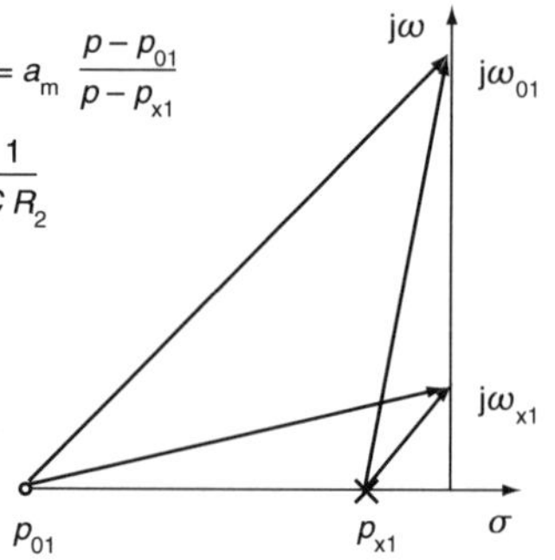


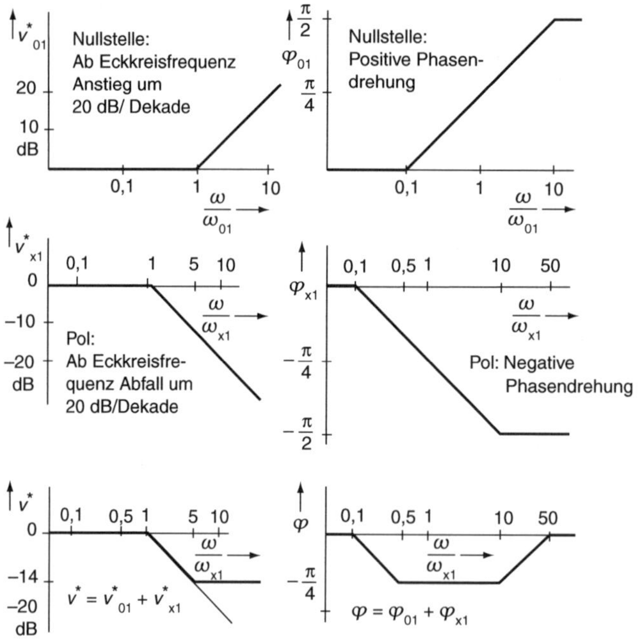


Bild 2.5-25
Beispiel zum Bode-Diagramm

$$v^* = 10\lg v^2\ \text{dB} = 20\lg v\ \text{dB} \qquad (2.5\text{-}55)$$

Für die Abszisse wählt man ebenfalls einen logarithmischen Maßstab. Dadurch ergaben sich Amplituden- und Phasengänge, welche gut durch Geradenstücke approximiert werden können. Bild 2.5-25 erläutert die vorstehenden Gedankengänge an einem Beispiel. Für eine gegebene Schaltung stellen wir zunächst die Übertragungsfunktion auf und bringen sie auf die Form der Gl. (2.5-52). So erkennen wir die Singularitäten $p_{x1}$ und $p_{01}$. Nun betrachten wir Länge und Lage der Zeiger ($\mathrm{j}\omega - p_{x1}$) und ($\mathrm{j}\omega - p_{01}$), wenn wir die Betriebsfrequenz $\omega$ linear anwachsen lassen. Die Winkel $\varphi_{x1}$ und $\varphi_{01}$ wachsen jeweils von 0 bis $\pi/2$. Winkel von $\pi/4$ ergeben sich für die durch die Singularitäten bestimmten Normierungs- oder Eckkreisfrequenzen $\omega_{x1}$ und $\omega_{01}$. Wir sehen, dass sich die Länge der Zeiger kaum ändert, solange die Betriebsfrequenz $\omega$ klein gegenüber der jeweiligen Normierungsfrequenz ist. Dagegen wächst die Zeigerlänge für $\omega \gg \omega_{x1}$ (bzw. $\omega_{01}$) praktisch proportional mit $\omega$. Für die Eckkreisfrequenz ist die Zeigerlänge gerade das $\sqrt{2}$fache des Wertes bei $\omega = 0$. Wir sehen, dass der Amplitudengang ohne großen Fehler durch zwei Geradenstücke angenähert werden kann. Die Phasendrehung setzt etwa bei einem Zehntel der Eckkreisfrequenz ein und ist etwa beim Zehnfachen derselben beendet. Der Fehler der Näherung ist offensichtlich an den jeweiligen Knickstellen am größten: Bei der Amplitude 3 dB, bei der Phase 5,7°.

Durch Addieren der Beiträge der einzelnen Singularitäten erhalten wir den Gesamtfrequenzgang. In der Praxis benutzt man das Bode-Diagramm, dessen Hintergründe wir etwas umständlich beschrieben haben, ganz im Sinne eines „Kochbuchs“. *Rezept* nach Bild 2.5-25:

- Anschreiben von $\underline{U}_2/\underline{U}_1$ und Übergang auf $\underline{H}(p)$.
- Ermitteln der Singularitäten und der zugehörigen Eckkreisfrequenzen.
- Amplitudengang bei einer Nullstelle: Abknicken nach oben bei der Eckkreisfrequenz, Steigung 20 dB/Dekade.
- Amplitudengang bei einem Pol: Abknicken nach unten, Abfall 20 dB/Dekade.
- Phasendrehung setzt eine Dekade unterhalb der Eckkreisfrequenz ein und ist eine Dekade später beendet.
- Gesamtfrequenzgang durch Überlagerung zu erhalten.

#### 2.5.5.5 Wellenparameterfilter

Wir haben in Bild 2.5-26 die Bemessungsvorschriften für die Bausteine sog. Grundketten zusammengestellt; man erkennt insbesondere die Anwendung der Frequenztransformation. Oben links sehen wir die allgemeine Form des sog. *Halbgliedes*. Sein Längs- und Querglied sind dual zueinander, so dass sich die Frequenzabhängigkeiten in ihrer Wirkung unterstützen. An der Grenzfrequenz zwischen Durchlass- und Sperrbereich sind die Blindwiderstände gleich groß. Die Wahl des reellen Widerstandes $Z$ (Dualitätsinvariante) ändert nichts am Frequenzverhalten; durch diese *Widerstandstransformation* werden lediglich die Spannungs- und Stromamplituden beeinflusst.

Wir berechnen für das Halbglied die Wellenwiderstände $\underline{Z}_{W1} = \underline{Z}_T$ von links (T-Seite) und $\underline{Z}_{W2} = \underline{Z}_\pi$ von rechts ($\pi$-Seite) nach Gl. (2.5-36). Es ergibt sich

$$\underline{Z}_T = Z\sqrt{1-\Omega^2} \qquad (2.5\text{-}56a)$$

$$\underline{Z}_\pi = \frac{Z}{\sqrt{1-\Omega^2}} \qquad (2.5\text{-}56b)$$

Im Durchlassbereich $|\Omega|<1$ siehe Bild 2.5-23 sind die Wellenwiderstände reell, im Sperrbereich $|\Omega|>1$ rein imaginär; in beiden Fällen sind sie frequenzabhängig.

Man setzt nun Halbglieder abwechselnd spiegelbildlich aneinander, so dass jeweils gleiche Wellenwiderstände zusammenkommen. Aus zwei Halbgliedern entsteht ein Grundglied (Bild 2.5-26), und aus mehreren Grundgliedern werden – falls entsprechend hohe Selektionsanforderungen bestehen – Grundketten gebildet. Setzt man voraus,

| | | | | |
|---|---|---|---|---|
| 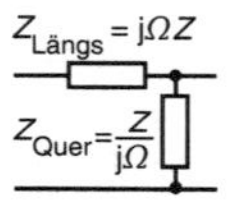  | Tiefpass 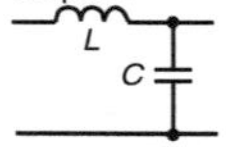  | Hochpass 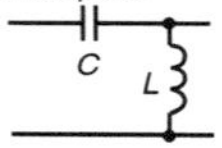  | Bandpass 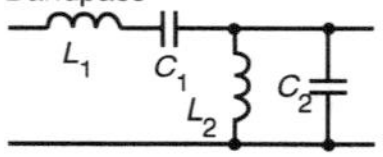  | Bandsperre 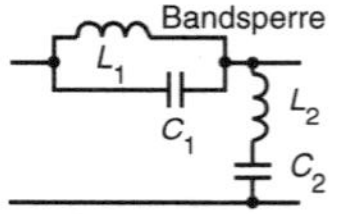  |
| $Z_{\text{Längs}}$ | $j\omega L = j\Omega Z$ | $\frac{1}{j\omega C} = j\Omega Z$ | $j\frac{\omega^2 - \omega_0^2}{\omega} L_1 = j\Omega Z$ | $\frac{1}{j\frac{\omega^2 - \omega_0^2}{\omega} C_1} = j\Omega Z$ |
| Grenzfrequenz(en) | $\omega = \omega_g, \Omega = 1$ | $\omega = \omega_g, \Omega = -1$ | $\omega = \omega_{g1}, \Omega = -1$ $\omega = \omega_{g2}, \Omega = +1$ | $\omega = \omega_{g1}, \Omega = +1$ $\omega = \omega_{g2}, \Omega = -1$ |
| Längsglied | $L = \frac{Z}{\omega_g}$ | $C = \frac{1}{\omega_g Z}$ | $L_1 = \frac{Z}{\omega_{g2} - \omega_{g1}}$ $C_1 = \frac{1}{Z} \cdot \frac{\omega_{g2} - \omega_{g1}}{\omega_{g2} \cdot \omega_{g1}}$ | $L_1 = Z \cdot \frac{\omega_{g2} - \omega_{g1}}{\omega_{g2} \cdot \omega_{g1}}$ $C_1 = \frac{1}{Z} \cdot \frac{1}{\omega_{g2} - \omega_{g1}}$ |
| Querglied | $C = \frac{1}{\omega_g Z}$ | $L = \frac{Z}{\omega_g}$ | $L_2 = Z \cdot \frac{\omega_{g2} - \omega_{g1}}{\omega_{g2} \cdot \omega_{g1}}$ $C_2 = \frac{1}{Z} \cdot \frac{1}{\omega_{g2} - \omega_{g1}}$ | $L_2 = \frac{Z}{\omega_{g2} - \omega_{g1}}$ $C_2 = \frac{1}{Z} \cdot \frac{\omega_{g2} - \omega_{g1}}{\omega_{g2} \cdot \omega_{g1}}$ |
| Normierte Frequenz $\Omega =$ | $\frac{\omega}{\omega_g}$ | $-\frac{\omega_g}{\omega}$ | $\frac{\sqrt{\omega_{g2} \cdot \omega_{g1}}}{\omega_{g2} - \omega_{g1}} \left( \frac{\omega}{\sqrt{\omega_{g2} \cdot \omega_{g1}}} - \frac{\sqrt{\omega_{g2} \cdot \omega_{g1}}}{\omega} \right)$ | $-\frac{\omega_{g2} - \omega_{g1}}{\sqrt{\omega_{g2} \cdot \omega_{g1}}} \cdot \frac{1}{\frac{\omega}{\sqrt{\omega_{g2} \cdot \omega_{g1}}} - \frac{\sqrt{\omega_{g2} \cdot \omega_{g1}}}{\omega}}$ |
| Grundglied T-Schaltung | 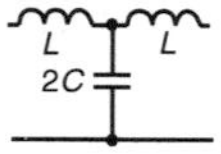  | 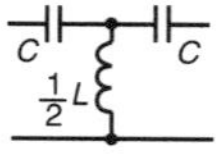  | 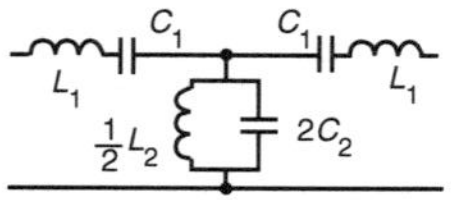  | 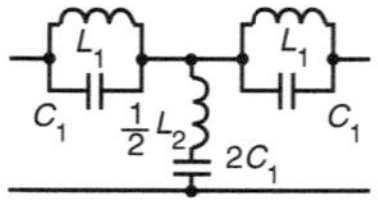  |
| Grundglied $\pi$-Schaltung | 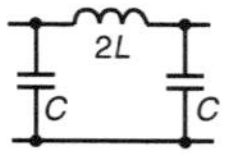  | 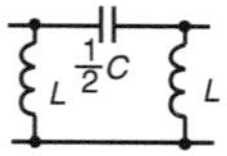  | 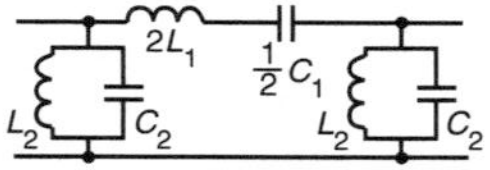  | 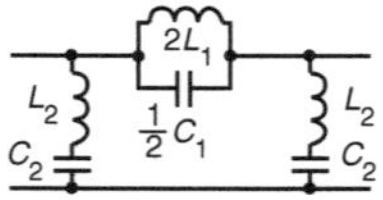  |

Bild 2.5-26 Grundketten-Halbglieder mit dualem Längs- und Querzweig und Grundglieder (Nach: Feldtkeller, Einf. i.d. Siebschaltungstheorie)

dass die Siebschaltung auch am Ein- und Ausgang mit dem jeweiligen Wellenwiderstand $\underline{Z}_T$ oder $\underline{Z}_\pi$ abgeschlossen ist, dann ist ihr Verhalten durch das Wellendämpfungsmaß $\underline{g}_W$ bestimmt.

**Beispiel:**
Für das Halbglied können wir nach Gl. (2.5-44b) anschreiben

$$\tanh \underline{g}_W = \sqrt{\frac{j\Omega Z}{j\Omega Z + \frac{Z}{j\Omega}}} = \sqrt{\frac{(j\Omega)^2}{(j\Omega)^2 + 1}}$$

$$\tanh \underline{g}_W = \frac{\sinh \underline{g}_W}{\cosh \underline{g}_W} = \sqrt{\frac{\sinh^2 \underline{g}_W}{\sinh^2 \underline{g}_W + 1}}$$

Durch Vergleich der Wurzeln:
$\sinh \underline{g}_W = j\Omega$; $\underline{g}_W = \operatorname{arsinh}(j\Omega)$. Mit der Hilfsformel

$\operatorname{arsinh} x = \ln\left(x + \sqrt{1+x^2}\right)$ wird schließlich

$\underline{g}_W = \ln\left(j\Omega + \sqrt{1-\Omega^2}\right)$. Also ist

$$e^{\underline{g}_W} = e^{a_W} \cdot e^{jb_W} = j\Omega + \sqrt{1-\Omega^2} \qquad (2.5\text{-}57)$$

Aus dieser Beziehung erhalten wir das Verhalten im Durchlassbereich DB und Sperrbereich SB. Im Durchlassbereich ist die Wurzel reell. Die Dämpfung erhalten wir aus dem Betrag

$$\left|e^{\underline{g}_W}\right| = e^{a_W} = \sqrt{\Omega^2 + \left(\sqrt{1-\Omega^2}\right)^2} = 1 \qquad (2.5\text{-}58)$$

Im gesamten Durchlassbereich ist also das Wellendämpfungsmaß $a_W = 0$. Im Sperrbereich wird dagegen wegen $\Omega^2 > 1$:

$$e^{\underline{g}_W} = j\left(\Omega + \sqrt{\Omega^2 - 1}\right)$$

$$e^{\underline{g}_W} = e^{a_W} \cdot e^{jb_W} = \pm j\left(|\Omega| + \left|\sqrt{\Omega^2 - 1}\right|\right)$$

$$a_W = \ln\left(|\Omega| + \left|\sqrt{\Omega^2 - 1}\right|\right) \qquad (2.5\text{-}59a)$$

$$b_W = \pm\frac{\pi}{2} \qquad (2.5\text{-}59b)$$

Für ein Grundelement (zwei Halbglieder) werden entsprechend die doppelten Werte auftreten, siehe Bild 2.5-27.

Leider ist die grundlegende Voraussetzung der Wellenparametertheorie, nämlich der durchgehende Abschluss mit den Wellenwiderständen, praktisch nicht gegeben. An Stelle der frequenzabhängigen Wellenwiderstände nach Gl. (2.5-56) haben wir reelle und konstante Widerstände $R$ von Sender und Empfänger, so dass an den Toren der Siebschaltung Fehlanpassung auftritt. Man hat die resultierende Betriebsdämpfung für verschiedene Fälle berechnet [20-2]. In Bild 2.5-27

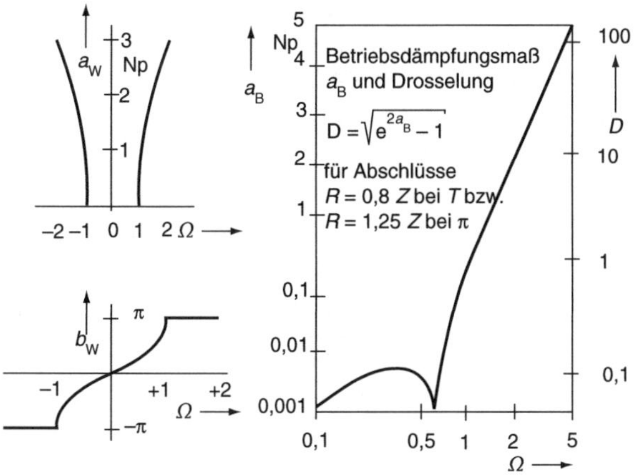


Bild 2.5-27
Eigenschaften eines Grundgliedes (Nach: Feldtkeller, Einf. i.d. Siebschaltungstheorie)

ist rechts für ein Grundglied die Betriebsdämpfung für einen praktisch besonders zweckmäßigen Kompromiss zwischen *R* und *Z* dargestellt.

Wir brechen unseren kurzen Einblick in die Wellenparametertheorie hier ab. Natürlich benötigt man für den praktischen Aufbau von Wellenparameterfiltern mehr Kenntnisse, als wir hier vermitteln konnten. So wird man außer den oben erwähnten „Grundgliedern" weitere Bausteine brauchen, z.B. um verschiedenartige Filtercharakteristiken (vgl. 2.5.5.6) zu realisieren; man benötigt Verfahren, um den Einfluss verlustbehafteter Bauelemente zu berücksichtigen usw. Die Grundlagen der Wellenparametertheorie findet man in [20-2].

#### 2.5.5.6 Übergang zur Betriebsparametertheorie

Nach der Wellenparametertheorie wurden Filter aus verschiedenen Grundbausteinen zusammengestellt. Dann wurde überprüft, welche Betriebseigenschaften daraus resultieren, und ggf. iterativ verbessert. Da uns bei der Nachrichtenübertragung das komplexe Betriebsdämpfungsmaß $\underline{g}_B$ in erster Linie interessiert, ist es nahe liegend, von vornherein von diesem auszugehen (Betriebsparametertheorie). Diese Methode ist aber rechnerisch so aufwändig, dass sie erst nach Vorhandensein geeigneter Rechner zum Durchbruch kommen konnte.

Die Siebschaltung soll den bekannten Sender und den bekannten Empfänger so verbinden, dass die gesamte Anordnung die geforderten Eigenschaften (Frequenzgang, Phasengang) aufweist. Nehmen wir zunächst an, dass nur eine Vorschrift bezüglich des Betriebsdämpfungsmaßes $a_B$ bestehe. Man verzichtet beim Aufbau von Schaltungen nach der Betriebsparametertheorie bewusst auf die Forderung, dass nur jeweils gleiche Wellenwiderstände aneinanderstoßen dürfen. Dadurch erhalten wir einen zusätzlichen Freiheitsgrad und können die Schaltung optimal dimensionieren; andererseits ergibt sich aber ein wesentlich höherer Rechenaufwand.

In der Praxis ist die Forderung an $a_B$ als Toleranzschema gegeben, vgl. als Beispiel Bild 2.5-28. Im Durchlassbereich ist eine kleine Dämpfung zugelassen; im Sperrbereich muss eine gewisse Mindest-Sperrdämpfung aufgebracht werden. Es gibt verschiedene Möglichkeiten, das Toleranzschema zu approximieren [20-3]. Im einfachsten Fall wählt man einen Dämpfungsverlauf nach einer Parabel, deren Potenz und Parabelkoeffizienten entsprechend gewählt werden müssen (*Potenz-* oder *Butterworth-Filter*). Ist uns ein steiler Übergang vom Durchlass- zum Sperrbereich vorgeschrieben, so werden wir für Potenzfilter einen großen Schaltungsaufwand benötigen. Der Aufwand lässt sich reduzieren, wenn wir das gegebene Toleranzschema besser ausnutzen.

Aus der Mathematik sind die Tschebyscheff-Polynome als Funktionen bekannt, die in einem bestimmten Wertebereich (hier: Durchlassbereich) vorgegebene Grenzen nicht überschreiten (*Tschebyscheff-Filter*). Das beste Verhältnis zwischen Flankensteilheit und Bauelementeaufwand erzielen die *Cauer-Filter*; sie nutzen durch die Minima zwischen Dämpfungspolen im Endlichen die Toleranzgrenzen auch im Sperrbereich voll aus. Sie erfordern mit Abstand den größten Rechenaufwand.

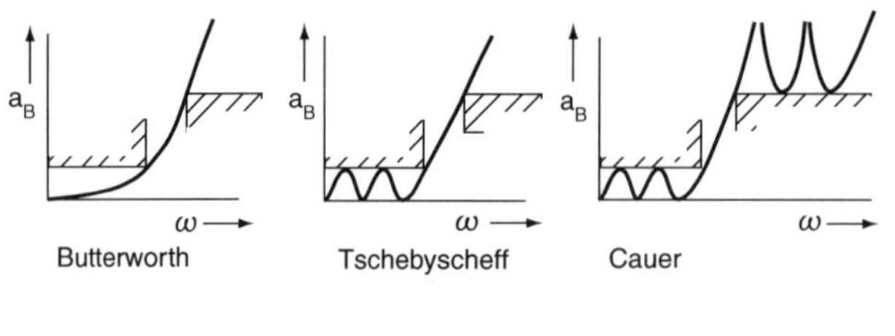


Bild 2.5-28
Betriebsdämpfung verschiedener Tiefpässe

## 2.5.6 Grundlagen der Verstärkung

### 2.5.6.1 Einführung

Eine der wichtigsten Teilaufgaben in nachrichtentechnischen Systemen besteht darin, kleine Signale so zu verstärken, dass das Ausgangssignal ein möglichst getreues Abbild des Eingangssignals darstellt. Eine andere Aufgabe ist, für verschiedene Zwecke, etwa als Trägersignale bei der Modulation, Schwingungen mehr oder weniger hoher Frequenz zu erzeugen.

Es zeigt sich, dass diese Aufgaben miteinander verwandt sind. Die *Rückkopplung* bildet eine gemeinsame Basis für Verstärker und Oszillatoren, deshalb wollen wir sie vorab besprechen.

### 2.5.6.2 Grundlagen der Rückkopplung

Als *Rückkopplung* bezeichnen wir allgemein die Rückführung eines Signals über ein i. Allg. passives Netzwerk auf dessen Eingang.

Bild 2.5-29 zeigt ein konkretes Beispiel. Der Verstärkervierpol habe die Betriebsspannungsübersetzung $\underline{v}_u$, der Rückkopplungsvierpol die Betriebsspannungsübersetzung $\underline{K}$. Wir erhalten als Spannungsverstärkung $\underline{v}^*_u$ des strichpunktierten Gesamtvierpols:

$$\underline{v}^*_u = \frac{\underline{u}_2}{\underline{u}_1} = \frac{\underline{u}_2}{\underline{u}'_1 - \underline{K}\,\underline{u}_2} = \frac{\dfrac{\underline{u}_2}{\underline{u}'_1}}{1 - \underline{K}\dfrac{\underline{u}_2}{\underline{u}'_1}}$$

$$\underline{v}^*_u = \frac{\underline{v}_u}{1 - \underline{K}\,\underline{v}_u} \qquad (2.5\text{-}60)$$

Man nennt $\underline{v}_R = \underline{K} \cdot \underline{v}_u$ die *Ring-*, *Schleifen-* oder *Umlaufverstärkung*; sie ist i. Allg. komplex und frequenzabhängig.

Wir erkennen die beiden prinzipiellen Möglichkeiten der Rückkopplung:

- Mitkopplung

$$\left|1 - \underline{K}\,\underline{v}_u\right| < 1; \quad \text{daher} \quad \left|\underline{v}^*_u\right| > \left|\underline{v}_u\right|$$

- Gegenkopplung

$$\left|1 - \underline{K}\,\underline{v}_u\right| > 1; \quad \text{daher} \quad \left|\underline{v}^*_u\right| < \left|\underline{v}_u\right| \qquad (2.5\text{-}61)$$

Für reelle Werte von $\underline{K}\ \underline{v}_u$ (phasenreine Rückkopplung) können wir unterscheiden:

- Gegenkopplung: $\underline{K}\ \underline{v}_u < 0$ (2.5-62a)
- Mitkopplung ohne Selbsterregung: $0 < \underline{K}\ \underline{v}_u < 1$ (2.5-62b)
- Konstante Selbsterregung (Oszillator): $\underline{K}\ \underline{v}_u = 1$ (2.5-62c)
- Exponentielles Anwachsen von Ein- und Ausgangsgrößen: $\underline{K}\ \underline{v}_u > 1$ (2.5-62d)

Im Zusammenhang mit obigen Gleichungen soll noch auf die gewählte Pfeilsetzung in Bild 2.5-29 hingewiesen werden: sie führt auf das Minuszeichen im Nenner von Gl. (2.5-60) und auf die Selbsterregungsbedingung $\underline{K}\ \underline{v}_u = 1$. Man achte beim Literaturstudium darauf, welche Vorzeichenfestlegung jeweils getroffen wird; insbesondere, ob evtl. für Mitkopplung und Gegenkopplung (s. u.) nicht eine – Bild 2.5-29 –, sondern zwei verschiedene Festlegungen verwendet werden!

Der Verstärker- und der Rückkopplungsvierpol können auf vier verschiedene Arten zusammengeschaltet werden, je nachdem, ob die Tore links und rechts in Reihe oder parallel geschaltet werden. Unser Beispiel in Bild 2.5-29 stellt den Fall der *Reihenparallel-Rückkopplung* dar. Wir haben uns die Ableitung der Gl. (2.5-60) dadurch leicht gemacht, dass wir ausdrücklich die Betriebsgrößen der beiden Vierpole in der Schaltung als bekannt angenommen haben. Damit wir bei beliebigen Ein- und Ausgangswiderständen sowie Lastwiderständen die Rückkopplung berechnen

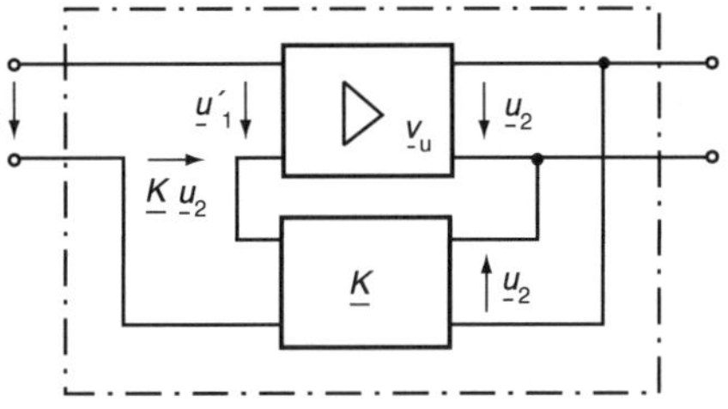


Bild 2.5-29 Beispiel einer Rückkopplungsschaltung

können, werden beide Vierpole durch Vierpolmatrizen charakterisiert. Im Beispiel Bild 2.5-29 erhalten wir die Matrix des Gesamtvierpols aus der Addition der *h*-Matrizen, wie wir aus Bild 2.5-15, wo auch die anderen Fälle dargestellt sind, entnehmen können.

Es sei nochmals darauf hingewiesen, dass diese Berechnungen nur gelten, wenn die Vierpolgleichungen für jeden Einzelvierpol auch in der Zusammenschaltung noch gelten: vgl. 2.5.4.4. Als Ergebnis für den Gesamtvierpol erhalten wir bei allen vier Rückkopplungsgrundschaltungen die Form der Gl. (2.5-60), nur dass die das Betriebsverhalten der beiden Vierpole kennzeichnenden Größen ggf. andere Dimensionen haben, z.B. Stromverhältnisse, Transimpedanzen, usw. Wir verabreden, dass wir auch in der Folge die von dem exemplarischen Beispiel Bild 2.5-29 herrührenden Symbole $\underline{K}$ und $\underline{v}_u$ beibehalten, die Ergebnisse aber ggf. auch allgemein deuten.

#### 2.5.6.3 Auswirkungen der Gegenkopplung

Moderne Röhren und Transistoren, in Schaltungen ohne Gegenkopplung eingesetzt, würden sehr hohe Verstärkungen schon in einer Stufe erreichen. Diese Verstärkung unterläge aber großen Schwankungen:

- Die Verstärkereigenschaften des einzelnen Bauelementes sind – insbesondere bei Halbleitern – stark von Schwankungen der Temperatur und der Betriebsspannung sowie von der Alterung abhängig.
- Die Eigenschaften verschiedener Bauelemente desselben Typs streuen; dies ist störend, weil man ohne individuellen Abgleich der einzelnen Geräte auskommen will.

Praktisch arbeiten wir bei Verstärkern stets mit gegengekoppelten Schaltungen und dementsprechend kleiner Gesamtverstärkung. Wir erreichen durch die Gegenkopplung eine Reihe wertvoller Eigenschaften. Zunächst ist leicht einzusehen, dass die resultierende Gesamtverstärkung zwar kleiner wird, aber wesentlich kleinere prozentuale Schwankungen aufweist. Der Faktor $\underline{K}$ des passiven Rückkopplungsnetzwerks ist nämlich kaum Schwankungen unterworfen. Ist nun die Verstärkung $\underline{v}_u$ zwar stark variierend, aber jedenfalls hinreichend groß, so dass $|\underline{K}\ \underline{v}_u| \gg 1$ gegeben ist, dann wird nach Gl. (2.5-60):

$$\left|\underline{K}\ \underline{v}_u\right| \gg 1 \quad \rightarrow \underline{v}_u^* = -\frac{1}{\underline{K}} \tag{2.5-63}$$

Auch wenn die Schleifenverstärkung nicht so groß ist, erhalten wir auf jeden Fall eine Verbesserung, weil Änderungen von $\underline{v}_u$ vermindert eingehen. Zur Vereinfachung machen wir die folgende Überlegung für den Fall phasenreiner Gegenkopplung. Wir schreiben $|\underline{K}| = K$, $|\underline{v}_u| = v_u$, $|\underline{v}^*_u| = v^*_u$, und finden mit Gl. (2.5-60) und Gl. (2.5-62a)

$$v_u^* = \frac{v_u}{1+K\ v_u} \tag{2.5-64}$$

Den Einfluss der Änderungen von $v_u$ erhalten wir durch Ableiten

$$\frac{\mathrm{d}v_u^*}{\mathrm{d}v_u} = \frac{1}{\left(1+K\ v_u\right)^2}$$
$$\frac{\mathrm{d}v_u^*}{v_u^*} = \frac{1}{1+K\ v_u} \cdot \frac{\mathrm{d}v_u}{v_u} \tag{2.5-65}$$

**Beispiel:**
Verfügbar ist $v_u = 100$ und $\mathrm{d}v_u/v_u = \pm 10\,\%$. Mit $K = 0{,}09$ ergibt sich $v^*_u = 10$ und $\mathrm{d}v^*_u/v^*_u = \pm 1\,\%$. Ein Verstärker aus zwei Stufen dieser Art hat $v^*_{uges} = 100$ und $\mathrm{d}v^*_{uges}/v^*_{uges} = \pm 2\,\%$, wenn jede Stufe für sich gegengekoppelt wird (siehe unten).

Nach Gl. (2.5-65) wird also die relative Verstärkung um den Gegenkopplungsgrad $(1+Kv_u)$ vermindert. Durch die Gegenkopplung ändern sich außerdem die Ein- und Ausgangswiderstände des Gesamtvierpols; sie werden größer bei Reihen- und kleiner bei Parallelschaltung. Bild 2.5-30 fasst die Ergebnisse für die vier Grundschaltungen zusammen.

Außerdem kann man zeigen, dass proportional dem Gegenkopplungsgrad erreicht wird:

| Gegenkopplungsart -vergl. Bild 2.5-15 | Stabilisierte Verstärkungsgröße | Eingangs-impedanz | Ausgangs-impedanz |
|---|---|---|---|
| Reihen-Reihen-GK. | Steilheit $i_2/u_1$ | steigt | steigt |
| Reihen-Parallel-GK. | Spannungsverst. $v_u$ | steigt | fällt |
| Parallel-Reihen-GK. | Stromverstärkung $v_i$ | fällt | steigt |
| Parallel-Parallel-GK. | Transimpedanz $u_2/i_1$ | fällt | fällt |

Bild 2.5-30
Gegenkopplungsarten

- Reduktion von Störsignalen, die in den Verstärkerschaltungen hinzukommen (z.B. Netzbrumm).
- Reduktion der von nichtlinearen Verzerrungen stammenden Oberschwingungen.
- Linearisierung des Frequenzgangs.

Bei mehrstufigen Verstärkern kann eine Gegenkopplung in jeder Stufe für sich vorgesehen werden oder über den ganzen Verstärker hinweg. Wie sich leicht zeigen lässt [20-4], ist die Gegenkopplung über alles bezüglich der oben genannten Verbesserungen günstiger. Allerdings sind bei Gegenkopplung über mehrere Stufen die Stabilitätsbedingungen schwieriger einzuhalten; siehe den folgenden Abschnitt.

### 2.5.6.4 Stabilität

Die Ringverstärkung $\underline{v}_R = \underline{K}\ \underline{v}_u$ ist frequenzabhängig. In dem uns interessierenden Übertragungsbereich kann also eine phasenreine Gegenkopplung vorliegen, während außerhalb durch entsprechende Phasendrehung eine Mitkopplung und im ungünstigsten Fall Selbsterregung bei bestimmten Frequenzen auftritt. Dies muss vermieden werden, da als Folge solcher wilder Schwingungen u.a. Arbeitspunktverschiebung, Zerstörung empfindlicher Bauelemente, Störstrahlung usw. möglich ist. Eine wichtige Aufgabe bei der Verstärkerauslegung besteht deshalb darin, durch Berechnung und/oder Messung die Stabilität zu überprüfen.

Rückgekoppelte Schaltungen werden durch Gl. (2.5-60) beschrieben. Wir gewinnen den Anschluss an die bei den Zweipolen behandelte Theorie der Eigenschwingungen (vgl. 2.5.3.1), indem wir jetzt alle Größen als Funktion der komplexen Frequenz $p$ annehmen. Das Nennerpolynom von Gl. (2.5-60) gibt die charakteristische Gleichung für die Eigenschwingungen der Ausgangsspannung bei verschwindender Eingangsspannung.

*Das Nennerpolynom von $\underline{v}^*_u$ darf also keine Nullstelle in der rechten p-Halbebene aufweisen, wenn der Verstärker stabil sein soll. Bei Verstärkern muss auch die imaginäre Achse ausgeschlossen werden.*

Wenn wir rechnen, müssen wir auch sämtliche parasitären Blindelemente berücksichtigen. Aufschlussreicher und sicherer sind deshalb geeignete Messmethoden. Wir wissen, dass für $v_R$ (>) 1 Selbsterregung auftritt; demnach können wir eine Schaltung anhand ihrer Ortskurve in der $\underline{v}_R$-Ebene beurteilen. Wir messen diese, indem wir den Rückkopplungskreis an beliebiger Stelle auftrennen und die offenen Klemmenpaare der Trennstelle entsprechend Bild 2.5-31 ersatzweise abschließen. Das Stabilitätskriterium bei Gegenkopplung lautet:

*Die Ortskurve der Ringverstärkung $\underline{v}_R$ als Funktion von $\omega$ darf den Punkt 1 nicht umschließen (Nyquist-Kriterium).*

Dabei müssen wir die Messung weit über den Nutzfrequenzbereich hinaus machen, wenigstens, bis mit Sicherheit der Betrag der Ringverstärkung unter 1 bleibt. Wenn wir nur die gemessenen Werte (also $\omega$ stets positiv) auftragen, erhalten wir zwar keine geschlossene Ortskurve, doch genügt diese zur Beurteilung, wie aus Bild 2.5-31 zu ersehen. (Da die $\underline{v}_R$-Werte für negative Frequenzen zu denen positiver Frequenzen konjugiert komplex sind, könnten wir die Ortskurve ggf. vervollständigen.)

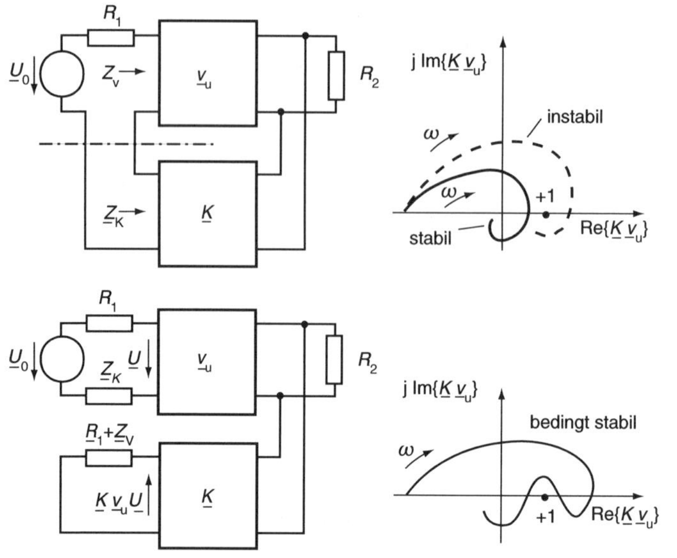


(Auftrennen der Schleife für die Messung)

Bild 2.5-31
Ortskurve der Ringverstärkung

Auch wenn sich auf Grund der Messung eine stabile Gegenkopplung für alle Frequenzen ergibt, müssen wir an die möglichen Schwankungen der Ringverstärkung auf Grund von Temperatur und Bauelementetoleranzen sowie beim Einschalten denken. Bei Frequenzen, für welche die Phasenbedingung erfüllt ist (Ringverstärkung positiv reell), ist ein hinreichender Sicherheitsabstand notwendig. Wegen der o.g. Schwankungen werden wir bedingt stabile Fälle (vgl. Bild 2.5-31) vermeiden.

Man benutzt im Gegenkopplungszweig womöglich Netzwerke minimaler Phase. Besonders zweckmäßig sind sog. *stabilisierende Netzwerke*, welche bei hohen Frequenzen die Schleifenverstärkung herabsetzen, ohne die Phase zu beeinflussen. Ein Beispiel ist die in Bild 2.5-25 diskutierte Schaltung.

### 2.5.6.5 Ein Versuch: Verstärkung durch Relais

Bei Verstärkern werden (fast) trägheitslos steuerbare Bauelemente (z.B. Röhren, Transistoren usw.) dazu benutzt, die von einer Hilfsspannungsquelle gelieferte Energie proportional dem zu verstärkenden Eingangssignal den Ausgangsklemmen zuzuführen. Bevor wir uns etwas mit der Realisierung befassen, soll uns ein Versuch mit einem vergleichsweise „altmodischen" Bauelement näher an die Aufgabenstellung heranführen.

Sofern es sich um digitale, insbesondere binäre, Signale handelt, und wenn sich das Eingangssignal nur in relativ großen Abständen ändert (Größenordnung 10 ms), können wir Relais als Verstärker benutzen. Wie Bild 2.5-32a zeigt, wird die von der Hilfsspannungsquelle $U_0$ abgegebene Energie durch das Relais beeinflusst. Wenn $U_0$ für viele Verstärker gemeinsam benutzt wird, müssten wir die in a gezeigte Anordnung korrekterweise als passiven Sechspol ansprechen, wie in Bild 2.5-32b angedeutet: Das Relais für sich ist, genau wie ein Transistor oder eine Röhre, ein passives Bauelement. Wie jedoch in 2.1.3 erklärt wurde, ist es üblich, die Anschlüsse für die Energiezufuhr zu vergessen und die Anordnung mit den Klemmenpaaren 1 – 1′ und 2 – 2′ als aktiven Vierpol zu bezeichnen. Der Verstärker mit Relais ist praktisch rückwirkungsfrei und bietet eine vollkommene Potenzialtrennung zwischen Eingangs- und Ausgangskreis. Er kann jedoch schnellen Änderungen im Binärsignal nicht folgen, und für Analogsignale ist er überhaupt nicht verwend-

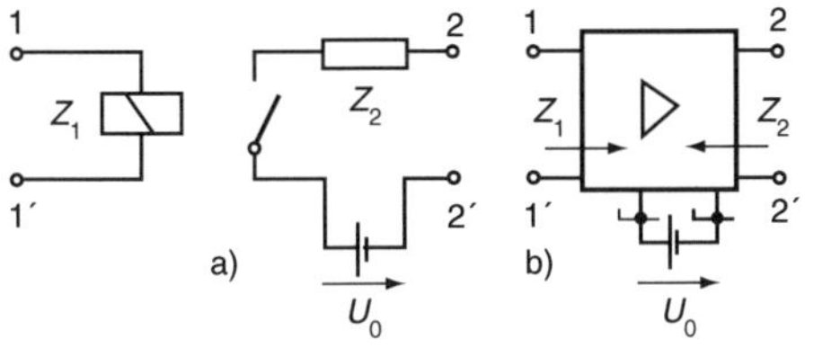


Bild 2.5-32 Verstärker mit Relais

bar. Wir können an diesem primitiven Beispiel – das wir schnell verlassen wollen – bereits alle wesentlichen Nachteile erkennen, welche einen praktisch ausgeführten Verstärker von einem idealen unterscheiden können:

- Ein- und Ausgangssignal sind nicht proportional (*Nichtlinearität; Verzerrungen, Klirrprodukte*).
- Zusammengehörige Augenblickswerte von Ein- und Ausgangssignal treten nicht gleichzeitig auf (*Laufzeit*).
- Schnelle, evtl. auch extrem langsame Änderungen werden mit größerem Fehler wiedergegeben (*Frequenzgang*).
- Der Verstärkungsgrad ist nicht konstant, sondern hängt von der Batteriespannung, von der Temperatur, von der Zeit (*Alterung, Abnutzung*) und von der Änderungsrichtung des Eingangssignals (*Hysterese*) ab.
- Das Ausgangssignal enthält Anteile, die von der nichtidealen Spannungsversorgung herrühren (*Brumm*).
- Das Ausgangssignal enthält Rauschen, das in dem Verstärkungsvierpol entsteht, unabhängig davon, welches Eingangssignal anliegt (*Widerstandsrauschen usw.*).

### 2.5.6.6 Verstärkervierpole

In der Vierpoltheorie hatten wir eine Betriebsschaltung nach Bild 2.5-12b definiert. Der Vierpol soll nun z.B. ein *rückwirkungsfreier Verstärker* sein; ein solcher lässt sich nach Bild 2.5-33 durch drei unabhängige Größen $Z_1$, $S$, $Z_2$ bestimmen. Da es 4 Arten gesteuerter Quellen gibt, erhalten wir die gezeigten 4 Ersatzschaltungen. In Rückwärtsrichtung bewirkt der Verstärker eine vollkommene Trennung (Isolation).

Wie können wir nun einen Verstärkervierpol praktisch realisieren? Für die Nachrichtentechnik war es von entscheidender Bedeutung, dass geeignete Verstärkerelemente erfunden wurden: Zunächst die ab etwa 1915 technisch verwendete *Elektronenröhre*, dann der (bipolare) *Transistor* und schließlich der *Feldeffekttransistor* (FET).

Wie in 2.5.6.5 erläutert, entsteht der aktive Verstärkervierpol erst dadurch, dass man den Anschluss des Energielieferanten (normalerweise Gleichspannungsquelle) nicht erwähnt. Obwohl der Name demnach nicht gerechtfertigt ist, ist es in der Literatur üblich, Transistoren usw. als *aktive Elemente* zu bezeichnen.

Die genannten Elemente haben 3 Anschlüsse:

- Röhre: Kathode, Gitter, Anode (von Hilfselektroden abgesehen)
- (bipolarer) Transistor: Emitter, Basis, Kollektor
- FET: Source, Gate, Drain.

In einer als Vierpol gezeichneten Verstärkerstufe wird also jeweils einer der genannten Anschlüsse sowohl mit einer Eingangs- als auch mit einer Ausgangsklemme verbunden sein. Von den denk-

Ersatzschaltungen:

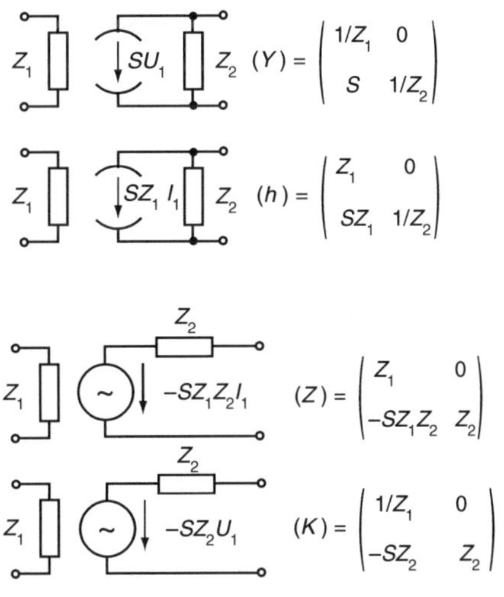


Bild 2.5-33 Ersatzschaltungen eines rückwirkungsfreien Verstärkers

baren 6 Vierpolanordnungen sind nur die drei sinnvoll, welche eine Leistungsverstärkung > 1 haben; man unterscheidet sie durch den Namen der dem Ein- und Ausgang gemeinsamen Elektrode (z.B. Emitterschaltung).

### 2.5.6.7 Kennlinienfelder und Aussteuerung

Wenn wir Verstärkerstufen auslegen, so benutzen wir dazu *Kennlinienfelder* der aktiven Elemente, wie sie etwa in Bild 2.5-34 gezeigt sind. Im Ausgangskreis stellt z.B. die Pentode eine span-

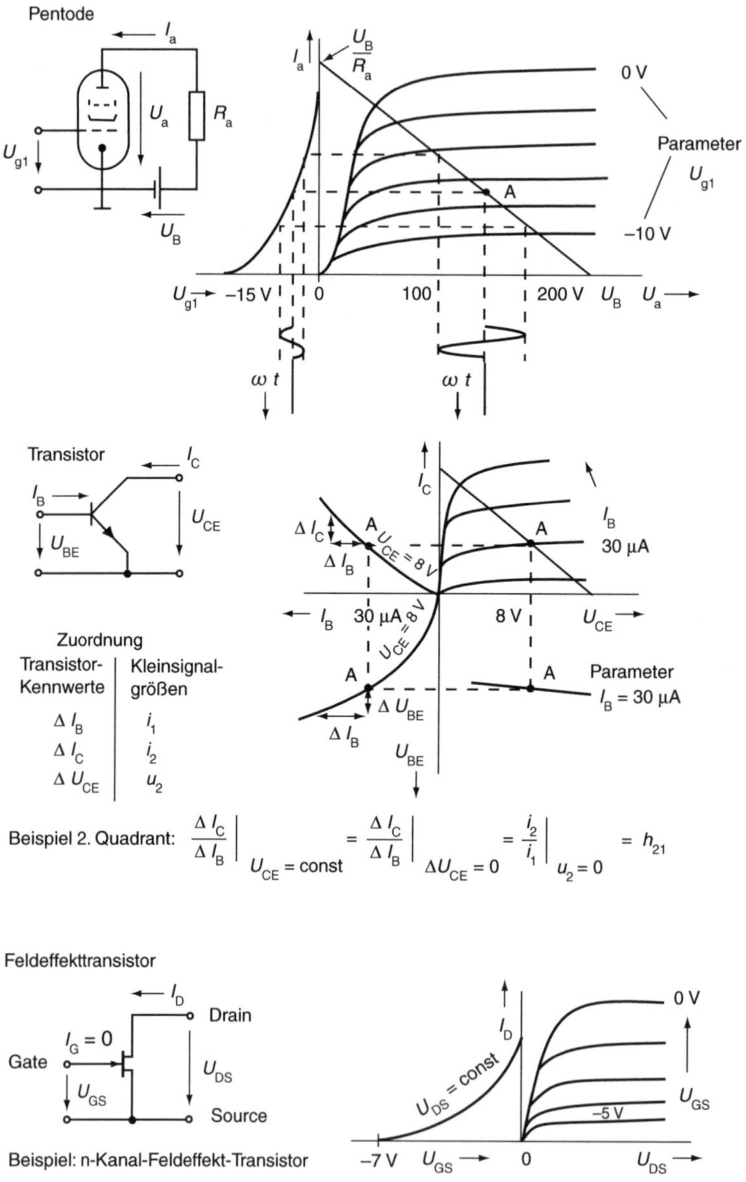


Bild 2.5-34
Pentode, Transistor und Feldeffekttransistor

nungsgesteuerte Urstromquelle, der Transistor eine stromgesteuerte Urstromquelle dar. Der Transistor benötigt im Gegensatz zur Röhre eine Steuerleistung; das gezeichnete vierteilige Kennlinienfeld beschreibt Eingangs- und Ausgangskreis vollständig. Durch geeignete äußere Beschaltung (siehe z.B. Bild 2.5-35) legen wir einen Arbeitspunkt A im Kennlinienfeld fest.

**Kleinsignalverstärker**

Bei der Verstärkung sehr kleiner Signale wird sich nur eine kleine Aussteuerung um den Arbeitspunkt ergeben, so dass das Verstärkungsverhalten durch differenzielle Kenngrößen bestimmt wird, welche für diesen bestimmten Arbeitspunkt gelten.

Die Pentode ist ein weitgehend rückwirkungsfreier Verstärker und kann bei nicht zu großen Arbeitswiderständen $R_a$ als fast ideale spannungsgesteuerte Urstromquelle mit der Steilheit S angesehen werden. Bei einer Transistorschaltung (Bild 2.5-35) müssen wir den endlichen Eingangswiderstand des Transistors berücksichtigen; auch die Rückwirkung und der Ausgangswiderstand sind oft nicht vernachlässigbar. Wir beschreiben den Transistor-Teilvierpol (vgl. Bild 2.5-19) im jeweiligen Arbeitspunkt durch Vierpolparameter, bei niedrigen Frequenzen insbesondere durch *h*-Parameter (Definition nach Bild 2.5-13). Mit den Mitteln der Vierpoltheorie können wir die Eigenschaften der ganzen Stufe aus denen ihrer Teilvierpole berechnen.

Woher bekommen wir die *h*-Parameter, welche in dem bestimmten Arbeitspunkt für den Transistor gelten? Nach der Definition der *h*-Parameter können wir sie aus dem Kennlinienfeld in Bild 2.5-34 als Steigung der jeweiligen Kurven im Arbeitspunkt ermitteln. Aus dem 3. Quadranten bekommen wir $h_{11}$; $h_{21}$, $h_{22}$, $h_{12}$ ergeben sich aus den im Uhrzeigersinn folgenden Quadranten. Wir erhalten die Werte der Emitterschaltung, die man durch ein e im Index (z.B. $h_{11e}$) von denen anderer Grundschaltungen unterscheidet.

An Stelle dieser mühsamen und ungenauen Methode benutzt man praktisch von den Herstellern gegebene Diagramme, welche direkt die $h_e$-Parameter als Funktion des Kollektorstroms angeben. Wir können die *h*-Parameter auch messen; Anleitungen finden sich in den DIN-Normen.

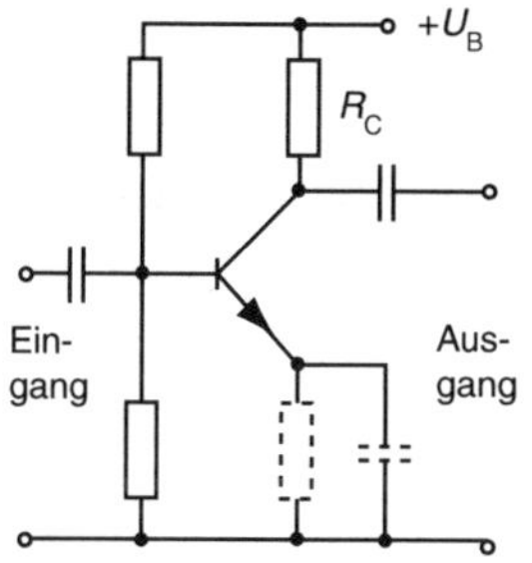


Bild 2.5-35 Transistorverstärker (Emitterschaltung)

Die *Vierpolparameter sind frequenzabhängig*. Wir können aus ihnen formale Ersatzschaltungen mit ebenfalls frequenzabhängigen Elementen gewinnen. Stattdessen benutzt man gern *physikalische Ersatzschaltbilder*, bei denen die Elemente eine gewisse physikalische Bedeutung haben und für gewisse Frequenzbereiche weitgehend als *frequenzunabhängig* angenommen werden können; näheres dazu in 2.5.4.6 und 2.5.6.9. Bei Transistoren mit ihren großen Exemplarstreuungen und ihrer Temperaturabhängigkeit ist es unbedingt notwendig, geeignete Gegenkopplungsschaltungen vorzusehen. Viel verwendet wird z.B. ein Widerstand in der Emitterzuleitung, wie in Bild 2.5-35 gestrichelt gezeichnet. Überbrückt man diesen Widerstand mit einem hinreichend großen Kondensator, so wirkt die Gegenkopplung nur bezüglich der Gleichstromwerte (*Arbeitspunktstabilisierung*), während die Wechselstromverstärkung nicht herabgesetzt wird.

**Großsignalverstärker**

Die mögliche Aussteuerung ist bei Röhre und Transistor prinzipiell durch dieselben Grenzen gegeben (Bild 2.5-36). Wir müssen uns bei Sprache oder Musik nach den hohen, aber selten vorkommenden Spitzen richten. Der einfache Verstärker im *A-Betrieb* hat zwar gute Linearität, jedoch gerade bei kleinen Eingangssignalen die höchste Verlustleistung. Für größere Leistungen verwendet man *B-Betrieb*, wobei z.B. zwei Transistoren im Gegentakt so zusammengeschaltet

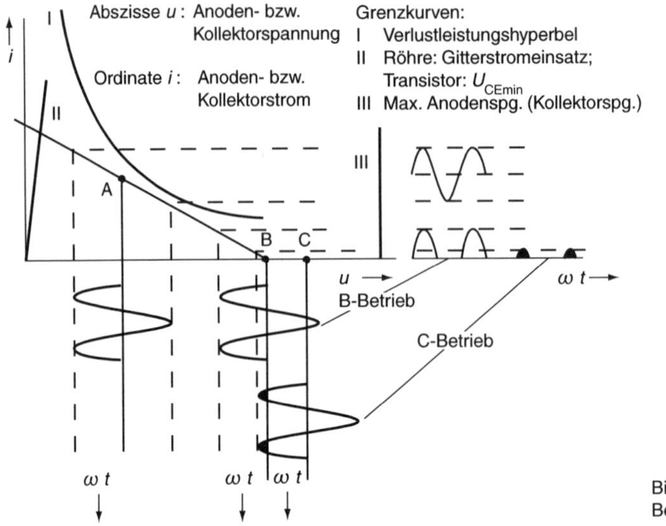


Bild 2.5-36
Betriebsarten der Verstärker

werden, dass jeder die Verstärkung einer Halbschwingung übernimmt. Bei *C-Betrieb* schließlich entstehen nur kurze Stromstöße. Diese extreme Nichtlinearität können wir nur dann zulassen, wenn durch Resonanzkreise die unerwünschten Harmonischen eliminiert werden. Bei C-Verstärkern in Sendern lassen sich Wirkungsgrade von 90 % erreichen, was bei großen Leistungen (einige hundert kW) entscheidend ist; hier hängt die technische Realisierbarkeit hauptsächlich von der Abführung der Verlustwärme ab.

### 2.5.6.8 Operationsverstärker

Der ideale Operationsverstärker hat eine sehr hohe Spannungsverstärkung, einen unendlich hohen Eingangswiderstand und einen verschwindend geringen Ausgangswiderstand. Heute werden Operationsverstärker preiswert als integrierte mehrstufige Differenzverstärker angeboten. Man kann durch entsprechende äußere Beschaltung die verschiedensten Verstärkereigenschaften realisieren.

Bild 2.5-37a zeigt das Symbol des Operationsverstärkers. Die Spannung an A steigt, wenn die Spannung an P relativ zu N zunimmt. P oder + ist der „nicht invertierende Eingang“. N oder – der „invertierende Eingang“. Bezeichnen wir mit $v$ die Differenz-Spannungsverstärkung ohne äußere Last, so gilt

$$u_A = v u_D = v(u_P - u_N) \qquad (2.5\text{-}66)$$

Außer den bisher betrachteten Anschlüssen hat der reale Operationsverstärker (Bild 2.5-37b) weitere Anschlüsse, die aber in Schaltplänen häufig weggelassen werden. Zunächst benötigen wir eine positive und eine negative stabilisierte Betriebsspannung. Der maximale Aussteuerungsbereich der Ausgangsspannung (Vermeiden der

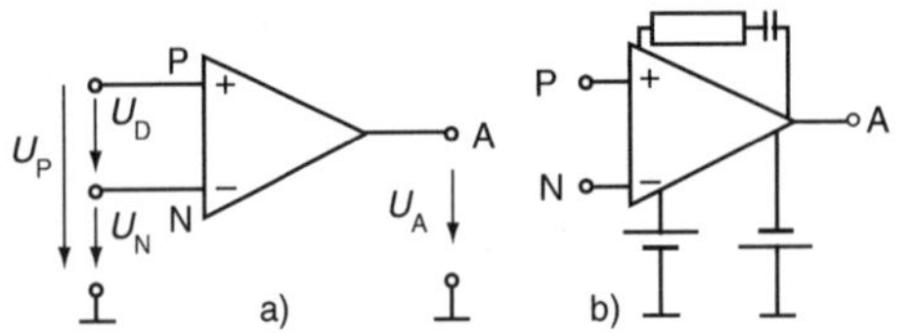


Bild 2.5-37 Operationsverstärker

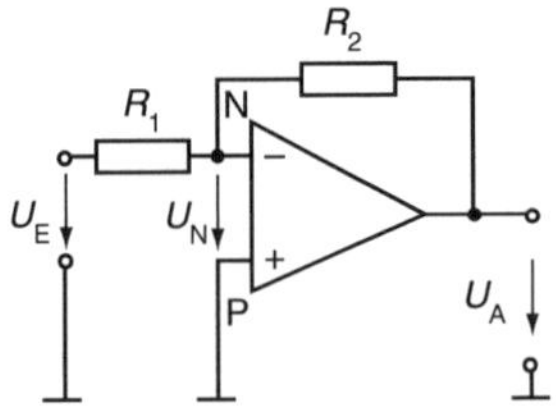


Bild 2.5-38 Beschalteter invertierender Verstärker

Sättigung) ist etwa 2 V kleiner als die Summe der Beträge der Versorgungsspannungen. Weitere Anschlüsse dienen der Korrektur des Frequenzgangs der Leerlaufverstärkung und zur Nullpunkteinstellung. Prinzipiell ist der Verstärkungsabfall bei höheren Frequenzen mit einer Phasendrehung verbunden, so dass eine im Betriebsfrequenzbereich als Gegenkopplung gedachte äußere Beschaltung bei hohen Frequenzen evtl. als Mitkopplung wirkt, vgl. auch die Angaben der Hersteller. Wenn wir den Operationsverstärker durch äußere Elemente beschalten, müssen wir uns darüber klar sein, ob eine Mit- oder Gegenkopplung vorliegt. Maßgeblich für eine Gegenkopplung ist, dass die Ausgangsgröße der Eingangsgröße entgegenwirkt, wie es z.B. bei dem invertierenden Verstärker nach Bild 2.5-38 der Fall ist.

Ein realer Operationsverstärker hat z.B. einen Differenzeingangswiderstand $R_e$ = 300 kΩ und eine Leerlaufverstärkung $v$ = 20000. Die Schaltung Bild 2.5-38 lässt sich einfach berechnen, da im Regelfall gilt: $R_1 \ll R_e$, $R_2 \ll R_e$ und $R_2/R_1 \ll v$. Nach dem Überlagerungssatz ist dann

$$u_{\mathrm{N}} = -\frac{1}{v} u_{\mathrm{A}} = \frac{R_2}{R_1 + R_2} u_{\mathrm{E}} + \frac{R_1}{R_1 + R_2} u_{\mathrm{A}}$$

und nach einigen Umformungen

$$v^* = \frac{u_{\mathrm{A}}}{u_{\mathrm{E}}} \approx -\frac{R_2}{R_1} \qquad (2.5\text{-}67)$$

Vorausgesetzt, dass diese Größenverhältnisse bestehen bleiben, wirken sich weder Exemplarstreuungen noch Temperatur, Alterung usw. auf $v^*$ aus!

Wegen $u_{\mathrm{N}} = -u_{\mathrm{A}}/v \approx 0$ liegt Punkt N praktisch auf Massepotenzial („virtuelle Masse"). Wir können deshalb über weitere Widerstände $R'_1$, $R''_1$ usw. weitere Spannungsquellen $u'_{\mathrm{E}}$, $u''_{\mathrm{E}}$ usw. anschließen, ohne dass diese sich gegenseitig beeinflussen. Aus der Knotenregel für den Punkt N erhalten wir die Gleichung für den so entstehenden Umkehraddierer:

$$-u_{\mathrm{A}} = \frac{R_2}{R_1} u_{\mathrm{E}} + \frac{R_2}{R'_1} u'_{\mathrm{E}} + \frac{R_2}{R''_1} u''_{\mathrm{E}} + \ldots \qquad (2.5\text{-}68)$$

Für die Schaltung nach Bild 2.5-39 (Miller-Integrator) ergibt sich entsprechend durch Ansatz der Ströme $i_{\mathrm{R}}$ und $i_{\mathrm{C}}$, wenn wir mit $U_{\mathrm{A0}}$ den Wert der Ausgangsspannung zur Zeit $t = 0$ ansetzen:

$$u_{\mathrm{A}} = -\frac{1}{RC} \int_0^t u_{\mathrm{E}} \, \mathrm{d}t + U_{\mathrm{A0}} \qquad (2.5\text{-}69)$$

Nehmen wir als Eingangsspannung $u_{\mathrm{E}}$ eine Rechteckschwingung, so ist das Ausgangssignal eine Sägezahnfunktion.

Der Operationsverstärker mit entsprechender Beschaltung ergibt in ähnlicher Weise wie oben weitere Bausteine der Analogrechentechnik.

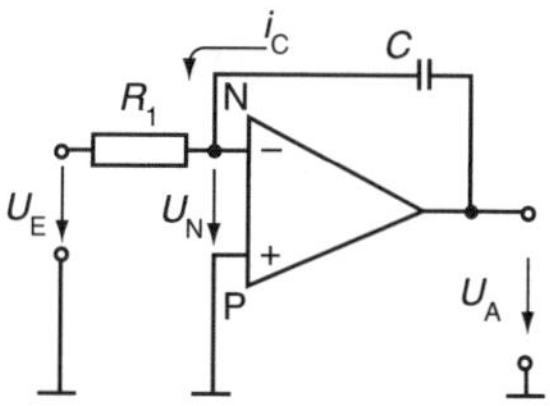

Bild 2.5-39 Miller-Integrator

#### 2.5.6.9 Netzwerkanalyseprogramm SPICE

Wenn heute in der Praxis z.B. ein Verstärker benötigt wird, dann wird man in vielen Fällen fertige Bausteine verwenden können, z.B. Operationsverstärker. Ein bewährtes „Kochbuch" für die verschiedensten elektronischen Schaltungen, das auch die wichtigsten Grundschaltungen von Verstärkern und Oszillatoren enthält, ist [02-1].

Der Ingenieur, der regelmäßig Verstärker usw. für kompliziertere Randbedingungen entwickeln muss, wird natürlich tiefer in die Materie einsteigen müssen. Neben den Vorlesungen über Halbleiterschaltungstechnik, Verstärkertechnik, Elektronik usw. an den Hochschulen gibt es eine umfangreiche Literatur. Man wird sich Methoden zu Eigen machen müssen, die wir nur kurz (z.B. *S-Parameter*) oder überhaupt nicht erwähnen konnten. So wird man z.B. bei komplizierten mehrschleifigen Rückkopplungen mit der Vierpoldenkweise, die wir aus didaktischen Gründen in 2.5.6.2 bevorzugt haben, nicht so weit kommen wie mit der Methode der *Signalflussgrafen* [20-5]. Ein anderes Hilfsmittel speziell zur Analyse des Klirrverhaltens von Verstärkern sind *Volterra-Reihen* [20-6].

Die Entwicklung leistungsfähiger *Netzwerkanalyseprogramme* hat die Entwicklungspraxis für Netzwerke mit aktiven Elementen in den vergangenen zwei Jahrzehnten grundlegend verändert. Früher kam man nach mehr oder weniger überschlägigen Berechnungen sehr schnell zum Aufbau einer Brettschaltung, welche man dann mit geeigneten Messreihen examinierte, um die Auslegung an verschiedenen Punkten zu verbessern. Die entsprechend geänderte Schaltung wurde dann erneut gemessen usw. Bei komplizierteren Schaltungen war man auch nach Abschluss der Entwicklung nie sicher, ob es tatsächlich gelungen war, den „*Worst-case-Fall*" des ungünstigsten Zusammenwirkens aller Toleranzen (Bauelemente, Versorgungsspannungen, Temperatureinfluss usw.) auszuloten.

An Stelle der (ersten) Brettschaltung tritt heute in der Regel die Simulation des Schaltungsentwurfs durch ein geeignetes Rechnerprogramm. Durch die Möglichkeit, die verschiedenen Toleranzanalysen von Anfang an mitzubenutzen, kann die Schaltung in vielen Fällen bereits soweit optimiert werden, dass der danach vorgenommene praktische Aufbau der Schaltung bereits die endgültige Lösung darstellt.

Beim Entwurf integrierter Schaltungen schließlich bleibt als einzige Möglichkeit die Arbeit mit geeigneten Entwurfsprogrammen. Hier ist man darauf angewiesen, dass bereits der erste realisierte Entwurf fehlerfrei arbeitet, da Änderungen bedingt durch die Herstellungsprozesse der integrierten Bausteine sehr teuer sind und zudem relativ lange dauern.

Netzwerke mit aktiven Elementen können nur dann richtig analysiert werden, wenn die tatsächlichen Eigenschaften dieser Elemente genau bekannt sind. Die Voraussetzung dafür, dass Netzwerkanalyseprogramme für Halbleiterschaltungen sich in der Praxis durchsetzen konnten, war daher, dass geeignete *Ersatzschaltungen* („*Modelle*") definiert wurden.

*Gummel* und *Poon* von den Bell Laboratorien beschrieben 1970 in einem Aufsatz den bipolaren Transistor mit ca. 20 Parametern. Dieses Gummel-Poon-Modell erklärte erstmalig wesentliche Eigenschaften des Transistors, die bis dahin in den wesentlich einfacheren Transistormodellen (*Ebers-Moll*, *Giacoletto* u.a.) nicht enthalten waren. Wegen seiner vielen Parameter konnte es sich erst durchsetzen, als 1975 das *Netzwerkanalyseprogramm SPICE*, entwickelt an der Universität Berkeley, das Modell in modifizierter Form benutzte und durch Modelle für Feldeffekttransistoren erweiterte. *SPICE* ist weitverbreitet und rechnet mit allen notwendigen Parametern des bipolaren Transistors und des Feldeffekttransistors. Es berücksichtigt auch diejenigen Anwender, die keine großen Ansprüche an ihre Schaltungen stellen und z.B. mit dem einzigen Parameter Stromverstärkung auskommen wollen.

Die Halbleiterhersteller geben zunehmend für *SPICE* benötigte Modellparameter an.

### 2.5.7 Grundlagen der Schwingungserzeugung

#### 2.5.7.1 Einführung

Wir wissen aus den vorhergehenden Kapiteln, dass Verstärkung und Schwingungserzeugung näher beieinander liegen, als es uns in der Praxis oft lieb ist. Wir dürfen daraus allerdings nicht schließen, dass es besonders einfach sei, Oszillatoren zu bauen; eine selbsterregte Schaltung ist noch lange kein brauchbarer Oszillator.

Als Beispiel betrachten wir Bild 2.5-38 mit der üblichen, Gl. (2.5-67) zugrunde liegenden Auslegung. Wir denken uns die Beschaltung der Punkte P und N vertauscht und den Eingang kurzgeschlossen. Eine anfänglich an P auftretende, sehr kleine z.B. positive Spannung (etwa Rauschen) bewirkt eine hohe Ausgangsspannung, welche wiederum auf P zurückwirkt, usw. Beim realen Operationsverstärker wird die Ausgangsspannung sehr schnell die positive Aussteuerungsgrenze erreichen.

Allgemein ergeben sich bei Schaltungen, bei welchen die Selbsterregungsbedingung $\underline{K}\ \underline{v}_{\mathrm{u}} > 1$ in einem breiten Frequenzbereich erfüllt ist, keine reinen Sinusschwingungen. Je nach Art der Schaltung erhalten wir, etwa auf Grund von Eigenschwingungsvorgängen an (evtl. parasitären) Induktivitäten und Kapazitäten, z. B. sägezahnartige Kippschwingungen oder Rechteckschwingungen. Wir wollen uns mit solchen Schaltungen, wie etwa Sperrschwinger und Multivibratoren, hier nicht befassen, sondern nehmen an, dass das Ziel die Erzeugung stationärer Sinusschwingungen ist. Um eine reine Sinusschwingung der Kreisfrequenz $\omega_0$ mit konstanter Ausgangsamplitude zu erhalten, treffen wir folgende Maßnahmen:

- Durch geeignete frequenzabhängige Schaltungen im Verstärker- oder Rückkopplungsvierpol versuchen wir zu erreichen, dass die Selbsterregungsbedingung nur für die gewünschte Kreisfrequenz $\omega_0$ erfüllt ist.
- Die *Ringverstärkung* $\underline{v}_R = \underline{K}\ \underline{v}_u$ (Messung nach Bild 2.5-31 möglich) muss für verschwindende Amplitude der Kreisfrequenz $\omega_0$ positiv reell und >1 sein, jedoch nicht zu groß (praktische Werte z. B. 1,5 … 3). Von allen Frequenzen, welche im Spektrum des Einschaltspannungsstoßes oder im Rauschen vorkommen, wird sich dann die gewünschte Frequenz zu wesentlicher Größe aufschaukeln.
- Mit größer werdender Amplitude soll die Schleifenverstärkung abnehmen, so dass bei der gewünschten Ausgangsamplitude gerade $\underline{K}\ \underline{v}_u = 1$ erreicht wird.

Zum letzten Punkt: Eine Amplitudenbegrenzung durch Nichtlinearitäten der Schaltung tritt in irgendeiner Form ohnehin ein (z. B. Gitterstromeinsatz bei Röhren und resultierende Arbeitspunktverschiebung). Um aber insbesondere bei geringer Selektion den Klirrfaktor klein zu halten, und um vor allem unabhängig von Betriebsspannungs- und Laständerungen zu werden, sucht man geeignete automatische Regelmechanismen zur Konstanthaltung der Ausgangsamplitude in die Schaltung einzubauen (Beispiel Kaltleiter beim RC-Generator, siehe unten).

Wir interessieren uns für die Frequenz- und Amplitudenstabilität eines Generators. Die Ringverstärkung ist

$$\left(\underline{K}\cdot\underline{v}_u=\right)\underline{v}_R=\left|\underline{v}_R\right|e^{j\varphi_R} \tag{2.5-70}$$

Im stationären Schwingzustand muss die Phasenbedingung $\varphi_R = 0$ und die Amplitudenbedingung $|\underline{v}_R| = 1$ erfüllt sein. Die Phase hängt von der Frequenz $f$ und außerdem von den verschiedenen Elementen der Vierpole ab. Sprechen wir die letzteren pauschal mit $E$ an, so kann eine Phasenänderung $d\varphi_R$ durch Frequenz- oder Bauelementeänderungen zustande kommen:

$$d\varphi_R=\frac{\partial\varphi_R}{\partial f}df+\frac{\partial\varphi_R}{\partial E}dE \tag{2.5-71}$$

Da im stationären Fall $\varphi_R = 0$ ist, erzwingt eine Änderung des zweiten Terms in Gl. (2.5-71) automatisch eine gegenläufige Änderung des ersten, damit $d\varphi_R = 0$ bleibt. Wir sehen, dass die damit verursachte unerwünschte Änderung $df$ der Schwingfrequenz umso kleiner bleibt, je größer die

$$\text{Phasensteilheit}\quad \left.\frac{\partial\varphi_R}{\partial f}\right|_{f=f_0} \tag{2.5-72}$$

ist (Bild 2.5-40). Wir können sie aus der Ortskurve der Ringverstärkung (vgl. Bild 2.5-31) entnehmen.

Damit der Einfluss von Temperatur und Bauelementevariation auf die Ausgangsspannung $\underline{U}_A$ klein bleibt, fordern wir eine große

$$\text{Amplitudensteilheit}\quad \left.\frac{d\left|\underline{v}_R\right|}{d\left|\underline{U}_A\right|}\right|_{\underline{U}_A=\underline{U}_{A0}} \tag{2.5-73}$$

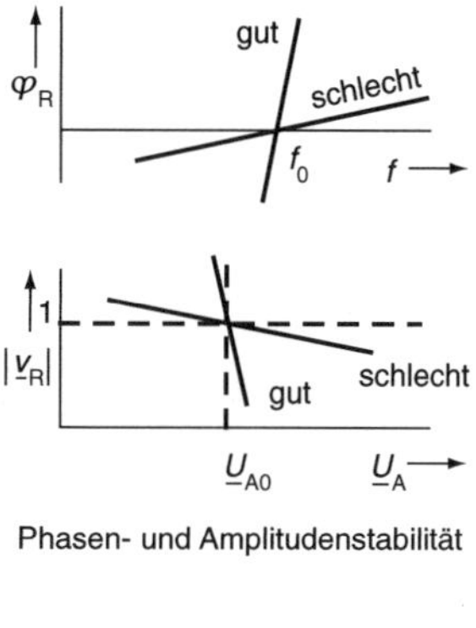


Bild 2.5-40 Phasen- und Amplitudenstabilität

### 2.5.7.2 Einige Oszillatorschaltungen

Die klassische *Oszillatorschaltung nach Meißner* zeigt Bild 2.5-41. Mit der RC-Kombination wird eine Amplitudenstabilisierung erreicht: Durch einsetzende Gittergleichrichtung verschiebt sich die Gittervorspannung ins Negative, und die Verstärkung geht zurück.

Bei Transistoren muss auf Grund von Exemplarstreuungen und Temperatureinflüssen mit großen Schwankungen der Transistorkapazitäten gerechnet werden. Durch geeignete Schaltungsmaßnahmen kann man erreichen, dass die Schwankungen nur geringfügig in die Oszillatorfrequenz eingehen. Bild 2.5-42 zeigt als Beispiel den so genannten *Clapp-Oszillator.*

Insbesondere bei niedrigen Frequenzen benutzt man gern *Generatoren mit RC-Netzwerken* als frequenzbestimmenden Elementen, um große Induktivitäten zu vermeiden. Der *Phasenschiebergenerator* und der *Wienbrückengenerator* unterscheiden sich durch die Phasendrehung des Rückkopplungsnetzwerkes, vgl. die Anschaltung der Operationsverstärker in Bild 2.5-43. Beim Wienbrückengenerator ist als Beispiel eine Amplitudenstabilisierung durch einen Kaltleiter (Glühlampe) eingezeichnet.

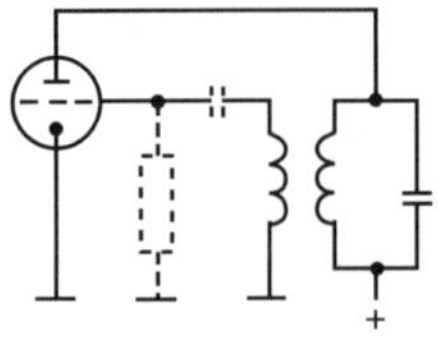


Bild 2.5-41 Meißner-Oszillator

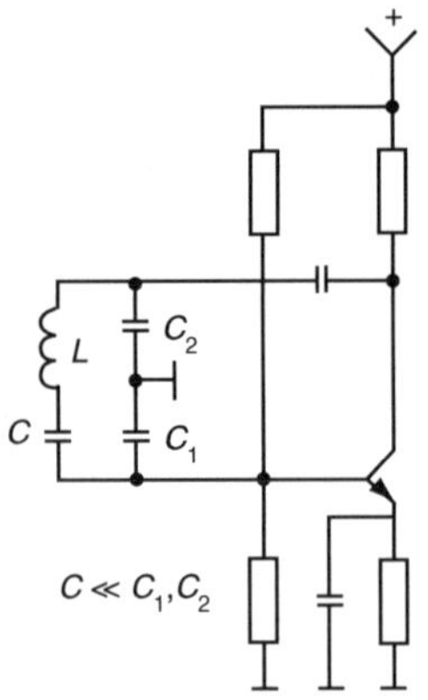


Bild 2.5-42 Clapp-Oszillator

Für Frequenznachstimmschaltungen, als Frequenzmodulatoren und in Phasenregelkreisen benutzt man Generatoren, deren Frequenzen durch eine Steuerspannung beeinflusst werden kann (*VCO = Voltage Controlled Oscillator*). Solche Spannungs-/Frequenzumsetzer verwenden meist Kapazitätsdioden oder Multivibratoren.

### 2.5.7.3 Phasenregelkreis (Phase-Locked Loop, PLL)

In vielen nachrichtentechnischen Anwendungen muss ein Oszillator auf eine von außen zugeführte Frequenz synchronisiert werden, auch wenn diese durch Modulation, Dopplerverschiebung, Einfluss von Rauschen usw. gewissen Änderungen unterliegt. Eine geeignete Lösung dieser Aufgabe besteht darin, dass Regelkreise für Phase oder Frequenz (PLL, FLL) eingesetzt werden.

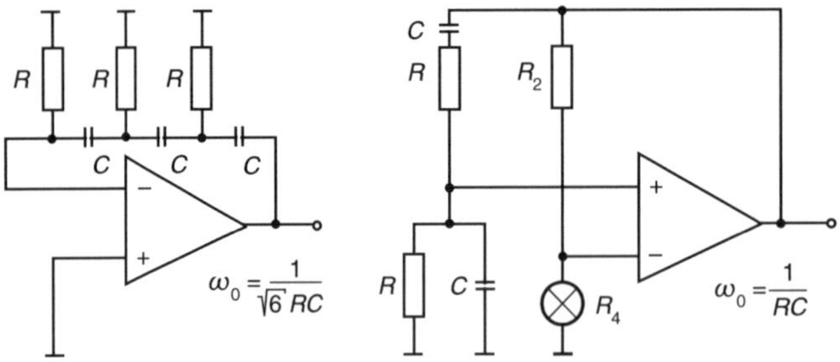


Phasenschiebergenerator Wienbrückengenerator

Bild 2.5-43 RC-Generatoren

Das Grundprinzip des PLL ist leicht zu verstehen [20-7]. Er besteht, wie in Bild 2.5-44 gezeigt, aus einem VCO, einem geeigneten Phasenvergleicher (z.B. Multiplizierer) und einem Tiefpass. Der VCO ist um eine Ruhekreisfrequenz $\omega_0$ herum abstimmbar:

$$\omega = \omega_0 + K_0 \cdot u_R \qquad (2.5\text{-}74)$$

Die Ausgangsspannung des VCO sei

$$u_2 = \hat{u}_2 \cos(\omega t + \Theta_2) \qquad (2.5\text{-}75)$$

Wir betrachten ein Eingangssignal $u_1(t)$ ohne Rauschen. Das Symbol $\Theta_1$ im Argument soll die informationstragenden Anteile des Empfangssignals allgemein beschreiben (z.B. bei Frequenz- oder Phasenmodulation, Dopplerverschiebung usw.):

$$u_1 = \hat{u}_1 \sin(\omega t + \Theta_1) \qquad (2.5\text{-}76)$$

Hinter dem Multiplizierer erhalten wir eine Spannung $u_M$, deren hochfrequenter Anteil durch den Tiefpass unterdrückt wird, so dass am Ausgang $u_R$ übrig bleibt (normierte Spannungen):

$$u_M = u_1 u_2 = \frac{\hat{u}_1 \hat{u}_2}{2} \cdot \left[\sin(2\omega t + \Theta_1 + \Theta_2) + \sin(\Theta_1 - \Theta_2)\right] \qquad (2.5\text{-}77)$$

$$u_R = \frac{\hat{u}_1 \hat{u}_2}{2} \sin(\Theta_1 - \Theta_2) = K_D \cdot \sin(\Theta_1 - \Theta_2) \qquad (2.5\text{-}78)$$

Wir diskutieren diese Gleichung (Bild 2.5-45) mit $\Theta_1 - \Theta_2 = \Theta$:

- Fall 1. Es sei ursprünglich $\Theta_1 = \Theta_2$. Dann wird nach Gl. (2.5.78) und Gl. (2.5-74) der VCO auf derselben Frequenz wie bisher weiterschwingen. Er hat demnach dieselbe Frequenz wie das Eingangssignal und ist – abgesehen von einer konstanten Phasenverschiebung von 90° (sin bzw. cos) – phasengetreu dazu.
- Fall 2. Es sei ursprünglich $\Theta_1 > \Theta_2$, jedoch im Bereich $|\Theta| \leq 30°$; dort gilt $\sin \Theta \approx \Theta$. Wir erhalten dann nach Gl. (2.5-74) als Frequenzerhöhung $(\omega - \omega_0)$ des VCO:

$$\omega - \omega_0 = K_0 \cdot K_D \cdot \Theta \qquad (2.5\text{-}79)$$

Eine Frequenzerhöhung $(\omega - \omega_0)$ würde aber nach einer Zeit $t$ eine Phasenerhöhung $\Delta\Theta$ hervorrufen:

$$\Delta\Theta = \int_0^t (\omega - \omega_0)\,\mathrm{d}t = K_0 K_D \int_0^t \Theta\,\mathrm{d}t \qquad (2.5\text{-}80)$$

Damit erkennen wir den Regelmechanismus. Die Phasendifferenz $\Theta$ erhöht die VCO-Phase von $\Theta_2$ auf $\Theta_2 + \Delta\Theta_2$, wodurch der Phasenunterschied zum Eingangssignal auf $\Theta - \Delta\Theta$ reduziert wird. Dadurch entsteht eine kleinere Regelspannung $u_R$ usw., bis schließlich $u_R = 0$ wird und Fall 1 erreicht ist.
- Fall 3. Es sei ursprünglich $\Theta_1 < \Theta_2$. Abgesehen vom anderen Vorzeichen ist der Ablauf sinngemäß wie bei Fall 2.

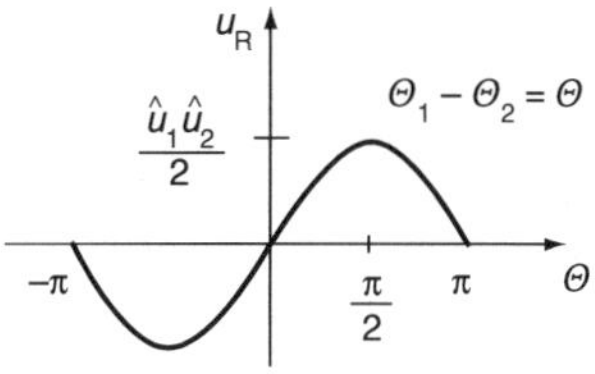


Bild 2.5-45 Regelkennlinie des PLL

Allgemein ergibt sich also, dass für $|\Theta| \leq 30°$ die Regelspannung $u_R$ eine Änderung der Phase proportional dem Integral über $\Theta(t)$ hervorruft und dadurch bewirkt, dass $\Theta = 0$ wird. Für Werte $30° < |\Theta| < 90°$ wächst $u_R$ nicht mehr in dem sel-

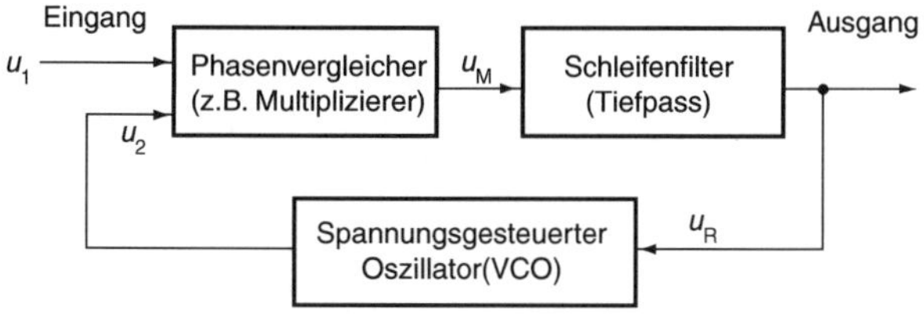


Bild 2.5-44
Phase-Locked Loop

ben Maße wie die Phasendifferenz; die Korrektur verläuft langsamer. Jenseits von 90° wird $u_R$ mit wachsendem $|\Theta|$ sogar kleiner und bewirkt dadurch eine weitere Vergrößerung der Phasendifferenz. Der Nachlaufvorgang funktioniert also gut für $|\Theta| \leq 30°$ und gelingt einwandfrei bis höchstens $|\Theta| < 90°$.

Wir haben versucht, die etwas ungewohnte Funktion der Phasenregelschleife durch möglichst einfache Überlegung zu erklären. Es ist uns aber nicht möglich, die Fragen zu behandeln, welche sich jetzt aufdrängen. U.a. interessieren wir uns bei der praktischen Anwendung für die Bandbreite dieses „Nachlauffilters", für das Einschwingverhalten, für die Stabilität usw., und zwar besonders dann, wenn das Eingangssignal stark verrauscht ist. Vor allem ist wichtig, in welchem Bereich der PLL der Eingangsgröße nachlaufen kann („*Haltebereich*"), und wie groß der Bereich ist, in welchem der PLL neu auf ein Eingangssignal synchronisieren kann („*Fangbereich*"). Um ggf. das Einarbeiten in die Literatur zu erleichtern, sollen einige wesentliche Punkte der Theorie des PLL wenigstens noch angesprochen werden.

In der klassischen Regeltheorie untersucht man das Verhalten eines Systems allgemein im Frequenzbereich, indem man die Laplace-Transformation anwendet. Dies setzt voraus, dass das Netzwerk linear ist, was nach Gl. (2.5-78) für unseren Fall nur bei kleinen Phasenfehlern vorausgesetzt werden kann. Wir bekommen also einfache geschlossene Lösungen nur für den Fall, dass der PLL stets eingerastet und $\Theta$ klein bleibt. Unter dieser Voraussetzung kann man die Übertragungsfunktion $\underline{H}(p)$ des PLL aufstellen und erhält, wie in fast allen einschlägigen Arbeiten ausgeführt wird:

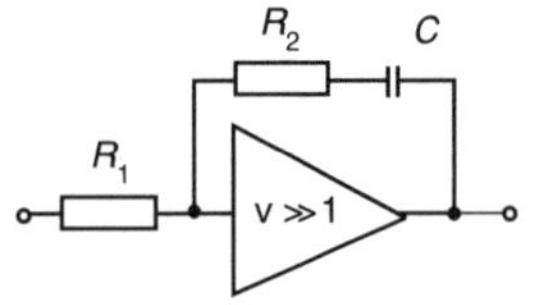


Bild 2.5-46 Aktives Filter für PLL 2.Ordnung

$$\underline{H}(p) = \frac{v_R \underline{F}(p)}{p + v_R \underline{F}(p)} \qquad (2.5\text{-}81)$$

Dabei ist $\underline{F}(p)$ die Übertragungsfunktion des Schleifenfilters und $v_R$ ist die Ringverstärkung des Regelkreises, zu welcher $K_0$, $K_D$ und ein evtl. zusätzlich verwendeter Verstärker beitragen. Man charakterisiert den PLL nach der Art des verwendeten Filters; eine Schleife ohne Filter wird als Schleife 1. Ordnung bezeichnet, da im Nenner von $\underline{H}(p)$ der Operator $p$ nur in der 1. Potenz auftritt. Die theoretische Untersuchung ergibt folgendes [20-7]:

- Bei der *Schleife 1. Ordnung* sind Fang- und Haltebereich identisch; man kann die Bereiche durch Erhöhen der Ringverstärkung $v_R$ vergrößern (Einfügen eines Verstärkers). Dabei steigt jedoch auch die Bandbreite, was bei starkem Rauschen nachteilig ist.
- Größte Bedeutung haben *Schleifen 2. Ordnung* erlangt, die ein Schleifenfilter nach Bild 2.5-25 oder eine aktive Version nach Bild 2.5-46 benutzen. Bei letzterem ergibt sich mit $T_1 = R_1 C$ und $T_2 = R_2 C$:

$$\underline{F}^*(p) = \frac{1 + pT_2}{-pT_1} \qquad (2.5\text{-}82)$$

Durch Umpolen am Ein- oder Ausgang erhält man $\underline{F}(p) = -\underline{F}^*(p)$. Mit Gl. (2.5-81) folgt als Übertragungsfunktion des PLL 2. Ordnung mit diesem Filter:

$$\underline{H}(p) = \frac{v_R(pT_2 + 1)}{p^2 T_1 + p v_R T_2 + v_R} \qquad (2.5\text{-}83)$$

Jetzt hat man in $v_R$, $T_1$, $T_2$ unabhängige Möglichkeiten zur Dimensionierung; dadurch sind der Regelfehler, die Schleifenbandbreite und die Halte- und Fangeigenschaften des Kreises nicht mehr unmittelbar verknüpft. Verbesserten Halte- und Fangeigenschaften steht der Nachteil gegenüber, dass die PLL 2. Ordnung erst mit einer Verzögerung (Schleifenfilter!) auf einen Eingangssprung reagiert.

- *Schleifen 3. Ordnung* würden zwar erlauben, den Regelfehler zu null zu machen. Im Gegensatz zu den o.g. sind sie jedoch u. U. instabil.

Wir haben in unserer Einführung analoge PLL-Schaltungen betrachtet. Praktisch werden heute vielfach digitale Versionen, vor allem in integrierten Schaltungen benutzt.

**Anwendungen des PLL**

Mit den heute verfügbaren Bausteinen können eine Fülle von Aufgaben sehr elegant gelöst werden. Bild 2.5-47 gibt dazu einige Beispiele. Wir werden auch an anderen Stellen auf PLL-Anwendungen zurückkommen. Hier sind besonders die Applikationsberichte der verschiedenen Hersteller von Interesse.

| PLL eingesetzt als | Prinzip (vgl. Bild 2.5-44) | Anwendungs-beispiel |
|---|---|---|
| Frequenz-erzeuger | $n$-faches einer Eingangsfrequenz soll erzeugt werden.<br>Zwei Möglichkeiten:<br>a) PLL synchronisiert auf Harmonische des Eingangssignals. Benutzt für $n < 10$.<br>b) In Schleife wird zwischen VCO und Phasenvergleicher ein Zähler (digitaler Frequenzteiler) eingesetzt. Geteilte VCO-Frequenz synchronisiert auf Eingang, VCO erzeugt $n$-fache Eingangsfrequenz. Geht auch für größere Werte $n$.<br>Kombination von Synchronisation auf Harmonische und Frequenzteilung erlaubt auch gebrochene Werte $n$.<br>Beispiel $n = 16/3$: Zähler teilt VCO-Frequenz durch 16. Eingang synchronisiert auf 3. Harmonische des Zählerausgangs. | Synthesizer mit großem Frequenz-bereich, z.B. in Funkgeräten |
| Frequenz-synchroni-sation | Viele Anwendungen, z.B.<br>– Synchronisation auf Referenzsignal mit hoher Frequenzkonstanz und kleinem Pegel<br>– Bitsynchronisation<br>– Trägersynchronisation | Taktversorgung für Untersysteme<br><br>Empfangsseite PCM/PSK-Systeme |
| Verstärker für FM-Signale | VCO folgt der Augenblicksfrequenz des Eingangssignals. Spannung $u_2$ ist verstärktes Signal (Verstärkerausgang). | Richtfunksysteme |
| AM-Demodu-lator | Nach Gl. (2.5-75, -76, -78) sind im synchronisierten Zustand $u_1$ und $u_2$ um 90° phasenverschoben.<br>$u_1$ sei AM-Signal; PLL synchronisiert auf Träger.<br>$u_1$ wird durch Phasenschieber um 90° gedreht, und dieses Signal wird mit VCO-Ausgang $u_2$ multilipziert und gefiltert: Synchrondemodulation der AM. | AM-Empfang mit verbessertem Störabstand |

Bild 2.5-47 Beispiele für die Anwendung des Phase-Locked Loop

### 2.5.8 Verstärkung und Schwingungserzeugung bei hohen Frequenzen

Neben speziellen Bauelementen sind hier auch Verfahren von Interesse, für deren Verständnis Kenntnisse der Wellenausbreitung benötigt werden. Wir verweisen auf die Literatur [13-1].

## 2.6 Übertragung durch lineare Systeme

### 2.6.1 Einführung

#### 2.6.1.1 Lineare Systeme und Übertragungsfunktion

Ein lineares System ist aus Schaltelementen mit linearer Charakteristik aufgebaut. Wir wollen uns auf lineare zeitinvariante elektrische Systeme beschränken. Bei linearen Systemen gilt der Überlagerungssatz.

Bild 2.6-1a zeigt ein lineares elektrisches System mit den Eingangs- und Ausgangsspannungen $u_1(t)$ und $u_2(t)$. Allgemein wollen wir als Signale Spannungen und Ströme zulassen und verzichten auf die vierpolige Darstellung (Bild 2-6-1b). In diesem Bild sind die zu den Signalen $s_1(t)$ und $s_2(t)$ zugehörigen Spektren $\underline{S}_1(f)$ und $\underline{S}_2(f)$ angegeben.

Die Übertragungsfunktion $\underline{H}(f)$ stellt im Frequenzbereich den Zusammenhang zwischen Ausgang und Eingang her:

$$\underline{H}(f) = \frac{\underline{S}_2(f)}{\underline{S}_1(f)} = \left|\underline{H}(f)\right| \cdot \mathrm{e}^{-\mathrm{j}b(f)} \qquad (2.6\text{-}1\text{a})$$

Für den Betrag werden wir in Anlehnung an viele klassische Lehrbücher oft auch $A(f) = |\underline{H}(f)|$ schreiben. Im Übrigen sei an die weiteren Darstellungsmöglichkeiten nach Gl. (2.5-50) erinnert (Darstellung nach Real- und Imaginärteil; Zusammenhang mit dem Dämpfungsmaß $\underline{a}$ usw.). Die Bedeutung des Phasenmaßes b wird bei der Diskussion der Laufzeiten (2.6.5) erkennbar werden.

Neben den bereits genannten Darstellungsarten der Übertragungsfunktion ist für uns vor allem auch die Darstellung mit Polen und Nullstellen wichtig, die wir aus 2.5.5.2 bereits kennen. Um uns an die verschiedenen Formen zu erinnern, benutzen wir das folgende Beispiel.

**Beispiel:**
RC-Tiefpassglied nach Bild 2.6-5a. Wir nehmen als Eingangsgröße eine sinusförmige Spannung $\underline{U}_1(f)$ an und erhalten $\underline{U}_2(f)$ am Ausgang. Damit wird die Übertragungsfunktion nach Gl. (2.6-1a):

$$\underline{H}(f) = \frac{1}{1+\mathrm{j}\,2\pi f T} = \frac{1}{1+\mathrm{j}\,\omega T} = \frac{1}{\sqrt{1+(2\pi f T)^2}}\,\mathrm{e}^{(-\mathrm{j}\arctan(2\pi f T))} \qquad (2.6\text{-}1\text{b})$$

Man sieht, dass man an Stelle von $f$ auch $\omega$ oder j$\omega$ als Variable hätte nennen können, also z. B. $\underline{H}(\mathrm{j}\omega)$. Durch „analytische Erweiterung" j$\omega \rightarrow (\sigma + \mathrm{j}\omega) = p$ nach 2.3.2.1 kann man dann auf $\underline{H}(p)$ übergehen. Formal wird also Gl. (2.6-1b) einfach

$$\underline{H}(p) = \frac{1}{T\left(p+\frac{1}{T}\right)} \qquad (2.6\text{-}1\text{c})$$

Damit haben wir die zum Erkennen der Pole und Nullstellen geeignete Darstellung nach Gl. (2.5-52) erreicht.

#### 2.6.1.2 Impulsantwort und Sprungantwort

Wie die Größen am Ein- und Ausgang, so hat sicher auch die Übertragungsfunktion $\underline{H}(f)$ eine Fourier-(Rück-)Transformation $h(t)$, vgl. Bild 2.6-1. Die Eigenschaften eines Netzwerks lassen sich durch die Übertragungsfunktion $\underline{H}(f)$, damit

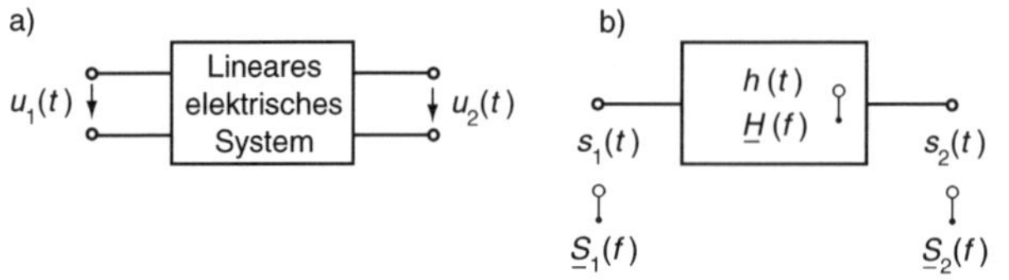


Bild 2.6-1
Lineares System:
a) elektrisches System mit den Spannungen $u_1(t)$ und $u_2(t)$,
b) allgemeines System mit den Signalen $s_1(t)$ und $s_2(t)$

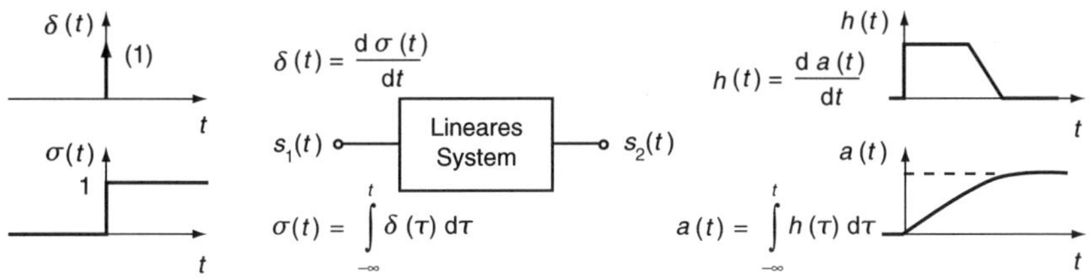


Bild 2.6-2 Impulsantwort $h(t)$ und Sprungantwort $a(t)$ bei einem linearen, zeitinvarianten System

aber auch gleichberechtigt durch die Transformierte $h(t)$, die man Impulsantwort nennt, beschreiben. Die letztere Bezeichnung leuchtet sofort ein, wenn wir als Eingangssignal einen Dirac-Stoß nach Gl. (2.3-33) verwenden. Da der Dirac-Impuls die Spektraldichte 1 hat, wird $\underline{S}_2(f) = 1 \cdot \underline{H}(f) = \underline{H}(f)$ oder im Zeitbereich

$$s_2(t)\Big|_{s_1(t)=\delta(t)} = h(t) \tag{2.6-2}$$

$h(t)$ ist also die Antwort des Systems am Ausgang auf einen Dirac-Stoß $\delta(t)$ am Eingang. Stellt man die Impulsantwort $h(t)$ auf einem Oszilloskop dar, so kann man – wie wir in 2.6.6 noch sehen werden – in einfacher Weise Aufschluss über die Eigenschaften eines Netzwerks erhalten.

Zu beachten ist, dass wir natürlich praktisch einen Dirac-Stoß nicht realisieren können; benutzen wir stattdessen einen Impuls endlicher Breite und endlicher Höhe, so müssen wir überlegen, ob die Antwort des Netzwerks, die wir erhalten, noch hinreichend genau der Impulsantwort $h(t)$ entspricht. Ein Dirac-Stoß hat bekanntlich bei allen Frequenzen die Spektraldichte $\underline{S}(f) = 1$, während die Spektraldichte eines kurzen Impulses der Dauer $T_i$ durch Gl. (2.3-31) gegeben ist. Testet man ein Netzwerk mit Tiefpasscharakter, so kann man an Stelle des Dirac-Stoßes einen kurzen Impuls verwenden, wenn dessen Spektraldichte im interessierenden Frequenzbereich (hier: Durchlassbereich des Tiefpasses) noch keinen nennenswerten Abfall gegenüber dem Wert bei $f = 0$ zeigt. Die Impulsamplitude ist von kleinerer Bedeutung, da es uns nicht auf die absolute Größe von $h(t)$, sondern auf den Charakter des Verlaufs (z.B. ansteigend, abfallend, oszillierend, usw.) ankommt, vgl. Bild 2.6-14.

Eine andere Möglichkeit ist es, an Stelle eines Impulses die Sprungfunktion $\sigma(t)$, welche am Ausgang die Sprungantwort $a(t)$ entstehen lässt, zu verwenden. Mithilfe der in Bild 2.6-2 angegebenen Beziehungen kann man $h(t)$ aus $a(t)$ berechnen (und umgekehrt).

#### 2.6.1.3 Berechnungsmethoden für das Übertragungsverhalten linearer Netzwerke

Allgemein können sowohl die Eingangs- und Ausgangsgrößen als auch die das System kennzeichnende Funktion im Zeit- oder im Frequenzbereich gegeben sein. Nach Gl. (2.3-50) entspricht der multiplikativen Verknüpfung im Frequenzbereich die Faltung im Zeitbereich:

$$\begin{array}{ccccc} \underline{S}_2(f) & = & \underline{H}(f) & \cdot & \underline{S}_1(f) \\ \updownarrow & & \updownarrow & & \updownarrow \\ s_2(t) & = & h(t) & * & s_1(t) \end{array} \tag{2.6-3}$$

Damit haben wir es in der Hand, eine gegebene Aufgabenstellung auf verschiedene Arten zu lösen.

**Beispiel:**
Gegeben sei $s_1(t)$ und $\underline{H}(f)$, gesucht sei $s_2(t)$.
Möglichkeiten:
- Man geht durch Fourier-Transformation auf $S_1(f)$ über, berechnet $S_2(f)$ und erhält durch Rücktransformation $s_2(t)$.
- Man transformiert $\underline{H}(f)$ in den Zeitbereich und ermittelt $s_2(t)$ direkt durch Faltung.

Wer häufig mit der Systemtheorie zu tun hat, sollte in der Lage sein, die für einen bestimmten Fall zweckmäßigste Methode anzuwenden. Will man mit Transformationen arbeiten, so muss man daran denken, dass je nach Anwendungsfall andere Transformationen eventuell besser geeignet sind als die Fourier-Transformation: Bei Schaltvorgängen (Einschwingvorgängen) bringt die Fourier-Transformation eventuell Konvergenzprobleme, deren Untersuchung man dadurch vermeiden kann, dass man die Laplace-Transformation bevorzugt, und bei Abtastsystemen ist die $z$-Transformation vorzuziehen. In Bild 2.6-3 sind die verschiedenen Möglichkeiten schematisch zusammengestellt. Die Darstellung der Analyse im Zeitbereich wird in 2.6.3 beschrieben.

#### 2.6.1.4 Weiteres Vorgehen

In 2.6.2 bestimmen wir die Übertragungsfunktion einiger spezieller Netzwerke und berechnen jeweils mit Hilfe der Fourier-Transformation die zugehörige Impulsantwort. Die anschauliche Darstellung der Analyse im Zeitbereich in 2.6.3 wird hoffentlich dazu beitragen, die Angst vor dem Faltungsintegral etwas zu vermindern. Schließlich wollen wir den Einsatz der Laplace-Transformation bei Einschwingvorgängen an einem Beispiel erläutern (2.6.4).

Die letzten Abschnitte sollen wenigstens noch einen kleinen Einblick in grundlegende Systemeigenschaften verschaffen. Dabei diskutieren wir in 2.6.5 den Zusammenhang zwischen Phasenmaß $b$ und Laufzeiten (Gruppenlaufzeit usw.), und in 2.6.6 gehen wir dann auf Systeme mit Dämpfungs- und Phasenverzerrungen ein.

### 2.6.2 Übertragungsverhalten spezieller linearer Systeme

#### 2.6.2.1 Ideale Übertragung

Als System zwischen Sender und Empfänger nehmen wir zunächst eine ideale Leitung an. Obwohl die Leitungen erst in 3 behandelt werden, können wir uns vorstellen, welche Eigenschaften von einer „idealen" Leitung erwartet werden, und damit, welcher Zusammenhang zwischen dem Signal $s_1(t)$ am Eingang und dem Signal $s_2(t)$ am Ausgang bestehen soll.

Auch auf der idealen Leitung kann die Ausbreitungsgeschwindigkeit nicht größer als die Lichtgeschwindigkeit sein. Ein am Eingang angelegtes Signal, z.B. ein Rechteckimpuls, wird daher erst nach einer Laufzeit $t_0$ am Ausgang in Erscheinung treten; im Übrigen soll aber das Ausgangssignal das vollkommene Ebenbild des Eingangssignals sein.

Nach dem Verschiebungssatz der Fourier-Transformation, Gl. (2.3-43), entspricht einer Zeitverzögerung um $t_0$ im Spektralbereich eine frequenzproportionale Phasendrehung. Umgekehrt ist, sofern das Phasenmaß $b$ in Gl. (2.6-1) proportional zur Frequenz $f$ ist, sichergestellt, dass alle Spektralanteile die gleiche Laufzeit $t_0$ haben. Zusätzlich verlangen wir für ideale Übertragung, dass kein Spektralanteil bei der Übertragung gedämpft wird, d.h. Dämpfungsmaß $a(\omega) = 0$ für alle Frequenzen; nach Gl. (2.5-50) ist dies gleichbedeutend mit $|\underline{H}(\mathrm{j}w)| = 1$. (Praktisch ist es kein Problem, eine *frequenzunabhängige Dämpfung* durch einen Verstärker wieder auszugleichen, so dass man auch noch mit einer derartigen Übertragung gut leben kann.)

**Bemerkung:**
Wegen der Symmetrie der Fourier-Integration, vgl. Gl. (2.3-28), bevorzugen wir in der Folge die Variable $f$ gegenüber $\mathrm{j}\omega$.

Als Ergebnis unserer obigen Überlegungen fassen wir die Bedingung für die Übertragungsfunktion Gl.(2.6-1) zusammen.

*Ideale Übertragung*:

$$a(f)=0 \quad \text{bzw.} \quad \left|\underline{H}(f)\right|=1$$
$$\frac{b(f)}{f}=\text{const.} \tag{2.6-4}$$

*Hinreichende Bedingung für verzerrungsfreie Übertragung*:

$$a(f)=\text{const.}, \quad \text{bzw.} \quad \left|\underline{H}(f)\right|=\text{const.}$$
$$\frac{b(f)}{f}=\text{const.} \tag{2.6-5}$$

Wir werden uns mit dem Einfluss des Phasenmaßes $b$ in 2.6.5 noch näher befassen müssen, um herauszufinden, welche Bedingungen für verzer-

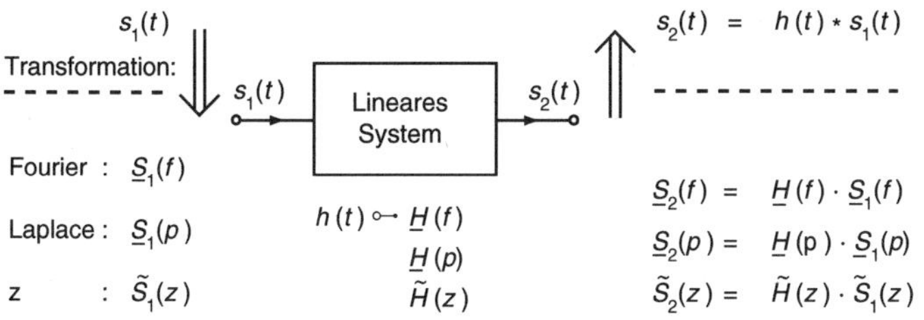


Bild 2.6-3
Behandlung von linearen Systemen mit Fourier-, Laplace- oder z-Transformation

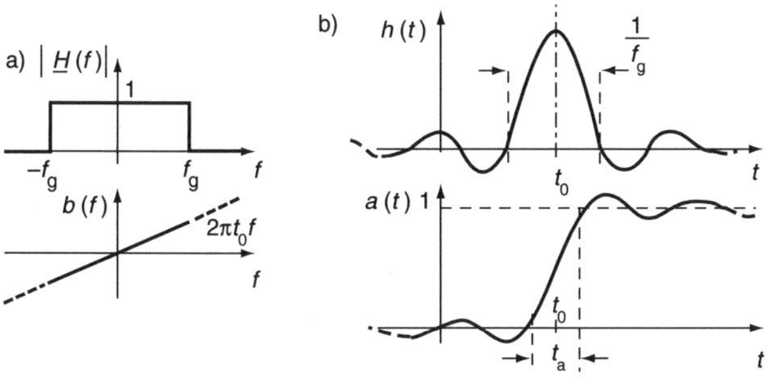


Bild 2.6-4
Idealer Tiefpass:
a) Übertragungsfunktion
b) Impuls- und Sprungantwort

rungsfreie Übertragung tatsächlich *notwendig* sind.

Zunächst wollen wir aber das Übertragungsverhalten verschiedener idealisierter und realer Netzwerke studieren und dabei auch die Handhabung der Fourier-Transformation üben.

### 2.6.2.2 Tiefpass

Wenn der Frequenzbereich scharf bei der Frequenz $f_g$ begrenzt wird, spricht man von einem *idealen Tiefpass*. Die Phase sei linear.

$$\underline{H}_{\mathrm{TP}}(f) = \begin{Bmatrix} 1\mathrm{e}^{-\mathrm{j}2\pi t_0 f}, & |f| < f_g \\ 0, & |f| > f_g \end{Bmatrix} \quad (2.6\text{-}6)$$

Nach dem Vertauschungssatz ist die Impulsantwort

$$h(t) = 2f_g \frac{\sin\left(2\pi f_g (t - t_0)\right)}{2\pi f_g (t - t_0)} \quad (2.6\text{-}7)$$

In Bild 2.6-4 wollen wir auch gleich die aus $h(t)$ berechenbare Sprungantwort $a(t)$ aufnehmen, vgl. Bild 2.6-2. Als Anstiegszeit $t_a$ definieren wir die Zeit, die durch die Tangente im Wendepunkt der Sprungantwort auf der $t$-Achse bezeichnet wird:

$$t_a = \frac{1}{2f_g} \quad (2.6\text{-}8)$$

Die Impuls- und die Sprungantwort beginnen schon bei $t = -\infty$, obwohl erst bei $t=0$ ein Signal am Eingang anliegt! Ein solches nichtkausales System ist nicht realisierbar. Es kann höchstens näherungsweise verwirklicht werden.

Für grundsätzliche Betrachtungen sind solche idealisierten (meist allerdings nichtkausalen) Systeme gut geeignet, weil sie die prinzipiellen Einflüsse bestimmter Maßnahmen, wie etwa hier die scharfe Bandbegrenzung, gut erkennen lassen. Es ist interessant, z.B. den idealen Tiefpass mit einem realisierbaren zu vergleichen.

**Beispiel:**
RC-Glied nach Bild 2.6-5. Die Übertragungsfunktion – Gl. (2.6-1b) – hat die Grenzfrequenz (3-dB-Punkt) bei $f_g = 1/2\pi T$. Solange der Spektralbereich des Eingangssignals genügend unterhalb von $f_g$ liegt, kann das System als annähernd verzerrungsfrei angesehen wer-

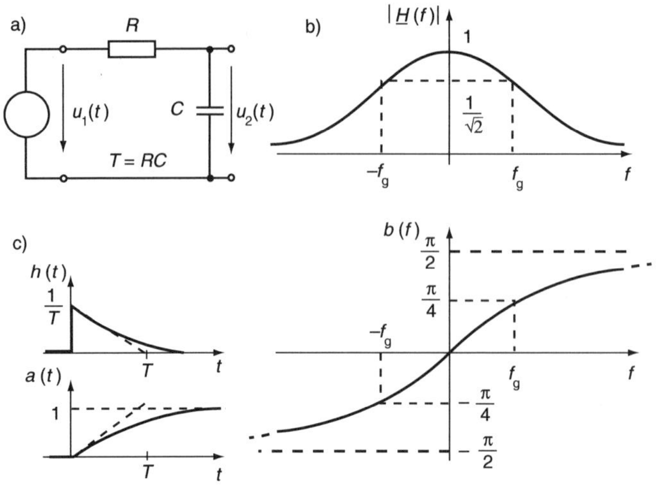


Bild 2.6-5
Einfacher RC-Tiefpass
a) Schaltung
b) Übertragungsfunktion
c) Impuls- und Sprungantwort

den. Im Gegensatz zum idealen Tiefpass wird das Band nicht abrupt begrenzt; als Folge davon zeigen $h(t)$ und $a(t)$ kein Oszillieren (Bild 2.6-5c).

Bei kausalen Systemen gibt es feste Zusammenhänge zwischen Betrag $A(f)$ und Phase $b(f)$ der Übertragungsfunktion bzw. zwischen deren Realteil $R(f)$ und Imaginärteil $X(f)$. Diese können also nicht unabhängig voneinander gewählt werden. Die *Hilbert-Transformation* beschreibt die Verknüpfung von $R(f)$ und $X(f)$ [21-2].

### 2.6.2.3 Hochpass

Ein idealer Hochpass

$$\underline{H}_{\text{HP}}(f) = \begin{cases} 0 & |f| < f_{\text{g}} \\ 1\mathrm{e}^{-\mathrm{j}2\pi t_0 f}, & |f| > f_{\text{g}} \end{cases} \tag{2.6-9}$$

lässt sich mit Gl. (2.6-9) auf den Tiefpass, dessen Impulsantwort wir bereits kennen, zurückführen:

$$\underline{H}_{\text{HP}}(f) = \mathrm{e}^{-\mathrm{j}2\pi t_0 f} - \underline{H}_{\text{TP}}(f) \tag{2.6-10}$$

Die Impulsantwort lässt sich dann mit Hilfe von Gl. (2.3-43) sofort angeben (Bild 2.6-6):

$$h(t) = \delta(t - t_0) - 2 f_{\text{g}} \frac{\sin(2\pi f_{\text{g}}(t - t_0))}{2\pi f_{\text{g}}(t - t_0)} \tag{2.6-11}$$

Zum Vergleich mit diesem offenbar nichtkausalen System wieder ein Beispiel.

**Beispiel:**
Realer RC-Hochpass (Bild 2.6-7). Durch Ansatz von $\underline{H}(f)$ und Fourier-Transformation (Korrespondenz 5 aus Bild 2.3-15; Differenziationssatz) erhält man

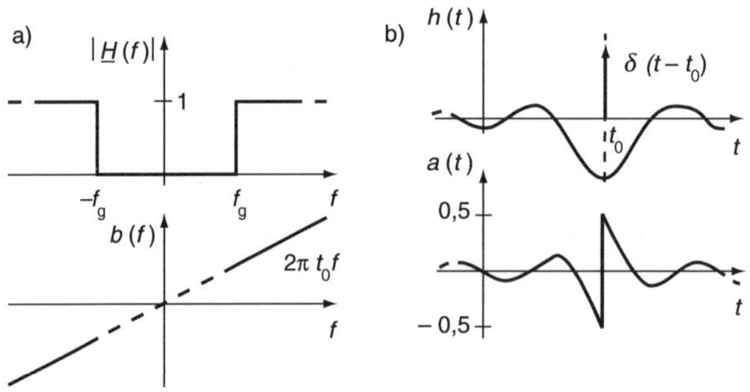


Bild 2.6-6
Idealer Hochpass:
a) Übertragungsfunktion
b) Impuls- und Sprungantwort

$$h(t) = \delta(t) - \frac{1}{T}\,e^{-t/T}$$

Man kann sich vorstellen, dass die Antworten eines realen Hochpasses mit steilerer Filterflanke in ihrem Aussehen (für $t > 0$) etwa zwischen den in den Bildern 2.6-6 und 2.6-7 gezeigten Ergebnissen liegen werden.

### 2.6.2.4 Bandpass

Der *ideale Bandpass* hat den in Bild 2.6-8 gezeigten Frequenzgang. Auch hier wird eine lineare Phase vorausgesetzt. Die Impulsantwort $h(t)$ lässt sich mit Hilfe des Verschiebungssatzes Gl. (2.3-44) aus der Antwort des idealen Tiefpasses herleiten. Die Sprungantwort kann wiederum durch Integration gewonnen werden. Von besonderem

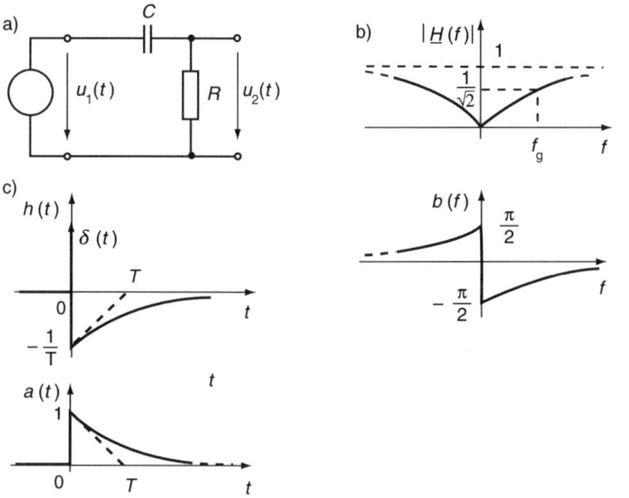


Bild 2.6-7
Einfacher RC-Hochpass:
a) Schaltung
b) Übertragungsfunktion
c) Impuls- und Sprungantwort

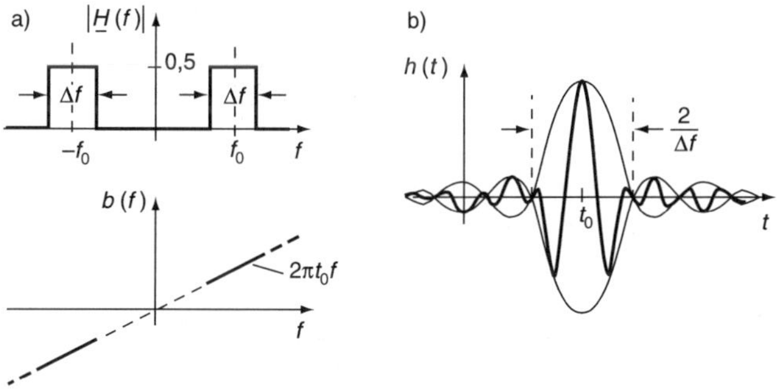


Bild 2.6-8
Idealer Bandpass mit streng linearer Phase:
a) Übertragungsfunktion
b) Impulsantwort

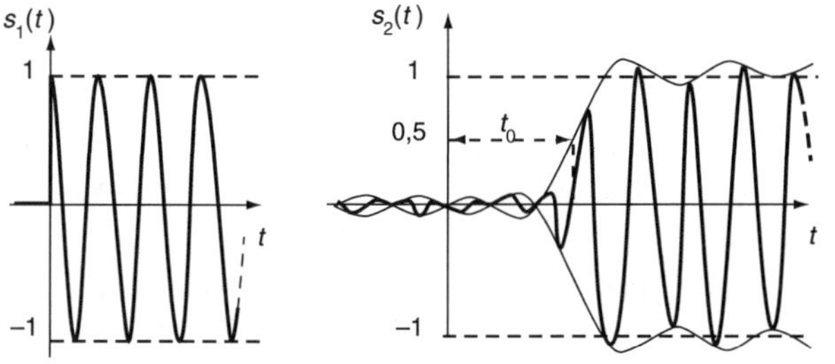


Bild 2.6-9
Einschalten eines cosinusförmigen Signals am idealen Bandpass

Interesse ist jedoch das Einschalten einer cos-Schwingung zum Zeitpunkt $t = 0$. Bild 2.6-9 zeigt den zeitlichen Verlauf von $s_2(t)$. Das Ausgangssignal schwingt nicht sofort ein, es gibt ein Übergangsverhalten. Die Sprungantwort des Tiefpasses entspricht der Einhüllenden von $s_2(t)$.

### 2.6.3 Systemanalyse im Zeitbereich

Wir haben im Frequenzbereich die Ausgangsgröße $\underline{S}_2(f)$ dadurch erhalten, dass wir die das System kennzeichnende Größe $\underline{H}(f)$ mit der Eingangsgröße $\underline{S}_1(f)$ multipliziert haben. Einer Multiplikation im Frequenzbereich entspricht aber nach dem Faltungssatz – siehe dazu Gl. (2.3-50) – die Faltung im Zeitbereich. Das System wird dabei durch die Impulsantwort $h(t)$ beschrieben. Mit den Fourier-Korrespondenzen $s_1(t) \circ\!\!-\!\!\bullet\ \underline{S}_1(f)$, $s_2(t) \circ\!\!-\!\!\bullet\ \underline{S}_2(f)$ und $h(t) \circ\!\!-\!\!\bullet\ \underline{H}(f)$ gilt als Zusammenhang zwischen $s_1(t)$ und $s_2(t)$:

$$s_2(t) = h(t) * s_1(t) = \int_{-\infty}^{+\infty} h(\tau) s_1(t-\tau)\mathrm{d}\tau \quad (2.6\text{-}12a)$$

$$s_2(t) = s_1(t) * h(t) = \int_{-\infty}^{+\infty} s_1(\tau) h(t-\tau)\mathrm{d}\tau \quad (2.6\text{-}12b)$$

Diese Berechnung der Ausgangsgröße bei gegebenem System und gegebener Eingangsgröße – ausschließlich im Zeitbereich – steht gleichberechtigt neben der nach Gl. (2.6-1) möglichen Berechnung im Frequenzbereich.

Ein Beispiel für eine Systemeigenschaft, die naturgemäß bei der Denkweise im Zeitbereich klarer erkennbar ist, ist die *Kausalität*: die Wirkung kann nicht zu einer früheren Zeit als die Ursache auftreten! Für die Impulsantwort $h(t)$ ist die Ursache ein Dirac-Stoß $\delta(t)$. Nach der Definition (vgl. 2.3.4.2) tritt $\delta(t)$ zur Zeit $t = 0$ auf. Ein technisch realisierbares System ist notwendigerweise kausal, und seine Impulsantwort muss eine kausale Zeitfunktion sein: Die Ursache $\delta(t)$ führt auf $h(t) \equiv 0$ für $t < 0$. Da die Faltung kommutativ ist, konnten wir in Gl. (2.3-49) das Faltungsintegral auf zwei Arten anschreiben. Bei kausalen Systemen ergeben sich nun eingeschränkte Integrationsgrenzen

$$s_2(t) = h(t) * s_1(t) = \int_{0}^{\infty} h(\tau) s_1(t-\tau)\mathrm{d}\tau \quad (2.6\text{-}13a)$$

$$s_2(t) = s_1(t) * h(t) = \int_{-\infty}^{t} s_1(\tau) h(t-\tau)\mathrm{d}\tau \quad (2.6\text{-}13b)$$

Der Faltungsprozess soll nun veranschaulicht werden. Wir wenden Gl. (2.6-13a) an und betrachten wieder ein Beispiel.

**Beispiel:**
RC-Glied nach Bild 2.6-5. Aus Bild 2.6-5c kennen wir die Impulsantwort $h(t) = (1/T)\cdot e^{-t/T}$ und die Sprungantwort $a(t) = 1-e^{-t/T}$. In Bild 2.6-10 wird als Eingangssignal $s_1(t)$ ein Rechteckimpuls angenommen. Bei der Faltung wird der Impuls in gespiegelter Lage an der Impulsantwort $h(t)$ vorbeigeschoben und es wird jeweils das Produkt gebildet. Das Ergebnis ist in Bild 2.6-10 unten dargestellt; man kann es sich zur Kontrolle noch auf andere Weise klarmachen durch Überlagerung zweier Sprungantworten $s_2(t) = a(t) - a(t-T_i)$.

### 2.6.4 Berechnung von Einschwingvorgängen mit der Laplace-Transformation

Mit der Faltung können wir den zeitlichen Verlauf aller Vorgänge an einem linearen System berechnen. Oft möchte man allerdings das Auswerten des Faltungsintegrals vermeiden und wählt die in Bild 2.6-3 beschriebene Alternative: *Transformation in den Frequenzbereich.* Damit tritt an die Stelle der Faltung im Zeitbereich die einfache Multiplikation im Frequenzbereich. Grundsätzlich kann jede der in Bild 2.6-3 angegebenen Funktionaltransformationen verwendet werden. Selbstverständlich wird man sich jedoch bemühen, die im jeweiligen Einzelfall geeignetste Transformation zu wählen, z. B. bei Abtastsystemen die *z*-Transformation.

Für Einschaltvorgänge ist die Laplace-Transformation (vgl. Bild 2.6-3, mit weitgehender Benutzung

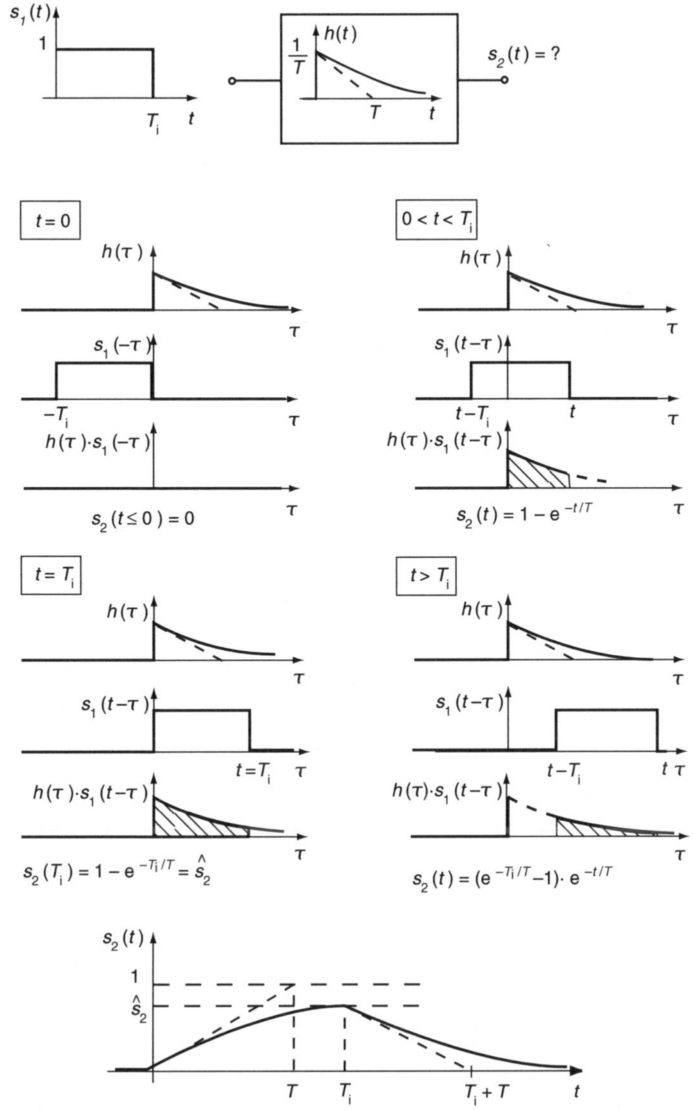


Bild 2.6-10 Anschauliche Deutung der Faltung. Die schraffierte Fläche stellt jeweils den Wert des Faltungsintegrals, also des Ausgangssignals $s_2(t)$, dar

fertiger Korrespondenztabellen) besonders geeignet, wie in 2.3.4.5 erläutert wurde. Wir gehen von der Übertragungsfunktion $\underline{H}(p)$ aus, vgl. 2.6.1.1. Während $\underline{H}(p)$ bei Netzwerken mit verteilten Elementen transzendente Funktionen enthält (Beispiel: Leitungen), ergibt sich nach Gl. (2.5-52) für lineare, zeitinvariante Systeme mit konzentrierten Elementen eine gebrochen rationale Funktion.

Für die häufigen Fälle, in denen auch die Bildfunktion $\underline{S}_1(p)$ der Eingangszeitfunktion $s_1(t)$ gebrochen rational ist (z. B. alle Korrespondenzen in

Bild 2.3-17), ergibt das Produkt $\underline{S}_2(p) = \underline{H}(p) \cdot \underline{S}_1(p)$ ebenfalls eine gebrochen rationale Funktion der Form

$$\underline{S}_2(p) = \frac{\underline{V}(p)}{(p-p_n)(p-p_{n-1})\ldots(p-p_2)(p-p_1)} \qquad (2.6\text{-}14)$$

**Bemerkung:**
Der Grad des Zählerpolynoms $\underline{V}(p)$ sei $m$, der des Nennerpolynoms $n$. Bei physikalischen Problemen ist $m \le n$. Da man im Fall $m = n$ durch Ausdividieren einen konstanten Summanden abspalten kann – dieser führt nach Bild 2.3-17 im Zeitbereich auf einen Dirac-Impuls –, lässt sich die Voraussetzung $m < n$, die dem folgenden Rechengang zugrunde liegt, jederzeit erzwingen.

Falls die Pole $p_i$ einfach sind, lässt sich $\underline{S}_2(p)$ – wie aus der Mathematik bekannt – in Partialbrüche mit den Koeffizienten $w_i$ zerlegen:

$$\underline{S}_2(p) = \frac{w_n}{p-p_n} + \ldots + \frac{w_2}{p-p_2} + \frac{w_1}{p-p_1} \qquad (2.6\text{-}15)$$

$$w_i = [\underline{S}_2(p) \cdot (p-p_i)]_{p=p_i} \qquad (2.6\text{-}16)$$

Mit der Laplace-Korrespondenz (vgl. Nr. 8 in Bild 2.3-17) und dem Additionssatz kann man nun direkt die Zeitfunktion $s_2(t)$ angeben:

$$w_i \cdot e^{p_i t} \circ\!\!-\!\!\bullet \frac{w_i}{p-p_i} \qquad (2.6\text{-}17)$$

$$s_2(t) = w_n \cdot e^{p_n t} + \ldots + w_2 \cdot e^{p_2 t} + w_1 \cdot e^{p_1 t} \qquad (2.6\text{-}18)$$

Da die $w_i$ und $p_i$ reell oder paarweise konjugiert komplex sind, ist $s_2(t)$ eine reelle Zeitfunktion.

Wir werden nachstehend noch ein Beispiel für die praktische Handhabung des Verfahrens diskutieren, müssen aber bezüglich aller von uns nicht angesprochenen Spezialfälle (z.B. Behandlung von Mehrfachpolen bei der Partialbruchzerlegung, usw.) auf die Literatur verweisen. Dies gilt natürlich erst recht für komplizierte Aufgabenstellungen, wie z.B. Energiespeicher, die im Schaltaugenblick bereits einen Energieinhalt haben!

**Beispiel:**
Einschaltvorgang an einem Reihenschwingkreis (Bild 2.6-11). Zum Zeitpunkt $t = 0$ wird die Gleichspannung $U_0$ angelegt; mit Hilfe der Sprungfunktion gilt also $s_1(t) = U_0\,\sigma(t)$. Gesucht wird das Ausgangssignal $s_2(t) = i(t)$. Die Übertragungsfunktion ist die aus Gl. (2.5-5) bereits bekannte Zweipolfunktion $\underline{H}(p) = \underline{Y}(p) = 1/\underline{Z}(p)$. Damit wird die Bildfunktion des Ausgangssignals:

$$\underline{S}_2(p) = \underline{I}(p) = \underline{U}(p) \cdot \underline{Y}(p)$$

$$\underline{S}_2(p) = \frac{U_0}{L} \frac{1}{p^2 + \frac{R}{L}p + \frac{1}{LC}}$$

$$\underline{S}_2(p) = \frac{U_0}{L} \frac{1}{(p-p_1)\ (p-p_2)}$$

Es sei $\frac{1}{LC} > \frac{R^2}{4L^2}$. Nach Gl. (2.5-7) verwenden wir die

Abkürzung $\sigma = \frac{-R}{2L}$ und

$$\omega_0' = \sqrt{\frac{1}{LC} - \frac{R^2}{4L^2}}\,.$$

Dann gilt: $p_1 = \sigma + j\omega'_0$ und $p_2 = \sigma - j\omega'_0$.
Die Partialbruchzerlegung ergibt:

$$\underline{S}_2(p) = \frac{U_0}{L} \cdot \frac{1}{2j\omega_0'} \left( \frac{1}{p-p_1} - \frac{1}{p-p_2} \right)$$

Die Zeitfunktion lautet dann (Bild 2.6-12):

$$s_2(t) = i(t) = \frac{U_0}{\omega_0' L} \cdot \sin \omega_0' t \cdot e^{\sigma t}$$

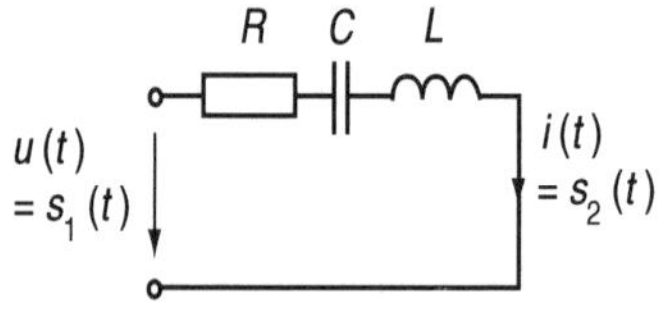


Bild 2.6-11 Reihenschwingkreis

## 2.6.5 Gruppenlaufzeit und verzerrungsfreie Übertragung

In den Bildern 2.6-8 und 2.6-9 haben wir eine Laufzeit $t_0$ eingezeichnet. Wir wollen im Folgenden etwas auf praktisch verwendete Laufzeitdefinitionen eingehen:

Phasenlaufzeit $$t_{\mathrm{p}} = \frac{b}{\omega} \qquad (2.6\text{-}19)$$

Gruppenlaufzeit $$t_{\mathrm{g}} = \frac{\mathrm{d}\,b}{\mathrm{d}\,\omega} \qquad (2.6\text{-}20)$$

Das Phasenmaß $b$ haben wir u.a. bei der Darstellung der Übertragungsfunktion nach Betrag und Phase – Gl. (2.6-1a) – schon kennen gelernt. Will man Laufzeiten demonstrieren, so ist es nahe liegend, eine Leitung als Beispiel heranzuziehen, vgl. Kapitel 3.

Das Phasenmaß $b$ gibt (bei sinusförmigen Signalen) nach Gl. (2.6-1a) ein Maß für den Winkel zwischen Eingangs- und Ausgangssignal; es ist in $2\pi$ mehrdeutig. Damit ist auch die Phasenlaufzeit mehrdeutig.

In 2.6.2.1 hatten wir für verzerrungsfreie Übertragung als (bezüglich der Phase) hinreichende Bedingung $b(f)/f$ = const. gefunden. Wie z.B. in [20-8] ausführlich dargelegt, kann man nun untersuchen, welche Bedingungen tatsächlich gestellt werden müssen. In Bild 2.6-8 hatten wir bei einem Bandpass-Übertragungssystem den linearen Phasenverlauf nach der o.g. Bedingung eingezeichnet. Nach [20-8] ist es (für völlig verzerrungsfreie Übertragung!) aber nicht notwendig,

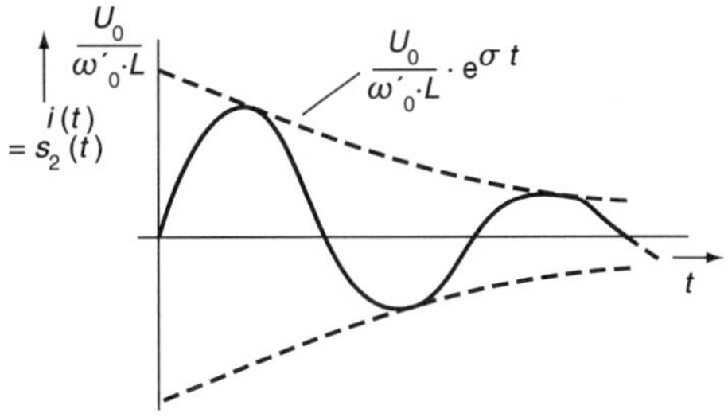


Bild 2.6-12 Einschwingvorgang des Stromes $i(t)$ an einem schwach gedämpften Reihenschwingkreis beim Anlegen einer Gleichspannung $U_0$

dass die Gerade $b(f)$ durch den Nullpunkt geht, vielmehr gibt es noch bestimmte andere Lagen der Gerade. Wählt man nun nicht eine dieser Lagen, sondern lässt den linearen Verlauf $b(f)$ die Ordinate an beliebigen Stellen treffen, so ergeben sich Verzerrungen (Bild 2.6-13, vgl. mit Bild 2.6-8): Die Impulsantwort (dick ausgezogene Kurve) als eine ein System kennzeichnende Funktion hat unterschiedlichen Verlauf! Dabei ist im Übertragungsbereich in beiden Fällen konstante Gruppenlaufzeit $t_g$ nach Gl. (2.6-20) gegeben.

Aus dem Vergleich der beiden eben genannten Bilder geht hervor, dass $h(t)$ zwar jeweils unterschiedlichen Verlauf hat, dass aber die Einhüllenden dieser Verläufe identisch sind. Angeregt dadurch überlegen wir uns, welche Anforderungen wir beispielsweise bezüglich der unverzerrten Übertragung eines AM-Signals nach Bild 5.2-6 stellen. Die Nachricht steckt in der Hüllkurve, während uns der genaue Verlauf der darin eingefassten hochfrequenten Schwingung nicht interessiert! Die Hüllkurve kommt durch das Zusam-

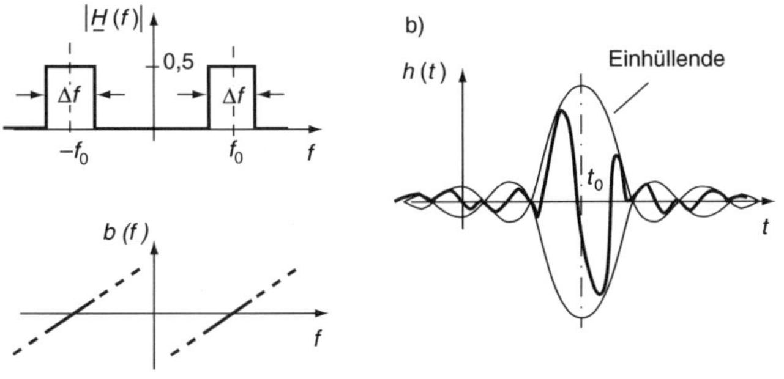


Bild 2.6-13
Idealer Bandpass mit konstanter Gruppenlaufzeit $t_g = t_0$ im Übertragungsbereich $\Delta f$

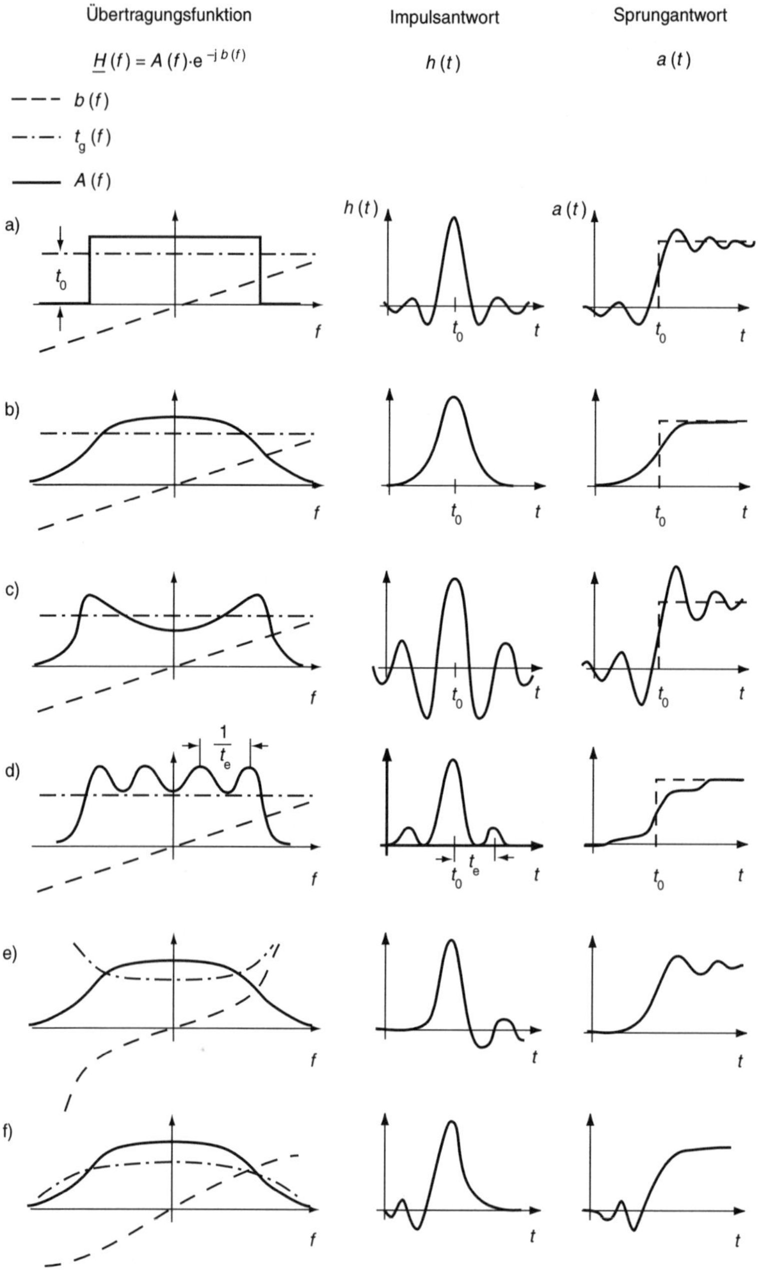


Bild 2.6-14 Wirkung von Verzerrungen auf die Übertragung [21-1]

menwirken der in Bild 5.2-7 gezeigten „Frequenzgruppe" zustande. Als Ergebnis findet man:

Hinreichende Bedingung zur verzerrungsfreien Übertragung der Hüllkurve (einzuhalten im Übertragungsband)

$$a(f) = \text{const}$$
$$t_g(f) = \text{const} \tag{2.6-21}$$

Aus den genannten Gründen arbeitet man vor allem bei der Digitalübertragung mit der Gruppenlaufzeit.

### 2.6.6 Einfluss von Verzerrungen auf die Übertragung

Mit den jetzt gegebenen Kenntnissen (Fourier-Transformation, Faltung usw.) können wir prinzipiell den Einfluss typischer Verzerrungen auf Testsignale wie Dirac-Stoß und Sprungfunktion studieren. In der Literatur finden sich ausführliche Berechnungen hierzu. Das zusammenfassende Bild 2.6-14 zeigt sehr anschaulich die Auswirkungen der Verzerrungen:

Teil a: Scharfe Bandbegrenzung führt zu Überschwingern.

Teil b: Sanft abfallende Betragskurve *A(f)* reduziert Überschwinger.

Teil c: Überhöhung von *A(f)* verstärkt Überschwinger.

Teil d: Periodische Wellen bei *A(f)* führen zu Vor- und Nachläufer-Echos.

Teil e: Ansteigende Gruppenlaufzeit verzögert Anteile höherer Frequenzen.

Teil f: Abfallende Gruppenlaufzeit beschleunigt Anteile höherer Frequenzen.

## 2.7 Zufällige Signale

### 2.7.1 Einführung

Wir benötigen geeignete Beschreibungsmethoden für zufällige Signale. Im Mittelpunkt stehen dabei die Beziehungen zwischen zufälligen Zeitsignalen (*stochastischen Signalen*) und verschiedenen statistischen Kenngrößen (vgl. dazu die in 2.2.2 behandelten Grundbegriffe der Wahrscheinlichkeitsrechnung).

Wir besprechen zunächst einige einfache Zeitmittelwerte (2.7.2) und danach die für die Nachrichtentechnik besonders wichtigen Korrelationsfunktionen (2.7.3). An die Stelle der bei determinierten Signalen wichtigen Spektraldichte tritt bei zufälligen Signalen die spektrale Leistungsdichte, siehe 2.7.4. Zum Schluss beschreiben wir noch das bekannteste Störsignal: Rauschen (2.7.5).

### 2.7.2 Zeitmittelwerte

Viele stochastische Signale haben die Eigenschaft, dass sich zwar im Einzelnen keine erkennbare Gesetzmäßigkeit zeigt, aber dafür sich im prinzipiellen Verhalten hinsichtlich der Zeit nichts ändert. Man denke etwa an das thermische Rauschen einer Verstärkerstufe. Bei gleich bleibendem physikalischen Hintergrund ändern sich die physikalischen Kennwerte nicht, und wir sprechen von *stationären Vorgängen.* Dabei ist die Zeit die unabhängige Veränderliche (Bild 2.7-1).

Um solche Vorgänge mit den statistischen Kenngrößen (Mittelwert, Streuung usw.) beschreiben zu können, müsste man eigentlich eine „genügend große Zahl" identischer Systeme zur Verfügung haben. In der Mehrzahl nachrichtentechnischer Anwendungen ist dies aber nicht der Fall, son-

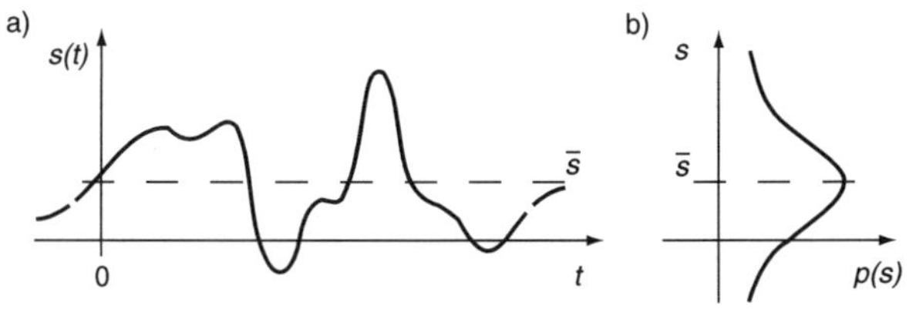


Bild 2.7-1 Stationäres Zufallssignal $s(t)$ und Verteilungsdichte $p(s)$

dern man ist darauf angewiesen, dass die zeitliche Mittelung über einen „genügend großen Zeitraum" der Mittelung über eine „genügend große Zahl" äquivalent ist. Man spricht dann von der Ergodenhypothese. Bei *ergodischen Prozessen ist die Mittelung über die Zeit gleich der über das Ensemble.* Bei *technischen Anwendungen* trifft dies *in aller Regel* zu. Wir wollen dies im Folgenden immer voraussetzen.

Wir geben die wichtigsten Zeitmittelwerte an und stellen danach den Zusammenhang mit 2.2.2 her:

*Arithmetischer Mittelwert:*

$$\bar{s} = \lim_{T\to\infty} \frac{1}{2T} \int_{-T}^{+T} s(t)\,\mathrm{d}t$$

*Quadratischer Mittelwert:*

$$\overline{s^2} = \lim_{T\to\infty} \frac{1}{2T} \int_{-T}^{+T} (s(t))^2\,\mathrm{d}t$$

*Effektivwert:*

$$S_{\mathrm{eff}} = \sqrt{\overline{s^2}}$$

*Streuung:*

$$\sigma^2 = \lim_{T\to\infty} \frac{1}{2T} \int_{-T}^{+T} (s(t)-\bar{s})^2\,\mathrm{d}t$$

$$\sigma^2 = \overline{s^2} - (\bar{s})^2$$

*Standardabweichung:*

$$\sigma = \sqrt{\sigma^2} \qquad (2.7\text{-}1)$$

Der Grenzwert $T \to \infty$ bedeutet Mittelung über einen „genügend großen Zeitraum". Die angegebenen Formeln gelten für stochastische und für determinierte stationäre Vorgänge. Wenn die Verteilungsdichte $p(s)$ des Signals $s(t)$ bekannt ist, können diese Kennwerte auch mit den Gln. (2.2-20) ausgedrückt werden.

### 2.7.3 Korrelationsfunktionen

Ein weiterer wichtiger zeitlicher Mittelwert ist die *Autokorrelationsfunktion (AKF)*. Sie wird wie folgt definiert:

$$R_{\mathrm{ss}}(\tau) = \lim_{T\to\infty} \frac{1}{2T} \int_{-T}^{+T} s(t)\cdot s(t+\tau)\,\mathrm{d}t \qquad (2.7\text{-}2)$$

Es wird also gemittelt über das Produkt aus der Zeitfunktion $s(t)$ und der um den Parameter $\tau$ verschobenen Zeitfunktion $s(t+\tau)$. Dadurch wird der *Grad der inneren Verwandtschaft einer Zeitfunktion* gekennzeichnet.

Wie bei den im Vorhergehenden besprochenen Mittelwerten (Gl. (2.7-1)) gilt Gl. (2.7-2) für determinierte und für stochastische stationäre Signale $s(t)$.

Bei Signalen endlicher Zeitdauer liefert die Mittelung über $2\,T \to \infty$ den Wert 0. Die Autokorrelationsfunktion wird dann wie folgt definiert:

$$R_{\mathrm{ss}}(\tau) = \int_{-\infty}^{+\infty} s(t)\cdot s(t+\tau)\,\mathrm{d}t \qquad (2.7\text{-}3)$$

Die wichtigsten Eigenschaften werden nachfolgend aufgezählt; die Herleitungen und Begründungen findet man in der Literatur. Man beachte Bild 2.7-2.

1) *Gerade Symmetrie:*

$R_{\mathrm{ss}}(\tau) = R_{\mathrm{ss}}(-\tau)$

2) *Maximalwert:*

$R_{\mathrm{ss}}(0) \ge R_{\mathrm{ss}}(\tau)$

Nur für Gl. (2.7-2) gilt Eigenschaft 3) und 4):

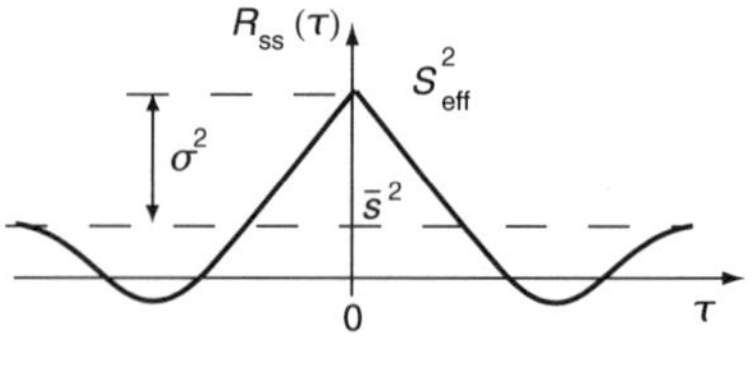


Bild 2.7-2 Autokorrelationsfunktion (AKF) $R_{\mathrm{ss}}(t)$

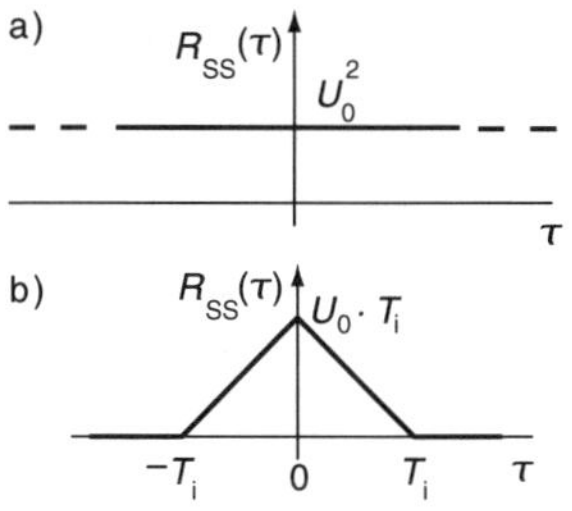


Bild 2.7-3 Autokorrelationsfunktionen: a) Gleichspannung $U_0$. b) Rechteckimpuls (Amplitude $U_0$, Dauer $T_i$)

3) *Effektivwert:*

$$R_{ss}(0) = \overline{s^2} = S_{\text{eff}}^2$$

4) *Endwert:*

$$R_{ss}(\tau) = (\overline{s})^2 \qquad (2.7\text{-}4)$$

**Beispiele:**

1) *Gleichspannungssignal $s(t) = U_0$* (Bild 2.7-3a):

$$R_{SS}(\tau) = U_0^2$$

2) *Rechteckimpuls* (Amplitude $U_0$, *Dauer* $T_i$; vgl. Bild 2.3.10):

Darstellung der AKF in Bild 2.7-3b.

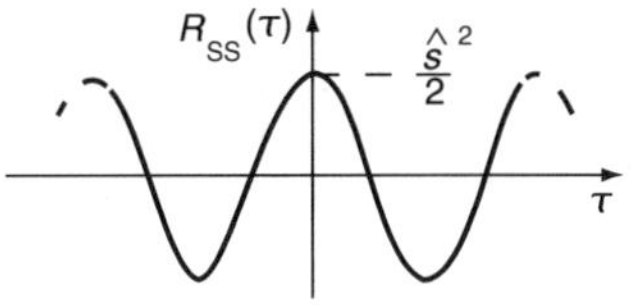


Bild 2.7-4 Autokorrelationsfunktion der harmonischen Schwingung

3) *Harmonische Schwingung* (Bild 2.7-4):

$$s(t) = \hat{s}\cos(\omega\tau + \varphi)$$

$$R_{ss}(\tau) = \frac{\hat{s}^2}{2}\cos(\omega\tau)$$

Bemerkenswert ist dabei, dass die Phase $\varphi$, die rein zufällig sein kann, nicht in der AKF auftaucht.

4) *Barker-Code-Signal* (Bild 2.7-5):

Die AKF besitzt eine hohe schmale Spitze mit kleinen parasitären Vor- und Nachimpulsen. Signale mit solchen AKF werden zur Synchronisation eingesetzt.

5) *Weißes Rauschen* (Bild 2.7-6):

Bei weißem Rauschen gibt es keine Frequenzbandgrenzen. Unmittelbar benachbarte Augenblickswerte sind daher voneinander statistisch unabhängig. Es besteht keine innere Verwandtschaft. Die AKF verschwindet daher für $t \neq 0$.

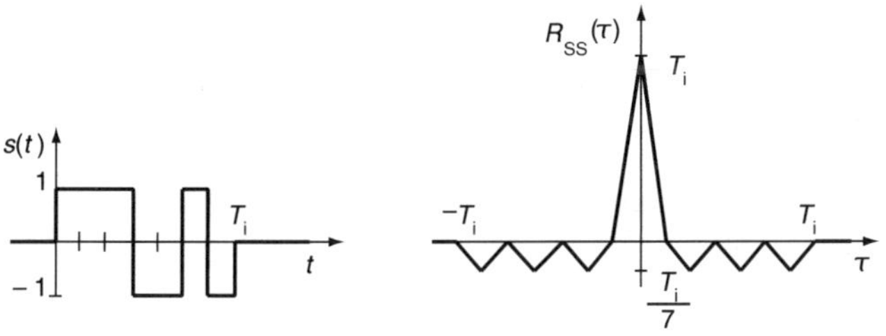


Bild 2.7-5 Barker-Code-Signal (7 Taktschritte) und Autokorrelationsfunktion

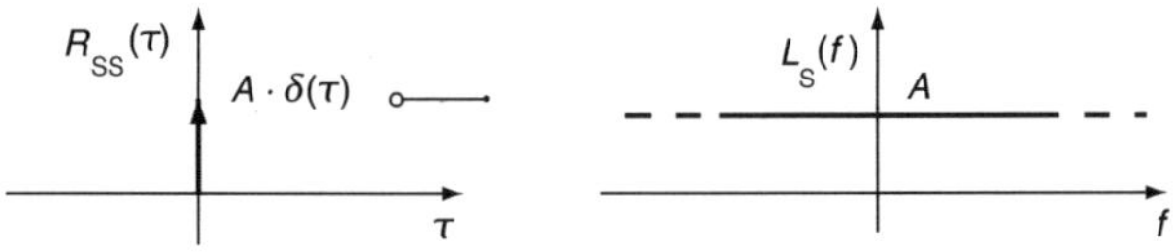


Bild 2.7-6 Weißes Rauschen: Autokorrelation und Leistungsdichtespektrum

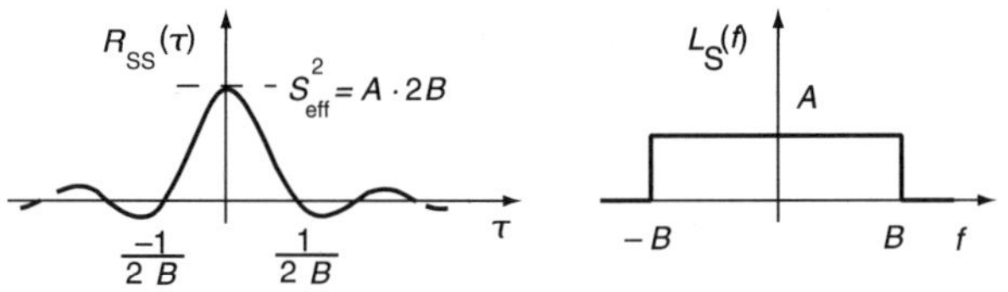


Bild 2.7-7 Bandbegrenztes Rauschen: Autokorrelation und Leistungsdichtespektrum

6) *Bandbegrenztes Rauschen*:
Bei bandbegrenztem Rauschen kann es keine beliebig schnelle Änderung des Zeitverlaufs $s(t)$ geben. Es besteht also eine innere Verwandtschaft. Bild 2.7-7 zeigt ein Beispiel einer AKF für bandbegrenztes Rauschen.

Die Kreuzkorrelation (KKF) zweier stochastischer, ergodischer Signale $s_1(t)$ und $s_2(t)$ wird wie folgt definiert:

$$R_{s1s2}(\tau) = \lim_{T\to\infty} \frac{1}{2T} \int_{-T}^{+T} s_1(t) s_2(t+\tau)\,\mathrm{d}t \qquad (2.7\text{-}5)$$

## 2.7.4 Leistungsdichtespektrum, Wiener-Khintchine-Theorem

Bei stochastischen Signalen kann man, da der Zeitverlauf $s(t)$ im Einzelnen nicht bekannt ist, keine komplexe Spektraldichte $\underline{S}(t)$ •–○ $s(t)$ angeben. Jedoch kann man die in einen Frequenzbereich $\Delta f$ fallende Leistung $\Delta P(f)$ messen (selektiver Empfänger!). Wir nennen die auf $\Delta f$ bezogene Leistung $\Delta P(f)$ die spektrale (einseitige) Leistungsdichte:

$$L_{s,e}(f) = \lim_{\Delta f\to 0} \frac{\Delta P(f)}{\Delta f} \qquad (2.7\text{-}6)$$

Bei der Untersuchung *stochastischer Signale* dient *diese spektrale Leistungsdichte als Kennfunktion im Frequenzbereich.* Im Folgenden benutzen wir stets die zweiseitige Spektraldarstellung.

Von Wiener und Khintchine stammt der Zusammenhang mit der Autokorrelationsfunktion $R_{SS}(\tau)$:

$$R_{SS}(\tau) \circ\!\!-\!\bullet\, L_S(f) \qquad (2.7\text{-}7)$$

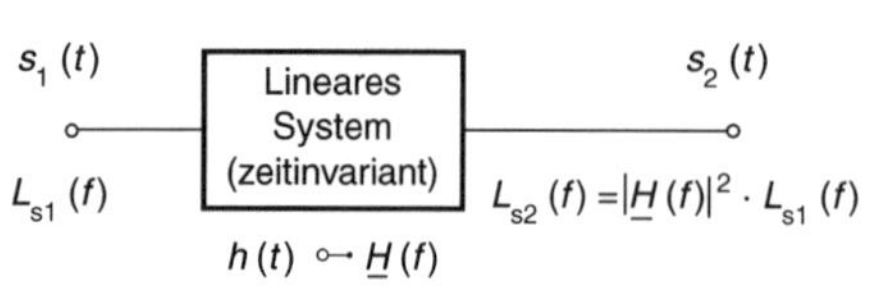


Bild 2.7-8 Beeinflussung des Leistungsdichtespektrums durch ein lineares System

Die Fourier-Transformation gibt den Zusammenhang zwischen AKF und spektraler Leistungsdichte. Der Beweis kann durch Einsetzen in die Definitionsformel erbracht werden.

Beim Durchlaufen eines linearen zeitinvarianten Systems mit der Übertragungsfunktion $\underline{H}(f)$ ändert sich die spektrale Leistungsdichte (Bild 2.7-8):

$$L_{s2}(f) = \left|\underline{H}(f)\right|^2 \cdot L_{s1}(f) \qquad (2.7\text{-}8)$$

$L_{S1}(f)$ bzw. $L_{S2}(f)$ sind die spektralen Leistungsdichten am Eingang bzw. am Ausgang des Systems.

**Bemerkung:**
Bei Signalen, für die das Fourier-Integral Gl. (2.3-27) existiert, gibt es eine ähnliche Beziehung wie Gl. (2.7-7). Als spektrale Energiedichte $L_e(f)$ eines Signals $s(t) \circ\!\!-\!\bullet\, \underline{S}(f)$ definieren wir:

$$L_e(f) = \underline{S}(f) \cdot \underline{S}^*(f) = \left|\,\underline{S}(f)\,\right|^2 \qquad (2.7\text{-}9)$$

Der Zusammenhang mit der AKF nach Gl. (2.7-3) wird gegeben durch:

$$R_{ss}(\tau) \circ\!\!-\!\bullet\, L_e(f) \qquad (2.7\text{-}10)$$

Diese Beziehung ist formal gleich dem Wiener-Khintchine-Theorem für stochastische Signale und wird daher meist auch so bezeichnet.

**Beispiel:**
*Weißes Rauschen*
Weißes Rauschen enthält gleichgewichtet alle Frequenzen von $f = 0$ bis $\infty$. Es tritt natürlich in der Praxis nur näherungsweise auf. Man spricht von weißem Rauschen, wenn die Spektralbreite (viel) größer ist als die der anderen Signale, bzw. als die Bandbreite des betrachteten Systems. Bild 2.7-6 zeigt die AKF $R_{ss}(\tau)$ und die Leistungsdichte $L_s(f)$. Die AKF ist nach dem Wiener-Khintchine-Theorem bei konstanter Leistungsdichte ein Dirac-Impuls. Das heißt, für $\tau \neq 0$ gibt es keine Korrelation, keine Verwandtschaft zwischen benachbarten Augenblickswerten des Rauschens.

*Bandbegrenztes Rauschen*
Wird das weiße Rauschen durch einen idealen Tiefpass mit der Grenzfrequenz $B$ begrenzt, so kann die Leistungsdichte nach Bild 2.7-7 dargestellt werden. Die AKF wird gemäß der Fourier-Transformation durch die sin $x/x$-Funktion gegeben. Mit wachsender Verschiebung $\tau$ (vgl. Gl. 2.7-2) wird die Korrelation kleiner.

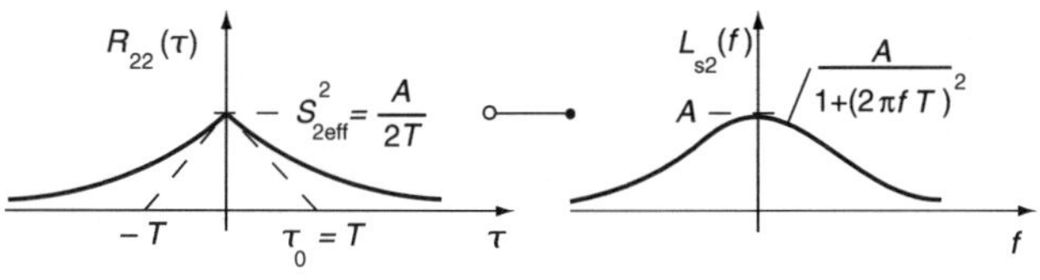


Bild 2.7-9
Autokorrelationsfunktion und Leistungsdichtespektrum am Ausgang eines RC-Gliedes (Bild 2.6-5a); Eingang: Weißes Rauschen

**Beispiel:**
Wir berechnen die Veränderung der Leistungsdichte des weißen Rauschens durch ein RC-Glied nach Bild 2.6-5a. Die Übertragungsfunktion $\underline{H}(f)$ und das Quadrat des Betrags lauten:

$$\underline{H}(f) = \frac{1}{1+\mathrm{j}\omega T}; \quad |H(f)|^2 = \frac{1}{1+(\omega T)^2}$$

Die weiße spektrale Leistungsdichte am Eingang sei $L_{S1}(f) = A$. Damit kann man die Leistungsdichte am Ausgang ermitteln (Gl. 2.7-8), vgl. Bild 2.7-9.

$$L_{s2}(f) = \frac{A}{1+(\omega T)^2}$$

Die Autokorrelationsfunktion lautet:

$$R_{22}(\tau) = \frac{A}{2T} \cdot \mathrm{e}^{-|\tau|/T}$$

Der Effektivwert des Ausgangssignals lautet (Gl. 2.7-4):

$$S_{2\mathrm{eff}} = \sqrt{R_{22}(0)} = \sqrt{\frac{A}{2T}}$$

Als Korrelationsdauer $\tau_0$ definiert man die Breite des äquivalenten Rechtecks mit gleichem Flächeninhalt wie unter der AKF (nur positive Halbachse). Im vorliegenden Fall errechnet man $\tau_0 = T$, die Korrelationsdauer $\tau_0$ ist also gleich der Zeitkonstanten $T$ des RC-Glieds.
Durch Zahlenwerte soll dieses Beispiel ergänzt werden:

$$L_{s1}(f) = A = 10^{-6}\ \mathrm{V}^2/\mathrm{Hz}; \quad T = 1\,\mu\mathrm{s};$$

$$L_{s2}(f) = \frac{10^{-6}\ \mathrm{V}^2/\mathrm{Hz}}{1+(2\pi f\ \mu\mathrm{s})^2}$$

Die Korrelationsdauer beträgt $\tau_0 = 1\ \mu\mathrm{s}$ und der Effektivwert des Ausgangssignals $S_{2\mathrm{eff}} = 0{,}7$ V. Bei der Zeitkonstanten $T = 10$ ms ist $S_{2\mathrm{eff}} = 7$ mV.

### 2.7.5 Rauschen

Im vorhergehenden Abschnitt war schon vom Rauschen die Rede. Bei jedem Problem der Nachrichtenübertragung und häufig auch bei der Nachrichtenverarbeitung spielen Störsignale eine wichtige Rolle. Oft ist der stochastische Prozess „Rauschen" die wesentliche Störquelle. Am häufigsten kommt das normalverteilte (Gauß'sche) Rauschen vor. Es entsteht in Widerständen, Verstärkerelementen oder wird mit der Antenne aufgefangen. Je nach Bandbreite der anderen Signale und der Systeme wird es als weißes oder bandbegrenztes Rauschen bezeichnet.

**Beispiel:**
Wir betrachten das Rauschen eines Widerstandes, das infolge der thermischen Bewegung von Elektronen entsteht. Viele stochastische Einzelbewegungen erzeugen kleine Spannungsimpulse, die sich zu einer Rauschspannung mit konstantem, d.h. weißem Leistungsspektrum addieren. Praktisch besitzt dieses Spektrum immer eine obere Frequenzgrenze B.

Die Rauschspannung $u_R$ am leer laufenden Widerstand $R$ (Bild 2.7-10) ist normalverteilt mit der Verteilungsdichte:

$$p(u_\mathrm{R}) = \frac{1}{\sqrt{2\pi} \cdot U_{\mathrm{R\,eff}}} \cdot \exp\left(\frac{-u_\mathrm{R}^2}{2\,U_{\mathrm{R\,eff}}^2}\right)$$

$$U_{\mathrm{R\,eff}} = 0{,}13\ \mu\mathrm{V} \cdot \sqrt{\frac{R}{\mathrm{k}\Omega} \cdot \frac{B}{\mathrm{kHz}}}$$

bei Zimmertemperatur.

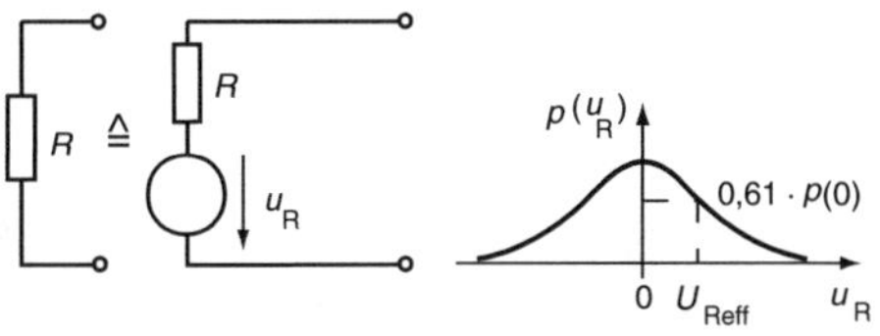


Bild 2.7-10 Rauschender Widerstand $R$ und Verteilungsdichte der Rauschspannung $u_R$

Zahlenbeispiel: $R = 1\,\text{k}\Omega$, $B = 10\,\text{MHz}$: $U_{\text{Reff}} = 13\,\mu\text{V}$. Das Rauschen anderer, aktiver Bauelemente ist im Allgemeinen ebenfalls normal-(Gauß-)verteilt.

Rauschen kann aber auch andere statistische Eigenschaften haben. Dies ist etwa bei binärem Rauschen der Fall (Bild 2.7-11).

**Beispiel:**
Bei binärem Rauschen kann sich die Spannung $u_R(t)$ in äquitemporären Zeitpunkten ändern, sie kann beliebig die Werte $U_0$ oder $-U_0$ annehmen. Beide Werte seien gleich wahrscheinlich, also $P(U_0) = 0{,}5$ und $P(-U_0) = 0{,}5$. Von einer Normalverteilung kann also keine Rede sein. Man kann die Autokorrelationsfunktion $R(\tau)$ berechnen, das Ergebnis und das zugehörige Leistungsspektrum ist in Bild 2.7-11 dargestellt.

Der *Einfluss aller verschiedenen Rauschquellen* in einem Vierpol, etwa einem Verstärker, kann pauschal durch die *Rauschzahl F* erfasst werden. Das Verhältnis von Signal- zur Rauschleistung am Eingang bezogen auf das entsprechende Verhältnis am Ausgang wird als Rauschzahl $F$ definiert (Bild 2.7-12a).

$$F = \frac{(P_S/P_N)_e}{(P_S/P_N)_a} \qquad (2.7\text{-}11)$$

$10\lg(F)\,\text{dB}$ wird als *Rauschmaß* bezeichnet. Nachteilig ist, dass die Rauschzahl $F$ vom Rauschen der Signalquelle, d.h. von $(P_S/P_N)_e$ abhängt. Deshalb wird oft die Rauschtemperatur $\theta$ bevorzugt. Der Vierpol selbst wird dabei als ideal rauschfrei angenommen mit der Leistungsverstärkung $G_L$. Am Eingang liegt – stellvertretend für den Innenwiderstand der Signalquelle – der „rauschende“ Widerstand $R$ (Bild 2.7-12b). Meist ist er wegen der Leistungsanpassung gleich dem Eingangswiderstand des Vierpols.

Dem Widerstand $R$ wird nun die Rauschtemperatur des Vierpols $\theta_V$ zugeordnet, die dieselbe Rauschleistung $P_N$ am Ausgang im Lastwiderstand $R_L$ erzeugt, wie sie beim realen, rauschenden Vierpol entstehen würde. Bei Leistungsanpassung gilt:

$$P_N = G_L \cdot k \cdot B \cdot \Theta_V \qquad (2.7\text{-}12)$$

($k = 1{,}38 \cdot 10^{-23}$ Ws/K ist die Boltzmann-Konstante).

Da die Signalquelle selbst rauscht, kann man ihr ebenfalls eine Rauschtemperatur $\theta_q$ zuordnen, und man erhält die *effektive Rauschtemperatur*

$$\Theta_{\text{eff}} = \Theta_V + \Theta_q \qquad (2.7\text{-}13)$$

Damit gilt für die Rauschleistung am Ausgang des Vierpols

$$P_N = G_L \cdot k \cdot B \cdot \Theta_{\text{eff}} \qquad (2.7\text{-}14)$$

Als Zusammenhang zwischen den Rauschtemperaturen $\theta$ und der Rauschzahl F ergibt sich

$$F = 1 + \frac{\Theta_V}{\Theta_q} = \frac{\Theta_{\text{eff}}}{\Theta_q} \qquad (2.7\text{-}15)$$

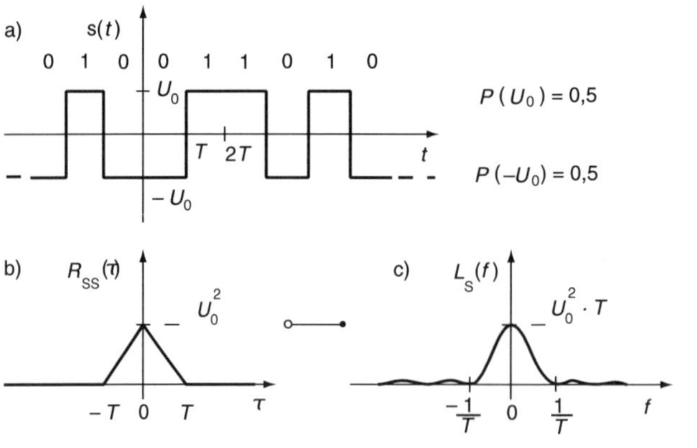


Bild 2.7-11
Binäres Rauschen $u_R(t) = s(t)$:
a) Zeitfunktion $s(t)$,
b) Autokorrelationsfunktion $R_{ss}(t)$,
c) Leistungsdichtespektrum $L_S(f)$

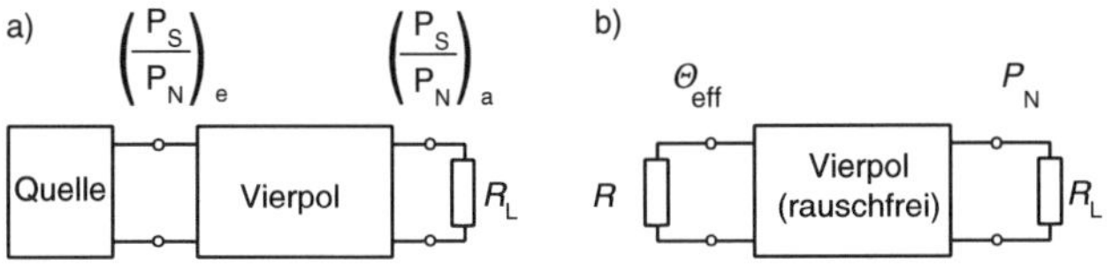


Bild 2.7-12
Rauschender Vierpol
a) Signal-zu-Rausch-Verhältnis zur Definition der Rauschzahl *F*,
b) effektive Rauschtemperatur

Näheres über Rauschzahl und Temperatur findet man in [28-5].

**Beispiel:**
Eine Radar-Empfangsanlage habe folgende Daten:

| | |
|---|---|
| Rauschtemperatur der Antenne (hier Signalquelle): | $\theta_q$ = 350 K |
| Rauschtemperatur des Empfangssystems: | $\theta_V$ = 380 K |
| Bandbreite: | B = 1 MHz |
| Leistungsverstärkung (100 dB): | $G_L = 10^{10}$ |

Bei einem Signal-zu-Rausch-Verhältnis $(P_S/P_N)_a$ = 10 am Ausgang können die Radarsignale noch sicher auf dem Bildschirm erkannt werden. Die Rauschleistung am Ausgang des Systems ist nach Gl. (2.7-14):

$$P_N = 10^{10} \cdot (1{,}38 \cdot 10^{-23}\ \text{W·s/K}) \cdot 10^6\ \text{Hz} \cdot 730\ \text{K} = 10^{-4}\ \text{W}$$

Die Radarsignale am Ausgang müssen somit mindestens die Leistung von $P_{Sa} = 10^{-3}$ W besitzen, d.h. ihre Empfangsleistung an der Antenne muss $P_{Se} = 10^{-13}$ W sein.

# 2.8 Übertragungskanäle mit Störungen durch Rauschen

## 2.8.1 Einführung

Zufällige Signale wie z.B. Rauschen lassen sich, wie wir in 2.7 gesehen haben, mit den Mitteln der Wahrscheinlichkeitsrechnung beschreiben. Damit kann man wichtige Systemmodelle der Nachrichtenübertragung theoretisch untersuchen. Im Rahmen der vorliegenden einbändigen Darstellung wäre eigentlich für dieses Gebiet kein Platz. Aus zwei Gründen wollen wir uns trotzdem kurz mit der Problematik befassen:

- Auf dem Störsignal „Rauschen“ basieren wesentliche (theoretisch abgeleitete) Hilfsmittel der Systemplanung (Beispiel: Bitfehlerquote als Funktion des Störabstandes) und praktische Messverfahren.
- Durch sinnvoll gewählte Beispiele aus der Theorie stark gestörter Kanäle, etwa die Herleitung des Matched Filter, erhalten wir einen Einblick in die Anwendung systemtheoretischer Methoden.

## 2.8.2 Bitfehlerwahrscheinlichkeit eines Binärkanals

Als Beispiel für die *Datenübertragung* wählen wir einen Binärkanal mit der Zuordnung $U_0 \mathrel{\hat{=}} 1$ und $-U_0 \mathrel{\hat{=}} 0$. Dem Nutzsignal sei normalverteiltes Rauschen vom Effektivwert $U_{Reff}$ überlagert. Bild 2.8-1 zeigt den Zeitverlauf und die Verteilungsdichte $p_1(u)$ für die binäre 1 und $p_0(u)$ für die binäre 0. Als Schwelle zur Entscheidung zwischen den Signalen dient die Spannung 0 V. Aufgrund des überlagerten Rauschens kann unter Umständen das Signal bei Empfang der binären 0 fälschlicherweise als 1 und umgekehrt erkannt werden. Die Fehlerwahrscheinlichkeit $P_F$ ist bei einem symmetrischen Kanal in beiden Fällen gleich. Sie wird durch die schraffierte Fläche unter der Verteilungsdichte $p_0(u)$ dargestellt. Das Ergebnis der Berechnung (siehe z. B. [20-10]) ist:

$$p_0(u) = \frac{1}{\sqrt{2\pi}\,U_{Reff}} \cdot e^{(-(u+U_0)^2/(2U^2_{Reff}))}$$

$$P_F = \int_0^\infty p_0(u)\,du = \frac{1}{2} - \frac{1}{2}\operatorname{erf}\left(\frac{U_0}{\sqrt{2\pi}\,U_{Reff}}\right) \tag{2.8-1}$$

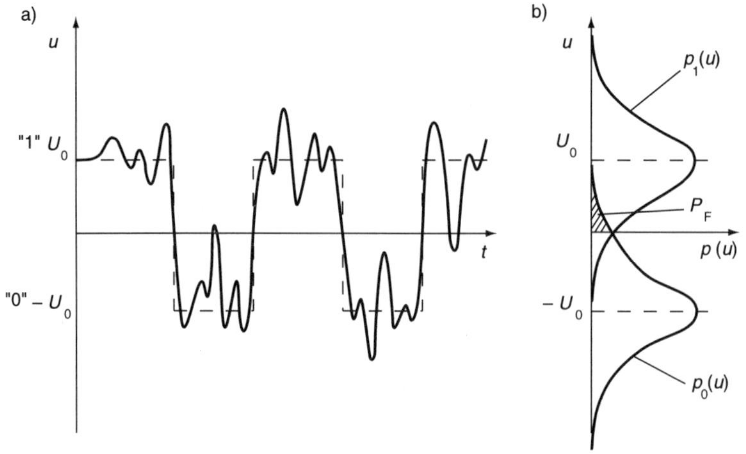


Bild 2.8-1
Gestörtes Signal am Ausgang eines Binärkanals:
a) Zeitdiagramm,
b) Verteilungsdichten $p_1(u)$ und $p_0(u)$

Die Funktion erf($x$), das sog. Fehlerintegral, ist z.B. in [04-6] tabelliert.

Vergleichbare Berechnungen lassen sich auch für unsymmetrische Binärkanäle, für Kanäle mit mehr als zwei Signalstufen usw. durchführen. Als Ergebnis lässt sich jeweils die Bitfehlerquote (Bit Error Rate, BER) als Funktion des Störabstandes angeben; derartige Kurven werden wir für Digitalmodulation eines Trägers, Beispiel PSK, in 5.2.6.1 (Bild 5.2-24) kennen lernen.

Vergleichbare Aufgabenstellungen, die man unter dem Oberbegriff Entdeckungstheorie zusammenfassen kann, ergeben sich z.B. in der Radartechnik. Dort muss entschieden werden, ob ein Nutzsignal (Echosignal) eintrifft oder nur Rauschen vorliegt. Man kennt die Verteilungsdichten $p_0(u)$ für „Rauschen allein“ und $p_1(u)$ für „Nutzsignal und Rauschen“ und kann damit die Wahrscheinlichkeiten für das Über- oder Unterschreiten der Schwelle im jeweiligen Fall berechnen.

## 2.8.3 Prinzipien des Signalempfangs bei starken Störungen

### 2.8.3.1 Übersicht

Wir wissen aus 2.8.2, wie das Rauschen die Signaldetektion durch einen Empfänger mit Schwelle beeinflusst. Es gibt nun eine Reihe von Möglichkeiten, dieses einfache Verfahren zu verbessern. Bei den meisten Anwendungen muss dabei nur festgestellt werden, ob ein Signal zu irgendeinem Zeitpunkt über oder unter einer Schwelle liegt, also z.B., ob die Nachricht 0 oder 1 vorliegt. (Falls es jedoch darum geht, eine bestimmte Signalform im Empfänger optimal wieder herzustellen, gibt es auch dafür geeignete Verfahren, auf die wir nicht weiter eingehen wollen: *Optimalfilter nach Wiener und Kalman* [50-2]. Je nach den Randbedingungen wird man in der Praxis bestimmte Signalformen für die Übertragung wählen (5.5). Damit erwartet man eine bestimmte Form der zu detektierenden (Nutz-)Empfangssignale. Man kann sich ein im Empfänger angeordnetes „signalangepasstes Filter“ (Matched Filter), welches im Abfrageaugenblick ein maximales Nutzsignal liefert und damit den Störabstand verbessert, vorstellen. Wir wollen die Eigenschaften eines solchen Matched Filter in 2.8.3.2 herleiten. Es wird sich zeigen, dass diese Methode den Korrelationsempfängern zuzurechnen ist.

Ist ein Empfangssignal nur zu bestimmten Zeiten zu erwarten, so ist es ein übliches Verfahren, eine „Zeitfenstertechnik“ anzuwenden, um in den Zwischenzeiten nicht auf durch Rauschen imitierte Signale hereinzufallen. In der Radartechnik verändern sich die Erwartungszeitpunkte durch die Bewegung der Objekte, was zu speziellen Lösungen geführt hat (2.8.3.3).

#### 2.8.3.2 Herleitung des signalangepassten Filters (Matched Filter)

Um die Übertragungsfunktion bzw. Impulsantwort eines signalangepassten Filters entsprechend den obigen Überlegungen zu finden, betrachten wird Bild 2.8-2 und stellen folgende Bedingungen auf:

- $n_1(t)$ sei weißes Rauschen (natürlich nur im interessierenden Spektralbereich), die spektrale Leistungsdichte sei $L_{n1}(f) = A$.
- Das Maximum des Betrags des Nutzsignals am Ausgang werde zum Zeitpunkt $t_0$ erreicht: $\hat{y} = |y(t_0)|$.
- Das Verhältnis von $\hat{y} = |y(t_0)|$ zum Effektivwert des Rauschens am Ausgang $N_{2\,\mathrm{eff}}$ soll ein Maximum werden:

$$\rho = \left( \frac{|y(t_0)|}{N_{2\,\mathrm{eff}}} \right)^2 \quad \text{Maximum!} \qquad (2.8\text{-}2)$$

Das Ausgangssignal ergibt sich durch Faltung:

$$s_2(t) = s_1(t) * h(t) = x(t) * h(t) + n_1(t) * h(t)$$

Das Nutzsignal am Ausgang lautet dabei:

$$y(t) = x(t) * h(t) \qquad (2.8\text{-}3)$$

und dessen Spektraldichte

$$\underline{Y}(f) = \underline{X}(f) \cdot \underline{H}(f) \qquad (2.8\text{-}4)$$

Durch Fourier-Rücktransformation kann man $y(t_0)$ berechnen:

$$y(t_0) = \int_{-\infty}^{+\infty} \underline{X}(f)\underline{H}(f) \mathrm{e}^{\mathrm{j}2\pi f t_0} \, \mathrm{d}f \qquad (2.8\text{-}5)$$

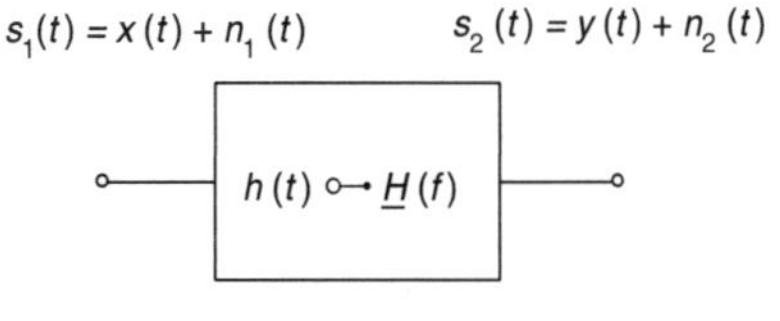


Bild 2.8-2 Lineares System mit Nutzsignal $x(t)$ und $y(t)$ sowie Störsignalen $n_1(t)$ und $n_2(t)$

Am Eingang ist

$$E_\mathrm{x} = \int_{-\infty}^{+\infty} |x(t)|^2 \, \mathrm{d}t = \int_{-\infty}^{+\infty} |\underline{X}(f)|^2 \, \mathrm{d}f \qquad (2.8\text{-}6)$$

die Energie des Nutzsignals, siehe Gl. (2.3-5). Aus der (nach obiger Annahme) konstanten spektralen Leistungsdichte $L_{n1}(f) = A$ wird am Systemausgang nach Gl. (2.7-8) $L_{n2}(f)$, und man kann den Effektivwert $N_{2\mathrm{eff}}$ bestimmen:

$$L_{n2}(f) = |\underline{H}(f)|^2 \cdot A$$
$$N_{2\mathrm{eff}}^2 = A \cdot \int_{-\infty}^{+\infty} |\underline{H}(f)|^2 \, \mathrm{d}f \qquad (2.8\text{-}7)$$

Im Signal-zu-Rausch-Verhältnis $\rho$ können wir nun alle Größen einsetzen. Wir erweitern noch mit $E_\mathrm{x}$ nach Gl. (2.8-6):

$$\rho = \frac{|y(t_0)|^2}{N_{2\mathrm{eff}}^2} \cdot \frac{E_\mathrm{x}}{E_\mathrm{x}}$$
$$\rho = \frac{E_\mathrm{x}}{A} \cdot \frac{\left| \int_{-\infty}^{+\infty} \underline{X}(f)\underline{H}(f) \mathrm{e}^{\mathrm{j}2\pi f t_0} \, \mathrm{d}f \right|^2}{\int_{-\infty}^{+\infty} |\underline{X}(f)|^2 \, \mathrm{d}f \cdot \int_{-\infty}^{+\infty} |\underline{H}(f)|^2 \, \mathrm{d}f} \qquad (2.8\text{-}8)$$

Die aus der Mathematik bekannte „Schwartz'sche Ungleichung" [28-2] sagt aus, dass der zweite Bruch höchstens den Wert 1 annehmen kann; dies ist der Fall, wenn gilt:

$$\underline{H}(f) = k \cdot \underline{X}(-f) \, \mathrm{e}^{-\mathrm{j}2\pi f t_0} \qquad (2.8\text{-}9)$$

$k$ ist eine reelle Konstante. Mit Gl. (2.8-9) ist die *Übertragungsfunktion des gesuchten Filters* bestimmt. Durch die Fourier-Transformation kann man auch die Impulsantwort $h(t)$ angeben:

$$h(t) = \int_{-\infty}^{+\infty} \underline{H}(f)\,e^{j2\pi f t}\,df$$

$$h(t) = k \cdot \int_{-\infty}^{+\infty} \underline{X}(-f)\,e^{-j2\pi f t_0} e^{j2\pi f t}\,df \qquad (2.8\text{-}10)$$

$$h(t) = k \cdot x\big(-(t - t_0)\big)$$

Die Impulsantwort $h(t)$ des gesuchten Filters wird vom zu empfangenden Nutzsignal bestimmt. Das Filter wird also an das *Signal angepasst.*

Gl. (2.8-10) sagt aus, dass die Impulsantwort $h(t)$ den gespiegelten Verlauf des Nutzsignals hat, verzögert um $t_0$. Die Verzögerung $t_0$ muss mindestens so groß sein, dass $h(t)$ eine kausale Impulsantwort ist, d.h. dass gilt $h(t) \equiv 0$ für $t < 0$. Der konstante Faktor $k$ kann beliebig gewählt werden; in der Folge nehmen wir $k = 1$ an.

Das Nutzsignal am Ausgang wird durch die Faltung angegeben:

$$y(t) = x(t) * h(t) = x(t) * \big(x(t_0 - t)\big) \qquad (2.8\text{-}11)$$

$$y(t) = \int_{-\infty}^{+\infty} x(\tau) \cdot x(t_0 - t + \tau)\,d\tau \qquad (2.8\text{-}12)$$

Durch Vergleich mit Gl. (2.7-3) erkennen wir, dass $y(t)$ auch durch die Autokorrelationsfunktionen von $x(t)$ dargestellt werden kann:

$$y(t) = R_{xx}\,(t_0 - t) \qquad (2.8\text{-}13)$$

oder wegen der geraden Symmetrie (vgl. 2.7.3)

$$y(t) = R_{xx}\,(t - t_0) \qquad (2.8\text{-}14)$$

Das Nutzsignal am Ausgang $y(t)$ stellt also die um $t_0$ verzögerte *Autokorrelationsfunktion* des Nutzsignals am Eingang dar (Bild 2.8-3).

Oft bildet das Matched Filter nur ein theoretisches System, das die Beurteilung eines praktisch ausgeführten Filters ermöglicht. Wenn man ein RC-Glied als Ersatz für ein ideales Matched Filter für einen Rechteckimpuls wählt, so ist bei richtiger Dimensionierung ($T/T_i = 1{,}25$) das Signal-zu-Rausch-Verhältnis nur um 0,88 dB schlechter als im idealen Fall. Hier würde sich ein Matched Filter kaum lohnen. Bei komplizierteren Signalen stellt es dagegen ein unentbehrliches Hilfsmittel dar, wie wir gleich sehen werden.

### 2.8.3.3 Korrelationsempfang

Komplizierte Signale wendet man in der Nachrichtenübertragung u.a. für verschiedenartige Synchronisationsaufgaben an. Man benötigt Signale, deren zeitliche Lage selbst bei minimalem Störabstand exakt erkannt werden kann. Prinzipiell kann man sich jedes komplizierte Signal aus einfacheren Teilsignalen zusammengesetzt denken; bei den heute dominierenden digitalen Verfahren bietet es sich an, das Signal aus Subimpulsen (Rechteckimpulse wechselnder Polarität, Dauer $T_0$) aufzubauen. Mit den heute verfügbaren Technologien kann man sehr leistungsfähige Matched Filter aufbauen.

**Beispiel:**
Als Synchronisations- oder Radarsignale, deren zeitliche Lage bei weißem Rauschen als Störer exakt erkannt werden soll, werden häufig sog. Barker-Codes [13-1] verwendet. Bild 2.8-4 zeigt die einem speziellen Barkercode – hier direkt als Empfangssignal $x(t)$ angenommen – angepasste Impulsantwort $h(t)$ und die hohe Korrelationsspitze im Ausgangssignal $y(t)$. Die Spitze wird kleiner, sofern einige Subimpulse durch Rauschen verfälscht werden, doch kann man offensichtlich durch

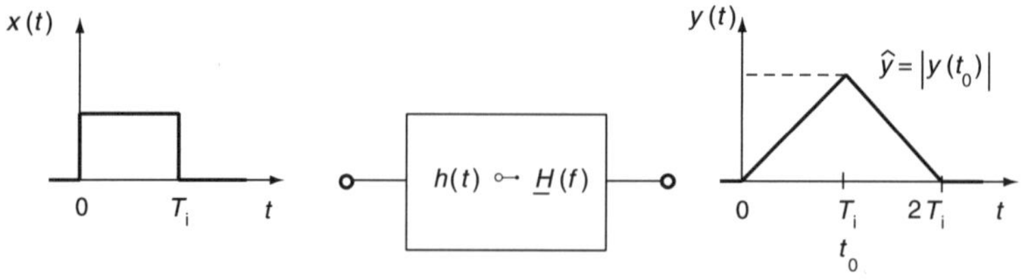


Bild 2.8-3 Veränderung des Nutzsignals durch das Matched Filter

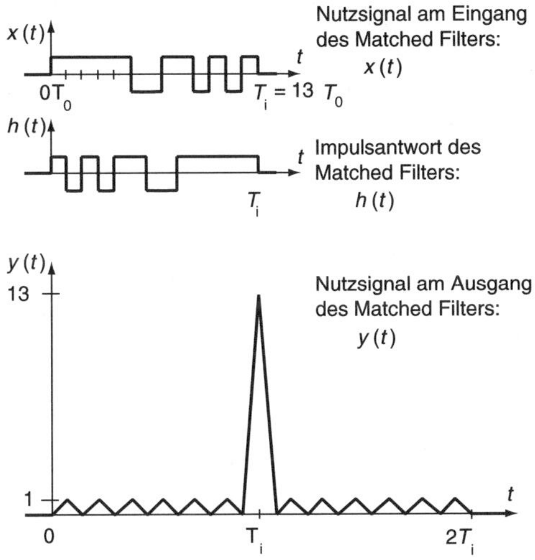


Bild 2.8-4 Matched Filter für einen Barker-Code

eine geeignet gewählte Schwelle die Stelle, an der die Spitze liegt, immer noch gut feststellen. Bild 2.8-5 zeigt eine Realisierung des Korrelationsempfängers. Zunächst kann man die einzelnen Subimpulse optimal, d.h. durch ein Matched Filter, erkennen. Das Gesamtsignal wird ebenfalls durch ein Matched Filter detektiert, wobei die nach Bild 2.8-4 gewünschte Impulsantwort mit Hilfe des gezeigten Transversalfilters realisiert wird. Die Signale an den Abgriffen der Verzögerungskette werden mit den Faktoren (+1 oder –1) entsprechend der benötigten Impulsantwort multipliziert und zusammengefasst.

### 2.8.3.4 Radar-Zielextraktoren

Radarsysteme beinhalten eine Fülle komplizierter Aufgaben für die Signalerkennung: Die laufend eintreffenden Echosignale sind in starke Störungen eingebettet und stammen von den verschiedensten Objekten; die Objekte bewegen sich usw. Einige Detaillösungen haben wir schon kennen gelernt, z.B. Korrelationsmethoden.

Wir wollen uns hier nicht mit dem Gesamtkomplex befassen, sondern nur noch kurz eine Teilaufgabe ansprechen. Je nach Reichweite und Messgenauigkeit gibt es eine große Anzahl so genannter *Entfernungskanäle* (siehe unten). Für jeden von diesen ist ein automatischer Zielextraktor vorzusehen, wobei natürlich nach Prinzipien gefragt ist, welche möglichst viele Systemteile im Zeitmultiplex zu nutzen gestatten.

Wegen der endlichen Strahlbreite der Radarantennen erhält man beim Überstreichen eines reflektierenden Objektes in Drehrichtung der Antenne *mehrere Radarechos*. Das systematische Auftreten mehrerer solcher Echoimpulse in den

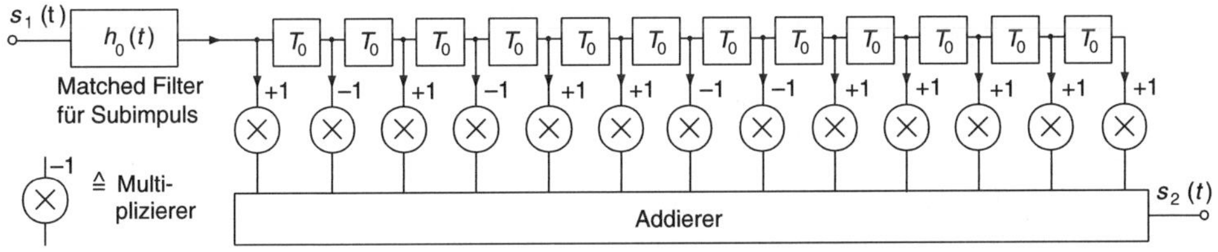


Bild 2.8-5 Korrelationsempfänger (Matched Filter für Subimpuls und Gesamtimpuls)

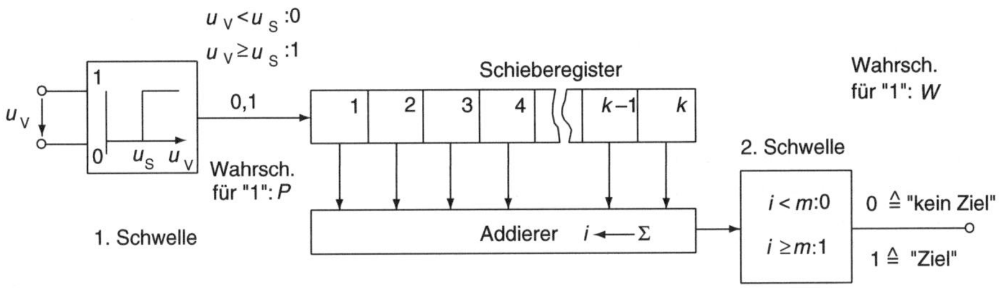


Bild 2.8-6 Binärer Wanderfensterdetektor (WFD)

stochastischen Störsignalen kann vom Zielextraktor zur verbesserten Erkennung genutzt werden. Gesucht ist also sozusagen ein signalangepasstes Filter für die genannte Impulsfolge.

**Beispiel:**
Binärer Wanderfensterdetektor. In aufeinander folgenden Radarsendeperioden, jeweils im Abstand $T$ (z.B.: $T = 1$ ms), wird ein Impuls abgesendet. Hier wird speziell angenommen, dass nur nach der Laufzeit $t_0$ ein Echo auftritt. Störimpulse treten unregelmäßig auf. Wir betrachten nur den Zeitabschnitt $\Delta t$ nach der Laufzeit $t_0$, einen so genannten Entfernungsring oder -kanal. Je nach Breite des Antennenstrahls können $k$ Echoimpulse eintreffen (z.B. $k = 22$), dann hat sich die Antenne von diesem Ziel abgedreht. Das Überschreiten der Schwelle wird mit einer binären „1" weitergemeldet, sonst wird eine „0" weitergegeben.

In Bild 2.8-6 ist die Verarbeitung der Schwellentscheidungen im binären Wanderfensterdetektor dargestellt. Die binären Werte 0 und 1 der 1. Schwelle werden in ein Schieberegister eingespeist und addiert. Die Summe der im Schieberegister vorhandenen Einsen sei $i$. Der Ausgang des Addierers wird mit einer zweiten Schwelle $m$ verglichen. Wird diese überschritten, wird auf „Ziel" erkannt, sonst auf „kein Ziel".

# 2.9 Hinweise für die Weiterarbeit

## 2.9.1 Vorbemerkung

Ein Ingenieur in der Praxis wird wohl kaum ein Fourier-Integral o.Ä. „zu Fuß" auswerten. Er weiß, dass es heute für alle Zwecke geeignete Rechnerunterstützung gibt. Das gerade war ja der Grund, warum wir die Grundlagen der Signale und Systeme so breit und bewusst konservativ dargestellt haben: Wer die fundamentale Theorie nicht beherrscht, kann nicht beurteilen, ob das tolle Computerprogramm – vielleicht wegen falscher Handhabung – gerade einen völlig falschen Wert berechnet hat.

Die zwei wichtigsten Aufgabenstellungen der Praxis der Signale und Systeme werden nachstehend kurz angesprochen.

## 2.9.2 Digitale Signalverarbeitung (DSV)

Vorlesungen zum Thema DSV sind heute fester Bestandteil jedes Nachrichtentechnik-Studiums. Eine typische Aufgabenstellung ist die Synthese eines Netzwerks mit vorgeschriebenem Übertragungsverhalten. Was früher z.B. mit vielen Spulen und Kondensatoren usw. realisiert werden musste, ist heute Software, die z.B. auf einem Mikroprozessor läuft. In der Digitaltechnik liegen die Signale als Zahlenfolgen vor. Das gewünschte Übertragungsverhalten wird durch eine Rechenvorschrift realisiert, nach der aus dem Eingangssignal das Ausgangssignal berechnet wird.
Literatur zum Thema DSV: [29].

## 2.9.3 Netzwerkanalyse

Bei der Schaltungsentwicklung kommt es heute kaum mehr vor, dass jemand als ersten Schritt eine Brettschaltung aufbaut und diese messtechnisch untersucht. Stattdessen benutzt man Netzwerkanalyseprogramme wie z.B. SPICE, siehe 2.5.6.9.
Literatur zum Thema Netzwerkanalyse : [25].

# 3 Wellenausbreitung

## 3.1 Beispiele für die Wellenausbreitung

### 3.1.1 Einführende Überlegungen

Energietransport durch den leeren Raum mit Hilfe elektromagnetischer Wellen ist für uns etwas Selbstverständliches (Beispiel: Satellitendirektempfang). Aber was hat die Schaltung im Bild 3.1-1 mit Wellenausbreitung zu tun ?

Jeder kennt das ohmsche Gesetz und kann angeben, wie groß der Strom bei geschlossenem Schalter sein wird: $i = 1\,\text{A}$. Aber: Wie groß ist der Strom im ersten Moment nach dem Einschalten $i(t{=}{+0}) = ?$ Die Physik lehrt uns, dass die größte in der Natur bekannte Geschwindigkeit die Lichtgeschwindigkeit $c \approx 3{\cdot}10^8\ \text{m}{\cdot}\text{s}^{-1}$ ist; deshalb dauert es eine von null verschiedene Zeit, bis eine – wenn auch noch so kleine – Strecke $l$ zurückgelegt ist. Der Strom $i(t = +0)$ hängt nicht vom fernen Verbraucher $R_2$ ab. Wir müssen klären, was der Generator im ersten Moment nach dem Schließen des Schalters „sieht". Die Vorstellung eines „Stromkreises", in dem sofort nach dem Einschalten an allen Stellen der gleiche Strom fließt, ist nicht haltbar.

Wie wir in 3.4 näher untersuchen werden, breitet sich nach Schließen des Schalters eine elektromagnetische Welle entlang der Leitung aus. Die im

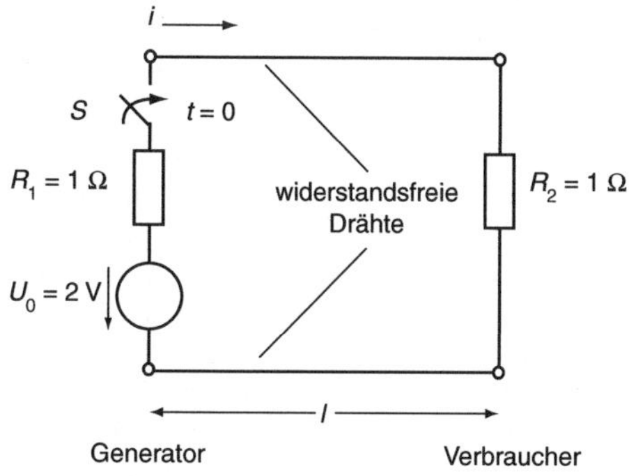


Bild 3.1-1 Versuch zur Wellenausbreitung

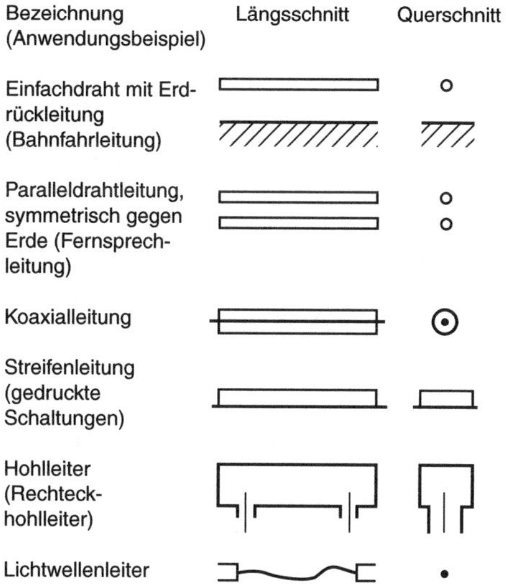


Bild 3.1-2 Beispiele für Wellenleiter

Bild 3.1-1 gezeigte Paralleldrahtleitung ist ein „Wellenleiter". Es gibt nicht nur die oben erwähnte Ausbreitung im freien Raum, sondern auch eine durch Wellenleiter geführte Ausbreitung; einige Beispiele sind in Bild 3.1-2 angegeben.

Breitet sich eine elektromagnetische Welle etwa entlang einer Paralleldrahtleitung aus, so wird man zwischen den Leitern an irgendeiner Stelle eine vom jeweiligen Ort $x$ und von der Zeit $t$ abhängige Spannung $u(x, t)$ feststellen können; entsprechend gibt es Ströme $i(x, t)$ in den Leitern. Wir müssen uns aber von der Vorstellung frei machen, dass der Energietransport auf den Strom in einem elektrischen Leiter angewiesen sei; dazu zwei Beispiele:

- Lichtwellenleiter (LWL) bestehen z.B. aus Quarzglas, einem elektrischen Nichtleiter. Bei den technisch verwendeten LWL erreicht man durch entsprechende Dotierung des Quarzglases (vgl. 3.7), dass eine mit einem Hohlleiter vergleichbare Anordnung zustandekommt. Schon ein einfacher Glasfaden („dielektrischer Stab“) genügt bei diesen hohen Frequenzen, um die Wellenausbreitung zu führen; praktisch verwendet man diese Anordnung nicht, weil das Feld zu einem guten Teil außerhalb des Fadens ist.

- Gegeben sei eine in allen Richtungen beliebig ausgedehnte kupferkaschierte Platte, d.h., auf einem elektrischen Nichtleiter (z.B. Epoxyd) ist eine Kupferschicht aufgebracht. Man kann nun einen Schlitz in die Kupferschicht fräsen („Schlitzleitung“), und es ist möglich, eine elektromagnetische Welle so anzuregen, dass dieselbe dem Schlitz entlang läuft, d.h. genau dort, wo kein leitendes Material vorhanden ist!

Allgemein gesprochen, geben beliebige Wellenleiter lediglich Randbedingungen für die Wellenausbreitung. Die elektromagnetischen Wellen breiten sich ggf. entlang (nicht unbedingt in) den Wellenleitern aus.

### 3.1.2 Weiteres Vorgehen

Bevor es Heinrich Hertz gelang, im Experiment elektromagnetische Wellen nachzuweisen, waren die theoretischen Grundlagen bereits in weitgehend ausgereifter Form vorhanden: Maxwell'sche Gleichungen. Sie stellen eines der wichtigsten Werkzeuge der modernen Nachrichtentechnik dar, und es ist deshalb eine Aufgabe für das vorliegende Buch, den Einstieg in die Maxwell'schen Gleichungen zu ebnen (Abschnitt 3.2).

Wir haben in 2 einige Methoden kennen gelernt, die zur Analyse von Netzwerken mit konzentrierten Elementen nützlich sind. Das Beispiel in 3.1.1 hat gezeigt, dass immer Ausbreitungsvorgänge im Spiel sind, deshalb braucht man entsprechende Methoden für die Vorgänge auf Leitungen. Wie wir später sehen werden, lassen sich die so genannten TEM-Leitungen (vgl. 3.3) besonders einfach behandeln, so dass wir sie in den Kapiteln 3.3 bis 3.6 als exemplarische Beispiele heranziehen. Bei den Nicht-TEM-Leitungen können wir uns dann damit begnügen, einen Einstieg zu schaffen und Vorschläge für die Weiterarbeit zu machen.

Im Hinblick auf die zunehmende Bedeutung der Mobilkommunikation haben wir das Kapitel „Freiraumausbreitung und Antennen“ (3.8) gegenüber früheren Auflagen stark erweitert. Zunehmende Bedeutung hat auch das Gebiet Elektromagnetische Verträglichkeit; allerdings müssen wir uns in 3.9 aus Raumgründen auf eine Einführung und Literaturhinweise beschränken.

## 3.2 Einführung in die Maxwell'schen Gleichungen

### 3.2.1 Erinnerung an einige Grundlagen der Elektrotechnik und mathematische Hilfsmittel

In den ersten Semestern elektrotechnischer Studiengänge werden die nachstehend angesprochenen Grundlagen und Hilfsmittel mehr oder weniger ausführlich behandelt; viele Leser werden aber seit längerem wenig Gebrauch von diesen Dingen gemacht haben. Wer die folgende Zusammenstellung zu oberflächlich findet, ist herzlich eingeladen, alte Manuskripte hervorzukramen oder einen Blick in ein Grundlagenbuch, z.B. [01-1], zu werfen.

**Vektordarstellung von Feldgrößen**

Ein stromdurchflossener Leiter ist bekanntlich von einem Magnetfeld umgeben. Eine bildliche Darstellung mit Feldlinien, welche den Leiter umgeben, ist anschaulich, aber für Berechnungszwecke nicht ausreichend. Man möchte daher für jeden Punkt in der Umgebung, der z.B. durch kartesische Koordinaten $x$, $y$, $z$ definiert werden kann, die Größe und Richtung der magnetischen Feldstärke angeben können. Zweckmäßigerweise verwendet man Vektoren, die wir durch Fettdruck kennzeichnen; andere Bücher verwenden Pfeile (Beispiele: $\boldsymbol{X}$ bzw. $\vec{X}$). Nun ist je nach Aufgabe vielleicht ein anderes Koordinatensystem als das kartesische für Berechnungen zweckmäßig. Vor allem aber möchten wir gar keine Detailprobleme zahlenmäßig berechnen, vielmehr geht es uns um allgemein gültige Interpretationen des geometrisch-physikalischen Inhalts feldtheoretischer Gleichungen. Dafür ist eine vom speziellen Koordinatensystem unabhängige Beschreibung geeignet: Die Koordinaten eines Feldpunktes $P_v$ kann man als Komponenten des in diesem Punkt endenden Ortsvektors $\boldsymbol{r}_v$ auffassen und die Feldvektoren als Funktion eines allgemeinen Ortsvektors $\boldsymbol{r}$ darstellen: also z.B. magnetische Feldstärke $\boldsymbol{H}(\mathbf{r})$. Diese Darstellung soll gemeint sein, wenn wir künftig das Argument in der Regel weglassen: $\boldsymbol{H}$.

**Fluss, Flussdichte und Feldstärke**

Durch gedachte Flächen $A$ kann man sich aus einem Strömungsfeld (etwa einer Flüssigkeit) einen Ausschnitt abgegrenzt denken, den wir zunächst entsprechend Bild 3.2-1 annehmen wollen und bei dem wir Randeffekte vernachlässigen. Nennt man den *Fluss* $I$, so wird die *Flussdichte* $J = I/A$.

Im allgemeinen Fall kann man die Flussdichte für jedes infinitesimale Flächenelement angeben. Dabei erlaubt die Vektorrechnung wieder eine elegante Beschreibung des Beitrags des jeweils betrachteten Flächenelements: Die Flussdichte ist $\boldsymbol{J} = \mathrm{d}\boldsymbol{I}/\mathrm{d}\boldsymbol{A}$. Durch Integration über die Gesamtfläche kann man wieder auf den Fluss $I$ kommen:

$$I = \int_A \boldsymbol{J}\,\mathrm{d}\boldsymbol{A} \tag{3.2-1}$$

Wir wollen die Ausdrücke *Fluss* und *Flussdichte* mit Rücksicht auf eine einheitliche Behandlung verschiedener Fälle (siehe unten) beibehalten und allenfalls in Klammern auf die sonst üblichen Bezeichnungen hinweisen.

Oben haben wir durch die Wahl der Formelzeichen bereits den Fall eines *elektrischen Strömungsfeldes* vorbereitet. Es seien also nun in Bild 3.2-1 die Begrenzungsflächen $A$ unendlich leitfähige Platten, zwischen denen sich ein Material mit endlicher Leitfähigkeit befindet. Eine elektrische Urspannung $U_e$ (positiv von oben nach unten gezählt) wird einen (Strom)„Fluss"

$$I = G\,U_\mathrm{e} \tag{3.2-2}$$

verursachen. Wir führen statt $U_e$ die elektrische Feldstärke $E = U_e / d$ ein und dividieren durch die Fläche A:

$$\frac{I}{A} = \frac{G}{A} \cdot \frac{d}{d} \cdot U_\mathrm{e} = \frac{Gd}{A} E \tag{3.2-3}$$

Der Faktor $Gd/A$ ist die spezifische Leitfähigkeit $\kappa$ (Einheit A/Vm). Man kann verallgemeinern und erhält für das elektrische Strömungsfeld

$$\boldsymbol{J} = \kappa\,\boldsymbol{E} \tag{3.2-4}$$

Die „Flussdichte" (Leitungsstromdichte) $\boldsymbol{J}$ und die (elektrische) Feldstärke $\boldsymbol{E}$ sind also an jeder Stelle proportional und gleich gerichtet, vorausgesetzt, dass $\kappa$ reell ist.

**Hinweis:**
Die Faktoren $\kappa$, $\varepsilon$ und $\mu$ (siehe unten) sind nur in homogenen, isotropen und linearen Medien reell und konstant. Es gibt Stoffe, in denen ein solcher Faktor eine Funktion des Ortes, der Richtung und des Betrags der Feldvektoren sein kann. Da diese Sonderfälle für unsere Überlegungen nicht von Interesse sind, wollen wir nicht jedes Mal gesondert auf die Einschränkung hinweisen, die wir mit reellen Faktoren machen.

Von der Behandlung des Kondensators in den Grundlagen her kennen wird den Begriff des Verschiebungsstroms, der seinerzeit vielleicht als Fortsetzung des Leitungsstroms im nicht leitenden Dielektrikum eingeführt wurde. In Bild 3.2-1 sei das Material zwischen den Platten nichtleitend und habe die *Permittivität* (Dielektrizitätskonstante) $\varepsilon = \varepsilon_r\,\varepsilon_0$ (Einheit As/Vm). Während bei einem Nichtleiter $\kappa = 0$ ist, gibt es keine Stoffe mit $\varepsilon = 0$, da $\varepsilon_r \geq 1$ ist! Auch im Vakuum ($\varepsilon = \varepsilon_0$) ergibt sich deshalb bei einer zeitlichen Änderung

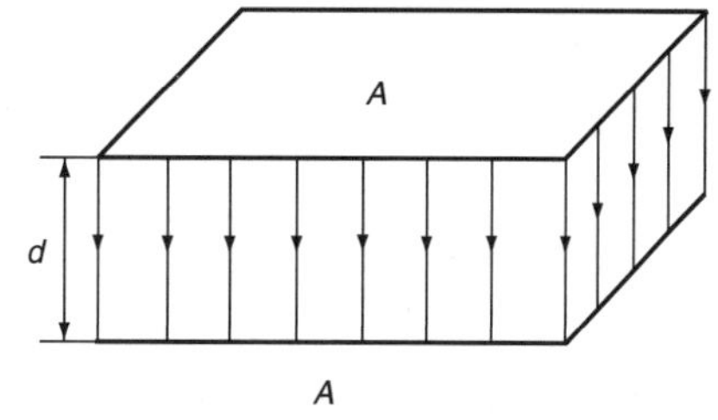


Bild 3.2-1 Ausschnitt aus einem Feld (Fortsetzung der Feldlinien außerhalb der Begrenzungsflächen nicht gezeichnet)

der elektrischen Feldstärke $\boldsymbol{E}$ ein Verschiebungsstrom. Wir wollen wieder den Ausdruck *„Flussdichte“* (statt Verschiebungsstromdichte) $\boldsymbol{D}$ benutzen und erhalten

$$\boldsymbol{D}=\varepsilon \boldsymbol{E} \tag{3.2-5}$$

Schließlich können wir uns in Bild 3.2-1 als Fläche $A$ die Endflächen der Polschuhe eines Hufeisenmagneten vorstellen, zwischen denen ein Material mit der *Permeabilität* $\mu = \mu_r \mu_0$ liegen soll. Wieder sind (magnetische) Flussdichte $\boldsymbol{B}$ und (magnetische) Feldstärke $\boldsymbol{H}$ verknüpft:

$$\boldsymbol{B}=\mu \boldsymbol{H} \tag{3.2-6}$$

und der Zusammenhang mit dem (magnetischen) Fluss ist

$$\boldsymbol{B}=\frac{\mathrm{d}\Phi}{\mathrm{d}\boldsymbol{A}} \tag{3.2-7}$$

$$\Phi=\int_A \boldsymbol{B}\,\mathrm{d}\boldsymbol{A} \tag{3.2-8}$$

**Induktions- und Durchflutungsgesetz**

Wir betrachten die schematische Darstellung in Bild 3.2-2. Im Zentrum steht jeweils ein Ausschnitt einer „Flussröhre“, in der der gesamte Fluss vereinigt ist. Im Grenzfall wird es sich um eine einzige *Flusslinie* handeln. Solche linienförmigen Gebilde, die von den Feldlinien „umwirbelt“ werden, bezeichnet man als *Wirbel* des Feldes.

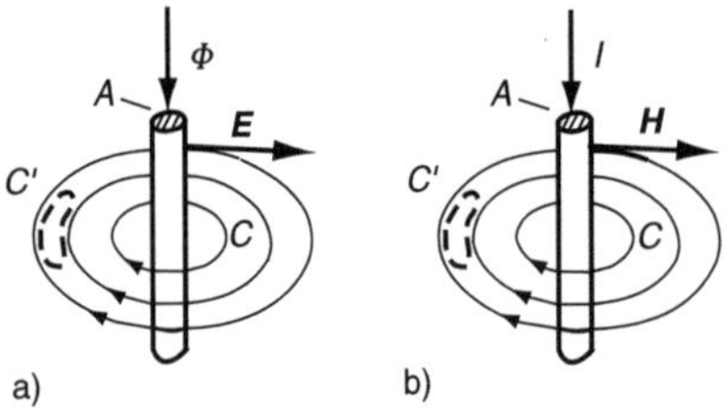


Bild 3.2-2 Induktionsgesetz (a) und Durchflutungsgesetz (b), mit Beispielen wirbelbehafteter (C) und wirbelfreier (C') Integrationswege

An Stelle einer der kreisförmigen Feldlinien in Bild 3.2-2a können wir uns einen Drahtring vorstellen, der an einer Stelle offen ist. Dort kann man bei zeitlichen Änderungen des Feldes $\Phi$ eine Spannung messen. Wir können aber auch stattdessen rechnerisch diese Spannung bestimmen. Auf einem Integrationsweg, z.B. $C$, umkreisen wir den Wirbel. Dabei gehen wir in kleinen Schritten vor, bei denen sich der Ortsvektor jeweils um d$\boldsymbol{r}$ ändert, bilden jeweils das Skalarprodukt $\boldsymbol{E}$ d$\boldsymbol{r}$ und erhalten dadurch einen kleinen Spannungsbeitrag d$u$. Das Aufsummieren dieser Beiträge gibt die gesuchte Spannung. Mit Gl. (3.2-8) können wir das *Induktionsgesetz* anschreiben:

$$\oint_C \boldsymbol{E}\,\mathrm{d}\boldsymbol{r}=-\frac{\mathrm{d}\Phi}{\mathrm{d}t}=-\frac{\mathrm{d}}{\mathrm{d}t}\int_A \boldsymbol{B}\,\mathrm{d}\boldsymbol{A} \tag{3.2-9}$$

Ein Integrationsweg, der keinen Wirbel einschließt (Beispiel $C'$), wird stets die Spannung null ergeben.

In Bild 3.2-2b müssen wir als „Fluss“ den wahren Strom $I$, der also die Beiträge von Leitungs- und Verschiebungsstrom berücksichtigt, einsetzen. Damit wird das *Durchflutungsgesetz*

$$\oint_C \boldsymbol{H}\,\mathrm{d}\boldsymbol{r}=\int_A\left(\boldsymbol{J}+\frac{\mathrm{d}\boldsymbol{D}}{\mathrm{d}t}\right)\mathrm{d}\boldsymbol{A} \tag{3.2-10}$$

Wir haben in Bild 3.2-2 jeweils einen Ausschnitt einer Flussröhre gezeigt und fragen uns, wie sich dieselbe fortsetzt. Dabei genügt es, eine *Flusslinie* stellvertretend für alle anderen zu betrachten. Bekanntlich kann man einen Magneten beliebig oft unterteilen, ohne dass es gelingt, einen magnetischen „Mono-Pol“ zu separieren. Auch der kleinste theoretisch vorstellbare Magnet ist ein *Dipol*. Man kann deshalb im Magnetfeld eine *geschlossene Hülle*, nennen wir sie ebenfalls $A$, an beliebiger Stelle anbringen; stets wird der in die Hülle eintretende Fluss gleich dem aus der Hülle austretenden Fluss sein. Dagegen ist es beim elektrischen Feld nicht zwingend, dass die Feldlinien geschlossene Gebilde sind, da es separierbare Ladungen gibt. Bild 3.2-3 veranschau-

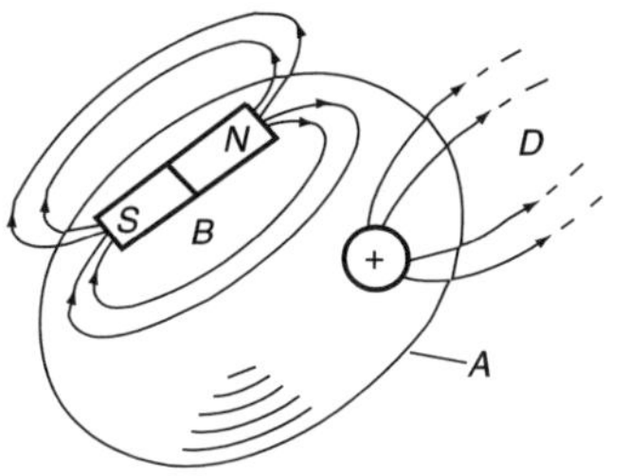


Bild 3.2-3 Geschlossene Hülle im Magnetfeld und elektrischen Quellenfeld

licht diese Gegebenheiten. Sie führen auf die Beziehungen

$$\oint_A \boldsymbol{B}\,\mathrm{d}\boldsymbol{A} = 0 \tag{3.2-11}$$

$$\oint_A \boldsymbol{D}\,\mathrm{d}\boldsymbol{A} = Q \tag{3.2-12}$$

*Mit der Wiederholung einiger Grundlagen wollten wir uns auf die Maxwell'schen Gleichungen vorbereiten. In Wirklichkeit haben wir eine vollständige Form dieser Gleichungen bereits behandelt;* siehe den folgenden Abschnitt.

## 3.2.2 Formen der Maxwell'schen Gleichungen

Fassen wir die Gleichungen (3.2-9) bis (3.2-12) zusammen und nehmen die (auch für andere Formen unverändert gültigen) *„Materialgleichungen"* Gl. (3.2-4) bis (3.2-6) dazu, so haben wir damit die *Integralform der Maxwell'schen Gleichungen* vor uns (Bild 3.2-4).

In der Spezialliteratur wird nun viel Fleiß darauf verwendet, dieses allgemein gültige Instrumentarium auf verschiedene spezielle Anwendungen auszurichten, z.B. statische Felder, langsam veränderliche Felder, besondere Randbedingungen usw. Dadurch ergeben sich jeweils etwas anders aussehende, evtl. vereinfachte Formeln. Obwohl alle diese Formeln im Grunde nichts Neues beinhalten, ist es für ein vertieftes Verständnis der Grundlagen der Elektrotechnik hochinteressant, in systematischer Weise zu zeigen, wie sich aus den Maxwell'schen Gleichungen die verschiedensten bekannten Gesetzmäßigkeiten (z.B: Kirchhoff'sche Gesetze usw.) ableiten lassen [01-1]. Denkt man an ausschließlich sinusförmige Erregung, so kann man nach dem Vorbild der komplexen Rechnung die Ableitungen nach der Zeit eliminieren und erhält stattdessen Funktionen der Kreisfrequenz $\omega$.

Unser Kapitel 3 ist der *Wellenausbreitung* gewidmet, es sollte keine Feldtheorie werden. Wir erinnern uns an die durch Gl. (3.2-9) und (3.2-10) gegebene *Verkettung der Felder*: Ein veränderliches magnetisches Feld ruft ein veränderliches elektrisches Feld wach, dessen Feldlinien wiederum die Feldlinien eines neuen magnetischen Feldes bilden usw. Es ergibt sich aus den Maxwell'schen Gleichungen explizit, dass rasch veränderliche elektromagnetische Felder gar nicht ortsfest sein können, d.h., es muss eine Wellenausbreitung in Gang kommen.

$$\oint_C \boldsymbol{E}\,\mathrm{d}\boldsymbol{r} = -\frac{\mathrm{d}}{\mathrm{d}t}\int_A \boldsymbol{B}\,\mathrm{d}\boldsymbol{A}$$

$$\oint_C \boldsymbol{H}\,\mathrm{d}\boldsymbol{r} = \int_A \left(\boldsymbol{J} + \frac{\mathrm{d}\boldsymbol{D}}{\mathrm{d}t}\right)\mathrm{d}\boldsymbol{A}$$

$$\oint_A \boldsymbol{B}\,\mathrm{d}\boldsymbol{A} = 0 \qquad \oint_A \boldsymbol{D}\,\mathrm{d}\boldsymbol{A} = Q$$

$$\boldsymbol{B} = \mu \boldsymbol{H} \qquad \boldsymbol{J} = \kappa \boldsymbol{E} \qquad \boldsymbol{D} = \varepsilon \boldsymbol{E}$$

Bild 3.2-4 Integralform der Maxwell'schen Gleichungen

$$\mathrm{rot}\,\boldsymbol{E} = -\frac{\partial \boldsymbol{B}}{\partial t}$$

$$\mathrm{rot}\,\boldsymbol{H} = -\boldsymbol{J} + \frac{\partial \boldsymbol{D}}{\partial t}$$

$$\mathrm{div}\,\boldsymbol{B} = 0 \qquad \mathrm{div}\,\boldsymbol{D} = \rho$$

$$\boldsymbol{B} = \mu \boldsymbol{H} \qquad \boldsymbol{J} = \kappa \boldsymbol{E} \qquad \boldsymbol{D} = \varepsilon \boldsymbol{E}$$

Bild 3.2-5 Differenzialform der Maxwell'schen Gleichungen ($\rho$ ist die Raumladungsdichte)

**Hinweise zur Herleitung und Bedeutung der Differenzialform**

Die Gleichungen (3.2-9) und (3.2-10) beinhalten jeweils Ausdrücke der Form

$$\oint_C \boldsymbol{X}\,\mathrm{d}\boldsymbol{r} = \textit{Wirbelstärke} \tag{3.2-13}$$

Die Gleichungen (3.2-11) und (3.2-12) sind vom Typ

$$\oint_A \boldsymbol{X}\,\mathrm{d}\boldsymbol{A} = \textit{Quellenstärke} \tag{3.2-14}$$

In beiden Fällen ist der Wert auch vom Integrationsweg abhängig. Bezieht man aber die Wirbelstärken auf eine Fläche und die Quellenstärken auf ein Volumen, so erhält man *Dichten*, die eine Exklusivaussage über des Feld erlauben. Lässt man weiter die Flächen bzw. Volumina gegen null streben, so erhält man *Aussagen über einzelne Feldpunkte*: *Differenzialform.* In [31-4] ist die Herleitung *mit Hilfe der Integralsätze von Stokes und Gauß* anschaulich dargestellt. Wir beschränken uns auf das in Bild (3.2-5) zusammengestellte Ergebnis.

Der Leser, der keine Kenntnisse der Vektoranalysis mitbringt, möge sich nicht an den auftretenden Ausdrücken rot, div u. Ä. stoßen. Das Arbeiten mit diesen *Differenzialoperatoren* bietet vergleichbare Vorteile wie der Ansatz der vom Koordinatensystem unabhängigen Integrale in 3.2.1: Man kann physikalische Sachverhalte in knapper Form charakterisieren, mit den Operatoren in allgemeiner Form rechnen und bei Bedarf an Zahlenrechnungen jederzeit in ein geeignetes spezielles Koordinatensystem umsteigen.

Wie kann man nun die Bedeutung von rot und div veranschaulichen und eine eventuelle Berechnung ermöglichen? Dazu definieren wir zuvor noch im kartesischen Koordinatensystem mit den Einheitsvektoren $\boldsymbol{i}$, $\boldsymbol{j}$, $\boldsymbol{k}$ den so genannten „*Nabla-Operator*"

$$\nabla = \frac{\partial}{\partial x}\boldsymbol{i} + \frac{\partial}{\partial y}\boldsymbol{j} + \frac{\partial}{\partial z}\boldsymbol{k} \tag{3.2-15}$$

Allgemein ist in einem Vektorfeld $\boldsymbol{X}$ die *Wirbeldichte* (Rotation; im Englischen curl statt rot)

$$\operatorname{rot} \boldsymbol{X} = \nabla \times \boldsymbol{X} \tag{3.2-16}$$

und die *Quellendichte* (Divergenz)

$$\operatorname{div} \boldsymbol{X} = \nabla\, \boldsymbol{X} \tag{3.2-17}$$

Wir müssen also im einen Fall das Vektorprodukt, im anderen das Skalarprodukt bilden [01-1]

**Beispiel:**

Interpretation einiger Ergebnisse anhand von Bild 3.2-5. Es bedeutet:

- Das $\boldsymbol{E}$-Feld besitzt irgendwo Wirbel: rot $\boldsymbol{E} \neq 0$.
- Im Punkt $x_1$, $y_1$, $z_1$ ist kein Wirbel: rot $\boldsymbol{E}\ (x_1, y_1, z_1) = 0$
- Das $\boldsymbol{D}$-Feld hat irgendwo Quellen: div $\boldsymbol{D} \neq 0$
- Das $\boldsymbol{B}$-Feld ist quellenfrei: div $\boldsymbol{B} = 0$.

## 3.3 Leitungsgleichungen für TEM-Leitungen

### 3.3.1 Einführung

Mit den Maxwell'schen Gleichungen haben wir die Möglichkeit, jede Art von Wellenausbreitung zu berechnen, also auch die im Zusammenhang mit Bild 3.1-1 aufgeworfenen Fragen zu beantworten. Allerdings lässt sich die im Bild gezeigte Paralleldrahtleitung (andere Bezeichnungen sind Doppelleitung, symmetrische Doppelleitung, symmetrische Leitung; letztere Bezeichnung werden wir auch manchmal benutzen) auch mit vergleichsweise einfacher Mathematik behandeln, wie wir nachstehend zeigen wollen. Wenn nicht ausdrücklich etwas anderes gesagt wird, befassen wir uns stets mit homogenen Leitungen, d.h. solchen, die an allen Stellen der Leitung gleiche Eigenschaften haben.

Bild 3.3-1 zeigt wichtige Vertreter der so genannten TEM-Leitungen. Der Name TEM (Transversal ElektroMagnetisch) erklärt sich daraus, dass bei diesen Leitungen Feldlinien nur in Ebenen senkrecht zur Ausbreitungsrichtung auftreten.

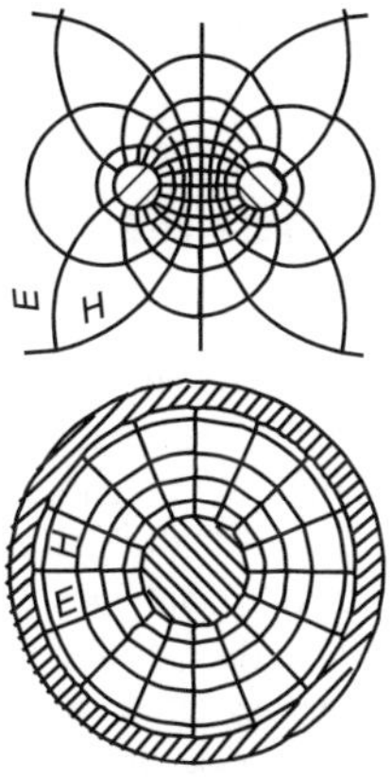


Bild 3.3-1 Elektrisches Feld ($E$) und magnetisches Feld ($H$) der Paralleldraht- und der Koaxialleitung

Jedes kleine Teilstück der Leitung wird, wie schon gesagt, von magnetischen Feldlinien durchsetzt; die Spannung zwischen den Leitern führt entsprechend dazu, dass in dem kleinen Teilstück auch ein elektrisches Feld herrscht. Das bedeutet also, dass wir jedem Teilstück der Länge d$x$ eine Induktivität d$L$ und eine Kapazität d$C$ zuordnen können. Eine verlustlose Leitung lässt sich demnach als Kettenleiter aus kleinen (Längs-)Induktivitäten d$L$ und kleinen (Quer-)Kapazitäten d$C$ darstellen, vgl. Bild 3.3-2.

Bei realen Leitungen gibt es Verluste durch die Widerstände der Leiter und durch von null verschiedene Leitwerte (schlechte Isolation) zwischen den Leitern; ein einprägsames Beispiel einer verlustbehafteten Leitung ist ein Eisenbahngleis mit dem Widerstand der Schienen und dem Leitwert („Ableitung"), der hauptsächlich durch die Schwellen verursacht wird. Wir müssen deshalb bei verlustbehafteten Leitungen die „differenziellen Stücke" des Kettenleiters (vgl. Bild 3.3-2) jeweils ergänzen: In Reihe mit der kleinen Induktivität d$L$ ein kleiner Widerstand d$R$ (Beitrag beider Leiter zusammengefasst!) und parallel zur kleinen Kapazität d$C$ eine kleine Ableitung d$G$.

Bei beliebigen Leitungen gilt für den Zusammenhang zwischen den Belägen und den Größen des differenziellen Leitungsstücks:

$$\begin{aligned} \mathrm{d}L &= L'\,\mathrm{d}x \\ \mathrm{d}C &= C'\,\mathrm{d}x \\ \mathrm{d}R &= R'\,\mathrm{d}x \\ \mathrm{d}G &= G'\,\mathrm{d}x \end{aligned} \tag{3.3-1}$$

Für verlustlose Leitungen nach Bild 3.3-3 sollen nun die Beläge angegeben werden. Die Leiter können in Luft verlaufen oder in ein Medium $\varepsilon_r > 1$, seltener auch $\mu_r > 1$ eingebettet sein.

In der theoretischen Elektrotechnik wird die Aufgabe gelöst, Induktivität $L$ und Kapazität $C$ derartiger Anordnungen mit großer Länge $l$ zu bestimmen. Wir erhalten nach [01-1] die Beläge der Paralleldrahtleitung mit $a \gg r$

$$L' = \frac{L}{l} = \frac{\mu_\mathrm{r}\mu_0}{\pi}\ln\frac{a}{r} \tag{3.3-2}$$

$$C' = \frac{C}{l} = \frac{\varepsilon_\mathrm{r}\varepsilon_0\,\pi}{\ln\dfrac{a}{r}} \tag{3.3-3}$$

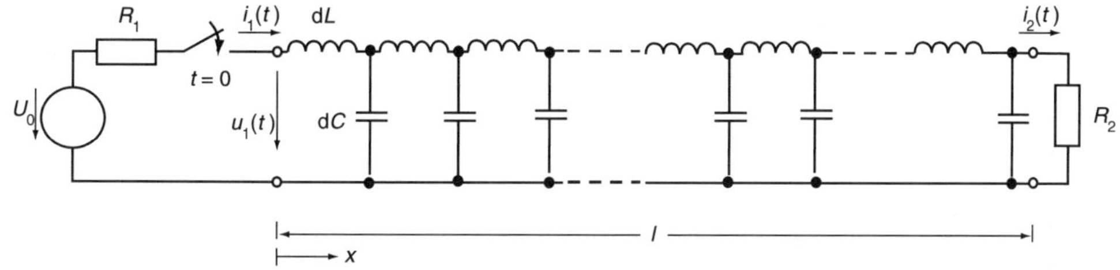


Bild 3.3-2 Einschalten einer Gleichspannung auf eine verlustlose Leitung

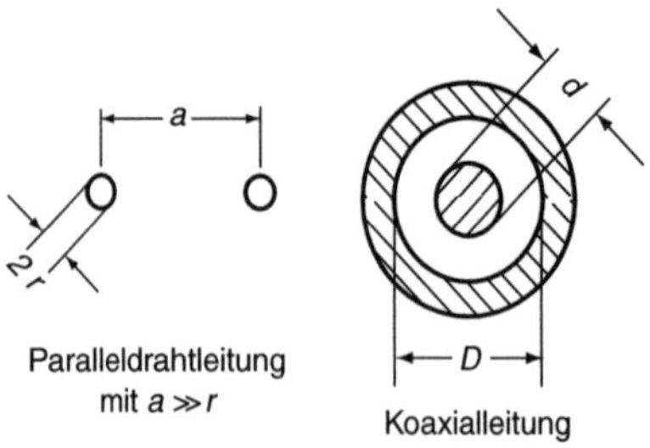


Bild 3.3-3 Querschnitte wichtiger Leitungstypen

und für die hier vor allem interessierenden hinreichend hohen Frequenzen (Größenordnung MHz) die Beläge der Koaxialleitung

$$L' = \frac{L}{l} = \frac{\mu_r \mu_0}{2\pi} \ln \frac{D}{d} \tag{3.3-4}$$

$$C' = \frac{C}{l} = 2\pi \, \varepsilon_r \varepsilon_0 \frac{1}{\ln \frac{D}{d}} \tag{3.3-5}$$

Bildet man das Produkt zusammengehöriger Größen, so erhält man in beiden Fällen dieselbe Konstante:

$$L'C' = \varepsilon_r \mu_r \cdot \varepsilon_0 \mu_0 \tag{3.3-6}$$

Dies gilt nun überhaupt für alle zylindrischen Anordnungen, d.h. solche, bei denen der (beliebige) Querschnitt an allen Stellen der Leitung gleich ist.

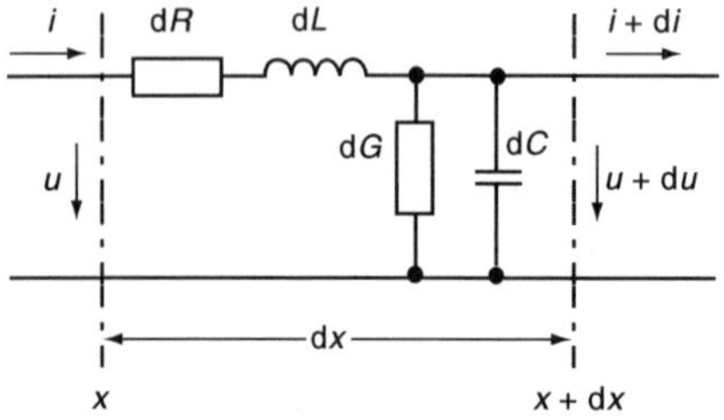


Bild 3.3-4 Ortsabhängigkeit der Spannungen und Ströme am differenziellen Leitungsstück

Für die folgenden Kapitel sind die Erkenntnisse über Vierpole aus 2.5 eine wichtige Grundlage. Deshalb sollte man ggf. diesen Abschnitt nochmals nachlesen.

### 3.3.2 Differenzialgleichungen der Leitung

Nach unseren Vorbetrachtungen wissen wir, dass die Vorgänge auf Leitungen Funktionen des Ortes und der Zeit sind. Wir benutzen eine vom Generatoranschluss aus gezählte Ortskoordinate $x$, vgl. Bild 3.3-2. An irgendeiner Stelle $x$ können wir ein kleines Stück $\mathrm{d}x$ („differenzielles Stück") aus der Leitung herausgreifen. Wir betrachten die am differenziellen Stück auftretenden Größen, ohne irgendwelche Voraussetzungen bezüglich Generator oder Verbraucher zu machen. Das elektrische Feld zu einer Zeit $t$ an einer Stelle $x$ können wird durch die Spannung $u(x, t)$ an dieser Stelle beschreiben. Entsprechend können wir stellvertretend für das magnetische Feld den Strom $i(x, t)$ nehmen. Damit ergibt sich das in Bild 3.3-4 dargestellte Ersatzschaltbild für das differenzielle Stück einer Leitung vom TEM-Typ, in dem wir auch die Verluste berücksichtigt haben.

Aus Bild 3.3-4 erhält man mit Gl. (3.3-1) durch Ansatz der Spannungsänderung (bei annähernd gleich bleibendem Strom) und der Stromänderung (bei annähernd gleich bleibender Spannung) nach der Maschen- bzw. Knotenregel folgende partielle Differenzialgleichungen:

$$-\frac{\partial u}{\partial x} = R'i + L'\frac{\partial i}{\partial t} \tag{3.3-7}$$

$$-\frac{\partial i}{\partial x} = G'u + C'\frac{\partial u}{\partial t} \tag{3.3-8}$$

Um beispielsweise den Strom zu eliminieren, leiten wir die eine Gleichung partiell nach $t$, die andere partiell nach $x$ ab:

$$-\frac{\partial^2 u}{\partial x^2} = R'\frac{\partial i}{\partial x} + L'\frac{\partial^2 i}{\partial t\,\partial x}$$

$$-\frac{\partial^2 i}{\partial x\,\partial t} = G'\frac{\partial u}{\partial t} + C'\frac{\partial^2 u}{\partial t^2}$$

Wir berücksichtigen noch Gl. (3.3-8), setzen alle Terme ein und erhalten:

$$\frac{\partial^2 u}{\partial x^2} = L'C'\frac{\partial^2 u}{\partial t^2} + (R'C' + L'G')\frac{\partial u}{\partial t} + R'G'u \qquad (3.3\text{-}9)$$

Diese partielle Differenzialgleichung mit konstanten reellen Koeffizienten bezeichnet man als *Telegrafengleichung* für die Spannung *u*.

**Beispiel:**
Magnetisches und elektrisches Feld sind bei der Wellenausbreitung miteinander verkettet. Aus alter Gewohnheit bevorzugt man häufig die Spannung, d.h. das elektrische Feld. Zeigen Sie, dass man aus den Gln. (3.3-7), (3.3-8) auch die Spannung eliminieren kann. Die resultierende Gleichung für den Strom ist genau gleich aufgebaut wie Gl. (3.3-9); d.h., man braucht dort nur *u* durch *i* zu ersetzen.

## 3.3.3 Leitungsgleichungen bei sinusförmiger Erregung

Die Telegrafengleichung Gl. (3.3-9) gilt für beliebige *u* (bzw. *i*, vgl. 3.3.2). Da in der Praxis der Fall stationärer Sinusschwingungen überragende Bedeutung hat, ist man an speziell zugeschnittenen *Leitungsgleichungen* für diesen Fall interessiert. Wir können hier die gewohnte komplexe Rechnung verwenden; da die Differenziation nach der Zeit wegfällt, benötigen wir auch keine partielle Schreibweise mehr. Man bereitet also vor

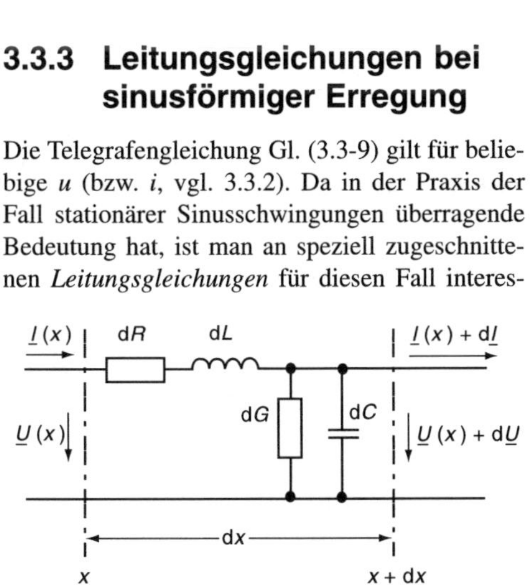


Bild 3.3-5 Differenzielles Leitungsstück bei Sinuserregung

$$\underline{u}(x,t) = \sqrt{2}\,\underline{U}(x)\mathrm{e}^{\mathrm{j}\omega t}$$

$$\frac{\mathrm{d}\underline{u}}{\mathrm{d}t} = \sqrt{2}\,\mathrm{j}\omega\,\underline{U}(x)\mathrm{e}^{\mathrm{j}\omega t}$$

$$\frac{\mathrm{d}^2\underline{u}}{\mathrm{d}t^2} = -\sqrt{2}\,\omega^2\,\underline{U}(x)\mathrm{e}^{\mathrm{j}\omega t} \qquad (3.3\text{-}10)$$

und kommt durch Einsetzen in die Telegrafengleichung zu der modifizierten Form Gl. (3.3-12).

Ein anderer Weg besteht darin, sich das differenzielle Leitungsstück für komplexe Größen nochmals aufzuzeichnen (Bild (3.3-5) und entsprechend Gln. (3.3-7) und(3.3-8)), unter Berücksichtigung von Gl. (3.3-1) anzusetzen:

$$-\frac{\mathrm{d}\underline{U}(x)}{\mathrm{d}x} = R'\underline{I}(x) + \mathrm{j}\omega L'\underline{I}(x)$$

$$-\frac{\mathrm{d}\underline{I}(x)}{\mathrm{d}x} = G'\underline{U}(x) + \mathrm{j}\omega C'\underline{U}(x) \qquad (3.3\text{-}11)$$

Sinngemäß wie beim Herleiten der Telegrafengleichung kann man den Strom eliminieren und erhält auch auf diesem Weg

$$\frac{\mathrm{d}^2\underline{U}(x)}{\mathrm{d}x^2} = (R' + \mathrm{j}\omega L')(G' + \mathrm{j}\omega C')\underline{U}(x) \qquad (3.3\text{-}12)$$

Diese Gleichung lösen wir mit dem folgenden Ansatz:

$$\underline{U}(x) = \underbrace{\underline{U}'\mathrm{e}^{-\gamma x}}_{\underline{U}_\mathrm{h}(x)} + \underbrace{\underline{U}''\mathrm{e}^{+\gamma x}}_{\underline{U}_\mathrm{r}(x)} \qquad (3.3\text{-}13)$$

Dabei sind $\underline{U}'$, $\underline{U}''$ und $\gamma$ Konstanten; die letztere ergibt sich sofort durch Ableiten von Gl. (3.3-13) und Vergleich mit Gl. (3.3-12):

$$\gamma = \sqrt{(R' + j\omega L')\,(G' + j\omega C')} = \alpha + \mathrm{j}\beta \qquad (3.3\text{-}14)$$

Man bezeichnet $\gamma$ als *Ausbreitungs-*, $\alpha$ als *Dämpfungs-* und $\beta$ als *Phasenkoeffizient.*

In 2.5 haben wir bereits die Größe Wellenwiderstand $\underline{Z}_W$ eingeführt. Aus den dort als Beispiel betrachteten Kettenleitern folgt mit unserer Bezeichnung für die verlustbehaftete Leitung bei sinusförmiger Erregung mit Kreisfrequenz ω:

$$\underline{Z}_W = \sqrt{\frac{R' + \mathrm{j}\omega L'}{G' + \mathrm{j}\omega C'}} \qquad (3.3\text{-}15)$$

Ohne Verluste bzw. bei hinreichend großer Betriebsfrequenz wird

$$\underline{Z}_W = Z_W = \sqrt{\frac{L'}{C'}} \qquad (3.3\text{-}16)$$

In Bild (3.3-6) sind die Größen $\underline{U}(x) = \underline{U}_h(x) + \underline{U}_r(x)$ (vgl. Gl. (3.3-13)) und $\underline{I}(x) = \underline{I}_h(x) + \underline{I}_r(x)$ definiert. Wie wir in 3.4 beweisen werden, breitet sich von rechts nach links die so genannte rückläufige Welle aus. Da bei einer sich ausbreitenden Welle elektrisches und magnetisches Feld durch den Wellenwiderstand verknüpft sind, gilt mit obigen Definitionen

$$\frac{\underline{U}_r}{-\underline{I}_r} = \underline{Z}_W$$

oder

$$\frac{\underline{U}_r}{\underline{I}_r} = -\underline{Z}_W \qquad (3.3\text{-}17)$$

Dieser „negative Widerstand“ ist eine Bestätigung dafür, dass die rücklaufende Welle Energie an den Generator zurückliefert.

Mit Gl. (3.3-13) und Gl. (3.3-17) ergibt sich

$$\begin{aligned}\underline{I}(x) &= \frac{1}{\underline{Z}_W}\left\{\underline{U}_h(x) - \underline{U}_r(x)\right\}\\ &= \frac{1}{\underline{Z}_W}\left\{\underline{U}'\mathrm{e}^{-\gamma x} - \underline{U}''\mathrm{e}^{+\gamma x}\right\}\end{aligned} \qquad (3.3\text{-}18)$$

**Bestimmung der Konstanten $\underline{U}'$ und $\underline{U}''$**

Während $\gamma$ und $\underline{Z}_W$ Kenngrößen der verwendeten Leitung sind, ergeben sich die Konstanten $\underline{U}'$ und $\underline{U}''$ aus den Randbedingungen, nämlich den Abschlüssen der Leitung am Anfang und Ende (Bild 3.3-6).

**Beispiel:**

Eingangsspannung $\underline{U}_1$ und Eingangsstrom $\underline{I}_1$ sind aus einer Messung bekannt. $\underline{U}'$ und $\underline{U}''$ sind zu bestimmen. Aus Gln. (3.3-13) und (3.3-18) erhält man zwei Bestimmungsgleichungen:

$$\begin{aligned}\underline{U}(0) &= \underline{U}_1 = \underline{U}' + \underline{U}''\\ \underline{Z}_W \underline{I}_1 &= \underline{U}' - \underline{U}''\end{aligned} \qquad (3.3\text{-}19)$$

Durch Addition bzw. Subtraktion erhält man

$$\begin{aligned}\underline{U}' &= \tfrac{1}{2}(\underline{U}_1 + \underline{Z}_W \underline{I}_1)\\ \underline{U}'' &= \tfrac{1}{2}(\underline{U}_1 - \underline{Z}_W \underline{I}_1)\end{aligned} \qquad (3.3\text{-}20)$$

Es sei nochmals ausdrücklich vermerkt, dass es sich hier um Konstanten handelt; man darf sie – wie auch die Beläge – nicht mit Ableitungen einer Funktion verwechseln. Da in der Literatur die Schreibweise $\underline{U}'$ und $\underline{U}''$ überwiegend gebraucht wird, wollen wir sie auch hier verwenden, obwohl beispielsweise $\vec{\underline{U}}$ an Stelle von

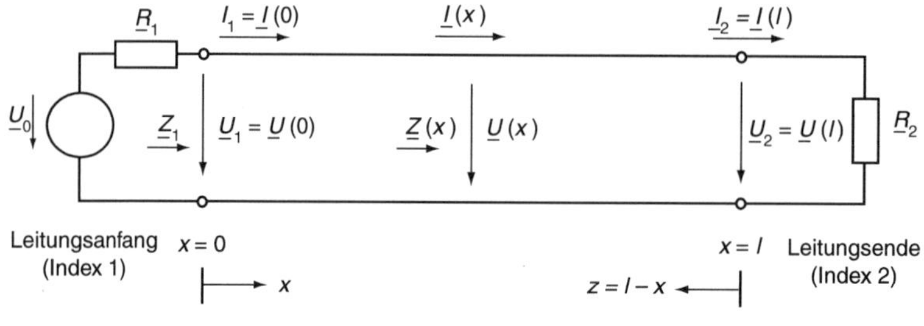


Bild 3.3-6
Leitung mit Abschlüssen

$\underline{U}'$ und $\overleftarrow{\underline{U}}$ an Stelle von $\underline{U}''$ anschaulicher wäre (Problem allerdings: Mündlicher Gebrauch?).

**Beispiel:**
Von den drei Größen $\underline{U}_2$, $\underline{I}_2$ und $\underline{R}_2$ am Leitungsende müssen zwei bekannt sein, dann ergibt sich die dritte daraus. Die Konstanten $\underline{U}'$ und $\underline{U}''$ sollen als Funktion von $\underline{U}_2$und $\underline{I}_2$ dargestellt werden. Man geht von denselben Gleichungen wie im vorigen Beispiel aus, setzt jetzt $x = l$ ein und erhält schließlich

$$\begin{aligned}\underline{U}' &= \tfrac{1}{2}\mathrm{e}^{+\gamma l}(\underline{U}_2 + \underline{Z}_W \underline{I}_2)\\ \underline{U}'' &= \tfrac{1}{2}\mathrm{e}^{-\gamma l}(\underline{U}_2 - \underline{Z}_W \underline{I}_2)\end{aligned} \qquad (3.3\text{-}21)$$

**Resultierende Leitungsgleichungen**

Setzen wir die jeweiligen Konstantenpaare in Gl. (3.3-13) und Gl. (3.3-18) ein, so können wir die Spannung $\underline{U}(x)$ und den Strom $\underline{I}(x)$ an beliebiger Stelle $x$ der Leitung in Abhängigkeit von den Größen am Leitungsanfang bzw. –ende ermitteln. Dabei treten Summen und Differenzen von Exponentialfunktionen auf, die wegen

$$\begin{aligned}\frac{\mathrm{e}^{+\gamma} + \mathrm{e}^{-\gamma}}{2} &= \cosh y\\ \frac{\mathrm{e}^{+\gamma} - \mathrm{e}^{-\gamma}}{2} &= \sinh y\end{aligned} \qquad (3.3\text{-}22)$$

auf Hyperbelfunktionen führen. Nach dieser mathematischen Umformung können wir in den entsprechenden Gleichungen die Anteile der Einzelwellen nicht mehr erkennen. Der Zusammenhang mit dem Leitungsende ergibt sich zu

$$\begin{aligned}\underline{U}(x) &= \underline{U}_2 \cdot \cosh\gamma\,(l-x) + \underline{Z}_W \cdot \underline{I}_2 \cdot \sinh\gamma\,(l-x)\\ \underline{I}(x) &= \frac{\underline{U}_2}{\underline{Z}_W} \cdot \sinh\gamma\,(l-x) + \underline{I}_2 \cdot \cosh\gamma\,(l-x)\end{aligned} \qquad (3.3\text{-}23)$$

Sind die Größen $\underline{U}_1$ und $\underline{I}_1$ bekannt (Leitungsanfang), so gilt

$$\underline{U}(x) = \underline{U}_1 \cdot \cosh\gamma x - \underline{Z}_W \cdot \underline{I}_1 \cdot \sinh\gamma x$$

$$\underline{I}(x) = -\frac{\underline{U}_1}{\underline{Z}_W} \sinh\gamma\, x + \underline{I}_1 \cdot \cosh\gamma\, x \qquad (3.3\text{-}24)$$

Man beachte, dass $\underline{U}_1$ die tatsächlich am Leitungsanfang messbare Spannung ist, die man nicht mit der Generatorspannung $\underline{U}_0$ verwechseln darf. Sollte an Stelle von $\underline{U}_1$ der Generator gegeben sein, so kann man aber $\underline{U}_1$ leicht bestimmen, vgl. Bild 3.3-6:

$$\underline{U}_1 = \underline{U}_0 - \underline{R}_1 \underline{I}_1 = \underline{U}_0 \frac{\underline{Z}_1}{\underline{R}_1 + \underline{Z}_1} \qquad (3.3\text{-}25)$$

Wir haben hier noch den Eingangswiderstand $\underline{Z}_1$ angesprochen, der evtl. aus einer geeigneten Messung bekannt sein kann. Auf die rechnerische Bestimmung kommen wir in 3.5 zurück.

# 3.4 Ausbreitungsvorgänge bei TEM-Leitungen

## 3.4.1 Anschauliche Beschreibung

Wir betrachten die verlustlose Leitung nach Bild 3.3-2. Zumindest im ersten Augenblick nach dem Einschalten ist sicher $i_2\,(+0) \equiv 0$, da bekanntlich der Energietransport höchstens mit Lichtgeschwindigkeit $c$ vonstatten gehen kann! Der Generator gibt nach dem Einschalten Energie an die Leitung ab. Im Zeitraum $t<l/c$ kann diese Energie noch nicht bis zum Verbraucher $R_2$ vorgedrungen sein, d.h., in dem genannten Zeitraum könnten wir den Abschluss $R_2$ beispielsweise abschalten oder kurzschließen, ohne dass sich am Ablauf irgendetwas ändern würde.

Man kann sich anhand Bild 3.3-2 vorstellen, wie die Laufzeit zustandekommt: Die Aufladung der Energiespeicher ($\mathrm{d}L$, $\mathrm{d}C$) in jedem Element der Leitung dauert eine gewisse Zeit und die Elemente werden (in erster Näherung) nacheinander geladen. Wäre der Kettenleiter unendlich lang, so käme der Vorgang nie zu einem Ende, und der Generator gäbe während der ganzen Zeit gleich bleibend Leistung ab. Wie groß ist diese Leistung?

In [01-1] wurde für einen vergleichbaren Kettenleiter der Eingangswiderstand bestimmt; aus dieser Rechnung in Verbindung mit Gl. (3.3-1) entnehmen wir, dass der Generator bei dem unendlich langen Kettenleiter bei allen Frequenzen (ein Gleichspannungssprung enthält nach 2.3.4.3 alle Frequenzen!) einen Eingangswiderstand der Leitung mit dem Wert $\sqrt{L'/C'}$ „sieht". Der Generator mit dem Innenwiderstand $R_1$ gibt also reine Wirkleistung ab, obwohl die verlustlose Leitung ausschließlich aus Blindwiderständen besteht; diese Leistung wird zum sukzessiven Aufbau der Felder benötigt.

Im Fall der Anpassung $(R_1 = \sqrt{L'/C'})$ wird die abgegebene Leistung maximal.

Ist die Leitung unendlich lang, so kommt die Wellenausbreitung von links nach rechts nie zu einem Ende. Der Generator wird also gleich bleibend Energie abgeben. Hat die Leitung aber die endliche Länge $l$, so kommt es entscheidend darauf an, welcher Abschlusswiderstand $R_2$ vorliegt. Wir kennen Spezialfälle von $R_2$, in denen keinerlei Wirkleistung umgesetzt werden kann: Kurzschluss und Leerlauf (Spannung bzw. Strom null, gibt in beiden Fällen Wirkleistung null). Bei anderen vom Fall der Anpassung verschiedenen Werten von $R_2$ kann die durch die *„hinlaufende Welle"* vom Generator gelieferte Energie nur zum Teil in $R_2$ umgesetzt werden. Da die verlustlose Leitung keine Wirkleistung verbrauchen kann, bleibt in allen Fällen der Fehlanpassung nur die Möglichkeit, durch eine *„rücklaufende Welle"* Energie zum Generator zurückzuliefern.

## 3.4.2 Rechnerischer Beweis der Wellenausbreitung auf einer verlustlosen Leitung

Durch die Verluste werden die sich ausbreitenden Wellen gedämpft. Deshalb ist es, um den Zusammenhang mit 3.4.1 zu gewinnen, besser, wenn wir jetzt auf die verlustlose Leitung übergehen, also $R' = 0$ und $G' = 0$ setzen. Dafür erhalten wir aus Gl. (3.3-9)

$$\frac{\partial^2 u}{\partial x^2} = L'C' \frac{\partial^2 u}{\partial t^2} \tag{3.4-1}$$

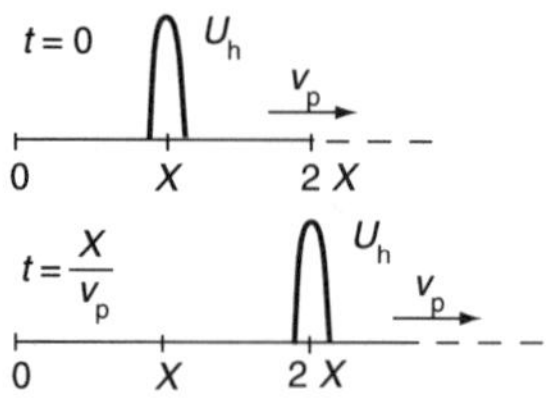


Bild 3.4-1 Zwei Momentaufnahmen der hinlaufenden Welle $u_h(x-v_p t)$

Diese partielle Differenzialgleichung tritt bei allen möglichen Ausbreitungsvorgängen in der Natur auf. D'Alembert (1717–1783) hat als Erster ihre allgemeine Lösung gefunden. Er entdeckte die Gleichung, als er eine schwingende Saite untersuchte.

Die Lösung dieser Differenzialgleichung wird für uns besonders einfach, weil wir bereits Kenntnisse über Vorgänge auf Leitungen haben. Wir wissen nämlich, dass wir im allgemeinen Fall mit Wellen rechnen müssen, die sich mit gleich bleibender Geschwindigkeit $v_p$ in positiver $x$-Richtung ausbreiten („hinlaufende" Wellen) und entsprechend mit Wellen in Gegenrichtung („rücklaufende" Wellen). Aus Bild 3.4-1 ersehen wir, wie man eine hinlaufende Welle beschreiben kann: Kennt man den Zustand an einer Stelle $X$ zur Zeit t = 0, so wird derselbe Zustand nach der Zeit $t = X/v_p$ an die Stelle $2\,X$ gelangt sein.

Eine Welle in positiver $x$-Richtung wird demnach durch das Argument $(x - v_p t)$ beschrieben; bei der Bewegung in der Gegenrichtung tritt entsprechend das Argument $(x + v_p t)$ auf. Wir setzen also an:

Hinlaufende Spannungswelle:

$$u_h(x,t) = u_h(x - v_p\, t) \tag{3.4-2}$$

Rücklaufende Spannungswelle:

$$u_r(x,t) = u_r(x + v_p\, t) \tag{3.4-3}$$

Bei Leitungen mit Fehlanpassung an beiden Enden gibt es, wie wir in 3.4.5 noch genauer diskutieren werden, viele Wellen, die z.B. in positiver $x$-Richtung laufen. Die Leitung ist ein lineares Gebilde, d.h. es gilt der Überlagerungssatz. Da alle Wellen in einer Richtung mit gleicher Geschwindigkeit $v_p$ laufen, überlagern sie sich zu einer resultierenden hinlaufenden und entsprechend zu einer rücklaufenden Welle. Wenn diese Überlegung richtig ist, müssen wir die an irgendeiner Stelle $x$ zu irgendeiner Zeit $t$ messbare Spannung $u(x, t)$ durch folgenden Ansatz beschreiben können:

$$u(x,t) = u_\mathrm{h}\underbrace{(x - v_\mathrm{p}\,t)}_{\mu} + u_\mathrm{r}\underbrace{(x + v_\mathrm{r}\,t)}_{\eta} \qquad (3.4\text{-}4)$$

Dieser Lösungsansatz muss also die Differenzialgleichung Gl. (3.4-1) erfüllen, was wir nachstehend beweisen wollen.

Um in Gl. (3.4-1) einsetzen zu können, leiten wir $u(x, t)$ zunächst partiell nach $x$ ab, wobei wir die Abkürzungen $\mu$ und $\eta$ benutzen:

$$\frac{\partial u}{\partial x} = \frac{\partial u_\mathrm{h}}{\partial \mu}\cdot\frac{\partial \mu}{\partial x} + \frac{\partial u_\mathrm{r}}{\partial \eta}\cdot\frac{\partial \eta}{\partial x} = \frac{\partial u_\mathrm{h}}{\partial \mu} + \frac{\partial u_\mathrm{r}}{\partial \eta}$$

$$\frac{\partial^2 u}{\partial x^2} = \frac{\partial^2 u_\mathrm{h}}{\partial \mu^2} + \frac{\partial^2 u_\mathrm{r}}{\partial \eta^2} \qquad (3.4\text{-}5)$$

Entsprechend die Ableitung nach $t$:

$$\frac{\partial u}{\partial t} = \frac{\partial u_\mathrm{h}}{\partial \mu}\cdot\frac{\partial \mu}{\partial t} + \frac{\partial u_\mathrm{r}}{\partial \eta}\cdot\frac{\partial \eta}{\partial t} = -v_\mathrm{p}\frac{\partial u_\mathrm{h}}{\partial \mu} + v_\mathrm{p}\frac{\partial u_\mathrm{r}}{\partial \eta} \qquad (3.4\text{-}6)$$

$$\frac{\partial^2 u}{\partial t^2} = v_\mathrm{p}^{\,2}\left\{\frac{\partial^2 u_\mathrm{h}}{\partial \mu^2} + \frac{\partial^2 u_\mathrm{r}}{\partial \eta^2}\right\} \qquad (3.4\text{-}7)$$

Setzen wir Gl. (3.4-5) und Gl. (3.4-7) in Gl. (3.4-1) ein, so finden wir, dass die Gleichung für

$$v_\mathrm{p} = \frac{1}{\sqrt{L'C'}} \qquad (3.4\text{-}8)$$

erfüllt ist. Für die homogene zylindrische Anordnung ergibt sich mit Gl. (3.3-6) bei $\varepsilon_r = \mu_r = 1$, d.h. in Vakuum oder in Luft, als *größtmögliche Ausbreitungsgeschwindigkeit die Lichtgeschwindigkeit*

$$v_\mathrm{p\,max} = \frac{1}{\sqrt{\varepsilon_0\,\mu_0}} = c \qquad (3.4\text{-}9)$$

In einem anderen Medium vollzieht sich die Ausbreitung langsamer:

$$v_\mathrm{p\,Medium} = \frac{c}{\sqrt{\varepsilon_\mathrm{r}\,\mu_\mathrm{r}}} \qquad (3.4\text{-}10)$$

## 3.4.3 Ausbreitung bei Sinuserregung

Unsere früheren Betrachtungen, die für beliebige Sendefunktionen (Erregungen) gemacht wurden, müssen natürlich auch für den speziellen Fall der Sinuserregung Gültigkeit behalten. So haben wir beispielsweise festgestellt, dass sich die Spannung an irgendeinem Ort aus den Anteilen der hin- und rücklaufenden Wellen zusammensetzt, siehe Gl. (3.4-4). Es lohnt sich daher zu überprüfen, ob z.B. der erste Beitrag auf der rechten Seite von Gl. (3.3-13) die hinlaufende Welle darstellt. Wir schreiben also (vorbehaltlich der Nachprüfung):

$$\underline{U}_\mathrm{h}(x) = \underline{U}'\mathrm{e}^{-\alpha\,x}\;\mathrm{e}^{-\mathrm{j}\,\beta x} \qquad (3.4\text{-}11)$$

$\underline{U}'$ ist eine Konstante. Wenn man vom Generator aus der Leitung entlang geht (positive $x$-Richtung), dann nimmt die Größe der Welle durch den Einfluss der Dämpfung ab ($\alpha$>0). Außerdem wird der Zeiger $\underline{U}_\mathrm{h}(x)$ gegenüber dem Eingang der Leitung ($x$ = 0) zunehmend nacheilen (Einfluss des Phasenkoeffizienten $\beta$ über den Term $\mathrm{e}^{-\mathrm{j}\beta x}$), d.h., die hinlaufende Welle erreicht Orte mit größerem $x$ später. Die genannten Eigenschaften zeigen bereits hinreichend, dass es sich bei Gl. (3.4-11) tatsächlich um die hinlaufende Welle handelt; natürlich kann man dies auch rechnerisch beweisen.

**Beispiel:**
Durch Einführung des Augenblickswertes nach Gl. (2.3-2 ff.) soll bewiesen werden, dass Gl. (3.4-11) tatsächlich die Bedingung für die hinlaufende Welle Gl. (3.4-2) erfüllt. Zunächst erhält man

$$\begin{aligned}\underline{u}_\mathrm{h}(x,t) &= \sqrt{2}\;\underline{U}_\mathrm{h}(x)\,\mathrm{e}^{\mathrm{j}\,\omega t}\\ &= \sqrt{2}\;\underline{U}'\mathrm{e}^{-\alpha x}\;\mathrm{e}^{-\mathrm{j}(\beta x-\omega t)}\end{aligned} \qquad (3.4\text{-}12)$$

Das Argument der zweiten e-Funktion lässt sich mit Gl. (3.4-17) umformen:

$$\beta\left(x-\frac{\omega}{\beta}t\right)=\beta\,(x-v_\mathrm{p}\,t) \tag{3.4-13}$$

Damit ist der Beweis bereits geführt. Man kann von Gl. (3.4-12) noch auf den physikalischen Augenblickswert, siehe Gl. (2.3-4), übergehen und erhält

$$u_\mathrm{h}(x,t)\sim \mathrm{e}^{-\alpha x}\cos\left[\beta\,(x-v_\mathrm{p}t)\right] \tag{3.4-14}$$

Für einen bestimmten Zeitpunkt ergibt sich also $\underline{U}_\mathrm{h}(x)$ als abklingende gedämpfte cos-Funktion. Bei einer verlustlosen Leitung ($\alpha$ = 0) erhält man, wenn in Gl. (3.4-14) verschiedene äquidistante Zeitpunkte eingesetzt werden, eine dem Bild 3.4-2 entsprechende Darstellung der hinlaufenden Welle.

Damit steht nach Gl. (3.3-13) auch der Wert der rücklaufenden Welle fest:

$$\underline{U}_\mathrm{r}(x)=\underline{U}''\mathrm{e}^{+\alpha x}\mathrm{e}^{-\mathrm{j}\beta x} \tag{3.4-15}$$

Die rücklaufende Welle entsteht am rechten Leitungsende bei Fehlanpassung. Sie läuft in Richtung abnehmender $x$-Werte und wird entsprechend Gl. (3.4-15) gedämpft und in der Phase gedreht. Man kann sinngemäß wie oben zeigen, dass Gl. (3.4-3) erfüllt ist.

Wir wollen den Ausbreitungsvorgang am Beispiel von $\underline{U}_\mathrm{h}(x)$ studieren. Zu einem bestimmten Zeitpunkt $t_1$ sollen die Spannungszeiger an den verschiedenen Stellen des in Bild 3.4-2 gezeigten Leitungsstücks die gezeichnete Lage haben: je weiter die Stelle vom Leitungsanfang entfernt ist, umso mehr eilt die Spannung nach, wie aus Gl. (3.3-13) hervorgeht. In einem späteren Zeitpunkt $t_2$ haben sich alle Zeiger um den Winkel $\omega\cdot(t_2-t_1)$ gedreht. Könnten wir die Spannungsverteilung auf der Leitung sichtbar machen und würden wir sie zu äquidistanten Zeitpunkten $t_1$, $t_2$, $t_3$, …, stroboskopisch beleuchten, so ergäbe sich das Bild der nach rechts wandernden Welle.

Wir betrachten eine bestimmte Phasenlage, z.B. einen aufsteigenden Nulldurchgang. Bei einer Momentaufnahme finden wir dieselbe Phase in einem gewissen Abstand wieder vor. Per Definition ist dieser Abstand, in welchem die Phase um 2 π dreht:

$$\text{Wellenlänge} = \lambda=\frac{2\pi}{\beta} \tag{3.4-16}$$

Andererseits erscheint an einer räumlich festen Stelle nach der Zeit $T=1/f$ wieder dieselbe Phasenlage. Der Vergleich des räumlichen Abstandes und des zeitlichen Abstandes bis zur gleichen Phase ergibt die *Phasengeschwindigkeit* $v_\mathrm{p}$:

$$v_\mathrm{p}=\frac{\lambda}{T}=\frac{2\pi}{\beta}f=\frac{\omega}{\beta} \tag{3.4-17}$$

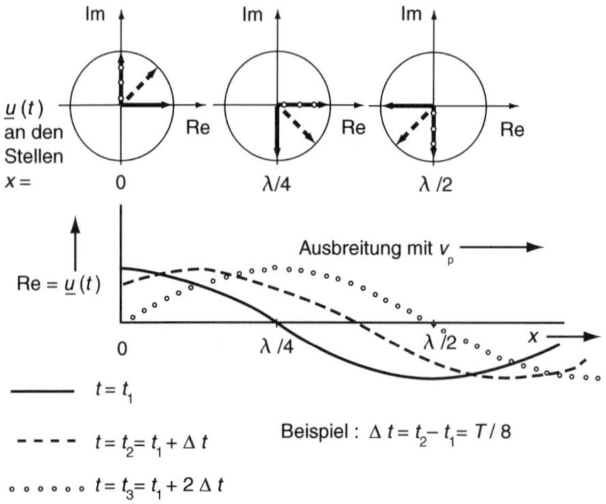


Bild 3.4-2 Ausbreitungsvorgang bei sinusförmiger Erregung

Für die *Phasenlaufzeit* $t_p$ über eine Leitung der Länge $l$ finden wir:

$$t_p = \frac{l}{v_p} = \frac{\beta \cdot l}{\omega} = \frac{b}{\omega} \qquad (3.4\text{-}18)$$

Die Ausbreitung erfolgt bei $\varepsilon_r = \mu_r = 1$ (Vakuum, Luft) mit Lichtgeschwindigkeit, in anderen Medien jedoch langsamer, wie wir schon in den Gln. (3.4-9) und (3.4-10) gesehen haben. Da die Frequenz $f$ eingeprägt ist, gilt

$$\frac{v_{p\,\text{Medium}}}{v_{p\,\text{Luft}}} = \frac{\lambda_{\text{Medium}}}{\lambda_{\text{Luft}}} = \frac{1}{\sqrt{\varepsilon_r \mu_r}} \qquad (3.4\text{-}19)$$

### 3.4.4 Vorgänge an einer Stoßstelle des Wellenwiderstandes

Gegeben ist die Schaltung nach Bild 3.4-3. Die von links kommende Welle wird an der Stoßstelle $x_s$ zum Teil reflektiert. Die entstehende rücklaufende Spannungswelle im Stück 1 ($u_{r1}$) hängt über den Reflexionsfaktor $\underline{r}_u$ mit der hinlaufenden Welle $u_{h1}$ zusammen. Die weiterlaufende Welle in der Leitung 2 errechnet sich aus $u_{h1}$ über den Übertragungsfaktor $\underline{ü}_u$. Die Faktoren sind bei dem gegebenen Fall reell; wir wollen durch die Unterstreichung zunächst nur daran erinnern, dass $\underline{r}_u$ und $\underline{ü}_u$ positiv oder negativ sein können.

Die Berechnung der Verhältnisse an einer Stoßstelle geht von den *Kontinuitätsbedingungen für Spannung und Strom an der Stoßstelle* aus. Die Summe von hin- und rücklaufender Welle in Leitung 1 muss gleich der hinlaufenden Welle in Leitung 2 sein:

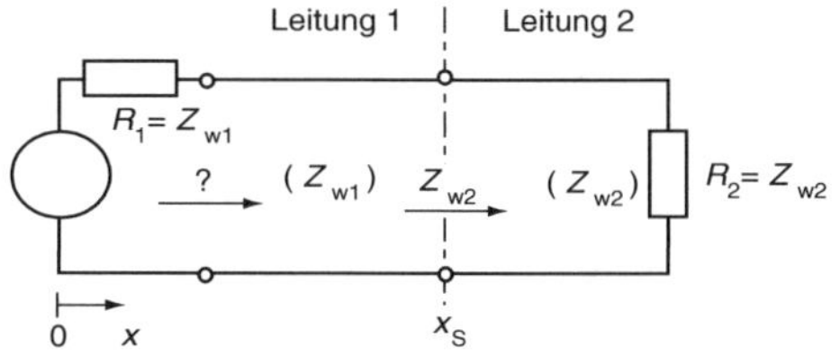


Bild 3.4-3 Stoßstelle des Wellenwiderstandes

$$\begin{aligned} u_{h1} + u_{r1} &= u_{h2} && \Big|\cdot 1 && \Big|\cdot(-1) \\ i_{h1} + i_{r1} = \frac{u_{h1}}{Z_{w1}} - \frac{u_{r1}}{Z_{w1}} &= \frac{u_{h2}}{Z_{w2}} && \Big|\cdot Z_{w1} && \Big|\cdot Z_{w2} \end{aligned}$$

$$u_{h2} = \frac{2Z_{w2}}{Z_{w1}+Z_{w2}} u_{h1} = \underline{ü}_u u_{h1} \qquad (3.4\text{-}20)$$

$$u_{r1} = \frac{Z_{w2}-Z_{w1}}{Z_{w2}+Z_{w1}} u_{h1} = \underline{r}_u u_{h1} \qquad (3.4\text{-}21)$$

Die hinlaufende Spannungswelle in Leitung 2 ergibt sich aus der in Leitung 1 über den Übertragungsfaktor der Spannung $\underline{ü}_u$. Die rücklaufende Spannungswelle in Leitung 1 hängt mit der hinlaufenden über den Reflexionsfaktor $\underline{r}_u$ zusammen.

Für den Strom ergibt sich mit

$$i_{h2} = \frac{u_{h2}}{Z_{w2}}, \quad i_{h1} = \frac{u_{h1}}{Z_{w1}}, \quad i_{r1} = -\frac{u_{r1}}{Z_{w1}}$$

$$i_{h2} = \frac{2Z_{w1}}{Z_{w1}+Z_{w2}} i_{h1} = \underline{ü}_i i_{h1} \qquad (3.4\text{-}22)$$

$$i_{r1} = \frac{Z_{w1}-Z_{w2}}{Z_{w1}+Z_{w2}} i_{h1} = \underline{r}_i i_{h1} \qquad (3.4\text{-}23)$$

Bild 3.4-3 zeigt einen einfachen Fall: Es ist nur die eine Stoßstelle bei $x_s$ vorhanden. Liegen zwei Stoßstellen vor, so ergeben sich $\infty$ viele Teilwellen, wie das Beispiel in 3.4.5 zeigt. Im Zähler des Ausdrucks für den Reflexionsfaktor der Spannung ($\underline{r}_u$) steht bei hin- wie bei rücklaufenden Wellen stets die Differenz

(Widerstand, in den die Welle eindringt) –
(Widerstand, aus dem die Welle kommt).

Für den Reflexionsfaktor des Stromes ($\underline{r}_i$) gilt das Umgekehrte.

## 3.4.5 Gleichspannungs-schaltvorgänge bei Stoßstellen an beiden Leitungsenden

In aller Regel stimmt der Wellenwiderstand $Z_w$ der Leitung nicht mit dem Innenwiderstand $R_1$ und dem Verbraucherwiderstand $R_2$ überein, so dass wir ein Problem mit zwei Stoßstellen haben. Eine typische Konfiguration ist in Bild 3.4-4 dargestellt.

*Beim Schließen des Schalters „sieht" der Generator den Wellenwiderstand* $Z_w$, so dass sich die Spannung $u_1(t=+0)$ aus der Spannungsteilung $R_1$, $Z_w$ ergibt. Dieser Spannungswert breitet sich nun als erste hinlaufende Spannungswelle $u_{h1}$ über die Leitung aus. Wegen der Stoßstellen an beiden Leitungsenden wird jeweils ein Teil der Energie reflektiert, so dass ab dem Eintreffen von $u_{h1}$ am rechten Ende sich die erste rücklaufende Welle $u_{r1}$ ausbildet usw.

**Beispiel:**
Gegeben sind die Werte nach Bild 3.4-4. Als erste hinlaufende Welle finden wir

$$u_{h1} = U_0 \frac{Z_w}{Z_w + R_1} = 45\,\text{V};$$

$$i_{h1} = \frac{U_0}{Z_w + R_1} = 0{,}15\,\text{A} \qquad (3.4\text{-}24)$$

Wir kennzeichnen die Reflexionsfaktoren am Leitungsende mit dem Index 2 und am Leitungsanfang mit dem Index 1. Für die Reflexion der hinlaufenden Welle am Ende der Leitung ergibt sich

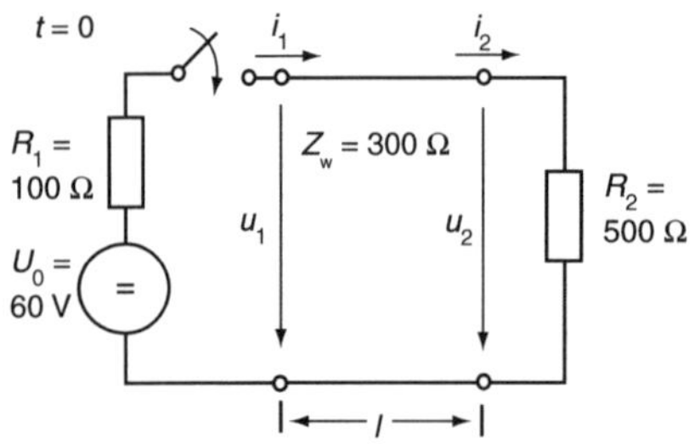


Bild 3.4-4 Schaltvorgang bei verlustfreier Leitung

$$\underline{r}_{u2} = \frac{R_2 - Z_w}{R_2 + Z_w} = +\frac{1}{4}; \quad \underline{r}_{i2} = \frac{Z_w - R_2}{Z_w + R_2} = -\frac{1}{4} \qquad (3.4\text{-}25)$$

Die rücklaufenden Wellen erleiden am Leitungsanfang erneut eine Reflexion mit den Faktoren

$$\underline{r}_{u1} = \frac{R_1 - Z_w}{R_1 + Z_w} = -\frac{1}{2}; \quad \underline{r}_{i1} = \frac{Z_w - R_1}{Z_w + R_1} = +\frac{1}{2} \qquad (3.4\text{-}26)$$

Die Gesamtspannung bzw. der Gesamtstrom an irgendeiner Stelle der Leitung nach einer Zeit $t$ setzt sich aus den vorzeichenrichtig addierten Beiträgen aller Teilwellen zusammen, welche sich bis dahin ausgebildet haben. Wir können sie aus dem *„grafischen Fahrplan"* Bild 3.4-5 ablesen. Die Gesamtspannungen $u_1(t)$ und $u_2(t)$ nähern sich schnell dem Wert 50 V, wie aus Bild 3.4-6 hervorgeht. Nach ∞ langer Zeit erwarten wir als Endwerte:

$$u_{1(t=\infty)} = u_{2(t=\infty)} = U_0 \frac{R_2}{R_1 + R_2} = 50\,\text{V}$$

$$i_{1(t=\infty)} = i_{2(t=\infty)} = \frac{U_0}{R_1 + R_2} = 0{,}1\,\text{A} \qquad (3.4\text{-}27)$$

und diese Werte müssen sich auch ergeben, wenn wir die Beiträge der ∞ vielen Wellen aufsummieren, welche sich bis dahin aus der ununterbrochen weiter bestehenden 1. hinlaufenden Welle ausgebildet haben. Wir lesen das Bildungsgesetz z.B. für $u_2$ aus dem Wellenfahrplan ab und erhalten durch geeignete Zusammenfassung:

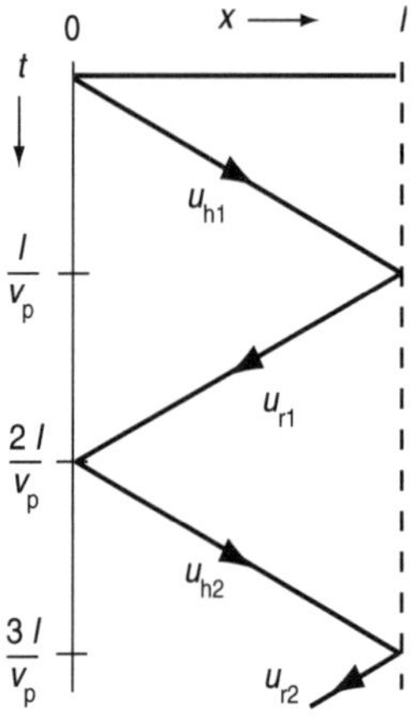


Bild 3.4-5 Grafischer Wellenfahrplan

$$u_{2(t=\infty)} = U_0 \frac{Z_\mathrm{w}}{Z_\mathrm{w}+R_1}$$
$$\cdot\left\{ 1+\underline{r}_{\mathrm{u}2}+\underline{r}_{\mathrm{u}1}\cdot\underline{r}_{\mathrm{u}2}+\underline{r}_{\mathrm{u}1}\cdot\underline{r}^2_{\mathrm{u}2}+\underline{r}^2_{\mathrm{u}1}\cdot\underline{r}^2_{\mathrm{u}2}+\ldots \right\}$$
$$= U_0 \frac{Z_\mathrm{w}}{Z_\mathrm{w}+R_1}$$
$$\cdot\left\{ \left[1+\underline{r}_{\mathrm{u}1}\cdot\underline{r}_{\mathrm{u}2}+\left(\underline{r}_{\mathrm{u}1}\cdot\underline{r}_{\mathrm{u}2}\right)^2+\ldots\right]\right.$$
$$\left.+\underline{r}_{\mathrm{u}2}\left[1+\underline{r}_{\mathrm{u}1}\cdot\underline{r}_{\mathrm{u}2}+\left(\underline{r}_{\mathrm{u}1}\cdot\underline{r}_{\mathrm{u}2}\right)^2+\ldots\right]\right\}$$

Die eckige Klammer ist die unendliche geometrische Reihe für $|q|<1$:

$$\sum\left(1+q+q^2+q^3+\ldots\right)=\frac{1}{1-q}$$

Hier $\underline{r}_{\mathrm{u}1}\,\underline{r}_{\mathrm{u}2} \mathrel{\hat{=}} q$. Damit wird

$$u_{2(t=\infty)} = U_0 \frac{Z_\mathrm{w}}{Z_\mathrm{w}+R_1}\cdot\frac{1+\underline{r}_{\mathrm{u}2}}{1-\underline{r}_{\mathrm{u}1}\underline{r}_{\mathrm{u}2}} \tag{3.4-28}$$

Analog hätten wir für den Strom erhalten:

$$i_{2(t=\infty)} = \frac{U_0}{Z_\mathrm{w}+R_1}\cdot\frac{1+\underline{r}_{\mathrm{i}2}}{1-\underline{r}_{\mathrm{i}1}\underline{r}_{\mathrm{i}2}} \tag{3.4-29}$$

Durch Einsetzen der diversen oben errechneten Werte erhalten wird das nach Gl. (3.4-27) erwartete Ergebnis: 50 V bzw. 0,1 A.

Wir haben den Einschaltvorgang einer Gleichspannung als Beispiel herangezogen. Ein Gleichspannungssprung enthält bekanntlich Anteile aller Frequenzen. Wie wir unten ableiten werden, breiten sich bei der verlustfreien Leitung alle diese Anteile gleich schnell aus. Dadurch bleibt die Form der einzelnen Teilwellen erhalten. Im stationären Fall messen wir an allen Seiten der verlustfreien Leitung die gleiche Gesamtspannung (50 V) und können nicht erkennen, dass nach wie vor unendlich viele hin- und rücklaufende Teilwellen beteiligt sind.

Wegen der großen Ausbreitungsgeschwindgkeit stellen wir bei kurzen Leitungen gleich die Endwerte fest. Man tut aber gut daran, sich stets vor Augen zu halten, dass der Vorgang beim Einschalten tatsächlich nach Bild 3.4-5 abläuft! *Moderne integrierte Digitalschaltungen haben so*

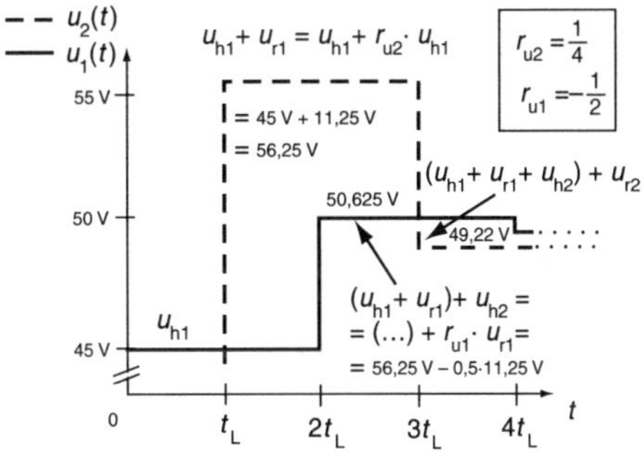


Bild 3.4-6 Bilanz der ersten Teilwellen

*kurze Schaltzeiten, dass die Signallaufzeiten in den Baugruppen in dieselbe Größenordnung kommen.* Um Fehlfunktionen durch Reflexionsvorgänge zu vermindern, sind geeignete Vorkehrungen notwendig, insbesondere womöglich Abschluss der Leitungen mit dem Wellenwiderstand.

In der Praxis tritt häufig der Fall auf, dass man die Werte einer gegebenen Schaltungskonfiguration nur teilweise kennt und aus dem Oszillogramm eines Schaltvorgangs auf die restlichen Werte schließen will.

**Beispiel:**
Aus den Angaben in Bild 3.4-7 sollen die unbekannten Größen $R_1$, $Z_\mathrm{w}$, $l$ sowie die Spannung $u_{1\infty}$ ermittelt werden. Nach dem Einschalten wird $u_1$ bis auf weiteres allein durch $u_{\mathrm{h}1}$ bestimmt. Wir können deshalb sofort ablesen

$$\frac{Z_\mathrm{w}}{Z_\mathrm{w}+R_1}\cdot 14{,}4\ \mathrm{V} = 3{,}6\ \mathrm{V} \tag{3.4-30}$$

Nach dem Wellenfahrplan Bild 3.4-5 ergibt sich eine Änderung von $u_1$ erst, wenn die Welle $u_{\mathrm{r}1}$ am Eingang eintrifft. Für diese neue Situation lesen wir ab

$$u_{\mathrm{h}1}+u_{\mathrm{r}1}+u_{\mathrm{h}2} = 2{,}25\ \mathrm{V}$$

Mit den Reflexionsfaktoren $\underline{r}_1$ und $\underline{r}_2$ und dem bekannten Wert $u_{\mathrm{h}1}$ = 3,6 V erhalten wir

$$3{,}6\ \mathrm{V}\left[1+\underline{r}_2(1+\underline{r}_1)\right] = 2{,}25\ \mathrm{V}$$
$$\underline{r}_2(1+\underline{r}_1) = -3/8$$

$$\frac{60\ \Omega-Z_\mathrm{w}}{60\ \Omega+Z_\mathrm{w}}\left(1+\frac{R_1-Z_\mathrm{w}}{R_1+Z_\mathrm{w}}\right) = -\frac{3}{8} \tag{3.4-31}$$

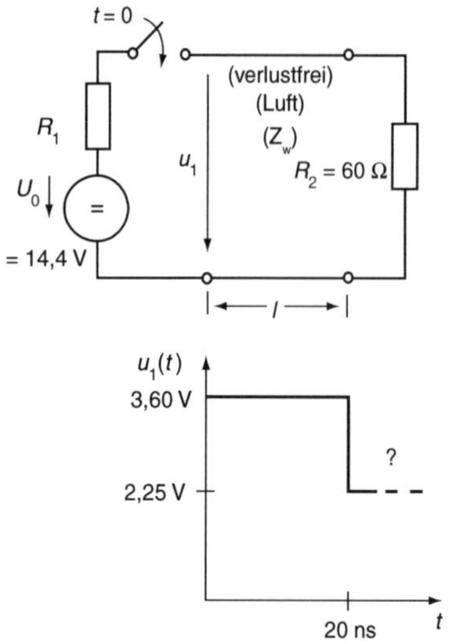


Bild 3.4-7 Beispiel eines Schaltvorgangs: gegebene Schaltung und Oszillogramm

Aus Gl. (3.4-30) und Gl. (3.4-31) erhalten wir die gesuchten Werte $R_1$ = 300 Ω und $Z_w$ = 100 Ω. Die Spannung $u_{1\infty}$ können wir jetzt einfach anschreiben:

$$u_{1\infty} = U_0 \frac{R_2}{R_1 + R_2} = 2{,}4\ \mathrm{V}$$

(Als Kontrollmöglichkeiten bleibt uns natürlich der Ansatz der unendlich vielen Wellen ähnlich dem vorhergehenden Beispiel, aber für $u_1$.)

In Luft erfolgt die Ausbreitung mit Lichtgeschwindigkeit: $v_p = c$. Aus dem Oszillogramm Bild 3.4-7 entnehmen wir unter Berücksichtigung des Wellenfahrplans

$$2\frac{l}{v_p} = 2\frac{l}{c} = 20\ \mathrm{ns}$$

und erhalten damit die Leitungslänge $l$ = 3 m.

Die bis jetzt geschilderten Vorgänge beim Einschalten werden erfahrungsgemäß gut verstanden. Häufig kommt es aber vor, dass bei einem Gleichstromkreis nicht mehr an die Wellen und den Wellenfahrplan, kurz an alles, was wir seither erarbeitet haben, gedacht wird. Ohne diese Vorstellungen kann man jedoch Umschalt- oder Ausschaltvorgänge, an seit längerer Zeit bestehenden Stromkreisen über Leitungen, überhaupt nicht verstehen.

**Beispiel:**
Die in Bild 3.4-8 gezeigte Anordnung ist seit langer Zeit im Betrieb. Es soll der prinzipielle Ablauf bei einem Umlegen des Schalters in die Stellung A oder B diskutiert werden.

Bei oberflächlicher Betrachtung müsste der Abschluss bei einem Umlegen des Schalters sofort stromlos werden. In Wirklichkeit kann sich aber an $R_2$ frühestens nach der Laufzeit $t_L = l / v_p$ irgendetwas ändern! Nach dem vor langer Zeit erfolgten Einschalten des Stromkreises haben sich nacheinander die Wellen $u_{h1}$, $u_{r1}$, $u_{h2}$ usw. entsprechend dem Wellenfahrplan Bild 3.4-5 ausgebildet. Im stationären Zustand sind es unendlich viele Wellen, die sich alle durch entsprechendes Reflexionsverhalten aus der Welle $u_{h1}$, welche nach wie vor vom Generator geliefert wird, ableiten. Legt man nun den Schalter nach unten (Stellung A), so wird dadurch der „Nachschub" aus dem Generator abgeschnitten. Das Ende der Welle $u_{h1}$ wandert über die Leitung und trifft nach $t_L = l / v_p$ bei $R_2$ ein. Nachdem $u_{h1}$ damit „versiegt" ist, entfällt die Ursache für $u_{r1}$, d.h. das Ende von $u_{r1}$ wandert nach links und trifft wieder nach $t_L$ bei $R_1$ ein. So werden die Wellen nacheinander abgebaut. Wenn wir uns daran erinnern, wie schnell der Einschaltvorgang in Bild 3.4-6 konvergierte, und wenn wir die hohe Ausbreitungsgeschwindigkeit berücksichtigen, dann ist klar, dass bei Leitungen von einigen Metern Länge ein solcher Schaltvorgang in weit weniger als 1 µs praktisch beendet ist.

In dem Zusammenhang soll noch darauf hingewiesen werden, dass die in den Beispielen verwendeten Schalter als ideal angenommen werden; es können selbstverständlich keine mechanischen Schalter sein.

Der oben beschriebene Ausschaltvorgang war dadurch sehr einfach, dass sich die Reflexionsfaktoren beim Schalten nicht geändert haben. Legt man aber den Schalter in Stellung B um, so wird nicht nur die Welle $u_{h1}$ abgeschnitten, sondern es ändert sich auch der

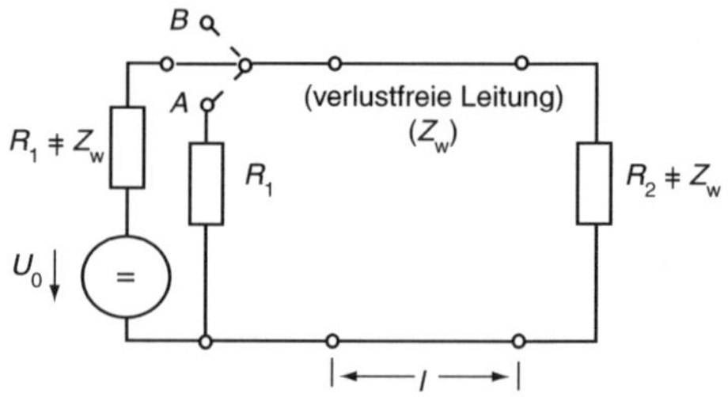


Bild 3.4-8 Schaltvorgang bei einer seit langer Zeit bestehenden Gleichstromübertragung

Reflexionsfaktor $\underline{r}_1$. Damit entsteht zusätzlich ein Sprung in der Größe aller hinlaufenden Wellen ab $u_{h2}$, was wiederum nach der Laufzeit $t_L$ sich auf die rücklaufenden Wellen (ab $u_{r2}$) auswirkt.

Schaltvorgänge auf Leitungen gewinnen durch den Trend zu immer schnelleren Digitalschaltungen an Bedeutung. Die Schalter sind dort z.B. schnelle Transistoren oder pin-Dioden, die Leitungsabschlüsse allgemein sind meist Halbleiter, also nichtlineare Gebilde. Mit dem so genannten *Bergeron-Verfahren* können auch bei *nichtlinearen Abschlüssen* die Spannungsverläufe ermittelt werden; dieses und weitere Verfahren zur Berechnung der Impulsübertragung auf Leitungen findet man in [31-3].

# 3.5 TEM-Leitung mit Sinuserregung

## 3.5.1 Einführung

Nach einigen grundsätzlichen Vorüberlegungen (3.5.2) betrachten wir zwei wichtige Anwendungsfälle:

- Einsatz kurzer quasi verlustfreier Leitungen in der Hochfrequenztechnik (3.5.3),
- Übertragung über große Entfernungen, mit der Dämpfung als wesentlicher systembestimmender Größe (3.5.4).

## 3.5.2 Vorüberlegungen

### 3.5.2.1 Leitung als Vierpol

So sinnvoll es aus didaktischen Gründen war, Spannung und Strom an einer beliebigen Stelle $x$ der Leitung zu bestimmen, so wenig interessieren diese Größen z.B. einen Fernmeldetechniker, der eine Leitung der Länge $l$ vorliegen hat und an der Leitung selbst nichts ändern kann. Lediglich die Abschlüsse stehen zu seiner Disposition: *Vierpoldenkweise.*

Aus Gl. (3.3-23) erhalten wir für $x = 0$ die Vierpolkettengleichung der Leitung:

$$\begin{aligned} \underline{U}_1 &= \underline{U}_2 \cdot \cosh \gamma l + \underline{Z}_W \underline{I}_2 \cdot \sinh \gamma l = \\ &= \underline{U}_2 \cdot \cosh \underline{g} + \underline{Z}_W \underline{I}_2 \cdot \sinh \underline{g} \\ \underline{I}_1 &= \frac{\underline{U}_2}{\underline{Z}_W} \cdot \sinh \gamma l + \underline{I}_2 \cdot \cosh \gamma l = \\ &= \frac{\underline{U}_2}{\underline{Z}_W} \cdot \sinh \underline{g} + \underline{I}_2 \cdot \cosh \underline{g} \end{aligned} \tag{3.5-1}$$

Damit haben wir den Anschluss an die Vierpoltheorie hergestellt.

**Beispiel:**
Berechnung der Vierpolparameter der Leitung. Die Hyperbelfunktionen mit komplexem Argument können durch die nachfolgenden Beziehungen auf einfachere Funktionen zurückgeführt werden:

$$\gamma l = g = \alpha + \mathrm{j}\beta \tag{3.5-2a}$$

$$\begin{aligned} \sinh \mathrm{j}b &= \mathrm{j} \sin b \\ \cosh \mathrm{j}b &= \cos b \\ \tanh \mathrm{j}b &= \mathrm{j} \tan b \end{aligned} \tag{3.5-2b}$$

$$\begin{aligned} \sinh g &= \sinh (a + \mathrm{j}\, b) = \\ &= \sinh a \cdot \cosh \mathrm{j}\, b + \cosh a \cdot \sinh \mathrm{j}\, b = \\ &= \sinh a \cdot \cos b + \mathrm{j} \cosh a \cdot \sin b \end{aligned} \tag{3.5-2c}$$

$$\cosh g = \cosh a \cdot \cos b + \mathrm{j} \sinh a \cdot \sin b \tag{3.5-2d}$$

$$\tanh g = \frac{\sinh g}{\cosh g} \tag{3.5-2e}$$

Aus den Kettengleichungen entnehmen wir als $A$-Matrix

$$(A) = \begin{pmatrix} \cosh \underline{g} & \underline{Z}_W \sinh \underline{g} \\ \dfrac{\sinh \underline{g}}{\underline{Z}_W} & \cosh \underline{g} \end{pmatrix} \tag{3.5-3}$$

Nach der in der Vierpoltheorie erarbeiteten Klasseneinteilung ist die Leitung wegen

$$\det A = \cosh^2 \underline{g} - \sinh^2 \underline{g} = 1$$

$$\underline{A}_{11} = \underline{A}_{22}$$

ein *widerstands- und übertragungssymmetrischer Vierpol*, zu dessen Bestimmung zwei Kenngrößen ausreichen: $\underline{Z}_W$ und $\underline{g} = \gamma l$.

**Beispiel:**
Eine Leitung wird bei einer Kreisfrequenz $\omega$ betrieben und besitzt die komplexen Kenngrößen $\underline{Z}_W$ und $\gamma$. Wie groß sind die Beläge? Aus Gl. (3.3-14) und Gl. (3.3-15) findet man

$$\gamma \underline{Z}_W = R' + j\omega L'$$

$$\frac{\gamma}{\underline{Z}_W} = G' + j\omega C'$$

Daraus

$$R' = \mathrm{Re}\{\gamma \underline{Z}_W\} \quad \text{und} \quad L' = \frac{\mathrm{Im}\{\gamma \underline{Z}_W\}}{\omega}$$

usw.

#### 3.5.2.2 Eingangswiderstand

Wir erhalten den Eingangswiderstand einer Leitung der Länge $l$ allgemein aus Gl. (3.5-1) mit $\underline{R}_2 = \underline{U}_2/\underline{I}_2$:

$$\underline{Z}_1 = \frac{\underline{U}_1}{\underline{I}_1} = \frac{\underline{U}_2 \cosh \gamma l + \underline{Z}_W \underline{I}_2 \sinh \gamma l}{\frac{\underline{U}_2}{\underline{Z}_W} \sinh \gamma l + \underline{I}_2 \cosh \gamma l} =$$

$$= \underline{R}_2 \cdot \frac{1 + \frac{\underline{Z}_W}{\underline{R}_2} \tanh \gamma l}{1 + \frac{\underline{R}_2}{\underline{Z}_W} \tanh \gamma l} \qquad (3.5\text{-}4)$$

Aus dieser Beziehung erkennen wir einige Spezialfälle:

– Für $\underline{R}_2 = \underline{Z}_W$ wird $\underline{Z}_1$ gleich dem Wellenwiderstand:

$$\underline{Z}_1 \Big/_{\underline{R}_2 = \underline{Z}_W} = \underline{Z}_W \qquad (3.5\text{-}5)$$

– Wegen

$$\lim_{l \to \infty} \tanh \gamma l = \lim_{l \to \infty} \frac{e^{+\gamma l} - e^{-\gamma l}}{e^{+\gamma l} + e^{-\gamma l}} = 1$$

wird

$$\underline{Z}_{1(l \to \infty)} = \underline{Z}_W \qquad (3.5\text{-}6)$$

Der Eingangswiderstand der unendlich langen Leitung ist gleich dem Wellenwiderstand, unabhängig von $\underline{R}_2$.

– Eine Leitung endlicher Länge mit großer Dämpfung sei gegeben, d.h., $\alpha l \gg 1$. Dann ist

$$\tanh \gamma l = \tanh(\alpha + j\beta) l =$$

$$= \frac{e^{\alpha l} \cdot e^{j\beta l} - e^{-\alpha l} \cdot e^{-j\beta l}}{e^{\alpha l} \cdot e^{j\beta l} + e^{-\alpha l} \cdot e^{-j\beta l}} \approx 1$$

Damit wird

$$\underline{Z}_{1(\alpha l >> 1)} = \underline{Z}_W \qquad (3.5\text{-}7)$$

Eine Leitung mit großer Dämpfung hat als Eingangswiderstand den Wellenwiderstand. Grund: Die reflektierte Welle tritt wegen der starken Dämpfung am Eingang nicht mehr in Erscheinung.

#### 3.5.2.3 Leitungsgleichungen für verlustfreie Leitungen

In den vorigen Abschnitten haben wir Leitungsgleichungen besprochen, die für TEM-Leitungen allgemein gelten. Nachstehend noch einige Hilfsmittel für den Spezialfall:

Verlustfreie Leitung

$$R' = 0, \; G' = 0$$

$$\alpha = 0, \; \gamma = j\beta$$

$$\underline{Z}_W = Z_W = \sqrt{\frac{L'}{C'}} \qquad (3.5\text{-}8)$$

Setzt man diese Beziehung in die verschiedenen oben besprochenen Leitungsgleichungen ein, so erhält man leichter handhabbare Formeln, die wir nicht sämtlich noch einmal aufführen wollen. Andererseits werden wesentliche Eigenschaften und Anwendungen von Leitungen (Stichworte: Stehende Wellen, Widerstandstransformation usw.) erst bei der verlustfreien Leitung klar erkennbar, und man benötigt zweckmäßige Beschreibungsformen, auf die wir nachstehend kurz hinweisen.

Die Gegebenheiten auf einer verlustfreien Leitung werden durch den Abschluss $\underline{R}_2$ weitgehend bestimmt, wie wir in 3.5.3 sehen werden. Deshalb wird an Stelle der Ortskoordinate $x$ oft eine vom Ende her (vgl. Bild 3.3-6) gezählte Ortskoordinate

$$z = l - x \tag{3.5-9}$$

verwendet. Außerdem ist es oft zweckmäßig, mit Gl. (3.4-16) an Stelle von $\beta$ die Wellenlänge $\lambda$ einzuführen; man kann dann normierte Ortskoordinaten $x/\lambda$ oder $z/\lambda$ verwenden.

**Beispiel:**
Für eine verlustfreie Leitung wollen wir den Zusammenhang von Spannung und Strom an irgendeiner Stelle mit den bekannten Größen am Leitungsende ($\underline{U}_2 = \underline{I}_2\,\underline{R}_2$) angeben. Dazu setzen wir Gl. (3.5-8) in Gl. (3.3-23) ein und erhalten je nach Wahl der Ortskoordinate:

$$\begin{aligned}\underline{U}(x) &= \underline{U}_2 \cos\left[\beta\,(l-x)\right] + \mathrm{j}\,\underline{U}_2\frac{Z_\mathrm{W}}{\underline{R}_2}\sin\left[\beta\,(l-x)\right]\\ \underline{I}(x) &= \underline{I}_2 \cos\left[\beta\,(l-x)\right] + \mathrm{j}\,\underline{I}_2\frac{\underline{R}_2}{Z_\mathrm{W}}\sin\left[\beta\,(l-x)\right]\end{aligned} \tag{3.5-10}$$

$$\begin{aligned}\underline{U}(z) &= \underline{U}_2 \cos\beta z + \mathrm{j}\,\underline{U}_2\frac{Z_\mathrm{W}}{\underline{R}_2}\sin\beta z\\ \underline{I}(z) &= \underline{I}_2 \cos\beta z + \mathrm{j}\,\underline{I}_2\frac{\underline{R}_2}{Z_\mathrm{W}}\sin\beta z\end{aligned} \tag{3.5-11}$$

$$\begin{aligned}\underline{U}\left(\frac{z}{\lambda}\right) &= \underline{U}_2 \cos 2\pi\frac{z}{\lambda} + \mathrm{j}\,\underline{U}_2\frac{Z_\mathrm{W}}{\underline{R}_2}\sin 2\pi\frac{z}{\lambda}\\ \underline{I}\left(\frac{z}{\lambda}\right) &= \underline{I}_2 \cos 2\pi\frac{z}{\lambda} + \mathrm{j}\,\underline{I}_2\frac{\underline{R}_2}{Z_\mathrm{W}}\sin 2\pi\frac{z}{\lambda}\end{aligned} \tag{3.5-12}$$

## 3.5.3 Transformationseigenschaften verlustfreier Leitungen bei sinusförmiger Erregung

### 3.5.3.1 Einführung

Der Eingangswiderstand $\underline{Z}_1$, den man in eine Leitung hineinmisst, ist in den meisten Fällen nicht gleich dem Abschlusswiderstand $\underline{R}_2$. Bei verlustbehafteten Leitungen ist natürlich schon die mehr oder weniger große Dämpfung eine Ursache dafür, wie wir in 3.5.2.2 gesehen haben.

Kurze Leitungen, die man als hinreichend verlustlos ansehen kann, werden in der Technik hoher Frequenzen in großem Umfang als hochwertige Bauelemente (z.B. Übertrager) eingesetzt. Einige Grundlagen dafür sollen nachstehend für TEM-Leitungen zusammengestellt werden. Der Zusammenhang zwischen der Strom-/Spannungsverteilung auf der Leitung und der Widerstandstransformation soll nachstehend aufgezeigt werden.

### 3.5.3.2 Eingangswiderstand der verlustfreien Leitung

Mit $\gamma l = \mathrm{j}\beta l$ wird aus Gl. (3.5-4) wegen $\tanh \mathrm{j}\beta l = \mathrm{j}\tan\beta l$ und $\underline{Z}_\mathrm{W} = Z_\mathrm{W}$ (reell):

$$\underline{Z}_1 = \underline{R}_2\frac{1+\mathrm{j}\dfrac{Z_\mathrm{W}}{\underline{R}_2}\tan\beta l}{1+\mathrm{j}\dfrac{\underline{R}_2}{Z_\mathrm{W}}\tan\beta l} = \underline{R}_2\frac{1+\mathrm{j}\dfrac{Z_\mathrm{W}}{\underline{R}_2}\tan 2\pi\dfrac{l}{\lambda}}{1+\mathrm{j}\dfrac{\underline{R}_2}{Z_\mathrm{W}}\tan 2\pi\dfrac{l}{\lambda}} \tag{3.5-13}$$

Daraus ersehen wir, dass die *verlustfreie Leitung* folgende *Transformationseigenschaften* zeigt:

- Ein Widerstand $\underline{R}_2 = Z_\mathrm{W}$ führt unabhängig von der Leitungslänge auf $\underline{Z}_1 = Z_\mathrm{W}$, wie wir schon wissen.
- Eine Leitung der Länge $l = n \cdot (\lambda/2)$ (auch $\lambda/2$–Leitung genannt) transformiert wegen der Periodizität des Tangens unabhängig von der Größe ihres Wellenwiderstandes $Z_\mathrm{W}$ jeden beliebigen Abschlusswiderstand in sich selbst.

$$\underline{Z}_1\Big|_{l=n\left(\frac{\lambda}{2}\right)} = \underline{R}_2 \quad (n=0,1,2,\ldots) \tag{3.5-14}$$

- Eine Leitung der Länge $l = (2n-1)(\lambda/4)$ (auch $\lambda/4$–Leitung genannt) stellt einen Dualtransformator dar:

$$\underline{Z}_1\Big|_{l=(2n-1)\frac{\lambda}{4}} = \frac{Z_W^2}{\underline{R}_2} \quad (n=1,2,3,\ldots) \tag{3.5-15}$$

- Die Eingangswiderstände kurzgeschlossener bzw. leer laufender verlustfreier Leitungen sind reine Blindwiderstände:

$$\underline{Z}_1\Big|_{R_2=0} = \underline{Z}_{1K} = \mathrm{j}\, Z_W \tan 2\pi\frac{l}{\lambda} \tag{3.5-16}$$

$$\underline{Z}_1\Big|_{R_2=\infty} = \underline{Z}_{1L} = -\mathrm{j}\, Z_W \cot 2\pi\frac{l}{\lambda} \tag{3.5-17}$$

Die Wurzel aus dem Produkt von $\underline{Z}_{1K}$ und $\underline{Z}_{1L}$ ergibt den Wellenwiderstand, wie es nach den Erkenntnissen aus der Vierpoltheorie sein muss.

In der HF-Technik kann man auf Grund obiger Erkenntnisse hochwertige Bauelemente aus kurzen Leitungsstücken aufbauen (für eine bestimmte Betriebsfrequenz, bzw. ein schmales Band in deren Umgebung):

- Die $\lambda/4$–Leitung transformiert, wie aus Gl. (3.5-15) hervorgeht, einen reellen Widerstand wieder in einen reellen Widerstand (z.B. $Z_W$ = 60 Ω; $R_2$ = 30 Ω → $Z_1$ = 120 Ω). Sie wird in großem Umfang als hochwertiger Übertrager eingesetzt.
- Beliebige Blindwiderstände lassen sich mit kurzgeschlossenen oder leer laufenden Leitungsstücken bauen. Praktisch benutzt man stets Kurzschlüsse, da ein sauberer Leerlauf wegen einsetzender Abstrahlung bei hohen Frequenzen nicht realisiert werden kann.

#### 3.5.3.3 Reflexionsfaktor und Strom-/ Spannungsverteilung

Wie wir es bereits für die Stoßstelle in Bild 3.4-3 gemacht haben, so können wir für jede Stelle $x$ als *Reflexionsfaktor der Spannung* das Verhältnis von rück- und hinlaufender Welle definieren

$$\underline{r}_u(x) = \underline{r}(x) = \frac{\underline{U}_r(x)}{\underline{U}_h(x)} \tag{3.5-18}$$

Wir wollen künftig stets den Reflexionsfaktor der Spannung benutzen und lassen deshalb das u im Index weg. Wir müssen Teilwellen, Reflexionsfaktoren usw. beim Strom nicht gesondert untersuchen, da für jede Welle Spannung und Strom durch den Wellenwiderstand verknüpft sind.

Aus Gl. (3.3-13) erhalten wir für $x = l$ die Größe der Wellen am Leitungsende. Nach Einsetzen der Konstanten nach Gl. (3.3-21) finden wir als komplexen Reflexionsfaktor $\underline{r}(l) = \underline{r}_2$ am Leitungsende

$$\underline{r}_2(x) = \frac{\underline{U}_r(l)}{\underline{U}_h(l)} = \frac{\underline{U}_{2r}}{\underline{U}_{2h}} = \frac{\underline{U}_2 - \underline{Z}_W I_2}{\underline{U}_2 + \underline{Z}_W I_2} =$$

$$= \frac{\underline{R}_2 - \underline{Z}_W}{\underline{R}_2 + \underline{Z}_W} \tag{3.5-19}$$

Entsprechend kann man für die beliebige Stelle $x$ erhalten:

$$\underline{r}(x) = \frac{\underline{Z}(x) - \underline{Z}_W}{\underline{Z}(x) + \underline{Z}_W} \tag{3.5-20}$$

Wenn auch Gl. (3.5-18) bis Gl. (3.5-20) allgemein gelten, so sind doch die folgenden Überlegungen besonders für die quasi verlustfreien Leitungen der HF-Technik interessant. Wir wollen deshalb in der Folge stets nach Gl. (3.5-8) $\underline{Z}_W = Z_W$ und $\gamma = \mathrm{j}\beta$ schreiben.

Zwischen dem Ort $x$ und dem Leitungsende (Bild 3.3-6) erfahren die Wellen eine Phasendrehung.

Es ist

$$\underline{U}_{\rm h}(x) = \underline{U'}\,{\rm e}^{-{\rm j}\beta x}$$

$$\underline{U}_{\rm 2h} = \underline{U}(l) = \underline{U'}\,{\rm e}^{-{\rm j}\beta l}$$

Damit wird

$$\underline{U}_{\rm h}(x) = \underline{U}_{\rm 2h}\cdot{\rm e}^{+{\rm j}\beta(l-x)} = \underline{U}_{\rm 2h}\cdot{\rm e}^{+{\rm j}2\pi\frac{l-x}{\lambda}} \qquad (3.5\text{-}21)$$

$$\underline{U}_{\rm r}(x) = \underline{U}_{\rm 2r}\cdot{\rm e}^{-{\rm j}\beta(l-x)} = \underline{U}_{\rm 2r}\cdot{\rm e}^{-{\rm j}2\pi\frac{l-x}{\lambda}} \qquad (3.5\text{-}22)$$

$$\underline{r}(x) = \underline{r}_2\cdot{\rm e}^{-{\rm j}2\beta(l-x)} = \underline{r}_2\cdot{\rm e}^{-{\rm j}4\pi\frac{l-x}{\lambda}} \qquad (3.5\text{-}23)$$

In der HF-Technik benutzt man meist die *vom Leitungsende aus gezählte Ortskoordinate* $z = l-x$ nach Bild 3.3-6. Aus Gln. (3.5-18 ff) ergibt sich das interessante Ergebnis:

*Das Verhältnis von rück- und hinlaufender Welle an beliebiger Stelle der gegebenen verlustfreien Leitung ($Z_W$, $\beta$) wird allein durch den Abschluss $\underline{R}_2$ bestimmt.*

Sind uns von den zusammenhängenden Größen $\underline{U}_2$, $\underline{I}_2$, $\underline{R}_2$ zwei bekannt, so können wir die Ortskurven für Spannung und Strom auf der verlustfreien Leitung berechnen oder konstruieren.

**Beispiel:**

Eine verlustfreie Leitung mit $Z_W$ = 60 Ω ist mit dem reellen Widerstand $R_2$ = 30 Ω abgeschlossen. An diesem Abschluss wird $\underline{U}_2 = 10\ {\rm V}\cdot{\rm e}^{{\rm j}0}$ gemessen. Gesucht sind die Ortskurven

$$\underline{U}\left(\frac{z}{\lambda}\right) \quad \text{und} \quad Z_W\underline{I}\left(\frac{z}{\lambda}\right).$$

Es ist

$$\underline{U}_2 = \underline{U}_{\rm 2h} + \underline{U}_{\rm 2r} = \underline{U}_{\rm 2h}(1+\underline{r}_2) = \underline{U}_{\rm 2r}\left(\frac{1}{\underline{r}_2}+1\right) \qquad (3.5\text{-}24)$$

Aus Gln. (3.5-21ff.) erhalten wir:

$$\underline{U}_{\rm h}\left(\frac{z}{\lambda}\right) = \underline{U}_{\rm 2h}\cdot{\rm e}^{+{\rm j}2\pi\frac{z}{\lambda}} \qquad (3.5\text{-}25)$$

$$\underline{U}_{\rm r}\left(\frac{z}{\lambda}\right) = \underline{U}_{\rm 2r}\cdot{\rm e}^{-{\rm j}2\pi\frac{z}{\lambda}} \qquad (3.5\text{-}26)$$

Nun ist nach Gl. (3.3-13) und Gl. (3.3-18)

$$\underline{U}\left(\frac{z}{\lambda}\right) = \underline{U}_{\rm h}\left(\frac{z}{\lambda}\right) + \underline{U}_{\rm r}\left(\frac{z}{\lambda}\right) \qquad (3.5\text{-}27)$$

$$Z_W\underline{I}\left(\frac{z}{\lambda}\right) = \underline{U}_{\rm h}\left(\frac{z}{\lambda}\right) - \underline{U}_{\rm r}\left(\frac{z}{\lambda}\right) \qquad (3.5\text{-}28)$$

Mit den gegebenen Zahlenwerten wird der Reflexionsfaktor $\underline{r}_2 = -1/3$ und damit $\underline{U}_{\rm 2h}$ = +15 V, $\underline{U}_{\rm 2r}$ = –5 V. Gehen wir in Richtung auf den Generator (positive $z$-Richtung), so dreht $\underline{U}_{\rm h}$ nach Gl. (3.5-25) im Gegenuhrzeigersinn; d.h. wir kommen an Orte, an denen die hinlaufende Welle früher ist. Dagegen eilt $\underline{U}_{\rm r}\left(\frac{z}{\lambda}\right)$ für positives $z$ dem Wert am Abschluss nach, Gl. (3.5-26). Die Werte für Gesamtspannung und Strom lassen sich nach Gln. (3.5-27 ff.) konstruieren.

Bild 3.5-1 zeigt die so gewonnenen Ortskurven. Entnehmen wir zusammengehörige Werte von Spannung und Strom und berechnen den Widerstand $\underline{Z}\left(\frac{z}{\lambda}\right)$, so erhalten wir im ersten Quadranten induktive Werte (Spannung eilt dem Strom voraus). Für $z = \lambda/4$ wird der Widerstand reell = 120 Ω, wie auch aus Gl. (3.5-15) hervorgeht. Im Bereich $\lambda/4 < z < \lambda/2$ ist der Widerstand kapazitiv. Schließlich wird $\underline{Z}(½)$ = 30 Ω, wie nach Gl. (3.5-14) zu erwarten. Wie sich aus Bild 3.5-1 und aus Gl. (3.5-13) ergibt, ist der Widerstand mit $\lambda/2$ periodisch, während Spannung und Strom mit $\lambda$ periodisch sind.

Wo hin- und rücklaufende Welle in Gegenphase bzw. Phase sind, ist der Widerstand reell, und die Gesamtspannung ist ein Minimum bzw. Maximum:

$$U_{\min} = \left|\underline{U}_{\rm h}\right| - \left|\underline{U}_{\rm r}\right| \qquad (3.5\text{-}29)$$

$$U_{\max} = \left|\underline{U}_{\rm h}\right| + \left|\underline{U}_{\rm r}\right| \qquad (3.5\text{-}30)$$

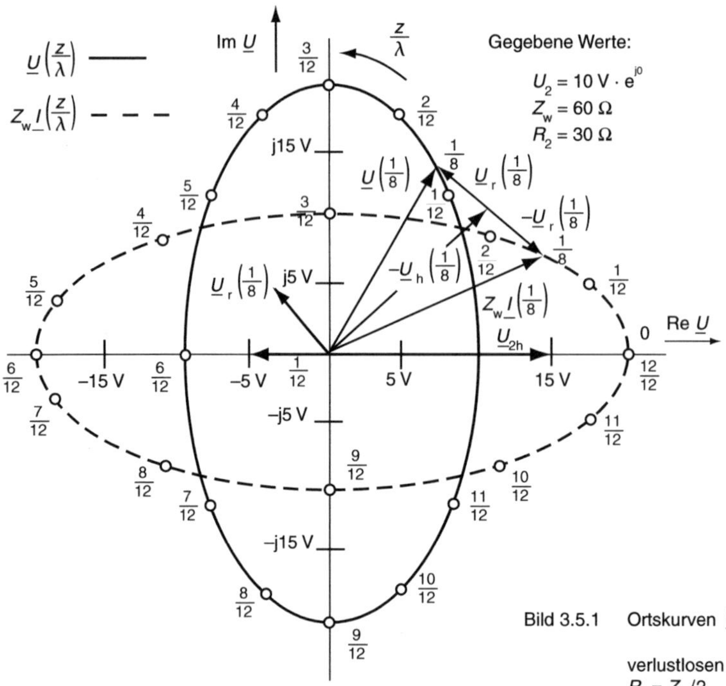


Bild 3.5.1 Ortskurven $\underline{U}\left(\frac{z}{\lambda}\right)$ und $\underline{I}\left(\frac{z}{\lambda}\right)$ einer verlustlosen Leitung mit reellem Abschluss $R_2 = Z_W/2$

Man bezeichnet das Verhältnis

$$m = \frac{U_{\min}}{U_{\max}} \qquad (3.5\text{-}31)$$

als *Anpassungsfaktor*. Wegen Gl. (3.5-18) und Gln. (3.5-29ff.) gilt für den Betrag des Reflexionsfaktors, der nach Gl. (3.5-23) konstant ist:

$$|\underline{r}| = \frac{1-m}{1+m} \qquad (3.5\text{-}32)$$

Für einige wichtige Spezialwerte des Widerstandes $\underline{R}_2$ wollen wir $\underline{r}$ und $m$ angeben:

- Abschluss $Z_W$:
  $\underline{R}_2 = Z_W \rightarrow \underline{r} = 0,\ m = 1$
- Kurzschluss:
  $\underline{R}_2 = 0 \rightarrow \underline{r} = -1,\ m = 0$
- Leerlauf:
  $\underline{R}_2 = \infty \rightarrow \underline{r} = +1,\ m = 0$
- kurzschlussähnlicher reeller Abschluss:

$$R_2 < Z_W: \quad R_2 = m Z_W \rightarrow \underline{r} = -\frac{1-m}{1+m}$$

Mit Gl. (3.5-12) können wir für beliebige Abschlüsse $\underline{R}_2$ die Spannung oder den Strom als Funktion des Ortes berechnen. Da man mit geeigneten Sonden den Betrag des elektrischen Feldes (vgl. 3.5.3.5) oder des magnetischen Feldes auf Leitungen bestimmen kann, wollen wir den zu erwartenden Betragsverlauf berechnen.

**Beispiel:**
Wir wählen einen reellen Abschluss $\underline{R}_2 = m\ Z_W$, also (nach der Definition von $m$) kleiner oder gleich dem Wellenwiderstand. Dafür wird nach Gl. (3.5-12)

$$\left| \frac{\underline{I}\left(\frac{z}{\lambda}\right)}{\underline{I}_2} \right| = \sqrt{\cos^2 2\pi\frac{z}{\lambda} + m^2 \sin^2 2\pi\frac{z}{\lambda}} \qquad (3.5\text{-}33)$$

$$\left|\frac{\underline{U}\left(\frac{z}{\lambda}\right)}{\underline{U}_2}\right| = \sqrt{\cos^2 2\pi\frac{z}{\lambda} + \frac{1}{m^2}\sin^2 2\pi\frac{z}{\lambda}} \qquad (3.5\text{-}34)$$

Der Betrag des Stroms hat ein Maximum $I_{max}$ an allen Stellen $z/\lambda = n\lambda/2$ mit $n = 0, 1, 2, \ldots$; an diesen Stellen hat der Betrag der Spannung ein Minimum, wie sich aus Gl. (3.5-34) ergibt. Der kleine Widerstand $m\ Z_W$ an den genannten Stellen transformiert sich nach Gl. (3.5-15) in den Widerstand $(1/m)\ Z_W$, wenn man jeweils zu einer um $\lambda/4$ entfernten Stelle geht; an diesen Stellen hat die Spannung ein Maximum und der Strom ein Minimum, wie man auch durch Einsetzen in Gln. (3.5-33ff.) beweisen kann.

Bezieht man die Beträge von Strom und Spannung auf die jeweiligen Maximalwerte, so erhält man für den Fall $R_2 = m\ Z_W$ die in Bild 3.5-2 dargestellten Funktionen. Für einen reellen Abschluss $R_2 = (1/m)\ Z_W$ („leerlaufähnlicher" Abschluss) würden sich in Bild 3.5-2 die Rollen von Strom und Spannung vertauschen.

### 3.5.3.4 Reflexionsfaktorkarte und Smith-Diagramm

Von großer praktischer Bedeutung ist der Abschluss einer Leitung mit einem reellen Widerstand $R_2 = mZ_W$ („*kurzschlussähnlicher*" *Abschluss*, siehe oben). Dies ergibt negativ reelle Reflexionsfaktoren $\underline{r}_2$. Man gibt deshalb gern in Diagrammen die bezogene Leitungslänge $l/\lambda$ von dieser Stelle aus gerechnet an (Strahl $l/\lambda = 0$ ist die negativ reelle Achse). Bild 3.5-3 zeigt die sog. *Reflexionsfaktorkarte*.

In unserer Reflexionsfaktorkarte ist ein bestimmter Reflexionsfaktor $\underline{r}$ durch den Schnitt des Kreise $m$ bzw. $|\underline{r}|$ = const. mit dem Strahl $l/\lambda$ gegeben. Andererseits entspricht nach Gl. (3.5-20) einem bestimmten Reflexionsfaktor $\underline{r}(x)$ an einer Stelle $x$ bei festliegendem Wellenwiderstand $Z_W$ auch ein bestimmter Widerstand $\underline{Z}(x)$. Um bei Transformationsaufgaben ohne Zwischenrechnungen auszukommen, ist es zweckmäßig, für jeden Punkt des Einheitskreises den zugehörigen Widerstand in normierter Form anzugeben:

$$\frac{\underline{Z}}{Z_W} = \frac{R}{Z_W} + \mathrm{j}\frac{X}{Z_W} \qquad (3.5\text{-}35)$$

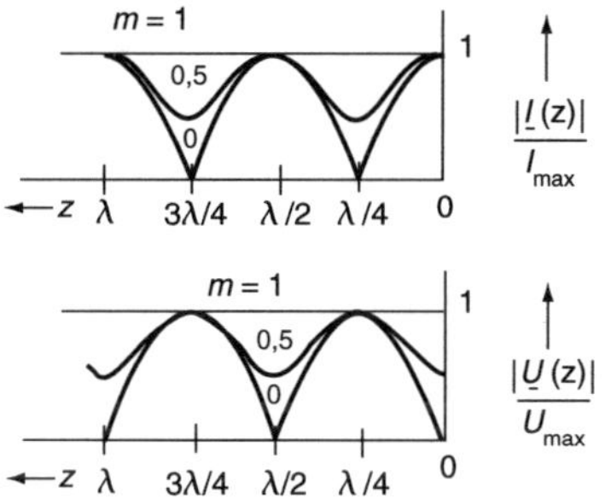


Bild 3.5-2 Stehende Wellen auf der verlustlosen Leitung mit reellem Abschluss $R_2 \leq Z_W$

Die Reflexionsfaktorkarte mit eingezeichneten Kurven $R/Z_W$ = const. und $X/Z_W$ = const. ergibt das sog. *Smith-Diagramm*. Ein derartiges Diagramm mit vier verschiedenen Kurvenscharen ($m$ bzw. $|\underline{r}|$; $l/\lambda$; $R/Z_W$, $X/Z_W$ = const.) ist allerdings etwas unübersichtlich. Wie aus dem Smith-Diagramm Bild 3.5-4 ersichtlich lässt man deshalb zweckmäßigerweise die $m$- und $l/\lambda$-Kurven im Einheitskreis weg. Im Bedarfsfall verbindet man den Ursprung mit der $l/\lambda$-Markierung am Aussenrand. Die Zahlenwerte an der negativ reellen Achse kennzeichnen gleichzeitig auch $m$-Werte. Wir können dort also ansetzen, um einen „$m$-Kreis" zu schlagen, was bei Transformationen stets benötigt wird. Da nämlich auf der verlustfreien Leitung an allen Stellen $|\underline{r}|$ bzw. $m$ = const.

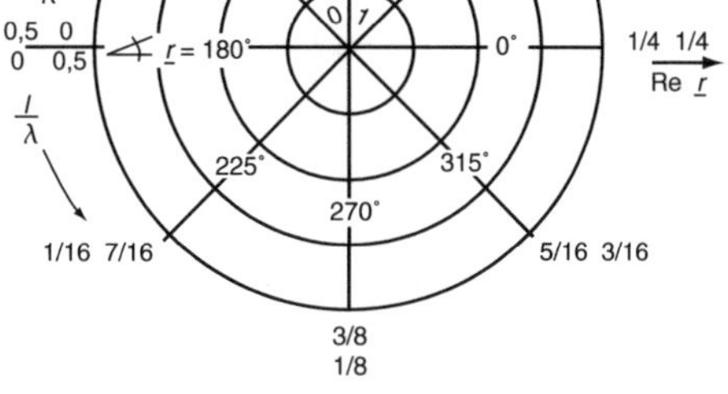


Bild 3.5-3 Reflexionsfaktorkarte

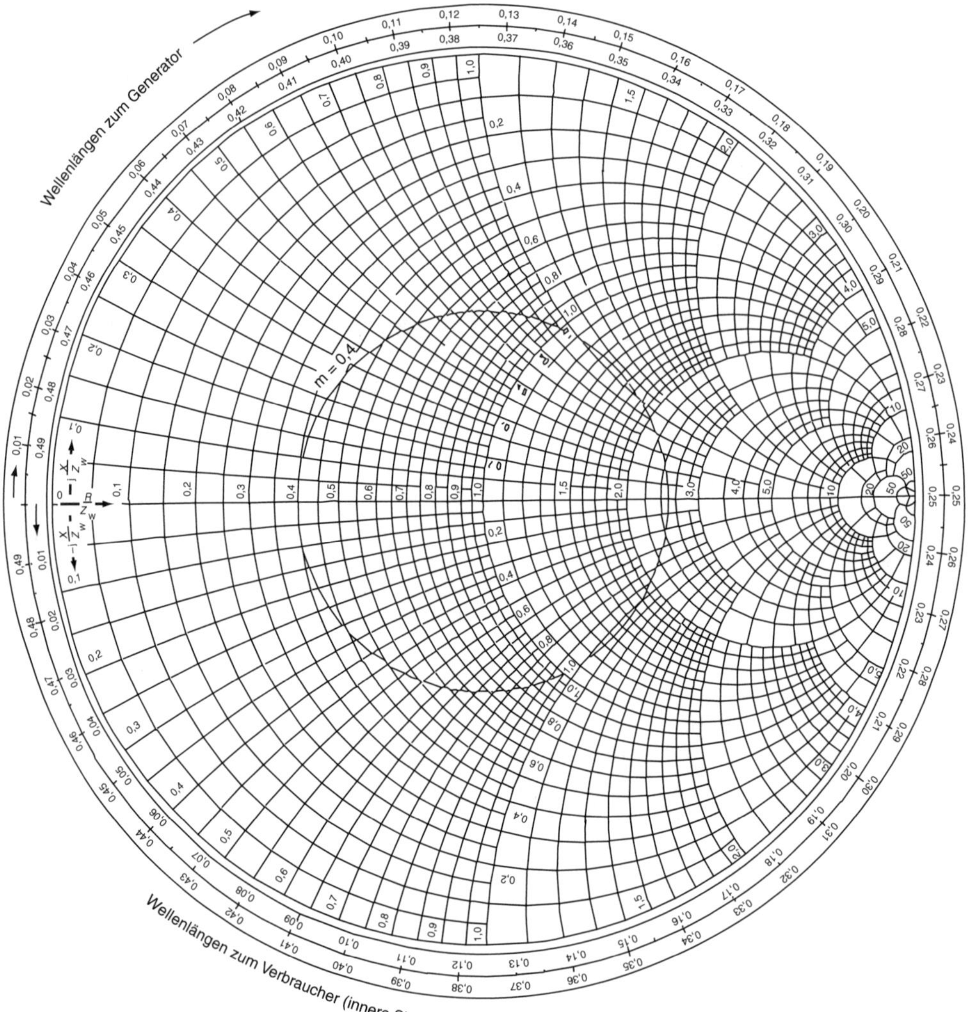


Bild 3.5-4 Smith-Diagramm

ist, entspricht das Entlanggehen an der Leitung der Bewegung auf einem *m*-Kreis.

**Beispiel:**

Gesucht ist der Eingangswiderstand $\underline{Z}_1$ einer Leitung ($Z_W = 30\,\Omega$) mit der Länge $l = 10$ cm, die mit $\underline{R}_2 = (51 + j33)\ \Omega$ abgeschlossen ist. Die Wellenlänge ist $\lambda = 17$ cm.

Normierung: $\dfrac{\underline{R}_2}{Z_W} = 1{,}7 + j \cdot 1{,}1$

Eintragen ins Diagramm: Strahl $l/\lambda = 0{,}202$; $m = 0{,}4$. Auf *m*-Kreis in Richtung auf den Generator um die Länge $l/\lambda = 10/17 = 0{,}588$ weitergehen. Da der Widerstand mit $\lambda/2$ periodisch ist, gilt: $0{,}588 \mathrel{\hat{=}} 0{,}088$. Damit wird neuer Strahl 0,29 erreicht und am Schnittpunkt zum *m*-Kreis abgelesen $\underline{Z}_1/Z_W = 1{,}87 - j0{,}95$. Daraus $\underline{Z}_1 = (56 - j28{,}5)\ \Omega$.

Wenn wir in Gl. (3.5-13) den Wert $\underline{R}_2 = m\, Z_W$ einsetzen, so ergibt sich

$$\frac{\underline{Z}_1}{Z_W} = \frac{m + \mathrm{j}\tan 2\pi \frac{l}{\lambda}}{1 + \mathrm{j}m\tan 2\pi \frac{l}{\lambda}} \qquad (3.5\text{-}36)$$

Das bedeutet, dass wir mit einem Leitungsstück mit reellem Abschluss $m \cdot Z_W$ jeden beliebigen Wert $\underline{Z}_1/Z_W$ realisieren können, indem wir $m$ und $l/\lambda$ geeignet wählen.

#### 3.5.3.5 Messleitung

Eine gestreckte Messleitung besteht z.B. aus einem koaxialen Leitungsstück mit einem Längsschlitz, durch den eine verschiebbare kapazitive Sonde in das Feld eintaucht. Die abgegriffene Spannung wird gleichgerichtet und einem Drehspulinstrument zugeführt. Das Instrument ist in *Anpassungsfaktor m* und/oder *Welligkeitsfaktor* (*Stehwellenverhältnis*)

$$s = \frac{1}{m} = \frac{U_{max}}{U_{min}} \qquad (3.5\text{-}37)$$

geeicht.

*Mit der Messleitung können wir die Größe eines unbekannten komplexen Widerstand $\underline{R}_2$ bestimmen.* Ist die Messleitung mit diesem Widerstand $\underline{R}_2 \neq Z_W$ abgeschlossen, so wird sich beim Verschieben der Sonde vom Leitungsende aus ein Spannungsminimum finden lassen. Haben wir vorher noch (durch Verändern der Sondenankopplung) das Anzeigeinstrument an der Stelle eines Maximums auf 1 gestellt, so können wir beim ersten Minimum den Wert $m$ ablesen. Dort ist bekanntlich der Widerstand reell und hat den Wert $m Z_W$. An einer Skala stellt man fest, um welche Länge $l$ die Sonde verschoben werden musste. Kennt man die Wellenlänge $\lambda$ auf der Messleitung, so ergibt sich der gesuchte Wert $\underline{R}_2/Z_W$ mit Hilfe des Smith-Diagramms. Wir zeichnen den $m$-Kreis ein. Ausgehend von der negativ reellen Achse (Wert $m Z_W$) drehen wir in Richtung auf den Verbraucher, bis der Weg $l/\lambda$ zurückgelegt ist.

**Beispiel:**
Am ersten Minimum wurde abgelesen $m = 0{,}275$. Die Wellenlänge ist $\lambda = 1$ m, und die Sonde musste um 8 cm verschoben werden. Am Schnittpunkt des $m$-Kreises mit dem Strahl $l/\lambda = 0{,}08$ der Skala „zum Verbraucher“ lesen wir ab: $\underline{R}_2/Z_W = 0{,}35–\mathrm{j}\,0{,}5$. Mit dem bekannten Wellenwiderstand der Messleitung $Z_W = 60\ \Omega$ erhalten wir $\underline{R}_2 = (21–\mathrm{j}\,30)\ \Omega$.

Die Wellenlänge $\lambda$ bestimmen wir am sichersten ebenfalls mit der Messleitung. Bei $\underline{R}_2 = 0$ (Kurzschluss) ergeben sich nach Bild 3.5-2 scharfe Minima $U_{min} = 0$. Der Abstand zweier Minima ist $\lambda/2$.

## 3.5.4 Übertragung auf verlustbehafteten Leitungen

#### 3.5.4.1 Einführung

Praktisch ausgeführte Leitungen haben stets Verluste, weil $R'$ und $G'$ von null verschieden sind. Sind jedoch die verwendeten Leitungen hinreichend kurz, wie etwa bei den in 3.5.3 beschriebenen Transformationsschaltungen des Hochfrequenztechnikers, so macht man keinen nennenswerten Fehler, wenn man die Leitung als verlustlos annimmt; dadurch werden die Formeln wesentlich einfacher, und die kennzeichnenden Effekte (stehende Wellen, Transformation usw.) treten klar hervor.

In der Fernmeldetechnik, bei Leitungslängen der Größenordnung km (Beispiel: Fernsprech-Teilnehmeranschlussleitungen) sind dagegen die Verluste bzw. die durch sie verursachten Dämpfungen die entscheidenden Kenngrößen! Bevor wir uns von der verlustlosen Leitung verabschieden, wollen wir klarstellen, dass eine verlustlose Leitung ideale Übertragungseigenschaften hat:

- Ungedämpfte Übertragung, $\alpha = 0$ (da $R' = 0$ und $G' = 0$).
- Unverzerrte Übertragung, da die Signalanteile aller Frequenzen sich mit gleicher Phasengeschwindigkeit $v_p$ ausbreiten, wie aus Gl. (3.4-17) und Gl. (3.3-14) hervorgeht.
- Wellenwiderstand rein reell und frequenzunabhängig, damit problemlose Anpassung der Leitungsabschlüsse.

Um in die speziellen Probleme der verlustbehafteten Leitung einzuführen, zeigen wir zunächst in 3.5.4.2, dass charakteristische Frequenzgänge von $\alpha$, $\beta$ und $\underline{Z}_W$ auftreten, obwohl die Leitungsbeläge wie in den vorangegangenen Kapiteln als konstant angenommen werden. Moderne Übertragungssysteme nutzen die Leitung in Bereichen, in denen Beläge, insbesondere $R'$, nicht mehr konstant sind; die speziellen Problemstellungen werden wir dann in 3.5.4.3 ansprechen.

### 3.5.4.2 Kenngrößen der Leitung bei verschiedener Frequenz

Eine bestimmte Leitung soll bei verschiedener Betriebsfrequenz betrachtet werden. Auf Grund der Relationen zwischen den Wirk- und Blindanteilen der Längswiderstände bzw. Querleitwerte im Leitungsersatzbild ergeben sich bei üblichen Leitungen, wenn man die Frequenz von null aus anwachsen lässt, nacheinander die in Bild 3.5-5 dargestellten Klassen „RG-Leitung", „stark gedämpfte Leitung" usw. Für die jeweils angegebenen Relationen zwischen den Wirk- und Blindanteilen der Längswiderstände bzw. Querleitwerte im Leitungsersatzbild erhält man Näherungsformeln für den Ausbreitungskoeffizient $\gamma = \alpha + \mathrm{j}\beta$ und für den Wellenwiderstand, die für die praktische Arbeit wichtig sind. In allen Fällen sind dabei die Beläge selbst als frequenzunabhängig angenommen!

Bild 3.5-6 zeigt den Verlauf von Dämpfungs- und Phasenkoeffizient. Die Grenzfrequenz $f_g$ zwischen den praktisch wichtigen Bereichen starker und schwacher Dämpfung ergibt sich, wenn man die Näherungsformeln gleichsetzt und nach $f$ auflöst. Im Bereich starker Dämpfung verläuft $\beta$ nicht mehr linear. Er ergeben sich *Gruppenlaufzeitverzerrungen.*

Will man die Dämpfung von Leitungen vergleichen, so muss man daran denken, dass etwa beim Fernsprechen Leitungen von 10 km ohne weiteres möglich sind, während der Höchstfrequenztech-

| „RG"-Leitung (praktisch uninteressant) | Übertragungstechnik: „stark gedämpfte" Leitung | Übertragungstechnik: „schwach gedämpfte" Leitung | Höchstfrequenztechnik „verlustlose" Leitung |
|---|---|---|---|
| $G' \gg \mathrm{j}\omega C'$<br>$R' \gg \mathrm{j}\omega L'$ | $G' \ll \mathrm{j}\omega C'$<br>$R' \gg \mathrm{j}\omega L'$ | $G' \ll \mathrm{j}\omega C'$<br>$R' < \mathrm{j}\omega L'$ | $G' \ll \mathrm{j}\omega C'$<br>$R' \ll \mathrm{j}\omega L'$ |
| $\alpha \approx \sqrt{R'G'}$<br><br>$\beta \approx 0$<br><br>$\underline{Z}_W = \sqrt{\frac{R'}{G'}}$ | $\alpha = \beta \approx \sqrt{\frac{\omega R'C'}{2}}$<br><br>$\gamma = \alpha + \mathrm{j}\beta \approx \approx \sqrt{\mathrm{j}}\sqrt{\omega R'C'}$<br><br>$\underline{Z}_W \approx \sqrt{\frac{R'}{\mathrm{j}\omega C'}} = \sqrt{\frac{R'}{\omega C'}}\,\mathrm{e}^{-\mathrm{j}\frac{\pi}{4}}$ | $\alpha \approx \frac{R'}{2\,\lvert\underline{Z}_W\rvert}$<br><br>$\beta \approx \omega\sqrt{L'C'}$<br><br>$\underline{Z}_W \approx \lvert\underline{Z}_W\rvert e^{\mathrm{j}\varphi_Z}$<br>$\lvert\underline{Z}_W\rvert \approx \sqrt{\frac{L'}{C'}}$<br>$\varphi_Z \approx -\frac{R'}{2\omega L'}$ | $\alpha\lambda \approx 0$<br><br>$\beta \approx \omega\sqrt{L'C'}$<br><br>$\underline{Z}_W \approx \sqrt{\frac{L'}{C'}}$ |

Bild 3.5-5 Frequenzabhängigkeit von $\gamma$ und $\underline{Z}_W$

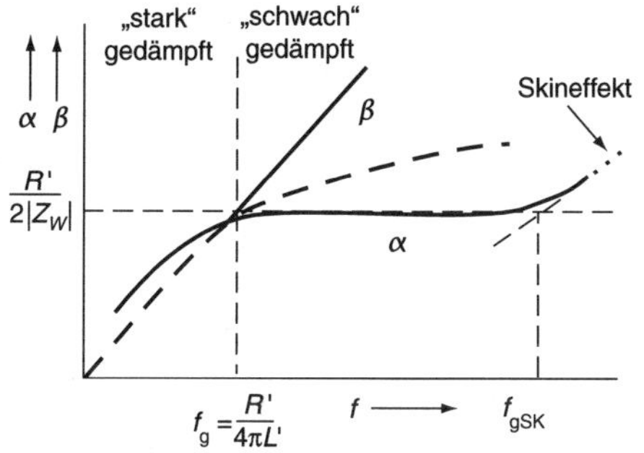


Bild 3.5-6 Frequenzabhängigkeit von $\alpha$ und $\beta$

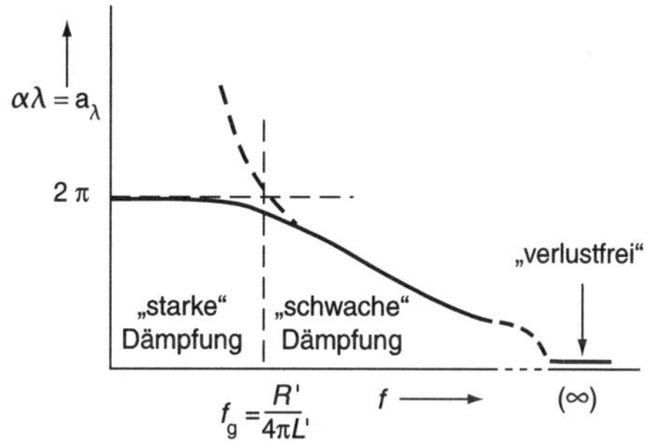


Bild 3.5-7 Begriffe „starke“ und „schwache“ Dämpfung

niker seine Transformationseffekte mit Stücken der Größenordnung 10 cm erreicht. Bezieht man den Dämpfungskoeffizient nicht auf den festen Wert 1 km, sondern auf die jeweilige Wellenlänge, dann werden die Begriffe *„starke“* und *„schwache“ Dämpfung* sowie „verlustlos“ erst plausibel, siehe Bild 3.5-7.

Nach Bild 3.5-5 ist der Wellenwiderstand $Z_W$ im Bereich starker Dämpfung frequenzabhängig und komplex (kapazitiv, Winkel $-45°$), so dass bei einer mit ihrem Wellenwiderstand abgeschlossenen Leitung in diesem Bereich eine entsprechende Phasenverschiebung zwischen $\underline{U}(x) = \underline{U}_h(x)$ und $\underline{I}(x) = \underline{I}_h(x)$ zu beobachten ist. Bild 3.5-8 zeigt typische Ortskurven für Spannung und Strom für die verschiedenen interessierenden Bereiche.

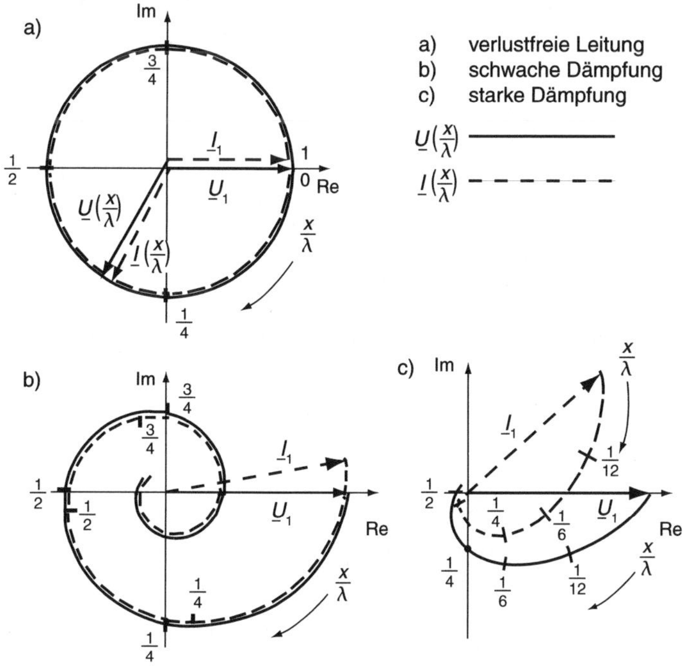


Bild 3.5-8
Ortskurven

$\underline{U}\left(\frac{x}{\lambda}\right)$ und $\underline{I}\left(\frac{x}{\lambda}\right)$

bei Wellenwiderstandsabschluss

### 3.5.4.3 Leitungen der Übertragungstechnik

Nach Bild 3.5-5 gilt für eine Leitung im Bereich schwacher Dämpfung:

$$\alpha \approx \frac{R'}{2 \cdot \sqrt{\frac{L'}{C'}}} \tag{3.5-38}$$

Bei Kabeln ist wegen des kleinen Leiterabstandes $L'$ klein und $C'$ groß. Um $L'$ zu erhöhen und damit $\alpha$ zu reduzieren, hat man im klassischen Fernsprechnetz, wo immer möglich, die sog. *Pupinisierung* angewandt: In regelmäßigen Abständen werden Spulen in die Leitung geschaltet. Dadurch wird die Leitung allerdings inhomogen! Kabelabschnitte (kapazitiv) und Induktivitäten wechseln sich ab, die Leitung wirkt als Tiefpass. Bei entsprechend starker Pupinisierung lässt sich gerade noch das Fernsprechband (300 Hz bis 3400 Hz) übertragen. Eine Mehrfachausnutzung von Leitungen kann dann allenfalls noch durch Phantombildung (Bild 3.5-9) erreicht werden.

#### Skineffekt

Leitungsbeläge ($R'$, $L'$ usw.) können, z.B. auf Grund von Stromverdrängungseffekten, frequenzabhängig sein. Insbesondere nimmt $R'$ ab einer gewissen Grenzfrequenz $f_{gSk}$ durch *Skineffekt* (*Hauteffekt*) etwa mit der Wurzel aus der Frequenz zu (Bild 3.5-10), bei manchen Kabeln noch stärker (bis zu $f^{3/4}$). Nutzt man (unbespulte) Kabel durch Multiplexsysteme, so liegt der für die Übertragung genutzte Bereich weitgehend oberhalb von $f_{gSk}$, so dass sich im Gültigkeitsbereich von Gl. (3.5-38) ein Frequenzgang des Dämpfungskoeffizienten $\alpha$ ergibt, der dem von $R'$ entspricht.

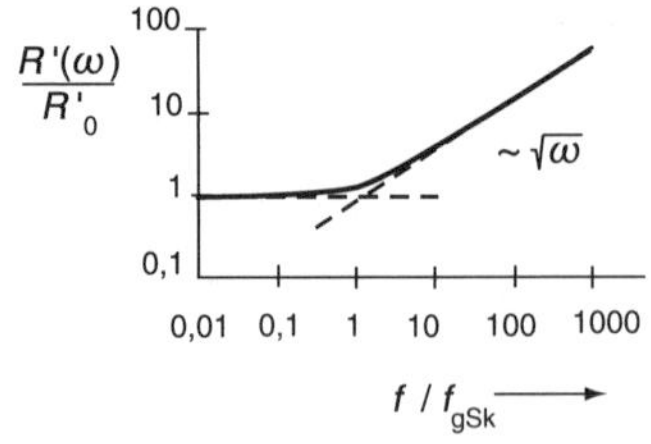


Bild 3.5-10 Skineffekt

#### Einfluss der Leitungseigenschaften auf die Konzeption von Übertragungssystemen

Wie eben diskutiert, ergibt sich bei der höchsten Frequenz des Übertragungsbandes in der Regel das größte Dämpfungsmaß $\alpha$. Eine weitere wichtige Einflussgröße werden wir in 3.6 kennen lernen: Nebensprechen. Es erscheint aber wenig sinnvoll, die Konzeption von Übertragungssystemen nur vom Standpunkt der Leitungseigenschaften aus zu diskutieren; man muss gleichzeitig z.B. das Rauschen usw. in Betracht ziehen, d.h. Größen, die nichts mit Leitungen zu tun haben. Deshalb werden wir erst in Kapitel 5 auf diese Fragen zurückkommen.

### 3.5.4.4 Supraleitende Koaxialkabel

Ende der siebziger Jahre hatte diese Technik den nachstehend geschilderten Stand erreicht; wir zitieren aus [30-1].

„Einige Materialien haben unterhalb einer Übergangs- oder Sprungtemperatur einen extrem kleinen HF-Oberflächenwiderstand. So kann man z.B. aus Blei koaxiale ‚Minituben‘ ($d$ = 0,46 mm, $D$ = 1,6 mm) bauen, bei denen die Supraleitung unterhalb von 7,2 K einsetzt. Man muss diese Koaxialleitung also z.B. in einer Hülle von flüssigem Helium ($T$ = 4,2 K) führen. Mit diesen Werten ist zu rechnen:

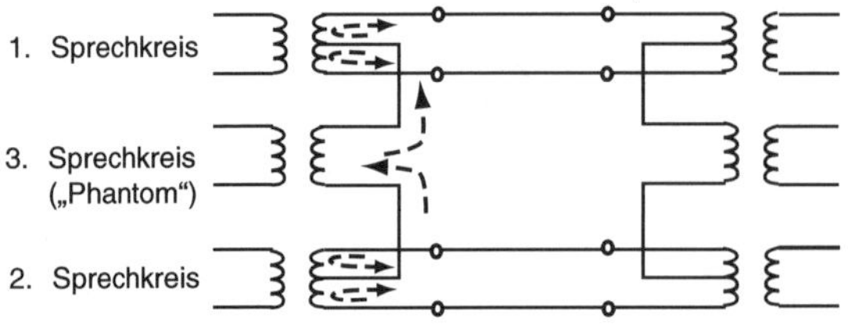


Bild 3.5-9 Phantomschaltung auf zwei Doppeladern

- Theorie: Bei $f$ = 1 GHz Dämpfungsbelag 0,03 dB/km, Anstieg proportional $f^{1,8}$, verfügbare Bandbreite über 500 GHz.
- Praktisch erreicht: 1 dB/km, Anstieg proportional $f$ durch dielektrische Verluste.

Ein Frequenzmultiplexsystem mit $10^6$ Sprechkanälen mit Verstärkerabständen zwischen 20 und 100 km wäre längst realisierbar, doch scheut man die Probleme der Kühlung mit flüssigem Helium. Fortschritte bezüglich der Anwendung der Supraleitung könnten sich in nachstehenden Schritten ergeben:

- Man sucht großtechnisch verwertbare Supraleiter mit wesentlich höheren Sprungtemperaturen, denkbar z.B. $Nb_3Ge$ mit 23 K.
- Eine Nutzung der kühlenden Hülle durch weitere ‚Kunden‘ würde die Wirtschaftlichkeit verbessern; hier kommen vor allem supraleitende Kabel zur Starkstromübertragung in Betracht.
- Schließlich gibt es Pläne, Primärenergie in Form von flüssigem Wasserstoff ($T$ = 20 K) zu transportieren; diese Pipelines könnten also die kühlende Hülle für die supraleitenden Kabel bilden!“

In den vergangenen zwanzig Jahren hat die Entwicklung von Hochtemperatur-Supraleitern erstaunliche Fortschritte gemacht, von denen u.a. die Starkstromtechnik profitiert. Dagegen fand eine nennenswerte Anwendung der Supraleitung für die Nachrichtenübertragung nicht statt: Die heute verfügbare leistungsfähige Lichtleiterwellenleitung hat wesentlich weniger Probleme.

# 3.6 Gekoppelte Leitungen

Die Kopplung zwischen benachbarten Leitungen kann sowohl unerwünscht (Starkstrombeeinflussung, Nebensprechen usw.) als auch erwünscht sein (Beispiele aus der HF-Technik: Richtkoppler (s.u.); Transformationsschaltungen mit Bandfiltercharakteristik usw.).

## 3.6.1 Kopplungen zwischen Nachrichtenleitungen

### 3.6.1.1 Nebensprechen

Verständliches Nebensprechen muss verhindert werden, damit das Fernsprechgeheimnis gewahrt bleibt. Unverständliches Nebensprechen geht in die Geräuschbilanz des Kanals ein und darf ebenfalls gewisse Werte nicht überschreiten. Man ordnet benachbarte Leitungen so an, dass die Kopplungseffekte möglichst klein werden (Stichworte: *Sternvierer, Dieselhorst-Martin-Vierer*, Auskreuzen von Freileitungen; siehe [50-1]). Bei symmetrischen Leitungen nehmen die Nebensprechprobleme bei höheren Frequenzen zu, und spezielle Ausgleichsverfahren (Zuschalten kleiner Kapazitäten) werden notwendig. Trotzdem setzt

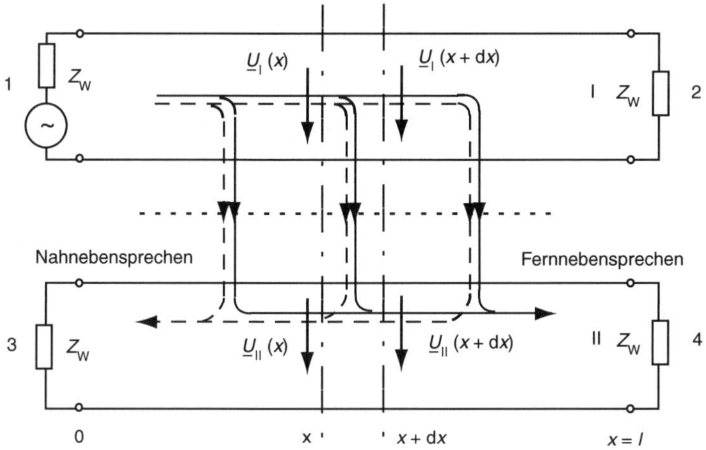


Bild 3.6-1 Nebensprechen

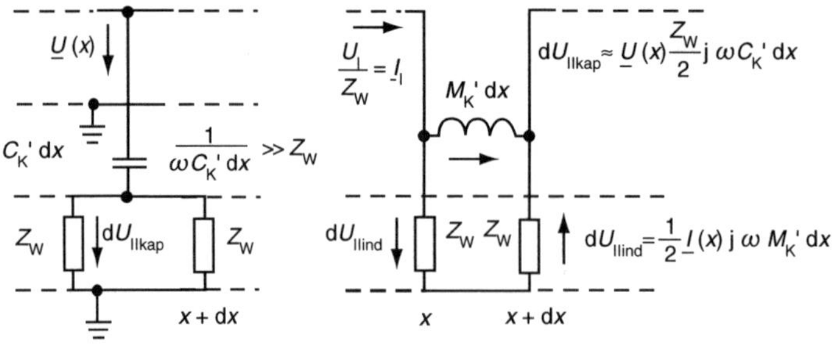


Bild 3.6-2 Ersatzschaltung der Kopplung

das Nebensprechen die obere Grenze für den Einsatz von TF-Systemen auf symmetrischen Leitungen. Bei Koaxialkabeln wird dagegen die Nebensprechdämpfung bei höheren Frequenzen besser.

Bild 3.6-1 zeigt zwei gekoppelte Leitungen. Wie in der Übertragungstechnik üblich, sind alle Enden mit dem Wellenwiderstand abgeschlossen. Die Kopplungsbeiträge in Leitung II aus den verschiedenen Stellen der Leitungsanordnung fügen sich zu einer am fernen Ende ($x = l$) eintreffenden Welle (*Fernnebensprechen*) und zu einer am nahen Ende ($x = 0$) eintreffenden Welle (*Nahnebensprechen*) zusammen.

Wir betrachten ein differenzielles Leitungsstück am Ort $x$. Aus Unsymmetrien der verschiedenen Teilkapazitäten der Adern untereinander und gegen Erde resultiert ein Koppelkapazitätsbelag $C'_K$. Entsprechend gibt es bei der induktiven Kopplung einen Gegeninduktivitätsbelag $M'_K$. Mit Hilfe von Ersatzschaltbildern nach Bild 3.6-2 können wir für das differenzielle Stück die Beiträge $\mathrm{d}\underline{U}_{II}(x)$ für das Nahnebensprechen und $\mathrm{d}\underline{U}_{II}(x + \mathrm{d}x)$ für das Fernnebensprechen anschreiben:

$$\mathrm{d}\underline{U}_{II}(x) = \mathrm{d}\ \underline{U}_{II\ kap} + \mathrm{d}\ \underline{U}_{II\ ind}$$

$$\frac{\mathrm{d}\underline{U}_{II}(x)}{\underline{U}_{I}(x)} = \frac{1}{2}\mathrm{j}\omega\left(Z_{w}C'_{K} + \frac{M'_{K}}{Z_{w}}\right)\mathrm{d}x \qquad (3.6\text{-}1)$$

$$\mathrm{d}\underline{U}_{II}(x+\mathrm{d}x) = \mathrm{d}\underline{U}_{II\ kap} - \mathrm{d}\underline{U}_{II\ ind}$$

$$\frac{\mathrm{d}\underline{U}_{II}(x+\mathrm{d}x)}{\underline{U}_{I}(x)} = \frac{1}{2}\mathrm{j}\ \omega\left(Z_{w}C'_{K} - \frac{M'_{K}}{Z_{w}}\right)\mathrm{d}x \qquad (3.6\text{-}2)$$

Die verschiedenen differenziellen Leitungsstücke tragen zu dem bei $x = 0$ sich ergebenden Nahnebensprechen in unterschiedlicher Weise bei, denn es gilt

$$\underline{U}_{I}(x) = \underline{U}_{I}(0)\,\mathrm{e}^{-\gamma x}; \quad \mathrm{d}\underline{U}_{II}(0) = \mathrm{d}\underline{U}_{II}(x)\,\mathrm{e}^{-\gamma x}$$

Damit wird das Spannungsverhältnis für das nahe Ende:

$$\frac{\underline{U}_{II}(0)}{\underline{U}_{I}(0)} = \frac{1}{2}\mathrm{j}\omega\int_{0}^{l}\left(Z_{W}C'_{K} + \frac{M'_{K}}{Z_{W}}\right)\mathrm{e}^{-2\gamma x}\mathrm{d}x \qquad (3.6\text{-}3)$$

Wir haben bis jetzt bei den Ansätzen vereinfachend angenommen, dass beide Leitungen gleichen Wellenwiderstand und gleichen Ausbreitungskoeffizient haben, was sicher sinnvoll ist. Da die größten Nebensprechprobleme bei den höchsten Frequenzen auftreten, ist es auch gerechtfertigt, $Z_W$ reell anzunehmen.

Ist die Nebensprechkopplung homogen verteilt, d.h. $C'_K$, $M'_K$ = const., so ist das Integral leicht auszuwerten. Wir erhalten das *Nahnebensprechen*

$$\frac{\underline{U}_{II}(0)}{\underline{U}_{I}(0)} = \frac{1}{2}\mathrm{j}\omega\left(Z_{W}C'_{K} + \frac{M'_{K}}{Z_{W}}\right)\frac{1-\mathrm{e}^{-2\gamma l}}{2\gamma} \qquad (3.6\text{-}4)$$

Beim Fernnebensprechen legt jeder Beitrag einen Teil der Länge $l$ in der einen und den verbleibenden Rest der Länge $l$ in der anderen Leitung zurück. Damit tragen alle differenziellen Leitungsstücke gleichberechtigt bei, und wir erhalten bei konstanten Kopplungsbelägen das *Fernnebensprechen*

$$\begin{aligned}\frac{\underline{U}_{\mathrm{II}}(l)}{\underline{U}_{\mathrm{I}}(l)} &= \frac{1}{2}\mathrm{j}\omega\left(Z_{\mathrm{W}}C'_{\mathrm{K}} - \frac{M'_{\mathrm{K}}}{Z_{\mathrm{W}}}\right)\cdot\int_0^l \mathrm{d}x \\ &= \frac{1}{2}\mathrm{j}\omega\left(Z_{\mathrm{W}}C'_{\mathrm{K}} - \frac{M'_{\mathrm{K}}}{Z_{\mathrm{W}}}\right) l \qquad (3.6\text{-}5)\end{aligned}$$

Praktisch arbeitet man auch beim Nebensprechen nicht mit Spannungsverhältnissen, sondern mit der Nebensprechdämpfung. Im Zusammenhang mit Verstärkern auf einer Leitung hat man den Begriff des *Nebensprechgrundwertes* eingeführt; man versteht darunter die Nebensprechdämpfung zwischen Punkten gleichen relativen Pegels. Also z.B.

(Fern-)Nebensprechgrundwert =

$$= 20\lg\left|\frac{2}{\left(Z_{\mathrm{W}}C'_{\mathrm{K}} - \frac{M'_{\mathrm{K}}}{Z_{\mathrm{W}}}\right)\omega\, l}\right| \mathrm{dB} \qquad (3.6\text{-}6)$$

Ergebnisse:

- Fernnebensprechen verschwindet, wenn

  $$C'_{\mathrm{K}} = \frac{M'_{\mathrm{K}}}{Z_{\mathrm{W}}^2} \qquad (3.6\text{-}7)$$

  ist. Deshalb ist die Fernnebensprechdämpfung zunächst recht hoch; sie wird aber nach Gl. (3.6-6) mit wachsendem $l$ immer kleiner.
- Die Nahnebensprechdämpfung strebt dagegen nach Gl. (3.6-4) für wachsende $l$ einem von null verschiedenen Grenzwert zu.

In der Praxis müssen wir mit Beiträgen von Kopplungen in verschiedenen Leitungsabschnitten, mit Nebensprechen über Reflexionen und 3. Kreise usw., rechnen [50-1].

### 3.6.1.2 Richtkoppler

Nehmen wir an, die Anordnung nach Bild 3.6-1 bestehe aus verlustfreien Leitungen und sei in ein

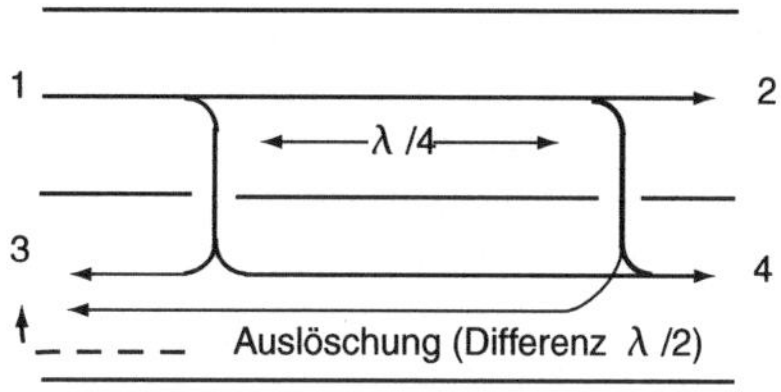


Bild 3.6-3 Vorwärtswellenkoppler

Gehäuse eingebaut, so dass nur die Klemmenpaare 1 bis 4 zugänglich sind. Falls die Bedingung nach Gl. (3.6-7) eingehalten wird, stellt der Achtpol einen idealen Richtkoppler mit folgenden Eigenschaften dar: Eine bei 1 eintretende Wirkleistung $P'_1$ wird in die Teilleistungen $P'_2$ und $P'_3$ aufgespalten und den Verbrauchern an 2 und 3 zugeführt, während bei 4 keine Leistung auftritt. Entsprechend wird eine an 2 eintretende Wirkleistung nur den Verbrauchern an 1 und 4 zugeführt.

Die Richtwirkung ist bei einem derartigen Richtkoppler aus Leitungen frequenzunabhängig. Dagegen ist die Koppeldämpfung bei diesem wie auch bei anderen Richtkopplern frequenzabhängig.

Kann man zwischen zwei Leitungen zwei konzentrierte Kopplungen im Abstand eines Viertels der Betriebswellenlänge herstellen, so ergibt sich der in Bild 3.6-3 schematisch dargestellte Richtkoppler. (Die Darstellung entspricht der bei Hohlleitern – siehe 3.7.2 – besonders einfach realisierbaren Verkopplung durch Schlitze.) Es handelt sich hier um einen „*Vorwärtswellenkoppler*"; im Gegensatz zu Bild 3.6-1 ist nicht Tor 4, sondern Tor 3 entkoppelt.

## 3.6.2 Beeinflussung von Nachrichtenleitungen durch energiereiche Systeme

### 3.6.2.1 Verursacher der Störungen und Gegenmaßnahmen

*Die Kopplung zwischen dem energiereichen System und der Nachrichtenleitung kann prinzipiell ohmisch, kapazitiv oder induktiv sein.* Die Gegenmaßnahmen gegen Störungen beginnen damit, dass man bereits von der Konzeption her mögliche Kopplungen weitgehend ausschaltet. Da in der Starkstromtechnik vielfach die Erde als Rückleiter dient (z.B. bei Bahnfahrleitungen), muss der Nachrichtentechniker die Nutzung der Erde so weit wie möglich vermeiden, da dies eine direkte ohmische Verkopplung der Systeme mit sich bringen würde. Auch wenn man für den Regelbetrieb jede galvanische Verbindung zwischen Starkstrom- und Nachrichtenseite vermieden hat, kann eine solche jedoch in einem Fehlerfall (Leitungsbruch!) auftreten. Bei modernen Vermittlungssystemen z.B. lässt man bei direkter 230-V-Berührung zu, dass dezentrale Anlagenteile (Teilnehmerschaltungen) zerstört werden; es darf aber kein Brand in der Vermittlungsstelle entstehen.

In der Praxis hat die induktive Kopplung die größte Bedeutung. Wie wir in 3.6.2.2 zeigen werden, entstehen Längsspannungen, deren Größe und Dauer von den Gegebenheiten an der Starkstromseite (Bild 3.6-4) abhängen.

Wir wenden uns nun den atmosphärischen Entladungen als potenziellen Störern zu. Der Fall, dass der Blitz direkt in eine Nachrichtenleitung schlägt, ist zum Glück relativ selten. In der Regel handelt es sich auch hier um induktive Beeinflussung.

**Beispiel:**
Fernsprech-Teilnehmeranschlussleitungen in einem Haus werden induktiv durch den kurzzeitigen hohen Strom in der Erdleitung eines Blitzableiters beeinflusst.

Wegen der Vielzahl der möglichen Anordnungen der Leitungen ist es schwer, ein repräsentatives Modell für die induktive Kopplung anzugeben. Deshalb legt man z.B. für Typmusteruntersuchungen von Fernmeldeanlagen in den Pflichtenheften Ersatzspannungsquellen fest, welche bei direkter galvanischer Anschaltung an die Leitungsadern eine Störung erzeugen, die der im realen Betriebsfall auftretenden vergleichbar ist.

**Beispiel:**
Ein Prüfgenerator für einen sog. „Normblitz" für Testzwecke soll definiert werden. Die von einem Blitz herrührende Beeinflussung zeigt ein rasches Ansteigen (in der Zeit $t_1$) auf den Wert $U_0$, sodann ein langsameres Abfallen (z.B in einer Zeit $t_2$ auf den Wert $U_0/2$). Praktisch verwendete Werte sind z.B.: $U_0 = 5$ kV, $R_i = 38\ \Omega$, $t_1 = 10\ \mu$s, $t_2 = 700\ \mu$s, Zeitverläufe abschnittweise linear.

Das Pflichtenheft schreibt dann z.B. vor, dass bei der Abnahmeprüfung der Normblitz-Generator beliebig an die Leitungsanschlüsse gelegt werden kann (a-Ader gegen b-Ader, a-Erde, b-Erde), ohne dass irgendeine Zerstörung der Schaltung auftreten darf. Dies erfordert insbesondere bei elektronischen Schaltungen einen wirksamen und sinnvoll abgestuften Überspannungsschutz.

| Beeinflussendes System (Bahn $16^2/_3$ Hz, evt. 50 Hz; Drehstrom 50 Hz) | Betriebsfall des Starkstromsystems | Typische Pflichtenheftswerte der Längsspannung |
|---|---|---|
| Bahnfahrleitung | Normalbetrieb<br>Erdschluss | 65 V dauernd<br>300 V während 0,15 s |
| Drehstromleitung (Sternpunkt starr geerdet) | Normalbetrieb<br>Erdschluss | –<br>300 V während 0,15 s |
| Drehstromleitung (Sternpunkt über Löschspule geerdet) | Normalbetrieb<br>Einfacherdschluss<br>Doppelerdschluss | –<br>65 V dauernd<br>300 V während 0,15 s |

Bild 3.6-4 Beeinflussende Starkstromsysteme und typische Pflichtenheftwerte resultierender Längsspannungen

**Beispiel:**

Am Hauptverteiler einer Vermittlungsstelle werden an alle von außen kommenden Leitungen Gasentladungsableiter geschaltet, welche nach ihrem Zünden die anliegende Spannung auf < 300 V begrenzen. Die Ansprechzeit der Ableiter beträgt aber z. B. einige µs, so dass die Anstiegsflanke des Normalblitzes vor dem Zünden bereits den Wert 2 kV erreicht. Eine Teilnehmeranschlussleitung ist vom Hauptverteiler zu einem Gestell mit Teilnehmerschaltungen (TS) geführt. Auf einer Karte sind z. B. 8 TS realisiert. Um so viele TS unterzubringen, hat man Streifenleitungen auf der Karte mit einem relativ kleinen Leiterabstand verwendet. Bei diesem Leiterabstand möge unter ungünstigen Umständen bereits bei 1 kV ein Überschlag auftreten. Der Abstand von der Steckerleiste zu der TS beträgt nur einige cm, und die TS ist durch Zenerdioden oder spezielle Schutzdioden (TAZ-Dioden) gegen kurzzeitige Überspannungen ausreichend geschützt.

Bei der Abnahmeprüfung wird die Schaltung durch den Normalblitz unbrauchbar, weil ein Überschlag zwischen den Leiterbahnen auftritt. Für den in der Leitungstheorie Bewanderten ist dies kein Wunder: Die von der Steckerleiste her in die Streifenleitung einlaufende elektromagnetische Welle von z. B. > 1 kV weiß nicht, dass der Leitungsausgang durch die Schutzdiode kurzgeschlossen ist. Man benötigt deshalb einen Schutz, der direkt an der oder vor der durch Überschlag gefährdeten Stelle angeordnet ist (z. B. Varistoren direkt an den Steckeranschlüssen).

Bei Atomexplosionen entstehen *elektromagnetische Impulse außerordentlich hoher Leistung* (*Nuclear ElectroMagnetic Pulse, NEMP*). Man muss damit rechnen, dass etwa bei einem Atomkrieg die Nachrichtensysteme eines Landes weitgehend zerstört werden, weil die o. g. üblichen Schutzeinrichtungen durch den hohen Energieinhalt des NEMP selbst zerstört werden. Es gibt deshalb heute umfangreiche Entwicklungsarbeiten mit dem Ziel, Nachrichtensysteme gegen NEMP resistent zu machen.

### 3.6.2.2 Ersatzschaltbild einer induktiv beeinflussten Fernmeldeleitung

Der Strom $\underline{I}_E$ im Erdkreis einer Starkstromleitung StL verursacht über die Gegeninduktivität $M_e$ in einer benachbarten Fernmeldeleitung FeL eine Längsspannung $\underline{U}_L$, siehe Bild 3.6-5. Für die Beeinflussung durch die Grundwelle des Stroms $\underline{I}_E$ (50 Hz; bei Bahnfahrleitungen z. B. in Deutschland 16 ⅔ Hz) kann man die Leitung als elektrisch kurz annehmen. Als einfaches Ersatzbild der Leitung erwartet man also z. B. ein T-Glied, bei dem die zwischen den Aderanschlüssen a und b messbare sog. Stammkapazität $C_{St}$ durch einen Kondensator dargestellt wird, dessen Größe sich aus Kapazitätsbelag $C'$ und Leitungslänge $l$ ergibt:

$$C_{St} = C'l \tag{3.6-8}$$

Um die hier interessierenden Vorgänge richtig zu beschreiben, genügt es jedoch nicht, die Leitung als Vierpol anzunehmen, der auf jeder Seite die Aderanschlüsse a und b hat! Wir müssen die Erde noch berücksichtigen; es handelt sich deshalb um ein Gebilde mit mehr als vier Klemmen.

Von der an a und b gemessenen Kapazität liegt in Wirklichkeit der kleinere Teil zwischen den Adern. Viel größere Kapazitäten liegen zwischen jeder Ader und Erde, weil die ganze Umgebung einer Ader (andere Doppelleitungen, Mantel) mindestens durch die Beschaltung in der Vermittlungs- oder Verstärkerstelle mehr oder weniger geerdet ist. Die Aufteilung von $C_{St}$ in Ader-Ader-Kapazität $C_{ab}$ und Ader-Erde-Kapazitäten $C_e$ hängt vom Kabeltyp usw. ab und wird in [50-2]

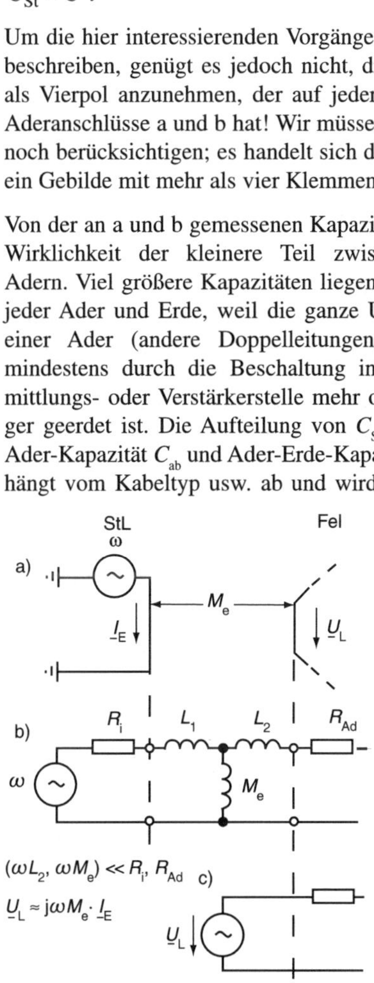


Bild 3.6-5 Entstehung der Längsspannung
a) Näherung zwischen Starkstromleitung StL und Fernmeldeleitung FeL;
b) Ersatzschaltbild der Kopplung;
c) Ersatzschaltbild der beeinflussten Ader

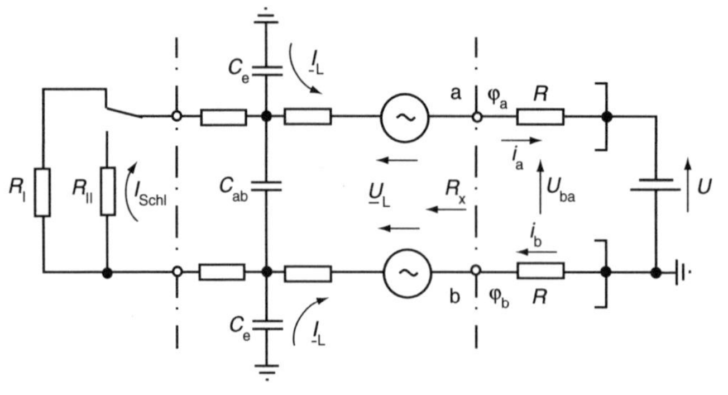


Bild 3.6-6
Gleichstrom-Schleifenzeichengabe über induktiv beeinflusste Teilnehmeranschlussleitung (links: Sender im Fernsprechapparat; rechts: Speiseschaltung (Empfänger) in der Vermittlungsstelle)

genau untersucht. Typische Werte gängiger Kabel im Ortsnetz sind

$$C_{ab} \approx 0{,}3\, C_{St}$$
$$C_e \approx 1{,}4\, C_{St} \qquad (3.6\text{-}9)$$

Ist die Näherungslänge zwischen StL und FeL relativ kurz, so kann man die gesamte auftretende Längsspannung $\underline{U}_L$ als an einem Punkt konzentriert annehmen. Im Beispiel einer beeinflussten Teilnehmeranschlussleitung ist der schlechteste Fall gegeben, wenn die Längsspannungen an dem der Vermittlungsstelle zugewandten Ende der Leitung angenommen werden. Damit ergibt sich das in Bild 3.6-6 dargestellte streng erdsymmetrische Ersatzschaltbild. Die Amtsbatterie hat einen vernachlässigbaren Innenwiderstand, so dass für die Längsstromkreise ($\underline{I}_L$) beide Adern gleichermaßen geerdet sind. Man überzeuge sich, dass die an den Klemmen a/b in die Leitung gemessene Kapazität tatsächlich den Wert $C_{St}$ ergibt, wenn $C_{ab}$ und $C_e$ entsprechend Gl. (3.6-9) bemessen werden.

**Beispiel:**
Einfluss der Längsspannungen auf ein Schleifensignalverfahren. Bei einer Fernsprech-Teilnehmerleitung muss durch eine Messung in der Vermittlungsstelle festgestellt werden, welcher der beiden Widerstände $R_I$ oder $R_{II}$ momentan beim Teilnehmer wirksam ist (Handapparat aufgelegt oder abgehoben). Ohne Beeinflussung ergäbe sich jeweils ein Schleifenstrom $I_{Schl}$ aus der Größe der Batteriespannung und der Widerstände im Schleifenstromkreis. Man erkennt, dass es im Fall nennenswerter Beeinflussung nicht möglich ist, den Wert von $I_{Schl}$ durch die Messung des Stromes $i_a$ oder $i_b$ (d.h. in einer Ader) zu ermitteln, weil sich der Längsstrom $\underline{I}_L$ überlagert. Man schreibt z.B. vor, dass Dauerlängsspannungen von 65 V (Effektivwert) keine Störung der Zeichengabe verursachen dürfen. Bei z.B. $C_e$ = 0,6 µF und $f$ = 50 Hz ergeben sich Spitzenwerte der Längsströme von über 15 mA (die Ader- und Speisewiderstände sind relativ niederohmig). Bei so großer Beeinflussung müssen Größen ausgewertet werden, die unabhängig von Längsspannung bzw. –strom sind, z.B. die Spannung $U_{ab}$ oder das arithmetische Mittel der Aderströme

$$\frac{i_a + i_b}{2} = I_{Schl} \qquad (3.6\text{-}10)$$

Dazu wurden früher Relais mit 2 Wicklungen und später geeignete Brückenschaltungen benutzt [50-6].

# 3.7 Leitungen, die nicht vom TEM-Typ sind

## 3.7.1 Einführung

In den vorhergehenden Kapiteln haben wir die grundlegenden Phänomene der geführten Wellenausbreitung am Beispiel der TEM-Leitungen studiert, weil sich die Ausbreitungsvorgänge bei diesem Leitungstyp besonders einfach beschreiben lassen.

Einige Wellenleiter, die praktisch große Bedeutung haben, sind nicht vom TEM-Typ, d.h. sie haben auch Feldkomponenten in Ausbreitungsrichtung. Um die Eigenschaften dieser Wellenleiter zu beschreiben, gibt es folgende Alternativen:

- Man kann die von den TEM-Leitungen her geläufige Beschreibung versuchen zu erweitern, wie es etwa in [31-5] sehr anschaulich für das Beispiel Hohlleiter gemacht wird.
- Man macht sich mit der Maxwell'schen Theorie hinreichend vertraut, um dieses leistungsfähige Instrumentarium dann für beliebige Ausbreitungsvorgänge verfügbar zu haben.

Für den Ingenieur, der tatsächlich mit dem Entwurf von Wellenleitern und mit diesen zusammenhängenden Komponenten (Beispiele: Mikrowellenbauteile, Bauteile der Lichtwellenleitertechnik wie Koppler usw.) zu tun hat, ist zweifellos die letztgenannte Alternative vorzuziehen.

Die meisten Nachrichtentechniker sind nicht direkt mit dem Entwurf solcher Wellenleiter und -komponenten befasst, sondern setzen sie als Teil größerer Systeme ein. Für diese Ingenieure ist die nachstehende Zusammenstellung (3.7.2 bis 3.7.4) mit den weiterführenden Hinweisen gedacht.

## 3.7.2 Hohlleiter

Hohlleiter sind Rohre mit vorzugsweise rechteckigem oder rundem Querschnitt, in denen sich eine elektromagnetische Welle ausbreitet. Um die Vorgänge zu beschreiben, benutzt man ein dreidimensionales Koordinatensystem, bei welchem die Koordinate z in Ausbreitungsrichtung weist (Bild 3.7-1). Im Gegensatz zu den TEM-Leitungen gibt es beim Hohlleiter auch elektrische ($E$) oder magnetische ($H$) Feldstärkekomponenten in Ausbreitungsrichtung; man unterscheidet:

- $E$-Wellen ($E_z \neq 0$), auch transversal magnetische Wellen (TM-Typ) genannt.
- $H$-Wellen ($H_z \neq 0$), auch transversal elektrische Wellen (TE-Typ) genannt.

Zu diesen beiden Gruppen gehören unendlich viele Feldtypen, die nach [DIN 47301] durch zwei Indices klassifiziert werden, welche stets die Anzahl der $E$-Maxima wie folgt angeben:

- *Rechteckhohlleiter*: 1. Index Anzahl längs der Breitseite, 2. Index längs der Schmalseite. (Tritt keine Änderung des $E$-Feldes längs einer der beiden Richtungen ein, dann ist der betreffende Index null).
- *Rundhohlleiter*: 1. Index halbe Anzahl längs des Umfangs, 2. Index Anzahl in radialer Richtung (Maximum in der Achse wird mitgezählt).

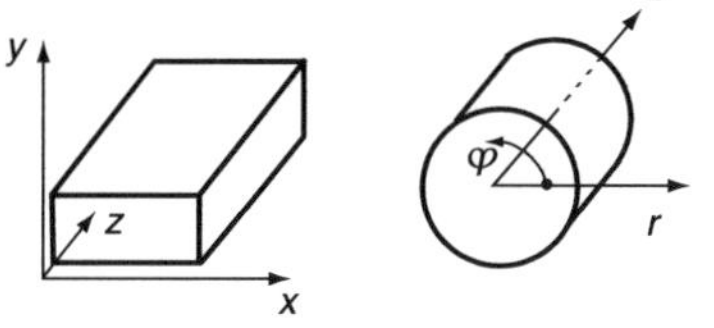


Bild 3.7-1 Hohlleiter

Man spricht also beispielsweise von der $E_{11}$- oder von der $H_{10}$-Welle.

Beim Hohlleiter setzt die Wellenausbreitung erst oberhalb einer *kritischen Frequenz* $f_k$ (Grenzfrequenz ) ein. Es sei $\lambda_k$ die zu $f_k$ gehörende Wellenlänge. Nach [30-3] ergibt sich beim verlustlosen Hohlleiter der Ausbreitungskoeffizient:

$$\gamma = \alpha + \mathrm{j}\,\beta = 2\pi\sqrt{\frac{1}{\lambda_k^2} - \frac{1}{\lambda^2}} \qquad (3.7\text{-}1)$$

Dies bedeutet für den Betrieb unterhalb der Grenzfrequenz ($\lambda > \lambda_k$), dass $\beta = 0$ wird, d.h. der Hohlleiter dämpft nur. Oberhalb der Grenzfrequenz wird dagegen der Ausbreitungskoeffizient rein imaginär ($\gamma = \mathrm{j}\,\beta$), und die Dämpfung wird null. Kritische Frequenz $f_k$ bzw. Wellenlänge $\lambda_k$ können für jede Wellenform berechnet werden; Bild 3.7-2 zeigt einige Werte für Rundhohlleiter. Wir sehen, dass die Querdimensionen eines Hohlleiters wenigstens in der Größenordnung der zur Betriebsfrequenz $f$ gehörenden Wellenlänge $\lambda$ bei freier Ausbreitung liegen müssen. Damit ergeben sich wirtschaftliche Abmessungen erst im GHz-Bereich.

In der Praxis müssen wir damit rechnen, dass an Inhomogenitäten des Hohlleiters die ankommende Welle in andere, unerwünschte Wellentypen umgewandelt wird (*Modenkonversion*). Will man dies mit Sicherheit ausschließen, dann verwendet man einen für den gegebenen Hohlleiter „stabi-

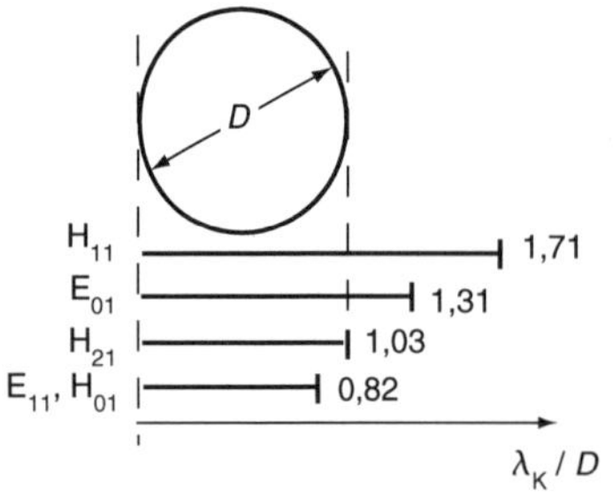


Bild 3.7-2 Grenzwellenlängen bei Rundhohlleiter

len“ Wellentyp: Die Betriebsfrequenz ist dann größer als die kritische Frequenz des beabsichtigten Wellentyps, aber kleiner als die aller anderen möglichen Wellentypen ($H_{11}$ in Bild 3.7-2). Bei Rechteckhohlleitern ergibt sich in einem weiten Abmessungsbereich die $H_{10}$-Welle als einzige ausbreitungsfähige Welle.

Praktisch verwendete Hohlleiter haben Verluste, einmal im Dielektrikum (bei Luft vernachlässigbar), zum anderen aber durch die Leitungsströme in den Hohlleiterwänden. Bild 3.7-3 gibt praktische Beispiele [30-4].

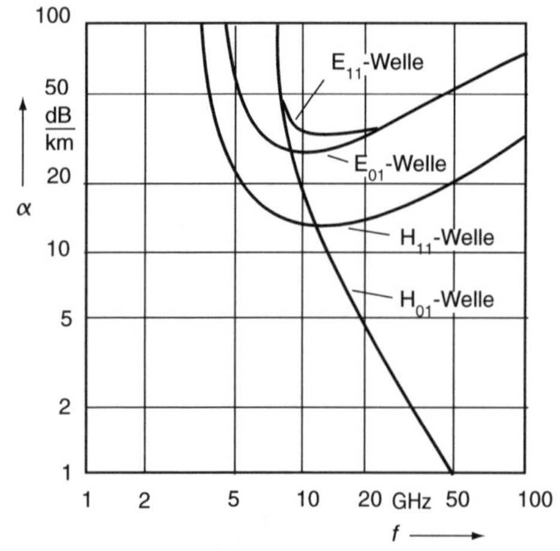


Bild 3.7-3 Dämpfungskoeffizienten im Cu-Rundhohlleiter (50 mm Innendurchmesser)

**Hohlkabel**

Mit diesem Namen bezeichnet man Rundhohlleiter, in denen sich eine $H_{01}$-Welle ausbreitet. Dieser Wellentyp entsteht aus *Konuswellen*, die sich unter fortwährender Reflexion an der Hohlleiterwand auf Zick-Zack-Wegen fortbewegen. Die Zahl der Reflexionen nimmt mit wachsender Frequenz ab, dadurch entsteht die in Bild 3.7-3 gezeigte Dämpfungsabnahme. Praktisch ergibt sich ein Wiederanstieg der Dämpfung bei hohen Frequenzen durch Dispersion. Als Modulationsverfahren wird PCM verwendet. Die Hohlkabeltechnik war etwa 1975 von allen Breitbandkommunikationsmöglichkeiten am weitesten durchentwickelt. Eine drei km lange Versuchsstrecke im FTZ Darmstadt erreichte z. B. bis zu 640 Mbit/s. Mit Hohlkabeln scheinen Kanalzahlen bis 500 000 bei Verstärkerabständen von (20 … 40) km erreichbar. Da ein Bedarf für derart hohe Kanalzahlen im Multiplex aber nicht bestand, wurde die weitere Entwicklung eingestellt. Nachteile des Hohlkabels ergeben sich daraus, dass an Krümmungen und nichtidealen Querschnittsformen des Hohlkabels Modenkonversion auftritt, d. h. die $H_{01}$-Welle verwandelt sich in einen anderen stabilen Wellentyp, der aber nicht die benötigten günstigen Dämpfungseigenschaften hat. Die Verlegung und die Trassierung (nur große Krümmungsradien erlaubt!) von Hohlkabelstrecken bringen deshalb einige Probleme. Näheres siehe [30-5].

## 3.7.3 Lichtwellenleiter

Licht lässt sich, wie andere elektromagnetische Wellen, durch geeignete „Leitungen“ führen: *Lichtwellenleiter* (LWL). Wir behandeln die optische Nachrichtenübertragung, ihrer Bedeutung entsprechend, in Kapitel 5. Es wird sich dort zeigen, dass man (im Gegensatz zu den anderen bisher behandelten Leitungen) beim LWL Sender und Empfänger in engem Zusammenhang mit der „Leitung“ betrachten muss. Deshalb wird im vorliegenden Kapitel nur das Prinzip der Wellenleitung für sich dargestellt.

LWL können aus Quarz oder speziellem Quarzglas, für geringere Anforderungen auch aus normalem Glas oder aus geeignetem Kunststoff bestehen. Bei einer solchen „Lichtleiterfaser“ mit einem Außendurchmesser von z.B. 125 µm erreicht man durch verschiedenartige Dotierung mit Fremdatomen, dass im „Kern“ der Faser eine etwas größere Brechzahl $n_K$ (Definition s.u.) als im umgebenden „Mantel“ ($n_M$) besteht [12-1].

Das verwendete Licht hat eine Wellenlänge, die vorzugsweise im Bereich 0,8 µm bis 1,6 µm (Infrarotlicht) liegt. Da der Kerndurchmesser z.B 50 µm oder 5 µm ist, kann man den Ausbreitungsvorgang nach den Gesetzen der Optik beschreiben. Ein Lichtstrahl, der mit einem nicht zu großen Winkel zur Faserachse eingekoppelt wird, breitet sich durch fortwährende Reflexion an der Grenzfläche Kern/Mantel im Kern aus. Die Brechzahl des Vakuums ist $n = n_0 = 1$ und die von Luft $n = n_{Luft} = 1{,}0003 \approx n_0$. Bild 3.7-4 zeigt die Situation, wenn wir versuchen, Licht von links (aus Luft) in den Kern eintreten zu lassen. Zunächst wird Strahl 1 betrachtet. Nach dem Brechungsgesetz gilt für den Übergang in das optisch dichtere Material des Kerns:

$$\frac{\sin\Theta_0}{\sin\Theta_K} = \frac{n_K}{n_0} = n_K \tag{3.7-2}$$

So ist also die Brechzahl $n_K$ definiert. Ein optisch dichteres Medium (größere Brechzahl) bedingt eine geringere Ausbreitungsgeschwindigkeit $v$ als ein optisch dünneres Medium (kleinere Brechzahl). Beim Übergang vom Kern zum Mantel gilt also

$$\frac{\sin\Theta_K}{\sin\Theta_M} = \frac{v_K}{v_M} = \frac{n_M}{n_K} \tag{3.7-3}$$

Der betrachtete Strahl 1 bleibt nicht im Kern und geht deshalb für die Übertragung verloren. Damit der Strahl gerade im Kern verläuft (Strahl 2), muss $\Theta_M = 90°$ werden; damit kann man mit Hilfe obiger Gleichungen den zulässigen Einstrahlwinkel $\Theta_0$ bestimmen. Die für die Übertragung nutzbaren Strahlen (Beispiel Strahl 3) werden an der Grenzfläche Kern/Mantel total reflektiert und bleiben so stets innerhalb des Kerns.

Da es sich auch bei LWL um die Ausbreitung in einem elektromagnetischen Wellenleiter handelt, können sich nur bestimmte *Wellentypen* (*Moden*) ausbreiten. Man kann sie als Strahlen auffassen, die bestimmten diskreten Werten von $\Theta_0$ zugeordnet sind. Wird bei einer vorgegebenen Kombination der Brechungszahlen $n_K$ und $n_M$ der Kerndurchmesser verringert, so ergibt sich eine kleinere Anzahl ausbreitungsfähiger Moden. Kommt der Durchmesser schließlich in die Größenordnung der Lichtwellenlänge, so breitet sich nur noch ein einziger Mode aus (Einmodenfaser).

Bei einer Stufenprofil-Mehrmodenfaser legen die nutzbaren Strahlen je nach Einstrahlungswinkel unterschiedliche Wege zurück, siehe Bild 3.7-4. Die verschiedenen Moden kommen demnach zu verschiedenen Zeiten am Ende der Faser an („*Modendispersion*“); aus einem schmalen Sendeimpuls wird mit zunehmender Faserlänge ein immer breiterer Empfangsimpuls, weil die Impulse ineinander fließen (vgl. Kapitel 5).

Die Modendispersion ist bei der Mehrmodenfaser mit Stufenprofil sehr groß gegenüber der bei allen Fasertypen auftretenden materialabhängigen *Materialdispersion*. Man kann daher die gesamte Dispersion entscheidend verringern, wenn man zur Einmodenfaser übergeht, bei der die Modendispersion entfällt. Leider lässt sich aber die Einmodenfaser mit ihrem extrem kleinen Kerndurchmesser (z.B. 5 µm) im praktischen Betrieb schwer handhaben (Stecker, Spleiße), so dass man zunächst nach anderen Lösungen gesucht hat.

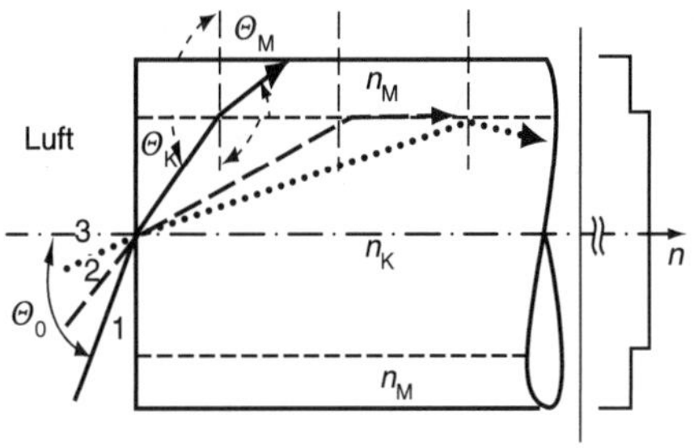


Bild 3.7-4 Lichtwellenleiter mit Stufenprofil ($n_0 < n_M < n_K$)

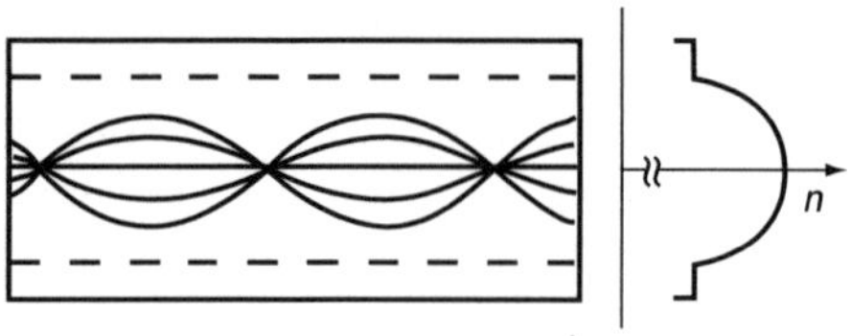


Bild 3.7-5 Gradientenprofilfaser

Einen guten Kompromiss stellt die *Gradientenprofilfaser* dar. Wie bei der Mehrmodenfaser ist ihr Kerndurchmesser relativ groß, z.B. 50 µm. Die Gradientenfaser verwendet in ihrem Kern eine sich kontinuierlich ändernde Brechzahl (etwa parabolischer Verlauf). Strahlen, die in den äußeren Bereich des Kerns geraten, erfahren dort wegen der geringeren Brechzahl eine größere Ausbreitungsgeschwindigkeit. Die Strahlen werden allmählich umgelenkt. (Bild 3.7-5). Bei guten Gradientenfasern ergibt sich für alle Strahlengänge etwa die gleiche Laufzeit, so dass die Modendispersion ziemlich kein wird.

**Dämpfungsmaß von LWL**

Lichtwellenleiter aus normalem Glas haben Dämpfungen von mehr als 100 dB/km; dies leuchtet unmittelbar ein, wenn man sich vorstellt, wie viel Licht durch Fensterglas von 1 km Dicke dringen würde. Durch außerordentliche technologische Anstrengungen hat man für LWL geeignete Quarzfasern entwickelt, deren Dämpfung hart an die von der Theorie vorausgesagten Grenzen herankommt. Bild 3.7-6 zeigt zunächst einen Abfall des Dämpfungsmaßes $a$ mit zunehmender Wellenlänge $\lambda$: Durch mikroskopische Inhomogenitäten im lichtführenden Bereich wird Licht aus dem Kern weggebeugt („*Rayleigh-Streuung*"); langwelliges Licht ist diesbezüglich unempfindlicher. Andererseits nimmt bei größeren Wellenlängen die Dämpfung wieder zu („*Infrarot-Absorption*"). Am schwierigsten war es, die im Bild gestrichelt angedeuteten Dämpfungsspitzen herabzudrücken. Schon minimale Verunreinigungen, insbesondere das Vorhandensein von OH-Ionen, geben große Dämpfungserhöhungen. Es ergeben sich für die Übertragung besonders geeignete „*Fenster*" I, II, III, die in dieser Reihenfolge für Übertragungssysteme nutzbar gemacht wurden.

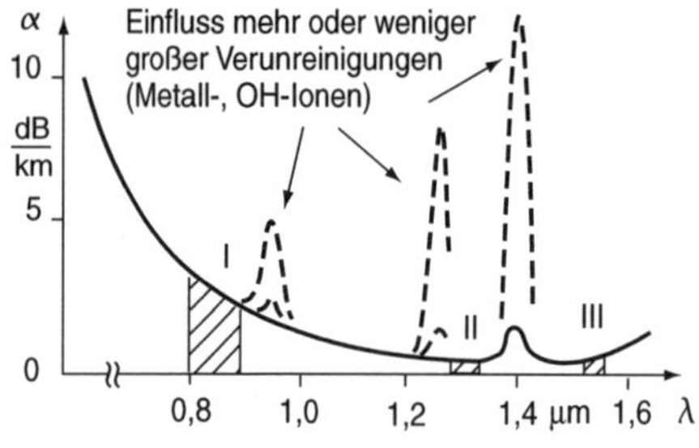


Bild 3.7-6 Dämpfungsverlauf in einer Quarzfaser

**Weiteres Vorgehen**

Da wir dieses Gebiet in Kapitel 5 wieder aufgreifen, wollen wir die Diskussion der LWL an dieser Stelle abbrechen und auch die Literaturhinweise dort geben.

## 3.7.4 Streifenleiter

Bild 3.7-7 zeigt zwei wichtige Beispiele von Streifenleitungen. Während die *Triplate-Leitung* bei vernachlässigbaren Randeffekten eine reine TEM-Leitung – vergleichbar der koaxialen Leitung – darstellt, ist die Theorie der *Mircostrip-Leitung* recht kompliziert. Die Feldlinien verlaufen teils in Luft und teils im Dielektrikum, so dass sich die Ausbreitung weder durch Gl. (3.4-9) noch durch Gl. (3.4-10) richtig beschreiben lässt; diese Leitung ist nicht vom TEM-Typ.

Außer den beiden in Bild 3.7-7 dargestellten Arten von Streifenleitungen gibt es weitere Ausführungsformen. Fast alle sind nicht vom TEM-Typ, so dass es einiger theoretischer Anstrengungen bedurfte, ihre für den Praktiker wichtigen Eigenschaften, insbesondere den Zusammenhang zwischen Abmessungen der Leiter und Eigenschaften des Dielektrikums einerseits und Leitungs-

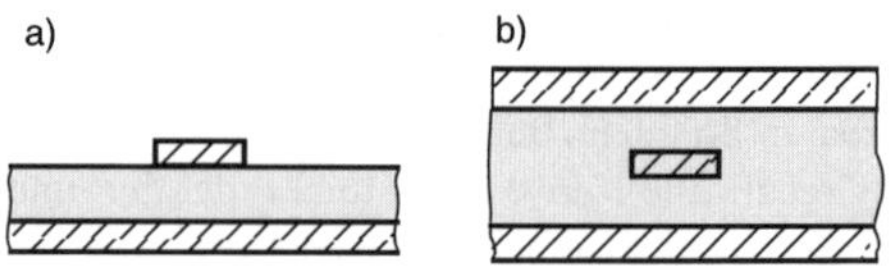


Bild 3.7-7 Querschnitte der Microstrip-Leitung (a) und der Triplate-Leitung (b). (grau: Dielektrikum).

kenngrößen (z.B. Wellenwiderstand) andererseits herzuleiten.

Formeln und/oder Diagramme für die praktische Dimensionierung von Streifenleitungen findet man in der Literatur.

# 3.8 Ausbreitung im freien Raum

## 3.8.1 Einführung

Die Wellenausbreitung im freien Raum hat sicher gewisse Gemeinsamkeiten mit der von uns ausführlich untersuchten geführten Ausbreitung auf TEM-Leitungen. Im so genannten *Fernfeld* (d.h. fern von der Antenne, vgl. 3.8.2) gilt:

- Elektrische und magnetische Feldlinien stehen aufeinander senkrecht.
- Wie bei der Leitung im Fall $\varepsilon_r = \mu_r = 1$ (Vakuum, näherungsweise Luft) erfolgt die Ausbreitung und damit der *Energietransport mit Lichtgeschwindigkeit.*
- Das Verhältnis der Beträge von elektrischer und magnetischer Feldstärke hat den konstanten Wert

$$Z_0 = \frac{|E|}{|H|} = \sqrt{\frac{\mu_0}{\varepsilon_0}} = 120\pi\,\Omega \approx 377\,\Omega \qquad (3.8\text{-}1)$$

  Dies ist der *Wellenwiderstand des leeren Raums.*

Für praktische Anwendungen sind nun vor allem folgende Punkte zu untersuchen:

- Die Anschlüsse von Sendern und Empfängern sind Leitungen. Wir benötigen eine geeignete Umsetzung zwischen Leitungswellen und Wellen im freien Raum (in beiden Richtungen). Um die dafür benötigten Antennen wenigstens in ihren Grundzügen zu verstehen, müssen wir uns über die Vorgänge bei der Abstrahlung klar werden.
- Da eine Antenne eventuell in alle möglichen Richtungen abstrahlt, erhält eine Empfangsantenne nur einen Bruchteil der abgestrahlten Energie. Wir müssen u.a. untersuchen, wie wir die Dämpfung dieses „Funkfeldes“ verringern können.
- Die Funkübertragung muss mit einer Vielzahl von Einflüssen rechnen, welche vor allem mit dem benutzten Frequenzbereich (Wellenbereich) zusammenhängen.

## 3.8.2 Strahlung

Von *Strahlung* sprechen wir, wenn die von einer Quelle abgegebene Energie vollkommen losgelöst wird, so dass die Quelle nicht feststellen kann, ob die abgestrahlte Energie z.B. durch irgendwelche Körper im Raum absorbiert wird oder nicht. Im Gegensatz zur Energieübertragung durch Induktion wirkt also ein Leistungsentzug im Strahlungsfeld nicht auf den speisenden Generator zurück.

Während wir bei einer guten Leitung jegliche Abstrahlung vermeiden wollen (Energieverlust), soll die Antenne möglichst gut abstrahlen. Dazu müssen in ihrer Umgebung möglichst starke Felder erzeugt werden. Eine Antenne können wir uns beispielsweise durch Aufklappen einer symmetrischen leer laufenden Doppelleitung entstanden denken (Bild 3.8-1). Ist diese Dipolantenne elektrisch kurz, so spricht man vom *Hertz'schen Elementardipol.*

Beim Elementardipol haben wegen $l \ll \lambda$ der Strom bzw. die Spannung an allen Stellen die gleichen Werte. Damit lässt sich das erzeugte elektromagnetische Feld relativ einfach berechnen [30-6].

Eine elektrisch lange Antenne kann man sich aus vielen Elementardipolen zusammengesetzt vorstellen. Damit lässt sich ihr Feld prinzipiell durch

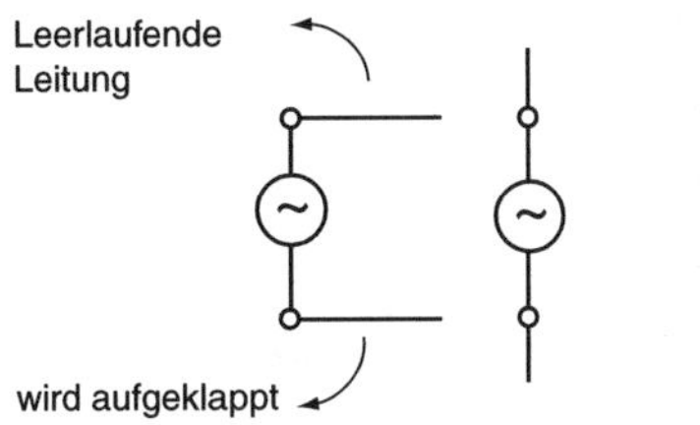


Bild 3.8-1 Entstehen einer Dipolantenne

Überlagerung der Beiträge der Elementardipole bestimmen. Allerdings muss dafür natürlich die Speisung der einzelnen Dipole bekannt sein! Die Strom-/Spannungsverteilung auf der elektrisch langen Antenne ist nicht konstant; mit den Mitteln der Leitungstheorie könnte man sie näherungsweise berechnen.

Wir wollen hier aber keine Antennen berechnen, sondern uns dagegen damit begnügen eine anschauliche Vorstellung der Vorgänge bei der Abstrahlung zu vermitteln, wobei es uns hier nicht auf wissenschaftliche Strenge ankommt! Dabei gehen wir nochmals vom Elementardipol aus.

Der Strom im Dipol verursacht ein magnetisches, die Spannung im Dipol ein elektrisches Feld. Beide stehen senkrecht aufeinander und wandern mit Lichtgeschwindigkeit nach außen. Diese endliche (!) Ausbreitungsgeschwindigkeit ist der Grund dafür, dass die Abstrahlung einsetzt: Beim Umpolen der Schwingung kann ein Teil der Kraftlinien nicht mehr schnell genug zurückkehren, um vom Leiter aufgenommen werden zu können, weil die Polung inzwischen gewechselt hat. Bild 3.8-2 zeigt dies für das Beispiel des elektrischen Feldes. Die inzwischen neu aus dem Leiter austretenden Kraftlinien verlaufen in entgegengesetzter Richtung; die vorher ausgetretenen Linien werden weggedrückt.

Elektrisches und magnetisches Feld werden zweckmäßig durch Vektoren $\boldsymbol{E}$ und $\boldsymbol{H}$ beschrieben. In unmittelbarer Nachbarschaft der Sendeantenne, im so genannten Nahfeld, können alle Kraftlinien dem Schwingungsvorgang im Antennenkreis noch folgen und in die Antenne zurückkehren. Dort sind $\boldsymbol{E}$ und $\boldsymbol{H}$ um etwa 90° zeitlich gegeneinander verschoben. Die Grenze des Nahfeldes ist bei den verschiedenen Antennenarten unterschiedlich; sie liegt z.B. beim Hertz'schen Dipol etwa bei $\lambda/2\pi$. Je kleiner $\lambda$ ist, um so näher liegt der Ablösebereich an der Antenne. Die Strahlung wird also bei höheren Frequenzen wirksamer, weil die Feldstärken entsprechend höher sind.

Im Fernfeld im Abstand vieler Wellenlängen von der Antenne sind $\boldsymbol{E}$ und $\boldsymbol{H}$ zeitlich in Phase; der Grund dafür sind Verschiebungsströme, welche beim strahlenden Dipol in Richtung der elektrischen Feldlinien verlaufen. Für das Fernfeld gilt:

- Elektrische und magnetische Feldstärke nehmen nur linear mit der Entfernung ab.
- In Ausbreitungsrichtung senkrecht zur Dipolachse wird die maximal mögliche, in Richtung der Dipolachse dagegen gar keine Energie abgestrahlt.

Bild 3.8-3 zeigt schematisch einen Ausschnitt aus dem Fernfeld. Das elektrische Feld $\boldsymbol{E}$ verläuft parallel zur Dipolachse, das magnetische Feld $\boldsymbol{H}$ senkrecht dazu; die dadurch definierte Wellenfront ist senkrecht zur Ausbreitungsrichtung (ebene Welle). Das Vektorprodukt

$$\boldsymbol{S} = \boldsymbol{E} \times \boldsymbol{H} \tag{3.8-2}$$

ist die *Strahlungsdichte*, auch *Poynting'scher Vektor* genannt.

Vereinbarungsgemäß spricht man je nach Verlauf des *elektrischen Feldes* im Fernfeld, d.h. je nach Lage der Dipolachse, von *vertikaler* oder *hori-*

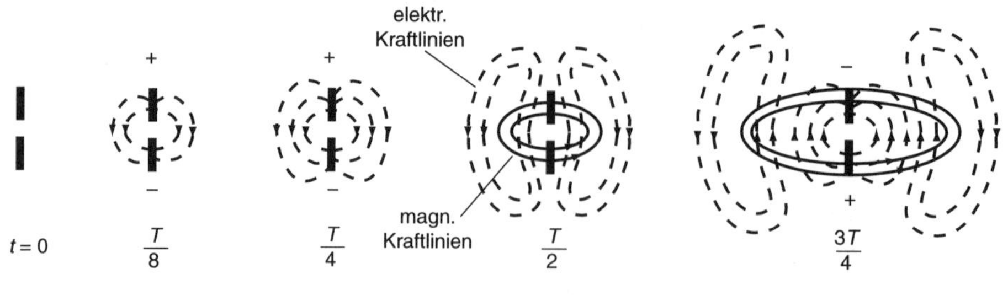


Bild 3.8-2 Ablösung einer elektromagnetischen Welle von einem $\lambda/2$-Dipol

(Spannung am Dipolende $u = \hat{u} \sin 2\pi \frac{t}{T}$ )

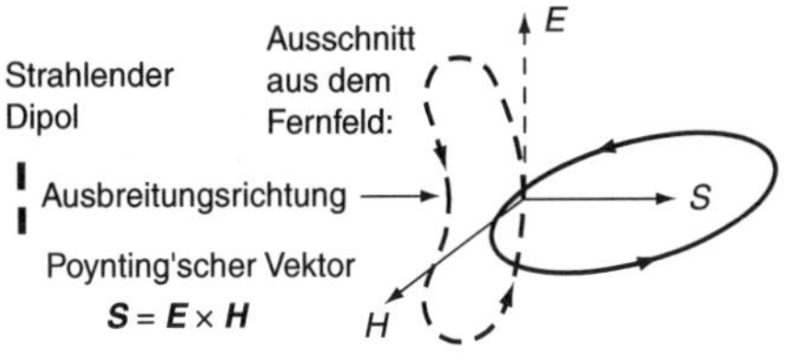


Bild 3.8-3 Verkettung im Fernfeld und Poynting'scher Vektor

*zontaler Polarisation.* Bei anderen Antennenformen (z. B. Wendelantennen) gibt es *zirkulare* Polarisation (rechts- oder linksdrehend). Durch verschiedene Polarisation (vertikal oder horizontal bzw. rechts- oder linksdrehend) können frequenzbenachbarte Schwingungen zusätzlich entkoppelt werden; z. B. kann man bei gleichzeitigem Sende- und Empfangsbetrieb derselben Antenne den beiden Richtungen unterschiedliche Polarisation zuordnen.

### 3.8.3 Funkfeld mit ungestörter Ausbreitung

Nehmen wir alle Anwendungen in den verschiedenen Wellenbereichen zusammen, so stellen wir in der Mehrzahl der Fälle fest, dass die Ausbreitung nicht ungestört verläuft. Andererseits werden sicher die folgenden Grundbegriffe leichter verständlich, wenn wir von Anfang an praktische Anwendungsfälle als Beispiel heranziehen können. Gerade die Fernsprechübertragung, welche im vorliegenden Buch einen Schwerpunkt bildet, liefert Beispiele weitgehend ungestörter Ausbreitung: Nachrichtensatellitenstrecken und – mit einigen Abstrichen – terrestrische Richtfunkstrecken.

Der Begriff des Funkfeldes schließt Sende- und Empfangsantenne und den freien Raum dazwischen ein, wie aus Bild 3.8-4 hervorgeht. Wir sehen, dass die Antennen die Aufgabe von *Transformationsvierpolen* haben: Sie sollen die Anpassung zwischen den Wellenwiderständen $Z_W$ (Zuleitung) und $Z_0$ (freier Raum) bewirken.

Wir nehmen zunächst als Antennen ideale Kugelstrahler (isotrope Antennen) an. Bei ihnen ist die Leistungsabstrahlung in sämtlichen Richtungen gleich. Vergleichen wir die Strahlungs- und Leistungsdichte *S*, also die Leistung, welche die Flächeneinheit durchtritt, in verschiedenem Abstand, so stellen wir eine quadratische Abnahme fest. Dies geht auch aus Gl. (3.8-2) hervor, da ja ***E*** und ***H*** jeweils linear abnehmen.

Eine beliebige Empfangsantenne nimmt aus der ankommenden Wellenfront einen Energieanteil auf. Als *wirksame Antennenfläche* $A_W$ bezeichnet man eine gedachte Fläche, durch die ein gleich großer Anteil des Energiestromes hindurchtritt, wie ihn die Empfangsantenne aufnimmt. Aus der Theorie [30-6] kennt man den Wert $A_{WK}$ für den Kugelstrahler und $A_{WHz}$ für den Hertz'schen Elementardipol:

$$A_{WK} = \frac{\lambda^2}{4\pi} \qquad (3.8\text{-}3a)$$

$$A_{WHz} = \frac{3\,\lambda^2}{8\pi} = 1{,}5 A_{WK} \qquad (3.8\text{-}3b)$$

Allgemein ist die empfangene Leistung $P_e$:

$$P_e = A_W \cdot S \qquad (3.8\text{-}4)$$

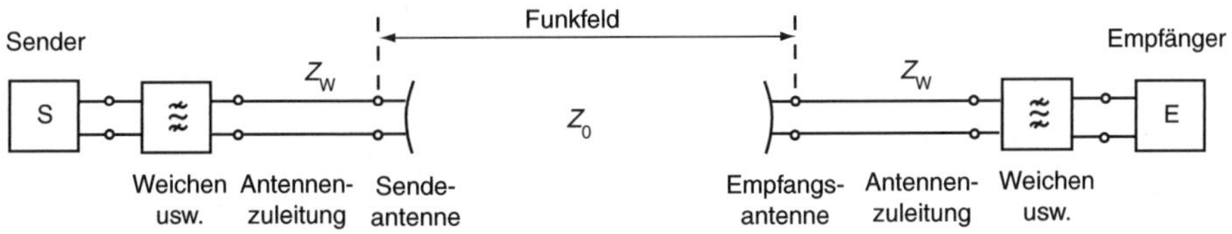


Bild 3.8-4 Übertragungsstrecke zwischen Sender und Empfänger

Nach dem so genannten *Reziprozitätstheorem*, das dem Umkehrungssatz der Vierpoltheorie entspricht, hat eine Antenne im Sende- wie im Empfangsbetrieb dieselben Eigenschaften (z.B. Gewinn, s.u.). Berücksichtigen wir, dass im Fernfeld nach der Theorie ***E*** und ***H*** umgekehrt proportional zum Abstand $d$ und zur Wellenlänge $\lambda$ sind, d.h. $S$ umgekehrt proportional zu $d^2$ und $\lambda^2$, so wird schließlich die empfangene Leistung $P_e$ als Funktion der Sendeleistung $P_S$ bei zwei Kugelstrahlern [30-6]

$$P_e = P_s \cdot \frac{A_{WK}^2}{d^2 \lambda^2} = P_s \left( \frac{\lambda}{4\pi d} \right)^2 \tag{3.8-5}$$

und damit das Freiraumdämpfungsmaß $a_0$:

$$a_0 = 10 \lg \frac{P_s}{P_e} \text{ dB} = 20 \lg \frac{4\pi d}{\lambda} \text{ dB} \tag{3.8-6}$$

Tatsächlich verwendete Antennen geben die Energie nicht gleichmäßig in den Strahlungsraum ab; das haben wir bereits beim Dipol festgestellt. Durch Vergleich der von einer Antenne mit der Antennenwirkfläche $A_W$ in ihrer Hauptstrahlrichtung im Fernfeld erzeugten Strahlungsdichte $S_{max}$ mit der von einem idealen Kugelstrahler bei gleicher zugeführter Leistung erzeugten Strahlungsdichte $S_K$ ergibt sich:

*Antennengewinn* $$g = \frac{S_{max}}{S_K} = \frac{A_W}{A_{WK}} \tag{3.8-7}$$

*Antennengewinnmaß*

$$G = 10 \lg \frac{S_{max}}{S_K} \text{dB} = 10 \lg \frac{4\pi A_W}{\lambda^2} \text{dB} \tag{3.8-8}$$

Praktisch benutzt man die Angabe dB, spricht aber vom „Gewinn" $G$. Häufig wird an Stelle des Kugelstrahlers der Elementardipol als Bezugspunkt genommen; Umrechnung nach Gl. (3.8-3).

Das Funkfelddämpfungsmaß $a_F$ erhalten wir aus dem Freiraumdämpfungsmaß $a_0$ und dem Gewinn $G_S$ bzw. $G_E$ von Sende- und Empfangsantenne:

$$\frac{a_F}{\text{dB}} = \frac{a_0}{\text{dB}} - \frac{G_S}{\text{dB}} - \frac{G_E}{\text{dB}} \tag{3.8-9}$$

**Beispiel:**
Eine Richtfunkstrecke hat eine Funkfeldlänge $d = 50\,\text{km}$ und arbeitet bei $f = 6$ GHz. Sende- und Empfangsantenne haben beide das Antennengewinnmaß $G_S = G_E = 42{,}5$ dB. Wir groß ist $a_F$?
Nach Gl. (3.8-6) wird mit $\lambda = c/f$:

$$a_0 = 20 \lg \frac{4\pi d f}{c} \text{ dB} = 20 \lg \frac{4\pi \cdot 50\,\text{km} \cdot 6 \cdot 10^9\,\text{s}^{-1}}{3 \cdot 10^5\,\text{km} \cdot \text{s}^{-1}} \text{ dB}$$

$$a_0 \approx 142 \text{ dB}$$

Damit wird das Funkfelddämpfungsmaß

$$a_F = 142 \text{ dB} - 2 \cdot 42{,}5 \text{ dB} = 57 \text{ dB}$$

Bei den so genannten Aperturstrahlern (Beispiel Parabolantenne gibt es eine Fläche $A_{Ap}$, durch welche der überwiegende Teil der Strahlung durchtritt. Kennen wir die *„Flächenausnutzung"* $q$, d.h. das Verhältnis

$$q = \frac{A_W}{A_{Ap}} \tag{3.8-10}$$

so können wir das Gewinnmaß $G$ anhand von Gl. (3.8-8) und Gl. (3.8-10) aus den geometrischen Abmessungen berechnen.

## 3.8.4 Einflüsse auf die Ausbreitung in verschiedenen Wellenbereichen

Auf Grund verschiedener Einflüsse wird in den meisten Wellenbereichen und Anwendungsfällen die Beschreibung der Ausbreitungsvorgänge wesentlich komplizierter, als wir in 3.8.3 angenommen haben. Stichworte:

- *Reflexion und Brechung*. Fällt eine Welle auf die Grenzfläche zwischen zwei Medien mit verschiedenen Eigenschaften ($\varepsilon_r$, $\mu_r$), so wird ein Teil der Energie der Welle reflektiert. Die Restwelle läuft mit einer geänderten Richtung weiter (Brechung).
- *Beugung*. Je größer die Wellenlänge im Vergleich zu der Größe eines Hindernisses ist, um so stärker wird die Welle um das Hindernis herumgebeugt. Dies gilt auch für die Ausbreitung entlang der Erdoberfläche. Ganz kurze

Wellen verlassen am Berührungspunkt im Horizont die Erdoberfläche, längere laufen als so genannte *Bodenwellen* längs der Erdoberfläche weit über den Horizont hinaus.

- *Streuung*. Kleine Teilchen oder Inhomogenitäten des Ausbreitungsmediums verursachen eine diffuse, wenig oder gar nicht gerichtete Ablenkung der Welle aus der ursprünglichen Fortpflanzungsrichtung. Normalerweise ist dies ein schädlicher Effekt, da die gestreute Energie der Welle in ursprünglicher Richtung verloren geht. Ausnutzung der Streustrahlung (Scattering) bei *Scatter-Verbindungen*: Relativ hoch gelegene Streuzone (Troposhäre, „Troposcatter"; oder Ionosphäre) können von zwei Funkstellen „gesehen" werden, zwischen denen keine direkte Sicht besteht.
- *Absorption*. Schwächung der elektromagnetischen Welle auf Grund verschiedener Eigenschaften des Mediums, z.B.
  - leitfähiges Medium (Wirbelströme!)
  - ionisiertes Medium (Ionosphäre)
  - Molekularresonanzen
  - weitere Beiträge, z.B. durch feinverteilte Wassertröpfchen (Regen, Nebel).
- *Interferenz*. Funkwellen zwischen zwei Punkten können entsprechend Bild 3.8-5 verschiedene Wege nehmen. Durch Überlagerung bildet sich eine räumliche Verteilung von Intensitätsmaxima und -minima aus. Änderungen der Ausbreitungsbedingungen (z.B. bei Reflexion an Ionosphäre ständig der Fall) verursachen Feldstärkeschwankungen.

Als Folge der verschiedenen genannten und ungenannten Einflüsse ergeben sich für verschiedene Frequenzbereiche durchaus verschiedene und vor allem evtl. zeitlich wechselnde Ausbreitungsbedingungen. Eine zeitweise Verringerung des von einer Empfangsanlage einer Funkverbindung aufgenommenen Signals bezeichnet man als *Schwund* (Fading). Schnelle Signalschwankungen entstehen z.B. bei Änderungen von Interferenzen, langsamere z.B. durch Änderung der Absorption oder Brechung, etwa bei der Ausbreitung zwischen zwei atmosphärischen Schichten (atmosphärischer Wellenleiter, Duct).

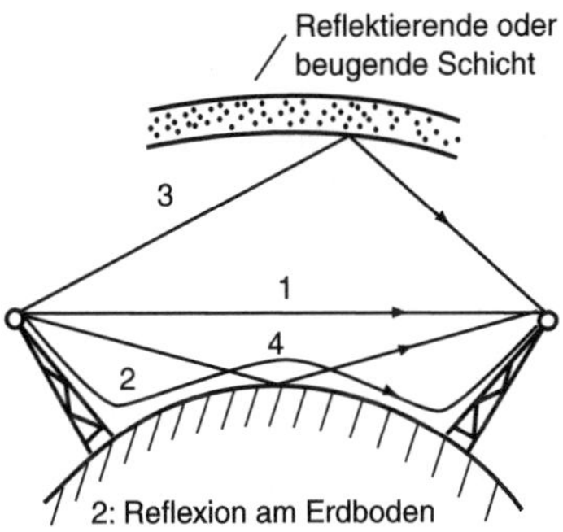


Bild 3.8-5 Ausbreitungswege

Im Bild 3.8-6 sind Eigenschaften und Anwendungen der technisch wichtigen Wellenbereiche zusammengestellt. Eine große Unterteilung können wir dadurch einführen, dass etwa ab dem Kurzwellenbereich bei höheren Frequenzen die Bodenwelle keine Rolle mehr spielt.

## 3.8.5 Funktion der Antenne

### 3.8.5.1 Nahfeld

Die Antenne stellt das Bindeglied zwischen dem auf der Leitung geführten Feld und dem sich im freien Raum ausbreitenden Feld dar. Bereits oben wurde vorausgesetzt, dass sowohl auf der Leitung als auch im Freiraum nur fortschreitende Wellen auftreten. Um zwischen den zugehörigen Feldern zu vermitteln, erzeugt die Antenne ein weiteres Feld, das aus schwingender Leistung aufgebaut ist.

Dieses Antennenfeld strahlt also selbst keine Leistung ab, sondern sorgt nur dafür, dass durch Überlagerung der Felder die Ausbreitungsbedingungen beider Wellentypen erfüllt werden. Das Nahfeld wird durch das Material der Antenne geformt, welches dem Feld bestimmte Formen aufzwingt:

- Auf einem verlustfreien Leiter kann keine Tangentialfeldstärke auftreten: $E_{tan} = 0$.
- Ein Dielektrikum beeinflusst das elektrische Feld: $D = \varepsilon E$.
- Ferrite verändern das magnetische Feld: $B = \mu H$.

← Wellenlänge $\lambda$

100 km 10 km 1 km 100 m 10 m 1 m 10 cm 1 cm 1 mm

| *Bezeichnung nach DIN40015* | *Kilometer-wellen* | *Hektometer-wellen* | *Dekameter-wellen* | *Meter-wellen* | *Dezimeter-wellen* | *Zentimeter-wellen* | *Millimeter-wellen* |
|---|---|---|---|---|---|---|---|
| Very Low Frequency VLF | Low Frequency LF | Medium Frequency MF | High Frequency HF | Very High Frequency VHF | Ultra High Frequency UHF | Super High Frequency SHF | Extremly High Freq. EHF |
| Bodenwelle über größte Entfer-nungen<br><br>Raumwelle | Bodenwelle über > 1000 km<br><br>Raumwelle bei Tag gedämpft; nachts bei größeren Entfernun-gen stärker als Boden-welle | Bodenwelle über > 100 km<br><br>Raumwelle praktisch nur nachts; durch Re-flexion an Ionosphäre größere Reichweite | Bodenwelle unbedeutend<br><br>Raumwelle große Ent-fernung; Mehrfach-reflexionen Ionosphäre – Erde | Keine Reflexion an der Ionosphäre<br><br>Geringe Reichweite, Frequenzen mehrfach nutzbar | Ausbreitung der optischen<br><br>Überhori-zontverbin-dung durch Beugung usw. („Scatter"), große Dämpfung | im Bereich Sicht<br><br>Molekül-resonanzen bei be-stimmten Frequenzen vermeiden! Sonst hohe Dämpfung | Dämpfung durch Regen und Nebel usw. |
| Längst-wellen (Empfang unter Wasser möglich, z.B. getauchte U-Boote) | Lang-welle | Mittel-welle | Kurz-welle | Ultrakurzwelle Band I bid V | Richtfunk Satellitenfunk Radartechnik | | |

30 kHz 300 kHz 3 MHz 30 MHz 300 MHz 3 GHz 30 GHz 300 GHz

10 kHz 100 kHz 1 MHz 10 MHz 100 MHz 1 GHz 10 GHz 100 GHz

Frequenz $f \rightarrow$

Bild 3.8-6 Eigenschaften und Anwendung elektromagnetischer Wellen

Dieses Zwischenfeld sollte also sowohl dem Leitungsfeld als auch dem abgestrahlten Feld weitgehend ähnlich sein.

Die Antenne verteilt die ihr zugeführte Leistung nicht gleichmäßig im Raum, sondern strahlt in einigen Richtungen verstärkt, in andere Richtungen überhaupt nicht ab. Im Vergleich zu einer hypothetischen Antenne mit gleichmäßiger Leistungsverteilung kann also durch Bündelung in einer bestimmten Richtung eine erhöhte Leistungsdichte erzielt werden. Da die Antenne ein passives Gebilde ist, ist der Gewinn also immer mit einer Richtwirkung verbunden.

### 3.8.5.2 Doppelkegelleitung

Die Doppelkegelleitung (Bild 3.8-7) kommt dieser Forderung bereits recht nahe. Zwei Kegelflächen liegen sich an den Spitzen gegenüber, die dadurch gebildete Antenne wird durch eine zwischen den Spitzen angelegte Spannung gespeist. Die *E*-Linien stehen senkrecht auf den Leitern, sie liegen auf Kugeloberflächen. Die *H*-Linien sind Kreise in waagrechten Ebenen, sie verlaufen somit auch auf Kugelflächen. Betrachtet man nun eine kleine Fläche in der Äquatorebene der Antenne, sind das *E*- und *H*-Feld bereits in einer ausbreitungsfähigen Form. An den Rändern der

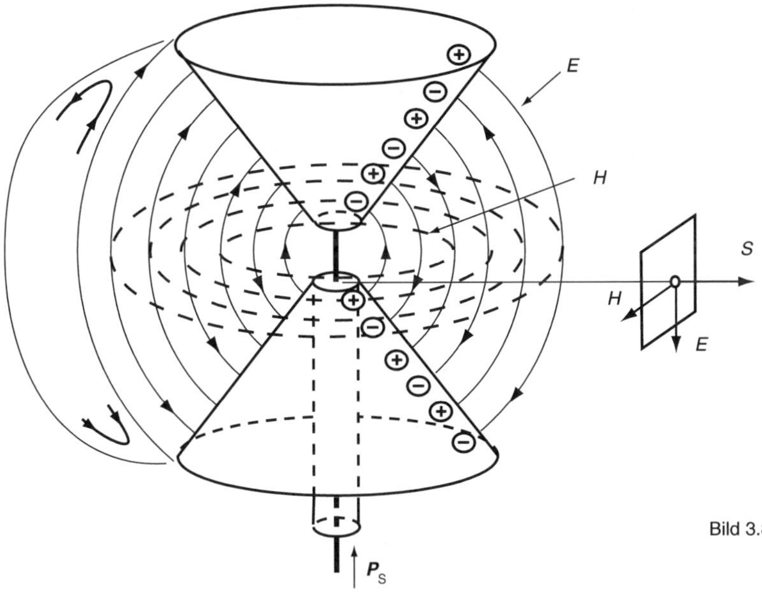


Bild 3.8-7 Doppelkegelleitung

Kegel sind die elektrischen Feldlinien allerdings noch mit den durch die Leitung transportierten Ladungen verknüpft. Wandern die Feldlinien jetzt weiter in den Raum hinein, werden sie immer mehr gedehnt. Schließlich sorgen die nachdrängenden Feldlinien umgekehrter Polarität für einen Ladungsausgleich, je eine aufwärts und abwärts gerichtete Feldlinie verbinden sich an den Enden miteinander und lösen sich von der Antenne ab.

### 3.8.5.3 Hertz'scher Dipol

Der Hertzsche Dipol ist die am weitesten verbreitete Antennenform. In einer plausiblen Erklärung, die bereits aus der Anfangszeit der Antennentechnik herrührt, wird er aus dem *LC*-Schwingkreis hergeleitet. Ein aus Kondensator und Spule bestehender Schwingkreis speichert die schwingende Energie in der Spule als magnetisches Feld, im Kondensator als elektrisches Feld. Man zieht nun die Kondensatorplatten auseinander, so dass die elektrischen Feldlinien sich über einen Weg schließen, der über die Spule hinwegreicht. Gleichzeitig wird die Spule auf ein Stück Draht reduziert, wie in Bild 3.8-8 dargestellt.

Diese plausible Erklärung ist noch unbefriedigend, da das elektrische und das magnetische Feld ebenso wie Strom und Spannung am Schwingkreis eine Phasenverschiebung von 90° aufweisen. Eine bessere Erklärung liefert der gedämpfte Schwingkreis. Wie bei der Doppelkegelleitung lösen sich

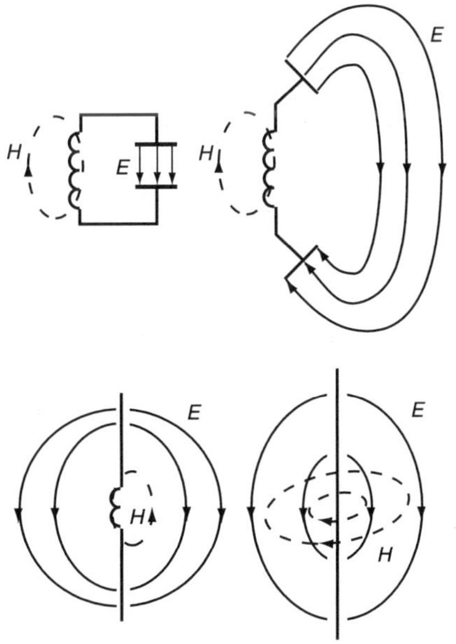


Bild 3.8-8 Entstehung des Hertz'schen Dipols

die am weitesten nach außen gewanderten elektrischen Feldlinien von der Antenne ab. Dabei nehmen sie auch die zugehörigen magnetischen Feldlinien mit und entziehen dem Schwingkreis somit Energie. Trennt man nun den Kreis in der Mitte auf, erhält man als Ersatzschaltung einen gedämpften Serienschwingkreis (Bild 3.8-9). Der Verlustwiderstand repräsentiert die durch Abstrahlung entstandenen Verluste. Bei Resonanz heben sich die Blindwiderstände auf, der Dipol weist an den Klemmen einen reellen Widerstand auf, der als Strahlungswiderstand $R_S$ bezeichnet wird.

## 3.8.6 Glossar: Antennenbegriffe

**Reziprozitätstheorem**

Betreibt man eine Antenne als Sendeantenne und eine zweite in einem gewissen Abstand als Empfangsantenne, so bilden sie an ihren Klemmen einen Vierpol. Auf diesen darf der Vertauschungssatz der Vierpoltheorie angewandt werden, der in diesem Fall besagt, dass es unerheblich ist, welche der Antennen als Sende- und welche als Empfangsantenne verwendet wird. Daraus folgt, dass die Antenne in beiden Fällen dieselben Übertragungseigenschaften hat. Dies bedeutet jedoch nicht, dass in der Antenne jeweils dieselben Felder auftreten, diese sind im Sende- und Empfangsfall meist deutlich anders. Ebenso wird nichts über die Leistung ausgesagt, mit der die jeweilige Antenne betrieben werden kann.

Das Reziprozitätstheorem erlaubt es, beim Entwickeln oder Messen einer Antenne den jeweils günstigeren Fall anzuwenden. In der Antennenliteratur ist es deshalb gebräuchlich, auch auf Empfangsantennen die Begriffe der Sendetechnik, wie z. B. Ausleuchtung eines Gebietes, anzuwenden.

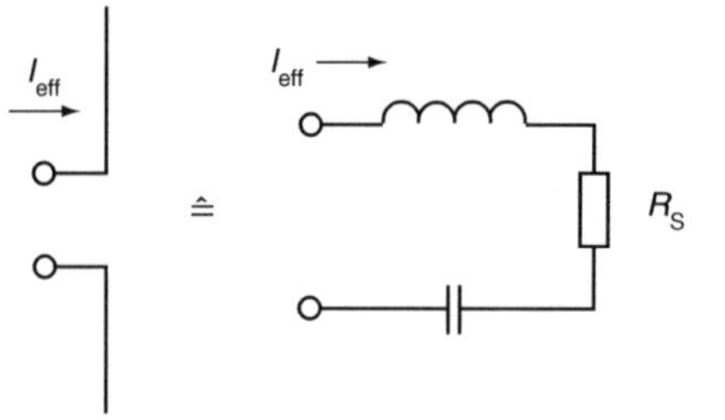


Bild 3.8-9 Ersatzschaltbild des Hertz'schen Dipol

**Impedanzen**

*Strahlungswiderstand $R_S$*

Die Sendeantenne nimmt vom Generator Leistung ab und strahlt sie in den freien Raum ab. Sie wirkt deshalb wie ein Wirkwiderstand. Dieser rein reelle Widerstand wird Strahlungswiderstand genannt.

*Fußpunktimpedanz $Z_F$*

Das Antennennahfeld enthält zur Feldformung schwingende Leistung wie ein Schwingkreis. Bei der Resonanzfrequenz heben sich die Blindanteile auf, die Fußpunktimpedanz ist reell. Außerhalb der Mittenfrequenz ist die Fußpunktimpedanz deshalb meist komplex. Widerstandsverluste innerhalb der Antenne sind der Fusspunktimpedanz, nicht dem Strahlungswiderstand zuzurechnen.

**Abstrahldiagramme**

*Richtcharakteristik, Strahlungscharakteristik*

Sendefall:

Richtungsabhängigkeit der von einer Antenne erzeugten Feldstärke nach Amplitude, Phase und Polarisation in einem konstanten Abstand unter Fernfeldbedingungen.

Empfangsfall:

Richtungsabhängigkeit der von einer Antenne aus einem ebenen Wellenfeld vorgegebener Polarisation aufgenommene Empfangsspannung nach Amplitude und Phase. Die räumliche Richtcharakteristik kann sehr komplizierte Strukturen aufweisen, die nur sehr aufwendig zu messen und darzustellen sind. Man begnügt sich deshalb meist mit der Messung in zwei Ebenen, die durch die Hauptstrahlrichtung gehen.

Richtdiagramm:

Grafische Darstellung der Richtcharakteristik in einer zu definierenden Ebene. Gebräuchlich ist die Darstellung nach Bild 3.8-10.

Horizontaldiagramm:

Richtdiagramm in der Horizontalebene. Auch: Richtdiagramm in der Ebene des $E$-Feldes, unabhängig von der tatsächlichen Montage!

Vertikaldiagramm:
Richtdiagramm in der Vertikal- oder der *H*-Ebene.

Strahlungskeule:
Teil des Richtdiagrammes, der durch Minima von den anderen Teilen des Richtdiagrammes abgegrenzt ist. Die Hauptkeule enthält die maximale Leistungsdichte, alle anderen Strahlungskeulen sind Nebenzipfel.

Halbwertsbreite:
Winkel zwischen den Richtungen der Hauptkeule, in denen die elektromagnetische Leistungsdichte auf die Hälfte abgesunken ist. Auch: 3-dB-Breite, Öffnungswinkel.

Nebenzipfeldämpfung:
Minimale Dämpfung der Nebenzipfel relativ zum Maximum der Hauptkeule.

**Gewinndefinitionen**

Richtfaktor:
Verhältnis der in Hauptstrahlrichtung im Fernfeld erzeugten Strahlungsstärke im Vergleich zu der Strahlungsstärke des verlustlosen isotropen Strahlers.

Gewinn:
Verhältnis der von einer Antenne in Hauptstrahlrichtung im Fernfeld erzeugten Strahlstärke zur Strahlstärke des verlustlosen isotropen Strahlers mit gleicher Eingangsleistung. Der Unterschied zwischen Gewinn und Richtfaktor zeigt sich sehr deutlich im Empfangsfall. Der Richtfaktor ist das Maß für die von der Antenne dem umgebenden Feld entzogene Leistung. Da die Antenne selbst Verluste hat, ist die an den Klemmen abgegebene Leistung geringer. Der Gewinn ist der Richtfaktor abzüglich der Verluste.

Wirkfläche:
Zur Ausbreitungsrichtung senkrechte Fläche, durch die bei einer einfallenden ebenen Welle mit der elektromagnetischen Leistungsdichte *S* die maximale Empfangsleistung der Antenne hindurchtreten würde.

# 3.9 Elektromagnetische Verträglichkeit (EMV)

## 3.9.1 Einführung

Im Abschnitt 3.6 haben wir bereits einige Probleme berührt, die zum Themenkreis elektromagnetische Verträglichkeit (EMV) zu rechnen sind, z.B. Starkstrombeeinflussung, Beeinflussung durch Blitz, NEMP, usw. Im Folgenden wollen wir nun einige allgemeine Grundlagen soweit zusammenstellen, dass dem Leser der Einstieg in weiterführende Literatur etwas erleichtert wird.

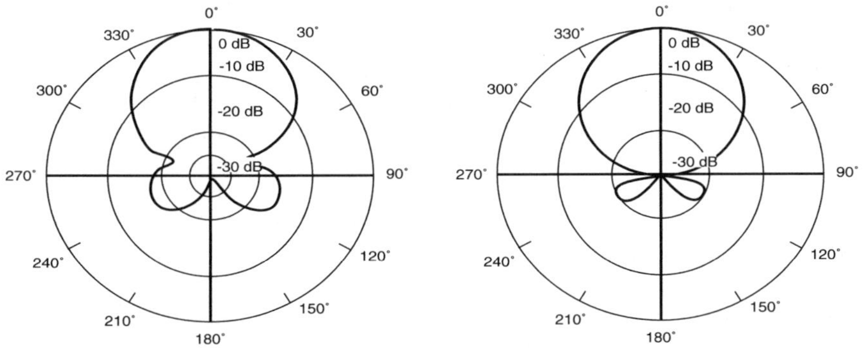


Bild 3.8-10 Horizontales und vertikales Richtdiagramm am Beispiel einer 3-Elemente-Yagi-Antenne

### 3.9.2 Einige Begriffsbestimmungen

Das englische Pendant zu EMV ist EMC (Electro Magnetic Compatibility). EMC war ein wichtiges Stichwort z.B. bei der Entwicklung der ersten Raumflugkörper. In einem Satelliten gibt es eine Menge von Baugruppen, die bei relativ hohen Frequenzen betrieben werden und nicht unnötig viel Strom verbrauchen dürfen und deshalb mit möglichst niederen Signalpegeln arbeiten. Da die verschiedenen Baugruppen nicht beliebig entkoppelt werden können, stören sich alle gegenseitig. Man muss deshalb bei allen in Betracht kommenden Frequenzen die auf eine Baugruppe wirkende Gesamtstörung ermitteln, um unter Berücksichtigung des notwendigen Störabstands den (möglichst niederen) Signalpegel festlegen zu können. Allerdings wird man in Wirklichkeit den Signalpegel höher wählen müssen, weil die Gesamtstörung durch von außen kommende Beiträge (z.B. von benachbarten Satelliten, von terrestrischen Sendern, durch kosmische Strahlung usw.) erhöht wird. Erhöhte Signalpegel bedeuten allerdings auch, dass die nach außen dringenden Signale größer werden, die wiederum z.B. benachbarte Satelliten stören.

Nach dieser Vorbetrachtung ist die Definition der EMV nach [DIN VDE 0870] verständlich: Es ist die Fähigkeit einer elektrischen Einrichtung, in ihrer elektromagnetischen Umgebung zufriedenstellend zu arbeiten, ohne diese Umgebung unzulässig zu beeinflussen. Diese Definition berücksichtigt sowohl die eigene Störbeeinflussung als auch die Einflussnahme von und zu fremden Systemen.

Bei der EMV-Analyse muss man versuchen, diese drei Bereiche klar zu erkennen und zu beschreiben:

- Störquelle (source), der Bereich des Ursprungs der Störung,
- Kopplungswege und Kopplungsmoden (coupling modes),
- Störsenke (im Englischen oft als receiver bezeichnet), der Bereich in einem System, auf den eine Störung einwirken kann.

Auch in dem einfachen Fall einer einzigen klar definierten Störquelle wird es in der Regel verschiedene Kopplungswege und Kopplungsmoden geben, die in den verschiedenen zu betrachtenden Frequenzbereichen in unterschiedlicher Weise zusammenwirken:

- Konzentrierte Kopplungen (galvanisch, kapazitiv, induktiv),
- verteilte Kopplungen, wie z.B. bei den gekoppelten Leitungen in 3.6,
- Strahlung.

Im Übrigen ist das mit der „einzigen klar definierten Störquelle“ so eine Sache. Die Störquelle ist z.B. eine Elektronik-Baugruppe, in der ein starker Strom geschaltet wird. Bei oberflächlicher Betrachtung sind keine nennenswerten Kopplungen erkennbar; trotzdem wird eine andere Baugruppe stark gestört. Eine genauere Untersuchung zeigt einen häufig gegebenen Fall indirekter Beeinflussung: Durch den Schaltvorgang entsteht ein Belastungssprung für eine für beide Baugruppen gemeinsame Stromversorgung; deren Reaktion teilt sich über die Stromversorgungsleitungen oder über irgendwelche anderen Kopplungswege (siehe oben) der Störsenke mit.

Soll man nun sagen, dass es doch einen Kopplungsweg gegeben habe, nämlich über die Stromversorgung? Oder soll man die gequälte Stromversorgung gleich als neue (eventuell „sekundäre“) Störquelle bezeichnen? Die sekundäre Störung kann völlig andere Eigenschaften haben als die primäre: Eventuell zeitlich stark versetzt, mit völlig anderen Spektralanteilen, usw.

Im obigen Beispiel kann die Reaktion der Stromversorgung natürlich für alle angeschlossenen Baugruppen eine Störung bedeuten, also auch für die Baugruppe mit dem Schaltvorgang, von der unsere Betrachtung ausging! Man sieht, dass in dem Kopplungsmodell zwischen einer Störquelle und einer Störsenke auch Rückkopplungswege und Regelmechanismen denkbar sind.

In aller Regel sieht sich eine Störsenke mehreren Störquellen gegenüber, was die Situation weiter kompliziert. Deshalb kann man in vielen Fällen die EMV-Probleme nicht rechnerisch behandeln, sondern ist auf Funktionstests angewiesen.

Bei normalen technischen Aufgabenstellungen ist die EMV-Problematik insofern noch relativ beherrschbar, weil sich alle Beteiligten an Normen (z.B. Funkstörgrad, usw.) halten müssen. Ganz anders im militärischen Bereich, wo zur Bekämpfung des Gegners jedes Mittel recht ist, und wo uns als ein wichtiges Teilgebiet von EMV bzw. EMC die so genannten elektronischen Gegenmaßnahmen begegnen (electronic counter-measures, ECM).

Als einführendes Beispiel in ECM könnte man die Nachrichtenübertragung über Satelliten, die wir in Kapitel 5 kennen lernen, heranziehen. Das für kommerzielle Übertragung gut geeignete Vielfachzugriffsverfahren TDMA ist gegen böswillige Störung (jamming) ziemlich wehrlos; dieses jamming könnte man als Fall von ECM ansehen. Geht man in dieser Situation, wie in Kapitel 5 beschrieben, von TDMA auf SSMA über, so könnte man von einer elektronischen Gegen-Gegenmaßnahme sprechen (Electronic Counter-counterMeasure, ECCM oder $EC^2M$).

Bei der modernen Kriegführung in der Luft ist die ECM usw. eine der wichtigsten Aufgabenstellungen überhaupt. Ein Kampfflugzeug oder ein Marschflugkörper wird vom gegnerischen Radar erfasst (ECM) und muss, um am Leben zu bleiben, das Radar durch geeignete Maßnahmen ausschalten oder irreführen ($EC^2M$). Die Entwickler des Radar haben aber vielleicht die möglichen $EC^2M$-Verfahren schon vorhergesehen und ihrerseits geeignete Gegenmaßnahmen eingebaut ($EC^3M$); usw.

### 3.9.3 Beispiele für EMV-Probleme

Zunächst betrachten wir zwei Fälle aus der Praxis, die schon einige Zeit zurückliegen:

- Ein international operierender Hersteller von Münzfernsprechern war bereits in vielen Ländern erfolgreich, bevor er auch in USA aktiv wurde. Dort gab es einen Rückschlag durch diese EMV-Problematik, für die die Geräte nicht getestet waren: Viele Geräte wurden in den obersten Stockwerken von Wolkenkratzern installiert, wo sie durch benachbarte Richtfunksysteme stark gestört wurden.
- In einem Stahlwerk geriet ein ferngesteuerter Kran außer Kontrolle, so dass sich geschmolzener Stahl über einige Arbeiter ergoss, von denen einer getötet wurde. Eine schon längere Zeit in Betrieb befindliche Funkübertragungsstrecke und die Tastatursteuerung der Fernbedienung hatten sich in unzulässiger Weise gegenseitig beeinflusst. Natürlich war das Gesamtsystem nach allen Regeln der Kunst vor Einführung EMV-getestet worden. Im Betrieb ergab sich später eine neue Situation, weil in der Werkhalle ein Baugerüst aufgestellt wurde. Das Gerüst wirkte als Antenne und verstärkte das Radiosignal an manchen Stellen im Raum; dadurch ergab sich die Störung.

Obwohl man in den letzten Jahren in Sachen EMV einiges dazu gelernt hat, kann man Fälle wie oben nie ganz ausschließen. Neue Aufgabengebiete und der generelle Trend zu immer höheren (Takt-)Frequenzen führen auf neue EMV-Probleme, die manchmal zunächst überhaupt nicht als solche erkannt werden, wie das folgendes Beispiel zeigt.

**Beispiel:**
In einem PC sind vertrauliche Daten gespeichert, weshalb der Benutzer sich nach allen Regeln der Kunst gegen Zugriffe von außen abgesichert hat; die „fire walls" funktionieren, und Hacker haben keine Chance. Irgendwann stellt der Benutzer aber fest, dass jemand doch Zugriff zu den Daten hatte! Wie ging das zu? Moderne Rechner arbeiten mit immer schnellerer Logik und strahlen entsprechend hohe Frequenzen ab – natürlich (hoffentlich) unter Einhaltung der Funkstör-Grenzwerte. Mit entsprechend empfindlichen Abhörgeräten kann man die abgestrahlten Spektren aufnehmen und daraus eventuell auf die Originalsignale schließen.

Besonders aktuelle Gebiete mit viel EMV-Problematik sind:

- Im Auto spielen Elektronik und Nachrichtentechnik allgemein eine immer größere Rolle, dadurch nehmen auch die EMV-Probleme zu. Hier können Versäumnisse bei der Entwicklung und beim Test viele Menschenleben in Gefahr bringen.

- Die Mobilkommunikation mit ihren zweistelligen Zuwachsraten bringt vielfältige Aufgabenstellungen für EMV-Untersuchungen. Eine oft diskutierte Frage ist: Nimmt es der „Computer“ Gehirn übel, wenn wir dauernd mit dem sendenden Handy am Ohr herumlaufen?
- Nach der Deregulierung im Fernmeldewesen werden viele Elektrizitätsversorgungsunternehmen zu Anbietern von Nachrichtendiensten. Es liegt nahe, für den Teilnehmeranschluss die ohnehin vorhandenen 230-V- Haushaltsanschlüsse zu benutzen. Bei diesen PLC-Systemen (Power Line Carrier) leben Starkstrom- und Nachrichtentechnik so eng zusammen, dass EMV sozusagen das Hauptthema der Systementwicklung bildet.

### 3.9.4 Hinweise für die Weiterarbeit

Zum Thema EMV gibt es umfangreiche Literatur [35]. Die Grundlagen finden sich u.a. in [35-1], [35-2], [35-3].

Die EMV-Problematik muss bei der Entwicklung elektrischer Geräte und Anlagen von Anfang an berücksichtig werden [35-6], [35-10], [35-18]. Hierzu gehört die Kenntnis wirkungsvoller Abschirmmaßnahmen [35-5], [35-11], [35-14], [35-15].

Ein bekanntes Beispiel für besondere EMV-Problematik sind Schaltschränke, wie sie z.B. in der Steuerungstechnik eingesetzt werden. Zu diesem Thema gibt es eine umfangreiche Literatur, z.B. [35-12], [35-13], [35-17]. Eine bekannte Schwachstelle in einer Schrankwand ist die Kabeldurchführung [35-16].

Es ist oft nicht einfach, die eigentlichen Störquellen zu lokalisieren. Manche Störungen kommen über das Netz [35-19]. Die Lokalisierung beliebiger EMV-Störer durch Feldsonden ist in [35-20] beschrieben.

Zum Thema EMV gibt es eine Vielzahl von Normen und Richtlinien. Die nachstehende Auswahl findet sich im Jahrbuch 2000 Computerpraxis Telekommunikation (Hüthig u. Pflaum – Verlag) auf Seite 370:

DIN EN 61000 VDE 0838 „Elektromagnetische Verträglichkeit“

DIN En 50081, 50082, 61000 VDE 0839 „Elektromagnetische Verträglichkeit (EMV)“ mit Aussagen zur Störaussendung und Störfestigkeit.

DIN EN 61000 VDE 0847 „Elektromagnetische Verträglichkeit (EMV)“, Prüf- und Messverfahren.

DIN VDE 0848 „Sicherheit in elektrischen, magnetischen und elektromagnetischen Feldern“ mit Aussagen zum Schutz von Personen und den Explosionsschutz.

DIN VDE 0870 „Elektromagnetische Beeinflussung (EMB)“, Begriffe.

DIN VDE 0872 „Elektromagnetische Verträglichkeit von Ton- und Fernsehrundfunkempfängern“.

DIN VDE 0873 „Maßnahmen gegen Funkstörungen durch Anlagen der Elektrizitätsversorgung und durch elektrische Bahnen“.

DIN VDE 0875 „Funkentstörung von elektrischen Betriebsmitteln und Anlagen“.

DIN VDE 0878 „Funkentstörung von Anlagen und Geräten der Fernmeldetechnik“.

# 4 Nachrichtenverarbeitung

Die Nachrichtenverarbeitung hat in den letzten Jahrzehnten so stark an Bedeutung gewonnen, dass die Informatik als neue wissenschaftliche Disziplin entstanden ist. Die Informatik ihrerseits hat sich in viele Richtungen entwickelt [41-5] und der Teil dieser Disziplin, der sich mit dem Aufbau, Betrieb und Einsatz von Rechnern befasst, hat sich als technische Informatik etabliert. Damit ergeben sich heute Überschneidungen auf dem Gebiet der Nachrichtenverarbeitung zwischen Nachrichtentechnik und technischer Informatik. Die Grenzen zwischen beiden Disziplinen sind fließend und im Bereich der Hochschulen oft von örtlichen und/oder regionalen Gegebenheiten bestimmt. Generell gilt, dass immer mehr Nachrichtentechniker in der Nachrichten- und Datenverarbeitung tätig sind, oder aber sich wenigstens der Hilfsmittel der Datenverarbeitung bei ihrer täglichen Arbeit bedienen. Für Ingenieure sind Datenverarbeitungssysteme heute selbstverständliche Arbeitsmittel.

Die Begriffe Nachrichtenverarbeitung und Datenverarbeitung sind in weiten Bereichen synonym. Man verwendet den Begriff Datenverarbeitung bei allen kommerziellen und administrativen Anwendungen, Nachrichtenverarbeitung dagegen mehr bei (nachrichten)technischen Anwendungen. Häufig wird aber auch der Begriff (Mikro-)Computer benutzt, der eigentlich nur das Gerät bezeichnet.

## 4.1 Einführung

### 4.1.1 Bedeutung nachrichtenverarbeitender Systeme

Die Ausweitung der Nachrichtenverarbeitung hat vielfältige Ursachen, von denen einige hier aufgeführt sind:

**Übergang von zeit- und wertkontinuierlichen Systemen zu zeit- und wertdiskreten Systemen**

Dieser Übergang wurde durch die Arbeiten der Informationstheorie begründet. Von entscheidender Bedeutung ist dabei das Abtasttheorem [50-11], das besagt, dass jedes bandbegrenzte (zeitkontinuierliche) Signal durch ein abgetastetes (zeitdiskretes) Signal dargestellt werden kann (vgl. 2.4.2).

Dies hat weitreichende Konsequenzen. Die früher eingesetzten Analogrechner (zeit- und wertkontinuierliche Rechensysteme) wurden durch Digitalrechner (zeit- und wertdiskrete Rechensysteme) ersetzt. Damit ist heute die Nachrichtenverarbeitung fast ausschließlich eine digitale Angelegenheit.

Geht man von natürlichen Signalquellen aus, dann liegen analoge Signale vor. Sie sind zeit- und wertkontinuierlich und müssen deshalb sowohl bezüglich der Zeit als auch der Amplitude diskretisiert, d. h. digitalisiert, werden. Dies geschieht mittels Analog/Digital-Umsetzern. Sie stellen zusammen mit den Digital/Analog-Umsetzern die Schnittstelle zwischen analoger und digitaler Welt dar.

Die digitale Verarbeitung hat gegenüber der analogen den weiteren wesentlichen Vorteil, dass hier, bedingt durch die binäre Logik (siehe 4.3.1), nur zwischen jeweils zwei Zuständen unterschieden werden muss. So werden die Schaltungen wesentlich unempfindlicher gegenüber Störungen.

**Mikroelektronik**

Unter diesem Begriff wird eine Schlüsseltechnologie der heutigen Nachrichtentechnik zusammengefasst. Der entscheidende Schritt war das Ersetzen der Vakuumröhren als aktive Schaltungselemente durch Halbleiterbauelemente und die daraus resultierende Möglichkeit, ganze Schaltungen auf einem einzigen Baustein (IC, integrated circuit) zu realisieren. Damit wurden die

Baugruppen drastisch verkleinert, deren Verlustleistung herabgesetzt, gleichzeitig die Leistungsfähigkeit und Komplexität vergrößert und die Zuverlässigkeit erhöht.

Um dabei trotzdem genügend große Stückzahlen für eine wirtschaftliche Fertigung zu bekommen, mussten möglichst universell einsetzbare Schaltungen entwickelt werden. Dadurch wurde der Weg zum programmierbaren (Mikro-)Prozessor mitbestimmt.

Die höchste Integrationsdichte finden wir bei den Halbleiterspeichern. Dies rührt daher, dass Speicher-Bausteine aus einer sehr großen Zahl gleichartiger Elemente aufgebaut sind und sich dadurch einheitliche Strukturen realisieren lassen. Bei Prozessoren und anderen Logik-Bausteinen ist demzufolge, bedingt durch die komplexeren Schaltungsstrukturen, der Integrationsgrad niedriger als bei Speichern. Bild 4.1-1a zeigt die Anzahl der Transistoren je Baustein (Chip) und Bild 4.1-1b die Chipfläche von industriell gefertigten Bausteinen. Wir erkennen, bei kleinerer Chipfläche haben Speicherbausteine mehr Transistoren auf dem Chip.

**Beispiel**:
Prozessor Alpha 21264 besteht aus $15 \cdot 10^6$ Transistoren auf einer Chipfläche von 3 $cm^2$ [43-2e].

### Flexible Systemkonzepte

In der Vergangenheit wurden Systeme oft für einen über Jahrzehnte dauernden Einsatz konzipiert. Damit waren mehrjährige Entwicklungszeiten problemlos möglich. Heute haben sich aber die Produktzyklen und in vielen Bereichen auch die Produktlebensdauern drastisch verkürzt. Deshalb müssen Systeme heute oft so entworfen werden, dass sie gegebenenfalls später leicht an geänderte Anforderungen angepasst werden können. Diese Tendenz wird unterstützt durch die Trennung von Hard- und Software. Das heißt, ein reales System kann durch ein geändertes Programm in seinen Eigenschaften relativ leicht modifiziert werden.

### Simulation

Die Simulation ist zu einem Arbeitswerkzeug des Ingenieurs geworden. Sie basiert auf Modellen, die die nachzubildende Wirklichkeit genügend genau wiedergeben. Dies ist eine, leider nicht immer beachtete, selbstverständliche Grundvoraussetzung. Es werden aber leistungsfähige Rechner benötigt, um in endlicher Zeit zu Aussagen zu gelangen. In vielen Bereichen hat die Simulation den Versuch ersetzt, oft erzielt der Ingenieur nur mit Simulationen brauchbare Ergebnisse. Ein Beispiel: Für hochintegrierte Halbleiterbausteine sind Versuchsaufbauten aus einzelnen, diskreten Bauelementen nicht möglich. Das Verfahren

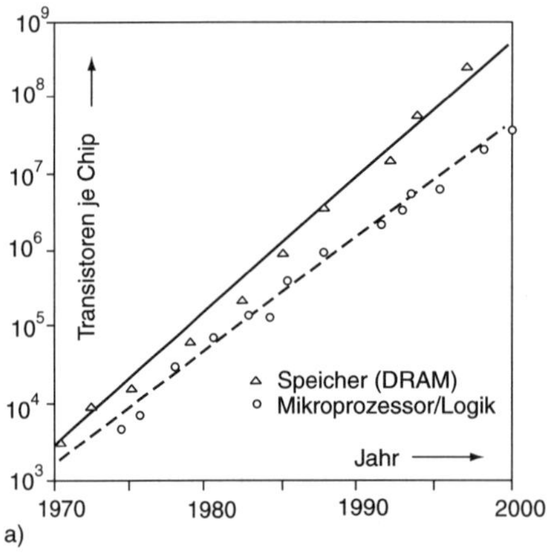


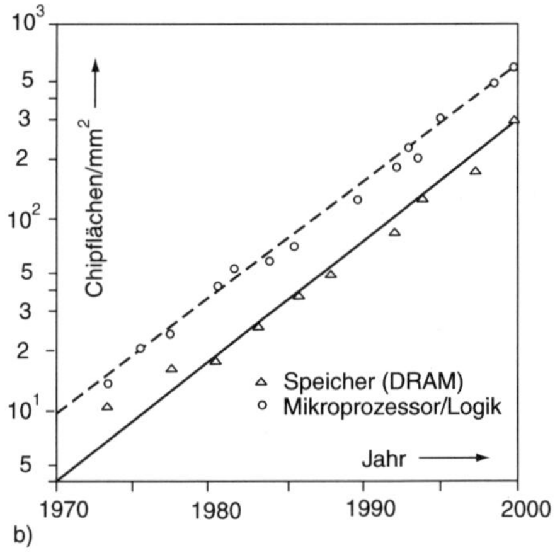


Bild 4.1-1 Anstieg der Integrationsdichte bei Integrierten Schaltungen
a) Transistoren je Chip, b) Chipfläche

„Versuch und Irrtum“ ist unpraktikabel, da zu teuer und zu zeitaufwendig. Also müssen hier alle Schaltungsentwürfe mittels Simulationen [42-6a] auf ihre Tauglichkeit untersucht werden, bevor sie gefertigt werden.

**Entwurfsverfahren**

Neben den technologischen Voraussetzungen, die zur Fertigung hochintegrierter Schaltungen erforderlich sind, spielen die Entwurfsverfahren und -werkzeuge eine entscheidende Rolle. Dies gilt nicht nur für nachrichtentechnische, sondern beispielsweise auch für mechanische Systeme und Komponenten. Auch hier sind leistungsfähige Verarbeitungssysteme notwendig.

**Nachrichtentechnische Systeme**

Betrachten wir die schnelle Verbreitung neuerer Entwicklungen der Nachrichtentechnik, wie Mobilkommunikation oder das auf Satelliten abgestützte Ortungsverfahren GPS (Global Positioning System), so wird deutlich, dass dies alles nur dadurch möglich wurde, dass entsprechende Algorithmen entwickelt wurden und diese in genügend leistungsfähigen Verarbeitungssystemen implementiert werden konnten. Wobei beispielsweise bei der Mobilkommunikation auch die Handlichkeit der Geräte, sowie deren Preis, entscheidende Faktoren sind.

**Neue Einsatzgebiete**

Nachrichtenverarbeitende Systeme dringen in immer weitere Bereiche ein. Dies wird möglich durch die hohe Leistungsfähigkeit solcher Systeme, bei gleichzeitig fallenden Preisen und höherer Zuverlässigkeit. Ein Bereich in dem sich dadurch gravierende Veränderungen ergeben sind die mechanischen Systeme, zwei Beispiele:

- Fahrzeuge
  Moderne Fahrzeuge sind heute ohne nachrichtentechnische Systeme nicht mehr denkbar. Die Wertschöpfung verlagert sich in dieser Richtung. So finden wir einerseits in Echtzeit arbeitende Rechnersysteme zur Steuerung bestimmter Einheiten, z.B. Antiblockiersystem, und in der Folge davon dann leistungsfähige Kommunikationssysteme zum Nachrichtenaustausch zwischen den Rechnersystemen. Dazu kommt selbstverständlich auch noch die Kommunikation zwischen den Personen und dem System Fahrzeug.
- Werkzeugmaschinen
  Neben die Maschinensteuerung treten vielfältige weitere Funktionen, wie die Simulation und grafische Darstellung der Bearbeitungsvorgänge oder der rechnergesteuerte Werkzeugwechsel, um nur zwei Aufgaben zu nennen.

## 4.1.2 Beispiel zur Nachrichtenverarbeitung: Taschenrechner

Wie stark die technologischen Möglichkeiten der Nachrichtenverarbeitung unsere Arbeits- und Denkweise beeinflussen, lässt sich am Beispiel des Taschenrechners darlegen. Er stellt ein heute weltweit verbreitetes, bereits in der Schule eingeführtes, System der Nachrichtenverarbeitung dar. Seine Handhabung ist einfach und der Umgang mit ihm leicht erlernbar. Obwohl er ein sehr stark spezialisiertes Verarbeitungssystem ist, lassen sich an ihm einige grundlegende Prinzipien der Nachrichtenverarbeitung demonstrieren.

### 4.1.2.1 Bedienungselemente des Taschenrechners

Wir legen einen sehr einfachen Taschenrechner zu Grunde. Mit ihm sollen die 4 Grundrechnungsarten, auch als Kettenoperationen, durchgeführt werden können.

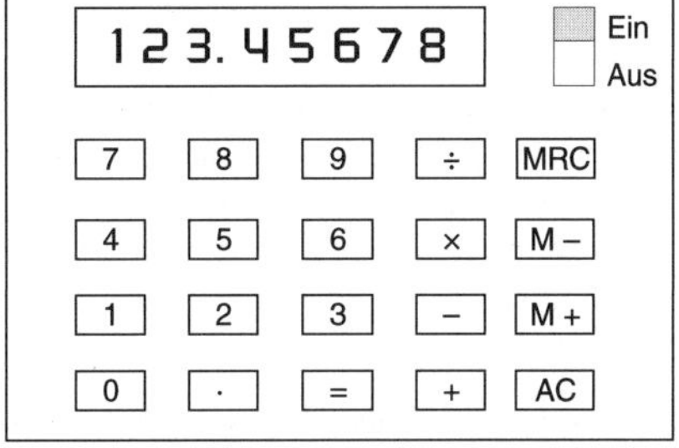


Bild 4.1-2 Taschenrechner für die Grundrechenarten

Bild 4.1-2 zeigt den Taschenrechner. Er verfügt über eine mehrstellige, im Beispiel achtstellige, Ziffernanzeige. Damit können maximal achtstellige ganze oder gebrochene Dezimalzahlen angezeigt werden, z.B. die im Bild dargestellte Zahl 123.45678. Dabei steht der Dezimalpunkt, der englischen Schreibweise der Dezimalzahlen entsprechend, anstelle des bei uns üblichen Kommas.

Weiter ist ein Schalter zum Ein- und Ausschalten des Gerätes vorgesehen. Dabei umfasst das „Einschalten" eine ganze Reihe von Aufgaben, die zusammengefasst als Initialisierung bezeichnet werden. Dazu gehört, dass das System in einen definierten Ausgangszustand gebracht wird, bevor der Benutzer mit der Eingabe beginnen kann. Wir sind darauf angewiesen, dass das Erreichen dieses Zustands von außen her erkennbar sein muss. Deshalb erfolgt nach Abschluss der Initialisierung die Anzeige der Ziffer 0.

Schließlich gehört zu den Bedienungselementen noch die Tastatur. Wir können 2 Typen unterscheiden:

- Tasten zur Eingabe der Zahlen; das sind die Zifferntasten 0, 1, ..., 9 sowie die Taste für den Dezimalpunkt „.".
- Tasten zur Eingabe von Operationen; mit ihnen werden die eingegebenen Zahlen begrenzt, sowie der Transport und die Verarbeitung der Zahlen gesteuert. Damit eng verknüpft ist auch die Anzeige des Ergebnisses.

#### 4.1.2.2 Anforderungen an einen Taschenrechner

Wir wollen hier zunächst einige der Anforderungen kennen lernen, denen ein Taschenrechner zu genügen hat, bevor wir dann später eine typische Operation etwas genauer betrachten. Wie der Name „Taschenrechner" sagt, wollen wir ihn in der Tasche mitnehmen können. Deshalb ist es notwendig, dass die Stromversorgung batteriegespeist erfolgt.

Um eine möglichst hohe Lebensdauer der Batterien zu erhalten, muss die Schaltung des Rechners in einer Technologie realisiert werden, die eine geringe Verlustleistung besitzt. Hier findet heute überwiegend die CMOS-Technologie Anwendung (vgl. 4.3.3.3).

Da die Verarbeitung recht einfach ist, spielt die von der elektronischen Schaltung dafür benötigte Zeit keine wesentliche Rolle. Die Zeit, welche der Benutzer benötigt, um beispielsweise das Ergebnis abzuschreiben, ist länger. Damit kann die Architektur des Rechners so gewählt werden, dass der schaltungsmäßige Aufwand gering ist. Dies wird mittels ziffernweise serieller Verarbeitung geleistet.

Damit der Taschenrechner von jedermann benutzt werden kann, also keinen Spezialisten voraussetzt, sind an die Funktionssicherheit der Tasten besondere Anforderungen zu stellen. Neben den hier nicht betrachteten mechanischen Forderungen müssen die Tasten z.B. entprellt sein. Weiter muss sichergestellt sein, dass die Verarbeitung jeweils ungestört abläuft. Aus diesem Grund müssen während dieser Zeit die Tasten verriegelt sein; dies erfolgt nicht mechanisch, sondern elektrisch.

Um den Bediener von Routineaufgaben zu entlasten, auch dies ein wesentlicher Grundgedanke bei der Realisierung nachrichtenverarbeitender Systeme, ist eine Zeitschaltung vorzusehen, welche die Anzeige einige Minuten nach der letzten Tastenbetätigung automatisch abschaltet. Damit ist gleichzeitig gewährleistet, dass eine hohe Batterielebensdauer verwirklicht wird.

Da wir gewohnt sind, die Zahlen ohne führende Nullen darzustellen, muss dies bei der Anzeige ebenfalls so erfolgen. Ferner sollte, da wir vergesslich sind bzw. oftmals kurzzeitig abgelenkt werden, im Anzeigenfeld auch angezeigt werden, welche Operation jeweils durchgeführt werden soll. Dass die Ziffern gut lesbar und leicht unterscheidbar sein müssen, ist wegen der Benutzung durch jedermann zwingend. So findet z.B. die 7-Segment-Anzeige Anwendung, d.h. zur Darstellung jeder Ziffer sind 7 Segmente vorgesehen, die jeweils hell oder dunkel getastet sind. Bild 4.1-2 zeigt die Ziffern von 1 bis 8. Die Anzeige der

Operation kann z.B. oberhalb der Ziffern im Anzeigenfeld erfolgen.

Um Bedienungsfehler zu vermeiden, sollte das System in einer Weise bedient werden können, die dem Benutzer unmittelbar einsichtig ist. Bei komplexeren Systemen lässt sich diese Forderung meist nicht mehr realisieren. Sie wird dann ersetzt durch die erweiterte Forderung, dass das System möglichst selbsterklärend ist. Dazu werden dann beispielsweise Hilfsfunktionen eingebaut, die dem Benutzer die gegebenenfalls gewünschte Hilfestellung geben. Bedienungsfehler lassen sich aber nie ausschließen. Entsprechend der Art des Fehlers sollte auch eine unterschiedliche Systemreaktion erfolgen. Ein falsch eingegebener Operator sollte beispielsweise einfach dadurch korrigiert werden können, dass die richtige Taste gedrückt wird. Andererseits sollten Zahlen gelöscht werden können, ohne dass zuerst aus- und dann wieder eingeschaltet werden muss.

#### 4.1.2.3 Blockschaltbild des Taschenrechners

Der Taschenrechner umfasst die für ein Nachrichten- und/oder Daten verarbeitendes System typischen Baugruppen (Bild 4.1-3):

- Eingabe: Tastatur
- Verarbeitung: Rechenwerk und Speicherung
- Ausgabe: Anzeige
- Steuerung: Steuerwerk

Bei größeren Systemen, seien es Signalprozessoren, Datenverarbeitungsanlagen oder z.B. rechnergesteuerte Messsysteme, treten prinzipiell gleiche Funktionseinheiten auf. Die physikalische Realisierung unterscheidet sich jedoch. So hat beispielsweise ein rechnergesteuertes Messsystem als Eingabeeinheiten sicher Messgeräte oder Messwandler. Das Blockschaltbild größerer Systeme, z.B. bereits bei Mikrocomputern, trennt Verarbeitung und Speicherung. Es wird dort zusätzlich zum Rechenwerk ein Speicher vorgesehen, da nicht nur 2 Operanden, sondern große Mengen beliebiger Daten gespeichert werden.

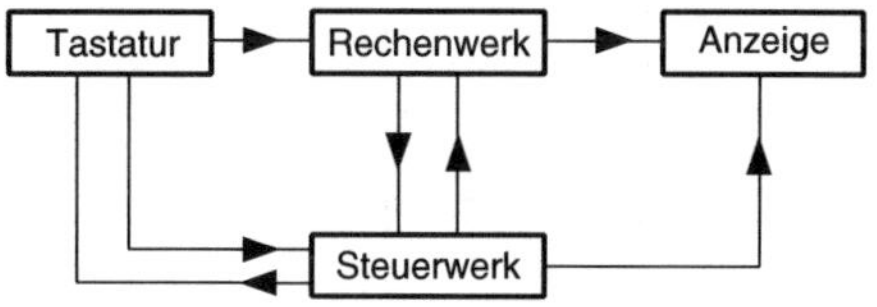


Bild 4.1-3 Blockschaltbild des Taschenrechners

Für das Speichern der Zahlen stehen im Taschenrechner Speichereinheiten zur Verfügung, welche die Speicherung jeweils einer Zahl gestatten. Derartige Baugruppen werden Register genannt, ihr Aufbau wird in 4.3.7 beschrieben.

#### 4.1.2.4 Ablauf einer Multiplikation

Betrachten wir jetzt das Beispiel der Multiplikation. Der Multiplikand wird ziffernweise eingegeben und im Register X (Bild 4.1-4) gespeichert. Er steht damit für die Verarbeitung zur Verfügung. Die Eingabe erfolgt so, dass der Benutzer zunächst die höchstwertige Ziffer eingibt. Diese wird ganz rechts im Register gespeichert und angezeigt. Mit jeder weiter eingegebenen Ziffer wird die bisher eingegebene Zahl im Register um eine Stelle nach links geschoben, die neue Ziffer wird rechts angefügt. Sollen gebrochene Zahlen verarbeitet werden, so ist an der entsprechenden Stelle der Eingabefolge die Dezimalpunkttaste „.“ zu drücken. Der Dezimalpunkt wird ebenfalls gespeichert und in der Folge bei der Eingabe weiterer Ziffern mit nach links verschoben und angezeigt. Ist die Zahl vollständig eingegeben, so muss eine Operationstaste gedrückt werden, z.B. die Multiplikationstaste „×“. Dadurch wird einerseits das Register X, welches den Multiplikanden enthält, eingangsseitig verriegelt und andererseits in der Steuerung gespeichert, dass eine Multiplikation durchgeführt werden soll. Die Eingabe der für die Multiplikation benötigten zweiten Zahl, also des Multiplikators, erfolgt in derselben Weise, wie beim Multiplikanden beschrieben. Damit die Anzeige fest an ein Register angeschlossen werden kann, wird allerdings zu Beginn der Eingabe des Multiplikators der Multiplikand in ein zweites Register Y umgespeichert. Dadurch wird das Register X frei für den Multiplikator, und dieser kann jetzt angezeigt werden.

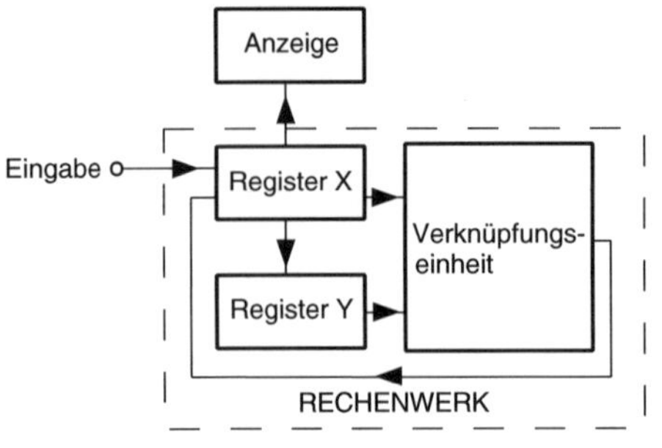


Bild 4.1-4 Aufbau des Rechenwerks

Bild 4.1-4 zeigt den Aufbau des Rechenwerkes mit den Registern X und Y. Dabei sind aber nur die Verbindungen gezeichnet, auf denen Zahlen transportiert werden. Steuerleitungen sind, der Einfachheit halber, nicht dargestellt.

Der Abschluss der Eingabe des Multiplikators erfolgt wieder durch das Drücken einer Operationstaste. So bewirkt ein Betätigen der Ergibtsichtaste „=“, dass die Operation, hier also die Multiplikation, ausgeführt und das Produkt in das Register X übernommen und damit angezeigt wird.

Der Ablauf einer Operation kann in einem Ablaufdiagramm dargestellt werden (Bild 4.1-5). Dabei erfolgt der Schritt von einem Block zum nächsten jeweils durch den Benutzer mit dem Betätigen einer Taste. Der Ablauf ist somit tastengesteuert. Hier in der Ablaufsteuerung liegt der wesentliche Unterschied zwischen Taschenrechner und universellen Systemen, z.B. bereits bei den Mikrocomputern. Bei diesen Systemen ist der Ablauf programmgesteuert: das Programm, d.h. die Folge von Befehlen, welche die einzelnen Operationen bezeichnen, ist im System selbst gespeichert.

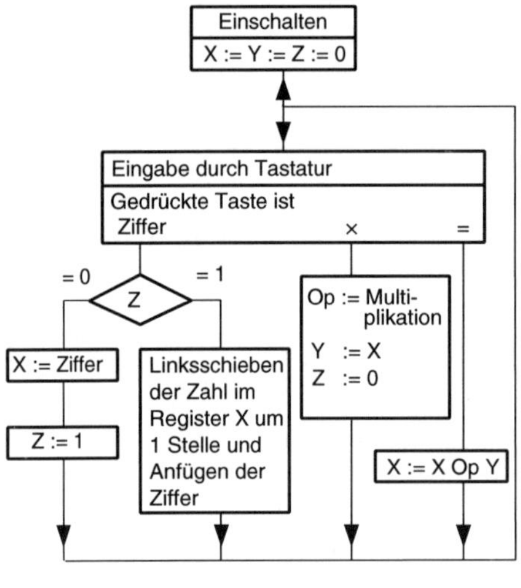


Bild 4.1-5 Ablauf der Multiplikation

Die Darstellung in Bild 4.1-5 gibt den Ablauf in stark vereinfachter Form für den Fall ganzer positiver Zahlen wieder, wobei die Überprüfung der Stellenlänge nicht beachtet ist. Die dort verwendeten Symbole werden in 4.7.2.1 erklärt.

#### 4.1.2.5 Weitere Verarbeitungsabläufe

Soll eine Kettenoperation durchgeführt werden, so muss nur einmal zum Schluss die Ergibtsichtaste gedrückt werden. Zum jeweiligen Anstoßen der in der Steuerung gespeicherten Operation muss lediglich eine weitere Operationstaste gedrückt werden. Nachdem die so angestoßene Operation ausgeführt ist, wird dann in der Steuerung die neue Operation gespeichert. In dem bisher betrachteten Beispiel der Multiplikation bedeutet dies: Soll anschließend an die Multiplikation eine Addition durchgeführt werden, so wird durch das Betätigen der Additionstaste zunächst die Multiplikation angestoßen, das Produkt angezeigt, dann die Addition als auszuführende Operation in der Steuerung gespeichert und diese nach der Eingabe eines Summanden sowie dem Betätigen der Ergibtsichtaste ausgeführt und angezeigt.

Von den Operationstasten wurden bisher nur diejenigen für die arithmetischen Grundoperationen sowie die Ergibtsichtaste erläutert. Die mit M bezeichneten Tasten beziehen sich auf ein weiteres Register M, das nicht angezeigt wird. Mit Hilfe dieser Tasten können saldierende Rechnungen durchgeführt werden. So wird mit der Taste M+ die momentan angezeigte Zahl zum Inhalt des Registers M addiert. Entsprechendes gilt für M–. Mittels der Taste MRC (recall: zurückholen) wird der Inhalt des Registers M in das Register X übernommen und damit angezeigt.

Mit der Taste AC (all clear: alles löschen) werden alle Register und gespeicherte Operationen gelöscht, die Anzeige zeigt damit die Zahl 0.

#### 4.1.2.6 Erkenntnisse aus dem Beispiel

An diesem Beispiel haben wir wesentliche logische Prinzipien der Verarbeitung kennen gelernt. Bedingt durch die technische Realisierung solcher nachrichtenverarbeitender Systeme mittels elektronischer Schaltungen werden heute alle Informationen als binäre Größen dargestellt. Deshalb wird in 4.2 die Codierung von Nachrichten behandelt.

In den nachfolgenden Abschnitten dieses Kapitels wird dann die Architektur solcher Systeme, ihre technische Realisierung und die Software, d.h. alles was mit der Programmierung zusammenhängt, dargestellt.

### 4.1.3 Entwicklungslinien

Die Entwicklung der Nachrichtenverarbeitung, und damit ist heute die digitale Verarbeitung gemeint, ist eng verbunden mit derjenigen der Digitalrechner. Grundlegende Anstöße hierzu kamen von K. Zuse, H. Aiken, A. Turing und J. von Neumann in den vierziger Jahren des 20. Jahrhunderts. Die Rechner wurden zunächst mit Relais, dann mit Röhren und anschließend mit Halbleiterbauelementen realisiert [40-2].

Erste Anwendungen waren Berechnungen in Naturwissenschaft und Technik. Eine gewaltige Verbreiterung der Anwendung entstand in den Jahren nach 1960 durch den Einsatz bei kaufmännisch-kommerziellen Aufgaben. Durch kleinere Bauformen, geringere klimatische Anforderungen und erhöhte Zuverlässigkeit integrierter Bausteine wurde es möglich, Digitalrechner für Realzeit-Aufgaben wie Messwerterfassung, Signalverarbeitung, Steuerung und Regelung einzusetzen. Eine starke Ausweitung kam mit den Mikroprozessoren und -computern, die heute nur ihrer Baugröße wegen so heißen, nicht jedoch wegen ihrer Leistungsfähigkeit. Neben der Entwicklung von leistungsfähigeren Großrechnern auf der einen Seite und Personalcomputern auf der anderen Seite steht heute die Entwicklung von vermaschten Systemen und damit die Kommunikationsfähigkeit im Vordergrund. Wie weit optische Computer technisch realisierbar sind, ist heute noch Gegenstand der Forschung [12-1].

### 4.1.4 Überblick

Wie in 4.1.2.6 dargelegt wenden wir uns in 4.2 zunächst der Codierung und damit der Frage zu, wie wir Daten in digitalen Systemen darstellen können. In 4.3 folgt mit der Digitaltechnik, die Grundlage zum Entwurf digitaler Schaltungen und damit auch von Rechnern.

In 4.1.2 haben wir mit dem Taschenrechner bereits ein heute sehr weit verbreitetes, billiges Verarbeitungssystem kennen gelernt. Damit wissen wir über den prinzipiellen Aufbau eines Rechners Bescheid. Von den Rechnerelementen (4.4) werden der Prozessor (4.5) und der Speicher (4.6) detaillierter behandelt.

Neben diese hardwareorientierte Betrachtung gehört heute mindestens gleichrangig die Betrachtung der Programmierung (4.7), also der Software und damit zusammenhängender Fragen.

Auf dieser Grundlage von Hard- und Software werden dann die verschiedenen Betriebsarten (4.8) eingeführt. Die Echtzeitverarbeitung (4.9) ist ein technisch wichtiger Einsatz, weitere typische Anwendungsbeispiele folgen in Abschnitt 4.10. Leistung, Sicherheit und Zuverlässigkeit solcher Systeme sind das Thema von Abschnitt 4.11.

## 4.2 Codierung

### 4.2.1 Einführung

In dieser Einführung wollen wir zunächst eine Übersicht geben und dann einige Begriffe einführen.

**Übersicht**

Nach den grundlegenden Aussagen von Claude Shannon zur Informationstheorie (1948) entstand zunächst die Theorie der Codierung. Damit wurden Begriffe geprägt, und es konnten Codes in systematischer Weise entwickelt werden. In 4.2.2 wollen wir uns anhand technisch wichtiger Codes mit Grundgedanken der Codierung vertraut machen.

In aller Regel verwendet man heute digitale Lösungen. Mit ihnen können alle Anwendungsfälle abgedeckt werden. Deshalb betrachten wir in 4.2.3 die Analog/Digital- und die Digital/Analog-Umsetzung.

Die Schaltungen, mit denen eine Codierung bzw. Decodierung vorgenommen wird, nennt man Codierer (Coder) bzw. Decodierer (Decoder). Bei der Nachrichtenübermittlung zwischen zwei Punkten wird häufig in beiden Richtungen übertragen, so dass auf jeder Seite Coder und Decoder platziert sind; in der Regel sind diese Baugruppen dann konstruktiv zusammengefasst: Codec.

Heute ermöglichen Hochintegration und leistungsfähige Programme auch kompliziertere Codierungsmaßnahmen, wie sie insbesondere bei der Quellencodierung (5.4.2) und bei der Kanalcodierung (5.4.3) vorkommen, in wirtschaftlicher Weise zu realisieren.

Erst durch das Anwenden derartiger Methoden sind Datenreduktionen, wie sie für die Übermittlung, Verarbeitung und Speicherung von Bildern, beispielsweise bei Multimedia (4.10.3), notwendig sind, möglich. Oder, die bei der Codierung in der Mobilkommunikation angewandten Verfahren gehen bewusst weg von der Idee der Codierung sinusförmiger Signale. Sie berücksichtigen komplexere Sachverhalte bei der Codierung [87-15].

**Definition von Begriffen**

Ein Code bildet die *Zeichen eines Zeichenvorrats* auf die Zeichen eines zweiten Zeichenvorrats ab. So kann man etwa grafische Symbole für die Darstellung auf einem Sichtgerät den Buchstaben des Alphabets zuordnen und sie dadurch kennzeichnen (Code 1 in Bild 4.2-1). Die Zuordnung ist hier in beiden Richtungen eindeutig.

In der Digitaltechnik interessiert vorwiegend die Abbildung auf einen Vorrat, der nur zweiwertige (binäre) Zeichen enthält: 0 oder 1. Ein solches

| Code 1 | | | | Code 2 | | | |
|---|---|---|---|---|---|---|---|
| Δ | + | × | □ | Δ | + | × | □ |
| a | b | c | d | 00 | 01 | 10 | 11 |

Bild 4.2-1 Zwei Codes

Zeichen nennt man ein *Bit* (binary digit), vgl. 2.2.3.1. Um einen größeren Zeichenvorrat abbilden zu können, sind dann Kombinationen der Zeichen des binären Zeichenvorrats notwendig. Bild 4.2-1 zeigt als Code 2 eine mögliche Codierung der Sichtgerät-Symbole.

Die Kombination mehrerer Zeichen nennt man ein *Wort*. Beim Code 2 haben alle vier Codewörter eine konstante Wortlänge $n = 2$.

Es gibt auch Codes unterschiedlicher Wortlänge, wie z.B. das Morsealphabet. Im Folgenden werden Codes mit konstanter Wortlänge betrachtet; ihre technische Bedeutung ist größer.

Mit der Wortlänge $n$ können $N = 2^n$ verschiedene Kombinationen von 0 und 1 gebildet werden: es gibt $N = 2^n$ verschiedene Codewörter. Werden alle $N$ Codewörter in dem Code benutzt, spricht man von einem *Minimalcode*, sonst von einem *redundanten Code*.

## 4.2.2 Beispiele technisch wichtiger Codes

### 4.2.2.1 Dualcode

Ordnet man den einzelnen Bits eines $n$-stelligen Codewortes

$$(d) = (d_{n-1}, d_{n-2}, \ldots, d_1, d_0)$$

Gewichte nach aufsteigenden Zweierpotenzen zu, so stellt das Wort eine *Dualzahl* z dar (Wortlänge $n$):

$$z = d_{n-1} \cdot 2^{n-1} + d_{n-2} \cdot 2^{n-2} + \cdots + d_1 \cdot 2^1 + d_0 \cdot 2^0$$

$$= \sum_{\nu=0}^{n-1} d_\nu \cdot 2^\nu \qquad (4.2\text{-}1)$$

Für $n = 8$ sind in Bild 4.2-2 einige Beispiele aufgeführt. Das Dualsystem ist wie das Dezimalsystem ein *Stellenwert-System* (polyadisches Zahlensystem). Die Stelle $\nu$, $0 \leq \nu < n$, besitzt die Wertigkeit $2^\nu$. Werden nur nichtnegative ganze Zahlen betrachtet, so umfasst der Bereich die Zahlen von 0 bis $2^\nu-1$; also z.B. bei $n = 16$ den Bereich 0 ... 65535. Die Darstellung negativer ganzer Zahlen sowie gebrochener Zahlen werden in 4.4.2.1, das Rechnen mit Dualzahlen in 4.5.1 und 4.5.3 behandelt.

Beim Dualcode werden alle $N = 2^n$ Kombinationen eines Wortes der Länge $n$ benutzt, es handelt sich also um einen Minimalcode.

In der Datenverarbeitung verwendet man häufig den *Hexadezimalcode*. Hier werden 4 duale Stellen zu einer hexadezimalen Ziffer zusammengefasst; Stellenwert 1, 16, 256, ... Zur Schreibweise der hexadezimalen Ziffern werden die dezimalen Ziffern 0, 1, ..., 9 und dann die Buchstaben A, B, ..., F verwendet.

In Bild 4.2-2 ist der Hexadezimalcode mit eingetragen.

| z dual | | | | | | | | z dezimal | | | z hexadezimal | |
|---|---|---|---|---|---|---|---|---|---|---|---|---|
| $d_7$ | $d_6$ | $d_5$ | $d_4$ | $d_3$ | $d_2$ | $d_1$ | $d_0$ | | | | $h_1$ | $h_0$ |
| 0 | 0 | 0 | 0 | 0 | 0 | 0 | 0 | | | 0 | 0 | 0 |
| 0 | 0 | 0 | 0 | 0 | 0 | 0 | 1 | | | 1 | 0 | 1 |
| 0 | 0 | 0 | 0 | 0 | 0 | 1 | 0 | | | 2 | 0 | 2 |
| 0 | 0 | 0 | 0 | 0 | 0 | 1 | 1 | | | 3 | 0 | 3 |
| 0 | 0 | 0 | 0 | 0 | 1 | 0 | 0 | | | 4 | 0 | 4 |
| 0 | 0 | 0 | 0 | 0 | 1 | 0 | 1 | | | 5 | 0 | 5 |
| | | | | | | | | | | | | |
| 0 | 1 | 1 | 1 | 1 | 1 | 1 | 1 | 1 | 2 | 7 | 7 | F |
| 1 | 0 | 0 | 0 | 0 | 0 | 0 | 0 | 1 | 2 | 8 | 8 | 0 |
| 1 | 0 | 0 | 0 | 0 | 0 | 0 | 1 | 1 | 2 | 9 | 8 | 1 |
| | | | | | | | | | | | | |
| 1 | 1 | 1 | 1 | 1 | 1 | 1 | 0 | 2 | 5 | 4 | F | E |
| 1 | 1 | 1 | 1 | 1 | 1 | 1 | 1 | 2 | 5 | 5 | F | F |
| 128 | 64 | 32 | 16 | 8 | 4 | 2 | 1 | 100 | 10 | 1 | 16 | 1 |

Stellenwert

Bild 4.2-2 Dualcode für $n = 8$ Stellen und zugehörige Darstellung im Hexadezimalcode

### 4.2.2.2 Gray-Code

Ein weiterer wichtiger Minimalcode ist der Gray-Code. Er wird häufig beim Umsetzen analoger Größen in binäre Zeichen verwendet. Während beim Dualcode beim Übergang von einer Zahl zur benachbarten Zahl sich im Höchstfall alle Stellen verändern (vgl. Bild 4.2-2 beim Übergang 127/128), ändert sich beim Gray-Code jeweils nur eine einzige Stelle. Der Gray-Code ist *einschrittig*.

Bild 4.2-3 zeigt die Tabelle des Gray-Codes für $n = 3$ sowie als Anwendung eine Winkelcodierscheibe für $n = 4$. Diese ist auf einer Welle $W$ montiert. Auf $n$ konzentrischen Ringen sind Ringsektoren ($\Delta\varphi = 360°/2^n$) entsprechend dem Gray-Code weiß (0) bzw. schwarz (1) gefärbt. Mit Photozellen können diese Ringsektoren abgetastet werden und damit der Winkel im Gray-Code angegeben werden. Beim Übergang von einem Sektor zum anderen ändert sich nur ein Feld eines Ringsektors, d.h. in der Zwischenstellung kann höchstens ein Fehler von einem halben Winkelelement $\Delta\varphi$ auftreten. Solche Winkelcodierer werden z.B. in der Radartechnik verwendet ($n = 12$, $\Delta\varphi = 0{,}088°$), um die augenblickliche Stellung einer Drehantenne anzuzeigen. Der Gray-Code kann leicht in den Dualcode umgerechnet werden und umgekehrt (Bild 4.2-4).

### 4.2.2.3 Fehlersicherung durch Paritätsbit

Werden bei einem Code alle $N = 2^n$ möglichen Codewörter benutzt, wie beim Dualcode oder beim Gray-Code, so enthält der Code keine Redundanz (vgl. 2.2.3.3). Damit besteht keine Möglichkeit einen, durch eine Störung entstandenen, Fehler zu erkennen oder gar zu korrigieren. Dafür muss man einen redundanten Code wählen, der nicht alle möglichen Codewörter ausnutzt.

Das Anfügen eines Paritätsbits gibt bei einem Minimalcode die Möglichkeit der *Erkennung*

a)

| | Dual-Code | | | Gray-Code | | |
|---|---|---|---|---|---|---|
| $j$ | $d_2$ | $d_1$ | $d_0$ | $g_2$ | $g_1$ | $g_0$ |
| 0 | 0 | 0 | 0 | 0 | 0 | 0 |
| 1 | 0 | 0 | 1 | 0 | 0 | 1 |
| 2 | 0 | 1 | 0 | 0 | 1 | 1 |
| 3 | 0 | 1 | 1 | 0 | 1 | 0 |
| 4 | 1 | 0 | 0 | 1 | 1 | 0 |
| 5 | 1 | 0 | 1 | 1 | 1 | 1 |
| 6 | 1 | 1 | 0 | 1 | 0 | 1 |
| 7 | 1 | 1 | 1 | 1 | 0 | 0 |

b)

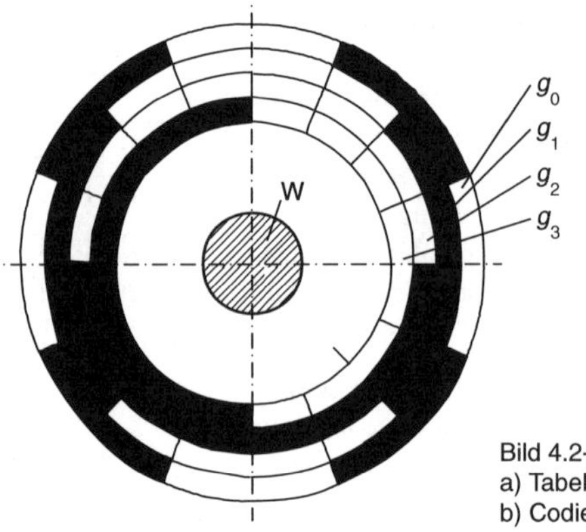


Bild 4.2-3 Gray-Code
a) Tabelle für $n = 3$ Stellen
b) Codierscheibe ($n = 4$; $W$ = Welle)

*eines Fehlers* (Codes nach 4.2.2.4 ermöglichen ebenfalls die Fehlererkennung). Durch das Paritätsbit wird die Quersumme, auch das Gewicht $w$ (Zahl der Einsen) eines Codewortes genannt, vereinbarungsgemäß einheitlich auf eine gerade bzw. ungerade Zahl ergänzt. Im Folgenden setzen wir Ergänzung auf geradzahliges Gewicht voraus.

Am Beispiel des Dualcodes für die Zahlen 0 bis 15 kann dies deutlich gemacht werden. Durch das hinzugefügte Paritätsbit $y$ (Bild 4.2-5) ist ein neuer Code mit den Stellen ($d_3$, $d_2$, $d_1$, $d_0$, $y$) und der Wortlänge $n = 5$ entstanden. Von den jetzt möglichen $N = 2^n = 32$ Codewörtern sind nur 16 belegt. Die anderen haben ein ungerades Gewicht, sie werden nicht benutzt. Der Code ist redundant.

| Gray-Code $\Rightarrow$ Dualcode | Dualcode $\Rightarrow$ Gray-Code |
|---|---|
| $d_{n-1} = g_{n-1}$ | $g_{n-1} = d_{n-1}$ |
| $d_{n-2} = d_{n-1} \leftrightarrow g_{n-2} = g_{n-1} \leftrightarrow g_{n-2}$ | $g_{n-2} = d_{n-1} \leftrightarrow d_{n-2}$ |
| $d_{n-3} = d_{n-2} \leftrightarrow g_{n-3}$ | $g_{n-3} = d_{n-2} \leftrightarrow d_{n-3}$ |
| $= g_{n-1} \leftrightarrow g_{n-2} \leftrightarrow g_{n-3}$ | . |
| . | . |
| . | . |
| . | |
| $d_0 = d_1 \leftrightarrow g_0 =$ | $g_0 = d_1 \leftrightarrow d_0$ |
| $= g_{n-1} \leftrightarrow g_{n-2} \leftrightarrow g_{n-3} \ldots \leftrightarrow g_0$ | |

Bild 4.2-4 Umrechnung vom Dualcode in den Gray-Code und umgekehrt

Wenn ein Bit gefälscht wird, so wird das Gewicht ungerade. Daran kann man erkennen, dass ein Fehler aufgetreten ist. Zwei Fehler können nicht erkannt werden; es gilt, dass ungeradzahlige Fehler erkannt werden können. Wenn man in Bild 4.2-5 zwei beliebige Codewörter miteinander vergleicht, so stellt man fest, dass sie sich um mindestens 2 Stellen voneinander unterscheiden. Man bezeichnet dies durch den Minimalabstand $d_{min} = 2$ oder auch durch den *Hamming-Abstand* $h = d_{min}$.

Die Fehlersicherung von Codes wird bei der Speicherung von Daten und besonders bei der Datenübertragung angewendet. Durch Anfügen weiterer Prüfbits nach speziellen Methoden kann man auch die *Korrektur von Fehlern* (z.B. bei

| $z$ | $d_3$ | $d_2$ | $d_1$ | $d_0$ | $y$ |
|---|---|---|---|---|---|
| 0 | 0 | 0 | 0 | 0 | 0 |
| 1 | 0 | 0 | 0 | 1 | 1 |
| 2 | 0 | 0 | 1 | 0 | 1 |
| 3 | 0 | 0 | 1 | 1 | 0 |
| 4 | 0 | 1 | 0 | 0 | 1 |
| 5 | 0 | 1 | 0 | 1 | 0 |
| 6 | 0 | 1 | 1 | 0 | 0 |
| 7 | 0 | 1 | 1 | 1 | 1 |

| $z$ | $d_3$ | $d_2$ | $d_1$ | $d_0$ | $y$ |
|---|---|---|---|---|---|
| 8 | 1 | 0 | 0 | 0 | 1 |
| 9 | 1 | 0 | 0 | 1 | 0 |
| 10 | 1 | 0 | 1 | 0 | 0 |
| 11 | 1 | 0 | 1 | 1 | 1 |
| 12 | 1 | 1 | 0 | 0 | 0 |
| 13 | 1 | 1 | 0 | 1 | 1 |
| 14 | 1 | 1 | 1 | 0 | 1 |
| 15 | 1 | 1 | 1 | 1 | 0 |

Bild 4.2-5 Dualcode rnit Paritätsbit $y$ (gerades Gewicht)

Hamming-Codes) erreichen. Im Hinblick auf die vielen Möglichkeiten sei hier auf die Literatur verwiesen [40-3], [42-1].

#### 4.2.2.4 Codes mit konstantem Gewicht („*w*-aus-*n*"-Codes)

Die Codes mit konstantem *Gewicht* $w$ benutzen nur die Codewörter, bei denen die Zahl der Einsen gleich $w$ ist. Die Kombinatorik lehrt uns, dass man bei der Wortlänge $n$ auf $\binom{n}{w}$ verschiedene Arten $w$ Einsen verteilen kann.

Eine wichtige Gruppe von Codes sind die „1 aus $n$"-Codes, z.B. bei der Adressierung von Speichern (vgl. 4.6.2), mit $\binom{n}{1}$ Codewörtern. Der in Bild 4.2-6 dargestellte „1-aus-10"-Code wird häufig zur optischen Anzeige von Dezimalziffern verwendet.

„$w$-aus-$n$"-Codes besitzen die Hamming-Distanz $h = 2$, denn zwei beliebige Codewörter unterscheiden sich in mindestens zwei Stellen.

#### 4.2.2.5 Codes zur Darstellung von Dezimalziffern (BCD-Codes)

Zur Codierung von Dezimalzahlen wird nicht nur der Dualcode verwendet, sondern man codiert die einzelnen Dezimalziffern je für sich binär (BCD: binary coded decimal).

Das ist immer dann sinnvoll, wenn die Codeumsetzung von Dezimal- in Dualzahlen und umgekehrt vermieden werden soll, so etwa bei Taschenrechnern oder bei Messgeräten, die Dezimalzahlen anzeigen und den Messwert ziffernweise an eine Verarbeitungseinheit ausgeben. Man verzichtet auf die Eigenschaft des Dualcodes als Minimalcode und wählt einen redundanten Code. Es gibt verschiedene BCD-Codes. Die wichtigsten sind

- tetradische Codes (Wortlänge $n = 4$)
- „$w$ aus $n$"-Codes, z.B. „1 aus 10"-Code.

Bild 4.2-7 zeigt einige tetradische Codes: Der *Direkt-Dualcode* (auch Dezimal-Dualcode) benutzt die Dualzahlen für die Dezimalzahlen von 0 bis 9. Die restlichen 6 Dualzahlen, die bei der Wortlänge $n = 4$ möglich sind, werden nicht verwendet, man nennt sie Pseudotetraden. Die anderen aufgeführten Codes treffen je eine andere Auswahl aus den 16 möglichen Binärmustern. Beim *3-Exzess-Code* (auch Stibitz-Code) und *Aiken-Code* sind die Codewörter für 0 und 9, 1 und 8, 2 und 7, ... jeweils zueinander komplementär. Die einzelnen Bits werden negiert, um aus dem Codewort für die Ziffer $z$ das Codewort für die Ziffer $9-z$ zu gewinnen. Dies erweist sich als günstig für das Rechnen mit positiven und negativen Zahlen (vgl. 4.5.3.4). Der *Glixon-Code* ist

| $z$ | $a_9$ | $a_8$ | $a_7$ | $a_6$ | $a_5$ | $a_4$ | $a_3$ | $a_2$ | $a_1$ | $a_0$ |
|---|---|---|---|---|---|---|---|---|---|---|
| 0 | 0 | 0 | 0 | 0 | 0 | 0 | 0 | 0 | 0 | 1 |
| 1 | 0 | 0 | 0 | 0 | 0 | 0 | 0 | 0 | 1 | 0 |
| 2 | 0 | 0 | 0 | 0 | 0 | 0 | 0 | 1 | 0 | 0 |
| 3 | 0 | 0 | 0 | 0 | 0 | 0 | 1 | 0 | 0 | 0 |
| 4 | 0 | 0 | 0 | 0 | 0 | 1 | 0 | 0 | 0 | 0 |
| 5 | 0 | 0 | 0 | 0 | 1 | 0 | 0 | 0 | 0 | 0 |
| 6 | 0 | 0 | 0 | 1 | 0 | 0 | 0 | 0 | 0 | 0 |
| 7 | 0 | 0 | 1 | 0 | 0 | 0 | 0 | 0 | 0 | 0 |
| 8 | 0 | 1 | 0 | 0 | 0 | 0 | 0 | 0 | 0 | 0 |
| 9 | 1 | 0 | 0 | 0 | 0 | 0 | 0 | 0 | 0 | 0 |

Bild 4.2-6 „1 aus 10"-Code

| $z$ | Direkt-Dual | 3-Exzess | Aiken | Glixon |
|---|---|---|---|---|
| 0 | 0 0 0 0 | 0 0 1 1 | 0 0 0 0 | 0 0 0 0 |
| 1 | 0 0 0 1 | 0 1 0 0 | 0 0 0 1 | 0 0 0 1 |
| 2 | 0 0 1 0 | 0 1 0 1 | 0 0 1 0 | 0 0 1 1 |
| 3 | 0 0 1 1 | 0 1 1 0 | 0 0 1 1 | 0 0 1 0 |
| 4 | 0 1 0 0 | 0 1 1 1 | 0 1 0 0 | 0 1 1 0 |
| 5 | 0 1 0 1 | 1 0 0 0 | 1 0 1 1 | 0 1 1 1 |
| 6 | 0 1 1 0 | 1 0 0 1 | 1 1 0 0 | 0 1 0 1 |
| 7 | 0 1 1 1 | 1 0 1 0 | 1 1 0 1 | 0 1 0 0 |
| 8 | 1 0 0 0 | 1 0 1 1 | 1 1 1 0 | 1 1 0 0 |
| 9 | 1 0 0 1 | 1 1 0 0 | 1 1 1 1 | 1 0 0 0 |
| | 8 4 2 1 (Stellenwert) | ——— | 2 4 2 1 (Stellenwert) | ——— |

Bild 4.2-7 Einige Codes für Dezimalziffern $z$

einschrittig, auch beim Übergang von 9 nach 0. Er ist somit verwandt mit dem Gray-Code.

#### 4.2.2.6 Alphanumerische Codes

Um alphanumerische Zeichen, d.h. Buchstaben, Ziffern, Satz- und Sonderzeichen zu codieren, sind spezielle Codes entwickelt worden.

Der *Morsecode* benutzt Codewörter, die entsprechend der Häufigkeit des Vorkommens verschiedene Länge haben.

Für die Datenübertragung und die Darstellung in Rechnern verwendet man heute Codes fester Wortlänge: Der *CCITT-Nr.5-Code*, auch *ASCII-Code* (American Standard Code for Information Interchange) besitzt die Wortlänge $n = 7$. Der Code wird vielfach auf 8 Bit erweitert. Dabei findet man Unterschiedliches, zum Beispiel

- werden in Personal Computern Buchstaben aus nationalen Alphabeten und Sonderzeichen für Tabellen hinzugefügt,
- wird bei der Datenübertragung ein Paritätsbit hinzugefügt.

Diese Uneinheitlichkeit erschwert die Arbeit. Deshalb wurden Codes mit größerer Wortlänge eingeführt. Bei den 8-Bit-Codes gibt es den von IBM eingeführten *EBCDIC-Code* (Extended Binary Coded Decimal Interchange Code), der überwiegend in Großrechnern bei der kommerziellen Datenverarbeitung verwendet wird. Er erlaubt die Darstellung einer zweistelligen BCD-codierten Dezimalzahl in einem Wort.

Im Zeichen stärkerer internationaler Kooperationen werden die unterschiedlichen Sprachalphabete bei der Kommunikation zum Problem. Es ist nicht einzusehen, dass bei der Leistungsfähigkeit heutiger Rechner, nur der, die 26 Grundbuchstaben umfassende, Zeichensatz des ASCII-Codes verwendet wird. Betrachten wir nur die Länder innerhalb der EU, so finden wir

- unterschiedliche Buchstaben und Satzzeichen, z.B. im
  - Deutschen: ä, ö, ü, ß
  - Französischen: à, á, â, ç, è, é, ê, ë, ï, î, ô, œ
  - Spanischen: á, í, ñ, ó, ú, ¿, ¡
- ein anderes Alphabet, im
  - Griechischen: α, β, γ, ..

Deshalb wurde in ISO/IEC 8859 ein 8-Bit-Code genormt, der mehrere Teile umfasst. Jeder Teil enthält den ASCII-Code und zusätzlich weitere Buchstaben und Sonderzeichen. Teil 1, Latein 1 genannt, umfasst alle Sonderzeichen der westeuropäischen Sprachen. Teil 2, Latein 2, enthält alle Sonderzeichen der slawischen Sprachen mit lateinischem Alphabet. Weitere Teile enthalten das griechische, das kyrillische, das arabische oder das hebräische Alphabet.

Es wurden weitere Codes entwickelt und genormt:

- ein 16-Bit-Code: *Unicode* (Universal Code)
- ein 32-Bit-Code: *UCS* (Universal Character Code). Er erlaubt eine Darstellung aller Schriftzeichen aller möglichen Alphabete der Erde.

Bei beiden Codes enthalten die ersten 256 Zeichen den Teil 1 des ISO/IEC-Codes 8859. Damit ist für eine Kompatibilität gesorgt.

Betrachtet man Rechner, so findet man heute überwiegend Wortlängen, die ein Vielfaches von 8 Bit betragen. Man führt eine weitere Größe ein, das *Byte* : 1 Byte = 8 Bit. Das Byte wird überwiegend in der Datenverarbeitung verwendet. Der Begriff „Byte“ ist jedoch in der Norm nicht mit 8 Bit festgelegt, deshalb wird im Rahmen von ITU-T und bei Normen stattdessen das *Oktett* verwendet: 1 Oktett = 8 Bit.

### 4.2.3 Analog/Digital- und Digital/Analog-Umsetzer

Soweit bei einer Nachrichtenübermittlung Menschen als Quellen und Senken auftreten, liegen zunächst wert- und zeitkontinuierliche (analoge) Signale vor. Deren Umsetzung in zeit- und wertdiskrete (digitale) Signale umfasst die Diskretisierung der

- Zeit: Abtaster und Haltekreis
- Amplitude: Analog/Digital(A/D)-Umsetzer.

Der umgekehrte Vorgang erfolgt mittels Digital/Analog(D/A)-Umsetzer. Im Folgenden wird ein positiver Spannungsbereich auf der Analogseite und damit eine Zahl ($x$) im Dualcode auf der digitalen Seite vorausgesetzt. Sollen positive und negative Spannungen betrachtet werden, so erfolgt die Darstellung der Zahl ($x$) üblicherweise im Dual-Offset-Code. Während sich der Zahlenwert z beim Dualcode gemäß Gl. (4.2-1) berechnet, ergibt sich hier

$$z = -2^{n-1} + \sum_{\nu=0}^{n-1} x_\nu \cdot 2^\nu \tag{4.2-2}$$

### Abtaster und Haltekreis (sample and hold)

Bild 4.2-8 zeigt ein Beispiel eines Signalverlaufs. Das umzusetzende Signal $u_M$ wird abgetastet; dadurch entsteht eine Folge von (kurzen) wertkontinuierlichen Abtastpulsen (Bild 4.2-8a). Die Dauer dieser Pulse reicht für die Umsetzung nicht aus. Deshalb wird diese Pulsfolge mittels eines Haltekreises in ein treppenförmig verlaufendes Signal $u_x$ umgeformt (Bild 4.2-8b). Dadurch steht für die eigentliche A/D-Umsetzung jeweils die Zeit zwischen 2 Abtastpulsen zur Verfügung.

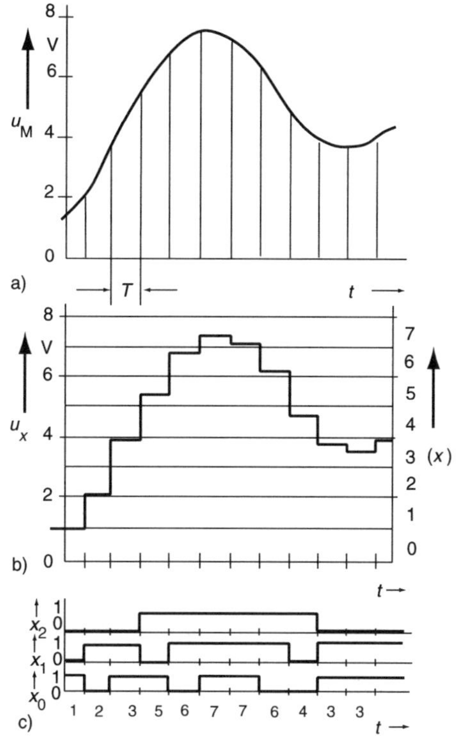


Bild 4.2-8 Quantisierung und Codierung
a) Analoge Spannung $u_M$ und abgetastete Werte
b) Treppenspannung $u_x$ und Stufen ($x$)
c) ($x$) im Dualcode

**Beispiel:**

Bild 4.2-9 zeigt eine Schaltungsrealisierung. Dabei ist $u_M$ die analoge Spannung, $u_T$ das Abtastsignal und $u_x$ die treppenförmige Ausgangsspannung. Der Abtaster wird durch den FET, der Haltekreis durch den Operationsverstärker mit der Kapazität C im Gegenkopplungsweg realisiert.

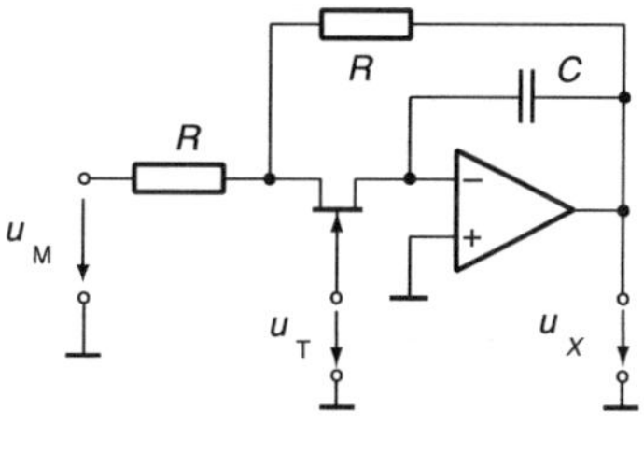


Bild 4.2-9 Abtaster und Halteglied

### A/D-Umsetzer

Durch den A/D-Umsetzer wird die Signalspannung in einen Zahlenwert umgesetzt. Dabei wird das Signal $u_x$ (Bild 4.2-8b) in Amplitudenklassen (Stufen) eingeteilt. Bild 4.2-8b zeigt ein primitives Beispiel mit $2^3 = 8$ Stufen für ($x$). (Üblich sind heute Umsetzer mit $2^8$ bis $2^{14}$ Stufen.) Dadurch entsteht ein Quantisierungsfehler, eine bleibende, nichtlineare Verzerrung des Signals. Bild 4.2-8c zeigt schließlich als Ausgangsgröße des A/D-Umsetzers die Darstellung der Zahl ($x$) im Dual-Code.

Bei der Realisierung der A/D-Umsetzer findet man heute eine Vielzahl von Schaltungsprinzipien. Sie können in 3 Gruppen eingeteilt werden (Bild 4.2-10), wobei auch Kombinationen realisiert werden.

Beim Parallelverfahren wird die umzusetzende Spannung gleichzeitig (parallel) mit den Norma-

| Verfahren | Anzahl der Schritte für die Umsetzung eines Signalwertes | Anzahl der Spannungsnormale |
|---|---|---|
| Direkt-, Parallel-, | 1 | $N$ |
| Iterations-, Wäge-, | $n = \operatorname{ld} N$ | $n = \operatorname{ld} N$ |
| Zähl- | $N$ | 1 |

Bild 4.2-10 Einteilung der A/D-Umsetzer ($N$: Anzahl der Amplitudenstufen)

len aller Amplitudenstufen verglichen. Damit ist die Umsetzung in einem Schritt vollzogen.

**Beispiel**:
Bild 4.2-11 zeigt die Schaltung eines solchen Umsetzers. Die Eingangsspannung $u_x$ wird dem einen Eingang aller Komparatoren zugeführt. Am anderen Eingang jedes Komparators wird die Vergleichsspannung $\nu \cdot E_0$ ($E_0$: Schrittspannung) angelegt: $\nu = 1, 2, ..., N-1$. Der Komparator liefert am Ausgang eine 1, solange $\nu \cdot E_0 > u_x$. Das ($N-1$)-stellige Codewort ($x$) wird durch den Codierer in das $n$-stellige Wort ($y$) im Dualcode umgesetzt; wobei $n = \operatorname{ld} N$.

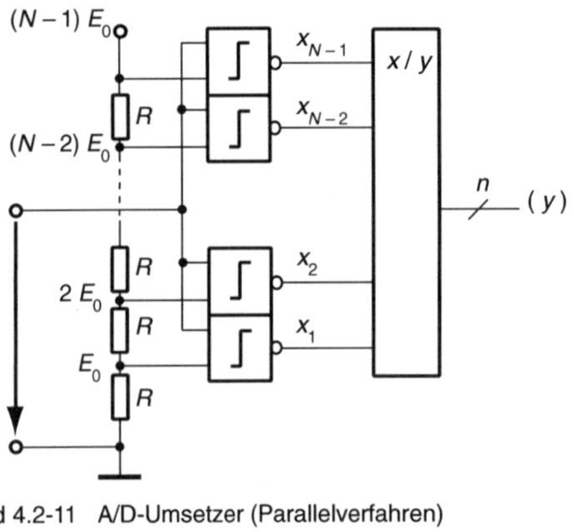


Bild 4.2-11 A/D-Umsetzer (Parallelverfahren)

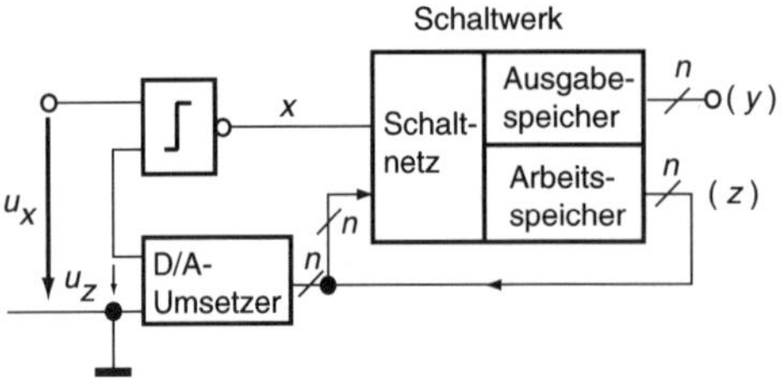


Bild 4.2-12 A/D-Umsetzer (Iterationsverfahren)

Von besonderer Bedeutung sind Umsetzer nach dem Iterationsverfahren, da sie häufig einen angemessenen Kompromiss zwischen Aufwand und Geschwindigkeit darstellen. Ein derartiger Umsetzer (Bild 4.2-12) arbeitet als Regelkreis: Die im Umsetzer erzeugte Vergleichsspannung $u_z$ nähert sich im Laufe eines Umsetzungsvorgangs dem Wert der Eingangsspannung $u_x$ in systematischer Weise immer besser an. Zunächst wird $u_x$ im Komparator mit $u_z = (N/2)\, E_0$, der halben Maximalspannung, verglichen. Ist $u_z > u_x$, so liegt der Wert der Eingangsspannung in der unteren Hälfte des Messbereichs, der Komparator liefert $x = 1$, das höchstwertige Bit der Zahl ($y$) ist bestimmt: $y_{n-1} = 0$. Im nachfolgenden Schritt wird ermittelt, in welchem Viertel des Messbereichs $u_x$ liegt; damit liegt das Bit $y_{n-2}$ fest. In weiteren $n-2$ Schritten werden die verbleibenden $n-2$ Bits der Zahl ($y$) im Dualcode bestimmt. Ein Merkmal der Schaltung (Bild 4.2-12) ist noch dadurch gegeben, dass hier als Baugruppe zum Erzeugen der Spannungsnormale $u_Z = \nu \cdot E_0$ ein D/A-Umsetzer verwendet wird.

### D/A-Umsetzer

Der D/A-Umsetzer hat die Aufgabe, die Zahl ($x$) in einen analogen Spannungswert $U_x$ umzusetzen. Da dieser Spannungswert ein ganzes Vielfaches der Schrittspannung $E_0$ ist, bleibt der bei der A/D-

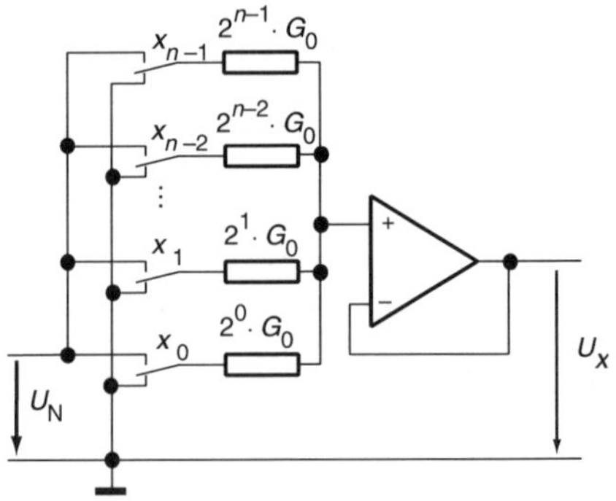


Bild 4.2-13 D/A-Umsetzer mit gewichteten Leitwerten

Umsetzung entstandene Quantisierungsfehler bestehen. Damit ergibt sich eine nichtlineare Verzerrung des Ausgangssignals, die wir etwa mit dem Klirrfaktor vergleichen können.

**Beispiel:**
Bild 4.2-13 zeigt die Schaltung eines D/A-Umsetzers mit gewichteten Leitwerten. Die Schalter werden durch $(x)$ eingestellt; dadurch ergibt sich die entsprechende Ausgangsspannung $U_x$ aus der Addition der Teilströme. Gezeichnet ist die Schaltung für $(x) = 0$. $U_N$ ist die Normalspannung. Der Operationsverstärker mit der Verstärkung $v = 1$ dient der Impedanzwandlung.
Bedingt durch die sehr unterschiedliche Größe der Leitwerte eignet sich dieses Schaltungsprinzip für Wortlängen bis $n = 8$. Größere Wortlängen werden mit Umsetzern erreicht, bei denen das Widerstandsnetzwerk als R-2R-Kettenleiter aufgebaut ist [42-3].

# 4.3 Digitaltechnik

In der Digitaltechnik arbeitet man mit diskreten Signalen. Um möglichst einfache technische Lösungen zu erzielen, beschränkt man sich auf binäre Größen, d.h. solche, die nur zwei ausgezeichnete Zustände annehmen können, z.B. Schalterstellung (EIN – AUS) oder Transister (Strom fließt – fließt nicht). Diesen physikalischen Zuständen ordnet man die Werte 0 und 1 zu (4.3.3). Eine Darstellung der Grundlagen findet man in [42-2a].

## 4.3.1 Algebra der Logik

Die Algebra der Logik, auch *Schaltalgebra* genannt, dient zur Beschreibung von Systemen, die mit binären Variablen arbeiten. Sie wurde von dem englischen Mathematiker George Boole (1815–1864) begründet (boolesche Algebra). Sie verknüpft logische Aussagen (wahr oder falsch) miteinander und gewinnt daraus neue logische Aussagen. Für sie sind sowohl mathematische Zeichen [DIN 66000], als auch Schaltzeichen [DIN 40900, Teil 12] festgelegt.

### 4.3.1.1 Grundoperationen

Die Algebra der Logik kennt 3 Grundoperationen:

**ODER-Verknüpfung, Disjunktion**

Zwei boolesche Variable $x_1$ und $x_0$ werden zur abhängigen Variablen $y$ verknüpft:

$y$ ist 1 (wahr) genau dann, wenn $x_1$ oder $x_0$ oder beide 1 (wahr) sind. Bild 4.3-1 zeigt die Wahrheitstabelle und das Schaltzeichen. Die Schreibweise lautet:

$$y = x_1 \vee x_0 \qquad (4.3\text{-}1)$$

**UND-Verknüpfung, Konjunktion**

Zwei boolesche Variable $x_1$ und $x_0$ werden zur abhängigen Variablen $y$ verknüpft:

$y$ ist 1 (wahr) genau dann, wenn $x_1$ und $x_0$ beide 1 (wahr) sind (Bild 4.3-1):

$$y = x_1 \wedge x_0 \qquad (4.3\text{-}2)$$

**Anmerkung:**
Die UND-Verknüpfung einerseits und die Multiplikation von 2 Zahlen aus der Menge {0, 1} andererseits sind zueinander logisch äquivalente Verknüpfungen. Aus diesem Grund wird häufig der Multiplikationspunkt „·" statt „∧" verwendet. Oft wird dann auch ganz auf das Zeichen verzichtet:

$$y = x_1\, x_0\,.$$

**NICHT-Operation, Negation**

Die Negation kehrt die boolesche Variable $x$ um:

$y$ ist 1 (wahr) genau dann, wenn $x = 0$ (falsch) ist (Bild 4.3-1):

ODER-Verknüpfung: $y = x_1 \vee x_0$

| $x_1$ | $x_0$ | $y$ |
|---|---|---|
| 0 | 0 | 0 |
| 0 | 1 | 1 |
| 1 | 0 | 1 |
| 1 | 1 | 1 |

UND-Verknüpfung: $y = x_1 \wedge x_0$

| $x_1$ | $x_0$ | $y$ |
|---|---|---|
| 0 | 0 | 0 |
| 0 | 1 | 0 |
| 1 | 0 | 0 |
| 1 | 1 | 1 |

Negation: $y = \overline{x}$

| $x$ | $y$ |
|---|---|
| 0 | 1 |
| 1 | 0 |

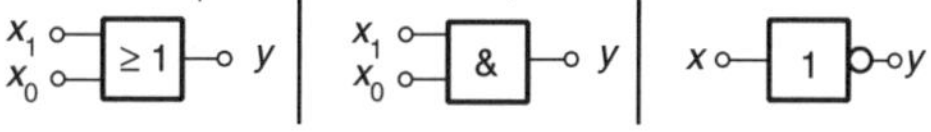


Bild 4.3-1 Die drei Grundoperationen: ODER, UND, NICHT(Negation)

$$y = \neg x = \overline{x} \qquad (4.3\text{-}3)$$

Aus diesen drei Grundoperationen kann man die gesamte Schaltalgebra aufbauen, jedoch ist es zweckmäßig, weitere Operationen einzuführen (4.3.1.3).

### 4.3.1.2 Rechenregeln

Aus den Definitionen (Gl. (4.3-1) bis Gl. (4.3-3) können Rechenregeln abgeleitet werden. Da die Beweise, etwa anhand von Wahrheitstabellen, einfach zu führen sind, werden sie hier im Wesentlichen übergangen. Die beiden Operationen ODER (∨)- und UND (∧)-Verknüpfung sind vom gleichen Rang, gegebenenfalls sind Klammern zu setzen.

**Kommutatives Gesetz**

$$x_0 \vee x_1 = x_1 \vee x_0 \qquad (4.3\text{-}4)$$

$$x_0 \wedge x_1 = x_1 \wedge x_0 \qquad (4.3\text{-}5)$$

**Assoziatives Gesetz**

$$x_2 \vee (x_1 \vee x_0) = x_2 \vee x_1 \vee x_0 = (x_2 \vee x_1) \vee x_0 \qquad (4.3\text{-}6)$$

$$x_2 \wedge (x_1 \wedge x_0) = x_2 \wedge x_1 \wedge x_0 = (x_2 \wedge x_1) \wedge x_0 \qquad (4.3\text{-}7)$$

**Distributive Gesetze**

$$x_2 \wedge (x_1 \vee x_0) = (x_2 \wedge x_1) \vee (x_2 \wedge x_0) \qquad (4.3\text{-}8)$$

$$x_2 \vee (x_1 \wedge x_0) = (x_2 \vee x_1) \wedge (x_2 \vee x_0) \qquad (4.3\text{-}9)$$

**De Morgan'sches Gesetz (*n* Variable)**

(Augustus De Morgan (1806 – 1871); englischer Mathematiker)

$$\overline{x_{n-1} \vee \ldots x_1 \vee x_0} = \overline{x_{n-1}} \wedge \ldots \wedge \overline{x_1} \wedge \overline{x_0} \qquad (4.3\text{-}10)$$

$$\overline{x_{n-1} \wedge \ldots x_1 \wedge x_0} = \overline{x_{n-1}} \vee \ldots \vee \overline{x_1} \vee \overline{x_0} \qquad (4.3\text{-}11)$$

Wir wollen Gl. (4.3-10) anhand einer Wahrheitstabelle für 2 Variable $x_1$ und $x_0$ beweisen in Bild 4.3-2.

Links in der Tabelle sind alle 4 Kombinationen von $x_1$ und $x_0$ aufgeführt, die 2. Spalte zeigt die ODER-Verknüpfung $x_1 \vee x_0$, die 3. Spalte die

| $x_1$ | $x_0$ | $x_1 \vee x_0$ | $\overline{x_1 \vee x_0}$ | $\overline{x_1}$ | $\overline{x_0}$ | $\overline{x_1} \wedge \overline{x_0}$ |
|---|---|---|---|---|---|---|
| 0 | 0 | 0 | 1 | 1 | 1 | 1 |
| 0 | 1 | 1 | 0 | 1 | 0 | 0 |
| 1 | 0 | 1 | 0 | 0 | 1 | 0 |
| 1 | 1 | 1 | 0 | 0 | 0 | 0 |

$$\overline{x_1 \vee x_0} = \overline{x_1} \wedge \overline{x_0}$$

Bild 4.3-2 De Morgan'sches Gesetz: Beweis

Negation dieses Ausdrucks. In den letzten drei Spalten sind $\overline{x}_1$, $\overline{x}_0$ und die UND-Verknüpfung $\overline{x}_1 \wedge \overline{x}_0$ dargestellt. Aus dem Vergleich der Spalten für $\overline{x_1 \vee x_0}$ und für $\overline{x}_1 \wedge \overline{x}_0$ erkennt man die Gültigkeit der Beziehung $\overline{x_1 \vee x_0} = \overline{x}_1 \wedge \overline{x}_0$. Der Leser möge selbst den Beweis für Gl. (4.3-11) mit 2 Variablen sowie die Erweiterung auf *n* Variable durchführen.

Für das Arbeiten mit boolescher Algebra sind folgende, leicht ableitbare Beziehungen von praktischer Bedeutung. Dabei kann *x* eine Variable oder ein Ausdruck sein.

$$x \vee 1 = 1 \quad x \vee 0 = x \quad x \vee x = x \quad x \vee \overline{x} = 1$$

$$x \wedge 1 = x \quad x \wedge 0 = 0 \quad x \wedge x = x \quad x \wedge \overline{x} = 0 \qquad (4.3\text{-}12)$$

**Beispiel:**

Einige Beispiele sollen die Anwendung der Rechenregeln verdeutlichen:

$$x_0 \vee (x_0 \wedge x_1) = (x_0 \wedge 1) \vee (x_0 \wedge x_1) = x_0 \wedge (1 \vee x_1) = x_0$$

$$x_0 \wedge (x_0 \vee x_1) = (x_0 \vee 0) \wedge (x_0 \vee x_1) = x_0 \vee (0 \wedge x_1) = x_0$$

$$\overline{\overline{x_1} \vee x_0} = x_1 \wedge \overline{x_0}$$

$$\overline{\overline{x_1} \wedge (x_0 \vee \overline{x_1})} = x_1 \vee \overline{(x_0 \vee \overline{x_1})} = x_1 \vee (\overline{x_0} \wedge x_1) = x_1$$

### 4.3.1.3 Funktionen zweier Veränderlicher

Die in 4.3.1.1 angegebenen Grundoperationen UND- und ODER-Verknüpfung stellen boolesche Funktionen zweier Veränderlicher dar: $y = f(x_1, x_0)$. Im Gegensatz zur klassischen Algebra, die unendlich viele Funktionen zweier Variablen kennt, gibt es in der Schaltalgebra nur endlich viele. Die

Wertetabellen in Bild 4.3-1 können verallgemeinert werden zur Tabelle Bild 4.3-3.

Fasst man das Wort $(x) = (x_1, x_0)$ als Dualzahl auf, dann erhält man die links angegebenen Zahlenwerte. In der Spalte für $y$ sind vier boolesche Konstanten $k_0$, $k_1$, $k_2$, $k_3$ eingetragen. Sie können 0 oder 1 sein. Die Kombinatorik lehrt uns, dass es $2^4 = 16$ verschiedene Kombinationen dieser Konstanten gibt, also 16 verschiedene Funktionen sind möglich, d.h. hier Spalten für $y$. Von besonderer technischer Bedeutung sind die rechts in der Tabelle aufgeführten Funktionen. Neben ODER- und UND-Verknüpfung sind deren Negationen, die man NOR (NICHT ODER) und NAND (NICHT UND) nennt, wegen der praktischen Realisierung wichtig (vgl.4.3.3). Bild 4.3-3 zeigt die Schaltsymbole. Für NOR und NAND sind auch die Zeichen $\overline{\vee}$ und $\overline{\wedge}$ zugelassen.

Die letzten beiden Funktionen wollen wir gesondert betrachten: Die Antivalenz, auch exklusives ODER genannt, ist eine Ergänzung zur Grundoperation ODER. Letztere schließt den Fall ein, dass beide Variable 1 sind, während das exklusive ODER diesen Fall ausklammert. Es entspricht also der in der Umgangssprache üblichen Bedeutung des „oder“. Die abhängige Variable $y$ ist 1, wenn beide Eingangsvariablen $x_1$ und $x_0$ ungleich sind: Antivalenz.

Eine dritte Definition gewinnt man, wenn man $x_1$ und $x_0$ modulo 2 addiert. Man spricht deshalb auch von einer „Addition modulo 2“.

$y$ ist 1 genau dann, wenn $x_1 = 0$ und $x_0 = 1$ oder $x_1 = 1$ und $x_0 = 0$ sind:

$$y = (\overline{x_1} \wedge x_0) \vee (x_1 \wedge \overline{x_0}) = \overline{x_1} x_0 \vee x_1 \overline{x_0} \quad (4.3\text{-}13a)$$

Für diese Beziehung führt man als Symbol $\nleftrightarrow$ ein (frühere Norm: $\not\equiv$):

$$y = x_1 \nleftrightarrow x_0 \quad (4.3\text{-}13b)$$

Bild 4.3-3 zeigt die Schaltzeichen. Die Negation kann auch als Kreis am Eingang eines Schaltzeichens dargestellt werden.

Hinweis zur verkürzten Schreibweise in Gl. (4.3-13a): Gemäß der Anmerkung nach Gl. (4.3-2) kann die UND-Verknüpfung durch das Produkt ersetzt werden. Man legt fest: „·“ bindet stärker als „∨“. Dadurch können Klammern eingespart werden.

Bei der Äquivalenz-Funktion ist die abhängige Variable $y = 1$ genau dann, wenn beide unabhängige Variable $x_1$ und $x_0$ gleich sind, also $x_1 = 0$ und $x_0 = 0$ oder $x_1 = 1$ und $x_0 = 1$:

$$y = (x_1 \wedge x_0) \vee (\overline{x_1} \wedge \overline{x_0}) = x_1 x_0 \vee \overline{x_1}\, \overline{x_0} \quad (4.3\text{-}14a)$$

| $(x)$ | $x_1$ | $x_0$ | $y$ | $y = x_1 \vee x_0$ | $x_1 \wedge x_0$ | $\overline{x_1 \vee x_0}$ | $\overline{x_1 \wedge x_0}$ | $x_1 \nleftrightarrow x_0$ | $x_1 \leftrightarrow x_0$ |
|---|---|---|---|---|---|---|---|---|---|
| 0 | 0 | 0 | $k_0$ | 0 | 0 | 1 | 1 | 0 | 1 |
| 1 | 0 | 1 | $k_1$ | 1 | 0 | 0 | 1 | 1 | 0 |
| 2 | 1 | 0 | $k_2$ | 1 | 0 | 0 | 1 | 1 | 0 |
| 3 | 1 | 1 | $k_3$ | 1 | 1 | 0 | 0 | 0 | 1 |
| | | | | ODER | UND | NOR | NAND | Exklus. ODER Antivalenz | Äquivalenz |

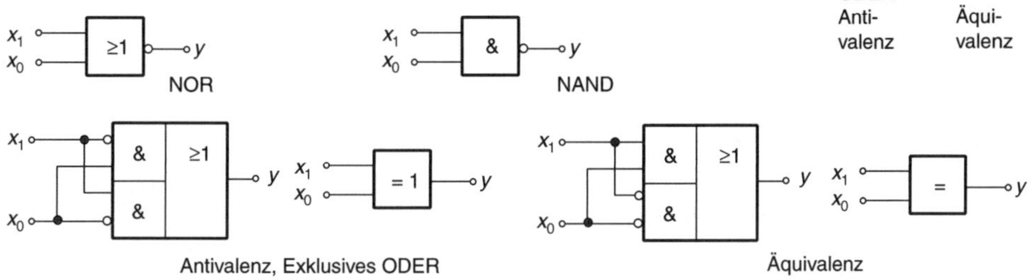


Bild 4.3-3 Die wichtigsten booleschen Funktionen zweier Veränderlicher

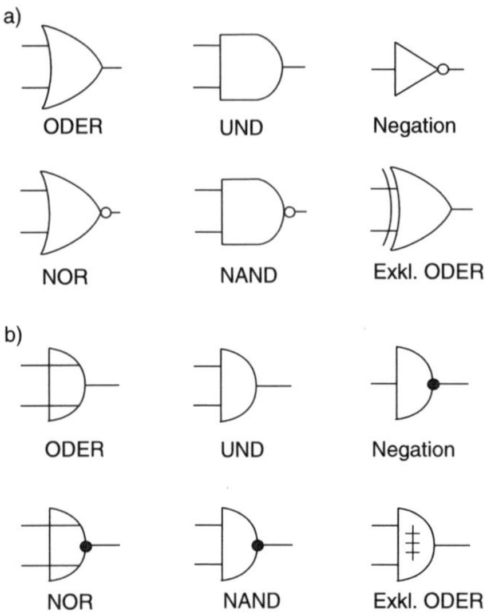


Bild 4.3-4 Schaltzeichen: a) amerikanische Literatur b) alte deutsche Norm

Für diese Beziehung führt man als Symbol $\leftrightarrow$ ein (frühere Norm: $\equiv$):

$$y = x_1 \leftrightarrow x_0 \tag{4.3-14b}$$

Bild 4.3-3 zeigt die Schaltzeichen.

Diese vier zusätzlichen Funktionen NOR, NAND, Anti- und Äquivalenz sind, wie wir gesehen haben, durch die drei Grundoperationen nach 4.3.1.1 darstellbar. Ihre Einführung erweist sich jedoch der Übersichtlichkeit halber als praktisch; sie werden häufig verwendet.

**Bemerkung:**
In der amerikanischen Literatur findet man andere Schaltzeichen für die booleschen Verknüpfungen. Die wichtigsten sind in Bild 4.3-4a aufgeführt.

Die in Bild 4.3-4b dargestellten Schaltzeichen geben die alte deutsche Norm wieder.

### 4.3.1.4 Funktionen von drei und mehr Veränderlichen

Die Schaltfunktion $y = f(x_2, x_1, x_0)$ definiert die logische Variable $y$ als Funktion der unabhängigen Variablen $x_2$, $x_1$, $x_0$. Entsprechend der Tabelle im vorhergehenden Abschnitt können wir die Tabelle

| $(x)$ | $x_2$ | $x_1$ | $x_0$ | $y$ | $y_a$ | $y_b$ | $y_c$ |
|---|---|---|---|---|---|---|---|
| 0 | 0 | 0 | 0 | $k_0$ | 0 | 0 | 0 |
| 1 | 0 | 0 | 1 | $k_1$ | 0 | 0 | 0 |
| 2 | 0 | 1 | 0 | $k_2$ | 0 | 0 | 0 |
| 3 | 0 | 1 | 1 | $k_3$ | 0 | 0 | 1 |
| 4 | 1 | 0 | 0 | $k_4$ | 0 | 1 | 0 |
| 5 | 1 | 0 | 1 | $k_5$ | 0 | 1 | 1 |
| 6 | 1 | 1 | 0 | $k_6$ | 0 | 0 | 1 |
| 7 | 1 | 1 | 1 | $k_7$ | 1 | 0 | 1 |

Bild 4.3-5 Wahrheitstabelle für Funktionen von drei Variablen

in Bild 4.3-5 aufschreiben. Links sind wiederum die möglichen Wörter $(x) = (x_2, x_1, x_0)$ aufgetragen; es sind jetzt $2^3 = 8$. In der Spalte $y$ sind die Konstanten $k_0$ bis $k_7$ eingesetzt, sie können die Werte 0 oder 1 annehmen. Es gibt $2^8 = 256$ verschiedene Kombinationen dieser Konstanten, d.h. es gibt 256 verschiedene Funktionen dreier Veränderlicher. Für drei Veränderliche hat man keine speziellen Funktionen eingeführt, man setzt sie aus den bisher bekannten zusammen.

**Beispiel:**
Aus Bild 4.3-5 entnimmt man folgende Funktionen:

a) $y_a$ ist 1 genau dann, wenn $x_2 = 1$ und $x_1 = 1$ und $x_0 = 1$ sind:

$$y_a = x_2 \wedge x_1 \wedge x_0 = x_2\, x_1\, x_0$$

Vgl. Bild 4.3-6. Bei den Symbolen für logische Verknüpfungen sind mehr als zwei Eingänge zugelassen.

b) $y_b$ ist 1 genau dann, wenn $x_2 = 1$ und $x_1 = 0$ und $x_0 = 0$ oder wenn $x_2 = 1$ und $x_1 = 0$ und $x_0 = 1$ sind:

$$y_b = (x_2 \wedge \overline{x_1} \wedge \overline{x_0}) \vee (x_2 \wedge \overline{x_1} \wedge x_0)$$

Durch Anwendung des distributiven Gesetzes lässt sich diese Beziehung umformen:

$$y_b = x_2 \wedge \overline{x_1} \wedge (\overline{x_0} \vee x_0)$$

Wegen $\bar{x}_0 \vee x_0 = 1$ aus Gl. (4.3-12) gilt:

$$y_b = x_2 \wedge \overline{x_1} = x_2\, \overline{x_1}$$

Der ursprüngliche Ansatz für $y_b$ konnte also durch Anwendung von Rechenregeln vereinfacht werden. Bild 4.3-6 zeigt die Schaltungen für beide Versionen.

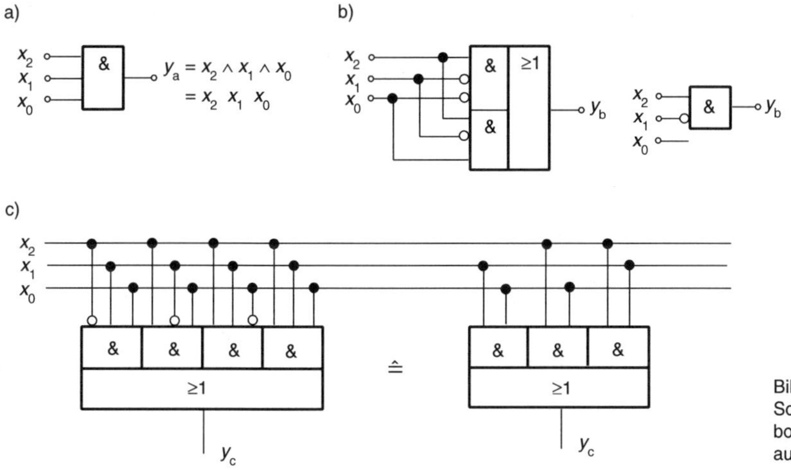


Bild 4.3-6
Schaltungen für die drei booleschen Funktionen aus Bild 4.3-5: $y_a$, $y_b$, $y_c$

c) Entsprechend dem Vorgehen bei den Beispielen a) und b) können wir die Funktion $y_c$ anschreiben:

$$y_c = (\overline{x_2} \wedge x_1 \wedge x_0) \vee (x_2 \wedge \overline{x_1} \wedge x_0) \vee$$
$$\vee (x_2 \wedge x_1 \wedge \overline{x_0}) \vee (x_2 \wedge x_1 \wedge x_0)$$

Durch die Anwendung eines Tricks lässt sich diese Funktion mit Hilfe der Rechenregeln weiter vereinfachen. Wegen der Beziehung $x \vee x = x$ aus Gl. (4.3-12) lässt sich obige Funktionsgleichung erweitern:

$$y_c = \underline{(\overline{x_2} \wedge x_1 \wedge x_0)} \vee \underline{(x_2 \wedge \overline{x_1} \wedge x_0)} \vee \underline{(x_2 \wedge x_1 \wedge \overline{x_0})}$$
$$\vee \underline{(x_2 \wedge x_1 \wedge x_0)} \vee \underline{(x_2 \wedge x_1 \wedge x_0)} \vee \underline{(x_2 \wedge x_1 \wedge x_0)}$$

Die gleichartig unterstrichenen Terme lassen sich durch Anwendung des distributiven Gesetzes zusammenfassen, z. B.

$$\underline{(\overline{x_2} \wedge x_1 \wedge x_0)} \vee \underline{(x_2 \wedge x_1 \wedge x_0)} =$$
$$(\overline{x_2} \vee x_2) \wedge x_1 \wedge x_0 = x_1 \wedge x_0$$

Dann erhält man schließlich die einfache Form (Bild 4.3-6):

$$y_c = (x_1 \wedge x_0) \vee (x_2 \wedge x_0) \vee (x_2 \wedge x_1)$$

Funktionen von vier und mehr Veränderlichen lassen sich in derselben Weise wie oben definieren (vgl. 4.3.2).

Das Problem der Vereinfachung von Schaltfunktionen, wie wir es in den Beispielen b) und c) angeschnitten haben, wollen wir ebenfalls im nächsten Abschnitt betrachten. Es gibt hierfür systematische Verfahren.

## 4.3.2 Schaltnetze

### 4.3.2.1 Allgemeines

Ein Schaltnetz ist die Realisierung einer Schaltfunktion oder allgemeiner eines Bündels von Schaltfunktionen (Bild 4.3-7). Aus dem $n$-stelligen Eingangswort $(x) = (x_{n-1}, ..., x_1, x_0)$ wird das m-stellige Ausgangswort $(y) = (y_{m-1}, ..., y_1, y_0)$ gebildet. Die Beschreibung erfolgt durch die Schaltfunktionen $y_0 = f_0(x_{n-1}, ..., x_1, x_0)$, $y_1 = f_1(x_{n-1}, ..., x_1, x_0)$ usw. (Funktionsbündel).

Im Folgenden geht es um die einfachste Form einer Schaltfunktion. Wir wollen Schaltfunktionen vereinfachen (minimisieren). Dabei beschränken wir uns vorerst auf den Fall einer einzelnen

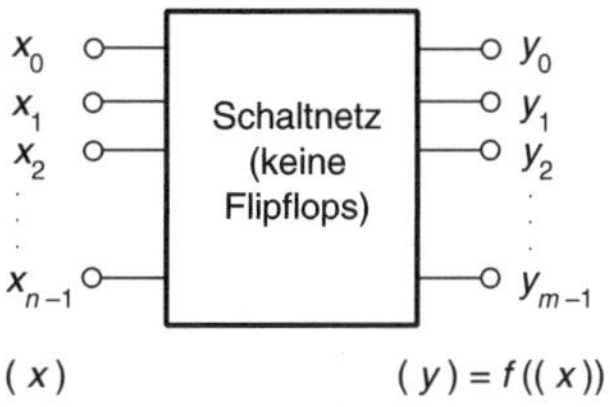


Bild 4.3-7 Schaltnetz mit $n$ Eingängen und $m$ Ausgängen

Schaltfunktion, d.h. das Schaltnetz hat nur einen Ausgang $y$ ($m = 1$).

### 4.3.2.2 Disjunktive und konjunktive Normalform

Schaltfunktionen lassen sich durch Funktionstabellen darstellen. Aus einer solchen Tabelle kann man die Gleichung der Schaltfunktion in einer *Normalform* ableiten. Bild 4.3-8 zeigt die Tabelle für eine Funktion von drei Variablen $y = f(x_2, x_1, x_0)$. Die Funktion $y$ ist 1 für alle Eingangswörter $(x)$, für die in der letzten Spalte $y$ eine 1 steht; hier für $(x) = 0, 2, 3, 7$. Jedes dieser Eingangswörter wird durch die entsprechende UND-Verknüpfung der Variablen gekennzeichnet, also z.B. bei $(x) = 2$: $\bar{x}_2 x_1 \bar{x}_0 = 1$. Wenn irgendeines der oben genannten Eingangswörter auftritt, wird $y = 1$, d.h. man muss die entsprechenden UND-Verknüpfungen in einer ODER-Verknüpfung zusammenfassen:

$$y = (\bar{x}_2\, \bar{x}_1\, \bar{x}_0) \vee (\bar{x}_2\, x_1\, \bar{x}_0) \vee (\bar{x}_2\, x_1\, x_0) \vee (x_2\, x_1\, x_0)$$

in der verkürzten Schreibweise:

$$y = \bar{x}_2\, \bar{x}_1\, \bar{x}_0 \vee \bar{x}_2\, x_1\, \bar{x}_0 \vee \bar{x}_2\, x_1\, x_0 \vee x_2\, x_1\, x_0 \tag{4.3-15}$$

Die einzelnen UND-Verknüpfungen enthalten jeweils alle Variablen $x_i$, man nennt sie Vollkonjunktionen oder Minterme. Diese Vollkonjunktionen werden disjunktiv verknüpft (ODER).

| $(x)$ | $x_2$ | $x_1$ | $x_0$ | $y$ | Minterme | Maxterme | Spez. Bsp. $y$ |
|---|---|---|---|---|---|---|---|
| 0 | 0 | 0 | 0 | $k_0$ | $\bar{x}_2\bar{x}_1\bar{x}_0$ | $x_2 \vee x_1 \vee x_0$ | 1 |
| 1 | 0 | 0 | 1 | $k_1$ | $\bar{x}_2\bar{x}_1 x_0$ | $x_2 \vee x_1 \vee \bar{x}_0$ | 0 |
| 2 | 0 | 1 | 0 | $k_2$ | $\bar{x}_2 x_1\bar{x}_0$ | $x_2 \vee \bar{x}_1 \vee x_0$ | 1 |
| 3 | 0 | 1 | 1 | $k_3$ | $\bar{x}_2 x_1 x_0$ | $x_2 \vee \bar{x}_1 \vee \bar{x}_0$ | 1 |
| 4 | 1 | 0 | 0 | $k_4$ | $x_2\bar{x}_1\bar{x}_0$ | $\bar{x}_2 \vee x_1 \vee x_0$ | 0 |
| 5 | 1 | 0 | 1 | $k_5$ | $x_2\bar{x}_1 x_0$ | $\bar{x}_2 \vee x_1 \vee \bar{x}_0$ | 0 |
| 6 | 1 | 1 | 0 | $k_6$ | $x_2 x_1\bar{x}_0$ | $\bar{x}_2 \vee \bar{x}_1 \vee x_0$ | 0 |
| 7 | 1 | 1 | 1 | $k_7$ | $x_2 x_1 x_0$ | $\bar{x}_2 \vee \bar{x}_1 \vee \bar{x}_0$ | 1 |

Bild 4.3-8 Allgemeine Funktionstabelle einer Schaltfunktion mit drei Variablen mit allen Mintermen und Maxtermen

Gl. (4.3-15) nennt man die disjunktive Normalform. Sie kann für jede beliebige Schaltfunktion angegeben werden.

*Die disjunktive Normalform (DNF) ist die disjunktive Verknüpfung aller Vollkonjunktionen, bei denen die Funktion y den Wert 1 annimmt. Bei den Vollkonjunktionen ist* $x_i$ *einzusetzen, wenn es in der Tabelle als 1 auftritt, und* $\bar{x}_i$, *wenn es als 0 auftritt.*

Auf ähnliche Weise gelangt man zur konjunktiven Normalform: Die Funktion $y$ ist 0, wenn ein Eingangswort $(x)$ auftritt, für das in der Spalte $y$ eine 0 steht. Dementsprechend kann man im vorliegenden Fall (Bild 4.3-8) die DNF für $\bar{y}$ schreiben:

$$\bar{y} = \bar{x}_2\, \bar{x}_1\, x_0 \vee x_2\, \bar{x}_1\, \bar{x}_0 \vee x_2\, \bar{x}_1\, x_0 \vee x_2\, x_1\, \bar{x}_0$$

Die Anwendung des De Morgan'schen Gesetzes führt zur konjunktiven Normalform:

$$y = \overline{\bar{x}_2\, \bar{x}_1\, x_0 \vee x_2\, \bar{x}_1\, \bar{x}_0 \vee x_2\, \bar{x}_1\, x_0 \vee x_2\, x_1\, \bar{x}_0}$$

$$y = (\overline{\bar{x}_2\, \bar{x}_1\, x_0}) \cdot (\overline{x_2\, \bar{x}_1\, \bar{x}_0}) \cdot (\overline{x_2\, \bar{x}_1\, x_0}) \cdot (\overline{x_2\, x_1\, \bar{x}_0})$$

$$y = (x_2 \vee x_1 \vee \bar{x}_0) \cdot (\bar{x}_2 \vee x_1 \vee x_0) \cdot \cdot (\bar{x}_2 \vee x_1 \vee \bar{x}_0) \cdot (\bar{x}_2 \vee \bar{x}_1 \vee x_0) \tag{4.3-16}$$

Die einzelnen ODER-Verknüpfungen der Gl. (4.3-16) enthalten jeweils alle Variablen $x_i$, man nennt sie Volldisjunktionen oder Maxterme. Diese Volldisjunktionen werden konjunktiv verknüpft. Gl. (4.3-16) nennt man die konjunktive Normalform.

*Die konjunktive Normalform (KNF) ist die konjunktive Verknüpfung aller Volldisjunktionen, bei denen die Funktion y den Wert 0 annimmt. Bei den Volldisjunktionen ist* $x_i$ *einzusetzen, wenn es als 0 auftritt, und* $\bar{x}_i$, *wenn es als 1 auftritt.*

Die DNF und die KNF sind allgemeine Darstellungen von Schaltfunktionen. Sie lassen sich auf beliebig viele Eingangsvariable $x_i$ ausdehnen. Zur Realisierung werden zwei Stufen benötigt:

DNF: UND – ODER,
KNF: ODER – UND.

**Beispiel:**

Bild 4.3-9 zeigt die Tabelle einer Schaltfunktion von 4 Variablen. Hier tritt in der Spalte für $y$ nur viermal die Eins auf, d.h. man benötigt für die DNF nur 4 Minterme:

$$y = \overline{x_3}\,\overline{x_2}\,x_1\,x_0 \vee \overline{x_3}\,x_2\,\overline{x_1}\,\overline{x_0} \vee \overline{x_3}\,x_2\,x_1\,x_0 \vee x_3\,\overline{x_2}\,x_1\,\overline{x_0}$$

Bei der KNF benötigt man 12 Maxterme.

| (x) | $x_3$ | $x_2$ | $x_1$ | $x_0$ | y | (x) | $x_3$ | $x_2$ | $x_1$ | $x_0$ | y |
|---|---|---|---|---|---|---|---|---|---|---|---|
| 0 | 0 | 0 | 0 | 0 | 0 | 8 | 1 | 0 | 0 | 0 | 0 |
| 1 | 0 | 0 | 0 | 1 | 0 | 9 | 1 | 0 | 0 | 1 | 0 |
| 2 | 0 | 0 | 1 | 0 | 0 | 10 | 1 | 0 | 1 | 0 | 1 |
| 3 | 0 | 0 | 1 | 1 | 1 | 11 | 1 | 0 | 1 | 1 | 0 |
| 4 | 0 | 1 | 0 | 0 | 1 | 12 | 1 | 1 | 0 | 0 | 0 |
| 5 | 0 | 1 | 0 | 1 | 0 | 13 | 1 | 1 | 0 | 1 | 0 |
| 6 | 0 | 1 | 1 | 0 | 0 | 14 | 1 | 1 | 1 | 0 | 0 |
| 7 | 0 | 1 | 1 | 1 | 1 | 15 | 1 | 1 | 1 | 1 | 0 |

Bild 4.3-9 Funktionstabelle einer Schaltfunktion mit vier Veränderlichen

### 4.3.2.3 Vereinfachung von Schaltfunktionen

**Übersicht**

Für die technische Realisierung von Schaltfunktionen ist es günstig, wenn diese eine möglichst einfache Form haben. Je weniger Verknüpfungen benötigt werden, um so billiger und meist auch zuverlässiger wird das Schaltnetz.

Als Kriterium für das Vereinfachen legt man die Funktionslänge $l$ zugrunde. Sie ist gleich der Anzahl der Eingänge der UND- und ODER-Glieder.

Es gibt mehrere Verfahren zur Vereinfachung von Schaltfunktionen (Minimisierung):

1) *Anwendung der Rechenregeln.* In 4.3.1.4 haben wir einige Schaltfunktionen auf diese Weise vereinfacht. Wegen der Unübersichtlichkeit besteht aber oft die Gefahr, dass man bei komplizierten Schaltfunktionen nicht die einfachste Form findet.

2) *Grafische Verfahren.* Das Verfahren nach Karnaugh-Veitch erlaubt es uns, auf schnelle und übersichtliche Art die minimale zweistufige Schaltfunktion zu ermitteln. Obwohl man hier teilweise intuitiv vorgehen muss, kann man schon mit geringer Übung die einfachste Schaltfunktion bestimmen. Es ist anwendbar für maximal etwa 6 Variable.

3) *Algorithmische Verfahren.* Die Verfahren nach Quine und McCluskey [42-2] sind Tabellenverfahren. Heute sind leistungsfähige Programme, z.B. LOG/iC [42-2h] verfügbar, die das Vereinfachen als Teilproblem mit enthalten. Derartige Verfahren und die darauf aufbauenden Programme sind auch für mehr als 6 Variable geeignet.

Der Anschaulichkeit wegen beschränken wir uns hier auf ein grafisches Verfahren.

**Karnaugh-Veitch-Verfahren für 4 Variable**

Die Vereinfachung von Schaltfunktionen nach Karnaugh-Veitch (KV) geht von folgender Beziehung aus:

$$x_1 \cdot x_0 \vee x_1 \cdot \overline{x_0} = x_1 \cdot (x_0 \vee \overline{x_0}) = x_1 \qquad (4.3\text{-}17)$$

$x_1$ und $x_0$ sind dabei Variable oder Ausdrücke. Jeder Minterm wird durch ein Teilgebiet im KV-Diagramm dargestellt (Bild 4.3-10). Das Teilgebiet wird durch den Zahlenwert der Dualzahl $(x)$ gekennzeichnet, z.B.

$$\overline{x_3}\,\overline{x_2}\,\overline{x_1}\,\overline{x_0} = 0, \quad x_3\,x_2\,x_1\,x_0 = 15\,.$$

Beim Vereinfachen geht man von der DNF bzw. von teilweise vereinfachten Funktionen aus. Zwei

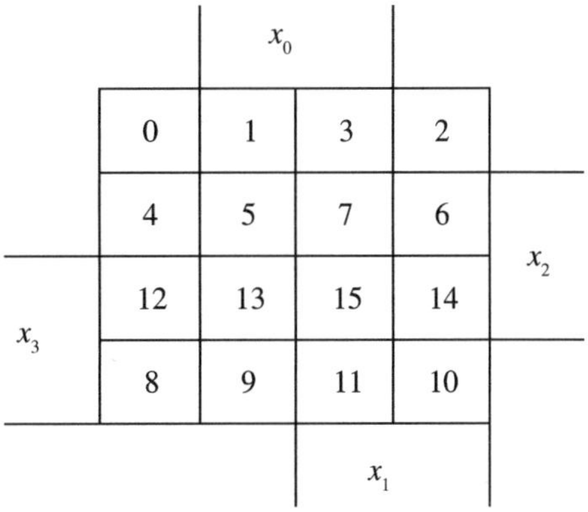


Bild 4.3-10 KV-Diagramm für 4 Variable

benachbarte Teilgebiete können gemäß Gl.(4.3-17) zu einem größeren Gebiet zusammengefasst werden, so gilt z. B. für die Minterme $(x) = 0$ und $(x) = 1$:

$$\overline{x_3}\,\overline{x_2}\,\overline{x_1}\,\overline{x_0} \vee \overline{x_3}\,\overline{x_2}\,\overline{x_1}\,x_0 = \overline{x_3}\,\overline{x_2}\,\overline{x_1}$$

Zu beachten ist, dass auch an den Rändern gegenüberliegende Gebiete als benachbart anzusehen sind, z. B $(x) = 3$ und $(x) = 11$:

$$\overline{x_3}\,\overline{x_2}\,x_1\,x_0 \vee x_3\,\overline{x_2}\,x_1\,x_0 = \overline{x_2}\,x_1\,x_0$$

Es können auch 4 bzw. 8 Teilgebiete zusammengefasst werden. Die disjunktive Form mit der geringsten Funktionslänge $l$ ist die *disjunktive Minimalform (DMF).*

**Beispiel:**
Anhand von 4 Beispielen wollen wir typische Fälle für Vereinfachungen betrachten. Bild 4.3-11a zeigt die Funktionstabelle, Bild 4.3-11b die KV-Diagramme. Die zur Funktion gehörenden Minterme sind im KV-Diagramm durch „1" gekennzeichnet. Um die durch das Zusammenfassen von Teilgebieten (Mintermen) entstehenden größeren Gebiete deutlich hervorzuheben, sind diese entweder dick umrandet oder schraffiert.

a) DNF:

$$y_a = x_3\,\overline{x_2}\,\overline{x_1}\,x_0 \vee x_3\,\overline{x_2}\,x_1\,\overline{x_0} \vee x_3\,\overline{x_2}\,x_1\,x_0 \vee$$
$$\vee\, x_3\,x_2\,\overline{x_1}\,\overline{x_0} \vee x_3\,x_2\,\overline{x_1}\,x_0 \vee x_3\,x_2\,x_1\,x_0$$
$$((x) = 9, 10, 11, 12, 13, 15); \quad l = 30$$

DMF: $y_a = x_3\,x_2\,\overline{x_1} \vee x_3\,x_0 \vee x_3\,\overline{x_2}\,x_1; \quad l = 11$

b) DNF:

$$y_b = \overline{x_3}\,\overline{x_2}\,\overline{x_1}\,\overline{x_0} \vee \overline{x_3}\,\overline{x_2}\,\overline{x_1}\,x_0 \vee \overline{x_3}\,\overline{x_2}\,x_1\,\overline{x_0} \vee$$
$$\overline{x_3}\,\overline{x_2}\,x_1\,x_0 \vee x_3\,\overline{x_2}\,\overline{x_1}\,\overline{x_0} \vee x_3\,\overline{x_2}\,x_1\,\overline{x_0} \vee$$
$$\vee\, x_3\,\overline{x_2}\,x_1\,x_0$$
$$((x) = 0, 1, 2, 3, 8, 10, 11); \quad l = 35$$

DMF: $y_b = \overline{x_3}\,\overline{x_2} \vee \overline{x_2}\,x_1 \vee \overline{x_2}\,\overline{x_0}; \quad l = 9$

c) DNF:

$$y_c = \overline{x_3}\,x_2\,\overline{x_1}\,x_0 \vee x_3\,\overline{x_2}\,\overline{x_1}\,x_0 \vee x_3\,x_2\,\overline{x_1}\,\overline{x_0} \vee$$
$$x_3\,x_2\,\overline{x_1}\,x_0 \vee x_3\,x_2\,x_1\,\overline{x_0} \vee x_3\,x_2\,x_1\,x_0$$
$$((x) = 5, 9, 12, 13, 14, 15); \quad l = 30$$

DMF: $y_c = x_3\,x_2 \vee x_2\,\overline{x_1}\,x_0 \vee x_3\,\overline{x_1}\,x_0; \quad l = 11$

d) DNF:

$y_d = 1 \quad$ für $(x) = 1, 2, 4, 7, 8, 11, 13, 14; \quad l = 40$

keine Vereinfachung möglich

a)

| $(x)$ | $x_3$ | $x_2$ | $x_1$ | $x_0$ | $y_a$ | $y_b$ | $y_c$ | $y_d$ |
|---|---|---|---|---|---|---|---|---|
| 0 | 0 | 0 | 0 | 0 | 0 | 1 | 0 | 0 |
| 1 | 0 | 0 | 0 | 1 | 0 | 1 | 0 | 1 |
| 2 | 0 | 0 | 1 | 0 | 0 | 1 | 0 | 1 |
| 3 | 0 | 0 | 1 | 1 | 0 | 1 | 0 | 0 |
| 4 | 0 | 1 | 0 | 0 | 0 | 0 | 0 | 1 |
| 5 | 0 | 1 | 0 | 1 | 0 | 0 | 1 | 0 |
| 6 | 0 | 1 | 1 | 0 | 0 | 0 | 0 | 0 |
| 7 | 0 | 1 | 1 | 1 | 0 | 0 | 0 | 1 |
| 8 | 1 | 0 | 0 | 0 | 0 | 1 | 0 | 1 |
| 9 | 1 | 0 | 0 | 1 | 1 | 0 | 1 | 0 |
| 10 | 1 | 0 | 1 | 0 | 1 | 1 | 0 | 0 |
| 11 | 1 | 0 | 1 | 1 | 1 | 1 | 0 | 1 |
| 12 | 1 | 1 | 0 | 0 | 1 | 0 | 1 | 0 |
| 13 | 1 | 1 | 0 | 1 | 1 | 0 | 1 | 1 |
| 14 | 1 | 1 | 1 | 0 | 0 | 0 | 1 | 1 |
| 15 | 1 | 1 | 1 | 1 | 1 | 0 | 1 | 0 |

b)

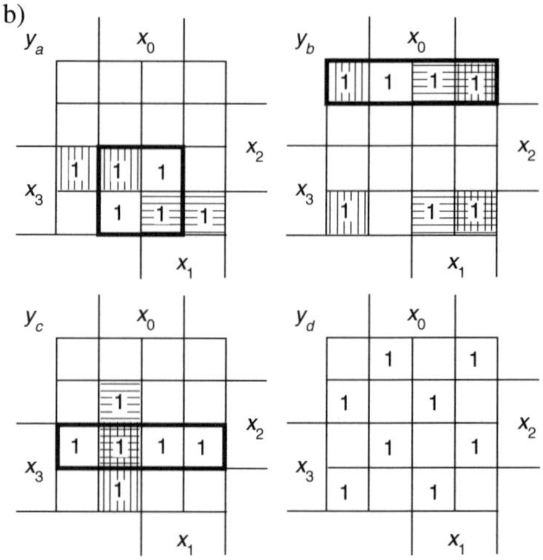


Bild 4.3-11 Vereinfachen von Schaltfunktionen: a) Funktionstabelle; b) KV-Diagramme

Die *konjunktive Minimalform KMF* gewinnt man aus dem KV-Diagramm indem man zunächst die DMF für $\overline{y}$ ermittelt und diese anschließend mit dem De Morgan'schen Gesetz umformt.

**Beispiel:**
Wir ermitteln die KMF für $y_a$ aus obigem Beispiel:

$$\overline{y_a} = \overline{x_3} \vee \overline{x_2}\,\overline{x_1}\,\overline{x_0} \vee x_2\,x_1\,\overline{x_0}$$

KMF: $y_a = x_3 \cdot (x_2 \vee x_1 \vee x_0) \cdot (\overline{x_2} \vee \overline{x_1} \vee x_0); \quad l = 9$

Wir stellen fest, dass DMF und KMF im Allgemeinen nicht die gleiche Länge haben.

Wenn man auf die Einschränkung der zweistufigen Lösung verzichtet, kann man oft durch geschicktes Anwenden der Rechenregeln die Funktionslänge $l$ weiter verkürzen. Das KV-Diagramm liefert hierfür aber keine Hinweise.

Die *mehrstufige Form* ergibt eine größere Gesamtverzögerungszeit, da sich hier die Verzögerungszeiten der hintereinander geschalteten Glieder addieren.

**Beispiel:**
Wir kehren noch einmal zu obigem Beispiel zurück und versuchen die Funktionen (DMF) weiter zu vereinfachen.

- $y_a = x_3(x_2\overline{x_1} \vee \overline{x_2}x_1 \vee x_0); \quad l = 9$
  $= x_3\,[(x_2 \nleftrightarrow x_1) \vee x_0]$

Die Antivalenzverknüpfung hat die Funktionslänge $l$ = 6, wie man sich leicht überzeugen kann; also keine Vereinfachung.

- $y_b = \overline{x_2}(\overline{x_3} \vee x_1 \vee \overline{x_0}); \quad l = 5$
- $y_c = x_3x_2 \vee [(x_3 \vee x_2)\overline{x_1}x_0]; \quad l = 9$
- $y_d = (x_3 \nleftrightarrow x_2) \nleftrightarrow (x_1 \nleftrightarrow x_0); \quad l = 18$

## KV-Diagramme für 2, 3 und 5 Variable

Das KV-Diagramm für 4 Variable lässt sich sehr leicht abwandeln für 2 oder 3 Variable (Bild 4.3-12). Es gelten sinngemäß die gleichen Regeln der Vereinfachung wie bei 4 Variablen.

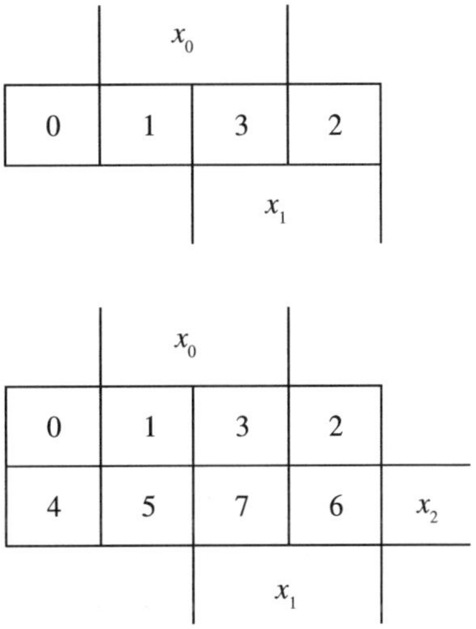


Bild 4.3-12 KV-Diagramm für zwei und drei Variable

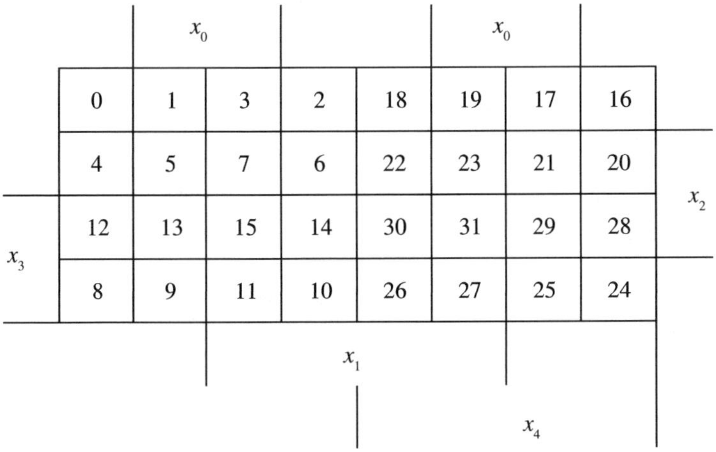


Bild 4.3-13
KV-Diagramm für 5 Variable

Aber auch eine Erweiterung auf 5 Variable ist möglich (Bild 4.3-13). Man geht von einer Verdopplung des ursprünglichen Diagramms (Bild 4.3-10) aus. Bei der Anwendung klappt man gedanklich die linke und die rechte Hälfte zusammen. Dann übereinander liegende Teilgebiete sind ebenfalls benachbart.

**Beispiel:**
Gegeben sei eine Funktion $y = f(x_4, x_3, x_2, x_1, x_0)$; $y = 1$ für $(x) = 3, 7, 12, 13, 18, 19, 23, 26, 27, 28, 29$. Bild 4.3-14 zeigt das KV-Diagramm. Man kann leicht die DMF ermitteln:

$$y = \overline{x_3} x_1 x_0 \vee x_4 \overline{x_2} x_1 \vee x_3 x_2 \overline{x_1}$$

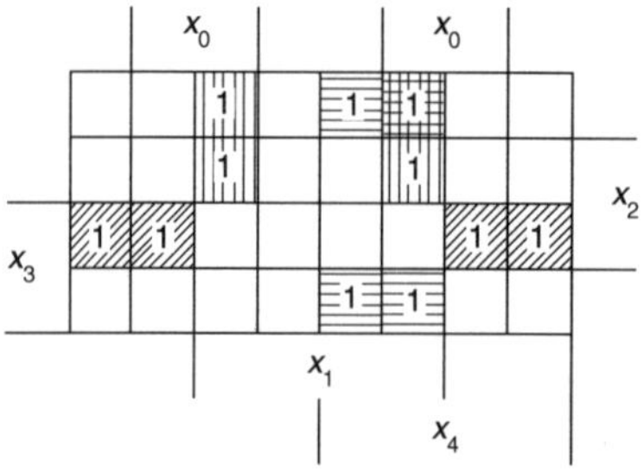


Bild 4.3-14 KV-Diagramm

### Unvollständig definierte Funktionen

Häufig ist die Funktion $y$ nicht für alle Eingangswörter $(x)$ definiert, d.h. bei einigen Mintermen ist freigestellt, ob $y = 1$ oder $y = 0$ sein soll (*don't care*-Terme). Sie sind redundant. Dies ist auch der Fall, wenn von der technischen Aufgabenstellung her einige Eingangswörter gar nicht möglich sind.

Diese Unbestimmtheit kann man ausnutzen: man wählt bei diesen Eingangswörtern (Mintermen) die Funktion $y$ so, dass das Schaltnetz möglichst einfach wird.

**Beispiel:**
Im Bild 4.3-15 sind die Tabelle einer unvollständig definierten Funktion und das KV-Diagramm dargestellt. Bei nicht bestimmten Eingangswörtern wird in der Spalte für $y$ und im dazugehörigen Minterm-Teilgebiet ein Kreuz (×) eingetragen. Dies ist hier bei $(x) = 7, 9, 11, 13$ der Fall. Wenn man versuchsweise für die undefinierten Minterme $y = 0$ setzt, erhält man folgende DMF:

a)

| $(x)$ | $x_3$ | $x_2$ | $x_1$ | $x_0$ | $y$ | $(x)$ | $x_3$ | $x_2$ | $x_1$ | $x_0$ | $y$ |
|---|---|---|---|---|---|---|---|---|---|---|---|
| 0 | 0 | 0 | 0 | 0 | 0 | 8 | 1 | 0 | 0 | 0 | 1 |
| 1 | 0 | 0 | 0 | 1 | 1 | 9 | 1 | 0 | 0 | 1 | × |
| 2 | 0 | 0 | 1 | 0 | 0 | 10 | 1 | 0 | 1 | 0 | 0 |
| 3 | 0 | 0 | 1 | 1 | 1 | 11 | 1 | 0 | 1 | 1 | × |
| 4 | 0 | 1 | 0 | 0 | 0 | 12 | 1 | 1 | 0 | 0 | 1 |
| 5 | 0 | 1 | 0 | 1 | 0 | 13 | 1 | 1 | 0 | 1 | × |
| 6 | 0 | 1 | 1 | 0 | 0 | 14 | 1 | 1 | 1 | 0 | 0 |
| 7 | 0 | 1 | 1 | 1 | × | 15 | 1 | 1 | 1 | 1 | 0 |

b)

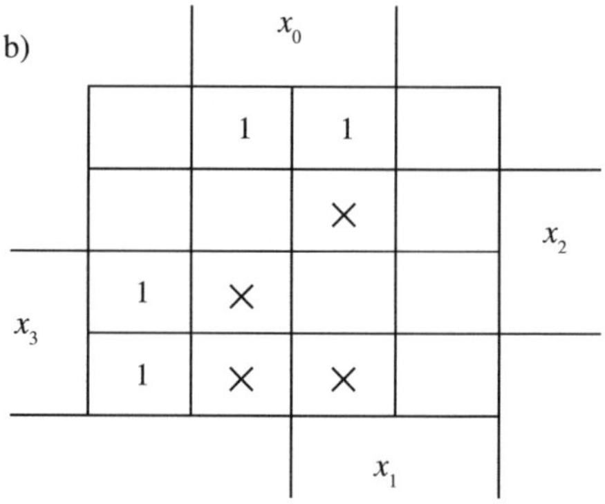


Bild 4.3-15 Unvollständig definierte Schaltfunktion:
a) Funktionstabelle, b) KV-Diagramm

$$y = \overline{x_3}\,\overline{x_2} x_0 \vee x_3 \overline{x_1}\,\overline{x_0}; \quad l = 8$$

Wenn man für die Minterme $(x) = 9, 11, 13$ willkürlich die Funktion $y = 1$ setzt (bei $(x) = 7$ aber $y = 0$), dann kann man zwei 4er-Blöcke bilden und die DMF lautet:

$$y = \overline{x_2} x_0 \vee x_3 \overline{x_1}; \quad l = 6$$

Entsprechend kann man die KMF ermitteln:

$$\overline{y} = \overline{x_3}\,\overline{x_0} \vee x_2 x_0 \vee x_1 \overline{x_0}$$

$$y = (x_3 \vee x_0) \cdot (\overline{x_2} \vee \overline{x_0}) \cdot (\overline{x_1} \vee x_0); \quad l = 9$$

Hier ist also die DMF einfacher als die KMF.

### 4.3.2.4 Schaltnetze mit mehreren Ausgängen

Der Fall, dass $n$ Eingangsvariable $x_{n-1}, ..., x_1, x_0$ nur eine Schaltfunktion $y$ bilden, ist ein Sonderfall. Vielmehr müssen wir die allgemeine Möglichkeit betrachten, dass ein ganzes Bündel von $m$

Schaltfunktionen $y_{m-1}$, ..., $y_1$, $y_0$ auftritt (Funktionsbündel), vgl. Bild 4.3-7.

Beim Vereinfachen eines Funktionsbündels ist es nicht gewährleistet, dass man das Minimum erreicht, wenn man die einzelnen Funktionen unabhängig voneinander minimisiert. Man kann durch geeignete Wahl und Kombination von Zwischenfunktionen das Ergebnis weiter vereinfachen. Das algorithmische Verfahren von Quine-McCluskey lässt sich auf Funktionsbündel ausdehnen. Bei grafischen Verfahren muss man auf gemeinsame Anteile achten.

**Beispiel:**
Das Schaltnetz für einen Codeumsetzer vom Direkt-Dual-Code in den Aiken-Code (Bild 4.2-7) soll entworfen werden. Bild 4.3-16 zeigt die verkürzte Funktionstabelle. Da nur Werte $(x) \leq 9$ auftreten fassen wir die Zeilen für $(x) = 10$, 11 und 12, ..., 15 jeweils in einer Zeile zusammen.

Mit Hilfe von KV-Diagrammen kann man die DMF für das Funktionsbündel ermitteln:

$$a_3 = x_3 \vee x_2 x_0 \vee x_2 x_1$$
$$a_2 = x_3 \vee x_2 \overline{x_0} \vee x_2 x_1$$
$$a_1 = x_3 \vee \overline{x_2} x_1 \vee x_2 \overline{x_1} x_0$$
$$a_0 = x_0$$

| $(x)$ | $x_3$ | $x_2$ | $x_1$ | $x_0$ | $a_3$ | $a_2$ | $a_1$ | $a_0$ |
|---|---|---|---|---|---|---|---|---|
| 0 | 0 | 0 | 0 | 0 | 0 | 0 | 0 | 0 |
| 1 | 0 | 0 | 0 | 1 | 0 | 0 | 0 | 1 |
| 2 | 0 | 0 | 1 | 0 | 0 | 0 | 1 | 0 |
| 3 | 0 | 0 | 1 | 1 | 0 | 0 | 1 | 1 |
| 4 | 0 | 1 | 0 | 0 | 0 | 1 | 0 | 0 |
| 5 | 0 | 1 | 0 | 1 | 1 | 0 | 1 | 1 |
| 6 | 0 | 1 | 1 | 0 | 1 | 1 | 0 | 0 |
| 7 | 0 | 1 | 1 | 1 | 1 | 1 | 0 | 1 |
| 8 | 1 | 0 | 0 | 0 | 1 | 1 | 1 | 0 |
| 9 | 1 | 0 | 0 | 1 | 1 | 1 | 1 | 1 |
| 10, 11 | 1 | 0 | 1 | × | × | × | × | × |
| 12, ..., 15 | 1 | 1 | × | × | × | × | × | × |

Bild 4.3-16 Funktionsbündel für Codeumsetzer vom Direkt-Dual-Code $(x)$ in den Aiken-Code $(a)$

Der Term $x_2 x_1$ kommt bei $a_3$ und bei $a_2$ vor, er muss im Schaltnetz nur einmal realisiert werden.

### 4.3.2.5 Programmierbare Logikbausteine

Bei der Realisierung komplexerer Schaltungen zeigte es sich, dass ein Ungleichgewicht besteht zwischen

- hochintegrierten Bausteinen, wie Prozessoren und Speicherbausteinen und
- niederintegrierten Bausteinen, wie sie beispielsweise zur Verknüpfung von Bus-Steuersignalen erforderlich sind.

Deshalb mussten Wege gefunden werden, wie dieses Ungleichgewicht beseitigt oder wenigstens gemildert werden kann: Das führte zu *programmierbaren Logikbausteinen*. Diese bestehen im einfachsten Fall aus einem zweistufigen Schaltnetz (UND – ODER). Bild 4.3-17 zeigt die Struktur, dabei wurde von einer vereinfachten Darstellung (Bild 4.3-18) Gebrauch gemacht. Die Eingänge $(x)$ werden sowohl negiert als auch nicht negiert über die UND-Matrix mit den Eingängen der UND-Glieder verbunden. Die Ausgänge der UND-Glieder führen über die ODER-Matrix zu den Eingängen der ODER-Glieder. Deren Ausgänge bilden das Ausgangswort $(y)$. Die Verbindungen in den Matrizen können programmiert werden.

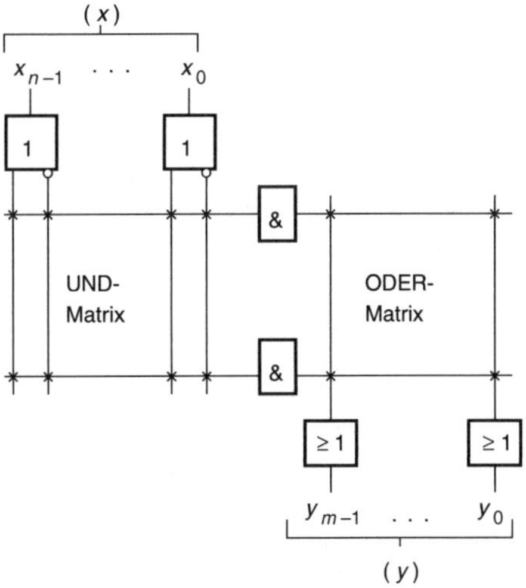


Bild 4.3-17 Programmierbarer Logikbaustein

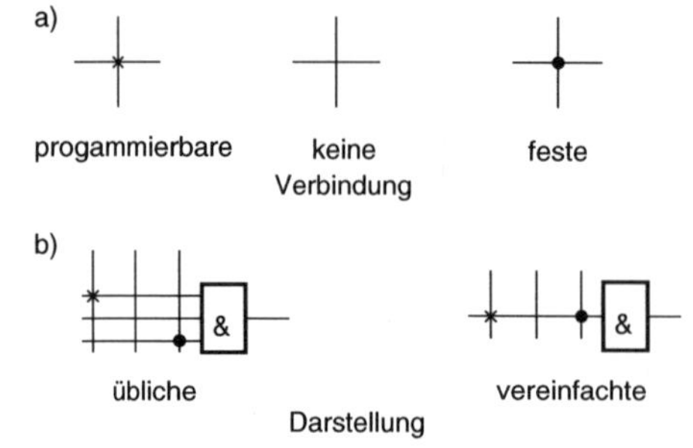


Bild 4.3-18 a) Mögliche Verbindungen, b) Vereinfachte Darstellung

Das jeweilige anwenderspezifische Schaltnetz entsteht dadurch, dass die entsprechenden Eingänge der Verknüpfungsglieder entweder mit den Eingangsvariablen verbunden oder abgetrennt werden. Für große Stückzahlen erfolgt dies beim Hersteller mittels Masken. Es gibt kompatible Bausteine, bei denen die Programmierung durch den Anwender selbst durchgeführt werden kann. Dies kann beispielsweise so geschehen, dass Sicherungsstrecken durchgebrannt und damit Eingänge der UND- bzw. ODER-Glieder abgetrennt werden.

Es werden verschiedene Realisierungen unterschieden:

**Festwertspeicher (ROM, Read Only Memory)**

Hier ist die UND-Matrix fest verdrahtet. Die $N = 2^n$ UND-Glieder mit jeweils $n$ Eingängen bilden alle Minterme. Die Ausgänge der UND-Glieder bilden den „1-aus-$N$"-Code. Die ODER-Matrix ist programmierbar. Die Ausgänge der $m$ ODER-Glieder (mit je $N$ Eingängen) bilden das $m$-stellige Ausgangswort ($y$). Diese Realisierung baut auf der DNF auf.

Die Festwertspeicher werden, wie der Name sagt, meist als Speicher für unveränderliche Daten und Programme eingesetzt, nicht aber für logische Schaltungen, da hierfür der Aufwand zu groß ist.

**Programmierbare Logik-Felder**

- PLA (Programmable Logic Array): Hier ist sowohl die UND- als auch die ODER-Matrix programmierbar. Diese Realisierung baut auf der DMF auf. Diese Bausteine besitzen die größte Flexibilität, sind aber teuer und erfordern den größten Aufwand für die Programmierung.
- PAL (programmable array logic): Um den Aufwand zu begrenzen, kann hier nur die UND-Matrix programmiert werden, die ODER-Matrix ist fest verdrahtet. Die Bausteine haben oft eine unterschiedliche Zahl von Eingängen der ODER-Glieder.

Bild 4.3-19 zeigt einen Vergleich der 3 Typen. Die Bausteine besitzen $n$ Eingänge und $m$ Ausgänge.

Man erkennt: Hier ist die Funktionslänge kein Maß für den Aufwand einer Schaltung. Jedes UND-Glied ist gleich aufwändig, unabhängig davon, wie viel Eingänge beschaltet sind. Deshalb zählt man hier die Anzahl der UND-Glieder; sie werden in den Datenblättern als *Produktterme* bezeichnet.

Der Schaltungsentwurf für solche Bausteine wird von Entwurfsprogrammen, wie z.B. LOG/iC, unterstützt.

Reale Bausteine haben ausgangsseitig noch eine Schaltungserweiterung:

- bidirektionaler Anschluss, d.h. Ausgang oder Eingang.
- interne Rückführung des Ausgangs zur UND-Matrix, damit lassen sich auch Funktionen mit einer größeren Zahl von Produkttermen reali-

| Baustein | UND-Glieder mit je $n$ Eingängen<br>Anzahl | <br>Beschaltung der Eingänge | $m$ ODER-Glieder<br>Eingänge | |
|---|---|---|---|---|
| ROM | $2^n$ | festverdrahtet | $2^n$ | programmierbar |
| PLA | $l < 2^n$ | programmierbar | $l$ | programmierbar |
| PAL | $l << 2^n$ | programmierbar | $k < l$ | festverdrahtet |

Bild 4.3-19 Vergleich programmierbarer Bausteine

sieren. Allerdings erhöht sich dadurch die Signallaufzeit, denn die Zahl der zu durchlaufenden Verknüpfungsglieder beträgt damit 4 statt bisher 2.

- Flipflop, damit können auch Schaltwerke (4.3.5) realisiert werden.

Komplexe Bausteine (*CPLD, Complex Programmable Logic Device*) bestehen aus Logikblöcken, die über eine programmierbare Schaltmatrix verbunden werden können.

**Gate-Arrays**

Dies sind Bausteine (Bild 4.3-20), bei denen jede Zelle gleiche Elemente enthält, beispielsweise je 2 *n*- und *p*-Kanal-Transistoren. Diese Elemente werden zu Grundfunktionen zusammengeschaltet, im Beispiel sind NAND, NOR oder Negation möglich (Intrazellen-Verdrahtung). Die Zellen werden dann untereinander verdrahtet (Interzellenverdrahtung). Der Vorteil dieser Bausteine liegt darin, dass in der Fertigung zunächst alle Bausteine identisch sind und erst bei der Verdrahtung unterschieden werden muss. Bei anwenderprogrammierbaren Gate-Arrays (*FPGA, Field Programmable Gate Array*) kann diese Programmierung vom Anwender vorgenommen werden.

Bei größeren Stückzahlen werden *Standardzellen*-Bausteine eingesetzt. Sie bestehen aus ausgetesteten Funktionsblöcken, wie z.B. Flipflop, Multiplexer. Die Standardzellen haben eine einheitliche Höhe, aber unterschiedliche Breite.

*Allgemeine Zellen* enthalten Elemente unterschiedlicher Größe, wie Speicher oder PAL. Dadurch wird das Platzierungs- und Verdrahtungsproblem auf dem Baustein entsprechend komplexer.

Derartige Bausteine werden als halbkundenspezifisch (semi custom) bezeichnet. Bei sehr großen Stückzahlen (>$10^5$) werden vollkundenspezifische Bausteine (full custom devices) eingesetzt.

Allgemein hat sich für Kundenschaltkreise der Begriff *ASIC* (*Application Specific Integrated Circuit*) eingebürgert.

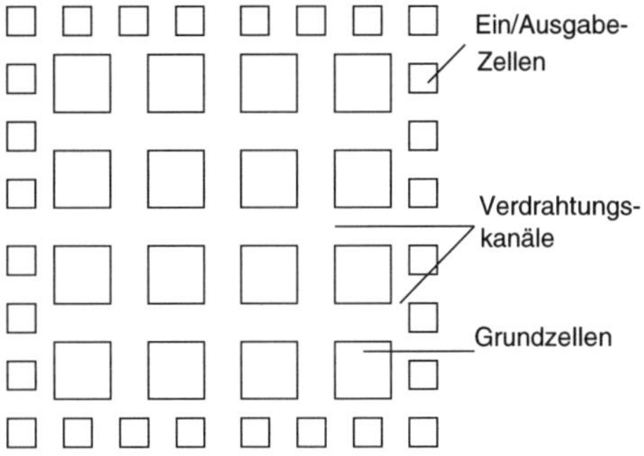


Bild 4.3-20 Gate-Array

## 4.3.3 Schaltkreistechnologien

Für die technische Realisierung von Schaltfunktionen gibt es viele Möglichkeiten. Wir wollen uns hier auf Beispiele elektronischer Realisierungen beschränken. Wesentliche Eigenschaften der wichtigsten integrierten Schaltkreisfamilien werden tabellarisch dargestellt.

Es ist zunächst erforderlich, eine Zuordnung zwischen den Spannungen beispielsweise $U_{x1}$, $U_{x0}$, $U_y$ einerseits und den booleschen Größen $x_1$, $x_0$, $y$ andererseits festzulegen.

Bezeichnet man mit [DIN 41859]

$U_L$: Spannung (low), die näher bei $-\infty$ liegt,

$U_H$: Spannung (high), die näher bei $+\infty$ liegt,

dann kann die Zuordnung gemäß Bild 4.3-21 erfolgen. Man definiert *positive Logik*, indem man der Spannung $U_x = U_H$ den Wert $x = 1$ zuweist, entsprechend *negative Logik*, indem man der Spannung $U_x = U_L$ den Wert $x = 1$ zuweist.

| $U_x$ | $x$ |
|---|---|
| $U_L$ | 0 |
| $U_H$ | 1 |

| $U_x$ | $x$ |
|---|---|
| $U_L$ | 1 |
| $U_H$ | 0 |

Bild 4.3-21 Definition der positiven- bzw. negativen Logik

Wir legen im Folgenden stets positive Logik zu Grunde; der Leser möge sich selbst jeweils die booleschen Verknüpfungen bei negativer Logik klar machen.

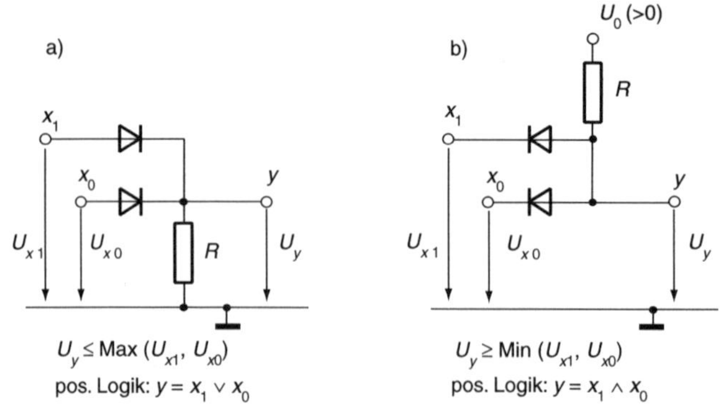


Bild 4.3-22
Diodenschaltungen:
a) Maximum-Schaltung,
b) Minimum-Schaltung

### 4.3.3.1 Diodenschaltkreise

Mit Dioden kann man elektronische Schaltkreise für die Grundoperationen (UND und ODER) aufbauen (Bild 4.3-22). Die Dioden werden hier zur Beschreibung der Funktionsweise als ideale Schalter angesehen.

Der *Maximum-Schaltkreis* bildet $U_y$ als Maximum der beiden Eingangsspannungen $U_{x1}$ und $U_{x0}$. Es ist $U_y = U_H$ genau dann, wenn $U_{x1} = U_H$ oder $U_{x0} = U_H$ ist. Damit ist bei positiver Logik $y = 1$ genau dann, wenn $x_1$ oder $x_0$ oder beide 1 sind; d.h. der Maximum-Schaltkreis stellt die ODER-Verknüpfung dar.

Beim *Minimum-Schaltkreis* ist die Spannung $U_y$ die kleinere der beiden Eingangsspannungen $U_{x1}$ und $U_{x0}$. Entsprechend dem oben Gesagten gilt hier die Aussage: $y$ ist 1 genau dann, wenn beide Variable $x_1 = 1$ und $x_0 = 1$ sind. Der Minimum-Schaltkreis stellt bei positiver Logik die UND-Verknüpfung dar.

Wegen der Abweichungen vom idealen Verhalten der Dioden (z.B. endliche Durchlassspannungen) ist eine vielstufige Dioden-Logik nicht realisierbar. Durch Verstärkerstufen muss man die Spannungsverluste ausgleichen und die einzelnen Kreise entkoppeln. Dies hat zur Familie integrierter Schaltkreise DTL (Dioden-Transistor-Logik) geführt. Diese Schaltkreisfamilie wurde von der TTL-Familie (Transistor-Transistor-Logik) verdrängt. Modifiziert ist DTL jedoch als Low-Power-Schottky-Technik wieder am Markt.

### 4.3.3.2 TTL-(Transistor-Transistor-Logik-)Schaltkreise

Wir betrachten zunächst die TTL-Grundschaltung (Bild 4.3-23a). Wenn $U_x = 0$ V, dann ist Transistor Tr1 übersteuert. Durch die geringe Kollektor-Emitter-Restspannung ($U_{CE,sat} \approx 0{,}2$ V) ist die Basis-Spannung des Transistors Tr2 so klein, dass dieser gesperrt ist. Dann hat $U_y$ den Wert $U_y = U_0$.

Wenn dagegen $U_x = U_0$ ist, dann ist die Basis-Emitter-Diode des Transistors Tr1 gesperrt; über dessen geöffnete Basis-Kollektor-Diode (inverser Betrieb von Tr1) fließt jedoch ein Strom in die

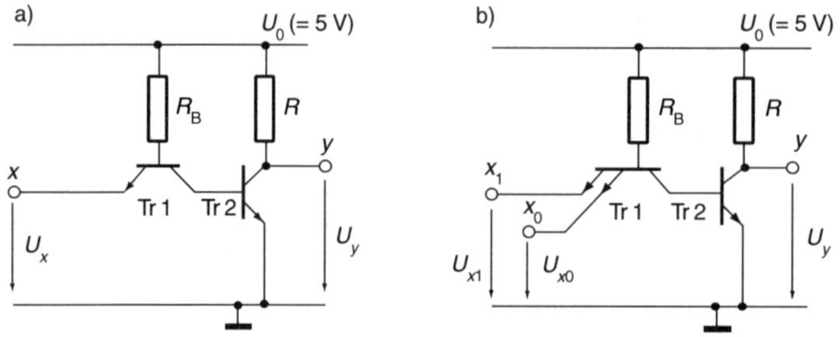


Bild 4.3-23
TTL-Grundelement:
a) Negator
b) Multiemitter-Eingang (NAND-Verknüpfung bei positiver Logik)

Basis des Transistors Tr2, der diesen in den Sättigungsbereich übersteuert. Am Ausgang $U_y$ liegt jetzt nur noch die kleine Kollektor-Emitter-Restspannung $U_{CE,sat} \approx 0{,}2$ V. Durch die Aussteuerung in den Sättigungs- und Sperrbereich werden die Pegel der Ausgangsspannung im L- und H-Zustand unabhängig von Exemplar-Streuungen gut definiert. Allerdings entstehen durch die Übersteuerung Verzögerungen beim Umschalten. Die Schaltung wirkt als Inverter, bezogen auf boolesche Variable als Negator (NICHT-Glied): $y = \neg x$

Durch die Einführung mehrerer Emitter-Anschlüsse beim Transistor Tr1 (Bild 4.3-23b) ergibt sich die NAND-Verknüpfung. Der Transistor Tr1 wird übersteuert, wenn mindestens einer der Eingänge die Spannung 0 V führt. Dann ist $U_y = U_0$. Damit kann man die Arbeitstabelle in Bild 4.3-24 angeben ($U_L = 0$ V, $U_H = U_0 > 0$ V).

Die Weiterentwicklung dieser Schaltung hat zur TTL-Schaltkreisfamilie geführt. Bild 4.3-25a zeigt das Schaltbild eines NAND-Gliedes. Die Gegentaktschaltung besitzt sowohl im L- wie im H-Zustand einen niedrigen Ausgangswiderstand, da jeweils einer der Ausgangstransistoren übersteuert ist. Bild 4.3-25b zeigt die Übertragungskennlinie $U_y = f(U_{x0})$. Bei $U_{x0} = U_s \approx 1{,}4$ V geht $U_y$ von $U_H$ nach $U_L$ bzw. von $U_L$ nach $U_H$ über.

In Bild 4.3-25c ist schließlich der zeitliche Verlauf der Ein- und Ausgangssignale $U_{x0}$ und $U_y$ dargestellt. Die Verzögerungszeiten $t_{pHL}$ und $t_{pLH}$ sowie die *mittlere Verzögerungszeit* $t_p$ sind für die Beurteilung der Geschwindigkeit einer Schaltkreisfamilie von Bedeutung. Bei TTL ist $t_p$ = 10 ns. Aus der Grundserie heraus sind dazu kompatible Serien entwickelt worden:

- Schottky-TTL: geringe Verzögerungszeiten
- Low-Power-Schottky: geringe Verlustleistung.

**Tristate-Ausgang**

Zur Datenübertragung zwischen verschiedenen Einheiten müssen die Quellen und Senken zusammengeschaltet werden. Dies wird heute vielfach mittels einer gemeinsamen, üblicherweise mehradrigen Verbindungsleitung realisiert, an die alle diese Einheiten angeschlossen sind. Man nennt

| $U_{x1}$ | $U_{x0}$ | $U_y$ | | $x_1$ | $x_0$ | $y$ |
|---|---|---|---|---|---|---|
| $U_L$ | $U_L$ | $U_H$ | | 0 | 0 | 1 |
| $U_L$ | $U_H$ | $U_H$ | bzw. | 0 | 1 | 1 |
| $U_H$ | $U_L$ | $U_H$ | | 1 | 0 | 1 |
| $U_H$ | $U_H$ | $U_L$ | | 1 | 1 | 0 |

Bild 4.3-24 Arbeitstabelle des TTL-Grundelementes

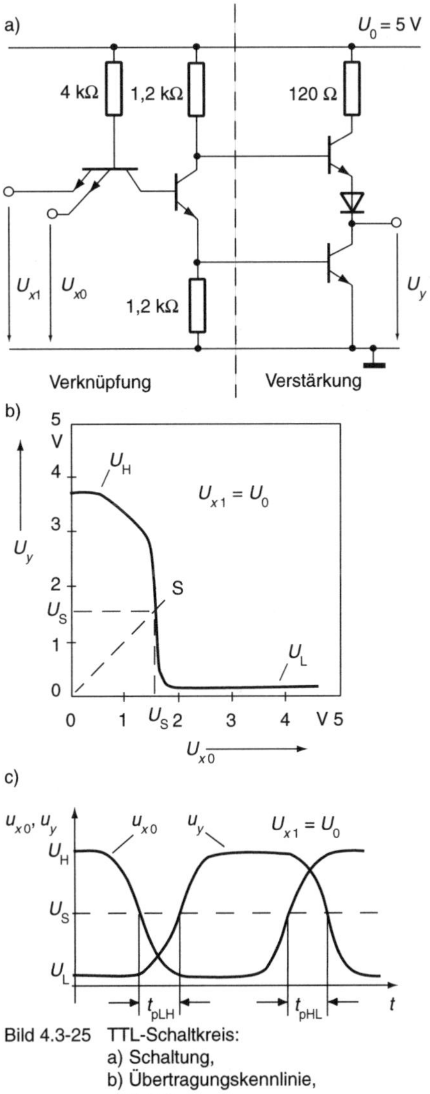


Bild 4.3-25 TTL-Schaltkreis:
a) Schaltung,
b) Übertragungskennlinie,
c) Zeitdiagramm

diese Verbindungsleitung *Bus*. Bei Gegentaktendstufen ist das Parallelschalten mehrerer Ausgänge (Quellen) nicht möglich, da hier am Ausgang in jedem der beiden Zustände, H und L, einer der beiden Ausgangstransistoren niederohmig ist. Es würde sich somit ein Kurzschluss ergeben. Deshalb wird der Schaltkreis um einen Steuereingang OE (output enable) erweitert, über den beide Ausgangstransistoren gesperrt (hochohmig) werden können. Der Ausgang $y$ eines Schaltkreises hat dann drei mögliche Zustände.

Beispiel: Inverter $y = \neg x$ (Bild 4.3-26):

| OE | $x$ | $y$ |
|---|---|---|
| 0 | × | hochohmig |
| 1 | 0 | 1, niederohmig |
| | 1 | 0, niederohmig |

Bild 4.3-26 Inverter mit Tristate-Ausgang

Bild 4.3-27 zeigt das Symbol für ein Verknüpfungsglied mit Tristate-Ausgang.

### 4.3.3.3 CMOS-Schaltkreise

Schaltkreise aus komplementären Feldeffekttransistoren (CMOS, Complementory Metal Oxid Semiconductor) haben gegenüber den bisher betrachteten Schaltkreisen Vorteile:

- einfachere Herstellung, es werden weniger Prozessschritte benötigt. Bedingt durch den Wegfall der, bei der bipolaren Technik zusätzlich benötigten, Dotierungsgebiete können die Abmessungen verkleinert werden, was eine höhere Integrationsdichte erlaubt.
- alle Schaltungselemente können als Transistoren realisiert werden
- statische Verlustleistung ≈ 0.

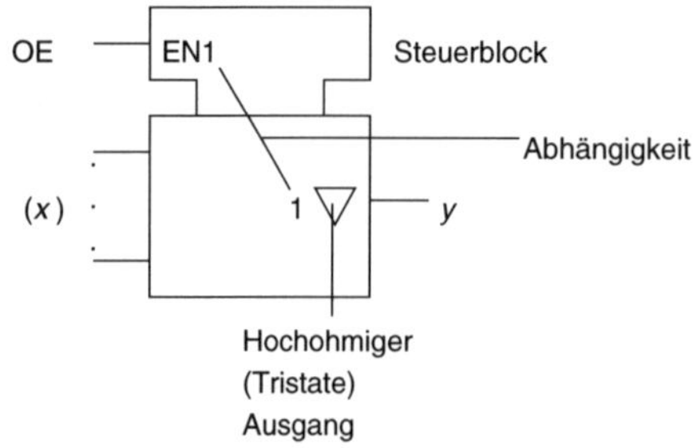


Bild 4.3-27 Verknüpfungsglied mit Tristate-Ausgang

So werden heute im Allgemeinen CMOS-Schaltkreise verwendet, sowohl für Bausteine höchster Integrationsdichte (Speicher), als auch für Prozessoren.

Von den verschiedenen Feldeffekt-Transistortypen (FET) wird in der Digitaltechnik nur der Transistor mit isoliert aufgesetztem Gate (MOS-Transistor, metal oxid semiconductor) vom Anreicherungstyp eingesetzt. Bedingt durch das isoliert aufgesetzte Gate ist der Eingangswiderstand rein kapazitiv. Beim Anreicherungstyp ist im ausgeschaltenen Zustand der Drain-Source-Strom 0 und damit die Verlustleistung ebenfalls 0. Bild 4.3-28a zeigt die Grundschaltung des Inverters mit n-Kanal-Transistor (NMOS).

Da sich ohmsche Widerstände nicht so gut realisieren lassen ersetzt man den Lastwiderstand $R$ durch einen MOS-Transistor (Bild 4.3-28b). Dieser Lasttransistor hat andere geometrische Abmessungen; durch Variation der Länge und Breite des Kanals lassen sich entsprechende Widerstandswerte realisieren.

Zu CMOS gelangt man, indem $p$- und $n$-Kanal-MOS-Transistoren gemeinsam eingesetzt werden. Bild 4.3-28c zeigt den Inverter. Im Ruhezustand ist stets einer der beiden Transistoren gesperrt, der andere leitend. Dadurch ist der Ruhestrom (Drain-Source) 0. Während des Umschaltens sind beide Transistoren leitend, es fließt ein Strom.

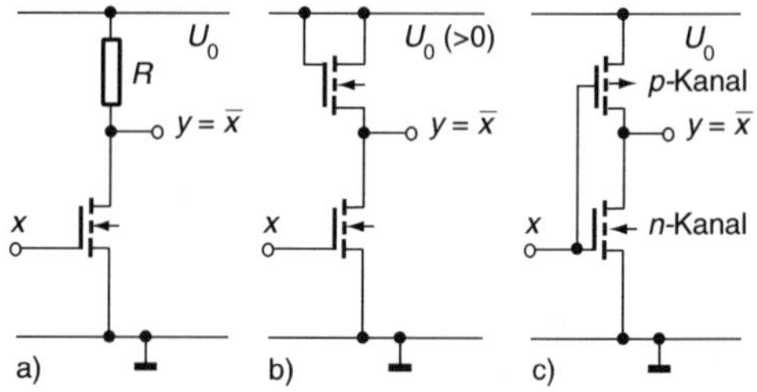


Bild 4.3-28 Inverter ($n$-Kanal-MOSFET, Anreicherungstyp):
a) mit Lastwiderstand $R$
b) mit $n$-Kanal-MOSFET als Lasttransistor
c) mit p-Kanal-MOSFET (CMOS)

Damit ergibt sich: die Verlustleistung ist ungefähr proportional zur Takt-(Umschalt-)Frequenz. Für den Umschaltvorgang ist die Zeitkonstante aus Innenwiderstand des leitenden Transistors und Eingangskapazität des nachfolgenden Transistors maßgebend.

Logische Grundverknüpfungen werden realisiert, indem man Transistoren in Reihe bzw. parallel schaltet. Bild 4.3-29 zeigt zwei Beispiele: die NAND-Verknüpfung in NMOS-Technologie und die NOR-Verknüpfung in CMOS. Der Leser möge sich die NAND-Verknüpfung in CMOS erarbeiten.

Von besonderer Bedeutung ist bei CMOS noch das Transferglied (transmission gate) (Bild 4.3-30). Es stellt einen bidirektionalen Schalter dar und wird z.B. bei der Realisierung von Flipflops (latch) (Bild 4.3-31) eingesetzt (vgl. 4.3.4). Das Transferglied $TG_2$ liegt im Rückkopplungszweig. Durch die gegenphasige Ansteuerung von $TG_1$ und $TG_2$ wird erreicht, dass entweder die am Eingang E anliegende Information zum Ausgang durchgeschaltet wird, der Rückkopplungszweig ist aufgetrennt, oder dass der Eingang E abgetrennt ist und die Ausgangsgröße Q über den Rückkopplungszweig erhalten bleibt.

### 4.3.3.4 Kenndaten der Schaltkreisfamilien

In Bild 4.3-32 sind einige Kenndaten von Familien integrierter Schaltkreise zusammengestellt. Dabei bedeutet:

*Fan-Out*: Ausgangslastfaktor; er gibt die Zahl der Standardeingänge von Schaltkreisen derselben Familie an, mit denen der Ausgang belastet werden darf.

*Statischer Störabstand*: Unterschied zwischen der Ausgangsspannung $U_y$ eines Schaltkreises und der Eingangsspannung $U_x$ des nachgeschalteten Schaltkreises. Dieser Abstand $U_{St}$ gibt an, um wie viel sich die Ausgangsspannung durch Störungen verändern darf, damit am Eingang der Zustand noch sicher erkannt werden kann.

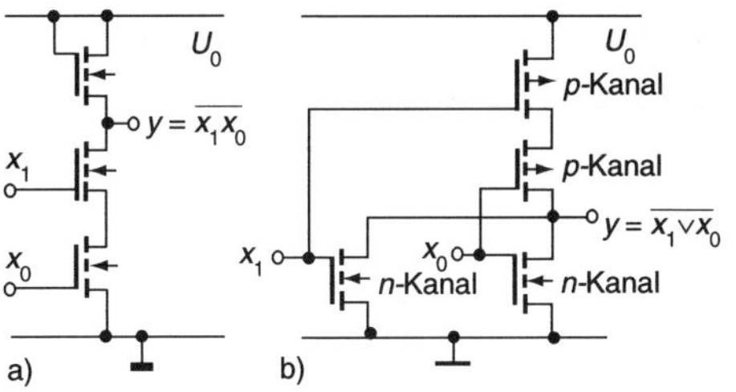


Bild 4.3-29 Beispiele logischer Grundverknüpfungen:
a) NAND-Verknüpfung in NMOS
b) NOR-Verknüpfung in CMOS

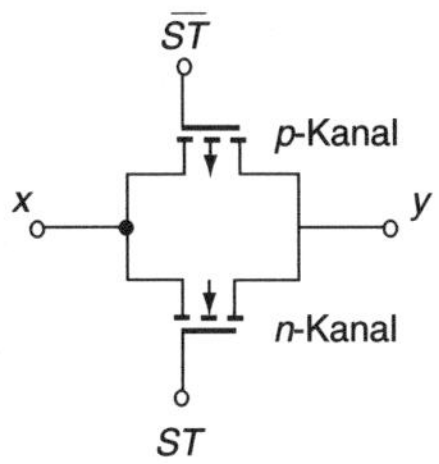


| ST | Transistoren |
|---|---|
| 0 | gesperrt |
| 1 | leitend: $y = x$ |

Billd 4.3-30 Transferglied (transmission gate)

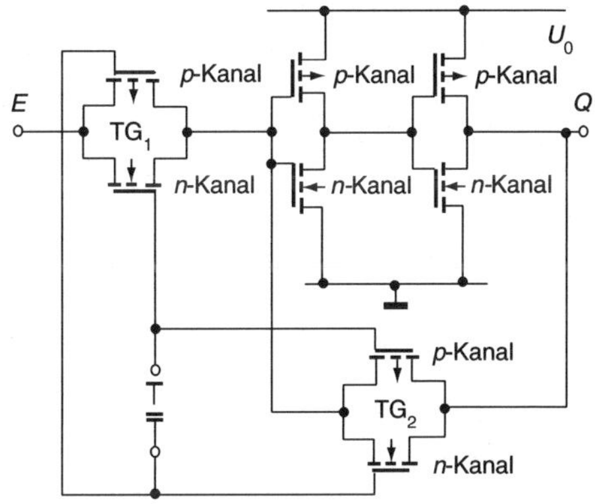


Bild 4.3-31 D-Flipflop (latch)

| Zustand | Störabstand $U_{St}$ |
|---|---|
| H | $U_{y,\,H,\,min} - U_{x,\,H,\,min}$ |
| L | $U_{x,\,L,\,max} - U_{y,\,L,\,max}$ |

Bei den einzelnen Schaltkreisfamilien gibt es Varianten, z.B.

– geringe Verlustleistung, aber langsamer, oder
– schneller, aber höhere Verlustleistung.

| Schaltkreis-Familie | Fan-Out | $U_0$/V | $t_p$/ns | P/mW | $U_{St}$/V |
|---|---|---|---|---|---|
| TTL | 10 | 5 | 10 | 10 | 0,4 |
| Schottky-TTL | | | 1,5 | 22 | 0,3 |
| Low-Power Schottky | | | 4 | 1 | 0,3 |
| CMOS | 50 | 2...15 | 2...90 | 0,01+2·*f*/MHz | 0,5 |

Bild 4.3-32 Kenndaten technisch wichtiger Schaltkreisfamilien
$U_0$: Versorgungsspannung
$t_p$: maximale Verzögerungszeit eines Gatters
$P$: typische Verlustleistung eines Gatters
$U_{St}$: Statischer Störabstand, angegeben ist hier min($U_{St,H}$, $U_{St,L}$)

Besonders bei CMOS kommt noch die Versorgungsspannung als Parameter dazu. Die Tabelle (Bild 4.3-32) kann deshalb nur einen Überblick geben.

Weitere Erläuterungen zu integrierten Schaltkreisen findet man in [42-8] sowie in der Literatur der Hersteller.

### 4.3.3.5 Logische – reale Schaltung

Die logische Betrachtungsweise ist die Basis des Schaltungsentwurfs. Es müssen jedoch vielfältige weitere Gesichtspunkte berücksichtigt werden, damit eine funktionstüchtige, störungsunempfindliche Schaltung entsteht. Einige Gesichtspunkte:

**Verzögerungzeiten der Verknüpfungsglieder**

- Grundsätzlich gilt: eine schnelle Schaltung ist störempfindlicher, als eine langsame, träge Schaltung. Deshalb wähle man eine Schaltkreisfamilie, deren Verzögerungszeiten den Anforderungen angepasst sind.
- Tritt an einem Eingang ein kurzzeitiger Impuls auf, so kann dieser einen Fehlimpuls (engl.: spike, glitch) am Ausgang zur Folge haben. Ist die Impulsdauer $T < t_p$ (Bild 4.3-25c), dann ist das Verhalten nicht vorhersagbar. Dies gilt auch, wenn sich mehrere Eingangssignale, z.B. eines Verknüpfungsgliedes, (mehr oder weniger) gleichzeitig ändern.
- Eingangssignale an einem Verknüpfungsglied können unterschiedliche Verzögerungszeiten aufweisen. Dies kann innerhalb einer Schaltung beispielsweise dadurch entstehen, dass die Signale eine unterschiedliche Anzahl von Schaltgliedern (Gattern) durchlaufen. In diesem Fall spricht man von Wettlauf (engl.: race). Dies ist besonders bei asynchronen Schaltwerken zu beachten.
- In synchronen Schaltwerken sind die Taktquellen oft stark belastet. Deshalb werden Leistungstreiber eingesetzt. Sie verzögern das Taktsignal. Dadurch entsteht ein Taktversatz (engl.: clock skew), die Flipflops schalten nicht genau synchron.

**Endliche Leitungslängen zwischen Schaltkreisen**

Sie bewirken (vgl. 3.4)

- Signallaufzeiten; diese sind besonders kritisch bei größeren Entfernungen, beispielsweise zwischen Leiterplatten,
- Kopplungen, kapazitiv und induktiv, und damit Verzögerungen und Störimpulse,
- besonders bei hohen Frequenzen, d.h. Pulsen mit steilen Flanken, Reflexionen am Leitungsende, falls die Leitung nicht mit dem Wellenwiderstand abgeschlossen ist.

**Belastung des Ausgangs**

Bei CMOS ist der Eingangswiderstand rein kapazitiv (Gate-Substrat-Kapazität). Das bedeutet, dass bei stärkerer Signalauffächerung die Flanken flacher und damit die Verzögerungszeiten größer werden.

**Integrierte Schaltkreise**

Bei ICs kommen parsitäre Effekte dazu. Sie entstehen dadurch, dass sich die *p*- und *n*-leitenden Gebiete in demselben Substrat befinden.

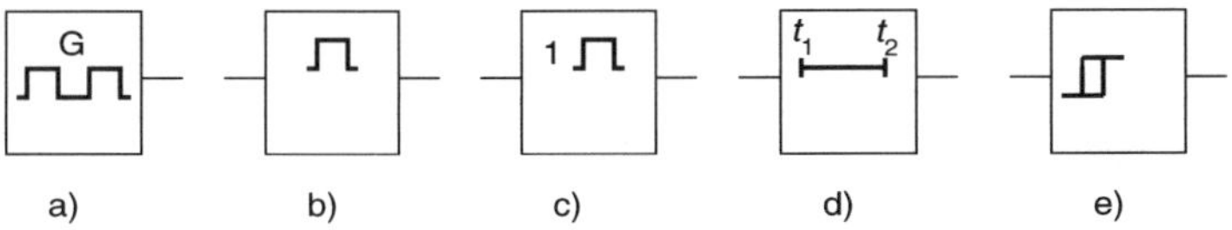


Bild 4.3-33
Schaltzeichen:
a) astabiles Element,
b) monostabiles Element (nachtriggerbar),
c) monostabiles Element (nicht nachtriggerbar),
d) Verzögerungselement,
e) Schwellwerteingang

All diese Effekte wirken sich unterschiedlich stark bei diskreten Aufbauten und bei integrierten Schaltkreisen aus. Sie können mittels geeigneter Modelle simuliert werden, z.B. mit PSpice [25-6].

## 4.3.4 Kippschaltungen und Flipflops

Kippschaltungen besitzen zwei stabile bzw. quasistabile Zustände. Sie werden als Taktgeber, Zeitglieder, Impulsformer oder Speicher eingesetzt.

Die *astabile Kippschaltung* besitzt zwei quasistabile Zustände. Sie wird deshalb auch als Multivibrator bezeichnet und als Taktgeber in digitalen Schaltwerken eingesetzt (Bild 4.3-33a). Da die Frequenz $f$ nicht sehr stabil ist, wählt man bei höheren Ansprüchen an den Takt quarzstabilisierte Geber. So finden wir beispielsweise in Rechnern üblicherweise Schwingquarze als Taktquellen.

Die *monostabile Kippschaltung*, auch Monoflop genannt, besitzt einen stabilen und einen quasistabilen Zustand. Sie wird eingesetzt zum Erzeugen von Impulsen definierter Länge (Standzeit). Jedes Mal, wenn der Eingang den 1-Zustand annimmt, nimmt der Ausgang den 1-Zustand an und behält ihn während der Standzeit bei. Nach der Standzeit kehrt der Ausgang wieder zum 0-Zustand zurück. Man unterscheidet [DIN 40 900, Teil 12] zwischen

- nachtriggerbar (Bild 4.3-33b): Treten während der Ausgang im 1-Zustand ist weitere Wechsel am Eingang auf, so verlängert sich der 1-Zustand am Ausgang entsprechend. Nach dem letzten Wechsel des Eingangs in den 1-Zustand, bleibt der Ausgang noch für die Standzeit im 1-Zustand.
- nicht nachtriggerbar (Bild 4.3-33c): Die Rückkehr des Ausgangs in den 0-Zustand erfolgt unabhängig von irgendwelchen Zustandsänderungen der Variablen am Eingang während der Standzeit.

Eine andere Anwendung ist das Verzögern eines Impulses (Bild 4.3-33d). Mit $t_1$ (bzw. $t_2$) wird die Zeit spezifiziert, um die der 0/1-(bzw. 1/0-)Übergang des Eingangssignals verzögert wird. Für eine einheitliche Verzögerungszeit genügt die Angabe einer Zeit.

Der *Schmitt-Trigger* formt mit Hilfe eines Schwellwertvergleiches analoge in binäre Signale um. Die Hysterese kommt im Symbol (Bild 4.3-33e) zum Ausdruck.

Die *bistabile Kippschaltung*, das Flipflop (FF), besitzt zwei stabile Zustände und kann damit als Speicher verwendet werden. Im Folgenden wollen wir uns näher mit Flipflops beschäftigen.

### 4.3.4.1 Einspeicher-RS-Kippglied

Ausgangsgrößen von Schaltnetzen können auf Eingänge rückgekoppelt werden. Wir unterscheiden

- Gegenkopplung (Bild 4.3-34a): Hier stellt sich ein stabiler Arbeitspunkt im aktiven Bereich ein (Bild 4.3-34b), da stets gelten muss: $U_x = U_y$. Eine Störung der Eingangsspannung ruft also keine bleibende Abweichnung vom stabilen Arbeitspunkt hervor.
- Mitkopplung: In diesem Fall bekommt das Schaltnetz die Eigenschaft eines Speichers. Wir betrachten dazu die Kettenschaltung von zwei einstufigen Verstärkern mit Rückkopplung des Ausgangssignals (Bild 4.3-35). Als Beispiel betrachten wir die Realisierung mit NMOS-Invertern (Bild 4.3- 36a).

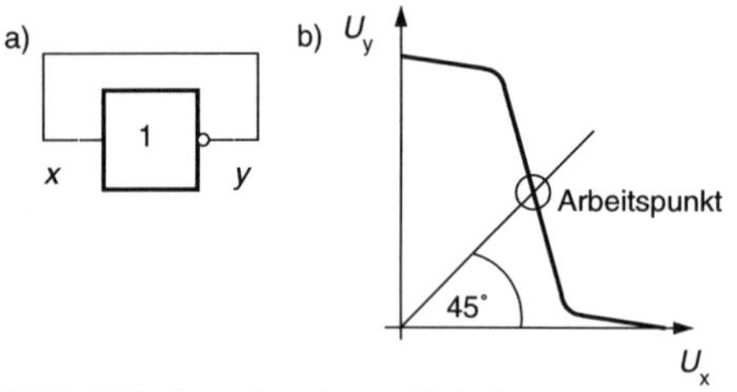


Bild 4.3-34 Gegenkopplung: a)Schaltung, b) Übertragungskennlinie

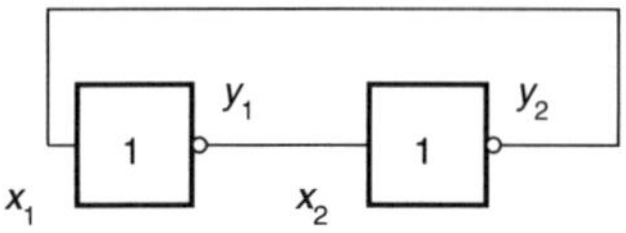


Bild 4.3-35 Mitkopplung; rückgekoppelte Kettenschaltung von zwei Negatoren (Inverter)

Die Ausgangsspannung $U_{y1}$ von Inverter 1 ist die Eingangsspannung $U_{x2}$ von Inverter 2. Dessen Ausgangsspannung $U_{y2}$ ist die Eingangsspannung $U_{x1}$von Inverter 1. Legen wir für jeden Inverter die Übertragungskennlinie aus Bild 4.3-34b zu Grunde und zeichnen beide in ein Diagramm, dann erhalten wir Bild 4.3-36b. Für einen stabilen Betrieb müssen die Schnittpunkte der Übertragungskennlinien untersucht werden. Bild 4.3-36b zeigt: es existieren drei Schnittpunkte $S_1$, $S_2$ und $S_3$. $S_3$ ist instabil; dies wird deutlich, wenn man sich überlegt, welche Auswirkung eine (kleine) Störspannung hat. $S_1$ und $S_2$ sind stabil. Die Schaltung hat somit zwei stabile Zustände, sie ist bistabil.

Im Folgenden konzentrieren wir unsere Betrachtungen auf die logische Funktion. Die Realisierung tritt in den Hintergrund. Sie kann in irgendeiner Schaltkreistechnologie erfolgen.

Eine Entsprechung zu Bild 4.3-36a erhalten wir, indem wir Bild 4.3-35 umzeichnen (Bild 4.3- 37). Wir nennen die Ausgänge der beiden Negatoren $Q_S$ und $Q_R$. Die beiden stabilen Zustände können wir beschreiben durch

1. $Q_S = 0$, $Q_R = 1$
2. $Q_S = 1$, $Q_R = 0$

Es gilt stets $Q_S = \neg Q_R$.

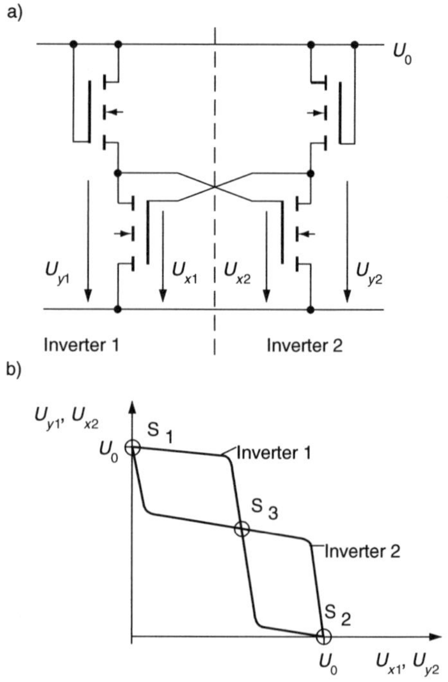


Bild 4.3-36 a) Bistabiles Kippglied, aufgebaut aus zwei NMOS-Invertern, b) Übertragungskennlinien

Die Schaltung speichert ein Binärzeichen (1 Bit). Da die Schaltung keine Eingänge besitzt, kann sie von außen nicht beeinflusst werden. Die Negatoren müssen durch Verknüpfungsglieder ersetzt werden, z.B. NOR- oder NAND-Glieder. Wir beschränken uns zunächst auf NOR-Glieder; der Leser möge sich die aus NAND-Gliedern aufgebauten Flipflops selbst erarbeiten. Bild 4.3-38a zeigt das mit zwei NOR-Gliedern realisierte Flipflop, Bild 4.3-38b die Funktionstabelle bei statischer Betrachtung.

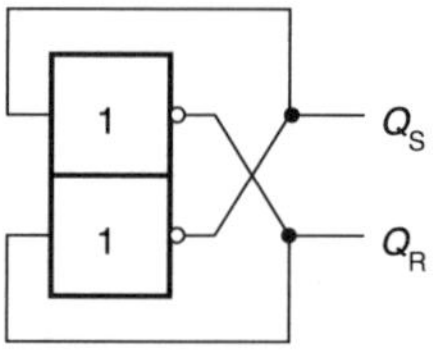


Bild 4.3-37 Bistabiles RS-Kippglied, aufgebaut aus zwei Negatoren

a)

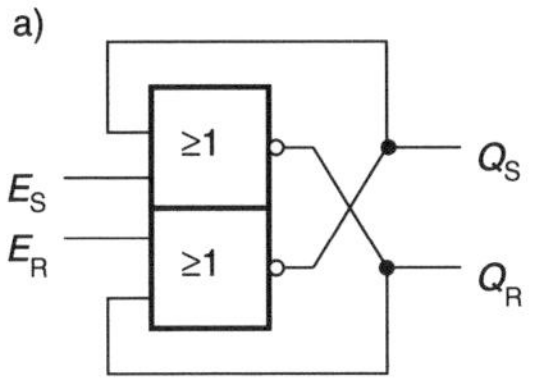


b)

| (E) | $E_R$ | $E_S$ | $Q_R$ | $Q_S$ | Bemerkung |
|---|---|---|---|---|---|
| 0 | 0 | 0 | $\neg Q_S$ | $Q_S$ | Ruhezustand |
| 1 | 0 | 1 | 0 | 1 | Setzen |
| 2 | 1 | 0 | 1 | 0 | Rücksetzen |
| 3 | 1 | 1 | 0 | 0 | Nicht verwenden |

Bild 4.3-38
RS-Kippglied aus zwei NOR-Gliedern:
a) detailliertes Schaltbild,
b) Funktionstabelle bei statischer Betrachtung

a)

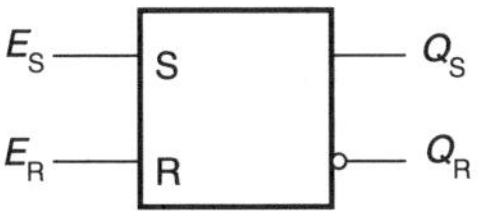


b)

| (E) | $E_R$ | $E_S$ | $Q_R$ | $Q_S$ | Bemerkung |
|---|---|---|---|---|---|
| 0 | 0 | 0 | $\neg Q_S$ | $Q_S$ | Ruhezustand |
| 1 | 0 | 1 | 0 | 1 | Setzen |
| 2 | 1 | 0 | 1 | 0 | Rücksetzen |
| 3 | 1 | 1 | wird durch das Schaltzeichen nicht festgelegt | | |

Bild 4.3-39
Allgemeines Schaltzeichen für RS-Kippglied:
a) Schaltzeichen,
b) Funktionstabelle bei statischer Betrachtung

Für $(E) = 0$ ist das Ausgangssignal ohne Kenntnis der Vorgeschichte nicht bestimmbar. Das NOR-Glieder-Kippglied ist dann funktionsgleich mit dem Negatoren-Kippglied.

Es gilt die Vereinbarung: Für $Q_S = 1$ sagt man, das Flipflop befinde sich im Zustand 1, es sei gesetzt.

Die zeitliche Betrachtung liefert:

$E_R = E_S = 0$: Normal- oder Ruhezustand.

$E_R = 0$, $E_S = 1$: Einspeichern der 1 (setzen). 1-Impuls auf $E_S$, $E_R$ bleibt 0. Mit Beginn des 1-Impulses wird $Q_S = 1$, $Q_R = 0$. Dieser Zustand bleibt auch nach dem 1-Impuls erhalten, da $Q_S = 1$ rückgekoppelt ist.

$E_R = 1$, $E_S = 0$: Einspeichern der 0 (rücksetzen). 1-Impuls auf $E_R$, $E_S$ bleibt 0. Mit Beginn des 1-Impulses wird $Q_S = 0$, $Q_R = 1$. Dieser Zustand bleibt auch nach dem 1-Impuls erhalten, da $Q_R = 1$ rückgekoppelt ist.

$E_R = E_S = 1$: Während des 1-Impulses ist $(Q) = 0$. Der Zustand nach dem 1-Impuls ist nicht vorhersagbar.

## Schaltzeichen für RS-Kippglieder

Bild 4.3-39a zeigt das allgemeine Schaltzeichen für das RS-Kippglied. Da dieses Schaltzeichen (Funktionstabelle in Bild 4.3-39b) die Funktion des NOR-Glieder-Kippglieds nicht vollständig beschreibt, wird es durch die Abhängigkeitsnotation ergänzt (Bild 4.3-40).

Es gilt

($E_S = 1$, d.h. Eingang S1 = 1) $\Rightarrow$ unabhängig von $E_R$ nimmt der mit 1 gekennzeichnete Ausgang (vor dem Negationskreis) den Wert 1 an.

($E_R = 1$, d.h. Eingang R2 = 1) $\Rightarrow$ unabhängig von $E_S$ nimmt der mit 2 gekennzeichnete Ausgang den Wert 0 an.

Dieses Schaltzeichen beschreibt also die Funktion des NOR-Glieder-Kippgliedes:

$$(E_R = E_S = 1) \Rightarrow (Q_S = Q_R = 0)$$

**Anmerkung:**
Die S-R-Abhängigkeitsnotation ist nur notwendig, wenn die Ansteuerung mit $E_R = E_S = 1$ vorgesehen ist.

## Zustandsgesteuertes RS-Kippglied

Bei der bisher betrachteten Realisierung bestimmen die beiden Eingänge $E_R$ und $E_S$ sowohl den gespeicherten Wert, als auch den Übernahmezeitpunkt. Diese beiden Funktionen möchte man

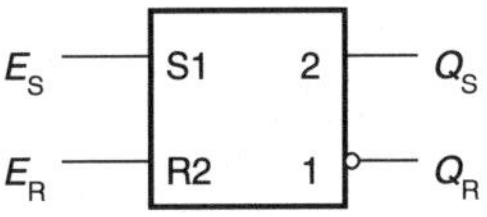


Bild 4.3-40 RS-Kippglied; Schaltzeichen mit S- und R-Abhängigkeitsnotation (NOR-Glieder-Kippglied)

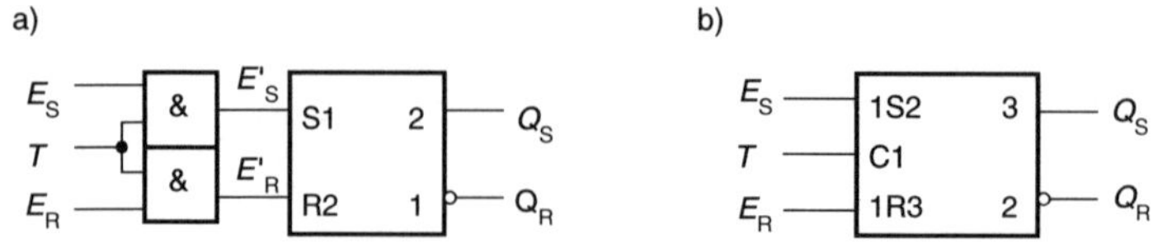


c)

| $j$ | $T$ | $E_R$ | $E_S$ | $E'_R$ | $E'_S$ | $Q_R$ | $Q_S$ | Zustand des Tors | Funktion |
|---|---|---|---|---|---|---|---|---|---|
| 0,1,2,3 | 0 | x | x | 0 | 0 | $\neg Q_S$ | $Q_S$ | gesperrt | Ruhestellung |
| 4 | 1 | 0 | 0 | 0 | 0 | $\neg Q_S$ | $Q_S$ | | Ruhestellung |
| 5 | 1 | 0 | 1 | 0 | 1 | 0 | 1 | durchlässig | Setzen |
| 6 | 1 | 1 | 0 | 1 | 0 | 1 | 0 | | Rücksetzen |
| 7 | 1 | 1 | 1 | 1 | 1 | 0 | 0 | | Nicht verwenden |

Bild 4.3-41
RS-Kippglied (NOR-Glieder-Kippglied) mit UND-Glieder-Tor; Flipflop mit Takteingang:
a) Schaltung,
b) Schaltzeichen,
c) Funktionstabelle bei statischer Betrachtung

meist getrennt haben. Deshalb erweitert man die Schaltung um einen Takteingang C (clock) und zwei UND-Glieder-Tore. (Bild 4.3-41a). Bild 4.3-41c zeigt die Funktion bei statischer Betrachtung. Es handelt sich um ein zustandsgesteuertes Flipflop, denn solange die Variable am C-Eingang den Wert 1 aufweist, sind die Tore geöffnet und die durch diesen C-Eingang gesteuerten Eingänge haben ihre normale Wirkung, andernfalls sind sie wirkungslos. Dies wird durch die Abhängigkeitsnotation deutlich gemacht. Bild 4.3-41b zeigt das vereinfachte Schaltzeichen.

### 4.3.4.2 Mehrspeicher-RS-Kippglieder

Mit den bisher behandelten Einspeicher-Flipflops (latch) kann man zwar die Signale von den Eingängen $E_R$ und $E_S$ übernehmen, beispielsweise gesteuert durch den Takt. Für viele Anwendungen reicht dies jedoch nicht aus. Beispiele hierfür sind Schieberegister oder Zähler. Hier soll die in einem Flipflop gespeicherte Information abgegeben und gleichzeitig eine neue Information aufgenommen werden. Dazu muss man die zu übernehmende Information zunächst in einem Vorspeicher zwischenspeichern und dann in den Hauptspeicher übernehmen.

Man erweitert das Flipflop zu einem Mehrspeicher-Flipflop. Je nachdem ob die Vorspeicherung

- statisch, d.h. bei einem bestimmten Zustand des Taktes oder
- dynamisch, d.h. nur kurzzeitig während des Taktübergangs erfolgt

spricht man von

- zustandsgesteuerten bzw.
- taktflankengesteuerten

Mehrspeicher-Flipflops.

Bild 4.3-42a zeigt ein zustandsgesteuertes RS-Zweispeicher-Flipflop (Master-Slave-Flipflop). Für das Slave-Flipflop ist eine Ansteuerung mit (1,1) unmöglich. Deshalb kann hier auf die Abhängigkeitsnotation verzichtet werden.

Während $T = 0$ ist das Tor des Master-Flipflops gesperrt, das Tor des Slave-Flipflops geöffnet; die im Master-Flipflop gespeicherte Information wird in das Slave-Flipflop übernommen. Mit dem 0/1-Übergang des Taktes $T$ wird das Tor des Slave-Flipflops gesperrt, das Tor des Masters geöffnet; die an den Eingängen anliegende Information wird in das Master-Flipflop übernommen. Während $T = 1$ bleibt dieses Tor geöffnet. Mit dem 1/0-Übergang erscheint die Information am Aus-

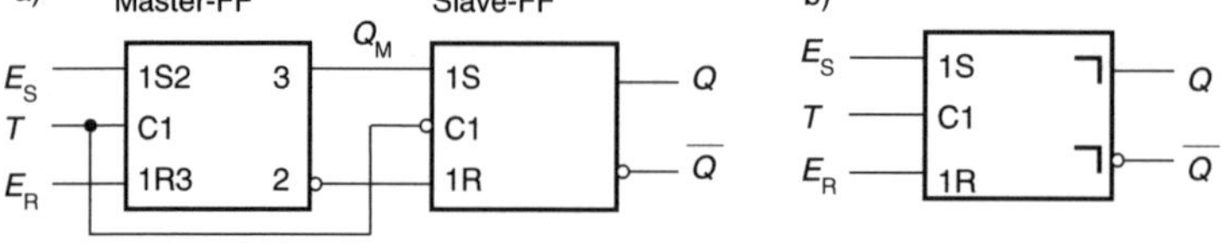


Bild 4.3-42
Zustandsgesteuertes RS-Zweispeicher-Kippglied (Master-Slave-Flipflop):
a) Schaltung,
b) Schaltzeichen

gang des Flipflops. In Bild 4.3-42b bedeutet ¬, dass der Zutandswechsel am Ausgang erst dann wirksam wird, wenn die Eingangsgröße (an C) wieder auf ihren ursprünglichen Wert zurückkehrt.

Bild 4.3-43 zeigt die Signale beim Master-Slave-Flipflop. $Q_M$ ist der Ausgang des Master-Flipflops, $Q$ derjenige des Slave-Flipflops.

In Schaltwerken sind die Variablen Funktionen der Zeit. Die Variablen werden jedoch von einem zentralen Takt gesteuert (synchrones Schaltwerk). Deshalb kann man die Zeit $t$ in Zeitabschnitte $k$ unterteilen, beispielsweise die Zeit zwischen zwei aufeinander folgenden 1/0-Übergängen des Taktes (Bild 4.3-43). Für die Beschreibung eines Schaltwerkes genügt es, die Variablen als Funktion dieser Zeitabschnitte anzugeben, beispielsweise $Q^{(k)}$ in Bild 4.3-43. Dabei schreibt man die Zeitabhängigkeit als hochgestellten Index in Klammern.

Beim Master-Flipflop sind die Tore während $T=1$ geöffnet, Störimpulse können sich somit während dieser Zeit auswirken. Bei taktflankengesteuerten Flipflops werden die Tore nur während der positiven bzw. negativen Taktflanke geöffnet, sonst sind sie gesperrt. Dadurch wird der Einfluss von Störimpulsen wesentlich geringer. Bild 4.3-44 zeigt ein taktflankengesteuertes Flipflop, das auf den 0/1-Übergang des Taktes schaltet.

### 4.3.4.3 Flipflop-Typen

Bisher haben wir unsere Betrachtungen auf das RS-Flipflop konzentriert. Im Folgenden sollen die wichtigsten Flipflop-Typen, geordnet nach ihren logischen Eigenschaften vorgestellt werden. Dabei setzen wir Mehrspeicher-Flipflops voraus. In Bild 4.3-45 sind jeweils Schaltzeichen, Funktionstabelle und Gleichung angegeben.

**RS-Flipflop**

Dieses Flipflop ist hier der Vollständigkeit wegen noch einmal dargestellt.

**D-Flipflop**

Das D-FF entsteht aus dem RS-FF, indem man beide Eingänge mit komplementären Signalen ansteuert. Damit wird ereicht, dass das Eingangssignal $E_D^{(k)}$ im nächsten Intervall am Ausgang erscheint: $Q^{(k+1)} = E_D^{(k)}$. Das D-FF verzögert die am Eingang anliegende Information um ein Taktintervall. Daher rührt der Name Verzögerungs-FF (delay FF).

D-Flipflops werden vielfältig eingesetzt, beispielsweise in programmierbaren Bausteinen oder in Registern in Mikroprozessoren. Bild 4.3-46 zeigt ein Schieberegister. Die Information wird

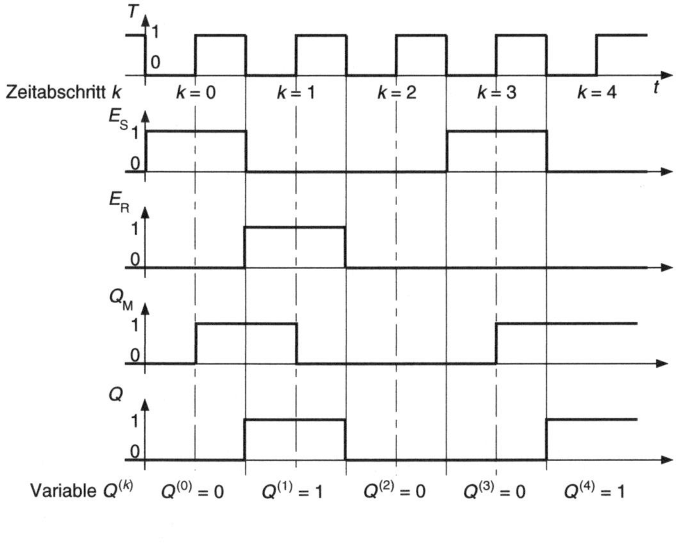


Bild 4.3-43
Zeitdiagramm für das Master-Slave-FF; Zeitabhängigkeit der Variablen $Q^{(k)}$

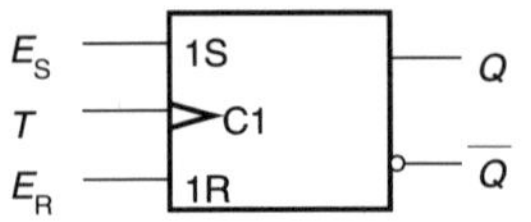


Bild 4.3-44 Taktflankengesteuertes Flipflop

mit jedem Takt um eine Stelle nach rechts geschoben: $Q_0^{(k+1)} = E_D^{(k)}$, $Q_1^{(k+1)} = Q_0^{(k)}$, ...

D-Flipflops besitzen nur eine Eingangsleitung und damit werden weniger Verbindungsleitungen benötigt, was besonders bei integrierten Bausteinen ein wesentlicher Vorteil ist.

## T-Flipflop

Hier werden die beiden Ausgänge auf die Eingänge rückgekoppelt. Es ergibt sich damit: $Q^{(k+1)} = Q^{(k)} \nleftrightarrow E_T^{(k)}$.

Angewendet werden T-Flipflops in Zählern, sowie ebenfalls in programmierbaren Bausteinen.

## JK-Flipflop

Dies ist das universellste Flipflop, da hier festgelegt ist, dass für $E_J^{(k)} = E_K^{(k)} = 1$ das Flipflop in den jeweils komplementären Zustand umkippen soll ($Q^{(k+1)} = \neg Q^{(k)}$). Dazu werden die Ausgänge ebenfalls überkreuzt auf die Eingänge rückgekoppelt. Für $E_J = E_K$ geht das JK-Flipflop in das T-Flipflop über.

Vielfach besitzen die Flipflops noch zusätzliche Setz- und Rücksetzeingänge, die taktunabhängig wirken (Bild 4.3-47a). Bei ausfallsicheren Systemen ist es notwendig anzugeben, welchen Wert das Flipflop nach dem Einschalten der Versorgungsspannung annimmt. Dies geschieht durch die Angabe dieses Zustands (initial state). Bild 4.3-47b zeigt als Beispiel ein D-Kippglied, das sich nach dem Einschalten der Versorgungsspannung im Zustand 0 befindet.

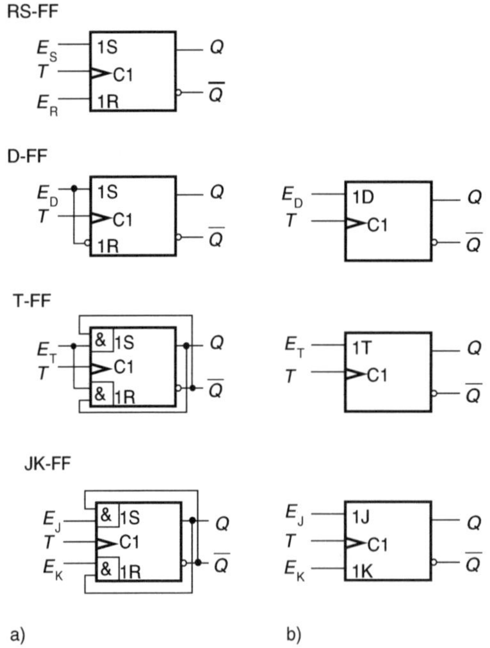


c)

| $E_R^{(k)}$ | $E_S^{(k)}$ | $Q^{(k+1)}$ |
|---|---|---|
| 0 | 0 | $Q^{(k)}$ |
| 0 | 1 | 1 |
| 1 | 0 | 0 |
| 1 | 1 | nicht vorhersagbar |

| $E_D^{(k)}$ | $Q^{(k+1)}$ |
|---|---|
| 0 | 0 |
| 1 | 1 |

| $E_T^{(k)}$ | $Q^{(k)}$ | $Q^{(k+1)}$ | |
|---|---|---|---|
| 0 | 0 | 0 | $Q^{(k)}$ |
| 0 | 1 | 1 | |
| 1 | 0 | 1 | $\neg Q^{(k)}$ |
| 1 | 1 | 0 | |

| $E_K^{(k)}$ | $E_J^{(k)}$ | $Q^{(k+1)}$ |
|---|---|---|
| 0 | 0 | $Q^{(k)}$ |
| 0 | 1 | 1 |
| 1 | 0 | 0 |
| 1 | 1 | $\neg Q^{(k)}$ |

d)

$Q^{(k+1)} = (E_S \vee \overline{E}_R Q)^{(k)}$

Zusatzbedingung:

$(E_S \wedge E_R)^{(k)} = 0$

$Q^{(k+1)} = E_D^{(k)}$

$Q^{(k+1)} = (Q \nleftrightarrow E_T)^{(k)}$

$Q^{(k+1)} = (E_J \overline{Q} \vee \overline{E}_K Q)^{(k)}$

Bild 4.3-45 Flipflop-Typen: RS-, D-, T-, JK-FF (gezeichnet als taktflankengesteuerte FF mit 0/1-Übergang des Taktes als aktiver Taktflanke): a) Realisierung mit RS-FF, b) Schaltzeichen, c) Funktionstabelle, d) Charakteristische Gleichung

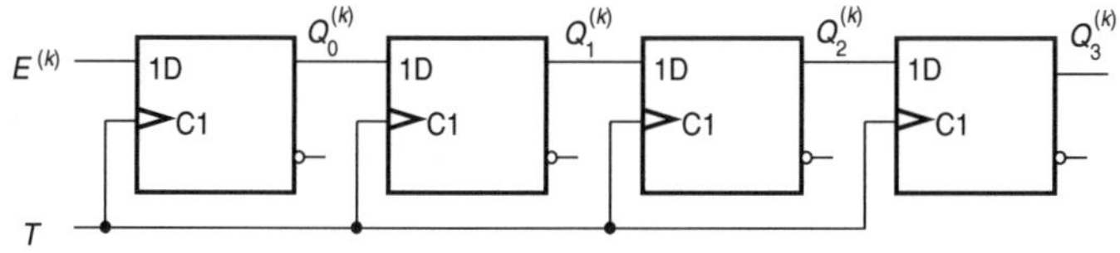


Bild 4.3-46
Schieberegister

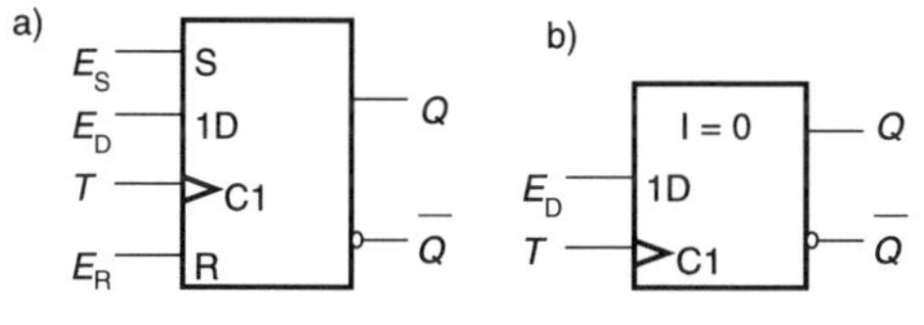


Bild 3.4-47 Weitere Merkmale von Flipflops:
a) D-FF mit taktunabhängigem Setz- und Rücksetzeingang
b) D-FF mit Grundstellung ($Q = 0$),

**Taktflankengesteuertes Flipflop**

Die Betrachtung der Flipflops soll abgeschlossen werden mit einer Realisierung eines taktflankengesteuerten D-Kippglieds (Bild 4.3-48).

Normalzustand $T = 0$: Das Tor 3 ist gesperrt, damit ist $Q_S = Q_R = 1$, unabhängig von $E_D$. FF 2 ist in seiner Ruhestellung. Tor 1, gesteuert durch $Q_S$, ist durchlässig; Tor 2, gesteuert durch $Q_R$, ebenfalls. Damit ist $E_R = \neg E_D$, $E_S = \neg E_R = E_D$.

0/1-Übergang des Taktes $T$: Tor 3 wird durchlässig. In Abhängigkeit von $E_D$ wird FF 1 und daran anschließend FF 2 gesetzt oder rückgesetzt. Ändert sich nachträglich $E_D$, dann bleiben beide Flipflops gesetzt, da entweder Tor 1 oder Tor 2 gesperrt ist.

1/0-Übergang des Taktes $T$: War FF 1 gesetzt, dann wechselt $Q_R$ von 0 nach 1. $Q_S$ bleibt 1, FF 2 ändert dadurch seinen Zustand nicht. Entsprechendes gilt, falls FF 1 rückgesetzt war.

## 4.3.5 Schaltwerke

Schaltnetze bestehen nur aus Verknüpfungsgliedern, sie besitzen keine Rückkopplungen, keine Speicherelemente. Hier wollen wir die im vorigen Abschnitt eingeführten Flipflops (FF), also die Speicherelemente, mit Schaltnetzen zusammenbringen, dadurch ergeben sich Schaltwerke. Ihr Verhalten wird durch zeitabhängige boolesche Variable beschrieben. Für die Untersuchung und den Entwurf von Schaltwerken benötigen wir einige Grundbegriffe der Automatentheorie.

### 4.3.5.1 Grundbegriffe der Automatentheorie

Die Automatentheorie, die wir hier – nur soweit notwendig – einführen wollen, wurde von David A. Huffman, George H. Mealy und Edward F. Moore in den 50er-Jahren des 20. Jahrhunderts begründet. Darstellungen findet man z.B. in [42-2f], [46-1a].

Das synchrone Schaltwerk ist die technische Realisierung eines Automaten. Es verfügt über

*m* Eingänge:

Eingabewort $(x)^{(k)} = (x_{m-1}, \ldots, x_1, x_0)^{(k)}$

*i* Ausgänge:

Ausgabewort $(y)^{(k)} = (y_{i-1}, \ldots, y_1, y_0)^{(k)}$

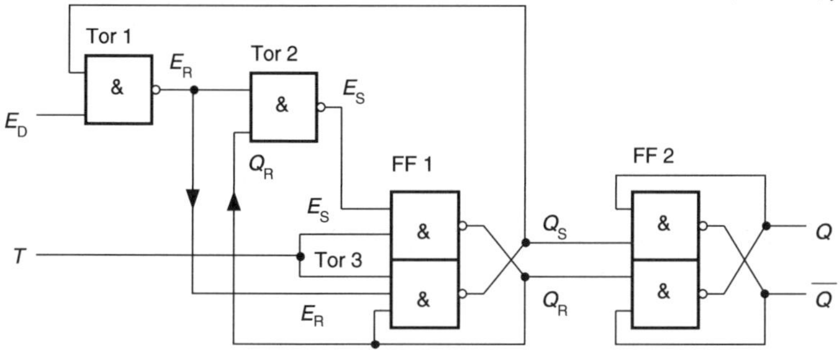


Bild 4.3-48
Taktflankengesteuertes D-Flipflop

$n$ Flipflops:

Innerer Zustand $(z)^{(k)} = (z_{n-1}, \ldots, z_1, z_0)^{(k)}$

$(M = 2^m, \quad I = 2^i, \quad N = 2^n)$

Die Ausgänge der Flipflops werden zum Eingang des Schaltnetzes rückgekoppelt. Alle Größen bilden zeitliche Folgen. Das Schaltwerk wird von einem zentralen Takt T gesteuert. Dieser Takt muss mindestens so gewählt werden, dass die Signale alle Schaltglieder (Verzögerungszeiten!) durchlaufen können. Durch den Takt werden alle Flipflops (Mehrspeicher-Flipflop) gesteuert. Damit wird erreicht, dass sich alle Speicherelemente zu den festgelegten diskreten Zeitpunkten in stabilen Zuständen befinden. Der Takt muss nicht streng periodisch sein.

Allen Automaten eigen ist, dass sie auf eine zeitliche Folge von Eingabewörtern $\{(x)\}$ am Ausgang eine Folge von Wörtern $\{(y)\}$ erzeugen. Zur Beschreibung der Automaten werden neben $(x)$, $(y)$ und $(z)$ noch zwei Funktionsbündel benötigt:

- Übergangsfunktion: Sie gibt den inneren Zustand des Automaten im Zeitintervall $k+1$ in Abhängigkeit von den Größen im Intervall $k$ an,

  $$(z)^{(k+1)} = g[(x),(z)]^{(k)} \tag{4.3-18}$$

- Ausgabefunktion: Hier unterscheiden wir zwei Typen von Automaten:

  *Mealy-Automat.* Das Ausgabewort hängt sowohl vom Eingabewort $(x)$, als auch vom inneren Zustand $(z)$ ab,

  $$(y) = f[(x),(z)] \tag{4.3-19}$$

  *Moore-Automat.* Das Ausgabewort hängt nur vom inneren Zustand $(z)$ ab,

  $$(y) = f[(z)] \tag{4.3-20}$$

**Anmerkungen:**

- Der hochgestellte Index kann auch weggelassen werden, wenn keine Verwechslungsmöglichkeit besteht. Davon haben wir in den Gln. (4.3-19) und (4.3-20) Gebrauch gemacht, denn die Ausgabefunktion ist eine reine Schaltnetzfunktion.
- Um die beiden Automaten zu unterscheiden, bezeichnen wir im Folgenden das Ausgabewort des Moore-Automaten mit $(A)$ statt $(y)$.

### 4.3.5.2 Mealy-Automat

Der Mealy-Automat (Bild 4.3-49) wird durch die zwei Funktionsbündel beschrieben:

Übergangsfunktion:

$$(z)^{(k+1)} = g[(z),(x)]^{(k)} \tag{4.3-18}$$

Ausgabefunktion:

$$(y)^{(k)} = f[(z),(x)]^{(k)} \tag{4.3-19}$$

**Bemerkung:**

Je nach der geforderten Aufgabenstellung kann für die Ausgabe ein Ausgabespeicher vorzusehen sein. Dann ist $(y)^{(k+1)}$ statt $(y)^{(k)}$ zu bilden. Für diesen Ausgabespeicher werden zweckmäßigerweise D-FF verwendet.

Die Definition der Schaltwerksfunktion kann in verschiedener Weise erfolgen.

**1. $(n + i)$ Gleichungen der Algebra der Logik**

$$
\begin{aligned}
z_{n-1}^{(k+1)} &= g_{n-1}[z_{n-1}, \ldots, z_0, x_{m-1}, \ldots, x_0]^{(k)} \\
&\ldots \\
z_0^{(k+1)} &= g_0[z_{n-1}, \ldots, z_0, x_{m-1}, \ldots, x_0]^{(k)} \\
y_{i-1} &= f_{i-1}[z_{n-1}, \ldots, z_0, x_{m-1}, \ldots, x_0] \\
&\ldots \\
y_0 &= f_0[z_{n-1}, \ldots, z_0, x_{m-1}, \ldots, x_0]
\end{aligned}
$$

**2. Übergangs- und Ausgabematrix ($z$-$y$-Matrix)**

Die Elemente der $z$-$y$-Matrix enthalten für jedes Paar $[(z), (x)]^{(k)}$ den Folgezustand $(z)^{(k+1)}$ und das zugehörige Ausgabewort $(y)^{(k)}$. Man nennt die

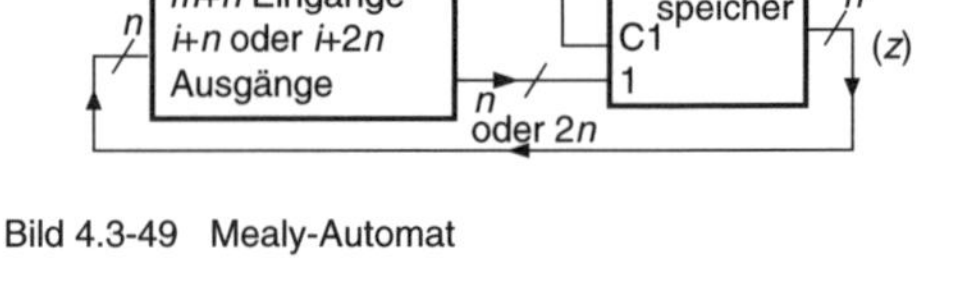


Bild 4.3-49 Mealy-Automat

| $(z)$ \ $(x)$ | $(z)^{(k+1)}$ 0 | 1 | $(y)^{(k)}$ 0 | 1 |
|---|---|---|---|---|
| 0 | 1 | 2 | 0 | 1 |
| 1 | 1 | 0 | 1 | 0 |
| 2 | 1 | 3 | 0 | 1 |
| 3 | 3 | 2 | 1 | 0 |

Bild 4.3-50 Übergangs- und Ausgabematrix

Matrix auch Schaltwerksmatrix. Bild 4.3-50 zeigt die $z$-$y$-Matrix anhand eines Beispiels.

**Beispiel:**
Wir betrachten ein Schaltwerk mit einem Eingang, zwei Flipflops und einem Ausgang, d.h. mit $m = 1$, $n = 2$, $i = 1$.

### 3. Schaltwerksgraf

Bild 4.3-51 zeigt den Schaltwerksgrafen für das obige Beispiel. Die einzelnen Elemente haben folgende Bedeutung:

Knoten: Sie bezeichnen die inneren Zustände $(z)$.

Pfeil: Übergang von einem Zustand zum Folgezustand, hervorgerufen durch ein Eingabewort (Ziffer an dem Pfeil). Das Ausgabewort wird in Klammern gesetzt.

Der Startzustand wird durch einen Pfeil gekennzeichnet, der auf diesen Zustand zeigt.

Die Folge der Ausgabewörter $\{(y)^{(k)}\}$ wird berechnet für eine vorgegebene Folge von Eingabewörtern $\{(x)^{(k)}\}$, bei gegebener $z$-$y$-Matrix oder Schaltwerksgraf, ausgehend von einem inneren Anfangszustand $(z)^{(0)}$.

**Beispiel:**
Für obiges Schaltwerk (Bild 4.3-50) ergibt sich für $(z)^{(0)} = 0$ (Bild 4.3-52):

| $k$ | 0 | 1 | 2 | 3 | 4 | 5 | 6 | 7 | 8 | … |
|---|---|---|---|---|---|---|---|---|---|---|
| $(x)^{(k)}$ | 0 | 1 | 1 | 0 | 0 | 1 | 1 | 1 | 0 | |
| $(z)^{(k)}$ | 0 | 1 | 0 | 2 | 1 | 1 | 0 | 2 | 3 | 3 |
| $(y)^{(k)}$ | 0 | 0 | 1 | 0 | 1 | 0 | 1 | 1 | 1 | |

Bild 4.3-52 Reaktion des Schaltwerks in Bild 4.3-51 auf die Folge der Eingabewörter

Der Leser bestätige diese Ausgabefolge nochmals anhand der Schaltwerksmatrix sowie des Schaltwerksgrafen. Er vergewissere sich über die Gleich-

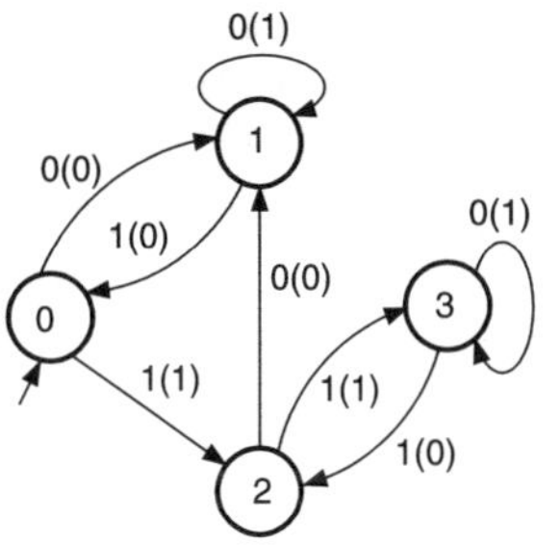


Bild 4.3-51 Schaltwerksgraf für Mealy-Auomat

wertigkeit der beiden Darstellungen in Bild 4.3-50 und 4.3-51.

### Realisierung eines Mealy-Automaten mit D- oder JK-Flipflops

Die Realisierung kann mit Mehrspeicher-Flipflops aller Typen erfolgen. Es werden jedoch vornehmlich zwei Typen verwendet:

- JK-FF bei diskreten Aufbauten, wenn eine möglichst geringe Funktionslänge für das Schaltnetz zur Ansteuerung der Flipflops gewünscht ist. Die Funktionslänge wird hier besonders klein, da beim JK-FF alle 4 Eingangswörter ausgenutzt werden.
- D-FF bei programmierbaren Schaltungen. Hier ist das D-FF oft Teil einer Makrozelle am Ausgang des Bausteins.

Aus diesem Grund werden im Folgenden nur Schaltwerke mit diesen beiden Flipflop-Typen entwickelt. Je nach FF-Typ müssen $n$ (D-FF) oder $2\,n$ (JK-FF) Ansteuerfunktionen ermittelt werden (Bild 4.3-49). Realisierungen mit RS-FF können in entsprechender Weise gefunden werden.

Die $z$-$y$-Matrix bzw. der Schaltwerksgraf schreibt die Übergänge von einem Zustand $(z)^{(k)}$ in den nächsten Zustand $(z)^{(k+1)}$ vor. Daraus ergeben sich Vorschriften für den Übergang eines Flipflops vom Taktintervall $k$ nach $k+1$ und damit für die Ansteuerung des Flipflops während des Taktintervalls $k$. Bild 4.3-53 zeigt die Ansteuertabelle für D- und JK-FF. Sie wurde aus der Funktionstabelle bzw. charakteristischen Gleichung in Bild 4.3-45 ermittelt.

Beim D-FF ist leicht einzusehen, dass im Intervall $k$ am Eingang $E_D$ der gewünschte Wert $z^{k+1}$ anliegen muss: $E^{(k)} = z^{(k+1)}$. Beim JK-FF ergeben sich Freiheitsgrade (×).

Mit den Ansteuertabellen (Bild 4.3-53) und der $z$-$y$-Matrix bzw. dem Schaltwerksgrafen kann man das Schaltwerk entwerfen.

**Beispiel:**
Wir wollen den Entwurf exemplarisch anhand des in Bild 4.3-50 bzw. 4.3-51 vorgestellten Schaltwerks durchführen.
Dazu stellen wir die Ablauf- und Funktionstabelle für die Eingangsvariablen der Flipflops auf (Bild 4.3-54). Es gibt $m+i$ Variable, im Beispiel also $1 + 2 = 3$. Die Ablauftabelle liefert den Zusammenhang gemäß der Übergangs- und Ausgabematrix (Bild 4.3-50). Auf eine eigene Funktionstabelle für die Eingänge der D-FFs verzichten wir, da diese Information bereits in der Ablauftabelle in den Spalten für $(z_1, z_0)^{k+1}$ zur Verfügung steht.
Aus dieser Tabelle muss man jetzt die booleschen Funktionen, beispielsweise mit Hilfe von KV-Diagrammen, ermitteln. Die DMF der Ausgabefunktion lautet:

$$y = \bar{x} z_0 \vee x \bar{z}_0 = x \nleftrightarrow z_0$$

Entsprechend dem gewählten FF-Typ sind die Ansteuerfunktionen zu bestimmen. Wir wollen die Ansteuerfunktionen sowohl für D- als auch für JK-FF bestimmen. Ihre DMF lautet:

$$\text{D-FF: } E_{D1} = x \bar{z}_0 \vee z_1 z_0 ; \quad E_{D0} = \bar{x} \vee z_1 \bar{z}_0 \quad (l = 10)$$

$$\text{JK-FF: } E_{K1} = \bar{x}\, \bar{z}_0 ; \quad E_{K0} = x ;$$

$$E_{J1} = x \bar{z}_0 ; \quad E_{J0} = \bar{x} \vee z_1 \quad (l = 6)$$

In Bild 4.3-55 ist als Beispiel die Realisierung des Schaltwerks mit JK-FF dargestellt.

### 4.3.5.3 Moore-Automat

Der Moore-Automat (Bild 4.3-56) wird durch die Übergangsfunktion Gl. (4.3-18) und die Ausgabefunktion beschrieben:

$$(A)^{(k)} = f[(z)^{(k)}] \tag{4.3-20}$$

Die Ausgabe $(A)$ ist nur vom inneren Zustand $(z)$, nicht aber vom Eingabewort $(x)$ abhängig. Damit reduziert sich die Ausgabematrix zu einer Spalte. Die Ablauftabelle ist gleich wie beim Mealy-Automaten, allerdings entfallen die Spalten für die

| | | D-FF | JK-FF | |
|---|---|---|---|---|
| $z^{(k)}$ | $z^{(k+1)}$ | $E_D^{(k)}$ | $E_K^{(k)}$ | $E_J^{(k)}$ |
| 0 | 0 | 0 | × | 0 |
| 0 | 1 | 1 | × | 1 |
| 1 | 0 | 0 | 1 | × |
| 1 | 1 | 1 | 0 | × |

Bild 4.3-53 Ansteuerbedingungen für Flipflops

| $j$ | $(x\ z_1\ z_0)^{(k)}$ | $y^{(k)}$ | $(z_1\ z_0)^{(k+l)}$ | $E_{K1}$ | $E_{J1}$ | $E_{K0}$ | $E_{J0}$ |
|---|---|---|---|---|---|---|---|
| 0 | 0 0 0 | 0 | 0 1 | × | 0 | × | 1 |
| 1 | 0 0 1 | 1 | 0 1 | × | 0 | 0 | × |
| 2 | 0 1 0 | 0 | 0 1 | 1 | × | × | 1 |
| 3 | 0 1 1 | 1 | 1 1 | 0 | × | 0 | × |
| 4 | 1 0 0 | 1 | 1 0 | × | 1 | × | 0 |
| 5 | 1 0 1 | 0 | 0 0 | × | 0 | 1 | × |
| 6 | 1 1 0 | 1 | 1 1 | 0 | × | × | 1 |
| 7 | 1 1 1 | 0 | 1 0 | 0 | × | 1 | × |
| | Ablauftabelle | | | Funktionstabelle für Eingangsvariable der JK-FF | | | |

Bild 4.3-54 Ablauf- und Funktionstabelle

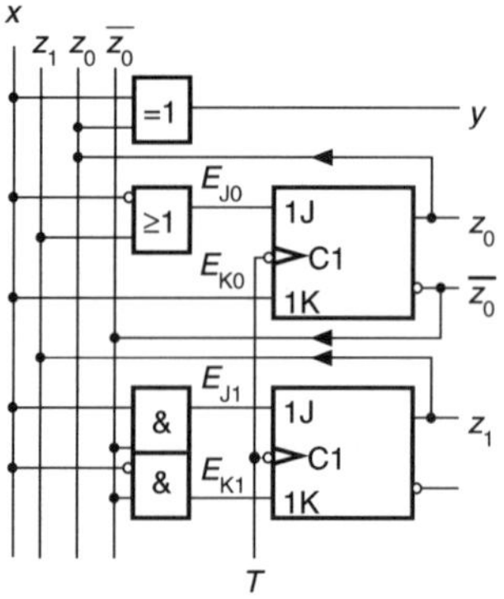


Bild 4.3-55 Realisierung des Schaltwerks (vgl. Bild 4.3-50 und 51) mit JK-FF

Ausgabe. Für das Ausgabewort ist eine getrennte Funktionstabelle erforderlich.

### 4.3.5.4 Schaltwerk-Synthese

Die prinzipielle Vorgehensweise bei der Schaltwerk-Synthese wollen wir anhand eines typischen,

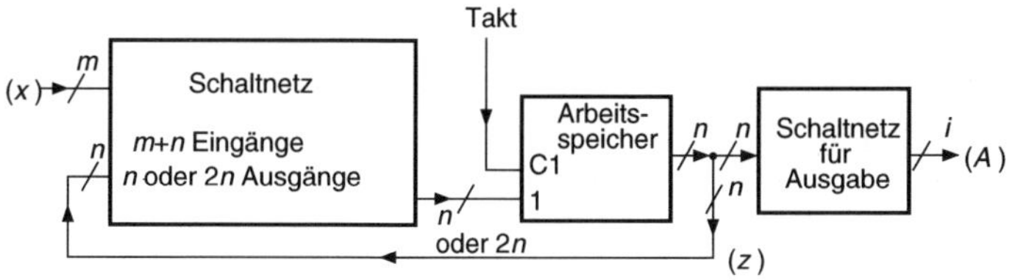


Bild 4.3-56
Moore-Automat

a)

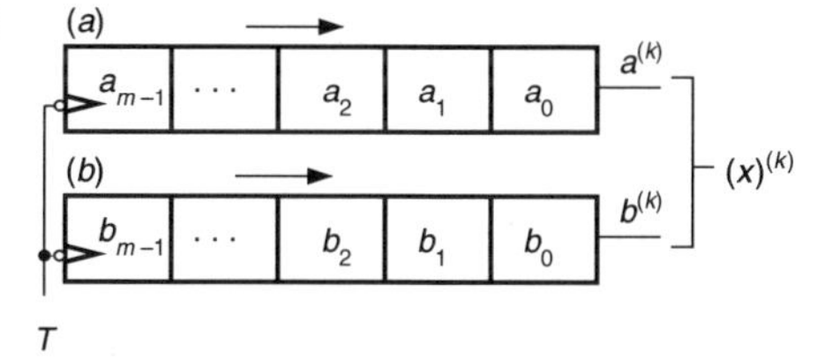


b)

| $b^{(k)}$ | $a^{(k)}$ | $(x)^{(k)}$ |
|---|---|---|
| 0 | 0 | 0 |
| 0 | 1 | 1 |
| 1 | 0 | 2 |
| 1 | 1 | 3 |

Bild 4.3-57
Vergleich zweier Dualzahlen:
a) Schieberegister,
b) Eingabewörter für das Schaltwerk

aber einfachen Beispiels kennen lernen. Ausgehend von der Aufgabenstellung für ein Schaltwerk wollen wir einen Moore-Automaten entwickeln.

Zwei nichtnegative $m$-stellige Dualzahlen $(a)$ und $(b)$ sollen miteinander verglichen werden. Sie sind jeweils in einem Schieberegister gespeichert und werden bitseriell als Zeitreihen $a^{(k)}$ und $b^{(k)}$ verarbeitet. Die niederwertigsten Stellen kommen zuerst. Bild 4.3-57 zeigt die Schieberegister sowie die möglichen Eingabewörter $(x)$ für das Schaltwerk. Zwei Ausgänge $A_1$ und $A_0$ sollen nach vollständigem Durchlauf ($m$ Takte) das Vergleichsergebnis anzeigen (Bild 4.3-58).

| Ergebnis | $A_1$ | $A_0$ |
|---|---|---|
| $(a) = (b)$ | 0 | 0 |
| $(a) > (b)$ | 0 | 1 |
| $(a) < (b)$ | 1 | 0 |

Bild 4.3-58 Ausgabe $(A)$ des Schaltwerks

Dazu gehen wir schrittweise vor.

### 1. Schaltwerksgraf

Zunächst wissen wir noch nicht, wie viel innere Zustände benötigt werden. Deshalb bezeichnen wir diese mit S1, S2, ... Beginnend mit dem Ausgangszustand S1 ($(a) = (b)$) sehen wir weitere Zustände S2 ($(a) > (b)$) und S3 ($(a) < (b)$) vor und tragen die Übergänge für alle Eingabewörter $(x)$ in den Schaltwerksgrafen (Bild 4.3-59) ein.

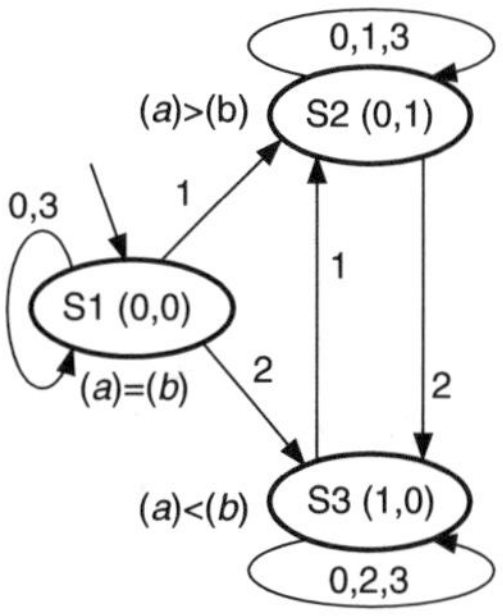


Bild 4.3-59 Schaltwerksgraf für den Vergleich zweier Dualzahlen (Moore-Automat)

**Anmerkung:**
Beim Moore-Automaten wird das Ausgabewort (in eine Klammer gesetzt) dem inneren Zustand zugeordnet.

Hier sind $z = 3$ innere Zustände erforderlich. Dafür benötigt man $n$ Flipflops:

$$n \geq \log_2 z = \text{ld } z \qquad (4.3\text{-}21)$$

hier also $n = 2$.

### 2. Codierung der inneren Zustände

Jetzt muss man die inneren Zustände S1, S2, ... den Zuständen der Flipflops $(z) = (z_{n-1}, ..., z_1, z_0)$ zuordnen (Zustands-Codierung). Im Regelfall wählt man die duale Codierung, d.h.

S1 $\rightarrow (z) = 0$
S2 $\rightarrow (z) = 1$
S3 $\rightarrow (z) = 2$
...

Im Beispiel also (Bild 4.3-60):

| Zustand | $z_1$ | $z_0$ |
|---|---|---|
| S1 | 0 | 0 |
| S2 | 0 | 1 |
| S3 | 1 | 0 |

Bild 4.3-60 Zustandscodierung für den Dualzahlenvergleich

**3. Ablauftabelle**

Entsprechend dem zweistelligen Eingabewort $(a, b)$ und den zwei Flipflops hat die Ablauftabelle im Beispiel 16 Zeilen. Wir wählen JK-FF und ermitteln mit Hilfe der Ansteuertabelle (Bild 4.3-53) die Funktionstabelle (Bild 4.3-61).

**Anmerkung:**
Bei Mealy-Automaten kommen hier noch die Spalten für das Ausgabewort $(y)$ hinzu.

| $j$ | $(b$ | $a$ | $z_1$ | $z_0)^{(k)}$ | $(z_1$ | $z_0)^{(k+1)}$ | $E_{K1}$ | $E_{J1}$ | $E_{K0}$ | $E_{J0}$ |
|---|---|---|---|---|---|---|---|---|---|---|
| 0 | 0 | 0 | 0 | 0 | 0 | 0 | × | 0 | × | 0 |
| 1 | 0 | 0 | 0 | 1 | 0 | 1 | × | 0 | 0 | × |
| 2 | 0 | 0 | 1 | 0 | 1 | 0 | 0 | × | × | 0 |
| 3 | 0 | 0 | 1 | 1 | × | × | × | × | × | × |
| 4 | 0 | 1 | 0 | 0 | 0 | 1 | × | 0 | × | 1 |
| 5 | 0 | 1 | 0 | 1 | 0 | 1 | × | 0 | 0 | × |
| 6 | 0 | 1 | 1 | 0 | 0 | 1 | 1 | × | × | 1 |
| 7 | 0 | 1 | 1 | 1 | × | × | × | × | × | × |
| 8 | 1 | 0 | 0 | 0 | 1 | 0 | × | 1 | × | 0 |
| 9 | 1 | 0 | 0 | 1 | 1 | 0 | × | 1 | 1 | × |
| 10 | 1 | 0 | 1 | 0 | 1 | 0 | 0 | × | × | 0 |
| 11 | 1 | 0 | 1 | 1 | × | × | × | × | × | × |
| 12 | 1 | 1 | 0 | 0 | 0 | 0 | × | 0 | × | 0 |
| 13 | 1 | 1 | 0 | 1 | 0 | 1 | × | 0 | 0 | × |
| 14 | 1 | 1 | 1 | 0 | 1 | 0 | 0 | × | × | 0 |
| 15 | 1 | 1 | 1 | 1 | × | × | × | × | × | × |

Bild 4.3-61 Ablauf- und Funktionstabelle für JK-FF

**4. Funktionstabelle für die Ausgabe $(A)$**

Dies ist nur beim Moore-Automaten erforderlich. Es werden die einfachsten Schaltnetzfunktionen für $(A) = f[(z)]$ ermittelt. In unserem Beispiel ist hierfür kein zusätzliches Schaltznetz erforderlich. Es ist

$$A_1 = z_1; \quad A_0 = z_0$$

**5. Wahl des Flipflop-Typs, Ermitteln der einfachsten Funktionen für die Eingangsvariablen der Kippglieder**

Die Tabelle in Bild 4.3-61 enthält bereits die nötigen Informationen für D- und JK-Flipflops. Beispielsweise mit Hilfe des KV-Diagramms erhält man die DMF:

D-FF:

$$E_{D1} = b\bar{a} \vee b\bar{z}_1 \vee \bar{a}z_1; \quad E_{D0} = \bar{b}a \vee \bar{b}z_0 \vee az_0$$

$$\text{JK-FF: } E_{K1} = E_{J0} = \bar{b}a; \quad E_{J1} = E_{K0} = b\bar{a}$$

Bild 4.3-62 zeigt die Schaltung mit JK-FF. Mit den taktunabhängig wirkenden Rücksetzeingängen wird der Anfangszustand wieder hergestellt.

Der Leser möge selbst die Lösung für den Fall erarbeiten, wenn statt der niederwertigsten die höchstwertigsten Stellen von $(a)$ und $(b)$ zuerst kommen.

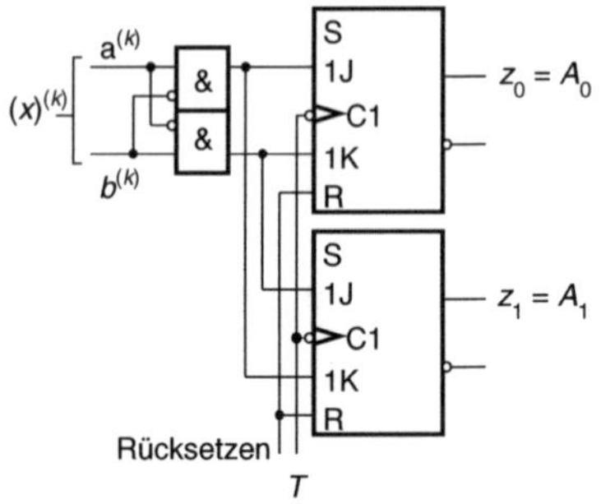


Bild 4.3-62 Realisierung des Schaltwerks für den Vergleich zweier Dualzahlen mit JK-FF

**Zustandsreduktion**

Im Allgemeinen besteht beim Entwurf eines Schaltwerks nur die Forderung, dass dieses auf eine Folge von Eingabewörtern $\{(x)\}$ mit einer bestimmten Folge von Ausgabewörtern $\{(y)\}$ antwortet. Die Forderung kann durch unterschiedliche Schaltwerke realisiert werden.

Man definiert:
Zwei Schaltwerke sind logisch äquivalent genau dann, wenn sie auf jede Folge von Eingabewörtern $\{(x)\}$ mit derselben Folge von Ausgabewörtern $\{(y)\}$ oder $\{(A)\}$ antworten.

Eine Grundaufgabe der Automatentheorie besteht darin, unter allen logisch äquivalenten Schaltwerken dasjenige zu finden, das mit einer minimalen Anzahl von inneren Zuständen auskommt.

Hierzu wurden Verfahren entwickelt, siehe z.B. [46-1a]. Durch die integrierte Schaltkreistechnik haben sich aber die Gewichte verschoben. So steht heute nicht mehr die Minimalzahl der Zustände, und damit der Flipflops, im Vordergrund. Vielmehr ist die Übersichtlichkeit, Testbarkeit und Wartbarkeit von ausschlaggebender Bedeutung (vgl. [42-2g]).

## 4.3.6 Zähler

Zähler sind Schaltwerke ohne Eingabe. Sie werden vom Takt $T$ weitergeschaltet, der selbstverständlich nicht periodisch sein muss. Werden alle Flipflops von demselben Taktsignal angesteuert, dann handelt es sich um synchrone Zähler, sonst um asynchrone Zähler.

Normalerweise ist man an synchronen Schaltwerken interessiert, da diese schneller sind und hier – bedingt durch die gemeinsame Taktansteuerung – alle Flipflops gemeinsam schalten. Bei asynchronen Schaltwerken ist dies nicht der Fall. Deshalb findet man asynchrone Schaltwerke vornehmlich bei kleinen, nach außen abgegrenzten Baugruppen, wie bespielsweise Zählern. Ihr Vorteil ist, dass sie oft einfacher aufgebaut sind als vergleichbare synchrone Schaltwerke.

### 4.3.6.1 Synchrone Zähler

Bild 4.3-63 zeigt das Blockschaltbild eines synchronen Zählers. Die Übergangsfunktion, Gl.(4.3-18) vereinfacht sich zu

$$(z)^{(k+1)} = g[(z)]^{(k)} \tag{4.3-22}$$

Der Schaltwerksgraf vereinfacht sich zu einem Ring oder zu mehreren Ringen, eventuell mit vor-

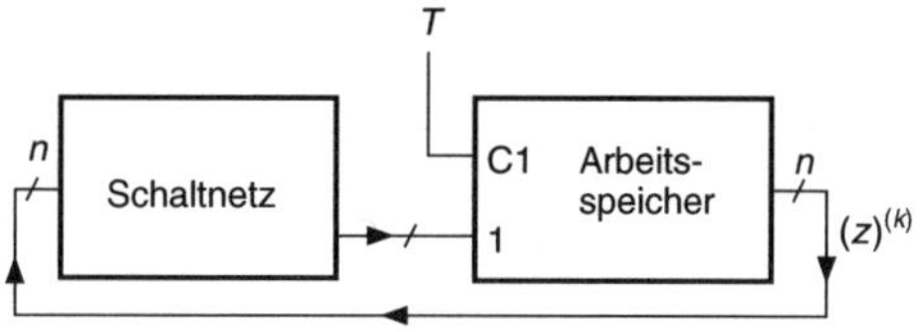


Bild 4.3-63 Synchroner Zähler

übergehenden Zuständen. Für Zähler interessiert nur der „Hauptring“, d.h. der Ring, der die gewünschte periodische Folge von inneren Zuständen beinhaltet. Im Folgenden betrachten wir einige typische Zähler.

**Modulo-N-Dualzähler ($N = 2^n$)**
Seine Übergangsfunktion lautet:

$$(z)^{(k+1)} = [(z)^{(k)} + 1] \bmod 2^n \tag{4.3-23}$$

Als Beispiel betrachten wir den Modulo-8-Zähler. Er zählt im Dualcode von 0 bis 7 und beginnt dann wieder bei 0 (Bild 4.3-64). Die Realisierung erfolge zunächst mit T-FFs. Bild 4.3-65 zeigt die Funktionstabelle. Es werden 3 FFs benötigt, um die 8 Zustände zu codieren.

Als Ansteuerfunktionen für die Eingänge der T-FF erhält man:

$$E_{T2} = z_1 z_0$$
$$E_{T1} = z_0$$
$$E_{T0} = 1$$

Die Schaltung des Zählers ist in Bild 4.3-66a (durchgezogene Striche) dargestellt.

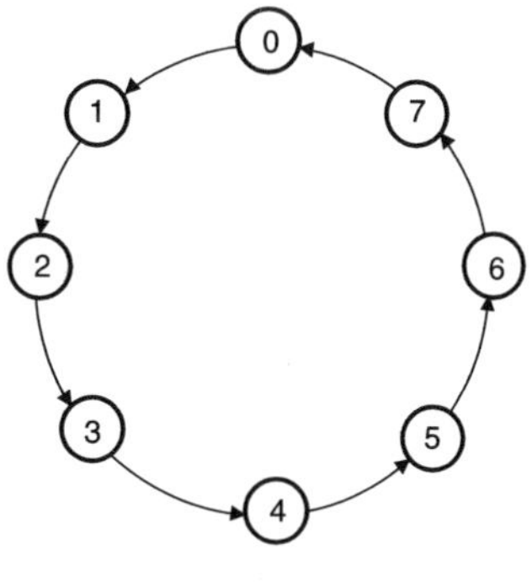


Bild 4.3-64 Modulo-8-Dualzähler: Schaltwerksgraf

| $(z)^{(k)}$ | $(z_2\ z_1\ z_0)^{(k)}$ | $(z_2\ z_1\ z_0)^{(k+1)}$ | $E_{T2}\ E_{T1}\ E_{T0}$ |
|---|---|---|---|
| 0 | 0 0 0 | 0 0 1 | 0 0 1 |
| 1 | 0 0 1 | 0 1 0 | 0 1 1 |
| 2 | 0 1 0 | 0 1 1 | 0 0 1 |
| 3 | 0 1 1 | 1 0 0 | 1 1 1 |
| 4 | 1 0 0 | 1 0 1 | 0 0 1 |
| 5 | 1 0 1 | 1 1 0 | 0 1 1 |
| 6 | 1 1 0 | 1 1 1 | 0 0 1 |
| 7 | 1 1 1 | 0 0 0 | 1 1 1 |

Bild 4.3-65 Funktionstabelle (T-FF) des Modulo-8-Zählers

Dieser Zähler kann in einfacher Weise auf beliebiges $n$ erweitert werden. Dazu gehen wir von folgender Überlegung aus: Das FF $z_n$ kippt mit dem nächsten Taktimpuls genau dann, wenn alle niederwertigen Kippglieder 1 sind. Sonst bleibt es in Ruhe. Zur Abkürzung führen wir ein:

$$P_\nu = \wedge(z_{\nu-1}, \ldots, z_1, z_0)\,,$$

wobei $P_1 = z_0$,
$P_0 = 1$

Dann erhalten wir die Bedingungen für

Ruhe: $\left[ z_\nu^{(k+1)} = z_\nu^{(k)} \right] \Leftrightarrow \left[ P_\nu = 0 \right]$

Kippen: $\left[ z_\nu^{(k+1)} = \neg z_\nu^{(k)} \right] \Leftrightarrow \left[ P_\nu = 1 \right]$

wobei $\Leftrightarrow$ als „genau dann, wenn" gelesen wird und damit

$$E_{T\nu} = P_\nu \qquad (4.3\text{-}24)$$

In Bild 4.3-66a ist diese Erweiterung gestrichelt eingezeichnet, Bild 4.3-66b zeigt das Schaltzeichen dieses Dualzählers.

Es lassen sich auch die Realisierungen mit anderen FF-Typen angeben:

JK-FF: Das JK-FF verhält sich für $E_{K\nu} = E_{J\nu}$ wie ein T-FF (vgl. 4.3.4). Damit wird: $E_{K\nu} = E_{J\nu} = P_\nu$

D-FF: Für das D-FF gilt die charakteristische Gleichung (Bild 4.3-45d) $z^{(k+1)} = E_D^{(k)}$, für das T-FF $z^{(k+1)} = z^{(k)} \nleftrightarrow E_T^{(k)}$

Damit erhalten wir: $E_D^{(k)} = z^{(k)} \nleftrightarrow E_T^{(k)}$

und mit Gl.(4.3-24) $E_{D\nu} = z_\nu \nleftrightarrow P_\nu$

und speziell $E_{D0} = z_0 \nleftrightarrow 1 = \overline{z_0}$

**Ladbarer Dualzähler**

Beispielsweise in Rechnern finden wir mit dem Befehlsadress-Register (vgl. 4.5.4) ein Register, das einerseits als Zähler arbeitet, andererseits aber auch, z.B. durch Sprungbefehle, auf bestimmte Werte gesetzt werden kann. Deshalb bezeichnet man dieses Register auch als Befehlszähler.

Der Zähler (Bild 4.3-67) erhält einen Steuereingang $ST$ und die Eingänge für das Wort $(x)$. Damit stellt dieser Zähler eine Erweiterung in Richtung auf ein allgemeines Schaltwerk dar.
In Abhängigkeit von der Steuergröße werden zwei Betriebsweisen unterschieden:

– Zählen im Dualcode:

$$\left\{ (z)^{(k+1)} = [(z)^{(k)} + 1] \bmod 2^n \right\} \Leftrightarrow (ST = 0)$$

– Übernahme des Wortes $(x)^{(k)}$ als neuen Zählerstand:

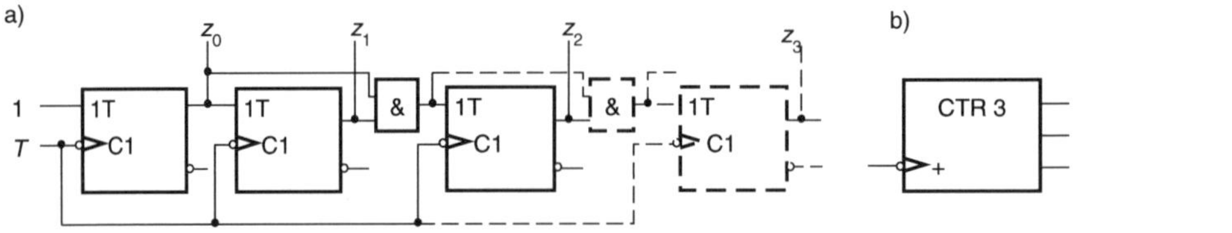


Bild 4.3-66 Modulo-8-Dualzähler:
a) Schaltung mit Erweiterung auf größeren Modul (gestrichelt eingezeichnet),
b) Schaltzeichen. Dabei bedeutet CTR: Zähler (counter), 3: Modul 8 = Modul $2^3$, +: Vorwärtszähler, d.h. $(z)^{(k+1)} = (z^{(k)} + 1) \bmod 2^3$

$$[(z)^{(k+1)} = (x)^{(k)}] \Leftrightarrow (ST = 1)$$

Dies kommt in der Darstellung in Bild 4.3-67 zum Ausdruck:

- Eingang *ST*: *M* = 1 bedeutet, dass eine von diesem Eingang gesteuerte Aktion stattfindet; hier also das Laden des Zählers mit dem Wort (x). *M* = 0, der Eingang hat keine Wirkung.
- Takteingang *T*: C2 ist der Takt für das Laden von (*x*); $\overline{1}$+ besagt, für *M* = 0 arbeitet der Baustein als Vorwärtszähler.
- Eingang (*x*): 1,2 besagt, dass (1) für *M* = 1 und (2) mit dem Takt C der Baustein mit dem Wort (*x*) geladen wird.

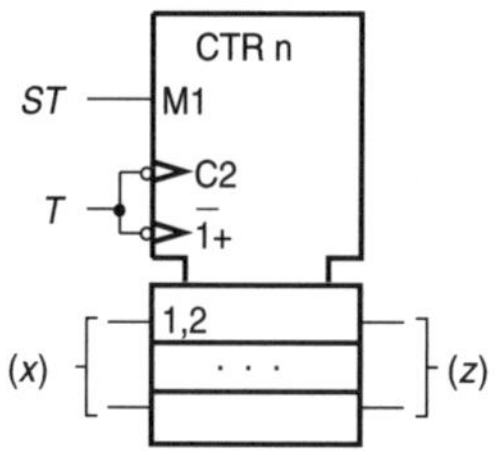


Bild 4.3-67 Ladbarer Dualzähler: Schaltsymbol

| $ST$ | $x_v$ | $z_v$ | $P_v$ | $E_{Tv}$ | Betrieb |
|---|---|---|---|---|---|
| 0 | × | × | 0 | 0 | Zählen |
| 0 | × | × | 1 | 1 | |
| 1 | 0 | 0 | × | 0 | Laden |
| 1 | 0 | 1 | × | 1 | |
| 1 | 1 | 0 | × | 1 | |
| 1 | 1 | 1 | × | 0 | |

Bild 4.3-68 Funktionstabelle der Stelle *v* des ladbaren Dualzählers (T-FF)

Für den Dualzähler (Bild 4.3-66) gilt bei allen Flipflops $z_v$ gemäß Gl. (4.3-24): $E_{Tv} = P_v$. Dies gilt für *ST* = 0, unabhängig von $x_v$ und dem Zustand $z_v$ des FFs. Für *ST* = 1 muss der Wert von $x_v$ in das FF übernommen werden, unabhängig von $P_v$. Damit können wir die (verkürzte) Funktionstabelle (Bild 4.3-68) aufstellen.

Die Ansteuerfunktionen für die T-FFs lauten:

$$E_{Tv} = (\overline{ST} \wedge P_v) \vee [ST \wedge (x_v \nleftrightarrow z_v)]$$

Bild 4.3-69 zeigt die Stufe *v* des Zählers.

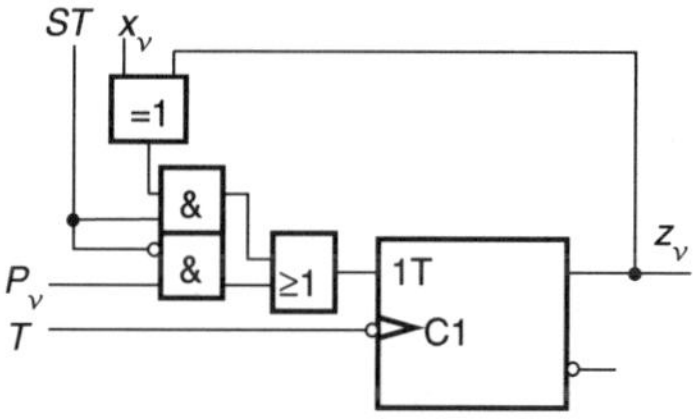


Bild 4.3-69 Ladbarer Dualzähler: Stufe *v*

### 4.3.6.2 Asynchrone Zähler

Wir betrachten als Beispiel wieder den

**Modulo-N-Dualzähler (*N* = 2*ⁿ*)**

Bild 4.3-70a zeigt den (sehr einfachen) Aufbau eines Modulo-8-Dualzählers mit T-Flipflops. Die Flipflops werden durch die 1/0-Flanke des jeweils vorangehenden Flipflops umgeschaltet. Die Periodendauer verdoppelt sich von Flipflop zu Flipflop (Bild 4.3-70b). Deshalb wird dieser Dualzähler häufig als Frequenzteiler eingesetzt. Der Zähler kann beliebig auf einen größeren Modul (Zweierpotenz) erweitert werden.

**Zähler mit einem beliebigen Modul *M***

Man teilt die Lösung in zwei Schritte auf:

1. Dividieren des Moduls *M* durch 2, solange bis der Quotient *Q* eine ungerade Zahl ist. Dann wird eine entsprechende Zahl von FFs (2:1-Frequenzteiler) vorgeschaltet.

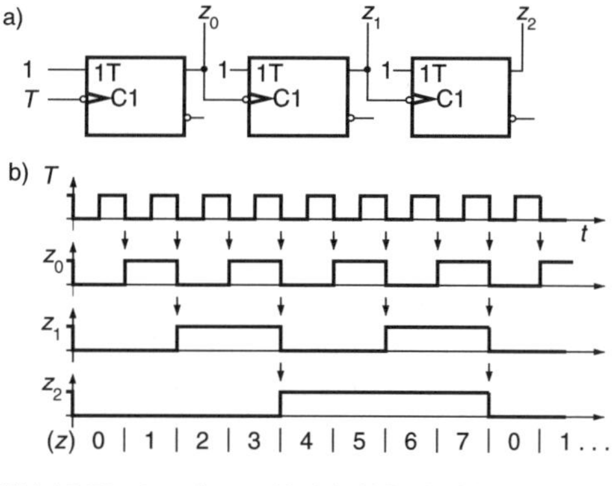


Bild 4.3-70 Asynchroner Modulo-N-Dualzähler;
a) Schaltung,
b) zeitlicher Verlauf

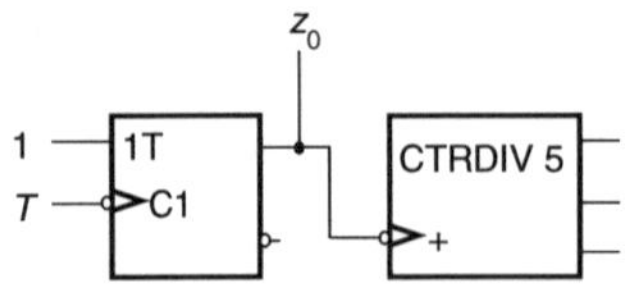


Bild 4.3-71 Asynchroner Modulo-10-Dualzähler CRTDIV 5: counter mod5

2. Entwurf eines Zählers mit dem Modul $Q$.

Als Beispiel betrachten wir den

**Dezimalzähler (Direkt-Dual-Code)**

Er setzt sich zusammen aus einem vorgeschalteten FF und einem Modulo-5-Zähler (Bild 4.3-71). Der Modulo-5-Dualzähler wird zunächst als synchroner Zähler entworfen, der vom Ausgang $z_0$ des vorgeschaltenen Flipflops angesteuert wird. Die Ablauftabelle und die Funktionstabelle für T-FFs ist in Bild 4.3-72 angegeben.

| $(z)^{(k)}$ | $(z_3\ z_2\ z_1)^{(k)}$ | $(z_3\ z_2\ z_1)^{(k+1)}$ | $E_{T3}\ E_{T2}\ E_{T1}$ |
|---|---|---|---|
| 0 | 0 0 0 | 0 0 1 | 0 0 1 |
| 1 | 0 0 1 | 0 1 0 | 0 1 1 |
| 2 | 0 1 0 | 0 1 1 | 0 0 1 |
| 3 | 0 1 1 | 1 0 0 | 1 1 1 |
| 4 | 1 0 0 | 0 0 0 | 1 0 0 |
| 5 | 1 0 1 | × × × | × × × |
| 6,7 | 1 1 × | × × × | × × × |

Bild 4.3-72 Modulo-5-Zähler: Ablauftabelle und Funktionstabelle (T-FF)

Wir erhalten

$$E_{T3} = z_3 \vee z_2 z_1$$

$$E_{T2} = z_1$$

$$E_{T1} = \overline{z_3}$$

FF2 kann mit dem Ausgang $z_1$ des FF1 getaktet werden. Bild 4.3-73a zeigt das Schaltbild des Modulo-10-Dualzählers, Bild 4.3-73b das Schaltzeichen.

Der Ausgang $z_3$ kann als Eingang einer nachfolgenden Zählerstufe verwendet werden. Damit lassen sich mehrstufige dekadische Zähler aufbauen.

Wir erkennen aus diesem Beispiel, dass bei asynchronen Schaltwerken die Umschaltvorgänge länger dauern als bei synchronen Schaltwerken. Der Grund hierfür ist, dass nicht alle Flipflops von demselben Takt angesteuert werden. So wird in diesem Zähler nur das FF $z_0$ vom Takt, die restlichen Flipflops dagegen von Ausgängen anderer Flipflops angesteuert. Deshalb tritt hier das Problem der Zwischenzustände stärker in Erscheinung. Bedingt durch die höhere Umschaltzeit ist die maximal erreichbare Taktfrequenz niedriger als bei synchronen Schaltwerken.

Näheres über Zähler findet man in der Literatur über Schaltwerke, spezielle Schaltungen u.a. in [42-2], [02-1].

## 4.3.7 Registerblock

Im Gegensatz zum Zähler, Schaltwerk ohne Eingänge, sind Register Schaltwerke mit Ein- und Ausgängen die zum Speichern von Binärwörtern dienen. Sie werden in vielfältiger Weise in Verarbeitungseinheiten, z.B. Prozessoren, eingesetzt. Ein anderes Beispiel sind Schnittstellen, hier leisten sie die Parallel/Serien- und Serien/Parallel-Umsetzung.

Das $n$-stellige Register besteht im einfachsten Fall aus $n$ Einspeicher-Flipflops, die synchron getaktet werden (Bild 4.3-74). Es wird auch als

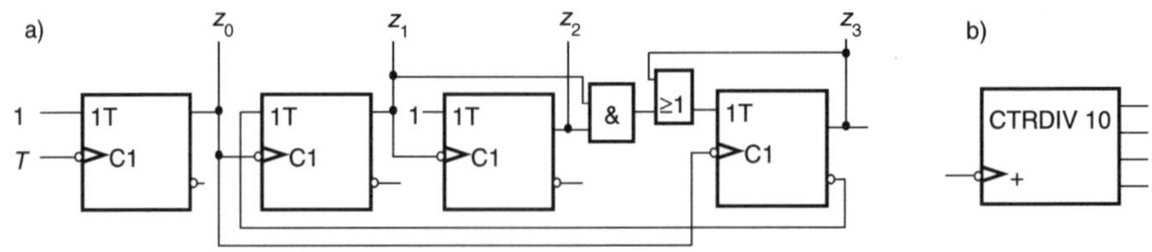


Bild 4.3-73 Asynchroner Modulo-10-Dualzähler; a) Schaltbild mit T-FF, b) Schaltzeichen

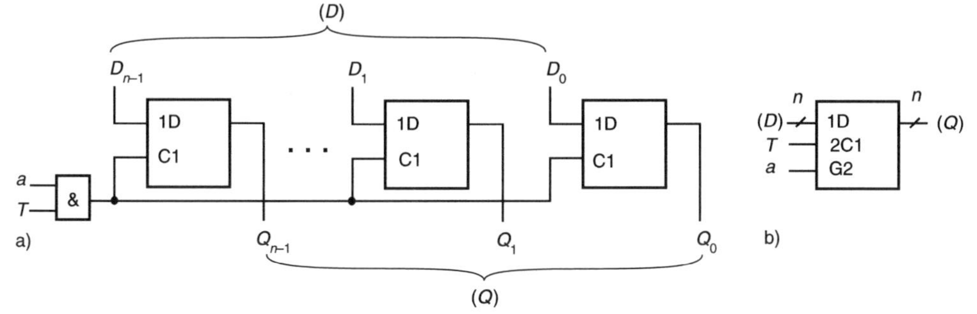


Bild 4.3-74 a) $n$-stelliges Register, b) Schaltzeichen

Latch bezeichnet. Der zusätzliche Steuereingang wird mit G bezeichnet und führt auf eine UND-Verknüpfung mit dem Takteingang, wie die Abhängigkeitsnotation zeigt (Bild 4.3-74b).

Soll gleichzeitig der im Register gespeicherte Wert ausgegeben und ein neuer Wert in das Register übernommen, also gespeichert werden, dann sind Mehrspeicher-Flipflops zu verwenden.

In Prozessoren finden wir oft mehrere gleichartige Register beispielsweise zur Aufnahme von Operanden, Zwischenergebnissen oder Indexgrößen. Sie werden dann als Registerblock bezeichnet und über Multiplexer an den Datenbus angeschlossen. Sind mehrere Bussysteme vorgesehen, dann werden dementsprechend noch Demultiplexer benötigt. Bild 4.3-75 zeigt als Beispiel einen Multiplexer mit $n = 8$ Eingängen.

Bild 4.3-76 zeigt ein Beispiel eines Registerblocks mit $m = 16$ Registern mit der Wortbreite von $n$ Bit, d.h. einen Speicher mit $(16 \times n)$ Bit, der an einen bidirektionalen Bus angeschlossen ist.

## 4.3.8 Prüfen und Testen digitaler Schaltungen

Bedingt durch die steigende Anzahl von Bauelementen auf einem Baustein bzw. einer Leiterplatte wird der Zugriff auf das einzelne Bauelement immer schwieriger, denn die Anzahl der Anschlussstifte des Bausteins bzw. der Leiterplatte ist begrenzt. Mit dem dadurch bedingten Anstieg der logischen und sequenziellen Tiefe des Bausteins steigt der Prüfaufwand etwa exponentiell. Dabei versteht man unter logischer Tiefe die Anzahl der Verknüpfungsglieder zwischen Ein- und Ausgang, unter sequenzieller Tiefe dementsprechend die Anzahl der hintereinander geschalteten Flipflops.

Bei der Entwicklung ist neben dem Berücksichtigen von Randbedingungen wie Flächenbedarf und Leistungsverbrauch auf eine spätere Prüfbarkeit zu achten. Wie leicht einzusehen ist, werden die Kosten in der Fertigung von der Güte und

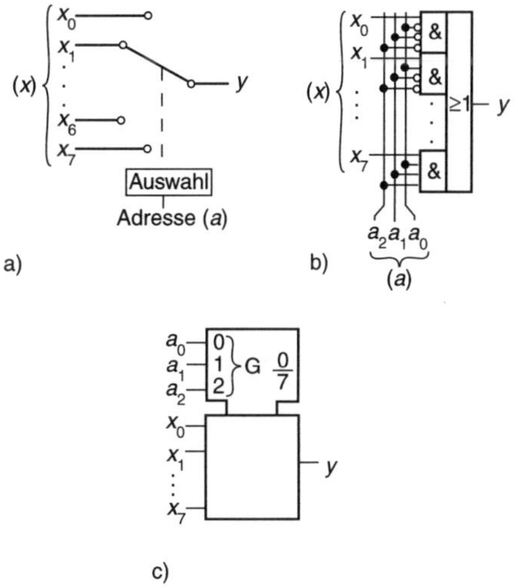


Bild 4.3-75 Multiplexer ($n = 8$)
a) Prinzip
b) Realisierung
c) Schaltzeichen

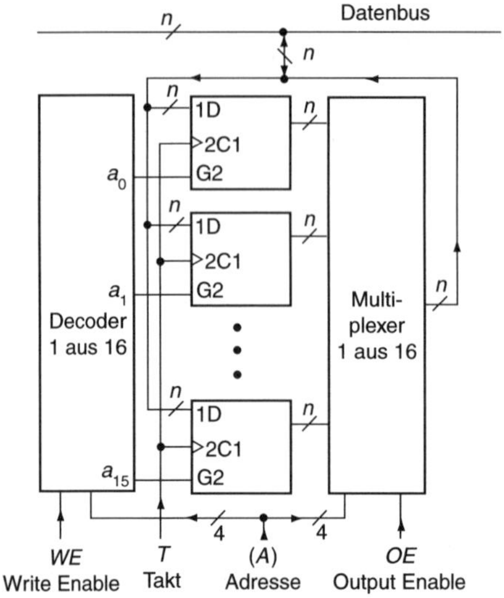


| *WE* | *OE* | Funktion |
|---|---|---|
| 0 | 0 | Ruhezustand |
| 0 | 1 | Lesen: $<R_i>$ → Datenbus |
| 1 | 0 | Schreiben: Datenbus → $<R_i>$ |
| 1 | 1 | Nicht benutzt |

Bild 4.3-76
Registerblock aus 16 *n*-Bit-Registern mit gemeinsamem Daten-Ein-/Ausgang (bidirektionaler Anschluss)
$<R_i>$ : Inhalt des adressierten Registers *i*
→ : wird transportiert nach

Dauer der Prüfungen wesentlich beeinflusst. Durch einen prüffreundlichen Entwurf wird aber die Schaltung auch ausgeweitet. Ein zusätzlicher Schaltungsaufwand von ca. 10 % für Prüf- und Testzwecke wird als durchaus angemessen betrachtet [42-8a].

Entsprechend dieser Bedeutung der Prüftechnik wurden in den letzten Jahren vielfältige Vorschläge erarbeitet, die im Wesentlichen auf den im Folgenden kurz skizzierten Grundprinzipien aufbauen.

*Schaltungsinterne Knoten sollten geprüft werden können.* Dazu dient z.B. der Prüfbus (scan path), der zusätzlich so eingerichtet wird, dass sich damit gezielt alle Funktionsmoduln ansprechen und prüfen lassen. Dies setzt das konsequente Einhalten von Entwurfsregeln voraus, wie z.B. Beschränkung auf synchrone Schaltwerke oder klare Trennung von takt- und signalführenden Leitungen.

**Beispiel:**
In der Fertigung sind die häufigsten Fehler sowohl bei Leiterplatten als auch bei integrierten Schaltkreisen Leitungsunterbrechungen oder Kurzschlüsse.

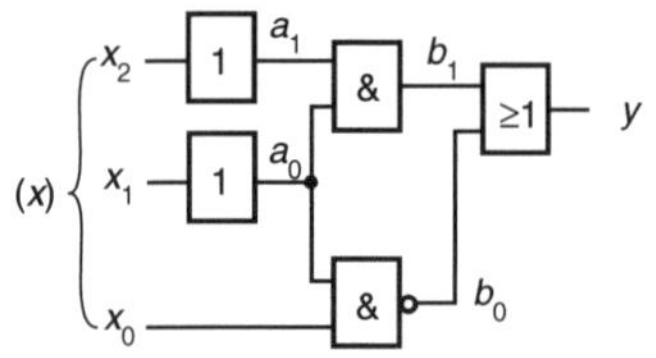


Bild 4.3-77 Test einer Schaltung

| | Fehlerfreier Fall | | | | Fehlerfall | | | | | | | |
|---|---|---|---|---|---|---|---|---|---|---|---|---|
| | | | | | $a_1$ | $a_0$ | $b_1$ | $b_0$ | $a_1$ | $a_0$ | $b_1$ | $b_0$ |
| | | | | | dauernd auf 0 | | | | dauernd auf 1 | | | |
| $(x)$ | $x_2$ | $x_1$ | $x_0$ | $y$ | $y$ | $y$ | $y$ | $y$ | $y$ | $y$ | $y$ | $y$ |
| 0 | 0 | 0 | 0 | 1 | 1 | 1 | 1 | 0 | 1 | 1 | 1 | 1 |
| 1 | 0 | 0 | 1 | 1 | 1 | 1 | 1 | 0 | 1 | 0 | 1 | 1 |
| 2 | 0 | 1 | 0 | 1 | 1 | 1 | 1 | 0 | 1 | 1 | 1 | 1 |
| 3 | 0 | 1 | 1 | 0 | 0 | 1 | 0 | 0 | 1 | 0 | 1 | 1 |
| 4 | 1 | 0 | 0 | 1 | 1 | 1 | 1 | 0 | 1 | 1 | 1 | 1 |
| 5 | 1 | 0 | 1 | 1 | 1 | 1 | 1 | 0 | 1 | 1 | 1 | 1 |
| 6 | 1 | 1 | 0 | 1 | 1 | 1 | 1 | 1 | 1 | 1 | 1 | 1 |
| 7 | 1 | 1 | 1 | 1 | 0 | 1 | 0 | 1 | 1 | 1 | 1 | 1 |

Unter der vereinfachenden Annahme, dass nur Kurzschlüsse gegen die Versorgungsspannung bzw. gegen Masse betrachtet werden (0 oder 1) und dass leer laufende Eingänge ein festes Potenzial (ebenfalls 0 oder 1) aufweisen, können Tests entwickelt werden. Das Grundprinzip dabei ist, dass jeder Knoten in der Schaltung von den Schaltungseingängen her gezielt auf 0 oder 1 gesetzt werden kann und sich diese Änderung an mindestens einem Schaltungsausgang bemerkbar macht.

Bild 4.3-77 zeigt das Verfahren an einer einfachen Schaltung.

Die grauen Kästchen in der Tabelle (Bild 4.3-77) zeigen, dass sich bei diesen Werten Änderungen am Ausgang gegenüber dem fehlerfreien Fall ergeben. Um alle Fehler, die dadurch entstehen, dass eine der inneren Verbindungen $a_1$, $a_0$, $b_1$ oder $b_0$ stets auf 0 oder 1 liegt, zu erkennen, genügen hier die Eingangswörter $(x) = 1$, 3, 7.

Die bekannteste und am weitesten verbreitete Methode ist LSSD (level sensitive (path) scan design) [49-1a]. Hier reagieren alle Elemente nur auf Pegel (level sensitive), nicht jedoch auf Flanken. Dadurch wird auch noch ein sichererer Betrieb der Schaltung erreicht, da sich gewisse Fehler, hervorgerufen durch kurzzeitige Störungen (hazzards), nicht auswirken können. Ferner müssen alle speichernden Elemente ansprechbar sein (scan path). Damit hat die sequenzielle Tiefe den Wert 1. Dazu werden die Flipflops so realisiert, dass sie zu Schieberegistern zusammengeschaltet werden können. Die so entstehenden Ketten können einfach getestet werden.

*Unterteilung in einfache Funktionseinheiten.* Viele Schaltungen weisen bereits vom funktionellen Entwurf her eine Busstruktur auf. In solchen Fällen können Erweiterungen in der Art sehr einfach vorgenommen werden, dass gegebenenfalls Baugruppen zu Testzwecken an das Bussystem angeschlossen werden.

*Selbsttestende und -überwachende Schaltungen.* Dabei legt man Programm und Testdaten auf dem Baustein selbst ab und versucht, in Prüfschleifen möglichst viele Bereiche des Bausteins zu aktivieren.

Neben diesen funktionellen Tests werden in zunehmendem Maße auch strukturelle Tests (Signaturanalyse) eingesetzt, bei denen mittels rückgekoppelter Schieberegister einzelne Baugruppen

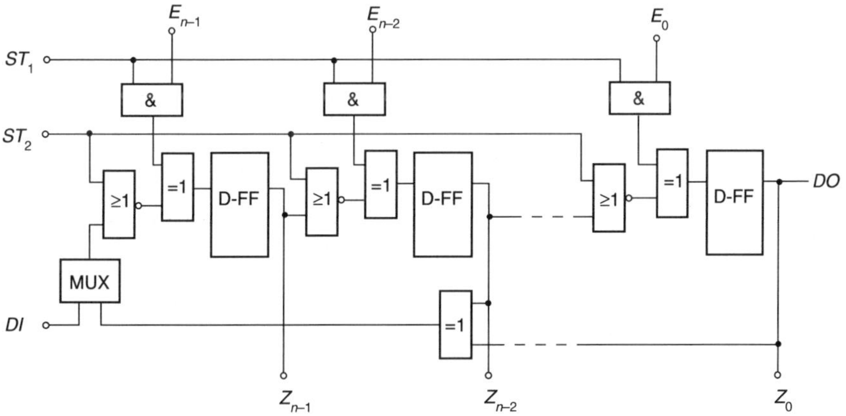


| $ST_2$ | $ST_1$ | Betriebsart |
|---|---|---|
| 0 | 0 | Schieberegister |
| 0 | 1 | Rückgekoppeltes Schieberegister mit parallelen Eingängen (Signaturanalyse-Register) |
| 1 | 0 | Rücksetzen des Registers |
| 1 | 1 | Normales Register |

Bild 4.3-78
BILBO-Register

geprüft werden. Dazu werden von der zu testenden Baugruppe (rückgekoppeltes Schieberegister am Eingang) Testdaten erzeugt. Am Ausgang nimmt ein ebenfalls rückgekoppeltes Schieberegister die Testdaten auf, verdichtet sie zu einer Signatur und vergleicht diese mit der Sollsignatur. Bild 4.3-78 zeigt ein solches Register mit seinen möglichen Betriebsarten, es wird als BILBO (built-in logic block observer) bezeichnet.

## 4.4 Elemente eines Rechners

Mit dem Taschenrechner haben wir in 4.1.2 ein einfaches, heute weit verbreitetes, billiges Verarbeitungssystem kennen gelernt. Damit kennen wir den prinzipiellen Aufbau eines Rechners (Bild 4.1-3).

Neben diese hardwareorientierte Betrachtung gehört heute mindestens gleichrangig die Betrachtung der Programmierung, also der Software und damit zusammenhängender Fragen. Bei einem Rechnersystem kann der Benutzer nicht mehr ohne weiteres erkennen, welche Funktionen des Systems von der Hardware und welche von der Software geleistet werden. Wir können uns das System in stark vereinfachter Weise als Schalenmodell gemäß Bild 4.4-1 vorstellen. Der Benutzer sieht die äußerste Schale, d.h. seine Anwenderprogramme. Diese benötigen zu ihrer Ausführung Dienstprogramme, die hier unter dem Begriff Betriebssystem zusammengefasst sind. Diese nächstinnere Schale stellt die Verbindung zum Kern, der Hardware, dar.

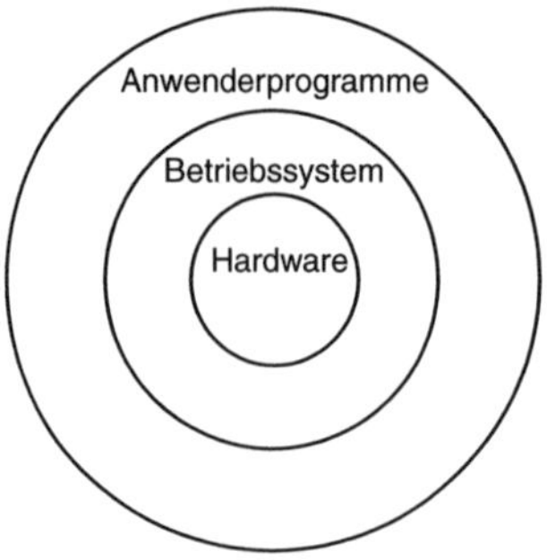


Bild 4.4-1 Schalenmodell

**Beispiel:**
Für eine Ausgabeoperation auf einem Drucker gibt der Benutzer in seinem Anwenderprogramm nur an, was auf einem Drucker ausgegeben werden soll. Die Ausgabe selbst ist eine komplexe Operation. So muss die interne Darstellung der Daten in eine für den Drucker passende umgesetzt werden. Dann müssen die Daten z.B. zeilenweise zum Drucker übertragen werden, wobei die entsprechenden Steuerzeichen für die Ausgabe eingefügt werden müssen und schließlich muss der Drucker selbst gesteuert werden. Dazu sind sowohl Elemente der Software (z.B. Treiber), als auch der Hardware (z.B. Ausgabesteuerung) erforderlich.

Bei vernetzten Rechnern muss obiges Modell entsprechend erweitert werden, denn statt einem Rechnersystem stehen dem Benutzer dann untereinander vermaschte Rechnersysteme zur Verfügung.

Es ist das Ziel der Systementwicklung, dem Anwender ein möglichst leistungsfähiges System und entsprechende Hilfsmittel an die Hand zu geben, so dass er seine Probleme mit geringstmöglichem Aufwand und höchster Zuverlässigkeit lösen kann. Dazu gehören auf der Softwareseite z.B. problemorientierte Programmiersprachen, Bibliotheken und Dienstprogramme, sowie weitere Unterstützung, z.B. in Form von grafischen Benutzeroberflächen, Kommunikationsprogrammen und Datenbanksystemen.

In diesem Abschnitt befassen wir uns zunächst mit dem Kern und beziehen dabei die Darstellung von Daten und Befehlen mit ein. Diese Betrachtung von Funktionseinheiten vertiefen wir in den anschließenden Abschnitten 4.5 und 4.6, indem wir Prozessor und Speicher detaillierter betrachten. In 4.7 folgt dann die Programmierung, in 4.8 der Betrieb von Rechnern und in 4.9 werden Fragen der Echtzeitverarbeitung behandelt.

### 4.4.1 Hardware-Baugruppen

Aufbauend auf dem Beispiel Taschenrechner betrachten wir das Blockdiagramm eines Rechners (Computer, Datenverarbeitungsanlage) (Bild 4.4-2).

Wir finden wieder die zentralen Funktionseinheiten

- Zentraleinheit, bestehend aus Rechenwerk und Leitwerk
- Speicher, unterteilt in Haupt- und externe Speicher
- Ein-/Ausgabe
- Verbindungsnetz, dargestellt als Bus

Im *Rechenwerk* werden die arithmetischen und logischen Operationen durchgeführt, meistens die vier Grundrechnungsarten für ganze Zahlen, oft auch für gebrochene Zahlen, boolesche und Schiebeoperationen. Das Rechenwerk, ein Schaltwerk, besteht aus dem Registerblock, sowie weiteren Registern und Schaltnetzen für die verschiedenen Operationen und deren Steuerung.

Das *Leitwerk* steuert den Ablauf des Programms. Dazu interpretiert es die Befehle und steuert die anderen Einheiten des Systems.

Rechen- und Leitwerk werden zusammen als Zentralprozessor oder -einheit (Central Processing Unit, CPU), oft auch einfach als Prozessor, bezeichnet.

Im *(Haupt-)Speicher* sind Programm und Daten untergebracht. Er ist in einzelne Zellen eingeteilt, die über eine Adresse angesprochen werden. Die Anzahl der Speicherzellen, die Speicherkapazität, wird in Vielfachen von

- $2^{10}$ = 1 024 =1 K
- $2^{20}$ = 1 048 576 = 1 M
- $2^{30}$ = 1 073 741 824 = 1 G

angegeben. Er ist so organisiert, dass in einer Speicherzelle entweder ein (Befehls- oder Daten-)Wort oder ein Byte (1 Byte = 8 Bit) gespeichert werden kann. Die Wortlänge umfasst üblicherweise eine ganze Zahl von Bytes, z. B. 2, 4 oder 8 Byte.

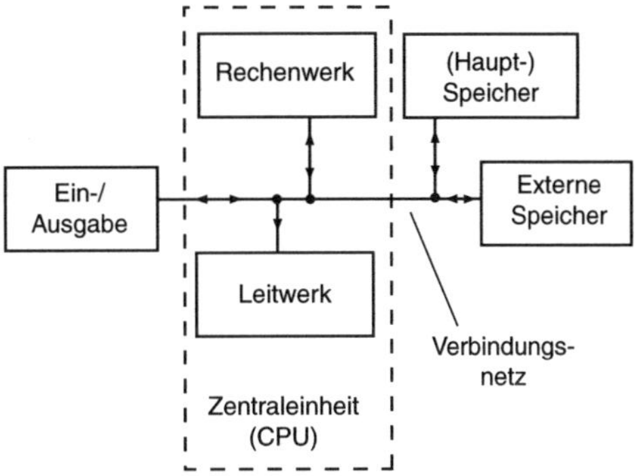


Bild 4.4-2 Blockdiagramm eines Rechners

**Bemerkung zur Schreib- und Sprechweise:**
„K“ wurde gewählt, da $2^{10}$=1024 ≈ $10^3$ = k ist. Dementsprechend wurden „M“ und „G“ gewählt. Hier ergibt sich aber das Problem, dass M schon seit langem für $10^6$ und G für $10^9$ verwendet wird. Dadurch ist hier die Bezeichnung nicht mehr eindeutig, aber die dadurch sichtbar werdende Nähe zu eingeführten Begriffen des täglichen Lebens hilfreich. Um einerseits diese Vieldeutigkeit zu beseitigen, andererseits aber die Verbindung zu erhalten, gibt es jetzt einen Normentwurf mit Vorsätzen zu binären Vielfachen [DIN IEC 25/198/ CDV] (Bild 4.4-3).

Damit kann unterschieden werden zwischen
- ein MebiByte: 1 MiByte = $2^{20}$ Byte
- ein MegaByte: 1 MByte = $10^6$ Byte

Zur Ein- und Ausgabe dienen die *peripheren Geräte*. Hier finden wir entsprechend den vielfältigen Aufgaben eine sehr große Zahl unterschiedlicher Einheiten und Geräte vor. Standardmäßig sind heute Rechner mit Tastatur und Maus zur Eingabe, und Bildschirm zur Anzeige versehen, die Ausgabe erfolgt beispielsweise über Drucker. In naher Zukunft werden Spracheingabe und -ausgabe weitere Standardeinheiten werden. Bei vielen Anwendungen spielen Belegleser oder

| Faktor | Vorsatz | Vorsatzzeichen | Ursprung | abgeleitet von |
|---|---|---|---|---|
| $2^{10}$ | Kibi | Ki | kilobinär $(2^{10})^1$ | Kilo $(10^3)^1$ |
| $2^{20}$ | Mebi | Mi | megabinär $(2^{10})^2$ | Mega $(10^3)^2$ |
| $2^{30}$ | Gibi | Gi | gigabinär $(2^{10})^3$ | Giga $(10^3)^3$ |
| $2^{40}$ | Tebi | Ti | terabinär $(2^{10})^4$ | Tera $(10^3)^4$ |

Bild 4.4-3 Vorsätze für binäre Vielfache zum Gebrauch in der Informationstechnik [42-9]

Plotter eine Rolle. Jeder Rechner verfügt über externe Speicher, z.B. Disketten-, Platten- und Magnetbandspeicher.

Diese Geräte verfügen über eigene Steuerwerke, die den Verkehr zwischen Zentraleinheit und Hauptspeicher einerseits, sowie der Peripherie andererseits abwickeln. Man unterscheidet:

- *programmgesteuerte Ein-/Ausgabe* über das Rechenwerk. Sie ist relativ langsam. Jedes einzelne Datenwort wird durch einen Befehl aus dem bzw. in den Speicher unter der Regie des Leitwerks übertragen. Der Rechner kann während der Übertragung keine Rechenoperationen durchführen.
- *Direktzugriff zum Speicher* (Direct Memory Access, DMA). Hier erfolgt der Transfer ohne Mitwirkung des Rechenwerkes und ist damit schneller. Eine selbständige Steuerung überträgt die Daten direkt vom und zum Speicher. Peripheriegeräte mit großen Übertragungsraten, wie Magnetband- und Magnetplatteneinheiten, werden nach diesem Prinzip angeschlossen.

Bei vielen anderen Peripheriegeräten hängt es von den technischen Daten sowie dem Einsatzzweck ab, nach welchem Prinzip sie bedient werden. Dies gilt etwa bei Geräten zur Datenübertragung, bei Bildschirmeinheiten und bei der Prozessperipherie zur Messung bzw. Steuerung von analogen und digitalen Größen. Standard- (auch Daten-)Peripheriegeräte können wir im Rahmen dieses Buches nicht behandeln. Bild 4.4-4 gibt exemplarisch einige typische Daten solcher Geräte an.

Bei den externen Speichern sind sowohl magnetische, als auch optische Speicher anzutreffen (Bild 4.4-5). Die Datenübertragungsrate beträgt beispielsweise 10 MByte/s.

Das *Verbindungsnetz* zwischen den Funktionseinheiten besteht heute meist aus einem oder mehreren parallelen Leitungssystemen, den Bus-Systemen. So gibt es einen Datenbus zum Übertragen von Daten zwischen den Einheiten, einen Adressbus zum Übertragen der Speicheradressen oder einen Steuerbus, in dem zentrale Steuer-

| E/A-Gerät | Geschwindigkeit |
|---|---|
| Nadeldrucker | $\leq 2 \cdot 10^2$ Zeilen/min |
| Laserdrucker | $\leq 2 \cdot 10^4$ Zeilen/min |
| Belegleser | $\leq 2 \cdot 10^3$ Zeilen/min |
| Plotter | $\leq 2$ m/s |

Bild 4.4-4 Standard-Peripheriegeräte

| Speicher | Mittlere Zugriffszeit | Kapazität/ Byte |
|---|---|---|
| Diskette | 80 ms | 1,44 M |
| Magnetplatte | 10 ms | $\leq$ 40 G (3,5') |
| Magnetband | s bis min | $\leq$ 100 G |
| CD-ROM | | 650 M |
| DVD (Digital Versatile Disk) | | 17 G |

Bild 4.4-5 Externe Speicher

leitungen zusammengefasst sind. Entsprechend den unterschiedlichen Anforderungen finden wir oft eine Hierarchie von Bus-Systemen (Bild 4.5-38).

## 4.4.2 Informationsdarstellung

Die Wortlänge $n$ ist charakteristisch für einen Rechner, sie bestimmt den Aufbau des ganzen Rechnersystems. Sie umfasst heute den Bereich von $n = 8$ Bit (Rechner für einfache Mess- und Steuerungsaufgaben) bis $n = 64$ Bit (z.B. leistungsfähiger Arbeitsplatzrechner).

**Bemerkung:**
Umfassen die Daten bzw. Befehle mehr als 1 Byte und ist der Speicher byteorganisiert, dann finden wir in verschiedenen Rechnern unterschiedliche Anordnungen der Daten im Speicher:

- *little endian byte ordering*: Das niederwertigste Byte (LSB, Least Significant Byte) wird adressiert, alle weiteren Byte stehen unter aufsteigenden Adressen.
- *big endian byte ordering*: Das höchstwertige Byte (MSB, Most Significant Byte) wird adressiert, alle weiteren Byte stehen unter aufsteigenden Adressen.

Bild 4.4-6 zeigt ein 16-Bit-Wort.

#### 4.4.2.1 Daten

Bei der Beschreibung der Daten beschränken wir uns auf elementare Datentypen und deren Darstellung in der Maschine. Dabei umfasst der Begriff Daten Zeichen und Zahlen. Allgemein kann ein Wort auch einfach ein Bitmuster darstellen. Auf komplexere Datentypen, wie sie in höheren Programmiersprachen vorgesehen sind, gehen wir in 4.7.3 ein. Dementsprechend betrachten wir hier als Befehle die Maschinenbefehle (vgl. 4.7.1.1).

**Alphanumerische Zeichen**

Diese Zeichen (character) bilden die Grundelemente der Datenverarbeitung. Sie werden in einem der Codes gemäß 4.2.2.6 dargestellt. Im Bereich der PCs finden wir heute überwiegend die Darstellung in einem auf 8 Bit erweiterten ASCII-Code, d.h. 1 Zeichen/Byte.

Bei kaufmännisch-kommerziellen Anwendungen kommen viele Zeichengruppen, also Zahlen und/oder Text, unterschiedlicher Länge vor. Dies führte dazu, dass Datenverarbeitungsanlagen byteorientiert sind, die Wortlänge also ein ganzzahliges Vielfaches von 8 Bit (1 Byte) beträgt. Dies gilt heute vom PC bis zum Großrechner für alle Systeme. Dementsprechend ist in vielen Anlagen das Byte die kleinste adressierbare Einheit.

**Boolesche Größen**

Da eine boolesche Größe nur 1 Bit umfasst, können in einem Wort der Länge $n$ Bit, $n$ boolesche Größen dargestellt werden.

**Zahlen**

Hier ist zu unterscheiden zwischen
- Betrags- oder Adresszahlen
- Festpunktzahlen
- Gleitpunktzahlen.

**Betragszahlen**

Dies sind vorzeichenlose ganze Zahlen. Sie werden zur Adressierung verwendet. Das höchstwertige Bit wird als MSB (Most Significant Bit), das niederwertigste als LSB (Least Significant Bit) bezeichnet.

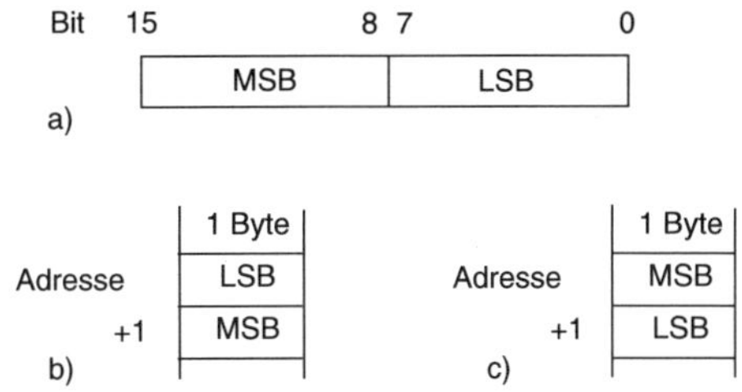


Bild 4.4-6 Darstellung eines Datums mit $n>1$ Byte in einem byteorganisierten Speicher
a) 16-Bit-Wort
b) little endian byte ordering
c) big endian byte ordering

**Beispiel:**

Für $n=16$ ergibt sich ein Zahlenbereich $0 \leq z \leq 65\,535$, d.h. mit einer 16-stelligen Betragszahl (Adresse) kann ein 64K großer Adressraum adressiert werden.

**Festpunktzahlen**

Dies sind vorzeichenbehaftete Zahlen, dabei steht das Komma (im angelsächsischen Sprachraum wird statt des Kommas der Punkt verwendet, deshalb wird häufig dieser Begriff statt des Begriffes Festkommazahl verwendet) zur Trennung von ganzem und gebrochenem Anteil stets an derselben Stelle. Meist steht das Komma rechts am Wortende; die Zahl ist dann ganz (Typ INTEGER). Es bleibt dem Programmierer überlassen, in Sonderfällen die Kommastelle anders zu definieren.

Von früher Jugend an sind wir es gewohnt, (negative) Zahlen durch Vorzeichen und Betrag darzustellen. Diese Darstellungsform ist nicht auf das Dezimalsystem beschränkt, sondern kann auch im Dualsystem angewendet werden: 0 : +, 1 : –. Dieses zusätzliche Bit wird vor die Zahl gestellt. Der Nachteil dieser Darstellungsart ist es, dass zur Addition und Subtraktion getrennte Schaltungen benötigt werden.

Die in Rechnern verwendeten Codes vermeiden diesen Nachteil, sie nutzen aus, dass die Länge der Zahl begrenzt ist ($n$ Stellen) und dadurch die Rechnungen modulo $2^n$ durchgeführt werden. (Zum Vereinfachen der Schreibweise wird im Folgenden „modulo $2^n$" weggelassen.) Die üblicherweise verwendete Darstellung im $2^n$-(kurz:

Zweier-)Komplement ist folgendermaßen definiert (Bild 4.4-7):

$$-(x) = 2^n - (x) \qquad (4.4\text{-}1)$$

Statt Gl. (4.4-1) kann man auch schreiben:

$$-(x) = 2^n - 1 - (x) + 1 \qquad (4.4\text{-}2)$$

**Beispiel:**
In Bild 4.4-8 sind beide Operationen für die ($n$ = 4)-stellige Zahl ($x$) = 5 dargestellt.

a)

| | |
|---|---|
| $2^n$ | 10000 |
| $-(x)$ | −0101 |
| | 1111 |
| $-(x)$ | 1011 |

b)

| | |
|---|---|
| $2^n - 1$ | 1111 |
| $-(x)$ | −0101 |
| $\neg(x)$ | 1010 |
| +1 | 1 |
| $-(x)$ | 1011 |

Bild 4.4-8 Zweier- Komplement ($n$ = 4 Bit, ($x$) = 5)
a) mit Gl. (4.4-1)
b) mit Gl. (4.4-2)

Aus dem Beispiel erkennt man die einfache Vorschrift zum Gewinnen des Ausdrucks $2^n - 1 - (x)$: die einzelnen Binärstellen werden negiert (aus 0 wird 1 und aus 1 wird 0). Diese Form bezeichnen wir mit $\neg(x)$ bzw. $(\bar{x})$. Dann gilt als Bildungsgesetz für das Zweier-Komplement:

$$-(x) = (\bar{x}) + 1 \qquad (4.4\text{-}3)$$

In Bild 4.4-7 sind die Dezimalwerte eingetragen, wenn die negativen Zahlen im Zweier-Komplement dargestellt sind. Wir erkennen, dass die höchstwertige Stelle den Charakter einer Vorzeichenstelle aufweist. Der Bereich für die $n$-stelligen ganzen Zahlen (INTEGER) beträgt:

$$-2^{n-1} \le (x) \le 2^{n-1} - 1 \qquad (4.4\text{-}4)$$

**Beispiel:**

| Wortlänge $n$/Bit | Zahlenbereich |
|---|---|
| 16 | $-2^{15} = -32768 \le z \le 32767 = 2^{15}-1$ |
| 32 | $-2^{31} \le z \le 2^{31}-1$ |

| Dualzahl ($x$) | | | | Dezimalwert bei Darstellung | |
|---|---|---|---|---|---|
| $x_3$ | $x_2$ | $x_1$ | $x_0$ | Betrag und Vorzeichen | Zweier-Komplement |
| 0 | 0 | 0 | 0 | 0 | 0 |
| 0 | 0 | 0 | 1 | 1 | 1 |
| 0 | 0 | 1 | 0 | 2 | 2 |
| 0 | 0 | 1 | 1 | 3 | 3 |
| 0 | 1 | 0 | 0 | 4 | 4 |
| 0 | 1 | 0 | 1 | 5 | 5 |
| 0 | 1 | 1 | 0 | 6 | 6 |
| 0 | 1 | 1 | 1 | 7 | 7 |
| 1 | 0 | 0 | 0 | −0 | −8 |
| 1 | 0 | 0 | 1 | −1 | −7 |
| 1 | 0 | 1 | 0 | −2 | −6 |
| 1 | 0 | 1 | 1 | −3 | −5 |
| 1 | 1 | 0 | 0 | −4 | −4 |
| 1 | 1 | 0 | 1 | −5 | −3 |
| 1 | 1 | 1 | 0 | −6 | −2 |
| 1 | 1 | 1 | 1 | −7 | −1 |

Bild 4.4-7 Darstellung negativer Zahlen (Wortlänge $n$ = 4 Bit)

Eine Eigenschaft dieser Darstellung ist die Unsymmetrie des Zahlenbereichs. Die kleinste Zahl kann nicht in eine positive Zahl umgesetzt werden.

**Bemerkung:**
Neben der 2-Komplementdarstellung gibt es auch noch die im 1-Komplement:

$$-(x) = 2^n - 1 - (x) = (\bar{x}) \qquad (4.4\text{-}5)$$

Sie hat den Vorteil, dass die Komplementbildung einfach durch stellenweise Negation ermittelt wird und dass die kleinste und die größte darstellbare Zahl denselben Betrag aufweisen. Nachteilig ist, dass es zwei Darstellungen der Zahl 0 (+0 und −0) gibt. Dadurch kann die Unterscheidung zwischen positiven und negativen Zahlen nicht einfach anhand des höchstwertigen Bits erfolgen.

## Gleitpunktzahlen

Für viele Zwecke reicht der darstellbare Zahlenbereich der Festpunktzahlen nicht aus, dann verwendet man Gleitpunktzahlen. In Rechnern wer-

| Element | Länge/Bit bei $n$ = 32 (64) | Bemerkung |
|---|---|---|
| Vorzeichen (VZ) | 1 (1) | 0 : + , 1 : – |
| Exponent (E) | 8 (11) | Ch := 127 (1023) + E<br>–126 (–1022) ≤ E ≤ +126 (+1022) |
| Mantisse (m) | 23 (52) | |

Bild 4.4-9 Aufteilung des *n*-stelligen Wortes auf die Elemente einer Gleitpunktzahl

den sie in der halblogarithmischen Form gemäß dem IEEE-Standard 754/854 dargestellt:

$$z = \pm \mathrm{m} \cdot \mathrm{B}^{\mathrm{E}} \qquad (4.4\text{-}6)$$

mit

m Mantisse in der Form $1{,}xxx_2$
Die Vorkommastelle hat den Wert 1 (normierte Darstellung), gespeichert wird nur der echt gebrochene Anteil. Damit genügen zum Speichern einer 24-Bit-Mantisse 23 Bit. Zum Rechnen muss dieses Bit wieder hinzugefügt werden.

B Basis = 2

E Exponent (ganze Zahl) dargestellt als Charakteristik Ch in der Form
Ch := Konstante + E
Dabei hängt der Wert der Konstante von der Länge der Zahlendarstellung ab.

Die Genauigkeit wird durch die Länge der Mantisse bestimmt, der darstellbare Zahlenbereich durch den Exponenten. Der Standard sieht verschiedene Längen vor, die wichtigsten sind $n$ = 32 bzw. 64. Die Aufteilung für diese Längen ist in Bild 4.4-9 dargestellt.

**Beispiel:**
$z$ = 1,25 = $1{,}25_{10}$ (Dezimalsystem) = $1{,}01_2 \cdot 2^0$ (halblogarithmische Darstellung); Länge $n$ =32. Bild 4.4-10 zeigt zusätzlich zur Darstellung der Zahl auch die Anordnung der Elemente innerhalb eines 32-Bit-Wortes.

VZ = 0
E = 0, Ch = 127 + 0 = 127
m = $1{,}01_2$

Bitmuster: 31 30 22 0 Bit
| VZ | Ch | m |
0 0111 1111 010 ... 0

Bild 4.4-10 Darstellung der Dezimalzahl 1,25 als Gleitpunktzahl

Für $n$ = 32 ergibt sich
- ein darstellbarer Zahlenbereich von
  $10^{-39} \approx |z| \approx 10^{39}$
- die Länge der Mantisse entspricht knapp 7 Dezimalstellen.

Der Standard beschreibt auch das Runden. Es sind verschiedene Verfahren möglich, wobei als Standardeinstellung (default) das Runden zur nächsten darstellbaren Zahl vorgesehen ist. Ferner sieht er die in Bild 4.4-11 dargestellten Erweiterungen des Zahlenbereichs vor.

Für die Ein- und Ausgabe der Gleitpunktzahlen wird bevorzugt die Darstellung zur Basis 10 verwendet, d.h.

$$z = a \cdot 10^{b} \quad (0{,}1_{10} \le |a| < 1) \qquad (4.4\text{-}7)$$

Diese Darstellung muss im Rechner umgeformt werden.

#### 4.4.2.2 Befehle

Ein in einem Rechner ausgeführtes Programm (Maschinenprogramm) besteht aus einer Folge von Maschinenbefehlen, die nacheinander durchlaufen werden. Ein Befehl ist eine Anweisung zur Ausführung einer bestimmten Operation, etwa einer arithmetischen Verknüpfung, eines Datentransports oder eines Sprungs zu einer anderen Programmstelle.

Der Befehl besteht im Allgemeinen aus mehreren Teilen (Bild 4.4-12):
- *Operatorteil* gibt an, was für eine Operation durchgeführt werden soll, z.B. Addition.

| Wert | VZ | Ch | m | |
|---|---|---|---|---|
| 0 | 0 oder 1 | 0 … 0 | 0 … 0 | Durch das Vorzeichen wird zwischen +0 und –0 unterschieden, entsprechend der vorhergegangenen Operation. |
| denormalisierte Zahlen | 0 oder 1 | 0 … 0 | x … x | Betragsmäßig sehr kleine Zahlen können mit verminderter Genauigkeit als denormalisierte Zahlen dargestellt werden. Dabei hat, entsprechend Ch = 0, der Exponent den Wert –126 ($n$ = 32) und die Mantisse den Wert 0,x…x, wobei mindestens eine Nachkommastelle ≠ 0 sein muss. |
| ∞ | 0 oder 1 | 1 … 1 | 0 … 0 | Durch das Vorzeichen wird zwischen +∞ und –∞ unterschieden, entsprechend der vorhergegangenen Operation. |
| Kennzeichen | 0 oder 1 | 1 … 1 | x … x | Diese Kennzeichen, im Standard als „NaN (not a number)“ bezeichnet, werden benutzt um Ausnahmesituationen anzuzeigen, z.B. unerlaubte Operationen. |

Bild 4.4-11 Erweiterungen im IEEE-Format

- *Adressteil* gibt an, mit welchen Operanden die Operation durchgeführt werden soll, z.B. die Adressen der Register deren Inhalt addiert werden soll.
- *Modifikationsteil* gibt an, ob Varianten der Operation bzw. Veränderungen der Adresse vorgenommen werden sollen, z.B. Adressierung über ein Indexregister.

Man unterscheidet die Befehle gemäß der Anzahl der

- Operanden in einem Befehl: Drei-, Zwei-, Ein- oder Nulladressbefehle.
- Länge des Befehls: Anzahl der Byte bzw. Wörter, die ein Befehl umfasst.

**Beispiel:**
Wir betrachten eine Addition s := a + b (Bild 4.4-13). Dabei seien a, b und s symbolische Bezeichnungen für Adressen (Register oder Speicher).

Man erkennt aus dem Beispiel (vgl. 4.5.2):

- es besteht eine unmittelbare Abhängigkeit der Befehle von der Architektur des Rechners, z.B. existiert ein solches zentrales Register AC oder nicht. Die Maschinenbefehle spiegeln die Eigenschaften der Rechnerarchitektur unmittelbar wieder.
- Dreiadressbefehle sind am leistungsfähigsten, aber die Befehle müssen 3 Adressen beinhalten, also eine entsprechende Länge aufweisen.
- Einadressbefehle sind weniger leistungsfähig, aber kürzer; es werden mehr Befehle benötigt um denselben Sachverhalt auszudrücken.

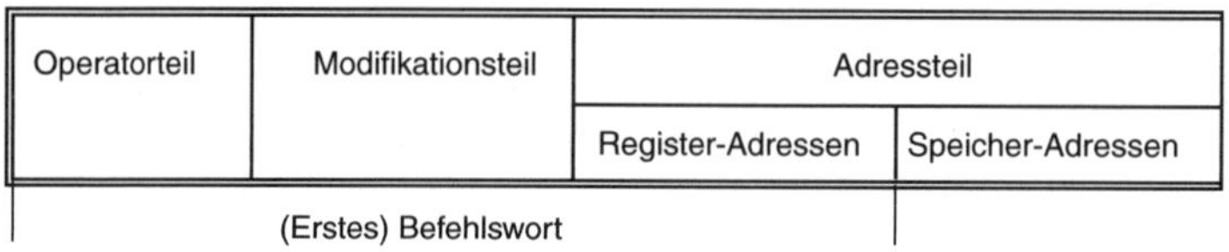


Bild 4.4-12
Prinzipieller Aufbau eines Maschinenbefehls

| Anzahl der Adressen im Befehl | Befehl | Bedeutung |
|---|---|---|
| 3 | Addiere *a*, *b*, *s* | Addiere den Inhalt der Adressen *a* und *b* und speichere die Summe unter der Adresse *s* ab. |
| 2 | Addiere *a*, *b*<br>Transportiere nach *s* | Beim Additionsbefehl wird die Summe zwischengespeichert (implizite Vereinbarung) und dann mit dem zweiten Befehl an den Zielort gebracht. |
| 1 | Transportiere *a*<br>Addiere *b*<br>Transportiere nach *s* | Hier beziehen sich alle Befehle auf ein zentrales Register (Akkumulator, AC). So bedeutet beispielsweise „Addiere *b*“: Addiere den Inhalt der Adresse *b* zum Inhalt von AC und speichere die Summe in AC ab. |

Bild 4.4-13 Addition bei Befehlen mit drei, zwei oder einem Operanden

**Beispiel:**
Wir betrachten zwei verschiedene Maschinenbefehlsstrukturen.

MIPS (RISC-Architektur) [43-2c]
Einheitliche Befehlslänge (32 Bit), einfache Struktur der Befehle um eine schnelle Befehlsdecodierung zu ermöglichen. Es gibt drei Befehlstypen (Bild 4.4-14).

- R (Register): Verknüpfungsbefehle
- I (Immediate): Transportbefehle, bedingte Sprungbefehle, Befehle mit Konstante
- J (Jump): Sprungbefehle

INTEL x86 (CISC-Architektur)
Sehr unterschiedliche Befehlslängen und Befehlsausführungszeiten. Die Maschinenbefehle haben eine Byte-Struktur (Bild 4.4-15):

Durch einen Befehlsvorsatz kann beispielsweise befehlsbezogen die Länge der Operanden umgeschaltet werden, z.B. von 16 Bit auf 32 Bit. Dadurch wird die Aufwärtskompatibilität von den 16-Bit-Prozessoren zu den 32-Bit-Prozessoren ermöglicht.

Der Modifikationsteil kann folgende Bytes umfassen:

- (mod reg r/m) mit
  - mod: zeigt an, ob ein Speicheroperand adressiert wird, oder ob das r/m-Feld eine Registeradresse enthält
  - reg: Registeradresse
  - r/m: Registeradresse/Berechnung der Speicheradresse

| Typ | | | | | | |
|---|---|---|---|---|---|---|
| R | Operations-Code | Quell-Register | Quell-Register | Ziel-Register | *N* | Op.-Code-Erweiterung |
| I | Operations-Code | Quell-Register | (Quell-)Register | Adresse, Konstante | | |
| J | Operations-Code | Adresse | | | | |
| Länge / Bit | 6 | 5 | 5 | 5 | 5 | 6 |

Bild 4.4-14
MIPS-Maschinenbefehle
(*N*: Anzahl der Stellen beim Schieben)

| | Befehlsvorsatz | Operationscode | Modifikation | Versatz | Konstante |
|---|---|---|---|---|---|
| Anzahl bzw. Länge/Byte | $\leq 4$ | 1 | $\leq 2$ | $\leq 6$ | $\leq 4$ |

Bild 4.4-15
Intel x86-Maschinenbefehle

- SIB mit
  - S (scale): Skalierung des Operanden, 1, 2, 4 oder 8
  - I (index): Indexregisteradresse
  - B (base): Basisregisteradresse

Der Versatz (displacement) wird zur Speicheradressberechnung verwendet.

Die Konstante ist eine im Befehl enthaltene Konstante.

Der kürzeste Befehl hat die Länge von 1 Byte, er besteht aus dem Operationscode.

Bei superskalaren Architekturen, d.h. Rechnern mit mehreren Ausführeinheiten (vgl. 4.5.7) die parallel arbeiten, finden wir lange Befehlswörter, z.B. 128 Bit. Das bedeutet ein solches Befehlswort enthält je einen Befehl für jede dieser Ausführeinheiten.

# 4.5 Prozessor

Ein Prozessor besteht aus
- Rechenwerk
- Leitwerk.

Das Rechenwerk leistet die arithmetischen und logischen Verknüpfungen im Zusammenwirken mit Registern des Registerblocks. Die Verknüpfungseinheit wird in 4.5.1 betrachtet. Von den vier Grundrechnungsarten werden zuerst die Addition und Subtraktion ganzer Zahlen behandelt, die Multiplikation und Division folgen in 4.5.3. Dazwischen, in 4.5.2, wird gezeigt in welcher Weise Registerblock und Verknüpfungseinheit zusammengeschaltet werden können; damit wird der Zusammenhang mit der Struktur der Maschinenbefehle hergestellt. Abgeschlossen wird die Betrachtung der Rechenwerke mit der Gleitpunktarithmetik.

In 4.5.4 folgt dann das Leitwerk und anschließend eine Darstellung von Verbindungsnetz (4.5.5) und Unterbrechungswerk (4.5.6), Weiterentwicklungen werden in 4.5.7 erläutert.

## 4.5.1 Arithmetische und logische Verknüpfungen

Arithmetische und logische Verknüpfungen werden im Rechenwerk in einem Schaltnetz, der *Arithmetisch-Logischen Verknüpfungseinheit* (ALU, Arithmetic Logic Unit), durchgeführt.

### 4.5.1.1 Addition und Addierwerk

**Addition von positiv ganzen Zahlen**

Die Addition von zwei $n$-stelligen Dualzahlen

$$(a) = (a_{n-1}, a_{n-2}, \ldots, a_1, a_0)$$

$$(b) = (b_{n-1}, b_{n-2}, \ldots, b_1, b_0)$$

erfolgt durch stellenweise Addition von rechts nach links, d.h. von der nieder- zur höchstwertigsten Stelle. In jeder Stelle $i$ ($i = 0, 1, ..., n-1$) wird $a_i$, $b_i$ und $c_i$ (Übertrag der Stelle $i-1$) addiert; $c_0 = 0$. Das Ergebnis ist die $n$-stellige Summe $(s)$ sowie der Endübertrag $c_n$.

**Beispiel:**

Bild 4.5-1 zeigt die Addition von zwei 8-stelligen Dualzahlen. Der leichteren Nachprüfbarkeit wegen ist auch die Darstellung als Dezimalzahl angegeben. Die Indizes 2 und 10 dienen zur Kennzeichnung des Zahlensystems.

$(a) = 0011\ 0101_2 = 53_{10}$, $(b) = 0101\ 1100_2 = 92_{10}$

| $i$ | 8 7 6 5 4 3 2 1 0 | Dezimalwert |
|---|---|---|
| $(a)$ | 0 0 1 1 0 1 0 1 | 53 |
| $(b)$ | 0 1 0 1 1 1 0 0 | 92 |
| $(c)$ | 0 1 1 1 1 1 0 0 0 | |
| $(s)$ | 1 0 0 1 0 0 0 1 | 145 |

Bild 4.5-1 Addition zweier Dualzahlen $(a)$ und $(b)$, $n = 8$ Bit; $(c)$ Übertrag, $(s)$ Summe

**Einstelliger Addierer**

Wie wir oben gesehen haben, werden in jeder Stelle $i$ drei Dualziffern addiert. Diesen einstelligen Addierer nennt man Volladdierer. Das Ergebnis ist die Summe $s_i$ sowie der Übertrag $c_{i+1}$. Bild 4.5-2 zeigt die Wertetafel.

| $c_i$ | $b_i$ | $a_i$ | $c_{i+1}$ | $s_i$ |
|---|---|---|---|---|
| 0 | 0 | 0 | 0 | 0 |
| 0 | 0 | 1 | 0 | 1 |
| 0 | 1 | 0 | 0 | 1 |
| 0 | 1 | 1 | 1 | 0 |
| 1 | 0 | 0 | 0 | 1 |
| 1 | 0 | 1 | 1 | 0 |
| 1 | 1 | 0 | 1 | 0 |
| 1 | 1 | 1 | 1 | 1 |

Bild 4.5-2 Funktionstabelle für Übertrag $c_{i+1}$ und Summe $s_i$ einer Stelle $i$

Wir ermitteln die logische Funktion des Volladdierers in der disjunktiven Minimalform (DMF), vgl. Beispiel c) aus 4.3.1.4, zu:

$$c_{i+1} = a_i b_i \vee a_i c_i \vee b_i c_i$$
$$s_i = a_i \overline{b_i}\,\overline{c_i} \vee \overline{a_i} b_i \overline{c_i} \vee \overline{a_i}\,\overline{b_i} c_i \vee a_i b_i c_i \quad (4.5\text{-}1)$$

Die arithmetische Funktion des Volladdierers lautet:

$$c_{i+1} = (a_i + b_i + c_i)\,\mathrm{div}\,2$$
$$s_i = (a_i + b_i + c_i)\bmod 2 \quad (4.5\text{-}2)$$

Bild 4.5-3 zeigt Schaltzeichen des Volladdieres.

Die Realisierung des Volladdieres als zweistufiges Schaltnetz gemäß Gl. (4.5-1) hat eine Funktionslänge $l = 25$.

Eine einfachere Schaltung ergibt sich bei der Realisierung mit zwei Halbaddierern. Ein Halbaddierer ist ein Schaltnetz, das zwei Dualziffern addiert. Bild 4.5-4 zeigt die Funktionstabelle, eine mögliche Realisierung und das Schaltzeichen.

Die beiden Funktionen lauten:

$$c = a\,b; \quad s = a\overline{b} \vee \overline{a}b = a \leftrightarrow b \quad (4.5\text{-}3)$$

Den aus zwei Halbaddierern aufgebauten Volladdierer zeigt Bild 4.5-5. Die Funktionslänge beträgt $l = 14$ und ist damit kleiner als beim zweistufigen Schaltnetz. Allerdings erhalten wir hier größere Signalverzögerungen. Die Signale $a_i$ und $b_i$ durchlaufen vier Stufen (Verknüpfungsglieder),

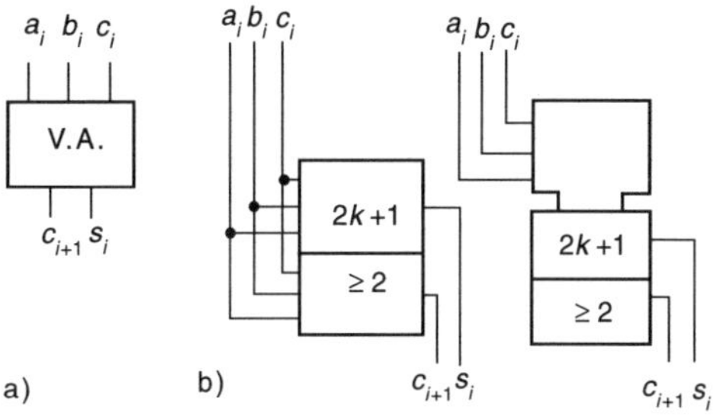


Bild 4.5-3 Volladdierer:
a) Schaltzeichen
b) genormte Schaltzeichen

das Signal $c_i$ zwei Stufen bis zu den Ausgängen $s_i$ und $c_{i+1}$.

## Mehrstelliger Addierer

Der $n$-stellige Addierer bildet die Summe ($s$) und den Endübertrag $c_n$, stellt also ein Funktionsbündel mit $n + 1$ Funktionen von $2\,n$ Variablen dar. Die Realisierung dieses Bündels als zweistufiges Schaltnetz ist für praktisch interessierende Werte von $n$ zu aufwendig. Deshalb verwendet man ein mehrstufiges Schaltnetz und reduziert damit den Aufwand erheblich. Eine einfache Schaltung besteht aus $n$ Volladdierern (Bild 4.5-6). Da der Übertrag der Stelle $i$ jeweils zur nächsthöheren Stelle $i + 1$ weitergeleitet wird, kann die Summe $s_{i+1}$ erst dann endgültig ermittelt werden, wenn dieser Übertrag stabil am Eingang $c_{i+1}$ anliegt. Im ungünstigsten Fall läuft der Übertrag durch alle Stellen. So ist die Additionszeit des gesamten Addierers sehr viel größer als die des einzelnen Volladdierers. Wichtig ist deshalb,

| a | b | c | s |
|---|---|---|---|
| 0 | 0 | 0 | 0 |
| 0 | 1 | 0 | 1 |
| 1 | 0 | 0 | 1 |
| 1 | 1 | 1 | 0 |

a)

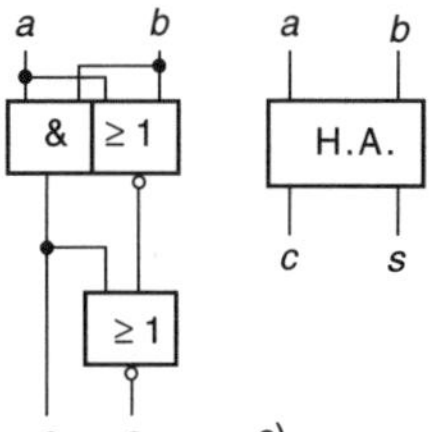


b) c) 

Bild 4.5-4 Halbaddierer:
a) Funktionstabelle
b) eine mögliche Realisierung
c) Schaltzeichen

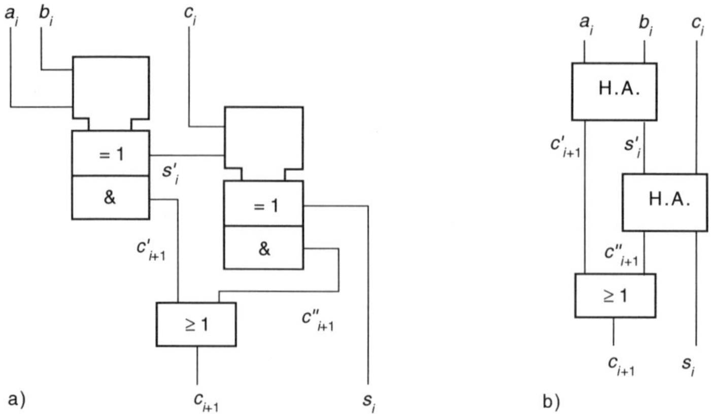


Bild 4.5-5
Volladdierer, aufgebaut aus zwei Halbaddierern:
a) Schaltzeichen mit Steuerblock
b) Schaltzeichen

dass die Signallaufzeit vom Eingang $c_i$ zum Ausgang $c_{i+1}$ möglichst klein ist.

Durch geeignete Verknüpfungen kann man den Übertrag vorausschauend berechnen (carry look ahead) und ihn damit beschleunigen. Wir wollen dies für einen 4-Bit-Addierer mit Übertragseingang $c_0$ an der niedrigsten Stelle zeigen.

Wir bauen dazu den Volladdierer zweckmäßigerweise aus Halbaddierern auf (Bild 4.5-5), da die Zwischensumme $s'_i$ und der Teilübertrag $c'_{i+1}$ verwendet werden. Daraus kann dann der Übertrag $c_{i+1}$ ermittelt werden:

$$c_1 = s'_0 c_0 \vee c'_1$$

$$\begin{aligned} c_2 &= s'_1 c_1 \vee c'_2 \\ &= s'_1 s'_0 c_0 \vee s'_1 c'_1 \vee c'_2 \end{aligned}$$

$$\begin{aligned} c_3 &= s'_2 c_2 \vee c'_3 \\ &= s'_2 s'_1 s'_0 c_0 \vee s'_2 s'_1 c'_1 \vee s'_2 c'_2 \vee c'_3 \end{aligned} \tag{4.5-4}$$

$$\begin{aligned} c_4 &= s'_3 c_3 \vee c'_4 \\ &= s'_3 s'_2 s'_1 s'_0 c_0 \vee s'_3 s'_2 s'_1 c'_1 \vee s'_3 s'_2 c'_2 \vee s'_3 c'_3 \vee c'_4 \end{aligned}$$

Da der Teilübertrag $c''_{i+1}$ (Bild 4.5-5) nicht benötigt wird, kann statt des dort vorgesehenen zweiten Halbaddierers eine Antivalenzverknüpfung verwendet werden. Für das Summenbit $s_i$ gilt jeweils

$$s_i = s'_i \nleftrightarrow c_i \tag{4.5-5}$$

Wie man aus Gl.(4.5-4) und den Überlegungen zu Bild 4.5-5 erkennt, sind zum Ermitteln des Übertrags jeweils nur 4 Stufen notwendig. Dadurch wird die Additionszeit erheblich verkürzt gegenüber Bild 4.5-6. Der Aufwand steigt aber an. Deshalb wendet man dieses Prinzip gegebenenfalls für Gruppen – etwa mit 4 Bit – an und schaltet die 4-Bit-Addierer dann in Kette. Der Übertrag der höchsten Stelle wird auf den Übertragseingang der nächsten Gruppe geführt. Weiter kann dieses Prinzip auf einer höheren Stufe wiederholt wer-

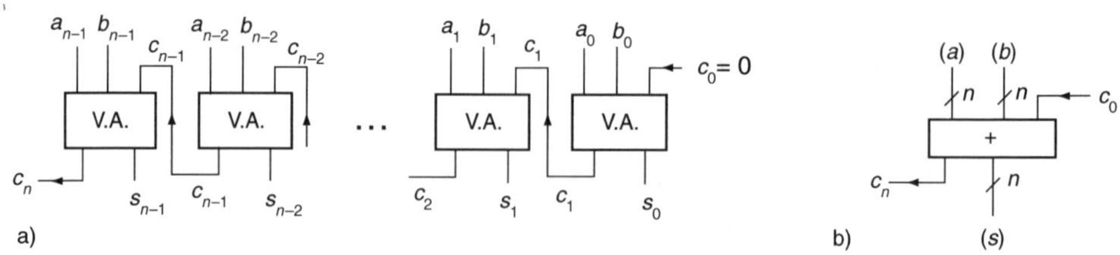


Bild 4.5-6 Paralleladdierer: a) Realisierung mit durchlaufendem Übertrag; b) Schaltzeichen

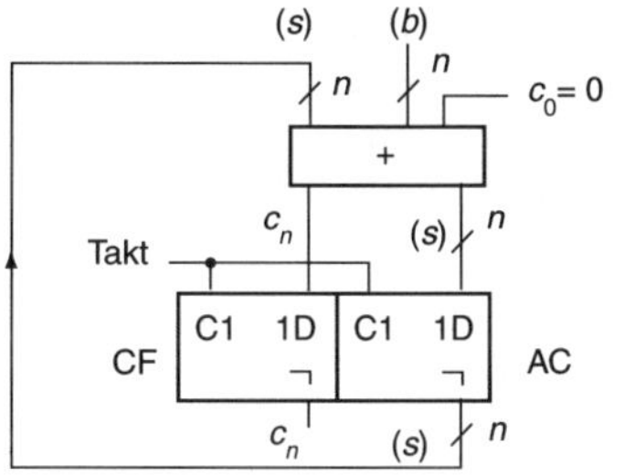


Bild 4.5-7 Addierwerk

den, indem man statt der 1-Bit-Addierer mehrere 4-Bit-Addierer zusammenschaltet.

**Addierwerk**

Wir erweitern den Paralleladdierer um Register und erhalten dadurch ein Addierwerk. Eine besonders einfache Realisierung sieht vor, dass ein Operand und die Summe $(s)$ im gleichen Register, dem Akkumulator-Register (AC), stehen. Der Endübertrag wird in einem zusätzlichen Flipflop CF (carry) gespeichert. Bild 4.5-7 zeigt das Schaltbild, dabei sind die Flipflops als zustandsgesteuerte Kippglieder realisiert, von den Registern ist nur AC gezeichnet.

Die Übergangsfunktion des Schaltwerks in Bild 4.5-7 lautet gemäß Gl.(4.5-2):

Endübertrag:

$$c_n^{(k+1)} = [(s)^{(k)} + (b)^{(k)}] \operatorname{div} 2^n$$

Summe:

$$(s)^{(k+1)} = [(s)^{(k)} + (b)^{(k)}] \bmod 2^n \qquad (4.5\text{-}6)$$

### 4.5.1.2 Rechenwerk für Addition und Subtraktion

Stellt man die negativen Zahlen mittels Zweier-Komplement dar (Gl. (4.4-1)), dann können Addition und Subtraktion mit einer Schaltung durchgeführt werden. Dies wollen wir uns zunächst anhand eines Beispiels verdeutlichen.

**Beispiel:**

Wir betrachten die Zahlen $(a) = 21_{10}$ und $(b) = 9_{10}$. Der Index kennzeichnet das Zahlensystem. Bild 4.5-8 zeigt die Rechenoperationen.

$(a) = 010101_{(2)} = 21_{(10)}$ $\quad -(a) = 101011$

$(b) = 001001_{(2)} = 9_{(10)}$ $\quad -(b) = 110111$

$(a)+(b)$:

| | | | | | | | |
|---|---|---|---|---|---|---|---|
| $(a)$ | | 0 | 1 | 0 | 1 | 0 | 1 |
| $(b)$ | | 0 | 0 | 1 | 0 | 0 | 1 |
| | | 0 | 0 | 0 | 0 | 1 | |
| $30_{(10)}$ | | 0 | 1 | 1 | 1 | 1 | 0 |

$-(a)-(b)$:

| | | | | | | | |
|---|---|---|---|---|---|---|---|
| $-(a)$ | | 1 | 0 | 1 | 0 | 1 | 1 |
| $-(b)$ | | 1 | 1 | 0 | 1 | 1 | 1 |
| | 1 | 1 | 1 | 1 | 1 | 1 | |
| $-30_{(10)}$ | 1) | 1 | 0 | 0 | 0 | 1 | 0 |
| | | 0 | 1 | 1 | 1 | 0 | 1 |
| | | | | | | + | 1 |
| | | 0 | 1 | 1 | 1 | 1 | 0 |

$(a)-(a)$:

| | | | | | | | |
|---|---|---|---|---|---|---|---|
| $(a)$ | | 0 | 1 | 0 | 1 | 0 | 1 |
| $-(a)$ | | 1 | 0 | 1 | 0 | 1 | 1 |
| | 1 | 1 | 1 | 1 | 1 | 1 | |
| 0 | 1) | 0 | 0 | 0 | 0 | 0 | 0 |

$(a)-(b)$:

| | | | | | | | |
|---|---|---|---|---|---|---|---|
| $(a)$ | | 0 | 1 | 0 | 1 | 0 | 1 |
| $-(b)$ | | 1 | 1 | 0 | 1 | 1 | 1 |
| | 1 | 1 | 0 | 1 | 1 | 1 | |
| $12_{(10)}$ | 1) | 0 | 0 | 1 | 1 | 0 | 0 |

$-(a)+(b)$:

| | | | | | | | |
|---|---|---|---|---|---|---|---|
| $-(a)$ | | 1 | 0 | 1 | 0 | 1 | 1 |
| $(b)$ | | 0 | 0 | 1 | 0 | 0 | 1 |
| | | 0 | 1 | 0 | 1 | 1 | |
| $-12_{(10)}$ | | 1 | 1 | 0 | 1 | 0 | 0 |
| | | 0 | 0 | 1 | 0 | 1 | 1 |
| | | | | | | + | 1 |
| | | 0 | 0 | 1 | 1 | 0 | 0 |

Bild 4.5-8
Rechenoperationen mit Zweierkomplementen. Der Übertrag aus der höchstwertigen Stelle wird nicht berücksichtigt.

Anhand des Beispiels sehen wir, dass der Endübertrag wegen der Komplementbildung auf $2^n$ nicht berücksichtigt wird. Gl. (4.4-3) zeigt uns, dass negative Zahlen durch die Komplementbildung in positive umgewandelt werden können, was uns die Kontrolle des Ergebnisses erleichtert.

Wir betrachten jetzt eine mögliche Realisierung dieses Rechenwerks. Dazu erweitern wir das Addierwerk (Bild 4.5-7), indem wir den Operanden $(b)$ über Antivalenzglieder auf die Eingänge des Paralleladdierers führen (Bild 4.5-9). Am Ausgang der Antivalenzglieder erhalten wir für $g = 0$ den Wert $(b)$ und für $g = 1$ den Wert $(\bar{b})$.

Bei der 2-Komplementbildung muss $(\bar{b}) + 1$ gebildet werden (Gl.(4.4-3)). Dazu wird der Steuereingang g auch auf den Eingang $c_0$ für den Anfangsübertrag des Paralleladdierers geführt: $c_0 = g$. Damit erhalten wir für (s):

| $g$ | $(s)^{(k+1)}$ |
|---|---|
| 0 | $[(s)^{(k)} + (b)^{(k)}] \bmod 2^n$ |
| 1 | $[(s)^{(k)} - (b)^{(k)}] \bmod 2^n$ |

Dabei können die Zahlen $(b)$ und $(s)$ vor der Operation positiv oder negativ sein.

Bei der Betrachtung der ALU im Abschnitt 4.5.1.4 sehen wir dann, dass die hier ermittelte Schaltungserweiterung nicht separat realisiert werden muss, sondern dort mit enthalten ist.

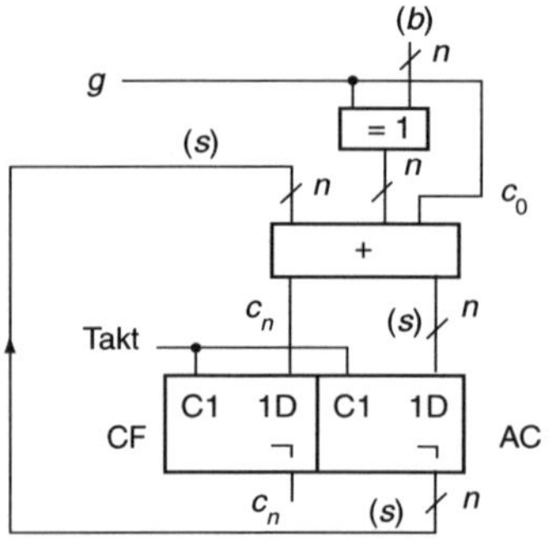


Bild 4.5-9 Rechenwerk für Addition und Subtraktion (vgl. Bild 4.5-7)

**Überlauf bei Addition und Subtraktion**

Bei den bisherigen Betrachtungen der Addition bzw. Subtraktion wurde vorausgesetzt, dass das Ergebnis $(s)$ wieder im darstellbaren Zahlenbereich $-2^{n-1} \leq (s) \leq 2^{n-1} - 1$ liegt (Gl. (4.4-4)).

Tritt ein Überlauf *ü* auf, d.h. ein Über- bzw. Unterschreiten des Zahlenbereichs, dann muss dies angezeigt werden, da sonst mit einem fehlerhaften Ergebnis weitergerechnet würde. Dazu dient u.a. das Statusregister, welches wir in Abschnitt 4.5.3.1 betrachten. Das Verlassen des Zahlenbereichs kann auftreten

- bei der Addition, falls beide Operanden positiv bzw. negativ sind
- bei der Subtraktion, falls ein Operand positiv, der andere negativ ist.

Betrachten wir die Eingänge des Parallel-Addierers (Bild 4.5-9), so können beide Fälle zusammengefasst werden. Es genügt dann den Fall zu betrachten, dass beide Operanden positiv bzw. negativ sind.

**Beispiel:**

Wie im Beispiel in Bild 4.5-8 legen wir $n = 6$-stellige Dualzahlen zu Grunde: $(a) = 21_{10}$ und $(b)= 15_{10}$. Der Zahlenbereich umfasst $-32 \leq (x) \leq 31$. Bild 4.5-10 zeigt die Rechenoperationen: $(a) + (b)$ und $-(a) - $(b).

$(a) = 010101_2 = 21_{10}$ $\quad -(a) = 101011$

$(b) = 001111_2 = 15_{10}$ $\quad -(b) = 110001$

| $(a)+(b)$: | | $-(a)-(b)$: | |
|---|---|---|---|
| $(a)$ | 0 1 0 1 0 1 | $-(a)$ | 1 0 1 0 1 1 |
| $(b)$ | 0 0 1 1 1 1 | $-(b)$ | 1 1 0 0 0 1 |
| $(c)$ | 0 1 1 1 1 1 | $(c)$ | 1 0 0 0 1 1 |
| $-28_{10}$ | 1 0 0 1 0 0 | $+28_{10}$ | 0 1 1 1 0 0 |

| Ergebnis | Ergebnis |
|---|---|
| $-28_{10}$ ist falsch | $+28_{10}$ ist falsch |
| $+36_{10}$ wäre richtig | $-36_{10}$ wäre richtig |
| $c_n = c_6 = 0$ | $c_n = c_6 = 1$ |
| $c_{n-1} = c_5 = 1$ | $c_{n-1} = c_5 = 0$ |

Bild 4.5-10 Überlauf beim Rechnen mit Festpunktzahlen (Dualzahlen)

Wir erkennen aus dem Beispiel, im Vergleich mit Bild 4.5-8, dass ein Überlauf *ü* dann auftritt, wenn der in der Stelle $n - 1$ zu addierende Über-

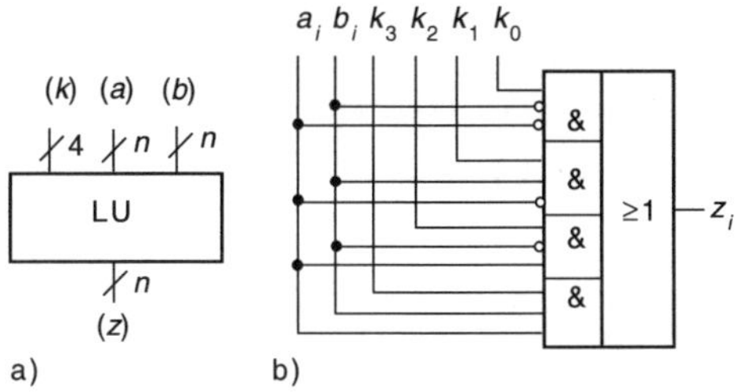


Bild 4.5-11 Logische Verknüpfungseinheit (LU):
a) Schaltzeichen
b) Schaltung der Stelle $i$, $(0 \le i \le n\text{-}1)$

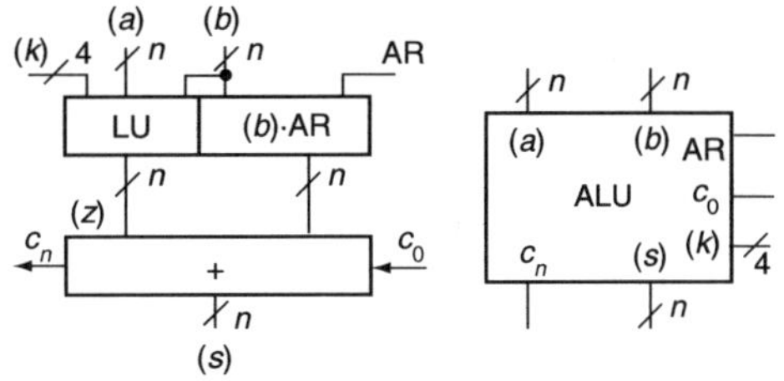


Bild 4.5-12 Arithmetisch-logische Verknüpfungseinheit (ALU)

trag $c_{n-1}$ (im Beispiel $c_5$) ungleich dem in der Stelle $n$ zu berücksichtigenden Übertrag $c_n$ (im Beispiel $c_6$) ist. Damit gilt

$$ü = c_n \nleftrightarrow c_{n-1} \tag{4.5-7}$$

#### 4.5.1.3 Logische Verknüpfungseinheit

Wir bilden die bitweise logische Verknüpfung zweier Wörter $(a)$ und $(b)$:

$$(z) = (a) \circ (b) \tag{4.5-8}$$

mit $\circ$ Platzhalter für eine logische Verknüpfung: $\wedge, \vee, \leftrightarrow, \nleftrightarrow, \ldots$

$$\text{bzw. } (z) = \neg(a) \tag{4.5-9}$$

Wie wir in 4.3.1.3 gesehen haben, gibt es 16 boolesche Funktionen von zwei Variablen. Damit können wir die logische Verknüpfungseinheit realisieren, indem wir mit einem vierstelligen Steuerwort $(k) = (k_3, k_2, k_1, k_0)$ die Funktion auswählen. Wir erhalten

$$\begin{aligned}(z) = {} & [k_3 \wedge (a) \wedge (b)] \vee [k_2 \wedge (a) \wedge (\bar{b})] \vee \\ & \vee [k_1 \wedge (\bar{a}) \wedge (b)] \vee [k_0 \wedge (\bar{a}) \wedge (\bar{b})]\end{aligned} \tag{4.5-10}$$

Bild 4.5-11 zeigt das Schaltzeichen der logischen Verknüpfungseinheit (LU, logic unit) und die Schaltung für die Stelle $i$, $(0 \le i \le n{-}1)$.

Im Beispiel sind die drei Grundoperationen (4.3.1.1) dargestellt.

#### 4.5.1.4 Arithmetisch-logische Verknüpfungseinheit

In der arithmetisch-logischen Verknüpfungseinheit (ALU, arithmetic logic unit) werden arithmetische Operationen, Addition und Subtraktion von Festpunktzahlen und boolesche (logische) Verknüpfungen durchgeführt.

Mit dem $n$-stelligen Paralleladdierer (Bild 4.5-6) und der logischen Verknüpfungseinheit (Bild 4.5-11) kann die ALU aufgebaut werden. Bild 4.5-12 zeigt eine prinzipielle Möglichkeit.

Es gilt

$$\begin{aligned}(b) \cdot \mathrm{AR} = (& b_{n-1} \wedge \mathrm{AR}, b_{n-2} \wedge \mathrm{AR}, \ldots, \\ & b_1 \wedge \mathrm{AR}, b_0 \wedge \mathrm{AR})\end{aligned} \tag{4.5-11}$$

Mit der Funktionsbeschreibung der logischen Verknüpfungseinheit (Gl.(4.5-10)) erhalten wir gemäß Gl. (4.5-2)

$$\begin{aligned}c_n &= [(z) + (b) \cdot \mathrm{AR} + c_0] \operatorname{div} 2^n \\ (s) &= [(z) + (b) \cdot \mathrm{AR} + c_0] \bmod 2^n\end{aligned} \tag{4.5-12}$$

Es lassen sich die verschiedensten Kombinationen von logischen und arithmetischen Operationen realisieren. Im folgenden Beispiel betrachten wir die wichtigsten Funktionen.

**Beispiel:**

| Funktion | $(k)$ | $(z)$ |
|---|---|---|
| Negation | (0011) | $[0 \wedge (a) \wedge (b)] \vee [0 \wedge (a) \wedge (\bar{b})] \vee [1 \wedge (\bar{a}) \wedge (b)] \vee [1 \wedge (\bar{a}) \wedge (\bar{b})] = \neg(a)$ |
| UND | (1000) | $[1 \wedge (a) \wedge (b)] \vee [0 \wedge (a) \wedge (\bar{b})] \vee [0 \wedge (\bar{a}) \wedge (b)] \vee [0 \wedge (\bar{a}) \wedge (\bar{b})] = (a) \wedge (b)$ |
| ODER | (1110) | $[1 \wedge (a) \wedge (b)] \vee [1 \wedge (a) \wedge (\bar{b})] \vee [1 \wedge (\bar{a}) \wedge (b)] \vee [0 \wedge (\bar{a}) \wedge (\bar{b})] = (a) \vee (b)$ |

Das Steuerwort (ST) hat 6 Stellen:
(ST) = (AR, $c_0$, $k_3$, $k_2$, $k_1$, $k_0$)

**Beispiele:**
Logische Funktionen; AR = 0, $c_0$ = 0
Damit $(s) = (z)$

Arithmetische Verknüpfungen

| AR | $c_0$ | $(k)$ | $(z)$ | $(s)$ | Operation |
|---|---|---|---|---|---|
| 1 | 0 | (1100) | $(a)$ | $(b)+(a)$ | + |
| 1 | 1 | (0011) | $(\bar{a})$ | $(b)+(\bar{a})+1=(b)-(a)$ | – |

Einstellige Operationen an $(b)$

| AR | $c_0$ | $(k)$ | $(z)$ | $(s)$ | Operation |
|---|---|---|---|---|---|
| 0 | 0 | (0101) | $(\bar{b})$ | $(\bar{b})$ | $\neg$ |
| 0 | 1 | (0101) | $(\bar{b})$ | $(\bar{b})+1=-(b)$ | Zweier-komplement |
| 1 | 1 | (000-0) | 0 | $(b)+1$ | Inkrement |
| 1 | 0 | (1111) | $(11\ldots1)=-1$ | $(b)-1$ | Dekrement |
| 1 | 0 | (1010) | $(b)$ | $(b)+(b)=2\cdot(b)$, $0\rightarrow s_0$, $s_{n-1}\rightarrow c_n$ | Schieben links |

### 4.5.1.5 Schiebeoperationen

Schiebeoperationen können an einer zentralen Stelle mittels eines Schaltnetzes durchgeführt werden. Dazu wird die ALU um eine Schiebeeinheit (SH, shift unit) erweitert (Bild 4.5-13). Bei den Dateneingängen kommen zusätzlich zum Eingangswort $(x)$ noch zwei Eingänge $\mathrm{e_r}$ (Rechtsschieben) und $\mathrm{e_l}$ (Linksschieben) dazu.

Die andere Möglichkeit ist das Schieberegister (Bild 4.3-46), bei dem der Inhalt des Registers mit jedem Takt um eine Stelle geschoben wird.

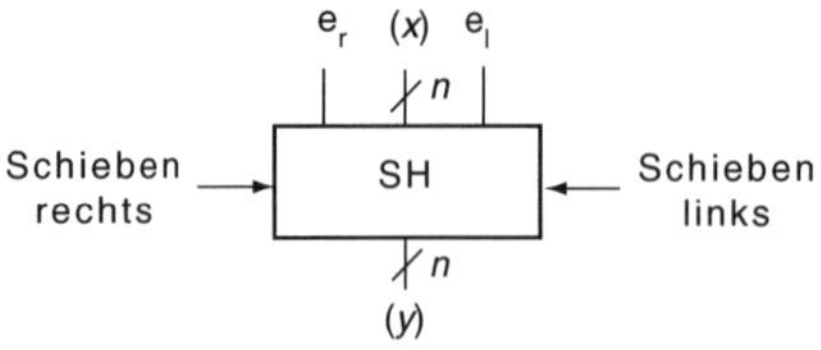


Bild 4.5-13 Schiebeeinheit (SH)

Wir legen $n$-stellige Wörter zu Grunde; das Eingangswort sei $(x)$, das Ausgangswort $(y)$. Entsprechend der Schieberichtung unterscheiden wir:

**Schieben nach rechts**

Es gilt

$$\begin{aligned} y_i &= x_{i+1} \quad \text{für } 0 \le i \le n-2 \\ y_{n-1} &= \mathrm{e_r} \end{aligned} \tag{4.5-13}$$

Für $\mathrm{e_r}$ sind beliebige Werte möglich, beispielsweise

| $\mathrm{e_r}$ | Typ |
|---|---|
| 0 | Logisches Schieben, Betragszahl |
| $c_n$ | Endübertrag der ALU |
| $x_{n-1}$ | Arithmetisches Schieben, Zweierkomplementzahl |
| $x_0$ | Ringschieben |
| CF | Ringschieben unter Einbeziehen des Carry-FFs (CF) |

**Schieben nach links**

Es gilt

$$\begin{aligned} y_i &= x_{i-1} \quad \text{für } 1 \le i \le n-1 \\ y_0 &= \mathrm{e_l} \end{aligned} \tag{4.5-14}$$

Für $\mathrm{e_l}$ sind beliebige Werte möglich, beispielsweise

| $\mathrm{e_l}$ | Typ |
|---|---|
| 0 | Logisches Schieben, Dualzahl |
| $x_{n-1}$ | Ringschieben |
| CF | Ringschieben mit Einbeziehen des Carry-FFs (CF) |

Beim Schieben von Dualzahlen bedeutet

– Linksschieben eine Multiplikation mit 2

$$(y) = [2\cdot(x)] \bmod 2^n \tag{4.5-15}$$

– Rechtsschieben eine Division durch 2

$$(y) = (x) \operatorname{div} 2 \tag{4.5-16}$$

Dabei ist hier, wie oben angegeben, zwischen Betrags- und Zweierkomplementzahlen zu unterscheiden.

Beim Ringschieben ist zu unterscheiden zwischen

- mit Einbeziehen des Carry-Flipflops (CF, siehe 4.5.3.1) in den Ring
  nach rechts:

$$(y) = ((x) \operatorname{div} 2) + \mathrm{CF} \cdot 2^{n-1};$$
$$\mathrm{CF}^{(k+1)} = x_0{}^{(k)}$$

  nach links:

$$(y) = [2 \cdot (x)] \bmod 2^n + \mathrm{CF} \cdot 2^0; \qquad (4.5\text{-}17)$$
$$\mathrm{CF}^{(k+1)} = x_{n-1}{}^{(k)}$$

- ohne Einbeziehen des Carry-Flipflops in den Ring
  nach rechts:

$$(y) = ((x) \operatorname{div} 2) + x_0 \cdot 2^{n-1};$$
$$\mathrm{CF}^{(k+1)} = x_0{}^{(k)}$$

  nach links:

$$(y) = [2 \cdot (x)] \bmod 2^n + x_{n-1} \cdot 2^0; \qquad (4.5\text{-}18)$$
$$\mathrm{CF}^{(k+1)} = x_{n-1}{}^{(k)}$$

### 4.5.1.6 Vergleichsoperationen

Vergleichsoperationen prüfen ob 2 Wörter gleich oder ungleich sind, bzw. ob eine Zahl kleiner, gleich oder größer als eine andere Zahl ist. Das Vergleichsergebnis wird im Statusregister (4.5.3.1) gespeichert. Dadurch können bedingte Sprungbefehle realisiert werden.

Die Vergleichsoperationen werden üblicherweise als Subtraktion durchgeführt, wobei aber die Differenz nicht gespeichert wird, d.h. die beiden Operanden bleiben unverändert.

## 4.5.2 Zusammenschalten von Registerblock und ALU

Mit der arithmetisch-logischen Verknüpfungseinheit ALU, gegebenenfalls erweitert durch eine Schiebeeinheit SH, und dem Registerblock (4.3.7) können wir ein einfaches Rechenwerk aufbauen.

Die in 4.4.2.2 dargestellten Befehlsformen setzen entsprechende architektonische Strukturen voraus. Damit ein Drei-Adress-Befehl wirksam wird, müssen alle 3 Adressen im selben Taktintervall angesprochen werden können und damit drei Transportoperationen angestoßen werden: 3-Bus-Rechenwerk.

Bild 4.5-14 zeigt das vereinfachte Blockschaltbild des Drei-Bus-Rechenwerks. Es sind nur die Datenbusse gezeichnet, Adress- und Steuerleitungen sind nicht dargestellt. Der Registerblock mit den Registern $R_i$ ($1 \le i \le m$) hat drei Adresseingänge, zwei Datenausgänge (Bus 1 und Bus 2) und einen Dateneingang (Bus 3).

**Beispiel:**
R1 := R2 + R3 kann in einem Schritt durchgeführt werden.

Bild 4.5-15 zeigt ein Zwei-Bus-Rechenwerk. Hier hat der Registerblock einen Datenausgang (Bus 1) und einen Dateneingang (Bus 2). Es wird zusätzlich ein Register X zum Speichern eines Operanden benötigt. Mit einem derartigen Rechenwerk

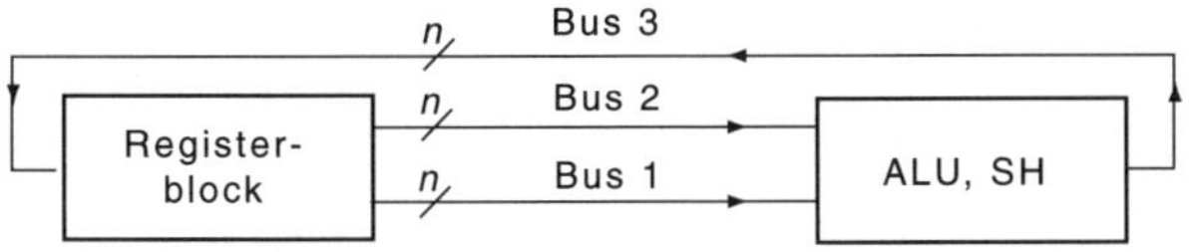


Bild 4.5-14
Drei-Bus-Rechenwerk

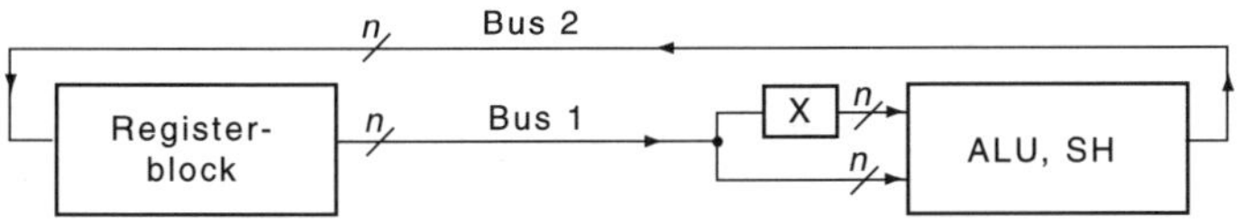


Bild 4.5-15
Zwei-Bus-Rechenwerk

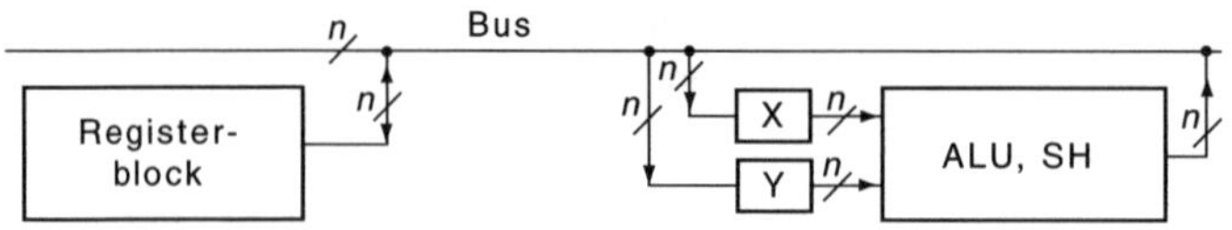


Bild 4.5-16
Ein-Bus-Rechenwerk

können somit Zwei-Adress-Befehle ausgeführt werden.

**Beispiel:**
R1 := R2 + R3 benötigt hier 2 Schritte:
1. R3 → X
2. R2 + X → R1
Dabei wird mit „→" ein Transportvorgang beschrieben.

Noch einfacher wird die Struktur beim Ein-Bus-Rechenwerk (Bild 4.5-16). Hier verfügt der Registerblock über einen bidirektionalen Datenanschluss (Bus). Der hier gezeigte Registerblock könnte gemäß Bild 4.3-76 realisiert sein. Zusätzlich werden zwei Register X und Y benötigt. Damit können Ein-Adress-Befehle ausgeführt werden.

**Beispiel:**
R1 := R2 + R3 benötigt hier 3 Schritte:
1. R3 → X
2. R2 → Y
3. X + Y → R1

Schließlich findet man noch Null-Adress-Strukturen. Sie werden auch Stack- oder Keller-Maschine genannt (vgl. 4.7.3.3). Es gibt keine freie Registerauswahl, hier beziehen sich alle Operationen auf das einzige von außen zugängliche Register des Stapels; $R_0$ in Bild 4.5-17. Dementsprechend erfolgen Schiebeoperationen im Stapel nach oben bzw. unten. Eine derartige Struktur findet man beispielsweise bei mathematischen Co-Prozessoren (4.5.3.5). Auch die virtuelle Java-Maschine (JVM) weist eine derartige Achitektur auf [68-17].

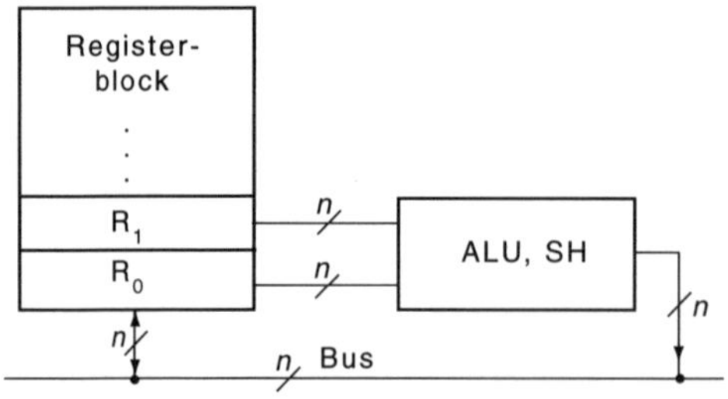


Bild 4.5-17 Null-Adress-Rechenwerk

**Beispiel:**
R0 := R0 + R1 erfordert hier folgende Schritte:
1. R0 + R1 → R0
2. R2 → R1
   R3 → R2 } d.h. Schieben des Stapels nach unten
   ...

## 4.5.3 Rechenwerke

Im vorhergehenden Abschnitt haben wir einfache Rechenwerke aus Registerblock und ALU mit SH kennen gelernt. Als weiteres wichtiges Element des Rechenwerks betrachten wir hier das Statusregister.

Dann folgen Erweiterungen im Rechenwerk die notwendig sind, damit die beiden noch fehlenden Grundrechnungsarten, Multiplikation und Division, für ganze Zahlen durchgeführt werden können. Abschließend wenden wir uns der Gleitpunktarithmetik zu.

### 4.5.3.1 Statusregister

Das Rechenwerk wird ergänzt durch ein Statusregister. In diesem Register sind Flipflops (FF) zusammengefasst, die wichtige, den Zustand des Rechenwerks charakterisierende Werte anzeigen. Die Flipflops in Bild 4.5-18 werden jeweils vom Ergebnis von ALU-Operationen beeinflusst.

Der Zustand dieser Flipflops kann bei der Befehlsausführung ausgewertet werden. Damit werden bedingte Programmverzweigungen möglich.

**Beispiel:**
Falls zwei Operanden gleich groß sind ($a = b$) soll ein bedingter Sprung durchgeführt werden, ansonsten soll das Programm linear fortgesetzt werden.

| Flipflop | Bedeutung |
|---|---|
| Carry-FF (CF) | Endübertrag bei der Addition (Bild 4.5-7)<br>Dieses FF wird häufig bei Schiebeoperationen verwendet, vgl. 4.5.1.5 |
| Overflow-FF (OF) | Überlauf bei Rechnung im Zweierkomplement |
| Sign-FF (SF) | Vorzeichen des Ergebnisses: +: S = 0, –: S =1 |
| Zero-FF (ZF) | Ergebnis = 0: Z = 1, Ergebnis ≠ 0: Z = 0 |
| Parity-FF (PF) | Parität des Ergebnisses |

Bild 4.5-18 Flipflops des Statusregisters

Es wird vorausgesetzt, dass ein Maschinenbefehl `COMPare a,b` besteht. Er hat dieselbe Wirkung wie der Subtraktionsbefehl, speichert aber das Ergebnis nicht ab, sondern beeinflusst nur die Flipflops des Statusregisters. Ferner sei ein bedingter Sprungbefehl `Jump if Zero marke` vorhanden.

Dann würde der Programmausschnitt lauten:

```
   COMP a, b
   JZ       marke
   . . .
marke:
```

Neben diesen, vom Ergebnis der ALU-Operation abhängenden Flipflops, umfasst dieses Register weitere Flipflops die den Status des Prozessors kennzeichnen, z.B.

- IF Interrupt Enable FF (Unterbrechungsfreigabe-FF)

  Dieses FF wird beim Eintritt in eine Unterbrechungs-Bearbeitungs-Routine automatisch rückgesetzt, damit sind dann weitere Unterbrechungen zunächst blockiert. Der Anwender kann dieses FF durch einen Befehl setzen oder rücksetzen.

Bei einer Unterbrechung des laufenden Programms (vgl. 4.5.6) wird dieses Register automatisch auf den Stapel gerettet und nach der Rückkehr aus der Unterbrechungsbearbeitung wieder geladen (vgl. 4.7.3.3). Damit kann in obigem Beispiel eine Unterbrechung zwischen `COMP` und `JZ` ohne Einschränkung zugelassen werden.

### 4.5.3.2 Multiplikation

**Multiplikation ganzer positiver Zahlen**

Führen wir die Multiplikation zweier $n$-stelliger Zahlen $(x)$ und $(y)$ durch, wie wir dies in der Schule gelernt haben, so bilden wir jeweils Teilprodukte $(x) \cdot y_i$, $i = 0, 1, ..., n-1$, die wir stellenverschoben addieren. Derselbe Algorithmus kann auch hier angewandt werden, allerdings wird die Addition in Teiladditionen zerlegt, da wir mit dem Addierer nur jeweils 2 Summanden addieren können. Für diese Additionen genügt ein $n$-stelliger Addierer, das Produkt umfasst $2n$ Stellen.

**Beispiel:**

Bild 4.5-19 zeigt den Ablauf der Multiplikation von zwei 4-stelligen Zahlen (Multiplikand $(x) = 6$, Multiplikator $(y) = 5$) bestehend aus Teilmultiplikationen und stellenverschobenen Teiladditionen (Zwischensumme ZWS).

**Mehrschrittige Multiplikation**

Soll die Multiplikation in $n$ Schritten durchgeführt werden, so muss in jedem Taktintervall Teilmultiplikation, -addition und Abspeichern der Zwischensumme erfolgen. Bild 4.5-20 zeigt ein solches Multiplizierwerk, das aus den in diesem Abschnitt entwickelten Schaltnetzen ALU (4.5.1.4) und SH (4.5.1.5), sowie dem Register

| (x) (y)<br>0110 × 0101 | |
|---|---|
| 0000 | |
| 0110 | $(x) \cdot y_0 \cdot 2^0$ |
| 0110 | ZWS |
| 0000 | $(x) \cdot y_1 \cdot 2^1$ |
| 00110 | ZWS |
| 0110 | $(x) \cdot y_2 \cdot 2^2$ |
| 011110 | ZWS |
| 0000 | $(x) \cdot y_3 \cdot 2^3$ |
| 00011110 | Produkt |

Bild 4.5-19 Ablauf der Multiplikation ($n$ = 4 Bit)

AC und einem zusätzlichen Schieberegister Q besteht.

Zu Beginn der Multiplikation steht der Multiplikator ($y$) im Register Q. Es gilt: $Q_0 = y_0$. Im Register AC steht 0. Über die Schiebeeinheit wird um 1 Stelle nach rechts geschoben, so dass vom Teilprodukt $(x) \cdot y_0$ das $n$-stellige Wort ($c_n$, $s_{n-1}$, $s_{n-2}$, ..., $s_1$) im Akkumulator AC gespeichert wird. $s_0$ wird beim Rechtsschieben in das Register Q übernommen; jetzt ist $Q_0 = y_1$. Nach $n$ Takten ist die Multiplikation abgeschlossen.

Mit den Gleichungen (4.5-10) und (4.5-12) kann das Steuerwort der ALU ermittelt werden:

Für $Q_0 = 0$: (s) = (AC)

$= 1$: (s) = $(x)$ + (AC)

Damit wird AR = 1, $c_0 = 0$, und $(k) = (Q_0, Q_0, 0, 0)$.

Für die Registerinhalte gilt

$$(AC)^{(k+1)} = [(AC)^{(k)} + (x) \cdot Q_0^{(k)}] \text{ div } 2$$

$$(Q)^{(k+1)} = (Q)^{(k)} \text{ div } 2 + s_0^{(k)} \cdot 2^{n-1} \qquad (4.5\text{-}19)$$

Nach $n$ Takten steht das $2n$-stellige Produkt in den Registern AC (höherwertige Stellen) und Q (niederwertige Stellen).

Die einzelnen Schritte werden von Mikrobefehlen gesteuert. Zusammen bilden sie das Mikroprogramm für die Multiplikation. Zur Ausführung der Multiplikation muss also das Mikroprogramm aufgerufen werden, das deren Ablauf steuert (Näheres hierzu in 4.5.4.5).

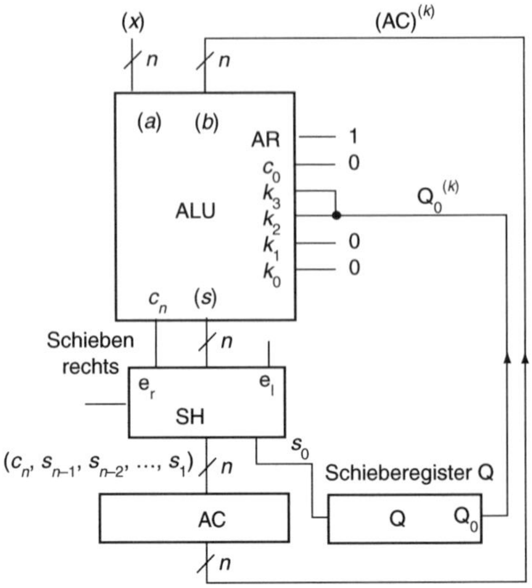


Bild 4.5-20 Multiplizierwerk (ganze positive Zahlen)

**Einschrittige Multiplikation**

Der schaltungsmäßige Aufwand ist wesentlich größer als bei der Addition und Subtraktion. Eine Realisierung mit mehreren Addierern zeigt Bild 4.5-21 für $n = 4$ Bit.

Die vier Teilprodukte $(x) \cdot y_i$ ($i = 0, 1, 2, 3$) werden gleichzeitig gebildet (UND-Glieder). In einer ersten Addierebene werden Teilsummen ermittelt. Man beachte dabei die erforderliche Stellenverschiebung. In der zweiten Addierebene entsteht dann das Produkt, wobei der eine Summand um 2 Stellen verschoben eingespeist werden muss.

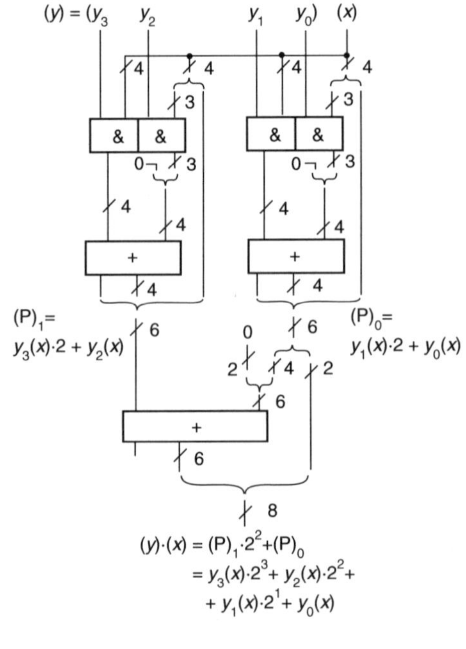


Bild 4.5-21 Einschrittige Multiplikation ($n = 4$ Bit, ganze positive Zahlen)

Der Aufwand an Addierern steigt mit wachsendem $n$ stark an [40-5].

Die Wortlängen von Multiplikand ($x$) und Multiplikator ($y$) brauchen nicht gleich zu sein.

Für kleine Wortlängen kann die Multiplikation mittels eines Festwertspeichers durchgeführt werden (vgl. Bild 4.6-12). Die beiden Faktoren ($x$) und ($y$) bilden die $2n$-stellige Adresse, der Speicher mit der Wortlänge $2n$ enthält das Produkt $(x)\cdot(y)$. Da der Aufwand exponentiell mit $n$ ansteigt ($2^{2n}$ Worte à $2n$ Bit), ist dies Verfahren auf Dualzahlen mit $n \le 8$ Bit begrenzt.

**Multiplikation positiver und negativer Zahlen**

Das im vorangehenden Abschnitt beschriebene Verfahren der Multiplikation eignet sich nur für positive Zahlen. Will man auch negative Zahlen einbeziehen, gibt es mehrere Möglichkeiten [40-5]:

- Man formt die negative Zahl in die Darstellung mit Vorzeichen und Betrag um. Dann multipliziert man die Beträge. Das Vorzeichen des Produktes ist negativ, wenn die Vorzeichen der Zahlen ($x$) und ($y$) verschieden sind. Bei negativem Vorzeichen muss dann das Komplement berechnet werden.
- Man führt die Multiplikation nach dem beschriebenen Verfahren auch für negative Zahlen aus. Je nach Vorzeichen der Zahlen ($x$) und ($y$) müssen Korrektur-Additionen bzw. -Subtraktionen vorgesehen werden.
- Man nutzt aus, dass im Rechenwerk Addition und Subtraktion gleichwertige Operationen sind. Dann kann man mit dem Booth-Algorithmus [43-2c] die Multiplikation mit Komplementdarstellung auch ohne anschließende Korrektur durchführen.

**Bemerkung:**
Im Bereich der Mikroprozessoren findet man heute einschrittige Mutliplizierer für $n = 64$.

### 4.5.3.3 Division

Die Division positiver Zahlen kann sinngemäß ähnlich wie die Multiplikation nach 4.5.3.2 erfolgen. Man kann das Rechenwerk von Bild 4.5-20 modifizieren: das Schieberegister und die Schiebeeinheit gestatten Linksschieben mit $Q_{n-1}$ am Eingang $e_1$ der Schiebeeinheit. Die ALU erhält entsprechende Steuersignale.

Zu Beginn steht der Dividend ($x$) als $2n$-stelliges Wort rechtsbündig in den beiden Registern AC und Q, der Divisor ($y$) und (AC) liegen an den Eingängen ($a$) und ($b$) der ALU an. Die beiden Operanden (AC) und ($y$) werden verglichen (Subtraktion). Es gilt:

$$(\mathrm{AC}) \ge (y): (\mathrm{AC})^{(k+1)} = 2\cdot[(\mathrm{AC})^{(k)} - (x)] + \mathrm{Q}_{n-1}^{(k)}$$
$$(\mathrm{Q})^{(k+1)} = 2\cdot(\mathrm{Q})^{(k)} + 1$$

$$(\mathrm{AC}) < (y): (\mathrm{AC})^{(k+1)} = 2\cdot(\mathrm{AC})^{(k)} + \mathrm{Q}_{n-1}^{(k)}$$
$$(\mathrm{Q})^{(k+1)} = 2\cdot(\mathrm{Q})^{(k)} \qquad (4.5\text{-}20)$$

Die Quotientenstelle (1 oder 0) wird also jeweils auf $Q_0$ geschrieben und durch das Linksschieben baut sich der Quotient im Register Q auf. Schließlich steht der Quotient im Register Q, der Rest im Register AC.

**Beispiel:**
Bild 4.5-22 zeigt den Ablauf der Division für das Beispiel ($n$ = 4 Bit): $102_{10} : 5_{10} = 20_{10}$ Rest 2. Der Über-

```
01100110:0101   =   10100
-0101
 00010     ≥0 ⇒ 1
 -0101
  1101     <0 ⇒ 0
 +0101  (Korrekturaddition)
  00101
  -0101
   00001   ≥0 ⇒ 1
   -0101
    1100   <0 ⇒ 0
   +0101  (Korrekturaddition)
    00010
    -0101
     1101  <0 ⇒ 0
    +0101  (Korrekturaddition)
     0010
```

Quotient: $1\,0\,1\,0\,0_2 = 20_{10}$
Rest: $0\,0\,1\,0_2 = 2_{10}$

Bild 4.5-22 Division positiver Festpunktzahlen (manuelle Ausführung). Beispiel:102 : 5 = 20 Rest 2.

sichtlichkeit halber wird hier die Subtraktion nicht mit Zweier-Komplementen durchgeführt, sondern das Zeichen „–" verwendet. Das Rechenwerk benutzt die Komplement-Darstellung. Der Leser möge sich selbst die jeweiligen Inhalte der Register bei den einzelnen Schritten klarmachen.

Auch die Division wird – in einzelne Teilschritte oder Mikrooperationen aufgeteilt – durch ein Mikroprogramm gesteuert. Die Ausführung als einschrittige Operation wie bei der Multiplikation ist nicht bekannt.

Dagegen kann es für einfache Fälle sinnvoll sein, in einem Festwertspeicher eine Divisionstabelle zu speichern.

#### 4.5.3.4 Weitere Operationen des Rechenwerks

**Rechnen im Dezimalsystem**

Neben dem Rechnen im Dualsystem finden wir bei manchen Anwendungen auch Dezimalzahlen. Zwei Bereiche sind wichtig

- kommerzielle Datenverarbeitung. Hier ist die dezimale Rundung für Geldberechnungen vorgeschrieben. Deshalb ist das Rechnen im Dezimalsystem erforderlich. [46-1b]
- Messwertverarbeitung. Viele Messsysteme mit Datenanschluss liefern die Messwerte als Dezimalzahlen. Bei geringem Verarbeitungsgrad ist es eventuell sparsamer die Verarbeitung auch mit Dezimalzahlen durchzuführen und so das zweimalige Umcodieren (Dualcode zur Verarbeitung, Dezimalcode zur Anzeige des Ergebnisses) zu sparen.

Eingesetzt werden tetradische BCD-Codes (4.2.2.5). Dabei werden zur Darstellung der dezimalen Ziffern 10 der 16 möglichen Tetraden verwendet. Dadurch wird das Rechnen komplizierter, denn es sind die Pseudotetraden zu berücksichtigen.

**Beispiel:**

Addition von zwei Dezimalziffern im Dezimal-Dual-Code (Direkt-Dualcode, Bild 4.2-7)

| | | | |
|---|---|---|---|
| 6 | = | 0110 | |
| 8 | = | <u>1000</u> | |
| | | 1110 | Pseudotetrade |
| | + | <u>0110</u> | Korrekturaddition |
| 14 | = | 1 0100 | |

#### 4.5.3.5 Gleitpunkt-Rechenwerk

Das Rechnen mit Gleitpunktzahlen (4.4.2.1) ist komplexer als das Rechnen mit Festpunktzahlen, da hier Mantisse und Exponent getrennt behandelt werden müssen. Wir wollen die Prinzipien kurz als Beispiel andeuten.

**Beispiel:**

Es seien zwei Zahlen $z_1$ und $z_2$ gegeben (Basis 2):

$$z_1 = M_1 \cdot 2^{E_1}; \quad z_2 = M_2 \cdot 2^{E_2}$$

Addition und Subtraktion:

$$z_3 = z_1 \pm z_2 = M_1 \cdot 2^{E_1} \pm M_2 \cdot 2^{E_2}$$

Die Mantissen $M_1$ und $M_2$ können dann direkt addiert (subtrahiert) werden, wenn die beiden Exponenten $E_1$ und $E_2$ gleich sind. Sind sie ungleich, muss man, um eine Überschreitung des Mantissenzahlbereichs zu vermeiden, stets den kleineren Exponenten an den größeren angleichen. Es sei für das folgende $E_1 > E_2$:

$$z_3 = z_1 \pm z_2 = M_1 \cdot 2^{E_1} \pm \underbrace{M_2 \cdot 2^{-(E_1 - E_2)}}_{M_2'} \cdot 2^{E_1}$$

Nach dem Angleichen ($M'_2$) kann man addieren (subtrahieren):

$$z_3 = (M_1 \pm M'_2) \cdot 2^{E_1} = M_3 \cdot 2^{E_3}$$

Multiplikation:

$$z_3 = z_1 \cdot z_2 = M_1 \cdot 2^{E_1} \cdot M_2 \cdot 2^{E_2} = M_1 \cdot M_2 \cdot 2^{(E_1 + E_2)}$$

$$z_3 = M_3 \cdot 2^{E_3}$$

Division:

$$z_3 = z_1 / z_2 = (M_1 \cdot 2^{E_1})/(M_2 \cdot 2^{E_2}) = (M_1 / M_2) \cdot 2^{(E_1 - E_2)}$$

$$z_3 = M_3 \cdot 2^{E_3}$$

Anschließend an diese Operationen muss jeweils das Ergebnis noch normalisiert werden ($1{,}0 \le |M_3| < 2$).

Näheres über Gleitpunkt-Rechnungen findet man z.B. in [43-2c].

In vielen Rechnern finden wir heute einen Co-Prozessor oder ein eigenes Rechenwerk für die Gleitpunkt-Arithmetik. Sie enthalten meist auch Mikroprogramme für komplexere Operationen, wie z.B. log, √, sin, ... .

**Beispiel:**

Bild 4.5-23 zeigt ein Beispiel. Die Ausführeinheit umfasst den Registerstapel (vgl. Bild 4.5-17), sowie je ein

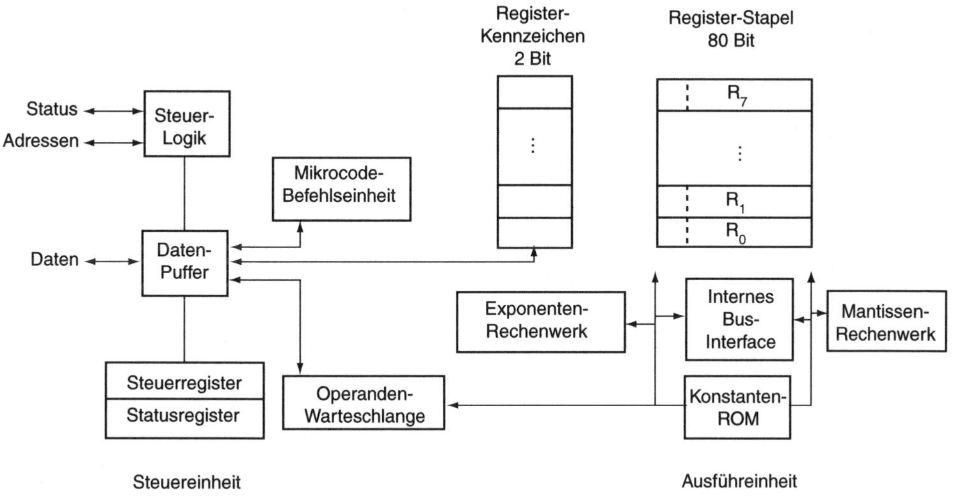


Bild 4.5-23 Intel-Gleitpunkt-Co-Prozessor

Rechenwerk für Mantissen und Exponenten. Die Wortlänge beträgt 80 Bit. Dabei ist die Mantisse einschließlich ihrer Vorkommastelle gespeichert.

Die Steuereinheit enthält zu jedem Register des Registerstapels ein Kennzeichen (2 Bit) das u.a. aussagt, ob der Registerinhalt gültig ist oder nicht.

Der Befehlscode für die Co-Prozessor-Befehle wird im Prozessor decodiert und dann auf den Co-Prozessor umgeschaltet. Dieser übernimmt die Operanden vom Bus und liefert das Ergebnis wieder an den Prozessor. Über den Status kann der Prozessor erkennen in welchem Zustand sich der Co-Prozessor befindet.

Heute ist die Multiplikation teilweise einschrittig realisiert, um eine hohe Verarbeitungsgeschwindigkeit bei Gleitpunkt-Operationen zu erreichen. Ist kein solches Rechenwerk vorgesehen, dann muss man die Gleitpunkt-Operationen durch Unterprogramme ausführen. Der Gewinn an Rechengeschwindigkeit durch Hardware gegenüber Software liegt hier beim Faktor 10 bis 100. In beiden Fällen gelten jedoch die gleichen Prinzipien.

## 4.5.4 Leitwerk

Das Leitwerk eines Rechners steuert den Ablauf der Befehle und koordiniert die Arbeiten der einzelnen Teile, wie Speicher, Rechenwerk, Ein-/Ausgabe-Einheiten. Das Leitwerk ist im Prinzip ein Schaltwerk, wie wir es in 4.3.5 kennen gelernt haben. Es erzeugt auf Grund der Maschinenbefehle Steuersignale für deren Ablauf und empfängt Rückmeldungen (Bild 4.5-24).

Allerdings hat es eine komplexe Struktur, so dass die Verfahren nach 4.3.5 nur für einzelne Teilschaltwerke anwendbar sind. Die Steuersignale werden von Zählern und Schieberegistern abgeleitet, die je für bestimmte Befehle und Befehlsgruppen aktiviert werden. So gibt es viele gegenseitige Abhängigkeiten, die spätere Änderungen erschweren.

Bei der Realisierung des Leitwerks, und damit zusammenhängend der Frage nach der Struktur der Maschinenbefehle finden wir zwei entgegen-

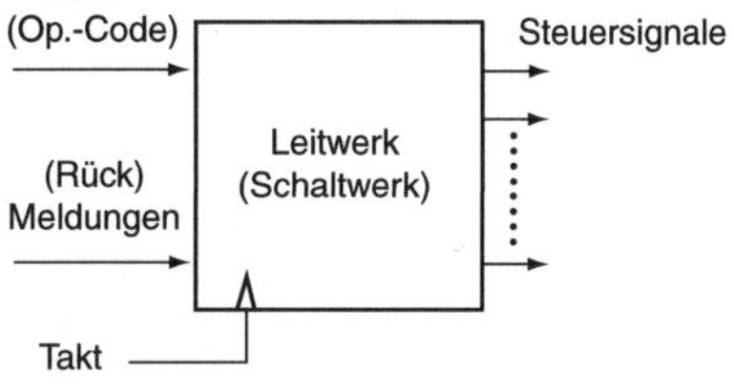


Bild 4.5-24 Leitwerk eines Rechners als Schaltwerk

gesetzte Prinzipien: Komplexe (CISC) und einfach strukturierte (RISC) Maschinenbefehle.

#### 4.5.4.1 CISC (Complex Instruction Set Computer)

Hier sind die Maschinenbefehle und die zu Grunde gelegte Hardware des Leitwerks komplex. Dies bedeutet, es gibt einen umfangreichen, differenzierten Satz von Maschinenbefehlen, die einzelnen Maschinenbefehle sind sehr leistungsfähig, es gibt viele Adressierungsmodi. Bedingt durch diese Eigenschaften haben die Maschinenbefehle unterschiedliche Länge und Ausführungszeiten.

**Beispiel:**
Intel 80x86-Prozessor
In Bild 4.4-15 ist der allgemeine Aufbau der Maschinenbefehle dargestellt. Bild 4.5-25 zeigt zwei unterschiedlich lange Befehle.

Bei einem derartigen Rechner ist das Leitwerk mikroprogrammiert, d.h. jeder Maschinenbefehl startet ein in einem Mikroprogrammspeicher abgelegtes Mikroprogramm, das seinerseits die Steuersignale erzeugt. Dadurch wird ein systematischer, flexibler Entwurf des Leitwerks möglich.

#### 4.5.4.2 RISC (Reduced Instruction Set Computer)

Der Grundgedanke hier ist ein einheitliches Befehlsformat, einfache Adressierung (nur Speichertransportbefehle, keine Verknüpfungsbefehle mit Speicheroperanden) und bezüglich der Realisierung festverdrahtete Schaltung (PAL, vgl. 4.3.2.5) und damit einheitliche Befehlsausführungszeiten. Das bedeutet einen sehr eingeschränkten Maschinenbefehlssatz. Man spricht auch von einer „load and store“-Architektur, da die Verknüpfungsoperationen stets mit Registern durchgeführt werden.

Die Entwicklung dieser Architektur ging Hand in Hand mit der Entwicklung von Arbeitsplatzrechnern (Workstations). Diese benötigen leistungsfähige Prozessoren für Bildschirmoperationen, d.h. viele gleichartige Operationen, beispielsweise zum Berechnen der einzelnen Bildpunkte. Komplexe Betriebssystemoperationen sind selten. Sie können deshalb aus einer Folge von einfachen Befehlen aufgebaut werden, ohne dadurch die Leistungsfähigkeit des Systems einzuschränken.

Für eine optimale Nutzung des Systems sind leistungsfähige Compiler nötig, die das Anwenderprogramm in angepasster Weise übersetzen. Es wurde hier also ein Teil der Komplexität von der Hardware zur Software verlagert.

**Beispiel:**
MIPS (Microprocessor without Interlocked Pipeline Stages)
In Bild 4.4-14 haben wir den Aufbau der Maschinenbefehle dieses Prozessors kennen gelernt. Daraus wird ersichtlich, dass, bedingt durch das einheitliche Befehlsformat, die Befehlsdecodierung einfach wird.

Einige weitere Eigenschaften von RISC-Prozessoren sind beispielsweise:

| Befehl | Länge Byte | Bedeutung |
|---|---|---|
| CLC | 1 | Löschen des Carry-Flipflops (CLear Carry-FF) im Statusregister (4.5.3.1) |
| MOV [ESI*4][ESP],EAX | ≥ 3 | Transport des Inhalts des Registers EAX des Registerblocks in den Speicher. Offset der Adresse im Segment:<br>A := ESP + 4*ESI.<br>Dabei ist<br>– ESP: Basisadressregister<br>– ESI: Indexregister<br>Die Register sind 32-Bit-Register. Die Länge des Befehls hängt vom eingestellten Modus ab. Läuft der Rechner im 16-Bit-Modus, dann erhält der Befehl Befehlsvorsätze. |

Bild 4.5-25 Befehle bei Intel 80x86

- Befehle mit mehreren Zyklen werden entweder mit Co-Prozessoren, z.B. Gleitkomma-Division oder per Programm durchgeführt.
- Es existiert ein großer Registerblock, von diesem wird jeweils nur ein Ausschnitt, ein Fenster (window) benutzt. Der Übergang vom Haupt- zum Unterprogramm erfolgt dann so, dass das Register-Fenster verschoben wird.
- Es gibt nur zwei Adressierungsarten, nämlich mittels Indexregister, bzw. relativ zum Befehlsadressregister. Komplexere Methoden werden durch die Kombination einfacher Methoden gewonnen.

Moderne Rechner nutzen beide Prinzipien aus. Sie enthalten beispielsweise für arithmetische Operationen RISC-artige Befehle, der Maschinenbefehlssatz enthält aber auch komplexere CISC-Befehle.

**Beispiel:**
Bei einem Prozessor der Intel 80x86-Familie sind von den ca. 200 Maschinenbefehlen etwa 70 direkt hardwaregesteuert; sie werden während eines Taktintervalls ausgeführt. Die restlichen werden durch Mikroprogramme gesteuert.

Im Folgenden betrachten wir zunächst den prinzipiellen Ablauf eines Maschinenbefehls. Dann wenden wir uns der Mikroprogramm-Steuerung zu und lernen kennen wie ein durch ein Mikroprogramm gesteuerter Ablauf von Maschinenbefehlen erfolgt. Daran schließt sich die Adressierung von Operanden im Speicher an.

### 4.5.4.3 Der Ablauf von Befehlen

Das Programm steht als Folge von Maschinenbefehlen zusammen mit den Daten, die verarbeitet werden sollen, im Speicher. Die Befehlsworte sind nacheinander in Speicherzellen mit aufsteigenden Adressen untergebracht.

Zur Adressierung der Befehle sieht man ein Register, das Befehlsadress-Register (BAR) vor. Jeweils nachdem ein Befehlswort geholt wurde, wird es um 1 erhöht und enthält damit die Adresse des nächsten Befehlswortes.

Ein Befehl läuft in zwei Phasen ab (Bild 4.5-26). Der Einfachheit halber legen wir zunächst Einwortbefehle zu Grunde und nehmen weiter an, dass die Speicheradresse in diesem Wort enthalten ist:

*Holphase*: Der Inhalt des BAR, also die Adresse des nächsten Befehls, wird in das Speicher-Adress-Register (SAR) übertragen. Das damit adressierte Speicherwort, der nächste Befehl, wird aus dem Speicher geholt (gelesen), in das Speicher-Register (SR) und weiter in das Befehlsregister (BR) übernommen. BAR wird um 1 erhöht.

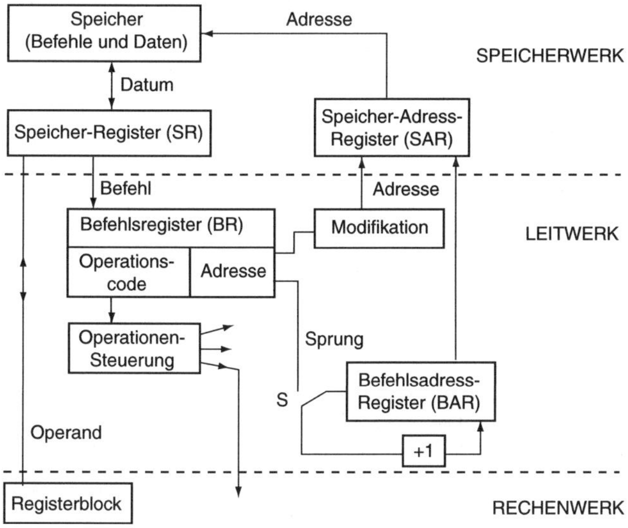


Bild 4.5-26
Blockdiagramm der Zentraleinheit eines Rechners; Ablauf eines Befehls (vereinfacht)

*Ausführphase*: Die Operationen-Steuerung interpretiert den Operationscode des Befehls im BR und holt gegebenenfalls aus dem Speicher den für die Befehlsausführung erforderlichen Operanden, dessen Adresse im Adressteil des Befehls angegeben wird, ins SR (vorher findet eventuell noch eine Adress-Modifikation statt). Dann wird die eigentliche Operation im Rechenwerk ausgeführt. Dies gilt für arithmetische und boolesche Operationen, entsprechend auch für Schiebebefehle und Datentransporte.

Bei einem Sprungbefehl dagegen wird die Adresse des nächsten Befehls, die im Adressteil des aktuellen Befehls im BR steht, über den umgelegten Schalter S ins BAR übernommen. Damit wird in der Holphase des nächsten Befehls an einer anderen Stelle im Programm fortgefahren und von der aufsteigenden Befehls-Reihenfolge abgewichen. Dies ermöglicht Schleifen und Programmverzweigungen.

Bei Mehrwortbefehlen erkennt dies die Operationen-Steuerung aus dem Operationscode. Die weiteren, zu diesem Befehl gehörenden Wörter werden ebenfalls geholt und in entsprechenden Registern im Registerblock des Rechenwerks abgelegt. (BR nimmt nur das erste Befehlswort auf.) Dabei wird BAR jeweils um 1 erhöht, so dass es nach der Befehlsausführung auf die Adresse des (ersten Wortes des) nächsten Befehls zeigt.

#### 4.5.4.4 Mikroprogramm-Steuerung

Ähnlich wie man ein Schaltnetz durch einen Festwert-Speicher ersetzen kann (Bild 4.6-12), ist es möglich, damit ein Schaltwerk zu realisieren. Bild 4.5-27 zeigt ein allgemeines Blockdiagramm (vgl. Bilder 4.3-49 und 4.3-56). Aus dem Eingangswort $(x)^{(k)}$, das eine Zeitreihe bildet, wird zusammen mit den $n$ Rückkoppelsignalen die Adresse im Festwertspeicher gebildet. Das unter dieser Adresse gespeicherte Wort enthält das Ausgangswort $(y)^{(k)}$ und die Rückkoppelsignale (innerer Zustand). Will man die Funktion des Schaltwerks ändern, muss man lediglich den Festwertspeicher neu programmieren, nicht jedoch die Schaltungsverbindungen ändern. Dadurch ist die mikroprogrammierte Steuerung sehr viel flexibler als die festverdrahtete Schaltung.

Ein solches mikroprogrammgesteuertes Schaltwerk ist die Mikroprogramm-Steuerung im Leit-

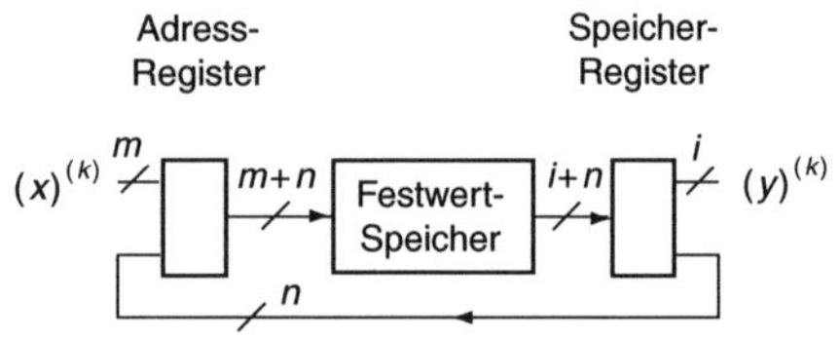


Bild 4.5-27 Realisierung eines Schaltwerks mit Festwertspeicher; *m* Eingänge, *i* Ausgänge, *n* Rückführungen

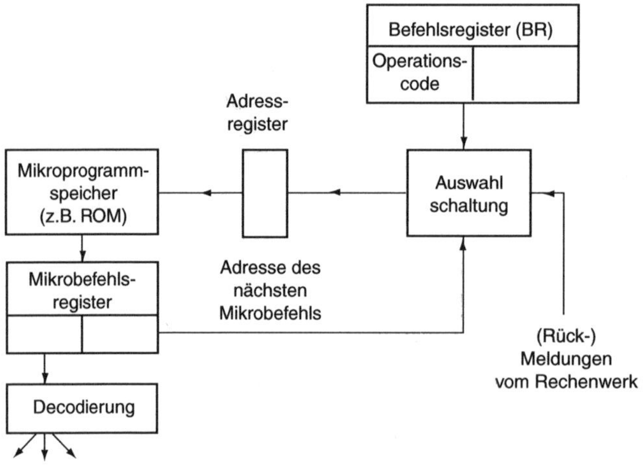


Bild 4.5-28
Mikroprogrammiertes Leitwerk (Mikro-Operations-Prozessor)

werk einer Rechenanlage, deren Grundprinzip wir hier betrachten wollen. Wie wir oben gesehen haben, wird ein Maschinenbefehl in mehreren Schritten abgearbeitet. Der Aufruf des Maschinenbefehls zieht eine Folge von Mikrooperationen nach sich, die von den Mikrobefehlen gesteuert werden. Die dadurch entstehenden Mikroprogramme werden in einem Mikroprogrammspeicher abgelegt. Jeder Mikrobefehl enthält neben den Steueranweisungen auch die Adresse des nächsten auszuführenden Mikrobefehls. Dadurch wird die Reihenfolge der Mikrobefehle und damit der Ablauf des Mikroprogramms definiert.

Bild 4.5-28 zeigt das Blockdiagramm eines mikroprogrammierten Leitwerks. Der Operationscode des Maschinenbefehls, der im Befehlsregister BR steht, enthält in codierter Form die Anfangsadresse des zugehörigen Mikroprogramms. Aus dem Mikroprogrammspeicher wird nun der erste Mikrobefehl geholt; die Decodierschaltung erzeugt aus dem einen Teil die Steuersignale für die erste Mikrooperation. Der andere Teil enthält die Adresse des nächsten Mikrobefehls. Oft werden aufeinander folgende Mikrobefehle auf aufeinander folgenden Adressen stehen, sehr häufig jedoch treten Sprünge auf (bei Schleifen und Abfragen). Der letzte Befehl eines Mikroprogramms der Ausführphase führt dann wieder auf die allen Maschinenbefehlen gemeinsame Holphase (vgl. 4.5.4.3). Diese holt (mikroprogrammiert) den nächsten Maschinenbefehl aus dem Hauptspeicher in das Befehlsregister BR (vgl. Beispiel in 4.5.4.5).

**Bemerkung:**
Neben der hier erwähnten, meist üblichen Art der Gewinnung der Adresse des nächsten Mikrobefehls aus dem aktuellen Mikrobefehl gibt es noch eine andere Möglichkeit. Man führt einen Mikrobefehlszähler ein, der bei jedem Mikrobefehl um 1 erhöht wird und somit den nächsten Mikrobefehl adressieren kann. Für Sprünge muss man dann besondere Vorkehrungen treffen. Ein solcher Mikrobefehlszähler entspricht dem Befehlsadress-Register BAR für Maschinenbefehle (Bild 4.5-26 und Bild 4.5-29).

Der Mikroprogrammspeicher muss eine kleine Zugriffszeit $T_a$ besitzen, damit nicht unnötige Wartezeiten auftreten. Er wird als Festwertspeicher (ROM) oder als Schreib-Lese-Speicher (RAM) ausgeführt. Im zweiten Fall muss er beim Einschalten der Maschine neu geladen werden.

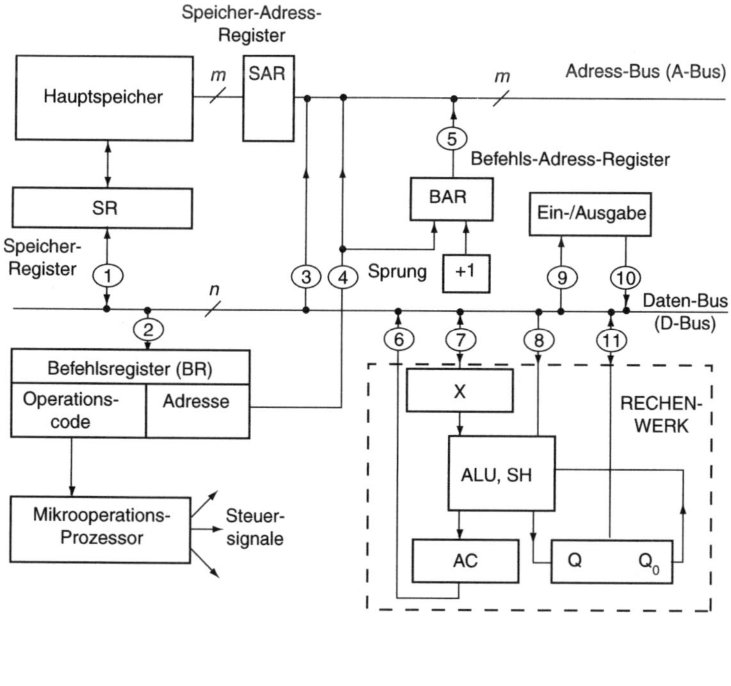


Bild 4.5-29
Modell eines einfachen Rechners

Die Steuerung durch ein im ROM gespeichertes Mikroprogramm nimmt eine Zwischenstellung ein zwischen einem Programm für eine Rechenanlage (Software) und einer festverdrahteten Schaltung (Hardware). Man nennt das Mikroprogramm oft Firmware.

### 4.5.4.5 Befehlsablauf mit Mikroprogramm-Steuerung

In diesem Abschnitt wollen wir den Ablauf von Befehlen unter dem Gesichtspunkt der Mikroprogramm-Steuerung betrachten. Wir gehen von Bild 4.5-26 aus und erweitern dieses Blockdiagramm. Es wird bewusst einfach gehalten. Das Rechenwerk entspricht Bild 4.5-20, das Register Q hat zusätzlich einen parallelen Anschluss. Der in Bild 4.5-29 dargestellte Rechner kann als Schaltzustand eines komplexeren Rechners aufgefasst werden. Er enthält nur die Elemente für einige sehr einfache Befehle, so dass wir das Prinzip der Steuerung durch ein Mikroprogramm erkennen können.

Gegenüber Bild 4.5-26 gibt es einige Ergänzungen:

- Zum Transport von Daten innerhalb des Systems dient der Daten-Bus (D-Bus) und der Adress-Bus (A-Bus). Die Verbindungen zwischen Register und Bus werden durch Tore (Tristate-Ausgänge) hergestellt (Kreis mit Nummer).
- Das Rechenwerk mit den Registern X, AC, Q. AC ist der Akkumulator, Q dessen Verlängerung (4.5.3.2). X ist das Operanden-Register (exemplarisches Register aus dem Registerblock). Die Verknüpfungseinheit ALU (Arithmetic Logic Unit) und die Schiebeeinheit (SH) werden nicht im Einzelnen spezifiziert. Sie können u.a. die in Bild 4.5-30 aufgeführten Operationen ausführen.

Der Modell-Rechner hat die Wortlänge $n$ = 32 Bit. Bild 4.5-31a zeigt das Format eines Maschinenbefehls mit Speicheradresse. Der Adressteil umfasst 24 Bit, man kann also $s$ = 16 M Speicherzellen direkt adressieren (bei einer kleineren Wortlänge $n$ benötigt man 2 oder 3 Worte für einen solchen Befehl). A-Mod ist der Modifikationsteil (vgl. 4.4.2.2).

Als Länge eines Mikrobefehls sehen wir 36 Bit vor (Bild 4.5-31b). Er besteht aus 6 Feldern mit folgender Bedeutung:

- D-Bus: Tor (bzw. Register), das eine Information auf den D-Bus leitet.
- Ziel: Tor (bzw. Register), das als Ziel des Transports auf dem D-Bus dient.

| Symbolische Bezeichnung | Bedeutung |
|---|---|
| ADD | AC := AC + X |
| SUB | AC := AC – X |
| ADM | AC, Q gemäß Gl. (4.5-19) |
| AND | AC := AC ∧ X |
| ACL | AC laden |
| ACN | AC := 0 |
| ... | Weitere Operationen, wie Vergleich, Inkrementieren, usw. |

Bild 4.5-30
Einige Mikrooperationen von ALU und SH; dabei ist die symbolische Bezeichnung angegeben

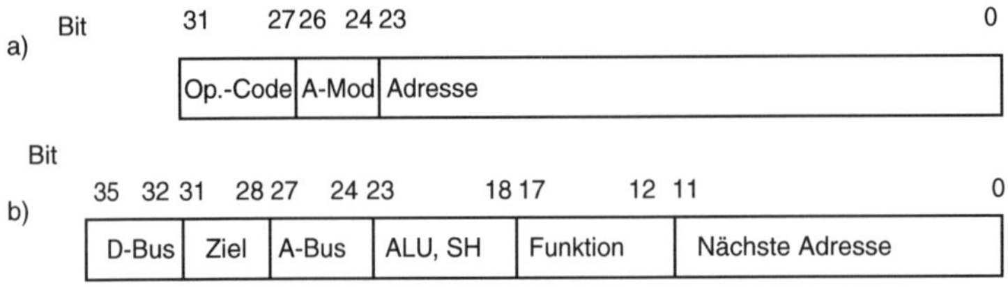


Bild 4.5-31
Befehlsformate
a) Maschinenbefehl
b) Mikrobefehl

- A-Bus: Tor (bzw. Register), das die Adresse für den Hauptspeicher liefert. Das Ziel ist immer das Speicher-Adressregister SAR.
- ALU, SH: Operation der Verknüpfungs- und Schiebeeinheit ALU, SH (Bild 4.5-30).
- Funktion: Spezielle Funktion, wie etwa Speicher Lesen (SP.L.) oder Speicher Schreiben (SP.S.), Wiederholungen eines oder mehrerer Mikrobefehle, Abfragen von Bedingungen, Ein-/Ausgabe-Operationen, usw.
- Nächste Adresse: Adresse des nächsten Mikrobefehls. Bei Wiederholungen von Mikrobefehlen wird sie außer Kraft gesetzt, erst nach der letzten Ausführung gibt sie die Adresse des nächsten Mikrobefehls an.

Diese Beschreibung der Mikrooperationen kann nicht vollständig sein, sie soll lediglich ein Beispiel ermöglichen.

**Beispiel:**
Wir wollen im Folgenden die Mikroprogramme für drei Maschinenbefehle aufstellen, bei denen jeweils der eine Operand im Hauptspeicher steht: Laden des Registers AC (LD), Addition zu AC (AD) und Multiplizieren (ML). Bei der Multiplikation setzen wir, wie in 4.5.3.2, den einfachen Fall ganzer positiver Zahlen voraus.

Allen Befehlen gemeinsam ist die Holphase, die im Mikroprogrammspeicher (ROM) ab Adresse 0 steht.

| Maschinenbefehl | Adresse des Mikrobefehls | D-Bus | Ziel | A-Bus | ALU, SH | Funktion | Nächste Adresse | Bemerkungen |
|---|---|---|---|---|---|---|---|---|
| Holphase | 0 | | | ⑤BAR | | SP.L. | 1 | Hauptspeicher adressieren und lesen |
| | 1 | | | | | INC BAR | 2 | BAR := BAR + 1 |
| | 2 | ①SR | ②BR | | | Sprung nach BEF | *x* | *x*: Adresse des nächsten Mikrobefehls; aus Op.-Code des Maschinenbefehls |
| Lade (LD) | 3 | | | ④BR | | SP.L. | 4 | Operand aus Hauptspeicher (holen) lesen |
| | 4 | ①SR | ⑧ | | ACL | Ende | 0 | AC laden, Ende des Mikroprogramms |
| Addiere (AD) | 5 | | | ④BR | | SP.L. | 6 | Operand aus Hauptspeicher (holen) lesen |
| | 6 | ①SR | ⑦X | | | | 7 | X laden |
| | 7 | ⑥AC | ⑧ | | ADD | Ende | 0 | AC := AC + X, Ende des Mikroprogramms |
| Multipliziere (ML) | 8 | | | ④BR | | SP.L. | 9 | Operand aus Hauptspeicher (holen) lesen |
| | 9 | ①SR | ⑦X | | | | 10 | X laden |
| | 10 | ⑥AC | ⑪Q | | ACN | | 11 | Q := AC, AC := 0 |
| | 11 | ⑥AC | ⑧ | | ADM | 32mal | 12 | Aufbau des Produkts in AC, Q (Gl.(4.5-19)) in 32 Takten |
| | 12 | | | | | Ende | 0 | |
| | | | | | | | | Weitere Mikroprogamme |

Bild 4.5-32 Mikroprogramme für einige Maschinenbefehle (vgl. Text); BEF = Lade, Addiere, Multipliziere, ...

Nachdem der Operationscode im Befehlsregister eingetroffen ist, kann der Sprung zur weiteren Ausführung des speziellen Mikroprogramms erfolgen. Bild 4.5-32 zeigt die Mikroprogramme. In den Feldern sind die symbolischen Bezeichnungen eingetragen; im ROM jedoch sind sie im Binärcode gespeichert. Der zeitliche Ablauf ist in den Mikroprogrammen des Bildes 4.5-32 nicht berücksichtigt. So muss z.B. jeweils gewartet werden, bis der Speicher das adressierte Wort im SR zur Verfügung stellt (Zugriffszeit!). Die Darstellung dieser Zeitbedingungen würde umfangreich werden, deshalb verzichten wir hier darauf.

Auf die im Beispiel gezeigte Art kann man nun eine Vielzahl von Maschinenbefehlen als Mikroprogramme realisieren und damit den gewünschten Befehlsvorrat erstellen.

Mit Hilfe der Mikroprogrammierung lassen sich auf ein und derselben Maschine verschiedene Befehlsvorräte darstellen. Das bedeutet, dass man einen fremden Rechner durch seinen Befehlsvorrat nachbilden kann: *Emulation*. Dadurch ist es möglich, ohne Änderung vorhandener Programme von einem Rechner auf einen anderen überzugehen.

Die Mikroprogrammierung erfordert Kenntnisse der Hardware und der Software. Sie bringt diese zum Teil divergierenden Disziplinen wieder zusammen.

Bei größeren Datenverarbeitungsanlagen stellt heute die Entwicklung der Mikroprogramme einen ganz wesentlichen Kostenfaktor dar. So kann ein Mikroprogrammspeicher z.B. mehrere MByte umfassen. Deshalb ist man daran interessiert, diesen Aufwand zu reduzieren und gleichzeitig die Befehlsausführung zu beschleunigen. Dies wird durch die von der Technologie gebotenen Möglichkeiten unterstützt, die es gestatten (Puffer-)Speicher, Rechen- und Leitwerk in derselben Technologie zu realisieren. Man versucht, soweit möglich, die Maschinenbefehle in einem Taktintervall auszuführen, und setzt dann zur Steuerung dieser Befehle statt der Mikroprogramme ein Schaltnetz ein, das die Befehlsdecodierung leistet (RISC, 4.5.4.2).

#### 4.5.4.6 Adressierung

Das Ermitteln der jeweiligen Operandenadresse kann in verschiedener Weise erfolgen.

Bisher haben wir nur die

**Direkte Adressierung**

betrachtet. Hier gibt die im Befehl enthaltene Adresse (Register oder Speicher) an, wo sich der Operand befindet.

Daneben gibt es weitere Möglichkeiten, die wir kurz charakterisieren.

**Indizierte Adressierung**

Der Adressteil des Befehls wird zum Inhalt eines Indexregisters addiert und bildet so die effektive Adresse. Indexregister sind entweder zusätzliche Register (nicht in Bild 4.5-29 enthalten), die einfache Operationen ausführen können, wie etwa Inkrementieren oder Dekrementieren mit vorgebbarer Schrittweite, oder es werden Register des Registerblocks dafür verwendet. Die indizierte Adressierung erleichtert die Organisation von Programmschleifen und das Arbeiten mit Tabellen.

**Indirekte Adressierung (Ersetzung)**

Hier bezeichnet der Adressteil des Befehls nicht die Speicherzelle des Operanden, sondern erst das adressierte Register bzw. die adressierte Speicherzelle enthält die Adresse des Operanden. Die indirekte Adressierung ist bei der Unterprogrammtechnik und bei Tabellen von Bedeutung.

Damit ist hier gegebenenfalls ein weiterer Speicherzugriff notwendig, um die endgültige Adresse des Operanden zu ermitteln, bevor die Ausführung der Rechenoperation beginnt.

Im Befehlsformat (Bild 4.5-31a) wird angegeben, ob die Adressierung indiziert oder indirekt sein soll. Beides ist gleichzeitig möglich.

**Beispiel:**

Wir betrachten einen Ausschnitt aus dem Hauptspeicher (Bild 4.5-33).

Die Variable X stehe im Hauptspeicher unter der Adresse 100. In einem Register R stehe der Wert 200 und in einem Indexregister I der Wert 1. Der Einfachheit halber nehmen wir an, die Befehle beziehen sich alle auf das Register AC. Dann erzielen wir, wie in Bild 4.5-34

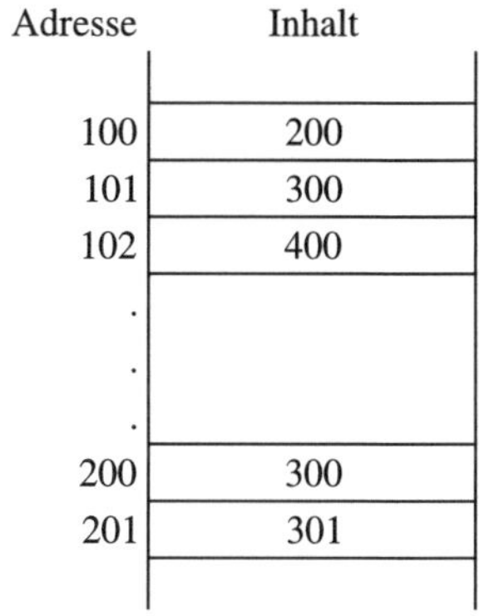


Bild 4.5-33 Speicherausschnitt

dargestellt, entsprechend den verschiedenen Adressierungsarten, unterschiedliche Wirkungen.

**Relative Adressierung**

Hier errechnet sich die effektive Adresse aus der Summe von Adressteil und Inhalt des Befehlsadress-Registers.

**Seitenadressierung**

Der Hauptspeicher wird beim Prinzip der Seitenadressierung in einzelne Seiten (page) aufgeteilt. Eine Seite umfasst typisch z.B. 4 KByte, so dass ein Byte innerhalb einer Seite mit einem kleinen Adressteil, im Beispiel also der Länge 12 Bit, angesprochen werden kann. Sollen Zellen auf anderen Seiten adressiert werden, wird ähnlich wie bei der indizierten Adressierung über Basisregister die Adresse berechnet. Auch indirekte Adressierung kann hierfür eingesetzt werden.
Dieses Verfahren finden wir heute bei vielen Rechnern.

**Virtuelle Adressierung**

Es ist nicht wirtschaftlich, beliebig große Hauptspeicher mit schnellem Zugriff einzusetzen. Man verwendet daher z.B. Magnetplatten als Hintergrund-Speicher. Nur jeweils die aktuell zu bearbeitenden Programmteile und Daten werden in den Hauptspeicher gebracht, alles andere wird auf dem Hintergrundspeicher gehalten.

Jeder Benutzer erhält seinen eigenen (virtuellen) Adressraum. Bei der Programmausführung wird dieser vom System auf den realen (physikalischen) Adressraum abgebildet.

Wie wir in 4.8.3.2 näher betrachten, werden dafür zwei Prinzipien angewandt:

- Segmentieren: Zerlegen des Programms in Segmente, z.B. Code- und Datensegmente. Von diesen werden nur die jeweils aktuell benötigten Segmente im Hauptspeicher gehalten.
- Paging: Der Speicher wird in Seiten fester Länge unterteilt. Vom System (Hardware und Software) werden automatisch nur die Seiten (Programm und Daten), die aktuell bearbeitet werden, in den Hauptspeicher geholt.

Das virtuelle Speicherkonzept lässt damit die Adressierung eines großen benutzerindividuellen Speicherbereiches zu, z.B. bei einem Byte-organisierten Speicher mit 46-Bit-Adresse 64 TByte. Der Programmierer hat mit der virtuellen Adresse scheinbar einen großen Hauptspeicher zur Verfügung, er bemerkt die Auswirkungen der Speicheraufteilung nur an der (meist) längeren Laufzeit seiner Programme.

### 4.5.4.7 Fliessbandverarbeitung

Das Ausführen eines (Maschinen-)Programms erfolgt so, dass ein (Maschinen-)Befehl nach dem anderen vom Speicher in das Befehlsregister des Leitwerks geholt, dann decodiert und anschließend ausgeführt wird (vgl. 4.5.4.3). Dieser Ablauf ist sequenziell. Führt man die einzelnen Schritte dieses Ablaufs von aufeinander folgenden Befehlen zeitlich parallel aus, dann kann man

| Adressierung | Befehl | Wirkung |
|---|---|---|
| direkt | Lade X | AC := X = [100] = 200 |
| indirekt | Lade [X] | AC := [X] = [200] = 300 |
| | Lade [R] | AC := [R] = [200] = 300 |
| indiziert | Lade [R + I] | AC := [R + I] = [200 + 1] = [201] = 301 |

[100]: Inhalt der Speicherzelle mit der Adresse 100

Bild 4.5-34 Adressierungsarten

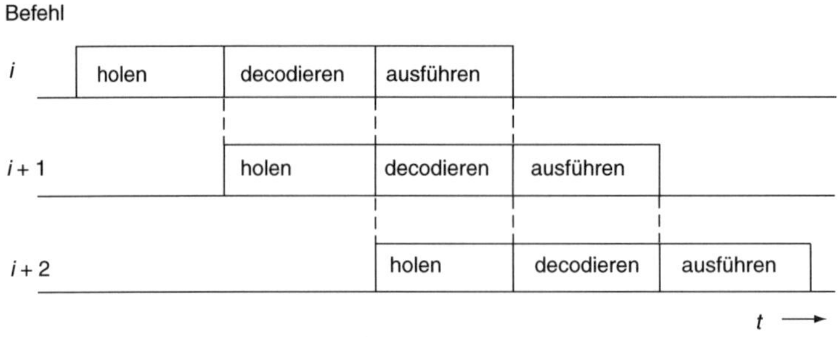


Bild 4.5-35
Überlappte Befehlsbearbeitung (pipelining)

den Ablauf des Programms beschleunigen: Fließbandverarbeitung (pipelining). Dies setzt voraus, dass die Struktur des Leitwerks so konzipiert ist, dass parallel arbeitende autonome Einheiten die einzelnen Aktivitäten steuern.

Bild 4.5-35 zeigt ein dreifaches Pipelining. Dabei ist vorausgesetzt, dass die Holphase, die Befehlsdecodierung und die Befehlsausführung jeweils gleich lange dauern. Ist dies nicht der Fall, dann bestimmt die längste der drei Zeiten die Geschwindigkeit. Heute findet man dieses Prinzip in vielen Rechnern realisiert, üblicherweise mit einem mehrstufigen Pipelining; 5 bis über 10 Stufen.

Im realen Betrieb wird der Effekt der Geschwindigkeitssteigerung wieder reduziert durch

- Sprünge
- Zugriff auf Speichervariable
- Warten auf den Operanden.

In unterschiedlichen Prozessoren finden wir vielfältige Lösungen zur Beseitigung oder Minderung dieser Effekte; exemplarisch einige besonders wichtige Verfahren:

**Sprünge**

Beim Sprung wird die aufgebaute Pipeline unwirksam, da das Programm an einer im Sprungbefehl enthaltenen Adresse fortgesetzt wird. Dies wird erst bei der Decodierung erkannt. Dieser Effekt kann gemindert bzw. beseitigt werden durch den verzögerten Sprung.

**Beispiel:**

Anhand eines Ausschnitts aus einem Maschinenprogramm kann gezeigt werden, wie diese Verzögerung verhindert wird [44-1c]. Es wird der in Bild 4.5-36 in der Spalte „Normaler Sprung“ abgelegte Programmausschnitt durchlaufen.

Bei einem System ohne Pipelining (Normaler Sprung) werden nacheinander die unter den Adressen 100, 101, 102 und 105 abgelegten Befehle geholt und ausgeführt. Bei einem System mit Pipelining würde während der Befehlsdecodierung des Befehls „SPRINGE 105“ bereits (fälschlicherweise) der nächste Befehl, „ADD A, B“, geholt. Um dies zu verhindern, wird hier (Verzögerter Sprung) ein NOP-Befehl (No Operation) eingeschoben. Damit muss der Sprungbefehl „SPRINGE 106“ lauten, an dieser Adresse wird anschließend fortgesetzt. Dadurch wird das Programm etwas länger. Die Ausführungszeit wird größer, was sich so auswirkt, wie wenn der Sprungbefehl zwei Zyklen umfassen würde.

| Speicheradresse | Normaler Sprung | Verzögerter Sprung | Optimierter verzögerter Sprung |
|---|---|---|---|
| 100 | LADE X, A | LADE X, A | LADE X, A |
| 101 | INC A | INC A | SPRINGE 105 |
| 102 | SPRINGE 105 | SPRINGE 106 | INC A |
| 103 | ADD A, B | NOP | ADD A, B |
| 104 | SUB C, B | ADD A, B | SUB C, B |
| 105 | SPEICHERE A, Z | SUB C, B | SPEICHERE A, Z |
| 106 | | SPEICHERE A, Z | |

Bild 4.5-36
Programmausschnitt

Die Tatsache, dass nach einem Sprungbefehl in jedem Fall noch der nächste Befehl geholt und ausgeführt wird, bevor der Sprung wirksam wird, kann ausgenutzt werden (Optimierter verzögerter Sprung). Dazu wird die Befehlsfolge umgestellt, indem INC und SPRINGE in ihrer Reihenfolge vertauscht werden. Dieses Umstellen kann in vielen Fällen vom Compiler geleistet werden; es kann bei allen Pipeliningsystemen angewendet werden.

Weitere Möglichkeiten wie das Vordecodieren von Sprungbefehlen bzw. den Aufbau von Befehlswarteschlangen lernen wir in 4.5.7.2 anhand von Beispielen kennen.

**Zugriff auf Speichervariable**

Eine arithmetische Operation mit einer Speichervariablen, womöglich noch in einem komplexen Adressierungsmodus, hemmt den Ablauf, denn während der Befehlsausführung muss zunächst die Adresse berechnet und dann der Operand aus dem Speicher geholt werden. Bei RISC-Architekturen wird dies konsequent vermieden, indem für arithmetische und logische Operationen nur Registeradressen zugelassen sind. Speicheradressen werden nur für Lade-/Speichere-Operationen verwendet.

**Warten auf den Operanden**

Ist ein vorher angestoßener Ladebefehl noch nicht abgeschlossen, oder liegt das Ergebnis einer vorhergehenden Operation noch nicht vor, dann muss auf den Operanden gewartet werden. Zur Lösung dieses Problems gibt es ebenfalls architektonische Möglichkeiten. Ein Beispiel: Das Bussystem wird so erweitert, dass in einem solchen Fall das Ergebnis nicht nur in das Register zurückgeschrieben, sondern gleichzeitig auch auf den Eingang der ALU gelegt wird.

## 4.5.5 Verbindungsnetz

### 4.5.5.1 Allgemeines

Bei der Kommunikation in Rechnern haben wir es wieder mit Problemen der Übermittlung von Nachrichten zu tun, allerdings unter speziellen Randbedingungen: wenige räumlich eng benachbarte Einheiten, wie Prozessoren, Speicher und Ein-/Ausgabeeinheiten tauschen Nachrichten mit hohen Übertragungsraten aus.

Grundsätzlich können hier die in 6 dargestellten Vermittlungseinheiten: Bus, Ring, Koppelvielfach, Linksystem, Anwendung finden. Tatsächlich werden nur bei Parallelrechnern zum Verbinden einer größeren Zahl von Prozessoren und Speichermoduln Koppelvielfache und sehr einfache Linksysteme eingesetzt. Bild 4.5-37 zeigt ein Beispiel eines Linksystems über das 8 Prozessoren mit 8 Speichermodulen verbunden werden können. Es besteht aus Koppelvielfachen mit je zwei Ein- und Ausgängen und wird in der Literatur als Omega-System bezeichnet.

**Bemerkung:**
Wir betrachten hier nur die Kommunikation innerhalb eines Rechners. Netze, wie sie zum Verbinden von Rechnersystemen benötigt werden, behandeln wir in 6.6.3.

### 4.5.5.2 Bus-Systeme

Üblicherweise werden rechnerintern ein oder mehrere Bus-Systeme eingesetzt:

- prozessorinterner Bus zum Verbinden von Registerblock und ALU (Bilder 4.5-14 bis 4.5-17)
- Bus zwischen Prozessor und Speicher (P-S-Bus) mit hoher Datenübertragungsrate
- Rückwandbus (Systembus), so genannt, da er oft Teil der Rückwandverdrahtung ist. Er dient zum Datenaustausch zwischen Prozessor, Speicher und Ein-/Ausgabe-Einheiten. Hier gibt es Standards.

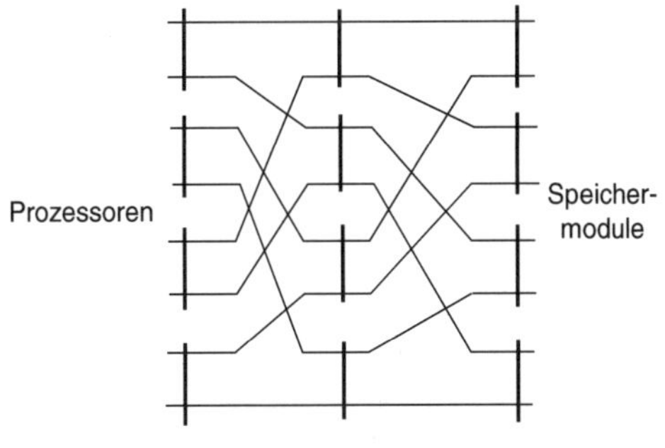


Bild 4.5-37 Linksystem (Omega)

- E/A-Bus zum Anschluss vielfältiger Ein-/Ausgabe-Einheiten an den Systembus.

Bild 4.5-38 zeigt verschiedene Möglichkeiten [43-2c].

Ein Bus-System umfasst verschiedenartige Leitungen. Dementsprechend spricht man von
- Datenbus: Datenleitungen, normalerweise bidirektional
- Adressbus: Adressleitungen, meist unidirektional
- Steuerbus: Steuerleitungen, vielfach unidirektional

Dazu kommen noch die Versorgungsleitungen.

Die Spezifikation eines Busses umfasst neben den Leitungen auch die Protokolle mit ihren zeitlichen Bedingungen und Signalpegeln. Deshalb sind die rechnerintern eingesetzten Bus-Systeme oft herstellerbezogen.

Bussysteme können nach verschiedenen Kriterien klassifiziert werden [43-2c]:

**Synchron/asynchron**

Beim synchronen Bus enthalten die Steuerleitungen eine Taktleitung, so dass alle angeschlossenen Einheiten mit demselben Takt arbeiten. Das Kommunikationsprotokoll bezieht sich auf diesen Takt, dadurch wird die Steuerung in den einzelnen Einheiten sehr einfach und der Bus kann mit einer hohen Bitrate betrieben werden. Die Nachteile sind:
- alle angeschlossenen Einheiten müssen mit demselben Takt arbeiten (können),
- der zeitliche Taktversatz (clock skrew, vgl. 4.3.3.5) und die Signallaufzeiten begrenzen die zulässige Leitungslänge.

Prozessor-Speicher-Busse sind oft synchrone Busse, da die (wenigen) kommunizierenden Einheiten räumlich eng benachbart und so ausgelegt sind, dass sie mit der hohen Taktrate arbeiten.

Der asynchrone Bus gestattet den Anschluss geschwindigkeitsmäßig sehr unterschiedlicher Einheiten. Das Protokoll baut auf einem Nachrichtenaustausch (handshaking) auf. Dies erfordert zum einen zusätzliche Steuerleitungen (z.B. Bereit, Ready; Quittung, Acknowledge) und hat andererseits einen komplizierteren Ablauf (overhead) zur Folge. Deshalb findet man dieses Prinzip bei Ein-/Ausgabe-Bussen.

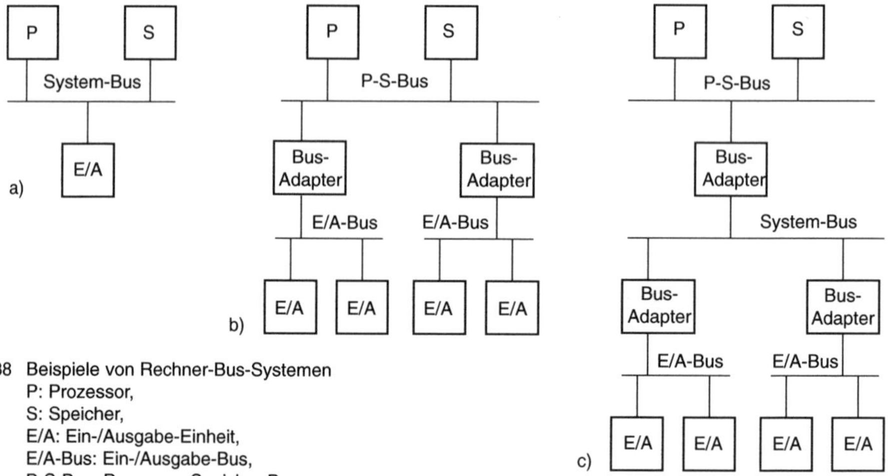


Bild 4.5-38 Beispiele von Rechner-Bus-Systemen
P: Prozessor,
S: Speicher,
E/A: Ein-/Ausgabe-Einheit,
E/A-Bus: Ein-/Ausgabe-Bus,
P-S-Bus: Prozessor-Speicher-Bus
a) IBM PC Systembus: AT-Bus
b) Apple Macintosh II P-S-Bus: NuBus E/A-Bus: SCSI (Small Computer System Interface)
c) IBM RS/6000, Silicon Graphics

**Adress- und Datenleitungen separat oder gemultiplext**

Durch den Multiplexbetrieb können Leitungen eingespart werden, da bei einfachen Transaktionen Adressen und Daten zu verschiedenen Zeiten übertragen werden. Separate Leitungen erlauben dagegen überlappende Buszyklen, was der Beschleunigung dient.

**Parallel/seriell**

Innerhalb der Rechner werden parallele Busse eingesetzt, wobei durch eine große Zahl von Datenleitungen mehrere Wörter gleichzeitig übertragen werden können, also die Zahl der Buszyklen reduziert werden kann. Serielle Busse werden nur zum Anschluss langsamer Ein-/Ausgabe-Einheiten bzw. bei größeren Entfernungen eingesetzt.

**Blocktransfer**

Beim Blocktransfer wird nur eine Adresse zum Speicher übertragen und daraufhin ein ganzer Block von Datenwörtern unmittelbar hintereinander. Dadurch entfällt bei den nachfolgenden Wörtern jeweils die Zeit zum Übertragen der Adresse; die Übertragungsrate wird, im Vergleich zu wortweiser Adressierung, höher.

**Buszuteilung**

Konkurrenzsituationen treten auf, wenn mehrere Einheiten gleichzeitig Daten über den gemeinsamen Bus übertragen wollen. Der Bus lässt nur eine Transaktion zur selben Zeit zu. Deshalb müssen diese Anforderungen koordiniert werden.

Im einfachsten Fall gibt es nur eine Bussteuereinheit (bus master), den Prozessor. Alle Transaktionen müssen bei ihm angemeldet werden, er teilt zu. Der Nachteil dieser Methode ist, dass der Prozessor bei allen Transaktionen beteiligt sein muss, also ein Teil seiner Leistungsfähigkeit dadurch absorbiert wird.

Deshalb hat man Bussysteme mit mehreren Bussteuereinheiten realisiert. Dies erfordert ein entsprechendes Protokoll für die Buszuteilung (arbitration). Da die Buszuteilung Zeit benötigt (overhead), aber für jede Transaktion benötigt wird, ist man an einfachen, wirkungsvollen Algorithmen interessiert. Sie müssen in jedem Fall zwei Dinge leisten: Prioritätsvergabe und Fairness. Das bedeutet, hochpriore Anforderungen werden bevorzugt bedient, aber jede, auch die niedrigstpriore Anforderung muss nach endlicher Zeit zum Zuge kommen.

Es können folgende Klassen unterschieden werden:

- Zentrale Steuereinheit: Die Anforderungen werden über getrennte Leitungen zu dieser zentralen Einheit übertragen. Sie wählt aus und teilt zu. Der Nachteil liegt auf der Hand, diese Einheit kann zum Flaschenhals werden.
- Dezentrale Steuereinheiten: Jede Steuereinheit, die eine Transaktion durchführen will, gibt ihre Kennung auf den Bus. Alle Steuereinheiten analysieren die Anforderungen. Die höchstpriore Steuereinheit kann die Transaktion durchführen. Allerdings werden hier ebenfalls mehrere Anforderungsleitungen benötigt. Beispiel: Der Systembus FutureBus (IEEE 896.1) benutzt dieses Prinzip.
- Daisy Chain: Hier sendet die Bussteuereinheit über eine separate Leitung ein Bewilligungssignal aus (Bild 4.5-39). Dieses wird über eine Kette durch alle am Bus angeschlossenen Einheiten durchgeschleift, in der Reihenfolge höchstpriore Einheit zuerst, niedrigstpriore Einheit zuletzt. Die höchstpriore Buseinheit, die einen Buszugriff durchführen will, unterbricht diese Kette, damit erhalten die niederprioren Einheiten dieses Signal nicht und diese Einheit kann die Transaktion durchführen. Der Vorteil ist die Einfachheit. Der Nachteil, dass das

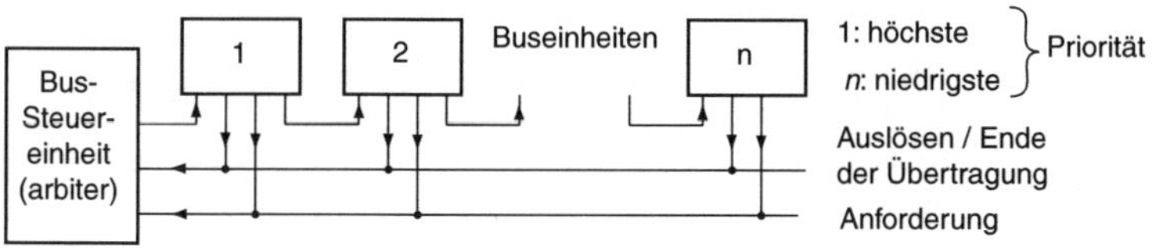


Bild 4.5-39
Daisy Chain

Prinzip der Fairness verletzt ist. Eine niederpriore Einheit kann für unbegrenzte Zeit ausgesperrt werden. Ferner begrenzt das, die Kette durchlaufende, Bewilligungssignal die Geschwindigkeit. Beispiel: Der Systembus VME-Bus benutzt mehrfache Ketten für die Buszuteilung.

### 4.5.6 Unterbrechung, Unterbrechungswerk

Die Unterbrechung bzw. die Unterbrechbarkeit ist eines der zentralen Probleme in Rechnern. Sie tritt in vielfältiger Weise in Erscheinung. So kann die Ausführung eines Programms durch interne, programmbedingte Ausnahmesituationen (exceptions) oder durch externe, asynchrone Ereignisse (Unterbrechungssignale, Alarm, Interrupt) unterbrochen werden. Ursachen können sein:

- Maschinenfehler: Stromversorgung, Prozessor, Speicher, ...
- Meldungen von Ein-/Ausgabe-Einheiten (vgl. Bild 4.8-1)
- externe Signale vom Bediener oder von Sensoren und Aktoren bei Prozessrechnern
- das laufende Programm, meist Fehler infolge unzulässiger Operation.

#### 4.5.6.1 Anwendungen

Erst durch Unterbrechungen können verschiedene Prinzipien angewendet werden. Einige Beispiele hierfür sind:

**DMA (Direct Memory Access, direkter Speicherzugriff)**

Normalerweise verläuft der Transport von Daten zwischen Peripherie und Hauptspeicher über den Prozessor. So holt der Prozessor beispielsweise ein Datum von der Eingabeeinheit und legt es anschließend im Hauptspeicher ab. Dadurch ist der Prozessor mit solchen Datentransporten beschäftigt.

Durch eigene E/A-Steuerwerke kann diese Arbeit aufgeteilt werden, sie führen den Datentransport zwischen E/A-Einheit und Hauptspeicher selbstständig durch. Dadurch kann der Prozessor während dieser Zeit intern weiterarbeiten. Prozessor und E/A-Steuerwerk müssen miteinander kommunizieren. So muss der Prozessor den Bus freigeben, bzw. nach Abschluss des Transportes muss der Bus vom E/A-Steuerwerk wieder an den Prozessor übergehen. Dazu sendet das E/A-Steuerwerk eine Unterbrechungsanforderung an den Prozessor. Dieser reagiert darauf indem er auf ein entsprechendes Unterbrechungs-Bearbeitungsprogramm umschaltet, das die notwendigen Aufgaben erledigt.

Wir erkennen, dass hier bezüglich der Blocklänge der zu übertragenden Daten ein Kompromiss gefunden werden muss. Einerseits erfordert das Unterbrechen und Umschalten des Busses (Verwaltungs-)Zeit, also wäre eine große Blocklänge zweckmäßig. Andererseits ist während des DMA-Verkehrs der Bus für den Prozessor blockiert. Benötigt er für die Weiterarbeit Daten aus dem Hauptspeicher, dann muss er gegebenenfalls warten; dies spricht für eine kurze Blocklänge.

**Prioritätsgesteuertes Umschalten zwischen Prozessen**

Durch Prioritätsvergabe kann zwischen Prozessen umgeschaltet werden. Eine Unterbrechungsanforderung höherer Priorität kann ein auf einer niedrigeren Prioritätsebene laufendes Programm unterbrechen. Nach Ablauf des unterbrechenden Programms wird die Verarbeitung des unterbrochenen Programms wieder aufgenommen. Bild 4.5-40

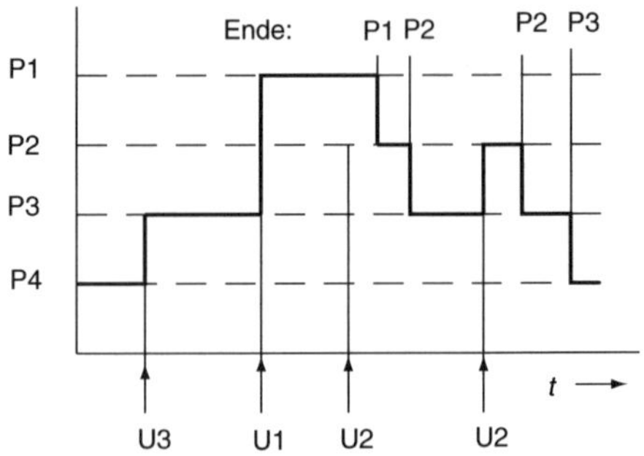


Bild 4.5-40 Programmwechsel auf verschiedenen Prioritätsebenen P1 bis P4 ausgelöst durch Unterbrechungsanforderungen (-signale) U1 bis U4 (P1: höchste Priorität; U*i* zugeordnet zu P*i*, *i* = 1,...,4)

zeigt als Beispiel einen willkürlichen Verlauf auf vier verschiedenen Prioritätsebenen.

**Mehrprogrammverarbeitung**

Wenn ein Programm eine Ein-/Ausgabe-Operation aufruft, kann es im Allgemeinen erst weiterrechnen, wenn die Daten transportiert sind. Um nun den Prozessor während der Ein-/Ausgabe-Operation nicht untätig werden zu lassen, nutzt man die Lücke zur Verarbeitung eines anderen Programms aus. Dazu unterbricht das Leitwerk das aufrufende Programm und ruft ein anderes Programm auf. Ist die Ein-/Ausgabe-Einheit frei, beginnt der Datentransfer, sonst wird der Auftrag in eine Warteschlange eingetragen.

Bei der Ein-/Ausgabe greift das E/A-Steuerwerk konkurrierend mit dem Rechenwerk zum Hauptspeicher zu, wobei meist dem E/A-Steuerwerk der Vorrang zugebilligt wird. Das E/A-Steuerwerk stiehlt dem Rechenwerk gleichsam immer wieder einzelne Speicherzyklen (cycle stealing). Nach Beendigung des Ein-/Ausgabe-Auftrags sendet das E/A-Steuerwerk ein Unterbrechungssignal, der Zentralprozessor kann dann wieder das unterbrochene Programm aktivieren.

Durch diese Mehrprogrammverarbeitung (multiprogramming) wird die Leistungsfähigkeit eines Rechners erheblich gesteigert.

#### 4.5.6.2 Unterbrechung

Die Unterbrechung darf nur in einem definierten und reproduzierbaren Zustand des Prozessors stattfinden, z.B. am Ende eines Maschinenbefehls. Hier wird (über Hardware) abgefragt, ob eine Unterbrechungsanforderung vorliegt. Unter der Voraussetzung, dass die Unterbrechung erlaubt ist, geht der Prozessor zuerst in einen nichtunterbrechbaren Zustand über, der mindestens solange andauert, bis das Umschalten auf die Unterbrechungsbearbeitung erfolgt ist. Dies Umschalten hat schnell zu erfolgen, da die Ursache eine unmittelbare Reaktion erfordern kann.

Zwei Möglichkeiten:

- Mittels Hardware (und Unterprogramm) werden die Informationen im Hauptspeicher abgelegt. Dies ist die übliche Vorgehensweise.
- Es existieren mehrere Registersätze und bei einer Unterbrechung wird lediglich auf einen anderen Registersatz umgeschaltet. Diese Methode bedingt einen höheren Aufwand an Hardware, ist aber schneller.

Bei der Lösung mittels Unterprogramm wird der Unterbrechungsanforderung eine Nummer zugeordnet. Sie stellt den Index der Tabelle dar, die die Startadressen der Unterbrechungs-Bearbeitungsprogramme enthält. Der Status des unterbrochenen Programms wird gerettet, damit dieses später an der unterbrochenen Stelle wieder fortgesetzt werden kann. Dazu müssen die Rücksprungadresse sowie die Inhalte aller relevanten Register im Rechen- und Leitwerk abgespeichert werden. Das Retten der Rücksprungadresse und des Statusregisters auf den Stapel im Hauptspeicher erfolgt automatisch, der Rest ist beispielsweise auch davon abhängig, welche Register in der Bearbeitungsroutine benutzt werden, dies ist also Teil des Unterprogramms.

Da die Unterbrechungsursachen verschiedene Dringlichkeit besitzen, werden ihnen Prioritäten zugeordnet.

**Beispiel:**

Beim Rechnen mit ganzen Zahlen tritt bei einer Division durch 0 eine unzulässige Operation auf. Es darf nicht weitergerechnet werden, es muss unmittelbar unterbrochen werden (Ausnahmesituation).

Dagegen kann eine Duckermeldung, dass der Druckerpuffer leer ist (externe Unterbrechungsanforderung), die Ausgabe somit durch das Übertragen weiterer Daten in diesen Puffer fortgesetzt werden kann, notfalls kurze Zeit warten, ohne dass eine fehlerhafte Situation auftritt.

#### 4.5.6.3 Unterbrechungswerk

Meist verfügen Rechner über ein mehrstufiges Unterbrechungswerk. Der Prozessor hat beispielsweise zwei Eingänge:

- einen maskierbaren Eingang für die normalen Unterbrechungsanforderungen. Maskierbar bedeutet, er kann gesperrt werden, falls eine Unterbrechungsbearbeitung nicht unterbrochen werden soll.

– einen nicht maskierbaren Eingang für eine Anforderung, die in jedem Fall akzeptiert werden muss. Ein Beispiel hierfür ist eine Meldung, dass die Versorgungsspannung zusammenbricht. In diesem Fall kann über einen Energiespeicher (Kondensator) die Spannung noch solange gehalten werden, bis die notwendigen Rettungsarbeiten für ein geordnetes Abschalten erfolgt sind, so dass nach dem Wiederkehren der Versorgungsspannung fortgesetzt werden kann. Diese Arbeit verträgt keinen zeitlichen Aufschub.

Die Anzahl möglicher, von außen kommender, Unterbrechungsanforderungen ist sehr viel größer als zwei. Deshalb wird in einem solchen Fall ein Teil der Koordinierungsaufgaben in ein Unterbrechungs-Steuerwerk (Interrupt-Controller) ausgelagert. Dieses koordiniert die eintreffenden Anforderungen und leitet sie entsprechend ihrer Priorität an den Prozessor weiter.

Bild 4.5-41 zeigt einen einfachen Unterbrechungs-Steuerbaustein. Die von außen asynchron eintreffenden Unterbrechungsanforderungen werden im Anforderungsregister gespeichert, gemäß ihrer Priorität mit der ihnen zugeordneten, programmierbaren Unterbrechungsnummer an den Prozessor weitergereicht.

Dazu sendet der Steuerbaustein eine Unterbrechungsanforderung (INT, interrupt) an den Prozessor. Dieser quittiert mit INTA (interrupt acknowledge) und gibt gleichzeitig den Datenbus frei. Daraufhin übernimmt der Baustein intern die höchstpriore Anforderung vom Anforderungs- ins Bedienungsregister und sendet die dieser Anforderung zugeordnete Kennzeichnungsnummer über den Datenbus zum Prozessor. Das Rücksetzen im Bedienungsregister kann entweder automatisch oder explizit erfolgen.

Die Eingänge können maskiert, d.h. gesperrt, werden. Hierzu dient das Unterbrechungsmaskenregister. Es kann vom Prozessor gesetzt und abgefragt werden. Über eine Kaskadierung können mehrere solche Bausteine zusammengeschaltet werden und damit die Anzahl der von außen kommenden Anforderungseingänge erhöht werden.

## 4.5.7 Weiterentwicklungen

### 4.5.7.1 Methoden

Weiterentwicklungen zielen ganz allgemein darauf die Leistungsfähigkeit eines Rechners zu steigern. Dazu gibt es grundsätzlich verschiedene Möglichkeiten. Üblicherweise findet man deshalb eine Kombination derselben.

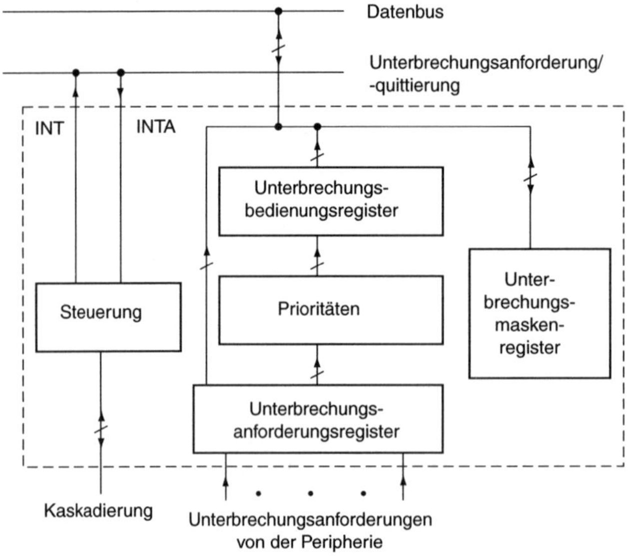


Bild 4.5-41
Unterbrechungs-Steuerbaustein

### Technologie

Hier erleben wir, bedingt durch kleinere Strukturen während der letzten Jahre eine kontinuierliche Entwicklung zu kleineren Abmessungen und damit höheren Taktfrequenzen (GHz).

Die Fortschritte in der Technologie erlauben Entwicklungen in verschiedene Richtungen:

- höhere Packungsdichten und größere Chipflächen, damit können größere Baugruppen auf einem Chip untergebracht werden. Beispiel: Mehrere Rechenwerke und Pufferspeicher auf einem Chip.
- geringere Verlustleistungen, dies ist besonders wichtig für tragbare Geräte.

Neben rein digitalen Schaltungen finden wir auch Bausteine, die sowohl analoge, als auch digitale Schaltungen enthalten; dies führt zu Systemen auf einem Chip.

### Schaltungstechnik

Beispiele hierfür sind die schnelle Übertragseinheit (carry look ahead) bei der ALU (vgl. 4.5.1.1) oder der einschrittige Multiplizierer (vgl.4.5.3.2).

### Organisation

Durch organisatorische Maßnahmen, wie beispielsweise dem vereinfachten Befehlssatz bei der RISC-Architektur kann eine Beschleunigung erzielt werden. Hier erfolgt das Decodieren der Maschinenbefehle und die Steuerung der Befehlsausführung mit einem Schaltnetz (PAL), während bei CISC-Systemen ein Schaltwerk, realisiert durch ein Mikroprogramms erforderlich ist. Oder die Fließbandverarbeitung, die durch die entkoppelte Arbeitsweise der Einheiten für eine Beschleunigung des Programmablaufs sorgt.

### Architektur

Ist der von Neumann'sche Rechner streng sequenziell, so kann durch Parallelisierung eine Leistungssteigerung erzielt werden. Dabei kann die Parallelisierung in verschiedener Weise erfolgen.

Hat man getrennte Speicher für Befehle und Daten und damit statt eines Datenbusses einen Befehlsdaten- und einen Datenbus, so liegt eine Harvard-Architektur vor. Damit können zeitlich parallel Befehle und Daten transportiert werden. Diese Architektur finden wir heute vielfach bei Pufferspeichern, d.h. getrennte Pufferspeicher für Befehle und Daten (Bild 4.5-42).

**Beispiel:**

Parallelisierung innerhalb eines Programms.

Der logische Ablauf innerhalb eines Programms ist häufig so, dass Teilaufgaben voneinander unabhängig sind. Lautet beispielsweise eine Folge

B := A + C;

D := E * F;

so beeinflussen sich diese beiden Anweisungen gegenseitig nicht, können also zeitlich parallel, d.h. in parallel arbeitenden Rechenwerken, ausgeführt werden.

Besonders wirkungsvoll ist die innere Parallelisierung falls Matrizenoperationen, wie z.B. die Bildung des skalaren Produkts, durchgeführt wer-

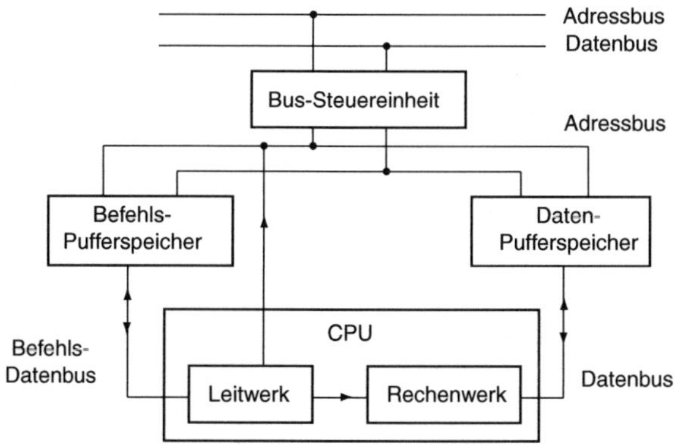


Bild 4.5-42
Pufferspeicher (Harvard-Architektur)

den müssen. Hier können alle Multiplikationen parallel ausgeführt werden.

Eine andere Art von Parallelität liegt vor, wenn gleichzeitig mehrere, voneinander unabhängige, Prozesse (Tasks) in einem System bearbeitet werden.

Wir erkennen, dass verschiedene Lösungsansätze bestehen:

- Mehrere Verarbeitungseinheiten gesteuert von einem zentralen Prozessor
- Mehrere Prozessoren
- Mehrere Hauptspeichermodule, z.B. jeweils zugeordnet zu einem bestimmten Prozessor, oder frei verfügbar für alle Prozessoren (Bild 4.5-37)
- Pipelining
- Vermaschte Systeme
- Feldrechner mit matrixförmig angeordneten Rechnern.

Ein weiterer Aspekt der Parallelisierung ist, dass dadurch fehlertolerante Systeme realisiert werden können.

### 4.5.7.2 Beispiele

Die heute im Einsatz bzw. in Entwicklung befindlichen Systeme realisieren in vielfältiger Weise Parallelarbeit [43-2a].

**Superskalare Rechner**

Die Befehle werden in einem Befehlspuffer abgelegt. Dann werden sie entsprechend der superskalaren Architektur, mehrere parallel arbeitende Rechenwerke, gruppiert, decodiert, erneut gepuffert und ausgeführt (dynamische Parallelisierung). Das Leitwerk gibt die Bearbeitung der Befehle gemäß ihrer Reihenfolge im Programm frei. Die Ergebnisse werden zunächst in einem Reihenfolgepuffer zwischengespeichert, da unterschiedliche Befehlsausführungszeiten zu Überholvorgängen führen können. Dieser Puffer stellt dann die ursprüngliche Reihenfolge wieder her. Anschließend werden die Ergebnisse dann in der richtigen Reihenfolge wieder in die Register geschrieben.

Zusätzlich verfügt der Prozessor beispielsweise über eine entsprechend leistungsfähige Sprungverarbeitung, sowie über zusätzliche Erweite-

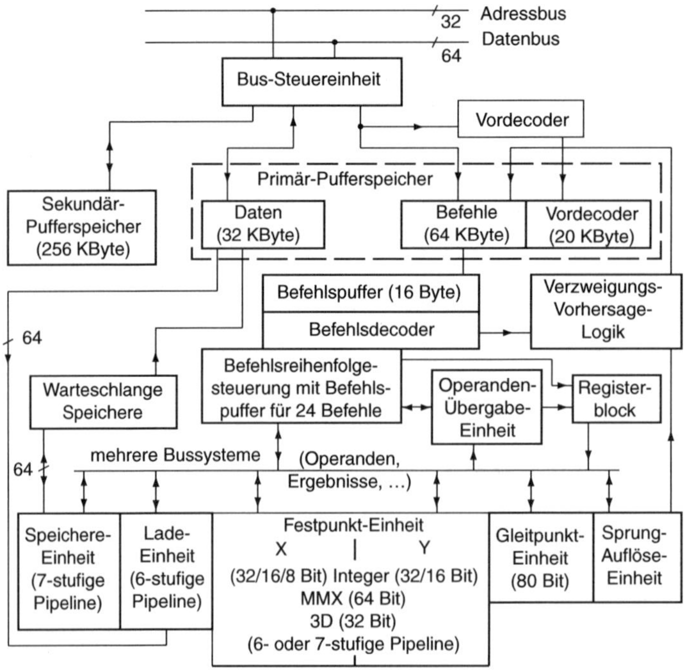


Bild 4.5-43
Superskalarer Prozessor (K6 3D von AMD)

rungen zum Verhindern von Effekten die die Fließbandverarbeitung hemmen. Solch ein Hemmnis ist beispielsweise auch gegeben, wenn bei einem Verarbeitungsbefehl ein Operand zuerst aus dem Speicher geholt werden muss, möglicherweise noch in einem komplizierten Adressierungsmodus.

**Beispiel:**
Bild 4.5-43 zeigt das vereinfachte Blockschaltbild des Prozessors K6 3D [44-1a]. Wir erkennen die superskalare Architektur durch die unten dargestellten sechs Verarbeitungseinheiten. Die beiden Festpunkt-Einheiten unterscheiden sich in ihrer Leistungsfähigkeit, beide können Befehle für Multimedia (MMX) und dreidimensionale Verarbeitung (3D) ausführen.

Der Prozessor verfügt über einen zweistufigen Pufferspeicher. Die Pufferspeicher sind assoziative Speicher: primär (1st level) 2-Wege, sekundär (2nd level) 4-Wege (vgl. 4.6.5). Letzterer arbeitet mit dem LRU-Algorithmus (vgl. 4.8.3.2).

Ein wesentliches Element zur Steigerung der Leistungsfähigkeit liegt in der Behandlung von Programmverzweigungen. Wir finden hierfür einen Vordecoder und einen Puffer für vordecodierte Befehle. Ferner eine Sprung-Auflöse-Einheit (branch resolving unit) und die Verzweigungs-Vorhersage-Logik. Damit kann der Prozessor bei Verzweigungen spekulativ weiterarbeiten und gegebenenfalls gewonnene Ergebnisse dann wieder verwerfen.

Die Befehlsreihenfolgesteuerung sorgt für eine gute Auslastung der Verarbeitungs-Einheiten und für das Abspeichern der Ergebnisse in der richtigen Folge.

**Lange Befehlswörter (VLIW: Very Long Instruction Word architecture)**

Bei superskalaren Systemen muss dynamisch, d.h. während der Programmausführung, dafür Sorge getragen werden, dass möglichst alle Rechenwerke gleichzeitig beschäftigt sind. Eine Entwicklungsrichtung zielt auf lange Befehlswörter. Hier erzeugt der Compiler aus der Folge der Maschinenbefehle ein langes Befehlswort, z.B. 128 Bit, das für jedes Rechenwerk des Prozessors einen Befehl enthält. Es findet also eine statische Parallelisierung statt.

**Vielfädigkeit (multithreaded architecture)**

Man vermischt Maschinenbefehle verschiedener Befehlsströme, die keine gegenseitigen Datenabhängigkeiten aufweisen. Dies kann beispielsweise so erfolgen, dass stets dann wenn die Fließbandverarbeitung gehindert wird, auf ein anderes Programm umgeschaltet wird. Das bedingt aber, dass gleichzeitig mehrere Prozesse im Prozessor gehalten werden, also einfach zwischen verschiedenen Registerblöcken umgeschaltet wird. Dies Prinzip setzt weiter voraus, dass der prozessspezifische Kontext klein ist, weil sonst der Vorteil des schnellen Umspeicherns, bedingt durch das Retten des umfangreichen Kontexts, wieder verloren geht.

**Multiprozessoren**

Multiprozessorsysteme mit gemeinsamem Speicher werden durch neue Prozessoren unterstützt.

#### 4.5.7.3 Klassifizierung

Für die Klassifizierung von Rechnern hoher Leistung hat sich eine auf M. Flynn (1966) zurückgehende Einteilung in 4 Klassen eingebürgert (Bild 4.5-44). Die Einteilung bezieht sich darauf, wie viel Befehle wie viel Datenwörter gleichzeitig bearbeiten.

**Vektorrechner**

Matrizen- und Vektorrechnungen sind typische Beispiele für technisch-wissenschaftliche Anwendungen. Da hier viel Rechenleistung benötigt wird, liegt es nahe, diese Operationen durch Hardwareerweiterungen zu unterstützen. Ein Vektorrechner verfügt deshalb über eine Vektorver-

| Klasse | Befehl | Daten | Rechner |
|---|---|---|---|
| SISD | Single Instruction | Single Data | von Neumann |
| SIMD | | Multiple Data | Vektor-, Feldrechner |
| MISD | Multiple Instruction | Single Data | – |
| MIMD | | Multiple Data | Multiprozessoren, Datenflussmaschinen, parallele Reduktionsmaschinen |

Bild 4.5-44 Klassifizierung von Rechnern hoher Leistung

arbeitungseinheit und dementsprechend über Vektoroperationen wie

- Verknüpfen eines Vektorelements mit einer skalaren Größe
- Laden eines Vektors in ein Vektorregister und Speichern desselben.

**Beispiel:**
CRAY Y-MP

### Feldrechner

Dieser Rechner (array processor) besteht aus einem Feld von beispielsweise matrixförmig verbundenen Rechenwerken. Ein Steuerrechner erkennt Feldbefehle und veranlasst, dass die Feldrechner dann gleichzeitig alle denselben Befehl mit verschiedenen Daten ausführen.

**Beispiel:**
Thinking Machine Coorperation CM-200

### Multiprozessoren

Multiprozessorsysteme können einerseits gleichzeitig verschiedene Aufgaben bearbeiten, sie können aber auch an einer gemeinsamen Aufgabe arbeiten. Bezüglich des Speichers finden wir zwei Prinzipien

- gemeinsam genutzter Speicher
  Hier ist es erforderlich, dass die Prozessoren einen gemeinsamen Adressraum besitzen, dann können sie darüber Nachrichten austauschen.
- individuelle Speicher
  Hier ist jedem Prozessor nur ein individueller Speicher zugeordnet. Dementsprechend erfolgt die Kommunikation zwischen den Prozessoren über einen Austausch von Botschaften. Dieser Nachrichtenaustausch ist aufwendiger, allerdings lassen sich bei diesem Prinzip sehr einfach Systeme aufbauen, die in weiten Bereichen skalierbar sind.

### Datenflussmaschinen

Der Grundgedanke der Datenflussmaschine [43-2a] ist es, dass die Maschine selbst während der Laufzeit entscheidet, welche Operationen zu welcher Zeit ausgeführt werden. Die Basis dieser Entscheidung ist dabei der Datenfluss, der die Abhängigkeit der Daten voneinander angibt.

Dieses Prinzip hat sich, bedingt durch die Komplexität, so nicht durchgesetzt. Heute finden wir es im Zusammenhang mit superskalaren und vielfädigen Architekturen.

### Neuronale Rechner

Wir finden neuronale Rechner in Mustererkennungssystemen. Entsprechend der Nachbildung neuronaler Strukturen bestehen solche Systeme aus vielen gleichartigen, miteinander vernetzten Verarbeitungseinheiten. Diese führen nur wenige Operationen, wie Schwellwertbildung, Gewichtung oder Addition durch.

### Systolische Architekturen

Viele Probleme, wie beispielsweise Matrizenoperationen, haben einfache Befehlsabläufe. Dies kann unterstützt werden durch entsprechende Felder von Verarbeitungseinheiten. Die einzelne Zelle ist einfach aufgebaut und kann, über z.B. zwei Ein- und zwei Ausgänge mit Nachbarzellen Daten austauschen. Die Struktur des systolischen Feldes kann rechteckig, hexagonal oder triangulär sein. Alle Elemente führen jeweils die gleichen Operationen aus. Die Randzellen stellen die Ein- und Ausgänge dar.

### Parallele Reduktionsmaschinen

Reduktionsprogramme bestehen aus Ausdrücken, die rekursiv aus Teilausdrücken berechnet werden. Die Ausdrücke werden dabei solange in einfachere Ausdrücke umgeformt bis keine weitere Vereinfachungen mehr möglich sind und damit das Ergebnis der Berechnung vorliegt. Reduktionsmaschinen [43-2a] führen solche Reduktionsprogramme aus. Im Gegensatz zu den Datenflussmaschinen, die datengetrieben sind, sind die Reduktionsmaschinen anforderungsgetrieben.

Man unterscheidet zwischen Textersetzungs-Maschinen (string reduction machine) und Grafenreduktions-Maschinen (graph reduction machine).

Parallelisierung ist möglich, da unabhängige Teilausdrücke parallel berechnet werden können. Die Komplexität der Teilausdrücke und die ihrer Darstellung im Rechner bestimmen die Programmbearbeitungszeiten.

**Fuzzy-Prozessoren**

Die Fuzzy-Logik baut auf Variablen auf, die durch Eigenschaften wie zum Beispiel „klein“, „mittel“, „groß“ beschrieben werden können. Dementsprechend leisten die Rechenregeln den Zusammenhang zwischen ungenauen qualitativen Ausdrücken. Eine solche Regel könnte beispielsweise lauten:

FALLS die Geschwindigkeit klein ist UND der Straßenbelag trocken ist, DANN ist die Bremswirkung weich.

Basierend auf der Fuzzy-Logik wurden Fuzzy-Rechner entwickelt. Sie werden in Anwendungsfällen eingesetzt, wo die mathematische Beziehung zwischen Eingabe- und Ausgabegrößen nicht formelmäßig streng definiert ist. Ein wichtiger Anwendungsbereich ist die Regelungstechnik. Beispiele sind Waschmaschinensteuerungen, Autofokus bei Fotoapparaten oder Fahrzeugsteuerungen. Ein Beispiel aus der Physik ist in [42-5d] dargestellt.

# 4.6 Speicher

## 4.6.1 Einleitung

Digitale Speicher finden wir in den vielfältigsten Ausprägungen, z.B. Halbleiterspeicher, magnetische Speicher oder optische Speicher. Neben dieser Klassifizierung gemäß dem physikalischen Prinzip gibt es weitere Ordnungskriterien, z.B.

- flüchtig, nicht flüchtig. Beim Abschalten der Versorgungsspannung geht die gespeicherte Information verloren, bzw. sie bleibt erhalten.
- veränderbar, nicht veränderbar. Im Betrieb kann die gespeicherte Information verändert bzw. nur gelesen werden.
- wahlfrei, sequenziell. Durch die Angabe einer Adresse kann unmittelbar auf eine gespeicherte Information zugegriffen werden, bzw. der Speicher muss sequenziell durchsucht werden.
- wortadressiert, inhaltsadressiert. Die gesuchte Information wird durch die Angabe einer Adresse, bzw. durch einen Teil ihrer selbst, angesprochen.
- Lesen erfolgt zerstörend, nicht zerstörend. Beim Lesen einer gespeicherten Information wird diese zerstört, bzw. sie bleibt erhalten.

Die Leistungsdaten von Speichern werden gekennzeichnet durch:

- Zykluszeit $T_z$: minimale Zeitspanne zwischen zwei Speicheroperationen (Lesen oder Schreiben).
- Zugriffszeit $T_a$: Zeitspanne vom Aufruf eines Speicherelements bis zum Lesen oder Schreiben der Daten ($T_a \leq T_z$).
- Kapazität
- Preis.

In Rechnern finden wir heute meist mehrere Speicher in einer mehrstufigen Speicherhierarchie, deshalb soll uns dies als einführendes Beispiel dienen.

**Beispiel:**

Bild 4.6-1 zeigt die Speicherhierarchie eines Rechners, die einzelnen Speicher haben unterschiedliche Aufgaben:

- Register und einzelne Flipflops dienen u.a. zum Speichern von Daten im Rechen- und Leitwerk.
- Pufferspeicher (cache) dient zur Geschwindigkeitsanpassung von Prozessor und Hauptspeicher. Er ist deshalb in der Technologie des Prozessors realisiert, ist klein, z.B. 32 KByte und befindet sich auf dem Prozessorchip (Primär-Pufferspeicher). Zur weiteren Beschleunigung wird zusätzlich ein prozessornah realisierter, größerer Sekundär-Pufferspeicher eingesetzt (Bild 4.5-43). Dieser ist beispielsweise beim

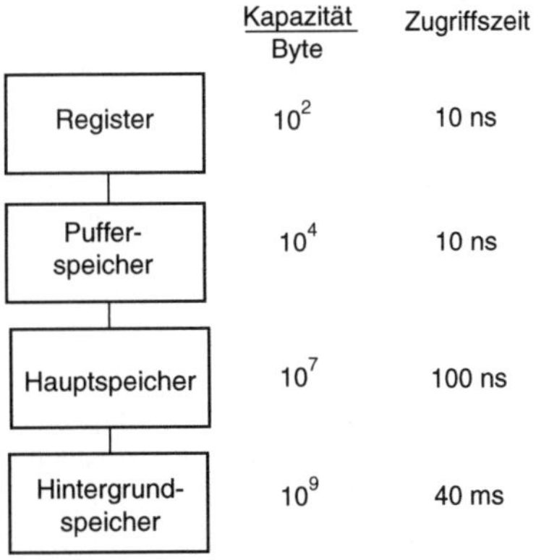


Bild 4.6-1 Speicherhierarchie eines Rechners

Intel Prozessor Pentium Pro auf einem eigenen Chip, aber im selben Gehäuse wie das Prozessorchip untergebracht und hat die Größe von 512 KByte. Auch tertiäre Pufferspeicher sind zu finden, z.B. bei K6 III.
Im Pufferspeicher werden Teile des gerade in Bearbeitung befindlichen Programms (Befehle und/oder Daten) vom Hauptspeicher eingelagert. Dadurch wird erreicht, dass der Prozessor einen schnellen Zugriff zu den dort befindlichen Daten hat.

- Haupt-, Arbeitsspeicher ist heute als Halbleiterspeicher in NMOS- oder CMOS-Technologie aufgebaut.
- Hintergrundspeicher dient zum Speichern von Daten, die nicht unmittelbar benötigt werden. Dementsprechend werden längere Zugriffszeiten in Kauf genommen. Heute werden sowohl magnetische Speicher (Diskette, Platte, Band), als auch optische Speicher (Compact Disk, CD) eingesetzt. Dabei umfasst ein System heute stets mindestens eine Platte und üblicherweise mehrere weitere Speicher. Wir finden also bei den Hintergrundspeichern nochmals eine Hierarchie.

Entsprechend der Vielzahl der eingesetzten Speichertypen gibt es eine sehr umfangreiche Literatur zu diesem Gebiet [44-2]. Aufbauend auf den in 4.3 gelegten digitaltechnischen Grundlagen betrachten wir hier exemplarisch den Aufbau von Halbleiterspeichern. Zunächst wollen wir die Auswahl eines bestimmten Speicherelementes (4.6.2) und dann den Aufbau eines Speichers kennen lernen.

## 4.6.2 Selektion

Die kleinste adressierbare Einheit des Speichers ist heute üblicherweise das Byte oder ein Wort, wobei die Wortlänge $n$ typisch 2, 4 oder 8 Byte umfasst, selten das Bit. Die Speicheradresse $(a)$, eine $m$-stellige Dualzahl, ermöglicht, bei direkter Adressierung (vgl. 4.5.4.6), einen Adressraum von $M = 2^m$ Einheiten zu adressieren.

Zur Auswahl einer Speicherzelle muss $(a)$ vom Dualcode in den „1 aus $M$"-Code $(A)$ umgesetzt werden (Bild 4.6-2), damit durch das Ansteuersignal $A_\mu$ ($\mu = 0, ..., M-1$) allein die Zelle $\mu$ angesteuert wird. So lauten z.B. einige Funktionen des Bündels $(A)$:

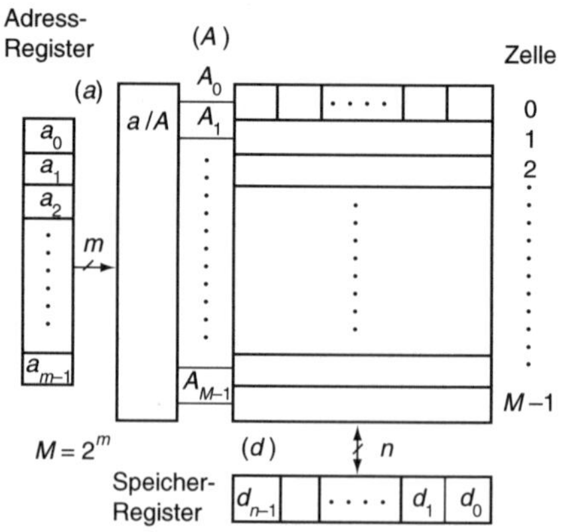


Bild 4.6-2 Speicherbaustein; Adressumsetzung vom Dualcode $(a)$ in den „1 aus $M$"-Code $(A)$

$$\begin{aligned}
A_0 &= \overline{a_{m-1}} \cdot \overline{a_{m-2}} \cdot \ldots \cdot \overline{a_2} \cdot \overline{a_1} \cdot \overline{a_0} \\
A_1 &= \overline{a_{m-1}} \cdot \overline{a_{m-2}} \cdot \ldots \cdot \overline{a_2} \cdot \overline{a_1} \cdot a_0 \\
&\vdots \\
A_{M-1} &= a_{m-1} \cdot a_{m-2} \cdot \ldots \cdot a_2 \cdot a_1 \cdot a_0
\end{aligned} \qquad (4.6\text{-}1)$$

Bei einstufiger Realisierung wird die Funktionslänge $l$ sehr groß: $l = m \cdot 2^m$.

**Beispiel:**
Für $m = 12$ Bit wird $l = 49152$, für $m = 20$ Bit ergibt sich $l \approx 2{,}1 \cdot 10^7$.

Deshalb wählt man eine zweistufige Decodierung, wodurch der Aufwand wesentlich geringer wird. Dazu spaltet man die Adresse $(a)$ in zwei Teile $(a)_x$ und $(a)_y$, beispielsweise je der Länge $m/2$, auf und decodiert diese dann jeweils in den „1 aus $2^{m/2}$"-Code $(x)$ bzw. $(y)$. $A_\mu$ gewinnt man dann durch die UND-Verknüpfung der $x_i$ und $y_j$. Bedingt durch die Matrixanordnung der Speicherelemente kann diese UND-Verknüpfung zusammen mit der einzelnen Speicherzelle realisiert werden.

**Beispiel:**
Die Realisierung der Selektion wird anhand eines (kleinen) Speicherbausteins mit 4 K = 4096 Speicherzellen veranschaulicht. Er benötigt eine 12-Bit-Adresse $(a) = (a_{11}, a_{10}, ..., a_1, a_0)$, die in die beiden 6-Bit-Adressen $(a)_x$ und $(a)_y$ aufgeteilt wird:

$(a)_x = (a_{11}, a_{10}, \ldots, a_7, a_6)$

$(a)_y = (a_5, a_4, \ldots, a_1, a_0)$

In der ersten Stufe werden $(a)_x$ und $(a)_y$ jeweils in den „1 aus 64“-Code umgesetzt:

$(a)_x \Rightarrow (x) = (x_{63}, x_{62}, \ldots, x_1, x_0)$

$(a)_y \Rightarrow (y) = (y_{63}, y_{62}, \ldots, y_1, y_0)$

Einzelne Funktionen lauten z. B.

$$
\begin{aligned}
x_{63} &= a_{11}\, a_{10} \ldots a_7\, a_6 \\
&\vdots \\
x_1 &= \overline{a_{11}}\, \overline{a_{10}} \ldots \overline{a_7}\, a_6 \\
x_0 &= \overline{a_{11}}\, \overline{a_{10}} \ldots \overline{a_7}\, \overline{a_6} \\
y_{63} &= a_5\, a_4 \ldots a_1\, a_0 \\
&\vdots \\
y_0 &= \overline{a_5}\, \overline{a_4} \ldots \overline{a_1}\, \overline{a_0}
\end{aligned}
$$

Die Funktionslänge beträgt $l_1 = 2 \cdot (m/2) \cdot 2^{m/2} = 768$. Die Decodierung der 2. Stufe liefert die $A_\mu$ (Bild 4.6-3):

$$
\begin{aligned}
A_0 &= x_0\, y_0; \ldots; A_{63} = x_0\, y_{63} \\
&\vdots \\
A_{4032} &= x_{63}\, y_0; \ldots; A_{4095} = x_{63}\, y_{63}
\end{aligned}
$$

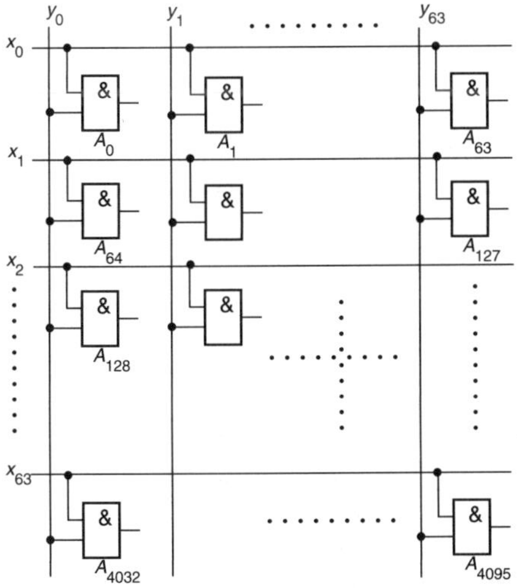


Bild 4.6-3 Auswahl einer Speicherzelle durch *x*- und *y*-Adressen

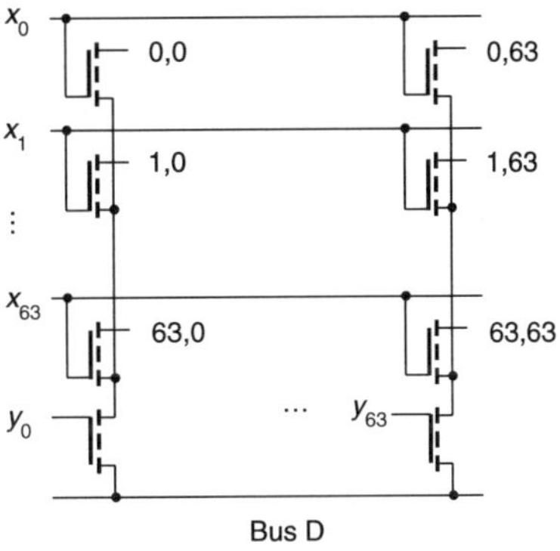


Bild 4.6-4 Realisierung der UND-Glieder-Matrix von Bild 4.6-3

mit der Funktionslänge $l_2 = 2 \cdot 2^m = 8192$. Die gesamte Funktionslänge für die Decodierung beträgt somit nur noch $l_{ges} = 8960$.

Die UND-Glieder-Matrix kann realisiert werden mit einem MOS-FET je UND-Glied und einem Transistor je Spalte (Bild 4.6-4).

Die binäre Ausgangsgröße ist hier nicht die Spannung ($U_H$, $U_L$), sondern die niederohmige Verbindung zum Bus D

$[(x_\mu = 1) \wedge (y_\nu = 1)] \Leftrightarrow$ (Verbindung vom Matrixpunkt ($\mu$, $\nu$) zum Bus D ist niederohmig)

$\Leftrightarrow$: genau dann wenn

Üblicherweise ist der Adressraum eines Speichers größer als der eines Speicherbausteins. Dann baut man einen Speicher im einfachsten Fall mit einer entsprechend großen Anzahl von Speicherbausteinen auf. Dazu wird die Adresse um die notwendige Anzahl von Stellen verlängert, diese werden zur Selektion des Speicherbausteins verwendet; die Selektion wird dadurch dreistufig. Bild 4.6-5 zeigt dies am Beispiel eines Speichers mit 16 MByte, aufgebaut aus Speicherbausteinen mit je 1 MByte. Dadurch wird gleichzeitig erreicht, dass der Speicher modular ausgebaut werden kann, bis zu seiner Maximalkapazität.

Ist die Wortbreite größer als die Breite des Speicherbausteins, dann wird eine entsprechende Anzahl von Bausteinen parallel geschaltet. Dabei be-

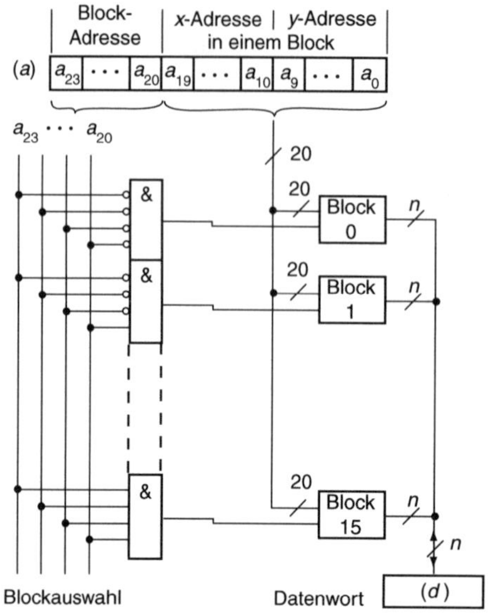


Bild 4.6-5 Aufbau eines Speichers aus mehreren Blöcken (Bausteinen) und Adressierung

zieht sich das Parallelschalten auf die Adress- und Steuereingänge.

Bild 4.6-6 zeigt den Aufbau eines byteadressierten Speichers mit einer Wortbreite von 32 Bit = 4 Byte.

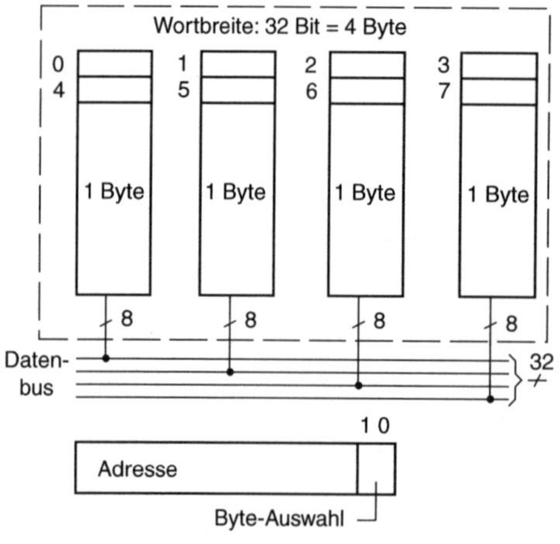


Bild 4.6-6 Aufbau eines byteadressierten Speichers (Wortbreite 32 Bit)

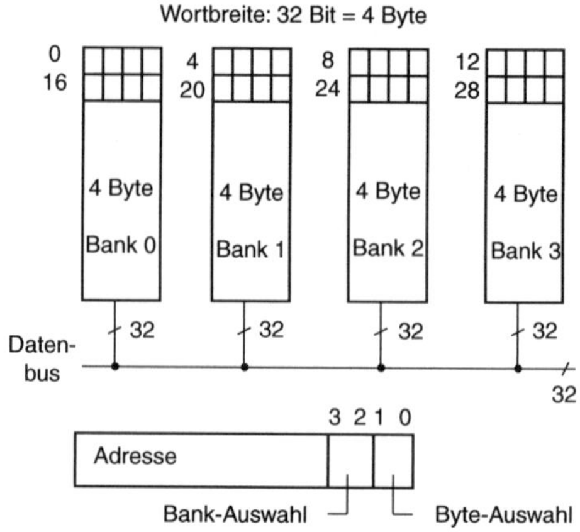


Bild 4.6-7 Aufbau eines byteadressierten vierfach verschränkten Speichers (Wortbreite 32 Bit)

Bei Rechnern mit hoher Taktfrequenz ergeben sich beim Zugriff auf aufeinander folgende Adressen, wie dies bei Programmen typisch der Fall ist, Wartezeiten. Sie sind bedingt durch die Zykluszeit des Speichers.

Diesen Effekt kann man mindern, indem man den Speicher anders organisiert [44-2d]. Bisher gingen wir davon aus, dass aufeinander folgende (Wort-)Adressen im selben Baustein liegen. Hier (Bild 4.6-7) wird eine verschränkte Adressierung gewählt. Das heißt der Speicher wird so organisiert, dass aufeinander folgende Adressen auf verschiedene Bausteine zeigen. Dadurch kann überlappend auf die verschiedenen Bausteine (Bank) zugegriffen werden.

Wir erkennen, dieses Prinzip funktioniert gut bei linearer Adressfolge, bei „verstreuten" Datenzugriffen aber nicht unbedingt.

## 4.6.3 Schreib-Lese-Speicher

Im angelsächsischen Sprachgebrauch hat sich hierfür der Begriff Random Access Memory (RAM) eingebürgert, im Gegensatz zu den Festwertspeichern: Read Only Memory (ROM).

#### 4.6.3.1 Speicherelement

Als Speicherelement werden Flipflops (statische Speicher, SRAM) bzw. Kapazitäten (dynamische Speicher, DRAM) eingesetzt. Die statischen Speicher bedingen einen größeren Aufwand je Zelle. Bei den dynamischen Speichern dagegen muss die gespeicherte Information von Zeit zu Zeit aufgefrischt werden, da sich die Kapazitäten durch Leckströme entladen; daher der Name „dynamischer Speicher“. Die maximal erzielbare Speicherkapazität je Baustein ist bei dynamischen Speichern typisch etwa viermal größer, als bei statischen. Aus diesem Grund sind die dynamischen Speicher stets die Vorreiter bezüglich höchstem Integrationsgrad. Sie werden bevorzugt eingesetzt.

Die dynamische Speicherzelle besteht aus einem Transistor und einer MOS-Kapazität $C$ (Bild 4.6-8).

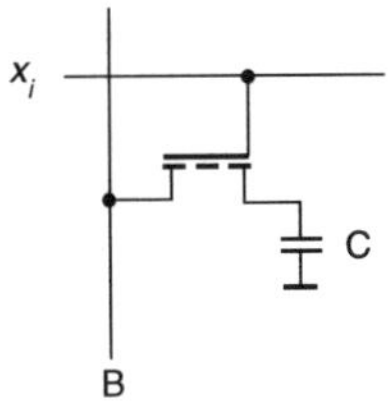


Bild 4.6-8 Dynamische MOSFET-Speicherzelle

Die hohe Integrationsdichte ergibt sich durch diese minimale Anzahl von Elementen je Speicherzelle. Beim Lesen findet ein Ladungsausgleich zwischen der Kapazität $C$ und der Kapazität der Spaltenleitung B statt; die gespeicherte Information wird zerstört, sie muss deshalb wieder eingeschrieben werden. Dadurch ergibt sich die Zykluszeit > 2 · Zugriffszeit.

Das Wiederauffrischen der Ladungen erfolgt im ms-Bereich. Dafür wird etwa 1–2 % der Zeit benötigt.

Die statische Speicherzelle, Bild 4.6-9 zeigt die Realisierung in NMOS, besteht aus 6 Transistoren ($T_1$, ..., $T_6$). Sie wird deshalb als 6-Transistor-Zelle bezeichnet. Das eigentliche Flipflop besteht aus den Transistoren $T_1$, ..., $T_4$. Die Transistoren $T_7$ und $T_8$ (Spaltenschalter) sind pro Spalte nur einmal vorhanden. Die Selektion erfolgt über die in Reihe geschalteten $T_5$, $T_7$ und $T_6$, $T_8$. Sie bilden die UND-Verknüpfungen für die Leitungen $x_i$ und $y_j$ (Bild 4.6-4). Zum Lesen werden die Bitleitungen B und $\overline{\text{B}}$ an die Eingänge eines Differenzverstärkers, zum Schreiben an die Ausgänge eines Gegentaktverstärkers, angeschlossen.

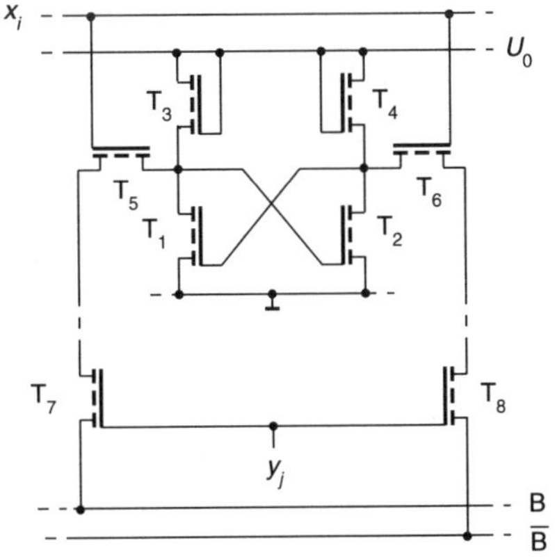


Bild 4.6-9 Statische MOSFET-Speicherzelle

#### 4.6.3.2 Speicherbaustein

Um die Anzahl der Anschlüsse klein zu halten, wird die Adressdecodierung auf dem Baustein selbst vorgenommen. Außerdem werden Schreib- und Leseverstärker mit eingebaut, damit ergibt sich eine problemlose Schnittstelle bezüglich der Signale. Bei dynamischen Speichern befindet sich die Auffrisch-Schaltung sowie gegebenenfalls

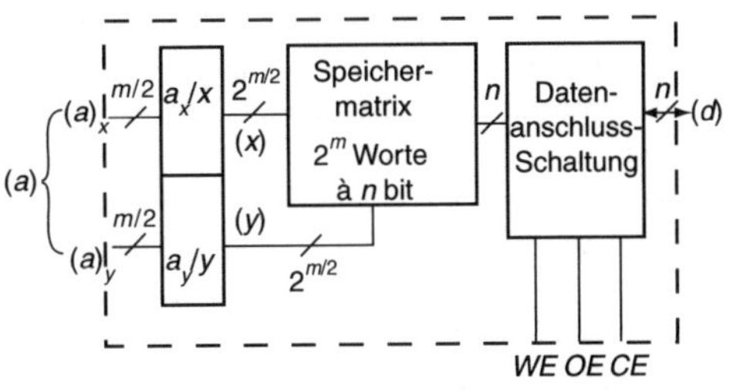


Bild 4.6-10 Speicherbaustein (*CE*: Bausteinauswahl (Chip Enable); *WE*: Schreiben (Write Enable); *OE*: Datenausgabe (Output Enable))

eine Anpassung an die Bus-Schnittstelle (SDRAM: Synchrones DRAM) auf dem Baustein. Bild 4.6-10 zeigt das vereinfachte Blockschaltbild eines Speicherbausteins mit bidirektionalem Datenanschluss (*d*).

#### 4.6.3.3 Aufbau des Speichers

Ausgehend von Speicherbausteinen mit einer Wortlänge von $n'$ Bit und einer Adresslänge von $m'$ Bit kann ein Speicher der Wortlänge $n$ Bit und der Adresslänge $m$ Bit aufgebaut werden. Bild 4.6-11 zeigt die Abhängigkeiten bezüglich der Wort- bzw. Adresslänge.

| Wortlänge | Adresslänge | Anzahl der Speicherbausteine | Schaltung in Bild |
|---|---|---|---|
| $n' < n$ | | $n / n'$ | 4.6-6 |
| | $m' < m$ | $m / m'$ | 4.6-5 |

Bild 4.6-11 Aufbau des Speichers

Bei Mikrocomputersystemen sind batteriegepufferte CMOS-Speicher wichtig. Bedingt durch die geringe statische Verlustleistung kann mit wiederaufladbaren Batterien erreicht werden, dass die gespeicherte Information beim Abschalten der Versorgungsspannung nicht verloren geht, sondern über Jahre zur Verfügung steht.

Um Speicher gegen Fehler zu schützen, können die Informationsbits durch Prüfbits ergänzt werden. Sie ermöglichen das Erkennen bzw. die Korrektur von Fehlern (vgl. 4.2.2.3).

### 4.6.4 Festwertspeicher

Festwertspeicher sind Speicher, die im normalen Betrieb nur gelesen werden können (vgl. 4.3.2.5). Man unterscheidet bestimmte Realisierungsformen:

- ROM (Read Only Memory). Die Information wird hier beim Hersteller mittels Masken festgelegt, indem an der entsprechenden Stelle der Matrix eine Unterbrechung bzw. ein Kontakt eingebaut ist. Bei NMOS erfolgt dies z.B. so, dass die Transistoren mit unterschiedlich dicker Oxydschicht zwischen Gate und Substrat ausgestattet sind. Das normal dicke Oxyd gestattet bei $x_i = y_j = 1$ die Ausprägung eines leitenden Kanals ($d = 1$), während das dicke Oxyd dies verhindert ($d = 0$).
- PROM (Programable ROM). Zunächst enthält hier der Speicher in allen Zellen eine 0. Der Anwender kann den Speicher „programmieren“, indem er z.B. durch das Durchbrennen einer Sicherung (dünne CrNi-Schicht) gezielt Einsen einschreibt. Dieser Vorgang ist irreversibel. Wegen des hohen Stromes beim Programmieren finden nur bipolare Speicher Anwendung.
- EPROM (Erasable PROM). Diese Speicher können mehrfach programmiert werden. Bei einem häufig realisierten Verfahren in MOS-Technologie ist ein zusätzliches isoliertes Gate (floating gate) vorgesehen, auf das beim Programmieren Ladung injiziert wird. Dadurch wird die Transistorkennlinie verschoben. Durch UV-Licht kann die Ladung wieder ausgeglichen und damit die Information gelöscht werden. Auch elektrisches Löschen ist möglich, dies führt zum
- EEPROM (Electrically Erasable/Programable ROM).
- EAROM (Electrically Alterable ROM). Hier ist eine Programmierung mit elektrischen Impulsen möglich.

Wichtig ist, dass es stiftkompatible Bausteine gibt, dadurch kann z.B. die Entwicklung mit einem EPROM durchgeführt werden. In der Fertigung wird er dann durch einen ROM oder PROM ersetzt.

Wie in Bild 4.6-12 dargestellt ist, kann man einen solchen Festwertspeicher als Realisierung eines Funktionsbündels auffassen. Der Ausgang, das Speicherwort (*d*), ist eine Funktion des Eingangs, der Adresse (*a*): $(d) = f((a))$. Gerade für große Funktionsbündel ist dieses Prinzip günstiger als ein Schaltnetz mit vielen Verknüpfungen (vgl. 4.3.2.5).

Dementsprechend kann ein Festwertspeicher auch bei Schaltwerken eingesetzt werden. Bild 4.6-13 zeigt ein allgemeines Schaltwerk (Mealy-Automat).

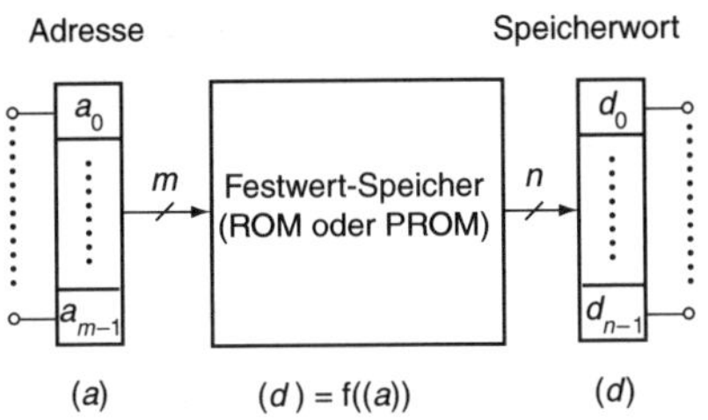


Bild 4.6-12 Realisierung eines Funktionsbündels $(d) = f((a))$ mit $n$ Funktionen mit je $m$ Veränderlichen durch einen Festwertspeicher

Adresse $(a)$ $= [(x),(z)]$, Länge: $m + n$

Speicherwort $(d)$ $= [(D), (y)]$, Länge: $l + n$

Speicherkapazität: $2^{(m+n)} \cdot (l + n)$

Ausgabefunktion $(y)^{(k)} = f[(x), (z)]^{(k)}$

Übergangsfunktion $(z)^{(k+1)} = g[(x), (z)]^{(k)}$

## 4.6.5 Sonderformen

Angepasst an die jeweilige technische Anforderung wurden Sonderformen entwickelt. Einige Beispiele:

### Mehrtor-Speicher (Multi Port RAM)

Bei Bildspeichern für Kathodenstrahlröhren tritt das Problem auf, dass gleichzeitig einerseits ein neues Bild gespeichert und andererseits periodisch ein gespeichertes Bild angezeigt werden muss. Es wird somit ein Speicher benötigt, der es erlaubt, gleichzeitig auf zwei Speicherzellen zuzugreifen. Hierzu dienen Zwei-Tor-Speicher (Dual Port RAMs).

Solche Zwei-Tor-Speicher verfügen über eine zweite Adressdecodierung und eine erweiterte Speichersteuerung, die sicherstellt, dass nicht gleichzeitig zwei schreibende Zugriffe auf eine Zelle stattfinden.

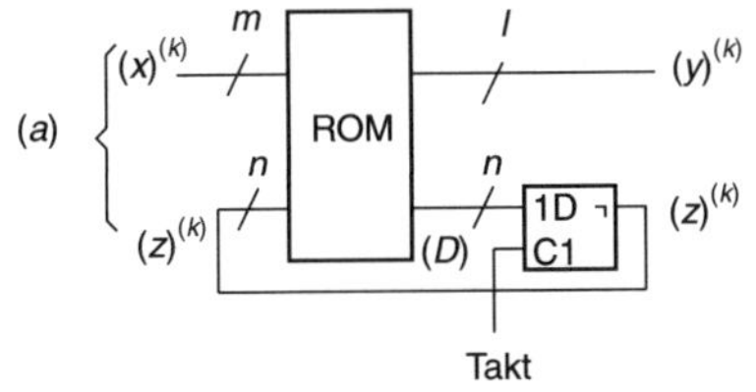


Bild 4.6-13 Mealy-Automat

Weitere Anwendungsfelder sind Signalprozessoren und Vektorrechner, auch FIFO-Speicher (FIFO: First In First Out; Abfertigung in der Reihenfolge des Eintreffens) können damit realisiert werden. Bei Multiprozessorsystemen kann der Nachrichtenaustausch zwischen den Prozessoren über gemeinsam genutzte Multi-Tor-Speicher erfolgen.

### Schieberegister

Sie werden, wie wir aus 4.3.4 wissen, bei serieller Speicherung und Verarbeitung von Daten eingesetzt. Weitere Beispiele sind digitale Verzögerungsleitungen oder Speicher für Empfangssignale bei Radarsystemen.

Eine spezielle Realisierung stellen die ladungsgekoppelten Schiebespeicher (CCD, Charge Coupled Devices) dar. Sie sind aus MOS-Transistoren mit sich überlappenden Elektroden aufgebaut. Durch eine zeitlich versetzte Ansteuerung der Elektroden wird die jeweils gespeicherte Ladung weiter transportiert.

Eine Organisationsform zeigt Bild 4.6-14. Das seriell eintreffende $n$-stellige Wort wird mit dem äußeren schnellen Takt $T_1$ in das Schieberegister $SR_E$ geschoben. Von dort wird es dann parallel mit dem $n$-fach langsameren Takt $T_2$ in die $n$ Schieberegister $SR_i$ übernommen. Nach m Takten $T_2$ erscheint das Wort an den Ausgängen und wird parallel in das Schieberegister $SR_A$ übernommen. Von dort wird es mit dem Takt $T_1$ wieder nach

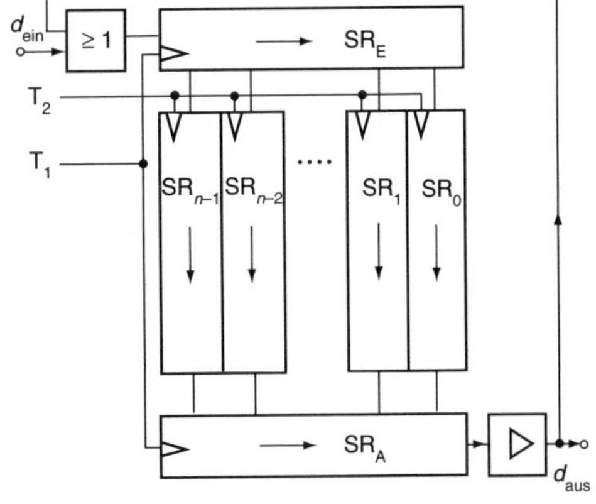


Bild 4.6-14 Organisation eines CCD-Speichers

$SR_E$ bzw. zum Ausgang geschoben. Dadurch arbeiten nur $SR_E$ und $SR_A$ mit dem schnellen Takt $T_1$, die inneren $SR_i$ dagegen mit dem langsamen Takt $T_2$.

Mit der Frequenz $f_1$ (Takt $T_1$) und der Frequenz $f_2 = f_1/n$ (Takt $T_2$) ergibt sich die Durchlaufzeit (maximale Zugriffszeit) $T_z$ zu

$$T_z = \frac{m}{f_2} + \frac{n}{f_1} = \frac{n(m+1)}{f_1}$$

**Assoziative Speicher**

Die assoziativen Speicher sind inhaltsadressiert, und nicht wie die bisher besprochenen Speicher ortsadressiert. D.h. es interessiert hier nicht wo – unter welcher Adresse – die gesuchte Information im Speicher abgelegt ist, sondern lediglich ob sie im Speicher enthalten ist. Jedes gespeicherte Wort enthält ein Merkmal. Durch Angabe eines solchen Merkmals können ein oder mehrere gespeicherte Worte mit gleichem Merkmalsteil gefunden werden.

Des hohen Preises wegen werden bisher nur kleine assoziative Speicher realisiert und in begrenztem Umfang eingesetzt, z.B. bei der Umrechnung von virtueller in physikalische Adresse bei Paging-Systemen [45-1]. Ob sich bei Parallelrechnern (assoziative Rechner) [43-2a] eine weitere Verbreitung einstellen wird, ist derzeit noch offen.

Eine weitere Anwendung ist der Pufferspeicher. Hier werden vollassoziative Speicher oder $u$-fach assoziative Speicher ($u$-Wege-Speicher) eingesetzt.

Beim vollassoziativen Speicher wird das Merkmal, hier die Hauptspeicheradresse, mit allen Einträgen im Pufferspeicher verglichen. Beträgt die Länge des Merkmals $n$ Bit und hat der Pufferspeicher $m$ Plätze, dann werden $m$ Parallelvergleicher zu je $n$ Bit benötigt (Bild 4.6-15).

Vorteil: Innerhalb eines Taktintervalls erhält man das gesuchte Datum, falls es im Pufferspeicher enthalten ist. Nachteil: hoher Schaltungsaufwand.

Deshalb realisiert man Zwischenformen zwischen inhalts- und ortsadressierten Speichern. Beim $u$-fach assoziativen Speicher wird die Adresse dreigeteilt (Bild 4.6-16). Im Bild ist die Ebene $i$ ($1 \le i \le u$) gezeichnet und der Fall, dass der gesuchte Eintrag in der Tabelle in dieser Ebene enthalten ist. Die höherwertigen $k$ Bit enthalten die Kennung (Merkmal), die mittleren $l$ Bit einen Index für die Tabelle im Pufferspeicher und die niederwertigen $m$ Bit enthalten den Offset für die Daten im Pufferspeicher. In diesem Speicher können somit $u$ verschiedene Daten mit derselben Kennung unter dem gleichen Tabellenplatz gehalten werden. Dementsprechend sind $u$ Vergleicher K mit der Länge $k$ der Kennung erforderlich. Die Tabelle hat die Länge $2^l$. Das Bit V (valid, gültig) zeigt an, ob der jeweilige Tabelleneintrag gültig ist.

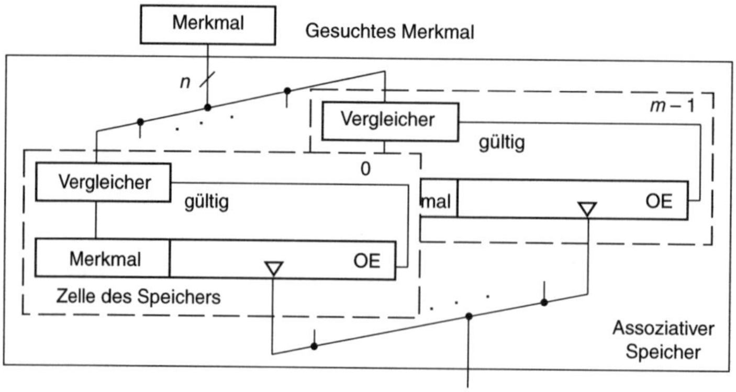


Bild 4.6-15
Prinzip des vollassoziativen Speichers (OE: output enable)

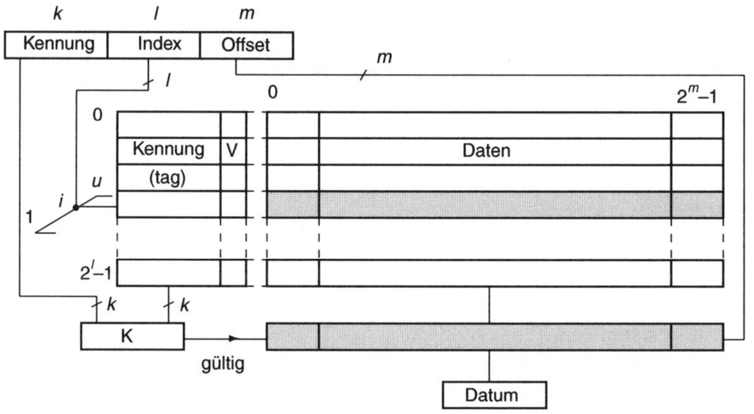


Bild 4.6-16
*u*-fach assoziativer Pufferspeicher

# 4.7 Programmierung

Die Programmierung und die damit zusammenhängenden Fragen der Entwurfsmethodik und Softwaretechnik stellen heute ein sehr weit gefächertes Gebiet dar. Deshalb wollen wir uns hier exemplarisch auf die Darstellung einiger wesentlicher Aspekte beschränken.

Wir betrachten zunächst die verschiedenen Sprachebenen, dann die Programmiermethoden und schließlich die Behandlung der Datenstrukturen.

## 4.7.1 Sprachebenen

Bei den Programmiersprachen kann man verschiedene, dem Anwender zugängliche, Ebenen unterscheiden. Bild 4.7-1 zeigt diese, ergänzt durch die dem Anwender nicht zugängliche Mikrobefehlssprache (vgl. 4.5.4.5).

### 4.7.1.1 Maschinensprache

Die Maschinensprache ist die niedrigste Sprachebene. Sie stellt Befehl für Befehl als Bitmuster dar (vgl. Bild 4.4-12). Ein Programm in Maschinensprache kann vom Rechner direkt, ohne eine weitere Zwischenstufe, verarbeitet werden, d.h. die einzelnen Teile des Befehlsworts (Operationscode, Adressen) können vom Leitwerk unmittelbar umgesetzt werden.

Beim Programmieren in Maschinensprache muss man also alle Teile des Befehls, d.h. den Operationscode, die Adressen der Operanden und den Modifikationsteil in binärer Form angeben. Dies ist umständlich und unübersichtlich, vor allem bietet es viele Fehlerquellen.

**Beispiel:**
In einem Programm soll eine kleine Änderung durchgeführt werden, indem einige Befehle eingefügt werden. Dann ist zu beachten, dass sich dadurch alle Adressen der nachfolgenden Befehle verschieben, damit auch der Sprungziele. Also müssen zusätzlich in allen Sprungbefehlen die Adressen überprüft und gegebenenfalls korrigiert werden.

<table>
<tr><th>Sprachebene</th><th>maschinenabhängig</th><th>dem Anwender zugänglich</th></tr>
<tr><td>Höhere Programmiersprache</td><td>nein</td><td rowspan="3">ja</td></tr>
<tr><td>(Makro-)Assemblersprache</td><td rowspan="3">ja</td></tr>
<tr><td>Maschinensprache</td></tr>
<tr><td>Mikrobefehlssprache</td><td>nein</td></tr>
</table>

Bild 4.7-1
Sprachebenen

Die Maschinensprache wird heute zur Anwenderprogrammierung nicht mehr eingesetzt. Die Maschine versteht aber nur diese Sprache. Deshalb müssen alle Programme, die in anderen Sprachen geschrieben wurden, übersetzt werden (vgl. Systemprogramme 4.8.4).

#### 4.7.1.2 Assemblersprache

Die Assemblersprache als nächst höhere Sprachebene ist ebenfalls maschinenorientiert, d.h. eine bestimmte Sprache gilt nur für einen Rechner bzw. eine Rechnerfamilie. Sie gestattet dem Programmierer alle Möglichkeiten der Hardware voll auszunutzen, da sich die Leistungsmerkmale des jeweiligen Rechners in der Assemblersprache widerspiegeln. Sie verwendet symbolische Bezeichnungen für die einzelnen Befehle (z.B. ADD für Addieren, SUB für Subtrahieren, usw.) und frei wählbare Namen für die Operanden (Adressen). Diese Eigenschaften vereinfachen das Programmieren wesentlich. So entfällt für den Anwender durch die leicht merkbaren, frei wählbaren Namen beispielsweise die Arbeit des Buchführens über die absoluten Adressen der Operanden.

Wichtig bei Assemblersprachen ist die Makroeigenschaft. Sie stellt eine Art „Kurzschrift“ für den Benutzer dar. So lassen sich beispielsweise Befehlsgruppen zu einem Makrobefehl zusammenfassen. Es können aber auch ganz einfach Zeichenfolgen so abgekürzt werden. Im Programm definiert der Anwender den Makro und schreibt dann in der Folge nur noch den Makro(befehl). Meist sind folgende Möglichkeiten vorgesehen:

- vordefinierte Makrobefehle (Makros); hier entfällt die Definition durch den Anwender,
- Benutzer kann eigene Makros definieren.

Die Makros können Parameter enthalten. Beim Aufruf des Makros müssen dann die aktuellen Parameter angegeben werden. Ebenso ist eine Schachtelung von Makros möglich.

Dadurch erhält der Benutzer die Möglichkeit, sich eine, für seinen Anwendungszweck geeignete „höhere“ Programmiersprache zu schaffen. Vor allem wird die Fehleranfälligkeit reduziert, da der Anwender statt häufig wiederkehrender längerer Zeichenfolgen die kurzen Makros schreibt und die Arbeit des „Ausschreibens“ einschließlich der Parametersubstitution dem Makroassemblierer überträgt. Gleichzeitig wird dadurch die Übersichtlichkeit erhöht.

Eine effektive Assemblerprogrammierung setzt Kenntnisse über die Maschine voraus. So wendet man heute diese Möglichkeit bei der Anwenderprogrammierung nur an, falls einfache Aufgaben zu bewältigen sind, oder falls eine optimale Ausnutzung des Rechners bezüglich Programmlaufzeit bzw. Speicherausnutzung gefordert ist. Allerdings sind heute oft Compiler so effektiv, dass sie bereits sehr wirkungsvolle Maschinenprogramme erzeugen.

#### 4.7.1.3 Problemorientierte Sprachen

Die problemorientierten Sprachen stehen den maschinenorientierten gegenüber. Sie bieten die Möglichkeit eine Aufgabe in einer dem Problemkreis angepassten Weise zu programmieren, ohne auf maschinensprachliche Besonderheiten Rücksicht nehmen zu müssen. Sie sind somit weitgehend maschinenunabhängig. Entsprechend der Vielgestaltigkeit der Problemstellungen, die mit Hilfe von Rechnern bearbeitet werden können, ist die Anzahl der SpracheFfolgenden einige Klassifikationsmerkmale aufzeigen, dann auf Gesichtspunkte hinweisen, die heute beim Entwurf einer solchen Sprache wichtig sind und anschließend Beispiele von, in der Technik weit verbreiteten, Sprachen angeben.

Ein Kriterium für die Unterscheidung von höheren Programmiersprachen ist das zu Grunde liegende Berechnungsmodell [46-1b]:

- imperativ: Hier wird eine Berechnung als Folge von Zustandsübergängen von Zustandsvariablen beschrieben. Der einzelne Zustandsübergang wird durch eine Anweisung oder einen Befehl beschrieben. Alle maschinennahen und viele der heute eingesetzten höheren Programmiersprachen gehören in diese Klasse. Beispiel: C.

- funktional: Diese Sprachen beschreiben die Berechnung des Ergebnisses einer mathematischen Abbildung, einer Funktion. Das Programm wird also aus einer Menge von Funktionsdefinitionen und (geschachtelten) Funktionsaufrufen gebildet. Beispiel: LISP.
- logisch: Hier bestätigt oder widerlegt man mit dem Programm Formeln der mathematischen Logik. Beispiel: PROLOG.

Bei der Entwicklung problemorientierter Sprachen spielen viele Gesichtspunkte eine Rolle. Mit den Erfahrungen aus großen Programmsystemen: Entwicklung, Test, Implementieren, Portierbarkeit, Pflege und Weiterentwicklung, zeigte es sich, dass die Strukturierung der Programme und Daten, oder die Wiederverwendbarkeit von Modulen wichtige Elemente kostengünstiger Systeme darstellen. Sie sind deshalb durch geeignete Spracheigenschaften zu unterstützen.

Neben sehr universell einsetzbaren Sprachen gibt es viele, für spezielle Anwendungen entwickelte Sprachen. Einige Beispiele mögen dies verdeutlichen:

- C, C++ sind heute im technischen Bereich die wichtigsten Sprachen. Die Sprache C entstand bei der Entwicklung des Betriebssystems Unix und fand dadurch weite Verbreitung. Sie lässt eine maschinennahe Programmierung zu. Deshalb erfordert sie besondere Disziplin vom Anwender. C++ ist eine Weiterentwicklung in Richtung objektorientierter Programmierung.
- BASIC wurde für sehr einfache Anwendungen entwickelt. Eine Erweiterung ist beispielsweise VISUAL BASIC.
- FORTRAN und COBOL stammen aus den 50er-Jahren. FORTRAN wurde für technisch-wissenschaftliche, COBOL für kaufmännisch-administrative Aufgaben entwickelt. Beide Sprachen wurden mehrfach erweitert. Diese Sprachen spielen heute noch eine große Rolle, da viele gut ausgetestete Programme in diesen Sprachen vorliegen. Der aktuelle Standard für FORTRAN ist FORTRAN 95 aus dem Jahr 1997.
- PASCAL und MODULA wurden von Niklaus Wirth entwickelt: PASCAL vor allem für didaktische Zwecke und als eine Sprache die einfach übersetzt werden kann; aus PASCAL heraus dann MODULA, als modulare Sprache.
- PL/1 wurde entwickelt um FORTRAN, COBOL und ALGOL 60 zu ersetzen. Dies ist aber letztlich nicht erfolgt.
- ADA wurde, ebenso wie COBOL, im Auftrag des US-amerikanischen Verteidigungsministe-

| Einsatzgebiet | Sprachen |
|---|---|
| Künstliche Intelligenz | LISP, PROLOG |
| Simulation kontinuierlicher Systeme | CSMP, ACSSL |
| Allgemeine Simulationsaufgaben | GPSS, SIMULA, SIMSCRIPT |
| Prozessrechnersysteme | PEARL |
| Steuerung von Vermittlungssystemen | CHILL |
| Analyse elektrischer Netzwerke | SPICE, ECAP, ASTAB |
| Vielfältige Anwendungen der Mathematik mit speziellen Anwendungspaketen z.B. | MATLAB |
| – Simulation | SIMULINK |
| Objektorientierte Programmierung | SMALLTALK |
| Datenbank(abfrage) | SQL |
| Entwurf logischer Schaltungen | VHDL(Very High Speed Integrated Circuits Hardware Description Language) |
| Symbolische Programmierung | Mathematica |
| Gestaltung von Web-Seiten | HTML (Hyper Text Markup Language) |

Bild 4.7-2 Beispiele problemorientierter Programmiersprachen und ihrer Einsatzgebiete

riums entwickelt. Hier liegt der Schwerpunkt auf komplexen Systemen, einschließlich Realzeitforderungen. ADA-Übersetzer müssen eine festgelegte Menge von Programmen fehlerfrei übersetzen, bevor sie auf den Markt gebracht werden dürfen.

- Java wurde in den letzten Jahren bei SUN entwickelt. Die Sprache unterstützt Möglichkeiten, wie sie in Netzen gegeben sind, sowie grafische Oberflächen. Sie ist eine objektorientierte Programmiersprache und kann in gewisser Weise als Weiterentwicklung von C angesehen werden,
- Sprachen für spezielle Anwendungen sind in großer Anzahl vorhanden. Bild 4.7-2 zeigt einige Beispiele.

Ein in einer höheren Programmiersprache geschriebenes Programm, das Quellprogramm, muss vor der Ausführung in die Maschinensprache des jeweiligen Rechners übersetzt werden. Dies leistet der Compiler (vgl. 4.8.4.2).

Neben der Übersetzung in einem vorgezogenen Compilationslauf gibt es auch Sprachen für eine interpretative Übersetzung, z.B. BASIC lässt auch diese Möglichkeit zu. Hier übersetzt der Interpreter das Quellprogramm Schritt für Schritt, und die entsprechenden Maschinenbefehle werden sofort ausgeführt (Bild 4.8-7). Es wird kein vollständiges Maschinenprogramm erzeugt.

#### 4.7.1.4 Maschinenunabhängige Zwischensprachen

Im Zusammenhang mit Anwendungen im Internet ist eine Eigenschaft von Java von besonderem Interesse. Stellen wir uns vor, ein Programm steht im Internet zur Verfügung. Es kann in den jeweiligen Rechner geladen werden. Verschiedene Möglichkeiten:

- das Programm steht als Quellprogramm zur Verfügung. Es muss also beim Anwender jeweils noch übersetzt werden, bevor es ausgeführt werden kann.
- Um dieses Übersetzen beim Anwender zu sparen wird das Programm übersetzt und als Maschinenprogramm angeboten. Bedingt durch die Vielzahl der Maschinensprachen müsste das Programm hier in entsprechend vielen Ausprägungen realisiert und gewartet werden.
- Eine weitere Möglichkeit besteht darin, das Programm nicht in die Maschinensprache sondern in eine maschinenunabhängige Zwischensprache zu übersetzen. Der Vorteil hierbei ist, dass der Anbieter nur eine Version bereitstellen muss, der Anwender lediglich eine Übersetzung von dieser Zwischensprache aus durchführen muss.

Für Java wurde eine solche Zwischensprache, der Java-Bit-Code definiert. Der Compiler erzeugt das Objektprogramm in diesem Code, der Maschinensprache für eine virtuelle Java-Maschine. Dieses Objektprogramm kann von einem Server über das Netz zu einem Client übertragen und dort auf der virtuellen Java-Maschine ausgeführt werden. Diese Maschine enthält einen Verifizierer, der den Java-Bit-Code überprüft um beispielsweise Manipulationen daran zu erkennen. Der Lader lädt Klassen. Die Ausführung ist implementationsunabhängig interpretativ, oder übersetzt als Maschinenprogramm auf der realen Maschine oder auf einer speziellen Java-Hardware.

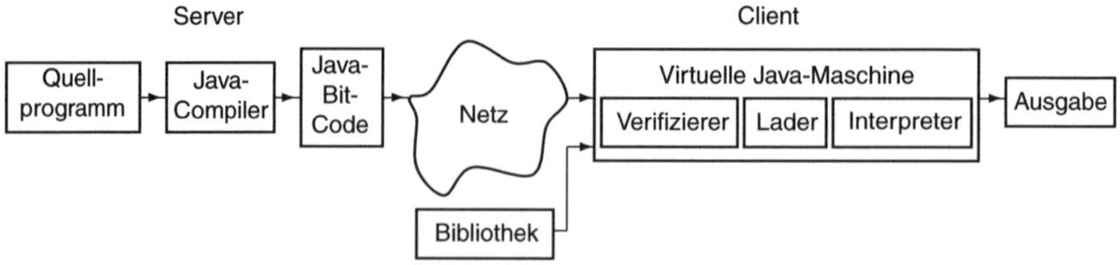


Bild 4.7-3 Verarbeitung eines Java-Programms [68-17]

Der Anbieter muss also sein Programm nur in diese eine Zwischensprache übersetzen, bevor er es im Netz bereitstellt. Der Anwender benötigt einen Interpreter der das Programm dann auf seiner Maschine ausführt. Bild 4.7-3 zeigt diese Anordnung mit Interpreter.

## 4.7.2 Programmiermethoden

Eine weitere Unterteilung, vor allem der imperativen Sprachen, erfolgt gemäß der Programmiermethode:
- strukturiert
- modular
- objektorientiert

### 4.7.2.1 Strukturierte Programmierung

Die Strukturierung von Programmen wird seit Beginn der Datenverarbeitung angewandt. Stets war man daran interessiert, den Aufbau deutlich zu machen.

**Strukturelemente**

Als wichtiges Strukturelement finden wir die Blockstruktur. Sie unterteilt das Programm in Teile mit klar definierten Geltungsbereichen und Schnittstellen. In erweiterter Form führte sie zum Modul, der jeweils nur einen Eingang und einen Ausgang besitzt, bezüglich seiner internen Struktur aber als „schwarzer Kasten" betrachtet werden kann.

Ein anderes Element ist das Unterprogramm. Man formuliert dabei abgegrenzte Aufgaben, die häufig vorkommen, als eigenständige (Unter-) Programme. Dies ist ein sehr einfaches Hilfsmittel zum modularen Aufbau. Die Unterprogrammtechnik wird auf allen Sprachebenen angewandt.

Die Zusammenarbeit zwischen Hauptprogramm und Unterprogramm erfolgt so, dass im Hauptprogramm durch einen Unterprogrammaufruf ein Sprung zum Unterprogramm durchgeführt wird. Am Schluss des Unterprogramms steht ein Rücksprungbefehl, damit wird nach Ablauf des Unterprogramms in das Hauptprogramm zurückgesprungen und dieses fortgesetzt (Bild 4.7-4).

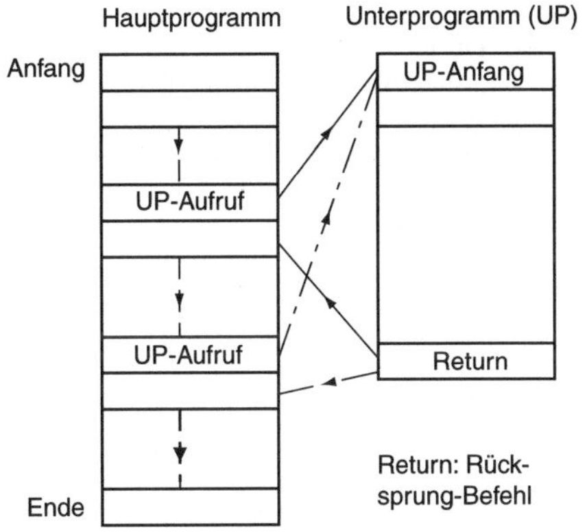


Bild 4.7-4 Unterprogrammtechnik

**Bemerkung:**
Der Unterschied zwischen Sprungbefehl einerseits und Unterprogrammaufruf andererseits besteht darin, dass beim Unterprogrammaufruf zusätzlich zum Sprung noch die Fortsetzadresse im Hauptprogramm (Rücksprungadresse) ermittelt und gespeichert wird. Beim Rücksprung vom Unterprogramm in das Hauptprogramm wird diese in das Befehlsadressregister übernommen (vgl. 4.5.4.3).

Innerhalb eines Hauptprogramms kann dasselbe Unterprogramm mehrfach aufgerufen werden. Ein Schachteln von Unterprogrammen ist möglich, d.h. von einem Unterprogramm aus kann ein weiteres Unterprogramm aufgerufen werden.

Lässt man zu, dass sich Unterprogramme gegenseitig aufrufen können, dann ist der Fall des *rekursiven Aufrufs* gegeben. Diese Möglichkeit erfordert einen zusätzlichen Aufwand bei der Ablauforganisation der Programme. Sie ist deshalb nicht in allen höheren Programmiersprachen vorgesehen. Wegen der zusätzlichen Probleme, die der rekursive Aufruf beim Testen von Programmen macht, legen manche Firmen fest, dass er bei größeren Programmsystemen nicht angewendet werden darf.

Unterprogramme können durch verschiedene Benutzer aufgerufen werden. Man kann daher eine Bibliothek aufbauen: sie enthält Unterprogramme für viele häufig vorkommende Teilaufgaben.

**Bemerkung:**
Beim Beschreiben der Assemblersprachen (4.7.1.2) haben wir die Makros kennen gelernt. Sowohl sie als auch Unterprogramme gestatten es dem Programmierer, seine Arbeit zu vereinfachen. Der wesentliche Unterschied zwischen diesen beiden Möglichkeiten besteht darin, dass an jeder Stelle des Programms, an dem das Makro bzw. das Unterprogramm aufgerufen wird,
- bei Makro die vollständige Befehlsfolge eingefügt wird
- bei Unterprogramm dagegen lediglich der Unterprogrammaufruf.

Wir erkennen, dass die Lösung mit Makro einerseits mehr Speicherplatz benötigt als die mit Unterprogramm, andererseits jedoch schneller ist bei der Ausführung. Es ist möglich, beide Methoden zu kombinieren.

Das Gesamtprogramm wird, gemäß dem Prinzip der schrittweisen Verfeinerung, aus geschachtelten Unterprogrammen (Prozeduren) aufgebaut. Zusätzlich findet, um die Übersichtlichkeit zu erhöhen und die Fehleranfälligkeit zu verringern, eine Beschränkung der Sprünge statt (im Extremfall: Programmieren ohne „goto").

Viele klassische Programmiersprachen lassen die strukturierte Programmierung zu, erzwingen sie aber nicht. Besonders ausgeprägt ist dies bei der heute vielfach eingesetzten Programmiersprache C. Sie lässt viele Möglichkeiten zu und erfordert deshalb vom Anwender ein hohes Maß an Disziplin. Aus diesem Grunde wurden Sprachen entwickelt, die besonders den Entwurf großer Softwaresysteme unterstützen sollen; modulare und objektorientierte Sprachen.

## Hilfsmittel

Zur Darstellung werden häufig grafische Hilfsmittel verwendet. Weit verbreitet ist die Darstellung mittels *Flussdiagramm*. Hier wird der Lösungsweg in mehr oder weniger detaillierte Schritte unterteilt und deren gegenseitige Abhängigkeit dargestellt. Bei der Wahl einer höheren Programmiersprache kann das Flussdiagramm oft recht große Schritte enthalten. Bild 4.7-5 zeigt eine Auswahl der Symbole und ein kurzes Beispiel.

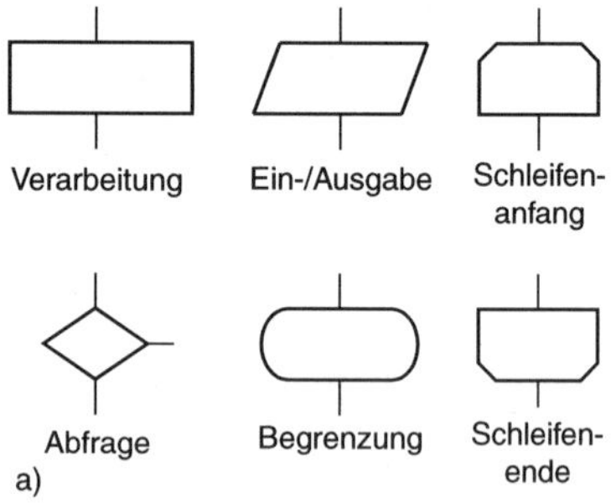


Beispiel: Summierung der Quadratzahlen

$$y = \sum_{x=1}^{100} x^2$$

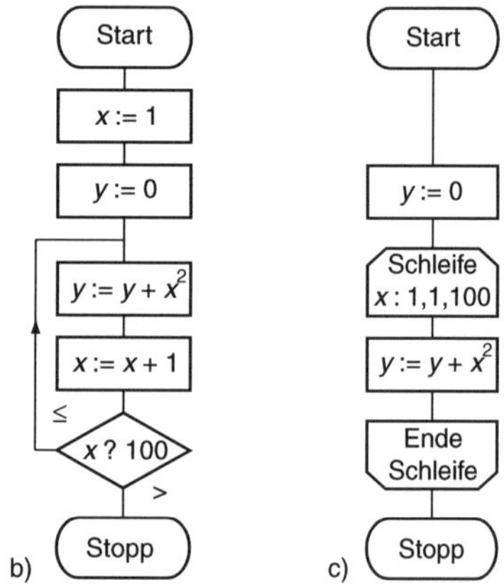


Bild 4.7-5 Flussdiagramm
a) einfache Symbole [DIN 66 001];
b) Beispiel mit ausführlicher Darstellung der Schleife;
c) Beispiel, unter Verwendung der Schleifensymbole. Das Zeichen := bedeutet „ergibt sich"; zuerst wird die rechte Seite berechnet und dann der linken Seite zugewiesen

Während das Flussdiagramm noch kein strukturiertes Programmieren erzwingt, da beliebige Sprünge möglich sind, führt die konsequente Anwendung der *Struktogramme* (Nassi-Shneiderman-Diagramme) auf strukturierte Programme. Bild 4.7-6 zeigt einige Elemente sowie das obige Beispiel.

Neben diesen beiden Methoden gibt es eine Vielzahl weiterer Vorschläge für Entwurfshilfsmittel (vgl. 4.7.4).

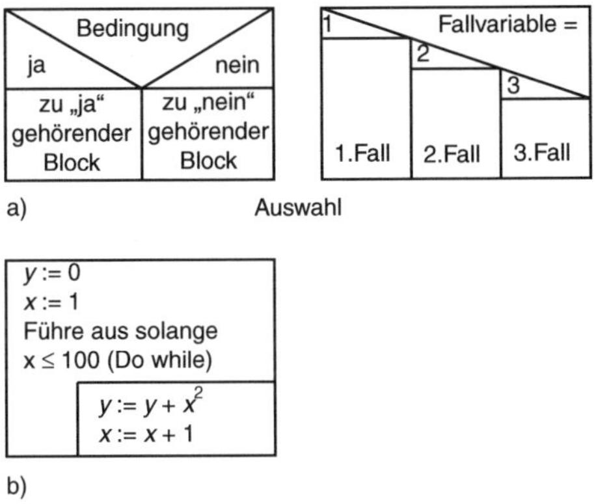


Bild 4.7-6 Struktogramm:
a) Auswahlsymbol;
b) Beispiel: Summierung der Quadratzahlen

### 4.7.2.2 Modulare Programmierung

Zum Entwurf großer Softwaresysteme ist es notwendig nicht nur den Ablauf zu strukturieren, wie wir es bei der strukturierten Programmierung gesehen haben. Die Prozeduren (Unterprogramme) reichen dafür nicht aus. Man spricht vom Programmieren im Großen [46-1b]. Hier ist man daran interessiert größere Einheiten zu schaffen, die nur über eine Schnittstelle angesprochen werden können. Man nennt diese Modul. Sie können als Weiterentwicklung der Blockstruktur angesehen werden.

Die Schnittstelle besteht aus Typdefinitionen, Prozeduren und lokalen Variablen. Die Kommunikation mit einem Modul erfolgt über dessen Schnittstelle. Die Einzelheiten der Implementierung des Moduls sind an der Schnittstelle verborgen, d.h. nur die an der Schnittstelle angegebenen Größen können von außerhalb angesprochen werden, alle anderen sind von außen nicht sichtbar.

Beispiele für modulare Programmiersprachen sind MODULA und ADA.

### 4.7.2.3 Objektorientierte Programmierung

Es hat sich hier eine eigene Begriffswelt ausgeprägt [46-1b]. Wir wollen die wichtigsten Begriffe einführen.

Das Programm ist auf viele Objekte verteilt, die untereinander kooperieren. Die Objekte enthalten sowohl Daten, als auch Algorithmen (Methoden). Dabei stehen nur bestimmte Operationen nach außen zur Verfügung.

Zum Aufruf einer Methode eines Objekts dienen Nachrichten (messages). Beispiele für Nachrichten sind:

- Abfrage der Eigenschaften eines Objekts
- Anstoßen einer Aktion eines Objekts
- Verändern des Zustands.

Gleichartige Objekte können zu Klassen zusammengefasst werden. Eine Klasse enthält also eine Menge von Objekten. Deshalb bezeichnet man die Objekte auch als Elemente (instances) der Klasse.

Drei wesentliche Eigenschaften:

- *Vererbung (inheritance)*: Eigenschaften können zwischen Objekten übernommen (vererbt) werden; diese können dann durch weitere Eigenschaften ergänzt werden. Eine neue Klasse (abgeleitete Klasse) kann erzeugt werden, indem man eine bestehende Klasse (Basisklasse) zu Grunde legt und dann neue Eigenschaften und Methoden hinzufügt. Die abgeleitete Klasse reagiert auf Nachrichten bezüglich aller geerbten Objekte wie die Basisklasse. Das heißt der Code der Basisklasse wird mitverwendet. Geerbte Methoden können in der abgeleiteten Klasse auch überschrieben werden. Variablen können hinzugefügt, nicht aber entfernt werden.

  Ist es durch die Vererbung möglich, aus einer Basisklasse weitere Klassen abzuleiten, so kann auch der umgekehrte Vorgang durchgeführt werden. Man kann durch Faktorisierung eine Superklasse bilden, die alle Gemeinsamkeiten der zusammengefassten Klassen enthält. Dadurch können Klassenhierarchien gebildet werden.
- *Polymorphie (Vielgestaltigkeit)*: Variable können verschiedenartige Objekte bezeichnen, sie können für Objekte verschiedener Klassen stehen. Damit sind allgemein geschriebene Programmteile auf verschiedene Arten von Objekten anwendbar. Eine Variable enthält stets nur einen Verweis auf ein Objekt, es kön-

nen auch mehrere Variable dasselbe Objekt bezeichnen. Bei der Deklaration einer Objektvariablen wird noch kein Speicherplatz reserviert. Dies erfolgt erst zur Laufzeit des Programms. Hier werden die Objekte erzeugt.

- *Dynamische Bindung*: Gleiche Operationen können in verschiedenen Objekten unterschiedlich realisiert sein; dies spielt für den Verwender des Objekts keine Rolle. Die Verknüpfung eines Prozedur- oder Methodenaufrufs mit dem aufgerufenen Code erfolgt dynamisch während der Laufzeit. Dies ist notwendig, da eine Variable für Objekte mehrerer Klassen stehen kann.

Der Entwurf objektorientierter Programme unterscheidet sich von der strukturierten Programmierung. Hier geht man von den zu verarbeitenden Daten aus. Es werden Klassen mit eng definierten Aufgaben gebildet. Durch Kombination von Objekten werden größere Aufgaben gelöst.

Die objektorientierte Programmierung ist heute die Technik zum wirtschaftlichen Entwurf größerer Programme. Ein sofort erkennbarer Vorteil: Durch die Vererbung und die Klassenbildung wird die Wiederverwendbarkeit ermöglicht. Dadurch werden Fehlerquellen und der Wartungsaufwand reduziert.

**Beispiel:**
SMALLTALK, Java.

## 4.7.3 Datenstrukturen

Entsprechend den unterschiedlichen Ebenen bei den Programmiersprachen gibt es bei den Daten vielfältige Möglichkeiten der Strukturierung. Aufbauend auf den elementaren Datentypen, wie Zahlen, Zeichen und allgemeines Bitmuster (vgl. 4.4.2.1), können in höheren Programmiersprachen komplexere Datentypen vorgesehen und mit ihrer Hilfe Datenstrukturen aufgebaut werden. Für diese Strukturen sind dann entsprechende Operatoren vorgesehen. Dadurch erhält der Anwender die Möglichkeit, Daten in einer der Problemstellung angepassten Form anzusprechen.

Je nachdem, ob die Struktur bereits bei der Übersetzung des Programms feststeht oder ob sie während der Programmausführung geändert werden soll, unterscheidet man statische und dynamische Strukturen. Im ersten Fall kann der Compiler die Speicherplatzorganisation und -zuweisung durchführen. Im zweiten Fall muss er entsprechende organisatorische Hilfsmittel in das Programm einfügen, die diese Aufgaben dann während der Programmausführung vornehmen.

**Bemerkung:**
Welche Auswirkungen Festlegungen bezüglich Daten haben können, kann am Beispiel des „Jahr-2000-Problems" drastisch veranschaulicht werden. Aus Gründen der Sparsamkeit wurde in vielen Datenstrukturen, die Kalenderdaten enthalten, für die Jahreszahl nur eine zweistellige Dezimalzahl vorgesehen. Jetzt mussten mit hohem Aufwand bestehende Programme und Datenbestände daraufhin durchsucht und abgeändert werden, um einen problemlosen Übergang ins Jahr 2000 zu schaffen.

Dieses Beispiel zeigt, dass einerseits zum Zeitpunkt des Entstehens oft die Auswirkungen nicht voll überblickt werden (können) und dass andererseits die Wartung von Softwareprodukten je länger je mehr einen wichtigen Kostenfaktor darstellt.

### 4.7.3.1 Statische Strukturen

Man unterscheidet: Feld, Menge und Verbund.

Das *Feld (Array)* hat eine homogene Struktur, besteht also aus lauter gleichartigen Elementen, z. B. Zahlen des Typs INTEGER.

Ein Element eines Feldes wird angesprochen, indem der Feldname durch einen ein- oder mehrstelligen Index erweitert wird. Dies entspricht der Indizierung von Größen, wie wir sie aus der Mathematik gewohnt sind, z. B. $x_i$ oder $u_{23}$. Je nach den Festlegungen der jeweiligen Sprache erfolgt die Schreibweise beispielsweise in der Form $x[i]$, wobei $x$ der Name des Feldes und $i$ der Index ist.

Die *Menge (Set)* besteht ebenfalls aus lauter gleichartigen Elementen. Der Zugriff erfolgt hier in der Weise, dass ermittelt werden kann, ob ein Element in der Menge enthalten ist oder nicht. Es können die üblichen Mengenoperationen durchgeführt werden.

Der *Verbund (Record)* stellt eine Zusammenfassung von Elementen beliebigen Typs dar. Dadurch kann der Anwender eine seinem Problem angepasste Struktur aufbauen.

**Beispiel:**
Für die Darstellung von Bauelementelieferanten kann ein Verbund aufgebaut werden. Er enthält den Namen des Bauelementes (Folge von Zeichen), den Preis (Zahl), den Namen und die Adresse des Herstellers (Folge von Zeichen, Zahlen), die Mindestbestellmenge (Zahl), die Lieferzeit (Zahl) usw.

#### 4.7.3.2 Dynamische Strukturen

Hier unterscheidet man: Sequenz, Liste, Ring, Baum und Graph.

Bei der *Sequenz* (*Sequential File*, kurz: *File*) liegen alle Daten streng sequenziell hintereinander. Neue Daten werden beim Schreiben am Ende angefügt. Beim Lesen kann entweder auf den Anfang oder auf die momentane Stellung eines impliziten Zeigers zugegriffen werden. Diese Struktur ist dann vorteilhaft, wenn der Anwender einen Datenbestand, z.B. eine Adressendatei, aufbaut und diese dann bei jeder Bearbeitung vollständig durchgehen will. Für einige Hintergrundspeicher, z.B. Magnetband, ist diese Struktur besonders geeignet.

Eine Modifikation stellt das *indexsequenzielle File* dar. Hier werden beim Schreiben, wie beim sequenziellen File, die neuen Daten am Ende angefügt. Das Lesen erfolgt aber über eine Liste (Index), in die die Adressen aller Elemente eingetragen sind. Dadurch ist jeweils ein schnellerer Zugriff möglich. Diese Form findet beispielsweise Anwendung bei Datenbanken.

Die einfach *verkettete Liste* enthält bei jedem Datenelement einen Zeiger, der auf das nächste Element der Kette zeigt. Führt man bei jedem Datenelement einen zweiten Zeiger ein, der auf das vorhergehende Element der Kette zeigt, so hat man die doppelte Kette. Will man in einer Kette ein neues Datenelement einfügen bzw. herausnehmen, so muss man die Zeiger der benachbarten Elemente entsprechend abändern. Selbstverständlich können durch jedes Element auch mehrere Ketten gelegt werden, so dass die Liste nach verschiedenen Kriterien sortiert ist.

**Beispiel:**
Aus dem obigen Verbund bauen wir eine Bauelementedatei als verkettete Liste auf. Sie könnte folgende Kriterien für Ketten aufweisen:
1. Kette: Alphabetische Reihenfolge der Bauelementenamen
2. Kette: Alphabetische Reihenfolge der Hersteller
3. Kette: Postleitzahlen der Hersteller
usw.

Erweitert man das Prinzip der Kette in der Weise, dass jedes Element im Allgemeinen mehrere Nachfolgerelemente hat, dann erhält man eine *Baum*struktur. Eine besondere Rolle spielen binäre Bäume, d.h. solche, bei denen jedes Element genau 2 Nachfolger besitzt.

Aus einer verketteten Liste entsteht ein *Ring*, falls es kein ausgezeichnetes Element gibt, sondern die Kette in sich geschlossen ist. *Graphen* können durch eine Struktur realisiert werden, bei der die Elemente in der entsprechenden Weise miteinander verkettet sind.

Bei dieser Betrachtung wurde die Frage der Darstellung solcher Strukturen im Speicher bewusst ausgeklammert, sie baut auf statischen Strukturen auf [48-1c].

#### 4.7.3.3 Implementierungen

Einige Möglichkeiten für Implementierungen sind [48-1d]:

**Stapel**

Der Stapel ist eine Datenstruktur, die nur zwei Operationen zulässt (Bild 4.7-7a):
- Ablegen eines neuen Datums auf dem Stapel; PUSH (to push: stoßen)
- Holen des zuletzt abgelegten Datums vom Stapel; POP (to pop: plötzlich hervortreten)

Die Adressierung erfolgt implizit indem ein Stapelzeiger in- bzw. dekrementiert wird. Der Stapel wird auch als Keller, Stack oder Warteschlange mit inverser Abfertigungsreihenfolge (Last In First Out, LIFO) bezeichnet.

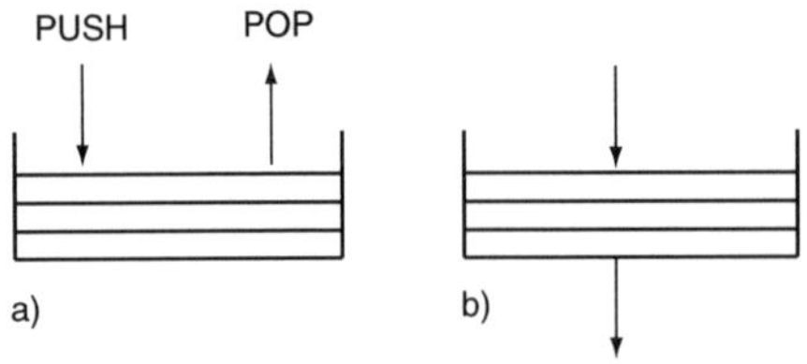


Bild 4.7-7 Speicherbereiche
a) Stapel (inverse Abfertigungsreihenfolge)
b) Warteschlange (geordnete Abfertigungsreihenfolge)

Stapel finden breite Anwendung im Zusammenhang mit der Unterprogrammtechnik. Hier werden beim Unterprogrammaufruf die Rücksprungadresse, sowie gegebenenfalls Parameter auf dem Stapel abgelegt. Auch bei geschachtelten Unterprogrammaufrufen wird der Stapel wirkungsvoll eingesetzt. Beim Eintritt in das jeweilige Unterprogramm werden die entsprechenden Daten abgelegt, beim Verlassen wird durch Umschalten des Zeigers auf die darunter liegenden Daten zurückgeschaltet. Auch bei Programmunterbrechungen werden Stapel eingesetzt.

Den Stapel finden wir auch als architektonisches Prinzip bei Rechenwerken, vgl. 4.5.2.

**Warteschlange**

Die Warteschlange (Bild 4.7-7b) mit der geordneten Abfertigungsreihenfolge (first in first out, FIFO) wird beispielsweise bei der Realisierung von Semaphoren (vgl. 4.9.1.5) angewandt. Eine andere Anwendung ist der Puffer zur Kommunikation zwischen Prozessen. Ein Erzeuger-Prozess legt Nachrichten in der Warteschlange ab, die ein Verbraucherprozess wieder herausholt. In einem solchen System mit unabhängigen Zeigern muss sichergestellt werden, dass der Lesezeiger den Schreibzeiger nicht überholt. Wird ein Ringpuffer verwendet, dann sind Modulo-Operationen möglich. Eine Realisierung kann mittels Zwei-Tor-Speicher erfolgen, vgl. 4.6.5.

**Hash-Tabelle**

Das Einfügen von Daten in Tabellen, sowie das Suchen in Tabellen hängt stark von der Organisation der Tabelle ab.

Wir finden beispielsweise bei kleinen Tabellen die unsortierte Tabelle. Sie muss jeweils gegebenenfalls vollständig durchsucht werden. Bei der sortierten Tabelle werden die Daten gemäß dem Sortierkriterium in die Tabelle eingefügt, nachdem der Inhalt der Tabelle ab der entsprechenden Stelle um einen Platz nach hinten geschoben wurde. Beim Suchen sind maximal ld $N$ Schritte erforderlich, falls die Tabelle $N$ Plätze aufweist.

Eine weitere Möglichkeit besteht darin die Daten in der Tabelle zu „zerstreuen“. Derartige Tabellen nennt man Zerstreuungstabellen oder Hash-Tabellen (to hash: zerhacken). Aus den Daten $D$ wird die Adresse $A$ berechnet. Dies leistet die Hashfunktion $h$: $A := h(D)$.

Perfektes Hashing liegt vor, wenn es gelingt eine Funktion $h$ so zu finden, dass für alle $N$ Daten $D$ verschiedene Adressen $A$, in einem Adressraum der Größe $N$, berechnet werden; dann ist dieser Vorgang kollisionsfrei. Sind alle Daten bekannt und ändern sich diese nicht, dann kann das perfekte Hashing angewandt werden. Dies gilt beispielsweise beim Übersetzungsvorgang für die reservierten Wörter einer Programmiersprache. In diesem Fall kann dann einfach und schnell geprüft werden, ob ein Symbol im Programm ein reserviertes Wort ist oder nicht. Dieses Verfahren ist allerdings auf kleine Werte $N$ beschränkt.

Der Normalfall ist so, dass der Adressraum nur teilweise ausgeschöpft wird, trotzdem lassen sich Kollisionen aber nicht vermeiden. Es ist stets möglich, Wörter so zu wählen, dass sich, bei der Anwendung einer gegebenen Hash-Funktion, gleiche Adressen ergeben. Deshalb muss der Algorithmus durch einen zweiten, zum Behandeln der Kollisionen, ergänzt werden.

Eine einfache Methode ist die, alle Kollisionen in einem Überlaufbereich abzulegen und von jeder belegten Adresse der Hash-Tabelle aus eine Kette im Überlaufbereich aufzubauen. Diese Kette muss gegebenenfalls durchsucht werden. Wir erkennen, dass erfolgreiches Suchen schneller als erfolgloses Suchen ist, da hier stets die ganze Kette durchsucht werden muss, bevor die Aussage gemacht werden kann.

Eine bessere Methode arbeitet beim Einfügen in die Tabelle nach dem Prinzip des erneuten, gegebenenfalls mehrfachen Zerstreuens im Kollisionsfall, solange bis ein freier Platz gefunden wird. Beim Suchen muss in entsprechender Weise vorgegangen werden, wobei das Erreichen eines freien Tabellenplatzes anzeigt, dass das Datum $D$ noch nicht in der Tabelle enthalten ist. Hier gilt

$$A := [h(D) + k \cdot g(D)] \bmod N$$

mit

| | |
|---|---|
| $h(D)$ | erste Hash-Funktion |
| $g(D)$ | zweite Hash-Funktion |
| $k$ | $k$-te Anwendung der zweiten Hashfunktion; $k = 0, 1, 2, \ldots$ |
| $N$ | Länge der Tabelle (Adressraum) |

Ist die Tabelle sehr gefüllt, dann ist die Wahrscheinlichkeit für Kollisionen größer, also verlängert sich die Suchzeit. Deshalb sollte eine Tabelle nicht mehr als 75 % gefüllt sein, falls erfolgloses Suchen auftritt. Andererseits sollte eine große Tabelle wegen des benötigten Speicherplatzes zu mindestens 50 % gefüllt sein. Diese Aussagen basieren auf der Annahme der Gleichverteilung und Unabhängigkeit der erzeugten Adressen.

**Beispiel:**
Ein besonders einfaches Verfahren ist lineares Zerstreuen mit $g(D) = 1$, damit $A := [h(D) + k] \bmod N$. Wir betrachten vier nacheinander einzutragende Daten in die zunächst leere Tabelle (Bild 4.7-8).

Es sei

| Datum | $D1$ | $D2$ | $D3$ | $D4$ |
|---|---|---|---|---|
| Adresse $A := h(Di)$ | 2 | 4 | 2 | 2 |

Nach Eintrag von $D1$ und $D2$ in dieTabelle ergibt sich

| A | Argument | Wert |
|---|---|---|
| 1 | | |
| 2 | $D1$ | |
| 3 | | |
| 4 | $D2$ | |
| . | | |
| . | | |
| . | | |
| $N$ | | |

Eintrag von $D3$

| A | Argument | Wert | |
|---|---|---|---|
| 1 | | | |
| 2 | $D1$ | | $h(D3)=2$, belegt deshalb |
| 3 | $D3$ | | $+k = 1$ |
| 4 | $D2$ | | |
| . | | | |
| . | | | |
| . | | | |
| $N$ | | | |

Eintrag von $D4$

| A | Argument | Wert | |
|---|---|---|---|
| 1 | | | |
| 2 | $D1$ | | $h(D4)=2$, belegt deshalb |
| 3 | $D3$ | | $+k = 1$, belegt deshalb |
| 4 | $D2$ | | $+k = 2$, belegt deshalb |
| 5 | $D4$ | | $+k = 3$ |
| . | | | |
| . | | | |
| . | | | |
| $N$ | | | |

Bild 4.7-8 Lineares Zerstreuen

Lineares Zerstreuen hat den Vorteil, dass $g(D)$ sehr einfach ist, aber den Nachteil der Haufenbildung in der Tabelle. Bei komfortableren Algorithmen ist das Berechnen von $g(D)$ komplizierter, es kommt jedoch weniger zur Haufenbildung.

## 4.7.4 Softwaretechnik

Große Anwender-Softwaresysteme erfordern Entwicklungsteams, die mit Hilfe von Werkzeugen arbeiten. Derartige Programmsysteme sind dementsprechend teuer und langlebig. Daraus folgt, dass sie während ihrer Lebenszeit Weiterentwicklungen und Modifikationen erfahren. Die *Softwaretechnik* (*software engineering*) umfasst alle Fragen, die mit Softwaresystemen zusammenhängen, von der Konzeption bis hin zum Ersetzen des Systems nach möglicherweise vielen Jahren oder Jahrzehnten. Dazu gehört Entwurf, Entwicklung, Test, Implementierung, Pflege, Weiterentwicklung, Service, auch die Wiederverwendbarkeit von Moduln ist ein wichtiger Aspekt.

Wir sehen, dieses Gebiet hat viele sehr unterschiedliche Aspekte und Fragestellungen. Dementsprechend werden sehr verschiedene Methoden und Werkzeuge eingesetzt. Das hängt auch davon ab, dass Software ein spezielles Produkt von Ingenieursarbeit ist. Große Softwaresysteme sind komplex, sie sind fehlerbehaftet. Fehler treten vor allem in solchen Situationen auf, die sich dem Test entziehen, beispielsweise weil sich eine unvorhergesehene Situation einstellt.

Programmsysteme bestehen nicht nur aus den Programmen, sondern auch aus Spezifikationen und Dokumentationen. Hier tritt ein weiteres Problem in Erscheinung, es ist nicht möglich zu überprüfen, ob diese vollständig und konsistent sind.

Durch die Existenz von Systemen verändern sich die Handlungsweisen. Die Benutzer gewöhnen sich an die Möglichkeiten und Besonderheiten und verinnerlichen diese.

**Beispiel:**
Die grafische Benutzeroberfläche Menü mit Mausbedienung hat heute die Texteingabe über Tastatur vielfach abgelöst. Sie wird als normal empfunden. Oder, durch Masken werden Ausschnitte zur Eingabe von Daten über Tastatur freigegeben. Beide Möglichkeiten könnten beispielsweise durch Spracheingabe abgelöst werden.

Beim Entwurf ist ein Umsetzen des realen Systems in ein abstraktes Modell zu leisten. Hierzu stehen vielfältige Hilfsmittel zur Verfügung. Einige typische sind:

- Bei Echtzeitsystemen können Übergänge zwischen Systemzuständen wie wartend, bereit, aktiv, rechnend, mit Hilfe von Zustandsdiagrammen beschrieben werden.
- Der Ablauf eines Programms kann mittels Flussdiagramm oder Struktogramm dargestellt werden.
- Bei kaufmännischen Problemen bestehen oft komplexe und vielfältige Entscheidungen. Sie können mit *Entscheidungstabellen* aufgeschlüsselt werden.
- Große Datenmengen werden mittels Datenbanken strukturiert.

Heute existieren vielfältige konkurrierende Sichtweisen und Methoden. Sie basieren auf verschiedenen Programmiersprachen, Datenbanken, Betriebssystemen, Rechnern, Netzen, aber auch Bediener-Schnittstellen wie der Fenstertechnik.

*Strukturierte Methoden* basieren auf strukturierter Programmierung. Wichtig sind

- *SADT* (*Structural Analysis and Design Technique*): Top-Down-Methode, bei der schrittweise verfeinert wird. Jedes System wird möglichst einmal unter funktionalem und einmal unter objektorientiertem Aspekt dargestellt.
- *JSP* (*Jackson-Structured Programming*): Ausgehend von den Ein- und Ausgabedateien wird das Programm abgeleitet als Abbildung zwischen diesen Dateien.
- *SA* und *SD* (*Structured Analysis* and *Structured Design*)
- *HIPO* (*Hierarchical Input-Process-Output*): Dokumentation des Datenflusses.

*Objektorientierte Methoden* bauen auf Objekten (vgl. 4.7.2.3) auf. Für verteilte Systeme existiert mit *CORBA* (*Common Object Request Broker Architecture*) ein von der Object Management Group (OMG) erarbeiteter Industriestandard. Bild 4.7-9 zeigt (stark vereinfacht), wie eine Anfrage von einem Prozess (Client) zur Objekt-Implementierung (Server) in der CORBA-Architektur behandelt wird. Der *Object Request Broker* (*ORB*) übernimmt die Vermittlung zwischen Client- und Server-Schnittstelle.

Wichtig ist dabei

- sowohl Client als auch die Objekt-Implementierung sind durch ihre IDL-Schnittstelle (*IDL: Interface Definition Language*) vom ORB getrennt. Auf der Client-Seite ist sie in ein stub, auf der Objekt-Implementierungsseite in ein skeleton übersetzt. Dabei sieht der Client stets nur die Objekt-Schnittstelle, aber kein Implementierungsdetail.
- Die Anfrage geht nie direkt vom Client zum Objekt, sondern stets über den ORB, gegebenenfalls vom ORB des Client zum ORB der Objektimplementierung, falls beide nicht

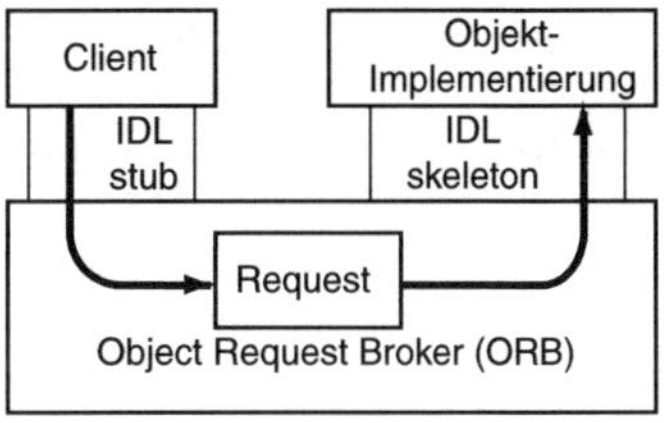


Bild 4.7-9 Vereinfachte Darstellung der CORBA-Architektur [47-3c]

lokal, sondern verteilt sind. Die ORB-ORB-Kommunikation erfolgt mittels *IIOP* (*Internet Inter-ORB Protocol*).

Weitere Methoden sind z.B.

- *Pseudocode*: Formalisierte Darstellung von Beschreibungen bzw. Kommentaren.
- *Entwurfsinspektion*: Kritische Prüfung durch eine Gruppe von Personen.

Die verschiedenen Phasen der Entstehung und des Einsatzes von Softwaresystemen können mit verschiedenen Modellen beschrieben werden.

Ein einfaches „Geradeausmodell" ist das Wasserfallmodell. Hier hat jede Phase eine nächste zur Folge: Analyse und Definition, Entwurf, Implementieren, Testen, Einsatz und Wartung. Beim Übergang von einer Phase zur nächsten müssen so genannte Meilensteine passiert werden, die sicherstellen, dass der Eintritt in die nächste Phase nur dann erfolgt, wenn entsprechende überprüfbare Bedingungen erfüllt und nachgewiesen werden. Dies ist ein sehr stark vereinfachter Ansatz, da beispielsweise Fehler, Modifikationen, usw. die Rückkehr in frühere Phasen verlangen.

Deshalb werden heute zur zeitlichen Beschreibung Modelle angewandt, die diesen zyklischen Charakter als Element enthalten. Hier entsteht als Ergebnis eines Zyklus eine *Version*. Bei einer neuen Version muss der Zyklus wieder durchlaufen werden. Im Zyklus enthalten ist somit sowohl die Entwicklung und Herstellung, aber auch der Einsatz des Systems.

Heute wird bei der Entwicklung vielfach das Prinzip *Prototyping* angewandt. Es basiert auf der Idee, den Anwender sehr frühzeitig mit der Mensch-Maschine-Schnittstelle vertraut zu machen, ohne dass die darunter liegenden Funktionen schon (vollständig) realisiert sind. Dadurch wird der Anwender in den Entwicklungsprozess mit einbezogen, er kann so seine Vorstellungen und Notwendigkeiten mit einbringen und damit zu einem späteren erfolgreichen Einsatz des Systems beitragen. Dies Prinzip kann von einer Demonstration bis zu einem vollständigen Muster auf verschiedenen Ebenen angewandt werden.

Qualität und damit zusammenhängende Fragen umfassen einen weiten Bereich. Von besonderer Bedeutung ist der Test. Er findet in verschiedenen Entwicklungsstufen auf verschiedene Weise statt. Einige Beispiele:

- Prüfen der Spezifikationen auf Widerspruchsfreiheit
- Testen von Programmen in speziellen Testumgebungen durch Testfachleute
- Entwurfsinspektion durch eine Gruppe
- Anpassung an neue Hardwaresysteme, Betriebssysteme.

Die prinzipielle Schwierigkeit der Qualitätssicherung während des Einsatzes besteht darin, dass hier die in vielen Bereichen der Industrie eingesetzte vorbeugende Wartung, die für die Null-Fehler-Produktion notwendig ist, nicht eingesetzt werden kann. Es kann nur auf Fehler, die auftreten, reagiert werden. Dies ist besonders bei zeit- oder sicherheitskritischen Anwendungen zu beachten. Es setzt entsprechend qualifizierte Spezialisten voraus.

# 4.8 Betrieb von Rechnern

## 4.8.1 Betriebssysteme

Wie wir in 4.4 gesehen haben, stellt das Betriebssystem das Bindeglied zwischen Anwenderprogramm einerseits und Hardware andererseits dar. Es leistet die Organisation des Gesamtsystems. So steuert es z.B. den Ablauf der verschiedenen Benutzerprogramme. Der Benutzer tritt mit dem Rechner im Allgemeinen nur über das Betriebssystem in Verbindung. Daher wird auf seine Ausgestaltung bei der Entwicklung eines Rechnersystems besonderer Wert gelegt. Man muss dabei abwägen, welche Aufgaben von der Hardware und welche von der Software übernommen werden sollen, denn erst aus dem Zusammenwirken beider entsteht das anwendungsfähige Rechnersystem.

Allerdings haben sich in den letzten Jahrzehnten bei Betriebssystemen immer wieder Quasistandards herausgebildet [45-1b]. Dies ist von großer Bedeutung, da jeweils viele Anwenderprogramme vorliegen, d.h. hier sehr große Summen investiert sind. So möchte der Anwender zwar Verbesserungen, aber möglichst so, dass die Schnittstelle zwischen Betriebssystem und seinen Programmen erhalten bleibt, er also seine Anwenderprogramme nicht ändern muss.

Beispiele hierfür sind:

- *Windows* bei PCs

  Das Betriebssystem für den PC war zunächst das von Microsoft entwickelte Betriebssystem MS-DOS (Disk Operating System). Es war ein sehr einfaches Betriebssystem, das es dem Benutzer gestattete auf alle Betriebsmittel uneingeschränkt zuzugreifen. Ursprünglich auf diesem Betriebssystem aufbauend entwickelte Microsoft mit Windows einen neuen Quasistandard. Davon gibt es heute viele Varianten und unterschiedliche Ausprägungen für Einzelsysteme und vernetzte Systeme. Den unterschiedlichen Anforderungen der Privat- (home) und Unternehmens- (professional) Nutzer wurden zunächst getrennte Produktlinien angeboten:
  - home: Windows 95, Windows 98, Windows ME
  - professional: Windows NT, Windows 2000.

  Mit Windows XP, das in den zwei Versionen (home edition, professional) angeboten wird, wurde wieder eine einheitliche Plattform und Technologie geschaffen.

- *Unix* im Bereich der technisch-wissenschaftlichen Rechner, z.B. Arbeitsplatzrechner

  Das Betriebssystem stammt vom Ende der 60er-Jahre, wurde vielfach erweitert. Es besteht aus einem Kern (privilegiert), der wenige Aufgaben wie Prozessverwaltung und Unterbrechungsbearbeitung leistet. Andere Aufgaben, wie der Kommando-Interpreter sind außerhalb des Kerns angesiedelt. Unix wurde als offenes System konzipiert. Wir finden es heute in vielfältigen, oft firmenspezifischen, Ausprägungen.

  Eine Realisierung mit gleicher Funktionalität, die jedoch vollständig neu programmiert wurde, geht auf Linus Torvalds zu Beginn der 90er-Jahre zurück: *Linux*. Sie entstand durch weltweite Zusammenarbeit von Interessenten, die jeweils Teilfunktionen programmierten. Linux steht kostenfrei zur Verfügung und übernimmt hier allmählich die Rolle des Standards. Mit steigender Leistungsfähigkeit der PCs breitet sich auch Linux bei den PCs aus. Es wird heute vor allem im Bereich der PC-Server eingesetzt. Der Grundgedanke der freien Software hat neben Linux zu weiteren freien leistungsfähigen Familien von Systemsoftware geführt, ein Beispiel ist Free BSD. Neben den Betriebssystemkernen sind heute große Sammlungen von freien Dienstprogrammen wichtig. Hierbei spielt GNU eine wesentliche Rolle.

- *VMS* im Bereich der Großrechner (IBM)

  Hier wird dem Anwender eine virtuelle Maschine zur Verfügung gestellt.

Ein Bereich in dem sich kein solcher Standard herausgebildet hat, sind die Echtzeitsysteme. Diese Rechnersysteme müssen auf Anforderungen von außen innerhalb eng begrenzter Zeiten reagieren. Hier liegen sehr unterschiedliche Anforderungen vor; vom kleinen System mit Festwertspeicher für das Betriebssystem, ohne Platte, bis zum leistungsfähigen Großsystem.

### 4.8.2 Betriebsarten

Früher konnte man bei den Betriebsarten deutlich unterscheiden zwischen:

**Stapelverarbeitung (batch processing)**

Die eintreffenden Aufträge werden in einen Stapel (Eingabewarteschlange) eingereiht. Im einfachsten Fall werden sie dann in der Reihenfolge des Eintreffens (First In First Out, FIFO) sequenziell bearbeitet, ohne weitere Einwirkung des Anwenders. Die Reihenfolge kann durch Prioritäten modifiziert werden. Erfolgt die Ausga-

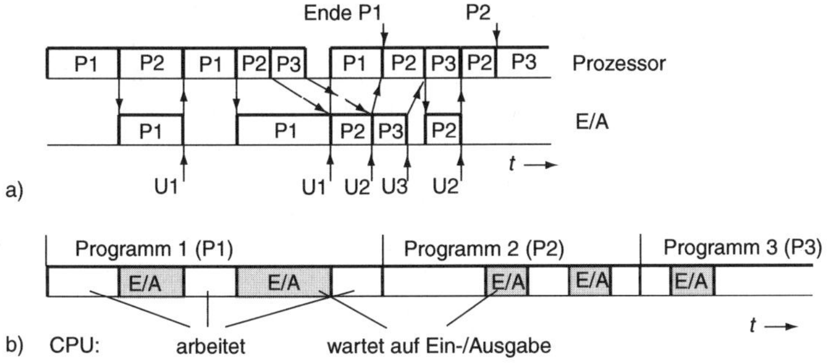


Bild 4.8-1
Mehrprogrammverarbeitung
a) Mehrprogrammbetrieb mit E/A-Vorgängen;
b) Einzelprogrammbetrieb mit E/A-Vorgängen

be zunächst auf einen Hintergrundspeicher, von dem aus dann die eigentliche Ausgabe, z.B. auf einen Drucker, zeitlich später (offline) erfolgt, dann nennt man dies spooling (spool: simultaneous peripheral operations online).

Um die einzelnen Hardware-Einheiten des Systems besser auszulasten, wurde die

**Mehrprogrammverarbeitung (multiprogramming)**

eingeführt. Hier werden mehrere Aufträge gleichzeitig, quasi parallel, bearbeitet. Die bessere Auslastung des Gesamtsystems wird durch die längere Verweilzeit des einzelnen Auftrags erkauft.

**Beispiel:**
In Bild 4.8-1 ist ein willkürlicher Ablauf von 3 Programmen mit Ein-/Ausgabe-Operationen dargestellt. Teil a) zeigt die Bearbeitung im Multiprogrammingbetrieb. Dabei sind bezüglich des Prozessors unterbrechende Prioritäten, bezüglich Ein-/Ausgabe nichtunterbrechende Prioritäten vorgesehen. Programm 1 hat höchste, Programm 3 niederste Priorität. Dies wird deutlich anhand der Wirkung der Unterbrechungsanforderungen $Ui$, $i = 1, 2, 3$. Teil b) dagegen stellt die Bearbeitung im Stapel-(Einzelprogramm)betrieb dar. Die Zeitabschnitte, in denen auf die Beendigung der Ein-/Ausgabe-Aufträge gewartet wird, sind schraffiert eingetragen. Man erkennt deutlich den Zeitgewinn durch den Mehrprogrammbetrieb.

**Mehrbenutzerbetrieb (multi user processing)**

Mehrere Benutzer sind gleichzeitig in Kontakt mit dem Rechner. Es kann weiter unterschieden werden zwischen

- *Teilnehmerbertrieb*, mehrere Benutzer arbeiten gleichzeitig an ihren benutzerindividuellen Aufgaben.
- *Teilhaberbetrieb*, alle Benutzer arbeiten an derselben Aufgabe, typisches Beispiel: Platzbuchungssystem.

**Echtzeitverarbeitung (real time processing)**

Sie befasst sich näher mit den Problemen der Echtzeitverarbeitung. Es sind sowohl die äußeren als auch die im Rechner selbst ablaufenden Prozesse zu beachten. Hier finden wir als wichtige Betriebsart das *Multitasking*. Eine Task ist ein einfacher Prozess, bei Multitasking werden somit mehrere Tasks (quasi-)parallel bearbeitet.

Heute finden wir überwiegend den

**interaktiven Betrieb.**

Dies ist ein Echtzeitbetrieb, der sich an den Reaktionszeiten und der Geduldsdauer des Menschen orientiert. Wir erwarten beispielsweise, dass ein Tastendruck eine unmittelbare Reaktion hervorruft. Stoßen wir dagegen eine Bearbeitung an, dann akzeptieren wir eine entsprechend längere Antwortzeit.

Die typische Konfiguration ist das vernetzte System, die *Client-Server*-Struktur. Das heißt, jeder Benutzer hat seinen PC oder Arbeitsplatzrechner (Client) mit dem er einfache Arbeiten ohne weitere Hilfe erledigt. Bei aufwändigeren Aufgaben kann der Client Dienste des Servers in Anspruch nehmen.

Sind alle Rechner räumlich benachbart, dann erfolgt das Zusammenschalten der Rechner über ein lokales Netz (Local Area Network, LAN), vgl. 6.6.3, sonst über MAN (Meropolitan Area Network), WAN (Wide Area Network), über einen

ISDN-Anschluss oder ein Modem und das Fernsprechnetz.

Selbstverständlich können hier Aufträge auch als Stapel bearbeitet werden. Das bedeutet, wir haben einen gemischten Betrieb.

### 4.8.3 Aufgaben eines Betriebssystems

Um das Zusammenwirken aller Teile, Hard- und Software, eines Rechners sicherzustellen leistet das Betriebssystem die verschiedensten Aufgaben, wie die Verwaltung aller Betriebsmittel, besonders Speicher und Prozessor, es organisiert die Ein-/Ausgabe, sorgt für einen sicheren, ungestörten Betrieb, führt die langfristige Datenhaltung durch, ...

Wir wollen im Folgenden die wesentlichsten Aufgaben näher betrachten und Lösungen für die anstehenden Probleme kennen lernen.

#### 4.8.3.1 Betriebsmittelverwaltung

Eine funktionierende Organisation setzt eine leistungsfähige Verwaltung voraus. Diese Aussage gilt auch für die Rechner und im Speziellen für die Betriebsmittel. Es bestehen vielfältige Anforderungen:

Der *Anwender* des Systems ist an einer schnellen Bearbeitung seines Problems interessiert. Er möchte einen möglichst unkomplizierten Zugang zum System, ohne sich mit Detailproblemen desselben herumschlagen zu müssen. Heute ist es für ihn selbstverständlich, dass er auf Resourcen zugreifen kann, die irgendwo in einem Netz gespeichert sind. Gleichzeitig erwartet er einen möglichst perfekten Schutz, z.B. gegen unerlaubten Zugriff auf seine Daten, gegen Störer und Viren, gegen Hardware- oder systeminterne Software-Fehler. Er geht selbstverständlich davon aus, dass die Ergebnisse reproduzierbar sind. Im Fehlerfall erwartet er eine für ihn, den Anwender, verständliche und hilfreiche Analyse der fehlerhaften Situation. Die Ansprüche der Anwender sind groß, gleichzeitig sollte aber alles möglichst preiswert sein.

Der *Betreiber* des Systems hat zwangsläufig eine andere Sicht der Dinge. So ist er daran interessiert, dass die teuren Betriebsmittel möglichst gut ausgelastet sind, und dass Hard- und Systemsoftware möglichst fehlerfrei arbeiten. Für ihn ist es wichtig, dass Anwendungsfehler nur einen sehr begrenzten Wirkungsradius haben, sich vor allem aber nicht auf das Gesamtsystem und andere Anwender auswirken. Die Möglichkeit, neue Programme und Programmversionen im laufenden Betrieb einzuspielen, ist für ihn heute ebenso selbstverständlich, wie die Netzfähigkeit, d.h. das Zusammenwirken mit anderen Systemen, sei es unter seiner Verantwortung oder einfach als Nutzer.

Diese unterschiedlichen Sichten und Forderungen bedingen bei begrenzten Resourcen Kompromisse. Ein Beispiel ist der Mehrbenutzerbetrieb. Mit steigender Rechnerleistung konnte diese Betriebsart realisiert werden, die zeitgetaktet, z.B. im 10-ms-Takt, von einem Anwender auf einen anderen umschaltet. Der einzelne Benutzer merkt davon nichts. Für den Betreiber ergibt sich eine bessere Auslastung des Systems dadurch, dass mehrere Aufträge quasiparallel bearbeitet werden.

All dies setzt ein abgewogenes Zusammenspiel der einzelnen Betriebsmittel voraus.

#### 4.8.3.2 Speicherverwaltung

Hier ist zu unterscheiden zwischen Hintergrund- und Hauptspeicher. Die Verwaltung der Hintergrundspeicher ist vor allem eine Frage der langfristigen Datenhaltung. Sie wird deshalb als Dateiverwaltung bezeichnet. Sie kann unter anderem mit Zeitbedingungen gekoppelt sein: automatisches Erstellen einer Sicherungskopie, Komprimieren von Daten, beispielsweise am Monatsende, Löschen von Dateien nach einem Verfallsdatum, ...

Die Verwaltung des Hauptspeichers hängt von vielen Faktoren ab, wie Anzahl der Benutzer, verfügbarer Hauptspeicherbereich, ...

Eine sehr einfache Verwaltung liegt vor, falls nur ein Benutzer das System betreibt, wie dies beispielsweise bei einem isoliert arbeitenden PC der

Fall sein kann. Hier belegt das Betriebssystem einen Teil des Speichers fest und der andere Teil kann für temporär benötigte Betriebssytemteile bzw. Anwenderprogramme und Daten genutzt werden.

Ist der Hauptspeicher klein, die Anwenderprogramme aber groß, dann ergibt sich auch hier ein Problem. Dies kann dadurch gelöst werden, dass die Programme nicht vollständig in den Hauptspeicher geladen werden, sondern jeweils nur die aktiven Teile. Das bedeutet, derselbe Speicherbereich kann während der Ausführung eines Programms von verschiedenen Teilen genutzt werden, man spricht von *Überlagerungs-(Overlay-)betrieb*. Sind mehrere Benutzer an einem System, dann erweitert sich das Problem. Jetzt kann die Speicherverwaltung jedem Benutzer nur einen Teil des verfügbaren Hauptspeicherbereichs zur Verfügung stellen.

Es gibt zwei Strategien:

- *Segmentierung*. Der Anwender zerlegt sein Programm in Teile (Segmente), die logisch zusammengehören, wie Programm, Daten, Stack, ... Er legt fest, welche Teile jeweils gleichzeitig im Speicher gehalten werden müssen. Dieses Prinzip finden wir bei den Intel-Prozessoren (Bild 4.8-2).
- *Seitenverfahren (Paging)*. Hier zerlegt die Speicherverwaltung das Anwenderprogramm in Teile gleicher Größe, die Seiten (pages), typischer Wert: 4 KByte. Dies vereinfacht die Verwaltung, da der Speicher in diesem Fall in Rahmen derselben Größe unterteilt wird. Falls nötig holt die Speicherverwaltung eine Seite vom Hintergrundspeicher und legt sie in einem beliebigen freien Rahmen ab. Sind alle Rahmen belegt, dann muss zuerst ein solcher frei gemacht werden. Sei es, dass die in dem Rahmen befindliche Seite gelöscht, oder aber dass sie auf den Hintergrundspeicher ausgelagert wird. Löschen ist möglich, falls die Seite nicht verändert wurde, dies trifft typisch für Programmseiten zu. Auslagern ist nötig, falls die Seite verändert wurde, also typisch bei Daten. Dadurch wird die Konsistenz zwischen Haupt- und Hintergrundspeicher sichergestellt.

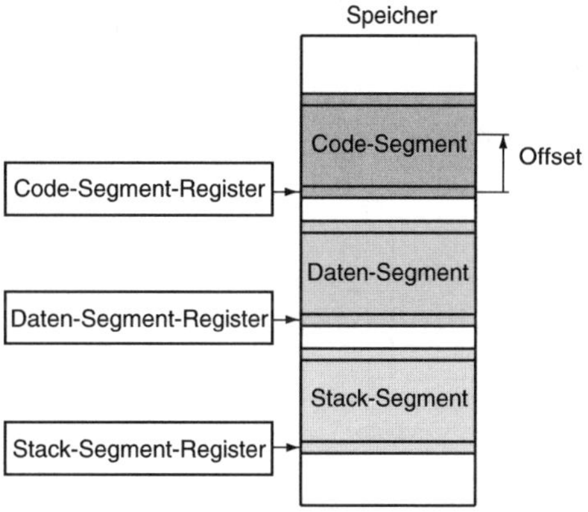


Bild 4.8-2 Segmentieren

Dieses Verfahren wird heute überwiegend eingesetzt. Beide Verfahren können auch gleichzeitig angewandt werden, wie dies beispielsweise bei den Intel-Prozessoren der Fall ist.

Ein Problem ist der Speicherverschnitt, der dadurch entsteht, dass nach dem Enden einer Bearbeitung der frei gewordene Speicherbereich nur von einem Programm genutzt werden kann, das weniger Speicherplatz benötigt. Dadurch entstehen Lücken. Dies Problem lässt sich durch Segmentieren mindern, aber nicht beseitigen. Beim Paging tritt dies explizit nicht mehr auf, da alle Seiten gleiche Größe haben. Implizit ergibt sich aber auch hier die Situation, da bei jedem Programm die letzte Seite nur teilweise gefüllt ist.

Das Paging-Verfahren wird besonders wirksam im Zusammenhang mit dem virtuellen Speicherkonzept. Hier wird der Adressraum des Anwenders (virtueller Speicher) entkoppelt vom Adressraum des physikalischen Systems (realer oder physikalischer Speicher). Das bedeutet, jeder Anwender erhält einen individuellen Adressraum, dessen Größe nur durch die Adresslänge des Maschinenbefehlssatzes bestimmt wird.

**Beispiel:**
Die Maschinensprache der 32-Bit-Prozessoren von Intel hat eine 46 Bit lange virtuelle Speicheradresse. Damit kann der Anwender einen individuellen Adressraum von 64 TByte adressieren. Der physikalische Hauptspeicher kann maximal 4 GByte, entsprechend der Adresslänge von 32 Bit, umfassen.

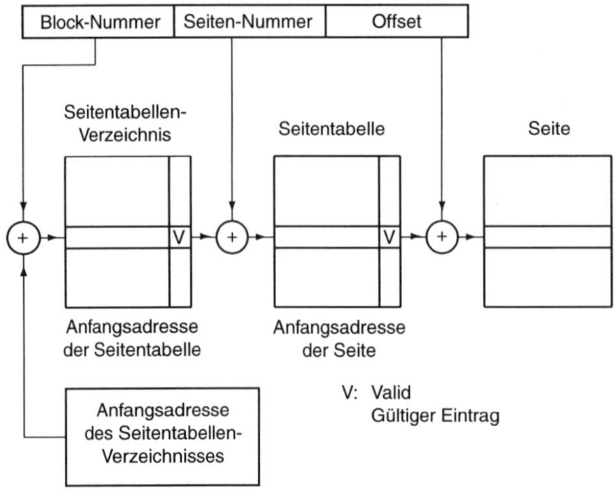


Bild 4.8-3
Prinzip beim Paging

Die Adressumrechnung in die reale Hauptspeicheradresse leistet die Hardware-*Speicherverwaltungseinheit* (*memory management unit, MMU*). Dadurch erfolgt dies mit hoher Zuverlässigkeit, gleichzeitig kann sichergestellt werden, dass beispielsweise durch einen Adressierungsfehler nicht über den zur Verfügung gestellten Hauptspeicherbereich hinaus adressiert wird.

Prinzipiell kann das Paging folgendermaßen realisiert werden: Die Adresse wird in zwei Teile zerlegt, die Seitennummer und die Adresse (Offset) innerhalb der Seite. Es muss eine Tabelle eingerichtet werden in der für jede Seitennummer die zugehörige Seitenanfangsadresse gespeichert ist. Damit kann die physikalische Adresse berechnet werden, indem zur Seitenanfangsadresse der Offset addiert wird; zweistufige Adressumsetzung.

Tatsächlich wird eine dreistufige Adressumsetzung durchgeführt. Bild 4.8-3 zeigt ein Beispiel.

Der Vorteil der dreistufigen Adressumsetzung im Vergleich zur zweistufigen, besteht darin, dass hier nur das Seitentabellenverzeichnis im Hauptspeicher gehalten werden muss. Die Seitentabellen ihrerseits können ebenfalls dem Paging unterworfen werden. Das bedeutet, nur diejenigen Seitentabellen werden aktuell im Hauptspeicher gehalten, die gerade zur Adressumrechnung benötigt werden.

**Bemerkung:**
Müsste vor jedem Zugriff auf den Hauptspeicher zum Holen eines Befehls bzw. Operanden zuerst zwei Mal (Seitentabellenverzeichnis und Seitentabelle) zum Umrechnen der Adresse auf den Speicher zugegriffen werden, dann würde das zu lange dauern.

Deshalb ist hier Hardwareunterstützung erforderlich. Dies wird dadurch geleistet, dass nach erstmaligem Ermitteln der Seitenanfangsadresse diese in einen (schnellen) Pufferspeicher (table look aside buffer) übernommen wird. In der Folge kann die Umsetzung dann über diesen Puffer erfolgen (vgl. 4.6.5).

Für das Ersetzen der Seiten gibt es viele mögliche Algorithmen. Dabei ist zu unterscheiden zwischen globalen und lokalen Strategien. Bei den globalen Strategien werden die Seiten aller Prozesse berücksichtigt, bei den lokalen dagegen nur die Seiten des jeweiligen Prozesses. Das Ziel ist es jeweils diejenige Seite zu ersetzen, auf die in Zukunft am längsten nicht mehr zugegriffen werden wird. Da uns die Gabe der Prophetie nicht gegeben ist, können wir nur so arbeiten, dass wir aus der Vergangenheit auf die Zukunft schließen. Dies kann, wie wir aus dem täglichen Leben wissen, falsch sein. Daneben ist noch zu berücksichtigen, dass der zusätzlich benötigte Aufwand zum Installieren der Strategie nicht zu groß sein sollte.

Ein Beispiel ist der *LRU-Algorithmus* (LRU: Least Recently Used, der am weitesten zurückliegende Zugriff). Bei diesem Alterungsalgorithmus wird laufend ermittelt, auf welche Seite jüngst zugegriffen wurde und auf welche Seite dementsprechend der Zugriff am längsten zurückliegt; realisierbar, z.B. als verkettete Liste. Aus Ersparnisgründen wird oft ein Pseudo-LRU-Algorithmus realisiert, der diesen Alterungsmechanismus nur näherungsweise nachbildet.

#### 4.8.3.3 Prozessorvergabe

Der Prozessor ist das teuerste Hardware-Betriebsmittel, deshalb ist seine Auslastung besonders wichtig. Eine Auswahl verschiedener Strategien:

**Reihenfolge des Eintreffens (first come first served, FCFS)**

Die Anforderungen werden in einer Warteschlange gespeichert. Sie werden in der Reihenfolge des Eintreffens bedient. Diese Strategie ist einfach zu implementieren. Nachteilig ist, dass kurze Aufträge gegebenenfalls lange warten müssen, falls gerade ein lang dauernder Auftrag bearbeitet wird. Ein Wechsel findet nur statt, wenn die Bearbeitung eines Auftrags abgeschlossen ist.

**Kürzeste Bedienzeit zuerst (shortest job first, SJF)**

Dieser Strategie liegt die Überlegung zu Grunde, dass kurze Aufträge wichtig sind, also schnell bedient werden sollten, längere auch länger warten können.

Ein solcher Algorithmus ist aber stets mit einem Alterungsmechanismus zu kombinieren, so dass sichergestellt ist, dass kein Auftrag beliebig lang verdrängt werden kann.

Auch hier werden die Aufträge in eine Warteschlange eingetragen, die aber jeweils umsortiert werden muss.

**Zeitscheibenverfahren (time sharing)**

Ausgangspunkt dieser Strategie ist die Tatsache, dass der Prozessor schnell ist im Vergleich zu menschlichen Reaktionszeiten. So kann bei interaktiven Prozessen dem Anwender der Eindruck vermittelt werden, der Prozessor arbeite nur für ihn. Jeder Prozess erhält für eine feste Zeit, die Zeitscheibe, den Prozessor zugeteilt. Nach Ablauf dieser Zeit wird der Prozess unterbrochen, am Ende der Warteschlange wieder eingereiht und der nächste Prozess erhält den Prozessor. Durch diese zyklische Zuteilung wurde der Begriff Zeitscheibe geprägt, im Englischen round robin.

Das Umschalten benötigt Zeit. Deshalb ist die Länge der Zeitscheibe kritisch, zu kurze Zeitscheiben ergeben einen zu hohen Overhead, zu lange verursachen Wartezeiten.

**Prioritätsvergabe**

Durch Prioritäten können wichtige Aufträge bevorrechtigt abgefertigt werden, das ist aber gleichbedeutend damit, dass weniger wichtige länger warten müssen. Es kann zwischen unterbrechenden und nicht-unterbrechenden Prioritäten unterschieden werden. Erstere unterbrechen einen laufenden Prozess, letztere nicht. Prioritäten können mit anderen Verfahren kombiniert werden. Es können Klassen eingeführt werden, so dass ein Prozess nur Prozesse niedererer Klassen unterbrechen kann, nicht aber einen Prozess seiner Klasse. Wie wir oben gesehen haben, können Prioritäten zeitabhängig verändert werden.

**Endezeitpunkt**

In Echtzeitsytemen kann ein Sortieren der Aufträge gemäß dem geforderten Endezeitpunkt einer Bearbeitung erfolgen. Damit wird sichergestellt, dass der jeweilige Prozess zeitgerecht abgeschlossen wird. Diesen Algorithmus (*Earliest Deadline First, EDF*) finden wir auch bei Multimedia-Systemen.

#### 4.8.3.4 Ein-/Ausgabe

Die Ein-/Ausgabe zerfällt in zwei Teile

- den geräteabhängigen Teil
  Er wird durch ein Treiberprogramm (device driver) realisiert, das meistens vom Gerätehersteller mitgeliefert wird. Dieses Treiberprogramm kann vom Anwender während des Betriebs eingefügt werden.
- den (betriebs)systemspezifischen Teil
  Ein-/Ausgabe-Operationen sind komplex und gleichartig für viele Anwendungen. Deshalb

werden sie an zentraler Stelle realisiert. Da sie Echtzeitforderungen stellen, können sie im privilegierten Modus abgewickelt werden.

Kritisch ist die Schnittstelle zwischen beiden, sie ist nicht standardisiert, sondern systemabhängig.

#### 4.8.3.5 Dateisystem

Bei der Organisation ist zu unterscheiden zwischen logischer und physischer Struktur.

**Logische Struktur**

Die einfachste Struktur ist ein Inhaltsverzeichnis (directory) in das alle Dateien eingetragen sind. Dabei können benutzerindividuelle Verzeichnisse erstellt werden, die nur die, diesem Benutzer zur Verfügung stehenden, Dateien zeigen.

Üblich ist heute ein *Baum*, der ausgehend von einem (Wurzel-)Verzeichnis, weitere Verzeichnisse und schließlich Verweise auf die jeweilige Datei enthält. Durch die Angabe der aufeinander folgenden Namen aus den einzelnen Verzeichnissen, den *Pfad*, kann die Datei bezeichnet werden. Meist ist es möglich den Pfad in Bezug auf ein momentan gültiges Verzeichnis anzugeben und dadurch zu verkürzen. Die Namen können Erweiterungen haben, die den Typ der Datei kennzeichnen.

**Beispiel:**
MS-DOS sah folgende Standard-Namenserweiterungen vor, z.B.:

| | |
|---|---|
| name.ASM | Assemblerprogramm |
| .EXE | ausführbares Programm |
| .BAK | Sicherungsdatei |
| .TXT | Textdatei |

**Physische Struktur**

Das Betriebssystem hat zum einen die Aufgabe, die Dateien in Blöcke zu unterteilen, die dem physischen Speichermedium des externen (Hintergrund-)Speichers angepasst sind. Die Organisation der Datei auf dem Speicher leistet die Geräte-Steuereinheit, z.B. der SCSI (Small Computer System Interface) controller in einem PC. Daraus ergibt sich andererseits für das Betriebssystem die Aufgabe des Verwaltens von Verzeichnissen und der Buchführung über den Speicher.

Bezüglich der Anordnung auf dem Speicher findet man unterschiedliche Verfahren:

- *Sequenzielle Speicherung*. Dies ist die einfachste Form, sie benötigt keine weiteren Hilfsmittel; man findet sie beispielsweise auf Magnetbändern.
- *Verketten von Datenblöcken*. Jeder Block enthält einen Zeiger auf den nächsten Block. Dies ist eine weitere einfache Form, sie braucht keine weiteren Hilfsmittel, kann aber ebenfalls nur sequenziell gelesen werden.
- *Speichern der Kette in einer Tabelle*. Damit muss beim Lesen nur die Tabelle durchsucht werden. Dies kann so geschehen, dass das Betriebssystem eine Kopie hält, so dass diese Tabelle nicht jedes Mal geholt werden muss. Dann kann auf den entsprechenden Block unmittelbar zugegriffen werden.

  **Beispiel:**
  File Allocation Table (FAT) bei MS-DOS. Sie wird doppelt auf dem Speicher gehalten, da beim Verlust dieser Tabelle der Zugriff zu den Dateien dieses Speichers nicht mehr möglich ist.

- *Indexfeld* oder baumartige Struktur von Indexfeldern. Dieses Prinzip finden wir bei Unix. Das Indexfeld wird dort als Inode bezeichnet.

Die Einträge in das Dateiverzeichnis enthalten neben den Namen der Datei und einer Angabe zum Ort (Beginn der Datei oder Indexfeld) meist weitere Größen wie Länge, Typ der Datei, Angaben über Zeitpunkte (erstellt, zuletzt geändert, zuletzt gelesen), ferner den Eigentümer, Zugriffskriterien, usw.

#### 4.8.3.6 Schutz, Schutzkonzepte, Störer

**Schutz**

Es bestehen divergierende Forderungen bei Datenverabeitungssystemen: offene – geschlossene Systeme.

Im technisch-wissenschaftlichen Bereich ist man typischerweise an einem möglichst einfachen Austausch von Informationen interessiert: offenes System. Anders die Situation beispielsweise im Bereich der Banken. Hier müssen die Abläufe und die Datenhaltung abgeschirmt gegen äußere Zugriffe erfolgen: geschlossenes System.

Generell ist ein Schutzkonzept auf verschiedenen Ebenen zu realisieren. Es beginnt auf der Hardwareebene mit Schutz gegen Fehler. Es setzt sich fort mit dem Schutz gegen Programmfehler. Dann kommen Bedienungsfehler, aber auch der Schutz gegen unfreundliche Eingriffe wie Störern (Viren, Würmer, Trojanische Pferde) oder den unerlaubten Zugriff auf Objekte bis hin zur Spionage.

**Bemerkung:**
*Gefährdung von Systemen durch gewollte Störungen.*
In 3.6.2.1 wurde auf die Gefährdung elektrischer und elektronischer Systeme durch energiereiche Störer, z.B. NEMP, hingewiesen. In 3.9.2 wurden am Beispiel Radar die Entwicklungsanstrengungen und der –aufwand bei militärischen Systemen verdeutlicht.

Zusätzlich zu dieser Situation, elektronische Baugruppen als Teil militärischer Systeme, gibt es Überlegungen, dass sich in einem möglichen Krieg wesentliche Teile der Auseinandersetzung auf den Gebieten der Nachrichtentechnik und Informatik abspielen könnten. Beispiele:

- Starke Teilchenstrahlung kann Schaltkreise beeinflussen, Ladungen in Speichern löschen, usw.
- Gezielt ausgesandte Störprogramme können in vermaschten Netzen Schäden hervorrufen. Ein Beispiel, das die Anfälligkeit vermaschter Rechnersysteme zeigte, war das Programm, das ein amerikanischer Student losgesandt hatte und das innerhalb weniger Tage viele Rechner lahm legte.
- Weltweit wird heute vielfach mit GPS (Global Positioning System) als Weltzeituhr gearbeitet. Eigentümer dieser satellitengestützten hochgenauen Zeitbasis ist das US-amerikanische Verteidigungsministerium.
- Im Internet können vielfältigste Informationen bereitgestellt werden, gegebenenfalls auch gezielt Falschinformationen. Es kann „abgehört“ werden. Es können Nachrichten gefälscht werden. Der normale Anwender vertraut darauf, dass die von ihm gesandte Nachricht unverfälscht beim Empfänger ankommt. Wer garantiert den Wahrheitsgehalt von Informationen? Hier ist ein weites Feld der Spionage, z.B. auch Wirtschaftsspionage.

### Schutzkonzepte

Für verschiedene Aufgaben wurden unterschiedliche Konzepte entwickelt:

- *Schutzwall* (*Firewall*): Schutz gegen unberechtigte Zugriffe von außen. Dieser Wall wird installiert am Übergang von internem zu öffentlichem Netz, es wird der Datenverkehr zwischen diesen beiden Netzen überprüft. Der Wall kann mehrstufig aufgebaut sein und Hard- und Softwarekomponenten umfassen.
- *Passwort*: Schutz gegen unberechtigten Zugriff innerhalb des internen Netzes. Heute wird dafür eine über Tastatur eingegebene Zeichenfolge verwendet. In Zukunft könnte diese Funktion, in gewissen Bereichen, der Fingerabdruck übernehmen.
- *Separate Subsysteme*: Schutz gegen jedweden Zugriff von außerhalb des Systems. Alle Schutzsysteme können letztlich überwunden werden. Deshalb ist für eine sicherheitskritische Anwendung ein separates Subsystem erforderlich, das über keinen Zugang von außen verfügt.
- *Automatische Überprüfung* aller tragbaren Datenträger bzw. *von außen kommender Daten* durch Antivirenprogramme.
- Java gestattet es, Klassen zu laden, die dann ausgeführt werden. Deshalb sind hier besondere Sicherheitselemente notwendig. Der Bit-Code enthält Informationen, die zur Prüfung der konsistenten Nutzung von Klassen, Methoden und Variablen benutzt werden können. Beim sicherheitsmäßig besonders kritischen Netzzugriff muss ein *Sicherheitsmanager* eingeschaltet werden, der von Java-Programmen nicht verändert werden kann.
- *Verschlüsselung von Nachrichten.* Dies geschieht mittels kryptografischer Methoden.
- *Unterschiedliche Betriebsarten.* Im einfachsten Fall werden 2 Betriebsarten vorgesehen. (Betriebs-)Systemmodus und Benutzermodus. Nur im Systemmodus können alle Möglichkeiten der Maschine angesprochen werden. Dem Benutzer stehen nur eingeschränkte Möglichkeiten offen. Diesem Ansatz liegt der Gedanke zu Grunde, dass Systemprogramme wesentlich besser ausgetestet sind als Anwenderprogramme. Dadurch kann das System beispielsweise gegen Adressierungsfehler des Anwenders geschützt werden.

**Störer**

Bekannte Probleme sind heute:

- *Viren*. Dies sind Programme, die sich in andere Programme einnisten und dann bei Aufruf des Wirtsprogramms aktiv werden. Vor allem der Bereich der PCs ist hier sehr anfällig. Das hängt zum einen damit zusammen, dass viele Leute Software einfach kopieren und damit zur – unfreiwilligen – Verbreitung beitragen. Andererseits aber auch damit, dass es viele PCs gibt und dass viele Anwender ihre PCs nicht genügend schützen. Ein weiteres Problem besteht in der unterschiedlichen rechtlichen Handhabung. In Deutschland ist die Verbreitung gesetzlich verboten, in den USA dagegen kann sich ein Hersteller gegen Software-Diebstahl mit einem Virus schützen, der bei unerlaubtem Kopieren aktiv wird.

Im Zusammenhang mit den Viren stehen andere unangenehme Störer. Sie werden bezeichnet als

- *Trojanische Pferde*. In Anlehnung an das historische Original bedienen sie sich eines ausführbaren Programms und nutzen dies für ihre Zwecke, indem diesem unerkannt zusätzliche Funktionen aufgeprägt sind.
- *Würmer*. Hier werden einem Rechner über das Netz weitere Systemfunktionen hinzugefügt. Der Begriff „Wurm" leitet sich ab aus der Beobachtung von Würmern in der Natur. Einzelne Wurmstücke können selbst lebensfähig sein.
- *Internet*. Das Internet ist ein offenes, sich sehr dynamisch entwickelndes, weltumspannendes System. Deshalb bietet es keine unabhängige Überwachung. Beispielsweise werden Nachrichten üblicherweise unverschlüsselt übertragen, sie durchlaufen möglicherweise verschiedene Länder. Sie können also abgehört oder modifiziert werden, ohne dass der Erzeuger der Nachricht dessen gewahr wird. Dies stellt, wie oben angedeutet, ein zentrales Problem im Internet dar.
- *Sicherheitslücken*. So *kann* ein unerwartetes Verhalten auftreten, z.B. durch falsche Eingabe, falls nicht alle Möglichkeiten abgefangen werden. Dazu tragen die Ingenieure selbst bei, indem viele Eingaben nicht mit dem übereinstimmen, was dem Benutzer vorgeschrieben wird und dadurch der Benutzer lernt, dass er es mit solchen Angaben nicht so genau nehmen muss.

**Beispiel:**

Ein typisches Beispiel dieses Typs. Eine Bildschirmzeile laute:

Wollen Sie fortfahren? [Ja/Nein]

Der Anwender müsste nun nur mit „Ja" oder mit „Nein" reagieren können. Oft werden jedoch nicht nur „ja", „JA", sondern auch „J" oder sogar „Y" akzeptiert.

Ein anderes Beispiel für solch unerwartetes Verhalten besteht darin, dass in vielen Systemen bei Systemabstürzen ab und an Reste übrig bleiben, die nach dem Wiederanlauf noch ausgewertet werden können, indem sie sonst verschlossene Informationen preisgeben.

### 4.8.3.7 Bedienerschnittstelle

Diese Mensch-Maschine-Schnittstelle stellt heute ein wesentliches Element dar, da immer mehr Leute Rechner benutzen, die sich nicht für die Innereien des Systems interessieren, sondern die den Rechner als Werkzeug für ihre Aufgaben benutzen wollen.

Die *grafische Oberfläche* (*Graphical User Interface, GUI*) erlaubt es dem Benutzer, z.B. mit der Maus Menüelemente auszuwählen, Fenster zu öffnen, zu verändern, zu verschieben. Sie setzt sich aus zwei Teilen, dem Anwenderprogramm und dem Grafik-Subsystem zusammen. Wir finden zwei Konzepte. Die einfache Situation ist gegeben, wenn beide Teile auf demselben Rechnersystem verfügbar sind. Dies ist beispielsweise bei MS-Windows der Fall. Anders bei X-Windows, dort kommunizieren beide Teile über ein, auf dem TCP/IP-Protokoll aufbauenden, X-Protokoll. Dieses ermöglicht es, dass der Client (Anwenderprogramm) und der Server (Grafik-Subsystem) auf verschiedenen Rechnern implementiert sind. Grafische Oberflächen von Unix bauen darauf auf.

Die Interpretation der jeweiligen Kommandos erfordert einen entsprechenden Kommando-Interpreter (shell). Die Kommandos können auch in anderer Form eingegeben werden, vor allem als Text über die Tastatur oder über Masken und Menüs mit Texten.

#### 4.8.3.8 Beispiel für Weiterentwicklung

Aufbauend auf Java gibt es eine Entwicklung um im Netz verfügbare Ressourcen allgemein zugänglich und leicht nutzbar zu machen: *Jini* (*Java intelligent network infrastructure*). Das Ziel ist das Senken von Betriebskosten, da solche Ressourcen (Hard- und Software) dynamisch angefordert werden können.

Jini ist eine Java-Klassenbibliothek und kann somit auf allen Plattformen eingesetzt werden, die Java-Programme ausführen können: virtuelle Java-Maschine, Java-Interpreter (vgl. 4.7.1.4).

Im Netz ist ein Server installiert, der die in diesem Netz verfügbaren Ressourcen vermittelt. Dazu hat jede Ressource einen Agenten (Java-Programm). Dieser meldet die Ressource beim Einfügen in das Netz beim Server an. Damit können andere Teilnehmer diese in Anspruch nehmen.

Sollte sich ein derartiges Konzept durchsetzen, so könnte das zu einer merklichen Reduzierung der Komplexität von Betriebssystemen führen, da viele Ressourcen nicht mehr systembezogen verwaltet werden müssen, sondern nur bei Bedarf angefordert würden.

### 4.8.4 Systemprogramme

Für den Betrieb eines Rechners sind neben dem Betriebssystem für die Organisation des Systems „Rechner“ Programme notwendig, die gewisse überall auftretende Aufgaben bewältigen. Sie werden, da zum System gehörig, als Systemprogramme bezeichnet. In diesem Abschnitt wollen wir exemplarisch einige näher betrachten, die bei der Entwicklung von Programmen eingesetzt werden: Editor, Übersetzer, Binder, Lader, Debugger und Browser.

Andere Systemprogramme umfassen beispielsweise Bereiche wie

- Statistik
- Abrechnung
- ...

Dabei ist die Abgrenzung von Programmen, die zum Betriebssystem gezählt werden und Systemprogrammen nicht fixiert, sondern die Zugehörigkeit kann in verschiedenen Systemen unterschiedlich behandelt sein.

#### 4.8.4.1 Editor

Mit Editor werden Eingabeprogramme, z.B. für Programme, bezeichnet. Es ist zu unterscheiden zwischen Text- und Grafikeditoren. Alle Textsysteme enthalten einen Editor, erweitern jedoch dessen Möglichkeiten noch. So können Briefe geschrieben, Manuskripte erstellt, Zeitschriften hergestellt oder gar Bücher gestaltet werden.

Anhand der vom Editor erzeugten Datei kann auf ein generelles Problem hingewiesen werden, die Kompatibilität verschieden erstellter Dateien. Es gibt vielfältige Formate, die von mehreren Programmen unterstützt werden. Aber es kann trotzdem zu einer für den Anwender ärgerlichen Situation kommen, wenn beispielsweise ältere Dateien später nicht mehr gelesen werden können, da deren Format in der Zwischenzeit nicht mehr unterstützt wird.

**Bemerkung:**
Das geschilderte Problem macht deutlich, in welch schnell- oder kurzlebiger Zeit wir uns befinden. Wir sprechen davon, dass wir am Beginn eines Informationszeitalters stehen. Wir sind aber nicht in der Lage sicherzustellen, dass wir Daten, die wir maschinell vor 20 bis 10 Jahren erzeugt haben, heute oder gar in 10 oder 20 Jahren noch lesen können. Sei es auf Grund nicht mehr unterstützter Datenformate, oder aber auch dadurch, dass wir nicht mehr über die notwendigen Geräte verfügen; man denke nur an die 8″-Diskette.

Grafikeditoren erlauben die Eingabe von grafischen Elementen. Dabei ist zu unterscheiden zwischen Bildpunkt-(Pixel-) und Element-(Linien- oder Figuren-)Editoren. Während bei den ersteren das Bild aus Bildpunkten editiert wird, kann im zweiten Fall die Grafik aus Figuren aufgebaut werden. Dementsprechend unterschiedlich ist die Organisation und Speicherung der Bildelemente.

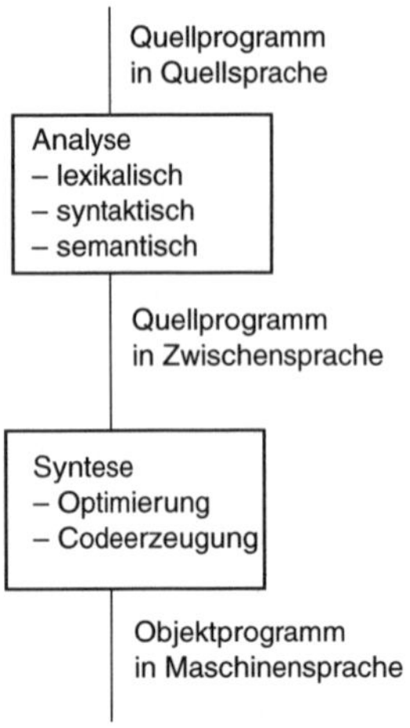


Bild 4.8-4 Übersetzungsvorgang

### 4.8.4.2 Übersetzer

Übersetzer formen Programme um, von der höheren (Quell-)Sprache, in der der Anwender sein Problem programmiert und die damit vom Menschen les- und interpretierbar ist, in die Maschinen-(Objekt-)Sprache, die im Rechner ausgeführt werden kann.

Die Grundaufgaben des Übersetzers bestehen aus (Bild 4.8-4)

- Analyse des Quellprogramms, hierbei wird unterschieden zwischen lexikalischer, syntaktischer und semantischer Analyse.
  Üblicherweise wird dabei das Quellprogamm in eine Zwischensprache übersetzt, die für die nachfolgende Weiterbearbeitung geeigneter ist, als die ursprüngliche Quellsprache.
- Synthese. Sie umfasst die Optimierung und die Codeerzeugung.

Die einzelnen Aufgaben der Analyse:

**Lexikalische Analyse**

Sie ist die Schnittstelle zum Quellprogramm und hat damit die Aufgabe aus der Folge der Zeichen des Quellprogramms die Symbole zu bilden. Dieser Vorgang entspricht dem Suchen nach einem Begriff im Wörterbuch (Lexikon) und wird deshalb als lexikalische Analyse bezeichnet. Es werden Tabellen angelegt. Die wichtigste ist die Symboltabelle. In sie werden alle deklarierten Namen von Variablen, Prozeduren, ... zusammen mit den jeweiligen Eigenschaften, z.B. Typ, Block, ... eingetragen. In der Folge kann dann jeweils geprüft werden, ob das jeweilige Symbol in der Tabelle enthalten ist, bzw. beispielsweise im betreffenden Block gültig ist.

Ferner werden hier sprachliche Freiheiten beseitigt bzw. verschiedene Bedeutungen ein und desselben Zeichens erkannt und durch unterschiedliche interne Symbole ersetzt.

**Beispiel:**
In PASCAL wird der Doppelpunkt in verschiedener Weise angewandt.

- Anweisung A := ...
- Marke name:
- Feldelement A[1 : 10]

Aus dem Kontext heraus kann erkannt werden, welcher Fall jeweils vorliegt.

Die lexikalische Analyse ist Teil der syntaktischen Prüfung. Sie wird deshalb eigenständig betrachtet, da es sich hier um einen einfachen Teil handelt, der getrennt behandelt werden kann.

**Anmerkung:**
Die Grammatik für die Beschreibung der Symbole ist einfach. In vielen Fällen handelt es sich um eine reguläre Grammatik. Sprachen, die eine reguläre Grammatik besitzen, werden als reguläre Sprachen bezeichnet [45-4b]. Über die regulären Sprachen gibt es eine Verbindung zu den Schaltwerken. Beide sind Teil der Automatentheorie. Das bedeutet, der Analysierer für eine reguläre Grammatik kann auch als Schaltwerk realisiert werden [41-5].

**Syntaktische Analyse**

Die grammatikalischen Regeln vieler höherer Programmiersprachen sind heute in Form der erweiterten Backus-Naur-Form (EBNF) festgelegt. Die EBNF wurde bei der Definition der Sprache ALGOL 60 eingeführt. Ein kleines Beispiel zeigt die Schreibweise.

**Beispiel:**
Grammatik zum Erzeugen einer einfachen Wortfolge

<buchstabe> ::= a | b | c

<wort> ::= {<buchstabe>}$_1^4$

<aufzählung> ::= <wort>{; <wort>}$_0^3$

mit

< > — Element der Beschreibungssprache, syntaktische Klasse

a, b, c, ; — Elemente der zu beschreibenden Sprache, Endsymbole (Das Komma dient nur zum Abgrenzen der Elemente, es ist kein Endsymbol)

::= — gelesen als „kann gebildet werden aus"

| — ODER

$\{\ \}_u^o$ — der Inhalt der Klammer muss mindestens *u* Mal, höchstens *o* Mal auftreten

Damit beschreibt die Grammatik Folgen von 1 bis 4 Wörtern, die je aus 1 bis 4 Buchstaben (a, b und/oder c) bestehen; beispielsweise

a, b, c, ab, accb, c;bba;acab

Man sagt auch, die Grammatik erzeugt die Wortfolgen.

Bei der syntaktischen Analyse wird geprüft, ob die Folge der Symbole gemäß den Regeln der Grammatik richtig ist, d.h. ob es sich um ein Programm gemäß den Regeln der jeweiligen Sprache handelt.

### Semantische Analyse

Wir kennen alle aus dem täglichen Leben die Situation, dass jemand „Worthülsen" aneinander reiht, also grammatikalisch richtige Sätze formuliert, denen jedoch die Bedeutung abgeht. Semantik ist die Wortbedeutungslehre. Bei der Analyse eines Programms muss zusätzlich zur Grammatik auch noch die Bedeutung überprüft werden.

**Beispiel:**
Zuweisung in PASCAL
A := B;

Dies ist eine gemäß den grammatikalischen Regeln, also syntaktisch, richtige Zuweisung. Ob sie semantisch richtig ist, hängt von der Typvereinbarung der beiden Variablen A und B ab.

Meistens erfolgt während der Analyse auch noch ein Umsetzen des Quellprogramms von der ursprünglichen Schreibweise in eine Zwischensprache, die für die weitere Bearbeitung praktischer ist, als die ursprüngliche Schreibweise. Eine solche Zwischensprache ist die *umgekehrte polnische Notation* (*UPN*). Die polnische notation wurde vom polnischen Mathematiker J. Łukasiewicz (1951) als klammerfreie Schreibweise eingeführt, bei der der Operator unmittelbar vor den zugehörigen Operanden steht (pre-fix Schreibweise). Bei der Klammerschreibweise steht der Operator zwischen den Operanden (infix), bei der UPN unmittelbar dahinter (post-fix).

**Beispiel:**
Die PASCAL-Anweisung A := (B + C)*D; lautet in Form der UPN: A B C + D * :=.

Wurde die Analyse fehlerfrei durchlaufen, dann kann im Syntheseteil die Umsetzung in die Maschinensprache erfolgen. Die Synthese umfasst:

### Optimierung

Man ist an einem effizienten Maschinenprogramm interessiert. Hauptkriterien sind dabei die Laufzeit des übersetzten Programms bei der Ausführung, sowie der benötigte Speicherplatz. Es gibt vielfältige Möglichkeiten der Optimierung.

**Beispiel:**
Gemeinsame Ausdrücke
Ein Anwenderprogramm enthalte eine Folge von Anweisungen

$A := Z - (B + C);$

$D := E * (B + C);$

$F := G / (B + C);$

Diese Folge kann so umgeformt werden, dass eine Hilfsvariable $X$ eingeführt wird und der Ausdruck $(B + C)$ nur einmal berechnet wird. $X$ muss nicht im Speicher abgelegt werden, sondern kann in einem Register des Registerblocks gehalten werden.

$X := (B + C);$

$A := Z - X;$

$D := E * X;$

$F := G / X;$

Beispielhaft seien drei weitere Bereiche der Optimierung genannt :

- *Registerzuweisungen*: Welche Ergebnisse können in Registern gehalten werden, um unnötige Lade-, Speichere-Operationen zu vermeiden?
- *Schleifen*: Herausziehen von Anweisungen aus der Schleife, falls diese nicht von der Laufvariablen der Schleife abhängen.
- *Lange Befehlswörter* (vgl. 4.5.7.2): Welche Befehle des Programms können zeitlich parallel ausgeführt werden, so dass bei der Programmausführung möglichst alle Ausführeinheiten gleichzeitig beschäftigt sind?

**Codeerzeugung**

Die Umsetzung des Quellprogramms in das Maschinenprogramm (Objektprogramm) bildet den Abschluss des Übersetzungsvorgangs.

Im Bild 4.8-4 ist nur der grundsätzliche logische Ablauf des Übersetzungsvorgangs, nicht aber der zeitliche Ablauf dargestellt. Es fehlen wichtige Teile, z.B. Fehlerbehandlung, Erzeugen von Protokollen.

Die Fehlerbehandlung ist sehr komplex. Der Anwender ist an einer detaillierten Analyse interessiert, erwartet die Meldungen möglichst mit Angabe der genauen Fehlerursache und des Fehlerortes. Ferner ist es für ihn selbstverständlich, dass im Fehlerfall die Übersetzung nicht einfach abgebrochen wird, sondern dass der Rest des Programms ebenfalls analysiert wird. Dabei sollte der nicht analysierte Teil so klein wie möglich gehalten werden. Dies führt dazu, dass der Übersetzer im Fehlerfall eine mögliche Korrektur anbringt und dann, falls möglich, unmittelbar, bzw. von einem nächst gelegenen neuen Aufsetzpunkt ab, weiter analysiert. Damit erhält der Anwender bei einem Übersetzungslauf soviel Fehlermeldungen wie möglich.

Häufig werden Übersetzer so konstruiert, dass der Analyseteil sprachspezifisch, der Syntheseteil maschinenspezifisch ist. Dies setzt eine entsprechend mächtige Zwischensprache voraus (vgl. 4.7.1.4). Dann kann die Entwicklung vereinfacht werden, indem pro Sprache nur ein Analyseteil und pro Maschine nur ein Syntheseteil entwickelt wird. Dies verkürzt die Entwicklung und erleichtert die Wartung.

Ein anderer wichtiger Teil bei der Übersetzung ist die Behandlung von Tabellen, besonders die Organisation von Tabellen. Neben sortierten Tabellen für wenige Einträge findet man vor allem Hash-Tabellen. (to hash: zerhacken), vgl. 4.7.3.3.

Besonders einfach ist das Übersetzen von Programmen in Assemblersprache. Dies leistet ein Assemblierprogramm (Assemblierer). Bild 4.8-5 zeigt den Ablauf: in einem ersten Schritt wird das in Assemblersprache geschriebene Quellprogramm in die Maschinensprache (Objektprogramm) übersetzt. Im einfachsten Fall findet dabei eine Eins-zu-Eins-Übersetzung statt, d.h. jedem Assemblerbefehl entspricht ein Maschinenbefehl. Das Objektprogramm wird zwischengespeichert und dann in einem zweiten Schritt mit den Eingabedaten im Rechner ausgeführt.

In einem Assemblerprogramm mit Makros hat der Assemblierer eine zusätzliche Aufgabe. Er ersetzt vor der Übersetzung das Makro durch die eigentliche Befehlsfolge (Makroexpansion). Damit liegt dann bei der Assemblierung ein vollständiges Assemblerprogramm als Quellprogramm vor.

Meist erfolgt die Assemblierung auf demselben Rechner, auf dem dann das Maschinenprogramm auch ausgeführt wird. Dies ist aber nicht zwingend. Beispielsweise verfährt man bei der Programmentwicklung für einfache Mikrocontroller (vgl. 4.9) oft so, dass das Programm auf einer leistungsfähigen Datenverarbeitungsanlage entwickelt und getestet wird. Danach überträgt man das Maschinenprogramm in das Mikrocon-

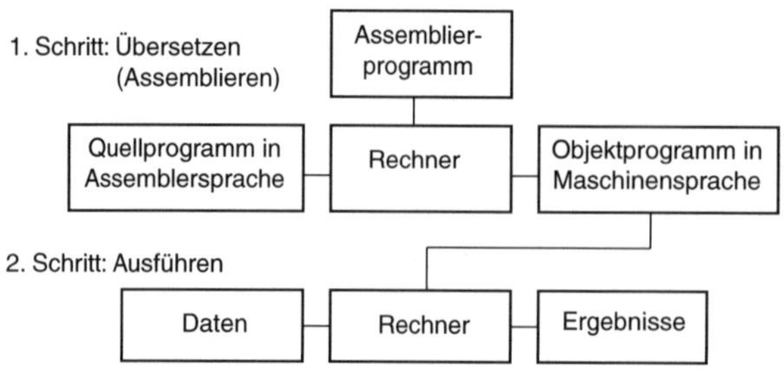


Bild 4.8-5
Assemblieren eines Assembler-
programms und Ausführen

troller-System. Ein derartiges Assemblierprogramm wird als *Cross-Assemblierer* bezeichnet.

Das Übersetzungsprogramm für ein in einer höheren Programmiersprache geschriebenes Programm wird *Compiler* genannt.

### 4.8.4.3 Binder und Lader

In den meistem Programmiersprachen können Standardunterprogramme aufgerufen werden. Das Zusammenfügen von übersetztem Programm, vorübersetzten Unterprogrammen und Bibliotheksunterprogrammen, allgemein also verschiedener Modulen, zu einem lauffähigen, relativ adressierten Programm in einer Objektdatei, leistet der *Binder*.

Der Übersetzer liefert dazu Listen mit Externbezügen, sowohl für den Import als auch für den Export. Import bedeutet, dass im Programm auf Variablen und Prozeduren zugegriffen werden soll, die in einem anderen Modul deklariert sind. Export sagt aus, dass von einem anderen Modul aus auf Elemente des betreffenden Moduls zugegriffen werden kann. Ferner liefert der Übersetzer eine Liste aller Stellen im Programm, die externe Bezüge darstellen. Diese werden vom Binder aufgelöst, indem er die Bezüge durch Adressen ersetzt.

Der *Lader* lädt (transportiert) das ablauffähige Programm vom Hintergrundspeicher aus der Objektdatei in den Hauptspeicher, damit es ausgeführt wird. Dabei kann das Laden so erfolgen, dass alle relativen Adressen in absolute Adressen umgerechnet werden. In diesem Fall ist dann das Objektprogramm im Hauptspeicher nicht mehr verschiebbar. Meistens wird heute das Programm mit den relativen Adressen geladen und dann bei der Programmausführung die jeweils aktuelle Adresse über ein Basisadressregister berechnet.
In der englischsprachigen Literatur werden Binder und Lader zusammen als Loader bezeichnet.

Wie wir gesehen haben, durchläuft das Anwenderprogramm mehrere Verarbeitungsschritte, bevor es ausgeführt werden kann (Bild 4.8-6). Der Compiler übersetzt das Programm und legt das so erzeugte Objektprogramm üblicherweise auf einem Hintergrundspeicher ab. Dann folgt das Binden und das Laden des Objektprogramms. Anschließend kann es ausgeführt werden.

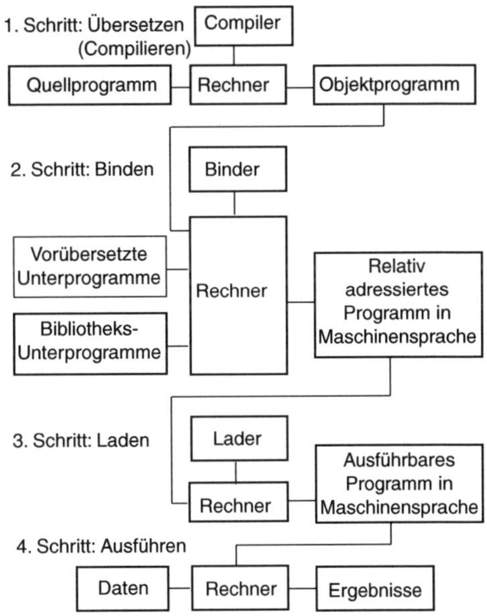


Bild 4.8-6 Übersetzen, Binden und Ausführen eines Programms

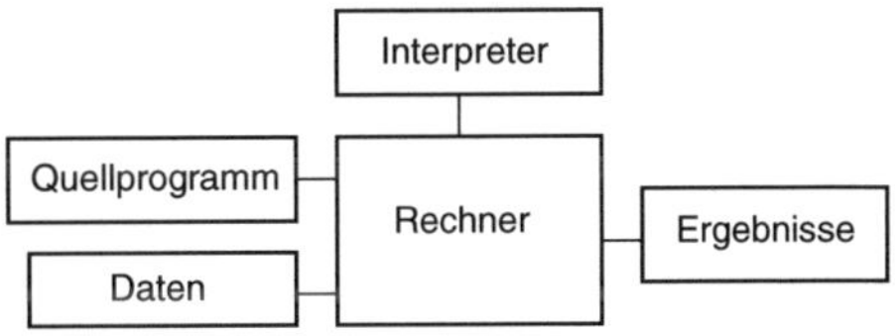


Bild 4.8-7 Interpretative Ausführung eines Programms

### 4.8.4.4 Interpreter

Neben der Übersetzung in einem vorgezogenen Compilationslauf gibt es auch Sprachen für eine interpretative Übersetzung, z.B. BASIC lässt auch diese Möglichkeit zu. Hier übersetzt der Interpreter das Quellprogramm Schritt für Schritt, und die entsprechenden Maschinenbefehle werden sofort ausgeführt (Bild 4.8-7). Es existiert somit kein vollständiges Maschinenprogramm. Bei jedem Programmlauf wird das Programm also neu übersetzt (interpretiert). Das bedeutet, jedes System, in dem Programme interpretativ ausgeführt werden, muss einen Interpreter enthalten. Die interpretative Ausführung eines Programms ist langsamer als die Ausführung eines Maschinenprogramms. Aber der Wegfall des Maschinenprogramms kann Vorteile bieten. Desgleichen ist die interpretative Ausführung bei einfachen Aufgaben sehr geschickt, da hier die Ergebnisse jeweils gleich zur Verfügung stehen.

**Beispiel:**
Bei Java finden wir beides: Übersetzung und Interpretation. Das Quellprogramm wird mittels eines Compilers in den Java-Bit-Code, eine maschinenunabhängige Zwischensprache übersetzt, vgl. 4.7.1.4. In dieser Form wird es z.B. über das Netz übertragen. Auf der Zielmaschine wird der Java-Bit-Code von einem im Browser integrierten Interpreter interpretativ ausgeführt (Bild 4.7-3).

#### 4.8.4.5 Debugger

Er dient zum Austesten eines Programms (tracing debugger) bzw. zur Analyse der Situation, falls ein Programm während der Laufzeit (Ausführphase) auf Grund eines Fehlers abgebrochen wurde (Post-Mortem-Analyse). Der Debugger erzeugt eine Ausgabe, die es dem Anwender erlaubt den Programmablauf zu verfolgen und Rückschlüsse auf die Veränderungen der Daten bzw. auf die Fehlerursache zu ziehen.

Der Debugger (bug: Wurm) stellt in gewisser Weise das Gegenstück zum Übersetzer dar. Erzeugt der Übersetzer aus dem Anwenderprogramm in der gewählten höheren Sprache ein ausführbares Maschinenprogramm, so hat der Debugger die Aufgabe die momentane Situation des Maschinenprogramms wieder zurück zu übersetzen in eine vom Anwender interpretierbare Beschreibung im Zusammenhang mit dem Quellprogramm.

So erwartet der Anwender beispielsweise, dass er Informationen über die momentanen Inhalte von Registern und Speichervariablen, bzw. auf einer höheren Ebene von globalen und lokalen Variablen erhält. Oder er will das Programm schrittweise ablaufen lassen, bzw. bis zu einem vorgegebenen Haltepunkt. Solche Haltepunkte können beispielsweise Zugriffe auf Variable oder das Erreichen einer bestimmten Anweisung im Programm sein.

Um diesen Anforderungen gerecht zu werden, benötigt der Debugger neben dem Objektprogramm auch das Quellprogramm, denn der Anwender kennt nur dieses, erwartet also alle Informationen in Bezug auf das Quellprogramm. Weitere Informationen, die vom Übersetzer bereitgestellt werden müssen, sind Referenzen zu den jeweiligen Variablen, Unterprogrammen und Modulen. Sie werden in Listen gehalten. Ferner muss es möglich sein, vom Objektprogramm her auf die jeweilige Zeile des Quellprogramms rückschließen zu können. Letzteres erfordert besonders beim Einsatz optimierender Compiler einen zusätzlichen Aufwand beim Übersetzen.

Soll ein Programm bis zu einem Haltepunkt durchlaufen werden, dann muss das Programm so abgeändert werden, dass an dieser Stelle ein Aufruf des Debuggers eingefügt wird. Nach Durchlaufen des Debuggers muss dann das Programm an der unterbrochenen Stelle fortgesetzt werden können, indem der „ausgelagerte" Befehl am Haltepunkt ausgeführt und anschließend in das Programm zurückgesprungen wird.

#### 4.8.4.6 Browser

Diese Programme haben heute vor allem im Zusammenhang mit Netzen, z.B. World Wide Web, große Bedeutung. So bedient sich der Anwender beim Suchen (to browse: schmökern) eines solchen Programms. Er kann damit große Datenmengen nach einem vorgegebenen Kriterium durchsuchen und lesen. Der Browser bereitet die gefundenen Daten auf und liefert sie an den Anwender in strukturierter, lesbarer Form.

Im Browser ist, wie oben erwähnt, beispielsweise auch ein Java-Bit-Code-Interpreter integriert.

### 4.8.5 Datenbanken

Bei der Programmierung spielen Bibliotheken eine große Rolle. Sie enthalten Programme, die der Anwender verwenden kann, indem er sie beim Binden zu seinem Programm hinzufügt. Bei den Daten gibt es eine Entsprechung in Form der Datenbanken [48-2d]. Der Grundgedanke ist, dass Daten zentral gehalten werden und vielen Benutzern als Informationsquelle zur Verfügung gestellt werden. Dadurch wird der Speicherplatz nur einmal benötigt, die Pflege und Veränderung muss ebenfalls nur an einer Stelle erfolgen.

**Beispiel:**
Literaturdatenbank. In dieser Datenbank sind Literaturstellen eines Fachgebietes abgelegt. Der Benutzer kann dann, z.B. durch die Angabe von Stichworten und/oder Autorennamen usw., sich die in dieser Datenbank enthaltenen Literaturstellen ausgeben lassen. Dies kann als Liste der betreffenden Titel erfolgen. Falls er zu einzelnen Titeln genaueres wissen will, kann er sich eine Zusammenfassung ausgeben lassen.

Je nach dem logischen Zusammenhang der einzelnen Elemente in der Datenbank unterscheidet man

- hierarchische
- Netzwerk-
- relationale

} Datenbanken.

Dabei stellen die hierarchischen und die Netzwerk-Datenbanken ursprüngliche Konzepte dar, die relationale Datenbank ist die heute angewandte Lösung.

Es liegt auf der Hand neben Unterprogrammbibliotheken und Datenbanken dem objektorientierten Ansatz folgend auch objektorientierte bzw. objektrelationale Datenbanksysteme zu realisieren.

Objektorientierte Datenbanksysteme (OODBMS, object oriented database management system) oder Objektdatenbanken (ODBMS, object database management system) sind Datenbanksysteme die Objekte (vgl. 4.7.2.3) als Datenmodell enthalten. Objektrelationale Datenbanken verbinden relationale mit objektorientierten Datenmodellen, indem sie relationale Grundstrukturen entsprechend erweitern.

Die Aufgaben eines Datenbankverwaltungssystems umfassen

- Datenmodell und -definition
- Datenzugriff und -manipulation
- Steuerung und Überwachung

**Datenmodelle und -definitionen**

Neben den eigentlichen Daten (Primärdaten) enthält die Datenbank auch Beschreibungen dieser Daten (Metadaten). Diese bilden das Datenmodell.

Das wichtigste Modell heute ist das Relationenmodell und damit die relationale Datenbank. Ausgangspunkt sind Daten, die aus der Sicht der Datenbank nicht weiter unterteilt werden können, sie werden demgemäß als atomare Daten bezeichnet. Ihnen wird eine bestimmte Bedeutung unterstellt (Domäne). Die Domäne hat verschiedene Attribute. Mit den Relationen können Domänen mit den gleichen Attributen zusammengefasst werden.

Konsistenzbedingungen beschränken Domänen in der Weise, dass Ausschnitte oder Aufzählungen angegeben werden können. Sie garantieren auch eine referentielle Integrität, d.h. Attribute können auch als Fremdschlüssel in anderen Relationen verwendet werden.

**Datenzugriff und -manipulation**

Der Zugriff erfolgt in der Weise, dass der Benutzer die ihn interessierenden Eigenschaften der Daten formuliert; dies nennt man eine deskriptive Anfrage. Das System liefert dann alle Daten, die die geforderten Eigenschaften aufweisen.

**Beispiel:**
Anfrage an eine Datenbank in SQL
SELECT <was?>
FROM <woher?>
WHERE <Eigenschaften?>

Änderungen an der Datenbank werden als Datenmanipulation bezeichnet. Dazu gehört: Ändern (UPDATE), Löschen (DELETE) und Hinzufügen (INSERT) von Daten.

Der Anwender einer Datenbank ist nicht an dem internen Schema interessiert. Er hat seine eigene Sicht der Dinge und bringt diese in Bezug zur Datenbank. Durch Sichten (views) können also Ausschnitte aus der Datenbank betrachtet werden. Diese stellen ihrerseits wieder Relationen dar. Sie enthalten aber keine Primärdaten, sondern hier werden immer die aktuellen Werte der gespeicherten Relationen verwendet. Dadurch ist sichergestellt, dass die Sicht stets eine Sicht auf die aktuellen Daten ist.

**Steuerung und Überwachung**

Die Datenbank muss verwaltet werden. Dazu gehört z.B. der Schutz gegen unberechtigten Zugriff. Dies kann durch die Vergabe von abgestuften Zugriffsrechten erfolgen. Sie beziehen sich vor allem auf die ändernden Zugriffe.

Durch das Hinzufügen neuer Daten könnten Verletzungen der Konsistenz auftreten. Dazu stehen weitere Hilfen zur Verfügung.

In vielen Anwendungen treten zwischenzeitlich Inkonsistenzen auf, die erst nach einer Folge von Datenbankzugriffen wieder beseitigt sind. Dies ist beispielsweise überall dort der Fall, wo ein Vorgang mehrere Buchungen verlangt, wie dies in der kaufmännischen Buchhaltung der Fall ist. Dazu dienen *Transaktionen*. Mit ihnen kann angezeigt werden, dass solch eine Arbeit erkennbar wird. Dazu können Operationen, die den Beginn bzw. das Ende der Transaktion kennzeichnen, verwendet werden.

Bei verteilten Datenbanksystemen ist die Datenbank nicht zentral an einem Ort, sondern verteilt auf verschiedene Systeme, gespeichert. Dazu ist dann eine entsprechende Steuerung notwendig, d.h. es muss in jedem System bekannt sein, wo sich welche Teile befinden.

Die heute wichtigste Datenbank(abfrage)sprache ist SQL (Structured Query Language). Sie wurde für relationale Datenbanken entwickelt (heute SQL92 oder SQL2) und wird für objektrelationale Datenbanksysteme erweitert (SQL3).

## 4.9 Echtzeitverarbeitung

Die Echt-(Real-)zeitverarbeitung stellt zusätzliche Forderungen an die hierfür eingesetzten Rechner. Ein solcher Rechner wertet Messungen an einem Prozess aus und/oder greift in die Vorgänge ein (Regelung/Steuerung).

Wie im Wort „Echtzeit" zum Ausdruck kommt spielen zeitliche Forderungen eine entscheidende Rolle. Die Bearbeitungs- und Reaktionszeiten des Rechners müssen an die Forderungen des Systems beziehungsweise der Prozesse angepasst sein.

Daneben ist die Zuverlässigkeit des Systems von besonderer Bedeutung. Auch sie muss im Zusammenhang mit den Anforderungen an den jeweiligen Prozess gesehen werden. Bei einem privat genutzten PC ist es zwar überaus ärgerlich, wenn er ausfällt, aber der Schaden hält sich in Grenzen. Fällt dagegen die Rechnersteuerung eines technischen Systems, z.B. Maschinensteuerung oder Steuerung im Fahrzeug, aus, dann kann dies lebensgefährlich sein.

Als Prozesse verstehen wir zunächst die äußeren Prozesse, mit denen der Rechner kommuniziert. Dabei ist nach DIN 66 201 ein Prozess die Umformung und/oder der Transport von Materie, Energie und/oder Information. In dieser Norm findet man andere Begriffe der Echtzeitverarbeitung.

### 4.9.1 Echtzeitverarbeitungssystem

#### 4.9.1.1 Beispiele

Die Systeme zur Echtzeitverarbeitung umfassen heute ein breites Feld von Anwendungen. Am Beispiel des Fahrzeugs, und damit eines technischen Systems in dem der Anteil der Nachrichtentechnik an der Wertschöpfung stetig zunimmt, können wir dies veranschaulichen. Hier finden wir

- Einfache Teilsysteme, z.B. intelligenter Sensor zur Aufnahme und Vorverarbeitung von Messwerten.
- Komplexes Gesamtsystem: Das Fahrzeug enthält viele rechnergesteuerte Systeme, wie Airbag, Antiblockier, Antischleuder, Motorsteuerung, aber auch die Klimaanlage. Diese Einzelsysteme kommunizieren miteinander und sind deshalb über ein Netz verbunden.

Um die Breite der Anforderungen an Rechner in solchen Systemen zu verdeutlichen, einige typische, vorwiegend industrielle, Anwendungsbeispiele:

- Vermittlungstechnik. Hier findet man leistungsfähige Großsysteme mit einer hohen Verarbeitungskapazität. Zwei Maßzahlen:
  - Solche Systeme sind in der Lage während der Hauptverkehrsstunde >$10^6$ Verbindungswünsche (Busy Hour Call Attempts, BHCA) zu bearbeiten, d.h. pro Sekunde ca. 300 Verbindungen auf- und abzubauen.
  - Das System EWSD (Siemens) umfasst im Jahr 1999 > 45 $\cdot 10^6$ Befehle (lines of code) [47-3d].
- SDH-Multiplexer (vgl. 5.5.5)
- Nachrichtentechnik, Messgeräte zur Analyse von
  - digitalen Signalen in Bussystemen: Logikanalysator
  - Spektralverteilung von Signalen in Übertragungssystemen: Spektrumanalysator
  - Kommunikationsprotokollen: Protokollanalysator
- Fertigungsindustrie, z.B. Steuerung von Werkzeugmaschinen
- Medizintechnik: Intensivstation, Signalauswertung
- Luft- und Raumfahrt: Flugzeug-Landesystem, Raketen- und Satelliten-Steuerungssysteme

### 4.9.1.2 Sicherheitskritische Anwendungen

Für sicherheitskritische Anwendungen werden fehlertolerante Systeme benötigt. Diese enthalten mehrere, miteinander kommunizierende Rechner. Wir finden verschiedene Lösungen:

- Ein Rechner arbeitet, ein zweiter läuft mit (*hot stand by*). Fällt der erste Rechner aus, dann wird auf den zweiten umgeschaltet.
- *Lastteilung*. Zwei Rechner teilen sich die Last. Fällt einer aus, dann übernimmt der andere zusätzlich die Aufgaben des ausgefallenen Rechners. Dies Verfahren setzt voraus, dass beide Rechner so dimensioniert sind, dass sie im Normalfall nicht voll ausgelastet sind, sondern über Lastreserven verfügen. Notfalls kann im Fehlerfall auch eine Leistungseinschränkung stattfinden, indem unwichtigere Aufgaben zurückgestellt werden.
- *Mehrheitsentscheidung*. Mindestens drei Rechner bearbeiten gleichzeitig dieselben Aufgaben. Die Ergebnisse werden verglichen und durch Mehrheitsentscheidung das entsprechende Ergebnis bestimmt. Wurden die Programme auf den Rechnern von unabhängigen Teams entworfen, dann können dadurch nicht nur Hardware- sondern auch Software-Fehler erkannt werden.

In allen Fällen ist der Vergleicher ein kritisches Element. Für ihn gelten erhöhte Zuverlässigkeitsanforderungen. Dies kann dadurch erreicht werden, dass er einfach – im Vergleich zu den Rechnern – und stark hardwareorientiert aufgebaut ist; Hardware kann besser ausgetestet werden als Software.

Solche sicherheitskritischen Anwendungen finden wir nicht nur bei den hier eingesetzten Rechnern, sondern auch bei Universalrechnern.

## 4.9.2 Rechner in Echtzeitverarbeitungssystemen

### 4.9.2.1 Architektur

Der Rechner in einem Echtzeitverarbeitungssystem (Bild 4.9-1) unterscheidet sich bezüglich der Architektur von einer Datenverarbeitungsanlage oder einem PC für den Hausgebrauch vor allem durch eine ausgeprägte Prozessperipherie (A/D-,

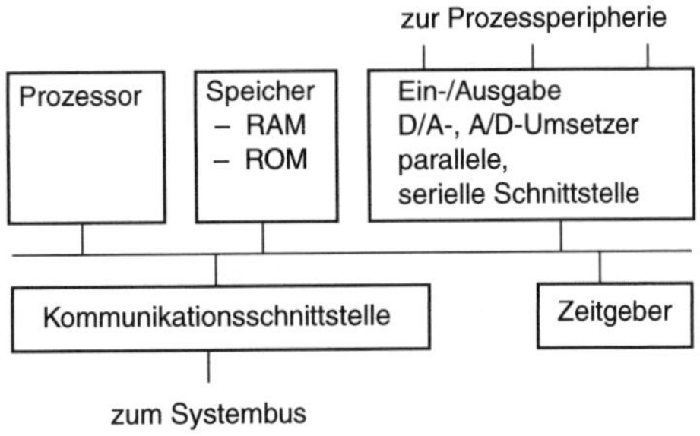


Bild 4.9-1 Rechner eines Echtzeitverarbeitungssystems

D/A-Umsetzer, parallele/serielle Schnittstellen, Zeitgeber (Timer) und Kommunikationsschnittstelle).

Das Unterbrechungswerk ist hier besonders gut ausgebaut. Außer dem Verkehr mit den E/A-Prozessoren steuert es den Ablauf der Prozessprogramme.

Wie bei vielen Universalrechnern ist hier im Rechner ein Zeitgeber eingebaut. Ein (evtl. quarzstabilisierter) Zähler wird im Takt von z.B. 10 µs in- bzw. dekrementiert. Durch das Programm kann der Zählerstand gesetzt werden. Erreicht der Zähler den Wert 0, erscheint ein Unterbrechungssignal. Damit kann man zu bestimmten Zeitpunkten Programme aufrufen. Dieser Zeitgeber kann auch die Tageszeit und das Datum liefern.

Die Kommunikation mit der Prozessperipherie erfolgt

- *ereignisgesteuert*, d.h. über Interrupts.
  Auf ein Unterbrechungssignal von dem zu messenden oder zu steuernden Vorgang hin wird je nach Priorität das gerade laufende Programm unterbrochen und ein neues Programm gestartet. Es gibt meist viele Unterbrechungsebenen. Auf der höchsten Prioritätsstufe sind die Maschinenfehler angeordnet, darauf folgen die anderen Unterbrechungsebenen. Die Zuordnung bleibt dem Anwender überlassen.
  Die Reaktionszeit, d.h. die Zeitdauer von der Unterbrechung bis zum Start des neuen Programms, reicht von einigen Mikrosekunden, wenn das Programm schon im Hauptspeicher ist, bis zu maximal 100 ms, wenn es auf der Magnetplatte gespeichert ist.
- *zeitgesteuert*; eine Anwendung ist die getaktete Übernahme von Messwerten und Signalzuständen in den Rechner. Wie in 6.3.4.2 gezeigt, findet man dieses Prinzip beispielsweise bei der Übernahme von Informationen der Peripherie in den Steuerrechner eines Vermittlungssystems, dort im 10 ms-Takt. Das hat den Vorteil, dass der Rechner relativ ungestört die jeweils eingetroffenen Meldungen analysieren und bearbeiten kann, ohne durch fortwährend neu eintreffende Unterbrechungsanforderungen gehemmt zu werden. Diese Meldungen vertragen die zeitliche Verzögerung. Die Ausgabe kann dann, z.B. ebenfalls im 10 ms-Takt, zeitversetzt um 5 ms, erfolgen.

#### 4.9.2.2 Bussysteme

Für Echtzeitverarbeitungssysteme wurden spezielle Bussysteme [44-4] entwickelt. Ein *Feldbus* ist ein einfacher, robuster Bus, wie er zur Kommunikation zwischen intelligenten Subsystemen und einem Leitrechner besteht. Ein Beispiel eines Feldbusses ist der

**CAN-Bus (Control Area Network)**

Dieser Bus wurde in der Fahrzeugtechnik entwikkelt. Er basiert auf einem CSMA/CA-Bus (Carrier Sense Multiple Access/Collision Avoidance). Ist der Bus frei, dann kann eine Station mit der Übertragung beginnen. Diese Nachricht beginnt mit einem 11 Bit langen Identifikationsfeld, das auch die Priorität der Nachricht enthält. Es sind die beiden Buszustände dominant und rezessiv möglich. Starten mehrere Stationen gleichzeitig eine Übertragung, dann brechen die Stationen ihre Übertragung ab, sobald sie feststellen, dass zeitgleich zu ihrem rezessiven ein dominantes Bit gesendet wurde. Am Schluss bleibt also die höchstpriore Nachricht übrig. Alle anderen Stationen haben sich abgeschaltet. Das Verfahren setzt voraus, dass alle Stationen während der Übertragungszeit von einem Bit erreicht werden. Dadurch ist die Übertragungsrate und die Ausdehnung des Busses begrenzt, was der Anwendung im Fahrzeug entspricht.

#### 4.9.2.3 Multitasking

Neben der externen Prozessbetrachtung stellen die Programmabläufe im Rechner ebenfalls Prozesse dar. Bedingt durch die hohe Gleichzeitigkeit der geforderten Reaktionen sind die hierfür entwickelten Betriebssysteme multitaskingfähig. Mit Task wird ein einfacher Teilprozess bezeichnet. Das bedeutet, der Rechner muss in der Lage sein, schnell von einer Task zu einer anderen Task umzuschalten. Die einzelnen Prozesse sind nicht unabhängig voneinander, sondern kooperieren. Deshalb bestehen Abhängigkeiten die beispielsweise eine bestimmte Reihenfolge fordern. Die

Wechselwirkungen zwischen den Prozessen, die Synchronisation, ist hier von besonderer Bedeutung. Vor allem der gegenseitige Ausschluss spielt eine wichtige Rolle.

**Beispiel:**
Von zwei Prozessen aus soll auf dasselbe Datum zugegriffen werden.

1. Fall: Prozess 1 holt, verändert und schreibt das Datum zurück.
Prozess 2 liest das Datum.
Je nach dem Zeitpunkt bekommt Prozess 2 den alten oder den neuen Wert. Soll Prozess 2 den neuen Wert weiterverarbeiten, dann muss sichergestellt werden, dass Prozess 2 erst zugreift, wenn die, von Prozess 1 herrührende, Veränderung stattgefunden hat.

2. Fall: Beide Prozesse verändern das Datum. Würde man den Ablauf unkontrolliert lassen, dann wäre der neue Wert nicht vorhersagbar, denn je nachdem welcher Prozess als letzter zurückschreibt, ergeben sich unterschiedliche Werte.

Eine einfache Lösung in Systemen mit einem Prozessor ist das Sperren der Unterbrechungseingänge (interrupt disable). Dies wird aber nur für kurze Zeitabschnitte, beispielsweise beim Umschalten auf eine Unterbrechungsbearbeitung eingesetzt. Für universelle Systeme reicht dies nicht aus.

Eine allgemeine Lösung stellen die *Semaphore* dar. Dies sind Variable, die zur Kennzeichnung einer exklusiven Operation benutzt werden. Ihnen zugeordnet sind Warteschlangen in die alle entsprechenden Prozesse eingetragen werden. Realisiert werden die Semaphore durch unteilbare (atomare) Operationen: lesen – verändern – rückschreiben (read – modify – write).

### 4.9.2.4 Echtzeit-Betriebssysteme

Wie wir aus den obigen Abschnitten gesehen haben, werden an die Betriebsysteme erweiterte Forderungen gestellt. So ist vor allem der Echtzeitbetrieb zu gewährleisten. Dabei wird die „Echtzeit“ von den Anforderungen des zu steuernden oder zu regelnden Systems bestimmt. Diese sind je nach dem Systemeinsatz unterschiedlich.

Der Betriebssystemkern übernimmt Funktionen wie Unterbrechungsbehandlung, dynamische Taskverwaltung, sowie die Koordination von und die Kommunikation zwischen Prozessen (Tasks), die Prioritätssteuerung, Zeitverwaltung und Betriebsmittelverwaltung.

Je nach dem Einsatz des Rechners finden wir von sehr einfachen, kleinen bis zu sehr komplexen, leistungsfähigen Betriebssystemen alle Varianten.

### 4.9.2.5 Prozessperipherie

Neben der Daten- oder Standard-Peripherie besitzt der Rechner in einem Echtzeitverarbeitungssystem spezielle Koppelelemente zum Prozess. Wir können hier nicht auf die Messumformer, wie Thermofühler, Dehnungsmessstreifen usw., eingehen [44-3c]. In jedem Fall sind jedoch von den Koppelelementen elektrische Signale zu empfangen oder abzugeben.

Digitale Signale werden elektronisch (z. T. potenzialfrei über optoelektronische Schaltungen) oder über Relais ein- und ausgegeben. Die Zahl der Anschlüsse kann über Multiplexer erhöht werden. Unterbrechungssignale sind digitale Eingangssignale.

Analoge Signale werden über Analog/Digital-(A/D-)Umsetzer eingegeben und über Digital/Analog-(D/A-)Umsetzer ausgegeben, vgl. 4.2.3.

DIN 66 216 legt die Schnittstellen zwischen dem Rechner und dem Prozess fest.

### 4.9.3 Einchip-Mikrocontroller

Für viele Anwendungen wäre der Einsatz eines Rechnersystems mit separaten Bausteinen für Prozessor, Speicher, Schnittstellen, ... zu aufwendig, sowohl was den Preis, als auch den Platzbedarf oder die Verlustleistung anbelangt. Deshalb wurden Ein-Chip-Systeme entwickelt und hier besonders die Mikrocontroller. Sie enthalten alle notwendigen Einheiten auf dem Chip (Bild 4.9-2), gestatten jedoch auch externe Erweiterungen, z.B. das Hinzuschalten von Speicherbausteinen.

Um die Bandbreite deutlicher zu machen, wollen wir zwei typische Einchip-Mikrocontroller betrachten (Bild 4.9-3).

Neben diesen strukturellen Merkmalen sind weitere Anforderungen zu erfüllen. So erfordert beispielsweise der Einsatz im Fahrzeug einen erweiterten Temperaturbereich, ferner muss das System mechanisch stabil sein, da hier hohe Beschleunigungen auftreten können. In industriellen Steuerungen können Umwelteinflüsse wie Staub, Feuchtigkeit, ... zu beachten sein.

Während im Fahrzeug die Einchip-Mikrocontroller stark favorisiert sind, finden wir in industriellen Steuerungen auch übliche Prozessoraufbauten.

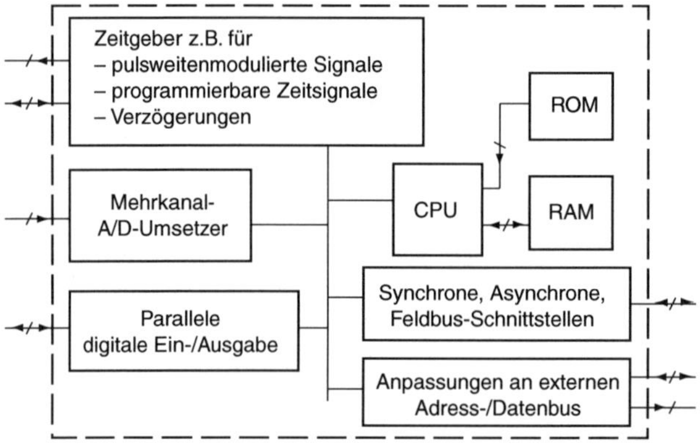


Bild 4.9-2
Mikrocontroller

| Eigenschaften | Einheit | Einsatzgebiet: Intelligenter Sensor | Steuerrechner |
|---|---|---|---|
| Prozessor-Wortbreite | Byte | 1 | 4 |
| Arithmetik | | Festpunkt | Gleitpunkt |
| Speicherkapazität | Byte | | |
| – RAM | | 256 | 32 K |
| – ROM | | 8 K | 512 K |
| D/A-, A/D-Umsetzer | | | |
| Auflösung | Bit | 8 | 12 |
| Kommunikationsschnittstelle | | Seriell (UART) | Bussteuerung |
| Zeitgeber | | | |
| Steuerung | | Steuerprogramm | Betriebssystem |

Bild 4.9-3
Eigenschaften von Mikrocontrollern

# 4.10 Anwendungen

Rechner werden mehr und mehr Standardprodukte und damit Teile von Anwendungen. Zuwächse können vor allem dadurch erzielt werden, dass Rechner verstärkt in Systemen eingesetzt werden. Man spricht von eingebetten Systemen (embedded systems). Dies reicht vom intelligenten Sensor und Aktor bis hin zu komplexen Systemen. Es gilt für alle Bereiche, bei denen technische Systeme eingesetzt werden.

**Beispiel:**
Chipkarten haben in den letzten Jahren eine weite Verbreitung gefunden. Durch eine erweiterte Funktionalität erschließen sich neue Anwendungsbereiche, z. B. elektronischer Geldverkehr, Netz- und Multimedia-Zugangskontrolle, öffentliche Transportsysteme. Dazu wird auf der Karte, sie heißt Smart Card, ein kompletter Rechner mit Betriebssystem vorgesehen. Von besonderer Bedeutung für solche Anwendungen sind Schutz- und Sicherheitsaspekte. [43-4] zeigt ein Entwicklungsbeispiel.

Im Folgenden beschränken wir uns auf einige typische Anwendungen, bei denen die Datenverarbeitung unmittelbar im Vordergrund steht.

## 4.10.1 Grafische Datenverarbeitung

Die Entwicklung von Arbeitsplatzrechnern mit RISC-Prozessoren ging Hand in Hand mit dem verstärkten Einsatz von Rechnern für grafische Anwendungen, wie computerunterstütztes Konstruieren (CAD, computer aided design). Es wurden grafische Editoren entwickelt. Die hohe Rechnerleistung wurde insbesondere beim Übergang von zwei- zu dreidimensionaler Darstellung notwendig.

Fragen, die damit im Zusammenhang stehen sind

- Repräsentation von Objekten: Bildpunkt- oder Vektor-Grafik. Beim Bildpunkt (pixel) wird jedem Bildpunkt seine Helligkeit und Farbe zugeordnet. Die Bearbeitung muss damit jeden Bildpunkt entsprechend behandeln. Beispiele hierfür sind gerasterte Bilder. Bei der Vektorgrafik wird das Bild aus geometrischen Figuren aufgebaut, beispielsweise räumlichen Dreiecken, die mit Eigenschaften belegt werden.
- Manipulieren von Objekten: Besteht das Bild aus einzelnen Objekten, z.B. Körpern, dann können diese Körper mathematisch beschrieben und manipuliert werden. Ein Körper kann beispielsweise gedreht oder aus einer bestimmten Richtung beleuchtet werden.

## 4.10.2 Künstliche Intelligenz

Künstliche Intelligenz (KI, engl. Artificial Intelligence, AI) kann sehr einfach verstanden werden, als der Versuch Rechner auf Gebieten einzusetzen, die der Mensch heute (noch) besser kann [49-3]. Erste Arbeitsgebiete zu Beginn der 60er-Jahre waren Spiele und Theoriebeweiser. Dann kamen Gebiete wie Bildauswertung, Verstehen natürlicher Sprachen oder medizinische Diagnostik dazu.

Eine Entwicklungsrichtung, die Expertensysteme, arbeitet seit Ende der 70er-Jahre daran, das Wissen von menschlichen Experten zu erfassen, zu speichern und dann anzuwenden, d. h. dieses Wissen in Rechnersystemen verfügbar zu machen. Das wichtigste Element hierbei ist die Datenbank, in der das Expertenwissen gespeichert ist. Beispiele sind die medizinische Diagnostik oder die Fehlersuche und -beseitigung in technischen Systemen.

## 4.10.3 Multimedia

Durch die Verfügbarkeit preiswerter leistungsfähiger PCs geht die Entwicklung heute dahin, diese als universelle Kommunikationsendgeräte zu nutzen. Für die Verarbeitung haben sich somit durch das Einbeziehen von Audio (Ton), Video (Film) und Breitbandkommunikation, neben der klassischen Verarbeitung von Daten, neue Anwendungsbereiche eröffnet. Der Name Multimedia weist auf die vielfachen (multi) genutzten Medien hin.

| Standard | | Übertragungsrate | Inhalt |
|---|---|---|---|
| JPEG | Joint photographic Picture encoding Experts Group (Gemeinsame Expertengruppe von ISO und ITU-T) | | Festbilder |
| MPEG | Moving Picture Experts Group | | Video- und Audio-Signale |
| MPEG-1 | | 1,2 MBit/s | Videorecorder-Qualität |
| MPEG-2 | | ≥ 5 MBit/s | HDTV-Qualität |
| MPEG-4 | | $n \times 64$ KBit/s, d.h. Vielfaches des ISDN-B-Kanals | Niedrige Datenraten |

Bild 4.10-1 Multimedia-Standards

Eine Definition von Multimedia lautet [94-4]: Multimedia kennzeichnet die rechnergesteuerte integrierte Verarbeitung, Speicherung, Darstellung, Kommunikation, Erzeugung und Manipulation von unabhängigen Informationen mehrerer zeitabhängiger und zeitunabhängiger Medien.

Der Anwender kann den Informationsfluss interaktiv steuern.

Dieser Ansatz hat weitreichende, auch gesellschaftliche Konsequenzen, da sich bei einer starken Durchdringung durch diese Möglichkeiten neue Verhaltensweisen im Umgang mit Medien ergeben werden. Wir betrachten hier nur einige technische Aspekte.

Die Integration multimedialer Daten verlangt entsprechende Anpassungen der Architektur solcher Systeme, wie wir am Beispiel eines superskalaren Prozessors (Bild 4.5-43) gesehen haben.

Neben den hardwaremäßigen Voraussetzungen für die Ein-/Ausgabe von Sprache (Mikrofon, Lautsprecher, A/D- und D/A-Umsetzer) und Bild (Halbleiter-Kamera) ist besonders die komprimierende Codierung der Daten von Interesse. Die heute wichtigsten Standards sind in Bild 4.10-1 angegeben.

Multimedia ist derzeit ein stark innovatives Gebiet, auf dem intensiv geforscht wird, das sich aber auch bereits in neuen Berufsfeldern niederschlägt.

### 4.10.4 Virtuelle Realität

Die virtuelle Realität stellt eine neue Mensch-Maschine-Schnittstelle dar. Sie ist die Kombination von klassischer Computergrafik und objektorientierter Programmierung.

Der Grundgedanke kann an einem einfachen Beispiel verdeutlicht werden: Es werden Stereobilder erzeugt und diese werden auf die Wände eines Raumes projiziert. Der Anwender kann sich in diesem virtuellen Raum bewegen. Das Erzeugen der Bilder erfolgt interaktiv, beispielsweise so, dass die Kopfbewegungen erfasst und in eine entsprechend veränderte Perspektive umgesetzt werden.

**Beispiel:**
Fahrsimulator. Der Arbeitsplatz eines Fahrers wird bezüglich der Bedienelemente real aufgebaut. Die Sicht ist jedoch virtuell. Der Fahrer kann sich bewegen, dadurch verändert sich seine Sicht. Er kann das Fahrzeug beschleunigen, dadurch verändert sich der Ablauf der Bildfolgen entsprechend. Es kann seine Reaktion auf unerwartete Ereignisse geschult werden, usw.

Für diese Anwendung der Datenverarbeitung sind leistungsfähige Rechner erforderlich, besonders wichtig ist dabei die Beschleunigung der Grafik. Deshalb werden einerseits die Prozessoren mit entsprechenden 3D-Maschinenbefehlen erweitert, andererseits werden für PCs eigene 3D-Beschleunigungskarten als Steckkarten entwickelt.

Virtuell ist die Realität nicht nur bezüglich der optischen Eindrücke, akustische Signale gehören ebenso dazu. Heute wird daran gearbeitet auch den Geruchssinn mit einzubeziehen.

## 4.11 Eigenschaften nachrichtenverarbeitender Systeme

Es gibt vielfältige Kriterien zur Charakterisierung solcher Systeme, die mehr oder weniger allgemeine Bedeutung haben. Wir konzentrieren uns hier auf die drei Bereiche Leistung, Sicherheit und Zuverlässigkeit.

Ein anderer Bereich ist beispielsweise die Mensch-Maschine-Schnittstelle, ein Gebiet das von den Ingenieuren über lange Zeit sehr stiefmütterlich behandelt wurde und deshalb einen großen Nachholbedarf hat. Hier fehlen aber noch Maßzahlen, die es gestatten Systeme quantitativ miteinander zu vergleichen.

### 4.11.1 Leistung

Die wahre Leistung von Rechnern ist schwierig zu bestimmen. Die Hersteller von Prozessoren und Rechnern geben zwar charakterisierende Daten an, diese besagen häufig jedoch nicht allzu viel über die wahre Leistungsfähigkeit eines Systems. Sie wird außer von den Fähigkeiten der einzelnen Komponenten wesentlich von deren Zusammenwirken bestimmt.

Wichtige Einzeldaten sind beispielsweise:
- Frequenz des Taktes
- Breite der Datenwörter
- Größe des Haupt- und Hintergrundspeichers
- Übertragungsrate der Verbindungsnetze
- Anzahl der Takte/Befehl (CPI: Clock cycle Per Instruction)

Außer solchen Einzeldaten finden wir weitere Angaben, die Aussagen über die Leistungsfähigkeit des Systems machen. Zunächst
- MIPS (Million Instructions Per Second, Millionen Maschinenbefehle pro Sekunde)
- MFLOPS (Million FLoating-point Operations Per Second, Millionen Gleitkomma-Operationen pro Sekunde)

Diese Maßzahlen taugen nicht zum Vergleich von Prozessorfamilien, wie wir uns anhand der Konzeption von CISC- und RISC-Prozessoren klarmachen können.

Neben solchen Aussagen kann die Leistungsfähigkeit (performance) eines (Teil-)Systems auch ermittelt werden durch
- Messungen am realen System. Hierbei ist darauf zu achten, dass die Messung das zu messende Objekt nicht beeinflusst und damit verfälscht. Beispielsweise belastet ein Auswerteprogramm den Rechner zusätzlich.
- Simulation mit Hilfe von Modellen. Hier ist die entscheidende Frage: Welcher Detaillierungsgrad muss modelliert werden, damit einerseits das Modell die zu untersuchenden Probleme genügend genau modelliert, andererseits aber noch handhabbar ist.
- Analytische Berechnungen mit Hilfe von Modellen. Nur in sehr einfach gelagerten Fällen können exakte Berechnungen durchgeführt werden. Im Normalfall ist man auf approximative Verfahren angewiesen.

Sowohl die Simulation, als auch die Berechnung basiert auf der Nachrichtenverkehrstheorie, insbesondere auf der Warteschlangentheorie. In diese Methoden führen wir im Abschnitt 6.3 ein.

Kriterien zur Beurteilung der Leistung werden in [DIN 66 273 Teil 1] definiert und in einem Beiblatt erläutert:
- Durchsatz
- Mittlere Durchlaufzeit (Mittelwert der Auftragsdurchlaufzeiten)
- Termintreue (Erfüllung einer gestuften Durchlaufzeitforderung)

Durch synthetisch erzeugte Lasten können vergleichbare, reproduzierbare Ergebnisse erzielt werden.

Bezogen auf eine spezielle Anwendung gewinnt man eine Aussage mittels eines Benchmarks (Vergleichspunkt).

**Benchmark**

Der Grundgedanke ist das Ermitteln von, für den Anwender, relevanten Kennzahlen. Dies geht selbstverständlich nicht global für alle möglichen Anwendungsfälle. Es werden für einen bestimmten Anwendungsbereich Programme zusammengefasst, sie werden ausgeführt und die Laufzeiten ergeben dann eine repräsentative Aussage für diese Anwendung.

Nachteilig ist, dass diese Programme relativ kurz sind, so dass Compiler-Autoren Optimierungen auf diese Programme abstimmen können um günstige Werte zu erzielen. Ferner können diese Programme, bedingt durch deren Kürze, meist aus dem Pufferspeicher heraus ausgeführt werden, damit wird das Speichersystem nicht praxisgerecht in den Test mit einbezogen.

**SPEC-Benchmark**

SPEC (System Performance Evaluation Cooperative) gehören heute alle wesentlichen Rechnerhersteller an. Diese Vereinigung sammelt große Anwendungsprogramme und stellt diese in normierter Form als Benchmark-Suite zur Verfügung. Als Maß für die Leistung eines Systems wird für jedes dieser Programme das Verhältnis der Laufzeit einer Referenzmaschine zu der des Systems als „SPEC ratio“ ermittelt. Zwei wichtige Maßzahlen sind

- SPECINT für Ganzzahloperationen (INTeger)
- SPECFP für Gleitkommaoperationen (Floating Point)

Die Programmpakete werden von Zeit zu Zeit neu zusammengestellt. Dies kommt durch eine nachgestellte Zahl, z.B. 95 für 1995, zum Ausdruck.

Aus allen Verhältniszahlen wird das geometrische Mittel „SPEC mark“ gebildet. Für eine qualifizierte Aussage sind sowohl die einzelnen Verhältniszahlen, als auch der Mittelwert zu beachten.

### 4.11.2 Sicherheit

Sicherheit erhoffen bzw. erwarten sowohl Betreiber als auch Anwender jedes Rechnersystems. Um ein hohes Maß an Sicherheit zu erreichen und zu gewährleisten, sind Maßnahmen auf allen Ebenen von der Hardware bis zur Unterbringung und dem Zugang durchzuführen.

Die folgenden Beispiele zeigen die Breite und lassen deutlich werden, auf welch unterschiedlichen Ebenen diese Maßnahmen angesiedelt sein müssen:

- Paritätsbit als einfachster Schutz gegen Fehler
- Unterschiedliche Systemzustände
  - Supervisor: Er erhält alle Rechte im Umgang mit dem System.
  - Anwender: Ihm stehen gewisse systemnahe Befehle nicht zur Verfügung.
- Regelmäßige Datensicherung und feuersichere Aufbewahrung der Datenträger
- Passwort zur Überprüfung der Zugangsberechtigung

Bei isolierten Einzelsystemen ist der geordnete Betrieb noch relativ leicht zu garantieren. Bei (weltweit) vernetzten Systemen ist dies ein großes Problem, vgl. 4.8.3.6.

Sicherheitsrelevante Fragen wurden in der Vergangenheit nicht immer mit der notwendigen Sorgfalt behandelt.

**Beispiele:**

Viele Anwender verlassen sich auf Speicher mit „Null-Fehler-Eigenschaft“. Wird aber eine Platte zerstört, dann erst werden sie dessen gewahr, da sie keine qualifizierte Datensicherung vorgenommen haben.

Ein großer Softwarehersteller hatte in seinem Textverarbeitungssystem einen Änderungspuffer vorgesehen, der überlaufen konnte. Letzteres wurde dem Benutzer erst nach Eintritt des Ereignissses in der Form mitgeteilt, dass ein Abspeichern nicht mehr möglich sei; also war möglicherweise die Arbeit von Stunden vergeblich.

Das Bundesamt für Sicherheit in der Informationsverarbeitung (BSI) erarbeitet Methoden zur Evaluierung der Sicherheit von Datenverarbeitungssystemen [48-3a].

### 4.11.3 Zuverlässigkeit

Zuverlässigkeit hat in allen technischen Systemen eine große Bedeutung. Die Zuverlässigkeitstheorie [43-11] wurde vor allem im Rahmen der Luft- und Raumfahrt weiterentwickelt. Sie spielt heute in vielen technischen Systemen, beispielsweise in der Medizintechnik oder der Fahrzeugtechnik, eine große Rolle.

**Beispiel:**
Bei der Deutschen Bundespost galt für Vermittlungssysteme die Vorschrift: Totalausfall < 2h während 40 Jahren.

Um solche Aussagen machen zu können, bedarf es qualifizierter Kenntnisse über das Verhalten der einzelnen Komponenten, sowie deren Zusammenwirken.

Bei Hardwarekomponenten gilt die sog. Badewannenkurve bezüglich der Ausfallrate über der Zeit. Hier ist die Lebensdauer in drei Zeitbereiche mit unterschiedlichem Verhalten unterteilt. Während der ersten Phase gibt es Frühausfälle, dabei nimmt die Ausfallrate über der Zeit ab. In der zweiten Phase, der normalen Nutzungsdauer, ist eine niedrige (konstante) Ausfallrate gegeben. Gegen das Ende der Lebensdauer, in der dritten Phase, steigt die Ausfallrate dann wieder an.

Einfache Kenngrößen für theoretische Betrachtungen sind

- Wahrscheinlichkeit für das ausfallfreie Arbeiten des Systems in einem gegebenen
  - Zeitintervall: Überlebenswahrscheinlichkeit (survival probability)
  - Zeitpunkt: Verfügbarkeit (availability)
- Erwartungswert der Zeit
  - bis zum Systemausfall (Mean Time To Failure: MTTF)
  - zwischen zwei Systemausfällen (Mean Time Between Failure: MTBF).

Entsprechend den in Abschnitt 6.3 bei der Nachrichtenverkehrstheorie hergeleiteten Überlegungen finden hier Ausfallraten $\lambda(t)$, Lebensdauerverteilungsfunktionen, wie beispielsweise die negativ exponentielle Verteilung, Anwendung.

Eine Möglichkeit zum Erhöhen der Zuverlässigkeit sind redundante Systeme, wie wir sie in Abschnitt 4.9.1.2 kennen gelernt haben.

**Beispiel:**
„3 aus 5“-System. Hier arbeiten alle 5 Systeme parallel und es wird eine Mehrheitsentscheidung durchgeführt.

## 4.12 Flexible Vernetzung

Wegen seiner vielen Vorteile wird das in 7.6.2.3 ff. beschriebene Prinzip der flexiblen Anschlussleitung (FAL), beginnend mit Insellösungen, schnell durchgesetzt. Dies ergibt für die Vernetzung nachrichtenverarbeitender Systeme völlig neue Möglichkeiten. Im Folgenden wollen wir einige Ideen diskutieren. Dazu betrachten wir zunächst den derzeitigen Stand.

Bei einem üblichen Netz (local area network, LAN) gibt es ein von allen Endgeräten gemeinsam genutztes Übertragungsmedium (Bus, Ring, ...), dessen Eigenschaften die Systembitrate bestimmen. Jedes angeschlossene Endgerät muss strenge Spielregeln einhalten, durch welche sichergestellt wird, dass die Sendeberechtigung nach demokratischen Gesichtspunkten bei voller Wahrung der Chancengleichheit vergeben wird. Realzeit-Übertragung ist nicht möglich. Das an einem LAN partizipierende Endgerät muss mit der gesamten Protokoll-Software ausgestattet sein, da es zu gegebener Zeit die Aufgaben einer Systemüberwachungs- oder Monitor-Station übernehmen muss.

Bei drahtlosen lokalen Netzen (Wireless LAN) kommen zusätzliche Aufgaben auf das Endgerät zu: Zur Reichweitenerhöhung ist es ein übliches Verfahren, dass ein Endgerät bei einer Übertragung zwischen zwei anderen Endgeräten ohne direkten Funkkontakt als Relais dient.

Eine ganz andere Situation mit völlig neuen Möglichkeiten ergibt sich nach Einführung des Universalnetzes nach Kapitel 7.6 aus folgenden Gründen:

- Alle Endgeräte sind in reiner Sternstruktur am Netz angeschlossen.

- Das einzelne Endgerät ist über eine FAL angeschlossen; das bedeutet, dass die Bandbreite und damit die Bitrate der Übertragung kurzfristig verändert werden kann.
- Kollektiv zusammenarbeitende Endgeräte können kurzfristig gebildet und genau so schnell wieder aufgegeben werden.
- Im Gegensatz zu derzeitigen LAN hat ein Endgerät keine Steuerungs- und Protokoll-Aufgaben für andere Endgeräte.

Als Ergebnis kann man sagen, dass bereits in der Einführungsphase der „flexiblen Anschlussleitung“ bisherige Strukturen wie LAN an Bedeutung verlieren werden. Im Endzustand (Kapitel 7.6.7) gibt es nur noch den Endgeräteanschluss des Universalnetzes, der alle Möglichkeiten einer kurzfristigen fallweisen Vernetzung offenhält.

Die weltweit gegebene Infrastruktur des Universalnetzes wird neue Denkweisen in der Vernetzung und damit der Nachrichtenverarbeitung fördern. Hier ist ein unbegrenztes Feld für neue Ideen. Dazu nur zwei Beispiele:

- Es ist möglich, im Zuge des Verarbeitungsprozesses neue Endgeräte anzusprechen und die Verbindung zu anderen aufzugeben.
- Man kann in verschiedenen Phasen des Verarbeitungsprozesses, gesteuert durch den Prozess, mit unterschiedlichen Bitraten arbeiten.

# 5 Nachrichtenübertragung

## 5.1 Einführung

Bei der Nachrichtenübertragung spielen die Modulationsverfahren eine zentrale Rolle, deshalb behandeln wir dieses Gebiet an erster Stelle (5.2). Aus didaktischen Gründen werden wir klassischen Verfahren wie AM und FM mehr Raum gönnen als ihrer heutigen Bedeutung entspricht.

## 5.2 Modulation

### 5.2.1 Einführung

#### 5.2.1.1 Grundbegriffe der Modulation

*Modulation* ist die Veränderung von *Signalparametern* eines Trägers in Abhängigkeit von einem *modulierenden Signal.* Bild 5.2-1 zeigt die typische Konfiguration eines Nachrichtenübertragungssystems. Bei dem Modulationsvorgang entsteht als Ausgangssignal das Modulationsprodukt oder modulierte Signal. Die *Demodulation* ist ein weiterer Modulationsvorgang, der zur Rückgewinnung des Basisbandes führt. Da wir häufig in jeder Endstelle sowohl eine Quelle als auch eine Senke haben, und deshalb gleichzeitig in beide Richtungen übertragen, enthält eine derartige Endstelle sowohl einen Modulator als auch einen Demodulator. Man spricht daher oft von einem „Modem“ und drückt damit gleichzeitig die in der Regel gegebene konstruktive Zusammenfassung aus.

Ein Kennzeichen der Modulation ist, dass neue Frequenzen entstehen. Das Frequenzband der modulierten Schwingung hat eine andere Lage als das Basisband. Wir benötigen damit notwendigerweise im Modem nichtlineare oder/und zeitvariante Schaltungen, damit überhaupt neue Frequenzen auftreten können. Das hat wohlgemerkt nichts damit zu tun, dass man je nach Aufgabenstellung eine *lineare Modulation* anstreben kann: Man versteht darunter, dass $s_1(t)$ eine lineare Funktion von $s_M(t)$ ist; vgl. z.B. Gl. (5.2-2). Als Träger verwenden wir in erster Linie sinusförmige Schwingungen (*Sinusträger*), außerdem in zunehmendem Maße *Pulsträger.* In Bild 5.2-2 ist angedeutet, welche Signalparameter beeinflusst werden können, um das Basisband dem Träger „aufzudrücken“.

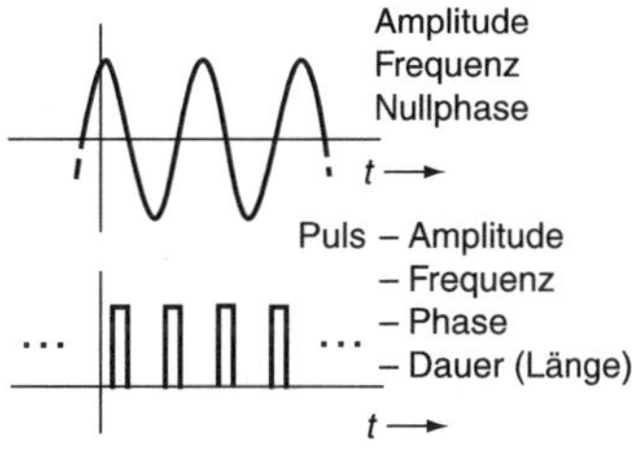


Bild 5.2-2 Wichtige Träger und beeinflussbare Signale

#### 5.2.1.2 Einführendes Beispiel: lineare Modulation

Das Ausgangssignal eines linearen Modulators ist eine lineare Zeitfunktion des Basisbandsignals; im einfachsten Fall ist die modulierte Schwingung das Produkt aus Basisbandsignal = modulierendes Signal $s_M(t)$ und Trägersignal $s_T(t)$. Im vorliegenden Abschnitt verwenden wir einen Sinusträger

$$s_T(t) = \hat{s}_T \cos(\omega_T t + \varphi_T) \tag{5.2-1}$$

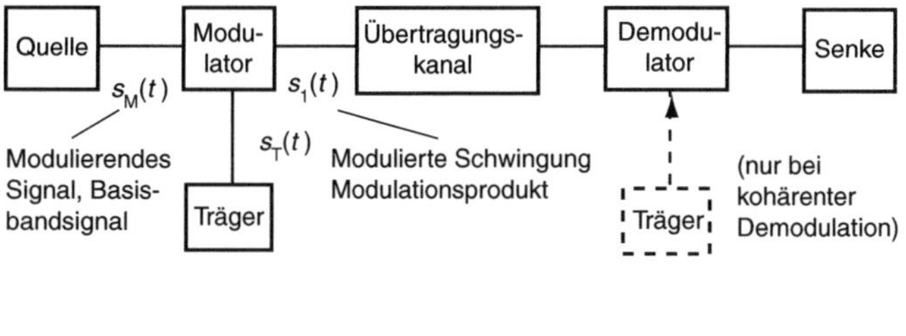


Bild 5.2-1 Anwendung der Modulation

Das Ausgangssignal $s_1(t)$ einer Multiplizierschaltung (Produktmodulator; Modulatorkonstante $k_1$) ist dann linear abhängig von $s_M(t)$:

$$s_1(t) = k_1 \cdot s_M(t) \cdot \hat{s}_T \cos(\omega_T t + \varphi_T) \qquad (5.2\text{-}2)$$

Enthält $s_M(t)$ mehrere Frequenzen, so dürfen wir demnach den Überlagerungssatz anwenden, um auf $s_1(t)$ zu kommen. Es genügt, von einem Einfrequenzsignal als $s_M(t)$ auszugehen, und die Ergebnisse ggf. zu verallgemeinern. Die Rechnung beschränkt sich auf elementare trigonometrische Beziehungen, z. B.

$$\cos\alpha \cdot \cos\beta = \tfrac{1}{2}\left[\cos(\alpha+\beta) + \cos(\alpha-\beta)\right] \qquad (5.2\text{-}3)$$

Wir setzen also als modulierendes Signal an

$$s_M(t) = \hat{s}_M \cos(\omega_M t + \varphi_M) \qquad (5.2\text{-}4)$$

und erhalten als Modulationsprodukt

$$\begin{aligned} s_1(t) = {} & \tfrac{1}{2} k_1 \cdot \hat{s}_M \cdot \hat{s}_T \cdot \\ & \cos\left[(\omega_T + \omega_M)\, t + (\varphi_T + \varphi_M)\right] \\ & + \tfrac{1}{2} k_1 \cdot \hat{s}_M \cdot \hat{s}_T \cdot \\ & \cos\left[(\omega_T - \omega_M)\, t + (\varphi_T - \varphi_M)\right] \end{aligned} \qquad (5.2\text{-}5)$$

Da wir uns zunächst nur für die Lage von Basisbandsignal und Modulationsprodukt in der Frequenzebene interessieren, nehmen wir $\varphi_T = \varphi_M = 0$ an; damit wird

$$\begin{aligned} \hat{s}_1 & = \tfrac{1}{2} k_1 \cdot \hat{s}_M \cdot \hat{s}_T \\ s_1(t) & = \hat{s}_1 \cos(\omega_T + \omega_M)\, t + \hat{s}_1 \cos(\omega_T - \omega_M)\, t \end{aligned} \qquad (5.2\text{-}6)$$

Trotz ihrer einfachen Form lehrt uns diese Gleichung bereits fundamentale Beziehungen der Modulationstechnik; siehe Bild 5.2-3. Die Kreisfrequenz $\omega_M$ in Gl. (5.2-6) steht stellvertretend für die Kreisfrequenzen eines von $\omega_1$ bis $\omega_2$ reichenden Basisbandes. Entsprechend Gl. (5.2-6) erzeugt eine Kreisfrequenz $\omega_M$ des Basisbandes eine obere Seitenbandfrequenz $(\omega_T + \omega_M)$ und eine untere Seitenbandfrequenz $(\omega_T - \omega_M)$. Damit ergeben sich (a) aus dem Basisband zwei Seitenbänder, das obere und das untere; jedes hängt linear mit dem Basisband zusammen. Bekanntlich hat die zweiseitige spektrale Darstellung (unter Einschluss der physikalisch nicht existierenden negativen Frequenzen) einige Vorteile. Sie zeigt uns (b), dass die *lineare Modulation* einfach die *Anwendung des Frequenzverschiebungssatzes* ist.

Bleiben wir auf der rechten Seite des Bildes, bei den physikalisch existierenden Frequenzen, so sehen wir die beim unteren Seitenband auftretende Inversion: Die von $\omega_2$ herrührende untere Seitenbandlinie hat eine kleinere Frequenz als die von

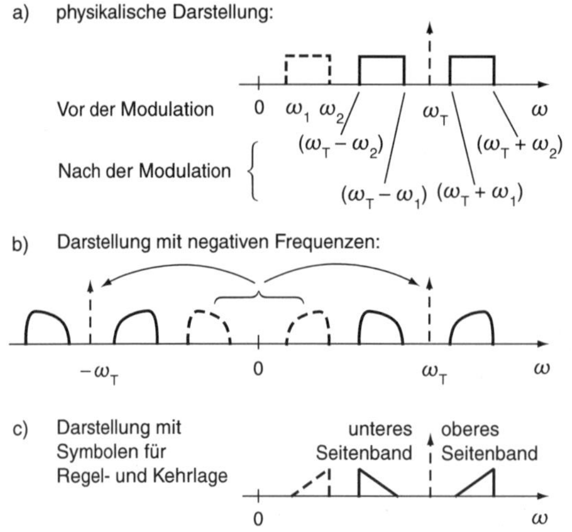


Bild 5.2-3
Lineare Modulation

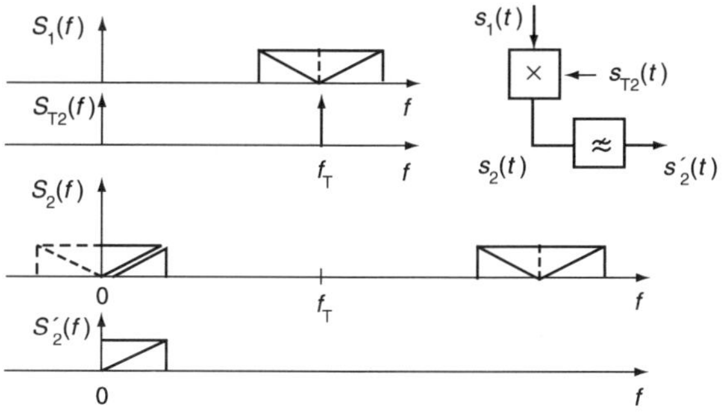


Bild 5.2-4
Demodulation des Zweiseitenbandsignals

$\omega_1$ herrührende! Um den Überblick über die Lage der Frequenzen zu behalten, verwendet man die Darstellung mit Dreiecken (c). Man erkennt sofort „Regel-" und „Kehrlage"; die Darstellung hat aber nichts mit der Amplitude zu tun!!

Wir haben stets $\omega_T > \omega_M$ vorausgesetzt; meist ist jedoch $\omega_T \gg \omega_M$. Ist für einen gewissen Bereich von $\omega_M$ der Fall $\omega_T < \omega_M$ gegeben, so erhalten wir den so genannten „Umfalteffekt" (side bandfoldover). Es gibt dann zwei Basisbandfrequenzen $\omega_M$ und $(2\omega_T - \omega_M)$, welche dieselbe untere Seitenbandfrequenz $|2\omega_T - \omega_M|$ erzeugen. Mit Rücksicht auf unzweideutige Demodulation fordern wir daher normalerweise $\omega_T > \omega_M$. Dies schließt Ausnahmen, etwa zum Zwecke spezieller Impulsformungen, oder wie beim Weaver-Verfahren in 5.2.4.1 nicht aus.

In der Folge ist von Phasenbeziehungen zwischen Sende- und Empfangsseite eines Übertragungssystems die Rede, wobei natürlich der Phasengang des Übertragungskanals eingeht. Um einfache Aussagen zu bekommen, verabreden wir für dieses Kapitel, dass zwischen Modulator und Demodulator keine Phasendrehung auftreten möge.

Die Rückgewinnung des Basisbandes auf der Empfangsseite, die Demodulation, kann durch einen weiteren Modulationsvorgang mit einem Träger gleicher Frequenz und Phase wie auf der Sendeseite erfolgen, durch welchen eine weitere Frequenzverschiebung resultiert. Dabei entsteht u.a. das ursprüngliche Basisband wieder (Bild 5.2-4); es kann durch einen Tiefpass ausgefiltert werden.

Die Demodulation mit Hilfe des frequenz- und phasenrichtigen Trägers auf der Empfangsseite wird als kohärente Demodulation oder Synchrondemodulation bezeichnet. Wenn der Träger nicht übertragen wird – das hatten wir immer vorausgesetzt – dann ergibt sich das Problem der Trägerrückgewinnung. Das Zweiseitenbandsignal nach Bild 5.2-3 enthält eine Information über den Träger:

$$(\omega_T - \omega_M) + (\omega_T + \omega_M) = 2\,\omega_T \qquad (5.2\text{-}7)$$

Zur Demodulation stehe ein (rückgewonnener) Träger $s_{T2}(t)$ mit der richtigen Kreisfrequenz $\omega_T$, aber einer Phasenverschiebung $\varphi_{T2}$ gegenüber dem Sendeträger ($\varphi_{T1} = 0$) zur Verfügung:

$$s_{T2}(t) = \hat{s}_{T2} \cos(\omega_T t + \varphi_{T2}) \qquad (5.2\text{-}8)$$

Das ankommende Zweiseitenbandsignal nach Gl. (5.2-6) wird mit dem Träger $s_{T2}(t)$ multipliziert (Modulatorkonstante $k_2$), wobei sich die Anteile der einzelnen entstehenden Frequenzen wieder nach Gl. (5.2-3) bestimmen. Entsprechend Bild 5.2-4 unterdrücken wir die Anteile mit $(2\omega_T \pm \ldots)$ durch einen Tiefpass und erhalten:

$$s_2'(t) = \hat{s}_2 \cos\varphi_{T2} \cdot \cos\omega_M t \qquad (5.2\text{-}9)$$

Dabei ist (vgl. Gl. (5.2-6) mit $s_T = s_{T1}$):

$$\hat{s}_2 = k_2 \cdot \hat{s}_{T2} \cdot \hat{s}_1$$
$$\hat{s}_2 = \left(k_2 \cdot \hat{s}_{T2} \cdot \tfrac{1}{2} k_1 \cdot \hat{s}_{T1}\right) \cdot \hat{s}_M \qquad (5.2\text{-}10)$$

Angenommen, der Klammerausdruck in Gl. (5.2-10) habe den Wert 1. Dann wird für $\varphi_{T2} = 0$ – phasenrichtiger Träger bei Demodulation – das Ausgangssignal gleich dem ursprünglichen Signal auf der Senderseite. Ist $\varphi_{T2} \neq 0$, aber nicht

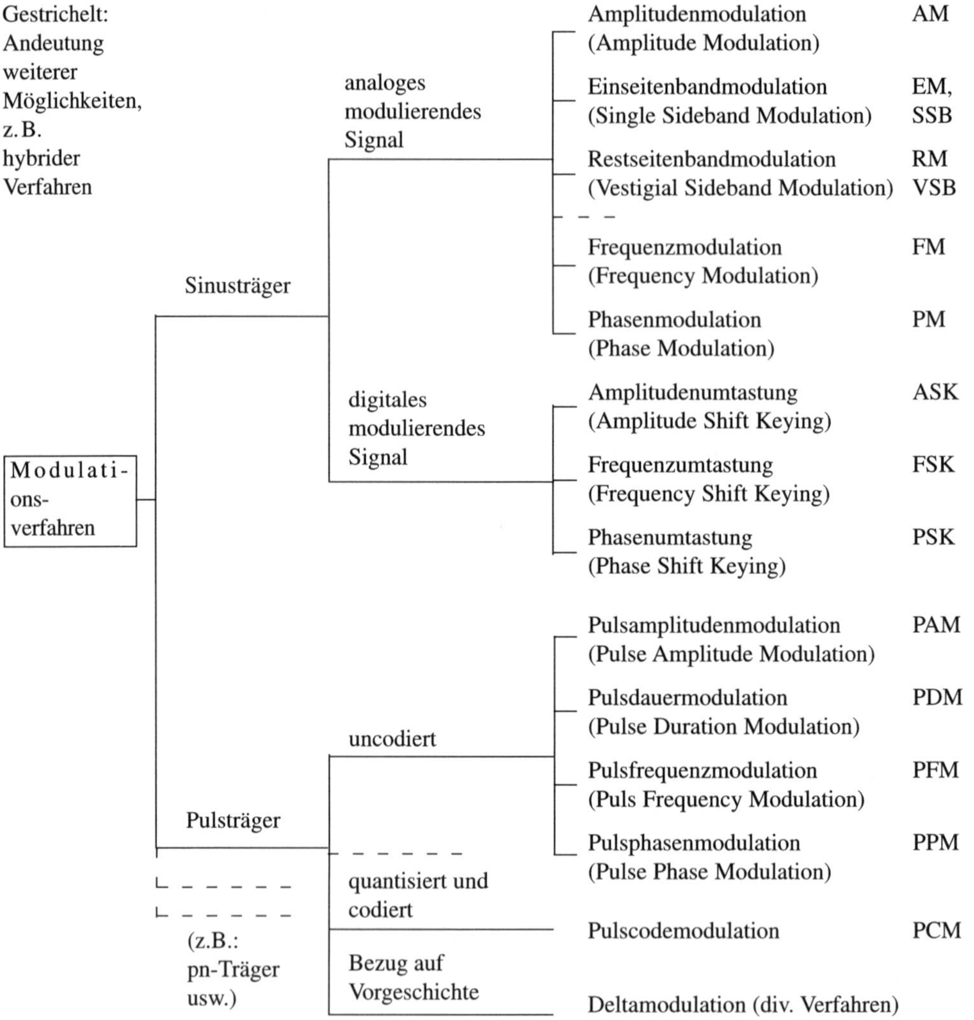


Bild 5.2-5 Modulationsverfahren

zu groß, und vor allem konstant, so ergibt sich eine in den meisten Fällen tragbare Verringerung des Störabstandes der Übertragung.

Ein interessanter Spezialfall ist $\varphi_{T2} = \pm\frac{\pi}{2}$, weil dafür das Ausgangssignal dauernd verschwindet. Wir finden daraus die Grundidee der sog. *Quadraturmodulation*. Ein Multiplexsystem aus zwei unabhängigen Kanälen kann bei einer Zweiseitenbandmodulation ohne übertragenen Träger dadurch gebildet werden, dass (kohärente Demodulation in jedem Kanal vorausgesetzt) die Trägerphase des einen Kanals sich von der Trägerphase des anderen Kanals um 90° unterscheidet. Vom Standpunkt der Frequenzbandausnutzung ist ein derartiges System also so gut wie Basisbandübertragung: Es benötigt die doppelte Basisbandbreite, realisiert aber damit auch zwei unabhängige Kanäle. Nun lehrt uns aber der vorher betrachtete Demodulationsvorgang, dass es einfachere Methoden geben muss, den Frequenzbandbedarf des modulierten Signals gleich dem der Basisbandübertragung zu halten. Da jedes Seitenband die Information enthält und da beide Seitenbänder entsprechend Bild 5.2-4 gleiche Beiträge zum demodulierten Signal geliefert haben, liegt es nahe, nur ein Seitenband zu übertragen. Leider lässt sich aber aus dem Einseitenbandsignal der Träger nicht ableiten; siehe 5.2.4.1.

Das behandelte lineare Verfahren, eine Zweiseitenbandmodulation ohne Träger, hat denselben Störabstand wie die Basisbandübertragung. Wir haben bei diesem Verfahren bereits das Problem der Trägerrückgewinnung kennen gelernt, das uns noch beschäftigen wird. Der Tiefpass in Bild 5.2-4 ist ein erster Hinweis darauf, dass wir bei Modulation und Demodulation immer wieder Filter benötigen werden (Unterdrückung unerwünschter Modulationsprodukte, Begrenzung des Basisbandes, Separieren eines rückgewonnenen Trägers usw.), die wesentlich in den Aufwand eingehen.

## 5.2.2 Übersicht über die Modulationsverfahren

Die von uns näher betrachteten Modulationsverfahren sind in Bild 5.2-5 zusammengestellt. Versucht man die Alternativen analog/digital für eine Einteilung auszunutzen, so zeigt es sich, dass man dabei zweckmäßigerweise beim Sinusträger das modulierende, beim Pulsträger dagegen das entstehende modulierte Signal heranzieht.

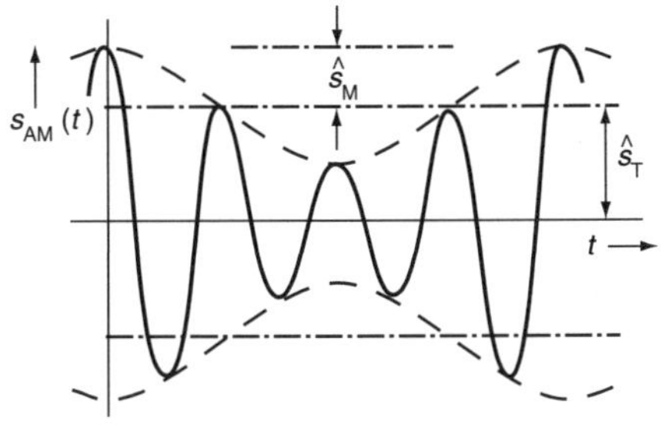


Bild 5.2-6 Zeitverlauf der AM

## 5.2.3 Amplitudenmodulation (AM)

Für die Untersuchung der AM können wir ohne Verlust der Allgemeinheit die Nullphase $\varphi_T = 0$ annehmen; damit ist der Träger nach Gl. (5.2-1)

$$s_T(t) = \hat{s}_T \cos \omega_T t \tag{5.2-11}$$

Bei der Amplitudenmodulation soll nun die Trägeramplitude linear vom modulierenden Signal $s_M(t)$ abhängen. Wir rechnen wieder mit einem Einfrequenzsignal und setzen $\varphi_M = 0$:

$$s_M(t) = \hat{s}_M \cos \omega_M t \tag{5.2-12}$$

Bei dem plausiblen Ansatz $\hat{s}_T(t) = \text{Konstante} \cdot s_M(t)$ ergäbe sich eine Schwierigkeit: Für negative Werte von cos $\omega_T t$ würde der Träger umgepolt, was einem Phasensprung um $\pi$ entspricht. D. h. wir würden unerwünschterweise auch eine Phasenmodulation machen. Damit man die negativen Werte von $s_M(t)$ auch zulassen kann, macht man daher den Ansatz

$$\hat{s}'_T(t) = \hat{s}_T + s_M(t) \qquad (\hat{s}_T \geq \hat{s}_M) \tag{5.2-13}$$

Man definiert den Modulationsgrad

$$m = \frac{\hat{s}_M}{\hat{s}_T} \tag{5.2-14}$$

und erhält aus Gl. (5.2-11) bis Gl. (5.2-14) mit Gl. (5.2-3) die Zeitfunktion der AM:

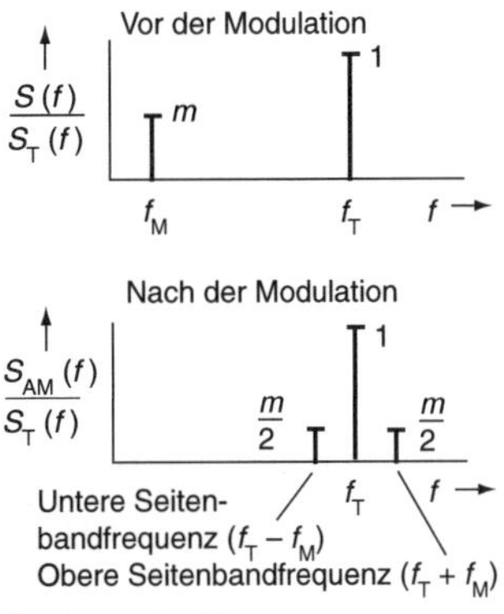


Bild 5.2-7 Spektrum der AM

$$s_{AM}(t) = \hat{s}_T\left[\cos\ \omega_T t + \frac{m}{2}\cos(\omega_T + \omega_M)t + \right.$$
$$\left. + \frac{m}{2}\cos\ (\omega_T - \omega_M)t\right] \qquad (5.2.15)$$

Bild 5.2-6 zeigt diese Zeitfunktion und Bild 5.2-7 ihr Spektrum, jeweils für $m = 50\,\%$. Die Leistung einer AM-Schwingung ergibt sich als Summe aus der Trägerleistung und den Leistungen der Seitenbänder:

$$P_{AM} = P_{Träger} + 2 \cdot P_{Seitenband} \qquad (5.2\text{-}16)$$

Für die Amplitude gilt (Bild 5.2-7):

$$\frac{\text{Seitenbandamplitude}}{\text{Trägeramplitude}} = \frac{m}{2} \qquad (5.2\text{-}17)$$

Das Leistungsverhältnis ist $\left(\frac{m}{2}\right)^2$, also wird

$$\frac{P_{AM}}{P_{Träger}} = 1 + 2\left(\frac{m}{2}\right)^2 = 1 + \frac{m^2}{2} \qquad (5.2\text{-}18)$$

Vom Standpunkt der Leistungsökonomie ist die einfache AM offensichtlich ein schlechtes Verfahren; wir verschwenden den Großteil der Leistung, um den unmodulierten Träger zu übertragen (Träger trägt keine Nachricht).

**Erzeugung von AM**

Es gibt verschiedenartige integrierte Schaltungen (z. B. Multiplizierer wie in 5.2.1.2 oder Schaltmodulatoren wie in 5.2.4.1, u.ä.), mit denen ein Zweiseitenbandsignal erzeugt werden kann. Sofern dabei der Träger unterdrückt wird, spielt das keine Rolle; denn man kann jederzeit den Träger dem Zweiseitenbandsignal wieder zusetzen, um die AM-Schwingung nach Gl. (5.2-15) mit jedem gewünschten Modulationsgrad zu erhalten.

Typisch für die AM ist, dass sie sich ggf. mit recht einfachen Schaltungen realisieren lässt, deshalb wollen wir nachstehend die klassische Erzeugung von AM an einer nichtlinearen Kennlinie zeigen. An einem nichtlinearen Zweipol, der durch seine Kennlinie $i = f(u)$ gegeben ist, legen wir die Reihenschaltung der Spannungen $u_T(t)$ (Träger, Kreisfrequenz $\omega_T$), $u_M(t)$ (modulierendes Signal, $\omega_M$) und $U_0$ (Gleichspannung zur Arbeitspunkteinstellung). Wegen der Nichtlinearität enthält der resultierende Strom $i$ zusätzlich neue Frequenzen.

**Beispiel:**

Gegeben sei die Kennlinie $i = cu^2$, und es sei $\hat{u}_T + \hat{u}_M \leq U_0$. Man erhält

$$i = c\left(U_0 + \hat{u}_T \cos\omega_T\, t + \hat{u}_M \cos\omega_M\, t\right)^2 \qquad (5.2\text{-}19)$$

Wir multiplizieren aus und berücksichtigen Gl. (5.2-3). Die entstehenden unerwünschten Frequenzanteile (Gleichanteil, $\omega_M$, $2\omega_M$ und $2\omega_T$) lassen sich durch ein Filter abtrennen, und es verbleibt

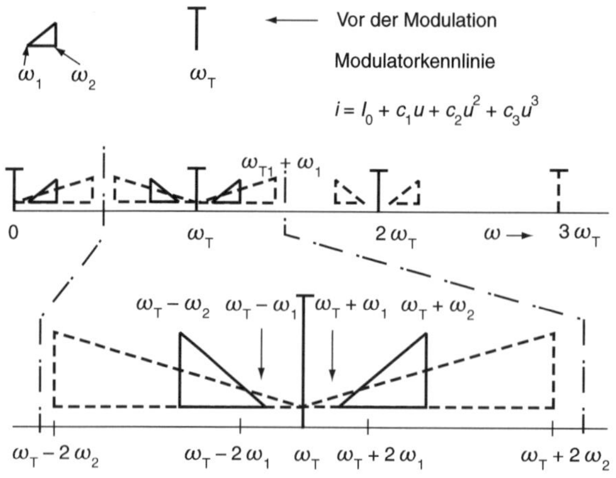


Bild 5.2-8
Entstehung des Klirrfaktors bei nichtidealer Modulator-Kennlinie

$$\frac{i}{2cU_0} = \hat{u}_T \cos\omega_T t +$$

$$+\frac{\hat{u}_T\hat{u}_M}{2U_0}\cos\,(\omega_T+\omega_M)t+\frac{\hat{u}_T\hat{u}_M}{2U_0}\cos\,(\omega_T-\omega_M)t \tag{5.2-20}$$

Setzen wir $i/2c\,U_0 = s_{AM}(t)$, $\hat{u}_T = \hat{s}_T$ und $\hat{s}_M/U_0 = m$, so geht Gl. (5.2-20) in die in Bild 5.2-6 dargestellte Zeitfunktion der AM nach Gl. (5.2-15) über.

Praktisch verfügbare nichtlineare Bauelemente haben Kennlinien, welche von dem quadratischen Verlauf mehr oder weniger abweichen. Wir können die Kennlinie im jeweiligen Arbeitspunkt durch eine Potenzreihe darstellen:

$$i = I_0 + c_1 u + c_2 u^2 + \cdots + c_n u^n \tag{5.2-21}$$

Setzen wir wieder für $u$ die Summe der einzelnen Spannungen, so ergeben sich alle Kombinationsfrequenzen ($p\omega_T \pm q\omega_M$), welche der Bedingung

$$p + q \leq n \tag{5.2-22}$$

genügen. Bild 5.2-8 zeigt für das Beispiel $n = 3$, dass nun störende Anteile auftreten, welche sich von den Nutzsignalen nicht trennen lassen.

**Demodulation der AM**

Der Vorteil der AM liegt in der sehr einfachen Demodulation. Da der Träger die informationstragenden Seitenbänder begleitet, entfällt das Problem der Trägerrückgewinnung. Bereits mit einer einfachen Diode lassen sich Schaltungen für inkohärente Demodulation realisieren. Bei Einweggleichrichtung enthält das Ausgangssignal die Niederfrequenz $\omega_M$, wie aus der Fourier-Analyse hervorgeht. Durch einen Tiefpass können die höheren Frequenzanteile unterdrückt werden.

Einen andersartigen Demodulator erhalten wir durch Spitzengleichrichtung mit geeignet bemessener Entladezeitkonstante. Bild 5.2-9 zeigt so genannte Hüllkurvendetektoren; man spricht auch von „Einhüllendendemodulation". Nehmen wir die Reihenschaltung als Beispiel: der Kondensator lädt sich bei den positiven Halbschwingungen auf die Spitzenspannung auf. Hat die Halbschwingung ihren Spitzenwert überschritten, so sperrt die Diode, und $C$ entlädt sich langsam über $R$. Die richtige Bemessung der Zeitkonstante gelingt um so leichter, je mehr gegeben ist $\omega_T \gg \omega_M$. Eine bekannte Dimensionierungsvorschrift lautet:

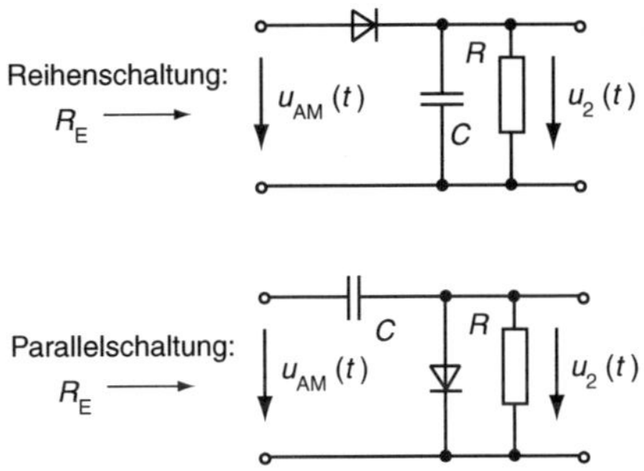


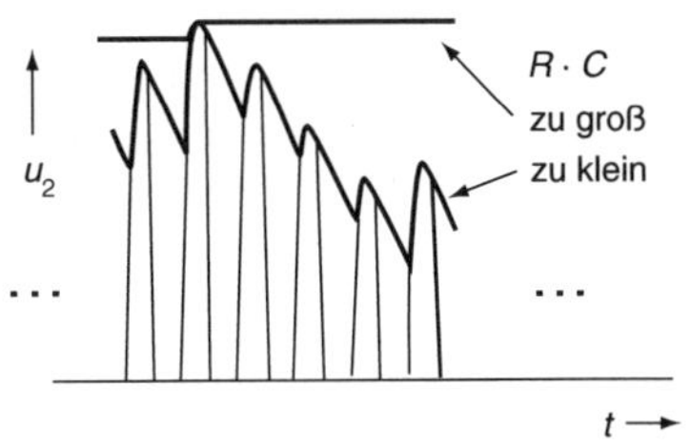


Bild 5.2-9 Hüllkurvendetektor

$$\frac{1}{\omega_{M\,max}} > RC > \frac{10}{\omega_T} \tag{5.2-23}$$

Der Eingangswiderstand $R_E$ des Demodulators belastet die speisende Schaltung und soll deshalb möglichst groß sein. Nehmen wir den Schaltungsausgang leer laufend an (Trennstufe), so ergibt sich $R_E$ aus dem Vergleich der zugeführten mit der in $R$ in Wärme umgesetzten Leistung.

**Beispiel:**

Eingangswiderstand der Reihenschaltung. Nehmen wir als Eingangsspannung den unmodulierten Träger und setzen wir Spitzengleichrichtung nach Gl. (5.2-23) voraus, dann ist $u_2 \approx \hat{u}_T$. Die Leistung in $R$ ist $P_2 \approx \hat{u}_T^2/R$. Die Schaltung erhält eine Leistung $P_1 = (\hat{u}_T/\sqrt{2})^2/R_E$ zugeführt. Mit $P_1 = P_2$ wird $R_E = R/2$.

Die Parallelschaltung hat einen kleineren Eingangswiderstand ($R_E = R/3$); bei höheren Frequenzen ist aber von Vorteil, dass die Diode einseitig an Erde liegt.

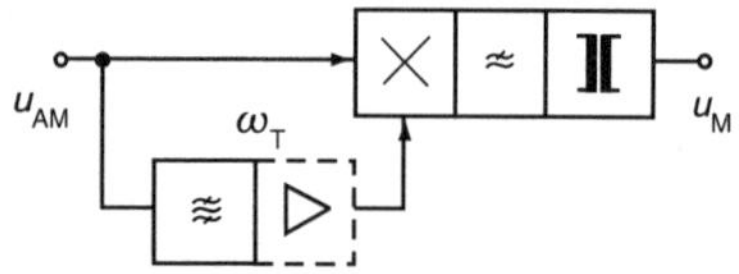


Bild 5.2-10 Kohärente Demodulation von AM

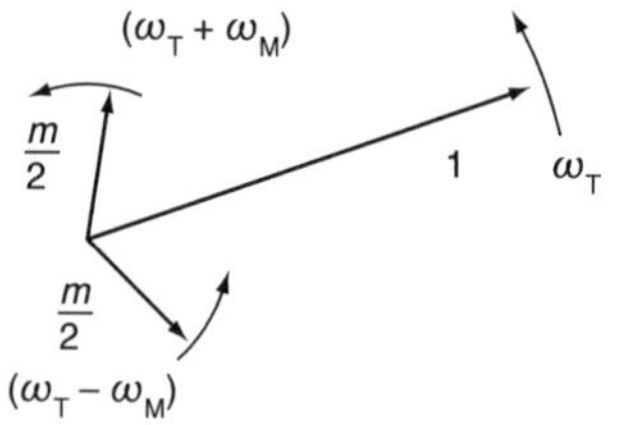


Bild 5.2-11 Zeigerbild der AM

Da der Träger empfangsseitig vorliegt, können wir selbstverständlich auch kohärent demodulieren. Durch einen Filter wird der Träger aus dem ankommenden Signal separiert und in einem Produktmodulator werden ankommendes Signal und Träger multipliziert (Bild 5.2-10).

### Zeigerdiagramm

Das Zeigerbild der AM nach Gl. (5.2-15) enthält drei Zeiger mit gleichem Drehsinn, aber unterschiedlicher Winkelgeschwindigkeit (Bild 5.2-11). Um den Augenblickswert der modulierten Schwingung zu finden, müssen die drei Zeiger in ihrer momentanen Stellung vektoriell addiert werden. Die Projektion auf die reelle Achse gibt dann den Augenblickswert.

Anschaulicher ist die Betrachtungsweise nach Bild 5.2-12, bei der der Trägerzeiger scheinbar feststeht und die Seitenbandzeiger sich symmetrisch mit den Winkelgeschwindigkeiten $+\omega_M$ und $-\omega_M$ zu ihm zu bewegen scheinen. Wir erreichen dies, indem wir den umlaufenden Zeiger in regelmäßigen Abständen $2\pi/\omega_T$ kurzzeitig beleuchten (Stroboskop). Dabei liegt die Summe der Seitenbandzeiger in jedem Augenblick in der Richtung des Trägerzeigers. Die Gesamtsumme schwankt zwischen den Grenzen $\hat{s}_T(1-m)$ und $\hat{s}_T(1+m)$.

Die Zeigerdarstellung ist eine anschauliche Methode, mit der der Einfluss verschiedener Manipulationen bei der Modulation sowie der Einfluss von Verzerrungen und Störungen in einfacher Weise beurteilt werden kann. Es mögen z. B. auf einer Übertragungsstrecke die beiden Seitenbänder der AM unterschiedlich gedämpft werden. Man erkennt leicht, dass dann der Gesamtzeiger um die mittlere durch den Träger gegebene Lage hin und her schwankt, d.h. es ergibt sich eine zusätzliche Phasenmodulation.

### Modulationstrapez

Betrachtet man die Zeitfunktion $u_{AM}(t)$ im Oszilloskop, so kann man Verzerrungen schlecht erkennen. Stattdessen kann man in der Horizontalen mit dem modulierenden Signal ablenken; dabei ergibt sich als stehendes Bild ein oben und unten schräg abgeschnittener Zylinder (Bild 5.2-13). Ist die Phasenverschiebung zwischen $u_{AM}(t)$ und $u_{NF}(t)$ null, so sieht man den Zylinder von der Seite. Dieses „Modulationstrapez" offenbart schon

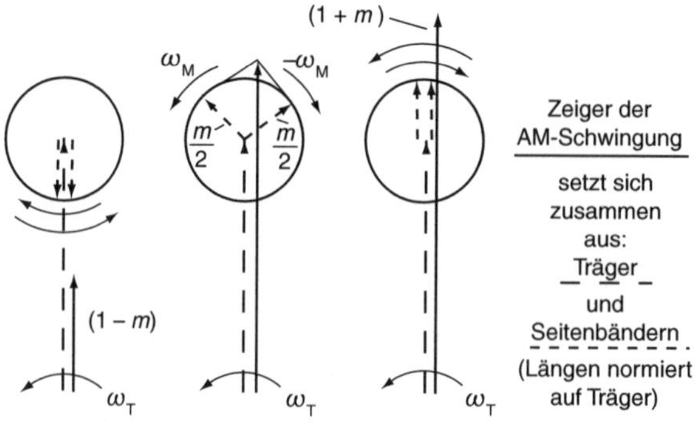


Bild 5.2-12
Zeigerbild der AM bei stroboskopischer Betrachtung

geringe Verzerrungen: Ggf. sind die Begrenzungslinien oben und unten keine Geraden mehr.

**Modulationskennlinien**

Beim Untersuchen von Modulationsschaltungen (u.a. bezüglich Verzerrungen) verwendet man häufig zwei Modulationskennlinien (M.):

- statische M.: Trägeramplitude als Funktion einer Gleichspannung als modulierendes Signal.
- dynamische M.: Modulationsgrad $m$ als Funktion von $u_M$.

## 5.2.4 Einseitenband-Verfahren

Bei der AM enthält jedes Seitenband die volle Information. Der größte Teil der Leistung der AM entfällt auf den Träger. Kann man in der Empfängertechnik höheren Aufwand treiben, so wird man versuchen, eines der beiden Seitenbänder und wenn möglich auch den Träger nicht zu übertragen. *Einseitenbandmodulation* (Abkürzung EM, in der Literatur häufig SSB = Single SideBand).

### 5.2.4.1 Einseitenbandmodulation ohne Träger

Durch geeignete Modulatorschaltungen kann man leicht Zweiseitenbandmodulationen ohne Träger herstellen. Es gibt verschiedene Methoden, um dann das unerwünschte Seitenband zu unterdrücken.

**Modulatoren mit Trägerunterdrückung**

Der Multiplizierer in 5.2.1.2 lieferte ein Ausgangssignal, welches den Träger nicht enthält, Gl. (5.2-6). Häufig benutzt man zur Trägerunterdrückung auch Schaltmodulatoren in (Doppel-)Gegentaktschaltungen. Bei diesen hat entweder der zugeführte Träger eine so hohe Amplitude, dass die Modulationsdioden oder -transistoren praktisch im Schalterbetrieb arbeiten, oder man führt von vornherein einen Rechteckträger der Frequenz $f_T$ zu. Bild 5.2-14 zeigt die resultierende Schaltfunktion $s_T(t)$ sowie Zeitfunktion und Spektrum. Der Doppelgegentaktmodulator unterdrückt nicht nur den Träger, sondern auch die Niederfrequenz. An Stelle von Dioden kann man geeignet angesteuerte Transistoren einsetzen: mit derartigen „aktiven Modulatoren" erreicht man einen kleineren Trägerleistungsbedarf, eine gewisse Verstärkung und vom Schaltspiel unabhängige reelle Abschlusswiderstände am Ein- und Ausgang.

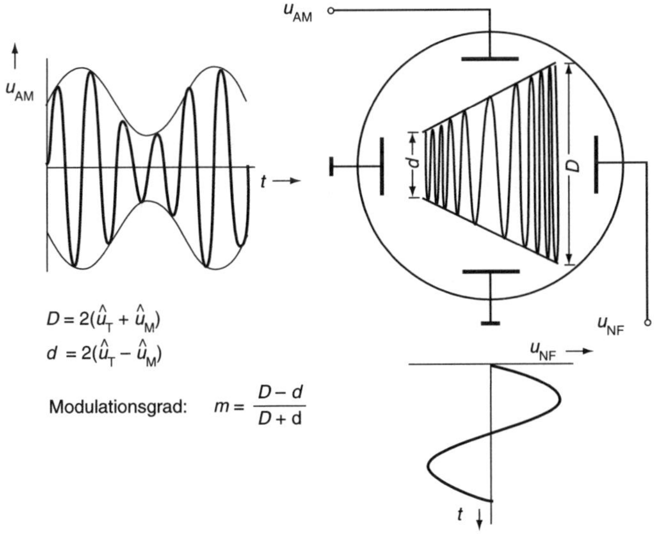


Bild 5.2-13
Entstehung des Modulationstrapezes und Messschaltung

### Unterdrückung des unerwünschten Seitenbandes

Neben der einleuchtenden Methode, ein Seitenband durch ein geeignetes Filter zu beseitigen (Filtermethode), gibt es weitere Möglichkeiten, die für uns vor allem interessante Beispiele zum tieferen Eindringen in die Modulationsvorgänge abgeben.

**Beispiel:**
Phasenmethode. Träger und Basisband werden direkt einem ersten und jeweils über einen Phasenschieber $|\varphi| = 90°$ einem zweiten Produktmodulator zugeführt. Die Ausgangssignale der Modulatoren (Zweiseitenbandsignale ohne Träger) werden addiert. Dabei wird, wie man sich am besten anhand eines Zeigerdiagramms klar machen kann, eines der beiden Seitenbänder kompensiert. Je nach dem Vorzeichen der Phasenverschiebung beim Träger und beim Basisband wird das obere oder das untere Seitenband unterdrückt. Kritisch ist vor allem der breitbandige Phasenschieber für das Basisband, der für alle Basisbandfrequenzen $|\varphi| = 90°$ machen muss.

**Beispiel:**
*„3. Methode" nach Weaver.* Sie erreicht um den Preis erhöhten Aufwandes bei den Modulatoren (4 Stück, gute Trägerunterdrückung notwendig), dass nur Phasenschieber für Einzelfrequenzen und einfache Tiefpässe benötigt werden. Als interessantes Studienbeispiel bietet sich die Weaver-Methode insofern an, als hier durch einen Hilfsträger in der Mitte des Bandes, d.h. 1,85 kHz bei (0,3 … 3,4) kHz, der in 5.2.1.2 erwähnte Umfalteffekt herbeigeführt wird. Durch Anwendung jeweils phasenversetzter Träger und Umsetzung in zwei Stufen entsteht schließlich durch Kompensation das gewünschte Einseitenbandsignal.

Einseitenbandmodulation mit unterdrücktem Träger hatte als Verfahren zur Frequenzmultiplexüber-

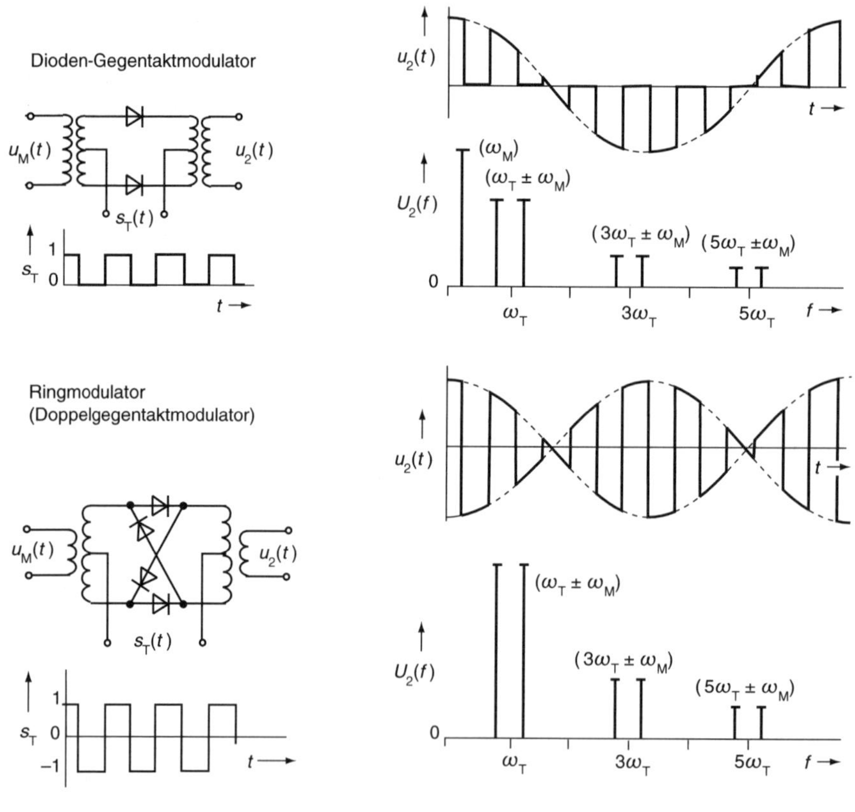


Bild 5.2-14 Gegentakt- und Doppelgegentaktmodulator

tragung von Fernsprechkanälen im weltweiten Netz größte Bedeutung (*Trägerfrequenztechnik*). EM ohne Träger lässt sich anwenden, weil das menschliche Ohr die einzelnen Spektralkomponenten separat auswertet und sich für die Phasenbeziehungen wenig interessiert. Damit kann der Träger bei der Demodulation mit beliebiger Phase zugesetzt werden. Bei der Multiplexbildung werden wir auf die Trägerfrequenztechnik zurückkommen.

#### 5.2.4.2 Restseitenbandmodulation

Bei der Einseitenbandübertragung von Sprache (0,3 … 3,4) kHz war es wegen der Lücke zwischen oberem und unterem Seitenband kein Problem, z. B. durch die Filtermethode, das nicht benötigte Seitenband zu unterdrücken.

Basisbandsignale der Telegrafie und des Fernsehens erstrecken sich bis zur Frequenz null. Deshalb treffen sich oberes und unteres Seitenband bei der Trägerfrequenz. Um eine teilweise Bandbreiteneinsparung zu bekommen, verwendet man hier die Restseitenbandmodulation (Bezeichnung RM, in der englischen Literatur VSB von Vestigial SideBand). Eine realisierbare Filterflanke wird das erwünschte Seitenband schon etwas beeinflussen und das unerwünschte nicht vollkommen unterdrücken. Die RM verwendet einen Filter mit sog. *Nyquist-Flanke* (Bild 5.2-15). Der übertragene Restanteil macht hier den Fehlbetrag im Nutzseitenband gerade wett.

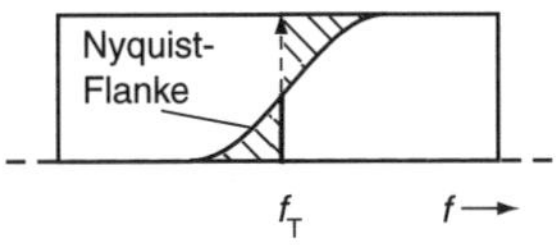


Bild 5.2-15 Restseitenbandmodulation

## 5.2.5 Winkelmodulation

#### 5.2.5.1 Grundlagen der Frequenz- und Phasenmodulation

Bei der AM konnten wir das Modulationsprodukt in der Zeigerdarstellung so charakterisieren: Der Zeiger rotierte mit gleich bleibender Geschwindigkeit, und seine Länge änderte sich in Abhängigkeit von dem modulierenden Signal. Jetzt wollen wir Winkelmodulation machen, d.h.: Der Zeiger soll stets gleiche Länge behalten, und sein Phasenwinkel (siehe unten) soll als Signalparameter verändert werden.

Ein Gedankenexperiment erleichtert uns die Vorstellung; siehe Bild 5.2-16. Wir denken uns ein Vorführgerät: Auf der Schwungscheibe eines Elektromotors ist das Messwerk eines Drehspulinstruments (mit Nullstellung in der Mitte) so montiert, dass die Zeigerachse die Verlängerung der Motorachse bildet. Das Gerät ist in Seitenansicht gezeichnet: der Betrachter steht links und sieht nur den Zeiger vor der Frontplatte. Die Motordrehzahl möge sich durch Zuführen einer Steuergröße $s_M(t)$ linear beeinflussen lassen. Zunächst sei sowohl die Steuergröße (z. B. Spannung) an der Drehzahlsteuerung als auch die Spannung am Drehspulinstrument null. Auf Grund der zufälligen Befestigung des Instruments ist der Zeiger gegenüber der Keilnut der Motorwelle um einen Nullphasenwinkel $\varphi$ verdreht. Da sich die Motorachse mit der konstanten Winkel-

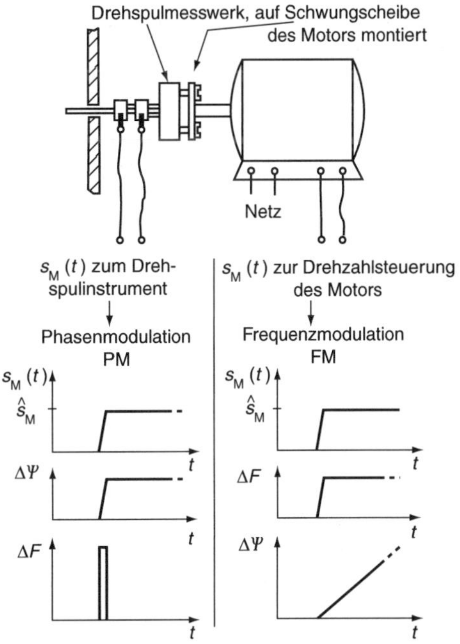


Bild 5.2-16 Modellversuch zur Winkelmodulation

geschwindigkeit $\omega_T$ dreht, wird die Stellung des Zeigers nach einer Zeit $t$ durch den Phasenwinkel $\Psi(t)$ beschrieben:

$$\Psi(t) = \omega_T t + \varphi \quad (\text{bei } \omega_T = \text{const}) \qquad (5.2\text{-}24)$$

Durch eine stroboskopische Beleuchtung können wir, wie wir das schon bei der AM gemacht haben, ein stehendes Bild erhalten. Bei geeigneter Wahl der Lichtblitzfolge sehen wir den Zeiger senkrecht stehen.

Wir wollen nun Winkelmodulation machen, d.h. den Phasenwinkel $\Psi$ des Zeigers als Signalparameter verändern. Z.B. können wir durch ein sinusförmiges Signal $s_M(t)$ an den Klemmen der Drehzahlsteuerung erreichen, dass die Winkelgeschwindigkeit der Motorachse zeitweise größer und zeitweise kleiner als $\omega_T$ wird. Dadurch bewegt sich der stroboskopisch beleuchtete Zeiger z.B. nach links (Voreilung), kehrt dann wieder um und wandert nach rechts (Nacheilung), kehrt wieder um, usw. Eine derartige Bewegung des Zeigers wird sich aber auch ergeben, wenn wir das sinusförmige Signal an das Drehspulinstrument legen (Beeinflussung des Nullphasenwinkels). Der Betrachter kann in diesem Fall also nicht aus der Zeigerbewegung darauf schließen, ob Frequenz- oder Phasenmodulation vorliegt. Wir wollen die beiden Verfahren allgemein definieren:

- Bei der *Phasenmodulation* weicht der Phasenwinkel $\Psi$ des Modulationsproduktes von dem Phasenwinkel $\omega_T t$ des Modulationsträgers $s$ (Kreisfrequenz $\omega_T$) um einen Betrag ab, der proportional dem Augenblickswert des modulierenden Signals ist. Mit der Modulatorkonstanten $\alpha_P$ können wir also schreiben:

$$\text{PM}: \quad \Psi(t) = \omega_T t + \alpha_P \, s_M(t) \qquad (5.2\text{-}25)$$

- Bei der *Frequenzmodulation* weicht die Augenblickskreisfrequenz $\Omega$ (s.u.) von der Kreisfrequenz $\omega_T$ des Modulationsträgers um einen Betrag ab, der proportional dem Augenblickswert des modulierenden Signals ist. Mit der Modulatorkonstanten $\alpha_F$ können wir schreiben:

$$\text{FM}: \quad \Omega(t) = \omega_T + \alpha_F \, s_M(t) \qquad (5.2\text{-}26)$$

Ohne Modulation ist die Änderungsgeschwindigkeit des Phasenwinkels $\Psi$ durch die konstante Kreisfrequenz $\omega_T$ gegeben, siehe Gl. (5.2-24). Wenn wir modulieren, bewegt sich der Zeiger des Modulationsprodukts zeitweise schneller und zeitweise langsamer. Die Änderungsgeschwindigkeit des Phasenwinkels ist die *Augenblickskreisfrequenz* $\Omega$; sie ist das 2π-fache der *Augenblicksfrequenz* $F$:

$$\Omega(t) = 2\pi F(t) = \frac{\mathrm{d}\Psi(t)}{\mathrm{d}t} \qquad (5.2\text{-}27)$$

Der größte Unterschied zwischen der Augenblicksfrequenz und der Frequenz des Modulationsträgers wird als *Frequenzhub* $\Delta F$ (bzw. bei Kreisfrequenzen $\Delta\Omega$) bezeichnet. Entsprechend definiert man den Phasenhub $\Delta\Psi$ als den größten Unterschied zwischen dem Augenblicksphasenwinkel des Modulationsproduktes und dem Phasenwinkel des Modulationsträgers.

Wir erkennen in Gl. (5.2-27) den innigen Zusammenhang der beiden Winkelmodulationsverfahren PM und FM. Kenngrößen winkelmodulierter Schwingungen sind in Bild 5.2-17 zusammengestellt. Wir sehen, dass bei Modulation mit einer Sinusschwingung FM und PM nicht zu unterscheiden sind. Erst wenn mehrere oder veränderliche Frequenzen vorhanden sind, stellt sich der Unterschied heraus. Als Beispiel nehmen wir den in Bild 5.2-16 mit eingezeichneten Fall eines annähernd sprungförmigen modulierenden Signals.

Der Zusammenhang zwischen Änderung der Augenblicksfrequenz und Änderung des Augenblicksphasenwinkels ist durch Gl. (5.2-27) gegeben. Nehmen wir an, dass uns nur die technische Möglichkeit zur Phasenmodulation zur Verfügung stehe und dass wir trotzdem den in Bild 5.2-16 rechts gezeigten Verlauf $\Delta F$, $\Delta\Psi = f(s_M)$ erreichen wollen. Auf Grund der Tatsache, dass die Phase das zeitliche Integral der Frequenz ist, brauchen wir nur $s_M(t)$ zu integrieren und mit dem Ausgang des Integrators den Phasenmodulator anzusteuern. Wir können also einen Frequenzmodulator durch Integrator + Phasenmodulator realisieren. Umgekehrt kann eine Schaltung zur Frequenzmodulation vorhanden sein; durch eine vorgeschaltete Differenzierschaltung wird die Gesamtanordnung zu einem Phasenmodulator.

Man fasst die genannten Maßnahmen in der Praxis unter dem Stichwort *Preemphase* (d.i. Vorverzerrung) des modulierenden Signals zusammen. Auf der Empfangsseite muss die Maßnahme wieder rückgängig gemacht werden, d.h. es muss eine *Deemphase* stattfinden.

**Spektrum bei Eintonmodulation**

Bei einem sinusförmig frequenzmodulierten Signal bezeichnet man das Verhältnis des Frequenzhubes zur Modulationsfrequenz als

$$\text{Modulationsindex} \quad \eta = \frac{\Delta\Omega}{\omega_M} \tag{5.2-28}$$

Aus Bild 5.2-17 entnehmen wir, dass

$$\text{für Eintonmodulation:} \quad \eta = \Delta\Psi \tag{5.2-29}$$

Hier ist Modulationsindex und Phasenhub identisch. Wir betrachten die Zeitfunktion

$$s_{PM}(t) = s_{FM}(t) = \hat{s}_T \cdot \cos\left(\omega_T t + \eta \cdot \sin\omega_M t\right) \tag{5.2-30}$$

Wir gehen zunächst von kleinen Phasenhüben aus: $\Delta\Psi = \eta \ll 1$; damit wird

$$\begin{aligned} \cos\left(\eta \cdot \sin\omega_M t\right) &\approx 1 \\ \sin\left(\eta \cdot \sin\omega_M t\right) &\approx \eta \cdot \sin\omega_M t \end{aligned} \tag{5.2-31}$$

Nach dem Additionstheorem für cos und mit Gl. (5.2-31) finden wir für $\eta \ll 1$:

$$\begin{aligned} \frac{s_{PM}(t)}{\hat{s}_T} &= \frac{s_{FM}(t)}{\hat{s}_T} \approx \\ &\approx \cos\omega_T t - \frac{\eta}{2}\cos\left(\omega_T - \omega_M\right)t + \\ &+ \frac{\eta}{2}\cos\left(\omega_T + \omega_M\right)t \end{aligned} \tag{5.2-32}$$

Bis auf das Minuszeichen beim zweiten Term ist dieser Ausdruck mit Gl. (5.2-15) identisch, wenn wir uns statt $\eta$ den Wert $m$ vorstellen. Im Zeigerdiagramm (Bild 5.2-18) bedeutet das: Bei Kleinhub-Winkelmodulation steht – wegen der um 180° geänderten Phasenlage des unteren Seitenbandes – die Resultierende der Seitenbänder senkrecht auf dem Träger. Dadurch schwankt der

| | Phasenmodulation | Frequenzmodulation |
|---|---|---|
| Definition | $\Psi_{PM}(t) = \omega_T t + \alpha_P\, s_M(t)$ | $\Omega_{FM}(t) = \omega_T + \alpha_F\, s_M(t)$ |
| Nach Gl (5.2-27) | $\Omega_{PM}(t) = \omega_T + \alpha_P \dfrac{\mathrm{d}s_M(t)}{\mathrm{d}t}$ | $\Psi_{FM}(t) = \omega_T t + \varphi + \alpha_F \int_0^t s_M(t)\,\mathrm{d}t$ |
| Zeitfunktion: | $s_{PM}(t) = \hat{s}_T \cdot \cos\Psi_{PM}(t)$ | $s_{FM}(t) = \hat{s}_T \cdot \sin\Psi_{FM}(t)$ |
| Eintonmodulation, z.B. mit: | $s_M = \hat{s}_M \cdot \sin\omega_M t$ | $s_M = \hat{s}_M \cdot \cos\omega_T t$ |
| Zeitfunktion: | $s_{PM}(t) = \hat{s}_T \cdot \cos\left(\omega_T t + \Delta\Psi \cdot \sin\omega_M t\right) = s_{FM}(t)$ (FM: Annahme $\varphi = 0$) | |
| Phasenhub | $\Delta\Psi = \alpha_P\, \hat{s}_M = \text{const}$ | $\Delta\Psi = \dfrac{\alpha_F\, \hat{s}_M}{\omega_M} \sim \dfrac{1}{\omega_M}$ |
| (Kreis-)Frequenzhub | $\Delta\Omega = \alpha_P\, \hat{s}_M\, \omega_M \sim \omega_M$ | $\Delta\Omega = \alpha_F\, \hat{s}_M = \text{const}$ |

Bild 5.2-17: Frequenz- und Phasenmodulation

Gesamtzeiger zwischen den durch $\Delta\Psi = \eta$ gegebenen Grenzen. Aus einer AM-Schwingung können wir also durch ein geeignetes phasendrehendes Netzwerk eine winkelmodulierte Schwingung mit kleinem Hub machen (Drehen eines Seitenbandes um 180°, oder besser, des Trägers um 90°).

Der Zeiger der winkelmodulierten Schwingung sollte immer gleiche Länge behalten, wie wir das am Anfang dieses Kapitels postuliert hatten. Je größer $\Delta\Psi$ werden soll, umso größer wird der Fehler (zusätzliche Amplitudenmodulation), den wir durch die Näherung Gl. (5.2-32) erhalten. Damit beliebig große Phasenhübe $\Delta\Psi = \eta$ richtig beschrieben werden, muss Gl. (5.2-30) exakt ausgewertet werden (Fourier-Reihenentwicklung). Mit unseren Bezeichnungen wird:

$$\frac{s_{\mathrm{PM}}(t)}{\hat{s}_{\mathrm{T}}} = \frac{s_{\mathrm{FM}}(t)}{\hat{s}_{\mathrm{T}}} = \sum_{-\infty}^{+\infty} J_n(\eta)\cos(\omega_{\mathrm{T}} + n\omega_{\mathrm{M}})\,t \tag{5.2-33}$$

Dies ist eine Zeitfunktion aus Träger und Seitenbändern im Abstand $\pm\omega_{\mathrm{M}}$, $\pm 2\omega_{\mathrm{M}}$, usw., vom Träger. Die normierten Amplituden der Teilschwingungen sind durch die Werte $J_n(\eta)$ gegeben: Bessel-Funktion 1. Art $n$-ter Ordnung. Es gilt

$$J_n(\eta) = (-1)^n\, J_{-n}(\eta) \tag{5.2-34}$$

Dies bedeutet, dass die beiden Seitenbandschwingungen, welche sich für einen geradzahligen Wert $n$ ergeben, eine Resultierende in Richtung des Trägerzeigers bilden. Bei ungeradzahligem $n$ haben dagegen die Seitenbandschwingungen unterschiedliche Vorzeichen, so dass die Resultierende in Quadratur zum Trägerzeiger steht; siehe Bild 5.2-18 für den Fall $n = 1$. Damit kann man Zeigerdiagramme der FM-Schwingung zeichnen.

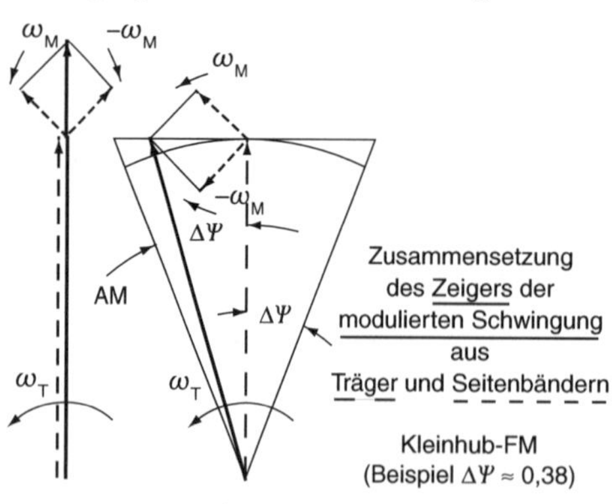


Bild 5.2-18 Winkelmodulation mit kleinem Hub, verglichen mit AM

**Bandbreite des FM-Signals**

Wie aus Gl. (5.2-33) hervorgeht, erstreckt sich das Spektrum bis ins Unendliche. Da jedoch ab einer gewissen Grenze die Amplituden der Teilschwingungen mit wachsendem $\eta$ sehr schnell abnehmen, kann man eine sinnvolle Bandbreite für die FM-Übertragung angeben. Durch das Unterdrücken der außerhalb liegenden Spektrallinien entstehen nichtlineare Verzerrungen, deren Größe berechnet werden kann.

Aus dem Diagramm der Bessel-Funktionen entnehmen wir für einen gegebenen Wert $\eta$ die Amplituden des Trägers und der Seitenbandschwingungen (Bild 5.2-19). Gehen wir von einem festen Wert $\omega_{\mathrm{M}}$ aus, so steigt der Frequenzhub und damit die Breite des mit wesentlichen Linien bedeckten Bandes proportional mit dem Modulationsindex $\eta$. In Bild 5.2-19 wird dagegen für alle Beispiele ein konstanter Frequenzhub angenommen. Für abnehmende Werte $\omega_{\mathrm{M}}$ wird der Modulationsindex $\eta$ größer. Dabei sammeln sich die interessierenden Spektrallinien immer mehr in dem Bereich $(\omega_{\mathrm{M}} \pm \Delta\Omega)$.

Die benötigte Bandbreite entspricht für kleine Werte von $\eta$ derjenigen der Amplitudenmodulation. Bei großem Modulationsindex haben etwa $(\eta + 1)$ Seitenschwingungen nennenswerte Amplituden. Damit wird

Schmalband-FM ($\eta < 1$): $B_{\mathrm{FM}} \approx 2\,B_{\mathrm{NF}}$ (5.2-35a)

Breitband-FM ($\eta > 1$): $B_{\mathrm{FM}} \approx 2\,(\Delta F + B_{\mathrm{NF}})$ (5.2.35b)

## 5.2.5.2 Schaltungsbeispiele zur Winkelmodulation

Nachdem wir die Theorie der Winkelmodulation besprochen haben, sollen jetzt noch einige Schal-

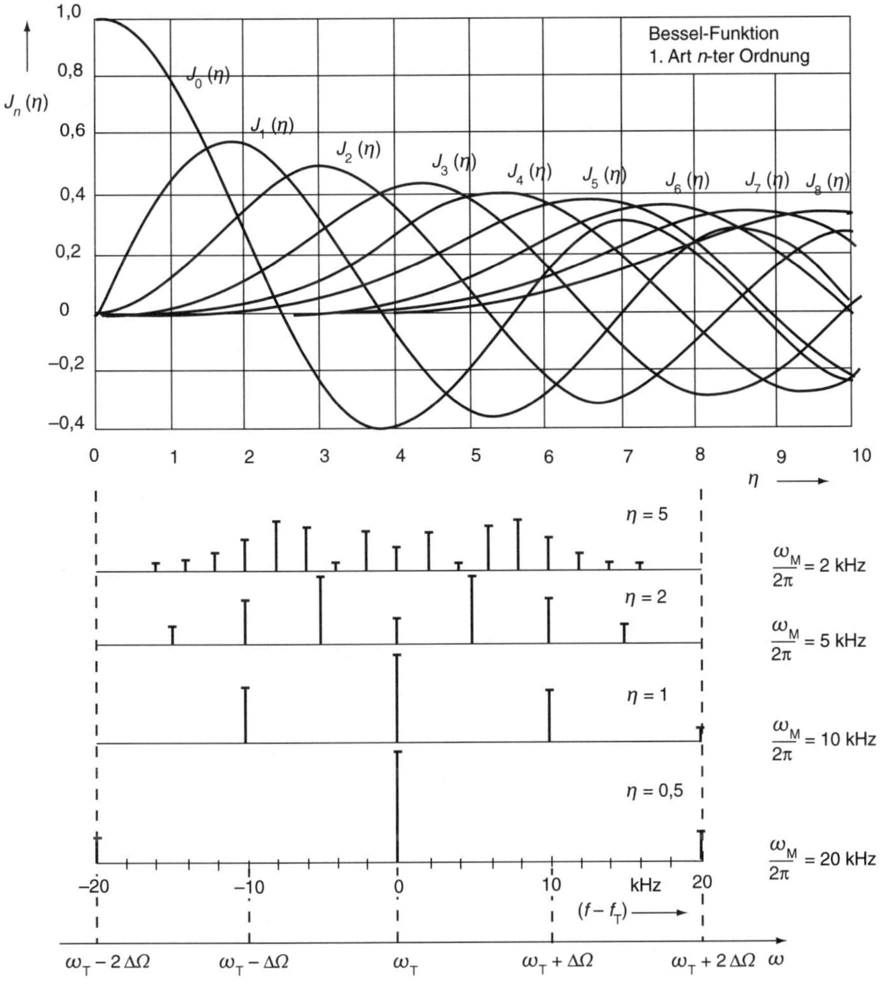


Bild 5.2-19: Spektrum der FM

tungsbeispiele folgen. Da zur Schaltungstechnik eine umfangreiche Literatur vorliegt, geht es uns weniger um aktuelle Beispiele, als vielmehr um eine Ergänzung unserer theoretischen Betrachtungen.

## Modulatorschaltungen

Gleichgültig, ob wir FM oder PM machen wollen, können wir prinzipiell jede Schaltung benutzen, mit der die Frequenz oder Phase beeinflusst werden kann; das haben wir im Zusammenhang mit Gl. (5-2-27) bereits diskutiert.

Das Prinzip eines *Kleinhub-Phasenmodulators* (*Armstrong-Modulator*) haben wir im Anschluss an Gl. (5.2-32) kennen gelernt. Das Basisbandsignal wird einem (Doppel-)Gegentaktmischer zugeführt. Am Ausgang erscheint ein Zweiseitenbandsignal ohne Träger, zu dem wir nur noch den um 90° gedrehten Träger addieren müssen. Ergänzt man diese Anordnung durch ein Integrierglied in der Zuführung des Basisbandes, so ergibt sich, wie bereits in 5.2.5.1 besprochen, ein *(Kleinhub-)Frequenzmodulator*. Die zulässigen Verzerrungen setzen die Grenze für die Anwendbarkeit dieser einfachen Schaltung.

**Beispiel:**
Bei einem Phasenhub von $\Delta\Psi = 0{,}2$ ergibt sich aus dem Vergleich von Gl. (5.2-32) und Gl. (5.2-33) ein Phasenfehler von 1,3 % und ein Amplitudenfehler von 2 %.

Mit dem nachstehenden Kunstgriff kann man auch mit Kleinhubmodulatoren größere Hübe erzielen. Man lässt die Modulatorschaltung bei einer niedrigen Trägerfrequenz arbeiten und vervielfacht das entstehende Frequenzspektrum (Verzerrung in nichtlinearem Glied, Heraussieben der gewünschten Harmonischen). Dadurch wird der Frequenzhub und damit auch der Modulationsindex vervielfacht, da die modulierende Frequenz gleich bleibt.

Um einen echten Frequenzmodulator zu erhalten, gibt es viele technische Vorschläge. Heute verwendet man in erster Linie Kapazitätsvariationsdioden (Varaktordioden), die als Teil eines Oszillatorschwingkreises eingesetzt werden.

Steuerbare induktive und kapazitive Blindwiderstände zur Beeinflussung einer Oszillatorfrequenz hat man von jeher in Frequenzmodulatoren verwendet („*Reaktanzschaltung*").

**Beispiel:**
Bild 5.2-20 zeigt eine Reaktanzschaltung an einem LC-Oszillator. Das modulierende Signal beeinflusst den Emitterstrom. Da $h_{21}$ annähernd stromunabhängig ist, wogegen $h_{11}$ in einem weiten Bereich dem Emitterstrom umgekehrt proportional ist, verändert sich die Kapazität der Ersatzschaltung proportional zum Emitterstrom.

Das technische Hauptproblem der Frequenzmodulatoren ist seit den Anfängen dieser Technik aktuell geblieben: Es ist ein Widerspruch, einerseits eine hochkonstante Mittenfrequenz und andererseits einen großen Hub (d.h. Frequenzvariation) bei guter Linearität der Modulatorkennlinie zu fordern. Modulatoren mit größerem Hub müssen deshalb meist *Frequenzvergleichs- und Nachstimmschaltungen* haben.

**Beispiel:**
FM-Modulatoren für sehr große Frequenzhübe an Kennlinien mit hoher Linearität lassen sich mit gesteuerten Multivibratoren aufbauen. Leider ist die Frequenzstabilität für viele Zwecke ungenügend, weshalb man den Multivibrator durch einen Frequenzregelkreis (FLL) an die hohe Konstanz eines quarzstabilisierten Generators bindet.

## Übersicht über Demodulationsschaltungen

FM hat – wie AM – den Vorteil, dass es Empfangsmethoden gibt, bei denen der Träger im Empfänger nicht benötigt wird. Da die *Information beim winkelmodulierten Signal in den Nulldurchgängen* steckt, ist eine Amplitudenbegrenzung zulässig, von der auch häufig Gebrauch gemacht wird (s.u.).

Wie schon angedeutet, kann man eine Demodulation eines winkelmodulierten Signals dadurch bewirken, dass man tatsächlich die Nulldurchgänge pro Zeiteinheit zählt und diese Zahlenwerte in entsprechende Ausgangsspannungen umsetzt. Einfache Realisierungen von *Zähldiskriminatoren* erzeugen, z.B. bei jedem Nulldurchgang, einen Impuls und integrieren dann über diese Impulse. Es liegt also eine Umsetzung des winkelmodulierten Signals in eine andere, einfach zu demodulierende Modulationsart – meist AM – vor. Diese Demodulationsschaltungen (oft als Diskriminatoren bezeichnet), von denen wir einige Beispiele betrachten werden, gehören zu der Klasse

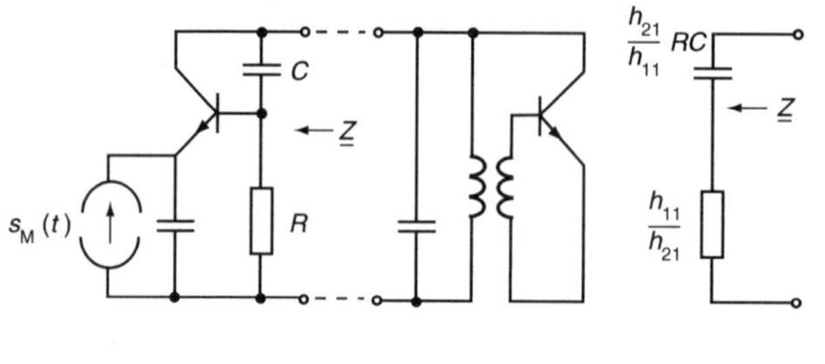


Bild 5.2-20
Frequenzmodulation mit Reaktanzschaltung

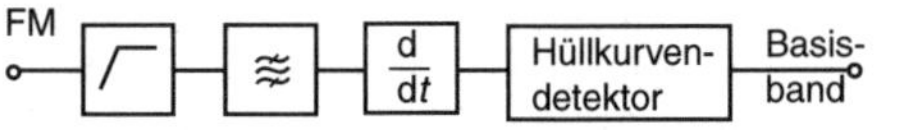


Bild 5.2-21 FM-Demodulation nach der Differenziationsmethode

der *Differenziationsmethoden*, die sich schematisch entsprechend Bild 5.2-21 darstellen lassen. Die Alternative dazu ist die *Rückkopplungsmethode*, s.u.

**Begrenzer**

Beim Empfang winkelmodulierter Signale spielt der Begrenzer eine große Rolle. Wir können ein ankommendes Signal, das in der Amplitude schwankt, z.B. über einen Vorwiderstand, auf zwei antiparallel geschaltete Dioden geben und erhalten ein in weiten Grenzen von der Eingangsamplitude unabhängiges Ausgangssignal. Ein Begrenzer vor der eigentlichen Demodulatorschaltung ist in jedem Fall zweckmäßig, damit der Demodulator bei großen Pegelschwankungen des ankommenden Signals keinen unnötig großen Aussteuerungsbereich benötigt. Für die Demodulationsverfahren, bei denen als Zwischenstufe eine Umsetzung in AM erfolgt, ist der Begrenzer absolut notwendig, damit das Ergebnis der Demodulation nicht durch AM verfälscht wird, welche evtl. als Störung im Empfangssignal enthalten ist.

**Diskriminatoren für FM-AM-Umwandlung**

Eine Reihe von Schaltungen nutzt die Frequenzabhängigkeit des Betrags eines Scheinwiderstandes aus.

**Beispiel:**

*L-Diskriminator.*

Das FM-Signal sei als Urstrom $i_{FM}$ gegeben (vgl. Bild 5.2-17, $s_{FM}(t) = i_{FM}(t)$). An einer Induktivität $L$ entsteht ein Spannungsabfall $u_L = L \cdot \mathrm{d}\, i_{FM}(t)/\mathrm{d}t$, dessen Amplitude dem Verlauf der primären Zeichenschwingung folgt:

$$\begin{aligned} i_{FM} &= \hat{i}_T \cos\left(\omega_T t + \varphi + \alpha_F \int_0^t s_M(t)\,\mathrm{d}t\right) \\ u_L &= -L\,\hat{i}_T \left[\omega_T + \alpha_F\, s_M(t)\right] \sin(\ldots) \end{aligned} \tag{5.2-36}$$

Eine wesentlich größere Demodulatorsteilheit erreichen wir mit einem *Flankendiskriminator*. Dabei wird an Stelle der Induktivität ein Parallelschwingkreis verwendet, dessen Resonanzfrequenz so gewählt wird, dass die Mittenfrequenz des empfangenen Signals einen Arbeitspunkt auf der Flanke der Resonanzkurve festlegt. Um die Linearität zu verbessern, schaltet man zwei verstimmte Kreise gleicher Güte zu einem *Differenzdiskriminator* zusammen. Alle vorgenannten Schaltungen lassen sich auch in dualer Form aufbauen: *C-Diskriminator*, *Saugkreisdiskriminator* usw.

Als Alternative zu den Schaltungen mit FM-AM-Umsetzung mittels frequenzabhängiger Scheinwiderstände (-leitwerte) gibt es verschiedene Diskriminatoren, welche die *frequenzabhängige Phasendrehung von Netzwerken* ausnutzen.

**Beispiel:**

*Phasendiskriminator (Riegger-Kreis) und Ratiodetektor.*

In Bild 5.2-22 stehe die Spannung $\underline{U}_1$ stellvertretend für das frequenzmodulierte Eingangssignal. Die Spannung $\underline{U}_2$ an den beiden Bandfilterausgängen ist bei der Mittenfrequenz $f_T$ gegenüber $\underline{U}_1$ um 90° gedreht. Weicht die Augenblicksfrequenz von $f_T$ ab, so ergibt sich eine Phasendrehung $\varphi$. Beim Riegger-Kreis fehlt die Brückenschaltung rechts von C1, C2, und die Diode D2 ist – verglichen mit Bild 5.2-22 – gegensinnig gepolt. Durch

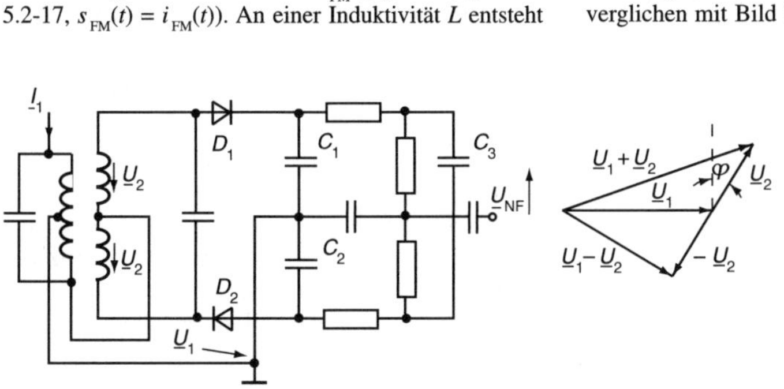


Bild 5.2-22
Prinzip des Ratiodetektors

Hüllkurvengleichrichtung und Differenzbildung entsteht die Niederfrequenzspannung

$$u_{NF} \sim \left| \underline{U}_1 + \underline{U}_2 \right| - \left| \underline{U}_1 - \underline{U}_2 \right| \qquad (5.2\text{-}37)$$

Beim Ratiodetektor lädt sich der Kondensator C3 (Größenordnung µF) auf eine Gleichspannung auf, welche der mittleren Amplitude von 2 $\underline{U}_2$ entspricht. Der Durchlasswiderstand der Dioden verringert sich, wenn diese Spannung größer wird, d.h. der Ratiodetektor realisiert neben der Diskriminator- auch die Begrenzerfunktion.

Die Kosten elektronischer Schaltungen sind so stark gefallen, dass elegante Schaltungslösungen zur mehrfachen Nutzung einzelner Bauelemente (Beispiel Ratiodetektor) an Interesse verloren haben. Eine neuere Schaltung, die wie die eben beschriebenen die frequenzabhängige Phasendrehung eines Netzwerks ausnutzt, ist der *Koinzidenzdemodulator*. Das FM-Signal wird in eine Rechteckspannung umgewandelt. Diese Impulsfolge wird dem einen Eingang eines UND-Glieds direkt und dem anderen über das phasendrehende Netzwerk, das bei der Trägerfrequenz $f_T$ gerade eine Drehung um 90° bewirkt, zugeführt. Es ergibt sich eine von der Augenblicksfrequenz abhängige mehr oder weniger große Koinzidenz der Eingangsspannungen des UND-Glieds, so dass am Ausgang ein pulsdauermoduliertes Signal auftritt; durch Integration erhält man daraus die Amplitude.

**Rückkopplungsmethoden**

Die Rückkopplungsmethoden machen von einem allgemeinen Prinzip Gebrauch: In einem geschlossenen Regelkreis mit hoher Schleifenverstärkung ist das Verhalten der Baugruppen im Vorwärtszweig invers zu dem Verhalten der Baugruppen im Rückwärtszweig. Befindet sich also

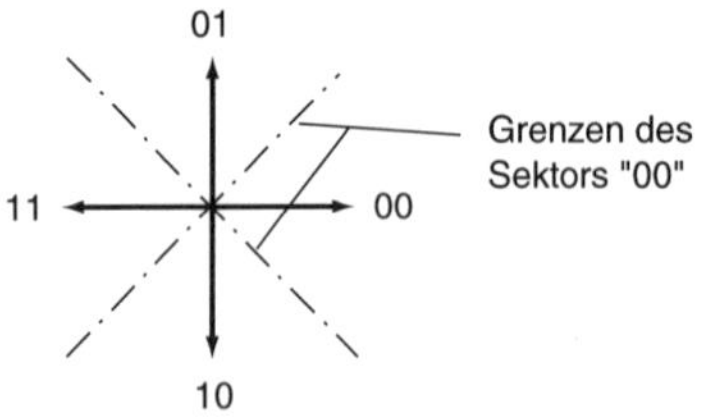


Bild 5.2-23a Phasenlagen bei Vierphasenumtastung

im Rückkopplungszweig ein FM-Generator (VCO), so wirkt der Vorwärtszweig bei geschlossenem Regelkreis wie ein FM-Demodulator. Hierzu gehören *Frequenz-* und *Phasengegenkopplungsempfänger*; der bekannteste Vertreter in der PLL.

**Beispiel:**

PLL nach Bild 2.5-44 als Frequenzdiskriminator. Die Bandbreite des Tiefpasses (im genannten Bild) muss so groß gewählt werden, dass das ankommende FM-Spektrum durchgelassen wird. Die Spannung $u_R$ ist proportional zur Augenblicksfrequenz, d.h. der PLL wirkt als Frequenzdiskriminator.

Die theoretischen Grundlagen der Frequenz- und Phasengegenkopplung sind in [50-7] ausführlich dargestellt. Ratschläge für die praktische Dimensionierung finden sich vor allem in den Applikationsberichten der verschiedenen Hersteller von Bauelementen für PLL und FLL (Frequency Lokked Loop).

### 5.2.6 Modulation eines Sinusträgers durch digitale modulierende Signale (ASK, FSK, PSK)

Wird ein Sinusträger durch ein digitales Signal, das also z.B. nur die Werte 0 und 1 kennt, moduliert, so gibt es drei grundlegende Möglichkeiten: Amplitudentastung (Amplitude Shift Keying, ASK), Frequenzumtastung (Frequency Shift Keying, FSK) und Phasenumtastung (Phase Shift Keying, PSK). Dabei ist PSK das Verfahren, welches den kleinsten Störabstand benötigt [13-1]; wir wollen es als Beispiel etwas näher besprechen.

#### 5.2.6.1 Grundlagen der PSK-Verfahren

Eine Gruppe von $m$ Bit lässt sich mit einem Träger, der $n = 2^m$ Phasenzustände annehmen kann, innerhalb eines Schrittes gleichzeitig übertragen. Für $n = 4$ ergibt sich 4-PSK, das wichtigste Verfahren (in der englischsprachigen Literatur auch als QPSK bezeichnet). Bild 5.2-23a zeigt die Phasenlagen und die Zuordnung der Bitkombinationen. Durch Störungen (Rauschen usw.) schwankt die empfangene Phasenlage; ein idealer Empfänger kann richtig auswerten, solange die gezeichneten Entscheidungssektoren nicht überschritten werden.

Bei Digitalübertragung ist die Bitfehlerquote (Bit Error Rate, *BER*) des empfangenen Signals das Maß für die Güte der Übertragung. Sie hängt vom Störabstand auf der Strecke ab, der in $E/N_0$ oder $R$ angegeben wird. Dabei ist $E$ die Signalenergie je Bit, $N_0$ die Rauschleistungsdichte und $R$ das Verhältnis Signalenergie je Schritt/Rauschleistungsdichte. Es gilt, da jeder Schritt ld $n$ Bit enthält

$$R = \frac{E}{N_0} \operatorname{ld} n, \tag{5.2-38}$$

$$f_\mathrm{b} = f_\mathrm{Schr} \operatorname{ld} n, \tag{5.2-39}$$

wobei $f_\mathrm{b}$ die Bitrate und $f_\mathrm{Schr}$ die Schrittgeschwindigkeit ist.

In Bild 5.2-23b ist die BER als Funktion des Störabstandes für 2- und 4-PSK dargestellt [50-9]. Die verschiedenen Kurven zeigen den Einfluss der verschiedenen Demodulationsarten. Zunächst können wir die Zuordnung zwischen Phasenzuständen und zu übertragender Nachricht auf zwei Arten machen:

- Jeder Kombination der $m$ bit entspricht eine festgelegte Phasenlage (*Phasenumtastung* im eigentlichen Sinne) Wir benötigen dann auf der Empfangsseite zur Demodulation den Träger mit korrekter Nullphase (*Synchrondemodulation, kohärente Demodulation*).
- Die Nachricht steckt in der Differenz der Phasenlagen aufeinander folgender Schritte (*Phasendifferenzcodierung*).

Im letzteren Fall gibt es zwei wichtige Demodulationsverfahren:

- Demodulation durch Vergleich aufeinander folgender Schritte des Signals (*Differenzdemodulation*). Da beide Schritte Störbeiträge enthalten, benötigt man einen relativ großen Störabstand.
- Synchrondemodulation mit Hilfe eines aus dem Empfangssignal abgeleiteten *Referenzträgers*. Wie unten erläutert, gelingt die Trägerableitung nur mit einer Phasenunsicherheit, doch spielt dies wegen der Phasendifferenzcodierung keine Rolle.

Im Bild 5.2-23b liegen die gestrichelten BER-Kurven um den Faktor 2 über denen der echten Phasenumtastung. Der Grund dafür liegt in der Differenzcodierung: Falls ein Bitfehler auftritt, wird der darauf folgende Schritt notwendigerweise auch falsch.

### 5.2.6.2 Realisierung von PSK-Modems

Auf den ersten Blick überrascht es, dass wir in manchen PSK-Modems als Modulatoren Doppelgegentaktmischer, die wir von der AM und EM her kennen, finden. Die Begründung dafür ist, dass zwischen den einfachen Formen der Umtastungen enge Beziehungen bestehen. Die bipolare binäre Amplitudenabtastung mit unterdrücktem Träger entspricht der binären Phasenumtastung. Benutzt man zwei in Quadratur stehende Träger und arbeitet bei beiden Trägern mit Amplitudentastung, so entspricht das Ergebnis einer quaternären Phasenumtastung. Werden mehr als vier Phasenzustände übertragen, so kann man allerdings nicht mehr von Übereinstimmung sprechen.

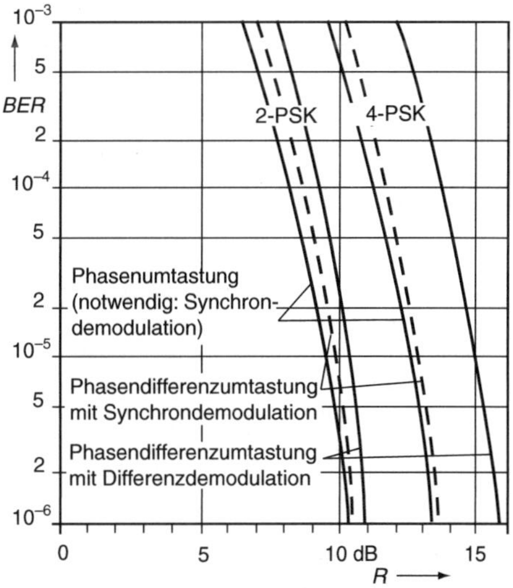


Bild 5.2-23b Bitfehlerwahrscheinlichkeit (Bit Error Rate) bei PSK in Abhängigkeit vom Störabstand

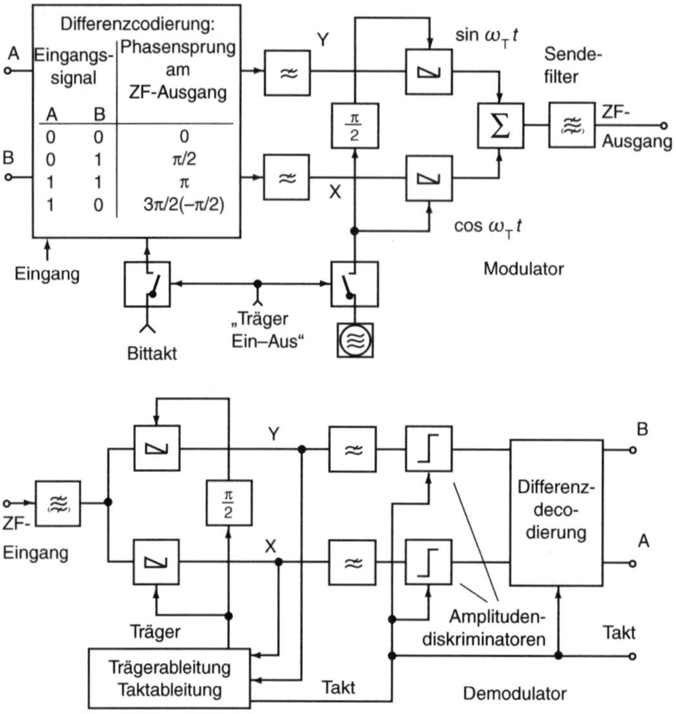


Bild 5.2-24
Blockschaltbild der 4-PSK mit Phasendifferenzcodierung und Synchrondemodulation

**Beispiel:**
Blockschaltbild eines 4-PSK-Modems (Bild 5.2-24), das in der Zwischenfrequenzebene (ZF) der Erdefunkstelle eines TDMA-Systems eingesetzt wird. Die ankommenden parallelen Bitströme A, B werden zunächst der Phasendifferenzcodierung unterworfen und dann den Mischern zugeführt. Nach dem eben erläuterten Prinzip entsteht am Ausgang des Modulators eine quaternäre Phasenumtastung. Auf der Empfangsseite müssen die beschriebenen Prozesse wieder rückgängig gemacht werden, wobei die Hauptprobleme in der Träger- und Taktableitung liegen. Die notwendige Bandbegrenzung auf der Sendeseite könnte prinzipiell allein mit dem Sendefilter am Ausgang bewirkt werden: „harte Tastung“, ohne die Tiefpässe vor den Mischern. Unter den gegebenen Umständen (Burstbetrieb), relativ große Bandbreite bei relativ niedriger vorgegebener Trägerfrequenz ($f_T$ = 70 MHz, übliche ZF bei Richtfunk und Erdfunkstellen) erwies sich die Lösung nach Bild 5.2-24 als vorteilhaft; näheres siehe [50-10].

## Trägerrückgewinnung

Das übertragene PSK-Signal ist ein Zweiseitenbandsignal mit unterdrücktem Träger. Um den für Synchronmodulation benötigten Träger aus dem empfangenen Signal abzuleiten, müssen wir irgendeine nichtlineare Operation anwenden [13-1].

**Beispiel:**
*Frequenzvervielfachung.* Bild 5.2-25 zeigt eine Schaltung mit der aus einem 2-PSK-Signal durch Quadrieren ein Träger $2 f_T$ erzeugt wird, aus dem sich danach durch Frequenzteilung der gewünschte Träger $f_T$ ergibt. Allgemein muss man bei einem n-PSK-Signal (ld $n$)-mal quadrieren.

Um das Verfahren zu erklären, betrachten wir ein 4-PSK-Signal (Bild 5.2-26). Ohne Verzerrungen und Störungen treten empfangsseitig (bei statistischer Gleichverteilung der Nachrichteninhalte) die vier möglichen Stellungen des Phasenzeigers gleichwahrscheinlich auf. (Winkelangabe 0° hat keine Beziehung mit der auf der Empfangsseite nicht erkennbaren Phasenlage des Trägers im Sender.) Beim Quadrieren verdoppeln sich wegen $(e^{jx})^2 = e^{j2x}$ die Phasenwinkel. Nach der 1. Quadrierstufe enthält also das Signal, wie aus dem Bild hervorgeht, nur noch die Phasenlagen 0° und 180°. Da diese Phasenlagen aber gleich wahrscheinlich sind, ent-

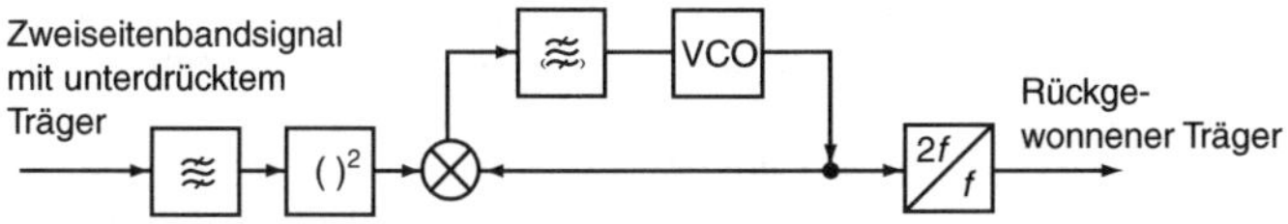


Bild 5.2-25
Trägerrückgewinnung durch Quadrieren bei 2-PSK

hält das Spektrum des einmal quadrierten 4-PSK-Signals keine Linie bei $2\,f_T$. Erst nach der 2. Quadrierstufe, nach der die Phasenwinkel sich wieder verdoppeln, sind wir soweit, dass die Beiträge aller ursprünglichen Stellungen des Phasenzeigers in die gleiche Richtung weisen. Spektral gesehen, bedeutet dies, dass die erwünschte Linie bei einem Vielfachen der ursprünglichen Trägerfrequenz $f_T$ erreicht ist, hier bei $4\,f_T$. (Natürlich hätten wir diesen Beweis auch rein rechnerisch durch zweimaliges Quadrieren eines Signals $\cos(\omega_T + n\pi/2)$ [mit $n = 0$ bis 3] führen können.)

Der schließlich durch Frequenzteilung gewonnene Referenzträger der Frequenz $f_T$ hat, verglichen mit der korrekten Nullphase, eine um $n\pi/2$ ($n = 0 \ldots 3$) verschobene Phase.

Es gibt eine Reihe weiterer Prinzipien zur Trägerrückgewinnung, welche je nach den praktischen Gegebenheiten Vorteile bieten. Die o.g. Frequenzvervielfachung hat Nachteile durch die hohen entstehenden Frequenzen und durch Amplitudeneinbrüche, welche aus den immer vorhandenen Schwankungen der Einhüllenden resultieren. Es liegt deshalb nahe, Verfahren zu suchen, bei denen als Kriterium für die optimale Trägerrückgewinnung die demodulierten Signale herangezogen werden. Beim Costas-Loop (Bild 5.2-27) ist der mittlere Teil der Schaltung ein PLL; die Regelschleife schließt sich über Inphase- und Quadraturkanal und M3. Im eingeschwungenen Zustand stimmt der VCO in Frequenz und Phase mit der Trägerfrequenz überein, d.h. bis auf die prinzipiell immer vorhandene Phasenunsicherheit (Regelkennlinie des PLL hat mehrere stabile Punkte).

Wenn man voraussetzen darf, dass die Taktableitung (s.u.) wenigstens annähernd schon eingeschwungen ist, gibt es weitere Verfahren, die das durch Demodulation gewonnene digitale Signal voraussetzen:

- *Trägerrückgewinnung durch Regeneration.* Rückgängigmachen der Phasensprünge im empfangenen Signal durch entsprechende Umtastung.
- *Trägerrückgewinnung durch Remodulation.* Örtlich erzeugter Referenzträger wird neu moduliert, und aus dem Vergleich von empfangenem und remoduliertem Signal wird eine Regelgröße gewonnen.

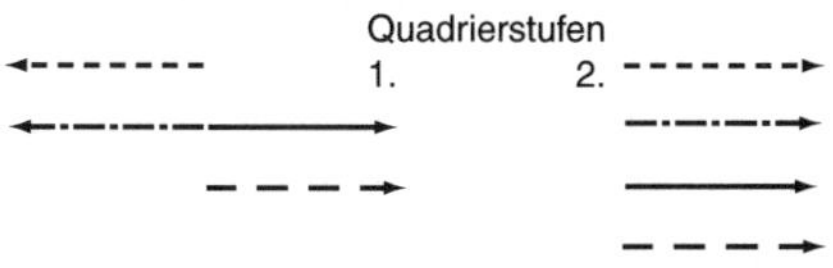


Bild 5.2-26 Trägerrückgewinnung bei 4-PSK durch zweimaliges Quadrieren

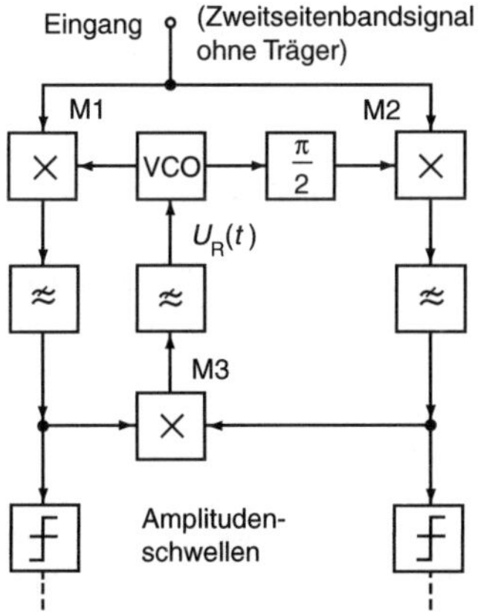


Bild 5.2-27 Trägerregelung mit Costas-Loop

**Taktableitung**

Voraussetzung für eine Taktableitung ist natürlich, dass das Empfangssignal überhaupt genügend Taktgehalt beinhaltet, was man praktisch z. B. durch Scrambler gewährleisten kann.

Bereits aus dem unmodulierten PSK-Signal lässt sich die Taktinformation gewinnen. Das bandbegrenzte PSK-Signal weist Schwankungen der Einhüllenden auf, d.h. eine AM mit der Taktfrequenz; allerdings ist die Auswertung bei verrauschtem Signal sehr problematisch. Ein anderes Prinzip nutzt einen Frequenzdemodulator, an dem jeder Phasensprung zu einem kurzen Impuls führt.

Natürlich lässt sich die Taktinformation aus dem wiedergewonnenen Basisbandsignal ableiten. Dazu muss aber die Demodulation schon in etwa funktionieren, d.h. ggf. muss eine Trägerrückgewinnung schon grob eingeschwungen sein.

## 5.2.7 Wertkontinuierliche Pulsmodulationsverfahren

### 5.2.7.1 Übersicht

Das Abtasttheorem schafft die Möglichkeit, kontinuierliche Signale durch ihre Werte zu diskreten Zeitpunkten darzustellen. Damit können wir an Stelle eines kontinuierlichen Trägers (z.B. Sinusträger) einen Pulsträger verwenden, welcher durch Periode $T$ und Impulsdauer $T_i$ gekennzeichnet ist.

Analog zu den bereits besprochenen Verfahren bei Sinusträger gibt es beim Pulsträger die Möglichkeiten, Amplitude, Frequenz oder Phase durch die Nachricht zu beeinflussen: *Pulsamplitudenmodulation* (*PAM*), *Pulsfrequenzmodulation* (*PFM*) und *Pulsphasenmodulation* (PPM). Bei PPM bewirkt das modulierende Signal eine mehr oder weniger große Auslenkung der einzelnen Impulse um ihre (ohne Modulation gegebenen) Kennzeitpunkte. Ohne direktes Analogon bei den Sinusverfahren ist die Pulsdauermodulation (PDM), bei der die Impulsbreite $T_i$ moduliert wird; denkt man an Demodulationsverfahren, bei denen die zeitliche Lage einer (aufsteigenden oder absteigenden) Impulsflanke detektiert wird, so erkennt man Gemeinsamkeiten mit PPM.

Eine detaillierte Behandlung der verschiedenen Pulsmodulationsverfahren findet man u.a. in [50-11].

### 5.2.7.2 Pulsamplitudenmodulation (PAM)

PAM ist das Ergebnis des Abtastens einer kontinuierlichen Zeitfunktion, das wir in 2.4 behandelt haben. Deshalb können wir uns hier kurz fassen. PAM hat vor allem als Zwischenstufe bei anderen Pulsmodulationsverfahren Bedeutung.

**Beispiel:**
Zur Demodulation von PDM-Signalen wird zunächst in PAM umgesetzt. Zu diesem Zweck wird zu Beginn jedes Impulses ein Generator gestartet, der eine linear mit der Zeit ansteigende Spannung (Sägezahn) abgibt. Der Generator wird bei Impulsende wieder gestoppt. Der Endwert des Sägezahns ist der PAM-Wert. Bei der Modulation kann man ebenfalls einen Sägezahn benutzen, dessen Dauer durch das Hochlaufen bis zum vorgegebenen PAM-Wert bestimmt wird.

Die PAM-Werte sind empfindlich gegen Störungen. Deshalb hat sich für die Übermittlung PCM (statt PAM) durchgesetzt. Da dann PAM nur als Zwischenstufe vor der Codierung auftritt, und da man PCM-Codecs heute ohnehin als fertige Bausteine (einschließlich Abtastung, Filter usw.) kauft, übergehen wir die Schaltungstechnik der PAM weitgehend und verweisen auf die Literatur. Ein elektronischer Abtaster lässt sich u.a. mit einem FET bauen, welcher durch einen Taktpuls $u_T$ in regelmäßigen Abständen kurzzeitig durchgeschaltet wird.

## 5.2.8 Wertdiskrete Pulsmodulationsverfahren

### 5.2.8.1 Pulscodemodulation (PCM)

Ein PAM-Signal, wie oben besprochen, gehört zu den zeitdiskreten, aber wertkontinuierlichen Signalen; d.h. es gibt $\infty$ viele mögliche Amplitudenwerte. Durch Quantisierung können wir jeden Wert in eine Amplitudenklasse einordnen. Da es nur eine endliche Zahl dieser Klassen gibt, können wir sie durch eine Binärzahl, durch einen

Code, ausdrücken. Übertragen wir diesen Code seriell über eine Übertragungsstrecke, so muss der Empfänger nur noch die Amplitude 0 und 1 unterscheiden.

Betreiben wir die digitale Strecke im Bereich vernachlässigbarer Bitfehlerquoten, so kann sich nur noch durch die A/D-Umsetzung eine Abweichung von der idealen Übertragung ergeben.

Gleichgültig, welcher genaue Analogwert innerhalb einer Amplitudenklasse auf der Sendeseite vorlag, kann die Empfangsseite für einen bestimmten Code eben einen bestimmten Spannungswert generieren (Mittelwert der betr. Klasse). Die laufend auftretenden, mehr oder weniger großen Unterschiede zwischen den Analogwerten auf Sende- und Empfangsseite ergeben die Quantisierungsverzerrung, eine nichtlineare Verzerrung, welche wir etwa mit dem Klirrfaktor vergleichen können. Aus einem vorgegebenen zulässigen Wert für diesen „Geräusch"-Beitrag kann man leicht die zulässige Breite der Amplitudenklassen und damit die mindestens notwendige Zahl der Klassen bzw. die Anzahl der Bit je Codewort ermitteln, z.B. [13-1].

**Kompandierung**

Es ist einleuchtend, dass wir für gute Qualität der Sprachübertragung nicht mit 8 Amplitudenstufen entsprechend 3 Bit auskommen. Machen wir den Abstand aufeinander folgender Amplitudenstufen überall gleich groß, so werden wir mehr als 1024 Stufen entsprechend 10 Bit brauchen, vielleicht 11 oder 12 Bit.

Ein bekanntes allgemeines Prinzip bei der Nachrichtenübertragung ist die so genannte Kompandierung: Man komprimiert ein Signal auf der Sendeseite, indem man große Amplitudenwerte weniger verstärkt als kleine und macht diese Maßnahme auf der Empfängerseite wieder rückgängig (expandieren). Damit können wir bei gleich bleibender Aussteuergrenze vom Verstärker die kleinen Signale stärker aus dem Rauschen hervorheben; das Ergebnis ist eine Verbesserung des Störabstandes (Kompandierungsgewinn).

Von diesem allgemeinen Prinzip machen wir bei PCM-Systemen insofern Gebrauch, als wir den relativen Quantisierungsfehler (und damit den Quantisiergeräuscheindruck auf das Ohr) für Amplitudenwerte in einem weiten Bereich konstant halten.

Zu diesem Zweck kann man einen Kompander auf der Analogseite einsetzen und nach wie vor einen linearen Codec verwenden. Man kann aber auch den Codec selbst mit der Kompanderkennlinie ausstatten, so, dass für kleine Amplitudenwerte eine feinere Stufe der Quantisierung zu Grunde gelegt wird als für große: nichtlineare Codierung. Man erreicht in beiden Fällen mit $256 = 2^8$ Amplitudenstufen (8-Bit-Codierung) dieselbe Sprachqualität wie mit linearer 11-Bit-Codierung. [CCITT G 711] empfiehlt zwei *Kompanderkennlinien*: $\mu$-Kennlinie (z.B. in USA und Japan verwendet) und A-Kennlinie (u.a. Europa).

**Multiplexbildung**

Bei PCM-Fernsprechübertragung entnimmt man dem Sprechkanal alle 1/(8000 Hz) = 125 µs eine Amplitudenprobe und codiert sie mit 8 Bit; damit wird die *Bitrate* 64 kBit/s. Nun sind aber die Bandbreiten verfügbarer Übertragungswege wesentlich größer, als man für die Übertragung dieser Bitrate benötigen würde. Deshalb können wir die Dauer eines Bits entsprechend klein wählen, so dass das Spektrum der Impulse die verfügbare Bandbreite optimal ausnutzt. Dadurch entsteht ein freier Zeitraum bis zur Übertragung des nächsten Codewortes. Während dieser Zeit können Codeworte von weiteren gleichartigen Kanälen übertragen werden. Lassen sich innerhalb der Rahmendauer von 125 µs 32 Kanäle unterbringen, so ergibt sich eine Bitrate von $8000\ s^{-1} \cdot 32 =$ 2,048 MBit/s,

### 5.2.8.2 DPCM, Deltamodulation und verwandte Verfahren

Bei der PCM weist das übertragene Signal einen beträchtlichen Teil an Redundanz auf, da sich häufig aufeinander folgende Abtastwerte nur geringfügig unterscheiden. Prinzipiell muss es mög-

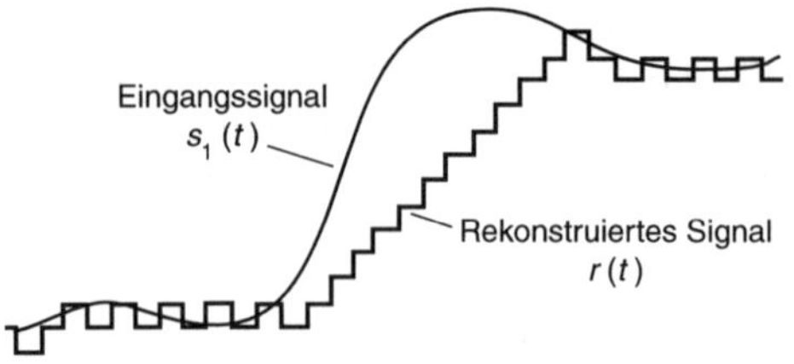


Bild 5.2-28 Einfache Deltamodulation

lich sein, Anteile des Signalwerts, welche sich auf der Empfangsseite auf Grund gewisser Kenntnisse des wahrscheinlichen Signalverlaufs vorhersagen lassen (Prädiktion), bei der Übertragung wegzulassen. Auf der Sende- und auf der Empfangsseite können Vorhersagenetzwerke mit gleichartigen Eigenschaften benutzt werden, im einfachsten Fall integrierende Netzwerke. Man überträgt nur die Differenz zwischen dem Vorhersagewert und dem tatsächlichen Signalwert auf der Sendeseite. Der Differenzwert kann mit mehreren Bit codiert werden (DPCM).

Ein interessanter Grenzfall ergibt sich, wenn wir die Differenz nur mit 1 bit codieren, d.h. nur das Vorzeichen der Differenz übertragen: Deltamodulation. Im einfachsten Fall sehen wir eine gleich bleibende Stufenhöhe vor und haben damit nur die Möglichkeit, zu jedem Abtastzeitpunkt das rekonstruierte Signal um die Stufenhöhe nach oben oder unten zu verändern. Man kann sich vorstellen, dass bei schnellen Änderungen des Eingangssignals das rekonstruierte Signal nicht so schnell folgen kann (Bild 5.2-28); es kommt zu einer „Steigungsüberlastung" (slope overload) mit dem dafür typischen Geräusch. Natürlich kann man als Gegenmaßnahme nicht die Stufenhöhe beliebig erhöhen, weil sonst das Quantisierungsgeräusch („granular noise", vgl. das mäanderförmige Einschachteln eines etwa gleich bleibenden Eingangssignals) zu groß wird. Stattdessen wird man die Abtastfrequenz höher wählen und dadurch die Möglichkeit schaffen, dass das Treppensignal eine größere Steigung haben kann.

Nachdem wir das Grundprinzip betrachtet haben, fallen uns leicht weitere Verbesserungen ein. Zum Beispiel kann man sich vorstellen, dass man bei aufeinander folgenden Schritten in die gleiche Richtung die Stufenhöhe von Schritt zu Schritt wachsen lässt. Es gibt eine Menge von Vorschlägen für derartige *adaptive Deltamodulationsverfahren*, auf die wir nicht näher eingehen können. Im Bild 5.2-29 haben wir das Prinzip der *Deltamodulation* ① dargestellt. Eine geringfügige Erweiterung führt uns zur *Delta-Sigma-Modulation* ②, bei der die Steigungsüberlastung vermieden wird. Man erreicht dies durch ein Integrationsglied am Eingang des Modulators, mit dem der Anstieg des Signals abgeflacht wird. Auf der Empfangsseite muss diese lineare Verzerrung durch ein Differenziationsglied wieder aufgehoben werden; praktisch lässt man einfach den bei ① verwendeten Integrator weg. Natürlich kann man sowohl ① als auch ② durch geeignete adaptive Methoden ③ ergänzen.

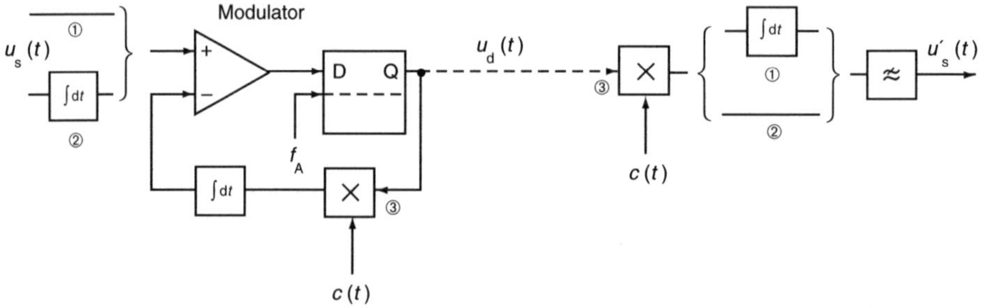


Bild 5.2-29 Prinzip der Deltamodulation ① und Delta-Sigma-Modulation ② (Ergänzung durch adaptive Methoden mit Steuerungsgröße $c(t)$: ③ )

#### 5.2.8.3 Vergleich der verschiedenen Verfahren

Die Einführung digitaler Netze und ISDN haben die PCM zum wichtigsten wertdiskreten Verfahren gemacht. Einer der Gründe dafür ist, dass die 8-Bit-Codierung der Sprache und die Byte-Darstellung der Nachrichtenübertragung (1 Byte = 8 Bit) dazu führen, dass die Codeworte von Sprache und Daten leicht austauschbar sind, was die Integration fördert.

Für spezielle Anwendungen, etwa in Funknetzen, in denen die Sprache dominiert, sind die anderen Verfahren jedoch ernsthafte Konkurrenten. Während im PCM-Bitstrom jeweils die zusammengehörenden 8 Bit identifiziert werden müssen, benötigen die Delta-Verfahren keine Wortsynchronisation. Moderne Deltamodulationsverfahren erreichen mit 19,2 kHz Abtastfrequenz, d.h. einer Bitrate von 19,2 kBit/s, eine mit 64-kBit/s-PCM vergleichbare Sprachqualität.

Im Gegensatz zur einfachen Deltamodulation kann die Delta-Sigma-Modulation auch Gleichstromwerte übertragen, was u.a. zur Anwendung in der Telemetrie geführt hat. Ferner wird die Delta-Sigma-Modulation mit hoher Abtastfrequenz zunehmend zur Signalverarbeitung eingesetzt, z.B. beim Echokompensations-Übertragungsverfahren der U-Schnittstelle.

## 5.3 Übertragungsstrecke

### 5.3.1 Einführung

#### 5.3.1.1 Was ist „gute Übertragungsqualität“?

Die wichtigsten Aufgabenbereiche der Nachrichtenübertragung zeigt uns Bild 5.3-1. In allen Fällen müssen wir die Übertragung so realisieren, dass die gestellten Qualitätsforderungen mit möglichst geringem wirtschaftlichem Aufwand erfüllt werden. Wir müssen daher zunächst überhaupt *Maßstäbe für die Qualität* finden. Beim Rundfunk beispielsweise ist es die *Klangtreue*, bei der Fernsprechübertragung ist es die *Silbenverständlichkeit*, die wir als Gradmesser benutzen.

Wenn Musik übertragen wird, ist es sicher erstrebenswert, dem Hörer zu Hause auf dem Sofa ungeschmälerte Konzertqualität zu bieten. Man müsste alle Frequenzen im Bereich von 30 Hz bis 16 kHz bei Schalldruckpegeln in einem Bereich von 120 dB verzerrungs- und störungsfrei wiedergeben. Wenn wir auch dieses Ideal nicht erreichen können, so ist doch die Zielsetzung „Klangtreue“ unbestritten.

Beim Fernsprechen können wir uns mit wesentlich kleinerem technischem Aufwand zufrieden geben; wir wollen keine Musik übertragen, sondern nur unseren Partner verstehen. Für die *Messung der Verständlichkeit* eignet sich normale Sprache nicht, denn wir erraten vieles aus dem

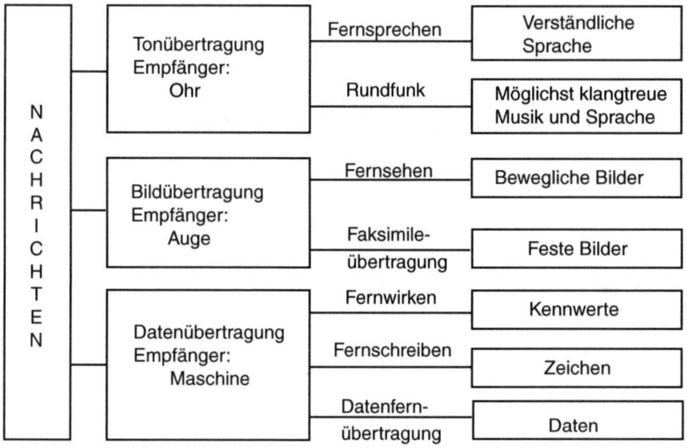


Bild 5.3-1
Nachrichtenübertragung

Zusammenhang, was wir in Wirklichkeit – die einzelne Silbe genommen – falsch verstanden haben. Man verwendet sinnlose Silben, so genannte *Logatome*, welche die Laute und Lautgruppen ungefähr in der gleichen Häufigkeit wie die Sprache selbst enthalten. Um etwa in einer Messung z.B. den Einfluss von Amplitudenbegrenzung o.Ä. zu ermitteln, übertragen wir z.B. 100 Logatome. Hat eine Versuchsperson 80 davon richtig verstanden, so beträgt die *Silbenverständlichkeit* 80 %. Bei Muttersprache entspricht dieser Wert z.B. 90 % Wort- und vielleicht 98 % Satzverständlichkeit. Um bei Fremdworten usw. nicht zu viele Rückfragen zu verursachen, wird man anstreben, eine Silbenverständlichkeit nahe 100 % zu erreichen.

Wenn zwischen Klangtreue und Silbenverständlichkeit ein direkter Zusammenhang bestünde, wäre es denkbar, eine gemeinsame Basis für das Qualitätsmaß bei Rundfunk und Fernsprechen zu finden. Dies ist aber offensichtlich nicht der Fall, wie man aus den folgenden Ergebnissen starker Bandbegrenzung, die die Klangtreue unmittelbar verschlechtert, ersieht:

- Unterdrückt man alle Frequenzanteile unter 300 Hz und über 3400 Hz, so bleibt die Silbenverständlichkeit trotzdem praktisch 100 %.
- Man kann bei immer noch guter Verständlichkeit ohne weiteres auch noch den Bereich unter 700 Hz abschneiden, was z.B. für spezielle Notrufeinrichtungen aus Räumen mit starkem niederfrequenten Raumgeräusch verwendet werden kann. Für das normale Fernsprechen wäre aber der entstehende Verlust an Klangfarbe zu groß: Man kann männliche und weibliche Stimme nicht mehr unterscheiden.

Das CCITT, der internationale beratende Ausschuss für das Fernmeldewesen [CCITT], hat deshalb für die Fernsprechübertragung das Frequenzband 300 Hz … 3400 Hz genormt.

### 5.3.1.2 Allgemeine Definitionen zur Nachrichtenübertragung

Wenn wir Nachrichtenübertragungssysteme theoretisch betrachten, so sind einige Begriffe nützlich [DIN 40 146 Bl. 1]. Allgemein wird eine

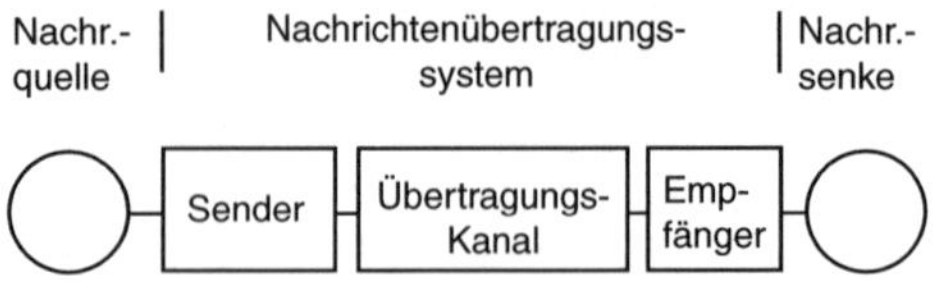


Bild 5.3-2 Definition zur Nachrichtenübertragung

Nachricht von einer *Nachrichtenquelle* abgegeben und zu einer *Nachrichtensenke* (neuere Normen schreiben Sinke) übertragen. Entsprechend Bild 5.3-2 besteht ein *Nachrichtenübertragungssystem* nach der Definition aus dem *Sender*, dem *Übertragungskanal* und dem *Empfänger*. Der Sender stellt aus dem Signal der Nachrichtenquelle die für die Übertragung im Übertragungskanal geeigneten Signale her. Der Empfänger wandelt die Signale um in die für die Nachrichtensenke geeigneten Signale. Signale zur Nachrichtenübertragung sind im Allgemeinen Zeitfunktionen. Sie werden in Nachrichtenspeichern (z.B. Magnetband) durch räumliche Funktionen geeigneter physikalischer Größen abgebildet.

Wir wollen diese Definition auf das *Fernsprechen* anwenden. Zunächst gehen wir von einer einfachen *Standverbindung* (festgeschaltete Verbindung) zwischen zwei Teilnehmern A und B aus. Auf jeder Seite haben wir als Nachrichtenquelle den Mund, als Nachrichtensenke das Ohr des jeweiligen Teilnehmers. Da unabhängig Nach-

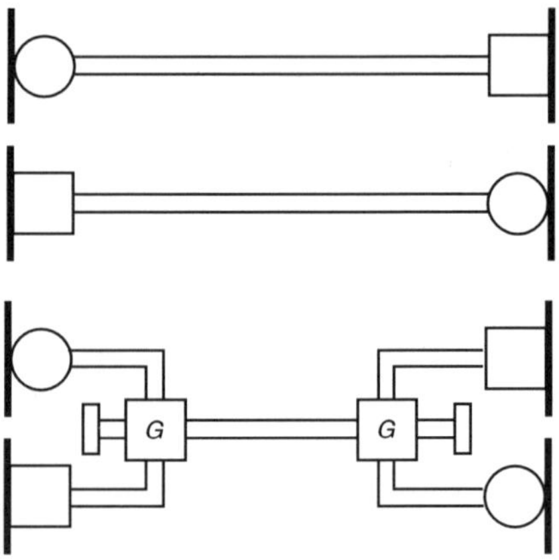


Bild 5.3-3 4-Draht- und 2-Draht-Übertragung

richtenübertragung in beiden Richtungen möglich sein soll (*Gegensprechen*), stellen wir für jede Richtung jeweils eine Doppelleitung als Kanal zur Verfügung. Die von der Quelle abgegebenen und von der Senke aufzunehmenden Signale sind Schallwellen. Wir sehen deshalb als Signalwandler Mikrofon bzw. Telefon vor und erhalten damit die für diesen Kanal sinnvolle elektrische Signaldarstellung.

Aus wirtschaftlichen Gründen möchte man die Teilnehmer nicht jeweils über zwei Doppelleitungen (*4-Draht-Betrieb*) erreichen müssen. Mit Hilfe der *Gabelschaltung* können wir die Kanäle für die beiden Sprechrichtungen mit einer einzigen Doppelleitung (*2-Draht-Betrieb*) realisieren, siehe Bild 5.3-3.

Beim *Rundfunk* liegt nur eine einfach gerichtete Übertragung vor. Allerdings ist das Blockschaltbild wesentlich komplizierter (Bild 5.3-4). Zunächst wissen wir, dass oft keine Direktübertragung vorliegt, sondern dass „Schallkonserven" verwendet werden. Für die drahtlose Übertragung eignen sich die niederen Basisbandfrequenzen nicht, weil man ungeheuer große Antennen brauchen würde. Man hilft sich durch *Modulation*: Ein Oszillator stellt eine Schwingung hoher Frequenz bereit, die in einem Modulator durch das Basisband in geeigneter Weise beeinflusst, „moduliert" wird. Das resultierende Signal besteht aus hohen Frequenzen und ist zur Funkübertragung geeignet. Auf der Empfangsseite kann durch *Demodulation* das ursprüngliche Basisband wiedergewonnen werden.

Das vorliegende Bild 5.3-4 soll noch dazu benutzt werden, die in der Norm beabsichtigte freizügige Verwendung der Begriffe Quelle, Senke usw. aufzuzeigen. Ist überhaupt der im Bild dargestellte Sänger die ursprüngliche Quelle der Nachricht? Die Nachricht mag in dieser Form vielleicht von W. A. Mozart stammen und seiner-

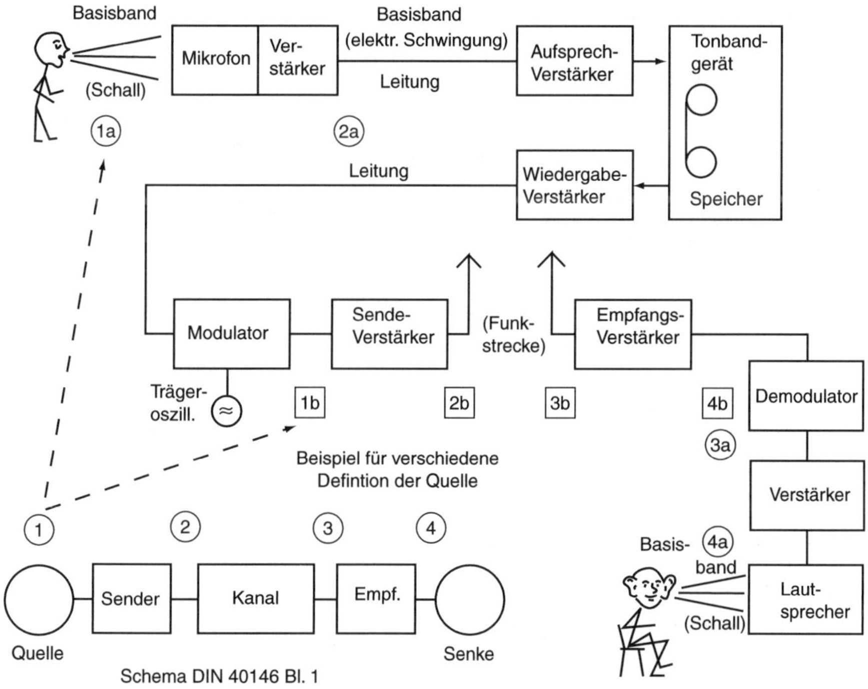


Bild 5.3-4 Beispiel Nachrichtenübertragung: Rundfunk

seits durch Nachrichtenverarbeitung aus verschiedenen Eindrücken (bzw. den darin enthaltenen Nachrichten) entstanden sein. Es ist deshalb sinnvoll, dass im Zuge einer Nachrichtenübertragung für jede beliebige Schnittstelle der ganze davor liegende Teil als Nachrichtenquelle bezeichnet werden darf. Sinngemäß kann der hinter jeder beliebigen Schnittstelle liegende Teil als Nachrichtensenke angesprochen werden.

Auch die Schnittstellen zwischen den laut Schema zwischen Quelle und Senke liegenden Blöcken sind frei wählbar. In Bild 5.3-4 sind zwei mögliche Beispiele für die Wahl der Schnittstellen (a und b) eingezeichnet. Im Beispiel a ist also der Übertragungskanal u.a. aus Drahtleitungen, Funkstrecken, Verstärkern, Modulationsgeräten und Speichern zusammengesetzt, während er im Beispiel b nur aus der Funkstrecke besteht.

## 5.3.2 Richtungstrennung

### 5.3.2.1 Aufgaben und Lösungswege

Wir haben oben das klassische Fernsprechen als Beispiel einer Duplexverbindung über eine Leitung angeführt. Die dort zur Richtungstrennung verwendete Gabelschaltung mit fester Nachbildung reicht aus, weil eine perfekte Richtungstrennung beim analogen Fernsprechen gar nicht erwünscht ist: Ohne ein gewisses „Mithören" über den „verbotenen Weg" der Gabel empfände der Sprechende das Gerät als „tot"; die Reaktion wäre, dass die Sprecherlautstärke unnötig gesteigert würde.

Bei einer idealen symmetrischen Gabel müsste der Scheinwiderstand (Zweipolfunktion) der Nachbildung bei allen Frequenzen dem Eingangswiderstand der Leitung entsprechen. Im Falle einer Standverbindung kann man versuchen, durch Berechnung und Messung ein Nachbildungsnetzwerk aufzubauen, welches mit entsprechendem Aufwand die Forderung hinreichend genau erfüllt. Bei einer Fernsprechverbindung werden aber durch die verschiedenen Wahlvorgänge Leitungen mit nicht genau bekannten Eigenschaften hintereinander geschaltet, so dass nur eine „Kompromissnachbildung" eingesetzt werden kann; im klassischen Fernsprechapparat ist das z.B. eine Parallelschaltung aus einem Widerstand und einem Kondensator, die, wenn man Glück hat, viel-

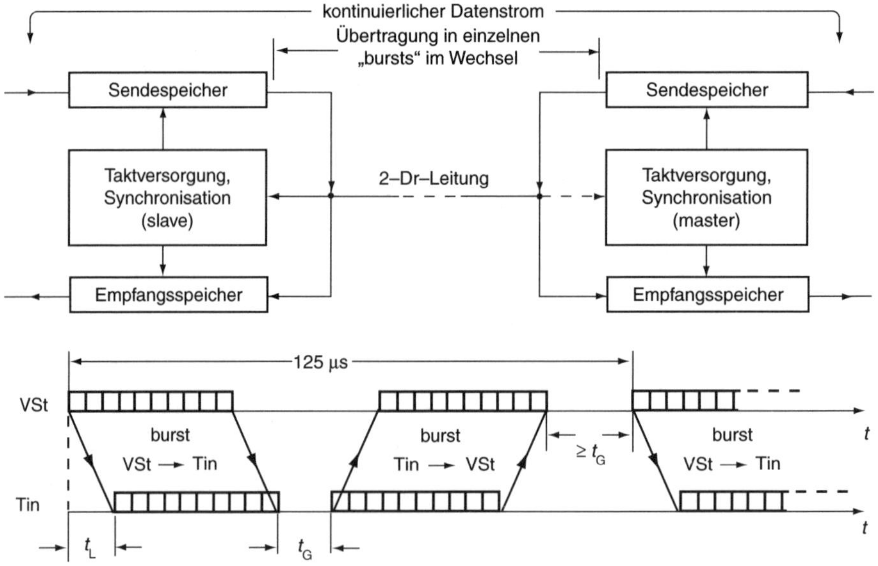


Bild 5.3-5 Richtungstrennung durch Zeitgetrenntlage-Verfahren, „Ping-Pong". $t_L$ = Laufzeit (5 … 7) µs/km, $t_G$ = guard time (Schutzzeit)

leicht bei einer Frequenz den Eingangswiderstand der Leitung genau nachbildet.

Bei größeren Bandbreiten ergibt sich vor allem an den Bandgrenzen ein entsprechend größerer Nachbildfehler, so dass die Gabel irgendwann nicht mehr beherrschbar wird. Man ging deshalb z.B. bei den TF-Systemen auf Zweidrahtleitungen dazu über, die beiden Übertragungsrichtungen in Frequenzgetrenntlage übereinander zu betreiben (vgl. 5.5.2). Da man zur Realisierung der Trennfilter noch eine Lücke zwischen Unter- und Oberband lassen muss, wird die insgesamt auf der Leitung genutzte (bzw. benötigte) Bandbreite mehr als doppelt so groß wie bei der Basisbandübertragung.

Neue Möglichkeiten ergeben sich, wenn digitale Signale zu übertragen sind, da jetzt eine Zwischenspeicherung der Signale möglich ist. Bei der PCM-Übertragung eines Fernsprechkanals wird bekanntlich die Abtastfrequenz 8 kHz verwendet, d.h. alle 125 µs entsteht ein 8-Bit-Codewort. Benutzt man für jede Übertragungsrichtung eine eigene Leitung, dann stehen zur Übertragung der 8 Bit die vollen 125 µs zur Verfügung; das entspricht der bekannten Bitrate von 64 kBit/s. Sollten wir jeden 8-Bit-Code durch zwei zusätzliche Bits z.B. für Synchronisation und Zeichengabe ergänzen müssen, dann wären wir bei 10 Bit pro 125 µs, also 80 kBit/s. Steht nun für die geforderte Duplexübertragung nur eine Leitung zur Verfügung, so können wir das Verfahren anwenden, das jeder Autofahrer von Fahrbahnsperrungen an Baustellen kennt: Während in einer Richtung gefahren wird, muss die andere Richtung warten. Bild 5.3-5 zeigt dieses Zeitgetrenntlageverfahren („Ping-Pong").

Soll beim Ping-Pong-Verfahren die Übertragungsleistung des Gesamtsystems nicht beeinträchtigt werden, dann muss offensichtlich über die einbahnige Stelle wenigstens doppelt so schnell gefahren werden als sonst üblich. Die Systembitrate im obigen Beispiel müsste also wenigstens $2 \cdot 80$ kBit/s = 160 kBit/s sein. Man sieht aber aus Bild 5.3-5, dass für die in einer Rahmendauer zu übertragenden Codes nicht die volle Rahmendauer zur Verfügung steht: Man muss zwei Laufzeiten $t_L$ und Schutzzeiten $t_G$ (guard time, z.B. Umschalt- und Filtereinschwingzeit) abziehen. Die Systembitrate muss entsprechend erhöht werden.

Man sieht aus Bild 5.3-5, dass man das Verhältnis Nutzbitrate/Systembitrate verbessern kann, indem die Rahmendauer soweit erhöht wird, dass $t_L$ und $t_G$ demgegenüber vernachlässigbar werden. Wählt man z.B. (an Stelle von 125 µs) eine Rahmendauer von 10 ms, so entstehen während dieser Zeit statt einer Abtastprobe derer 80, welche in den „burst" der betreffenden Richtung verpackt werden. Der Aufwand für die Zwischenspeicher ist im Zeitalter der integrierten Schaltungen vernachlässigbar, so dass man die Rahmendauer auch wesentlich größer als 10 ms wählen könnte; dies würde durch das längere Warten im Speicher aber zu einer unzulässigen Erhöhung der Laufzeit führen.

#### 5.3.2.2 Echos und deren Bekämpfung

Das Stichwort Laufzeit führt uns auf ein wichtiges Thema der Nachrichtenübertragung: Maßnahmen gegen Echos. An Reflexionsstellen von Zweidrahtleitungen, vor allem aber auch über den „verbotenen Weg" nichtidealer Gabeln entstehen Echos. Ein Teilnehmer A empfängt deshalb nicht nur das erwünschte Nutzsignal vom anderen Teilnehmer B, sondern auch die an verschiedenen Stellen entstandenen Echos. Bei kleinen Laufzeiten kann man die Echos als Beiträge zum Geräusch ansehen (wie Rauschen und Nebensprechen) und damit leben, wenn der Geräuschabstand noch hinreichend groß bleibt. Die Laufzeiten klassischer Weitverkehrsverbindungen mit TF-Technik rührten hauptsächlich von den Leitungen und den diversen (Filter-) Netzwerken her. Bei der digitalen Nachrichtenübermittlung gibt es zusätzliche Beiträge zur Laufzeit überall dort, wo Signale zwischengespeichert werden, also z.B. in den Zeitstufen der durchlaufenen digitalen Vermittlungsstellen (vgl. Kapitel 6). Gewaltige Laufzeitbeiträge ergeben sich natürlich bei Verbindungen über geostationäre Satelliten, vgl. 5.7.4.

Bei hinreichend großer Laufzeit hört man in den Sprechpausen die eigenen Echos, was störend und irritierend wirkt. Deshalb schreibt das CCITT bei Verbindungen mit mehr als 50 ms Laufzeit vor, dass Maßnahmen zur Echounterdrückung ergriffen werden müssen. Zunächst hatte man nichts besseres als so genannte Echosperren. Dabei vergleicht man das eigene Sendesignal mit dem empfangenen Signal; wenn das Sendesignal das größere ist, so nimmt man an, dass der eigene Teilnehmer gerade spricht und dass man deshalb die Verbindung zum Hörer einfach auftrennen kann. Das ist natürlich eine Holzhammermethode: Man kann sich leicht eine Fernsprechverbindung aus einer lärmerfüllten Fabrikhalle vorstellen, bei der auch in den eigenen Sprechpausen die Gegenseite nicht durchkommt.

Bessere Methoden sind denkbar, wenn es gelingt, die Echos in geeigneter Weise zu kompensieren, so dass man keine Übertragungsstrecke auftrennen muss. Dazu können wir das in Bild 5.3-6 dargestellte Prinzip verwenden. Die Gabel G mit ihrer festen Nachbildung weist in ihrem „verbotenen Weg“ von oben nach unten ein mehr oder weniger großes Signal auf; bevor dieses am Tor 4-Dr-ab in Erscheinung treten kann, wird es durch das Ausgangssignal des Digitalfilters F kompensiert. Damit der Regler R die richtigen Filterkoeffizienten einstellen kann, braucht er ein geeignetes Regelkriterium.

Die Aufgabe erscheint fast unlösbar, wenn man sich die Größe der verschiedenen Signale vor Augen führt; als Beispiel nehmen wir Werte, wie sie bei der Schnittstelle $U_{KO}$ des ISDN auftreten können. Die Sendespannung bei 4-Dr-an ist 2 V.

Da die Gabel mit fester Nachbildung bei den verwendeten relativ großen Bandbreiten im schlimmsten Fall nur noch 6 dB Dämpfung im verbotenen Weg bringt, steht also am unteren Gabelausgang ein zu kompensierendes Signal von 1 V, in welchem das vom fernen Teilnehmer über die Zweidrahtleitung kommende Signal von z.B. 20 mV völlig untergeht. Wie soll der Regler in diesem Gesamtsignal Freund und Feind unterscheiden?

Um die Lösung des Problems verstehen zu können, erinnern wir an das, was wir in Kapitel 2 beim Thema Korrelation gelernt haben: Weisen zwei Signale eine gewisse Verwandtschaft auf, so ist ihre Kreuzkorrelationsfunktion (KKF) von null verschieden. Wenn man die Nutzsignale der beiden Übertragungsrichtungen unabhängig verscrambelt hat (vgl. 5.4.3), dann kann ein geeignetes Regelkriterium angegeben werden. Eine Verwandtschaft zwischen den Signalen am oberen und unteren Tor der Gabel ergibt sich nur durch die Übertragung im verbotenen Weg; das Kompensationsnetzwerk F muss deshalb so eingestellt werden, dass gilt: KKF(4-Dr-an, 4-Dr-ab) = 0.

Die Realisierung des Echokompensationsverfahrens ist so aufwendig, dass es anfangs nur im Zusammenhang mit teuren Satellitensprechkreisen in Betracht kam. Erst als es gelang, geeignete Chips mit über 100 000 Transistorfunktionen herzustellen, war der Weg frei zum Einsatz auf Teilnehmeranschlussleitungen, zuerst bei der U-Schnittstelle des ISDN-Basisanschlusses. Die Echokompensation als Gleichlageverfahren benötigt, verglichen mit Frequenz- oder Zeitgetrenntlage, nur die halbe Bandbreite und erreicht damit die größere Reichweite.

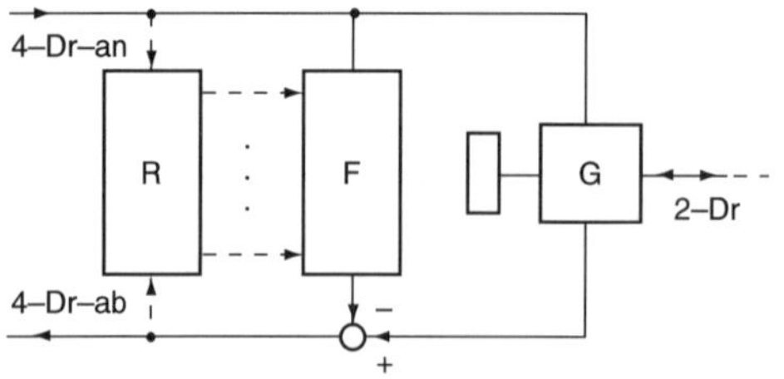


Bild 5.3-6 Prinzip einer Endstelle des Echokompensationsverfahrens

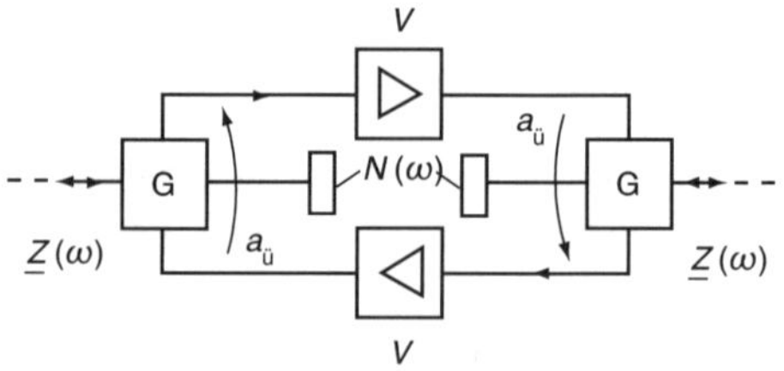


Bild 5.3-7 Zweidrahtverstärker mit Gabel

## 5.3.3 Analoge Übertragung

### 5.3.3.1 Übertragungsstrecken mit Verstärkern

Das weltweite Fernsprechnetz mit analoger Übertragung wurde erst möglich, als geeignete Mittel zur Verstärkung bzw. Entdämpfung verfügbar waren.

Die Standorte der Ortsvermittlungsstellen werden so gewählt, dass man bei fast allen Teilnehmerleitungen ohne Verstärker auskommt. Bei den wenigen Ausnahmen z.B. in ländlichen Bereichen benutzte man bald nach Einführung des Transistors gern so genannte NLT-Verstärker (negative Leitung, transistorisiert), das sind Entdämpfungsvierpole, welche den Speisegleichstrom und den niederfrequenten Ruf (25 Hz) ungehindert durchlassen. Der NLT-Vierpol hat positiven Wellenwiderstand und negatives Dämpfungsmaß, dessen evtl. große Toleranzen keine Rolle spielen: Die Reihenschaltung aus NLT und überlanger Leitung muss ja nur insgesamt auf eine Leitungsdämpfung im erlaubten Bereich führen.

Wir wenden uns nun normalen Verstärkern zu, also aktiven Vierpolen, die an ihrem Eingang ein kleines Signal erhalten und am Ausgang ein möglichst naturgetreu verstärktes Signal abgeben. Wie kann man eigentlich derartige Verstärker auf einer Zweidrahtleitung einsetzen, wo ja beide Übertragungsrichtungen verstärkt werden müssen? Wie in Bild 5.3-7 gezeigt, werden durch Gabeln die Übertragungsrichtungen zur separaten Verstärkung separiert. Da die Gabeln im verbotenen Weg eine endliche Übergangsdämpfung $a_Ü$ haben, ist die anwendbare Verstärkung begrenzt. Damit der Zweidrahtverstärker nicht ins Schwingen kommt, muss mit Sicherheit gelten: $(2a_Ü - 2v) > 0$.

Bei einer Zweidrahtleitung mit mehreren Verstärkern wächst die Zahl der Rückkopplungswege überproportional an (Bild 5.3-8), so dass sich die Stabilität immer schwerer erhalten lässt. Man geht deshalb im Weitverkehr auf Vierdrahtbetrieb über, wo die ganze Vierdrahtkette beliebiger Länge nur als ein Rückkopplungsweg wirkt. In Bild 5.3-9 ist der Signalpegel $L_S$ im Zuge einer Verstärkerkette dargestellt. Für Messzwecke benutzt man einen Testton von 800 Hz, der an einem *„Punkt des relativen Pegels null"* im Pegeldiagramm eine Leistung von 1 mW hat. Bedenkt man, dass das tatsächlich gegebene Nutzsignal ein Sprachsignal mit großer Dynamik ist, dessen leise Stellen um Größenordnungen unter dem Testtonpegel liegen und trotzdem noch hinreichend vom Rauschen entfernt sein müssen, so

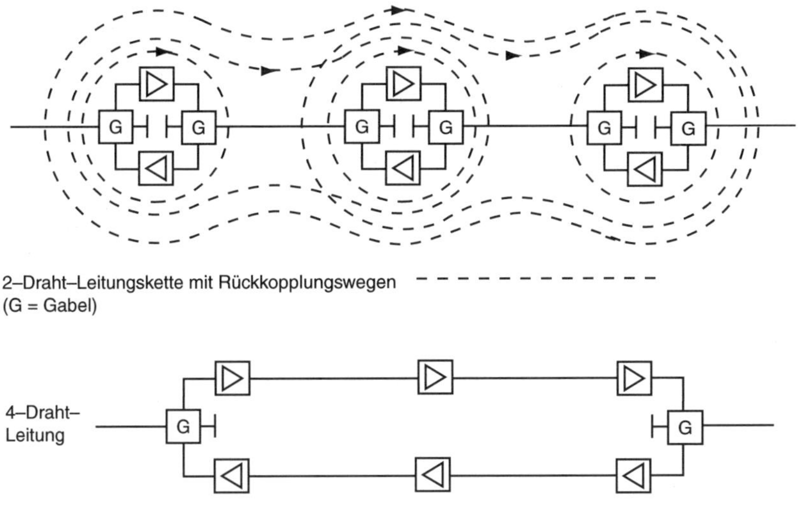


Bild 5.3-8 Fernleitung mit Verstärkern

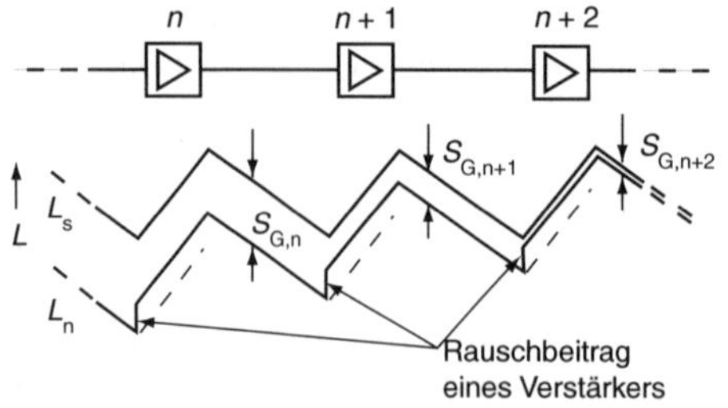


Bild 5.3-9 Pegeldiagramm einer analogen Übertragungsstrecke mit Verstärkern, (Signalpegel $L_S$; Geräuschpegel $L_n$; $s_{G,\nu}$ Geräuschabstand nach dem $\nu$-ten Verstärker)

verwundert es nicht, dass [CCITT] einen Abstand des Geräuschpegels $L_n$ vom Testton von 50 dB fordert. Nun liefert aber jeder der Verstärker einen zusätzlichen Geräuschbeitrag, so dass notwendigerweise der verfügbare Geräuschabstand $s_G$ nach jedem Verstärker abnimmt und irgendwann den genannten Wert von 50 dB unterschreiten muss.

### 5.3.3.2 Einfluss von Verzerrungen und Störungen

Bei Analogübertragung bestehen sehr komplexe Zusammenhänge zwischen den vielen zu beachtenden Störeinflüssen und der Übertragungsqualität. Dies zeigt sich schon bei Basisbandübertragung, und bei Modulation und Multiplexbildung kommen weitere zu beachtende Einflüsse hinzu.

**Beispiel:**

Eigenschaften, die die Silbenverständlichkeit bei Sprachübertragung beeinflussen. Die in Bild 5.3-10 zusammengestellten wesentlichen Einflüsse sind voneinander nicht unabhängig. So kann eine Vergrößerung des Nutzsignalpegels (Lautstärke) in vielen Fällen eine Verschlechterung (!) der Silbenverständlichkeit bewirken: Klirren, Nebensprechen und Intermodulation können sich überproportional erhöhen, es kann eventuell Selbsterregung eintreten usw.

Die in einem Kanal auftretenden Störspannungen wirken sich je nach ihrer Lage im Sprachband verschieden stark aus, da das Ohr bei verschiedenen Frequenzen unterschiedlich empfindlich ist. Man bezeichnet die *psophometrisch* (d.i. mit dem „Ohrkurvenfilter“) bewerteten Störungen als *„Geräusch“* und setzt den Leistungsangaben den Buchstaben p (für pondéré, bewertet) zu, z.B. pWp oder dBmp. In Bild 5.3-9 haben wir gesehen, dass Nutz- und Stör- bzw. Geräuschpegel im Zuge einer Übertragungsstrecke stark schwanken. Man rechnet deshalb die Leistungsangaben

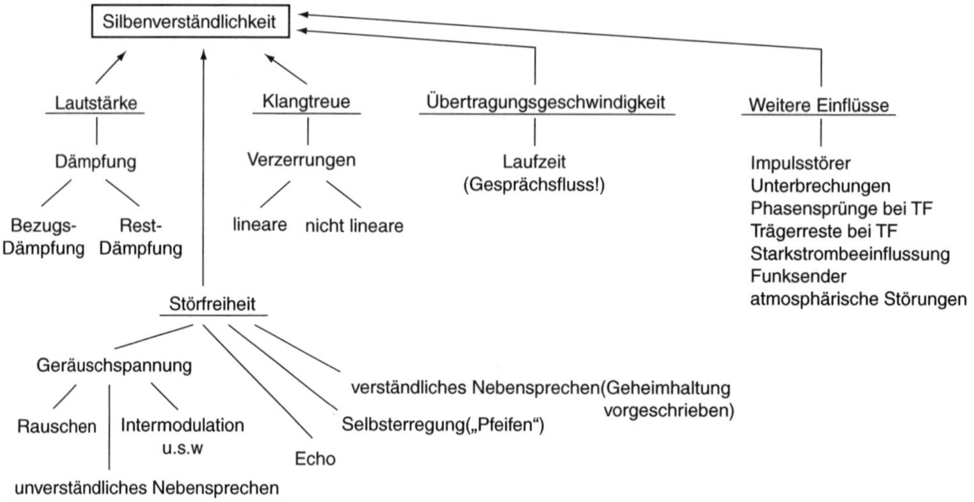


Bild 5.3-10 Eigenschaften , die die Silbenverständlichkeit beeinflussen

an einem beliebigen Punkt der Strecke auf die entsprechnNull um; eine Angabe „-50 dBm0p“ bedeutet also eine Geräuschleistung von 10000 pW am Punkt des relativen Pegels 0; in Kurzform: 10000 pW0p.

### 5.3.3.3 Störabstandsgewinn durch Modulation

Mit bestimmten Modulationsverfahren kann man bei geeigneter Bemessung einen Störabstandsgewinn erzielen, wie wir nachstehend zeigen wollen. Dabei bezeichnen wir Nutzsignale mit dem Index S (signal) und Störsignale mit dem Index *N* (noise).

**Beispiel:**
FM mit Sinusstörer. In Bild 5.3-11 ist im Zeigerbild ein sinusförmiges (Nutz-) Signal (Trägerschwingung)
$u_{S(HF)} = \hat{u}_{S(HF)} \cos \omega_S t$
und ein gleichfalls sinusförmiger Störer mit einer um $\omega_N$ verschiedenen Frequenz
$u_{N(HF)} = \hat{u}_{N(HF)} \cos (\omega_S + \omega_N)t$
angenommen. Es sei $\hat{u}_{N(HF)} \ll \hat{u}_{S(HF)}$.

Wir sehen, dass durch den Störer gleichzeitig eine Amplituden- und eine Phasenmodulation verursacht wird, wobei aber wegen der Begrenzung im Empfänger nur die PM weiter beachtet werden muss. Der Phasenwinkel ändert sich mit $\omega_N$ periodisch zwischen den Grenzen $\pm \Delta\Psi_N$. Aus dem Zeigerbild lesen wir die Größe von $\Delta\Psi_N$ ab und erhalten mit Bild 5.2-18 als (Kreis-) Frequenzhub:

$$\Delta\Omega_N = \omega_N \Delta\Omega \approx \omega_N \cdot \frac{\hat{u}_{N(HF)}}{\hat{u}_{S(HF)}} \tag{5.3-1}$$

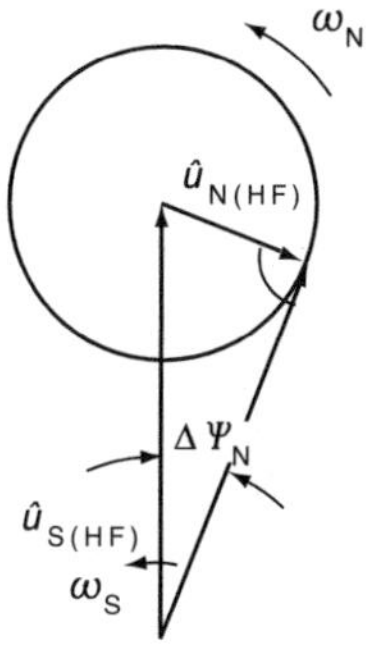


Bild 5.3-11
FM mit Sinusstörer

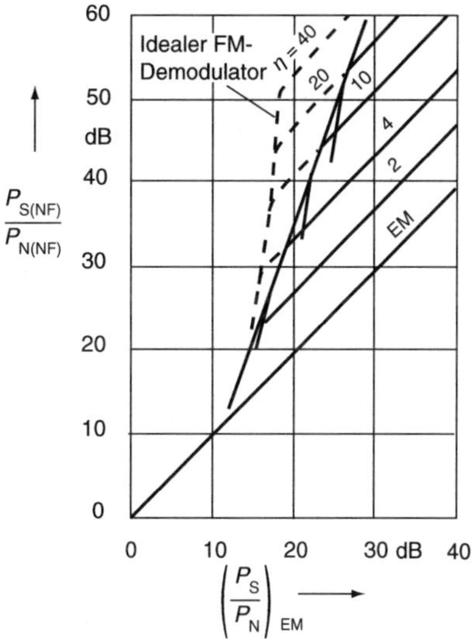


Bild 5.3-12 Schwelleneffekt bei FM

Bei FM sind die auf der NF-Seite resultierenden Spannungen jeweils proportional zu den Frequenzhüben, also:

$$\frac{\hat{u}_{S(NF)}}{\hat{u}_{N(NF)}} = \frac{\Delta\Omega_S}{\Delta\Omega_N} = \frac{\Delta\Omega_S \cdot \hat{u}_{S(HF)}}{\omega_N \cdot \hat{u}_{N(HF)}} \tag{5.3-2}$$

Da $\omega_N$ die Pendelgeschwindigkeit des resultierenden Zeigers in Bild 5.3-11 angibt, hat die NF-seitig auftretende Störspannung diese Frequenz. Wir nehmen das Nutzband auf der NF-Seite zwischen den Frequenzen $\omega_{min}$ und $\omega_{max}$ an. Werte von $\omega_N$ außerhalb dieses Bandes sind uninteressant, denn wir können sie durch NF-seitige Bandbegrenzung ausschalten. Offensichtlich ist der Störer für uns am schlimmsten, bei dem gerade $\omega_N = \omega_{max}$ gilt, siehe Gl. (5.3-2). Wir erhalten deshalb als Verbesserung des Störabstandes bei FM mindestens

$$\frac{\hat{u}_{S(NF)} / \hat{u}_{N(NF)}}{\hat{u}_{S(HF)} / \hat{u}_{N(HF)}} = \frac{\Delta\Omega_S}{\omega_{max}} = \frac{\Delta F_S}{f_{max}} = \eta_{min} \tag{5.3-3}$$

| Modulationsverfahren | Bandbreite $B$ und Modulationsgewinn $G_M$ (d.h. Störabstand bezogen auf Störabstand bei EM, Leistungsverhältnisse) | Einfluss des nichtidealen Kanals:<br>1) Nichtlinearitäten<br>2) Dämpfungsverlauf<br>3) Laufzeitverzerrungen<br>4) Dämpfungsschwankungen | Aufwand zur Demodulation |
|---|---|---|---|
| **AM** (Zweiseitenband + Träger) | $B = 2\,B_{NF}$<br>$G_M = \frac{m^2}{2} \cdot \frac{1}{1+\frac{m^2}{2}}$<br>($m$ = 100 % $\rightarrow$ 10lg $G_M$dB = – 4,8 dB) | 1) insbesondere bei Frequenzmultiplex sehr hohe Klirrforderungen<br>2) symmetrisch zum Träger $\rightarrow$ lineare Verzerrungen<br>unsymmetrisch zum Träger $\rightarrow$ nichtlineare Verzerrungen<br>3) unsymmetrisch zum Träger $\rightarrow$ nichtlineare Verzerrungen<br>4) mit Träger ausregelbar (falls keine Gleichstromübertragung) | Einfachste inkohärente Demodulation, z.B. Gleichrichten |
| **EM** (ohne Träger) | $B = B_{NF}$<br>$G_M = 1$ | 1) insbesondere bei Frequenzmultiplex hohe Klirrforderungen<br>2) lineare Verzerrungen<br>3) stören bei Sprache nicht<br>4) gehen voll ein | Trägerzusatz notwendig, aufwändige Filter |
| **FM** | B abhängig vom zulässigen Klirrfaktor<br>Für $k_3 < 1\%$:<br>$B = 2 f_{max}(\eta + 2)$<br>Breitband-FM:<br>$G_M = \frac{3}{2}\eta_{min}^3$<br>Schmalband-FM:<br>$G_M = \frac{3}{2}\eta_{min}^2$<br>Preemphase anwenden! | 1) nicht störend<br>2) mäßige Schwankungen stören bei Breitband-FM nicht<br>Frequenzbandbeschneidung: Klirrfaktor<br>3) schon geringe Schwankungen ergeben starke nichtlineare Verzerrungen<br>4) stören nicht | Umwandlung FM $\rightarrow$ AM + inkohärente Demodulation |

Bild 5.3-13 Eigenschaften verschiedener Modulationsverfahren

Beim UKW-Rundfunk erhielte man z.B. für $f_{max}$ = 15 kHz, $\Delta F$ = 75 kHz, d.h. $\eta_{min}$ = 5. Da wir hier in Spannungsverhältnissen gedacht haben, beträgt die resultierende Störabstandsverbesserung 14 dB. Um im ganzen NF-Band eine gleich große Verbesserung zu erhalten, wendet man noch eine Preemphase an. In der Literatur über Modulationsverfahren finden wir die entsprechenden Überlegungen für die praktisch wichtige Störung durch weißes Rauschen. Hier wird man von vornherein in Leistungen denken ($P_S$ Signal, $P_N$ Rauschen).

Die FM hat – wie alle Modulationsverfahren, die Störabstandsgewinn erzielen – eine typische *Geräuschschwelle*. Man versteht darunter einen kritischen Wert des Signal-Geräusch-Verhältnisses am Eingang eines Demodulators; wird er geringfügig unterschritten, so verschlechtert sich das Signal-Geräusch-Verhältnis am Ausgang erheblich. Dieser Zusammenhang ist in Bild 5.3-12 dargestellt. Die FM-Schwelle ist der niedrigste Wert des HF-Signal-Geräusch-Abstandes, bei dem der Betrieb mit dem Modulationsindex $\eta$ noch sinnvoll ist. Bei kleineren Werten des HF-

Abstandes kann derselbe Rauschabstand im Basisband mit kleinerem $\eta$, d.h. weniger Bandbreite, erreicht werden.

Die theoretische Grenzkurve zeigt, dass die konventionellen FM-Demodulatoren nicht alle Möglichkeiten ausschöpfen. Die so genannten Gegenkopplungsempfänger [50-4] bringen uns dieser Grenzkurve näher. Die Geräuschschwelle wird näherungsweise im Verhältnis Eingangsbandbreite/ZF-Bandbreite verbessert.

Einseitenbandmodulation hat als lineares Verfahren mit gleicher Bandbreite in HF und NF den Störabstandsgewinn (Modulationsgewinn) $G_M = 1$ und ist deshalb als Bezugsverfahren besonders geeignet. In Bild 5.3-13 wurden für drei wichtige Modulationsverfahren neben dem Gewinn auch die Einflüsse verschiedener Verzerrungen usw. vergleichend gegenüber gestellt.

## 5.3.4 Digitale Übertragung

### 5.3.4.1 Digitale Übertragungsstrecke

Das kennzeichnende *Merkmal der digitalen Übertragung* ist die Möglichkeit, im Empfänger mit relativ einfachen Mitteln eine *praktisch vollkommene Regenerierung* des ursprünglichen Sendesignals erreichen zu können. Bei der Systemplanung legt man eine digitale Übertragungsstrecke im Regelfall so aus, dass die verbleibende *Bitfehlerquote (Bit Error Rate, BER)* relativ klein ist. Man kann dann derartige Übertragungsstrecken so lange beliebig hintereinander schalten, wie die Summe der (voneinander unabhängigen) Einzelbitfehlerquoten den laut Pflichtenheft für die Gesamtstrecke zulässigen Gesamtwert nicht überschreitet.

In Bild 5.3-14 sind die Signalverläufe an verschiedenen Stellen der digitalen Strecke schematisch dargestellt; man ist versucht zu sagen, dass sie ziemlich „analog" aussehen! Der Übertragungskanal ist notwendigerweise bandbegrenzt und weist eventuell weitere Dämpfungs- und Laufzeitverzerrungen sowie in der Regel Störungen aus verschiedenen Quellen auf. Bei *Basisbandübertragung* wird aus dem Signalverlauf (b) am Anfang der Strecke z. B. der Verlauf (d) am

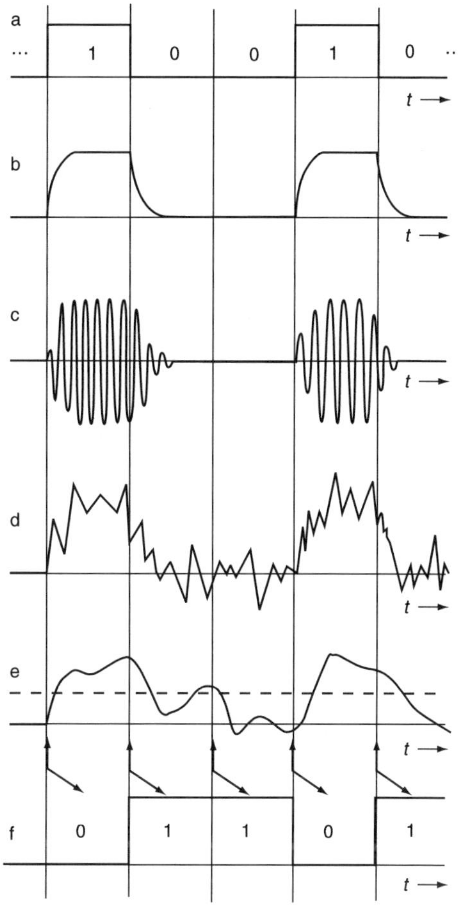


Bild 5.3-14 Beispiele prinzipieller Signalverläufe bei digitalen Übertragungsverfahren

Empfängereingang, wobei natürlich der Amplitudenmaßstab um Größenordnungen verschieden ist, da ja auf der Strecke eine große Dämpfung auftritt. An Stelle der Basisbandübertragung (Beispiel terrestrische PCM) kann auch die Digitalmodulation eines Sinusträgers verwendet werden (PSK, FSK; im Beispiel (c) ASK), vor allem bei Funkübertragung. Ein Verlauf ähnlich (d) tritt in diesem Fall hinter dem Demodulator auf. Zu äquidistanten Zeitpunkten, die sich aus dem Schritttakt ergeben, soll nun das Signal abgefragt und eine Schwellwertentscheidung durchgeführt werden. Damit die Entscheidung nicht durch eine hochfrequente Rauschspitze verfälscht werden kann, wird man einen Tiefpass vorschalten, hinter dem sich der Verlauf (e) einstellt. Man sieht, dass im dritten gezeigten Abfragepunkt ein Bitfehler entsteht, vgl. (f).

Für das System PCM 30, das uns in 5.5.3 und 5.6.2 noch beschäftigen wird, liegen natürlich die grundlegenden Planungsüberlegungen schon lange zurück, und die technische Realisierung ist detailliert dokumentiert. Inzwischen ist die Entwicklung digitaler Systeme mit um Größenordnungen höheren Bitraten für verschiedenartige Übertragungsmedien vorangeschritten. Wir können weder die Systemplanung noch die Realisierung im notwendigen Umfang diskutieren und verweisen auf die Literatur. Die folgenden Abschnitte sollen die wesentlichen Probleme aufzeigen und den Einstieg in die Literatur erleichtern.

### 5.3.4.2 Spektrum des Digitalsignals und benötigte Kanalbandbreite

Als einfachsten Fall eines Digitalsignals betrachten wir ein Binärsignal in NRZ-Darstellung, vgl. Bild 5.4-4. Wir können damit auch die Verfahren abdecken, bei denen in einem Schritt mehr als zwei Signalzustände möglich sind: Die weiteren Zustände kann man sich als zwischen den Extremen 0 und 1 liegend vorstellen. In allen Fällen ergeben sich die höchsten Spektralanteile dann, wenn sich die extremen Signalzustände 0 und 1 laufend abwechseln.

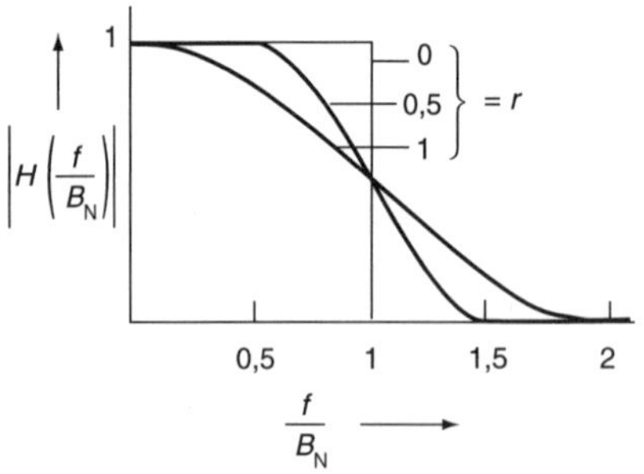


Bild 5.3-15 Normierte Übertragungsfunktion von Tiefpässen (Parameter: Roll-off-Faktor $r$)

Um diesen Wechsel auf der Empfangsseite noch erkennen zu können, genügt es, wenn die in 1010... enthaltene Grundschwingung über den Kanal noch übertragen werden kann. Dadurch wird die so genannte *Nyquist-Bandbreite* des Übertragungssystems

$$B_\text{N} = \frac{1}{2T_\text{Schr}} = \frac{1}{2} f_\text{Schr} \tag{5.3-4}$$

bestimmt, wobei $T_\text{Schr}$ die Dauer eines Schritts und $f_\text{Schr} = 1/\ T_\text{Schr}$ die Schrittgeschwindigkeit ist. Folgen im Signal mehrere Schritte mit gleichen Signalzuständen aufeinander, so ergibt sich eine Grundschwingung kleinerer Frequenz, und bei stochastischen Signalen kann jeder Wert zwischen 0 und $B_\text{N}$ vorkommen.

Damit genügt es theoretisch, wenn wir das übertragene Spektrum hart auf den Wert $B_\text{N}$ begrenzen (Bild 5.3-15, $r = 0$). Aus der Systemtheorie kennen wir die Impulsantwort eines entsprechenden idealen Tiefpasses; sie ist in Bild 5.3-16 unter Berücksichtigung einer Grundlaufzeit als Kurve $r = 0$ dargestellt. Jeder Impuls des digitalen Eingangssignals würde also am Systemausgang ein solches Signal ergeben. Da die Nulldurchgänge, von der Mitte der Impulsantwort aus gerechnet, den Abstand $1/(2\ B_\text{N}) = T_\text{Schr}$ haben, stören sich die Antworten aufeinander folgender Impulse theoretisch nicht, wenn man jeweils in Impulsmitte abfragt.

Praktisch realisierbare Filter haben eine allmählich einsetzende Bandbegrenzung. Jetzt müssen jeweils Beiträge der Nachbarimpulse im Abtastaugenblick berücksichtigt werden, doch kann man diese Beiträge durch geeignete Filtercharakteristik klein halten. Bezeichnen wir die Grenzen des Übergangsbereichs mit $f_1$ und $f_2$, so können wir den so genannten *Roll-off-Faktor r* definieren

$$r = \frac{f_2 - f_1}{f_2 + f_1} \tag{5.3-5}$$

Dieser Faktor wird zur Beschreibung verschiedener Übergangscharakteristiken verwendet. Praktisch wird häufig ein $\cos^2$-förmiger Abfall vorgesehen (Bild 5.3-15). Für das Beispiel $r = 1$, wo also der Abfall schon bei $f_1 = 0$ einsetzt, erhält man z. B. für den Bereich $f < f_2$:

$$\left| H\left(\frac{f}{B_N}\right) \right|_{r=1} = \cos^2\left(\frac{\pi f}{4B_N}\right) \qquad (5.3\text{-}6)$$

Man muss also für die Übertragung eine Bandbreite $B_Ü$ bereitstellen, die so groß ist, dass der Übergang noch voll übertragen wird; allgemein

$$B_Ü = B_N\,(1+r) = \frac{1}{2} f_{Schr}\,(1+r) \qquad (5.3\text{-}7)$$

In der Praxis wird häufig mit $r = 0{,}5$ gearbeitet, so dass man für einen 64-kBit/s-Kanal eine Bandbreite von 48 kHz benötigt. Man hat also die hohe Störresistenz der digitalen Übertragung mit einem (verglichen mit dem Analogkanal 3,4 kHz) 14fachen Bandbreitebedarf erkauft.

### 5.3.4.3 Störeinflüsse

Der Qualitätsmaßstab bei digitaler Übertragung ist die *Bitfehlerquote (Bit Error Rate, BER)*. Es muss sichergestellt sein, dass bei den laut Pflichtenheft zu beachtenden Randbedingungen und Störeinflüssen der zulässige Wert der BER nicht überschritten wird. Für den Test digitaler Übertragungssysteme – moderne Entwicklungen liegen inzwischen im GBit/s-Bereich – sind *Bitfehlermessplätze* erforderlich, welche geeignete Bitfolgen erzeugen und durch Vergleich mit der Empfangsbitfolge die Fehlerhäufigkeit ermitteln. Natürlich musste man auch in der Messtechnik der Digitalübertragung erst Erfahrungen sammeln, da gegenüber der Analogtechnik neuartige Probleme auftauchen.

**Beispiel:**
BER-Messplätze benutzen als Sendesignale pn-Folgen, die bekanntlich mit Hilfe rückgekoppelter Schieberegister erzeugt werden. Die oben erwähnten Scrambler werden ebenfalls nach diesem Prinzip realisiert. Man muss vermeiden, dass ein Scrambler seine eigene pn-Folge als Testsignal erhält, da sich sonst irreguläre Ergebnisse einstellen.

Die Bitfehlerquote hängt von den verschiedensten Eigenschaften und Störeinflüssen des Systems und des Übertragungswegs ab. Bei der Entwicklung ist es nicht zweckmäßig, wenn man den (evtl. nur qualitativen) Einfluss jeder versuchsweise vorgenommenen Änderung (z.B. Frequenzgang bestimmter Baugruppen, Spektralverteilung irgendwelcher Störquellen usw.) jedes Mal durch eine BER-Messung feststellen muss.

**Beispiel:**
Beim Grundsystem mit 2,048 MBit/s bedeutet BER = $10^{-8}$, dass statistisch gesehen pro Minute nur etwa ein Bitfehler auftritt. Um eine halbwegs gesicherte Aussage zu erhalten, müsste man die Messung über ein Vielfaches dieser Zeit erstrecken.

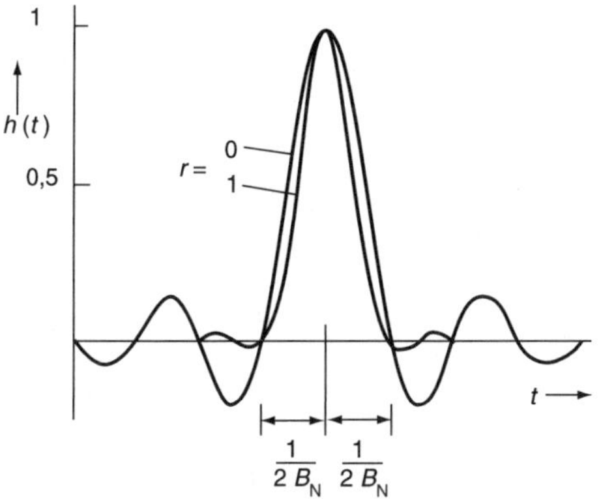


Bild 5.3-16 Abhängigkeit der (normierten) Impulsantwort $h(t)$ vom Roll-off-Faktor $r$

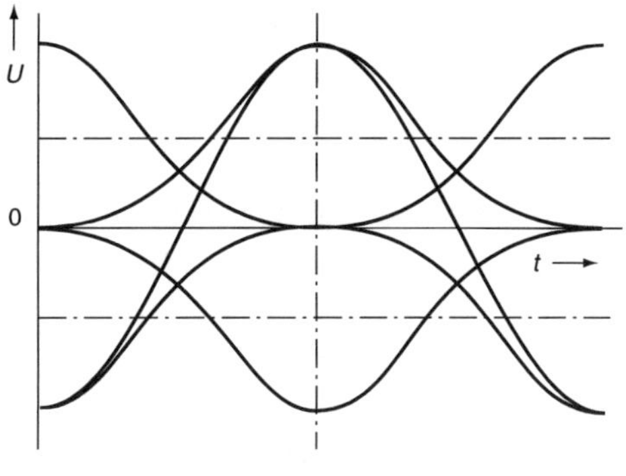


Bild 5.3-17 Augendiagramm eines AMI-Signals (strichpunktiert: Diskriminatorschwellen und Abtastzeitpunkt)

Das so genannte *Augendiagramm* ist ein wirkungsvolles Hilfsmittel zur Untersuchung digitaler Übertragungssysteme. Wir wollen es am Beispiel eines AMI-Signals erklären; auf Grund des Bildungsgesetzes folgt bei AMI auf einen Schritt +1 ein Schritt mit 0 oder –1. Indem man die Triggerung eines Oszilloskops in geeignete Beziehung zum Schritttakt bringt, kann man alle möglichen Signalübergänge übereinander schreiben. (Bild 5.3-17). Bei verzerrungsfreier ungestörter Übertragung wird das Augendiagramm der Empfangsseite – abgesehen vom anderen Ordinatenmaßstab – gleich aussehen. Man erkennt die optimale Lage für den Abfragezeitpunkt und die Schwellwertunterscheidungen. Bei realer Übertragung überlagern sich verschiedene Störungen, so dass die Öffnung des Auges in vertikaler und damit auch in horizontaler Richtung verkleinert wird.

Die *Störeinflüsse* rühren je nach System und Übertragungsmedium von verschiedenen Quellen her. Beim Grundsystem auf symmetrischen Kabeln ist das *Nahnebensprechen* eine wichtige Störgröße. Man wird die Regeneratorfeldlänge (Leitungsdämpfung!) so wählen, dass unter Berücksichtigung des Nebensprechens das Auge noch hinreichend offen bleibt. Dann wird die Bitfehlerquote hauptsächlich von gelegentlich auftretenden Störimpulsen, die von Starkstromleitungen eingekoppelt werden, bestimmt; insbesondere bei Schalt- und Kurzschlussvorgängen auf der Starkstromseite. Bei Systemen auf Koaxialkabeln nimmt das Nebensprechen mit zunehmender Frequenz ab. Bei höheren Bitraten wird das Rauschen die dominierende Störursache; dies gilt auch für Lichtwellenleiter.

### 5.3.4.4 Empfang und Regenerierung

In jedem Zwischenregenerator der digitalen Strecke werden die ankommenden verzerrten und durch Störungen überlagerten Impulse sowohl in ihrer Amplitude und Impulsform als auch in ihrer zeitlichen Lage regeneriert. Dazu wird das Eingangssignal zunächst bandbegrenzt, entzerrt und verstärkt. Danach folgen ein oder mehrere Amplitudendiskriminatoren (bei AMI z.B. zwei), von denen jeder in jedem Augenblick die Aussage „Amplitudenwert größer oder kleiner als Schwellwert“ liefert. In regelmäßigen Abständen (Schritttakt!) werden die Entscheiderausgänge abgefragt und damit das Digitalsignal zur Ansteuerung der Sendestufe wiedergewonnen. Im Zusammenhang mit der Taktableitung werden wir auf ein nur bei Digitalübertragung auftretendes Problem geführt: *Jitter*.

Im Gegensatz zu den Jitterproblemen sind Aufgabenstellung und mögliche Realisierungen der *Entzerrung* von breitbandigen Analogsystemen her bekannt. (Allerdings wird man in der Zeitmultiplextechnik die Berechnung und Optimierung der Entzerrungsmaßnahmen eher im Zeitbereich vornehmen.) Die übertragenen Impulse werden vor allem durch Dämpfungsverzerrungen, die in erster Linie von der Leitung herrühren, stark beeinflusst. Betrachtet man Augendiagramme an verschiedenen Stellen der Strecke, so stellt man in der Regel fest, dass am Regeneratoreingang bereits ohne überlagerte Störungen das „Auge völlig zu“ ist. Bevor die Amplitudenentscheidung durchgeführt werden kann, muss also das Eingangssignal in geeigneter Weise entzerrt werden. *Entzerrer* sind Netzwerke mit einem Frequenzgang der interessierenden Größen (Dämpfung, Gruppenlaufzeit), der geeignet ist z.B. nichtideale Leitungseigenschaften auszugleichen. Wir können weder die Berechnung noch die Realisierung von Entzerrernetzwerken im Einzelnen behandeln und verweisen auf die Literatur.

Das Signal am Ausgang eines Amplitudendiskriminators (bzw. bei mehreren Diskriminatoren eine geeignete Kombination der Ausgangssignale) kann zur Gewinnung der Schritttaktfrequenz $f_{\text{Schr}}$ benutzt werden. Je nach der verwendeten Leitungscodierung ist $f_{\text{Schr}}$ im Spektrum des Signals bereits enthalten und kann ausgefiltert werden, oder man kann durch geeignete Operationen (z.B. Differenzieren, Gleichrichten usw.) die gewünschte Spektralkomponente erzeugen.

Zum Ausfiltern von $f_{\text{Schr}}$ möchte man einen möglichst schmalbandigen Bandpass benutzen, weil bei diesem die Amplitude des Taktsignals auch bei längeren Nullfolgen nur langsam abklingt. Der Nachteil eines festen Filters kleiner Bandbreite ist jedoch, dass schon bei kleinen Frequenzabweichungen auf der Sendeseite die Phase des abgeleiteten Taktes starken Variationen unterworfen ist. Deshalb ist es nahe liegend, einen PLL zu verwenden. Bevor wir über die Wahl der geeigneten Bandbreite sprechen können, müssen wir uns zuerst mit dem Phänomen Jitter etwas näher vertraut machen.

### 5.3.4.5 Jitterprobleme

Nach [CCITT G.702] versteht man unter Jitter die Schwankung der „Kennzeitpunkte" eines Digitalsignals um die idealen (meist äquidistanten) Zeitpunkte. Als Maßeinheit benutzt man eine Bitbreite, schreibt aber meist einfach bit oder Bit. Wie Jitter entstehen kann, zeigt das folgende

**Beispiel:**
Die Taktableitung, wie oben beschrieben, benutzt das Ausgangssignal eines Amplitudendiskriminators. Wie man sich anhand von Bild 5.3-17 klar machen kann, hängt die zeitliche Lage einer Flanke im Diskriminatorausgangssignal von verschiedenen am Eingang herrschenden Bedingungen ab:

- Die verschiedenen Signalübergänge schneiden den Schwellwert nicht genau zur gleichen Zeit, damit ist die zeitliche Lage des am Ausgang auftretenden Umschlags vom Signalmuster, also von der Vorgeschichte abhängig.
- Da die Signalübergänge am Eingang eine endliche Steigung haben, führt jede Änderung des Schwellwerts (z.B. durch Schwankungen der Versorgungsspannung usw.) zu einer Verschiebung der zeitlichen Lage des Durchgangs.
- Bei festgehaltener Schwelle ergibt sich durch überlagerte Störungen im Eingangssignal ebenfalls eine zeitliche Variation der Durchgänge (Amplituden-/Zeit-Konversion).

Außer den im Beispiel angesprochenen Jitterursachen gibt es weitere, die in der Literatur ausführlich untersucht werden, weil Jitter eines der wichtigsten Probleme der Digitalübertragung überhaupt darstellt. Wir werden in 5.5 die Multiplexbildung aus verschiedenen digitalen Strömen und die dabei auftretenden Taktanpassungs- und Jitterprobleme besprechen. Beschränken wir uns im Augenblick auf eine einzelne digitale Strecke mit vielen Regeneratoren (Anzahl *N*), so können wir im Hinblick auf den unterschiedlichen Jitter-Akkumulationsprozess zwei Gruppen von Jitterursachen unterscheiden [50-8]:

- *nichtsystematischer Jitter*, verursacht z.B. durch Impulsstörungen, Rauschen, Nebensprechen;
- *systematischer Jitter:* Alle Beiträge, die vom Pulsmuster (Signalfolge) abhängen, also u. a. die oben erwähnten bei der Taktrückgewinnung entstehenden Beiträge, Pulsverformungen durch Intersymbol-Interferenzen, AM-PM-Konversion in verschiedenen Baugruppen usw.

Bei langen Regeneratorketten (*N* groß) wächst die Jitteramplitude bei nichtsystematischem Jitter etwa proportional der 4. Wurzel aus *N*, bei systematischem Jitter dagegen proportional der Quadratwurzel aus *N*, so dass der letztgenannte Beitrag in der Praxis dominiert. Da digitale Strecken und plesiochrone Multiplexer (vgl. 5.5.4) im Netz in beliebiger Kombination einsetzbar sein müssen, ist es eine direkte Pflichtenheftsforderung, dass eine beliebige digitale Übertragungseinrichtung an ihrem Eingang Digitalsignale auch dann noch akzeptiert, wenn diese mit einem gewissen Jitter behaftet sind (*Jitterverträglichkeit*). Damit müssen die Taktableitungen eine gewisse

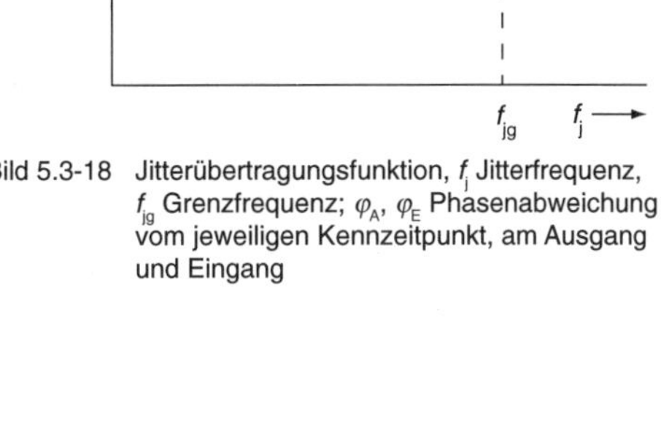


Bild 5.3-18 Jitterübertragungsfunktion, $f_j$ Jitterfrequenz, $f_{jg}$ Grenzfrequenz; $\varphi_A$, $\varphi_E$ Phasenabweichung vom jeweiligen Kennzeitpunkt, am Ausgang und Eingang

Mindestbandbreite aufweisen, und das am Ausgang abgegebene Digitalsignal wird auch wieder jitterbehaftet sein. Es liegt nahe, eine „Jitterübertragungsfunktion“ zu definieren.

**Beispiel:**
Bild 5.3-18 zeigt die typische Jitterübertragungsfunktion eines Zwischenregenerators. Man sieht, dass bei sehr niederen Frequenzen der Jitter unverändert übertragen wird. In einem bestimmten Frequenzbereich wird der Jitter durch jeden Regenerator verstärkt; da die zulässige Größe von $\varphi_A$ am Ende des letzten Regeneratorfeldes begrenzt ist, erkennen wir, dass auch die Digitalübertragung ihre Grenzen hat. Bei höheren Frequenzen wird der Jitter zunehmend gedämpft, weil z.B. der PLL der Taktableitung hochfrequenten Schwankungen nicht folgt.

#### 5.3.4.6 Adaptive Systeme

In der modernen Nachrichtentechnik taucht der Begriff „adaptive Systeme“ immer häufiger auf.

**Beispiel:**
Die Eigenschaften eines Übertragungskanals sind oft nicht genau bekannt oder sogar zeitvariant. Man kann diese Gegebenheiten auf zwei Arten berücksichtigen:

- Entwurf eines Kompromisssystems, bei dem alle Eigenschaften vorab so festgelegt werden, dass für den „durchschnittlichen“ Kanal usw. die besten Ergebnisse erzielt werden.
- Adaptives System, das sich an die jeweils auftretenden Gegebenheiten (Kanal, Signalform usw.) anpassen kann.

Gerade die Empfängerschaltungen digitaler Übertragungssysteme sind ein aktuelles Anwendungsgebiet: Nichtlineare Entzerrungsmaßnahmen.

**Beispiel:**
*Quantisierte Rückkopplung (decision feedback).* In Abhängigkeit vom Wert der in vorhergehenden Schritten detektierten Symbole wird vom Diskriminatorausgang ein Kompensationssignal an den Eingang zurückgeführt. Dadurch werden die störenden Nachläufer der Impulse kompensiert und die Impulsinterferenzen weitgehend beseitigt.

## 5.3.5 Verzerrungen durch Mehrwegeausbreitung

Auf den ersten Blick haben die nachstehend beschriebenen Fälle von Übertragungsverzerrungen nichts miteinander gemeinsam; bei genauerer Betrachtung sehen wir jedoch, dass der gleiche Mechanismus zu Grunde liegt.
Eine Richtfunkstrecke (vgl. 5.7.2) führt über einen See. Der Empfänger erhält außer dem direkten Richtstrahl einen an der Wasseroberfläche reflektierten Strahl, der also einen längeren Weg gemacht hat. Ist der Wegunterschied gerade $\lambda/2$, dann können sich die beiden Signale im Extremfall auslöschen. Allgemein gesprochen hat dieses spezielle Funkfeld eine frequenzabhängige Übertragungsfunktion.

Eine ideale Leitung mit Wellenwiderstand $Z_W$ verbindet einen Sender mit einem Empfänger; beide haben den Innenwiderstand $R$. Ist $R = Z_W$, so ist die Übertragung tatsächlich ideal. Bei Stoßstellen an beiden Leitungsenden treten dagegen Gruppenlaufzeit- und Dämpfungsverzerrungen auf! Das Eingangssignal am Empfänger unterscheidet sich jetzt vom Sendesignal, weil es den zusätzlichen Beitrag des Umwegsignals enthält, das durch Reflexion an beiden Leitungsenden entsteht. In [57-2] werden die resultierenden Verzerrungen am Beispiel einer Antennenspeiseleitung berechnet; man versteht danach, warum für solche Leitungen so hohe Forderungen für die Reflexionsdämpfung bestehen.

Bei der Einführung der PCM-Übermittlung im Landesfernwahlnetz erlebte man eine unliebsame Überraschung: *„Hohlklangeffekt“*, [53-1]. Die beiden Enden der Fernsprechverbindungen waren noch in analoger 2-Dr-Technik, die PCM-Strecke dagegen 4-Dr (vgl. 5.6.2). So wie oben an den Leitungsenden, kann jetzt ein Umwegsignal durch Reflexionen an den Gabeln entstehen. Durch die Zeitstufen der PCM-Vermittlungsstellen wird das Umwegsignal gegenüber dem Direktsignal stark verzögert, wodurch der Effekt stärker in Erscheinung tritt. In [53-1] wird ausführlich über Berechnungen, Messungen und Gegenmaßnahmen berichtet.

Man sieht aus den obigen Beispielen, dass Verzerrungen mit prinzipiell gleicher Ursache (Mehrwegeausbreitung, Umwegsignale) in allen Frequenzbereichen auftreten können; das letzte Beispiel betraf das niederfrequente Basisband.

## 5.4 Nachrichten- und Signalaufbereitung

### 5.4.1 Einführung

Unser Ziel ist eine (möglichst) fehlerfreie Nachrichtenübertragung. Wir erinnern uns an die Erkenntnisse der Informationstheorie: Nachrichten werden physikalisch durch Signale dargestellt, wobei ein und dieselbe Nachricht durch völlig verschiedene Signale repräsentiert werden kann. Deshalb ist es für die Nachrichtenübertragung nicht von Interesse, das Signal der Nachrichtenquelle unverändert zur Nachrichtensenke zu übertragen. (In der Folge passen wir uns der neueren Mode an und schreiben Sinke statt Senke.)

Nach dieser Vorüberlegung betrachten wir die in Bild 5.4-1 schematisch dargestellten Möglichkeiten der Nachrichtenübertragung. Die Quelle sei das Gehirn eines Menschen *X*, und die Sinke sei das Gehirn eines Menschen *Y*. Die in den Gehirnen verwendete Signaldarstellung (Nervenströme?) ist für die Übertragung über größere Entfernungen nicht geeignet; wir können hier – und überhaupt – den Fall A von Bild 5.4-1 als praktisch unmöglich ausschließen.

Normalerweise wird eine Übertragung vom Typ B verwendet; hierher gehört z.B. die übliche Fernsprechübertragung. Dabei kann die Nachrichtenübertragung fehlerfrei sein, obwohl sich die Signale an Quelle und Sinke in manchen Fällen stark unterscheiden. Wir betrachten Sprachsignale, die – ggf. nach entsprechender Wandlung – bereits in elektrischer Form vorliegen. Wir wissen bereits, dass wir – sofern die Silbenverständlichkeit der Gradmesser ist – die Bandbreite und auch die Dynamik des von einem Sprecher erzeugten Signals stark reduzieren können. Außerdem ist in Gegensprechverbindungen (Beispiel Fernsprechen) jeder der beiden Sprecher im Durchschnitt nur weniger als die Hälfte der Zeit, z.B. 40 %, aktiv.

Die genannten Eigenschaften der Sprachsignale eröffnen vorteilhafte Möglichkeiten zur Signalverarbeitung. In 5.5 sprechen wir z.B. den bei Wahl eines geeigneten Modulations- und Multiplexsystems möglichen statistischen Ausgleich an. Eine andere wichtige Möglichkeit ist die Ausnutzung der begrenzten Sprecheraktivität in so genannten Sprachinterpolationssystemen wie dem klassischen TASI-System auf Transatlantikkabeln und modernen digitalen Realisierungen (DSI, Digital Speech Interpolation). Dabei werden weniger Übertragungskanäle als angeschlossene Zubringerleitungen vorgesehen. Man überwacht

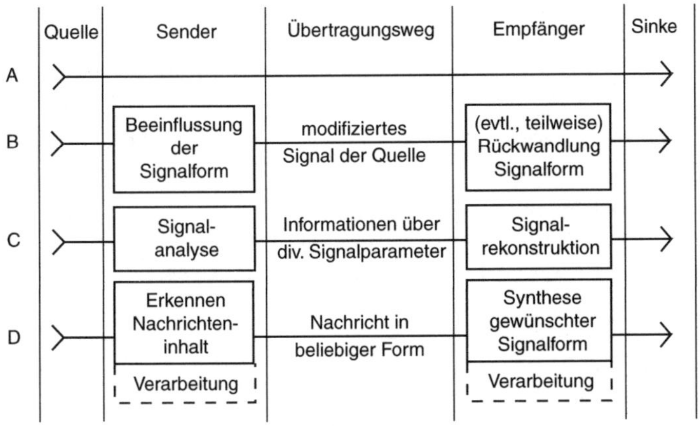


Bild 5.4-1
Grundformen der Nachrichtenübertragung

jeden Zubringer auf den anstehenden Sprachpegel und schaltet ggf. einen Übertragungskanal nur für die Dauer der Aktivität. Als (praktisch aus Laufzeitgründen unerreichbarer) Grenzfall bei sehr vielen Sprechern mit 40 % Aktivität ergibt sich ein Sprachinterpolationsgewinn von 100/40 = 2,5.

Beschäftigt man sich genauer mit der Erzeugung der Sprache und mit den Vorgängen beim Hören [72], so ergeben sich weitere Vorschläge für Übertragungssysteme (Typ C in Bild 5.4-1). Man kann z.B. das Sprachband in viele schmale Bänder unterteilen und in jedem Teilband den Pegel bestimmen. Diese Informationen kann man über einen relativ schmalbandigen Kanal übertragen. Auf der Empfangsseite wird in jedem Teilband ein der Pegelinformation proportionales Rauschsignal erzeugt. Die Summe der verschiedenen Teilsignale ergibt eine relativ gute Nachbildung des ursprünglichen Sprachsignals. Dies ist das sog. *Vocoderprinzip*.

Während bei A bis C die Signalübertragung – wenn auch mit unterschiedlicher Raffinesse – zur Debatte steht, ist bei D der entscheidende Schritt vollzogen, die Nachricht als solche zu erkennen, um sie dann in der jeweils zweckmäßigsten Weise durch Signale darstellen zu können.

**Beispiel:**
Nachrichtenübertragung zwischen einem Blinden (Endgerät: Fernsprechapparat) und einem Taubstummen (Endgerät: Bildschirm mit Schreibgriffel o.Ä.) in beiden Richtungen. Beim heutigen Stand der Spracherkennung [72] fällt es leicht, sich eine zukünftige Verbindung zwischen den beiden genannten Teilnehmern im weltweiten Netz vorzustellen, bei der die vom Blinden gesprochenen Worte als Text auf dem fernen Bildschirm erscheinen und in Gegenrichtung das vom Taubstummen Geschriebene beim Blinden als Sprache ausgegeben wird.

Wir wollen nun den derzeit (noch) wichtigsten Fall etwas genauer betrachten: Typ B. Bild 5.4-2 zeigt das üblicherweise verwendete Blockschaltbild der Übertragung.

Die Quelle liefert nicht nur die für unsere Nachrichtenübertragung relevanten Nachrichten, sondern auch viel Irrelevanz, und in aller Regel erhebliche Redundanz. Durch eine geeignete Quellencodierung kann man die zu übertragende Nachrichtenmenge reduzieren.

**Beispiel:**
Der Neffe (Sinke) weiß, dass ihn seine Tante (Quelle) in der kommenden Woche besuchen will und dass sie stets den Abendzug benutzt; lediglich der Tag lag bis jetzt noch nicht fest. Per Telefon würde die Tante folgende Information übermitteln: „Am Montag werde ich beginnen, meinen Garten aufzuräumen, da werde ich noch zwei weitere Tage dazu brauchen. Einen Tag danach, also drei Tage vor Sonntag, will ich dann mit dem Eilzug um 19 Uhr fahren.“ Da der Neffe aber nur telegrafisch erreichbar ist, führt die Tante eine Nachrichtenverarbeitung durch, um Kosten zu sparen. Nach beträchtlicher Irrelevanz- und Redundanzreduktion ergibt sich das Telegramm: „Donnerstag“. Man sieht aus dem Beispiel der telefonischen Übermittlung, dass häufig trotz beträchtlicher Redundanz keine wirkungsvolle Sicherung der relevanten Nachricht gegeben ist; so würde die am Telefon leicht mögliche Verwechslung der Zahlen zwei und drei einen falschen Ankunftstag ergeben. Deshalb nimmt man häufig eine totale Redundanzreduktion auf der Seite der Quelle vor, um später zur Sicherung der Nachrichtenübertragung wieder gezielt Redundanz zuzufügen, z.B. „Donnerstag 7.10.“.

In 5.4.2 wollen wir uns etwas näher mit der Quellencodierung befassen.

Die Kanalcodierung hat die Aufgabe, Nachrichten und Signale so aufzubereiten, dass bei der Übertragung die optimalen Ergebnisse erzielt werden;

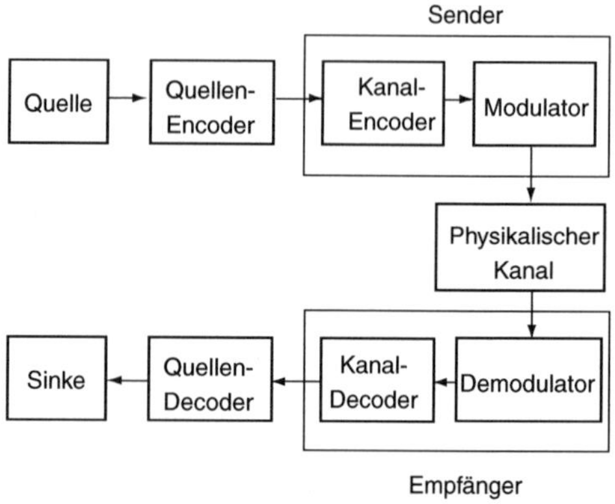


Bild 5.4-2 Nachrichtenübertragung mit Quellen- und Kanalcodierung

in 5.4.3 wollen wir uns einen Überblick verschaffen.

Spezielle Techniken, die sowohl in Quellen- als auch in Kanalcodierung eingehen, sind notwendig, wenn die Geheimhaltung von Nachrichten im Vordergrund steht; siehe dazu 5.4.4.

Zu Bild 5.4-2, das so oder ähnlich in der Literatur vielfach vorkommt, sind noch zwei Bemerkungen zu machen:

- Für eine exakte mathematische Behandlung der Quellen- und der Kanalcodierung ist eine reinliche Trennung sicher nützlich; bei den praktischen Realisierungen (Hardware/Software) ist sie oft nicht gegeben.
- Natürlich geht man bei den theoretischen Untersuchungen gern von einer Quelle aus, welche „die“ Nachricht abgibt, die unverfälscht zur Sinke übertragen werden soll. Andererseits gibt nicht nur die Quelle „Tante“ im obigen Beispiel sehr viel Irrelevanz von sich; deshalb wollen wir es durchaus auch als Aufgabe des Quellen- – und evtl. auch des Kanalcodierers sehen, wesentliche Irrelevanzreduktion zu erreichen.

## 5.4.2 Quellencodierung

Als Beispiel zur Quellencodierung wählen wir die Übertragung bewegter Bilder. Ausgangspunkt unserer Betrachtungen ist das klassische analoge Fernsehen, dessen „Quellencodierung“ (bekanntlich ist der Begriff erst später entstanden) natürlich bereits die Eigenschaften des menschlichen Auges berücksichtigt:

- Ein Bild wird auf der Sendeseite zeilenweise abgetastet und auf der Empfangsseite entsprechend wieder zusammengesetzt. Die Trägheit des Auges bestimmt die notwendige Bildfolgefrequenz: Wenigstens 50 Bilder je Sekunde, also 50 Hz. Man hat frühzeitig das so genannte Zeilensprungverfahren gefunden, bei dem ein Bild aus zwei ineinander gelegten Teilbildern erzeugt wird; dadurch kann bei praktisch gleich guter Flimmerfreiheit die Bildfolgefrequenz 25 Hz gewählt werden.
- Das Auge sieht den Farbunterschied benachbarter Punkte bei weitem nicht so scharf wie den Helligkeitsunterschied. Die Farbinformation benötigt daher bei der Übertragung wesentlich weniger Bandbreite als die Helligkeitsinformation; siehe unten.

Die vom Farbfernsehabtaster simultan abgegebenen drei Komponenten Rot, Grün, Blau (Farbwertsignale R, G, B) müssen mit einer geeigneten Multiplextechnik in ein einziges Signal umgewandelt werden, um es über den Fernsehkanal übertragen zu können. Diese Aufgabe besorgt der Farbcoder im Farbfernsehstudio, während der Decoder Bestandteil des Farbfernsehempfängers ist.

Es haben sich in den Fernsehnormen der Welt drei unterschiedliche Farbcodierverfahren NTSC, SECAM und PAL eingeführt, die sich lediglich in der Art der Farbträgermodulation (siehe unten) unterscheiden. Gemeinsam ist den Verfahren, dass die drei Farbwertsignale R, G, B über eine Matrix in drei neue Komponenten Y, Q, I bzw. Y, U, V umgewandelt werden, die für eine gemeinsame Übertragung im Fernsehkanal besser geeignet sind. So stellt Y das Luminanzsignal dar, das von allen drei Farbcodierungen als Hauptkomponente übermittelt wird, damit die empfängerseitige Kompatibilität (Verträglichkeit) mit den Schwarzweißempfängern gewährleistet ist. Die beiden anderen Komponenten Q, I bzw. U, V beschreiben die Färbung des Bildes und werden bei allen drei Verfahren einem Farbträger aufmoduliert, der innerhalb des Luminanzsignal in der Nähe der oberen Bandgrenze (5 MHz) liegt. Der Farbfernseh-Decoder kann diesen Träger wieder demodulieren und so die beiden Farbsignalkomponenten Q, I bzw. U, V zurückgewinnen. Eine Matrix wandelt die drei simultan übertragenen Komponenten wieder in die für das Ansteuern der Farbbildröhre benötigten RGB-Signale um.

Ein Schwarzweißgerät, das ein solches Farbfernsehsignal empfängt, wertet nur den Luminanzanteil Y als Grauwertinformation aus. Die trägerfrequent überlagerte Chrominanzinformation muss dagegen als Störung in Kauf genommen werden („Perlschnurmuster“).

Das klassische analoge Fernsehen enthält eine Fülle übertragungstechnischer Feinheiten, auf die wir nicht näher eingehen können. Es sei auf die Literatur, z.B. [73-1], [73-2], verwiesen.

Wir wenden uns nun der digitalen Bildübertragung zu. Mit den in Bild 5.4-3 gemachten Annahmen [73-2] erreicht man eine recht gute Bildqualität. Der Bereich des schärfsten Sehens, in dem diese Qualität interessant ist, ist ziemlich klein; da man aber nicht weiß, für welchen Teil des Bildes sich der Betrachter besonders interessiert, muss man notgedrungen den ganzen Schirm mit gleicher Qualität bedienen. Mit diesen Annahmen ergibt sich eine notwendige Bitrate von etwa 150 MBit/s. Wenn man sich daran erinnert, dass Küpfmüller vor einem halben Jahrhundert Untersuchungen zur bewussten Informationsaufnahme des Menschen gemacht hat, mit dem Ergebnis, dass 20 Bit/s schon den kaum erreichbaren Maximalwert darstellt, dann wird klar, dass das Fernsehbild ungeheuer viel Redundanz enthält. Es muss möglich sein, die Übertragungsbitrate um viele Größenordnungen zu reduzieren. Tatsächlich gab es frühzeitig Vorschläge, um mit der Bitrate der überall verfügbaren PCM-Grundsysteme auszukommen (2,048 MBit/s). Durch weitere Verbesserungen wurde später auch ein Betrieb über ISDN-Kanäle (64 kBit/s) erreicht, und die Entwicklung geht weiter (siehe unten).

Im Folgenden wollen wir beispielhaft einige Ideen zur Redundanzreduktion ansprechen; natürlich wird man die verschiedenen Möglichkeiten in geeigneter Kombination anwenden. Erste Grundideen in Stichworten:

- An Stelle der unabhängigen Beschreibung der Helligkeit eines Bildpunktes durch einen n-Bit-Code kann man geeignete Deltamodulationsverfahren einsetzen.
- Speichert man das letzte übertragene Vollbild auf der Empfangsseite, so weiß man schon viel über die folgenden Bilder, da sich der Bildinhalt nicht beliebig schnell ändern kann. Es liegt nahe, die Vollbildübertragung nur in mehr oder weniger großen Abständen zu machen und dazwischen liegende Bilder auf der Empfangsseite durch Interpolation zu gewinnen.
- Das Bild enthält mehr oder weniger große Bereiche gleicher oder ähnlicher Helligkeit. An Stelle der unabhängigen Beschreibung eines jeden einzelnen Bildpunktes muss es Verfah-

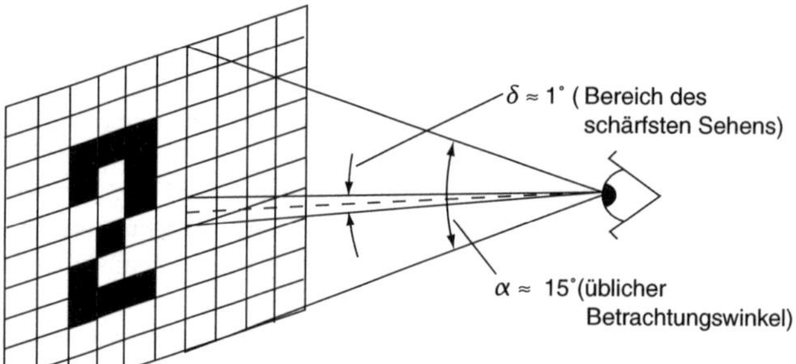


Gesichtssinn ≙ mehrdimensionales Tiefpasssystem

Grenzfrequenzen (Bereich schärfstes Sehen):
40 Bildpunkte / 1° (horiz., vertik.)
60 Hz / Bildpunkt
➡ 40·40·60 = 96000 Bildpunkte / s

Helligkeitsunterscheidung je Bildpunkt:
max. ca. 128 Stufen ≙ 7 bit
➡ 96000·7 = 0,672 MBit/s

Übertragung Gesamtbild mit dieser Auflösung:

$$0{,}672\cdot\left(\frac{15^\circ}{1^\circ}\right)^2 \approx 150\ \text{MBit/s}$$

Bild 5.4-3
Beispiel Digitalfernsehen

ren geben, die diese Verwandtschaften berücksichtigen und dadurch mit kleineren Bitraten auskommen. Ein Beispiel dafür ist die so genannte Lauflängencodierung, im einfachsten Fall innerhalb einer Abtastzeile: Der Wert an einem Punkt der Zeile ist bekannt, er kann den folgenden Punkten der Zeile zugeordnet werden, sofern keine Änderung signalisiert wird. So gut es Verwandtschaften innerhalb einer Zeile gibt, so gut gibt es sie auch innerhalb einer Spalte; es liegt nahe, zweidimensionale Verfahren anzuwenden.

Diese ersten Ideen reichen natürlich nicht aus; es müssen intelligentere Methoden gesucht und gefunden werden. Dazu gehört die Erkennung bewegter Objekte innerhalb eines im Wesentlichen gleich bleibenden Bildes; nehmen wir als Beispiel eine Straßenkreuzung in einer Stadt, mit den immer gleichen Häusern, an denen sich Autos vorbeischieben. Die Grundlage ist die Erkennung und Beschreibung bewegter Kanten, damit vorhergesagt werden kann, welche Teile des Festbildes demnächst durch das bewegte Objekt verdeckt bzw. freigegeben werden.

Die Entwicklung geeigneter Standards wurde und wird besonders durch die *Moving Pictures Experts Group* (MPEG) vorangetrieben. Vor dem Hintergrund des raschen Zusammenwachsens von Nachrichtenübermittlung, Nachrichtenverarbeitung und der TV-/Film-Wirtschaft sowie aufbauend auf dem Erfolg des digitalen Fernsehens, von interaktiven Grafik-Applikationen und des World Wide Web initiierte die MPEG im Jahre 1994 die Standardisierungsphase der MPEG-4 Videocodierung. Zu der immer effizienteren Codierung der Bildinhalte kommt hier als wesentliche Triebfeder der Wunsch nach leistungsfähiger Bildverarbeitung bei den vielen Teilnehmern in einem weltweiten Verbund; damit sind u.a. folgende Leistungsmerkmale gefragt [54-2]:

- universeller Zugriff auf Bilddaten
- objektbasierte Codierung
- interaktive Funktionalitäten
- Skalierbarkeit (örtlich/zeitlich/inhaltsbasiert)
- simultane Nutzung verschiedener Quellen.

Die modernen Arbeiten zur Bildcodierung haben auch Fortschritte bei der Audiocodierung gebracht: Da Bild und Ton im Zusammenhang gesehen werden müssen, hat man z.B. bei MPEG-1 ein sehr leistungsfähiges Verfahren für Audiocodierung standardisiert, das dann im digitalen Hörfunk verwendet wurde [54-2].

## 5.4.3 Kanalcodierung

### 5.4.3.1 Einführung

Die verschiedenen Übertragungskanäle haben sehr verschiedene Eigenschaften; die Kanalcodierung soll unter den gegebenen Randbedingungen die Übertragung optimieren. Bei der Besprechung verschiedener Verfahren treten einige Begriffe auf, die wir nachstehend stichwortartig definieren wollen:

- **Taktgehalt**. Reziprokwert des größtmöglichen zeitlichen Abstandes zwischen zwei aufeinander folgenden Schwellendurchgängen.
- **Digitale Wortsumme (DWS)**. Nehmen wir als Beispiel einen Ternärcode, bei dem jedes Symbol die Werte +1 (oder einfach +), 0, und –1 (oder einfach –) haben kann. Ein Codewort aus drei derartigen Symbolen kann dann eine DWS zwischen +3 und –3 haben; das als Beispiel angenommene Codewort –0+ hat die DWS null.
- **Laufende digitale Summe (LDS)**. Man kann bei einem seriellen Code eine laufende Summenbildung durchführen. War die LDS zu einem bestimmten Zeitpunkt z.B. +2, und sind danach die Symbole 0 – 0 – – aufgetreten, so ist die neue LDS –1.
- **Richtige Schreibweise: bit, Bit oder Bits**? Obwohl die deutschen Normen die Schreibweise eindeutig festlegen, wird hier in der deutschsprachigen Literatur viel gesündigt. Die hauptsächliche Ursache ist das kritiklose Abschreiben aus amerikanischer Literatur, in der Einheiten in der Mehrzahlform auftreten dürfen (z.B. volts, ohms, ...), was im Deutschen undenkbar ist. Nach unserer Norm ist die Einheit der Informationsmenge das bit (Kleinschreibung, keine Mehrzahl), wogegen

mit Bit oder Bits eine oder mehrere „Bit-Persönlichkeiten“ angesprochen werden. Ein Beispiel aus der PCM-Technik: „Der Abtastwert wird durch einen 8-Bit-Code dargestellt. Das erste Bit ist das Vorzeichenbit (Vorzeichen-Bit); wird es bei der Übertragung verfälscht, so entsteht ein starkes Knackgeräusch. Dagegen wird bei einer Störung der letzten beiden Bits des Codes die Sprachqualität wenig vermindert.“

Im Folgenden wollen wir zunächst zeigen, wie sich wesentliche Grundideen der Kanalcodierung entwickelt haben (5.4.3.2), um dann noch auf einige moderne Entwicklungstendenzen einzugehen (5.4.3.3).

### 5.4.3.2 Grundideen der Kanalcodierung anhand einfacher Beispiele

Bei der PCM-Übertragung von Sprache werden dem Sprachsignal bekanntlich in regelmäßigen Abständen Abtastproben (PAM) entnommen; der PCM-Coder macht daraus jeweils 8-Bit-Codeworte, die z.B. an einer TTL-Schnittstelle zur Verfügung stehen. Dort kann also jedes Symbol nur die Werte 0 oder +1 (im Folgenden einfach als + bezeichnet) haben. Das Spektrum des Coder-Ausgangssignals kann beliebig niedere Frequenzen enthalten („Gleichstromgehalt“); ein solches Signal kann für die Übertragung nicht verwendet werden, da die Strecke Übertrager beinhalten kann.

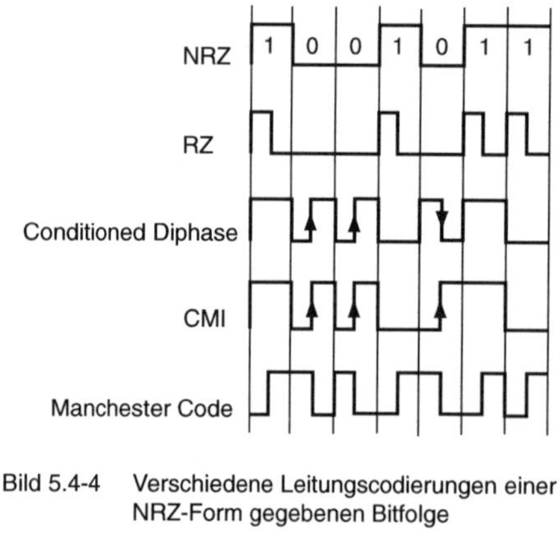


Bild 5.4-4 Verschiedene Leitungscodierungen einer in NRZ-Form gegebenen Bitfolge

Bei der Planung der ersten PCM-Strecken hat man die maximale Länge eines Regeneratorfeldes so gewählt, dass der Störabstand am Empfängereingang noch hinreichend groß war, um drei Amplitudenstufen noch sicher unterscheiden zu können. Man hätte demnach bei der Übertragung echte Ternärcodes einsetzen können, bei denen also jedes Symbol unabhängig einen von drei möglichen Werten haben kann. Man hat sich aber damit begnügt, den Binärcode der o.g. TTL-Schnittstelle in einen „Pseudo-Ternärcode“ umzusetzen: Die Einsen werden immer abwechselnd als + und – übertragen, wodurch das Signal gleichstromfrei wird. Man nennt das Verfahren AMI-Code (Alternate Mark Inversion), weil schon seit den Zeiten der alten Telegrafie die Eins als „mark“ bezeichnet wird; die Null heißt „space“ (Zwischenraum).

Natürlich kann das Sprachsignal gerade so sein, dass am PCM-Coderausgang eine beliebig lange Nullfolge entstehen muss. Dann hätte das Signal auf der Strecke („Dauer-Null“) einen Taktgehalt null, und die empfangsseitige Signalabtastung würde außer Tritt fallen. Deshalb hat man beim PCM-Grundsystem den so genannten HDB-3-Code eingeführt (high density binary of order 3; „high density“ deutet auf hohen Taktgehalt), bei dem auf der Strecke höchstens drei Nullen hintereinander auftreten können. Die Grundidee dieser Erweiterung des AMI-Prinzips ist einfach: Wäre nach drei Nullen eigentlich eine vierte Null zu senden, so sendet man an deren Stelle eine Pseudo-Eins, die der Empfänger aber problemlos als solche erkennen kann: Man verletzt bewusst das AMI-Prinzip; dieses so genannte Verletzungsbit (violation bit) V hat das gleiche Vorzeichen wie der letzte Einser-Schritt. Allerdings funktioniert die Sache noch nicht, denn man müsste bei fortgesetzter Nullfolge immer wieder solche V-Bits mit gleicher Polarität senden und dadurch einen Gleichstromgehalt produzieren. Die tatsächlich verwendete Lösung könnte man als einfachen Blockcode bezeichnen, bei dem in Abhängigkeit von der Vorgeschichte alternativ zwei Codealphabete eingesetzt werden: Zur Übertragung des Quellensignals 0000 stehen auf der Leitung alternativ die Codeworte 000V oder A00V zur Verfügung; A ist ein Eins-Bit, welches der Alternierungsregel folgt. Dabei ist die Decodierungsregel für den Empfänger extrem einfach: Wird eine Codeverletzung erkannt, so wird dieser Schritt und die drei vorhergehenden durch Nullen ersetzt.

Die Reichweite wird erhöht oder/und die Detektion wird einfacher, wenn der Empfänger nur zwei Werte unterscheiden muss. Es entstanden deshalb diverse Vorschläge für Binärcodes, vgl. Bild 5.4-4. Ihre Vor- und Nachteile werden in der Literatur diskutiert; hier soll nur beispielhaft die Frage der Synchronisation angesprochen werden. Der Empfänger kennt natürlich zunächst die im Bild angedeuteten Bitgrenzen nicht. Er wird deshalb mit einer Hypothese für die Bitgrenzen arbeiten, die um eine halbe Bitbreite gegenüber der Wirklichkeit versetzt sein kann. Bei der Decodierung werden ggf. mehr oder weniger schnell Verstöße gegen das Codebildungsgesetz erkennbar, z.B. darf es beim CMI-Code keine absteigenden Nulldurchgänge in Bitmitte geben. Man verändert die Phasenlage der angenommenen Bitgrenzen, bis Synchronismus erreicht wird.

Lokale Netze verwenden häufig den so genannten Manchestercode, dessen Grundprinzip in Bild 5.4-5 dargestellt ist. Bei diesem Code wird sozusagen die Schrittgeschwindigkeit und damit die benötigte Bandbreite verdoppelt, was man sich bei LAN in der Regel leisten kann; der Vorteil besteht in dem extrem hohen Taktgehalt, da bei jedem Informationsbit (0 oder 1) ein Übergang in der Bitmitte stattfindet. Für Synchronisationszwecke werden „Codeverletzungsbits" J bzw. K verwendet, bei denen der Übergang in der Mitte nicht vorhanden ist.

Eine Methode, die in der Praxis viel verwendet wird – meist in Kombination mit anderen Verfahren – , ist das sogenannte Scrambling. Das Quellensignal wird mit einer Pseudo-Noise-Folge kombiniert, wodurch u.a. die Spektraleigenschaften verbessert werden. Der Descrambler stellt das ursprüngliche Signal wieder her. Für die Synchronisation zwischen Scrambler und Descrambler gibt es zwei Möglichkeiten:

- Die Codegeneratoren auf Sende- und Empfangsseite werden gelegentlich durch Übertragung einer entsprechenden Nachricht auf den gleichen Wert gesetzt. Dieser „additive" Scrambler hat den Vorteil, dass ein Bitfehler auf der Strecke zu keiner Fehlervervielfachung führt.
- In aller Regel werden sog. „multiplikative" Scrambler verwendet (Beispiele in [86-2]); man kann zeigen, dass sich der Descrambler hier nach einer gewissen Zeit selbst synchronisiert.

Im Folgenden betrachten wir so genannte Blockcodes. Beispielsweise können wir das von der Quellencodierung kommende Signal in 4-Bit-Gruppen unterteilen, welche für die Übertragung jeweils in eine Gruppe von 3 Ternärschritten umcodiert werden. Da $2^4 = 16$ und $3^3 = 27$, haben die verschiedenen 4B3T-Codes eine nennenswerte Redundanz; man kann Codeworte auswählen, die für die Übertragung besonders geeignet sind. Allerdings gibt es nicht genügend in sich gleichstromfreie Codeworte (DWS = 0). Man hilft sich dadurch, dass ein Code wenigstens zwei „Codealphabete" hat, die je nach Stand der LDS verwendet werden können, um die LDS schnellstmöglich wieder auf null zu bringen. Beispielsweise stehen beim Jessop-Waters-Code zur Übertragung der 4-Bit-Gruppe 0100 die Möglichkeiten + + – und – – + alternativ zur Verfügung.

Der Empfänger benutzt für die Synchronisation das bereits bekannte Probierverfahren: Die empfangenen Ternärschritte werden versuchsweise in

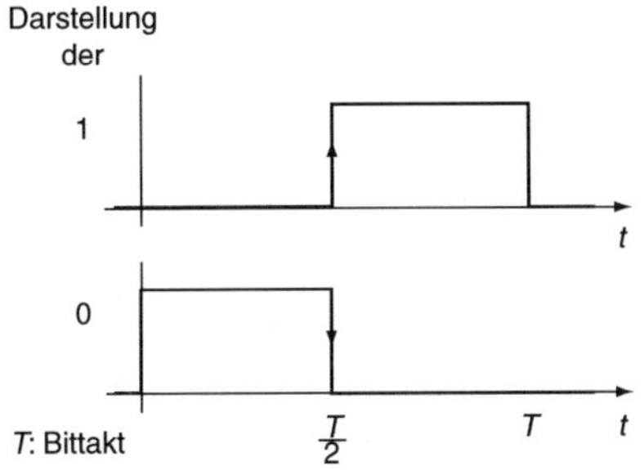


Bild 5.4-5 Grundprinzip des Manchestercodes

Dreiergruppen aufgeteilt. Ist diese Blockeinteilung falsch, so wird sich das mehr oder weniger schnell zeigen: Es treten unzulässige Werte der LDS auf, oder in den Codetabellen nicht verwendete Codeworte. Man verschiebt dann die angenommene Gruppeneinteilung, bis schließlich Synchronismus erreicht ist.

Es gibt verschiedene 4B3T-Codes, weil je nach Anwendungsfall unterschiedliche Eigenschaften im Vordergrund stehen (Beispiele: Spektralverteilung, schnelle Synchronisation, geringe Fehlervervielfachung). Auch bei der U-Schnittstelle im ISDN wurde zunächst 4B3T verwendet (Code „MMS43"), bis dann zum Euro-ISDN übergegangen wurde, wo 2B1Q Verwendung findet [86-1].

### 5.4.3.3 Moderne Kanalcodierungsverfahren

Mit den obigen primitiven Beispielen haben wir uns an das Gebiet Kanalcodierung herangetastet. Für die Weiterarbeit müssen wir auf die Literatur verweisen (siehe unten), doch wollen wir vorher wenigstens noch einige Begriffe einführen, die in unseren bisherigen Betrachtungen noch nicht vorkamen.

Ein Kanalcodierungsverfahren fügt in geeigneter Weise zu $k$ Informationsbit r Redundanzbits hinzu, so dass sich insgesamt $(k + r) = n$ Bit ergeben. Man bezeichnet das Verhältnis $R = k/n$ als Coderate (englisch: rate), z.B.: rate 7/8.

Bei den Blockcodes, die wir oben kennen gelernt haben, wird jedem Eingabe-Datenblock ein Ausgabeblock zugeordnet, unabhängig vom Inhalt früherer Eingabeblöcke. Dagegen hängt bei den so genannten rekurrenten Codes jeder Codeblock auch vom Inhalt früherer Blöcke ab; zu dieser Codegattung gehören die so genannten konvolutionellen Codes.

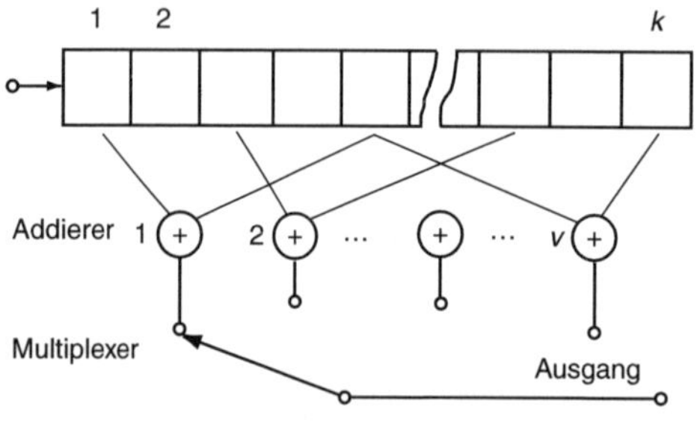


Bild 5.4-6 Convolutional Coder

**Beispiel:**
Kanalcodiersystem mit *convolutional coder und sequenzial decoder.* Prinzipiell besteht der konvolutionelle Codierer aus einem Schieberegister, $v$ Modulo-2-Addierern und einem Multiplexer (Bild 5.4-6). Die Addierer sind jeweils mit einigen Schieberegisterstellen nach einer bestimmten Vorschrift verbunden (Generatorpolynom). Für jedes dem Coder zugeführte Informationsbit ergeben sich an den Ausgängen der Addierer $v$ Bit („Symbole"), welche über einen Multiplexer nacheinander dem Ausgang übergeben werden. Im allgemeinen Fall führt man dem konvolutionellen Coder nicht einzelne Informationsbits, sondern Kollektive mit jeweils $k_0$ Bit zu. Nach der oben geschilderten Vorschrift entstehen redundante Bits, so dass dem Kollektiv der $k_0$ Bit jetzt ein Block von $n_0$ Bit entspricht. Durch die oben geschilderte Bildungsvorschrift wird der Block mit $n_0$ Bit nicht nur von einem, sondern von $m$ Kollektiven mit je $k_0$ Bit beeinflusst. Man nennt $m$ die „constraint length" (Beeinflussungslänge).

Ein und derselbe Code liefert unterschiedliche Ergebnisse bezüglich Fehlererkennung und –korrektur, je nachdem, welche Decodierung verwendet wird. Von verschiedenen möglichen Decodierern betrachten wir kurz den sequenziellen Decodierer (sequential decoder, Wozencraft, 1957). Er besteht im Wesentlichen aus einem Pufferspeicher zur Speicherung der einlaufenden Symbole, einer Nachbildung des Coders und einer Recheneinheit für angenommene Symbolfolgen (Hypothesen). Auf Grund des verwendeten Generatorpolynoms sind nur bestimmte Folgen möglich; dies lässt sich als Codebaum darstellen. Bei jedem Verzweigungspunkt im Codebaum wird für die zunächst angenommene Hypothese ein Wahrscheinlichkeitsmaß (Metrik) für die Zuverlässigkeit der Entscheidung berechnet und mit einer mitlaufenden Schranke verglichen. Fällt die Metrik ab, so wird mit geänderten Hypothesen, ggf. wieder und wieder, gerechnet.

Die grafische Darstellung der verschiedenen Decodier-Algorithmen (z.B. Viterbi-Algorithmus) und Strategien („hard decision", „soft decision") sieht aus wie ein Spalier (englisch: trellis), so dass man in der Literatur häufig dem Begriff Trellis begegnet.

Alle oben betrachteten Codes sind deterministisch, d.h. zwischen Ein- und Ausgabe besteht eine eindeutige Beziehung. In Zukunft können eventuell stochastische Codes, bei denen eine Wahrscheinlichkeitsbeziehung zu Grunde liegt, an Bedeutung gewinnen.

Als Leitfaden für die Weiterarbeit sei [54-1] empfohlen.

### 5.4.4 Kryptologie

Viele Daten müssen vor dem Zugriff Unberechtigter geschützt werden. Die Übertragung, insbesondere durch Funk, bietet natürlich einen günstigen Angriffspunkt. Wir werden in Kapitel 7 sehen, dass die Technik der Verschlüsselungsverfahren gerade im Mobilfunk einen hohen Standard erreicht hat. Zur Einführung in das Gebiet Kryptologie (Kryptografie) sei [75-1] empfohlen.

Im Zusammenhang mit der zunehmenden Vernetzung wird auch über Kryptoregulierung gesprochen: Sollen nur Verschlüsselungsverfahren zugelassen werden, die z.B. von der Polizei unter bestimmten Voraussetzungen (genehmigter Lauschangriff) bewusst „geknackt" werden können? Diese Diskussion hat zu erhöhtem Interesse an Steganografie („verdecktes Schreiben") geführt: Man möchte geheime Daten innerhalb anderer Daten (den Hülldaten) so verstecken, dass selbst die bloße Existenz geheimer Daten verborgen bleibt. Eine gute Einführung gibt [75-2].

# 5.5 Multiplexbildung

## 5.5.1 Einführung

In Fernsprechkabeln im Teilnehmeranschlussbereich haben wir heute noch das typische Raummultiplex aus Dutzenden oder Hunderten symmetrischer Doppelleitungen (Bild 5.5-1).

Im Weitverkehr dagegen ist eventuell nur ein Lichtwellenleiter oder eine Funkverbindung gegeben, deren Nachrichtenquader (vgl. 2.2.3.6) in verschiedener Weise aufgeteilt werden kann. Durch Schnitte parallel zu jeweils einer Achse (Bild 5.5-2) ergeben sich die drei Grundverfahren

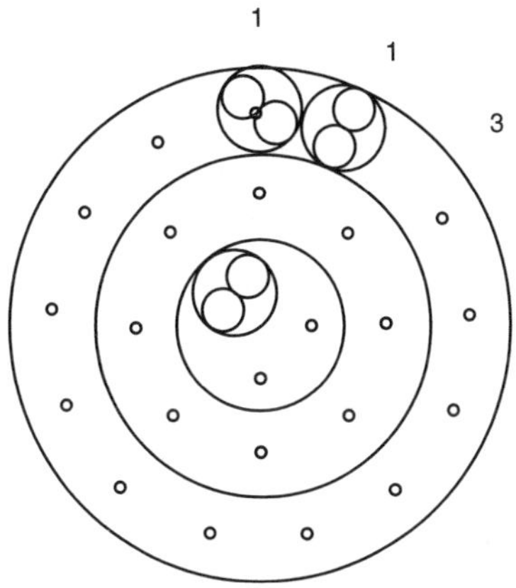


Bild 5.5-1 Raummultiplex im Kabel

FDM (frequency division multiplex, Frequenzvielfach), TDM (time ..., Zeit...) und CDM (Code...). Ein Beispiel für das weniger bekannte CDM werden wir in 6.6.2 kennen lernen: SSMA-System.

## 5.5.2 Trägerfrequenztechnik (TF-Technik)

Nachdem Elektronenröhren für Verstärkung und Schwingungserzeugung verfügbar waren, entwickelte man zunächst Frequenzmultiplexsysteme (TF-Technik). Mit geeignet gewählten Trägerfrequenzen wird durch Anwendung der EM ohne Träger (vgl. 5.2) das Multiplexsignal aufgebaut. Die notwendige Trägerunterdrückung wird vor allem durch die verwendeten Doppelgegentaktmodulatoren erreicht; dagegen sind zur Unterdrückung des unerwünschten Seitenbandes Filterschaltungen notwendig. Zum Aufbau der so genannten Grundprimärgruppe gab es mit Rücksicht auf die verfügbaren Filtertechnologien die beiden in Bild 5.5-3 dargestellten Aufbaumethoden:

- Bei Filtern aus diskreten Spulen und Kondensatoren (LC-Filter) benutzt man den Aufbau in zwei Stufen (Vorgruppenmodulation), weil hier in allen Fällen relativ große Abstände zwischen den beiden Seitenbändern gegeben sind; dadurch spart man den Aufwand, den steile Filterflanken erfordern würden.

- Später wurden Filter mit mechanischen Biegeschwingern verwendet. Hier sind steile Filterflanken problemlos gegeben, man möchte aber so wenig Filtertypen wie möglich. Hier ist die Vormodulation mit 48 kHz zweckmäßig; eine spätere Generation benutzte 128 kHz.

Die klassische TF-Technik ist zwar in heutigen Nachrichtennetzen kaum mehr im Einsatz, doch können wir an ihr grundsätzliche Probleme und Lösungswege aufzeigen. Dazu betrachten wir einen Ausschnitt aus der Grundprimärgruppe (Bild 5.5-4):

- Zu jedem Fernsprechkanal gehört die vermittlungstechnische Zeichengabe (Signalisierung), die irgendwie übertragen werden muss. In der TF-Technik wurde bevorzugt der sog. systemeigene Zeichenkanal benutzt: In Basisbandlage wird oberhalb des Sprachbandes bei 3,85 kHz ein Signalträger angeordnet, der durch die vermittlungstechnischen Kennzeichen getastet wird. Er macht mit dem Sprachband alle Umsetzungen mit.
- Alle benutzten Trägerfrequenzen sind Vielfache von 4 kHz. Da die Trägerunterdrückung bei den diversen Umsetzungen nicht perfekt funktionieren kann und die Trägerreste an nichtlinearen Verstärkerkennlinien „jeder gegen jeden“ modulieren, finden sich Trägerreste auch an Stellen $n \cdot 4$ kHz, an denen ursprünglich keine Trägerfrequenz gelegen hat.
- Da nicht in allen Kanälen gleichzeitig die größte Lautstärke auftritt, ergibt sich bei der EM ohne Träger ein statistischer Ausgleich [50-9], so dass die Verstärker relativ immer weniger ausgesteuert werden, je mehr Kanäle im Multiplex sind. Allerdings enthält das TF-Signal keine Information, die man zur Pegelhaltung benutzen könnte. Man speist deshalb bei jeder Übertragungsstrecke sendeseitig Leitungspilote (Sinusträger bekannten Pegels) ein, die empfangsseitig zur Verstärkungsregelung benutzt werden. Da aber eine weltweite Verbindung viele solcher Strecken beinhaltet, deren Regelfehler sich in ungünstiger Weise addieren können, benötigt man eine Möglichkeit zur Regelung „Ende-zu-Ende“. Zu diesem Zweck wird beim Aufbau einer TF-Gruppe ein Gruppenpilot mit bekanntem Pegel eingebaut, der erst beim Abbau der Gruppe für Regelzwecke benutzt wird. In Bild 5.5-4 sieht man den Primärgruppenpilot 84,08 kHz.

### 5.5.3 PCM-Grundsystem

Das in USA definierte PCM-Grundsystem hat 24 8-Bit-Kanäle, von denen jeder mit einem Fernsprechkanal (7 Bit) und dessen zugehöriger Zei-

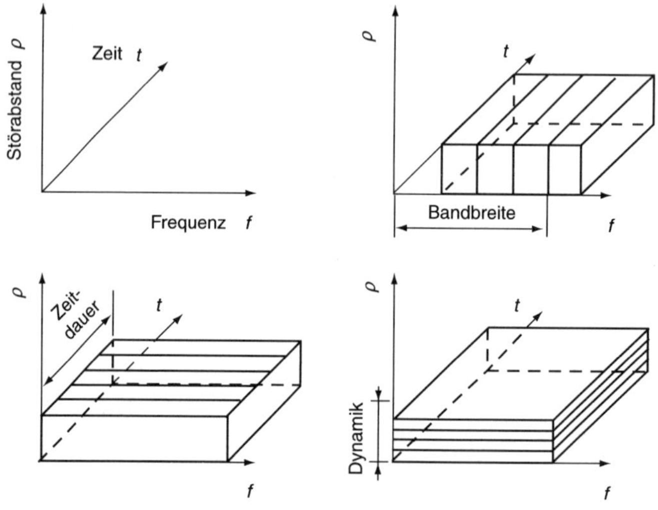


Bild 5.5-2
Nachrichtenquader mit Frequenz-, Zeit- und Codemultiplex

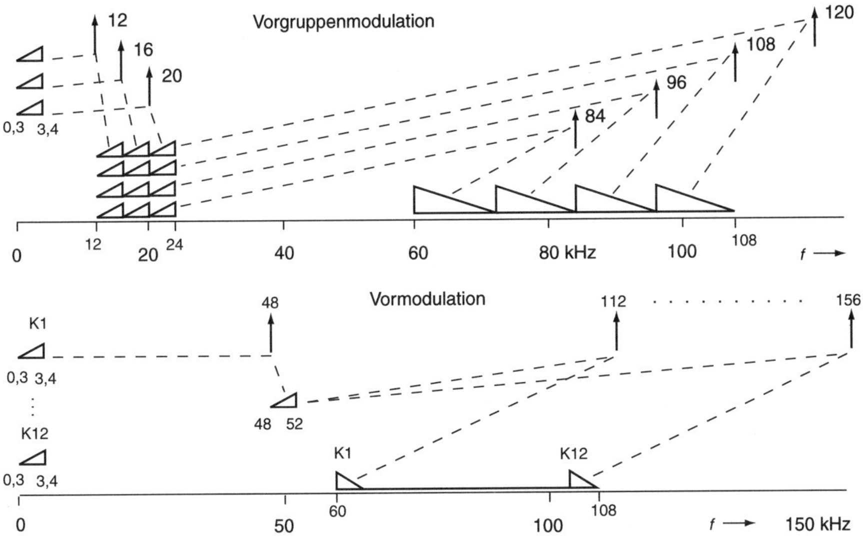


Bild 5.5-3 Aufbau der TF-Grundprimärgruppe

chengabe (1 Bit) belegt ist. Um den Rahmenanfang zu definieren (Synchronisation), wurde zunächst ein zusätzliches Bit vorgesehen, so dass der Rahmen 193 Bit hatte.

Die Europäer waren später dran und konnten aus den amerikanischen Erfahrungen lernen. Die CEPT definierte ihr Grundsystem mit 32 Zeitlagen, von denen 30 für reine Sprachübertragung genutzt werden, daher der Name PCM30. Wie in Bild 5.5-5 gezeigt, dient ein Kanal für Synchronisations- und Überwachungszwecke, und ein anderer vereinigt als zentraler Zeichenkanal die vermittlungstechnische Zeichengabe.

Mit der üblichen PCM-Abtastfrequenz 8 kHz ergibt sich als Systembitrate des CEPT-Systems 2,048 MBit/s.

## 5.5.4 Plesiochrone digitale Hierarchie (PDH)

In einem Netz mit mehreren Knoten wird eine Übertragungsstrecke betrachtet. Hat jeder Knoten seine eigene Taktversorgung, so sind die Takte an beiden Enden der Strecke asynchron, wobei aber Grenzwerte für die zulässigen kleinen Abweichungen der Taktfrequenz eingehalten werden: Plesiochroner Betrieb.

Hat ein Knoten A eine höhere Taktfrequenz als ein anderer Knoten B, mit dem er durch eine Übertragungsstrecke verbunden ist, so wird es gelegentlich vorkommen, dass B ein Bit nicht „abkaufen“ kann; im umgekehrten Fall (B-Takt höher) wird B gelegentlich ein Bit zweimal lesen. Durch so genannte Stopfverfahren (stuffing) kann man diese Fehler ausschalten. Die Systeme in

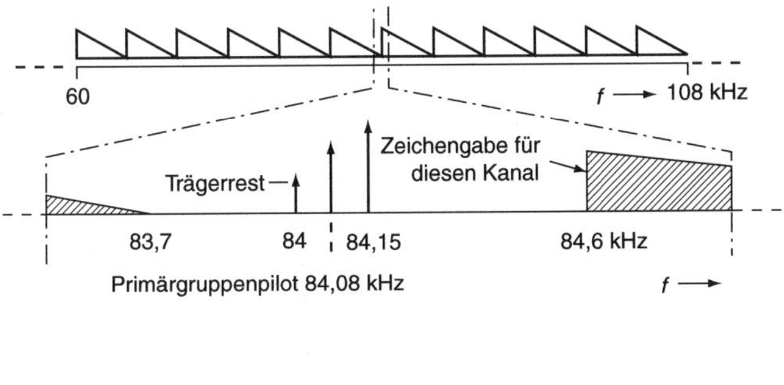


Bild 5.5-4
Ausschnitt aus der Grundprimärgruppe

Bild 5.5-6 benutzen so genanntes Positiv-Stopfen. Dabei wird die Übertragungsbitrate so hoch gewählt, dass die höchste zulässige Taktfrequenz eines Knotens verkraftet werden kann. Es ist eine bestimmte Bitstelle als „stopfbar" vorgesehen, d.h. man kann durch eine gesondert übermittelte „Stopfsignalisierung" ggf. der Gegenstelle mitteilen, dass das bewusste Bit keine Nutzinformation trägt, also ignoriert werden soll. Durch diese Ausgleichsmöglichkeit erreicht man mit relativ kleinen *„elastischen Speichern"* eine schlupffreie Übertragung trotz plesiochronem Betrieb.

Die Multiplexsysteme in Bild 5.5-6 sollten jedem ihrer Untersysteme dieselbe Betriebsgüte wie bei individueller Übertragung garantieren. Außer einem für das Obersystem erforderlichen Synchronisationswort ist deshalb im Multiplexrahmen unabhängig für jedes Untersystem die Stopfsignalisierung und das stopfbare Bit vorzusehen. Als Beispiel benutzen wir den *Multiplexer DSMX 2/8*, der vier Untersysteme mit 2,048 MBit/s als Obersystem mit 8,448 MBit/s überträgt. Bild 5.5-7 zeigt seinen Rahmenaufbau.

Jedes Untersystem liefert seine Bits äquidistant im Takt von 2,048 MHz (+/-50 ppm) an, und so sollen sie auch den Demultiplexer wieder verlassen. Man benötigt auf Sende- und Empfangsseite kleine „elastische Speicher"; denn im Obersystem ist die Taktfrequenz (umgerechnet auf ein Untersystem) 2,112 MHz, weil Zeit gewonnen werden muss, um die verschiedenen Hilfsinformationen (Synchronisierung usw.) im Rahmen unterzubringen. Da der Nutzbitstrom an diesen Stellen Lücken aufweist, bezeichnet man die 2,112 MHz als „Zahnlückentakt". Wir erkennen ein interessantes Problem der Taktrückgewinnung: Zum Auslesen des Speichers der Empfangsseite müssen wir aus dem Zahnlückentakt (eine gelegentlich vorkommende Lücke ist noch durch das Stopfbit gegeben!) wieder den Takt machen, mit dem das Untersystem beim Multiplexer ankam. Dieses „Ausbügeln der Lücken" wird nicht ganz perfekt gelingen, deshalb ist ein gewisser *„Demultiplexjitter"* zu erwarten. Durch die Wahl des relativ kurzen Rahmens (Bild 5.5-7) ist die Rahmenwiederholfrequenz relativ hoch, dadurch ergeben sich Spektralkomponenten des Demultiplexjitters, die durch die verschiedenen PLL-Taktableitungen digitaler Netze gut unterdrückt werden. Es gibt aber weitere Entstehungsmechanismen für Jitter, und bei diesen können auch beliebig niedere Frequenzen auftreten; siehe unten.

Wir wollen überlegen, wie sich der Füllstand des Speichers auf der Sendeseite über der Zeit darstellt. An jedem Rahmenanfang (Hilfsinformationen von insgesamt 12 Bit) steigt der Speicherstand bei jedem der vier Untersysteme um 3 Bit. Wenn Nutzbits übertragen werden (schneller Takt 2,112 MHz), wird der Füllstand abgebaut; bei den oben erwähnten „Lücken" steigt er wieder. Die in Rede stehende Zeitfunktion ist ein unregelmäßiger Sägezahn, dessen genauer Verlauf von den aktuellen Taktfrequenzwerten des Untersystems und des Obersystems (8,448 MHz +/-30 ppm) abhängt. Wenn der Füllstand auf der Sendeseite einen festgelegten Wert unterschreitet, wird „gestopft", also an der dafür vorgesehenen Stelle kein Nutzbit übertragen; dadurch wird der gesamte Sägezahnverlauf um eine Bitbreite angehoben.

Interessant ist der Fall rationaler Stopfverhältnisse $\rho = m/n$; damit ist gemeint, dass ein bestimmter Füllstandswert am Rahmenanfang

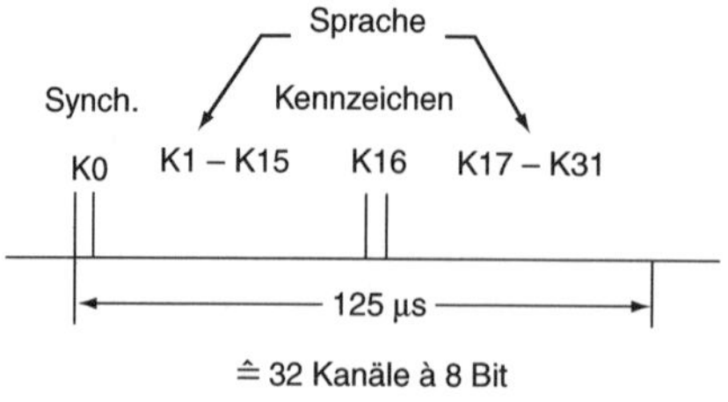


Bild 5.5-5 Rahmenaufbau PCM 30

| Multiplexer | Untersystem MBit/s | Obersystem MBit/s |
|---|---|---|
| DSMX 2/8 | 2,048 | 8,448 |
| DSMX 8/34 | 8,448 | 34,268 |
| DSMX 34/140 | 34,368 | 139,264 |
| DSMX 140/565 | 139,264 | 564,992 |

Bild 5.5-6 Multiplexhierarchie (Digitalsignalmultiplexer DSMX übertragen in ihrem Obersystem jeweils 4 der genannten Untersysteme)

sich nach einer „Sequenz“ von *n* Rahmen wieder einstellt, wobei in dieser Sequenz *m* Rahmen mit Stopfen auftreten. Es habe nun für ein Untersystem seither genau ein solches Stopfverhältnis vorgelegen, und wir betrachten den Fall, dass sich jetzt die Zubringertaktfrequenz um einen kleinen Wert $\Delta f$ ändert, z. B. um 1 Hz. Dadurch wird sich die gewohnte Folge der Stopfvorgänge zunächst nicht ändern. Da aber nach *n* Rahmen nicht mehr genau der ursprüngliche Füllstandswert erreicht wird, kann man sich vorstellen, dass sich die kleine Abweichung über viele Sequenzen akkumuliert. Nach relativ langer Zeit wird daher ein Stopfvorgang zusätzlich auftreten (bzw. ein regelmäßig auftretender einmal unterdrückt werden). Der dadurch verursachte *Stopfjitter* wurde berechnet, und das interessante Ergebnis ist: Die resultierende Jitterfrequenz ist $f_j=\Delta f$, und die Jitteramplitude (Spitze-Spitze) ist $1/n$ Bitbreiten. Es war deshalb bei der Festlegung der Systemparameter (Rahmenlänge usw.) derartiger Multiplexer darauf zu achten, dass Stopfverhältnisse mit kleinen Werten *n* (Beispiel: $\rho=1/2$) vermieden werden, um die Jitteramplitude zu begrenzen.

**Beispiel:**
Beim DSMX 2/8 sind bei den oben erwähnten Taktfrequenzbereichen Stopfverhältnisse $\rho$ im Bereich zwischen 0,4078 und 0,4406 möglich. Das in diesen Bereich fallende rationale Stopfverhältnis mit dem kleinsten Nenner ist $\rho = 3/7$.

Wir haben immer davon gesprochen, dass bei Unterschreiten einer gewissen Schwelle gestopft werden müsse. Nun kann aber das Unterschreiten zu irgendeiner beliebigen Zeit auftreten, während Stopfen nur zu bestimmten Zeiten möglich ist. Die Entscheidung über die Rolle des „stopfbaren“ Bits muss bereits festliegen, bevor das erste Stopfsignalisierungsbit gesetzt wird. Der wechselnde Abstand zwischen Schwellenunterschreitung und Ausgleichsvorgang durch Stopfen verursacht „*Wartezeitjitter*“.

## 5.5.5 Synchrone digitale Hierarchie (SDH)

Die PDH (5.5.4) hatte einen schwerwiegenden Nachteil: Wegen der plesiochronen Betriebsweise mit bitweisem Stopfen ist es nicht möglich, auf einfache Weise Kanalgruppen oder gar Einzelkanäle aus dem Bitstrom eines Obersystems zu separieren. Man kann wichtige Wünsche und Zielsetzungen, die 1985 in U.S.A. das System SONET entstehen ließen, folgendermaßen zusammenfassen:

- Einfaches Einfügen oder Entnehmen auch von Einzelkanälen aus Signalen oberer Hierarchiestufen.
- Leistungsfähige Überwachung und Umsteuerung der Bitströme im laufenden Betrieb ist gefordert: Netzmanagement.
- Die von klassischen Systemen bekannte reinliche Trennung von Leitungsausrüstung und Multiplexeinrichtungen soll, um Aufwand zu sparen, aufgegeben werden. Man legt sich auf Lichtwellenleiter-Übertragungstechnik fest (SONET: Synchronous Optical Network).

Die insgesamt sinnvollen Grundideen von SONET führten bald zur synchronen digitalen Hierarchie (SDH) als CCITT-Empfehlung, wobei gewisse Verbesserungen eingebaut und eine Flurbereinigung bei den benutzten Bitraten durchgeführt wurde (Bild 5.5-8).

Beim Aufbau des Grundbausteins STM-1 (Synchronous Transport Module 1) wird die Nutzinformation durch reichlich bemessene Hilfsinformation (Overhead) ergänzt. Der Overhead enthält alle notwendigen Informationen und

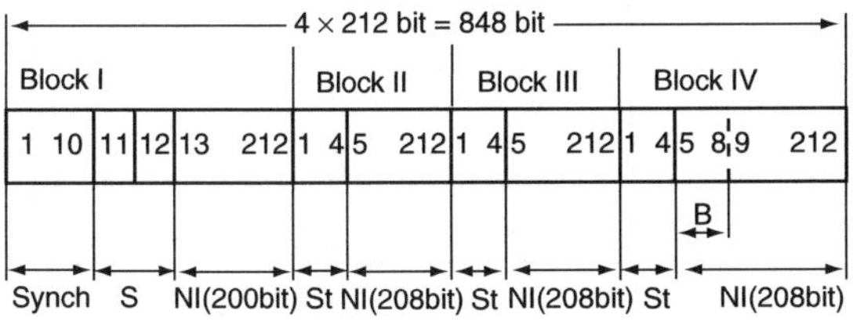


Bild 5.5-7
Multiplexrahmen des DSMX 2/8 (Bits sind blockweise durchnummeriert. Nutzinformation NI der 4 Untersysteme wird bitinterleaved übertragen. Stopfsignalisierung St durch je ein bit je Untersystem in den Blöcken II bis IV. Sicherung durch Mehrheitsentscheid. Je ein stopfbares Bit B je Untersystem, Synch = Synchronisierung; S = Servicebits)

Reserven, um u.a. nach wie vor Takttoleranzen akzeptieren zu können (byteweises Positiv- und Negativstopfen ist möglich), Möglichkeiten zum Netzmanagement und zu Fehlerüberwachung vorzusehen, Dienstkanäle anzubieten und Reserven für nationale Besonderheiten einzubauen. Da allen derartigen Anforderungen bereits beim Aufbau von STM1 Genüge getan wird, können die höheren Multiplexsignale tatsächlich mit dem Multiplexfaktor 4 aufgebaut werden: STM4 ist exakt die vierfache Bitrate von STM1 usw.

In der komplexen Rahmenstruktur des SDH wechseln sich Anteile des Overhead und der Nutzinformation ab. Man erreicht eine übersichtliche Darstellung, indem man den zeitlichen Ablauf in eine Fläche abbildet: In Bild 5.5-9 sind die einzelnen Zeilen Teile der Zeitachse, die jeweils nacheinander von links nach rechts durchlaufen werden. Die Periodendauer ist 125 µs. Beim STM-1 werden in dieser Zeit 9 Zeilen mit je 270 Byte, insgesamt 2430 Byte bzw. 19440 Bit übertragen; dies entspricht einer Systembitrate von 155,52 MBit /s.

Der Kopfbereich in Bild 5.5-9 gliedert sich in einen Section-Overhead-Bereich (SOH) und einen AU-Pointer-Bereich. Der SOH-Bereich sichert die Verbindung vom Zeitpunkt der Zusammensetzung des STM-1-Rahmens an bis zu seiner Zerlegung. Über die Bytes des SOH können die Qualitätsüberwachung, die Dienstkanäle und die Wartungsfunktion realisiert werden.

Der SOH selbst lässt sich in zwei Teile auftrennen. Die Zeilen 1 bis 3 stellen den Regenerator-Section-Overhead (RSOH) dar, der für die Rahmensynchronisation, die STM-1-Identifikation und -Zuordnung und die Paritätsprüfung zuständig ist. Die Zeilen 5 bis 9 des SOH bilden den Bereich MSOH (Multiplexer Section Overhead). Über ihn werden die automatische Schaltung von Ersatzwegen, eine weitere Paritätsprüfung, die Übertragung von Alarmen sowie die Übertragung von Sprach- und Datenkanälen abgewickelt.

Eine gute Einführung in den Gesamtkomplex SDH gibt [55-1].

## 5.5.6 Asynchronous Transfer Mode (ATM)

### 5.5.6.1 Grundprinzip

Der serielle Bitstrom auf einer Leitung wird bei ATM in lauter gleichartige Zellen eingeteilt. Jede Zelle hat einen Kopf (header) von 5 Byte mit Hilfsinformationen und einem Nutzinformationsteil von 48 Byte. Ein „Kunde“ (z.B. Endgerät), der in seinem Speicher Informationen zur Übertragung anstehen hat, wird ggf. eine freie Zelle

| SONET (STS = Synchronous Transport Signal OC = Optical Carrier) | | | SDH (STM = Synchronous Transport Module) | |
|---|---|---|---|---|
| Stufe | Signalbezeichnung | Bitrate [MBit/s] | Signalbezeichnung | Stufe |
| STS–1 | OC–1 | 51,840 | | |
| STS–3 | OC–3 | 155,520 | STM–1 | 1 |
| STS–9 | OC–9 | 466,560 | | |
| STS–12 | OC–12 | 622,080 | STM–4 | 4 |
| STS–18 | OC–18 | 933,120 | | |
| STS–24 | OC–24 | 1244,160 | | |
| STS–36 | OC–36 | 1866,240 | | |
| STS–48 | OC–48 | 2488,320 | STM–16 | 16 |

Bild 5.5-8 Digitale Multiplexsysteme

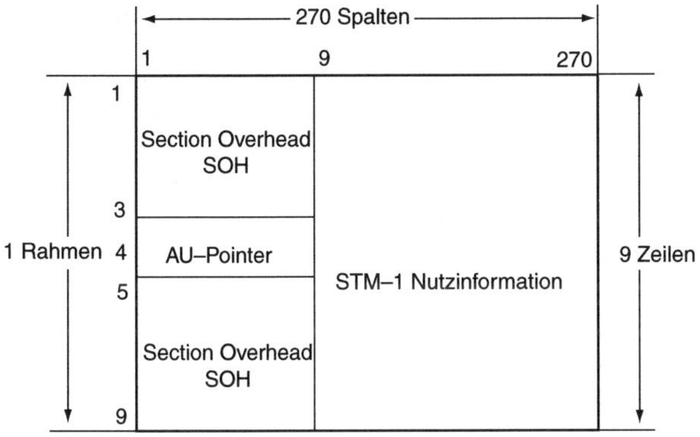


Bild 5.5-9
Grundstruktur eines STM-1 Rahmens

belegen (Kennzeichnung im Kopf) und dem Nutzinformationsteil entsprechend füllen. Offensichtlich können hier „Kunden" mit sehr verschiedenen (auch variablen oder sogar unbekannten) Nutzbitraten zusammenleben: Wer mehr zu übertragen hat, wird eben im zeitlichen Mittel mehr Zellen für seine Zwecke nutzen.

Bild 5.5-10 zeigt das ATM-Übertragungsprinzip. Betrachtet man eine bestimmte („virtuelle") Verbindung, so stellt man fest, dass die Folge der benutzten Zellen durchaus asynchron ist. Es muss, wenn der Füllstand des Speichers im Endgerät das Chartern einer Zelle rechtfertigt, zuerst auf eine freie Zelle gewartet werden; man ist von der Zahl, Bitrate und momentanen Aktivität der anderen „Kunden" abhängig.

### 5.5.6.2 ATM als Grundlage des B-ISDN

Mitte der achtziger Jahre, als ISDN nahe der Fertigungsreife war, mussten bereits Überlegungen für ein späteres Breitband-ISDN (B-ISDN) angestellt werden. Ein Teilnehmeranschluss im B-ISDN sollte außer den Kanälen des (Schmalband-)ISDN auch wenigstens einen „Breitband"-Kanal haben, wobei die Meinungen über dessen Bitrate sehr auseinander gingen. In dieser Situation kam ATM wie gerufen: Indem CCITT 1987 ATM als Übermittlungsprinzip des B-ISDN definierte, konnte eine Festlegung auf bestimmte Bitrate(n) unterbleiben.

Im B-ISDN wird ATM sowohl für den Teilnehmeranschluss (User-Network-Interface, UNI) als auch innerhalb des Netzes (Network-Network-Interface, NNI) verwendet. Aus den einzelnen Feldern des Kopffeldes am UNI kann man wesentliche Eigenschaften von ATM ablesen (Bild 5.5-11):

- GFC (Generic Flow Control): Der Teilnehmeranschluss kann z.B. als Bus mit mehreren Endeinrichtungen ausgelegt sein. Es ist geplant, GFC für die Zugriffskontrolle einzusetzen.
- VPI/VCI (Virtual Path Identifier/ Virtual Channel Identifier) kennzeichnen alle Zellen, die zu einer Verbindung gehören.

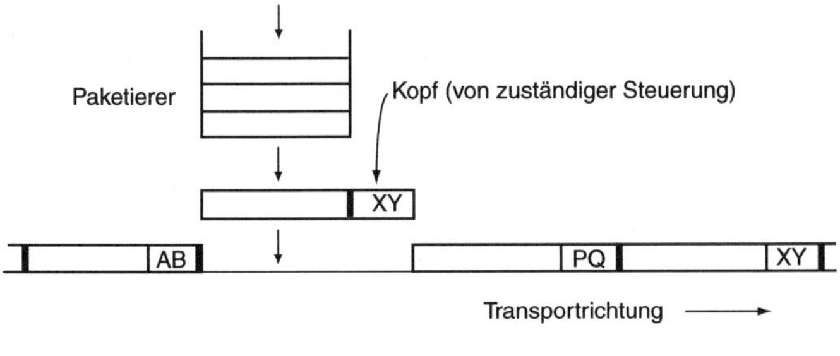


Bild 5.5-10
Vergleich der ATM-Leitung mit einem Förderband (mit Paketen der virtuellen Verbindung AB, PQ und XY)

- PT (Payload Type) unterscheidet Nutz- und Steuerinformation verschiedener Art.
- CLP ( Cell Loss priority): Beim Aufbau einer Verbindung werden verschiedene Parameter verabredet (geforderte/erlaubte Durchsatzrate usw.). Hält sich eine Verkehrsquelle nicht an die Verabredung, so könnten Teile der ATM-Übermittlungseinrichtung überlastet und dadurch andere virtuelle Verbindungen beeinträchtigt werden. Wird festgestellt, dass eine Quelle die Spielregeln beim Belegen einer Zelle nicht eingehalten hat, so wird die Zelle nicht gleich verworfen („rote Karte"), aber man setzt CLP = 1 („gelbe Karte"). Das bedeutet, dass im Falle einer Überlast an irgendeiner Stelle im Netz (drohender Speicherüberlauf) so gekennzeichnete Zellen mit Priorität verworfen werden können.

HEC (Header Error Control). Dieses Byte enthält die Prüfsequenz, welche mit Hilfe eines festgelegten Generatorpolynoms aus den ersten 4 Bytes des Kopffeldes berechnet wird. Es kann entweder ein Fehler (1 Bit) in den besagten 4 Bytes behoben werden (Normalbetrieb), oder es können (mehrere) Fehler erkannt werden.

Für die Zellensynchronisation werden keinerlei zusätzliche Bits benötigt, da man dazu das HEC-Verfahren mitbenutzen kann. Zu diesem Zweck läuft der Bitstrom im Empfänger durch ein 40 Bit langes Schieberegister. Nach jedem Schiebeschritt wird von den ersten 32 Bit nach der HEC-Vorschrift die Prüfsequenz berechnet und mit den letzten 8 Bit verglichen. Bei Übereinstimmung steht ein komplettes Kopffeld im Schieberegister; damit liegt eine Synchronisierinformation vor, welche durch wiederholte Beobachtung im Zellenabstand bestätigt werden kann.

### 5.5.6.3 ATM-Vermittlung

Bei ATM müssen Übertragung und Übermittlung in engem Zusammenhang gesehen werden; deshalb sei ein Vorgriff auf Kapitel 6 erlaubt. In Anbetracht der hohen Bitraten ist man an einfachen Vermittlungsprinzipien interessiert, die an die Durchschaltevermittlung erinnern. Bild 5.5-12 zeigt ein Beispiel dieses „Fast Packet Switching" (FPS). Im Kopf einer ankommenden Zelle steht u.a. eine Adressinformation. Für das betrachtete Koppelnetz bedeuten manche Adressen, dass entsprechende Zellen z.B. zu dem letzten Koppelnetzausgang rechts unten geleitet werden müssen. Man gibt also derartigen Zellen eine Zusatzinformation mit, welche den Koppelnetzausgang beschreibt. Diese Zusatzinformation wird in dem (evtl. vielstufigen) Koppelnetz abgearbeitet. Schließlich erreicht die Zelle den richtigen Koppelnetzausgang; die Zusatzinformation ist dort aufgebraucht, und die Zelle kann in ihrer ur-

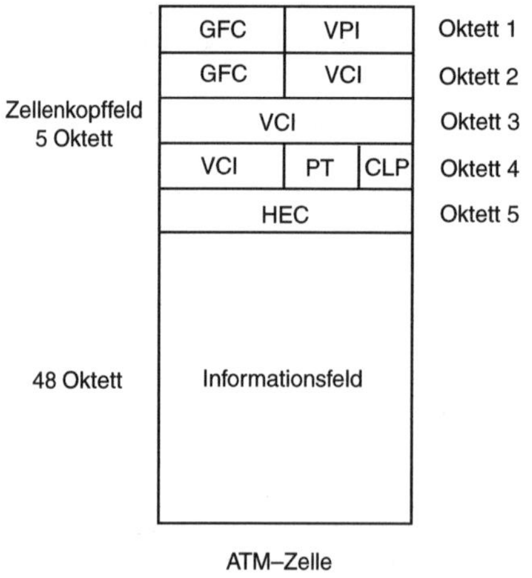


Bild 5.5-11 Aufbau des Kopffeldes am UNI

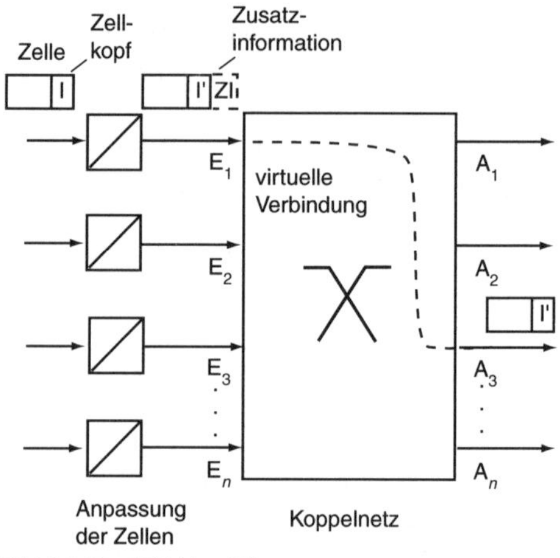


Bild 5.5-12 ATM-Vermittlung

sprünglichen Form auf die weiterführende Strecke gehen.

## 5.6 Übertragung auf Kupferleitungen

### 5.6.1 Einführung

Leitungen aus Kupfer sind das am längsten bekannte Übertragungsmedium der elektrischen Nachrichtentechnik. Ihre Übertragungseigenschaften wurden in 3.5.4 kurz erläutert. Die Anwendung für klassische Systeme (z. B. TF-Technik) wird u. a. in [50-1] beschrieben. Einige Besonderheiten beim Übergang auf PCM-Technik sprechen wir in 5.6.2 kurz an.

Seitdem Lichtwellenleiter verfügbar sind, wird im Weitverkehr fast ausschließlich mit optischen Systemen gearbeitet, und auch in den Ortsnetzen befindet sich Kupfer auf dem Rückzug. Aber in den neunziger Jahren kamen zwei interessante neue Gesichtspunkte auf:

- Vorhandene Kupferleitungen der elektrischen Energieversorgung werden aus verschiedenen Gründen auch für die Nachrichtenübertragung genutzt, siehe 5.6.3.
- Moderne Verfahren erlauben es, auf Teilnehmeranschlussleitungen aus Kupfer hochbitratige Systeme zu realisieren, siehe 5.6.4.

### 5.6.2 PCM-Übertragungsstrecke

Symmetrische Leitungen (z.B. im Bezirksnetz) waren in der klassischen Übertragungstechnik in aller Regel pupinisiert, vgl. 3.5.4. Als derartige Leitungen nun für PCM-Grundsysteme genutzt wurden, mussten die Pupinspulen herausgenommen werden. Bei der Übertragung des PCM-Grundsystems enthält das Signal auf der Strecke Frequenzen bis zu 1,5 MHz. Hier sind die Leitungsdämpfung (Skineffekt!) und das Nahnebensprechen so groß, dass man in relativ kurzen Abständen (z.B. alle 2 km) im Boden vergrabene Regeneratoren (Regenerativverstärker) vorsehen musste.

Für jede Übertragungsrichtung ist eine Doppelleitung vorgesehen, so dass sich die Möglichkeit ergibt, einen Phantomkreis einzurichten (vgl. Bild 3.5-9), der hier aber nicht für eine zusätzliche Nachrichtenübertragung, sondern für die Fernspeisung der Regeneratoren benutzt wird. Zu diesem Zweck fließt in der Phantomschleife ein Gleichstrom von z.B. 60 mA, und jeder Generator greift mit einer Zenerdiode die benötigte Speisespannung ab.

Übertragungstechnische Eigenschaften, Betrieb und Messtechnik der PCM-Strecke mit ferngespeisten Regeneratoren sind z.B. in [56-1] ausführlich dargestellt. Allerdings hat die Technik nur noch vergleichsweise kleine Bedeutung: In aller Regel kann man heute Lichtwellenleiter einsetzen, und bei diesen ist die Systemreichweite so groß, dass in den meisten Fällen keine Regeneratoren auf der Strecke benötigt werden.

### 5.6.3 Power Line Carrier (PLC)

Früher gab es wenige Beispiele für ein Zusammenleben von Starkstrom- und Schwachstromübertragung, d.h. für Nachrichtenübertragung auf Leitungen der Energieversorgung. Am wichtigsten waren wohl die Dienstkanalverbindungen, welche Elektrizitätswerke über die Hochspannungsleitungen verbanden. Wie wir aus 3.5.4 wissen, haben diese Leitungen einen kleinen Dämpfungskoeffizient (vgl. Gl. (3.5-38); durch den großen Leiterabstand ist $L'$ groß und $C'$ klein). Damit konnten häufig sogar die Verstärker entfallen; sehr aufwändig war natürlich die Ein- und Auskopplung wegen der Hochspannung. Diese Systeme sind nach dem Aufkommen der Lichtwellenleiter weitgehend verschwunden:

Man installierte LWL zwischen den Mastspitzen entlang dem Erdseil und hatte damit leistungsfähige Nachrichtenverbindungen unabhängig von den Starkstromleitungen.

Durch die Deregulierung ist nun eine völlig neue Situation entstanden. Die Fernsprech-Teilnehmeranschlussleitung gehört nach wie vor der Telekom; diese muss zwar den anderen Netzbetreibern Nutzungsmöglichkeiten einräumen, kassiert aber dafür Geld, und es ergeben sich unerwünschte Abhängigkeiten bei Planung und Betrieb. Aus diesen Gründen besteht ein starkes Interesse an Alternativen zur Fernsprechleitung, z.B. Ausnutzung vorhandener Starkstrominstallationen als Träger der Nachrichtenübertragung: „Power Line Carrier", PLC.

Die Starkstrominstallation hat eine Reihe von Eigenschaften, die der Nachrichtenübertragung sehr abträglich sind. Deshalb sind PLC-Systeme wenig attraktiv, wenn das Energieversorgungsunternehmen keinerlei Rücksicht auf die Nachrichtenübertragung nimmt. Eine völlig andere Situation ergab sich nach der Deregulierung: Die Energieversorgungsunternehmen sind jetzt daran interessiert, über „ihre" Leitung Nachrichten und Energie gleichermaßen gut zu übertragen.

### 5.6.4 ADSL und HDSL

Aus verschiedenen Gründen sollen über Teilnehmeranschlussleitungen aus Kupfer hohe Bitraten übertragen werden. In Kapitel 7.2.3 werden die Anforderungen an ADSL (Asymmetric Digital Subscriber Line) und HDSL (High Speed Digital Subscriber Line) näher erläutert.

## 5.7 Übertragung auf Funkwegen

### 5.7.1 Einführung

In Kapitel 3 haben wir einige Grundbegriffe der Wellenausbreitung im freien Raum kennen gelernt. Wie dort bereits erläutert, stellt die ungestörte Freiraumausbreitung, die durch relativ einfache Beziehungen beschrieben werden kann, die Ausnahme dar. In jedem der verschiedenen Frequenzbereiche muss mit besonderen Eigenarten der Ausbreitung und speziellen Störeinflüssen gerechnet werden. Aber nicht nur die von der Natur gegebenen Randbedingungen, sondern auch die technischen Realisierungen sind beispielsweise im Mittelwellenbereich des Rundfunks und im Mikrowellenbereich völlig verschieden.

Auch wenn wir uns nur vornehmen, einige typische Probleme und Lösungen anzugeben und im Übrigen auf Literatur zu verweisen, gelingt es nicht, in dem uns zur Verfügung stehenden Raum alle wesentlichen Frequenzbereiche gleichberechtigt in sinnvoller Weise darzustellen. Deshalb haben wir uns von vornherein darauf beschränkt, einen einzigen Frequenzbereich als exemplarisches Beispiel zu behandeln. In Abstimmung mit den sonstigen Zielsetzungen unseres Buches *wählen* wir *den Frequenzbereich oberhalb von 1 GHz, der für leistungsfähige Übertragungswege in Fernmeldenetzen besondere Bedeutung hat.*

Dieser besonders ausgeprägte „Mut zur Lücke" wurde uns dadurch erleichtert, dass es leicht zugängliche Literatur gibt [13-1].

Im vorliegenden Kapitel behandeln wir ausschließlich verschiedenartige Richtstrahlverbindungen, die die Mehrwegeausbreitung als Feind betrachten. Wir haben den Mobilfunk, der ohne Mehrwegeausbreitung kaum funktionieren könnte, als Systembeispiel gewählt (7.4) und können dort etwas zur Funkübertragung sagen.

### 5.7.2 Richtfunk

#### 5.7.2.1 Einfluss der Ausbreitungsbedingungen auf die Systemkonzeption

Bei Frequenzen oberhalb von 1 GHz, mit denen wir uns nachstehend befassen wollen, geht die Ausbreitung schon weitgehend quasioptisch vonstatten. Der Bereich zwischen – grob gesprochen – 1 GHz und 10 GHz ist für *Nachrichtensatellitenverbindungen* besonders geeignet [57-1]:

- Oberhalb 1 GHz ist das kosmische Rauschen bereits hinreichend klein.
- Die Atmosphäre verursacht keine wesentliche Dämpfung, und die Schichten der Ionosphäre, an denen Wellen tieferer Frequenz teilweise reflektiert werden, stellen kein Hindernis dar.
- Die Wellenlänge ist noch hinreichend groß, so dass Beugungs- und Brechungseffekte an Regentropfen wenig Bedeutung haben.

Auch der *terrestrische Richtfunk* nutzt bevorzugt diesen Bereich, so dass bei der Systemplanung sorgfältig auf die gegenseitigen Beeinflussungsmöglichkeiten geachtet werden muss [57-1].

Der genannte Frequenzbereich reicht längst nicht mehr aus, so dass man immer höhere Frequenzen in Betracht ziehen muss. Dies hat auch Vorteile, so werden z.B. die für ein bestimmtes Gewinnmaß erforderlichen Antennendurchmesser entsprechend Gl. (3.8-8) kleiner. Ein großer Nachteil der kleineren Wellenlänge ist aber, dass zu Zeiten starker Niederschläge erhebliche Zusatzdämpfungen auftreten [57-1]. Da für Übertragungssysteme etwa des Fernsprechnetzes eine zeitliche Verfügbarkeit nahe 100 % gefordert wird, müssen die Zusatzdämpfungen bei der Systemplanung berücksichtigt werden; dies führt z.B. beim Richtfunk dazu, dass die überbrückbare Entfernung (Funkfeldlänge) wesentlich kleiner wird. Insbesondere bei Digitalsystemen macht man gern von der Möglichkeit Gebrauch, durch orthogonale Polarisation ein gegebenes Frequenzband doppelt auszunutzen; durch Regen o.Ä. kann sich aber eine Drehung der Polarisationsebenen ergeben, so dass die Orthogonalität nicht mehr hinreichend gewährleistet ist. Bei höheren Frequenzen gibt es verschiedentlich Bereiche, in denen durch Molekülresonanzen die atmosphärische Dämpfung extreme Werte annimmt (Bild 5.7-1).

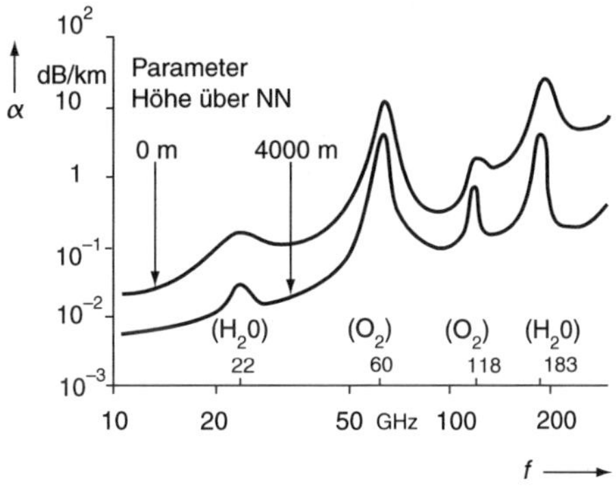


Bild 5.7-1 Dämpfung durch die Atmosphäre

**Beispiel:**
Die $O_2$-Resonanz bei 60 GHz ergibt bei einem Funkfeld von 1 km Länge bereits ca. 16 dB Dämpfung. Selbstverständlich wird dieser Bereich für Richtfunksysteme normalerweise nicht genutzt. Eine sinnvolle Anwendung wäre z.B. bei einem militärischen Gefechtsfeldfunksystem denkbar: Dort genügt eine Nutz-Reichweite von z.B. 1 km, es besteht aber die Zusatzforderung, dass es für den eventuell nur wenige Kilometer entfernten Gegner nicht möglich sein soll, einen Sender zu orten.

Der Signalpegel am Empfängereingang kann aus verschiedenen Gründen stark schwanken:

- In 5.3.5 haben wir Reflexion an einer Wasseroberfläche als Beispiel für störende Mehrwegeausbreitung erwähnt. Man kann sich Schwunderscheinungen in Abhängigkeit von Pegelstand und Wellengang vorstellen.
- Bei bestimmten Wetterlagen gibt es in der Atmosphäre Grenzschichten, welche reflektie-

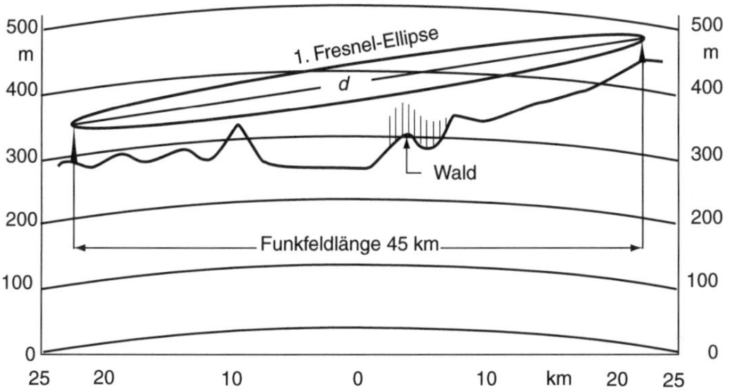


Bild 5.7-2
Streckenprofil bei Richtfunkübertragung

rend wirken können. Dadurch können zeitweise atmosphärische Wellenleiter, Hohlleitern vergleichbar, entstehen. Man bezeichnet sie als *„Duct"*. Solange eine Richtfunkverbindung von einem solchen Duct profitiert, kommt sie mit wesentlich höherem Pegel als normal beim Empfänger an. Die durch einen Duct verursachte Überreichweite kann zu Interferenzstörungen in einem weit entfernten anderen Funkfeld, das den gleichen Frequenzbereich verwendet, führen.

Damit im Normalbetrieb Mehrwegeausbreitung (wie oben beim Beispiel See) weitgehend vermieden wird, achtet man darauf, dass – unter Berücksichtigung der Erdkrümmung – für das Rotationsellipsoid der *„1. Fresnel-Zone"* Bodenfreiheit gewährleistet ist. (Die 1. Fresnel-Zone ist der geometrische Ort aller Punkte, deren Abstandssumme von beiden Antennen um $\lambda/2$ größer ist als die Direktverbindung $d$).

Übliche Formblätter (Bild 5.7-2, Maßstab beachten!) stellen die Erdkrümmung so dar, als ob der Erdradius um den Faktor 4/3 größer als in Wirklichkeit sei. Dadurch wird die Tatsache berücksichtigt, dass die Richtstrahlen in der Atmosphäre (zum dichteren Teil derselben hin) etwas gebrochen werden.

**Konsequenzen für die Systemauslegung**

Die verschiedenen Schwundmechanismen müssen bei der Systemkonzeption beachtet werden. Einige Maßnahmen, die prinzipiell auch in den (von uns nicht behandelten) Systemen in tieferen Frequenzbereichen anwendbar sind, sollen stichwortartig angegeben werden:

- Empfänger mit automatischer Verstärkungsregelung *(Automatic Gain Control, AGC)* erforderlich. Regelbereich muss hinreichend groß sein, um alle zu erwartenden Schwundfälle ausgleichen zu können.
- Frequenzselektiver Schwund kann eventuell durch raschen Frequenzwechsel bekämpft werden oder durch Parallelübertragung in verschiedenen Frequenzbändern *(Frequenzdiversity)*.
- Alternative oder gleichzeitige Übertragung auf verschiedenen Wegen *(Raumdiversity)* ist bei örtlich konzentriert auftretenden zeitweisen Schwunderscheinungen (Beispiel starker Re-

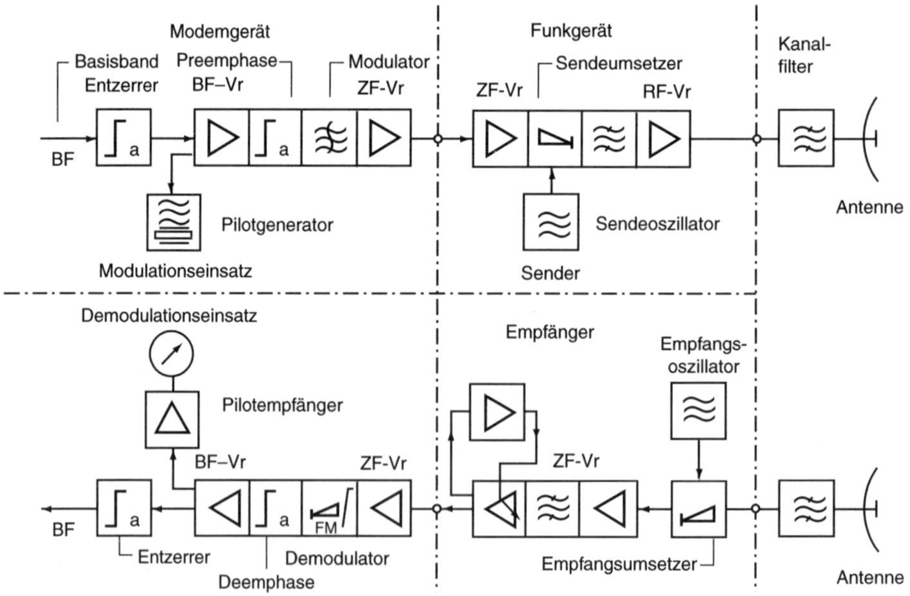


Bild 5.7-3 Richtfunksystem mit Frequenzmodulation

genschauer in begrenztem Gebiet) eine sinnvolle Maßnahme.

#### 5.7.2.2 Richtfunksysteme

Es ist lehrreich, die Entwicklungsgeschichte der kommerziellen Richtfunksysteme zu verfolgen.

Bald nach dem 2. Weltkrieg waren brauchbare Senderöhren für den GHz-Bereich verfügbar. Zu übertragen waren Multiplexsignale der TF-Technik. Die Idee lag nahe, diese Signale durch einen weiteren Umsetzvorgang in den GHz-Bereich zu bringen, das Modulationsverfahren EM ohne Träger im Übrigen aber auf der radiofrequenten Strecke (RF) beizubehalten. Das war jedoch nicht durchführbar: Die Sender hatten nicht die für TF-Signale unabdingbare Linearität. Deshalb entwickelte man Systeme, die auf der RF-Strecke mit Frequenzmodulation arbeiten. An die Stelle der harten Forderungen betr. Amplitudenlinearität treten harte Forderungen bezüglich Phasenlinearität bzw. ebener Gruppenlaufzeit – aber diese ließen sich mit entsprechendem Aufwand wenigstens erfüllen. Um die kostbaren Frequenzbänder optimal zu nutzen, ist nur eine Schmalband-FM möglich, bei der sich kein Störabstandsgewinn, sondern sogar eine „Modulationsverschlechterung" ergibt.

Bild 5.7-3 zeigt das Blockschaltbild einer Endstelle. Über die gleiche Antenne können verschiedene Systeme mit entsprechend versetzten Radiofrequenzen (RF) arbeiten. In den Relaisstellen auf der Strecke sind nur Funkgeräte vorhanden (ZF-Durchschaltung, Zwischenfrequenz 70 MHz). Die Radiofrequenz wird in der Regel von Funkfeld zu Funkfeld gewechselt, um Interferenzstörungen zu vermeiden. Ein Beispiel eines derartigen Systems war das System FM 1800-TV/6000. Es konnte als zu übertragendes Basisfrequenzband entweder 1800 Fernsprechkanäle oder ein Farbfernsehsignal (TV) akzeptieren und arbeitete im Bereich um 6000 MHz = 6 GHz.

Die weitere Entwicklung führte auf Digital-Richtfunksysteme (DRS) wie z.B. DRS 34/15000: Ein PCM-System der 3. Hierarchiestufe (34 MBit/s) wird (mittels 4-PSK) im 15-GHz-Bereich übertragen. Wegen der größeren Schwundeinbrüche in diesem Frequenzbereich (Regen, Interferenz usw.) müssen die Funkfelder erheblich kürzer werden, so dass bei analoger Übertragung der Geräuschbeitrag der vielen Funkgeräte die nach CCITT zugelassenen Werte überschreiten würde; dies ist einer der Gründe für DRS. Wie schon oben erwähnt, werden die Antennen bei höheren Frequenzen kleiner, und da auch das Funkgerät insgesamt kompakt aufgebaut werden kann, lassen sich moderne DRS mit typischen Funkfeldlängen von 5 km z.B. als Teil von Ortsnetzen einsetzen, wobei die Geräte eventuell auf Gebäuden aufgestellt werden.

Der PSK-Modem kann entsprechend Bild 5.2-24 in der ZF-Ebene aufgebaut werden, es ist aber bei Digitalsystemen, wenn doch regeneriert wird, auf der Sendeseite eventuell einfacher, den RF-Träger direkt umzutasten.

**Beispiel:**
Modulator nach Bild 5.7-4. Die z.B. aus Tor 2 des ersten Zirkulators austretende Welle wird entweder schon am kurzgeschlossenen PIN-Dioden-Schalter reflektiert, oder aber erst am Ende der $\lambda/4$-Leitung; d.h. je nach Schalterstellung legt der RF-Träger einen um $\lambda/2$ verschiedenen Weg zurück, was am Ausgang einem Phasensprung um 180° entspricht.

Die weitere Entwicklung zielte auf eine immer bessere Nutzung der kostbaren Frequenzbänder. Man benutzt kombinierte Amplituden- und Phasenmodulationsverfahren, bei denen in einem Schritt mehr Zustände des Phasenzeigers möglich sind und damit mehr Bit übertragen werden können, z.B. 16 Zustände (4 Bit) oder 64 Zustände (6 Bit).

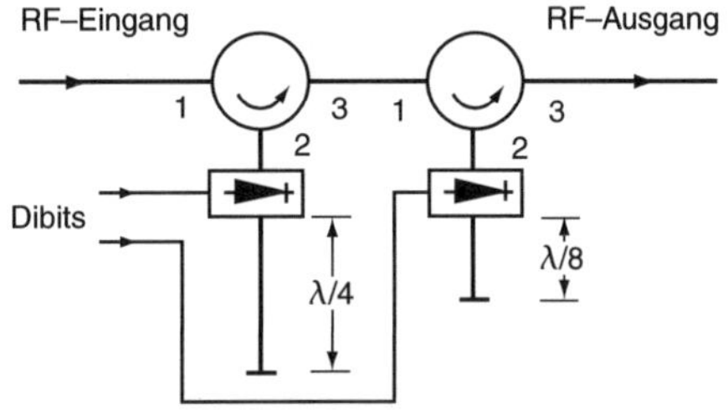


Bild 5.7-4 Direkte 4-PSK-Modulation eines RF-Trägers durch zwei parallel zugeführte Bits (Dibits)

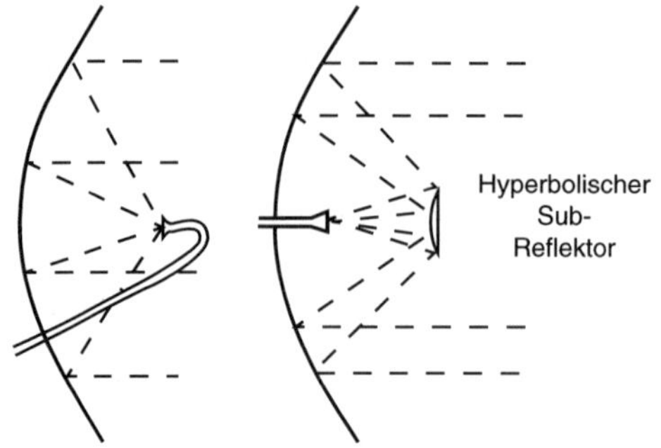


Bild 5.7-5 Einfache Parabolantenne (links) und Cassegrain-Antenne

Die modernen digitalen Systeme sind z.B. in [57-3] beschrieben.

## 5.7.3 Scattersysteme

Zwischen zwei Richtfunkstellen bestehe keine direkte Sicht. Man versucht nun, beide Antennen auf einen gemeinsamen Punkt in der Troposphäre auszurichten, so dass ein von beiden Antennenkeulen durchsetztes „Scattervolumen" existiert. Durch Brechwertinhomogenitäten in diesem Volumen wird ein sehr geringer Teil der Energie in die Richtung der jeweils anderen Antenne gestreut. Die Dämpfung dieser Streuverbindung ist

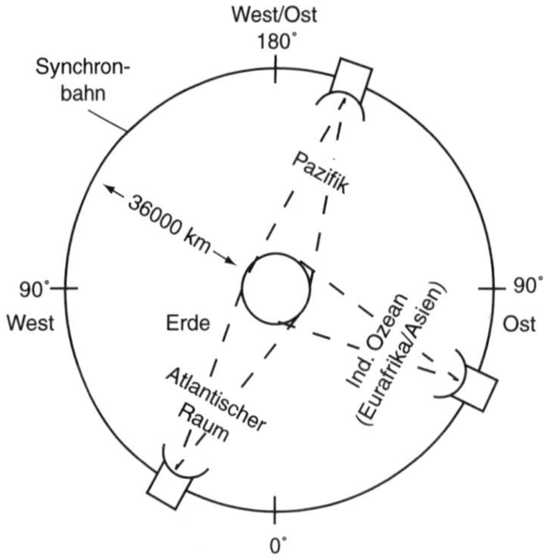


Bild 5.7-6 Geostationäre Satelliten im INTELSAT-Netz

allerdings so groß, dass Troposcattergeräte rauscharme Vorverstärker und große Sendeleistungen benötigen, also mehr den Erdefunkstellen von Nachrichtensatellitensystemen als Richtfunkendstellen gleichen.

## 5.7.4 Nachrichtensatelliten

### 5.7.4.1 Grundlagen

*„Nachrichtensatellit"* ist ein Oberbegriff; es gibt u. a.:

- Satelliten zur Übertragung von Fernsprechen, Fernsehprogrammen und Daten,
- Fernsehverteilsatelliten,
- Satelliten für Rundfunk- und Fernsehdirektübertragung,
- Flugfunk-, Schiffsfunk- und Navigationssatelliten,
- Relaissatelliten (zu interplanetarischen Systemen; zu subsynchronen Satelliten; usw.).

Von großer wirtschaftlicher Bedeutung sind Satelliten, deren Mission speziell darin besteht, als Relaisstellen leistungsfähiger Nachrichtenverbindungen zu dienen: *Nachrichtensatelliten* im engeren Sinne, Fernmeldesatelliten. Die Nachrichtenübertragung über diese Satelliten ist u. a. durch folgende Randbedingungen gekennzeichnet:

Die betrachteten Satelliten bewegen sich auf Bahnen um die Erde.

Die insgesamt für die Übertragung genutzte Bandbreite ist sehr groß, z. B. 500 MHz (viele Nachrichtenkanäle und/oder solche mit großer Bandbreite).

- Viele Erdefunkstellen stehen gleichzeitig über den Satelliten miteinander in Verbindung: *„Vielfachzugriff"*.
- Der Satellit und die vielen zugreifenden Erdefunkstellen müssen als Ganzes kostenoptimiert werden.
- Die bei der geostationären Bahn auftretenden Freiraumdämpfungen sind recht groß – Größenordnung 200 dB –, deshalb wurden bei den ersten Erdefunkstellen große Antennen mit entsprechend hohem Gewinn eingesetzt. Dabei

wird meist das Cassegrain-Prinzip nach Bild 5.7-5 benutzt.

Künstliche Satelliten können in der Äquatorebene in eine Bahnhöhe von knapp 36000 km gebracht werden, so dass ihr Umlauf gerade 24 Stunden dauert. Auf derartigen geostationären (d.h. von der Erde aus scheinbar stillstehenden) Satelliten basieren die meisten Nachrichtensatellitensysteme, sie sind vom Typ GEO (Geostationary Earth Orbit), u.a. das INTELSAT-Netz (Bild 5.7-6).

Im Prinzip unterscheidet sich eine *Erdefunkstelle* einer Nachrichtensatellitenverbindung (Bild 5.7-7) nur in folgenden Punkten von einer Richtfunkendstelle:

- größere, in der Regel nachführbare Antenne (da der Satellit nicht genau stillsteht), mit hohem Gewinn
- höhere Sendeleistung
- rauscharmer Vorverstärker

Die Antenne der Erdefunkstelle wird für beide Übertragungsrichtungen benutzt, die zu diesem Zweck frequenzmäßig unterschieden werden: Man legt das z.B. 500 MHz breite Übertragungsband für die Aufwärtsrichtung z.B. in den Bereich (5,9...6,4) GHz, für die Abwärtsstrecke z.B. in den Bereich (3,7...4.2) GHz. Im Satelliten muss das Signal verstärkt und in den Bereich der Abwärtsstrecke umgesetzt werden („Transponder“, frequenzumsetzender Verstärker).

Erdausleuchtende Satellitenantennen, wie sie in Bild 5.7-6 angenommen wurden, können natürlich am Boden keine große Leistungsflussdichte erzeugen; deshalb mussten die Erdefunkstellenantennen hohen Gewinn und damit großen Spiegeldurchmesser (z.B. 25 m bis 32 m) haben. Heute ist es selbstverständlich, gezielt bestimmte kleinere Gebiete durch so genannte *Spot-Beam-Antennen* ausleuchten zu können. Bereits die INTELSAT-V-Generation (erster Start 1980) realisierte verschiedenartige Ausleuchtgebiete, vgl. Bild 5.7-8. Indem man die Antennenspiegel durch mehrere Erreger, deren Amplitude und Phase beliebig eingestellt werden kann, ausleuchtet, kann man dem resultierenden Richtdiagramm fast beliebige Form geben (*beam shaping*).

Größere Sendeleistung im Satelliten und die Spot-Beam-Technik ermöglichen immer kleinere Erdefunkstellen bis hin zu so genannten V-Sat-Systemen, bei denen kleine Spiegel (Größenordnung 1 m) direkt beim Teilnehmer stehen. Auch die Aufwärtsstrecke wurde verbessert: An Stelle der veralteten Tunneldiodenverstärker (Bild 5.7-7)

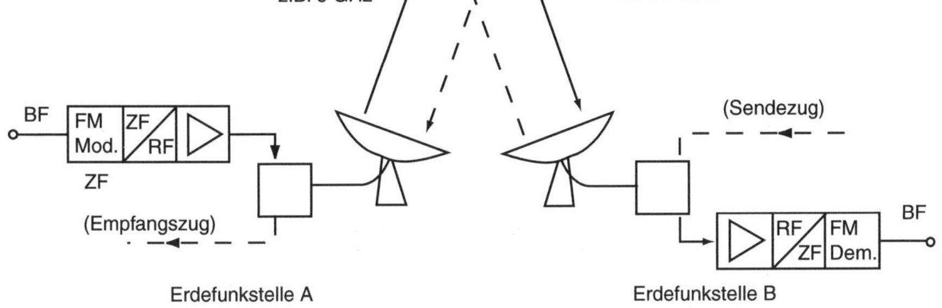


Bild 5.7-7 Klassische Nachrichtensatellitenverbindung (Beispiele: Intelsat I bis IV A)

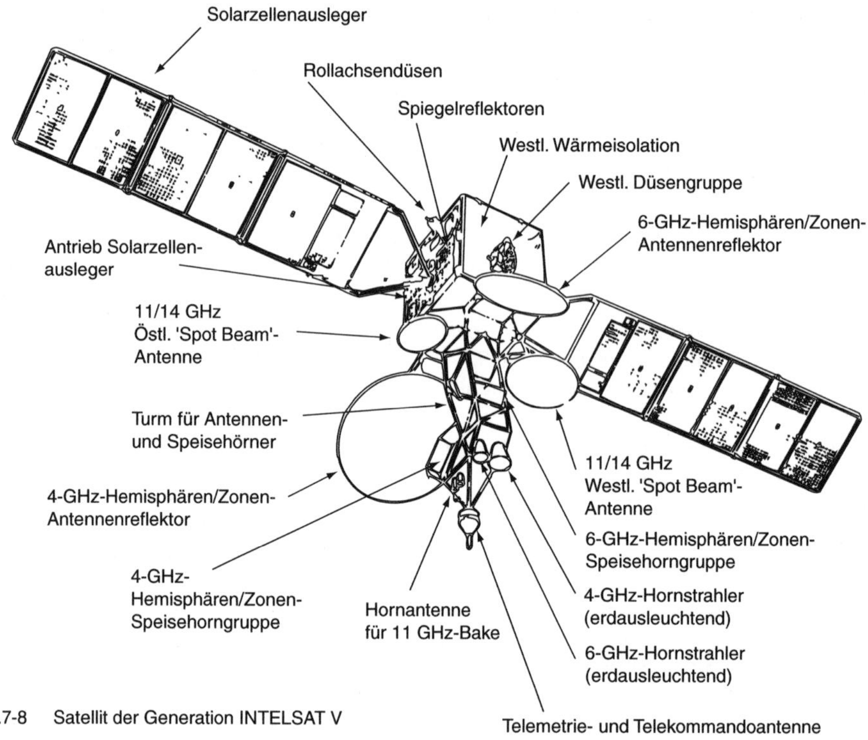


Bild 5.7-8 Satellit der Generation INTELSAT V

werden rauschärmere Vorverstärker (z.B. einstufige parametrische Verstärker) eingesetzt.

*Datennetze über Satelliten* nehmen rasch an Bedeutung zu und nutzen besonders V-Sat-Systeme. Neben den Vielfachzugriffsverfahren müssen auch die Methoden der Fehlersicherung auf ihre Eignung bei den hier gegebenen Randbedingungen untersucht werden. Wegen der großen Laufzeit (von Erdefunkstelle zu Erdefunkstelle typisch ca. 270 ms) sind Verfahren mit häufiger Wiederholanforderung ungeeignet. Nach dem Schema in Bild 5.7-9 wird man deshalb fehlerkorrigierende

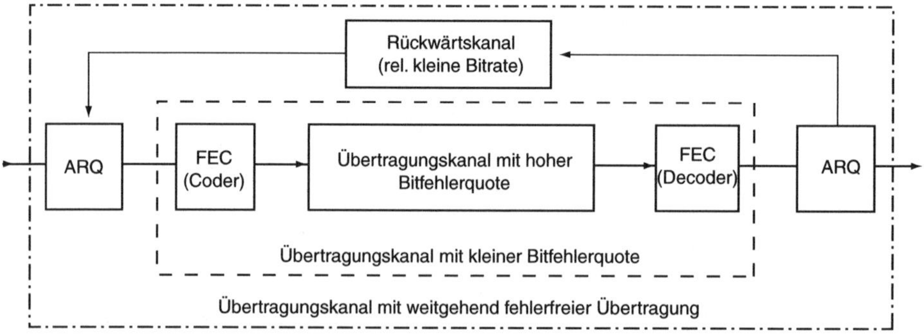


Bild 5.7-9 Kombination von Vorwärtsfehlerkorrektur (Forward Error Correction, FEC) und automatischer Wiederholungsanforderung (Automatic Repeat Request, ARQ)

Codierung und (entsprechend seltene) Wiederholung kombinieren.

#### 5.7.4.2 Entwicklungstendenzen

Bei Punkt-zu-Punkt-Verbindungen sind heute in fast allen Fällen Lichtwellenleiter (LWL) wirtschaftlicher als Satellitenverbindungen. Bei der Zusammenarbeit vieler Erdefunkstellen im Vielfachzugriff hat die Satellitentechnik dagegen nach wie vor keine Konkurrenz. Die ersten Satellitensysteme waren vom Typ FDM-FM-FDMA; man nennt an erster Stelle die Aufbereitung/eventuell Multiplexbildung der Basisbandsignale, dann die Modulationsart auf der RF-Strecke und schließlich das eigentliche Vielfachzugriffsverfahren (vgl. 6.6.2). Heute dominiert das Verfahren PCM/TDM-PSK-TDMA.

Moderne Satellitengenerationen benutzen auch Vermittlung und Direktverbindungen zwischen Satelliten (Intersatellite Links, ISL).

Vor allem im Zusammenhang mit Mobilfunksystemen haben niedrigfliegende Satelliten (low Earth Orbit, LEO) an Bedeutung gewonnen, vgl. 7.4.2.2.

## 5.8 Optische Nachrichtenübertragung

### 5.8.1 Einführung

Primitive optische Übertragungsverfahren (Beispiele: Rauchzeichen; Fackelpost des Agamemnon [00-1]; Zeigertelegraf nach Chappe [10-1] waren bis zum Aufkommen der elektrischen Nachrichtentechnik die einzigen Techniken, um größere Entfernungen zu überbrücken, als mit Schallwellen möglich ist. Heute haben die optischen Verfahren bei der Nachrichtenübertragung bereits wieder die größte Bedeutung, obwohl bis jetzt nur ein Bruchteil der denkbaren Möglichkeiten realisiert werden konnte; siehe unten.

Es gibt zwar einige hoffnungsvolle Ansätze für optische Computer und Vermittlungssysteme [12-1], aber die Praxis der Nachrichtenverarbeitung und –vermittlung benutzt nach wie vor ausschließlich die elektrische Signaldarstellung. Deshalb müssen am Anfang und Ende der optischen Strecke Signalumsetzungen elektrisch/optisch bzw. optisch/elektrisch gemacht werden, welche in erster Linie für heute noch gegebene Einschränkungen bezüglich Übertragungskapazität und –qualität verantwortlich sind. Man müsste eigentlich alle heute vorhandenen optischen Übertragungssysteme als „optoelektrisch" bezeichnen, was aber niemand tut. Auch wir werden den Begriff nur einmal, nämlich in der Überschrift zum folgenden Kapitel, verwenden.

Es ist denkbar, aber aus heutiger Sicht nicht sehr wahrscheinlich, dass durch technologische Fortschritte optische Signaldarstellung für alle Teilgebiete der Nachrichtentechnik die Regel wird. Dann – und nur dann – hätte man reinrassige optische Übertragungssysteme ohne die oben erwähnten nachteiligen Signalumsetzungen.

### 5.8.2 Von der elektrischen zur optoelektrischen Übertragung

Die Übertragung mit Hilfe elektrischer Signale war schon vor drei Jahrzehnten ziemlich ausgereift. Wir greifen einige Beispiele heraus, die uns die Möglichkeiten und Grenzen derartiger Systeme aufzeigen sollen:

– Für das Umsetzen der Signale in andere Frequenzlagen (z.B. bei der Multiplexbildung aus einzelnen Nachrichtenkanälen, zum Zwecke der drahtlosen Übertragung usw.) und zur Anpassung an besondere Eigenschaften der Übertragungswege (Verzerrungen, Störungen, ...) benötigt man verschiedenartige Verfahren, mit denen gewisse Parameter geeigneter Träger – in der Regel Sinusschwingungen – durch die Nachrichtensignale verändert („moduliert") werden können. Die Entwicklung dieser Modulationsverfahren für die elektrische Übertragung hat längst einen hohen Stand erreicht. Selbst der Fachmann verliert heute, wenn er sein Radio einschaltet, keinen Gedanken mehr an die bahnbrechende Erfindung des

Überlagerungsempfangs (Superheterodyne-Prinzip) in den zwanziger Jahren, obwohl es doch ohne dieses Prinzip kaum möglich wäre, die frequenzmäßig dicht gepackten Sender zu selektieren.

- Beim größten in unserem Fernsprechnetz verwendeten Trägerfrequenzsystem V 10800 wurden nicht weniger als 10800 Fernsprechkanäle einer Übertragungsrichtung – frequenzmäßig gestaffelt, Frequenzmultiplex – über ein Koaxialkabel übertragen. In dem benutzten Frequenzband zwischen ca. 4 und ca. 61 MHz sind die Leitungseigenschaften nicht konstant, so ändert sich z.B. das Dämpfungsmaß etwa proportional mit der Wurzel aus der Frequenz. Geeignete Entzerrungsmaßnahmen, die einen wesentlichen Teil des Aufwandes (z.B. in den in 1,55-km-Abständen im Boden vergrabenen Zwischenverstärkern) ausmachen, sind daher typisch für solche Breitbandsysteme. Dabei ist „Breitband" weniger absolut zu sehen, vielmehr bezieht man die genutzte Bandbreite (ca. 60 MHz) auf die Bandmittenfrequenz (grob ca. 30 MHz) und erhält so eine relative Bandbreite von ungefähr 2. Die bei der elektrischen Signalübertragung benutzten „Wellenleiter" bestehen aus elektrisch gut leitendem Material (Kupfer). Wegen des Tiefpasscharakters der Leitungen (Dämpfungsanstieg mit der Frequenz durch Skineffekt) möchte man das zur Übertragung genutzte Frequenzband nicht bei unnötig hohen Frequenzen anordnen. Die in den Systembaugruppen verwendeten Halbleiterbauelemente werden bei Überlastung leicht zerstört. Aus allen diesen Gründen sind aufwendige Entkopplungs- und Schutzmaßnahmen gegen energiereiche Systeme (Starkstrom, atmosphärische Entladungen) notwendig.
- Der Aufwand für die Leitungen aus dem teuren Material Kupfer lässt sich nicht beliebig verkleinern. Bei Zweidraht- und Koaxialleitungen bringt eine Querschnittverringerung der Leiter eine entsprechende Dämpfungserhöhung. Bei Hohlleitern (das sind runde oder rechteckige Rohre aus Kupfer, in deren Innern sich die elektromagnetischen Wellen ausbreiten) müssen die Querschnittabmessungen, wenigstens in der Größenordnung der verwendeten Wellenlänge liegen, damit die Wellenausbreitung überhaupt einsetzt.

Die für die elektrische Nachrichtenübertragung nutzbaren Frequenzbänder stellen eine sehr begrenzte Ressource der Menschheit dar. Man kommt deshalb nicht darum herum, die Nutzung immer höherer Frequenzen anzupeilen. Beispielsweise waren bereits vor mehr als einem Jahrzehnt für die Satellitenübertragung internationale Frequenzabsprachen bis zu 275 GHz getroffen worden, um für noch nicht vorhandene, aber denkbare Systementwicklungen geordnete Randbedingungen zu schaffen.

Für eine Welle, die sich mit einer (Phasen-)Geschwindigkeit $v_p$ ausbreitet, gilt zwischen Frequenz $f$ und Wellenlänge $\lambda$ definitionsgemäß der Zusammenhang

$$v_p = f \cdot \lambda$$

Im freien Raum gilt bekanntlich

$$v_{p,max} = c$$

wobei $c \approx 3 \cdot 10^8$ m/s die Lichtgeschwindigkeit ist. Wir kennen die Fernmeldetürme, auf denen Parabolantennen für Richtfunksysteme stehen. Solche Systeme arbeiten bevorzugt bei Frequenzen zwischen 1 und 40 GHz; bei z.B. $f$ = 5 GHz ist die Wellenlänge $\lambda$ = 6 cm = 0,06 m (im freien Raum). Die Erschließung höherer Frequenzbereiche für die elektrische Signalübertragung mit Sinusträger setzt voraus, dass es gelingt, geeignete Sende- und Empfangsschaltungen, Trägeroszillatoren, Modulatoren usw. zu entwickeln. Die Fortschritte sind beachtlich, aber es ist noch keine Rede davon, dass Verfahren mit Sinusträger im Bereich des sichtbaren Lichts arbeiten könnten. Immerhin muss, damit sich an Stelle von $\lambda = 6 \cdot 10^{-2}$ m eine Wellenlänge von $\lambda$ = 600 nm = 0,6 µm = $6 \cdot 10^{-7}$ m einstellt, die Frequenz um 5 Größenordnungen gesteigert werden: $f$ = 500 THz ($T$ = Tera = $10^{12}$).

Der Leser wird fragen, was das Zahlenbeispiel soll? Die Lichtwellenleiterübertragung gibt es doch, und besonders schwierig scheint die Sache nicht zu sein: Erst seit etwa 1975 erforscht man die Übertragung auf Glasfasern ernsthaft, und schon Anfang der achtziger Jahre war die technische Entwicklung so weit gediehen, dass für die Neubeschaffung von Weitverkehrs-Übertragungssystemen im Bereich der Deutschen Bundespost keine Kupfer-Koaxialkabel-Systeme, sondern nur noch Systeme auf Lichtwellenleitern (LWL) zugelassen wurden. Bevor wir auf die Probleme kommen, die auch bei der LWL-Technik existieren, wollen wir die prinzipiellen Vorteile heute verfügbarer Systeme, die in speziellen Teilbereichen (Fenstern) des nahen Infrarotbereichs (grob: 800 bis 1600 nm) arbeiten, herausstellen:

- Lichtwellenleiter aus speziellen Gläsern, Quarz o.Ä. sind „dielektrische Wellenleiter", also – wie in 3.7 näher besprochen – Verwandte des Hohlleiters. Wie oben erläutert, hängen die notwendigen Querschnittabmessungen beim Hohlleiter mit der Wellenlänge zusammen; deshalb kommt man bei LWL mit sehr dünnen Fasern aus. Diese „Hohlleiter bestehen im Gegensatz zum Cu-Hohlleiter in allen ihren Teilen aus elektrisch nicht leitendem Material. Wegen der extrem hohen verwendeten Frequenzen entfallen sämtliche Beeinflussungs-, Potenzial- und Erdungsprobleme.
- Während sich beim o.g. TF-System V 10800 eine relative Bandbreite von ≈ 2 ergab, ist bei den LWL-Systemen die relative Bandbreite z.B. $10^{-6}$ bis $10^{-7}$. Es sind also grundsätzlich Schmalbandsysteme, bei denen Entzerrungsmaßnahmen weitgehend entfallen.
- Die LWL können, z.B. im Bereich um 1550 nm, mit extrem kleinem Dämpfungsmaß hergestellt werden. Da – im Gegensatz etwa zu PCM-Systemen auf Cu-Zweidrahtleitungen – keine Störbeiträge durch Nebensprechen berücksichtigt werden müssen, ergeben sich relativ große Entfernungen, die ohne Zwischenverstärker überbrückt werden können.

Ohne die bereits erreichten, unstrittig guten Eigenschaften schmälern zu wollen, soll die folgende Betrachtung etwas ernüchternd wirken und zeigen, dass die optische Übertragung – gemessen an den theoretischen Möglichkeiten – erst am Anfang steht! Der o.g. Infrarotbereich zwischen 800 und 1600 nm entspricht einem Frequenzband von mehr als $10^{14}$ Hz! Ein Entwickler klassischer „elektrischer" Übertragungssysteme, der gewohnt ist, bei Multiplexbildung aus vielen Kanälen oder bei bandspreizenden Modulationsverfahren schnell an die durch den Mangel verfügbarer Frequenzbereiche gegebenen Grenzen zu stoßen, könnte angesichts dieses riesigen Infrarotbereichs ins Schwärmen kommen. Da müssten doch – alternativ oder in Kombination – auf einer Faser möglich sein:

- Multiplexsysteme mit bisher nicht vorstellbarer Kanalzahl, paralleler Betrieb vieler voneinander unabhängiger Schmalbandsysteme,
- zusätzlich Duplexübertragung, z.B. durch Frequenzgetrenntlage der beiden Richtungen,
- Modulationsverfahren mit extrem hoher Bandspreizung und dadurch hohem Störabstandsgewinn.

Der grundlegende Denkfehler besteht darin, dass wir den in der „elektrischen" Nachrichtentechnik erreichten Entwicklungsstand nicht automatisch auf die noch junge „optische" Nachrichtentechnik übertragen dürfen: Wir verfügen dort (noch) nicht über den reinen Sinusträger, den wir u.a. nach Belieben in Amplitude, Frequenz und Phase beeinflussen konnten, um leistungsfähige („elektrische") Modulation und Multiplexbildung zu erreichen. Die derzeit verfügbaren optischen Sendeelemente (Laser, LED) liefern keine einzelne und stabile Frequenz, vielmehr ein ganzes Spektrum mit laufend variierenden Frequenzanteilen. Die einzige halbwegs stabile Größe ist die abgegebene Gesamt-Lichtleistung, und nur dieser Parameter steht im Moment zur Verfügung: Intensitätsmodulation. Dagegen steht die vom „elektrischen" Trägerfrequenzsystem her geläufige Möglichkeit, durch geeignete Frequenzumsetzungen mit reinen Sinusträgern ein dicht gepacktes Kanalmultiplex aufzubauen, überhaupt nicht zur Debatte. Allerdings wird allenthalben daran gearbeitet, die bekannten Entwicklungsschritte der „elektrischen" Übertragung in der „optischen" Übertragung nachzuvollziehen. Wir werden unten darauf zurückkommen.

Nachrichtenübertragung mit Hilfe elektromagnetischer Wellen bedeutet (auch) Energieübertragung.

Da man mit sehr kleinen Signalen arbeitet, kommt die Quantentheorie ins Spiel: Es treten Energiequanten der Größe

$$E = h \cdot f$$

auf, wobei $h$ eine Naturkonstante, das Planck'sche Wirkungsquantum ist ($h$ = 6,6260755·$10^{-34}$ J·s). Diese nicht kontinuierliche Übertragung verursacht Rauscheffekte, welche für die optische Übertragung bedeutsam sind (Quantenrauschen, Schrotrauschen); in der Opto-Literatur ist häufig vom „Dualismus Welle/Quant" die Rede, wenn die o.g. Energiequanten als „Photonen" vorgestellt wurden. Natürlich gilt die duale Vorstellung auch in anderen Frequenzbereichen, doch musste sich der Nachrichtentechniker vor Aufkommen der Opto-Übertragung kaum darum kümmern; der folgende Vergleich macht dies deutlich. Bei der Übertragung über Nachrichtensatelliten (vgl. 5.7.4) ist das entscheidende Störsignal das am Empfängereingang auftretende thermische Rauschen. Als kennzeichnende Größe wird die Rauschtemperatur $T$ eingeführt. Bei der Berechnung der Rauschleistung tritt als Faktor die Boltzmann-Konstante $k$ auf ($k$ = 1,380658·$10^{-23}$ J·$K^{-1}$). Im folgenden Beispiel werden die Energiebeiträge $h \cdot f$ und $k \cdot T$ bei $T$ = 290 K verglichen:

– Satellitenübertragung bei $f$ = 10 GHz:

$$\frac{h \cdot f}{k \cdot T} \approx 0{,}002 \ll 1$$

– Optische Übertragung bei l=1 µm (bzw. 1000 nm) entspricht $f$ = 300 THz = 3 × $10^{14}$ Hz:

$$\frac{h \cdot f}{k \cdot T} \approx 50 \gg 1$$

Aus diesem Beispiel erkennt man, dass sich der Hochfrequenztechniker (GHz-Bereich) wegen der gequantelten Energieübertragung noch keine großen Gedanken zu machen braucht. Dagegen wird sie für die optische Übertragung zu einem entscheidenden Thema.

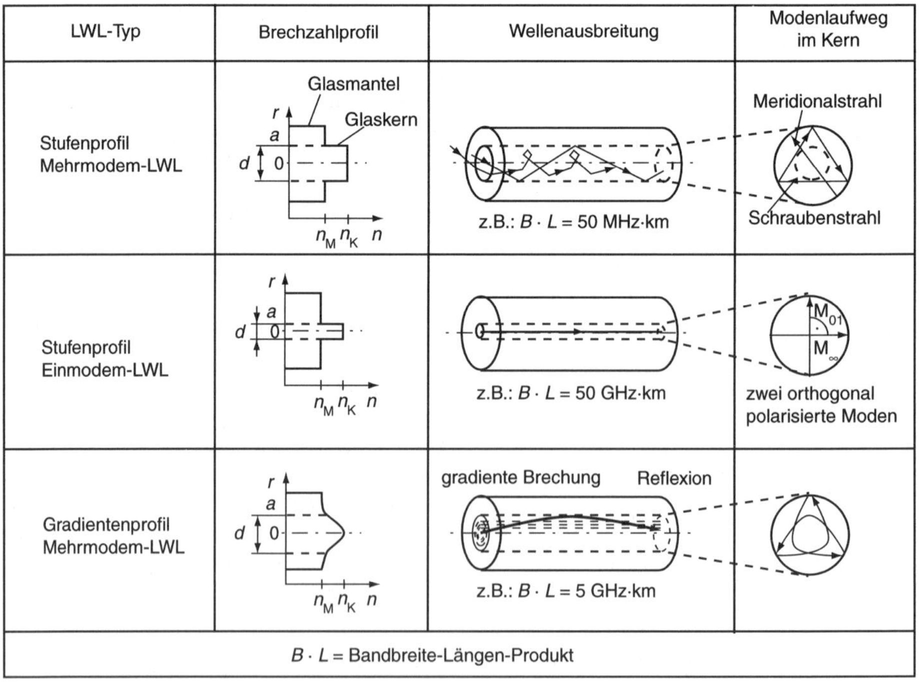


Bild 5.8-1 LWL-Grundtypen

### 5.8.3 Optische Freiraumübertragung

Ein Laserstrahl kann als Träger einer leistungsfähigen Nachrichtenverbindung dienen. Für Weitverkehrsverbindungen im erdweiten Fernsprechnetz ist dieses Prinzip nicht anwendbar, da die geforderte hohe Verfügbarkeit nicht garantiert werden kann: Bei Regen und Nebel wird die Strecke unterbrochen.

Optische Kurzstrecken – Freiraumübertragungssysteme zur Datenübertragung mit hohen Bitraten haben wachsende Bedeutung. Solche Strecken, z.B. zwischen benachbarten Bürohochhäusern, können ohne großen Aufwand je nach Bedarf kurzfristig eingerichtet werden.

Werden bei drahtlosen lokalen Netzen Laser-Richtstrahlverbindungen wie oben eingesetzt, so muss die Verbindung bei jeder Standort- oder Lageveränderung eines PC neu justiert werden. Hier ist die folgende Alternative interessant, die bewusst die Mehrwegausbreitung durch Beugung und Reflexion ausnutzt. Durch einen Sender mit breiter Strahlungskeule wird z.B. die Decke oder eine Wand des Raumes ausgeleuchtet, so, dass durch Reflexion und Beugung der ganze Raum mit dem Signal „geflutet“ wird. Hier können die einzelnen Geräte jederzeit beliebig anders aufgestellt werden. Allerdings müssen nun Verfahren eingesetzt werden, die mit der auftretenden Mehrwegausbreitung leben können. Die Geräte benötigen relativ großflächige Empfangsanordnungen, um eine hinreichend große Signalleistung aufzufangen. Auf diese Problematik wird in [12-1] näher eingegangen.

Bei den Nachrichtenverbindungen im Weltraum, die vollkommen außerhalb der Erdatmosphäre bleiben, entfallen die meisten der oben erwähnten Probleme. Deshalb sind z.B. bei Direktverbindungen zwischen Satelliten die Laser-Richtstrahlverbindungen von großer Bedeutung; sie konkurrieren hier erfolgreich mit den ebenfalls verwendeten Mikrowellen-Übertragungssystemen. Die heutigen optischen Freiraumübertragungsverfahren verdanken ihre Leistungsfähigkeit vor allem modernen Halbleiterkomponenten (z.B. Laser), deren Entwicklung durch den ersten brauchbaren Lichtwellenleiter (1975) stimuliert wurde. So sind LWL eine Basis für die gesamte optische Nachrichtentechnik, und wir wollen uns in der Folge ausschließlich mit LWL-Systemen befassen.

### 5.8.4 Bausteine der Lichtwellenleiterübertragung

#### 5.8.4.1 Einführung

Ein Lichtwellenleiter-Übertragungssystem muss als Ganzes betrachtet werden; das wollen wir in 5.8.5 tun. Zur Vorbereitung sollen im Folgenden einige Komponenten noch etwas genauer beschrieben werden.

#### 5.8.4.2 Fasereigenschaften

Wir knüpfen an die Einführung zum Thema LWL an, die in 3.7.3 gegeben wurde. Man kann den Kern eines LWL nicht mit dem Inneren eines Hohlleiters gleichsetzen, weil beim LWL – einem speziellen dielektrischen Wellenleiter – Feldlinien auch im Mantelbereich und in der Primärbeschichtung der Faser verlaufen. Eine ausführliche Untersuchung der verschiedenen Lichtwellenleiter findet man in [58-4]. Es treten außer den von der Hohlleiterübertragung bekannten $E$- und $H$-Wellen auch hybride Moden (HE, EH) auf. Die exakten Lösungen der Maxwell'schen Gleichungen für die verschiedenen Faserkonfigurationen sind ziemlich komplex. Für praktische Gegebenheiten (u.a.: relativ kleiner Brechzahlunterschied Kern/Mantel usw.) ergeben sich gewisse Vereinfachungen. Man arbeitet zweckmäßigerweise mit dem Begriff der LP-Moden (linear polarized). Insgesamt nimmt die Behandlung der verschiedenen Faserarten mit Hilfe der Maxwell'schen Gleichungen in [58-4] einen Raum von über 100 Seiten ein, inklusive der Herleitung von Dispersionsmechanismen und Ein-/Auskoppelvorgängen.

Für die meisten Ingenieure sind diese theoretischen Betrachtungen uninteressant. Sie setzen fertige Fasern ein, die zu einer der drei in Bild 5.8-1 definierten Klassen gehören. Wie schon aus 3.7.3 bekannt ist, hängt es von dem Verhältnis

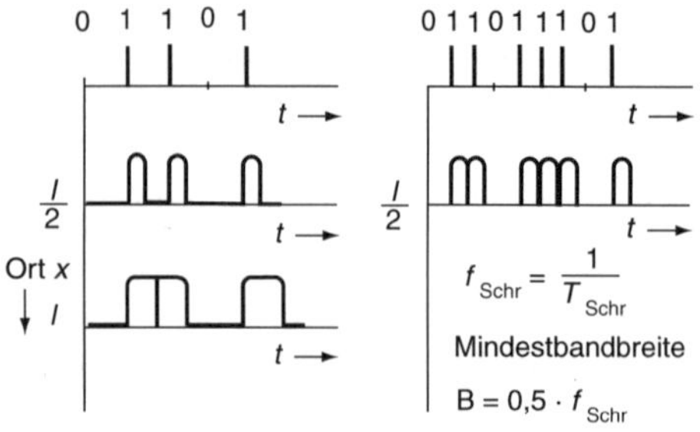


Bild 5.8-2 Zusammenhang zwischen Dispersion und Bandbreite (Grundlaufzeit weggelassen)

Wellenlänge $\lambda$ zu Kerndurchmesser $d$ ab, ob eine bestimmte Faser „einmodig“ oder „mehrmodig“ ist. Ab der „Cut-off-Wellenlänge“ $\lambda_C$

$$\lambda_C \geq \frac{\pi \cdot d \cdot A_N}{2{,}405} \qquad (5.8\text{-}1)$$

ist nur noch eine Mode ausbreitungsfähig [58-1]. Dabei ist $A_N$ die so genannte nummerische Apertur, das ist der Sinus des Akzeptanzwinkels $\alpha_k$ aus Bild 3.7-4. Normalerweise ist die Wellenlänge fest vorgegeben, z.B. 1300 nm, weil man im 2. Fenster arbeiten will; im gegebenen Beispiel ist dann eine Faser mit $A_N$ = 0,1 bei $d$ = 50 µm mehrmodig und bei $d$ = 9 µm einmodig.

Welche Dämpfung eine Faser bei der Betriebswellenlänge hat, weiß man aus Herstellerangaben. Notfalls kann man die Dämpfung auch relativ einfach durch Messung bestimmen, vgl. 5.8.5. Wie steht es aber mit der Bandbreite? Die folgende Überlegung führt uns auf ein praktikables Maß.

Aus 3.7.3 kennen wir die Begriffe Modendispersion und Materialdispersion. Die Dispersion führt dazu, dass bei digitaler Übertragung nach durchlaufen einer gewissen Strecke aus einem sehr kurzen Sendeimpuls ein Impuls größerer Breite wird, vgl. Bild 5.8-2. Offensichtlich ist die größte zulässige Streckenlänge dadurch definiert, dass sich aufeinander folgende Impulse nicht überlappen dürfen. Wie man aus Bild 5.8-2 ersieht, darf bei doppelter Bitrate die Streckenlänge nur noch halb so groß sein, d.h. die beiden Beispiele im Bild führen auf das gleiche Bitraten-Längen-Produkt. Wie wir aus Kapitel 2 wissen, benötigt man zur Übertragung einer bestimmten Bitrate eine gewisse (Mindest-)Bandbreite; damit können wir Bitrate durch Bandbreite ersetzen und

| Kenngröße | LED | | LD |
|---|---|---|---|
| | Flächenemitter | Kantenemitter | |
| Größe der aktiven Strahlungsfläche | $\phi$ 50 µm | ≈ 0,2 × 10 … 50 µm² | ≈ 0,2 × 10 … 10 µm² |
| Strahlungsleistung | ≤ 5 mW | | 10 … 100 mW |
| Halbwertswinkel des Fernfeldes | 120° | 120° [1] 45° [2] | 15 … 50° [1] 25 … 50° [2] |
| Spektrale Breite | 20 … 40 nm | | 0,2 … 3 nm |
| Modulationssteilheit | ≤ 50 µW/mA | ≤ 20 µW/mA | ≤ 500 µW/mA |
| Modulationsbandbreite | ≤ 180 MHz | | $\phi$ 18 GHz |
| Bemerkungen | [1]parallel, [2]senkrecht zur aktive Zone | | |

Bild 5.8-3 Typische Kenngrößen von LED und LD

erhalten in dem Produkt $B \cdot L$ (vgl. Bild 5.8-1) ein Gütemaß für eine Faser, mit dem auch der Analogtechniker etwas anfangen kann.

Die komplizierten physikalischen Vorgänge in der Faser, die u.a. Dämpfung, Dispersion und Modenumwandlungen verursachen, wurden genau untersucht. Es gibt auch nichtlineare Effekte, die u.a. eine Grenze für die zulässige Sendeleistung setzen; die Auswirkungen können sowohl negativ (z.B. Nebensprechen) als auch positiv (z.B. gewisse Verstärkungsmechanismen, vgl. 5.8.8) sein. Eine Übersicht über die umfangreiche Literatur gibt [12-1].

### 5.8.4.3 Sender

Für den Einsatz in Übertragungssystemen werden an die Sendebauelemente hohe Anforderungen gestellt. Die emittierte Wellenlänge sollte in Bereichen günstiger Dämpfung eines LWL liegen – bei etwa 850 nm, 1300 nm und 1550 nm. Bei einem direkt modulierbaren Sender bevorzugt man einen linearen Lichtleistungs-Strom-Zusammenhang und eine geringe spektrale Breite. Kurze Anstiegs- und Abfallzeiten ermöglichen eine hohe Modulationsbandbreite. Das Bauelement sollte geringen Temperatur- und Alterungseinflüssen unterliegen, einen hohen elektrooptischen Wirkungsgrad besitzen und einen guten Koppelwirkungsgrad durch achsenparallele, auf den Faserkern gebündelte Abstrahlung erzielen. Als Sendeelement für die Übertragungstechnik haben sich die LED und die Laserdiode (LD) etabliert. Typische Kenngrößen dieser Bauelemente gibt Bild 5.8-3.

**Lichtemittierende Diode (LED)**

Bei der LED (Light Emitting Diode) sind Richtung, Phasenlage und Zeitpunkt der Freisetzung der Strahlungsquanten unabhängige Größen („spontane Emission"). Die Halbleitermaterialien bestimmen die Wellenlänge des Lichts. Die Linienbreite (Frequenzspektrum) beträgt etwa 40 nm bei GaAs-Dioden und 120 nm bei InP-Dioden. LED verwendet man für Datenraten bis zu einigen zehn MBit/s bei Entfernungen bis zu einigen Kilometern. Maximale Übertragungsraten liegen über 100 MBit/s. Sie sind einfach zu beschalten, arbeiten in einem großen Temperaturbereich, besitzen eine hohe Lebensdauer und sind kostengünstig in großen Stückzahlen erhältlich.

Die LED besteht aus einem Halbleiter mit pn-Übergang. Legt man an diesen Halbleiter eine Spannung, so wird Licht durch spontan emittierte Photonen erzeugt. An Störstellen kann es zu nichtstrahlender Rekombination kommen, was zu einer Verringerung des Quantenwirkungsgrads führt. Die Bauform ist speziell auf eine verlustarme Faserankopplung optimiert. Grundtypen sind die flächenemittierenden LED und die kantenemittierenden LED. Durch Doppelheterostruktur oder Streifengeometrie werden die Eigenschaften weiter verbessert (s. a. bei Laser). Beim Flächenemitter versucht man die Faser möglichst dicht an der emittierenden Zone zu platzieren, da das Halbleitermaterial stark absorbierend wirkt. Dazu wird in die oberste Halbleiterschicht eine Vertiefung eingeätzt, in welcher der LWL mit Epoxidharz fixiert wird. Die Abstrahlfläche liegt rechtwinklig zur Faserachse (Burrus-

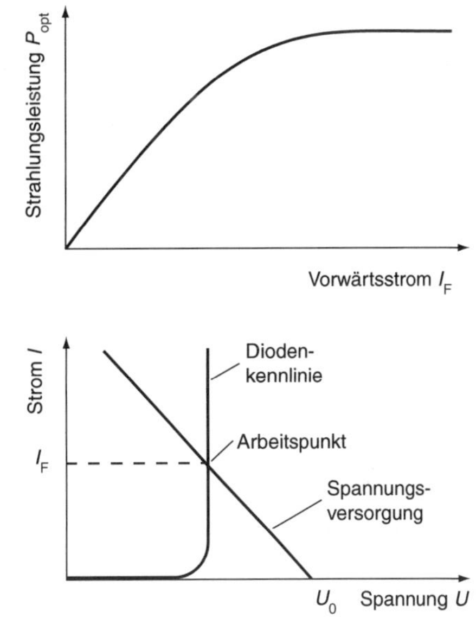


Bild 5.8-4 LED-Kennlinien

typ). Der Kantenemitter (Superstrahlungs-LED) hat einen ähnlichen Aufbau wie eine Laserdiode. Die aktive Zone liegt parallel zur Faserachse. Durch die starke Bündelung des Kantenstrahlers ergibt sich eine hohe Strahldichte und somit ein besserer Einkopplungswirkungsgrad.

LED können direkt moduliert werden. Linienbreite, Grenzfrequenz und Wirkungsgrad einer Diode sind durch die Dotierungsstärke in der aktiven Zone vorgegeben. Die Bandbreite und die Pulsfolgefrequenz sind durch endliche Anstiegs- und Abfallzeiten begrenzt. Die Anstiegszeit wird im Wesentlichen von den internen Kapazitäten und die Abfallzeit zusätzlich von der Ladungsträgerlebensdauer bestimmt.

Gemäß den typischen Kennlinien kann eine LED relativ einfach als digitaler Sender beschaltet werden (Bilder 5.8-4 und 5.8-5): Eine Rechteckspannung wird von einem NAND-Glied verstärkt und über einen Strombegrenzungswiderstand an die LED angelegt.

Durch einen zu diesem Vorwiderstand parallel geschalteten Kondensator können die Schaltzeiten wesentlich verbessert werden: Der parallele Kondensator „überbrückt“ zu Beginn eines Stromimpulses den Widerstand und wirkt dadurch dem kapazitiven Anteil (Diffusionskapazität) der LED entgegen, und am Ende des Impulses „saugt“ der Kondensator die Ladungsträger aus der LED ab, (vgl. gestrichelte Linie im Bild). Infolgedessen werden die Flanken der Strahlungsleistung $P_{opt}$ steiler, d.h. die Schaltzeiten verkürzen sich.

**Laser-Diode**

Laserdioden (LD) bestehen ebenfalls aus einem pn-Übergang, der jedoch viel höher dotiert ist als bei einer LED. Halbleiterlaser besitzen kleine Abmessungen und können mit kleinen Strömen und Spannungen von z.B. 15 mA bei 2 V mit einer Transistorschaltung versorgt werden. Ein hoher Wirkungsgrad und eine starke Strahlbündelung machen sie für den Einsatz in der LWL-Technik besonders attraktiv. Sie haben eine hohe Ausgangsleistung, geringe Linienbreite und sind über den Anregungsstrom mit Frequenzen bis zu 10 GHz und mehr direkt modulierbar (Intensitätsmodulation). Damit lassen sich große Reichweiten bei hohen Übertragungsraten erzielen. Man kann sie mit elektronischen Komponenten und Schaltungen, optischen Wellenleitern und anderen Elementen auf Mischkristallen oder Siliziumsubstrat integrieren. Ihre Herstellung in Halbleitertechnologie ermöglicht eine Massenproduktion zu geringen Kosten. Sie sind jedoch teurer als LED, haben eine geringere Lebensdauer und müssen aufwendiger beschaltet werden. Die Emissionswellenlänge hängt vom Bandabstand des verwendeten Halbleitermaterials ab. Das Spektrum ist sehr schmal und besteht aus diskreten Linien, den Lasermoden (Bild 5.8-6). Die Linienbreite verringert sich mit zunehmender Laserlänge (Resonatorlänge). Grundsätzlich hängt die Emissionswellenlänge vom Laserstrom und der Temperatur ab. Mit steigender Temperatur vergrößert sich der Schwellstrom $I_{th}$, und der Quantenwirkungsgrad wird schlechter. Bei Monomode-Lasern kommt es dabei zu Modensprüngen (modehopping), der Laser springt zu Moden mit kleineren Wellenlängen. Die Alterung

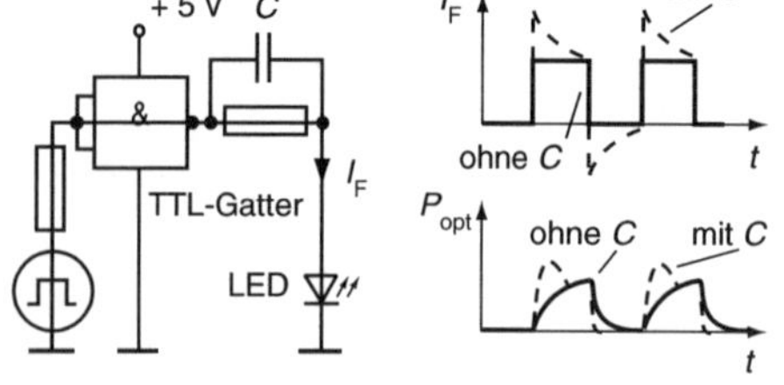


Bild 5.8-5 LED als Impulssender

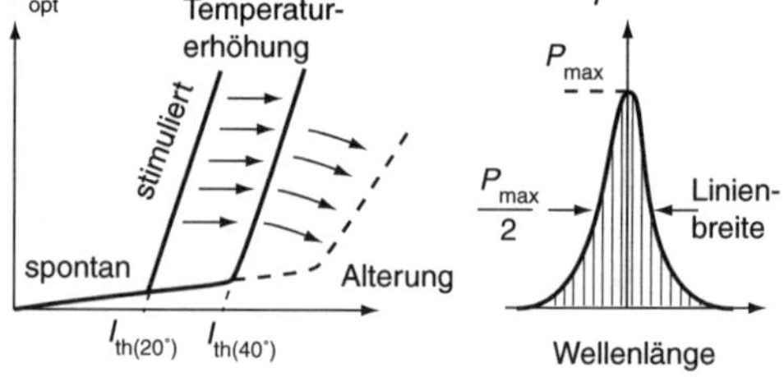


Bild 5.8-6 Kennlinie und Spektrum von Laserdioden

zeigt sich am Laser durch flacher werdende Kennlinien.

Laserdioden sind als Kantenemitter aufgebaut. In einer Homostruktur-LD ist die aktive Schicht zwischen einer n- und einer p-Schicht angeordnet (Bild 5.8-7). Fließt ein genügend großer Strom (Schwellstrom $I_{th}$) durch den Laser, kippt der Betrieb von spontaner zu stimulierter Emission (Laserbetrieb). Der erforderliche Schwellstrom lässt sich durch eine dünne aktive Zone verringern. Bei Dioden mit Doppelheterostruktur wird daher das aktive Gebiet durch Einbringen einer dünnen Schicht aus einem Halbleitermaterial mit höherem Bandabstand und niedrigerem Brechungsindex begrenzt. (5 µm bei normaler LD, 0,2 µm bei Hetero-Ausführung). Diese wirkt als Elektronenbarriere, die Elektronen innerhalb der Schicht zum Übergang (Rekombination) zwingt. Damit werden die Übergänge präziser und das Linienspektrum schmäler. Auf Grund der Fläche der aktiven Schicht können neben den erwünschten longitudinalen (in Längsrichtung) auch unerwünschte transversale Moden (in Querrichtung) entstehen, die auf den Spektrallinien Nebenspitzen verursachen und sich in der *P/I*-Kennlinie als Versätze (so genannte Kinks) auswirken. Die Nachrichtenübertragung wird durch diesen nichtlinearen Einfluss entscheidend beeinträchtigt.

Um die Wellen seitlich einzugrenzen, wird die aktive Zone nun als schmaler Streifen ausgeführt, der von Material mit einem geringeren Brechungsindex umgeben ist (Bild 5.8-8). Dieser indexgeführte Laser lässt nur wenige, longitudinale Moden zu. Das Emissionsspektrum ist sehr schmalbandig. Diese von außen nicht sichtbare Heterostruktur wird auch als „vergraben" bezeichnet (Buried Heterostructure). Eine andere Möglichkeit zur Eingrenzung der aktiven Zone wird beim gewinngeführten Laser genutzt. Dieser verwendet keine besondere Wellenführung. Man realisiert den „oberen" Metallkontakt als Streifen. Die Kontaktierung durch einen schmalen Kontaktstreifen bewirkt, dass der Stromfluss nur in einem engen Raum stattfinden kann, also dass es

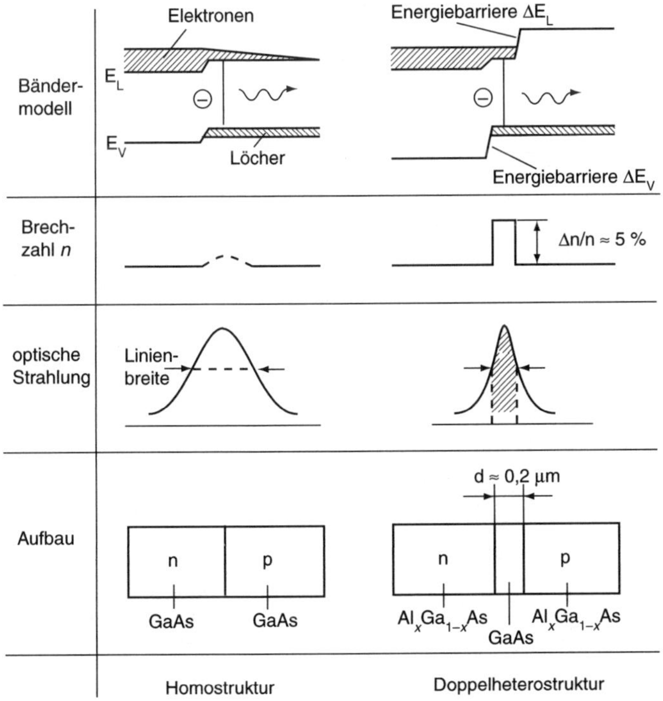


Bild 5.8-7
Homo- und Doppelheterostruktur von Laserdioden

nur dort zu Rekombinationen von Ladungsträgern und damit zur Photonenemission kommt. Die Wellenführung ist erheblich schlechter als beim indexgeführten Laser, was zur Ausbildung mehrerer Moden und einem breiteren Spektrum führt. Mit beiden Lösungen lässt sich der Schwellstrom weiter senken. Bei genügend kleiner Streifenbreite (< 5 µm) arbeitet der Laser als Monomode-Laser.

### 5.8.4.4 Empfänger (optoelektrische Wandler)

Von einem Empfänger erwartet man eine hohe Empfindlichkeit bei geringem Rauschen im Wellenlängenbereich der optischen Trägerfrequenz. Die Empfängerfläche sollte so groß sein, dass das Faserlicht den Empfänger nicht überstrahlt. Sie sollte wenig reflektieren, damit es nicht zu Mehrfachreflexionen zwischen Stecker und Empfänger kommt. Günstig wäre eine zumindest teilweise lineare Licht-Strom-Kennlinie. Kurze Schaltzeiten ermöglichen eine hohe Bandbreite. Der Empfänger sollte eine geringe Temperaturabhängigkeit besitzen, mit niederen Spannungen und Strömen zu betreiben sein und eine hohe Lebensdauer haben. Und man erwartet natürlich, dass er preiswert in größeren Stückzahlen erhältlich ist.

In der optischen Mess- und Nachrichtentechnik werden als Empfänger Fotodioden verwendet. Im Gegensatz zu den Fotoleitern (Fotowiderstand) handelt es sich hier um aktive Elemente, die Strahlung in elektrische Energie umwandeln. Eine wichtige Größe bei Empfängern ist die spektrale Empfindlichkeit. Sie entspricht bei Fotodioden dem spektralen Absorptionsgrad und ist daher materialabhängig. Im sichtbaren Spektralbereich und für das nahe Infrarot (0,85 µm) verwendet man Silizium. Für die Wellenlängenbereiche bei 1,3 µm und 1,55 µm sind Germanium-Fotodioden geeignet. Vorteilhafter sind Dioden aus ternären und quaternären Mischkristallen, InGaAs(P). Als Fotodioden kommen PIN-Fotodioden und Avalanche-Fotodioden (APD) zum Einsatz.

**PIN-Fotodiode**

Die Struktur einer PIN-Fotodiode zeigt Bild 5.8-9. Zwischen hoch dotierter n-Zone und p-Zone liegt eine hochohmige Schicht aus eigenleitendem (intrinsic) oder sehr schwach dotiertem Material (PIN: positiv, intrinsic, negativ). Auf Grund der Hochohmigkeit liegt die gesamte Diffusionsspannung an dieser Zone an. Das elektrische Feld saugt die in der I-Schicht durch Lichteinfall erzeugten Ladungsträgerpaare sofort in die Majoritätsgebiete ab, und im Außenkreis entsteht ein Fotostrom. Der Feldstärkeverlauf ist ebenfalls in Bild 5.8-9 dargestellt. Bild 5.8-10 zeigt die typischen Kennlinien bei verschiedenen Lichtleistungen.

Es bestehen zwei Möglichkeiten, die Diode zu betreiben (Bild 5.8-11): Beim Diodenbetrieb wird die Diode in Sperrrichtung vorgespannt und arbeitet als Verbraucher. Die in dieser Schaltungsart erreichbare hohe Linearität und Stabilität wird durch einen Dunkelstrom, der bei Nichtbestrahlung auftritt, beeinträchtigt. Erhöht man die Sperrspannung, so verringert sich die Diodenkapazität, und die Modulationsbandbreite erhöht sich. Beim Fotoelementbetrieb wird die Diode ohne äußere Spannung betrieben und arbeitet als Spannungsquelle. In dieser Betriebsart tritt der

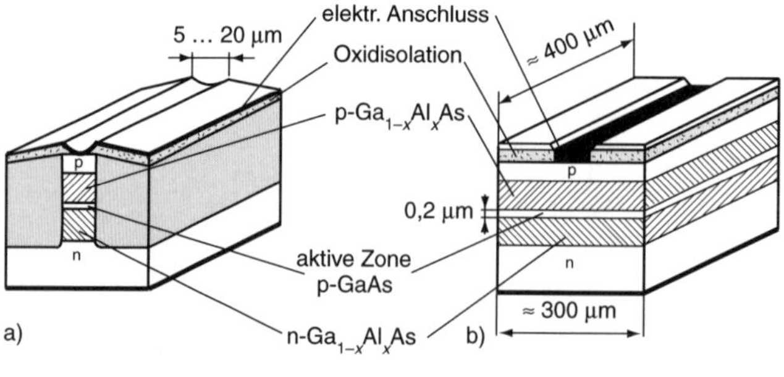


Bild 5.8-8
Streifenlaser mit Doppelheterostruktur
a) indexgeführt
b) gewinngeführt

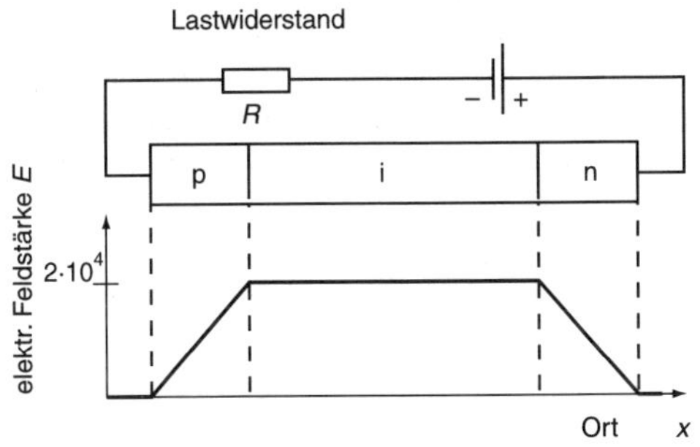


Bild 5.8-9 Struktur und Feldstärkeverlauf an einer PIN-Diode

Dunkelstrom nicht auf, die Schnelligkeit der Diode wird jedoch deutlich vermindert (etwa 1 MHz). Außerdem ist der Ausgangsstrom nicht mehr streng proportional zur Strahlungsleistung. Die PIN-Fotodiode zeichnet sich aus durch: kurze Schaltzeiten, großen Dynamikbereich, geringes Rauschen, kleine Versorgungsspannung und hohe Linearität des Leistungs-Strom-Zusammenhangs.

### Avalanche-Fotodiode (APD)

Avalanche-Fotodioden (APD) werden mit einer Sperrspannung knapp unterhalb der Durchbruchspannung betrieben. Infolge der großen Feldstärke werden freie Ladungsträger so schnell, dass sie durch Stoßionisation weitere Elektronen-Loch-Paare erzeugen können und ein lawinenartiger Anstieg der Anzahl der Ladungsträger eintritt. Die innere Verstärkung wird durch den Multiplikationsfaktor *M* beschrieben. *M* ist eine Funktion der Sperrspannung (Bild 5.8-12). Je größer der Multiplikationsfaktor, um so länger dauert es, bis eine Lawine wieder abgeklungen ist. Große Verstärkung und hohe Grenzfrequenz sind also nicht gleichzeitig realisierbar. Man charakterisiert daher die APD durch das Multiplikations-Bandbreite-Produkt ($M \times B$). Da die Lawinenverstärkung

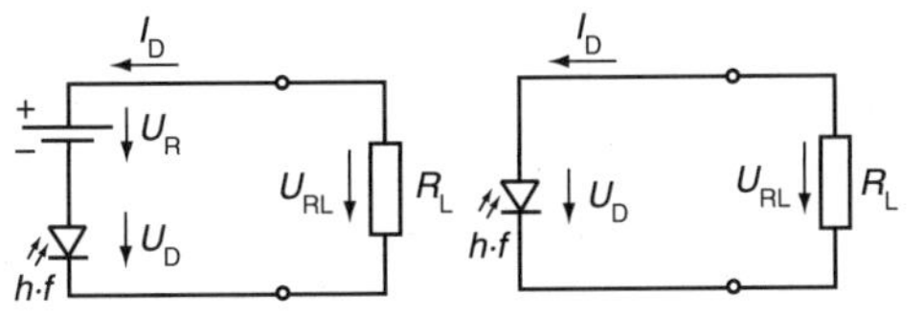


a) Fotodiodenbetrieb b) Fotoelementbetrieb

Bild 5.8-11 Fotodioden- und Fotoelementbetrieb

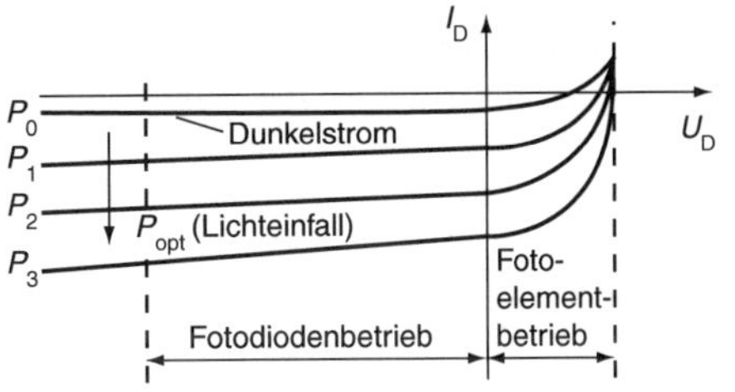


Bild 5.8-10 Kennlinie an der PIN-Diode

ein statistischer Prozess ist, nimmt mit wachsendem *M* auch das Rauschen stark zu (Multiplikationsrauschen). APDs erfordern perfekt strukturierte PN-Übergänge, damit es zu keinen Spannungsdurchbrüchen an Defekten kommt. Neben der hohen Versorgungsspannung haben APD einen weiteren Nachteil gegenüber PIN-Dioden. Ihre Kennlinie ist, bedingt durch die Stromvervielfachung, nichtlinear, so dass sie nur in Digitalsystemen sinnvoll einsetzbar sind. Die Stärke der Avalanche-Dioden ist ihre hohe Empfindlichkeit.

### Empfängerprinzipien

Die Schaltung in Bild 5.8-13 besteht aus einer idealen Fotodiode, dem Lastwiderstand $R_L$, dem Verstärker und der Ersatzkapazität $C_{Ers}$; diese enthält die Sperrschichtkapazität und alle sonstigen parasitären Kapazitäten der Schaltung. Sie bildet

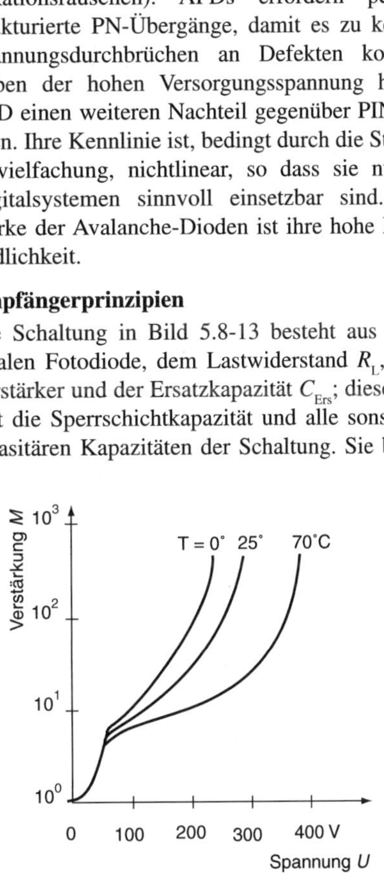


Bild 5.8-12 Verstärkung *M* als Funktion der Sperrspannung an der Avalanche-Diode

gemeinsam mit $R_L$ einen Tiefpass mit der Grenzfrequenz $f_g$. Heute werden drei Empfängerprinzipien unterschieden:

- *Empfänger mit kleinem Lastwiderstand* $R_L$ (typisch 50 Ω) haben eine kurze Anstiegszeit (große Grenzfrequenz $f_g$) und sind sehr linear. Der geringe Spannungsabfall am kleinen $R_L$ bedingt eine hohe Nachverstärkung und damit ein starkes Rauschen des Nachverstärkers. Dieser Verstärker muss mit einem hochohmigen Eingang ausgestattet sein. Man verwendet deshalb zumeist FETs in der Eingangsstufe des Verstärkers („PIN-FET"-Kombination).
- *Empfänger mit großem Lastwiderstand* $R_L$. Am Lastwiderstand fällt eine höhere Spannung ab, so dass nur wenig Nachverstärkung erforderlich ist. Damit bleibt auch das Rauschen gering. Es muss allerdings eine relativ kleine Grenzfrequenz $f_g$, des RC-Gliedes in Kauf genommen werden. Die RC-Kombination wirkt dann integrierend. Dies muss durch einen nachgeschalteten Entzerrer kompensiert werden. Als Folge dieser Maßnahme erhält man eine geringe Bandbreite und einen nichtlinearen Einfluss bei günstigem Signal-Rausch-Verhältnis.
- *Der Transimpedanz-Empfänger* ist ein gegengekoppelter Verstärker mit Strom-Spannungs-Wandlung. Er hat eine sehr lineare Kennlinie. Der hochohmige Gegenkopplungswiderstand $R_G$ hält das Rauschniveau sehr niedrig. Für die Kapazität $C_{Ers}$ ist dabei der in die Verstärkerschaltung hineingemessene Eingangswiderstand $R_E$ wirksam. Je größer die Verstärkung $v$ ist, desto geringer ist $R_E$, umso größer wird $f_g$, und desto kürzer sind die Schaltzeiten. Der Verstärker neigt bei Gegenkopplung über mehrere Stufen zum Schwingen.

| Empfängerkonzept | Lastwiderstand $R_L$ | Grenzfrequenz | Rauschstrom | Schaltungskonzept |
|---|---|---|---|---|
| Lowimpedanz | 50 Ω | 1 GHz | 1 mA | 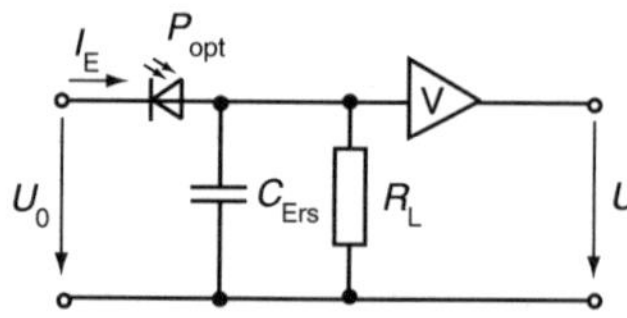 |
| Highimpedanz | 1 MΩ | 100 kHz | 1 nA | 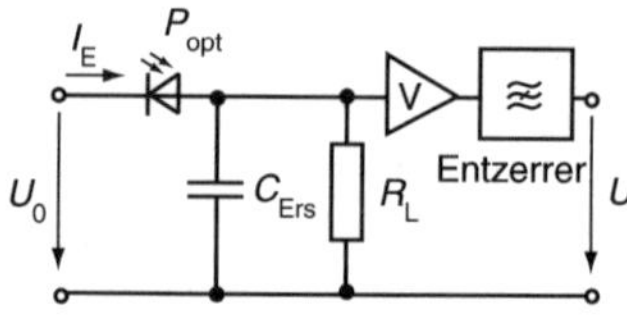 |
| Transimpedanz | 20 Ω | 100 MHz | 1 µA | 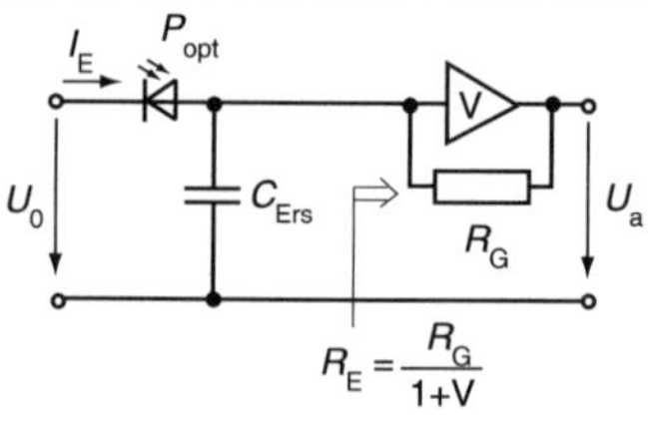 |

Bild 5.8-13 Vergleich der Empfängerprinzipien

### 5.8.4.5 Verbindungstechniken

**Allgemeines**

Bei der optischen Übertragungstechnik ist es wie in der konventionellen Technik nötig, Glasfasern dauerhaft oder lösbar miteinander zu verbinden. Auch die Sender und Empfänger werden über optische Stecker an den LWL gekoppelt, da sie meist mit angefügtem Faserstück (Pigtail) hergestellt werden. Ist die Verbindung dauerhaft, so bezeichnet man sie als optischen Spleiß. Kann sie jederzeit ohne Hilfsmittel geöffnet und wieder geschlossen werden, handelt es sich um eine optische Steckverbindung. Die Qualität dieser Verbindung beeinflusst die Reichweite und Zuverlässigkeit der Übertragungssysteme in großem Maße. Sie unterliegen Verlustmechanismen, Alterung und Temperatureinflüssen. In der Montagepraxis fordert man daher von den Verbindungselementen eine einfache Handhabung, geringe und reproduzierbare Dämpfungswerte sowie einen zuverlässigen Schutz der Verbindung. Wegen der optischen Transparenz spielt die Sauberkeit lösbarer Verbindungen eine entscheidende Rolle. Die Verbindungselemente und Faseroberflächen sollten sorgfältig gereinigt werden.

**Kopplung und Verluste**

Verlustmechanismen unterscheidet man nach faserbedingten Unvollkommenheiten (intrinsische Verluste), verbindungstechnischen Unvollkommenheiten (extrinsische Verluste) und Verlusten an den Faserendflächen (z.B. durch Reflexion). *Intrinsische Verluste* bei der Verbindung zweier Fasern ergeben sich durch unterschiedliche Kernradien, numerische Aperturen und Brechzahlprofile (Bild 5.8-14). Sie treten jedoch auch bei Abweichungen der Faserkerne von der Kreisform oder Mittenlage der Faser (Exzentrizität) auf. *Extrinsische Verluste* entstehen z.B. durch Justagefehler (Bild 5.8-15) wie Versatz, Winkelfehler oder Lücke. Zusätzlich ergeben sich Verluste durch Mängel an der Faseroberfläche wie Schnittwinkel, Unebenheiten oder Verschmutzung. Muss das Licht an der Koppelstelle ein Medium mit einem anderen Brechungsindex (Luft, Klebstoff) durchlaufen, geht ebenfalls durch Reflexion oder Strahlaufweitung ein Teil der Strahlung verloren (*Fresnel-Verluste*).

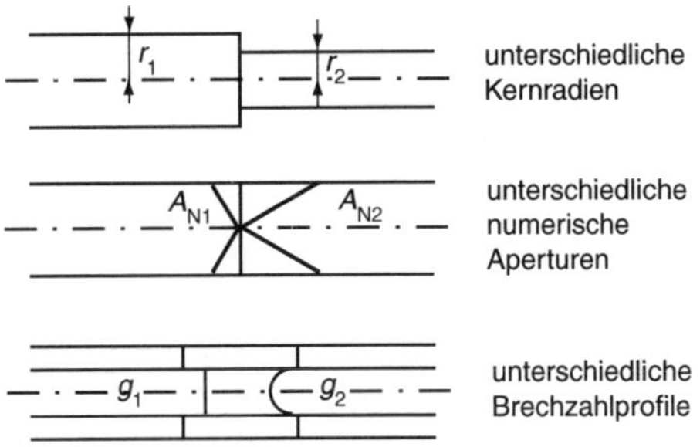


Bild 5.8-14 Intrinsische Verlustmechanismen

Der größte Zeitaufwand für die Herstellung einer Faserverbindung muss für die Vorbereitung und Nachbehandlung der Faser aufgebracht werden. Die Vorbereitung ist bei Spleiß- und Steckverbindungen ähnlich. Die Glasfaser ist nicht frei zugänglich, sondern von mehreren Schutzschichten eingehüllt. Zunächst wird die äußere, feste Kunststoffummantelung entfernt. Die weiteren Schichten hängen von der Kabelart und der Anzahl der eingeschlossenen Fasern ab. Die fasernächste Schicht ist der Primärschutz (Primärcoating). Er besteht meist aus einer dünnen, lackartigen Beschichtung auf Acrylharz- oder Siliconbasis. Nachdem er vorsichtig beseitigt wurde, muss die Faser mit z.B. Isopropanol gereinigt werden. Nun wird durch Anritzen und Brechen unter definiertem Zug eine ebene, rechtwinklige Faserendfläche hergestellt. Für diesen Vorgang sollte man ein Spezialwerkzeug benutzen, da es sonst zu Ausbrüchen, Nasen, Unebenheiten oder

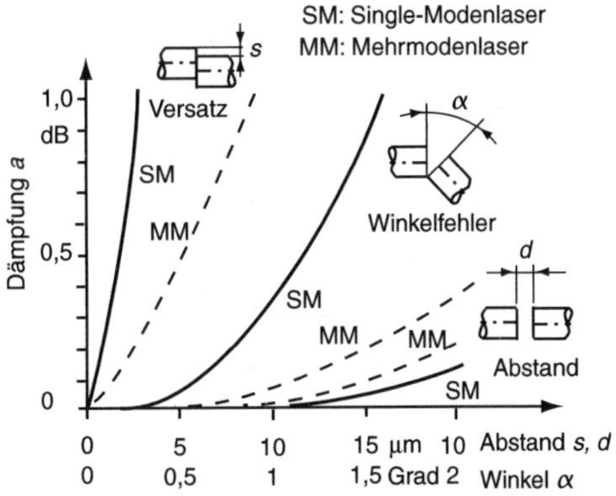


Bild 5.8-15 Extrinsische Verlustmechanismen

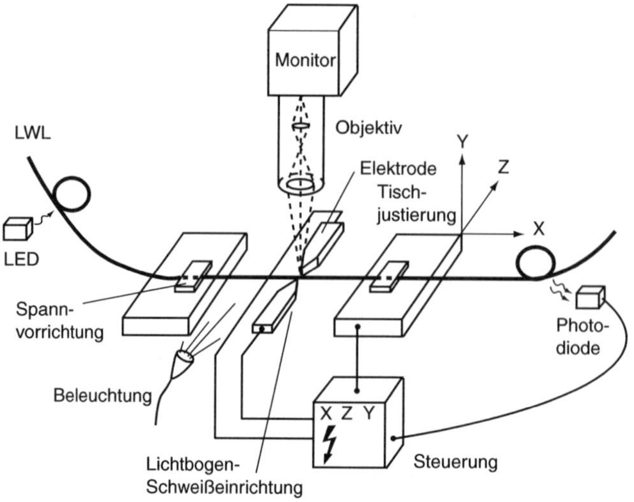


Bild 5.8-16 Faserspleißgerät

schlechten Schnittwinkeln kommt. Solche Fehler führen zu erhöhter Dämpfung der Verbindung.

**Optische Spleiße**

Nach der Faservorbereitung können die Fasern gespleißt werden. Die wichtigsten Spleißarten sind: thermischer Spleiß, Klebespleiß und mechanischer Spleiß.

Beim *thermischen Spleiß* werden die Glasfaserenden mit einem Lichtbogenspleißgerät zusammengeschweißt (Bild 5.8-16). Bei Einmodenfasern liegt der Faserkern herstellungsbedingt durch die kleinen Ausmaße nicht immer zentrisch im Mantel. Die Fasern müssen daher mit einem

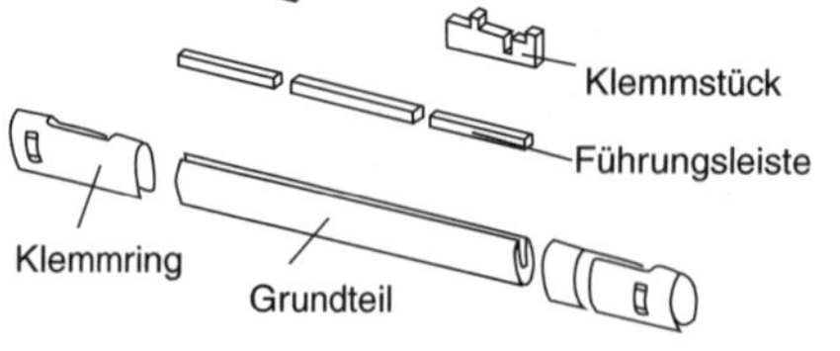


Bild 5.8-17 Fingerspleiß

Justiergerät ausgerichtet werden. Dazu wird durch starke Biegung der Faser Licht eingekoppelt und entsprechend an der anderen Faser von einem Empfänger detektiert. So können zunächst die Faserkerne auf das Dämpfungsminimum justiert und anschließend gespleißt werden. Am Ende des gesamten Vorganges muss der Spleiß mechanisch z.B. mit einem Sandwich-Spleißschutz geschützt werden.

Beim *Klebespleiß* justiert man die Fasern zunächst über eine Nut, ein Röhrchen oder eine Hülse und arretiert die Fasern vor dem Kleben. Der Klebstoff sorgt neben der mechanischen Festigkeit auch für eine Brechzahlanpassung. Für Instandsetzungsarbeiten gibt es Spleiße mit Präzisions-Justageröhrchen aus Glas oder Elastomer, bei denen an jedem Ende eine Faser eingeschoben wird. Beim *mechanischen Spleiß* sorgt eine mechanische Halterung für eine präzise und dauerhafte Positionierung der beiden Faserenden. Es gibt hier verschiedene Bauformen, ein Beispiel: Der *Fingerspleiß* (Bild 5.8-17) ist eine neuere Entwicklung, bei der die Glasfasern in eine Klemmvorrichtung, die zur Indexanpassung mit Immersionsöl gefüllt ist, mit den Stirnflächen aufeinander geklemmt werden.

Eine gute Ergänzung zu Abschnitt 5.8.4.5 stellt [58-10] dar. Es enthält eine ausführliche Beschreibung zu den Gebieten optische Koppler, Steckermontage und optische Messtechnik.

**Optische Steckverbindungen**

Gängige Steckerversionen sind Stirnflächenkoppler und Linsensteckverbinder mit Kugellinsen (Bild 5.8-18). Die Stecker bestehen aus einer Präzisionshülse, um die Faser zu halten und zu justieren. Mit der Stirnflächenkontaktversion versucht man, durch direkten Kontakt die Reflexionsverluste zu vermeiden. Bei Steckern für Einmodenfasern wird eine besonders hohe Präzision gefordert.

Ergebnisse und Trends:

- Die *Steckermontage* ist sehr aufwendig und erfordert viel Erfahrung. Außerdem ist eine spezielle Messvorrichtung notwendig.
- Für vom Anwender selbst montierbare Stecker (Feldstecker) werden Montagekoffer, die die notwendigen Werkzeuge und Materialien enthalten, angeboten.
- *Feldstecker* kosten gegenwärtig mehr als doppelt so viel wie Feldspleiße. Wegen der im Voraus meist nur ungenau bestimmbaren Leitungslänge können werkinstallierte Stecker die Spleiße nicht ersetzen.
- Alle Daten sprechen für eine Spleißverbindung, so dass Stecker nur ungern eingesetzt werden.
- Die wesentlichen Kosten werden bei heutigem Stand der Technik durch das Material, das direkte Arbeiten am Kabel, die Arbeitsvorbereitung und die Ausbildung der Arbeitskräfte verursacht. Kostenvorteile entstehen durch Standardisierung auf nur ein Spleißsystem.
- Wo Verbindungen benötigt werden, geht der Trend zu kleineren Mehrfaser-Ausführungen z.B. in Rückplatinen, bei Teilnehmern oder der *Duplexverbindung* bei FDDI-Steckern.
- Für die Zukunft werden neue Anforderungen an ein Spleißsystem im Teilnehmeranschlussbereich gestellt. Die Spleißkosten müssen ohne Qualitäts- und Zuverlässigkeitsverlust verringert werden. Die Verluste an den Faserübergängen müssen weiter gesenkt und der verbesserten Faserqualität angepasst werden.

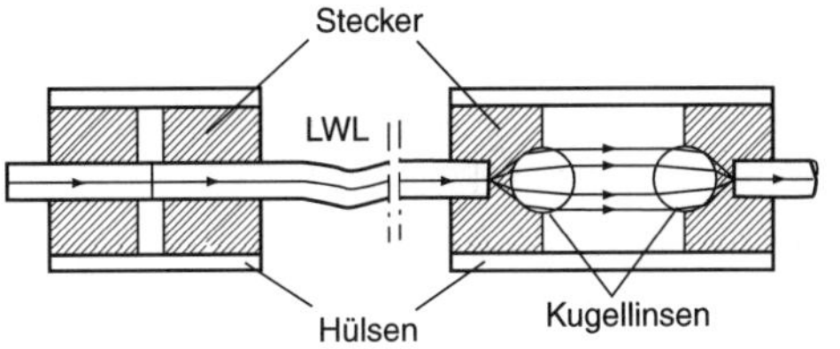


Bild 5.8-18 Stirnflächenkoppler und Linsensteckverbinder

### 5.8.4.6 Einige spezielle Komponenten

Zusätzlich zu den bisher genannten Elementen wünscht man sich, wie in der elektrischen Nachrichtentechnik, weitere Komponenten. Die Komponenten sollen filtern, koppeln, schalten, dämpfen, isolieren, verteilen und multiplexen. Ihre Funktion beruht vor allem auf den physikalischen Effekten Interferenz, Polarisation, Beugung, Reflexion und Brechung. Anwendung finden diese Grundelemente in Strahlteilern, Verzweigern, Wellenlängenmultiplexern, Phasenkonjugatoren, Polarisatoren, Verzögerungsplatten, Filtern, Spektralapparaten und Interferometern. Weitere Anwendungen sind in holografischen Bauelementen und Richtkopplern zu sehen. Für die Komponenten benötigt man Technologien wie Feinmechanik, Mikrooptik und integrierte Optik.

Ein Beispiel ist die Kopplung zweier oder mehrerer Fasern durch das Taperprinzip. Zur Herstellung werden zwei oder mehrere Fasern leicht verdrillt, bis zur Verschmelzung erhitzt und etwas ausgezogen. Die damit erreichte Querschnittsänderung führt dazu, dass bestimmte Moden von

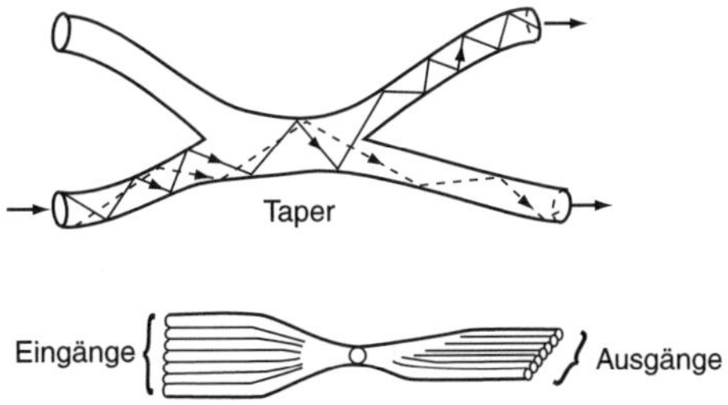


Bild 5.8-19 Kopplung zweier Fasern durch Verjüngen und Verschmelzen (Taperprinzip) und Sternkoppler

einer Faser in die andere überkoppeln (Bild 5.8-19). Werden viele Fasern auf diese Art gekoppelt, so ergibt sich eine der möglichen Realisierungen eines Sternkopplers.

Als Zugang zu der sehr komplexen Materie spezieller Opto-Komponenten sei [58-10] empfohlen.

## 5.8.5 Lichtwellenleiter-Übertragungssysteme

### 5.8.5.1 Einführung

Die Nachrichtenübertragung auf Lichtwellenleitern (LWL) hat sich aus guten Gründen auf breiter Front durchgesetzt:

- LWL-Seekabel verbinden die Kontinente; sie haben bei Punkt-zu-Punkt-Verbindungen den Satellitensprechkreisen den Rang abgelaufen. Durch das große Bandbreiten-Längen-Produkt sind wesentlich weniger Zwischenverstärker erforderlich als bei den früheren Systemen mit Koaxialkabeln aus Kupfer.
- Im deutschen Landesfernwahlnetz werden seit 1981 nur noch LWL-Systeme neu beschafft. Die typischen Entfernungen zwischen Vermittlungsstellen sind so klein dass LWL-Systeme hier in aller Regel ohne Zwischenverstärker auskommen.
- Auch bei den lokalen Netzen (LAN) werden zunehmend LWL benutzt; es gibt Systeme, die von vornherein für dieses Medium konzipiert wurden (Beispiel FDDI: Fiber...). Während für die oben erwähnten Weitverkehrssysteme ausschließlich Einmodenfasern eingesetzt werden, haben sich bei LAN die Gradientenindexfasern behauptet; Grund dafür ist der vergleichsweise große Kerndurchmesser, der billige Stecker ermöglicht.
- Bekanntlich sind LWL als elektrische Nichtleiter völlig unempfindlich gegen Blitz usw., so dass die Energieversorgungsunternehmen frühzeitig LWL parallel zu den Erdseilen zwischen den Mastspitzen installiert haben, um zuverlässige Dienstkanalverbindungen zu ermöglichen. Hier schlummerten große Übertragungskapazitäten, die seit der Deregulierung genutzt werden können; sie haben zu dem rapiden Preisverfall bei Weitverkehrs-Fernsprechverbindungen beigetragen.
- Bei der Automatisierung von Fabriken ist mit extremen EMV-Problemen zu rechnen, so dass überwiegend LWL-Systeme zum Einsatz kommen. Wegen der relativ kleinen Streckenlängen kann man Fasern aus Kunststoff verwenden, die wegen ihres großen Kerndurchmessers die Steckermontage extrem vereinfachen.

Alle oben genannten Systeme haben das in Bild 5.8-20 gezeigte Blockschaltbild. In der Folge wollen wir uns mit derartigen Systemen etwas genauer beschäftigen; dabei beschränken wir uns im Wesentlichen auf die spezifisch „optischen" Gesichtspunkte.

Es gibt optische Übertragungsverfahren, die kein „elektrisches" Vorbild haben. Ein Beispiel dafür ist die so genannte dispersionsunterstützte Übertragung (Dispersion Supported Transmission, DST), welche die an sich negative Eigenschaft der chromatischen Dispersion in eine positive

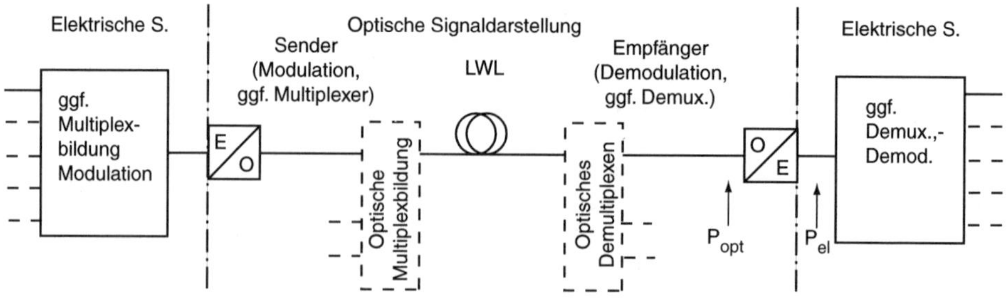


Bild 5.8-20 Schema der gerichteten optischen Übertragung

ummünzt, wie in [58-19] erläutert wird. Wir wollen als anderes Beispiel für eine rein „optische" Technik die so genannten „Solitonen" kurz beschreiben, vgl. 5.8.5.5.

### 5.8.5.2 Systemeigenschaften

Schon bei der Definition eines so primitiven Begriffs wie „Übertragungsbandbreite" stoßen wir auf Neuland, wie nachstehend beschrieben wird. Für die Definition der Bandbreite eines Nachrichtenkanals geht man von der Übertragung eines einfrequenten Signals aus. Die Bandgrenzen sind dadurch definiert, dass an diesen Stellen die übertragene Leistung nur den halben Wert hat, verglichen mit der Bandmitte; d.h. Abfall um 3 dB. Benutzen wir nun an allen Stellen der Übertragung nach Bild 5.8-20 diese Definition, so stellen wir fest, dass die „optische" Bandbreite vor dem Empfänger um den Faktor $\sqrt{2}$ größer ist als die „elektrische" dahinter, was scheinbar dem Prinzip der Energieerhaltung widerspricht. Im Gegensatz zu passiven Fotoelementen, bei denen $P_{el}$ proportional zu $P_{opt}$ wäre, erfolgt bei den praktisch verwendeten Empfängern eine Energiezufuhr aus der Stromversorgung. Hier ist der Ausgangsstrom $I$ proportional zu $P_{opt}$, und damit wird am Arbeitswiderstand $P_{el} = R \cdot I^2$, also proportional zu $P^2_{opt}$. Man muss also ggf. angeben, ob man von „optischer" oder „elektrischer" Bandbreite spricht.

**Grenzen vierpoltheoretischer Betrachtungen**

Viele Teilsysteme der Nachrichtenübertragung wie Verstärker, Leitungen usw. haben zwei „Tore" (Eingang/Ausgang). An einem solchen Tor war man früher gewohnt, zwei Anschlussklemmen („Pole") vorzufinden; so erklärt sich der klassische Begriff Vierpol. Die Zweitor- oder Vierpoltheorie der elektrischen Übertragung beschreibt einzelne Zweitore durch geeignete Parameter und erlaubt die Berechnung der Eigenschaften eines durch Zusammenschaltung entstehenden (Gesamt-)Zweitors.

Ein klassisches Beispiel soll zeigen, dass bei der optoelektrischen Übertragung Wechselwirkungen zwischen den Teil-Zweitoren auftreten können, welche die gewohnte vierpoltheoretische Betrachtung zweifelhaft erscheinen lassen. Gegeben ist die im Bild 5.8-21 schematisch dargestellte Situation: Da der Sender (Laser) nur wenige Spektrallinien abgibt, entsteht in irgendeinem Querschnitt des Mehrmoden-Stufenprofil-LWL – z.B. an der Steckverbindung zum Empfänger – ein ausgeprägtes Interferenzmuster („speckle"). Wenn der Stecker, wie gezeichnet, nicht genau fluchtet, ergibt sich eine gewisse Blendenwirkung. Ändern sich hier durch äußere Einflüsse (Vibration, Biegung, ...) die Ausbreitungswege der verschiedenen Moden im LWL, so variiert die übertragene Lichtleistung. Unter diesen Voraussetzungen kann sich durch einfaches Öffnen und Wiederherstellen einer Steckverbindung ein zusätzlicher Rauschbeitrag ergeben, der eventuell die Strecke unbrauchbar macht:

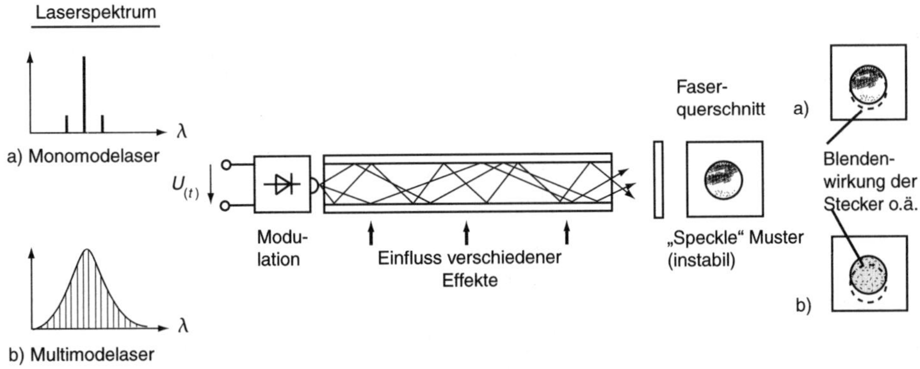


Bild 5.8-21 Der „Speckle"-Effekt

- Beim Einmessen der Strecke hat die exzentrische Steckverbindung zufällig genau gefluchtet.
- Nach einem Steckvorgang ergibt sich durch eine andere Winkelstellung einer Steckerhälfte die beschriebene Blendwirkung und damit bei variierendem Interferenzmuster ein zusätzlicher Rauschbeitrag, durch den die Strecke ggf. mit zu geringem Störabstand arbeitet und damit ausfällt.

Um diesen so genannten „Speckle"-Effekt zu bekämpfen, setzt man bei Zusammenarbeit mit Mehrmoden-LWL eventuell bewusst Laser mit vielen Spektrallinien ein oder verwendet LED. Natürlich ist das gezeigte Beispiel keine Widerlegung der Vierpoltheorie, sondern nur ein Warnhinweis: Die üblicherweise verfügbaren Kenndaten der Teil-Zweitore sind nicht detailliert genug, um den beschriebenen Wechselwirkungseffekt durch Rechnung ermitteln zu können.

**Vergleich mit den Störungen auf Kupferleitungen**

Bei klassischen Trägerfrequenzsystemen ist die „Geräuschaufteilung" ein wichtiger Teil der Systemplanung: Das Gesamtsystem wird so dimensioniert, dass der zulässige Gesamtgeräuschbeitrag, der Anteile aus Intermodulation, Nebensprechen und thermischem Rauschen enthält, eingehalten wird.

Intermodulation ist beim TF-System, also einem analogen Frequenzmultiplexsystem, das Entstehen neuer, störender Frequenzkomponenten durch „interne Modulation" der Nutzsignalkomponenten untereinander an nichtlinearen Kennlinien, z.B. von Verstärkern. Bei Digitalsystemen kennt man als vergleichbaren Begriff die „Nachbarimpulsbeeinflussung": Wegen der begrenzten Bandbreite erzeugt jedes Bit eine Impulsantwort, welche in folgende Bits hineinreicht und deren Abfrage verfälschen kann. Da vergleichbare Effekte bei LWL-Systemen je nach Auslegung genau so auftreten können, wollen wir das Gebiet Intermodulation für unseren Vergleich außer Acht lassen.

Ort

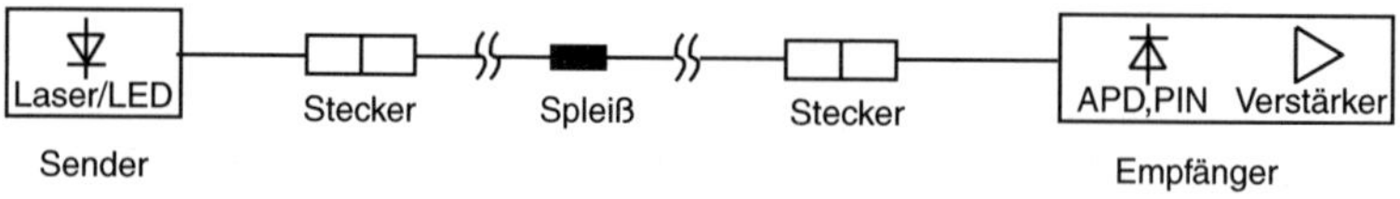


| Rauschbeitrag | Laserrauschen | Reflexionen an Stecker/Spleiß | Modenrauschen | Modenverteilungsrauschen | Quantenrauschen | Verstärkerrauschen |
|---|---|---|---|---|---|---|
| Ursache | - Schrankungen und Sprünge im Linienspektrum<br>- LED-Rauschen im Vergleich dazu unbedeutend | - Rückkopplung von Licht in den Laser verstärkt das Laserrauschen erheblich | - Unterdrückung einzelner Moden durch Stecker, Spleiße und Störstellen im Zusammenhang mit Speckle Effekt<br>- Laufzeitunterschiede durch Modendispersion | - Frequenzgang der Faser verstärkt das Laserrauschen | - Dunkelstromrauschen von APD- und PIN-Diode<br>- Multiplikationsrauschen von APD | - Thermisches Rauschen der Widerstände<br>- Schrotrauschen der Halbleiter |

Bild 5.8-22 Rauschbeiträge bei optischer Übertragung

Systeme auf Kupferleitungen müssen sorgfältig so konstruiert werden, dass durch energiereiche Systeme (Stichwort: Starkstrombeeinflussung, Blitz usw.) das Nachrichtensystem nicht beschädigt und möglichst auch nicht gestört wird. Als Nebensprechen im eigentlichen Sinne bezeichnet man die gegenseitige Beeinflussung von Nachrichtenleitungen untereinander. Bei PCM-Systemen auf Kupferkabeln mit symmetrischen Doppeladern ist das (Nah-)Nebensprechen u.U. der wichtigste Störeffekt.

Die Fasern in einem LWL-Kabel werden weder durch energiereiche Systeme beeinflusst, noch beeinflussen sie sich gegenseitig: kein Nebensprechen. So bleibt bei LWL das Rauschen als wesentlicher Störeffekt, siehe den folgenden Abschnitt.

**Rauschbeiträge bei optischer Übertragung**

Bereits aus 5.8.2 wissen wir, dass wegen der Quantennatur des Lichtes bei optischer Übertragung Effekte von Bedeutung sind, welche bei der klassischen („elektrischen") Nachrichtenübertragung vernachlässigt werden konnten. Gerade weil andere Störeffekte wie z.B. Nebensprechen keine signifikante Rolle spielen, kommt der Analyse der verschiedenen Rauschbeiträge für die optische Übertragung besondere Bedeutung zu. Daher wird in der Literatur, z.B. [58-3], diesem Thema viel Raum gewidmet. Wir haben die Ergebnisse in Bild (5.8-22) stichwortartig zusammengefasst.

**Systemplanung**

Verfügbare Empfangsmodule benötigen je nach Systembitrate eine mittlere Nutzsignalleistung. Man kann eine Worst-Case-Abschätzung der Dämpfung machen, wobei die Faserdämpfung für die gegebene Streckenlänge, die Stecker- und Spleißdämpfungen, System- und Reparaturreserve usw., addiert werden. Daraus ergibt sich die notwendige Ausgangsleistung des Sendemoduls. Wichtig ist, dass auch eine Best-Case-Abschätzung gemacht wird: Bei Faserlänge null, und wenn alle Stecker und Spleiße per Zufall fast ideal geraten sind, erhält der Empfänger eine vergleichsweise sehr große Leistung! Deshalb müssen ggf. aufwendige Empfänger mit Regelung verwendet werden, oder man muss fallweise Dämpfungsglieder vorschalten.

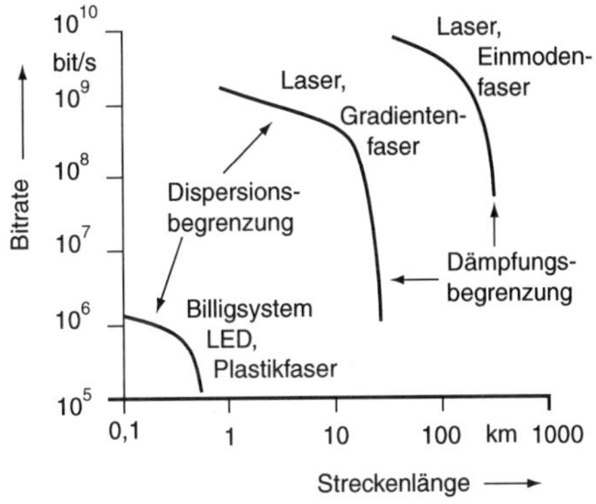


Bild 5.8-23 Grenzdaten

Bild 5.8-23 zeigt für einige Systeme den Zusammenhang zwischen Streckenlänge und Bitrate. Man erkennt bei jeder Kurve zwei typische Bereiche: Einfluss der Dämpfung und Einfluss der Dispersion.

Einfache Entwurfsbeispiele gibt es in vielen Lehrbüchern. Der Ingenieur, der optische Übertragungsstrecken aus käuflichen Modulen zusammensetzt, wird sich natürlich an die zugehörigen Datenblätter und Planungsrichtlinien halten.

Ein komplettes Lehrbuch der optischen Systemplanung ist [58-2].

### 5.8.5.3 Messtechnik

Auf der optischen Seite eines Übertragungssystems interessiert in der Praxis vor allem die messtechnische Erfassung von Dämpfung, Dämpfungsverlauf und Fehlerorten eines LWL. Man bestimmt die Messgrößen in verschiedenen Wellenlängenbereichen (850 nm, 1300 nm, 1550 nm) und an unterschiedlichen Faserarten (einmodige, mehrmodige, stufenprofilierte, gradientenprofilierte). Für die Dämpfungsmessung kennt man zwei grundsätzlich verschiedene Verfahren. Die einfache Durchgangsmessung benötigt dabei beide Faserenden für den Mess-Sender und den Mess-Empfänger. Bei der Pulsreflexionsmessung

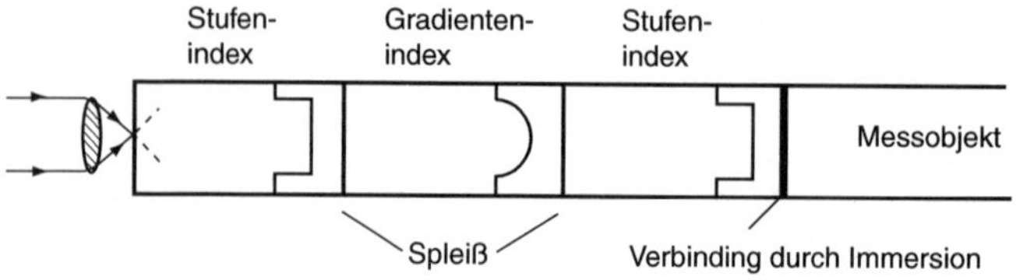


Bild 5.8-24
SGS-Modenmischer

befinden sich Sender und Empfänger an einem Faserende. Der Empfänger misst dann die Reflexionen des vom Sender eingekoppelten Lichts.

**Einkoppelbedingungen**

Bei Multimodefaser ist beim Einkoppeln auf ein geeignetes Modenbild zu achten, weil jeder Mode als Übertragungskanal angesehen werden kann. Da die Moden untereinander Energie austauschen, also miteinander koppeln, muss die Energie in den Moden gleich verteilt werden (Modengleichverteilung). Dies erreicht man durch einen SGS-Modenmischer (Bild 5.8-24). Dieser besteht aus drei hintereinander zusammengespleißten Stufenindex-, Gradientenindex- und Stufenindex-Faserstücken von ca. je 1 m Länge. Die Faserstücke haben gleiche numerische Apertur und den gleichen Kerndurchmesser wie die zu messende Faser. Der Modenmischer wird stumpf mit Immersionsflüssigkeit an die zu messende Faser angekoppelt.

Es wird versucht, nur diejenigen Moden anzuregen, die bis um Ende der Faser geführt werden. Dieser Zustand, Modengleichgewicht genannt, wird durch ein nachgeschaltetes Modenfilter, welches die äußeren Moden auskoppelt, erreicht. Um im Mantel vorhandene Moden von der Ausbreitung fern zu halten, befreit man ein Stück Faser von der Primärbeschichtung und versieht es mit einem Medium hoher Brechzahl, beispielsweise Öl ($n_{\text{Öl}} > n_{\text{Glas}}$) (Bild 5.8-25). Das Mantellicht an der Grenzfläche zwischen Fasermantel und Primärbeschichtung wird dann nicht mehr totalreflektiert, sondern verlässt die Faser. Die eigentlichen Fasermoden (Kernmoden), die an der Grenzfläche Kern/Mantel geführt werden, bleiben unbeeinflusst. Mantelmodenabstreifer sollten zumindest am Auskoppelende, d. h. unmittelbar vor dem optischen Detektor angebracht werden.

**Zweipunktverfahren (Durchgangsmessung)**

Zur Messung der Dämpfung von Lichtwellenleitern, Verbindungen und anderer passiver optischer Komponenten verwendet man das Zweipunktverfahren (Bild 5.8-26). Dabei gibt es die destruktive Abschneidemethode (Bild 5.8-27). Sie vergleicht die Lichtleistung am Ende der gesamten Faser mit der Lichtleistung am Ende des abgetrennten Anfangstücks, also bei gleichen Einkoppelbedingungen. Die Faserdämpfung kann aus dem Leistungsunterschied und der Längendifferenz berechnet werden. Bei der Einfügemethode (Bild 5.8-27) bestimmt man die Dämpfung aus den Einfügungsverlusten des zusätzlichen Faserstücks. Das Verfahren vermeidet also das destruktive Abschneiden. Für genaue Messungen ist hierbei auf eine konstante optische Sendeleistung, Rauschunterdrückung und eine ausreichende Dynamik des Gesamtsystems zu achten. Zur Rauschunterdrückung auf der Empfangsseite des Messsignals kennt man die selektive Methode und die Autokorrelations-

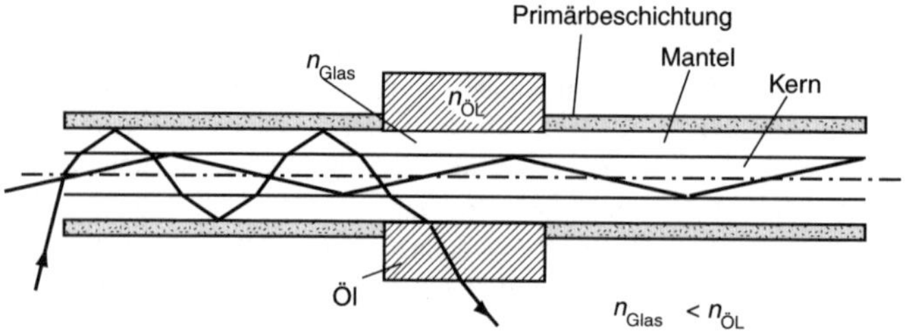


Bild 5.8-25
Mantelmodenabstreifer

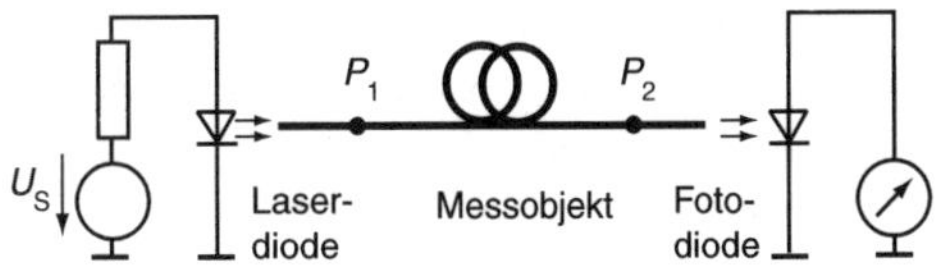


Bild 5.8-26 Dämpfungsmessung nach dem Zweipunktverfahren

methode. Die selektive Methode verbessert das Signal-Rauschverhältnis durch frequenzselektives Messen des Messsignals. Im anderen Fall wird die Verbesserung durch die Auswertung der Autokorrelationsfunktion des Messsignals erreicht.

**Rückstreuverfahren OTDR**

Das Rückstreuverfahren ermittelt den Dämpfungsverlauf einer Glasfaserstrecke. Die Dämpfungen entstehen entweder in den optischen Übertragungskomponenten durch Rayleigh-Streuung, Absorption und Modenauskopplung oder zwischen optischen Medien durch Modenauskopplung und den Fresnel-Reflexionen (z.B. bei Steckern). Vom gestreuten Lichtimpuls wird ein Teil in den Akzeptanzwinkelbereich der Faser zurückreflektiert und vom Empfänger am Faseranfang detektiert (Bild 5.8-28). Der Dämpfungsverlauf der Übertragungsstrecke wird mit Hilfe eines elektrischen Signals, welches proportional zur rückgestreuten Lichtleistung und zur Laufzeit ist, auf einem Oszilloskop dargestellt (Bild 5.8-29). Die rückgestreute Lichtleistung ist sehr gering. Sie berechnet sich bei 1300 nm auf ca. 50 bis 60 dB unter der gesendeten Lichtleistung. Dazu kommt noch die doppelte Faserdämpfung, da der Impuls die Faser hin und zurück durchläuft. Ohne zusätzliche Maßnahmen zur Erhöhung der Empfängerempfindlichkeit können nur starke Störstellen sichtbar gemacht werden. Das Signal-Rausch-Verhältnis muss durch geeignete Verfahren wie z.B. die Impulsmethode mit Einkanal- oder Mehrkanal-Akkumulation, Korrelationsmethode und Frequenzsynthesizermethode verbessert werden.

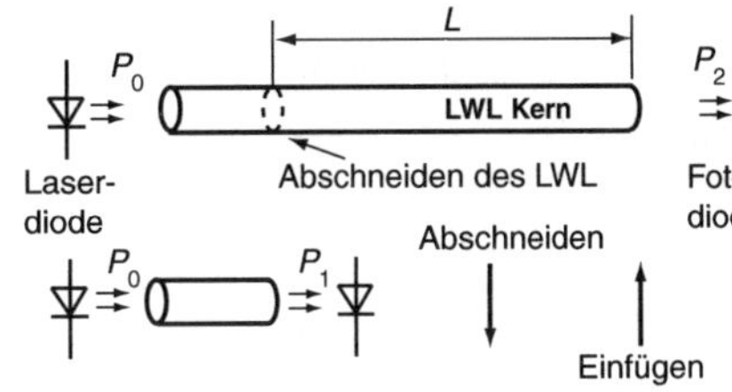


Bild 5.8-27 Prinzip der Abschneide- und Einfügemethode

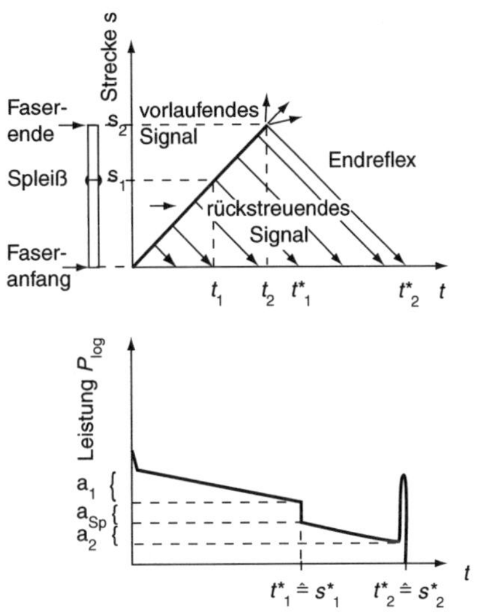


Bild 5.8-28 Prinzip der Rückstreumessung

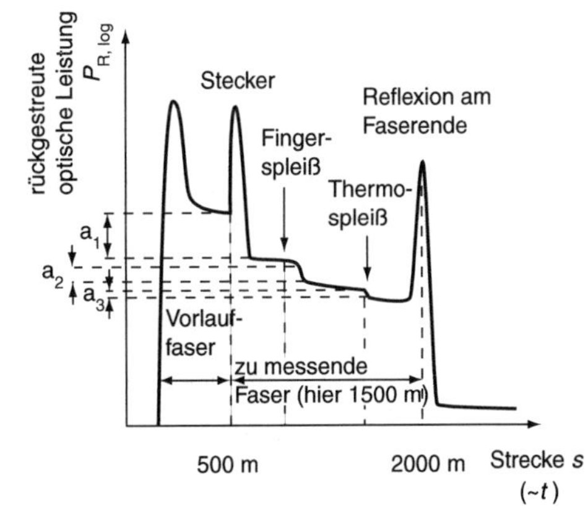


Bild 5.8-29 Rückstreumessung an einer Faser mit Stecker und Spleißen

### 5.8.5.4 Optische Multiplexbildung und Richtungstrennung

Um die denkbare Übertragungskapazität des Lichtwellenleiters besser auszunutzen, liegt es nahe, optische Trägerfrequenzsysteme zu benutzen, die üblicherweise als „Wellenlängenmultiplex", WDM (Wavelength Division Multiplex), bezeichnet werden. Drei Hauptgruppen derartiger Systeme lassen sich unterscheiden:

- „Fenstermultiplex". Ein Kanal je „Fenster", z.B. bei 850 nm und bei 1310 nm. Trennung eventuell schon hinreichend durch unterschiedliche Fotodetektoren oder durch optische Koppler mit aufgedampften dielektrischen Tiefpass- und Hochpassfiltern. Handelsübliche Bauelemente.
- „Weites Wellenlängenmultiplex". Optische Bandpassfilter (z.B. mit dielektrischen Filtern, Beugungsgittern, Einmodenfaser-Richtkopplern, usw.) erlauben Kanalabstände von (40...20) nm entsprechend ca. 5000 GHz, also noch um Größenordnungen mehr als übliche Modulationsbandbreiten. Bekannte Systemvorschläge mit bis zu 10 Kanälen.
- „Enges Wellenlängenmultiplex". Optischer Überlagerungsempfang, wie in 5.8.6 besprochen, erlaubt es, die Kanäle im Grenzfall entsprechend ihren Modulationsbandbreiten dicht zu packen. Nach der Umsetzung in ein niedriges Frequenzband („Heterodyn-...") wird die Trennung mit elektrischen Filtern möglich.

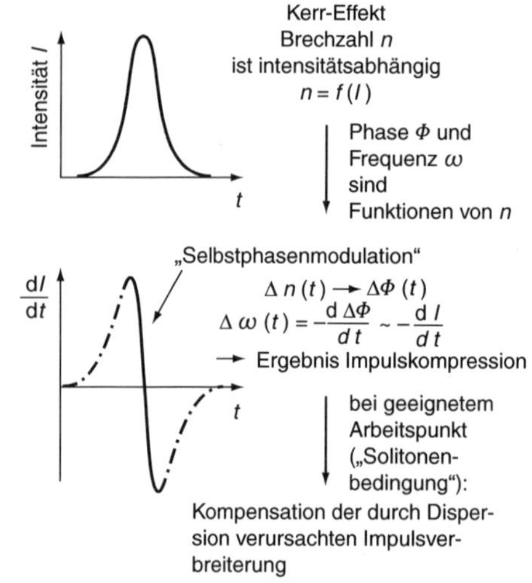


Bild 5.8-30 Prinzip des Solitons

Wellenlängenmultiplex, insbesondere „enges Wellenmultiplex", hat seine Probleme, u.a.: Verschlechterung der Systembilanz durch Zusatzdämpfung der Mux- und Demuxelemente, sorgfältige Herstellung und Auswahl der Laser, Stabilisierung der Laserwellenlänge gegenüber Temperatureffekten und Alterung usw. Geht es nur um Kapazitätserhöhung, muss geprüft werden, ob Erhöhung der Faserzahl oder der Bitrate (Zeitmultiplex!) nicht zweckmäßiger ist. Unstrittige Vorteile des Wellenlängenmultiplex sind jedoch die Unabhängigkeit der Teilsysteme und die modulare Nachrüstbarkeit.

Zum Schluss noch ein paar Worte zum Thema Richtungstrennung. Soll ein Lichtwellenleiter für Duplexübertragung genutzt werden, so bieten sich Fenstermultiplex oder weites Wellenlängenmultiplex zur Richtungstrennung an. Die Trennung durch unterschiedliche Frequenzen bzw. Wellenlänge ist nicht die einzige Lösung. Bei sorgfältiger Auslegung sind auch Frequenzgleichlagesysteme mit Richtkopplern o.Ä. denkbar, wenn bestimmte Vorschriften – z.B. Grenzwerte für Reflexionen an Steckern im Zuge der Strecke – eingehalten werden.

### 5.8.5.5 Solitonen

Wir betrachten eine digitale Übertragung mit Impulsen hoher Leistung im Dämpfungsminimum einer Glasfaser, d.h. bei etwa 1550 nm. Die in einem Impuls enthaltenen Spektralanteile unterliegen zwei Effekten, von denen jeder für sich allein eine Impulsverbreiterung herbeiführen würde:

- Bekanntlich hat die Dispersion bei 1300 nm ein Minimum, bei größeren Wellenlängen breiten sich kurzwellige Anteile mit größerer Geschwindigkeit aus.
- Quarzglas ist ein nichtlineares Medium. Oberhalb einer gewissen Intensitätsschwelle ändert sich durch den Kerr-Effekt die Brechzahl. Über den in Bild 5.8-30 dargestellten prinzipiellen

Zusammenhang ergibt sich, dass sich die kurzwelligen Anteile mit vergleichsweise kleinerer Geschwindigkeit ausbreiten.

Bei geeigneter Dimensionierung ergibt sich eine Kompensation der genannten gegenläufigen Effekte. Der optische Impuls behält seine Form auch bei sehr langen Faserstrecken bei – man spricht von einem Soliton [58-13].

Außer diesem so genannten fundamentalen Soliton gibt es Solitonen höherer Ordnung; bei diesen verringert und vergrößert sich die Impulsbreite periodisch. Durch die Faserdämpfung wird allen Solitonen Energie entzogen, so dass die zur Einhaltung der Solitonenbedingung geforderte Intensität nicht gewahrt bleiben würde. Deshalb sind geeignete Verstärkungseffekte erforderlich; hier bieten sich Faserverstärker an (vgl. 5.8.7). Derartige rein optische Übertragungssysteme stellen laufend neue Rekorde bezüglich der bei hohen Systembitraten überbrückbaren Entfernungen auf.

## 5.8.6 Kohärente Systeme

### 5.8.6.1 Einführung

Die „elektrischen" Modulationsverfahren mit Sinusträger sind technisch ausgereift, wogegen die bei fast allen derzeitigen optischen Übertragungssystemen verwendete Modulation an die Rauchzeichen der Steinzeitmenschen erinnert: Intensitätsmodulation, siehe unten.

Das von LED und Laser gelieferte optische Trägersignal besteht aus einer Vielzahl laufend wechselnder Spektralkomponenten; es hat eine Bandbreite, die in aller Regel weit größer ist als die für die Nachrichtenübertragung genutzte Bandbreite! Der einzige halbwegs konstante Parameter des optischen Trägersignals ist die Leistung. Die Beeinflussung dieses Signalparameters durch das modulierende Signal nennen wir Intensitätsmodulation. Wenn einzelne Lehrbücher dieses Verfahren als „Amplitudenmodulation" apostrophieren, so ist das, milde gesagt, im höchsten Grade irreführend.

Es ist nahe liegend, dass schon bald nach der Einführung optischer Übertragungssysteme auf LWL intensive Bemühungen einsetzten, den hohen Entwicklungsstand der „elektrischen" Modulationsverfahren auch für die optische Übertragung nutzbar zu machen. Gelänge es, stabile optische Sender für reine einfrequente Sinusträger wirtschaftlich zu realisieren, so wären mit einem Schlag Multiplexsysteme mit extrem großen Kanalzahlen und eine Störabstandsverbesserung (verglichen mit Intensitätsmodulation) von 15 bis 20 dB erreichbar, weil man dann bewährte Lösungen der elektrischen Nachrichtenübertragung weitgehend übernehmen könnte.

In der Literatur hat man manchmal den Eindruck, als ob das eben geschilderte Endziel gleichbedeutend mit einem „kohärenten System" sei. Der Begriff Kohärenz ist aber viel weiter gefasst, wie der folgende Abschnitt zeigt.

### 5.8.6.2 Begriffsbestimmungen anhand „elektrischer" Übertragungsverfahren

Der Empfänger einer Nachrichtenübertragung muss die in dem empfangenen Gemisch von Nutz- und Störsignalen enthaltene Nachricht erkennen. Er tut sich dabei um so leichter, je mehr er über die Eigenschaften der Nutz-, ggf. auch der Störsignale weiß.

In der klassischen Trägerfrequenztechnik wird das Übertragungsverfahren die „Einseitenbandmodulation (EM) ohne Träger" benutzt. Sie entsteht aus der Amplitudenmodulation, indem bei der Übertragung eines der Seitenbänder und der zum Signalaufbau benutzte Träger weggelassen werden. Für die Demodulation ist es hinreichend, durch einen lokalen Oszillator die Trägerfrequenz im Empfänger neu zu erzeugen; die Phase ist dabei beliebig, weil die Sprachübertragung phasenunempfindlich ist.

Das geschilderte Verfahren ist im Prinzip bereits ein „kohärentes" Empfangsverfahren. Kohärent bedeutet „zusammenhängend", wobei hier der Zusammenhang zwischen Sender und Empfänger einfach dadurch gegeben ist, dass beide wissen, welche Trägerfrequenz benutzt wird.

Für die Rundfunkübertragung im Mittelwellenbereich wird Amplitudenmodulation (AM) benutzt. Aus dem Basisband entstehen bekanntlich bei der Modulation die beiden symmetrisch zum Träger liegenden Seitenbänder. Da beide Seitenbänder und der Träger übertragen werden, genügt zur Demodulation bereits eine nichtlineare Kennlinie, an der neben anderen Frequenzen auch das Basisband wieder entsteht. Dies ist ein „inkohärentes“ Verfahren. Man kann aber auch demodulieren, indem man einem Eingang eines Multiplizierers das gesamte Eingangssignal und dem anderen Eingang den aus dem Empfangssignal separierten Träger zuführt. Hier handelt es sich um kohärente Demodulation; ein anderer, gelegentlich gebrauchter Ausdruck ist „Synchrondemodulation“.

In den bisherigen Beispielen hatten die ursprüngliche Trägerfrequenz und die empfängerseitig zugesetzte den gleichen Wert, ihr Frequenzabstand war null. Man spricht in diesem Fall von Homodyn-Verfahren; hier erscheint am Ausgang direkt das Basisband. Aus guten Gründen benutzt man in vielen Fällen ein Heterodyn-Verfahren: Empfangene und lokal zugesetzte Frequenz haben einen definierten festen Frequenzabstand $f_{ZF}$, und das bei der Demodulation entstehende Nutzsignal liegt dementsprechend im „Zwischenfrequenzbereich“ (ZF-Bereich) bei $f_{ZF}$. Ein Anwendungsbeispiel ist der Rundfunkempfänger, wo sich die notwendigen Selektionsforderungen im ZF-Bereich wirtschaftlich erfüllen lassen.

Zuletzt betrachten wir Beispiele von PSK-Verfahren. Bei 2-PSK gibt es zwei mögliche Phasenzustände: 0 oder $\pi$. Es soll eine Folge von Informationen „0“ oder „1“ übertragen werden, in jedem Schritt 1 bit. Um mehr Freiheitsgrade für Übertragungsverfahren zu erhalten (siehe unten), benutzen wir zunächst keine feste Zuordnung (wie z.B.: „0“ Phase 0, „1“ Phase $\pi$), sondern eine so genannte Differenzcodierung: „0“ entspricht Beibehaltung der bisherigen Phase, „1“ entspricht Gegenphase zum vorherigen Schritt. Man spricht dann manchmal auch von „Differenz-PSK“ (DPSK).

Für die Demodulation gibt es nun verschiedene Möglichkeiten (Bild 5.8-31), die sich durch das dem Multiplizierer zugeführte Referenzsignal unterscheiden. Ein einfaches inkohärentes Verfahren, das aber einen relativ großen Störabstand am Empfängereingang voraussetzt, ist die so genannte Differenzdemodulation: Vergleich mit dem vorhergehenden Schritt, realisiert mit Hilfe des Verzögerungsgliedes $T_{Schr}$. Natürlich enthält hier das Referenzsignal, d.h. der vorhergehende Schritt, nicht nur das Nutzsignal, sondern auch sämtliche Störungen. Gelingt es daher, von Störungen weitgehend befreite Referenzsignale zu verwenden, so muss sich eine wesentliche Verbesserung ergeben (d.h. kleinerer notwendiger Störabstand). Wir erinnern uns an die oben erwähnte kohärente Demodulation von AM; dort musste dafür lediglich der im Empfangssignal enthaltene Träger durch ein Filter separiert und dem Multiplizierer zugeführt werden. In dem PSK-Signal ist, sofern die Informationen „0“ und „1“ gleichwahrscheinlich sind, die bei der Modulation verwendete Träger-

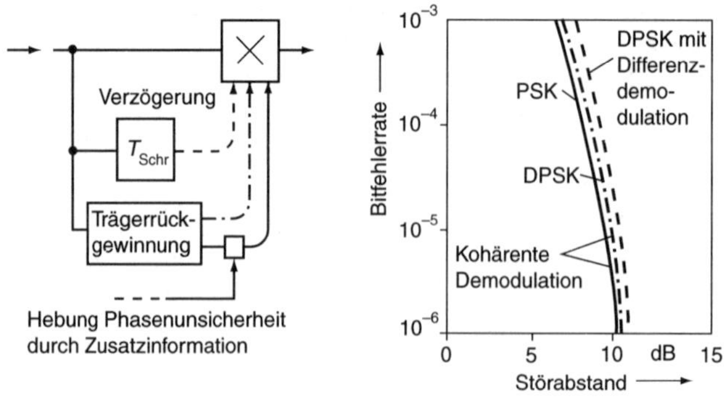


Bild 5.8-31
Demodulation von 2-PSK

frequenz nicht enthalten; sie kann aber durch nichtlineare Operationen zurückgewonnen werden. Beispielsweise ergibt sich an einer quadratischen Kennlinie u.a. eine Spektralkomponente der Frequenz $2f$. Durch Frequenzteilung erhält man daraus den gewünschten Sinusträger, allerdings mit einer Phasenunsicherheit, welche prinzipiell von keinem Verfahren vermieden werden kann: Da „0“ und „1“ gleichwahrscheinlich sind, weiß man nicht, ob der rückgewonnene Sinus die Phase 0 oder $\pi$ hat. Wir können diesen Träger trotzdem zur kohärenten Demodulation (Synchrondemodulation) benutzen, da wir ja DPSK verwenden (siehe oben).

Durch den Bezug auf das vorhergehende Bit wird bei DPSK bei jedem Bitfehler auch noch das folgende Bit falsch! Deshalb lässt sich die Bitfehlerrate (BER) nochmals um einen Faktor 2 reduzieren, sofern die Phasenunsicherheit des Referenzträgers behoben werden kann. Die notwendige Zusatzinformation kann z.B. dadurch gegeben sein, dass der Empfänger einen zu verabredeten Zeiten übertragenen (Synchronisier-)Code kennt. Natürlich ist jetzt DPSK überflüssig, man verwendet PSK mit festen Zuordnungen („0“ Gleichphase, „1“ Gegenphase zum Träger).

Einige abschließende Bemerkungen zu den besprochenen „elektrischen“ Verfahren sind nützlich, damit wir die folgenden „optischen“ kohärenten Übertragungssysteme etwas nüchterner und realistischer betrachten können:

- Schon in der vergleichsweise heilen und überschaubaren Welt des elektrischen Sinusträgers gibt es ggf. verschiedenartige Lösungen, die unter den Begriff „kohärent“ fallen. Beispielsweise enthält Bild 5.8-31, wenn man PSK als Oberbegriff von PSK und DPSK benutzt, zwei verschiedene Lösungen für Homodyn-PSK.
- Praktische Systeme werden die verschiedenen Teilfunktionen nicht ideal realisieren können. So wird z.B. eine Trägerrückgewinnung einen etwas verrauschten Sinus liefern, vielleicht mit einem kleinen konstanten Phasenversatz zu deren idealen Phasenzuständen, mit mehr oder weniger großem Phasenjitter usw. Auch andere notwendige Teilfunktionen, die eventuell in einer Prinzipdarstellung wie Bild 5.8-31 überhaupt nicht auftreten – etwa Bittaktableitung, Bitabfrage usw., – gelingen nicht ideal. Für ein und dieselbe *BER* ist daher der praktisch benötigte Störabstand um die durch die nichtideale Realisierung bedingte „Degradation“ höher zu wählen als der in Bild 5.8-31 angegebene theoretische Wert. Natürlich zählt allein der praktisch benötigte Störabstand und deshalb kann prinzipiell ein gut realisiertes inkohärentes Verfahren bessere Ergebnisse liefern als ein dilettantisch entwickeltes kohärentes Verfahren.

### 5.8.6.3 Probleme und Lösungswege bei kohärenten optischen Übertragungsverfahren

Bei der Analyse „elektrischer“ Modulations- und Demodulationsverfahren setzt man gern alle interessierenden Signale jeweils als einfrequente Sinusschwingungen an und verallgemeinert dann die Ergebnisse. Bei der kohärenten optischen Übertragung liegen in vieler Hinsicht wesentlich kompliziertere Verhältnisse vor, wie sich noch zeigen wird (siehe unten). Trotzdem können vereinfachte Ansätze wie Bild 5.8-32 schon einige grundsätzliche Aufschlüsse liefern:

- Durch genügend große Leistung des lokalen Oszillators muss es prinzipiell möglich sein, mit der Empfindlichkeit nahe an die Quantenrauschgrenze heranzukommen. Das bedeutet bei Digitalsystemen eine Verbesserung um bis zu 20 dB.
- Heterodyn-ASK ($\Delta\omega > B$) stellt die geringsten Anforderungen an die Laser. Eine Einschränkung für $\Delta\omega$ ergibt sich lediglich dadurch, dass natürlich der Durchlassbereich der Zwischenfrequenzfilter nicht verlassen werden darf.
- Heterodyn-FSK erfordert, dass $\Delta\omega$ deutlich kleiner als der Frequenzhub ist.
- Homodyn-ASK setzt voraus, dass $\cos(\Delta\omega \cdot t + \Delta\varphi) = 1$ gehalten wird, d.h. der lokale Oszillator muss nachgeführt werden!
- PSK erfordert sogar Phasenkonstanz beider Laser über längere Zeit!

Situation an der Empfänger Fotodiode
- Eingangslichtleistung (Augenblickwert) $p$ erzeugt dazu proportionalen Strom $i$
- Eingangssignal ist Überlagerung von zwei Anteilen:
  - Empfangssignal von der Strecke (Index s)
  - Signal eines Lokaloszillators (Index l)
- Beide Signale müssen gleiche Polarisation aufweisen (ggf. entsprechende Regelschaltung notwendig)

Rauschleistung $N = (ap + b)\, B$, d.h. Beiträge:
- Quantenrauschen, proportional Gesamtleistung $p$
- andere leistungsunabhängige Anteile

Störabstand, vereinfachte Darstellung:

$$\frac{S}{N} = \frac{p_s^2}{a \quad p + b} \cdot \frac{1}{B} \qquad (1)$$

Bei sinusförmigen Signalen gilt:

$$p = p_s + p_l + 2\sqrt{p_s p_l} \cos \left[ (\omega_s - \omega_l)\, t + (\varphi_s - \varphi_l) \right] \qquad (2)$$

Konventioneller Direktempfang (d.h. $p_l = 0$):

$$p = p_s$$

$$\left( \frac{S}{N} \right)_D = \frac{p_s^2}{a\, p_s + b} \cdot \frac{1}{B} = \frac{p_s}{a + \frac{b}{p_s}} \cdot \frac{1}{B}$$

Überlagerungsempfang mit kohärenten Frequenzen und Phase des Lokaloszillators (so gewählt, dass in (2) cos [...] = 1):

Bei $p_l \gg p_s$ wird die Signalleistung $z\sqrt{p_s p_l}$ , damit

$$\left( \frac{S}{N} \right)_ü = \frac{4 p_s p_l}{a\, p_l + b} \cdot \frac{1}{B} = \frac{4 p_s}{a + \frac{b}{p_l}} \cdot \frac{1}{B}$$

Ergebnis, wenn $p_l$ hinreichend groß:
- Empfindlichkeit nahe Quantenrauschgrenze
- Digitalsysteme erreichen bis zu 20 dB Störabstandsverbesserung

Bild 5.8-32 Grundprinzip kohärenter optischer Empfangsverfahren

Man erkennt, dass für die letztgenannten beiden Verfahren optische Phasenregelkreise (OPLL) notwendig werden.

Nachstehend sollen nun einige wesentliche Problemkreise der kohärenten optischen Übertragung angesprochen werden:

Wie in Bild 5.8-32 schon erwähnt, muss die Polarisation berücksichtigt werden: Bekanntlich bestehen auch bei Übertragung über eine Einmodenfaser zwei zueinander orthogonale Polarisationen. Damit das empfangene und das lokal erzeugte Signal gleiche Polarisation aufweisen, gibt es drei grundsätzliche Möglichkeiten:

- polarisationserhaltende Fasern für die Übertragung,
- Nachregelung der Polarisation,
- Polarisations-Diversity-Empfang, Bild 5.8-33 zeigt eine Prinzipschaltung.

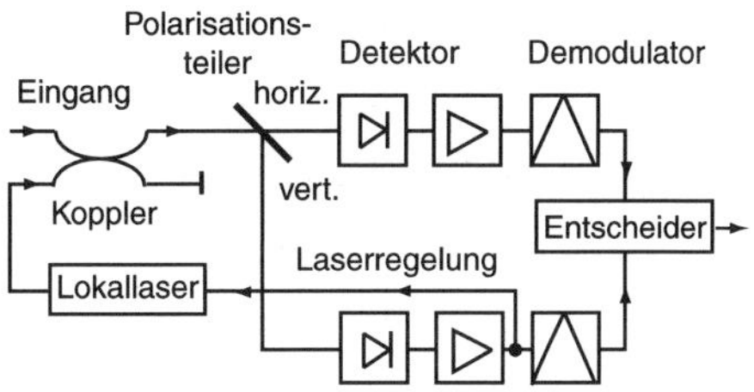


Bild 5.8-33 Prinzip des Polarisationsdiversity-Empfängers

Es ist sicher nicht wirtschaftlich – falls es unter Anwendung aller Tricks der Halbleiter- und der Regelungstechnik überhaupt gelingt – dem Laser eine tatsächlich einfrequente stabile Arbeitsweise beizubringen. In Anbetracht der hohen Frequenzen von z.B. 200 THz darf man eine Linienbreite von z.B. 1 MHz durchaus als Erfolg feiern. Welcher Wert tatsächlich erforderlich ist, ergibt sich aus den Eigenschaften der zu übertragenden Signale und dem verwendeten Verfahren.

Für Anwendungen auf breiter Front mit harten Kostenvorgaben, etwa im Teilnehmeranschlussbereich, werden nur Systemlösungen Chancen haben, die sich weitgehend integrieren lassen (OEIC, vgl. 5.8.8); dabei wird eine hohe Lebensdauer (einschließlich Alterungsbeständigkeit wichtiger Systemparameter) gefordert.

### 5.8.6.4 Systembeispiele

Der wichtigste Beweggrund für kohärente Verfahren dürfte die leistungsfähige Multiplexbildung sein. Wenn man von dem Spezialfall der Übertragung von weit entfernten Raumflugkörpern absieht, dürfte dagegen die Verbesserung der Reichweite (mit Hilfe des Störabstandes) vielleicht weniger von Bedeutung sein, zumal bei der Übertragung auf LWL die Solitonen in jüngster Zeit besonderes Interesse auf sich ziehen.

Unabhängig davon, ob kurzfristig Anwendungen erwartet werden oder nicht – in den Forschungslabors werden alle Spielarten kohärenter Verfahren getestet. Bild 5.8-34 zeigt theoretische Grenzwerte einiger Verfahren.

Wir wissen, dass die Auswahl eines Verfahrens von vielen Randbedingungen abhängt und Wirtschaftlichkeit oberstes Kriterium ist. Trotzdem wollen wir abschließend noch den Rekordhalter nennen, der mit dem kleinsten Störabstand auskommt: Homodyn-PSK. In der Theorie benötigt dieses Verfahren nur noch 9 Photonen/Bit.

## 5.8.7 Optische Verstärker

### 5.8.7.1 Einführung

Eine Grundidee für die optische Verstärkung ist das Prinzip der stimulierten Emission. Durch einfallende Photonen soll das aktive Medium zur Aussendung weiterer Photonen veranlasst werden, die gleiche Richtung, Frequenz und Phase haben; solche Photonen können wiederum weitere

| Verfahren mit Homodyn-Empfang | Photonen pro Bit | Verfahren mit Heterodyn-Empfang | Photonen pro Bit |
|---|---|---|---|
| PSK | 9 | PSK (synchron) | 18 |
| | | FSK (synchron) | 36 |
| | | (asynchron) | 40 |
| ASK | 36 | ASK (synchron) | 72 |

Bild 5.8-34 Theoretische Grenzwerte einiger Verfahren [12-1]

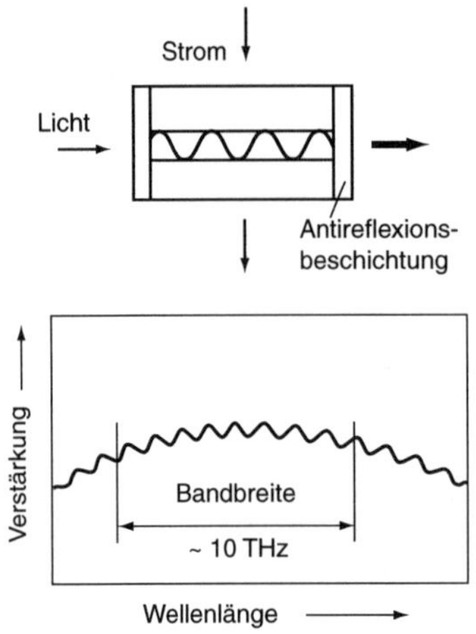


Bild 5.8-35 Wanderwellenverstärker

freisetzen. Dabei gibt es Effekte, die solchen Prozessen entgegenwirken (Absorption; Begrenzungseffekte). Zusätzlich wird durch spontane Emission dem Signal ein Rauschen überlagert. Um die notwendige Besetzungsinversion für die stimulierte Emission zu erreichen, muss dem aktiven Medium Energie zugeführt werden. Dies geschieht entweder auf elektrischem (Laserverstärker) oder optischem Weg (Faserverstärker).

Neben Anforderungen, die man schon von elektrischen Verstärkern kennt – z.B. Stabilität – sind bei optischen Verstärkern besonders folgende Eigenschaften von Interesse: Transparenz bezüglich der Trägerfrequenz (Lichtwellenlänge) und Modulationsfrequenz (Datenrate), Polarisationsunempfindlichkeit, Eignung für Wellenlängenmultiplex und ggf. bidirektionalen Betrieb.

Der Halbleiterverstärker, auf den wir in 5.8.7.2 kurz eingehen, ermöglicht es prinzipiell, an bestimmten Stellen einer größeren Gesamtschaltung – etwa in einem OEIC – Verstärkung vorzusehen. Größeres Interesse und bereits vielfältige praktische Anwendung hat jedoch der Faserverstärker gefunden, siehe 5.8.7.3.

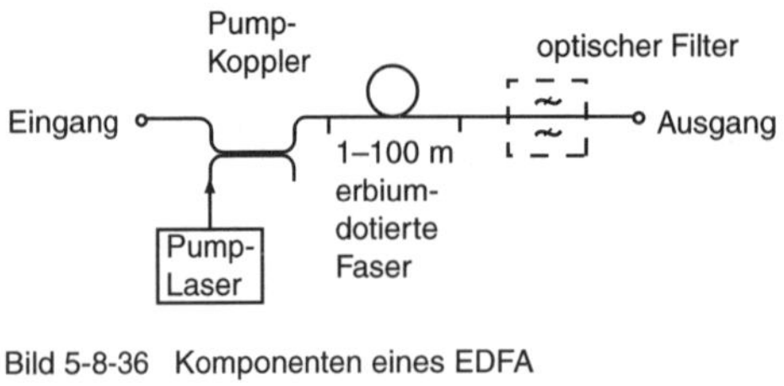


Bild 5-8-36 Komponenten eines EDFA

### 5.8.7.2 Halbleiterverstärker

Auf der Basis von Halbleiterlasern lassen sich Verstärker realisieren. Diese Bauelemente weisen eine geringe Verlustleistung auf und sind auch von der Geometrie gut an die Glasfaser angepasst.

Man unterscheidet zwei Ausführungsformen: *Fabry-Perot-Verstärker* und *Wanderwellenverstärker*. Der Fabry-Perot-Verstärker verstärkt nur in einem spektral schmalen Bereich, während der Wanderwellenverstärker breitbandig einsetzbar ist und damit die gleichzeitige Verstärkung vieler Lichtwellen verschiedener Sender mit benachbarter optischer Frequenz ermöglicht. Problematisch bei Halbleiterverstärkern ist zusätzliches Rauschen durch Verstärkung der spontanen Emission sowie das Auftreten einer Sättigung durch die Vielzahl der Kanäle. Außerdem reagieren diese Bauelemente auf Grund der hohen Kohärenz wie beim Laser sehr empfindlich auf reflektiertes Licht.

Für möglichst breitbandige Verstärkung muss der Resonator entfernt werden. Bei einem Fabry-Perot-Laser werden dazu die Kristallendflächen entspiegelt. Man erhält einen Wanderwellenverstärker (Bild 5.8-35). Die spektrale Änderung des Reflexionsfaktors sorgt für einen welligen Verlauf der Verstärkungskurve. Auch der Injektionsstrom beeinflusst die Verstärkung. Man erhält bei einer Verstärkung von ca. 25 dB einen Verstärkungsbereich von einigen THz, d.h. ca. 50 nm. Etwa 6 dB gehen durch die Faserankopplung verloren.

Halbleiterverstärker sind für alle Wellenlängenbereiche herstellbar, für die es gewöhnliche Halbleiterlaser gibt. Bei hohen optischen Leistungen nimmt die Verstärkung wegen der Sättigung ab. Es erfolgt eine Sättigung. Diese Leistungsabhängigkeit der Verstärkung kann bei Mehrkanalsystemen mit Intensitätsmodulation zu Nebensprechen führen.

### 5.8.7.3 Faserverstärker

In gewöhnlichen Lichtwellenleitern treten nichtlineare Effekte auf, die prinzipiell zur Verstärkung genutzt werden können [12-1]. Von größerem Interesse sind jedoch speziell dotierte Fasern, insbesondere der erbiumdotierte Faserverstärker (Erbium Doped Fiber Amplifier, EDFA). Die raschen Erfolge, die hiermit bei 1550 nm erzielt wurden, geben Veranlassung, durch Dotierung mit anderen Elementen auch bei 1300 nm geeignete Verstärker zu entwickeln (neodym-dotiert oder praseodym-dotiert) [58-14], [58-15].

**Erbiumdotierte Faserverstärker (EDFA)**

Die Grundkomponenten des EDFA sind in Bild 5.8-36 dargestellt. Der Faserverstärker besteht aus einer Pumplichtquelle, einem optischen Koppler, einer erbiumdotierten Faser und einem optischen Bandpassfilter. Das Schlüsselelement des EDFA ist eine Einmodenfaser mit einem erbiumdotierten Kern. Erbium absorbiert Licht der Wellenlängen 530 nm, 670 nm, 800 nm, 980 nm und 1470...1500 nm. Mit diesen Wellenlängen kann die Faser gepumpt werden. Günstige Pumpwellenlängen liegen bei 980 nm und 1480 nm, wobei die Effizienz im 980-nm-Bereich wesentlich höher ist als bei 1480 nm.

Bild 5.8-37 zeigt das Funktionsprinzip eines EDFA. Elektronen werden durch das Pumplicht zum Übergang auf ein höheres Energieniveau angeregt. Von dort wechseln sie rasch in das relativ breite Laserniveau. Nun können sie von einfallenden Signalphotonen zum Übergang in den Grundzustand stimuliert werden. Das Signalphoton wird dabei kohärent verstärkt. Durch mehrfache Anregung nimmt die Intensität des Lichts entlang der Faser zu.

EDFA können nur Photonen verstärken, deren Energie dem Laserniveau entspricht. Ihre Bandbreite ist durch das Laserniveau festgelegt. Bild 5.8-38 zeigt die Verstärkung eines mit 980 nm gepumpten Faserverstärkers bei zwei unterschiedlichen Eingangssignalpegeln. Man erkennt zwei

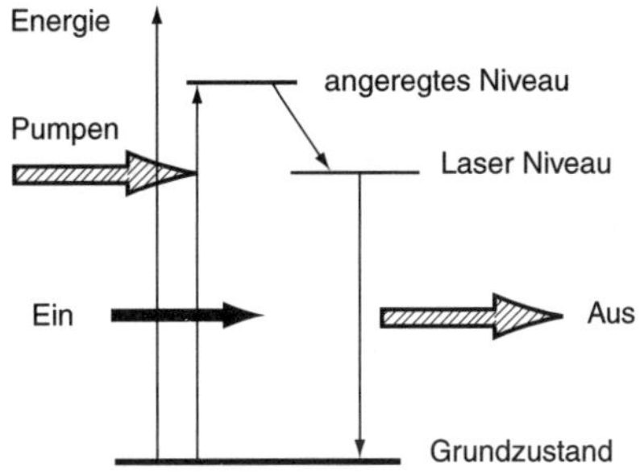


Bild 5.8-37 Funktionsprinzip eines EDFA

Maxima bei 1535 und 1550 nm. Durch zusätzliche Dotierungsstoffe wird versucht, eine breitbandigere und gleichmäßigere Kurve zu erreichen.

Die drei Basiskonfigurationen zum Pumpen von Faserverstärkern zeigt Bild 5.8-39. Man klassifiziert sie nach ihrer Pumplicht-Ausbreitungsrichtung:

- Vorwärtspumpen in Signallicht-Ausbreitungsrichtung hält den Rauschpegel gering.
- Rückwärtspumpen entgegen der Signallicht-Ausbreitungsrichtung ermöglicht eine hohe Ausgangsleistung.
- Beidseitiges Pumpen.

Die optischen Isolatoren sind, ähnlich einer Diode, für Licht nur in Pfeilrichtung durchlässig und verhindern eine Rückwirkung des Pumplichts auf die angeschlossene Übertragungsstrecke.

Zur Verdeutlichung der Eigenschaften eines EDFA wollen wir uns einige Diagramme beim

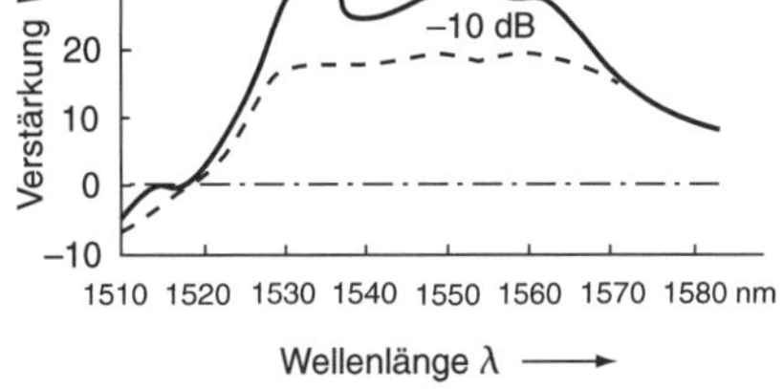


Bild 5.8-38 Verstärkerkurve eines EDFA bei zwei verschiedenen Eingangspegeln

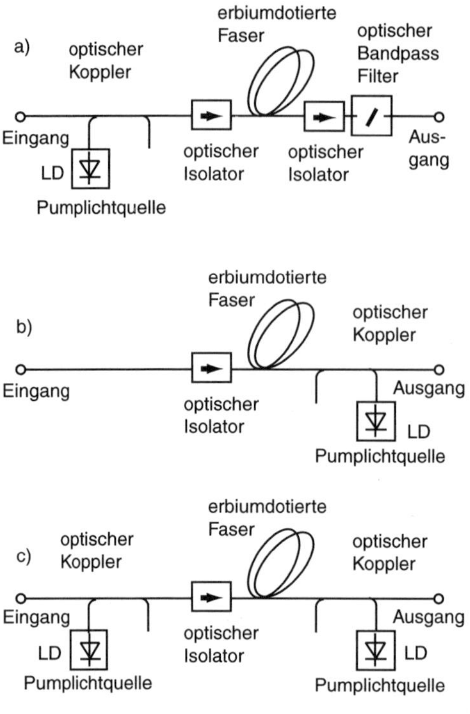


Bild 5.8-39 Verschiedene Pumpmöglichkeiten eines EDFA

Vorwärtspumpen ansehen. Bild 5.8-40 zeigt die Verstärkung über der Pumpleistung bei einer Faserlänge von 50 m, einer Erbiumkonzentration von 25 ppm und verschiedenen Leistungen des Eingangssignals. Ein weiteres Diagramm (Bild

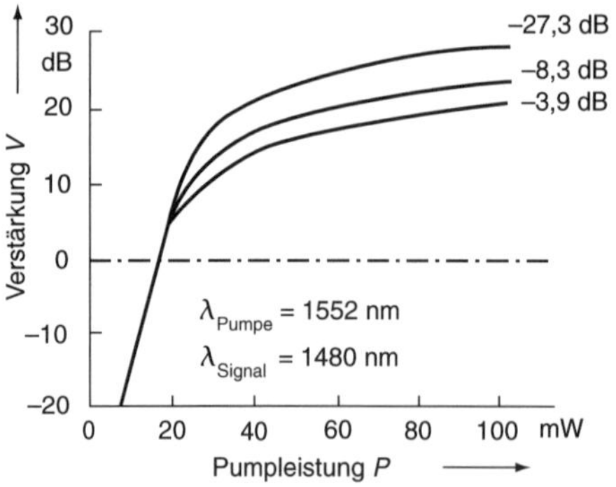


Bild 5.8-40 Verstärkung als Funktion der Pumpleistung

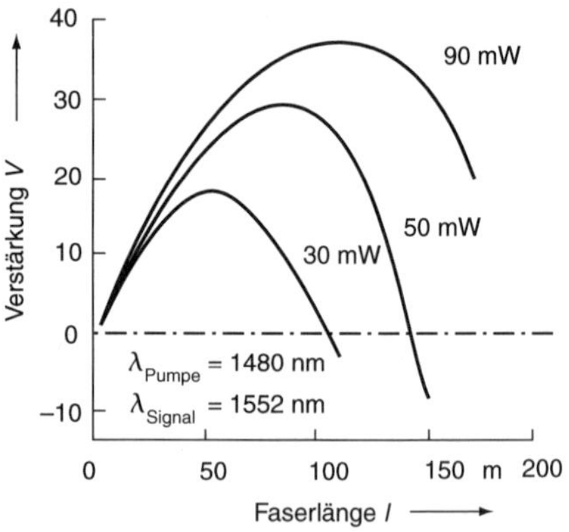


Bild 5.8-41 Verstärkung über die Faserlänge

5.8-41) verdeutlicht die Abhängigkeit der Verstärkung von der Faserlänge bei verschiedenen Pumpleistungen (Erbiumkonzentration 25 ppm).

Wird das Eingangssignal weiter erhöht, geht der Verstärker in die Sättigung, d.h. die Ausgangsleistung steigt nicht mehr proportional. Durch Erhöhen der Pumpleistung kann dieser Punkt hinausgeschoben werden. Die maximal erreichbare Verstärkung wird u. a. durch die interne Rayleigh-Rückstreuung in der Faser begrenzt.

**Anwendungen erbiumdotierter Faserverstärker**

In Weitverkehrssystemen können durch die größeren Regeneratorabstände Kosten eingespart, die Zuverlässigkeit erhöht sowie die Bedienung und Wartung vereinfacht werden. Viele Übertragungsstrecken kommen ganz ohne Zwischenregeneratoren aus.

### 5.8.7.4 Vergleich: Halbleiter- und Faserverstärker

Bei den derzeitigen Anwendungen liegt der Faserverstärker eindeutig vorn. Das versteht man, wenn man sich wesentliche Eigenschaften des Halbleiterverstärkers vor Augen führt:

– Wegen der vergleichsweise kleinen Abmessungen wird der Halbleiterverstärker für zukünftige integrierte Schaltungen zunehmende

Bedeutung haben. Für die derzeitigen Anwendungen ist dieses Argument nicht so wichtig.

- Der Halbleiterverstärker kann in einem vergleichsweise großen Wellenlängenbereich arbeiten. Das ist ein entscheidender Vorteil für die riesigen Multiplexsysteme, die bei künftigen kohärenten Systemen realisierbar werden.
- Der Halbleiterverstärker hat gegenüber dem Faserverstärker einige grundsätzliche Nachteile: Bei der Ankopplung der Übertragungsfaser gibt es größere Koppelverluste, die verschiedenen Polarisationsrichtungen werden verschieden verstärkt und es treten nichtlineare Effekte (und damit Intermodulation!) auf.

Für die heutigen Aufgabenstellungen hat der Faserverstärker klare Vorteile, vor allem aus diesen Gründen:

- keine nichtlinearen Effekte
- kleine Koppelverluste
- polarisationsunabhängige Verstärkung.

Aber auch bei der Planung zukünftiger Strecken mit Solitonen-Übertragung (vgl. 5.8.5.5) legt man Faserverstärker zu Grunde. Allen Solitonen wird durch die Faserdämpfung Energie entzogen. Damit die Solitonen-Bedingung (Forderung einer gewissen Intensität) gewahrt bleibt, ist Verstärkung erforderlich. Durch den Einbau von Faserverstärkern in regelmäßigen Abständen wird die Solitonen-Übertragung erst in der Praxis einsetzbar.

## 5.8.8 Optoelektronische Integration (OEIC)

### 5.8.8.1 Ein einführendes Beispiel

Bild 5.8-42 zeigt ein Beispiel eines OEIC (Opto-Electronic Integrated Circuit). Es handelt sich um wichtige Teile eines kohärenten optischen Empfängers:

- optische Wellenleiter, um das empfangene Nutzsignal und die Lokaloszillatorleistung in die Schaltung einzukoppeln;
- einen optischen Koppler, der das Nutzsignal und die Lokaloszillatorleistung optisch überlagert und den Mischerdioden zuführt;
- die als Mischerdioden dienenden Fotodetektoren.

In einer weiteren Ausbaustufe können dazu elektronische Komponenten, etwa FET als Empfangs-Vorverstärker treten. Der Vorteil einer solchen Integration besteht vor allem darin, dass optischer Justieraufwand eliminiert wird, und in der Leistungssteigerung, die durch die exakte Paarung der Fotodioden erzielt wird.

### 5.8.8.2 Motivationen für OEIC

Durch optoelektronische Integration sollten parasitäre Reaktanzen zwischen den optoelektronischen und elektronischen Bauelementen vermieden, höhere Empfängerempfindlichkeiten und Bandbreiten des Gesamtsystems ermöglicht werden. Diese Vorhersage hat sich jedoch bis heute nicht ganz verwirklichen lassen. Zwischen der Leistungsfähigkeit hybrider und monolithischer Empfänger klafft nach wie vor eine Lücke.

Ein unvergleichlich größerer Markt als der Weitverkehr ist der Teilnehmeranschlussbereich, vgl. Kapitel 7. Kostengünstige Lösungen, die auf die Dauer den klassischen Kupferanschluss verdrängen können, lassen sich – wenn überhaupt – nur durch breite Anwendungen von OEIC erreichen. Eine monolithische Integration eliminiert viele Arbeitsgänge hybrider Aufbautechnik und dürfte nach Überwindung vieler technologischer Schwierigkeiten die benötigten kostengünstigen Komponenten für den Teilnehmeranschluss liefern.

Das Gebiet OEIC ist durch vielfältige Anstrengungen in Industrie und Forschungsinstituten in

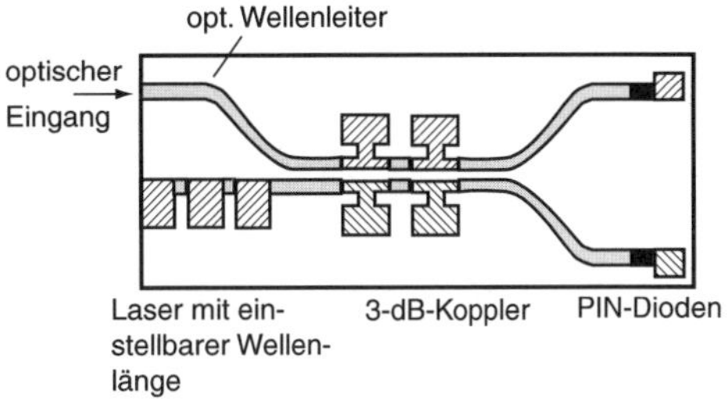


Bild 5.8-42 Schematischer Aufbau eines integrierten optischen kohärenten Empfängers

rascher Entwicklung begriffen. Die Umsetzung eines physikalischen Effekts in eine wirtschaftliche Fertigung bedeutet in vielen Fällen, dass Konzeptionen für geeignete OEIC benötigt werden. Das gilt besonders für vermittlungstechnische Strukturen (Kap. 6).

# 6 Nachrichtenvermittlung

## 6.1 Einführung

Wir haben im vorigen Kapitel die Übertragung von einer Quelle zu einer Senke betrachtet. In einem Nachrichtennetz gibt es viele Teilnehmer, die fallweise bzw. zeitweise als Quelle oder Senke in Nachrichtenübertragungen agieren. Nachrichtenvermittlung (Vermittlungstechnik) hat die Aufgabe, die zeitweise benötigten Verbindungen im Netz herzustellen.

Wenn wir in 6.2 die Entwicklung der Vermittlungstechnik kurz Revue passieren lassen, so geschieht das nicht aus nostalgischen, sondern aus didaktischen Gründen: An den klassischen Systemen können wir viele nach wie vor benötigte Grundprinzipien augenfällig demonstrieren. Wir benötigen diese Grundkenntnisse auch, um die Dimensionierung vermittlungstechnischer Einrichtungen verstehen zu können (6.3). In 6.4 ff. sprechen wir dann kurz moderne Aufgabenstellungen an.

## 6.2 Entwicklung der Durchschaltevermittlung

### 6.2.1 Direktwahlsysteme im Ortsnetz

Die Entwicklung der automatischen Vermittlungstechnik begann, als Almon B. Strowger 1889 das Patent auf seinen Hebdrehwähler (HDW) erhielt. Dekadisch aufgebaute Wähler wie z.B. die in Bild 6.2-1 dargestellten Drehwähler (DW) können direkt durch die vom Nummernschalter des Teilnehmers kommenden Impulsserien gesteuert werden: „Direktwahlsysteme“. Bei einem Wähler mit 100 Ausgängen steuert die erste einlaufende Impulsserie die Dekade an („Hauptraststellung“ bei DW, „Stockwerk“ bei HDW), und mit der zweiten Serie wird auf den gewünschten Ausgang innerhalb der Dekade eingestellt.

Man könnte eine Vermittlungsstelle (VSt) mit 100 Teilnehmern aufbauen, indem man jedem Teilnehmer (Tln) einen DW mit 100 Ausgängen gibt. Jeder Teilnehmer muss von jedem erreichbar sein, also müssen Wählerausgänge gleicher Nummer „im Vielfach“ geschaltet sein. Wir erkennen hier erstmalig eine grundsätzliche vermittlungstechnische Aufgabenstellung: „Prüfen und Sperren“. Ein Wähler darf nur dann auf einem Ausgang stehen bleiben, wenn dieser noch nicht anderweitig belegt ist. In einer beliebigen vermittlungstechnischen Koppeleinrichtung muss also beim Einstellvorgang geprüft werden, ob ein Ausgang noch frei (d.h. belegbar) ist, und wenn man sich auf einen bestimmten Ausgang eingestellt hat, muss dieser gegen weitere Belegungsversuche gesperrt werden. Die Kennzeichnung der verschiedenen Zustände erfolgt beim klassischen System z.B. durch unterschiedliche Potenziale oder/und Innenwiderstände und bei modernen rechnergesteuerten Systemen z.B. durch verschiedene Bit-Positionen in einem Speicher.

Vor dem Aufkommen der Rechnersteuerung setzte die damalige Deutsche Bundespost in ihren Ortsnetzen ausschließlich Direktwahlsysteme ein; nach dem 2. Weltkrieg zunächst ein HDW-System („System 50“) und dann ab 1955 das „System 55“ mit Edelmetall-Motordrehwählern (EMD-Wähler), an dem wir uns im Folgenden bezüglich Nomenklatur usw. orientieren wollen.

In Bild 6.2-1 haben wir einen Leitungswähler (LW) kennen gelernt: Durch zwei Wählziffern wird ein solcher Wähler gezielt auf eine bestimmte Leitung gesteuert. Da man in der Praxis Vermittlungsstellen mit Teilnehmerzahlen $\gg$100 benötigt, müssen wir uns ein weiteres vermittlungstechnisches Grundprinzip einfallen lassen: Gruppenbildung.

Zu einem bestimmten Zeitpunkt wird nur ein Bruchteil der Teilnehmer einer Hundertergruppe „ankommend erreicht“ (angerufene Teilnehmer), deshalb genügt es, für diese Gruppe wesentlich

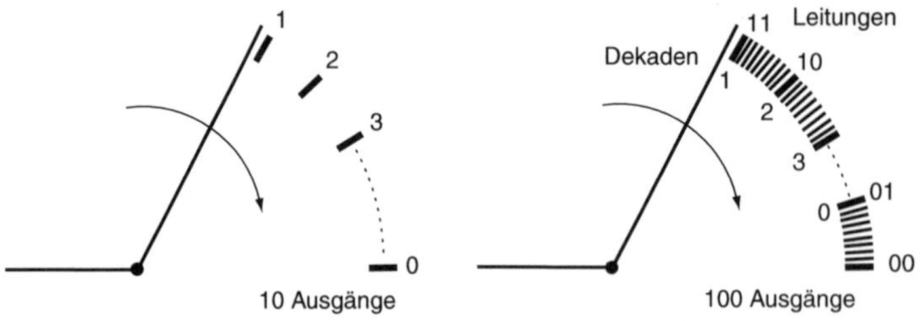


Bild 6.2-1
Drehwähler

weniger als 100 LW vorzusehen. Wenn das Verkehrsverhalten der Teilnehmer bekannt ist oder als Planungswert vorgegeben wird, kann die Zahl der LW pro Hundertergruppe berechnet werden, vgl. 6.3; bei realistischen Gegebenheiten möge sich z.B. eine Zahl 10 ergeben. Bei einer VSt mit 800 Teilnehmern können wir die 8 Hundertergruppen durch die ersten Ziffern 2 bis 9 der Teilnehmer-Rufnummer kennzeichnen; die erste Ziffer dient zur Einstellung einer Gruppenwahlstufe (GW). In GW-Stufen wird nur eine Wählziffer ausgewertet, bei dem großen DW in Bild 6.2-1 also eine Hauptraststellung erreicht, weil zur nachfolgenden Gruppe nicht nur eine Leitung, sondern ein Bündel von Leitungen führt (im o.g. Beispiel 10). Ein GW muss deshalb nach der Einstellung auf eine Hauptraststellung sehr schnell die folgenden (z.B.) 10 Leitungen abprüfen und sich auf eine freie Leitung einstellen („Freiwahl"). Mit den bisherigen Erkenntnissen

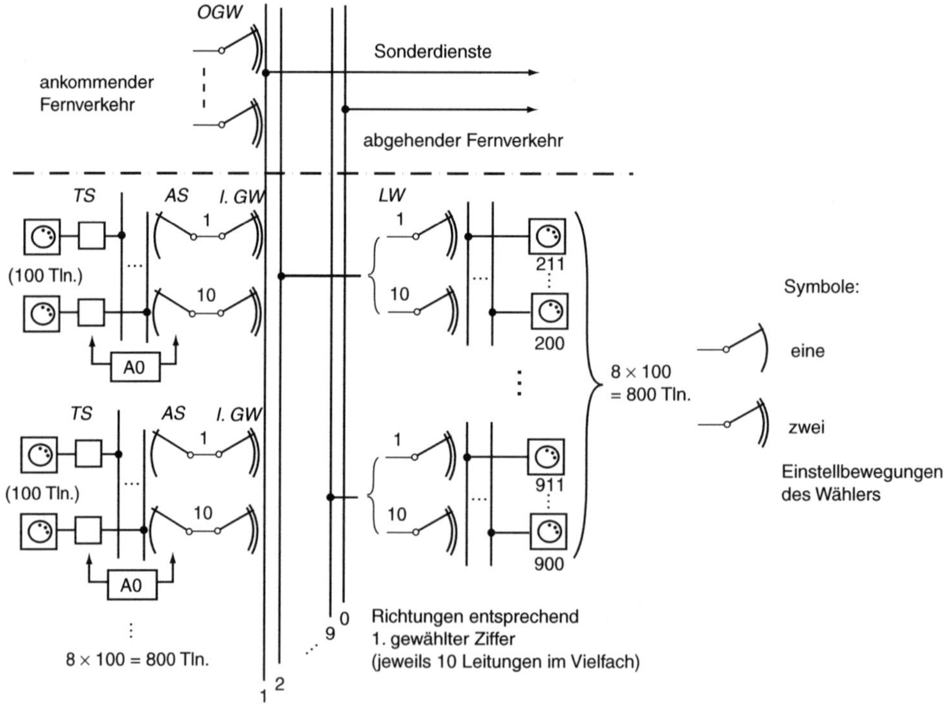


Übliche Darstellung: Jeder Teilnehmer ist zweimal gezeichnet!
Links als Rufender (A-Tln.), rechts als Gerufener (B-Tln.)
Oben: Einrichtungen für Fernverkehr und Sonderdienste

Bild 6.2-2
Ortsvermittlungsstelle (800 Teilnehmer)

können wir das in Bild 6.2-2 gezeigte Prinzipschaltbild einer kleinen Ortsvermittlungsstelle (OVSt) in Direktwahltechnik in Teilen bereits verstehen und der Rest wird im Folgenden klar werden.

Größere Vermittlungsstellen in Direktwahltechnik (z.B. einige $10^4$ Teilnehmer) haben mehrere GW-Stufen, also auch II.GW, III.GW usw., wobei der I.GW eine Sonderstellung einnimmt. Dies gibt uns Anlass, die Rolle der Wähler in einem Direktwahlsystem genauer zu beschreiben. Ein Wähler ist nicht nur Teil eines Koppelnetzes, sondern hat auch seine eigene autarke Steuerung; vor allem aber hat er ggf. eine Anzahl von Speise-, Überwachungs- und Zeichengabefunktionen. So ist der LW die aufwändigste Wahlstufe, weil er nicht nur Mikrofonspeisung und Ruf für den gerufenen Teilnehmer (B-Tln) bereitstellt, sondern auch eine Anzahl von Rückwärtszeichen (vgl. 6.2.4) erzeugt. Der I.GW, der u.a. dem rufenden Teilnehmer (A-Tln) Wählton und Mikrofonspeisung gibt, steht dem LW nicht viel nach und ist wesentlich aufwändiger als die folgenden GW-Stufen (II.GW, ff.).

Da von 100 Teilnehmern einer Gruppe nur ein Bruchteil gleichzeitig aktiv wird, um abgehende Verbindungen aufzubauen und zu betreiben, werden (je nach Verkehrsaufkommen) z.B. nur 10 I.GW benötigt. Eine Vorwahlstufe dient der Konzentration von den 100 Teilnehmerschaltungen (TS) auf die (z.B.) 10 I. GW. Im System 50 war zu diesem Zweck jedem Teilnehmer ein kleiner Vorwähler (VW) zugeordnet. Im System 55 wird die in Bild 6.2-2 gezeigte Lösung mit Anrufsucher (AS) verwendet. Jedem I.GW ist ein AS zugeordnet, der auf Anweisung des Anrufordners (AO) losläuft, um sich auf den Teilnehmer einzustellen, der sich gerade durch Abheben bemerkbar gemacht hat.

Die OVSt in Bild 6.2-2 ist natürlich Teil eines Fernwahlnetzes; deshalb müssen wir noch etwas zu den Externverbindungen sagen. Man könnte jede ankommende Fernleitung auf einen I.GW führen, dessen Fähigkeiten allerdings dann z.T. brachlägen: Beispielsweise wird natürlich keine Mikrofonspeisung mehr benötigt, die hat der ferne A-Tln schon erhalten. Deshalb benutzt man eine abgemagerte Version des I. GW: Ortsgruppenwähler OGW. Wie üblich werden abgehende Fernleitungen über die „0“ erreicht. Wenn man die Sonderdienste über die erste Ziffer „1“ ansteuert, ergibt sich (wegen des geringen Verkehrs) ein schlecht ausgenutztes Bündel; deshalb wird heute dieser Verkehr in der Regel durch eine vorgesetzte Null in den Fernverkehr einbezogen.

Bild 6.2-3 zeigt ein nach den obigen Überlegungen verständliches allgemein gültiges Schema einer OVSt. Man sieht, dass die Teilnehmer-

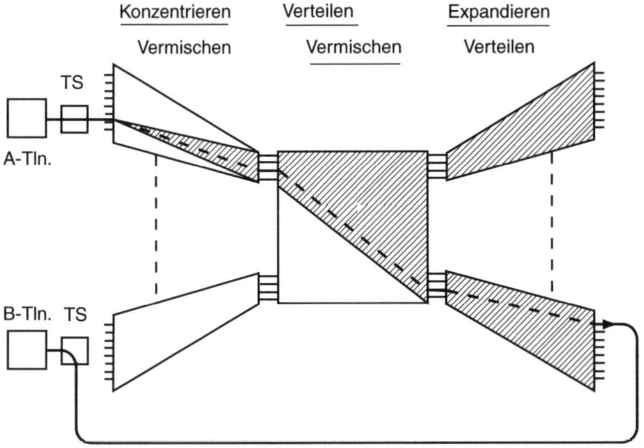


Bild 6.2-3
Funktionen im Koppelnetz

schaltung TS verschiedene Zustände hat, je nachdem, ob der Teilnehmer im Moment A-Tln, B-Tln oder frei ist.

### 6.2.2 Klassische Ortsvermittlungssysteme mit indirekter Steuerung

Im Lauf der Zeit entstanden eine Vielzahl von Koppeleinrichtungen, bei denen Direktwahl schlecht oder überhaupt nicht möglich ist, z.B.:

- Nicht dekadisch aufgebaute Wähler (Beispiel: Kulissenwähler mit 2500 Anschlüssen),
- Koordinatenschalter (crossbar switch, Anwendung z.B. im System Crossbar No. 5 der Bell ab etwa 1948)
- Relaiskoppelfelder.

Als Beispiel für eine indirekt gesteuerte OVSt wählen wir das 1963 von SEL gebaute System HE60 („Quasielektronisch“, mit Schutzgaskontakten - Reed-Relais, „Herkon“ - im Koppelnetz und elektronischer Steuerung mit verdrahteter Logik), dessen Blockschaltbild (Bild 6.2-4) auch für manche ältere Registersysteme gilt. Man erkennt die saubere Aufgabentrennung:

- Koppelfunktionen (Teilnehmerkoppelfeld TKF, Richtungskoppelfeld RKF, Registerkoppelfeld RgKF),
- Speise-, Überwachungs- und Zeichengabefunktionen (Teilnehmerschaltung TS; Verbindungssätze VS, wobei der A-VS etwa die im I.GW und der B-VS etwa die im LW enthaltenen Funktionen realisiert),
- Steuerung (Register(Rg) speichern u.a. die vom Teilnehmer gewählten Ziffern, bis feststeht, welche Verbindung hergestellt werden muss; Markierer kennt in jedem Augenblick den Zustand aller Teile des Systems und steuert alle Durchschaltevorgänge).

Da Register nur beim Verbindungsaufbau (Wahl durch A-Tln) und der Markierer nur Sekundenbruchteile bei einem Durchschaltevorgang benötigt wird, könnte eine OVSt mit 1000 Teilnehmern z.B. enthalten: ca. 100 A-VS, ca. 10 Rg, 1 Markierer und natürlich 1000 TS.

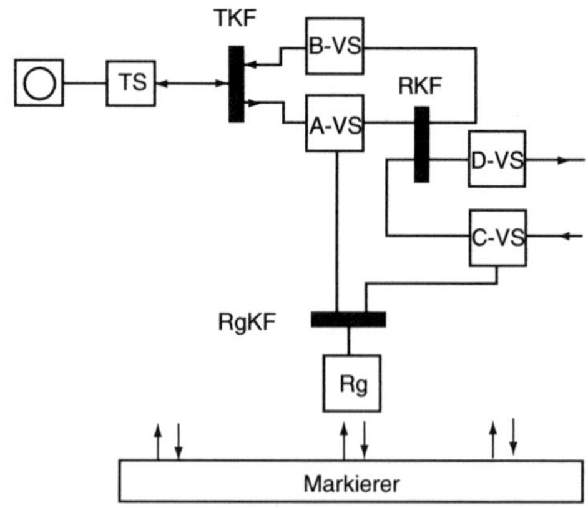


Bild 6.2-4 Registersystem

### 6.2.3 Klassisches Landesfernwahlnetz

Bei Fernverbindungen zwischen Ortsnetzen war in vielen Ländern noch lange Zeit Handvermittlung die Regel. Nach dem 2. Weltkrieg konnte in Westdeutschland ein Neubeginn gemacht werden, der kaum Rücksicht auf alte Systeme nehmen musste, weil hinreichend viel zerstört war. Mit EMD-Wählern wurde das Fernwahlsystem 62, eine damals hochmoderne Konzeption, realisiert (Bild 6.2-5). Wir übergehen Details der weiteren Entwicklung (z.B. wurden ab dem System 69 an Stelle der diversen Wähler Relaiskoppelfelder geliefert) und sprechen nur in Stichworten einige grundlegende Merkmale eines solchen automatischen Fernwahlnetzes an.

Aus der Sicht der Fernwahl bezeichnet man ein Ortsnetz, das ja mehrere OVSt enthalten kann, als Endvermittlungsstelle (EVSt). Eine primitive Konzeption für das Fernnetz wäre, alle EVSt durch teure direkte Leitungen mit einem zentralen Netzknoten zu verbinden. Durch die Kombination der folgenden Ideen erreicht man eine wirtschaftlichere Gesamtlösung:

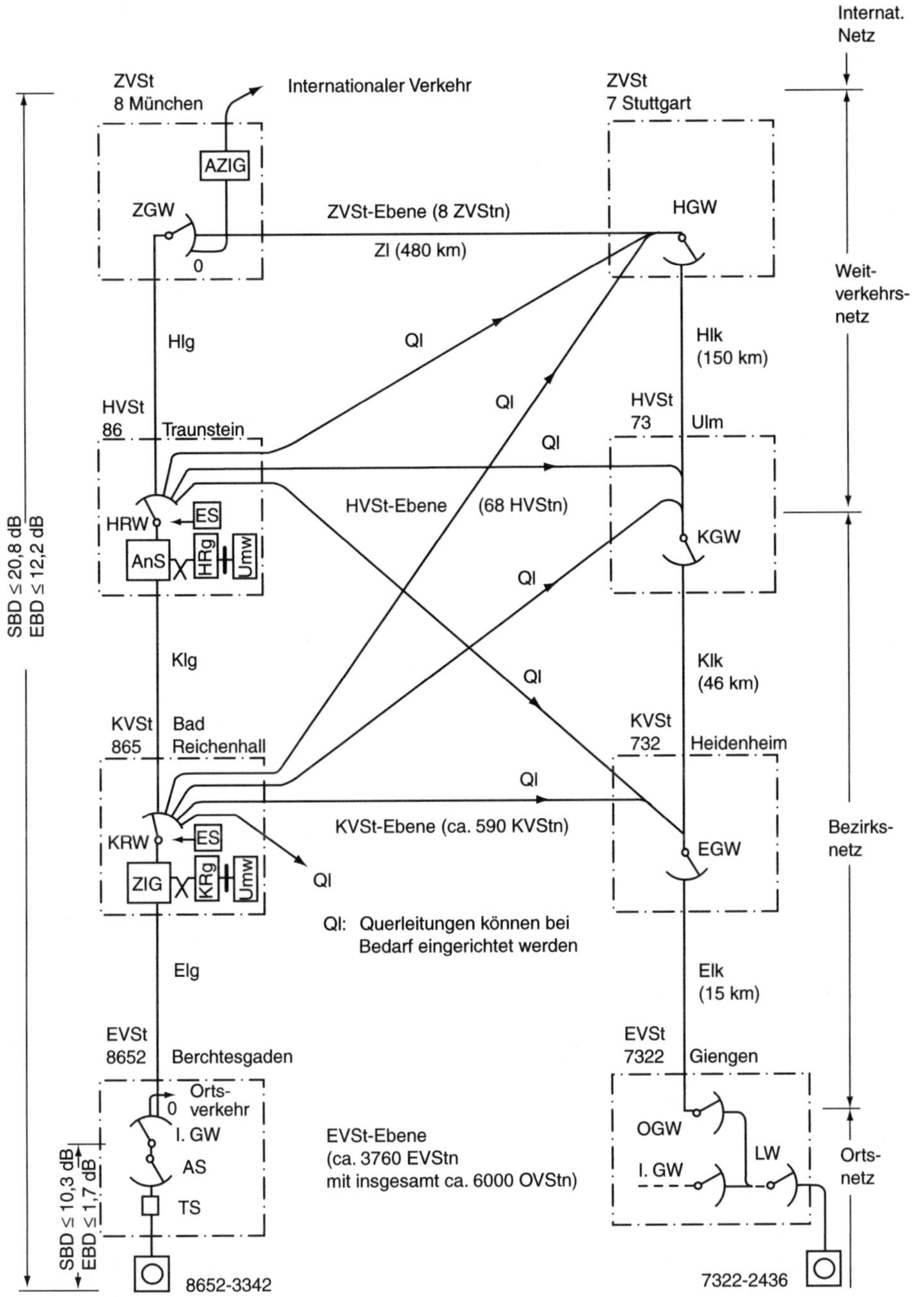


Bild 6.2-5 Landesfernwahlnetz
(Zahlenangaben: Stand Anfang 1980. Entfernungsangaben in Klammern sind Durchschnittslängen tatsächlich geschalteter Leitungen. Bezugsdämpfungsangaben vereinfacht.)

- Der gedachte zentrale Netzknoten wird durch acht untereinander voll vermaschte Zentralvermittlungsstellen (ZVSt) ersetzt.
- Unterhalb jeder ZVSt befindet sich ein Sternnetz mit den Hierarchiestufen Hauptvermittlungsstelle (HVSt) und Knotenvermittlungsstelle (KVSt); durch dieses hierarchische Netz kann jede benötigte Verbindung realisiert werden, also im Beispiel Bild 6.2-5 auch die zwischen Berchtesgaden und Giengen an der Brenz. Der Löwenanteil des Verkehrs geht aber Abkürzungswege über Querleitungen (Ql), die überall dort eingerichtet werden, wo es vom Verkehrsaufkommen her gerechtfertigt ist.
- Um in der KVSt oder in der HVSt womöglich Ql ansteuern zu können, muss die über die „Endvermittlungsstellenleitung gehend“ (Elg) einlaufende Wahlinformation zwischengespeichert werden: KRg, ggf. HRg. Wenn ein Register genügend Ziffern erhalten hat, startet es eine Anfrage bei dem zentralen Umwerter (Umw), der den aktuellen Belegungszustand der vom Richtungswähler (KRW bzw. HRW) abgehenden Bündel kennt. Die vom Umwerter (Umw) gegebene Auskunft beinhaltet diese Informationen: Richtungswählereinstellung (ES), im späteren Gesprächszustand anzuwendender Gebührentakt und Zahl der ggf. zu unterdrückenden Ziffern. Die Notwendigkeit der letztgenannten Maßnahme ergibt sich durch die eventuelle Verwendung von Ql, vgl. Bild 6.2-5: Der Berchtesgadener Teilnehmer hat nach der 0, die ja nur den Ausstieg in die Fernebene bewirkte, die Ziffern 732 gewählt, die zur Steuerung von ZGW, HGW und KGW benötigt werden, wenn mangels Ql der „Letztweg“ über das hierarchische Netz gegangen werden muss. Ergibt aber die Umwerterauskunft eine direkte Ql zur KVSt 732 (Heidenheim), so müssen diese drei Ziffern im Register unterdrückt werden.

Ein Landesfernwahlnetz wie das in Bild 6.2-5 benötigt eine sorgfältige übertragungstechnische Planung („Dämpfungsplan“). Dazu noch diese Hinweise:

- Fernsprechverbindungen werden je nach Länge der beteiligten Netzausläufer, Verstärkertoleranzen usw. unterschiedliche Dämpfung aufweisen. Der subjektive Lautstärkeeindruck hängt außerdem von anderen Betriebsbedingungen (z.B. Bandbreite, Geräuschabstand, Raumgeräusch, Rückhören usw.) ab. Hier geht die technische Realisierung des Teilnehmersystems (Fernsprechapparat + Anschlussleitung + Speisebrücke im I.GW bzw. LW) ein. Das CCITT hat deshalb ein *Bezugssystem*, den Ureichkreis (N.O.S.F.E.R.) [50-2] angegeben. Man kennzeichnet die Lautstärke, mit welcher die Sprache über eine Übertragungsstrecke mit angeschlossenen Fernsprechapparaten übermittelt werden kann, durch die *Bezugsdämpfung* BD. Positive BD-Werte bedeuten, dass die Lautstärke über das betrachtete System kleiner ist als über das Bezugssystem. Damit die Grenzen (minimale Lautstärke einerseits, Übersteuerung andererseits) nicht überschritten werden, muss insbesondere beim Teilnehmersystem darauf geachtet werden, dass die Bezugsdämpfungen für das System des sprechenden Teilnehmers (Sendebezugsdämpfung SBD) und das System des hörenden Teilnehmers (Empfangsbezugsdämpfung EBD) jeweils die in Bild 6.2-5 unten links angegebenen Werte einhalten.
- Die gesamten Fernleitungen werden in 4-Dr-Technik betrieben, deshalb müssen alle Wähler (KRW, EGW usw.) vierdrähtig durchschalten. Mit dem Aufkommen der digitalen Übermittlung und vor allem dem Einsatz von rechnergesteuerten Vermittlungsstellen hat sich die Struktur des Netzes verändert; die Anzahl der Netzebenen wurde reduziert (6.9.3).

### 6.2.4 Zeichengabe

Bei Handvermittlung verständigten sich die Teilnehmer durch Sprache mit der Vermittlungsperson. Bei automatischer Vermittlung müssen die verschiedenen Systemteile Zeichen austauschen (z.B. Besetztzeichen) und das Vermittlungssystem muss den Teilnehmer durch Hörtöne (z.B. Besetztton) über den Stand der Verbindung unterrichten.

Eine einfache Art der Zeichengabe, die aber nur bei älteren Vermittlungssystemen möglich war, sind Gleichstrom-Dauerzeichen zur Kennzeichnung der verschiedenen Zustände. Geblieben ist noch der nach dem Abheben des Handapparates auf der Teilnehmerleitung bestehende Schleifenstromkreis. Bei der Wahl wird der Schleifenstrom beim Ablaufen des Nummernschalters impulsmäßig unterbrochen. Bei klassischen Vermittlungssystemen sind Zeichengabe und System im Zusammenhang zu sehen; ein Beispiel ist die in Bild 6.2-6 gezeigte Zusammenarbeit der Kontakte nsi und nsr. Wenn der letzte der drei Impulse über die Leitung gesendet wurde, ist der Nummernschalter noch nicht abgelaufen, sondern kommt erst zwei Impulsperioden von nsi später zur Ruhe. Durch dieses „Spatium“ wird sichergestellt, dass ein extrem schnell wählender Teilnehmer das System nicht überrunden kann; man gewinnt dadurch z.B. die Zeit zur Umsteuerung der Gruppenwahlstufen von der gesteuerten Wahl (eine Ziffer) zur Freiwahl (Suchen einer freien Leitung im Bündel).

Im Zusammenhang mit dem Aufbau des Landesfernwahlnetzes nach Bild 6.2-5 wurden die so genannten Impulskennzeichen (IKZ) eingeführt, die bereits weitgehend unabhängig vom System sind. Durch die Berücksichtigung der Vorgeschichte müssen in jeder Richtung nur zwei Zeichenlängen unterschieden werden, was wir am Beispiel der Rückwärtszeichen erläutern wollen. In jedem Stadium des Verbindungsaufbaus kann das „lange“ Besetztzeichen (z.B. 600 ms) kommen, weil man z.B. in einer GW-Stufe keine freie Leitung gefunden hat. Alle anderen Rückwärtszeichen sind „kurz“ (z.B. 150 ms) und werden durch ihre Reihenfolge unterschieden:

- Während der LW mit der letzten Ziffer eingestellt wird, wird das Wahlendezeichen gesendet. (Falls der gewünschte Teilnehmer besetzt ist, wird gleich darauf das lange Besetztzeichen folgen; der ZIG weiß dadurch, dass „Teilnehmerbesetzt“ vorliegt).
- Wenn der B-Tln abhebt, wird das Beginnzeichen gesendet. Der ZIG wird dadurch informiert, dass die Verbindung jetzt gebührenpflichtig wird; er sendet danach in Rückwärtsrichtung zum I.GW Zählimpulse.
- Wenn der B-Tln auflegt, sendet der LW eine Folge kurzer Impulse (Schlusszeichen).

Im Landesfernwahlnetz nach Bild 6.2-5 kann der Abbau einer Verbindung („Auslösen“) nur in Vorwärtsrichtung erfolgen. Stößt ein Aufbauvorgang auf Besetzt und der A-Tln legt nicht auf, so würde eine mehr oder weniger teure Fernverbindung belegt gehalten, ohne dass Gebühren bezahlt werden. Deshalb wertet der ZIG ein Besetztzeichen aus: Er löst die Fernverbindung in Vorwärtsrichtung aus und erzeugt einen (neuen) Besetztton für den A-Tln.

Mit dem Aufkommen der rechnergesteuerten Vermittlungstechnik wurden auch geeignete Zeichengabeverfahren möglich und notwendig. Die moderne Zeichengabe zwischen Vermittlungsstel-

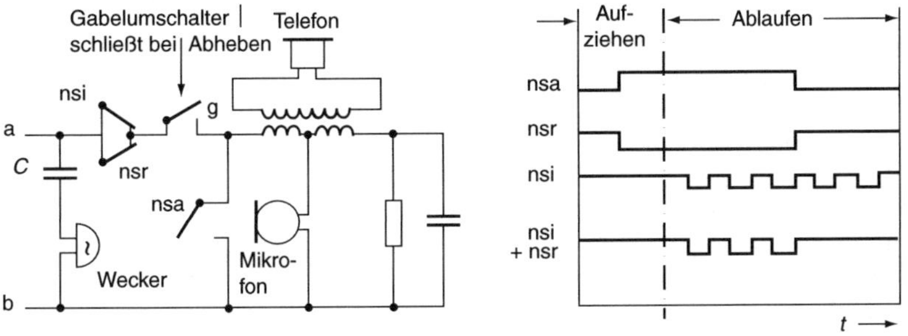


Bild 6.2-6 Fernsprechapparat und Ziffernwahl („3“)

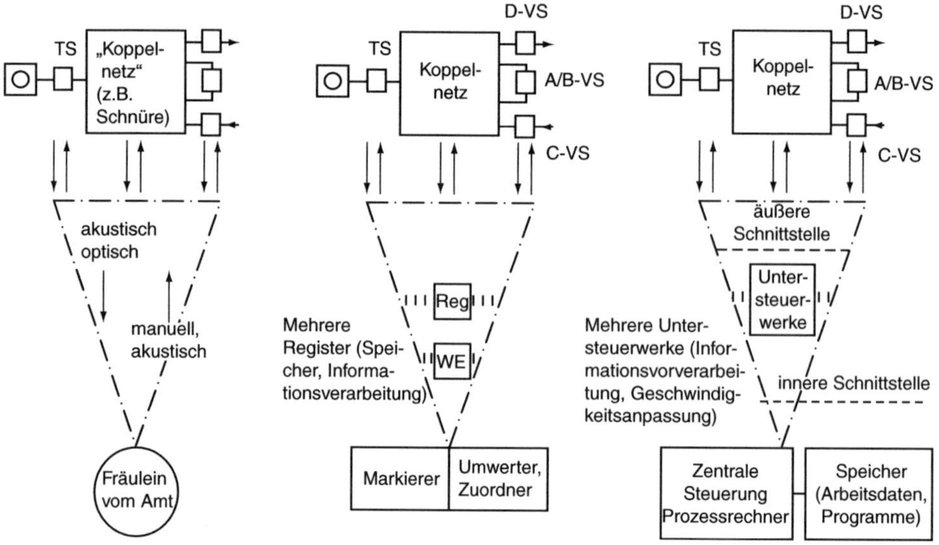


Bild 6.2-7 Systeme mit zentralisierten Steuerfunktionen

len benutzt das weltweite Zeichengabenetz „Signalling System Nr.7“ (SS.7). Beim ISDN wird die leistungsfähige Zeichengabe über den D-Kanal bis zum Teilnehmerendgerät ausgedehnt. Auf SS.7 und D-Kanal kommen wir beim ISDN zurück.

### 6.2.5 Rechnergesteuerte digitale Vermittlung

In den sechziger Jahren kamen, beginnend mit dem amerikanischen System ESS.1, Vermittlungssysteme mit Steuerung durch zentrale Prozessrechner auf. Bild 6.2-7 zeigt Analogien zwischen Handvermittlung, Zentralsteuerung mit verdrahteter Logik (Beispiele Crossbar Nr.5, HE 60) und Prozessrechnersteuerung (Beispiel EWS 1 [60-5]). Das Koppelnetz wurde bei HE 60 durch Reed-Relais und bei EWS 1 durch ein speziell entwickeltes Relais („Stahlkontakt“, „Metallkontakt“) realisiert. Über diese Koppelelemente mit galvanischer Durchschaltung ließen sich Ruf, Mikrofonspeisung und andere Hochpegelsignale (z.B. 16-kHz-Gebührenanzeige) übertragen; damit konnte die klassische Systemstruktur mit Verbindungssätzen beibehalten werden. Aber beim nächsten Entwicklungsschritt, nämlich digitale Koppelnetze mit hochintegrierten Schaltungen, trat unvermittelt die so genannte BORSCHT-Problematik auf:

- Battery (Probleme der (Gleichstrom-)Speisung)
- Overload (Überlastung/Überspannungen/...)
- Ringing (Ruf mit Wechselspannungen von z.B. 70 V)
- Signalling (Signalisierung, Zeichengabe; z.B. Wahl usw.)
- Coding bzw. Clock (Probleme der Codierung bzw. Taktversorgung)
- Hybrid (Richtungstrennung, Gabel)
- Test (Leitungsprüfung).

Da die meisten dieser Funktionen nicht über Koppelnetze mit integrierten Schaltungen realisiert werden können, ist eine Zentralisierung in Verbindungssätzen nicht mehr möglich; der gesamte Aufwand muss in jeder Teilnehmerschaltung TS getrieben werden! Erst als geeignete Bausteine SLIC (Subscriber Line Interface Circuit) entwickelt werden konnten, kamen die Vorteile digitaler Koppelnetze voll zur Geltung. Zum

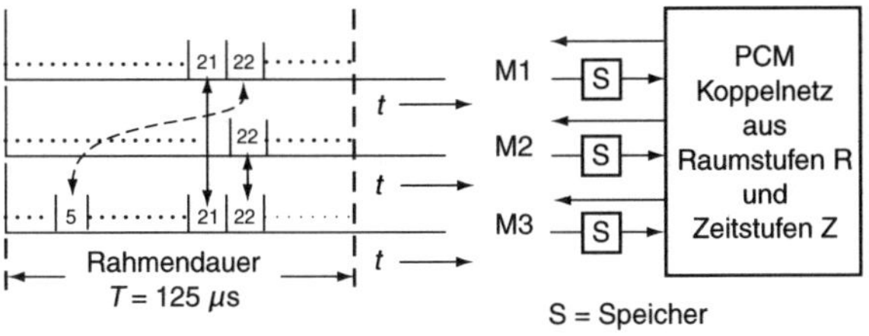


Bild 6.2-8
PCM-Vermittlung

besseren Verständnis wollen wir einige Grundlagen der PCM-Vermittlung kurz erläutern.

An einen Knoten eines digitalen Netzes seien viele PCM-Multiplex-Leitungen (M1, M2, ...) angeschlossen. Jedes derartige Multiplex habe $p$ Zeitlagen (z.B.: $p = 32$). Der Rahmen beginnt natürlich auf jeder ankommenden Multiplexleitung per Zufall zu einer anderen Zeit; bevor vermittelt werden kann, müssen die verschiedenen Rahmen durch Zwischenspeicher S zeitlich „auf Vordermann" gebracht werden (Bild 6.2-8). Elektronische Vermittlungseinrichtungen können in jeder Zeitlage unabhängig eine andere Durchschaltefunktion realisieren. Es seien diese Verbindungen bereits eingerichtet: M1 mit M3 in Zeitlage 21, und M2 mit M3 in Zeitlage 22. Nun kommt in Zeitlage 22 eine neue Verbindung auf M1, die nach M3 vermittelt werden soll, wo aber 22 bereits belegt ist. Da in M3 die Zeitlage 5 momentan frei ist, lässt sich eine Verbindung M1-M3 herstellen, wenn man das ankommende PCM-Wort zeitlich verzögern kann. Prinzipiell kann man

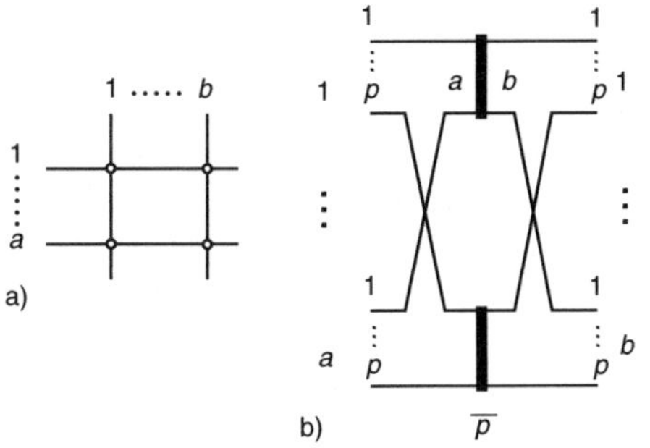


Bild 6.2-9 Koppelvielfach einer PCM-Raumstufe mit $a$ Zubringer- und $b$ Abnehmermultiplexleitungen mit jeweils $p$ Kanälen
a) zeitlich $p$-fach genutztes Koppelvielfach
b) Ersatzbild aus $p$ Koppelvielfachen

mit diesen beiden Grundbausteinen alle PCM-Koppelnetze aufbauen:

- Raumstufe R verbindet zwei Multiplexleitungen unter Beibehaltung der Zeitlage.
- Zeitstufe Z verbindet zwei Zeitlagen unter Beibehaltung der Multiplexleitung.

Wegen der zeitlichen Vielfachausnutzung haben diese elektronischen Koppelnetze eine erstaunliche Leistungsfähigkeit, wie wir uns am Beispiel Bild 6.2-9 klar machen wollen. Das elektronische Koppelvielfach a) erlaubt es, unabhängig in jeder Zeitlage eine andere Verbindung von Multiplexleitungen herzustellen; in b) wird es durch eine reine Raummultiplexanordnung ersetzt, die man also mit (z.B.) Flachrelais und NF-Kabeln mit $p$ Doppeladern aufbauen könnte. Natürlich wird man in der Praxis diesen Schritt zurück nicht bauen; man skizziert sich aber derartige räumliche Ersatzdarstellungen für verkehrstheoretische Untersuchungen, um einen besseren Überblick zu haben.

Bei der Deutschen Telekom sind derzeit die rechnergesteuerten Vermittlungssysteme EWSD von Siemens und System 12 von SEL im Einsatz [61-1] .

## 6.3 Nachrichtenverkehrstheorie

### 6.3.1 Einführung

Anhand von zwei Beispielen des täglichen Lebens wollen wir typische Fragestellungen kennenlernen, die mit Hilfe der Nachrichtenverkehrstheorie behandelt werden.

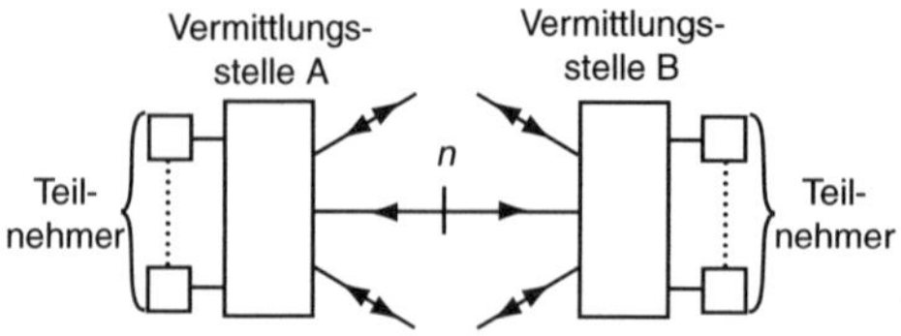


Bild 6.3-1 Ausschnitt aus einem Fernsprechnetz

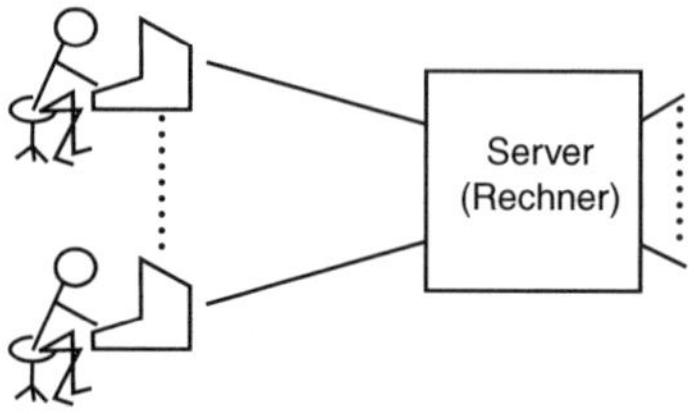


Bild 6.3-2 Client/Server-System mit Dialogbenutzern

**Beispiel:** Fernsprechsystem
Bild 6.3-1 zeigt ein Fernsprechsystem mit zwei Vermittlungsstellen A und B, die über ein Leitungsbündel miteinander verbunden sind. Die Teilnehmer erwarten, dass sie jederzeit mit den anderen Teilnehmern telefonieren können. Daraus folgt, dass die Anzahl der Leitungen *n* des Bündels genügend groß sein muss. Dieses Bündel ist also zu dimensionieren. Dabei muss das „Gesprächsbedürfnis“ der Teilnehmer ebenso wie die geforderte Verkehrsgüte berücksichtigt werden.

**Beispiel:** Rechnersystem
Bei einem Client/Server-System, bei dem die Benutzer über Tastatur und Bildschirm des Client-Rechners ihre Programme entwickeln und austesten (Bild 6.3-2), erwarten die Benutzer, dass sie nicht zu lange auf Systemreaktionen des Servers warten müssen (die Geduldsdauer liegt im Sekundenbereich). Deshalb ist es beim Planen eines solchen Client/Server-Systems notwendig, u.a. Kenntnisse über folgende Daten zu besitzen: Wie viele Benutzer wollen wie oft mit dem Server arbeiten; wie lange dauern jeweils Denkphasen; wie komplex sind die Aufträge, die der Server ausführen muss; wie groß ist die Geduldsdauer der Benutzer und welchen Verteilungen genügen die einzelnen Zeiten?

Zur quantitativen Behandlung solcher Fragestellungen müssen wir mathematische Modelle entwickeln. Die Beispiele zeigen, dass wir es mit statistischen Vorgängen zu tun haben. Durch Ankunfts- und Endeprozess beschreiben wir das Eintreffen neuer Bedienungswünsche bzw. das Enden von Bedienungen. Ferner müssen wir Systemeinflüsse, d.h. die Struktur und die Betriebsart des Systems, berücksichtigen. So müssen wir im obigen Beispiel Fernsprechsystem u.a. wissen, ob jeder Teilnehmer mit jeder freien Leitung verbunden werden kann oder nicht.

Im folgenden Abschnitt 6.3.2 wollen wir die Eigenschaften des Fernsprechverkehrs betrachten und anschließend daran die charakteristischen Verkehrsgrößen bestimmen.

## 6.3.2 Eigenschaften des Fernsprechverkehrs

Betrachten wir eine einzelne Leitung, so stellen wir auf dieser Belegungszeiten und dazwischen liegende Pausenzeiten unterschiedlicher Dauer fest. Eine gute Näherung für die Wahrscheinlichkeitsverteilung $F(t)$ der von den Teilnehmern verursachten Belegungsdauern ist die *negativ exponentielle Verteilung*. Wir bezeichnen mit $t_m$ die mittlere Belegungsdauer (Größenordnung: einige Minuten) und mit

$$\varepsilon = 1/t_{\mathrm{m}} \tag{6.3-1}$$

die Wahrscheinlichkeitsdichte für das Enden einer Belegung (*Enderate*). Dann wird

$$F(t) = \mathrm{e}^{-\frac{t}{t_{\mathrm{m}}}} = \mathrm{e}^{-\varepsilon t} \tag{6.3-2}$$

Dabei ist $F(t) = P(t_0 > t)$ die Wahrscheinlichkeit, dass die Dauer $t_0$ einer beliebigen Belegung größer als die Zeit $t$ ist. Entsprechend können wir die Teilnehmer (Quellen) betrachten. Die negativ exponentielle Verteilung ist auch für die Pausenzeiten der freien Quelle eine gute Näherung. Mit der *mittleren Pausenzeit* einer Quelle $a_m$ erhalten wir die Wahrscheinlichkeitsdichte für das Ende einer Pausenzeit dieser Quelle zu

$$\alpha = 1/a_{\mathrm{m}} \tag{6.3-3}$$

Dies ist auch die Wahrscheinlichkeitsdichte für das Eintreffen eines von dieser Quelle herrührenden Anrufs (*Anrufrate*). Damit ergibt sich die

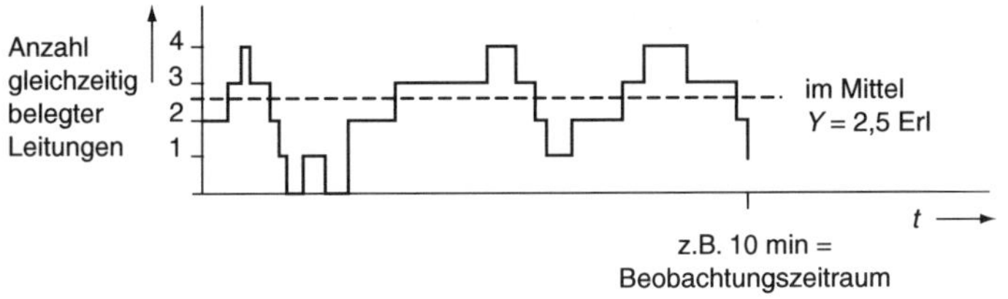


Bild 6.3-3
Belegungszustand eines Bündels mit $n = 4$ Leitungen

Wahrscheinlichkeitsverteilung für die Anrufabstände

$$F(t) = \mathrm{e}^{-\frac{t}{a_\mathrm{m}}} = \mathrm{e}^{-\alpha t} \qquad (6.3\text{-}4)$$

Nun interessiert uns in der Regel nicht eine bestimmte Quelle oder Leitung, sondern ein Bündel von Leitungen; wir fragen danach, wie viel Leitungen zu irgendeinem Zeitpunkt gleichzeitig belegt sind. Dadurch, dass fortwährend neue Belegungen hinzukommen und andere enden, ergibt sich das in Bild 6.3-3 dargestellte „Belegungsgebirge". Bild 6.3-4 zeigt die Wahrscheinlichkeitsverteilung für dieses Beispiel.

Von besonderer Bedeutung sind dabei die Zeiten, in denen alle Leitungen des Bündels belegt sind, in unserem Beispiel also das Gebirge den Wert 4 hat. Erhält das Bündel mit $n = 4$ Leitungen Belegungswünsche von $q > n$ Quellen angeboten, dann ist zu unterscheiden zwischen:

- *Verlustsystem*; hier treten Besetztfälle auf (der Teilnehmer hört den Besetztton). Die Belegungswünsche, die eintreffen, während alle $n$ Leitungen belegt sind, werden abgewiesen, sie gehen verloren.
- *Wartesystem*; hier werden, falls alle $n$ Leitungen belegt sind, die Belegungswünsche so lange gespeichert, bis eine bestehende Belegung endet. Dann wird für einen wartenden Belegungswunsch auf dieser frei gewordenen Leitung die Belegung durchgeschaltet. Für die Zahl der Warteplätze $s$ gilt:

  $s \geq q - n$
- *Warte-Verlustsystem*; im Gegensatz zum Wartesystem ist hier die Anzahl der Warteplätze $s < q - n$. Damit können, falls alle $n$ Leitungen belegt sind, die Belegungswünsche gespeichert werden. Sind zusätzlich alle $s$ Warteplätze belegt, dann werden eintreffende Belegungswünsche abgewiesen, sie gehen verloren.

Das Fernsprechsystem ist ein Verlustsystem bezüglich der Gesprächswünsche der Teilnehmer.

Das (Verkehrs-)Angebot (Definition s.u.) ist im Verlauf eines Tages recht unterschiedlich. Auf Grund der Lebensgewohnheiten gibt es grundsätzliche Unterschiede z.B. zwischen Ländern wie Spanien und Deutschland. Bild 6.3-5 zeigt das bei uns übliche Bild einer starken Vormittags- und einer etwas weniger stark ausgeprägten Nachmittagsspitze; außerdem kann man durch billigere Gebühren zu verkehrsschwachen Zeiten zu einer besseren Auslastung der Anlagen kommen. Die Bemessung der Bündel richtet sich nämlich nach dem Verkehrsangebot in der *Hauptverkehrsstunde* (HVStd.). In der HVStd. kann der Verkehr als stationär angenommen werden. Die folgenden Betrachtungen setzen deshalb stationäre Prozesse voraus.

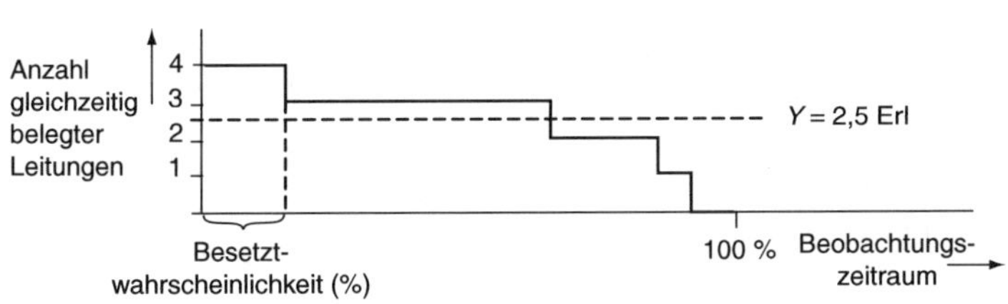


Bild 6.3-4
Wahrscheinlichkeitsverteilung für Belegungsgebirge nach Bild 6.3-3

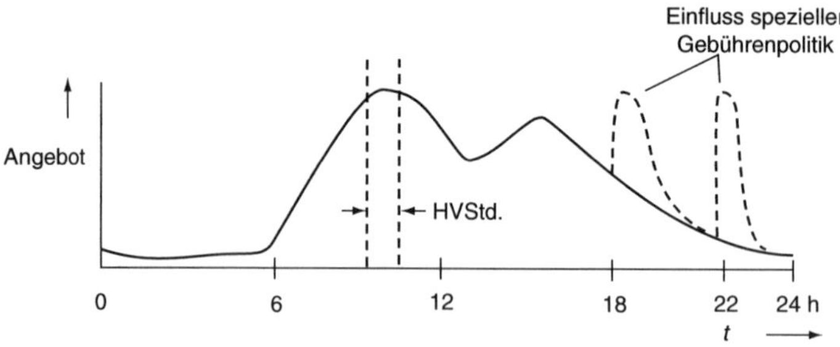


Bild 6.3-5
Tageszeitliche Verteilung des Angebots

Von den in der HVStd. angebotenen Belegungswünschen (Anzahl $c_A$) darf nur ein kleiner Prozentsatz $B$ auf Besetzt stoßen und damit – beim Verlustsystem – verloren gehen (Anzahl $c_V$). Es ist nicht nur der Wunsch, dem Teilnehmer einen qualitativ hochwertigen Dienst anzubieten, der zu kleinen Werten des Verlustes $B$ zwingt. Da der Teilnehmer im Besetztfall oft sofort noch ein oder mehrere Male wählt – diese nachfolgenden Belegungswünsche sind also von den vorherigen direkt abhängig – , besteht bei größeren Verlusten die Gefahr des weiteren Anwachsens der Verluste durch „wilden Verkehr" (dauernde Wählversuche).

## 6.3.3 Verlustsysteme

### 6.3.3.1 Charakteristische Verkehrsgrößen

Die Differenz zwischen den angebotenen und den abgewiesenen und damit verloren gegangenen Belegungswünschen ergibt die Anzahl $c_Y$ der tatsächlich zustande gekommenen Belegungen

$$c_Y = c_A - c_V \tag{6.3-5}$$

Wenn wir den Wert $t_m$ (mittlere Dauer einer Belegung) kennen, dann ergibt sich die *Belastung Y* des Bündels, also die mittlere Anzahl gleichzeitig bestehender Belegungen, zu

$$Y = c_Y \cdot t_m \tag{6.3-6}$$

Da $c_Y$ die Dimension 1/Zeit hat (Belegungen pro HVStd.), ergibt sich für $Y$ die Dimension Zeit/Zeit. Die Belastung ist demnach dimensionslos. Man hat nun aus den gleichen Gründen wie bei Neper und Bell trotzdem eine Einheit eingeführt, welche sofort anzeigt, dass es sich um verkehrstheoretische Bemessungen handelt: das *Erlang* (Erl), nach dem dänischen Verkehrstheoretiker A. K. Erlang (1878 – 1929). Es gilt

$$\frac{1\ \text{(Belegungs-) Stunde}}{1\ \text{(Hauptverkehrs-) Stunde}} = 1\frac{\text{h}}{\text{h}} = 1\,\text{Erl} \tag{6.3-7}$$

Eine dauernd belegte Leitung leistet 1 Erl. Im Beispiel Bild 6.3-4 ist $Y$ = 2,5 Erl. Der Belastungswert $Y$, für den gerade ein der Rechnung vorgegebener Verlust eintritt, wird als Leistung bezeichnet; Symbol ebenfalls $Y$.

Während man die Belastung messen kann, sind das *Angebot A* und der *Verkehrsrest R* reine Rechengrößen:

$$A = c_A \cdot t_m \tag{6.3-8}$$

$$R = c_V \cdot t_m \tag{6.3-9}$$

Für den *Verlust* gibt es eine Definition, die sich auf die geleisteten Belegungen bezieht:

$$V = \frac{c_V}{c_Y} = \frac{R}{Y} \tag{6.3-10}$$

Heute benutzt man in der Regel den Verlust

$$B = \frac{c_V}{c_A} = \frac{R}{A} \tag{6.3-11}$$

Beide Verlustdefinitionen hängen nach Gl. (6.3-5) zusammen:

$$B = \frac{V}{1+V} \tag{6.3-12}$$

Im folgenden Abschnitt wollen wir die Wahrscheinlichkeitsverteilung ableiten, aus der wir entnehmen können, für wie viel Prozent des Beobachtungsintervalls keine oder eine usw. oder insbesondere alle Leitungen des Bündels belegt sind, vgl. Bild 6.3-4.

### 6.3.3.2 Herleitung der Erlang'schen Verlustformel

Wir legen jetzt *Systeme mit vollkommener Erreichbarkeit* zu Grunde, d. h. jede Quelle kann mit jeder freien Leitung verbunden werden. (In Bild 6.3-7 sind die Quellen auf der *i*-Seite des Koppelvielfachs angeschlossen, die Leitungen der *k*-Seite bilden das vollkommen erreichbare Abnehmerbündel.)

Wir leiten die Verteilungsfunktion $P(x)$ für die Bündelbelegung her. Dazu gehen wir von einem beliebigen Zustand „$x$ Leitungen belegt" aus ($0 \le x \le n$). Im stationären Zustand gilt das statistische Gleichgewicht; es besagt:

> Wahrscheinlichkeitsdichte für das Verlassen des Zustandes „$x$ Leitungen belegt"
>
> =
>
> Wahrscheinlichkeitsdichte für das Entstehen des Zustandes „$x$ Leitungen belegt" aus allen Nachbarzuständen

Die Zustandsübergänge werden durch das Eintreffen von Anrufen (Belegungswünschen) bzw. das Enden von Belegungen verursacht.

So geht beispielsweise der Zustand „4 Leitungen belegt" durch das Enden einer Belegung in den Nachbarzustand „3 Leitungen belegt" über; der umgekehrte Übergang erfolgt durch das Eintreffen eines Anrufs, vgl. Bild 6.3-3.

Wir bezeichnen die Übergangsraten im Zustand „$x$ Leitungen belegt" mit

$\lambda_x$ herrührend von eintreffenden Anrufen

$\varepsilon_x$ herrührend von endenden Belegungen

Damit erhalten wir

$$P(x)\,(\lambda_x + \varepsilon_x) = P(x+1)\,\varepsilon_{x+1} + P(x-1)\,\lambda_{x-1} \tag{6.3-13}$$

Dies stellt eine Rekursionsformel für die Zustandswahrscheinlichkeit $P(x)$ dar:

$$P(1) = P(0)\frac{\lambda_0}{\varepsilon_1}$$

$$P(2) = P(1)\frac{\lambda_1 + \varepsilon_1}{\varepsilon_2} - P(0)\frac{\lambda_0}{\varepsilon_2} = P(0)\frac{\lambda_0\,\lambda_1}{\varepsilon_1\,\varepsilon_2}$$

$$\vdots$$

$$P(x) = P(0)\frac{\lambda_0\,\lambda_1 \ldots \lambda_{x-1}}{\varepsilon_1\,\varepsilon_2 \ldots \varepsilon_x} = P(0)\prod_{\nu=0}^{x-1}\frac{\lambda_\nu}{\varepsilon_{\nu+1}} \tag{6.3-14}$$

Da stets ein Zustand existiert, gilt

$$\sum_{x=0}^{n} P(x) = 1 \tag{6.3-15}$$

setzen wir Gl. (6.3-14) ein, dann erhalten wir

$$P(0) = \frac{1}{1 + \sum_{i=1}^{n}\prod_{\nu=0}^{i-1}\frac{\lambda_\nu}{\varepsilon_{\nu+1}}} \tag{6.3-16}$$

und damit aus Gl. (6.3-14) die Zustandswahrscheinlichkeit $P(x)$ zu

$$P(x) = \frac{\prod_{\nu=0}^{x-1}\frac{\lambda_\nu}{\varepsilon_{\nu+1}}}{1 + \sum_{i=1}^{n}\prod_{\nu=0}^{i-1}\frac{\lambda_\nu}{\varepsilon_{\nu+1}}} \tag{6.3-17}$$

Zum Auswerten von Gl. (6.3-17) müssen wir noch die Übergangsraten $\lambda_x$ und $\varepsilon_x$ bestimmen. Wir betrachten zunächst den Fall endliche Zahl von Quellen. Diesen Verkehrstyp (endliche Quellenzahl $q$ mit konstanter Anrufrate $\alpha = 1/a_\mathrm{m}$ je freier Quelle (Gl. (6.3-3)); konstante Enderate $\varepsilon = 1/t_\mathrm{m}$ jeder Belegung (Gl. (6.3-1))) bezeichnet man als *Zufallsverkehr 2. Art*.

Mit $q$ Quellen erhalten wir

$$\lambda_x = (q - x)\, \alpha \text{ und } \varepsilon_x = \varepsilon \cdot x = x / t_m \qquad (6.3\text{-}18)$$

und damit aus Gl (6.3-17) die gesuchte Verteilungsfunktion für die Bündelbelegung. Sie wird als *Erlangs Bernoulli Formel* bzw. *Engset-Formel* bezeichnet.

$$P(x) = \frac{(\alpha\, t_m)^x \binom{q}{x}}{\sum_{i=0}^{n} (\alpha\, t_m)^i \binom{q}{i}} \qquad (6.3\text{-}19)$$

Mit den in 6.3.3.1 gegebenen Definitionen können die charakteristischen Verkehrsgrößen bestimmt werden. Für die Belastung $Y$ ergibt sich nach Gl. (6.3-6)

$$Y = c_Y \cdot t_m = \sum_{x=0}^{n} x \cdot P(x) \qquad (6.3\text{-}20)$$

Zum Ermitteln des Angebots nach Gl. (6.3-8) müssen wir zunächst $c_A$ bestimmen. Die Anzahl der im Zustand $x$ angebotenen Belegungswünsche $c_{Ax}$ ergibt sich aus der Wahrscheinlichkeit $P(x)$ multipliziert mit der Anrufrate $\lambda_x$ gemäß Gl. (6.3-18)

$$c_{Ax} = \alpha (q - x) \cdot P(x)$$

Hieraus ergibt sich

$$A = c_A \cdot t_m = \sum_{x=0}^{n} c_{Ax} \cdot t_m = \alpha\, t_m \sum_{x=0}^{n} (q - x) \cdot P(x) \qquad (6.3\text{-}21a)$$

und mit den Gln. (6.3-15) und (6.3-20)

$$A = \alpha \cdot t_m \cdot (q - Y) \qquad (6.3\text{-}21b)$$

Entsprechend ergibt sich der Verkehrsrest $R$ nach Gl. (6.3-9) zu

$$R = c_V \cdot t_m = \alpha \cdot t_m \cdot (q - n) \cdot P(n) \qquad (6.3\text{-}22)$$

und der Verlust $B$ aus Gl. (6.3-11)

$$B = \frac{c_V}{c_A} = \frac{q - n}{q - Y} \cdot P(n) \qquad (6.3\text{-}23)$$

Zum Berechnen der charakteristischen Verkehrsgrößen ist es oft zweckmäßig, die Summation zu umgehen. Man erhält aus Gl. (6.3-5)

$$Y = A - R = \frac{\alpha\, t_m}{1 + \alpha\, t_m} [q - (q - n) \cdot P(n)]$$

**Beispiel:**
Wir betrachten ein Bündel mit $n = 4$ Leitungen, dem von $q \geq 4$ Quellen Verkehr angeboten wird. Wir legen ein Angebot $\alpha\, t_m$ je freier Quelle zu Grunde, so dass das Gesamtangebot $A = 2{,}5$ Erl wird. Dann erhalten wir aus den Gl. (6.3-17) bis (6.3-23) für verschiedene Werte von $q$:

| $q$ | $\alpha\, t_m$ | $A/q$ | $Y$ | $B$ | $P(n)$ |
|---|---|---|---|---|---|
| | Erl | Erl | Erl | % | % |
| 4 | 1,67 | 0,625 | 2,5 | 0 | 15,3 |
| 5 | 0,94 | 0,498 | 2,35 | 5,5 | 14,6 |
| 6 | 0,67 | 0,414 | 2,29 | 7,8 | 14,5 |
| 10 | 0,32 | 0,249 | 2,21 | 11,4 | 14,7 |

Wir erkennen, dass mit steigender Zahl von Quellen der Verlust ansteigt, da die Anzahl der noch freien Quellen bei voll belegtem Bündel zunimmt; jedoch ist stets $B < P(n)$. Dementsprechend nähert sich das Angebot je Quelle $A/q$ dem Angebot je freier Quelle $\alpha t_m$ an.

Im praktischen Fall ist die Zahl $q$ der Quellen häufig sehr groß ($q \to \infty$), die Anrufrate $\alpha$ je freier Quelle klein ($\alpha \to 0$) und der Grenzwert

$$\lim_{\substack{q \to \infty \\ \alpha \to 0}} \alpha\, q = \lambda = \text{const.} \qquad (6.3\text{-}24)$$

Dieser Verkehrstyp (konstante Anrufrate $\lambda$; konstante Enderate $\varepsilon = 1/t_m$ jeder Belegung (Gl. (6.3-1))) wird als *Zufallsverkehr 1. Art* bezeichnet.

Für das Angebot $A$ gilt damit

$$A = \lambda \cdot t_m \qquad (6.3\text{-}25)$$

Aus Gl. (6.3-19) erhalten wir mit Gl. (6.3-24) und Gl. (6.3-25) die *Erlang'sche Verteilung*

$$P(x) = \frac{\frac{A^x}{x!}}{\sum_{i=0}^{n} \frac{A^i}{i!}} \qquad (6.3\text{-}26)$$

Ein Verlust tritt auf, wenn alle $n$ Leitungen belegt sind. Für $x = n$ erhält man die Verlustwahrscheinlichkeit (*Erlang'sche Verlustformel*):

$$B = E_n = P(n) = \frac{\frac{A^n}{n!}}{1 + A + \frac{A^2}{2!} + \cdots + \frac{A^n}{n!}} \qquad (6.3\text{-}27)$$

**Beispiel:**
Gegeben ist wie im obigen Beispiel ein Bündel mit $n = 4$ Leitungen und ein Angebot $A = 2{,}5$ Erl. Wie groß ist der Verlust? (Wir betrachten damit den Grenzfall des obigen Beispiels für $\lim\limits_{\substack{q \to \infty \\ \alpha \to 0}} \alpha\, q = \lambda = \text{const.}$)

$$B = E_4 = P(4) = \frac{\frac{2{,}5^4}{4!}}{1 + 2{,}5 + \frac{2{,}5^2}{2!} + \frac{2{,}5^3}{3!} + \frac{2{,}5^4}{4!}} = 15\%$$

Im Mittel wird also in diesem Fall ungefähr jeder sechste Verbindungswunsch nicht erfüllt.

In der Praxis wird man den Verlust nicht selbst ausrechnen, sondern vorhandene Tabellen bzw. Programme benutzen. Diese Tabellen geben z.B. in Abhängigkeit von der Zahl der Abnehmerleitungen $n$ das zulässige Angebot $A$ für vorgegebene Werte des Verlustes $B$. Bild 6.3-6 zeigt einen Ausschnitt aus einer Tabelle für vollkommene Erreichbarkeit $k = n$ (vgl. Bild 6.3-7).

Wir entnehmen daraus die grundlegende *Erkenntnis, dass Leitungen in großen Bündeln wesentlich besser ausgenutzt werden* als in kleinen. Dies ist eine Tatsache, die wir aus dem Alltagsleben längst kennen.

**Beispiel:**
Wir betrachten eine Gruppe von Telefonzellen (Anzahl $n$) an einer Straßenecke. Dabei nehmen wir an, dass die

| | Angebot $A$ in Erl für $B$ = | | |
|---|---|---|---|
| $N$ | 0,1% | 1% | 5% |
| 1 | 0,00 | 0,01 | 0,05 |
| 2 | 0,05 | 0,15 | 0,38 |
| 3 | 0,19 | 0,46 | 0,90 |
| 5 | 0,76 | 1,36 | 2,22 |
| 10 | 3,09 | 4,46 | 6,22 |
| 100 | 75,20 | 84,10 | 95,20 |

Bild 6.3-6 Bemessung vollkommen erreichbarer Bündel in Verlustsystemen

Benutzer wieder weggehen, wenn alle Zellen besetzt sind, d.h. weitere Belegungswünsche gehen dann verloren (Verlustsystem). Wir betrachten das zulässige Angebot, wenn neue Belegungswünsche nur in $B = 5\ \%$ der Fälle alle Zellen besetzt vorfinden sollen.
Wenn wir einen so guten Service bieten wollen, dann muss die Zahl der Zellen $n$ entsprechend groß sein, um große Verkehrsangebote $A$ zulassen zu können.

- Bei nur einer Zelle ist $A = 0{,}05$ Erl, das bedeutet nach Gl. (6.3-8): Bei einer mittleren Gesprächsdauer $t_m = 3$ min $= {}^1/_{20}$ h ist nur ein Belegungswunsch in der HVStd. zulässig!
- Bei $t_m = 0{,}5$ min darf $c_A = 6$ /h sein. Die Zelle ist sehr schlecht ausgenutzt: $A = 0{,}05$ Erl $\approx Y$, d.h. sie ist in der HVStd. weniger als 3 min in Benutzung.
- Bei $n = 5$ Zellen steigt das zulässige Angebot rapide an: Um vergleichen zu können rechnen wir das Angebot pro Zelle: $A/n = 2{,}22$ Erl/5 $\approx 0{,}44$ Erl. Die einzelne Zelle ist somit im Mittel für mehr als 40 % der Zeit belegt. Die Ausnutzung hat sich also mehr als verachtfacht.

### 6.6.3.3 Berechnung von Verlustsystemen

Neben den bisher betrachteten vollkommen erreichbaren Bündeln und einstufigen Koppelanordnungen mit $k = n$ Abnehmerleitungen (Bild 6.3-7) werden in der Praxis vielfach einstufige Koppelanordnungen mit begrenzter Erreichbarkeit $k < n$ bzw. mehrstufige Koppelanordnungen eingesetzt. Hierfür gibt es verschiedene Gründe, u.a.:

- konstruktive Beschränkungen für die Größe der Koppelvielfache (Bild 6.3-7)

Koppelpunkt (KP): Schaltmittel, über das zwei Leitungen zusammengeschaltet werden (Durchschaltung i. Allg. mehrerer Adern, z.B. 2 oder 4 Sprech- und evtl. einer oder mehr Prüfadern)

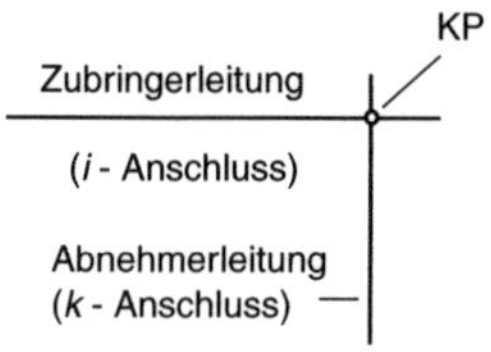


Koppelreihe: mehrere KP, deren *i*-Anschlüsse (siehe Bild) *oder* deren *k*-Anschlüsse gevielfacht sind

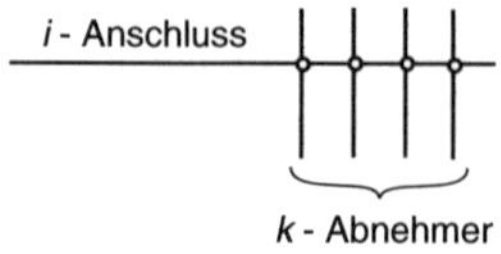


Koppelvielfach (Zubringerteilgruppe): Mehrere Koppelreihen, die so parallel geschaltet sind, dass jede an die *i*-Seite angeschaltete Leitung jede Leitung der *k*-Seite erreichen kann.
Alternative Symbole für Koppelvielfach:

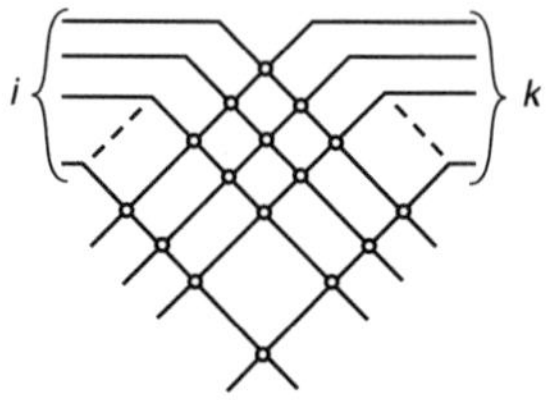

Mischung: verschiedenartige Zusammenschaltung der *k* Ausgänge von *g* Zubringerteilgruppen. Die zusammengeschalteten Ausgänge führen auf die *n* Leitungen des Abnehmerbündels.
Alternatives Symbol der Mischung:

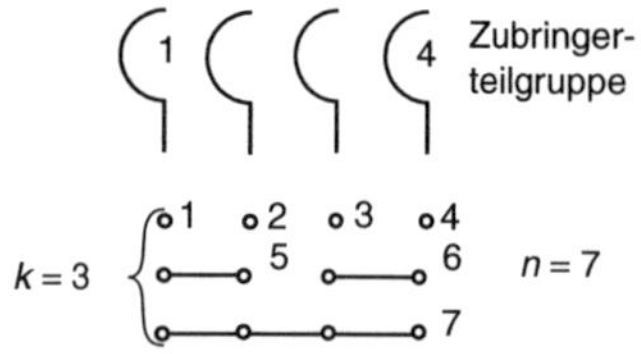


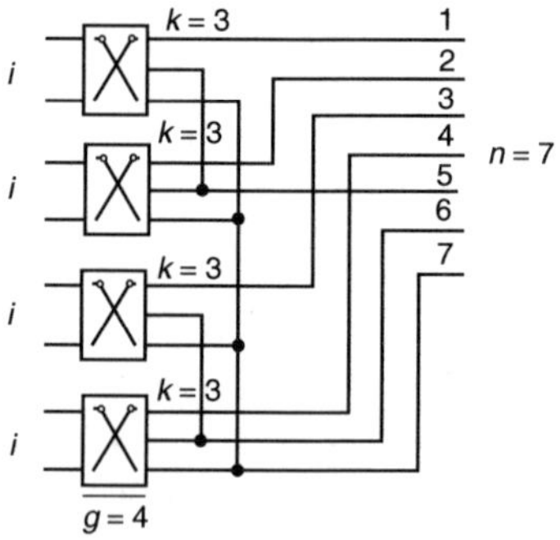


Bild 6.3-7 Begriffe bei Koppelanordnungen

- teure Koppelpunkte
- fehlende Zeit zum Absuchen des Abnehmerbündels.

Ein wichtiges Hilfsmittel, um auch bei $k < n$ leistungsfähige Koppelanordnungen zu erhalten, ist die so genannte *Mischung*. Durch sie erreicht man vor allem einen Ausgleich zwischen verschiedenen Zubringerteilgruppen (Bild 6.3-7), wenn diese – wie praktisch unvermeidbar – unterschiedlich große Verkehrsangebote bringen (z.B. wenn direkt Teilnehmer angeschlossen sind).

Bild 6.3-7 zeigt ein einfaches Beispiel. Jedes Koppelvielfach (KVf) erlaubt es, von irgendeiner der $i$ Leitungen der Zubringerteilgruppe auf einen der $k = 3$ Ausgänge durchzuschalten. Betrachten wir die 3 Ausgänge eines KVf und erinnern uns an die Wahrscheinlichkeitsverteilung in Bild 6.3-4, so können wir sagen, dass je KVf fast dauernd wenigstens ein Ausgang benutzt wird. Wir tragen dem dadurch Rechnung, dass jedes KVf eine Leitung des Abnehmerbündels (1 bis 4) für sich allein zugeordnet erhält. Die Abnehmerleitungen 5 und 6 können von je 2 KVf aus erreicht werden und 7 dient als „Lumpensammler“. Das Abnehmerbündel hinter der Koppelanordnung mit begrenzter Erreichbarkeit ist ein unvollkommen erreichbares Bündel. Bild 6.3-7 soll nur das Prinzip der Mischung erläutern; in der Praxis werden $k$ und $n$ größer sein und die „Mischpläne“ werden recht kompliziert.

Für die Berechnung von Koppelanordnungen mit $n$ Abnehmerleitungen und der Erreichbarkeit $k$ wurden Näherungsformeln entwickelt. Die *Modifizierte-Palm-Jacobaeus-(MPJ-)Formel* gilt für Zufallsverkehr 1. Art und lautet in der iterativen Schreibweise

$$B(k,n) = \frac{E_n(A_0)}{E_{n-k}(A_0)} \qquad (6.3\text{-}28)$$

mit $E_n$ und $E_{n-k}$ nach Gl. (6.3-27). Bei vorgegebener Belastung $Y$ ist das Angebot $A_0$ iterativ so zu bestimmen, dass

$$Y = A_0(1 - E_n(A_0)) \qquad (6.3\text{-}29)$$

gilt. Der tatsächlich angebotene Verkehr $A$ errechnet sich dann aus der Belastung $Y$ und dem Verlust $B$ zu

$$A = \frac{Y}{1-B} \qquad (6.3\text{-}30)$$

Diese Formel wurde an die verschiedensten Mischungstypen angepasst und tabelliert [63-7]. Bild 6.3-8 zeigt einen Ausschnitt aus einer Tabelle.

In indirekt gesteuerten Systemen werden mehrstufige Koppelanordnungen, sog. *Linksysteme* (Link = Zwischenleitung), eingesetzt, um noch mehr teure Koppelpunkte im Sprechwegenetz zu sparen. Bild 6.3-9 zeigt ein einfaches Beispiel eines Linksystems mit $s = 2$ Stufen. Die Steuerung schaltet die einzelnen Koppelpunkte erst dann durch, wenn ein freier Weg durch das Linksystem gefunden wurde. Auch hierfür wurden Näherungsformeln entwickelt. Folgender Grundgedanke hat sich dabei durchgesetzt: Abbildung des Linksystems auf eine einstufige Koppelanordnung mit der verkehrsabhängigen, *effektiven Erreichbarkeit* $k_{\text{eff}}$. Je nachdem, ob die Steuerung

| | Angebot $A$ in Erl für $B$ = 1% und $k$ = | | |
|---|---|---|---|
| $N$ | 3 | 10 | $N$ |
| 3 | 0,46 | | 0,46 |
| 5 | 0,87 | | 1,36 |
| 10 | 1,91 | 4,46 | 4,46 |
| 25 | 4,77 | 13,2 | 16,1 |
| 50 | 9,54 | 28,6 | 37,9 |

Bild 6.3-8 Ausschnitt aus einer Tabelle für Koppelanordnungen mit begrenzter Erreichbarkeit

eine Verbindung zwischen dem Eingang und einem fest vorgegebenen Ausgang herzustellen hat (Punkt-Punkt-Markierung) oder zu einem beliebigen Ausgang des betreffenden Richtungsbündels (Punkt-Bündel-Markierung), ergeben sich wesentlich unterschiedliche Bedingungen [63-8]. Für die einfache Anwendung in der Praxis wurden Tabellen und Diagramme für die Dimensionierung von Linksystemen unter den verschiedensten Anforderungen entwickelt [63-7b].

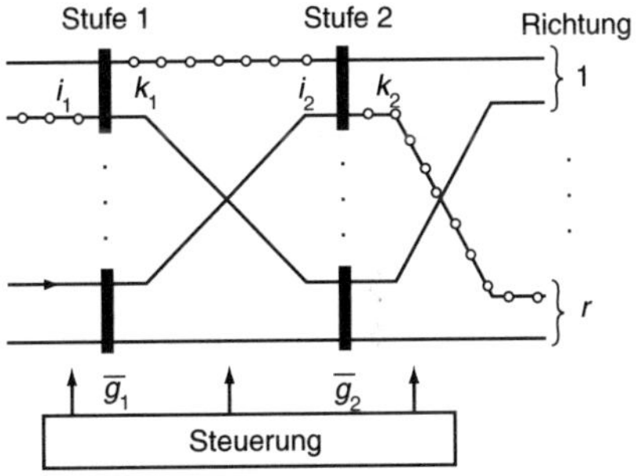


Bild 6.3-9 Linksystem mit $s$ = 2 Stufen

Bestehende Verbindung zum Abnehmerbündel in Richtung $r$. Dadurch hat das KVf 1 der Stufe 2 keinen freien Ausgang mehr in Richtung $r$.

Neuer Verbindungswunsch in Richtung $r$. Die Steuerung erkennt, dass KVf 1 der Stufe 2 blockiert ist in Richtung $r$ und schaltet deshalb die Verbindung über ein anderes KVf der Stufe 2 durch.

Eine Verbindung zwischen zwei Teilnehmern wird praktisch immer über mehrere Wahlstufen in Reihe aufgebaut; es gibt entsprechend viele Stellen, wo Verluste auftreten können. Der Teilnehmer, der die Verbindung aufbaut, ist daran interessiert, dass der Gesamtverlust in erträglichen Grenzen bleibt, also $B_{ges} \ll 1$. Ist dies gegeben, und sind $B_1$, $B_2$, … die bekannten und voneinander unabhängigen Verluste in den einzelnen Wahlstufen, so ist der gesamte Verlust

$$B_{ges} \approx B_1 + B_2 + \ldots \quad (6.3\text{-}31)$$

**Beispiel:**
Zum Beweis von Gl (6.3-31) soll der Gesamtverlust $B_{ges}$ bei drei hintereinander liegenden Wahlstufen mit kleinen Einzelverlusten $B_1$, $B_2$, $B_3$ berechnet werden.

Die Wahrscheinlichkeit, dass der Aufbauversuch durch die erste Stufe kommt, ist $(1 - B_1)$. Eine erfolgreiche Verbindung muss alle Stufen überwinden, sowohl die erste, als auch die zweite, als auch die dritte. Sind die Verluste der Einzelstufen voneinander unabhängig, so ist die Wahrscheinlichkeit, dass in allen Bündeln jeweils eine freie Leitung gefunden wird:

$$\begin{aligned}(1-B_{ges}) &= (1-B_1)(1-B_2)(1-B_3) = \\ &= 1 - B_1 - B_2 - B_3 + B_1B_2 + B_1B_3 + \\ &\quad + B_2B_3 - B_1B_2B_3\end{aligned}$$

Bei kleinen Verlusten können die Glieder höherer Ordnung vernachlässigt werden, wodurch Gl. (6.3-31) entsteht.

## 6.3.4 Wartesysteme

### 6.3.4.1 Beschreibung und charakteristische Größen

Während Fernsprechsysteme bezüglich der Gesprächswünsche als Verlustsysteme arbeiten, finden wir Wartesysteme z. B. bei

- Paketvermittlungssystemen
- der Anschaltung zentraler Glieder in der Steuerung von Fernsprechsystemen
- Datenverarbeitungsanlagen
- verteilten Steuerungen.

Bei Wartesystemen wird eine Kurzbezeichnung verwendet, aus der der Ankunftsprozess, der Bedienungsprozess und die Anzahl der Bedienungseinheiten hervorgehen. Dazu werden die stochastischen Prozesse klassifiziert. Ein Prozess, bei dem der zukünftige Verlauf nur vom momentanen Zustand abhängt (Prozess ohne Nachwirkung), wird als *Markoff-Prozess* bezeichnet (A. A. Markoff, russischer Mathematiker 1856–1922). Zufallsverkehr 1. Art und Zufallsverkehr 2. Art sind Markoff-Prozesse. Das in Bild 6.3-10 gezeigte Wartesystem wird als *M*/*M*/*n*-System bezeichnet.

**Beispiel:**
Zum Auslösen (Abbau) einer Verbindung in einem Linksystem wird eine konstante Zeit benötigt. Befindet sich vor der Steuerung ein Wartespeicher, so wird dieses System als *M*/*D*/1-System bezeichnet:
- *M*: Markoff-Ankunftsprozess, negativ exponentiell verteilte Ankunftsabstände
- *D*: konstante Bedienungsdauer (*D* = deterministic)
- 1: eine Bedienungseinheit

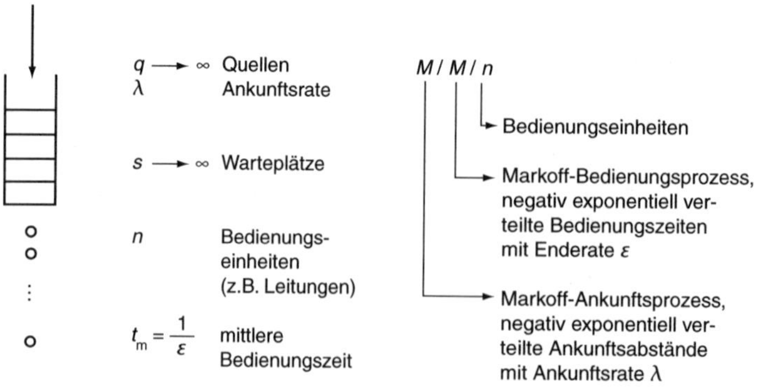


Bild 6.3-10
Wartesystem und seine Kurzbezeichnung

Bei den folgenden Betrachtungen beschränken wir uns, der Einfachheit halber, auf negativ exponentielle Verteilungen (Markoff-Prozesse) und reine Wartesysteme ($s \to \infty$).

Bezeichnen wir im System nach Bild 6.3-10 mit $x$ die Anzahl von Bedienungswünschen (Rufen) im System, d.h. Bediente und Wartende, dann erhalten wir für Zufallsverkehr 1. Art im Zustand $x$

$$\lambda_x = \lambda$$

$$\varepsilon_x = \begin{cases} x\,\varepsilon & \text{für } 0 \le x \le n \\ n\,\varepsilon & \text{für } n \le x < \infty \end{cases} \tag{6.3-32}$$

und mit Gl. (6.3-25) aus Gl. (6.3-14)

$$P(x) = \begin{cases} P(0)\dfrac{A^x}{x!} & \text{für } 0 \le x \le n \\ P(0)\dfrac{A^n}{n!}\left(\dfrac{A}{n}\right)^{x-n} & \text{für } n \le x < \infty \end{cases} \tag{6.3-33}$$

Mit der Bedingung: Summe aller Wahrscheinlichkeiten ist gleich 1 (Gl. 6.3-15), erhalten wir aus Gl. (6.3-16)

$$P(0) = \frac{1}{\sum\limits_{i=0}^{n-1} \dfrac{A^i}{i!} + \dfrac{A^n}{n!} \sum\limits_{i=n}^{\infty} \left(\dfrac{A}{n}\right)^{i-n}} \tag{6.3-34}$$

Da im Wartesystem alle Rufe bedient werden, muss das Angebot $A$ kleiner als die Anzahl $n$ der Bedienungseinheiten sein, damit Stationarität gegeben ist. Für $A/n < 1$ gilt

$$\sum_{i=0}^{\infty} \left(\frac{A}{n}\right)^i = \frac{1}{1 - \dfrac{A}{n}} = \frac{n}{n-A} \tag{6.3-35}$$

(Für $A/n > 1$ würden im Mittel mehr Rufe eintreffen, als bedient werden können, die Anzahl der Wartenden würde immer größer, der Prozess somit instationär.)

Damit wird

$$P(0) = \frac{1}{\sum\limits_{i=0}^{n-1} \dfrac{A^i}{i!} + \dfrac{A^n}{n!} \cdot \dfrac{n}{n-A}} \tag{6.3-36}$$

In parameterfreier Darstellung ergeben sich die Zustandswahrscheinlichkeit $P(x)$, wenn man $P(0)$ nach Gl.(6.3-36) in Gl. (6.3-33) einsetzt.

Für die charakteristischen Verkehrsgrößen gelten die in Abschnitt 6.3.3.1 gegebenen Definitionen. Der Verlust ist jedoch 0, da alle eingetroffenen Rufe auch bedient werden; Angebot $A$ = Belastung $Y$

$$A = Y = \sum_{x=0}^{n-1} x\,P(x) + n \sum_{x=n}^{\infty} P(x) \tag{6.3-37}$$

Zusätzlich kommen hier weitere Kenngrößen dazu. Die *Wartewahrscheinlichkeit* $W$ ist das Verhältnis der wartenden Rufe $c_W$ zu allen Rufen $c_A$

$$W = \frac{c_W}{c_A} = \frac{\sum\limits_{x=n}^{\infty} P(x) \cdot \lambda}{\sum\limits_{x=0}^{\infty} P(x) \cdot \lambda} = \sum_{x=n}^{\infty} P(x) \tag{6.3-38}$$

mit $P(x)$ nach Gl. (6.3-33) und mit Gl. (6.3-35) ergibt sich

$$W = P(0)\frac{A^n}{n!} \sum_{x=n}^{\infty} \left(\frac{A}{n}\right)^{x-n} = \frac{A^n}{n!} \cdot \frac{n}{n-A} \cdot P(0)$$

und daraus mit $P(0)$ nach Gl. (6.3-36) die *Erlang-Warteformel*

$$W = \frac{\dfrac{A^n}{n!} \dfrac{n}{n-A}}{\sum\limits_{i=0}^{n-1} \dfrac{A^i}{i!} + \dfrac{A^n}{n!} \cdot \dfrac{n}{n-A}} \tag{6.3-39}$$

Neben der Belastung der Bedienungseinheiten interessiert die *Belastung $\Omega$ des Wartespeichers* (Wartebelastung). Sie ist gleich der mittleren Anzahl belegter Warteplätze (mittlere Warteschlangenlänge)

$$\Omega = \sum_{x=n}^{\infty}(x-n)P(x) = P(0)\frac{A^n}{n!}\sum_{x=n}^{\infty}(x-n)\left(\frac{A}{n}\right)^{x-n}$$

mit

$$\sum_{x=n}^{\infty} i\left(\frac{A}{n}\right)^{i} = \frac{\frac{A}{n}}{\left(1-\frac{A}{n}\right)^2} = \frac{A\cdot n}{(n-A)^2} \qquad (6.3\text{-}40)$$

ergibt sich

$$\Omega = P(0)\cdot\frac{A^n}{n!}\cdot\frac{A\cdot n}{(n-A)^2} = \frac{W\cdot A}{n-A} \qquad (6.3\text{-}41)$$

Bei der mittleren Wartezeit wird unterschieden zwischen

- der mittleren Wartezeit $w_1$ bezogen auf alle eintreffenden Rufe

$$w_1 = \frac{\Omega}{\lambda} = \frac{W\cdot A}{n-A}\cdot\frac{1}{\lambda} \qquad (6.3\text{-}42)$$

  normiert auf die mittlere Bedienungszeit $t_m$

$$w_1^* = \frac{w_1}{t_m} = \frac{W}{n-A}$$

- der mittleren Wartezeit $t_w$ bezogen auf alle wartenden Rufe

$$t_w = \frac{\Omega}{\lambda\cdot W} = \frac{w_1}{W} = \frac{A}{n-A}\cdot\frac{1}{\lambda} \qquad (6.3\text{-}43)$$

  normiert auf die mittlere Bedienungszeit $t_m$

$$t_w^* = \frac{1}{n-A}$$

**Beispiel:**
Eine Datenverarbeitungsanlage ist an ein Rechnernetz angeschlossen. Die Aufträge treffen mit einer Ankunftsrate $\lambda = 1/12$ min ein, die Ankunftsabstände sind negativ exponentiell verteilt. Die mittlere Bearbeitungsdauer eines Auftrags beträgt $t_m = 6$ min; die Bearbeitungsdauern sind negativ exponentiell verteilt. Es sind die charakteristischen Verkehrsgrößen zu bestimmen.

1. Es liegt ein Wartesystem *M/M/*1 vor.
2. Angebot *A*, Belastung *Y*
   Aus Gl. (6.3-25) ergibt sich

   $$A = \lambda\, t_m = \frac{1}{12\,\text{min}}\cdot 6\,\text{min} = 0{,}5\ \text{Erl},$$

   da es sich um ein Wartesystem handelt (Auftragsspeicher ist genügend groß), ist $Y = A = 0{,}5$ Erl d.h. die Datenverarbeitungsanlage ist zu 50 % ausgelastet.
3. Wartewahrscheinlichkeit *W*
   Aus Gl (6.3-39) ergibt sich für $n = 1$:
   $W = A = 50$ %, d.h. die Wahrscheinlichkeit, dass ein eintreffender Auftrag vor der Bearbeitung warten muss, beträgt 50 %.
4. Mittlere Warteschlangenlänge $\Omega$
   Aus Gl (6.3-41) ergibt sich $\Omega = 0{,}5$ Erl.
5. Mittlere Anzahl von Aufträgen im System
   Sie ergibt sich aus der Summe von mittlerer Zahl der bedienten Aufträge *Y* und mittlerer Zahl der wartenden Aufträge $\Omega$:
   $Y + \Omega = (0{,}5 + 0{,}5)$ Erl = 1 Erl. Im Mittel ist also ein Auftrag im System.
6. Mittlere Wartezeit $w_1$
   Aus Gl. (6.3-42) ergibt sich
   $w_1 = \Omega/\lambda = 0{,}5 \cdot 12$ min = 6 min.
7. Mittlere Verweilzeit im System
   Sie ergibt sich durch Addition von mittlerer Wartezeit $w_1$ und mittlerer Bedienungszeit $t_m$ zu:
   $w_1 + t_m = (6 + 6)$ min = 12 min.

Bei der Bestimmung der charakteristischen Verkehrsgrößen wurde implizit vorausgesetzt, dass nur solche Abfertigungsstrategien für wartende Rufe betrachtet werden, bei denen die spätere Bearbeitungsdauer die Auswahl nicht beeinflusst. Bei diesen Strategien ergeben sich jedoch unterschiedliche *Wartezeitverteilungsfunktionen* $F(t) = P(t_0 > t)$. Dies ist im Bild 6.3-11 anhand eines Beispiels [63-7c] für folgende *Abfertigungsstrategien* dargestellt:

- FIFO (First In First Out): Der am längsten wartende Ruf wird zuerst bedient, d.h. die Abfertigungsreihenfolge ist gleich der Reihenfolge des Eintreffens.

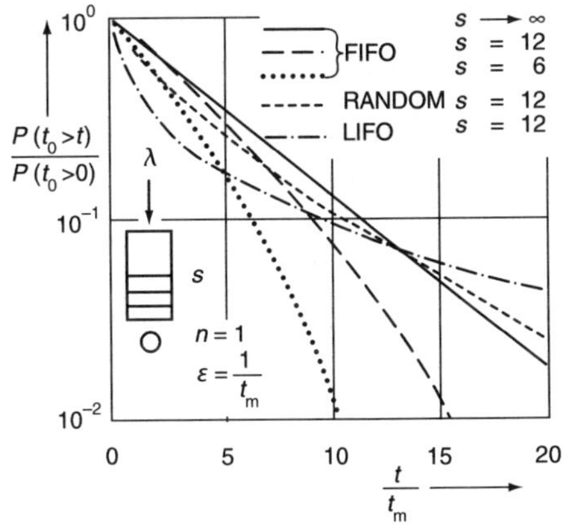


Bild 6.3-11 Wartezeitverteilungsfunktion bei verschiedenen Abfertigungsdisziplinen; Zufallsverkehr 1. Art, A = 0,8 Erl

- LIFO (Last In First Out): Der zuletzt eingetroffene Ruf wird zuerst bedient; inverse Abfertigungsreihenfolge.
- RANDOM: zufallsmäßige Auswahl eines wartenden Rufes.

Als System ist ein Warte-Verlust-System mit $s = 12$ Warteplätzen im Speicher zu Grunde gelegt. Um den Einfluss der Größe des Wartespeichers darzustellen, sind für FIFO noch die Kurven für das Wartesystem ($s \to \infty$) und für $s = 6$ dargestellt. Dabei ist $P(t_0 > t)$ auf die Wartewahrscheinlichkeit $W = P(t_0 > 0)$ und die Wartezeit $t$ auf die mittlere Bedienungsdauer $t_m$ normiert.

Wir erkennen daraus, dass die Wahrscheinlichkeit, z.B. eine Zeit $t = 15\ t_m$ warten zu müssen, bei LIFO wesentlich größer ist als bei FIFO. Dies rührt daher, dass ein bereits wartender Ruf bei LIFO durch nachfolgende Rufe in der Warteschlange zurückgeschoben wird, während bei FIFO keine Beeinflussung durch später eintreffende Rufe erfolgt. Weiter wird deutlich, dass die Wahrscheinlichkeit, eine bestimmte Zeit warten zu müssen, umso größer wird, je größer die Zahl der Warteplätze ist. Dies rührt daher, dass beim Warte-Verlust-System alle Rufe, die eintreffen, solange alle Warteplätze belegt sind, abgewiesen werden und damit verloren gehen.

### 6.3.4.2 Komplexere Wartesysteme

Bei Datenverarbeitungsanlagen, insbesondere bei Prozessrechnern, müssen Informationen von der Peripherie in die Zentraleinheit übernommen werden. Hierzu gibt es grundsätzlich zwei Verfahrensweisen:

- *getaktete Übernahme.* Diese Methode wird beispielsweise bei rechnergesteuerten Vermittlungsstellen angewandt. Dabei wird die Bearbeitung des laufenden Programms in der Zentraleinheit in einem festen Takt, z.B. alle 10 ms, unterbrochen, die peripheren Einheiten werden abgefragt und dabei alle wartenden Aufträge in die Zentraleinheit übernommen. Eine verkehrstheoretische Behandlung dieses Problems ist notwendig, um die Leistungsfähigkeit der Zentraleinheit an die Anforderungen der Peripherie anzupassen. Dabei müssen getaktete Wartesysteme behandelt werden.
- *interrupt-gesteuerte Übernahme.* Eine Meldung von der Peripherie verursacht eine Unterbrechung des laufenden Programms. Die Analyse der Meldung ergibt deren Dringlichkeit. Je nachdem wie dringlich die Meldung ist, wird die Bearbeitung des unterbrochenen Programms fortgesetzt oder es wird auf ein anderes Programm umgeschaltet, das die Bearbeitung der Unterbrechung durchführt. Diese Betriebsart stellt ein System mit unterbrechenden Prioritäten dar. Mit Hilfe von Unterbrechungsdistanz-Prioritäten können Unterbrechbarkeitsvorschriften modelliert und analysiert werden.

Während Bild 6.3-10 ein einfaches Wartesystem zeigte, lassen sich Rechner und Datennetze häufig nur durch rückgekoppelte bzw. vermaschte Systeme modellieren. Bild 6.3-12 zeigt ein einfaches Modell für ein Rechnersystem mit Multiprogramming. Dabei wird ein fester Multiprogramminggrad vorausgesetzt, d.h. die Zahl der im Multiprogramming bearbeiteten Programme ist konstant. Es ergibt sich damit ein geschlossenes rückgekoppeltes System.

Die Analyse komplexer Systeme kann durch die Aufteilung in äquivalente Einzelsysteme erfol-

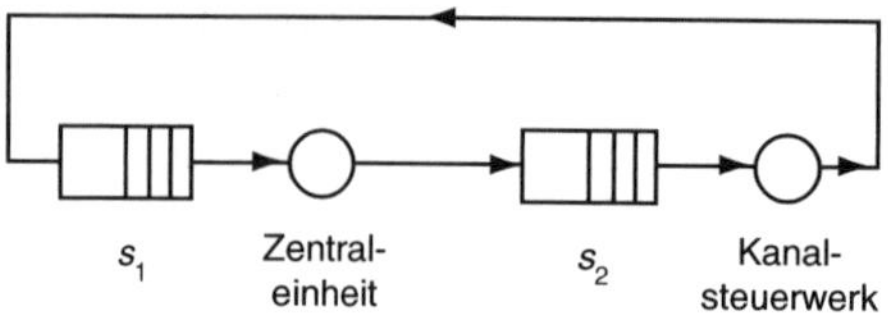


Bild 6.3-12 Modell einer Datenverarbeitungsanlage mit zweistufiger Speicherhierarchie und Multiprogramming; $s_1$: Hauptspeicher, $s_2$: Hintergrundspeicher

gen. Dabei erfolgt die Aufteilung so, dass die beiden ersten Momente der Prozesse an den Schnittstellen übereinstimmen [63-9]. Durch analytische Verfahren oder mit Hilfe von Kurven und Tabellen können die einzelnen Stufen berechnet werden. Besonders im Tabellenwerk von Kühn [63-7c] ist eine Vielzahl von Verteilungsfunktionen und Betriebsparametern enthalten, die es gestatten, auch komplexere Systeme zu untersuchen. Dabei bezieht sich die Komplexität auf die Struktur des Systems, die Prozesse und die Betriebsparameter (Abfertigungsstrategien usw.).

### 6.3.5 Simulation von Nachrichtensystemen

Zur Modellierung und Lösung von Problemen, für die noch keine analytischen Verfahren bzw. Tabellen vorliegen, ist es auch für Praktiker oft notwendig, auf die Simulation zurückzugreifen.

Man unterscheidet zwischen

- *Monte-Carlo-* oder *Roulette-Methode*. Sie wird angewendet bei negativ exponentiellen Verteilungen und liefert Mittelwerte.
- *zeittreuer Simulationsmethode* (event by event). Hier werden die Vorgänge zu diskreten Zeitpunkten im Modell nachgebildet. Diese Zeitpunkte kennzeichnen jeweils ein Ereignis (event), z.B. das Eintreffen eines Rufes, das Enden einer Belegung usw.

Für die Simulation wurden eigens problemorientierte Programmiersprachen entwickelt, z.B. GPSS, SIMULA, SIMSCRIPT.

## 6.4 Einführung in die Paketvermittlung

### 6.4.1 Vermittlungsprinzipien für Rechnerkommunikation

Ausgehend von der Sprachkommunikation haben wir bis jetzt die Durchschaltevermittlung (circuit switching) als das quasi selbstverständliche Vermittlungsprinzip angesehen. Es gibt aber eine Alternative, die sogar älter ist: Speichervermittlung (message switching); sie wurde schon in den Anfängen der Telegrafie benutzt. Da Telegramme durch Boten zugestellt werden, was Stunden dauern kann, kommt es auf einige Minuten Verzögerung auf der Sendeseite nicht an. Wenn z.B. bei einer Verkehrsbeziehung zwischen zwei Städten in kurzen Abständen (Größenordnung Minuten) Telegramme zu übertragen waren, dann hat man nicht für jedes Telegramm (Dauer einige Sekunden) eine Verbindung auf- und abgebaut, sondern den Text der Telegramme in einen Lochstreifen gestanzt (Zwischenspeicher). Gelegentlich wurde dann eine Verbindung aufgebaut und der gesamte Lochstreifen abgearbeitet: Speichervermittlung im klassischen Sinne. Für die Rechnerkommunikation sind beide o.g. Vermittlungsprinzipien gleich ungeeignet, wie wir unten zunächst für die Durchschaltevermittlung zeigen wollen.

Wenn moderne Rechner über leistungsfähige Übertragungswege miteinander kommunizieren, dauert ein Nachrichtenaustausch oft nur einige Millisekunden. Der Aufbau einer Verbindung im weltweiten Netz kann mehrere Sekunden in Anspruch nehmen; soll man sie gleich nach dem Nachrichtenaustausch wieder abbauen, obwohl sie vielleicht (z.B. bei interaktivem Betrieb) in der nächsten Sekunde schon wieder kurz benötigt wird? Ein Rechner kommuniziert eventuell laufend mit vielen anderen (Beispiel: Server in einem Nachrichtennetz); soll man alle diese Verbindungen nach Aufbau jeweils eine gewisse Zeit stehen lassen? Im praktischen Betrieb wären dann eine Vielzahl von schlecht ausgenutzten Quasi-Standverbindungen gegeben, das wäre unbezahlbar.

Aber auch die klassische Speichervermittlung, bei der die Übertragung erst beendet wird, wenn der Speicher der Sendeseite vollständig abgearbeitet ist, eignet sich nicht, wenn man an die Übertragung größerer Datenmengen denkt. Ein Rechner mit vielen Kommunikationsbeziehungen sollte mit jeweils geringer Verzögerung alle bedienen können und darf deshalb nicht durch Bevorzugung einer Verbindung die anderen für längere Zeit blockieren.

Aus solchen Überlegungen resultiert das Konzept der so genannten Paketvermittlung (packet switching). Es ist eine insofern modifizierte Speichervermittlung, als alle zu übertragenden Nachrichten „paketiert“ werden: Je nach Umfang der Nachrichten erfolgt die Übertragung durch mehr oder weniger viele Datenpakete, wobei die maximal erlaubte Paketgröße begrenzt ist. Bild 6.4-1 zeigt das Grundprinzip der Paketvermittlung am Beispiel eines Knotens irgendwo in einem Paketvermittlungsnetz. Dargestellt ist eine Momentaufnahme der Pakete auf einigen der an den Knoten angeschlossenen Leitungen. Die in den Empfangsspeichern der Leitungen 1 ff. eingelaufenen Pakete werden (auf zunächst nicht näher beschriebene Weise) in die Sendespeicher der abgehenden Leitungen A ff. vermittelt. Das Bild lässt folgende Eigenschaften der Paketvermittlung erkennen:

- Die Leitungen werden durch das lückenlose „Nachrichtenmultiplex“ der Pakete bestmöglich ausgenutzt.
- Ein grundlegender Unterschied zur Durchschaltevermittlung besteht darin, dass sich die Nachrichtenströme gegenseitig beeinflussen: Das Paket einer bestimmten Verbindung muss eventuell in einem Speicher warten, weil vorher die Pakete anderer Verbindungen auf die Strecke müssen.
- Bei der Übermittlung von Sprache sind einige Probleme vorhersehbar. Wir wissen aus 5.7, dass im weltweiten Netz z.B. durch Satellitenstrecken bereits erhebliche Laufzeiten auftreten; durch die Zwischenspeicherung in jedem Paketvermittlungsknoten wird die Laufzeit weiter erhöht. Kritischer ist aber, dass die Laufzeit der verschiedenen Pakete je nach Verzögerung in den Speichern unterschiedlich sein kann; zufällige Laufzeitvariationen sind bei Sprachverbindungen sehr störend.

Wir wollen uns nun überlegen, wie die Pakete ihren Weg im Netz finden.

## 6.4.2 Kommunikationsbeziehungen

Wie bereits in Bild 6.4-1 angedeutet, enthalten die Paketköpfe Angaben über Herkunft und Ziel.

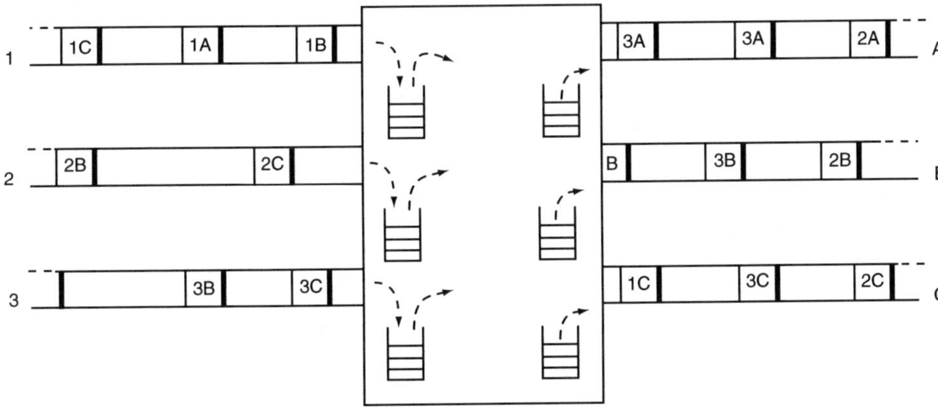


Bild 6.4-1 Netzknoten in einem Paketvermittlungsnetz (schematisch)

Diese Angaben unterscheiden sich nach Art und Umfang stark, je nachdem, welche Art von Kommunikationsbeziehungen Verwendung findet. Um das besser zu verstehen, überlegen wir uns, wie wir eine Verbindung zwischen Rechnern prinzipiell organisieren könnten. Die beiden Rechner mögen jeweils in Großfirmen in, sagen wir Stuttgart und Sydney stehen. Wir werden allein schon eine Anzahl Bit benötigen, um einen dieser Rechner innerhalb seiner Firma zu adressieren, d.h. eine vollständige Quell- bzw. Zieladresse im weltweiten Netz wird ziemlich umfangreich.

Eine sichere Lösung besteht darin, einem jeden Paket die vollständige Quell-/Zielinformation mitzugeben. Man bezeichnet ein solches Paket als Datagramm (datagram) und wir wollen bei den unten beschriebenen Varianten den Oberbegriff Datagramm-Betrieb verwenden. Ist die gesamte Nutznachricht hinreichend kurz, so wird ggf. die Kommunikationsbeziehung nur aus einem einzigen Paket bestehen, das auf einem beliebigen Weg durch das Netz transportiert wird. Im Normalfall muss die Nutznachricht aber auf verschiedene Pakete aufgeteilt werden. Falls sich während der Kommunikationsbeziehung der Netzzustand ändert, kann es sein, dass in den durchlaufenen Knoten Pakete auf unterschiedlichen Wegen weitergeleitet werden; dadurch können eventuell Pakete andere (früher gesendete) überholen. Wenn solche Reihenfolgevertauschungen zu befürchten sind, müssen geeignete Vorkehrungen getroffen werden, z.B. Nummerierung der Pakete. An Stelle von „Datagramm-Betrieb“ spricht man auch von „verbindungslosem“ Betrieb. Diese Betriebsart ist typisch für lokale Netze (LAN) und wird auch im Internet benutzt.

Ein extremer Fall von *verbindungslosem Betrieb* ist die bei manchen militärischen Netzen verwendete „Zielsuche im Maschennetz“, durch die auch bei weitgehender Zerstörung des Netzes eine Kommunikation „bis zuletzt“ ermöglicht wird. Ein Transitknoten hat ein Paket zur Weiterleitung erhalten. Von den von dem Knoten abgehenden Leitungen sind nur noch einige wenige in irgendwelche Richtungen intakt. Der Knoten gibt nun das Paket auf allen diesen Leitungen weiter und da jeder erreichte Knoten sinngemäß handelt, wird tatsächlich der letzte noch intakte Gesamtweg gefunden. Natürlich kommen in einem Netz, in dem noch nicht so viel kaputt ist, eine Vielzahl von Kopien desselben Pakets im Zielknoten an; die überflüssigen Kopien werden weggeworfen.

Die Alternative zum verbindungslosen Betrieb ist der verbindungsorientierte Betrieb, die Technik der so genannten virtuellen Kanäle (Virtual Channels, VC), wie sie z.B. im klassischen Paketvermittlungsnetz Datex-P der damaligen Deutschen Bundespost verwendet wurde. Dabei wird zunächst durch ein vorgeschaltetes Protokoll mit Steuerpaketen, welche in der Regel keine Nutzinformation transportieren, die virtuelle Kommunikationsbeziehung von der Quelle über verschiedene Knoten bis zur Senke eingerichtet. Beim Aufbauprotokoll merkt sich jeder Knoten nur das Minimum an Steuerinformation, das er zur richtigen Vermittlung der Folgepakete benötigt: Ein auf der Leitung M mit der VC-Nummer X gekennzeichnetes eintreffendes Paket muss auf der Leitung N mit der VC-Nummer Y weitergegeben werden. Ein Transitknoten braucht also über Ursprung und Ziel der durchlaufenden Pakete nicht Bescheid zu wissen.

Datex-P sieht für den Teilnehmeranschluss die Schnittstelle X.25 vor; sie definiert die untersten drei Schichten des ISO-Referenzmodells (vgl. 6.5) wie folgt: Schicht 1 Bitübertragung nach X.21, Schicht 2 Sicherung der Paketübertragung durch das HDLC-Protokoll und Schicht 3 Definition von bis zu 4096 virtuellen Kanälen.

## 6.5 Das ISO-Referenzmodell

### 6.5.1 Grundgedanken

Über das Fernsprechnetz können zwei beliebige Teilnehmer irgendwo auf der Erde fallweise miteinander in Sprechverbindung treten. Der Mensch als Quelle und Senke derartiger Verbindungen übernimmt dabei in sehr flexibler Weise eine ganze Anzahl von Funktionen des Verbindungsaufbaus, der Fehlerkorrektur, der Flusssteuerung usw. Man hat dies erst richtig erkannt, als der Wunsch aufkam, Rechner miteinander kommunizieren zu lassen: Sofern nicht alle notwendigen Protokolle und Schnittstellen (s.u.) bis ins letzte Detail abgestimmt und festgelegt sind, „läuft nichts“.

In einem „offenen“ Kommunikationssystem muss sichergestellt sein, dass Komponenten verschiedener Systeme – soweit die Bedingungen des offenen Kommunikationssystems eingehalten werden – beliebig miteinander kommunizieren können (*Kompatibilität*). Die Verabredung der *Schnittstellen* (*interfaces*) und *Protokolle* (*protocols*; Beschreibung von Syntax und Semantik zwischen den Komponenten) wird durch internationale Standardisierungsgremien wie [ISO], [ITU-T], [ECMA], [IEEE] u.a. vorangetrieben. Diese Normungsarbeit ist ungeheuer komplex und zieht sich über viele Jahre hin.

Der wichtigste Schritt, um die Verständigung – sowohl bei der Normungsarbeit als auch nachher im Betrieb zwischen den Maschinen – in den Griff zu bekommen, war die Bildung eines Modells, das in *Schichten* (*layer*) mit sinnvoll abgrenzbaren Aufgaben gegliedert ist. Um die späteren Definitionen besser verstehen zu können, verwenden wir zunächst ein äußerst einfaches 3-Schichten-Modell, an dem sich jedoch bereits wesentliche Eigenschaften erkennen lassen.

**Beispiel:**
Modell einer 3-Ebenen-Kommunikation (frei nach Tanenbaum [60-1]). Zwei Philosophen wollen miteinander Gedanken über verschiedene Dinge austauschen. Der eine lebt in Kenia (A) und spricht nur Kisuaheli, der andere lebt in Indien (B) und spricht nur Telugu. Um nun tatsächlich kommunizieren zu können, engagiert jeder von ihnen die Dienste eines Übersetzers. Diese hinwiederum sichern sich die Unterstützung je eines Technikers. In der üblichen Nomenklatur des Schichtenmodells sind die beiden Philosophen „peers“ einer bestimmten Ebene, hier der Schicht 3. Sie organisieren ihre Kommunikation in einem „Peer-to-peer-protocol“, d.h. sie verabreden sich z.B. über den Gegenstand, über den sie Gedanken austauschen wollen (etwa Sinn des Lebens oder Sinn des Bauchtanzes usw.). Es ist nicht Gegenstand dieses Protokolls, in welcher Sprache oder gar in welcher physikalischen Darstellung diese Nachrichten den Indischen Ozean überqueren!
Auch die Übersetzer (Schicht 2) haben ihr „Peer-to-peer-protocol“. Sie verabreden eine gemeinsame Sprache, z.B. Englisch. Das Protokoll der Schicht 1 schließlich (d.h. zwischen den Technikern) legt fest, über welches physikalische Medium und in welcher dafür geeigneten Darstellungsart die Nachrichten tatsächlich übertragen werden (Beispiel: digital codiert, als analoge Sprache, in Form von Morsezeichen usw.; über Satelliten, Seekabel, Kurzwellen; aber auch etwa in Schriftform per Luftpostflugzeug).

Die Zusammenarbeit zwischen aneinander angrenzenden Schichten auf jeder Seite muss durch entsprechende Absprachen und Schnittstellenvereinbarungen („Layer-to-layer-protocols“) organisiert werden. Wenn alle Protokolle festgelegt sind, ist der tatsächliche Ablauf wie folgt:

- Philosoph A gibt seine Nachricht über die Schnittstelle 3/2 dem Übersetzer A.
- Übersetzer A übersetzt Kisuaheli in Englisch und gibt den englischen Text über die Schnittstelle 2/1 an den Techniker A.
- Techniker A überträgt, evtl. mit mehrfacher Konversion, den Text zum Techniker B.
- Sinngemäß in entsprechender Weise vollzieht sich dann auf der Seite B der Ablauf in aufsteigender Richtung: Techniker macht aus (z.B.) Morsezeichen englischen Text in normaler Schriftform, gibt diesen über Schnittstelle 1/2 an den Übersetzer usw. und schließlich erhält Philosoph B den Gedanken seines afrikanischen Kollegen in Telugu.

Wir erkennen in diesem Modell schon wesentliche Eigenschaften und Vorteile des Schichtenmodells:

- Teilnehmer der gleichen Ebene empfinden die Kommunikation als horizontal, das Virtuelle herrscht also vor, obwohl sich die tatsächliche Übermittlung mit Ausnahme der Schicht 1 in vertikaler Richtung vollzieht,
- das Protokoll in einer Ebene ist von den Protokollen in den anderen Ebenen weitgehend unabhängig (z.B. könnten die Übersetzer die gemeinsame Sprache wechseln, ohne den Philosophen davon Mitteilung machen zu müssen).

Nach diesem anschaulichen Beispiel wird uns die allgemeine Organisation eines Schichtenmodells, wie sie in Bild 6.5-1 dargestellt ist, weitgehend plausibel. Natürlich gibt es noch vieles im Detail festzulegen, was wir hier noch nicht einmal erwähnen konnten; hier sei auf ausführliche Darstellungen verwiesen [64-1]. Jede Schicht $N$ baut auf den Dienstleistungen der darunter liegenden Schicht $N-1$ auf, die sich über einen *Dienstzugangspunkt* (SAP) darstellen. Man darf die Hierarchie der Schichten nicht als Vorgabe dafür ansehen, wie ein System in seiner Implementierung real zu entwerfen ist. Sie ist lediglich als „Kommunikations-Ersatzschaltung" aufzufassen, die ein bestimmtes Kommunikationsverhalten beschreiben soll. Wie man auch eine elektrische Ersatzschaltung mehr oder weniger detailliert darstellen kann, so lässt sich auch das Schichtenmodell eines Kommunikationssystems aus mehr oder weniger vielen Schichten aufbauen. Was eine Schicht zu leisten hat, ist in jedem Fall als funktionale Differenz der an sie unmittelbar angrenzenden Schichten definiert. Die Funktionalität einer Schicht wird in den einzelnen Systemen durch *„Instanzen"* erbracht.

### 6.5.2 7-Schichten-Modell

Die Einteilung der Schichten, wie sie in Bild 6.5-2 dargestellt ist, ist besonders für Paketvermittlungsnetze sinnvoll gewählt.

**Beispiel:**
Definition und Aufgaben der Schicht 2 („Sicherungsschicht", „data link layer") des ISO-Referenzmodells. Diese Schicht baut auf den Diensten der unterlagerten

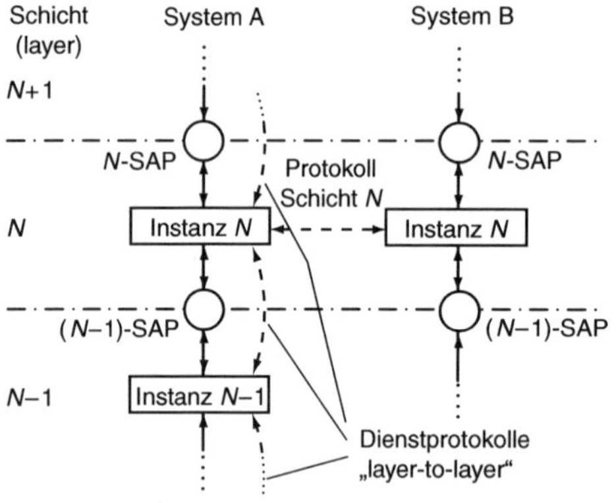


Bild 6.5-1 Organisation der Schichten mit Protokollen und Dienstzugangspunkten (Service Access Points, SAP)

Schicht 1 („Bitübertragungsschicht", „physical layer"), mit der die (ungesicherte) Übertragung von Bits über ein physikalisches Medium realisiert wird, auf. Zweck der Sicherungsschicht ist das Verbessern von ungesicherten Systemverbindungen durch Erkennen und Korrigieren von Fehlern der Bitübertragungsschicht.
Als Dienste für die übergeordnete Schicht können erbracht werden:

- Auf- und Abbau gesicherter Systemverbindungen,
- Übertragung von Benutzerdaten, d.h. Daten zwischen Partner-3-Instanzen,
- Meldung nicht behebbarer Fehler an die überlagerte 3-Instanz.

In der Schicht 2 können folgende Funktionen geleistet werden:

- Aktivierung, Deaktivierung von gesicherten Systemverbindungen,
- Abbildung von Benutzerdaten der 3-Instanzen auf 2-Protokolldaten, die zwischen den Partnerinstanzen der Sicherungsschicht ausgetauscht werden,
- Splitten einer gesicherten Systemverbindung auf mehrere ungesicherte Systemverbindungen, z.B. zur Erhöhung von Sicherheit und Qualität einer Systemverbindung,
- Verfahren zur Sicherung der Übertragung durch Erkennung und Behebung von Übertragungsfehlern,
- Flussregelung (flow control), d.h. Verfahren zur Verhinderung, dass eine 3-Instanz ihre Partnerinstanz mit Daten „überflutet".

Für andere Paketvermittlungsnetze wünscht man sich eventuell zur besseren Übersicht die Aufteilung einzelner Schichten in Subschichten, wie z.B. LAN. Andererseits sind evtl. Schichten für bestimmte Anwendungsfälle mehr oder weniger überflüssig. So ist z.B. die Schicht 5 hauptsächlich für interaktiven Betrieb von Bedeutung.

Zur Erläuterung der sieben Schichten von Bild 6.5-2 kann man – mit allen gebotenen Vorbehalten – das Beispiel des Fernsprechens heranziehen.

**Beispiel:**
Schichtenmodell einer Fernsprechverbindung. Bei einem Durschaltenetz wie dem Fernsprechnetz fallen die Ebenen 1 bis 3 zusammen. In diesen Ebenen wird die physikalische Verbindung zwischen den beteiligten Anschlüssen am Netz hergestellt und auch wieder ausgelöst. Dafür sind einzuhaltende Regeln (Protokolle) formuliert und zu beachten. Beispielsweise gehört hier-

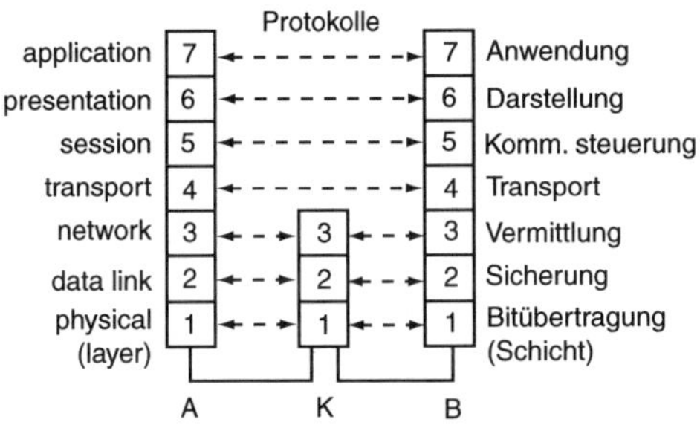


Bild 6.5-2 DIN/ISO-Basisreferenzmodell (Beispiel: Verbindung zwischen zwei Endsystemen A und B über einen Knoten K)

zu das Aussenden des Rufstroms zum gerufenen Teilnehmer (B) und das Verständnis des Gerufenen, auf dieses Signal hin den Hörer abzunehmen. In der Ebene 4 vergewissert man sich u.a., ob der Nachrichten-„Transport" (die Mitteilung) den richtigen Teilnehmer erreicht. Das geschieht durch das Melden des Teilnehmers, durch das Erkennen der Stimme oder ähnliches. In Ebene 5 wird der Kommunikationsprozess stärker eingegrenzt, indem man z.B. veranlasst, den bei B als Besucher aus USA anwesenden Gast zur „Sitzung" ans Telefon zu holen. In der Ebene 6 einigt man sich auf die zu verwendende Sprache (Sprach-„Darstellung" deutsch oder englisch), in Ebene 7 schließlich auf die zu behandelnde „Anwendung" (Wetter, Geschäftsvorfall usw.). Dann schließt sich der eigentliche semantische Gedankenaustausch an, der selbstverständlich auf allen vorhergehenden Ebenen aufbaut: Es wird weiterhin Englisch gesprochen, die beteiligten Personen bleiben dieselben, die aufgebaute Verbindung bleibt bestehen, bis irgendwelche Änderungen verabredet werden.

# 6.6 Verteilte Systeme

## 6.6.1 Einführung

Im Fernsprechnetz erscheint es als selbstverständlich, dass es Vermittlungsstellen (VSt) gibt, an welche Teilnehmer- und Verbindungsleitungen angeschlossen sind, wobei die Vermittlungsfunktionen ausschließlich in den VStn stattfinden. Der umgekehrte Fall, nämlich Vermittlungsfunktionen ausschließlich dezentral bei den „Teilnehmern", ergab sich erstmals bei der Einführung von Nachrichtensatelliten mit Vielfachzugriff durch mehrere Erdefunkstellen (Ende der sechziger Jahre); siehe 6.6.2.

Die technische Entwicklung führt zu Endgeräten mit immer größerer Intelligenz, die demzufolge auch immer besser in der Lage sind, Vermittlungsfunktionen zu übernehmen. So wurden die ersten lokalen Rechnernetze (Local Area Networks, LAN) ganz bewusst als verteilte Systeme ohne jede zentrale Vermittlungseinrichtung konzipiert; siehe 6.6.3.

## 6.6.2 Vielfachzugriff

### 6.6.2.1 Verteilte Vermittlung beim Satelliten-Vielfachzugriff

Die ersten Generationen von Nachrichtensatelliten hatten keine Vermittlungsfunktionen an Bord. Ein Satellitentransponder hat eine Übertragungskapazität, die man als Nachrichtenquader darstellen kann. Entsprechend Bild 5.5-2 sind die grundsätzlichen Multiplexverfahren FDM, TDM, und CDM möglich. Das Wort Multiplex wird man benutzen, wenn man vordergründig die gleich bleibende Ordnung sieht, also z.B. TDM (Time Division Multiplex). Von Vielfachzugriff (multiple access) wird man reden, wenn man mehr den Wechsel, den Auf- und Abbau von Verbindungen, eben den vermittlungstechnischen Aspekt im Auge hat; Beispiel TDMA (Time Division Multiple Access).

Der Satellit, der für sich allein ausschließlich übertragungstechnische Funktionen hat, und die beteiligten Erdefunkstellen können insgesamt als Fernsprech-Vermittlungsstelle aufgefasst werden, an die verschiedene Orte z.B. im atlantischen Raum angeschlossen sind; dies wollen wir uns im Folgenden klar machen.

Wir wollen den Begriff (Sprech-)Kanal stets im Sinne einer einseitig gerichteten Sprachübertragung auffassen. Ein Sprechkreis zwischen zwei Erdefunkstellen A und B besteht dann aus zwei Kanälen, von denen der eine von A und der andere von B gesendet wird.

In Bild 6.6-1 ist ein vereinfachtes Modell eines Vielfachzugriffssystems dargestellt [57-1], an dem

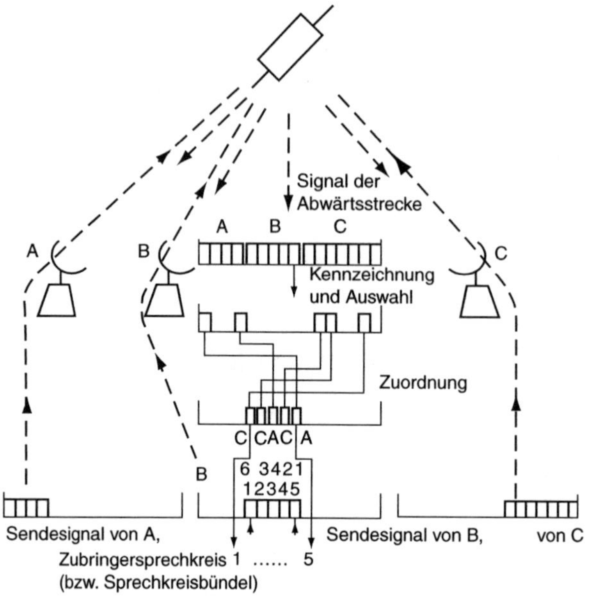


Bild 6.6-1
Sprechkreisbildung im Vielfachzugriffssystem

nur drei Erdefunkstellen A, B, C teilnehmen. Damit das Bild noch überschaubar bleibt, wurde angenommen, dass auch die Kanalzahlen der Erdefunkstellen sehr klein sind: A sendet 4, B sendet 5, und C sendet 7 Kanäle. Die Sendesignale müssen so am Transponder eintreffen, dass sie sich ohne gegenseitige Störung zum Signal der Abwärtsstrecke zusammenfügen; zu diesem Zweck sind sie, wie angedeutet, gegeneinander versetzt, z. B. durch verschiedene Frequenzlage innerhalb der verfügbaren Bandbreite oder durch verschiedene Zeitlage in einem Zeitrahmen usw. (Welche Modulations- und Zugriffstechnik tatsächlich angewendet wird, spielt für unsere Betrachtung hier keine Rolle). Allerdings erfordert die Realisierung der unten diskutierten Betriebsarten je nach Zugriffstechnik sehr verschiedenen Aufwand, wie in [57-1] gezeigt wird.

Aus den (4 + 5 + 7) = 16 Kanälen lassen sich 8 Sprechkreise bilden. In Bild 6.6-1 sind die Sprechkreise (Kanalpaare) angegeben, an denen die Erdefunkstelle B beteiligt ist: B1 – C6, B2 – C3, B3 – A4, B4 – C2, B5 – A1.

Da jede Erdefunkstelle das gesamte Signal der Abwärtsstrecke – auch den eigenen Beitrag – empfängt, muss sie die interessierenden Kanäle kennen und entnehmen. Die Zuordnung zu den eigenen Sendekanälen kann verschieden organisiert sein:

- Verabredung der Kanalpaarung auf Dauer, d. h. festgeschaltete Kanäle bzw. Sprechkreise (preassigned circuits, preassignment).
- Verabredung nach Bedarf, z. B. für die Dauer eines Telefongesprächs, d. h. Betrieb mit „richtungsvariablen“ Kanälen (variable direction). In diesem Fall kann bei Auftreten eines neuen Gesprächswunsches zwischen z. B. A und C ein Sprechkreis garantiert gebildet werden, sofern A und C jeweils noch irgendeinen ihrer Kanäle frei haben. Die kompliziertere Technik wird durch eine verkehrstheoretisch bessere Ausnutzung der Kanäle aufgewogen.

Eine zusätzliche Verbesserung der Ausnutzung und des Betriebsverhaltens der Zugriffssysteme erhält man, wenn die Zahl der jeder Erdefunkstelle zugeordneten Sendekanäle nach Bedarf variiert werden kann (variable Kapazität, variable capacity). Man kann so zu einer vollkommen freizügigen bedarfsweisen Zuordnung (demand assignment) auch der letzten Kanalbreite kommen. Die verschiedenen Verfahren werden in [57-5] aus verkehrstheoretischer Sicht verglichen.

#### 6.6.2.2 Beispiel CDMA: SSMA-System

Zur Einarbeitung in die relativ unbekannte Codemultiplextechnik wählen wir das in Bild 6.6-2 dargestellte militärische Nachrichtensatellitensystem. Es wird angenommen, dass jede Erdefunkstelle nur einen Kanal senden bzw. empfangen will.

Die zu übertragenden Nachrichtenkanäle haben in Basisbandlage eine kleine Bandbreite $b$, weil die Bitrate klein ist (Beispiel 1 kBit/s). Auf der Strecke unterscheiden sich die einzelnen Kanäle durch die jeweils zur Bandspreizung verwendete Codefolge: SSMA (Spread Spectrum Multiple Access). Zur besseren Unterscheidung von der Nachrichtenfolge bezeichnet man die Bits der Spreizfolge als „Chips". Die Chiprate $f_c$ ist relativ hoch, so dass sich beim Spreizen ein entsprechend breites Band $B$ ergibt. Die Spreizfolge ist eine „Pseudo-noise-Folge" (pn-Folge), die man z.B mit einem rückgekoppelten Schieberegister erzeugen kann; sie ist ein periodisches Signal und hat deshalb ein Linienspektrum (vgl. Bild 2.3-9).

Das Signal der Abwärtsstrecke vom Transponder ist die Überlagerung dieser Beiträge:

- verstärktes Rauschen der Eingangsstufe
- Beiträge der verschiedenen gespreizten Kanäle
- Beitrag eines böswilligen Störers („jammer"), z.B. ein starker Sinusträger in Bandmitte.

Wir betrachten nun die Übertragung in Bild 6.6-2. Als Modulationsverfahren wird 2-PSK verwendet: Bei einem Chip 0 wird der Träger mit Nullphase übertragen, bei 1 umgetastet; dies hat in Zeitfunktion und Spektrum die gezeigten Auswirkungen. Der Empfänger kennt die verwendete pn-Folge und sei auf das eintreffende Signal synchronisiert (das ist in der Praxis das schwierigste Problem). Bei gegebener Synchronisation wird empfangsseitig immer im richtigen Moment umgetastet, wodurch die ursprüngliche Zeitfunktion wieder entsteht und das Spektrum des Nachrichtensignals wieder auf die kleine Bandbreite $b$ konzentriert wird. Dagegen wird der Jammer durch die Multiplikation mit der empfangsseitigen pn-Folge auf die Bandbreite $B$ gespreizt und kann dadurch im schmalen Empfangsband $b$ nur den Bruchteil $b/B$ seiner Energie platzieren.

### 6.6.3 Lokale Netze

#### 6.6.3.1 Zugriffsverfahren

Eine erste Idee für Local Area Networks (LAN) stammte aus der Satellitentechnik: ALOHA. Die Universität von Hawaii hat frühzeitig Versuche zur Rechner-Rechner-Kommunikation über Nachrichtensatelliten gemacht; dabei sendete jede Erdefunkstelle ihr Datenpaket zu dem ihr genehmen Zeitpunkt ab, mit dem Erfolg, dass Pakete beim Eintreffen am Satelliten kollidieren können. Da jede Erdefunkstelle ihr Paket über die Abwärtsstrecke wieder zu sehen bekommt, kann sie eventuelle Beschädigungen (Bitfehler, ...) feststellen. Sie sendet dann das Paket eben nochmals, ggf. wieder und wieder.

Natürlich funktioniert dieses Verfahren, das in dieser Unbekümmertheit wohl nur in der Südsee entstehen konnte, nur bei kleinem Verkehrsaufkommen. Falls zunehmend Wiederholungen notwendig werden, müssen Pakete immer länger warten. Die verkehrstheoretische Analyse [57-6] ergibt, dass bei einer Auslastung des Transponders von 18,4 % die Wartezeit unendlich würde.

Auch bei relativ kleinen Überlappungen („Blechschäden") werden Wiederholungen notwendig. Eine nahe liegende Verbesserungsmöglichkeit besteht darin, die Zeitachse in Abschnitte entsprechend der Paketlänge zu unterteilen und den nach wie vor zufälligen Zugriff (random access) nur in solche Abschnitte zuzulasssen. Hier gibt es jetzt nur „Totalschäden" (wenn in einem Abschnitt zwei Pakete einlaufen); die theoretische Grenzauslastung dieses „Slotted ALOHA" ist 36,8 %.

Bei Anwendungen, bei denen die Auslastung im Prozentbereich liegt, wird das unkomplizierte Verfahren auch heute gern eingesetzt; ein Beispiel

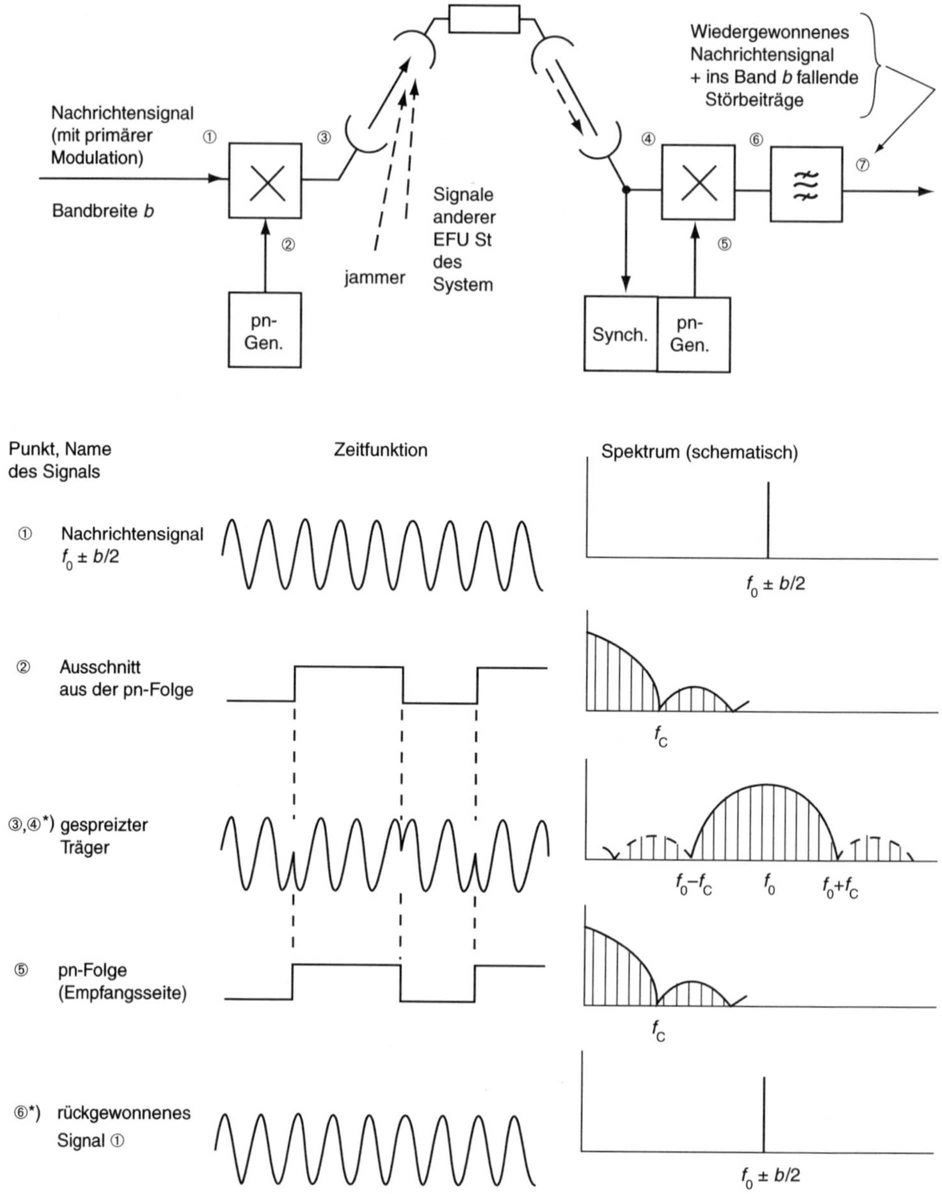


*)
Die Signale an ④ und ⑥ sind so gezeichnet, wie sie sich ohne die Beiträge der anderen Erdefunkstellen und ohne Jammer einstellen würden

Bild 6.6-2 Prinzip der Übertragung im SSMA-System

ist der Random Access Channel (RACC) im GSM-System (vgl. 7.4).

Wenn die typischen Paketlängen im Millisekundenbereich liegen, hat es in Anbetracht der großen Laufzeiten über GEO-Satelliten keinen Sinn, das in der Erdefunkstelle einlaufende Signal der Abwärtsstrecke mit der Zielsetzung Kollisionsvermeidung zu beobachten. Die Situation änderte sich grundlegend, als man um 1980 lokale Netze auf Koaxialkabel-Bussen konzipierte. Hier sind die Laufzeiten um Größenordnungen kleiner als die Paketlänge; damit haben Verfahren einen Sinn, die man unter dem Oberbegriff CSMA (Carrier Sense Multiple Access) kennt. Im Gegensatz zu den ALOHA-Verfahren, bei denen jede Station ohne Rücksicht auf die anderen sendet, überwachen bei CSMA alle Stationen das Medium darauf, ob gerade ein Signal übertragen wird (Bezeichnung Träger (carrier) stammt von Funksystemen). Jede Station, die feststellt, dass gerade kein Träger im Medium erkennbar ist, darf senden. Natürlich gibt es auch hier Kollisionsprobleme, z.B. kann man sich vorstellen, dass nach Ende einer Übertragung, wenn der bis jetzt erkennbare Träger verschwindet, mehrere wartende Stationen gleichzeitig zu senden beginnen. Bei der meist verwendeten Version CSMA/CD (CD: Collision Detection) überwacht jede Station das Medium auch während einer eigenen Sendung. Im Kollisionsfall wird das von der Überwachungsschaltung detektierte Signal sich früher oder später vom eigenen Sendesignal unterscheiden. Eine Station, die eine Kollision bemerkt, stoppt sofort die eigene Sendung.

Wegen ihrer verschiedenen räumlichen Lage am Medium, wegen unterschiedlicher Störabstandsbedingungen usw. können manche Stationen die Kollision besser erkennen als andere. Da alle laufenden Übertragungen doch mit großer Wahrscheinlichkeit verfälscht sein werden, möchte man wenigstens das Medium so schnell wie möglich wieder frei bekommen. Deshalb sorgt eine Station, welche die Kollision erkannt hat, durch Aussenden einer so genannten „Jam"-Folge vor dem Abschalten noch dafür, dass bei anderen Stationen die Erkennung besser funktioniert. Damit nach einer erkannten Kollision nicht alle beteiligten Stationen erneut zu gleicher Zeit zugreifen, gibt es entsprechende Strategien. Naheliegend ist es, in jeder Station durch einen Zufallsgenerator den neuen Sendezeitpunkt bestimmen zu lassen, um so eine statistische Entkopplung der Versuche zu erreichen.

Bei vielen Prozessrechnernetzen muss die maximale Verzögerungszeit, welche eine Nachricht erleiden kann, bekannt sein. Während bei CSMA nur statistische Aussagen gemacht werden können, lässt sich bei Verfahren, die in irgendeiner Form einen „Ausweis für Sendeberechtigung" (Token) von Station zu Station weitergeben, die maximal mögliche Verzögerung angeben. Für die Weitergabe des Token besteht eine feste Reihenfolge zwischen den Stationen. Die räumliche Anordnung von Stationen muss keinen Ring bilden; wichtig ist nur eine feststehende Reihenfolge für die zyklische Weitergabe. Bild 6.6-3 zeigt Möglichkeiten für derartige „logische" Ringe bei Stationen, die an einem gestreckten Bus (Medium) angeschlossen sind. Wie kann man nun die Token-Technik praktisch realisieren? Das Medium ermöglicht die Übertragung eines seriellen Bitstroms und das Token ist ein spezielles Bitmuster. Anhand von Bild 6.6-4 wollen wir eine mögliche Handhabung genauer erläutern. Im Zeitpunkt 1 kreist das Bitmuster im Ring, wobei ein bestimmtes Bit z.B. auf 0 gesetzt ist („Frei-Token"). Die sendewillige Station empfängt das Token, setzt das genannte Bit auf 1 („Belegt-Token") und hängt an das weiterlaufende Belegt-Token das Nachrichtenpaket an. Auf Grund der darin enthaltenen Adresse kann eine Station (z.B.

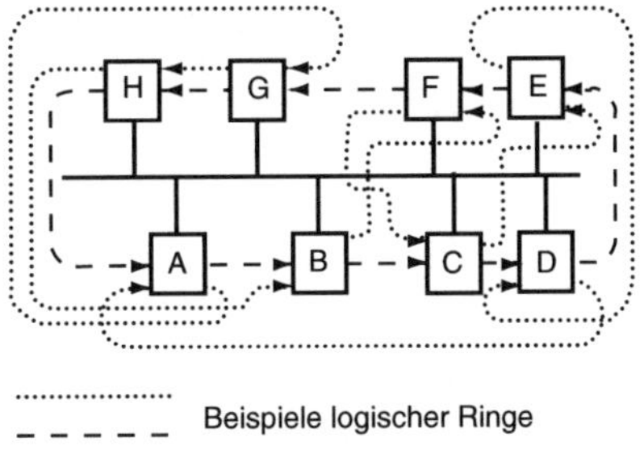


Bild 6.6-3 Logische Ringsysteme auf einer Bustopologie

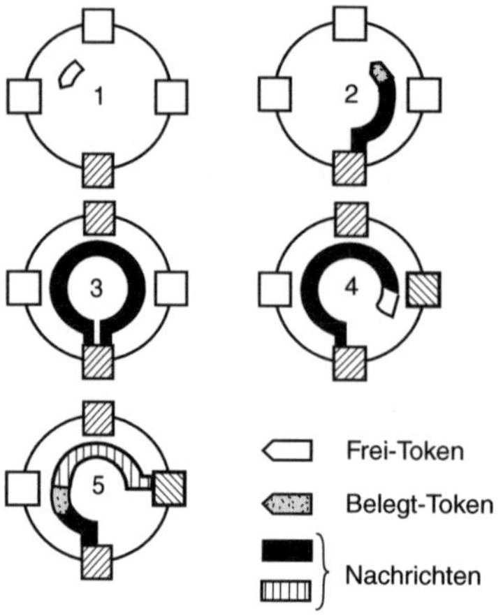


Bild 6.6-4 Schema eines Token-Systems

im Bild oben) die an sie gerichtete Nachricht beim Vorbeilaufen kopieren. Das Abnehmen der Nachricht vom Ring geschieht aber bei der gezeigten Methode durch die sendende Station, die dadurch wenigstens die Gewähr hat, dass die Sendung unverfälscht den ganzen Ring durchlaufen hat. (Zeitpunkt 3). An das Ende des Nachrichtenpakets hängt die Station wieder ein Frei-Token (Zeitpunkt 4). Die nächste sendewillige Station verwandelt das Frei- wieder in ein Belegt-Token und hängt ihre Nachricht an. Im Zeitpunkt 5 erkennt man, dass das „Absaugen" der ersten Nachricht (schwarz) durch die untere Station fast abgeschlossen ist; diese Station wird dann das folgende Belegt-Token mit der neuen Nachricht an sich vorbeilaufen lassen.

Man sieht, dass bei Fehlverhalten einer Station (Beispiel: Es wird kein Frei-Token am Schluss einer Nachricht generiert) oder bei Störungen (Beispiel: Frei-Token unterdrückt) dieses System totgelegt werden kann. Man benötigt daher eine Systemüberwachung, die ggf. etwa ein verloren gegangenes Frei-Token neu generiert usw. Dies bedeutet zwar eine zentralisierte Funktion; wenn man aber dafür sorgt, dass von der Ausstattung her jede Station nach Absprache die Überwachung wahrnehmen kann, bleibt die „demokratische" Systemstruktur weitgehend erhalten.

Lokale Netze der 1. Generation wie Ethernet, Token Bus und Token Ring haben zu den Standards IEEE 802.3, 802.4 und 802.5 geführt. Die typischen Systembitraten liegen in der Größenordnung 10 MBit/s. Die genannten LAN gingen von Realisierungen auf Kupferleitungen aus, die natürlich inzwischen durch LWL-Varianten ergänzt wurden (z.B. Fiber Optic Inter-Repeater Link (FOIRL) zur Verbindung von Ethernet-Segmenten, die mehr als 500 m voneinander entfernt sind).

Für die LAN/MAN (MAN bedeutet Metropolitan Area Network) der 2. Generation, deren Systembitraten typischerweise um eine Größenordnung höher liegen, war dagegen die LWL-Technik von vornherein eine Basis, welche explizit (Beispiel FDDI) oder implizit (Beispiel DQDB) zugrundegelegt werden konnte. Nachstehend gehen wir kurz auf diese Beispiele ein.

### 6.6.3.2 FDDI

Der Name FDDI (Fiber Distributed Data Interface) verrät zweierlei: Die Konzeption setzt Lichtwellenleiter als Übertragungsmedium voraus, und sie entstand ursprünglich nicht (wie andere LAN/MAN) bei IEEE 802, sondern in einer mit Interfaces befassten Arbeitsgruppe von ANSI (American National Standards Institute). Bild 6.6-5 fasst die charakteristischen Merkmale zusammen.

FDDI ist eine Weiterentwicklung des Token Ring mit dem Ziel, auch bei der um eine Größenordnung erhöhten Bitrate und bei großer geografischer Ausdehnung eine effiziente Systemausnutzung zu erreichen. Gemeinsame Grundlagen dieser Verfahren sind:

- Die Stationen sind Teil des physikalischen Rings und regenerieren die Signale. Durch eine damit beauftragte Station wird im Ring ein gemeinsamer Takt aufrechterhalten, so dass ein Bitstrom im Ring zirkulieren kann.
- Durch geeignete Leitungscodierung lassen sich Bitmuster bilden, welche durch Informationsfolgen nicht imitiert werden können. Damit lassen sich im Bitstrom Rahmen (frames) abgrenzen und Rahmen, die Informa-

Rahmenaufbau

Max. 9000 Symbole (SD bis FS)

| Präambel | SD | FC | DA | SA | Daten | FCS | ED | FS | |
|---|---|---|---|---|---|---|---|---|---|
| (16 +) | (2) | (2) | (12) | (12) | (0 – 8962) | (3) | (1 oder 2) | (3) | (Symbole) |

SD: Start Frame Delimiter
FC: Frame Control
DA: Destination Address
SA: Source Address

FCS: Frame Check Sequence
ED: End Delimiter
FS: Frame Status

Grundkonfiguration

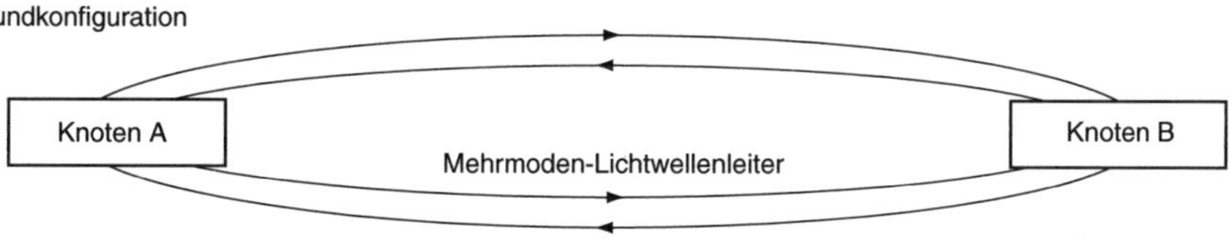


| | |
|---|---|
| Minimale Rahmenlänge: | 22 Symbole |
| Maximale Rahmenlänge: | 9000 Symbole |
| Maximale Umlaufzeit: | 4 ms (200 km Faser, 1000 Knoten) |
| Zugriffsverfahren: | Timed Token |
| Leitungscode: | 4B5B Blockcode, NRZI |
| Schrittrate: | 125 MBit/s |

Bild 6.6-5 Charakteristische Merkmale des Fiber Distributed Data Interface (FDDI)

tion beinhalten, von Token(-Rahmen) unterscheiden.

- Eine Station, die ein (Frei-)Token empfangen hat, ist sendeberechtigt. Sie kann einen Rahmen senden, der den ganzen Ring durchläuft und der von ihr wieder vom Ring genommen wird. Eine Station, welche im Kopffeld (header) eines Rahmens ihre Adresse entdeckt, macht sich eine Kopie und hat damit den ihr zugedachten Rahmen empfangen.

Beim Token Ring werden verschiedene Prioritäten dadurch realisiert, dass es Token verschiedener Prioritätsklassen gibt. Im Kopffeld aller im Ring zirkulierenden Rahmen gibt es einige Bits im Feld „Access Control“, welche von jeder durchlaufenden Station modifiziert werden können: Eintragen von Reservierungswünschen für die Prioritätsklasse des nächsten zu generierenden Token, wobei sich der Reservierungswunsch der höchsten gewünschten Klasse durchsetzt. Eine Station, die einen Rahmen gesendet hat, wartet, bis wenigstens das Feld „Access Control“ wieder bei ihr eingetroffen ist, und generiert dann ein Freitoken der gewünschten Prioritätsklasse. Dieses Token darf nur von einer Station, die wenigstens dieser Klasse angehört, empfangen werden.

Um bei FDDI eine bessere Ausnutzung des Rings zu erreichen, ist man von dem eben beschriebenen Prioritätsmechanismus abgegangen. Eine sendende Station generiert im Anschluss an einen Rahmen sofort ein neues Freitoken. Der o.g. Prioritätsmechanismus wird durch das „Timed Token Rotation Protocol“ (*TTR*-Protokoll) ersetzt, das unten beschrieben wird. Insbesondere für den Einsatz als MAN muss auch an die Übertragung von PCM-Sprache gedacht werden, bei der in regelmäßigen gleichen Abständen („isochron“) Codeworte zur Übertragung anstehen – eine besondere Klasse höchster Priorität! Vereinfacht dargestellt, funktioniert das *TTR*-Protokoll folgendermaßen:

- Im Rahmen einer Initialisierungsprozedur wird die „Target Token Rotation Time“ (*TTRT*) festgelegt. Wie der Name sagt, ist

*TTRT* eine Zielvorgabe für einen kompletten Umlauf der Sendeberechtigung im Ring. Damit können sich die Stationen insbesondere Übertragungskapazität für isochrone Kanäle sichern.

- Jede Station misst für sich die aktuelle Token Rotation Time (*TRT*), das ist die Zeit zwischen Aussenden und Wiedereintreffen eines Freitoken. Nach Erhalt der Sendeberechtigung bestimmt die Station, wie lange sie vom Senderecht Gebrauch machen darf (Token Holding Time, *THT*):

  $THT = TTRT - TRT$

- Ist das Resultat *THT* negativ, so sendet die Station nur die isochronen Kanäle; ist es positiv, so dürfen im Rahmen der verfügbaren *THT* auch (asynchrone) Daten gesendet werden.
- Der asynchrone Verkehr kann auch noch durch Zuordnung von Wertebereichen der *THT* in Prioritätsklassen unterteilt werden.

### 6.6.3.3 DQDB

Das unter dem Namen QPSX (Queued Packed Switch Exchange) in Australien entstandene System wurde Ende 1987 von IEEE 802.6 als MAN-Konzept übernommen und erhielt den Namen DQDB (Distributed Queue Dual Bus). Anders als bei FDDI wird keine spezielle Übertragungstechnik vor- und festgeschrieben, vielmehr wird durch so genannte „Physical Layer Convergence Functions" eine Anpassung an etablierte Übertragungssysteme vorgenommen.

DQDB basiert auf zwei entgegengesetzt gerichteten Bussen (Bild 6.6-6). Jede Station hat Schreib- und Lesezugriff auf beide Busse. Durch jeweils eine ausgezeichnete Station am Anfang eines Busses werden in vorformatierten 125-µs-Rahmen Zeitschlitze (slots) fester Länge erzeugt. Ein solcher Slot hat ein Kopffeld von 5 Byte und einen Nutzinformationsteil mit 48 Byte, entspricht also einer Zelle bei ATM.

Neben Slots, die für isochronen Verkehr konstanter Bitrate Kapazität bereitstellen (Pre-Arbitrated Slots), gibt es für asynchronen Datenverkehr die QA-Slots. Diese Abkürzung – Queued Arbitrated (Access) – weist auf das spezielle Zugriffsverfahren des QPSX bzw. DQDB hin: Distributed Queue (verteilte Warteschlange). Zur Erläuterung der Grundlagen dieses Protokolls genügt es, beispielhaft die Übertragung von Daten von einer Station *K* zu einer Station *P* über Bus *A* zu betrachten, da die Anordnung (Bild 6.6-6) völlig symmetrisch aufgebaut ist; d.h. im Fall einer Übertragung von *P* nach *K* vertauschen sich lediglich die Rollen der beiden Busse.

Im Kopffeld eines jeden Slots sind Bitpositionen für Steuerzwecke vorgesehen. Für die unten beschriebenen Vorgänge ist das „Busy"-Bit (kennzeichnet einen belegten Slot) und das „Request"-Bit (drückt den Wunsch nach einem freien Slot auf dem Bus der Gegenrichtung aus) von Interesse.

Zu einem bestimmten Zeitpunkt tritt in *K* der Wunsch auf, Daten nach *P* zu übertragen. Würde *K* nun einfach den ersten freien Slot auf Bus *A* belegen, so wäre(n) weiter unten am Bus („downstream") liegende Station(en) *L*, *M*, usw. – möglicherweise schon seit einiger Zeit sendewillig – benachteiligt. Deshalb wird in jeder Station mit Hilfe von zwei Zählern (Request Count, *RC*; Count Down, *CD*) die (verteilte) Warteschlange für Bus *A* organisiert:

- *RC* wird permanent durch die (in den Kopffeldern der Slots auf Bus *B* enthaltenen)

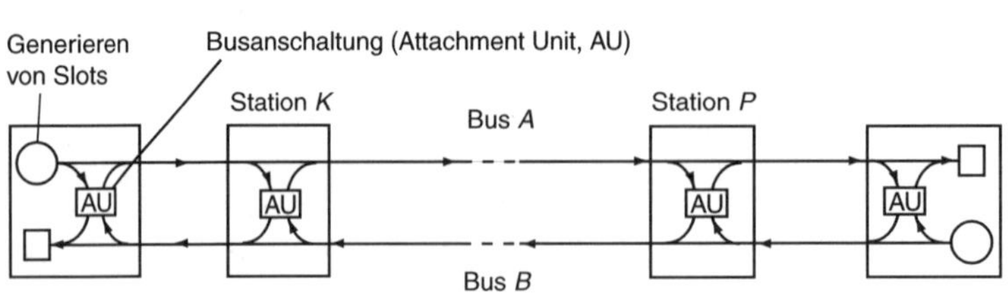


Bild 6.6-6
DQDB

Requests inkrementiert und durch freie Slots dekrementiert.

- Wird eine Station (Beispiel *K*) sendewillig, so kopiert sie den in diesem Augenblick gegebenen Stand von *RC* nach *CD*. *RC* wird dann auf null gesetzt und arbeitet danach wie oben weiter.
- *CD* wird mit jedem vorbeikommenden freien Slot dekrementiert. Hat *CD* den Wert null, so darf die Station den nächsten freien Slot belegen.

Man sieht, dass hier ein Verfahren mit deterministischem Zugriff (keine Kollisionsprobleme) vorliegt, wobei eine Station bei Auftreten des Sendewunsches eventuell unmittelbar senden (d.h. einen freien Slot belegen) kann – entsprechenden Stand von *RC* vorausgesetzt. Natürlich ist die Stationslogik in Wirklichkeit wesentlich komplizierter:

- Die Zählerordnung benötigt aus Entkopplungsgründen einen dritten Zähler *ORC* (Outstanding Request Counter).
- Der Standardisierungsvorschlag enthält 4 Prioritätsstufen, damit sind auch unabhängige Request-Bits und Zählungen je Priorität notwendig. Die gesamte oben beschriebene Anordnung muss unabhängig für Bus *B* nochmals vorgesehen werden.

Verglichen mit FDDI hat DQDB gewisse Vorteile. Für Post-/Fernmeldeverwaltungen ist die einfache Integration von asynchronem und isochronem Verkehr sowie die Kompatibilität mit ATM von Interesse.

Genauere verkehrstheoretische Untersuchungen zeigen, dass das Verfahren in Überlastsituationen nicht fair ist, ja dass das Verhalten in Extremsituationen nicht vorhersehbar ist. Die unerwünschten Eigenschaften beruhen letztlich darauf, dass die die Zählerstände beeinflussenden Ereignisse in den verschiedenen Stationen nicht wirklich gleichzeitig wahrgenommen werden – es sind Laufzeiteffekte im Spiel, welche u.a. die an den Busenden liegenden Stationen bevorzugen. Wenn man auch das Verhalten im Grenzbereich der Auslastung nicht überbewerten sollte, weil ein vernünftig ausgelegtes Netz kaum in diesen Bereich kommt – immerhin zeigt es sich, dass der Standardisierungsprozess verkompliziert wird und dass DQDB (ebenso wie FDDI) für Netze im GBit/s-Bereich nicht besonders gut geeignet sein wird.

## 6.7 ISDN

### 6.7.1 Einführung

Aus wirtschaftlichen Gründen hat man von jeher versucht, eine Integration von Netzen und Diensten voranzutreiben. Es begann frühzeitig bei den Übertragungsstrecken, wurde durch die Digitalisierung fast selbstverständlich und auch bei der Vermittlung zunehmend möglich. Wenn man allerdings bedenkt, dass z.B. im Fernsprechnetz über die Hälfte des Aufwands im Teilnehmerbereich liegt, dann kann man das Wort Integration erst dann mit Überzeugung gebrauchen, wenn für verschiedenartige Dienste nur eine Teilnehmeranschlussleitung benötigt wird. Dieser entscheidende Schritt wird als ISDN (Integrated Services Digital Network) bezeichnet.

Da ISDN praktisch nie Realität wurde, lohnt eine genauere Behandlung nicht, zumal es leicht zugängliche Literatur gibt [86]. Wir sprechen nachstehend den ISDN-Basisanschluss und die Zeichengabe nur soweit an, dass man verstehen kann, welche Chance hier Ende der achtziger Jahre vertan wurde; vgl. 7.3.

### 6.7.2 ISDN-Basisanschluss

Bei der Normung des ISDN hat man eine Referenzkonfiguration festgelegt, die auch bei möglichen Weiterentwicklungen (z.B.: B-ISDN) Ordnung in die Diskussion bringt. (Bild 6.7-1). Am Netzabschluss beim Teilnehmer (network termination, NT) endet die Verantwortung des Netzbetreibers (z.B. Deutsche Telekom). Die wichtigsten Schnittstellen sind die U-Schnittstelle (Teilnehmeranschlussleitung) und die S-Schnittstelle (Netz beim Teilnehmer).

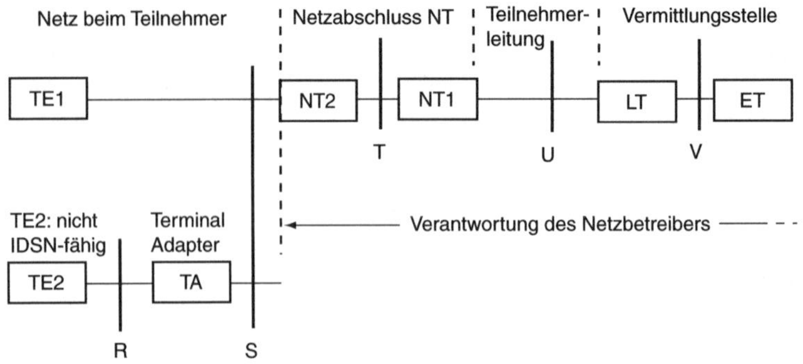


Bild 6.7-1
Referenzpunkte im ISDN

Beim ISDN-Basisanschluss nutzt man die klassische (Fernsprech-)Teilnehmerleitung und den sogenannten $S_0$-Bus (Bild 6.7-2), mit dem wir uns nachstehend kurz befassen wollen.

Zwei Doppeladern, die vom NT ausgehend im Haus des Teilnehmers verlegt sind, bilden einen vierdrähtigen Bus, über dessen Phantomschaltung angeschlossene Geräte gespeist werden können. Der Bus ist kein LAN; die Geräte können nicht untereinander kommunizieren. Es geht nur um den Zugang der *Endgeräte (terminal equipment, TE),* zu den Duplexkanälen B1, B2 und D, welche NT mit der Vermittlungsstelle verbinden. Während die B-Kanäle in eindeutiger Weise vergeben werden, gibt es im D-Kanal in Richtung TE → NT ein Kollisionsproblem: Zwei (oder mehr) Endgeräte können gleichzeitig im bis jetzt frei gewesenen D-Kanal eine Zeichengabe beginnen. Das Verfahren zur Kollisionsauflösung beinhaltet einige interessante Ideen, deshalb wollen wir es nachstehend kurz besprechen.

Die beim $S_0$-Bus verwendete Leitungscodierung ist ein Pseudoternärcode mit den möglichen Zuständen +I, stromlos, –I (I = Strom). Die logische 0 wird abwechselnd als +I und –I übertragen; die logische 1 ist durch den stromlosen Zustand gekennzeichnet. Der Multiplexrahmen der $S_0$-Schnittstelle hat eine Dauer von 250 μs, so dass vom D-Kanal (16 kBit/s) vier Bits im Rahmen auftreten; sie sind mit etwa gleichen Abständen über den Rahmen verteilt.

Der Netzabschluss NT macht eine zentrale Dienstleistung, die für die Kollisionserkennung

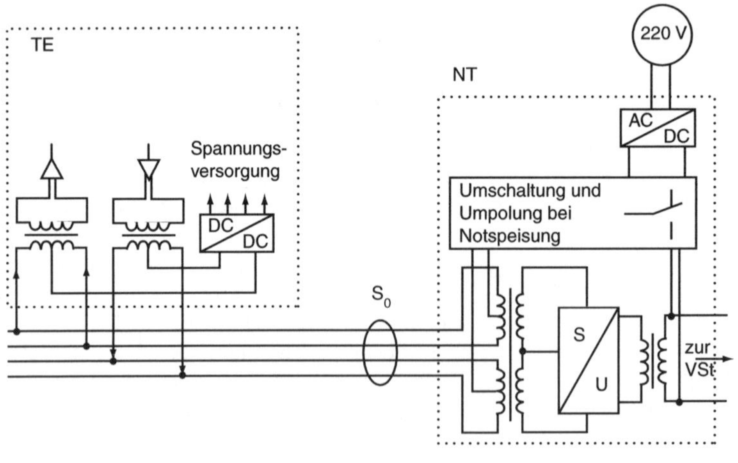


Bild 6.7-2
ISDN-Basisanschluss

nützlich ist: In einem Echobit E gibt NT jeweils bekannt, was als D-Bit von TE empfangen wurde.

Ein Endgerät, das zuvor eine hinreichend lange ununterbrochene Folge stromloser D-Bits im Rahmen gesehen hat, darf zu senden beginnen; jede Sendung beginnt mit mehr oder weniger vielen Bits „0“. Haben zwei Endgeräte gleichzeitig zu senden begonnen, so werden sie das zunächst nicht bemerken. Aber irgendwann kommt der Zeitpunkt, wo das eine TE „1“ (stromlos!) sendet; da das andere weiterhin „0“ gesendet hat, ergibt sich das Echobit „0“ und das erstgenannte TE stoppt seine Sendung. Das andere setzt die Zeichengabe erfolgreich fort, ohne von der Kollision etwas bemerkt zu haben.

Das beschriebene Grundprinzip erlaubt die Vergabe von Prioritäten. Beispielsweise kann man ein TE dadurch bevorzugen, dass dieses weniger D-Bits „1“ abwarten muss, bis es den D-Kanal als frei betrachten darf. Hat dieses TE dann eine Nachricht erfolgreich übertragen, so kann es anderen TEs mit schlechterer Priorität eine Chance geben – eventuell nur für eine gewisse Zeit –, indem es selbst die Anzahl von ihm abzuwartender stromloser Schritte erhöht.

### 6.7.3 Zeichengabe

Die ISDN-Vermittlungsstellen benutzen für die Zeichengabe untereinander das Zeichengabenetz SS.7 (Signalling System No. 7), das schon vor ISDN entstanden ist. SS.7 ist ein weltweit verfügbarer „Dienstleister für Zeichengabe“, dessen Grundprinzipien in [60-2] nachgelesen werden können. Es stellt in seinem so genannten Message Transfer Part (MTP) Grundfunktionen der paketorientierten Rechnerkommunikation bereit, welche für die Übermittlung in zentralen Zeichenkanälen (ZZK) unabhängig vom Benutzer (user) benötigt werden. Auf den MTP können dann verschiedene User Parts (UP) aufgesetzt werden, so z.B. der Telephony User Part (TUP) für Fernsprechnetze oder eben der ISDN-UP. Der heutige Stand findet sich in [62-1].

Das neue am ISDN ist die Integration sämtlicher Dienste auf der Teilnehmeranschlussleitung, deshalb war dort bezüglich Zeichengabe nichts vorhanden, was hätte weiterverwendet oder ausgebaut werden können. Man hat für die Zeichengabe reichlich Kapazität vorgesehen (D-Kanal, 16 kBit/s) und die gesamten Protokolle im wesentlichen neu entwickelt.

Insgesamt hat man im ISDN leistungsfähige Zeichengabemöglichkeiten bis hin zur weltweiten Kommunikation von Endgerät zu Endgerät. Dadurch werden beliebige Dienste und Leistungsmerkmale hervorragend unterstützt.

## 6.8 Internet

### 6.8.1 Einführung

Nachstehend folgen wir der in [68-1] gegebenen Übersicht.

Seinen Ursprung hatte das Internet Ende der sechziger Jahre in der Bestrebung der ARPA (später: DARPA, Defense Advanced Research Project Agency), in den USA ein extrem ausfallsicheres Rechnernetz zu schaffen, das auch bei Teilausfällen durch militärische Einwirkung in seiner Gesamtheit funktionsfähig bleiben sollte. Dies wurde durch die Aufteilung der Nachrichtenströme in Pakete erreicht, die auf ganz verschiedenen Wegen durch das Netz vom Sender zum Empfänger gelangen können. Verlorene oder gestörte Pakete werden dabei erneut angefordert.

Aus dieser sehr verteilten und redundanten Funktionsweise sind auch die heutigen Schwierigkeiten zu erklären, eine Zensur moralisch oder politisch bedenklicher Inhalte technisch durchzusetzen. Werden einzelne Rechnerknoten oder Kommunikationsleitungen gesperrt, so können deren Inhalte immer auf anderen Rechnern bereitgestellt und über alternative Kommunikationswege übertragen werden.

Die sehr dezentrale technische Funktionsweise findet ihre Entsprechung in einer dezentralen Administration. Interessant ist das Nutzungsmodell für die Kommunikationsleitungen. In Ermangelung von geeigneten Abrechnungsverfahren findet ein kooperatives Modell Anwendung: Jede Einrichtung im Internet trägt die Kosten für ihre Anbindung an (im Allgemeinen mehrere) existierende Internet-Knoten. Diese Kommunikationsleitungen dürfen dann von allen anderen Internet-Teilnehmern kostenlos mitbenutzt werden. Umgekehrt entstehen für die neu an das Internet angeschlossene Einrichtung keinerlei Kosten mehr für den Datentransfer innerhalb des Internet (das mit den neu errichteten Leitungen wieder etwas gewachsen ist).

Selbstverständlich ist es notwendig, zentrale Instanzen zu haben, die beispielsweise die eindeutige Vergabe der Internet-Adressen sicherstellen. Diese Instanzen sind hierarchisch verteilt, wie das Beispiel der Network Information Center (NIC) zeigt: Das INTERNIC in Los Angeles koordiniert die IP-Adressvergabe (IP = Internet Protocol) weltweit. Die Verantwortung für den europäischen Raum wird jedoch an das RIPE in Amsterdam delegiert. Das überträgt wiederum die Verantwortung für Deutschland an das DENIC, das sich zur Zeit an der Universität Karlsruhe befindet.

Aus technischer Sicht ist das Internet eine Menge von Computern, die über die ganze Welt verteilt sind und über eine Vielzahl von Kommunikationswegen in einer gemeinsamen Sprache TCP/IP miteinander „sprechen“.

Lange bestand bei der Rechnerkommunikation ein Wettlauf zwischen den bereits sehr früh in den USA entstandenen Internet-Protokollen und dem später vornehmlich in Europa entwickelten und konzeptionell saubereren ISO/OSI-7-Schichten-Modell. Dieser Wettlauf ist heute auf Grund der vielen Dienste und Anwendungen auf der Basis von TCP/IP zugunsten des Internet entschieden.

Zunehmend werden Internet-Protokolle und -Dienste auch für unternehmensinterne Rechnernetze eingesetzt. Für Firmennetze auf der Basis der Internet-Technologien hat sich der Begriff „Intranets“ eingebürgert.

In Bild 6.8-1 sind einige im Zusammenhang mit Internet wichtige Begriffe zusammengestellt.

| | |
|---|---|
| API | Application Programmers Interface |
| CGI | Common Gateway Interface |
| DARPA | Defense Advanced Research Project Agency |
| EDI | Electronic Data Interchange |
| FTP | File Transfer Protocol |
| HTML | Hypertext Markup Language |
| HTTP | Hypertext Transfer Protocol |
| IETF | Internet Engineering Task Force |
| IP | Internet Protocol |
| ISO/OSI | International Standards Organization/ Open Systems Interconnection |
| ISOC | Internet Society |
| ISP | Internet Service Provider |
| MIME | Multipurpose Internet Mail Extensions |
| NIC | Network Information Center |
| NIL | National Information Infrastructure Initiative |
| PC | Personal Computer |
| PoP | Point of Presence |
| RFC | Request for Comment |
| RIPE | Réseaux IP Européens |
| SGML | Standardized General Markup Language |
| TCP/IP | Transmission Control Protocol/ Internet Protocol |
| VRML | Virtual Reality Markup Language |
| WWW | World Wide Web |

Bild 6.8-1 Begriffe im Zusammenhang mit Internet [68-1]

### 6.8.2 Zugang zum Internet

Zunächst stellt sich die Frage, ob man als reiner Nutzer oder auch als Anbieter am Internet teilnehmen möchte. Im ersten Fall reicht es, sich einen einfachen PC mit der notwendigen Browser-Software zu beschaffen und sich bei Bedarf in das Internet einzuwählen. Sollen eigene Informationen und Dienste angeboten werden, wird die Rechnerkonfiguration großzügiger zu bemessen sein, es ist zusätzliche Server-Software notwendig und der Zugang zum Internet muss über permanente Leitungen realisiert werden, um jederzeit erreichbar zu sein.

Für Anbieter und Nutzer bieten ISPs Zugang zum Internet, zum Teil mit regional besser erreichbaren PoPs. Eine Alternative sind kommerzielle Online-Dienste, die eigene Inhalte anbieten, aber zusätzlich immer auch den Übergang in das Internet bereitstellen. ISPs und Online-Dienste erlauben ihren Nutzern oft, persönliche WWW-Seiten geringen Umfangs (z.B. 1 Megabyte) ohne Zusatzkosten auf deren Rechnern anzubieten. Für die Abrechnung der Kosten existieren verschiedene Modelle als Pauschale oder zeit- und/oder volumenabhängig.

Zu den Kosten für den eigentlichen Internet-Zugang kommen noch die Verbindungskosten vom eigenen Rechner zum Zugangsknoten, also Telefongebühren oder, für Anbieter, die Gebühren für eine (virtuelle) Standleitung. Außerdem müssen natürlich die eigene Hard- und Software sowie der laufende Betrieb finanziert werden. Nicht zu unterschätzen sind die Kosten, die Anbietern entstehen, um ihre Inhalte zu aktualisieren.

### 6.8.3 Internet-Dienste

Die Attraktivität des Internet ist in der Vielzahl von Diensten begründet, die dem Teilnehmer heute zur Verfügung stehen.

Der meistgenutzte Dienst ist sicher *Electronic Mail* (oder kurz *„email“*). Schneller als Briefpost, billiger, international nutzbar, ohne Medienbruch am Computerarbeitsplatz zugänglich ist die Übermittlung elektronischer Nachrichten einer der nützlichsten und am längsten genutzten Dienste im Internet.

Informationen von einem beliebigen Computer im Internet lassen sich per FTP auf den eigenen Rechner laden. Dieser Dienst ist ausgesprochen nützlich, um schnell und unkompliziert auf Dokumente oder Software(-Updates) zugreifen zu können.

Interaktives Arbeiten auf einem beliebigen Computer im Internet erlaubt *Telnet*. Abgesehen von etwaigen Verzögerungszeiten findet die zeichenorientierte Interaktion mit dem entfernten Rechner genauso wie mit dem lokalen Rechner statt.

Ein wichtiges und ebenfalls äußerst nützliches System zur Verbreitung von Informationen und insbesondere zur Diskussion auf elektronischem Weg ist *News*, auch *Usenet* genannt. Zu vielen tausend Diskussionsthemen existieren hier elektronische schwarze Bretter, an die Diskussionsbeiträge geschickt werden können. Diese werden dann weltweit von allen anderen News-Lesern gesehen und gegebenenfalls beantwortet, wieder für alle anderen Teilnehmer sichtbar. In Wissenschaft und Forschung wurde das Internet mit seinen vielfältigen Diensten seit über zwanzig Jahren genutzt. Aber erst die Entwicklung einer intuitiv bedienbaren („Point and Click“), multimedialen Oberfläche um 1993 verhalf dem Internet zu explosionsartigen Wachstumsraten: WWW. Diesen Dienst im Internet wollen wir nachstehend genauer betrachten.

### 6.8.4 World Wide Web (WWW)

Das WWW ist als Client/Server-Architektur realisiert. Der „WWW-Browser“ läuft auf dem Client, (dem Rechner des WWW-Nutzers) und fordert per HTTP die Informationen von einem entfernten WWW-Server an. Die wesentlichen Eigenschaften des Web sind seine Hypertext-Struktur, die Multimedia-Fähigkeit, Benutzer-Feedback über Formulare und seine Offenheit, die auch aktuelle Erweiterungen durch Java oder VRML erlaubt.

Ein „Hypertext" löst sich von der Linearität herkömmlichen Textes. Er ist aus Textelementen aufgebaut, die über so genannte Links miteinander verwoben sind. Zwischen den Textelementen kann per Mausklick beliebig hin- und hernavigiert werden. So sind Querverweise, Fußnoten etc. sehr einfach zu verfolgen. Die Erweiterung der Textdarstellung um multimediale Elemente wie Grafiken, Ton und Video führt zur Bezeichnung „Hypermedia". Die Hypertext-Struktur des WWW wird mit Hilfe von HTML implementiert.

„Multimedia" bezeichnet die Integration von zeitunabhängigen (Text, Grafik, ...) und zeitabhängigen (Audio, Video, Animation, ...) Medien im Computer. Das World Wide Web ist multimediafähig durch die Verwendung von MIME. Jeder Informationseinheit gibt der WWW-Server auf diese Weise eine Kennung mit, aus der ersichtlich ist, um welchen Medientyp es sich handelt. Der Web-Browser wertet diese Kennung aus und stellt die Informationen mediengerecht dar.

Im WWW ist der Nutzer aber nicht auf die Rolle des reinen Informationsempfängers beschränkt. So genannte Forms dienen der Übermittlung von Informationen vom Nutzer zum Dienstanbieter, etwa einer Postadresse für die Zustellung von Waren. Diese Möglichkeit des Nutzer-Feedback bietet eine erweiterte Interaktivität zwischen Nutzer und Anbieter über die reine Navigation durch Informationsinhalte hinaus. Insbesondere ist es dem Web-Nutzer auf diese Weise möglich, externe Programme des Anbieters mit geeigneten Eingabedaten zu versorgen, etwa um von einem Paketversanddienst den aktuellen Versandstatus der letzten Sendung zu erfragen.

Der Web-Browser kann mit beliebigen Medientypen umgehen, indem er den MIME-Typ eines Datensatzes auswertet und den Datensatz einfach an eine externe Applikation übergibt, die für genau diesen Medientyp zuständig ist. Solche externen Applikationen können für beliebige Medientypen entwickelt werden und sind ohne Änderung des Browsers nutzbar (um etwa eine nach einem neuen Verfahren komprimierte Videosequenz abzuspielen). Eine Weiterentwicklung dieses Konzepts sind die so genannten Plug-Ins, die denselben Zweck wie externe Applikationen haben, für die Visualisierung der Information jedoch Darstellungsbereiche im Browser-Fenster erhalten (z.B. für die Ausgabe einer speziell codierten Grafik, umgeben von Fließtext, den der Browser darstellt). Schließlich besteht sogar die Möglichkeit, komplette Programme vom Web-Server auf den Browser zu laden und dort lokal auszuführen, z.B. Java-Programme, die ein Interpreter im Browser ausführt, oder VisualBasic-Programme, die als Active X-Komponenten eingebunden werden.

Jeder Web-Server bietet mit CGI eine einheitliche Schnittstelle zu externen Applikationen. So können nicht nur statisch auf dem Server vorliegende Informationen angeboten werden, sondern auch dynamisch und bedarfsgerecht generierte (z.B. wird die Anfrage nach der besten Zugverbindung zwischen zwei Orten abhängig von der gewünschten Abfahrtszeit und dem Abfahrtsdatum beantwortet). Über CGI hinaus bieten die Hersteller von Web-Servern zusätzlich schnellere, proprietäre Schnittstellen an.

Eine wesentliche Eigenschaft des World Wide Web ist, dass es alle anderen Internet-Dienste (News, FTP, E-mail, ...) in einer Bedienoberfläche, dem WWW-Browser, integriert.

### 6.8.5 Entwicklungstendenzen

Eine interessante Vorschau auf die zukünftige Entwicklung findet man in [68-2].

Der Trend zur Mobilkommunikation hat natürlich auch Auswirkungen auf Internet. Das Wireless Application Protocol (WAP) wurde entwickelt, damit beliebigen mobilen Geräten Internet-Dienste angeboten werden können. Näheres siehe [68-16].

Gerade bei einem Netz wie Internet mit seiner in 6.8.1 beschriebenen unkontrollierbaren Struktur haben moderne kryptologische Verfahren [75] besondere Bedeutung. Vor allem ist hier die Steganografie [75-2] zu nennen.

Wie mehrfach in diesem Buch angesprochen, wurde die weltweite Einführung von ISDN seinerzeit versäumt, so dass die Internet-Dienste zwar riesige Wachstumsraten aufweisen, aber das saubere technische Fundament nicht gegeben ist. Es gibt nun zwei Möglichkeiten für das weitere Vorgehen:

- Man bleibt in der Internet-Denkweise und entwickelt die Internet-Übermittlung weiter.
- Man gibt doch noch – wie es damals hätte geschehen sollen – jedem Teilnehmer einen ISDN-Anschluss, um so eine zukunftssichere Basis für das Internet zu schaffen.

Da die erste Möglichkeit keine Koordination mit den Betreibern der Fernsprechnetze erfordert, wird es wohl so laufen. „Das Haus wird aufgestockt, obwohl das Fundament mangelhaft ist."

Bei Weitverkehrsnetzen wie bei lokalen Netzen ist effektives Netzmanagement nur möglich, wenn schon bei der Planung daran gedacht wurde. Deshalb behandeln viele Bücher [66] Planung und Betrieb im Zusammenhang; vgl. auch [65].

Eine wichtige Rolle spielt auch die Deregulierung im gesamten Telekommunikationsbereich, durch welche die TMN-Philosophie zu Gunsten der SNMP-Philosophie an Bedeutung verliert.

## 6.9 Netzmanagement

### 6.9.1 Einführung

In der Vergangenheit wurde im Telekombereich jedes Managementproblem (Beispiel Verkehrsmessungen) oder jeder Kundenwunsch (Beispiel Weckdienst im analogen Telefonnetz) isoliert betrachtet. Einerseits konnten zwar viele Nischenanbieter von der Entwicklung und dem Verkauf dieser Systeme gut leben, andererseits ergab sich eine für Netzbetreiber und Dienstanbieter unerwünschte Systemvielfalt.

Das Fernsprechnetz mit all seinen Bestandteilen wurde und wird in der Regel von mehreren Herstellern geliefert. Dabei gab es natürlich verbindliche Standards z.B. für die Zeichengabe. Aber für Betrieb und Unterhalt der Vermittlungseinrichtungen entwickelte jeder Hersteller eine eigene Philosophie. Beispielsweise haben die verschiedenen Vermittlungssysteme jeweils eigene Benutzerschnittstellen, so dass sich mehrfacher Ausbildungsbedarf für das Bedienpersonal des Netzbetreibers ergab.

In der klassischen TF-Technik dauerte es Stunden oder manchmal auch Tage, bis z.B. eine Primärgruppe für eine Querleitung o.Ä. geschaltet war. Die modernen Systeme wie z.B. die SDH (vgl. 5.5.5) haben Managementschnittstellen und können, wenn ein geeignetes Netzmanagementsystem verfügbar ist, aus der Ferne ohne Mitwirkung von Personal vor Ort kurzfristig neu konfiguriert werden. Dieses Beispiel aus dem Betrieb der Übertragungstechnik ist natürlich nur ein Bruchteil von dem, was getan werden muss, um ein großes Nachrichtennetz (wie z.B. das der Deutschen Telekom vor der Deregulierung) zu managen.

Es ist verständlich, dass Netzbetreiber und Hersteller in der ganzen Welt an einer internationalen Standardisierung interessiert sind. So entstand und entsteht TMN (Telecommunication Management Network) [66-1]. Es ist eine langfristige Konzeption, die von ITU-T (früher CCITT) vorangetrieben wird; es war keine Frage, dass hier die ISO/OSI-Protokolle – auch wenn diese z.T. erst noch entwickelt werden müssen – zu Grunde gelegt werden.

Bereits bei der Konzeption des Internet, einem Weitverkehrsnetz, war das SNMP (Simple Network Management Protocol) [66-2] von größter Bedeutung. SNMP war notgedrungen von Anfang an zwar etwas provisorisch, aber arbeitsfähig und wurde deshalb auch für völlig andere Anwendungen (z.B. LAN) eingesetzt.

In den Fällen, in denen SNMP und TMN in Konkurrenz treten, setzt sich das robuste und praktisch verfügbare SNMP durch. Indessen kommen sich die Lösungen dadurch näher, dass in vielen Punkten gleichartige Bausteine verwendet werden. Ein Beispiel dafür ist ASN.1, siehe 6.9.2.

### 6.9.2 Einführung in die ASN.1 - Kommunikationsplattform

Ursprünglich war ASN.1 (Abstract Syntax Notation No.1) nur eine Beschreibungssprache, die sowohl bei SNMP als auch bei TMN verwendet wird. Vor allem seit der Entwicklung von MHS (Message Handling Systems). Ende der achtziger Jahre spielt ASN.1 zunehmend eine eigenständige Rolle, siehe unten.

Mit der weltweiten Vernetzung unterschiedlicher Kommunikationssysteme gewinnt ASN.1 als gemeinsame logische Plattform für die Kommunikation zunehmend an Bedeutung. ASN.1 ist als internationaler Standard ISO 8824 (International Standardization Organization) festgelegt. Die durch ASN.1 definierten Methoden werden von den meisten E-Mail-Anwendungen verwendet, darüber hinaus auch bei der Übertragung von Dateien nach dem (FTAM = File Transfer and Access Methode) und der (GSM = Global Standard for Mobile Communication). Die ASN.1 wird bei der Definition von Informationsinhalten für die unterschiedlichsten Telekommunikationsanwendungen gebraucht. Sie ist in [66-3] ausführlich dargestellt.

### 6.9.3 Netzstruktur

In 6.2.3 haben wir mit dem klassischen Landesfernwahlnetz ein Netz kennen gelernt, bei dem in Bezug auf das Management eine klare Trennung zwischen Betrieb und Planung zwingend geboten war. Dies entsprach dem Aufbau des Netzes und den Möglichkeiten der eingesetzten vermittlungstechnischen Einrichtungen. Die Planung wurde zentralisiert durchgeführt, dazu wurden Rechner eingesetzt.

Nun hat sich die Struktur des nationalen Netzes gewandelt. Durch den Einsatz leistungsfähigerer Übermittlungssysteme

- rechnergesteuerte Vermittlungssysteme sowie
- breitbandige Übertragungssysteme

lohnt es sich jeweils größere Verkehrsströme zusammenzufassen. So wurde die Anzahl der Vermittlungsstellen und der Netzebenen reduziert. Wir finden heute oberhalb des Ortsnetzes nur noch zwei Netzebenen.

Hand in Hand mit diesem Umbau der Netzstruktur ging auch ein Umbau des Netzmanagements. Bedingt durch die vollständige Durchdringung des Netzes mit Rechnern stehen jederzeit aktuelle Daten des ganzen Netzes zur Verfügung. Es können jetzt für alle Aufgaben einheitliche Netzmanagementsysteme (SNMP bzw. TNM) eingesetzt werden.

Schließlich ist noch zu beachten, dass durch die Deregulierung neben dem historisch gewachsenen flächendeckenden Netz der Deutschen Telekom national weitere Kommunikationsnetze entstehen. Diese neuen Netze gehen von anderen Voraussetzungen aus. Die Betreiber sind derzeit hauptsächlich an einem kostengünstig aufbaubaren Netz interessiert, d.h. an einem Netz für den Verkehr zwischen den großen Städten. Weniger von Interesse ist der kostenintensive Aufbau eines flächendeckenden Netzes. Diese Netze haben dementsprechend eine ganz flache Netzstruktur.

Zwischen all diesen Netzen muss ein einfacher Übergang möglich sein, so dass der Verkehr problemlos zwischen den Netzen fließen kann. Es werden Netzübergänge (POI: Points Of Interconnection) benötigt. Dazu bietet sich die synchrone digitale Hierarchie (SDH) an [61-10]. Sie ermöglicht die Überwachung der Übertragungsstrecke von beiden Seiten aus. An den Netzübergängen sind erhöhte Sicherheitsanforderungen zu erfüllen. Dies gilt bezüglich des Nutzwegenetzes, vor allem aber auch für das Signalisierungsnetz und das Managementsystem, denn hierüber sind die lebensnotwendigen Funktionen der Netze beeinflussbar.

### 6.9.4 Entwicklungstendenzen

Eine gute Zusammenstellung der laufenden Entwicklungen findet sich in [66-4].

Bei Weitverkehrsnetzen wie bei lokalen Netzen ist effektives Netzmanagement nur möglich, wenn schon bei der Planung daran gedacht wurde. Deshalb behandeln viele Bücher [66] Planung und Betrieb im Zusammenhang; vgl. auch [65].

Eine wichtige Rolle spielt auch die Deregulierung im gesamten Telekommunikationsbereich, durch welche die TMN-Philosophie zugunsten der SNMP-Philosophie an Bedeutung verliert.

# 7 Teilnehmeranschluss

## 7.1 Einführung

Das Fernsprechnetz ist als einziges Nachrichtennetz tatsächlich weltweit physikalisch vorhanden. Die anderen Nachrichtennetze nutzen mehr oder weniger große Teile der Infrastruktur des Fernsprechnetzes, sie sind sozusagen Gäste in diesem Netz.

Man bezeichnet das weltweite Fernsprechnetz als die „größte Maschine der Welt" [10-1]. In einer Veröffentlichung im Jahre 1980 [60-3] wird der Wiederbeschaffungswert dieses Netzes auf 2.500 Mrd. DM geschätzt; der heutige Wert dürfte wesentlich höher liegen.

Im Fernsprechnetz steckt über die Hälfte der Investitionen im Teilnehmeranschlussbereich. Diese Tatsache ist leicht erklärbar: Je näher man an den einzelnen Teilnehmer herangeht, um so geringer werden die Möglichkeiten zur Erhöhung der Wirtschaftlichkeit durch Mehrfachausnutzung der Übertragungsmittel. Die Anschlussleitung eines durchschnittlichen Privatteilnehmers wird selbst in der Hauptverkehrsstunde nur für wenige Minuten genutzt.

Wie wir in 7.2 sehen werden, hat sich die Situation im Teilnehmeranschlussbereich in mehr als hundert Jahren nicht grundlegend geändert. Es gibt – im wahrsten Sinne des Wortes – riesige Bodenschätze, aber es wird wenig danach geschürft. Offensichtlich sind die Entwickler der Meinung, dass auf dem Gebiet Teilnehmeranschluss nur Verbesserungen in kleinen Details möglich seien.

Technische Möglichkeiten, fernmelderechtliche Rahmenbedingungen, Ansprüche der Teilnehmer usw. ändern sich aber laufend. Man muss die Entwicklung permanent im Auge behalten, um veränderte Situationen und daraus resultierende neue Möglichkeiten zu erkennen. Dies soll an dem Beispiel 7.6 ff. gezeigt werden. Zur Vorbereitung machen wir eine Bestandsaufnahme einiger technischer Gegebenheiten, siehe 7.2 bis 7.5.

## 7.2 Klassischer Fernsprechanschluss

### 7.2.1 Leitungen im Teilnehmeranschlussbereich

Die ersten Fernsprechapparate hatten zur Energieversorgung galvanische Elemente (beim Teilnehmer, „Ortsbatterie"), aber bald ging man zu der bis heute benutzten Speisung aus der Amtsbatterie (in der Vermittlungsstelle, „Zentralbatterie") über. Über die Teilnehmeranschlussleitung geschieht also nicht nur Nachrichtenübertragung, sondern auch Energieversorgung; aus diesem Grund benutzt man als Fernsprechleitungen bis heute in aller Regel (zweiadrige) Kupferleitungen und nicht etwa Glasfasern.

Vom Hauptverteiler einer Ortsvermittlungsstelle gehen dicke Kabel mit sehr vielen Doppeladern in die verschiedenen Ortsteile. In Linien- und Kabelverzweigern (unscheinbare Blechkästen am Straßenrand) bestehen Rangier- und Zuordnungsmöglichkeiten zu weiterführenden Kabeln, bis zum Schluss im Keller eines Wohnhauses ein Kabel mit wenigen Doppeladern ankommt, die an einem Verteiler zugänglich sind. Von dort wird dann ggf. im Haus eine Zweidrahtleitung bis in die Wohnung des Teilnehmers geführt.

Der Nummernschalter im Fernsprechapparat erzeugt die Impulsserien, die in einem Direktwahlsystem, wie es früher bei der Deutschen Bundespost im Einsatz war (vgl. 6.2.1), direkt zur Steuerung der Wähler verwendet werden. Der Nummernschalter und damit der Apparat war somit aus der Sicht des Netzbetreibers Post geradezu ein Teil des Vermittlungssystems und der Teilnehmer durfte sich an dem Telefon in keiner Weise vergreifen. Wie in anderen Ländern schon früher, so hat schließlich auch die Deutsche Post, die spätere Telekom, dem Teilnehmer einen – wenn auch kleinen – Bereich eingeräumt, in dem er eigene Entscheidungen fällen kann: Das Reich des Netzbetreibers (Post) hat als letzten Teil eine Anschlussdose und der Teilnehmer darf einen Fernsprechapparat seiner Wahl einstöpseln. Man könnte die Anschlussdose hochtrabend als „Netzabschluss" bezeichnen, hinter dem das „Netz beim Teilnehmer" beginnt, und Vergleiche mit der in 6.7 behandelten Referenzkonfiguration des ISDN anstellen. Natürlich hat dort der Netzabschluss (network termination, NT) wesentlich mehr Funktionen als die einer Steckdose (z.B. Code- und Zeichengabeumsetzungen, 2Dr/4Dr–Umsetzung usw.). Beim bekannten Basisanschluss mit $S_0$-Bus findet sich sogar nach wie vor die Speisung eines Endgeräts beim Teilnehmer aus der Zentralbatterie der Vermittlungsstelle: In dem Fall, dass die 230 V in der Wohnung des Teilnehmers ausfallen, versagt die Stromversorgung aus dem NT für die Geräte am Bus und dann wird ein (vorher bestimmtes) Endgerät – meist ein Telefon – an die Zweidrahtleitung von der Vermittlungsstelle geschaltet.

### 7.2.2 Datenübertragung im Sprachkanal

Der Teilnehmer kann eine Fernsprechverbindung zu einem anderen Teilnehmer irgendwo auf der Welt herstellen. Früher war es selbstverständlich, heute ist es nach wie vor nicht auszuschließen, dass die Verbindung im Weitverkehr über ein TF-System geht, bei dem bekanntlich die EM ohne Träger verwendet werden kann, weil sich das Ohr nicht für Phasenbeziehungen interessiert. Das bedeutet, dass aus der Phasenlage zweier Frequenzen beim A-Teilnehmer eine beliebige andere beim B-Teilnehmer werden kann, vgl. Bild 7.2-1.

Wollte man – an Stelle der Sprache – Datensignale übertragen, dann würde eine solche Laufzeitverzerrung allerdings zu hohen Bitfehlerquoten führen, wie man sich anhand des idealisierten Impulses im Bild links klar machen kann.

Damit die Phasenbeziehungen erhalten bleiben, benötigt man ein für die Datenübertragung geeignetes Modulationsverfahren. Man definiert einen im Sprachband liegenden Träger und überträgt beide Seitenbänder; bei den ersten Modems (Kunstwort aus Modulator/Demodulator) wurde z.B. FSK benutzt.

### 7.2.3 Möglichkeiten zur Mehrfachnutzung

Wie wir oben gelernt haben, wird die Teilnehmerleitung durch die Fernsprechverbindung (oder das darin als Gast übertragene Datensignal) nur zu einem Bruchteil genutzt. Man hat von jeher versucht, diese Leitung besser auszunutzen. Ein Beispiel waren vermittlungstechnisch oder/und übertragungstechnisch realisierte Zweieranschlüsse, um zwei dicht beieinander wohnende Teilnehmer über eine Leitung anzuschließen; solche Lösungen haben mit der generellen Verbilligung des Telefonierens ihre Bedeutung verloren.

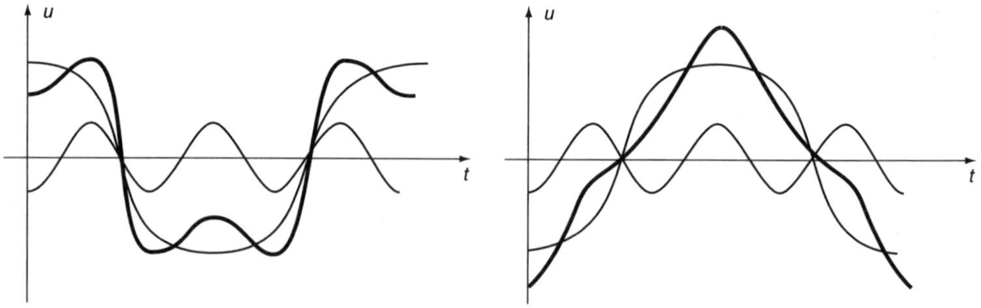


Bild 7.2-1 Einfluss von Laufzeitverzerrungen (Beispiel nach [50-5])

Man muss die 16-kHz-Gebührenanzeige im Zusammenhang mit dem klassischen Fernsprechanschluss sehen und von Versuchen Abstand nehmen, zwischen Fernsprechkanal und 16 kHz noch irgendwelche „Gastkanäle" zu platzieren. Aber der Frequenzbereich darüber ist groß, wobei eine obere Grenze des Frequenzbandes allenfalls indirekt durch das Zusammenwirken dieser beiden Effekte definiert werden kann: Wie aus Kapitel 3 bekannt, steigt die Dämpfung durch den Skineffekt und die Nebensprechdämpfung nimmt ab. Der Oberbegriff für die Versuche, diesen Frequenzbereich zur Datenübertragung zu nutzen, ist „Data Over Voice". Beim Teilnehmer und in der Vermittlungsstelle müssen Fernsprechen und Daten durch Frequenzweichen (splitter) mit einer Grenzfrequenz von z.B. 20 kHz voneinander getrennt werden. In der VSt kann das separierte Datensignal dann einem speziellen Datennetz (z.B. mit ATM) zugeführt werden.

Von großer Bedeutung sind Konzepte für die Datenübertragung, die man unter dem Familiennamen „xDSL" kennt (DSL bedeutet Digital Subscriber Line). Wichtige Übertragungssysteme aus dieser Familie sind HDSL (H bedeutet high bit rate; wichtig ist aber, dass die gleiche (hohe) Bitrate für beide Übertragungsrichtungen gilt) und ADSL (A bedeutet asymmetric, d.h. die Bitraten der beiden Richtungen unterscheiden sich um wenigstens eine Größenordnung).

ADSL hat große Bedeutung, weil bei vielen praktischen Anwendungen vom Teilnehmer in Richtung Vermittlungsstelle nur eine kleine Bitrate benötigt wird. Beispiele dafür sind u.a:

- Video on demand. In einer Datenbank irgendwo an einem Netzknoten sind viele Spielfilme gespeichert. Der Teilnehmer wählt einen davon aus (Bestell-Nr.) und erhält diesen Film (Dauer z.B. eine Stunde) mit hoher Qualität zugespielt.
- Surfen im WWW. Der Teilnehmer (Kunde) sendet kurze Kommandos („Mausklick") an einen Anbieter im WWW und erhält von dort große Datenmengen, z.B. Grafiken.

Bereits 1998 war ADSL (über konventionelle Fernsprechleitungen ohne Zwischenverstärker) mit diesen Bitraten der Abwärtsstrecke (zum Kunden) verfügbar: 2MBit/s über 4 km und 6 MBit/s über 2 km. Früher hatte man es für unmöglich gehalten, dass die gute alte Teilnehmerleitung so viel hergibt; man erkennt die Fortschritte, die (u.a.) digitale Signalverarbeitung, moderne Codierungs- und Modulationsverfahren gebracht haben!

Die Verfahren sind nicht prinzipiell neu, auch wenn die Namen es vermuten lassen (Beispiel: CAP ist eine ohne Träger (carrierless) übertragene Amplituden- und Phasenmodulation), wichtig ist die heute mögliche optimale Anpassung an die Eigenschaften des Übertragungsmediums. Ein instruktives Beispiel bietet die DMT (Discrete Multitone Modulation), vgl. Bild 7.2-2. Mit steigender Frequenz nehmen Dämpfung und Nebensprechen zu, so dass der Störabstand systematisch abnimmt; hinzu kommen weitere Einflüsse, z.B. eingekoppelte starke Funksender (die Leitung, die nie für einen derartigen Betrieb gedacht war, hat bei hohen Frequenzen eine schlechte Symmetrie und wirkt als Empfangsantenne). DMT arbeitet sozusagen mit vielen parallel geschalteten unabhängigen Modems, deren Bitrate entsprechend

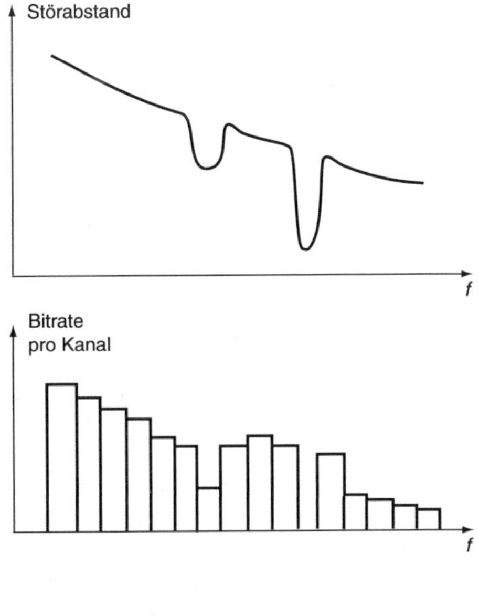


Bild 7.2-2 Prinzip der DMT

dem verfügbaren Störabstand gewählt wird. Die Aufteilung auf die einzelnen Kanäle wie auch die Anpassung der Eigenschaften des Einzelkanals erfolgt per Software. Es ist also ein Paradebeispiel eines adaptiven Verfahrens.

Einen Überblick über ADSL gibt [56-2].

### 7.2.4 Alternativen zur klassischen Fernsprechleitung

Einer der Hauptgründe dafür, dass lange Zeit die Abkehr von der alten Kupferdoppelleitung als langfristig notwendig und „modern“ gepriesen wurde, war das Postulat: Die hohen Bitraten zukünftiger Dienste lassen sich über diese Leitung nicht realisieren! Die Entwicklung der xDSL-Systeme hat das Gegenteil bewiesen, so dass viele gepriesene Alternativen an Bedeutung verloren haben. Wenn man bei Neuinstallationen beim „twisted pair“ bleibt, aber eine etwas bessere geschirmte Version (Kategorie-5-Datenkabel) einsetzt, hat man eine zukunftssichere Installation, die sogar für künftige VDSL-Systeme (V bedeutet „Very high bit rate“) geeignet ist.

Nachstehend sollen einige Alternativen stichwortartig kurz angesprochen werden:

- Koaxialkabel. Wo Installationen für Kabelfernsehen bereits vorhanden sind, liegt der Gedanke nahe, auch das Telefon über diese Leitungen zu betreiben. Um die Sache wirtschaftlicher zu machen, kombiniert man relativ kurze Kupfer-Koax-Teilnehmeranschlüsse mit Lichtwellenleitern und kommt zu so genannten HFC-Systemen (Hybrid Fiber Coax).
- Lichtwellenleiter für alle Teilnehmeranschlüsse. Da über LWL keine Gleichstromspeisung möglich ist, wird bei jedem Teilnehmer ein Netzgerät und eine Pufferbatterie (für z.B. 6 Betriebsstunden) benötigt. Dieser Preis für die Breitbandigkeit, die ja nur einen Bruchteil der Teilnehmer interessiert, ist zu hoch.
- Drahtlose Anschlüsse. Hier soll nicht von schnurlosen Telefonen die Rede sein, bei denen ja lediglich die Handapparateschnur zwischen Hörer und Fernsprechapparat durch Funk ersetzt wird. Vielmehr geht es wie bei den anderen Alternativen um den Teilnehmeranschluss an der Vermittlungsstelle, um den „Wireless Local Loop“ (WLL). Derartige Systeme waren z.B. beim Aufbau des Fernsprechnetzes in den neuen deutschen Bundesländern als Interimslösung bis zur Installation normaler Kupfer-Anschlussleitungen wertvoll. In Sonderfällen (z.B. Bergbauernhof) konnte ein WLL-Anschluss aber seit jeher auch eine Dauerlösung sein. In dünn besiedelten Ländern werden manchmal auch speziell zugeschnittene Richtfunksysteme eingesetzt, bei denen ein rotierender Richtstrahl die verschiedenen Teilnehmer im TDMA „abscannt“.

## 7.3 ISDN (Integrated Services Digital Network)

In den Fernsprechnetzen der Industrieländer werden seit mehr als zwei Jahrzehnten praktisch nur noch digitale Vermittlungs- und Übertragungseinrichtungen neu beschafft. Dadurch sind zwischen allen Vermittlungsstellen digitale Multiplexsysteme mit $n \cdot 64$ kBit/s verfügbar. Einem 64-kBit/s-Kanal ist es gleichgültig, welche Nachrichten transportiert werden, ob ein 8-Bit-Codewort PCM-Sprache oder ein Datenbyte ist.

Ein Endziel der Entwicklung der Nachrichtennetze ist erreicht, wenn das Netz der 64-kBit/s-Kanäle nicht nur zwischen den Vermittlungsstellen, sondern zwischen den Teilnehmern auf der ganzen Welt besteht. Die Einbeziehung der Teilnehmerleitung in das integrierte Netz ist dann – und nur dann – problemlos möglich, wenn wirtschaftliche Lösungen für die Weiterverwendung der vorhandenen klassischen Fernsprechleitung verfügbar sind; dieser technische Stand war Ende der achtziger Jahre erreicht. Aus technischer Sicht müsste seither der ISDN-Basisanschluss (vgl. 6.7.2) die Normalausstattung des Teilnehmers sein; bei konsequentem Einsatz für Neuinstallationen wäre der Aufbau des weltweiten ISDN bereits recht weit gediehen und damit auch Persönliche Kommunikation (vgl. 7.5) schon weitgehend selbstverständlich.

In der Entwicklung und Planung der Fernmeldenetze gab es immer wieder Diskussionen, ob ein bestimmter Dienst – nehmen wir etwa Bildfernsprechen – den Aufbau eines eigenen Netzes lohne; das Ergebnis war in der Regel, dass das Risiko einer solchen Investition zu groß sei. Im ISDN dagegen ist das diensteintegrierende Netz bis zum Teilnehmer ausgebaut und das „Netz beim Teilnehmer" kann vom Teilnehmer in eigener Verantwortung gestaltet werden.

**Beispiel:**
Der Enkel kommt drei Wochen ins Krankenhaus und soll von der Oma getröstet werden. Die beiden leasen sich für diese Zeit zwei Bildtelefongeräte, die sie an ihrem jeweiligen „Netz beim Teilnehmer" anschließen.

Schon der ISDN-Basisanschluss (vgl. 6.7.2) als Normalausstattung des Teilnehmers bietet vor allem durch die außerordentlich leistungsfähige Zeichengabe (D-Kanal, 16 kBit/s) hervorragende Voraussetzungen für die flexible Realisierung spezieller Dienste, Corporate Networks usw. Die Nutzkanäle B1 und B2 (jeweils Duplexkanäle mit 64 kBit/s je Richtung) stellten Ende der achtziger Jahre einen großen Fortschritt dar. Mit den heute verfügbaren Möglichkeiten (z.B. ADSL, vgl. 7.2.3) könnte man mehr Nutzkanäle und/oder solche mit weit höherer Bitrate nach wie vor über die vorhandene Kupfer-Anschlussleitung realisieren; alle diese Erweiterungen und Verbesserungen sind und bleiben ISDN, es handelt sich lediglich um (z.B.) neue Versionen der U- oder S-Schnittstelle im Sinne von Bild 6.7-1.

Leider ist ISDN im obigen Sinne nie Realität geworden.

# 7.4 Mobilkommunikation

## 7.4.1 Einführung

Heute kann jeder Mensch sein Handy bekommen. Vor nicht allzu langer Zeit, als ein Autotelefon noch ein Statussymbol war, hätten viele Fachleute noch leicht den Beweis geführt, dass ein „Mobiltelefon für alle" utopisch sei, vor allem wegen der begrenzten Ressource Frequenzband. Den Ingenieuren muss seither also einiges eingefallen sein; dass man das alles wirtschaftlich realisieren konnte, ist auch hier das Verdienst von Mikroelektronik und Höchstintegration.

Wir wollen im Folgenden zunächst einige wichtige Probleme und Lösungswege der Mobilkommunikation betrachten (7.4.2), um dann am Beispiel des GSM-Standards etwas mehr ins Detail zu gehen (7.4.3).

## 7.4.2 Probleme und Lösungswege

### 7.4.2.1 Zellulare Strukturen

Anordnungen wie die in Bild 7.4-1 gezeigte bezeichnet man mit dem englischen Wort *cluster,* das man mit Traube, Büschel, Haufen oder auch Gruppe übersetzen könnte. Man hat die für ein Mobilfunkssytem verfügbare Bandbreite $B$ im Beispiel in sieben Teilbänder aufgeteilt, welche durch die Zahlen 1 bis 7 gekennzeichnet sind. Die Teilbänder sind nach dem dargestellten festen Wiederholmuster den Funkzellen (Radius $r$) zugeordnet, so dass sich die gleiche Frequenz erst nach einem Abstand $R$ wiederholt. Bei dem gezeigten „7-Cluster" wird etwa $R = 5r$, was für Digitalsysteme meist ausreicht; falls nicht, muss man eben Cluster mit mehr Zellen bilden.

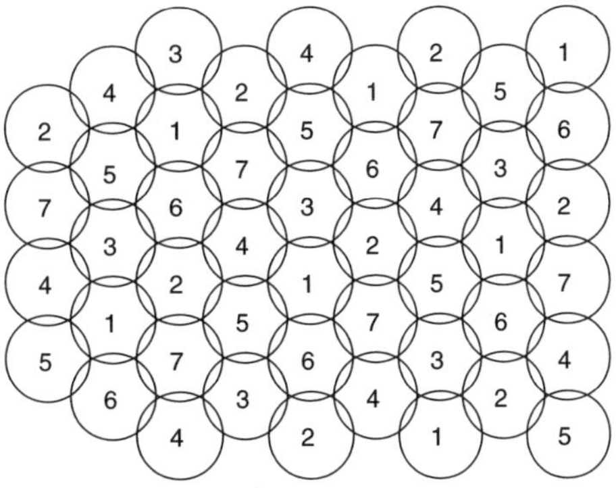


Bild 7.4-1 Cluster

Die zellulare Struktur erlaubt es, mit einer begrenzten Bandbreite $B$ prinzipiell eine beliebig große Teilnehmerzahl zu bedienen; dies zeigt die folgende Betrachtung. In der Bandbreite $B$ mögen sich Kanäle bzw. Kanalpaare so bilden lassen, dass gleichzeitig z.B. 800 Gespräche möglich sind; in einer der 7 Zellen (siehe oben) wären das also etwa 115. Bei einem bestimmten Verkehrsangebot pro Teilnehmer können sich dann z.B. bis zu 1200 Teilnehmer in einer Zelle aufhalten; hat die Zelle eine Fläche von 24 $km^2$, so ist die „Teilnehmerdichte" 50 $Tln/km^2$. Steigt die Teilnehmerdichte oder erhöht sich das Angebot pro Teilnehmer (z.B. durch zusätzliche Internet-Dienste), so ist das Rezept klar: Der Zellradius $r$ muss verkleinert werden. Natürlich ist dies mehr als ein einfaches Rechenexempel: Neue Standorte für Basisstationen (Base Transceiver Stations, BTS) müssen gefunden werden, zusätzliche BTS müssen realisiert werden usw. Aber es stimmt, was oben gesagt wurde: Bei einem zellularen Funknetz ist trotz begrenzter Bandbreite die Teilnehmerzahl nicht limitiert.

#### 7.4.2.2 Basisstationen: terrestrisch oder Satellit ?

Jede Funkzelle muss von einer Basisstation (BTS) so betreut werden, dass in beiden Übertragungsrichtungen eine hinreichende Empfangsfeldstärke gewährleistet ist. (Diese Aussage bedeutet nicht, dass in jeder Zelle eine BTS im Zentrum stehen muss; es ist nahe liegend, eine BTS in den Schnittpunkt dreier Funkzellen zu setzen und jede Zelle durch eine 120°- Antenne auszuleuchten.)

Es soll nun ein großflächiges Land flächendeckend mit Mobilfunk versorgt werden. Wie wir gesehen haben, sind zellulare terrestrische Netze bei dicht besiedelten Gebieten gut geeignet und zukunftssicher im Hinblick auf weitere Erhöhung des Verkehrsaufkommens. Aber bei großen praktisch unbewohnten Gebieten zeigt sich ein Nachteil terrestrischer zellularer Mobilfunknetze: Wegen der kleinen Reichweite der Mobiltelefone gibt es eine Obergrenze für die Größe der Zellen und man muss, um die Flächendeckung sicherzustellen, in menschenleeren Gebieten eine Vielzahl von Basisstationen installieren, über die fast kein Verkehr läuft.

Natürlich liegt es nahe, zur Ausleuchtung großer menschenleerer Gebiete Satelliten zu verwenden. Ein Handy mit seiner kleinen Sendeleistung und ohne Richtantenne kann mit GEO-Satelliten (vgl. 5.7.4) nicht vernünftig zusammenarbeiten; man benötigt Satelliten in niederen Umlaufbahnen (Low Earth Orbit LEO). Solche Satelliten in beispielsweise 700 km Höhe über der Erdoberfläche müssen sehr schnell umlaufen, um nicht herunterzufallen. Man kann mit einem LEO-Satelliten nicht allzu lange zusammenarbeiten, weil er bald wieder hinter dem Horizont verschwindet. Ein Satellitensystem in dieser Art benötigt für die Ausleuchtung der ganzen Erde (in jedem Augenblick, mit Sicherheit gegen Ausfall usw.) eine große Anzahl Satelliten. Das bekannteste System dieser Art sollte nach dem ursprünglichen Konzept 77 Satelliten haben und erhielt deshalb den Namen Iridium: Das gleichnamige Element hat 77 Elektronen in seiner Hülle. Nach einem Redesign kam das System Iridium dann mit 66 Satelliten aus, ohne dass der Name geändert wurde.

Bei derartigen Systemen mit LEO-Satelliten ist das Funkfeld immer noch wesentlich länger als der größte Zelldurchmesser bei GSM, so dass z.B. die Iridium-Endgeräte wesentlich größer und schwerer wurden als ein übliches Handy und wegen der vergleichsweise kleinen Stückzahlen auch um Größenordnungen teurer. „Iridium" war also zwar für weltweite Versorgung konzipiert und geeignet, konnte aber in dicht besiedelten Gegenden nicht mit Systemen wie GSM konkurrieren. Als Fazit ergibt sich, dass schon die Überschrift des Kapitels die Fehlentwicklung kennzeichnet: An Stelle von „oder" muss es heißen „und"; terrestrische und Satelliten-Systeme müssen sich ergänzen!

Ein Systemkonzept könnte z.B. wie folgt aussehen. Das Handy des Teilnehmers hat zwei verschiedene Betriebsmöglichkeiten, es ist ein „Dualmode-handy", wobei der Teilnehmer nicht zu wissen braucht, welche Betriebsart verwendet wird. Normalerweise wird z.B. nach GSM-Standard gearbeitet; nur wenn der Kontakt zu allen terrestrischen Basisstationen abgerissen ist, wird automatisch auf Satellitenbetrieb umgeschaltet. Über Satelliten wird also – verglichen etwa mit „Iridium" – wenig Verkehr abgewickelt, so dass es Möglichkeiten geben muss, einerseits die Systembilanz der längeren Übertragungsstrecke in Ordnung zu bringen und andererseits den Aufwand für das Raumsegment zu reduzieren; dazu einige Ideen:

- Wir nehmen an, dass terrestrisches System (z.B. GSM) und Satellitensystem jeweils über die gleiche Gesamt-Bandbreite unabhängig verfügen können. Da der Verkehr über Satelliten um Größenordnung(en) kleiner ist als der über das terrestrische System, steht im Raumsegment pro Kanal effektiv um Größenordnung(en) mehr Bandbreite zur Verfügung. Es gibt also alle Möglichkeiten für störmindernde Modulations- und Codierungsverfahren (Bandspreizung usw.).
- Das Satellitensystem braucht die Teile der Erdoberfläche, die durch GSM bedient werden, nicht auszuleuchten und hat insgesamt weniger Verkehr zu bewältigen. Eine gegenüber z.B. Iridium veränderte Konzeption muss möglich sein: evtl. andere Bahnen, neue bessere Möglichkeiten für spot beams, evtl. Vergrößerung der Bahnhöhe usw.. Der letzte Punkt ist besonders interessant: Höher fliegende Satelliten haben längere Umlaufzeiten und damit längere Sichtbarkeitsdauer, d.h. man benötigt weniger Satelliten.

#### 7.4.2.3 Mehrwegeausbreitung

Bei der Planung von Richtfunksystemen, die ja bei vergleichbaren Frequenzen arbeiten, spielt die Vermeidung von Umwegsignalen eine wichtige Rolle; wir erinnern uns an das Stichwort „Freiheit 1. Fresnel-Zone". Im Gegensatz dazu ist die Mobilkommunikation auf Umwegsignale geradezu angewiesen: Wie soll ein Handy erreicht werden, das gerade in einer Häuserschlucht unterwegs ist? Man lebt hier offenbar von allen möglichen an Häuserwänden, Dachrinnen usw. gespiegelten und gebeugten Funkstrahlen, mit dem Ergebnis, dass in der Mehrzahl der Fälle ein Signal auf verschiedenen Wegen den Empfänger erreicht, der durch geeignete Methoden das geeignetste Signal auswählen muss.

#### 7.4.2.4 Modulation und Codierung

Um so wenig Frequenzband wie möglich zu benötigen, hat man bei Mobilfunksystemen von jeher gewaltige Anstrengungen gemacht. Wir beschränken uns nachstehend auf einige Beispiele aus digitalen Systemen, obwohl auch von früheren Analogsystemen Interessantes zu berichten wäre.

Die klassische 8-Bit-PCM ist für die Nachrichtenübertragung nicht optimal, vor allem, weil die einzelnen Bits ganz unterschiedliche Verantwortung für die Übertragungsqualität haben. Das erste Bit ist das so genannte Vorzeichenbit. Es sagt aus, ob die durch den folgenden 7-Bit-Code beschriebene Amplitudenprobe oberhalb oder unterhalb der Nulllinie liegt; wird es durch eine Störung invertiert, so gibt es einen deutlichen Knack. Dagegen hört man eine Störung des letzten Bits praktisch nicht. Deshalb ist es eine wichtige Aufgabe, durch geeignete Umcodierungen die Bits, die auf die Strecke gehen, mit gleicher Verantwortung für die Übertragungsqualität auszustatten; vgl. z.B. die Maßnahmen bei GSM (7.4.3).

Modulation und Codierung müssen im Zusammenhang betrachtet werden; das ist grundsätzlich nicht Neues. Schon bei der klassischen PSK (vgl. 5.2.6.1) haben wir z.B. die Phasendifferenzcodierung kennen gelernt, ein Verfahren, bei dem das Quellensignal nicht direkt die Phase der Trägerschwingung beeinflusst, sondern vorher einer Codierung unterworfen wird. Sodann gibt es vielfältige Weiterentwicklungen der PSK, mit dem Ziel, die Eigenschaften des modulierten Signals für Übertragungszwecke zu verbessern. Z.B. ist es bei einfacher PSK ungünstig, dass bei Umtastung die Hüllkurve einbricht, weil die Spitze des Trägerzeigers durch null geht (vgl. Bild 5.2-23a); extreme Amplitudenvariationen sollten im Hinblick auf mögliche AM/PM-Konversion usw. vermieden werden. Durch geeignete (Vor-) Codierung erreicht man andere Übergänge des

Trägerzeigers, z.B. (im Mittel) möglichst kleine Veränderungen (MSK, Minimum Shift Keying).

Wir erinnern uns an den Mindest-Bandbreitebedarf bei binärer Übertragung (vgl. 5.3.4.2). Danach muss bei einer Schrittdauer $T_{\text{Schr}}$ (künftig einfach mit $T$ bezeichnet) wenigstens $B \cdot T = 0{,}5$ gegeben sein. Nun finden wir aber z.B. in der GSM-Spezifikation die Angabe $B \cdot T = 0{,}2$; um den scheinbaren Widerspruch zur Theorie aufzuklären, sehen wir uns das Blockschaltbild des verwendeten Modulators an (Bild 7.4-2) und finden als Erklärung die dort integrierte Codierung. Wir haben bis jetzt angenommen, dass Informationsübertragung in einem Schritt unabhängig von den vorhergehenden Schritten funktionieren soll, d.h., bei jeder neuen Vorgabe für die Phasenstellung muss das Signal innerhalb eines Schrittes hinreichend einschwingen. Aus Bild 7.4-2 ersehen wir, dass hier die Phasenlage eines Schrittes durch mehrere aufeinander folgende Bits des Quellensignals gemeinsam bestimmt wird, so dass sich die einzelnen Schritte gegenseitig unterstützen. Jeder Kombination von fünf aufeinander folgenden Bits entspricht ein bestimmter Signalverlauf; das Verfahren erinnert an die z.B. in der Richtfunktechnik schon vor Jahrzehnten verwendeten „Partial-response-Verfahren" (nur teilweises Einschwingen des Signals, wenn man den einzelnen Schritt für sich betrachtet; die Bandbreite darf entsprechend kleiner sein).

### 7.4.2.5 Multiplexbildung und Vielfachzugriff

Bei Mobilsystemen ist es nahe liegend, die einzelnen Funkkanäle durch ihre Trägerfrequenz zu unterscheiden: FDM bzw. FDMA. Wollte man stattdessen das gesamte verfügbare Frequenzband durch ein TDMA-System ausnutzen, so ergäben die vielen mobilen Stationen ganz beträchtliche Synchronisations- und Koordinationsprobleme.

Die folgende Überlegung zeigt, dass reines FDM/FDMA nicht geeignet ist, um von den Fortschritten bei Modulation und Codierung optimalen Gebrauch zu machen. Durch besagte Fortschritte könnte die Bandbreite pro Kanal immer kleiner werden. Bei gleich bleibender Filtertechnologie und damit Filtersteilheit bringt aber jeder zusätzliche Kanal eine Reduktion des effektiv verfügbaren Frequenzbandes durch zusätzliche Filterflanken, so dass trotz Reduzierung der Kanalbandbreite irgendwann ein Grenzwert für die Anzahl der Kanäle erreicht würde. Deshalb benutzt man z.B. bei GSM eine Kombination FDM/TDM: Es gibt ein Frequenzmultiplex von relativ breiten Multiplexkanälen und jeder Multiplexkanal enthält ein Zeitvielfachsystem von Einzelkanälen.

Wir kennen aus 6.6.2 neben FDM(A) und TDM(A) als drittes grundsätzliches Verfahren CDM(A) und haben das SSMA-System als ein Ausführungsbeispiel besprochen. Erst die moder-

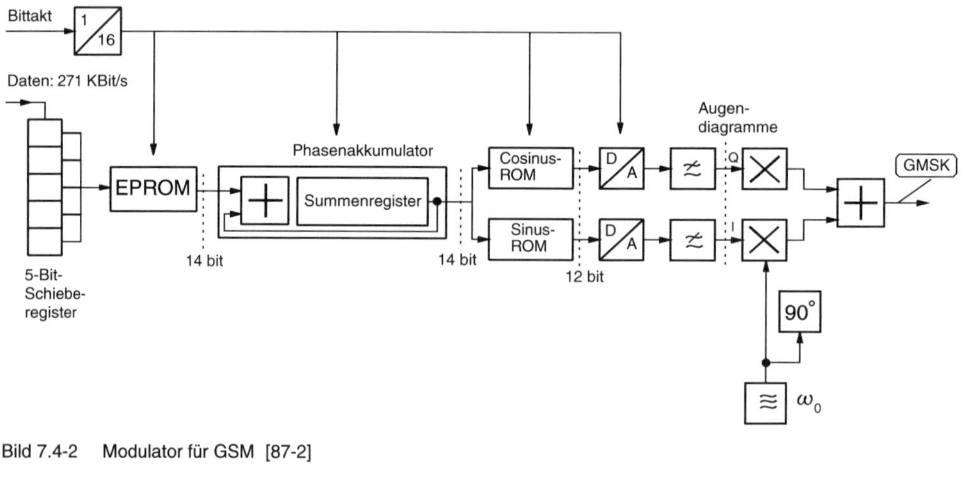


Bild 7.4-2 Modulator für GSM [87-2]

ne Höchstintegration hat es möglich gemacht, in einen kleinen Handy die komplexe Schaltungstechnik eines Codemultiplexverfahrens unterzubringen. Damit sind Mobilfunksysteme mit CDMA möglich geworden.

#### 7.4.2.6 Weitere Probleme und Lösungswege

Bei Mobilkommunikation gibt es eine Vielzahl weiterer typischer Aufgabenstellungen, die wir bis jetzt noch nicht angesprochen haben. Es ist zweckmäßig, zur Erläuterung ein konkretes System zugrundelegen zu können: GSM, siehe 7.4.3.

## 7.4.3 Mobilfunkstandard GSM

### 7.4.3.1 Einführung

Eine Arbeitsgruppe von Experten aus verschiedenen europäischen Ländern (Groupe Spéciale Mobile, GSM) hat ab 1948 diese außerordentlich umfangreiche Spezifikation für ein Mobilfunksystem erstellt. GSM ist die Basis der Mobilsysteme in den meisten europäischen Ländern geworden. (Deutschland: D1, D2, ...; Schweiz: Natel, ...; usw.). Inzwischen wurde GSM auch in Ländern in anderen Erdteilen akzeptiert, so dass man heute auch, wie es oft getan wird, GSM als „Global System for Mobile communication“ apostrophieren kann.

Bild 7.4-3 zeigt das Blockschaltbild des GSM-Systems. Die Vermittlungsstelle MSC (Mobile Switching Center) ist eine ISDN-Vermittlungsstelle mit Zusatzfunktionen, deren U-Schnittstelle hier die Funkstrecke ($U_m$) ist. Damit hat die GSM-Arbeitsgruppe zu einem frühen Zeitpunkt die bestmögliche Vorleistung für das zukünftige weltweite ISDN gemacht, das in seinem endgültigen Ausbau auch die mobilen Endgeräte einschließen kann.

Auch in einem Land, dessen Fernsprechnetz z.B. noch alte Wählertechnik benutzt, wollen die Menschen ihr Mobiltelefon. Das Mobilfunknetz mit seinen verschiedenen MSC muss das Land flächendeckend versorgen. Als Partner-VSt im vorhandenen Netz findet die MSC nicht oder nicht nur ISDN vor. Die MSC muss auch mit irgendeinem PSTN (Public Switched Telephone Network) und PDN (Public Data Network) zusammenarbeiten können und benötigt dafür entsprechende Funktionen IWF (Interworking Functions).

Wir wollen anhand von Bild 7.4-3 die wesentlichen Aufgaben der verschiedenen Systemteile stichwortartig charakterisieren:

- Die Entfernung der Mobilstationen (MS) von der MSC ist in aller Regel weit größer als es für eine Funkschnittstelle vernünftig ist. Man platziert deshalb an geeigneten Stellen im Vorfeld feste Basisstationen (Base Transceiver Station, BTS) so, dass in allen Fällen die Funkstrecke (Schnittstelle $U_m$) hinreichend kurz bleibt.
- BTS sendet und empfängt Funksignale, während die Feststationsteuerung (Base Station Controller, BSC) Steuerungs-, Verwaltungs- und Vermittlungsfunktionen hat. Zwischen BSC und MSC (A-Schnittstelle) werden Multiplexsysteme auf Leitungen oder Richtfunk-

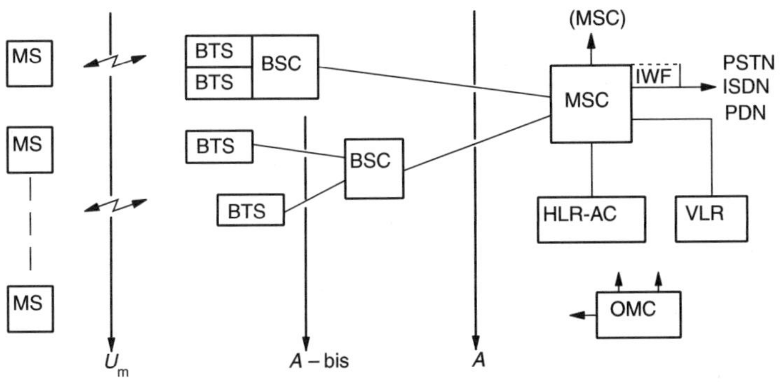


Bild 7.4-3
GSM-System [87-1]

strecken benutzt. Die von einer BSC betreuten BTS können damit zusammengebaut oder abgesetzt sein (Schnittstelle A-bis).

- Die Heimatdatei (Home Location Register, HLR) ist eine (meist bei einer MSC angeordnete) Datenbasis mit (quasi) permanenten und temporären Teilnehmerparametern; zu den permanenten gehören u.a. Rufnummer, MS-Identitätsnummer, Geräteart, vereinbarte Dienste, Authentifikationsschlüssel usw.
- Die Besucherdatei (Visitor Location Register, VLR) verwaltet einen so genannten Rufbereich (location area). Alle MS, die sich gegenwärtig im Bereich der zugeordneten MSC(s) aufhalten, können bei Bedarf über alle zugehörigen Feststationen gerufen werden. Auf die Funktion der VLR kommen wir unten zurück (Stichworte: location update).
- Das Authentifizierungszentrum (AC) ist ein gesicherter Bereich, welcher u.a. den Authentifikationsschlüssel jedes Teilnehmers gespeichert hat. Auf Anforderung des HLR (deshalb wird oft AC mit HLR räumlich vereinigt) erzeugt AC teilnehmerspezifische Sätze von Sicherungsparametern, die mit jeder Berechtigungsprüfung (z.B. bei Verbindungsaufbau und Aufenthaltregistrierung) verbraucht werden.

Eine ausführliche Beschreibung der Funktion und Zusammenarbeit der in Bild 7.4-3 gezeigten Systemteile von GSM ist in [87-1] enthalten.

#### 7.4.3.2 Kanäle für Zeichengabe und Steuerung

Da die MSC eine ISDN-Vermittlungsstelle ist, basiert die vermittlungstechnische Zeichengabe auf dem, was wir bereits bei ISDN kennen gelernt haben. Das Zentralzeichenkanal-Signalisierungssystem Nr. 7 (ZZK.7) wird nicht nur zwischen MSCs, sondern auch zwischen BSC und MSC eingesetzt. Zwischen Mobil- und Feststation arbeitet man mit einer Variante des beim ISDN-Teilnehmeranschluss verwendeten LAP-D-Protokolls, die als $LAP_m$ bezeichnet wird.

Die Funkschnittstelle $U_m$ benutzt eine komplizierte Zeitmultiplexstruktur mit einer Hierarchie verschiedener Rahmenlängen, um mit geeigneter Verschachtelung alle Verkehrs- und Steuerkanäle mit jeweils geeigneter Bitrate unterzubringen. Ein Steuerkanal (Control CHannel, CCH) kann gemeinsam (common) genutzt oder ein zugeordneter (dedicated) Kanal sein. Nach Funktion unterscheidet man vier verschiedene CCHs:

- Der **Rundfunk-Steuerkanal** (Broadcast Control CHannel, BCCH) richtet sich an die Mobilstationen und strahlt allgemeine Daten über das PLMN aus, wie z.B. Netz- und Feststations-Identifikation, zellbetreffende Information, Verfügbarkeit bestimmter Optionen, Synchronisationsinformation für die Mobilstationen.
- Der **Funkrufkanal** (Paging CHannel, PCH) informiert die MS, dass sie vom Netz verlangt wird.
- Der **Zufallszugriffs-Kanal** (Random Access CHannel, RACH) wird von der MS benutzt, um den Netzzugang einzuleiten, d.h. eine Verbindung anzufordern.
- Der **Zuweisungskanal** (Access Grant CHannel, AGCH) überträgt zur MS und ordnet ihr ggf. einen dedizierten Steuerkanal (Standalone Dedicated Control CHannel, SDCCH) für anschließende Signalisierung oder einen Verkehrskanal (Traffic CHannel, TCH) zu.

Ein DCCH ist in einer Mobilstation für Punkt-zu-Punkt-Kommunikation zugeordnet, ist mehrfach auf einem TCH realisiert und existiert in verschiedenen Formen, die in [87-1] näher beschrieben sind.

Daneben gibt es den Synchronisier- und den Frequenzkorrektur-Kanal (SCH, FCCH).

#### 7.4.3.3 Verbindungsaufbau

Bild 7.4-4 zeigt die Vorgänge bei einem kommenden Ruf (d.i. ein Verbindungswunsch aus dem öffentlichen Netz zum Mobilteilnehmer).

Der Ablauf ist wie folgt:

(1) Übergabe des Rufes an die Übergangs-Vermittlung GMSC (Gateway-MSC).

(2) Bestimmung der HLR des Teilnehmers aus dessen Rufnummer IMSI.

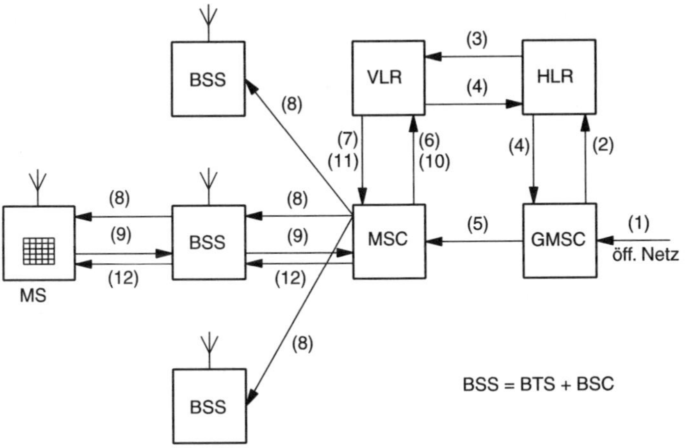


Bild 7.4-4
Kommender Ruf [87-1]

(3) HLR prüft die Rufnummer auf Existenz. Aufforderung an die Aufenthalts-VLR zur Bereitstellung einer Aufenthalts-Rufnummer MSRN.
(4) Rückgabe der MSRN an die GMSC.
(5) Einrichtung der Verbindung bis zur zuständigen MSC.
(6) Abfrage der VLR: Ermittlung des Aufenthaltsbereiches und des Erreichbarkeitsstatus des Mobilteilnehmers.
(7) Bei Erreichbarkeit wird Funkruf veranlasst.
(8) Funkruf in allen der VLR zugeordneten Funkzonen.
(9) Mobilteilnehmer meldet sich aus seiner Aufenthaltszelle.
(10) Sicherheitsprozeduren.
(11) VLR fordert die MSC auf, die Verbindung im Funknetz einzurichten.
(12) Einrichten der Verbindung.

Das Bild 7.4-5 zeigt den Ablauf bei einem gehenden Ruf.

Der VLR wird mitgeteilt:
- Teilnehmererkennung des Mobilteilnehmers.
- Anforderungstyp.
- Augenblickliche Übertragungsschlüssel-Nummer.

Ablauf des Verbindungsaufbaus:
(1) Sicherheitsprozeduren und Rufwunsch.
(2) Rufende Mobilstation übergibt Setup-Nachricht ans Netz:
  - Adresse des gerufenen Teilnehmers
  - Forderungen bezüglich der Dienstgüte des Netzweges
  - Forderungen bezüglich der Kompatibilität des gerufenen Teilnehmergerätes
(3) Aufforderung an die VLR, die Berechtigung des Mobilteilnehmers zu überprüfen.

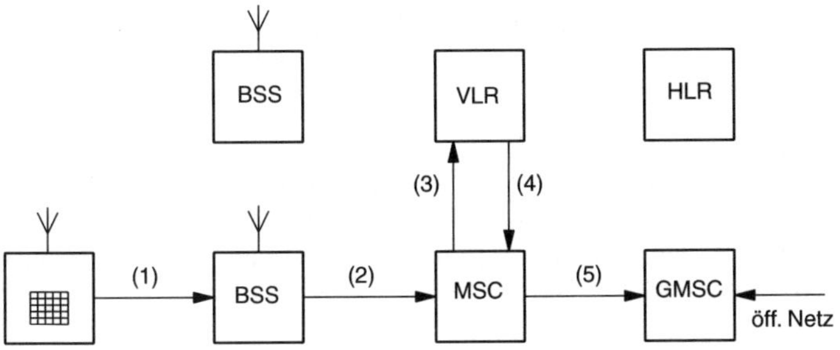


Bild 7.4-5
Gehender Ruf [87-1]

(4) MSC erhält die Berechtigungsmeldung.

(5) MSC weist Betriebsmittel für die Verbindung zu und wählt die erforderlichen Umsetzungsfunktionen aus.

Der weitere Verbindungsaufbau entspricht dem im ISDN.

#### 7.4.3.4 Betrieb der Mobilstation

Bei einem modernen Mobilfunksystem wie GSM verlangt man, dass die MS auch bei rascher Ortsveränderung so weit wie möglich sicheren Betrieb wie ein ortsfestes normales Telefon gestattet. Dazu muss einiges getan werden. Da es ausführliche und leicht zugängliche Literatur gibt [87], begnügen wir uns mit einer kurzen Charakterisierung der verschiedenen Aufgabenstellungen.

*Aktualisierung des Aufenthaltsbereichs*

MS wertet ständig die Empfangsqualität der empfangbaren Feststationen aus und ordnet sich logisch z.B. der mit dem stärksten Signal zu. Dabei kann es passieren, dass sie sich einer Feststation zuordnet, die außerhalb des bisher gültigen Aufenthaltsbereich liegt; in diesem Fall leitet sie einen Aktualisierungsvorgang (location update) ein. Der schwierigere der möglichen Fälle, nämlich dass der neue Aufenthaltsbereich auch von einem anderen VLR betreut wird, ist in [87-2] beschrieben.

*Handover*

Jedes Endgerät versucht den Funkkanal zu benutzen, der die beste Verbindungsqualität bietet. Der GSM-Standard sieht eine laufende Beurteilung bestehender Funkverbindungen nach einem ausgeklügelten Verfahren vor, bei dem beide Übertragungsrichtungen in die Beurteilung eingehen. Kriterien sind:

- Emfangspegel (direkt messbar)
- Signalqualität (aus den Fehlerraten berechnet).

Die MS misst auch die Trägersignale der Broadcastkanäle BCCH der Nachbarzellen. Alle Mess- und Beurteilungsergebnisse der MS werden laufend zur Feststation übermittelt. Die Feststation kann damit entscheiden, ob Handover einzuleiten ist und welche Nachbarzellen die MS ggf. bedienen können.

Die GSM-Empfehlungen legen keinen Handover-Algorithmus fest. Jeder Netzbetreiber kann also ein auf die Eigenschaften seines Netzes abgestimmtes Verfahren einsetzen. Näheres siehe [87-1].

*Roaming*

Mit „roaming“ (Umherstreifen) bezeichnet man einen Dienst des Mobilfunknetzes, der Freizügigkeit des Mobilteilnehmers bei bestehender Erreichbarkeit gestattet. Teilnehmer können dabei andere rufen oder selbst gerufen werden und unabhängig davon gleichzeitig mehrere Dienste nutzen. Man unterscheidet Roaming innerhalb desselben Netzes (über Aufenthaltsbereiche hinweg), nationales (zwischen verschiedenen Netzen) und internationales Roaming.

Roaming hat ständigen hohen Zeichengabe-Aufwand im Mobilfunknetz zur Folge, auch ohne dass der Teilnehmer spricht. So müssen z.B. der momentane Standort des Mobilteilnehmers und seine Zugriffsrechte ständig aktualisiert und bei Bedarf bestimmt werden. Da Roaming nicht nur den Wechsel des Aufenthaltsbereichs im Heimat-PLMN (Public Land Mobile Network), sondern auch zwischen (inter)nationalen Netzen betrifft, sind evtl. mehrere Netze betroffen. Der Nummerierung für Roaming ist in [87-1] enthalten.

*Sicherheitsaspekte*

Ein Außenstehender traut einem Funksystem nicht die Abhörsicherheit des leitungsgebundenen Fernsprechnetzes zu und es scheint auch relativ einfach, als Unbefugter die Ressourcen des Mobilfunksystems zu nutzen. In Wirklichkeit wurden beim GSM-Standard beide o.g. Möglichkeiten praktisch ausgeschlossen; ein Abhörer kann noch nicht einmal feststellen, wer eine Verbindung aufbaut.

Für die Verschlüsselungsprozeduren ist wichtig, dass beim Mobilteilnehmer in einem nicht manipulierbaren Modul gewisse geheime Schlüssel und Algorithmen gespeichert sind. Ein Handy-Benutzer kennt dieses „Subscriber Identity Mo-

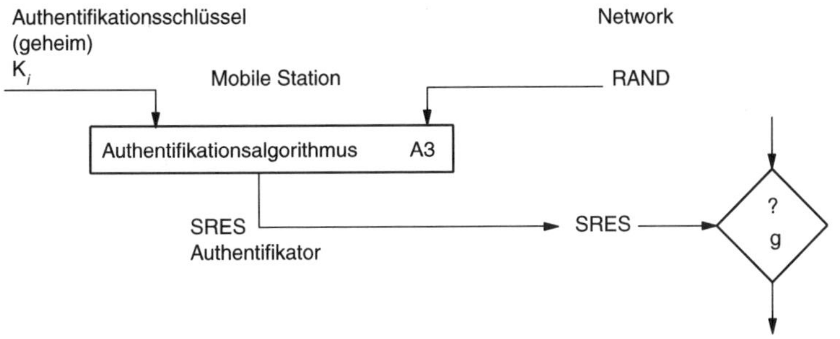


Bild 7.4-6
Authentifikation [87-1]

dule“ (SIM) z.B. in Form einer IC-Karte, die in das Mobilgerät eingeführt wird. Durch den vom Bankomaten bekannten PIN-Code (Personal Identity Number) kann man sich zusätzlich vor Missbrauch schützen.

Als einfaches Beispiel für die Verschlüsselungsprozeduren besprechen wir kurz die Authentifizierung, d.h. den Identitätsnachweis eines Mobilteilnehmers (Bild 7.4-6). Bei Einrichtung des Teilnehmerverhältnisses erhielt der Teilnehmer die international eindeutige Teilnehmernummer (International Mobile Subscriber Identity, IMSI), sowie den geheimen Authentifikationsschlüssel $K_i$ und den geheimen Authentifikations-Algorithmus A3, die im SIM gespeichert sind. Soll sich ein Mobilteilnehmer identifizieren, so wird ihm vom Netz eine Zufallszahl RAND geliefert, aus der MS über $K_i$ und A3 den „Authentifikator“ SRES berechnet. Das Ergebnis sendet MS an VLR/HLR, wo SRES ebenfalls berechnet wurde. Falls der Teilnehmer diese Prüfung nicht besteht, werden alle bestehenden Transaktionen abgebrochen.

## 7.5 Persönliche Kommunikation

Man sagt häufig, man habe (z.B.) Herrn Maier angerufen. Bei genauerer Betrachtung hat man aber nur eine Nummer gewählt, die eine Leitung kennzeichnet, an deren Ende man Herrn Maier vermutet. Leider ist Herr Maier gerade für einige Wochen auf Urlaub im Himalaya. Vielleicht macht man die Nummer des dortigen Hotels ausfindig, aber der Anruf dort ergibt nur, dass Herr Maier wohl gerade einen Berg besteigt.

Man wünscht sich eine weltweite Persönliche Kommunikation (Personal Communications Network, PCN). Durch Wahl einer Nummer, welche die Person (also nicht die Leitung oder ein Endgerät) kennzeichnet, soll Herr Maier erreicht werden, ohne dass der Anrufer zu wissen braucht, in welchem Erdteil der Gerufene sich gerade befindet.

Wäre ISDN weltweit gegeben, so wäre gleichzeitig auch PCN überall verfügbar. Herr Maier würde bei der Ankunft z.B. in einem Hotelzimmer ein dort vorgefundenes Endgerät (Telefonapparat, Handy, ...) durch bekannte Maßnahmen zu „seinem“ Endgerät machen: Einstecken einer Chipkarte (Subscriber Identification Module, SIM), Eingeben einer Codezahl (Personal Identification Number, PIN), usw. Damit kennt das Netz den neuen Standort und auch die Gebührenabrechnung ist gesichert.

Da weltweites ISDN nicht gegeben ist, kann die gewünschte persönliche Kommunikation nach allgemeiner Ansicht nur durch spezielle neue Mobilkommunikationsnetze (vgl. 7.4) erreicht werden.

Alle bisherigen Überlegungen beruhen auf der Situation, wie sie im Festnetz seit Erfindung des Fernsprechers unverändert ist: An einer bestimmten Anschlussleitung hängt ein bestimmtes Endgerät. Wenn sich das in 7.6 beschriebene Universalnetz durchsetzt, dann sind alle oben diskutierten Probleme vom Tisch.

## 7.6 Universalnetz für Kommunikation, Ortung und Navigation

### 7.6.1 Neue Ära im Anschlussnetz

In heutigen Mobilnetzen (GSM, UMTS) ist der individuelle doppeltgerichtete Übertragungskanal zwischen Endgerät (TE) und der ersten Systemeinheit mit Vermittlungsfunktion, der Basisstation BS, „selbstverständlich" eine Funkverbindung. Aus 7.4.2.1 kennen wir das Cluster-Prinzip, durch welches diese Kleinzellennetze trotz begrenztem Frequenzband theoretisch kein Kapazitätslimit haben: Man muss eben mit steigendem Verkehrsaufkommen die Funkzellen immer kleiner machen. Natürlich stößt man aber an praktische Grenzen: Die Veränderung des Clusters in Richtung auf kleinere Zellen bedeutet neue und mehr Antennenstandorte. Hier ist man in Innenstadtbereichen schon längst an der Grenze des Sinnvollen.

In dieser Situation erinnert man sich an den einzigen Vorteil des klassischen Fernsprechanschlusses: Die elektromagnetischen Wellen beider Übertragungsrichtungen werden in der Anschlussleitung (Wellenleiter) geführt, so dass für jeden individuellen Kanal das gleiche Frequenzband verwendet werden kann. Man kommt so auf die Idee eines Mobilnetzes, bei dem der individuelle Kanal zwischen TE und BS zu einem wesentlichen Teil in einer (vorhandenen) Leitung geführt wird, wodurch die Funkzelle ganz wesentlich verkleinert wird. Diese Technik wird im Folgenden beschrieben.

Wir nennen die Kombination aus Leitung und Funkstrecke „flexible Anschlussleitung" (FAL). Als vorhandene Leitungen bieten sich zunächst nicht genutzte Doppeladern im Anschlussbereich des Fernsprechnetzes an. Da die Umrüstung auf FAL einfach und kostengünstig möglich ist, wird man auf die Dauer auch bisher genutzte Doppeladern auf FAL umrüsten, so dass langfristig (bisher) stationäre und mobile Endgeräte denselben Anschlussbereich nutzen.

Damit beginnt tatsächlich eine neue Ära: Das neue Netz wächst von den Endgeräten her, nicht wie bisher von den Zentralen aus.

### 7.6.2 Neue Technologien revolutionieren den Teilnehmeranschluss

#### 7.6.2.1 Ausgangssituation

Im klassischen Fernsprechnetz ist das Endgerät (Terminal Equipment, TE) durch eine Leitung mit der Vermittlungsstelle verbunden. Diese Leitung, üblicherweise eine Kupfer-Doppelader, leistet nur das, was als Verkehr vom/zum Endgerät auftritt. Sie ist also sehr schlecht ausgelastet: während der Hauptverkehrsstunde nur mit z.B. 0,1 Erlang und zu anderen Zeiten noch weniger. Es verwundert nicht, dass im Teilnehmer-Anschlussbereich des Fernsprechnetzes wenigstens die Hälfte des insgesamt investierten Kapitals steckt. Der einzige Vorteil ist die Führung der elektromagnetischen Wellen beider Übertragungsrichtungen in der Leitung (Wellenleiter): In jedem der beliebig dicht benachbarten Wellenleiter kann für die jeweilige Einzelkanalverbindung dasselbe Frequenzband benutzt werden.

Beim Mobilfunk war von vornherein klar, dass man nicht jedem TE einen Funkkanal exklusiv auf Dauer zuordnen kann. Man benutzt Multiplexsysteme, eventuell in mehreren Dimensionen (Frequenz/Zeit/Code...), und teilt nur dem jeweils aktiven TE fallweise Kanäle zu. Die Basisstation (Base Station, BS) hat also notwendigerweise Vermittlungsfunktionen.

#### 7.6.2.2 Line Radio Converter (LRC)

Aus Kostengründen wäre man noch vor kurzem nicht auf die Idee gekommen, einen Teil der Leitungsverbindung zwischen TE und der Teilnehmerschaltung in der Vermittlungsstelle (Line Termination, LT) durch Funk zu ersetzen.

Beim heutigen Stand der digitalen Signalverarbeitung ist es problemlos möglich, einen integrierten Schaltkreis (Integrated Circuit, IC) zu konzipieren, der die leitungsgebundene Welle in die Funkwelle umsetzt (und umgekehrt in der

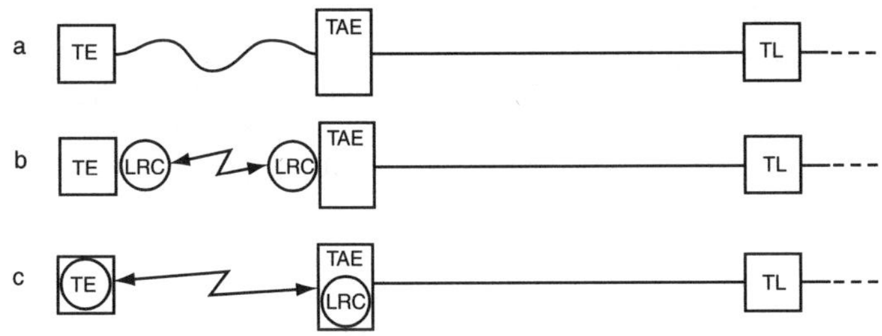


Bild 7.6-1
Verbindung zwischen TAE und TE

Gegenrichtung): Line Radio Converter (LRC). Man kann sich eine weitgehend transparente Umsetzung der Übertragungssignale vorstellen – allerdings wird man in der Regel auf Leitung und Funkstrecke in unterschiedlichen Frequenzbändern arbeiten, so dass die Frequenzlage transponiert werden muss. Bild 7.6-1 zeigt als Beispiel den Ersatz der Apparateschnur (a) zwischen TE und der Anschlussdose (Telekommunikations-Anschlusseinheit, TAE) durch Funk. Sollen vorhandene TE und TAE unverändert weiterbenutzt werden, so kann man sich den LRC-Chip in Adapter eingebaut vorstellen (b). Langfristig wird man neue Endgeräte und neue TAE verwenden, in welche LRC integriert werden (c).

Der LRC-Chip ist ein Massenprodukt, das praktisch nichts kostet. Falls allerdings zur Energieversorgung noch ein Netzgerät mit 230-V-Anschluss notwendig würde, könnte man die LRC-Funkstrecke vergessen. Bekanntlich erhalten Fernsprechapparate aus der Batterie der Vermittlungsstelle eine Speisung mit Gleichstrom; der LRC an oder in der TAE ist also versorgt. Das vorher stationäre Endgerät, das durch den Wegfall der Apparateschnur eine begrenzte Mobilität gewonnen hat („quasistationär"), benötigt jetzt eine Batterie, aus der der LRC mitversorgt wird.

Die Funkwellen machen natürlich an den Häuserwänden nicht Halt. Durch eine geeignete Vereinbarung (z. B. garantierter Mindest-Störabstand am Empfänger) kann man die Grenzen von Funkzellen definieren (Bild 7.6-2). Man sieht, dass ggf. auch TE in Nachbarhäusern und auf der Straße erreicht werden.

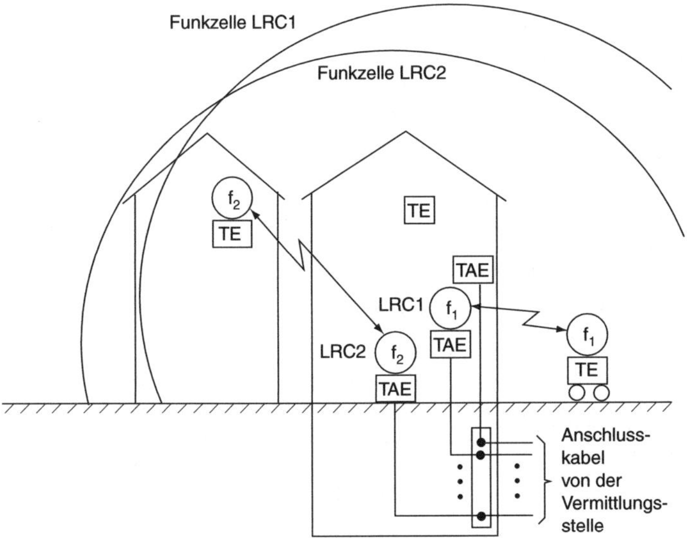


Bild 7.6-2
Einsatzbeispiel LRC

#### 7.6.2.3 Flexible Anschlussleitung (FAL)

Mithilfe des Umsetzerbausteins (LRC) ist also ein Endgeräteanschluss möglich, der aus der Kombination einer Leitung und einer Funkstrecke besteht. Diese „flexible Anschlussleitung" (FAL) soll nachstehend etwas genauer definiert werden.

In jedem Haus kommt ein Anschlusskabel mit (z. B.) 12 Doppeladern an, von denen meist einige brachliegen, d.h. nicht mit Endgeräten beschaltet sind. Rüstet man solche brachliegenden Anschlussleitungen mit LRC-Chips aus, so entstehen FAL, die Gewinn bringend an die verschiedensten Nutzer vermietet werden können. Damit den unterschiedlichen Wünschen entsprochen werden kann, müssen LRC-Parameter beider Übertragungseinrichtungen wie Bandbreite, Bandmittenfrequenz, Sendeleistung, Empfängerschwelle usw. in weiten Grenzen beliebig eingestellt werden können. Diese Einstellung muss sinnvollerweise ferngesteuert über die Anschlussleitung erfolgen können. Damit ist auch möglich, dass eine FAL jetzt einem und im nächsten Moment einem anderen Nutzer dienen kann, die in unterschiedlichen Frequenzbereichen arbeiten.

### 7.6.3 Ein neuartiges Anschlussnetz

Wie oben erläutert, bedarf es nur einer kleinen Investition, um eine vorhandene brachliegende Leitung in eine vielseitig nutzbare FAL zu verwandeln: Anbringen des LRC-Chips.

Für einen Netzbetrieb wie die Deutsche Telekom liegt es nahe, alle bisher unbeschalteten Doppeladern in den Teilnehmer-Anschlussbereichen des Fernsprechnetzes auf FAL umzustellen. Dies bedeutet schlagartig einen erheblichen Kapazitätsgewinn, aber noch viel wichtiger ist der Gewinn an Flexibilität, der zu einem neuartigen Anschlussnetz mit verblüffenden Eigenschaften führt:

- Eine Neuverlegung von Haus-Anschlusskabeln zwecks Kapazitätserhöhung ist in der Regel nicht mehr notwendig, da FAL aus Nachbarhäusern helfen können.
- Der teure Service durch Techniker vor Ort entfällt weitgehend. Bei Neueinrichtung eines Endgeräteanschlusses müssen dem Teilnehmer lediglich die Parameter mitgeteilt werden, die am LRC (Adapter oder im Endgerät integrierte Schnittstelle) eingestellt werden müssen.
- Es gibt viele Anlässe (Messen, Tagungen, Oktoberfest (o. Ä.), Kirchentage usw.), für die fallweise und zeitweise eine Telekommunikations-Infrastruktur benötigt wird. Für solche Fälle wird man ein Kollektiv von FAL vorsehen, die notwendige Frequenzplanung nach dem in 7.6.5.2 beschriebenen Verfahren durchführen und die Parameter in den Rechner nehmen. Man kann dann, wenn der Termin kommt, die Telekommunikation in Betrieb setzen, ohne dass ein Kundendiensttechniker vor Ort erscheinen muss.

Wir haben oben immer den häufigsten Fall des LRC zu Grunde gelegt, der an einer Kupfer-Doppelader angebracht und über diese Leitung ferngespeist wird. Natürlich gilt das FAL-Prinzip auch für andere Leitungen, insbesondere Lichtwellenleiter.

### 7.6.4 Kurzfristiger Nutzen der flexiblen Anschlussleitung (FAL)

Sobald der LRC-Chip verfügbar ist, können die Besitzer von Leitungen durch Vermietung von FAL an eine Vielzahl von Interessentengruppen Geld verdienen. Für die meisten Anwendungen ist die endgültige Version mit ferngesteuerter Parametereinstellung (noch) nicht erforderlich, weil die Parameter bei der Montage der Chips vor Ort eingestellt werden können. Nachstehend einige Beispiele von Interessentengruppen.

#### 7.6.4.1 Mobilnetzbetreiber

Die heutigen Mobilnetze müssen bei notwendigen Kapazitätserweiterungen keine neuen Antennenstandorte suchen, sondern benutzen FAL, die an der bisherigen Basisstation angeschlossen werden. In dem Beispiel Bild 7.6-3 wird die Kapazität versiebenfacht. Die notwendigen Sende-

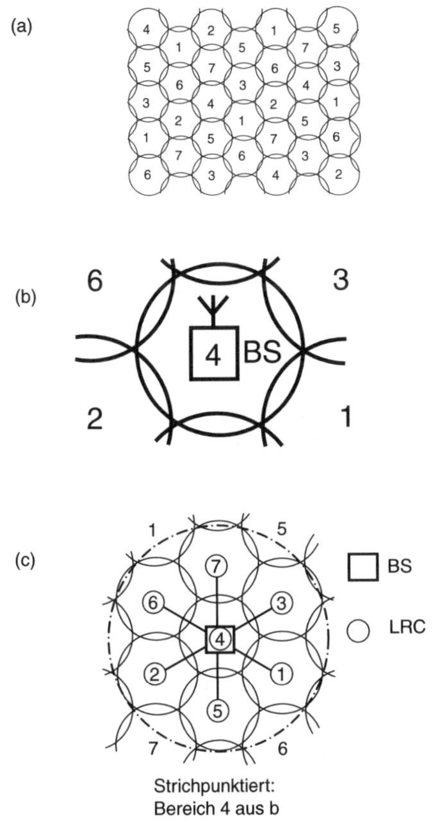


Bild 7.6-3
Mobilfunk-Cluster (a) mit einer vergrößerten Zelle (b). in b wird mittels FAL die Kapazität vergrößert (c)

leistungen werden um rund eine Größenordnung kleiner, damit vermindert sich auch die EMV-Problematik.

### 7.6.4.2 Straßenverkehr

Durch die Einführung der FAL-Technik in den Kabeln, die in besiedelten Gebieten und entlang von Straßen verlegt sind, hat ein Land von heute auf morgen eine neuartige zusätzliche flächendeckende Funkversorgung. Die sich überlappenden Funkzellen sind die Grundlage einer systeminternen Ortungsfunktion, die in Innenstädten GPS an Genauigkeit übertrifft.

Für den Straßenverkehr ergeben sich eine Vielzahl z. T. völlig neuer Anwendungen, u. a.:

- Mauterfassung und Geschwindigkeitsüberwachung für alle Verkehrswege eines Landes an zentraler Stelle,
- Ortung und Navigation unabhängig von GPS,
- In-Service-Monitoring für Testfahrzeuge, für bestimmte Fahrzeugklassen oder für alle Fahrzeuge,
- verkehrsabhängige Realzeit-Ampelsteuerung,
- Steuerung fahrerloser Fahrzeuge,
- Diebstahlsicherung usw.

Taxiunternehmen, die bis jetzt Funk und GPS benötigten, erhalten mit der FAL-Technik ein robustes einfaches System für Telekommunikation und Navigation.

### 7.6.4.3 Telekommunikation

Ein Nutzer kann aus Kollektiven gemieteter FAL nach seinem Belieben z.B. Konzentratoren, TK-Anlagen, LAN, Corporate Networks usw. aufbauen. Bei einem Umzug werden die bisher gemieteten FAL aufgegeben und am neuen Ort neue FAL gemietet.

### 7.6.4.4 Öffentliche Dienste

Polizei, Feuerwehr, Technisches Hilfswerk usw. können sich eigene Kollektive von FAL mieten. Besonders geeignet ist die FAL-Technik in Tunnels, Tiefgaragen und Bunkern, wo andere Funkdienste Ausbreitungsprobleme haben.

### 7.6.4.5 Private Dienstleistungen

Die FAL-Technik schafft neue Möglichkeiten für Pflegedienste, Patientenüberwachung usw. In einem Alten- und Pflegeheim kann man durch ein Kollektiv gemieteter FAL eine TK-Anlage schaffen und gleichzeitig die o.g. Dienste erledigen.

### 7.6.4.6 Multi-User-Service

Ein Dienstleister, der in jedem Häuserblock wenigstens eine FAL gemietet hat, kann für unabhängige Auftraggeber gelegentliche Aktionen wie Zählerablesung, Gebäudeautomation, Gefahrenmeldung usw. übernehmen.

### 7.6.5 Universelles Anschlussnetz

#### 7.6.5.1 Einführung

Auf der Basis vorhandener FAL lässt sich jederzeit ein universelles Teilnehmer-Anschlussnetz für alle mobilen und stationären Endgeräte einführen.

In der Einführungsphase werden an manchen Stellen die Voraussetzungen (vor allem: verfügbare FAL) gegeben sein, an anderen nicht. Man benötigt also auf jeden Fall für die Mobilkommunikation ein „Dual-Mode-Handy“, das ggf. (wo verfügbar) mit der neuen Technik, andernfalls aber mit gegebenen Standards wie GSM oder UMTS arbeiten kann.

Im Folgenden soll ein in sich geschlossenes Gesamtkonzept vorgestellt werden: UTelNet® der HerterKom GmbH, Stuttgart.

In den folgenden Abschnitten wird jeweils eine Problemstellung eines derartigen Universalnetzes aufgezeigt und dann die bei UTelNet® verwendete Lösung erläutert. Man wird das Universalnetz in einem Gebiet einführen, in dem man alle (nicht nur die bisher unbeschalteten!) Anschlussleitungen durch LRC-Chips auf FAL umgerüstet hat. Die Verbindungskapazität des neu gestalteten Anschlussbereichs ist gegenüber dem alten Zustand um weit mehr als eine Größenordnung aus folgenden Gründen erhöht:

- Jede FAL kann beliebigen TE innerhalb der Funkreichweite dienen. Gegenüber der früheren festen Zuordnung eines TE zur Leitung bedeutete das allein eine Verbesserung um eine Größenordnung.
- Die frühere „Bündeltrennung“ zwischen Fest- und Mobilnetz entfällt.
- Die Gesamtzahl der TE, für welche Übertragungskapazität bereitgestellt werden muss, ist kleiner geworden: Im Universalnetz werden die Teilnehmer in der Regel ein und dasselbe Endgerät unterwegs und zu Hause benutzen.

Die überschüssige Kapazität kann teilweise neuen Teilnehmern oder Diensten (z.B. Breitband) zur Verfügung gestellt werden. Ein guter Teil steht aber auch für neuartige redundante Übertragungskonzepte zur Verfügung.

#### 7.6.5.2 Frequenzzuteilung

Beim Mobilfunk ist keine ungestörte Freiraumausbreitung gegeben und sie wäre auch nicht erwünscht: Mobilteilnehmer innerhalb eines Hauses „leben“ hauptsächlich von Umwegsignalen (Reflexionen, Beugungen...). Der relative Einfluss dieser nicht planbaren Effekte wird mit kleiner werdenden Funkzellen immer größer.

Während bei GSM und UMTS die Antennen wenigstens noch auf Hausdächern stehen, sitzen die LRC der FAL in Anschlussdosen innerhalb der Häuser. Hier wird man eine Planung erst gar nicht versuchen. Man benötigt eine automatisierte Frequenzzuteilung, wie sie nachstehend am Beispiel UTelNet® erläutert wird.

Da die Übertragung überwiegend mit Umwegsignalen erfolgt, sollte durch Frequenzgleichlage der beiden Übertragungseinrichtungen sichergestellt werden, dass die Beugungsvorgänge usw. gleich ablaufen. Deshalb ist das Richtungstrennungsverfahren sinnvollerweise Zeitgetrenntlage („Ping-Pong“), siehe Bild 7.6-4. Das für das System verfügbare Frequenzband B wird in viele für je eine FAL genügende Teilbänder (Bandbreite *b*) mit den Bandmittenfrequenzen $f_1$, $f_2$ ... aufgeteilt (Bild 7.6-5). Die FAL endet in der Vermittlungsstelle im Leitungsabschluss (line termination, LT), vgl. Bild 7.6-1. Von dort aus werden die diversen Parameter des LRC, hier vor allem die Bandmittenfrequenz, ferngesteuert eingestellt. Deshalb reden wir im Folgenden von der Frequenzzuteilung an die LT.

Bild 7.6-4
Richtungstrennung

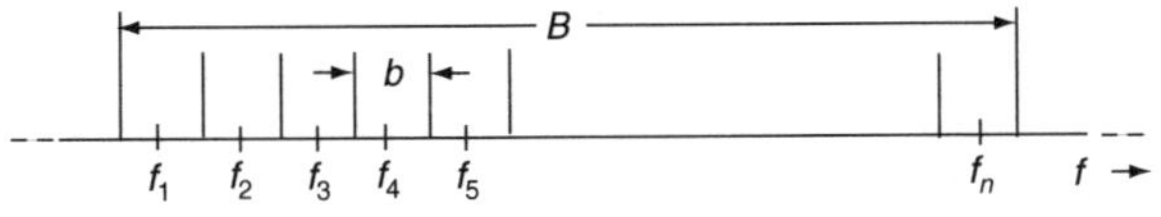


Bild 7.6-5
Bandauftreilung

Die rechnergestützte Zuteilungsprozedur beginnt willkürlich mit einem LT, welches die zugeteilte Frequenz mit einer bestimmten Sendeleistung senden lässt, während alle anderen FAL auf Empfang geschaltet sind. Alle LT, welche den Empfang der gesendeten Frequenz melden, dürfen später die in Rede stehende Frequenz nicht zugeteilt bekommen. Die Zuteilungsprozedur schreitet fort mit der Vergabe einer Frequenz an ein anderes LT und dem eben geschilderten Empfangstest, bis allen LT die Frequenz zugeteilt ist. Es kann passieren, dass die verfügbaren Frequenzen ausgehen, bevor alle LT eine Zuteilung erhalten haben. In diesem Fall wird die Prozedur mit kleineren Sendeleistungen – damit kleineren Funkzellen – wiederholt, bis die Zuteilung aufgeht.

Das Resultat ist eine optimale Ausnutzung des verfügbaren Frequenzbandes, wie sie bei einer Planung am grünen Tisch wegen der notwendigen Sicherheitszuschläge nie erreicht werden könnte.

### 7.6.5.3 Vermittlungstechnik

Bei den extrem kleinen Funkzellen der FAL werden bei schnellen mobilen TE die Wechsel von einer Zelle zur anderen so häufig, dass die von GSM u. Ä. bekannten Handover-Prozeduren (vgl. 7.4.3.4) nicht mehr sinnvoll verwendet werden können. Handover würde stark vereinfacht bzw. weitgehend überflüssig, ginge man zu verbindungsloser Paketvermittlung (wie im Internet) über; allerdings könnte dann mit den vorhandenen Vermittlungsstellen von Fest- und Mobilnetz, die Durchschaltevermittlung verwenden, nicht zusammengearbeitet werden.

Durch die unten beschriebenen Maßnahmen wird im UTelNet® sichergestellt, dass auch bei kleinsten Funkzellen sicherer Betrieb mit Durchschaltevermittlung möglich ist.

- Entsprechend Bild 7.6-6 sind Hardware-Änderungen in der Vermittlungsstelle notwendig. Man begnügt sich nicht mit dem Austausch

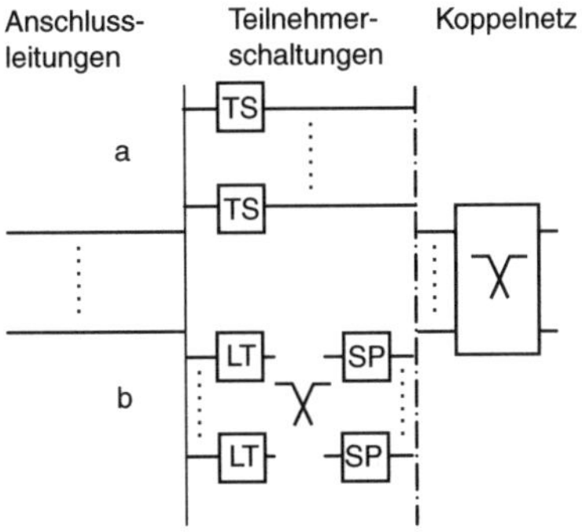


Bild 7.6-6 Vermittlungsstelle (Durchschaltvermittlung)
a heutiger Stand
b Änderung für UTelNet®

der früheren Teilnehmer-Schaltungen TS gegen Leitungsabschlüsse LT, sondern sieht auch noch die Möglichkeit vor, fallweise mehrere LT mit einem Koppelnetzeingang (switch port, SP) zu verbinden.
- Wie oben erläutert, hat das komplett auf FAL umgerüstete Anschlussleitungsnetz eine Überkapazität . Ein TE befindet sich in aller Regel innerhalb der Funkzellen mehrerer freier FAL, so dass es möglich ist, grundsätzlich wenigstens zwei FAL bzw. deren LT mit SP zu verbinden. Durch diese Redundanz bleibt die Verbindung erhalten, auch wenn TE aus der Funkzelle der einen FAL auswandert.
- Die entscheidende Neuheit gegenüber bekannten Mobilfunksystemen (GSM, UMTS) ist die hochgenaue Ortung, die nicht nur über den Ort, sondern auch über Bewegungsrichtung und Geschwindigkeit des TE Auskunft gibt. Dadurch ist vorhersehbar, welche freie FAL demnächst zur Kommunikation mit TE verfügbar ist, und die betreffende LT kann vorsorglich mit SP verbunden werden.

Mit der Anordnung nach Bild 7.6-6 lassen sich fallweise auch Breitbandverbindungen realisieren, indem eine entsprechend große Anzahl von FAL parallel betrieben werden.

### 7.6.5.4 Erstzugriff

Jedes LT im System hat eine eindeutige Nummer, zusammengesetzt aus Vermittlungsstellen-Nummer und LT-Nummer innerhalb der Vermittlungsstelle. Jeder in Richtung TE gesendete „Burst“ enthält die LT-Nummer, gleichgültig, ob FAL belegt oder frei ist. Der Freizustand wird durch einen leicht erkennbaren Code im Burst gekennzeichnet. Nach dem Einschalten stellt TE fest, in welchen Teilbändern LT-Bursts mit hinreichendem Pegel eintreffen und ordnet die LT-Nummern in der Reihenfolge der Empfangspegel. Danach wählt TE ein freies LT aus und sendet auf der betreffenden Frequenz eine Zufallszahl und einen fehlererkennenden Code. Falls nicht der unwahrscheinliche Fall eines gleichzeitigen Erstzugriffs durch ein anderes TE eintritt, wird LT die Zufallszahl richtig erhalten. LT kennzeichnet sich als belegt und sendet die empfangene Zufallszahl zusammen mit einer temporären Endgerätekennung (Temporary Terminal Number, TTN). TE antwortet im Gegenzug unter Angabe der TTN und sendet die oben erwähnten in der Reihenfolge des Pegels geordneten LT-Nummern. Diese Information geht an ein Ortungsprogramm, das den Ort des TE recht genau bestimmen kann.

Von GSM ist bekannt, wie aus einer temporären Kennung (GSM, TMSI, Temporary Mobile Subscriber Identification) durch eine verschlüsselte Prozedur die tatsächliche Rufnummer eines Teilnehmers ermittelt werden kann. Damit können die Heimat- und Besucherdatei (GSM: Home Location Register, HLR; Visitor Location Register, VLR) auf den neuen Stand gebracht werden. Über eine freie FAL, in deren Funkzelle sich das TE laut laufender Ortung aufhält, kann das TE ab sofort gezielt angerufen werden.

### 7.6.5.5 Laufende Ortung

Jede TE überwacht laufend die verschiedenen Teilfrequenzbänder darauf, ob die zuletzt bekannt gegebene LT-Nummernfolge nach Empfangspegeln noch stimmt. Es können LT dazukommen oder wegfallen, oder aber (häufigster Fall) es ändert sich nur die Pegelreihenfolge. Bei jeder Veränderung der LT-Nummernfolge wird TE über ein freies LT unter Angabe der TTN die neue Folge bekannt geben. Es ist offensichtlich, dass das Ortungsprogramm aus einer Folge derartiger Meldungen nicht nur den Ort, sondern auch Bewegungsrichtung und die Geschwindigkeit des TE mit großer Genauigkeit ermitteln kann.

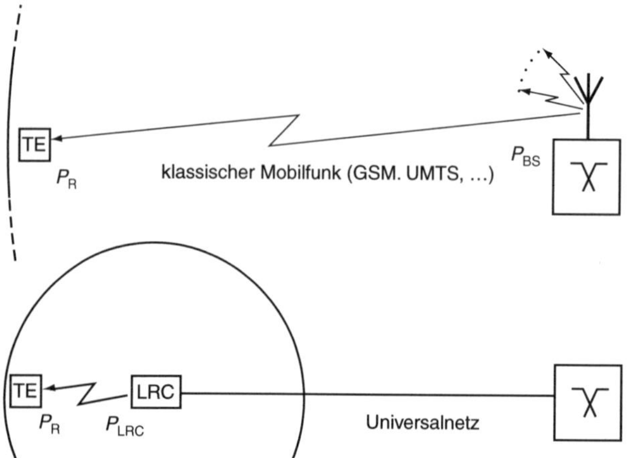


Bild 7.6-7
Notwendige Sendeleistungen, um eine Empfangsleistung $P_R$ zu erzielen

### 7.6.6 Vorteile des Universalnetzes

Bereits durch die Nutzung vorher brachliegender Leitungen (7.6.3) lässt sich auf viele Arten Geld verdienen (7.6.4). Die Investition in das Massenprodukt LRC-Chip amortisiert sich deshalb sehr schnell.

Werden im Laufe der Zeit auch die anderen – bisher mit TE beschalteten – Anschlussleitungen auf FAL umgestellt, so ergibt sich durch den Wegfall der festen Zuordnung zwischen TE und Anschlussleitung und dadurch die weitgehende Aufhebung früherer Bündeltrennungen ein gewaltiger verkehrstheoretischer Gewinn. Aus dem bisherigen Netz mit seinen vielfältigen Engpässen im Anschlussbereich entsteht ein Netz, in dem die Zahl verfügbarer FAL die Zahl der in irgendeinem Augenblick aktiven TE um mehr als eine Größenordnung überschreitet. Man kann deshalb die TE, die bisher über Mobilfunksysteme gearbeitet haben, ohne weiteres als zusätzliche Teilnehmer aufnehmen (siehe unten).

Da mit den FAL die wesentliche Infrastruktur bereits vorhanden ist, ist die Einführung des universellen Anschlussnetzes (7.6.5) ein relativ kleiner Schritt mit großen Auswirkungen:

- Getrennte Netze für mobile und stationäre Endgeräte gibt es nicht mehr. Vorhandene Vermittlungsstellen bisheriger Mobil- und Festnetze können in großen Teilen weiterverwendet werden.
- Ein Teilnehmer wird in der Regel dasselbe Endgerät unterwegs und zu Hause nutzen, d.h. die Gesamtzahl zu bedienender TE nimmt ab!
- Jeweils um wenigstens eine Größenordnung verbessert sich die Ausnutzung des Frequenzbandes und reduziert sich die Sendeleistungen und damit die EMV- Problematik.
- Die Anstoß erregenden Mobilfunkantennen in Stadtgebieten entfallen weitgehend.

Am klarsten sind natürlich die Vorteile, wenn ein zerstörtes Land (Irak, Afghanistan) neu ausgerüstet werden muss: Mit der Verlegung der Anschlusskabel in die Häuser (von vornherein in FAL-Technik) ist die notwendige Infrastruktur für Telekommunikation, Ortung und Navigation gegeben.

### 7.6.7 Zukünftiger Endzustand des Universalnetzes

Wir haben gesehen, dass es für die Einrichtung der flexiblen Anschlussleitung (FAL) gute wirtschaftliche und physikalische Gründe gibt; die wichtigsten wollen wir nochmals ansprechen:

- Alle vorhandenen Leitungen werden optimal genutzt; brachliegende Leitungen gibt es nicht mehr. Neben den zahlenmäßig dominierenden Kupfer-Doppeladern wird man auch breitbandige Leitungen wie Lichtwellenleiter und Koaxialkabel durch Anbringen spezieller LRC in FAL verwandeln; damit stehen überall auch breitbandige FAL zur Verfügung.
- Der Übertragungsweg zwischen Endgerät und der ersten Systemeinheit mit Vermittlungsfunktion verläuft ganz überwiegend in einer Leitung (Wellenleiter), was – verglichen mit heutigen Mobilfunknetzen – große Verbesserungen bringt, zum Teil um eine Größenordnung:
  - optimale Ausnutzung des Frequenzbandes
  - Reduzierung der Sendeleistung und damit der EMV-Problematik
  - Wegen der kleinen Sendeleistung hält eine Batterieladung im Endgerät wesentlich länger.
- Da die LRC in ihren wesentlichen Parametern (Bandmittenfrequenz, Bandbreite, Sendeleistung, Empfängerempfindlichkeit, usw.) frei programmiert werden können, kann ein Nutzer das Frequenzband verwenden, das ihm seit jeher zugeteilt war. Wichtiger Nutzer werden deshalb derzeitige Mobilfunknetze sein.
- Die Funkzellen sind extrem klein, deshalb kommt man in der überwiegender Zahl der Fälle ohne sichtbare Antennen aus.
- Wegen der ferngesteuerten Einstellung des LRC wird in der Regel kein Kundendiensttechniker vor Ort benötigt.

- Durch die flexible Einsatzmöglichkeit der FAL hat das Netz große Kapazitätsreserven und man muss wenig neue Kabel verlegen.

Die flächendeckende Einführung der FAL-Technik wird also von den Besitzern der Leitungsnetze forciert werden. Die Nachrichtentechnik-Herstellerfirmen werden eine Vielzahl neuartiger Produkte auf den Markt bringen können, z. B. virtuelle LAN und TK-Anlagen.

Bereits die einfache FAL-Technik bringt für den Straßenverkehr völlig neue Möglichkeiten. So können durch geeignete Kombination verschiedener FAL z.B. folgende Aufgaben gelöst werden:

- Geschwindigkeitsmessung und davon gesteuerte Blitzgeräte ohne Radar.
- Mauterfassung
- vom tatsächlichen momentanen Verkehr gesteuerte Verkehrsampeln.

Mit der flächendeckenden FAL-Technik ist die wesentliche Hardware im Anschlussbereich bereits vorhanden, die für das endgültige Universalnetz benötigt wird. Da das Universalnetz schnelle mobile Endgeräte zulässt, muss in den Vermittlungsstellen vor allem die Software für das hochgenaue systeminterne Ortungsverfahren implementiert werden.

Die geeignete Vermittlungstechnik für das Universalnetz ist verbindungslose Paketvermittlung wie im Internet. Es wurden aber auch Verfahren zur Weiterverwendung vorhandener Vermittlungsstellen mit Durchschaltevermittlung ausgearbeitet. Dabei müssen je nach System Hardwarebaugruppen in der Vermittlungsstelle ausgetauscht werden, vor allem Teilnehmerschaltungen und teilnehmernahes Koppelnetz. Außerdem wird umfangreiche Software neu benötigt.

Der Endzustand nach Einführung des Universalnetzes zeigt den erzielten Fortschritt:

- nur noch ein Netz für schnelle mobile und (früher) stationäre Endgeräte
- Aus dem früheren Stiefkind Anschlussleitungsnetz ist die Basis des neuen Universalnetzes geworden.
- Die hochgenaue systeminterne Ortungsfunktion bietet externen Nutzern Möglichkeiten zur Ortung und Navigation, die GPS überflüssig machen.

# 8 Ortung und Navigation

## 8.1 Einführung

Die Ortung ist ein technischer Vorgang zur Bestimmung des momentanen Standortes eines ruhenden oder sich bewegenden Objektes. Hier spielen heute funktechnische Verfahren eine wesentliche Rolle.

Im 2. Weltkrieg wurde die Entwicklung des so genannten Radar (Radio Detection and Ranging) vorangetrieben. In 8.2 wollen wir das Radarprinzip [74-1] kurz beschreiben.

Die weltweite Ortung und Navigation hat entscheidende Fortschritte gemacht, seit Systeme mit Satelliten verfügbar sind. Im Folgenden beschreiben wir das Grundprinzip kooperativer Funkortungssysteme [74-2].

Bei der Eigenortung werden Signale von einem Sender, der sich an einem bekannten, durch seine Koordinaten definierten Punkt befindet, ausgestrahlt und von dem in der ortenden Stelle befindlichen Empfänger aufgenommen und ausgewertet. Bei der Fremdortung werden Signale von einem Sender, der sich in dem zu ortenden Objekt befindet, ausgestrahlt und von einem Empfänger, der sich an einem bekannten, durch seine Koordinaten definierten Punkt befindet, empfangen und ausgewertet. Das Ortungsergebnis wird bei Bedarf über eine gesonderte Funkverbindung der ortenden Stelle mitgeteilt. Bei beiden Methoden ergeben die empfangenen Signale Kriterien in Form messbarer elektrischer Größen. Das sind Amplituden von Spannungen, Frequenzen und Phasenwinkel von Schwingungen, Impulslaufzeiten und Modulationsgrade. Alle Orte, an denen eine solche Größe den gleichen Betrag hat, liegen im Raum auf einer Fläche. Sie wird Standfläche genannt, das heißt, das betreffende Objekt befindet sich irgendwo auf dieser Fläche. Die Fläche ist durch eine geometrische Größe, die der gemessenen elektrischen Größe proportional ist, definiert. Die Fläche kann eine horizontale bzw. vertikale ebene Fläche sein oder die Oberfläche einer Kugel oder die Oberfläche eines Rotationshyperboloids.

Für eine Standortangabe im Raum sind drei Koordinaten erforderlich, es müssen also drei Standflächen ermittelt werden. Der Schnittpunkt der drei Standflächen ist der gesuchte Standort. Befindet sich das zu ortende Objekt auf der als eben angenommenen Erdoberfläche oder auf einer Horizontalebene mit konstantem Abstand von der Erdoberfläche, so ist damit bereits eine der erforderlichen drei Standflächen gegeben. Es müssen dann nur noch zwei Standflächen messtechnisch ermittelt werden. Jede der beiden Standflächen schneidet die ebene Erdoberfläche bzw. die Horizontalebene. Die Schnittlinien stellen Standlinien für das betreffende Objekt dar. Der Schnittpunkt der beiden Standlinien ist der gesuchte Standort.

Die drei verschiedenen Standflächen Ebene, Kugeloberfläche und Hyperboloidoberfläche ergeben als Schnittlinien mit der als eben und horizontal angenommenen Erdoberfläche bzw. mit einer Horizontalfläche oberhalb der Erde eine Gerade bzw. einen Kreis bzw. eine Hyperbel. Das sind dann die Standlinien auf der Erdoberfläche. Für Ortungen von Objekten auf der Erdoberfläche über größere Entfernungen kann die Erdoberfläche nicht mehr als horizontale Ebene angenommen werden, sondern es ist die Gestalt der Erde als Ellipsoid zu berücksichtigen. Statt mit den Gesetzen der ebenen Geometrie muss mit der sphärischen Geometrie gerechnet werden.

Die verschiedenen kooperativen Funkortungssysteme werden nach den durch die Messungen ermittelten geometrischen Größen gegliedert. Das sind: Winkel, Entfernung und Entfernungsdifferenz bzw. Entfernungsänderung.

Die Entfernungsmessung hat sich als günstigstes Verfahren erwiesen, wobei die heute bevorzugte so genannte Einwegmethode [74-2] eine außerordentlich genaue Übereinstimmung der Uhren in den verschiedenen Systemteilen voraussetzt. Als bekanntestes Ortungssystem dieser Art beschreiben wir in 8.3 das Global Positioning System (GPS).

## 8.2 Radar

Wir folgen nachstehend der Darstellung in [74-1].

Das Radarprinzip ist frei von zwei Nachteilen des um 1600 zur Erweiterung des menschlichen Sehens erfundenen Fernrohrs. Es ist erstens auf keine fremde Beleuchtungsquelle angewiesen, als aktives System besitzt es seine eigene und kann daher auch nachts „sehen". Zweitens arbeitet die eigene Beleuchtungsquelle in einem Bereich des elektromagnetischen Spektrums, in dem die Wellenausbreitung durch Nebel, Regen oder Schnee nicht unmöglich gemacht wird. Nachteilig ist beim Radar – gegenüber dem Fernrohr – die verringerte Auflösung, es kann kaum Einzelheiten des Zieles erkennen. Obwohl dem Radar in dieser Hinsicht Grenzen gesetzt sind, können diese durch eine künstliche vergrößerte Antennenapertur mit Hilfe mehr oder weniger aufwändiger Signalverarbeitungsverfahren hinausgeschoben werden.

Man versteht heute unter Radar – genauer Primär-Radar im Gegensatz zu Sekundär-Radar, bei dem das angepeilte Objekt ein aktives Antwortsignal sendet - ein aktives, auf keine Kooperation angewiesenes Ortungssystem zur Entdeckung und Lokalisierung von Objekten, den so genannten Zielen. Es gibt bei komplexeren Radarsystemen zusätzlich Möglichkeiten zur Erfassung des Bewegungszustandes, zur Klassifizierung und Identifizierung. Dabei bedeutet Klassifizierung eine Zuordnung zu einer bestimmten Klasse von Objekten, zum Beispiel zur Klasse der Starrflügler. Identifizierung ist gleichbedeutend mit der Feststellung eines Typs innerhalb einer Klasse.

Bild 8.2-1 zeigt das Prinzip des am häufigsten verwendeten Radartyps, des Pulsradars, wie es zum Beispiel zur Flugsicherung oder Luftraumüberwachung verwendet wird. Ein großer Vorteil des Pulsradars ist die Möglichkeit, eine einzige Antenne sowohl zum Senden wie auch zum Empfangen verwenden zu können.

Ein Sender erzeugt Trägerpulse relativ kurzer Dauer (etwa 1 µs). Jeder enthält viele Perioden einer höchstfrequenten Schwingung von zum Beispiel der Frequenz 3 GHz (S-Band), was einer Wellenlänge von 10 cm entspricht. Über die Sende-Empfangs-Weiche gelangen die Pulse auf die Antenne und werden von ihr mit hoher Richtwirkung abgestrahlt. Von dem „beleuchteten" Ziel werden die Pulse auch in Richtung zum Radar reflektiert – mit leider ganz erheblich verminderter Energie – und von der Antenne wieder aufgefangen. Sie gelangen über die Sende-Empfangs-Weiche auf den Empfänger. Dort werden sie rauscharm verstärkt und dem Signalprozessor zugeleitet. Dieser filtert die vom Ziel reflektierten Pulse, die Zielechos, aus den meist begleitenden Störsignalen – wie zum Beispiel Echos der Erdoberfläche – heraus, ermittelt ihre Laufzeiten, die ein Maß für die (Schräg-)Entfernung sind, und den beim Empfang der Echos vorhandenen azimutalen Winkel der Antenne. Er gibt diese Zieldaten weiter an den Zielverfolgungsrechner (Tracker). Dieser speist die Luftlagedarstellung.

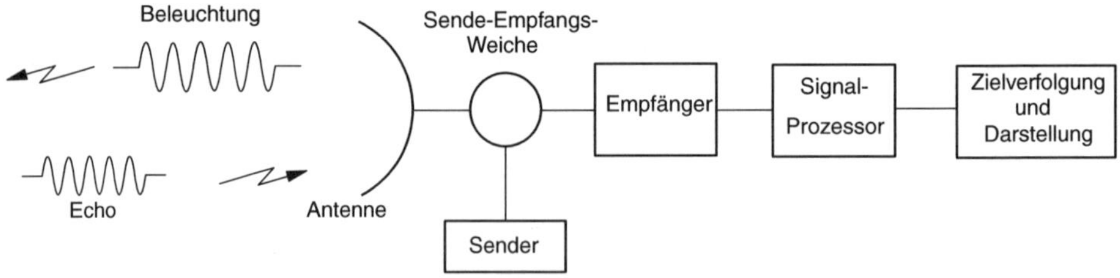


Bild 8.2-1 Prinzip des Pulsradars [74-1]

## 8.3 Global Positioning System (GPS)

Wir folgen hier weitgehend der Darstellung in [74-2].

### 8.3.1 Aufgaben und Lösungswege

Das USA – Verteidigungsministerium (Department of Defense, Abkürzung DOD) erteilte 1973 den Auftrag, ein satellitengestütztes System zu entwickeln, das die Bestimmung von Position und Geschwindigkeit von beliebigen ruhenden und sich bewegenden Objekten ermöglichte, um damit eine weltweite Navigation mit hoher Genauigkeit zu gewährleisten. Darüber hinaus sollte auch eine genaue Zeitinformation zur Verfügung gestellt werden. Die Ergebnisse sollten in Echtzeit, also ohne Zeitverzug unmittelbar nach der Messung zur Verfügung stehen. Die Nutzung des Systems sollte an jedem Ort auf der Erde und im erdnahen Raum sowie zu jeder Zeit und unter beliebigen meteorologischen Verhältnissen gewährleistet sein. Zusammenfassend ergaben sich im Wesentlichen folgende Forderungen:

- dreidimensionale Positionsbestimmung (Ortung) in Echtzeit von ruhenden und bewegten Objekten auf der Erde und im erdnahen Raum
- Bestimmung der Geschwindigkeit bewegter Objekte
- Lieferung von Zeitinformationen
- unbegrenzte Anzahl gleichzeitig tätiger Nutzer
- Unabhängigkeit von meteorologischen Verhältnissen
- hohe Sicherheit gegenüber zufälligen und gegenüber gewollten Störungen
- hohe Genauigkeit der Positionsbestimmung (Ortung) mit einem mittleren quadratischen Fehler von 30 m und Eindeutigkeit des Ergebnisses
- hohe Genauigkeit der Geschwindigkeitsbestimmung mit einem mittleren quadratischen Fehler von 0,3 m/s
- hohe Genauigkeit der erteilten Zeitinformation mit einem mittleren quadratischen Fehler von 10 ns
- Zeitbedarf für die erstmalige Bestimmung einer Position in der Größenordnung von einigen Minuten, für die nachfolgenden Bestimmungen weniger als 30 s.

Für die Konzeption eines Systems wurden folgende Festlegungen getroffen:

- *Sende- und Empfangsbereich*
  Zur Erzielung einer Ortung mit hoher Genauigkeit und Eindeutigkeit wird für die funktechnische Übermittlung der Ortungsinformation eine verhältnismäßig große Bandbreite in der Größenordnung von einigen MHz benötigt. Solche Übertragungsbandbreiten stehen nur in Frequenzbereichen oberhalb 1000 MHz zur Verfügung.
  Der Frequenzbereich ist auch maßgebend für die Abmessungen der Antennen und für die Form der Strahlungscharakteristik bei vorgegebenen Abmessungen. Günstige Lösungen sind ebenfalls bei Frequenzen oberhalb von 1000 MHz zu erhalten.
  Mit zunehmender Frequenz steigt jedoch die Dämpfung im Ausbreitungsweg der elektromagnetischen Welle in der Atmosphäre, so dass eine niedrige Frequenz von Vorteil wäre. Als optimaler Frequenzbereich wurde für die Funkverbindung zwischen Satelliten (Sender) und Nutzer (Empfänger) das L-Band (1 bis 2 GHz) gewählt.

- *Satellitenbahn*
  Die Forderung nach uneingeschränkter weltweiter Nutzung war für die Wahl der Satellitenbahn entscheidend. Zur Gewährleistung einer globalen Nutzung wurde ein Konzept mit mehreren umlaufenden Satelliten gewählt, deren Bahnen gegenüber dem Äquator geneigt sind und eine Höhe von etwa 20 000 km haben.

- *Signalform*
  Die große Entfernung zwischen sendenden Satelliten und empfangendem Nutzer auf der Erde ergibt bei einer Sendeleistung von etwa

50 Watt nur eine sehr geringe Empfängereingangsleistung. Da die Störbarkeit umgekehrt proportional zur Empfängereingangsleistung ist, wurde für die Übertragung der Ortungsinformation als weitgehend störsichere Signalform eine codierte Impulsfolge gewählt.

Die auf Grund der gestellten Forderungen und Festlegungen durchgeführten Arbeiten führten zu einem System mit der Bezeichnung *Navigation System with Time and Ranging* (Abkürzung NAVSTAR). Es wurde in der ersten Ausbaustufe mit vier Satelliten ab 1978 von der US Air Force erprobt und ab 1980 unter der Bezeichnung *Global Positioning System* (Abkürzung GPS) teilweise zur zivilen Nutzung freigegeben. Der weitere Ausbau mit einer Vergrößerung der Anzahl der Satelliten erstreckte sich über ein Jahrzehnt hin. Der Vollausbau und damit die vollständige Nutzung des Systems wurde 1992 erreicht.

Bild 8.3-1 zeigt das Gesamtsystem.

## 8.3.2 Wesentliche Systemeigenschaften

Mit GPS wurde für die Ortung und speziell für die Navigation eine neue Qualität erreicht, die zu außerordentlichen Veränderungen in den entsprechenden Anwendungsgebieten geführt hat. GPS ist primär ein Ortungs- und Navigationssystem. Das Prinzip der Ortung beruht auf der Messung der Entfernungen zwischen dem Nutzer bzw. dem zu ortenden Objekt und drei Satelliten. Jede Entfernung ergibt als Standfläche der Ortung die Oberfläche einer Kugel. Der Schnittpunkt von drei Kugeloberflächen ist der gesuchte Standort (Position) des zu ortenden Objektes. Die Koordinaten der Satelliten sind entsprechend der Systemkonzeption dem Nutzer bekannt, sodass er die Koordinaten seines Standortes bestimmen kann. Die Entfernungen werden durch Messung der Laufzeit von impulsförmigen Signalen in der Einweg-Methode bestimmt. Die Ortungssignale

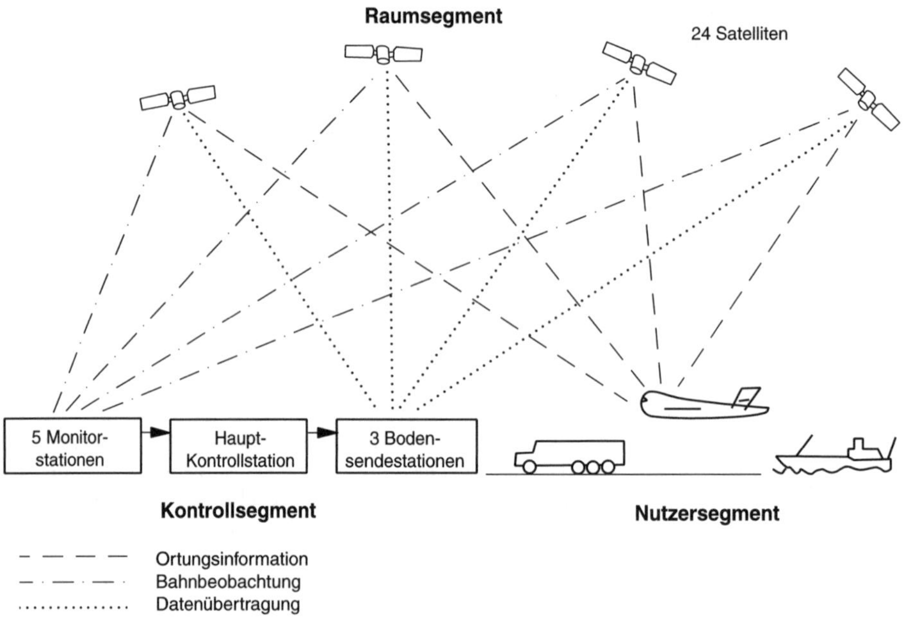


Bild 8.3-1 Global Positioning System (GPS) [74-1]

werden vom Satelliten als Modulation mit einer Trägerwelle hoher Frequenz bzw. zwei Trägerwellen (Kurzbezeichnung *Träger*) übertragen. Die Verwendung der Einweg-Methode setzt voraus, dass die Uhrzeit in den Satelliten mit der im Empfänger des Nutzers übereinstimmt. Da diese Bedingung praktisch nicht zu erfüllen ist, weichen die gemessenen Entfernungen von den geometrischen Entfernungen ab. Die gemessenen Entfernungen werden deshalb Pseudoentfernungen genannt. Für die dreidimensionale Ortung werden drei Satelliten benötigt, zu denen die Entfernungen gemessen werden. Mit der Messung einer vierten Entfernung zu einem vierten Satelliten wird die Abweichung der Uhrzeiten berechnet.

Zur Erzielung extrem hoher Genauigkeiten wird die Entfernung nicht durch Messung der Laufzeit von impulsförmigen Signalen (Impulsverfahren) bestimmt, sondern durch Messung der Phasenwinkel des von den Satelliten ausgestrahlten hochfrequenten Trägers (CW-Verfahren). Der erhebliche Nachteil dieses Verfahrens ist die Mehrdeutigkeit der gemessenen Entfernungen. Die Herstellung der Eindeutigkeit benötigt einen höheren Aufwand und verlängert die Zeit des Messvorganges. Das Verfahren wird im Vermessungswesen benutzt, bei dem die Messzeit von geringerer Bedeutung ist.

## 8.3.3 Ergänzungen und Anwendungen

GPS entwickelt sich weiter und die weltweite intensive Nutzung legt neuartige und zusätzliche Anwendungen nahe. Wir geben nachstehend einige Stichworte; die Details kann man u.a. in [74-2] nachlesen.

### 8.3.3.1 Differenzial-GPS

Das Differenzial-GPS ist ein zusätzliches, wahlweise einsetzbares Systemsegment. Es dient der Erhöhung der Ortungsgenauigkeit, indem die bei der Bestimmung der Pseudoentfernungen bzw. der Position auftretenden Fehler korrigiert werden.

Das Grundprinzip ist nahe liegend. Eine Referenzstation kennt ihre Koordinaten aus hochgenauen geodätischen Messungen und kann die theoretischen Laufzeiten der Satellitensignale bestimmen. Sie bestimmt die Differenzen zu den tatsächlichen Laufzeiten. Diese Korrekturdaten können von einer Sendeeinrichtung der Referenzstation ausgesendet und von Nutzern in der Umgebung zur Korrektur ihrer über GPS ermittelten Koordinaten benutzt werden. Natürlich gelten die errechneten Korrekturwerte exakt nur für den Ort der betreffenden Referenzstation. Die Genauigkeit der Korrekturdaten hängt von der Genauigkeit der eingegebenen geodätisch bestimmten örtlichen Koordinaten ab. Als Bezugspunkt der Referenzstation wird das Phasenzentrum der Antenne des GPS-Empfängers gewählt. Je größer die Entfernung des Nutzers, der die Korrekturwerte gebrauchen will, zu der Referenzstation ist, desto ungenauer wird die Korrektur.

### 8.3.3.2 Pseudolit

Pseudolit ist ein Kunstwort, das aus Pseudo und Satellit abgeleitet ist. Es drückt aus, dass diese Einrichtung die Funktion eines Satelliten ausübt, aber tatsächlich kein Satellit ist, sondern eine am Boden stehende Station.

Ein Pseudolit enthält informationstechnische Einrichtungen, die denen in den GPS-Satelliten ähnlich sind. Sender und Empfänger arbeiten im Frequenzbereich der GPS-Satelliten. Ein Nutzer von GPS kann durch den zusätzlichen Empfang der Signale eines oder mehrerer Pseudoliten eine wesentlich höhere Ortungsgenauigkeit erzielen, außerdem wird dadurch die Verfügbarkeit und die Integrität erheblich erhöht.

### 8.3.3.3 Integritätsprüfung

Die Integrität eines Navigationssytems bezieht sich auf die Fähigkeit dieses Systems, einen Nutzer rechtzeitig zu warnen und ihm von der Verwendung dieses Systems abzuraten, da es falsche bzw. fehlerhafte Informationen liefert.

Bei GPS wird zwar grundsätzlich über die Navigationsmitteilung diese Integrität gewährleistet, aber die entsprechenden Mitteilungen erreichen den Nutzer im Allgemeinen erst mit einer mehr oder weniger großen Zeitverzögerung. Vor allem für die Luftfahrt ist das unzureichend. Es wurden deshalb Verfahren und technische Mittel konzipiert, um die Integrität von GPS ohne Zeitverzug zu gewährleisten.

Die Integritätsspezifikationen haben Alarmgrenzen, Alarmzeiten und Entdeckungswahrscheinlichkeiten zum Inhalt. Die Spezifikation für die Luftfahrt unterscheidet die drei Flugphasen Streckenflug, Bewegung im Flughafenbereich und Landeanflug. Für die Integritätsprüfung haben sich bisher zwei Verfahren herausgebildet:

- Ein für den Nutzer autonomes Verfahren mit der Bezeichnung *Receiver Autonomous Integrity Monitoring* (Abkürzung RAIM).
- Ein kooperatives Verfahren mit der Bezeichnung *GPS Integrity Channel* (Abkürzung GIC).

Es gibt mehrere Methoden zur Realisierung von RAIM für GPS. Alle beruhen auf irgendeinem Verfahren der Überprüfung der Selbstübereinstimmung unter den verfügbaren Messergebnissen. Es wird angenommen, dass im Ereignisfall nicht mehr als ein Satellit fehlerhaft ist. Bei $n$ sichtbaren Satelliten können $n$ Kombinationen von je vier Satelliten, die zur Positionsbestimmung mit den Pseudoentfernungen erforderlich sind, gebildet werden. Wenn ein fehlerhafter Satellit vorhanden ist, werden die Messergebnisse mit diesem Satelliten sich wesentlich von den Messergebnissen ohne diesen Satelliten unterscheiden. Daraus lässt sich der fehlerhafte Satellit ermitteln.

Bei GIC prüfen gewisse GPS-Bodenstationen laufend das fehlerfreie Arbeiten aller GPS-Satelliten. Geeignete Integritätsinformationen werden dann mit einer Nachrichtenverbindung dem Nutzer übermittelt.

Der wesentliche Nachteil des GIC-Systems ist, dass Einrichtungen am Boden notwendig sind, die sich in unerschlossenen Gebieten der Erde und im Bereich der Ozeane nur sehr schwer realisieren lassen. Deshalb kann auf eine bordautonome Integritätsprüfung, beispielsweise mit RAIM (siehe oben), nicht verzichtet werden.

#### 8.3.3.4 Synchronisation weltweiter Nachrichtennetze

GPS ist ein Ortungssystem und hat an sich nichts mit Nachrichtennetzen zu tun. Da aber die Nutzer in aller Welt aus den oben erläuterten Gründen über sehr genaue Zeitinformationen verfügen, bietet es sich an, die Netzsynchronisation der Nachrichtennetze auf eine neuartige Basis zu stellen.

Wir erinnern uns an Synchronisationsprobleme der digitalen Nachrichtenübermittlung, auf die wir in früheren Kapiteln gestoßen sind. Die verschiedenen Knoten eines Nachrichtennetzes haben Takte, die sich mehr oder weniger unterscheiden. Bei einer Übertragungsstrecke zwischen zwei Knoten kann man mit Hilfe von geeigneten Stopfverfahren (vgl. 5.5.4 und 5.5.5) jeglichen Bitverlust vermeiden. Wenn aber zwischen den verschiedenen an einem Knoten angeschlossenen Strecken vermittelt werden muss, ist bei nicht synchronisierten Knoten und Durchschaltevermittlung gelegentlicher Bitverlust unvermeidlich. Man hat deshalb beim Aufbau des digitalen Fernsprechnetzes mit einigem Aufwand geeignete Netzsynchronisationsverfahren eingeführt, die natürlich ihre Grenzen haben: Die immer größer werdenden Bitraten lassen sich irgendwann nicht mehr beherrschen und vor allem endet die Netzsynchronisation meist an der Landesgrenze.

Die zunehmende Zahl der GPS-Nutzer bietet eine offensichtliche Möglichkeit, die weltweite Netzsynchronisation von den Knoten bis hin zum Teilnehmeranschluss auf eine neue Basis zu stellen.

# 9 Nachrichtentechnik im Menschen

## 9.1 Einführung

Wir können das menschliche Gehirn nicht nachbauen und wir werden seine Arbeitsweise wohl nie richtig verstehen. Aber es ist nützlich, wenn wir dieses Wunderwerk der Schöpfung betrachten: Wir begreifen, wie primitiv unsere modernsten Entwicklungen sind und wir bekommen Anregungen, in welcher Richtung wir uns bewegen sollten.

Wir können auf wenigen verfügbaren Seiten das Thema nicht flächendeckend darstellen und beschränken uns deshalb im Wesentlichen auf die Beschreibung eines Grundbausteins: Nervenzelle (Neuron), vgl. 9.2.

Die Nervenzelle ist ein nachrichtentechnisches System, in welchem Verarbeitung und Übermittlung in optimaler Weise integriert sind. Wie in 9.2 erläutert wird, werden Impulse erzeugt und es gibt Gatterschaltungen; bei oberflächlicher Betrachtung kommt jemand schnell zu der Schlussfolgerung, dass auch der liebe Gott die „moderne Digitaltechnik“ einsetzt. In Wirklichkeit handelt es sich insgesamt um Analogtechnik vom Feinsten; so ist z.B. die Impulsfrequenz analog veränderbar. Vor allem aber sind die Eigenschaften der Gatter in vielerlei Hinsicht analog veränderbar; ein Beispiel ist etwa die analoge Veränderungsmöglichkeit für das Gewicht einer Eingangsgröße bei der logischen Entscheidung.

## 9.2 Nervenzelle

Wir folgen hier weitgehend der ebenso anschaulichen wie wissenschaftlich fundierten Darstellung, die Peter R. Gerke in seinem Buch [92-1] gegeben hat.

Bild 9.2-1 zeigt die Nervenzelle (das *Neuron)* in einem stark vereinfachten Schema. Sie ist eine Zelle wie andere Körperzellen auch, jedoch mit Besonderheiten. Sie besitzt wie üblich Zellkörper (Soma) und Zellkern, darüber hinaus aber einen mehr oder weniger langen Fortsatz, die Nervenfaser oder das *Axon.* Diese Faser stellt gewissermaßen den „Gatter-Ausgang“ dar, über den nachfolgende Neurone erreicht werden. Auf der gegenüberliegenden Seite der „Gatter-Eingänge“ gibt es kurze Verzweigungen (Dendriten), an deren Enden Synapsen die Verbindungen zu den Axonen vorhergehender Neurone herstellen. Das allerdings sind keine durchgehenden Verbindungen, vielmehr trennt ein 20 bis 50 nm breiter „Graben“ das postsynaptische Neuron vom präsynaptischen Axon des vorhergehenden Neurons.

Das Neuron ist nichts anderes als ein elektrischer Generator, der unter bestimmten Eingangsbedingungen einen Impuls von ca. 80 mV Höhe und ca. 1ms Dauer erzeugt und den er über sein Axon an nachfolgende Neurone verteilt. Die Axone bilden also die „Verdrahtung“ zwischen den Neuronen-Gattern, sie können sogar Meterlänge „von Kopf bis Fuß“ erreichen. Zwar hat die Natur für die Impulsverteilung keine Kupferdrähte eingebaut, dennoch schafft sie es, einen winzigen Spannungsimpuls sogar dämpfungsfrei über bis

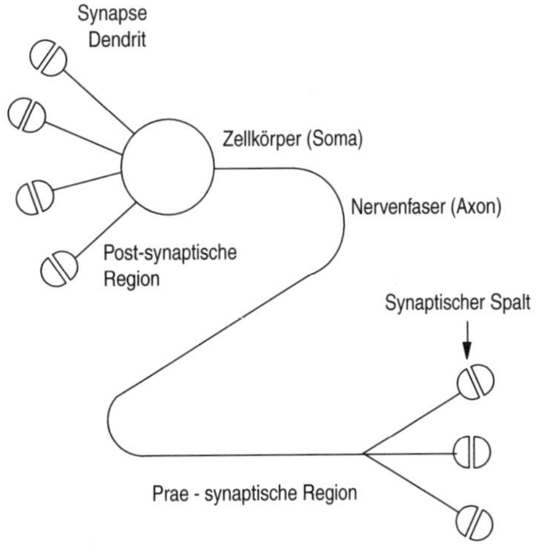


Bild 9.2-1 Prinzip der Nervenzelle

zu meterlanges organisches Fasermaterial zu transportieren!

Dieses Rätsels Lösung ist ein komplizierter osmotisch-elektrischer Prozess, der den Impuls in der Faser kontinuierlich fortschreitend immer wieder neu generiert. Vielleicht haben Sie schon einmal im Fernsehen oder in Natur die kunstvollen Aufbauten mit Dominosteinen gesehen, die nur eines winzigen Anstoßes bedürfen, um in abenteuerlichen Schlangenlinien diesen Anfangsimpuls Stein für Stein weiterzugeben. Am Beginn der Schlange fällt ein Dominostein um und am Ende desgleichen. Der Umkippimpuls ist ohne Abschwächung ans Ziel gelangt. So kann man sich den Übertragungsvorgang im Vergleich veranschaulichen. Allerdings wird der Impuls in der Nervenfaser bei weitem nicht so schnell wie auf einem Kupferdraht transportiert. Je nach Beschaffenheit der Faser erreicht er Übertragungsgeschwindigkeiten bis zu etwa 400 km/h. Bei den im Gehirn zu überbrückenden Entfernungen im Millimeter- und Zentimeter-Bereich genügt das jedoch für die von der Natur ursprünglich eingeplanten Anforderungen an die menschliche Reaktionszeit: Ein Impuls kann in Bruchteilen einer tausendstel Sekunde sein jeweils nächstes Ziel erreichen! Auf der Eingangsseite des Neurons geschieht die eigentliche Informationsverarbeitung. Dafür sind die Synapsen zuständig. Endet in ihrem präsynaptischen Teil ein Impuls des vorhergehenden Neurons, so wird dort eine Transmittersubstanz ausgeschüttet, die in etwa 0,1 ms den zuvor erwähnten „Graben“, den synaptischen Spalt, überquert und das postsynaptische Neuron beeinflusst. Für den Nachschub an Transmittersubstanz sorgt das vorhergehende Neuron. Es gibt zahlreiche unterschiedliche Transmittersubstanzen. Der Trick der Natur besteht darin, dass ein Teil dieser Substanzen die Erzeugung eines Impulses im nachfolgenden Neuron unterstützt, ein anderer Teil die Impulserzeugung zu verhindern sucht. Dementsprechend gibt es „erregende“ und „hemmende“ Synapsen. Die erregenden und hemmenden Einflüsse der mit Impulsen beschickten aktiven Synapsen (entsprechend den Abgeordneten, die sich an der Abstimmung beteiligen) werden aufsummiert und führen zur Auslösung eines Impulses im postsynaptischen Neuron, falls die erregenden Einflüsse überwiegen. Die Gehirnwissenschaftler pflegen diesen Vorgang ein wenig militärisch „feuern“ zu nennen (was die Informatiker der künstlichen Intelligenz übernommen haben).

Wenn man Ursachenforschung betreibt, sind es also letztlich die Transmitter, die die informationstechnische Gatterfunktion des Neurons bewirken, denn sie sorgen durch das Ausbalancieren erregender und hemmender Einflüsse für das binäre Ausgangssignal „Impuls – kein Impuls“. Sie tragen deshalb auch Verantwortung für die Informationsverarbeitung im Gehirn und somit für die geistigen Leistungen des Menschen. Folglich sind es auch an der Wirksamkeit der Transmitter angreifende Chemikalien (Drogen, Neuroleptika) oder Krankheiten, welche diese geistigen Leistungen stark beeinflussen.

Aber die Natur begnügt sich nicht einfach mit binärem „schwarz – weiß“ (bzw. Impuls – kein Impuls) und das aus guten Gründen. So gibt es im Gegensatz zur „räumlichen Summation“ der etwa gleichzeitigen Einwirkungen der Transmitter, wie sie bisher besprochen wurde, auch eine „zeitliche Summation“ der Erregungswirkungen. Offenbar klingt die durch einen Eingangsimpuls ausgelöste Erregungswirkung am oder im Neuron ein wenig verzögert ab, so dass sich die Wirkungen rasch nacheinander eintreffender Impulse in einer erregenden Synapse aufstocken und damit deren Aktivierungsbeitrag erhöhen.

Damit hat die Natur auf sehr elegante Weise „Intensitäts-Gatter“ geschaffen. Eine Spezialausführung der Nervenzellen sind nämlich die *Rezeptoren* für die Aufnahme physischer Reize aus der menschlichen Um- und Innenwelt und diese senden Ausgangsimpulse um so schneller nacheinander, je stärker der Reiz ist. An Dehnungsrezeptoren des Krebsmuskels zum Beispiel hat man in Abhängigkeit von dessen Dehnung Frequenzen von null bis etwa 30 Impulsen pro Sekunde gemessen. Das bedeutet, dass unterschiedliche Reizstärken einer Reizquelle auch unterschiedliche nachfolgende Neurone aktivieren können! So lassen sich damit letztlich auch unterschiedliche menschliche Reaktionen auf verschieden starke Reize auslösen.

Eine nächste herausragende Eigenschaft der Neuronen im Vergleich mit den Gattern der Mikroelektronik ist ihre im Allgemeinen übergroße Synaspsenzahl, also „Eingangszahl“, die bis in die Gegend von Zehntausend je Neuron gehen kann. Das ist ein deutlicher Hinweis auf die im Gehirn angewandte Technik der Informationsverarbeitung mittels „verdrahteten Programms“ und des gleichzeitigen Ablaufs vieler Prozesse! Man schätzt die Zahl der Neuronen in unserem Gehirn auf etwa 100 Milliarden (10 hoch 11), es kann auch noch mehr sein, denn genau weiß man es nicht. Wir nehmen einmal an, dass ein Neuron im Mittel 5000 Synapsen besitzt. Dann gibt es damit schätzungsweise 500 Billionen (5 mal 10 hoch 14) Synapsen, also dementsprechend auch „Verbindungen“ und damit kurze oder längere „Drähte“ in unserem Gehirn. Das Volumen des menschlichen Gehirns beträgt etwa 1400 Kubikzentimeter (1,4 Liter). Ein Kubikmillimeter Gehirnmasse enthält demnach im Mittel etwa 450 Millionen „Verbindungsdrähte“! Das soll menschliche Technik erst einmal nachmachen! Und wie dick ist ein „Draht“? Zwischen etwa 1 und 16 Mikrometern (tausendstel Millimetern). Ob diese Zahlen mit der Verdrahtungsdichte korrelieren, sei dahingestellt.

In Bild 9.2-2a ist eine Synapsenzahl von 5000 pro Neuron angenommen. In dieser modellhaft systematischen Verdrahtung erreicht irgendeines von

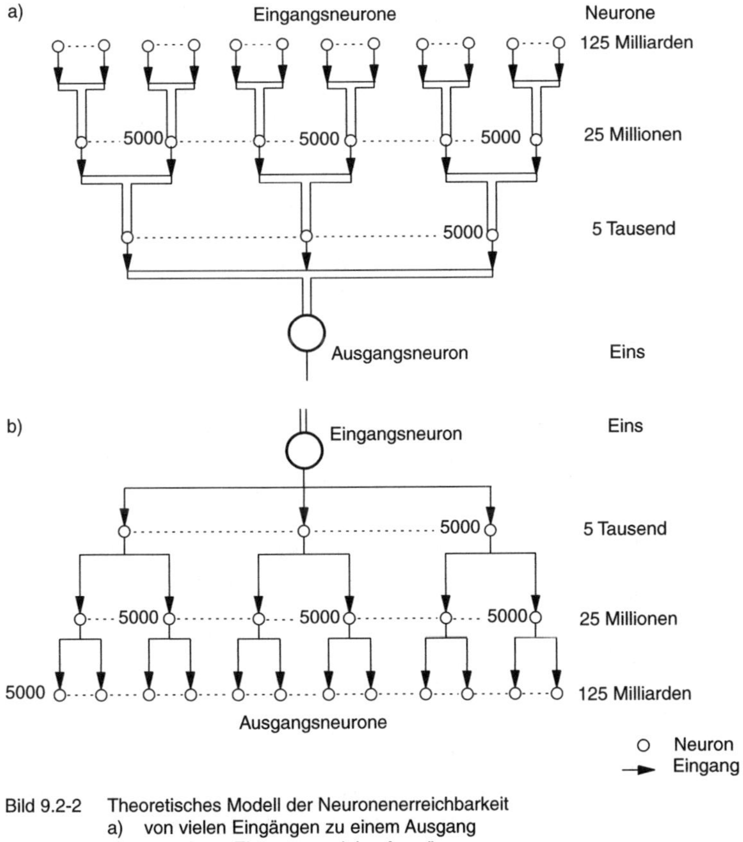


Bild 9.2-2 Theoretisches Modell der Neuronenerreichbarkeit
a) von vielen Eingängen zu einem Ausgang
b) von einem Eingang zu vielen Ausgängen

125 Milliarden (Eingangs-)Neuronen ein ganz bestimmtes Ziel- (Ausgangs-)Neuron über nur zwei dazwischen liegende Neuronenstufen! Universelle Informationsverarbeitung aber sammelt nicht nur Informationen ein, sondern verteilt solche auch wieder. Eine entsprechend leistungsfähige axonale Verteilfunktion deutet Bild 9.2-2b an: Ein ganz bestimmtes Eingangs-Neuron erreicht irgendeines von 125 Milliarden Ziel- (Ausgangs-) Neuronen über nur zwei Zwischenstufen. Nun gibt es natürlich eine derart regelmäßige Verdrahtung im Gehirn nicht, immerhin aber macht das Modell deutlich, dass man von einer hohen Erreichbarkeit von Neuron zu Neuron zwischen denjenigen Hirnarealen ausgehen darf, die in einer langen evolutionären Entwicklung „gelernt" haben, miteinander zu korrespondieren und damit zu kooperieren.

Bild 9.2-1 ist in der Tat nur das idealisierte Schema eines Neurons. Es gibt – vergleichbar den Menschen – jedoch unterschiedliche „Rassen" bzw. Typen von Neuronen, außerdem findet man ähnlich wie bei den Menschen innerhalb einer Rasse keine zwei identisch gleichen Exemplare.

Eine intelligente Informationsverarbeitung setzt interne Speicher unterschiedlicher Speicherdauer voraus. Wie bewältigt das Gehirn mit seinen Neuronen diese Aufgabe? Darüber gab es viel Rätselraten und ziemlich extravagante Hypothesen, die in [92-1] erläutert werden.

Nach Monné sollte das Neuron spezifische „Erinnerungs-Eiweiße" bilden. Der Schwede Hydén nahm die Ribonukleinsäure (RNS) des Zellkerns mit ihrem potenziell großen Speicherreservoir als „Gedächtnismolekül" an. 1970 gab es sensationelle Berichte zur Übertragbarkeit von Gedächtnisinhalten. G. Ungar extrahierte bestimmte Eiweißmoleküle aus zerkleinertem Hirngewebe von Ratten, denen er „Angst vor Dunkelheit" antrainiert hatte. Diesen Extrakt spritzte er untrainierten Ratten ein, die darauf ebenfalls Dunkelangst zeigten. Allerdings ließen sich Ungars Versuchsergebnisse bisher nicht reproduzieren. Bei all´ den Theorien fragt sich der Informationstechniker, wie jenen gemäß denn die Speicherinhalte wieder spontan auslesbar sein sollen!

Schon in den 50er-Jahren aber formulierte J.O. Hebb eine Gedächtnishypothese, der sich inzwischen namhafte Gehirnwissenschaftler wie J.C. Eccles angeschlossen haben und die zudem informationstechnisch außerordentlich plausibel ist (weshalb auch die technischen „neuronalen Netze" dieses Prinzip in leicht modifizierter Form nutzen!). Die Hypothese geht von elektrophysiologischen Veränderungen der Synapsen durch Gebrauch aus. Konkreter gesagt: Wenn ein gefeuertes Neuron 1 (zusammen mit anderen Neuronen) dazu beiträgt, nachfolgend ein Neuron 2 zu feuern, so wird diese Aktivierungshilfe dadurch belohnt, dass an Neuron 2 die von Neuron 1 gespeiste Synapse in ihrer Erregungswirkung verstärkt wird. Nicht verstärkt werden dagegen Synapsen, die von nicht gefeuerten Neuronen 3 versorgt werden oder die zu nicht gefeuerten Neuronen 4 führen. Noch einfacher gesagt: Erregende Synapsen zwischen gefeuerten Neuronen verstärken sich! (Das kann man sich z.B. dadurch realisiert vorstellen, dass sich die postsynaptische Transmitter-Aufnahmefähigkeit der betreffenden Synapse infolge des Feuerns erhöht). Damit werden im Neuronennetz Impulswege gangbarer, die bereits einmal oder mehrmals benutzt worden sind. Man vergleicht das gern mit einer Wiese, über die ein Mensch erstmals einen Abkürzungsweg einschlägt. Das mag mühsam sein, aber nachfolgende Menschen finden bereits niedergetretenes Gras vor und benutzen dieselbe Abkürzung, treten weiteres Gras nieder und verlocken weitere Menschen zum Abkürzen. Schließlich ist ein bequem gangbarer Weg gebahnt. Dieser allerdings kann wieder zuwachsen, wenn er nicht mehr benutzt wird. Das Bild ist recht stimmig: Eine erste Erfahrung ist noch kein Anlass zu dauerhafter Speicherung. Und nicht genutzte Erfahrungen verblassen wieder wie die lateinischen Vokabeln, die wir in unserer Schulzeit gelernt haben mögen. Das heißt, die Erregungsverstärkung kann sich wieder zurückbilden, ja, es können sich sogar Synapsen zurückbilden, wenn sie nicht genutzt werden.

Die Bahnung von Erfahrungspfaden der einen oder anderen Art im neuronalen Netz reicht allerdings nicht aus, um alle Speicherfunktionen im menschlichen Gehirn zu erklären, denn es handelt sich nur um eine passive Speicherwirkung. Ein Trampelpfad, der nicht beschritten wird, ist unnütz. Ein durch das Neuronennetz gebahnter Weg ist unnütz, wenn nicht Impulse über ihn verlaufen, die in den erreichten Synapsen zur weiteren Informationsverarbeitung beitragen. Woher kommen solche Impulse? Erstens sind unsere Sinnesorgane Impulssender. Aber geistige Funktionen werden nicht nur durch äußere Ereignisse angestoßen. Im intelligenten menschlichen Gehirn muss demnach Vorsorge getroffen sein, dass derartige Impulse auch unabhängig von jenen hirnintern erzeugt werden können.

Es ist denkbar, dass die Natur zu diesem Zweck Rückkopplungskreise einsetzt. Man kann sich drei (oder mehr) Neuronen vorstellen, die zu einem Ring geschaltet sind. Eine einmalige Erregung hat einen Impuls erzeugt, der nun so lange im Ring umläuft, bis er durch irgendeine Hemmung gestoppt wird. An einer als Ausgang definierten Stelle des Rings tritt für die Dauer des Umlaufs eine periodische Impulsfolge auf.

## 9.3 Vermutungen zur Arbeitsweise des Gehirns

Mit einer derart leistungsfähigen „Hardware“, wie wir sie in 9.2 kennen gelernt haben, müssen sich nachrichtenverarbeitende Systeme konzipieren lassen, die völlig anders aussehen als alles, was wir in Kapitel 4 beschrieben haben.

Wir empfehlen dem interessierten Leser das Buch von Peter R. Gerke [92-1], in dem der Stand der Vermutungen zur Arbeitsweise des Gehirns anschaulich dargestellt ist.

Zum Schluss soll ein einfaches Beispiel zeigen, was das Gehirn beiläufig leistet. Wir sehen auf der Promenade ein Mädchen mit einem netten Sommerkleid und erinnern uns, ein vergleichbares Kleid vor dreißig Jahren bei einer Mitschülerin gesehen zu haben; wie hieß die eigentlich?? Der Name scheint uns entfallen – aber siehe da, nach einem halben Tag kommt die Erinnerung an den Namen wieder. Wie wunderbar muss dieser Speicher organisiert sein, dass bei derart unpräzisen Fragestellungen doch die richtige Antwort gefunden werden kann!

## Gliederung des Literaturverzeichnisses

# Literatur

Literaturangaben im Text haben wie bei jedem Lehrbuch zwei Gründe: Die Autoren wollen sich nicht mit fremden Federn schmücken und geben deshalb Quellen an und dem Leser sollen Vorschläge zur Vertiefung und Weiterarbeit gemacht werden. Wenn man sich in dieser Richtung bemüht, kann man bei einem Buch unseres Anspruchs leicht in die Größenordnung von tausend Literaturstellen kommen. Bei dem ungeheuer umfangreichen Gebiet, das wir uns vorgenommen haben, führen die üblichen Verfahren (fortlaufende Durchnummerierung oder abgekürzte Angabe des Verfassernamens) zu ellenlangen Auflistungen von völlig heterogenen Literaturstellen; ein derartiges Literaturverzeichnis ist, für sich allein betrachtet, unlesbar.

Wir haben uns deshalb von jeher darum bemüht, so viel Ordnung in das Literaturverzeichnis zu bringen, dass man es für sich allein mit Interesse studieren kann. Die Übernahme einer z.B. nach DIN genormten Gliederung oder die Erfindung eines eigenen flächendeckenden Klassifizierungssystems ist dazu nicht notwendig, sie würde nur den Umfang unnötig aufblähen. Es genügt, durch geeignete Stichworte Teilgebiete zu definieren, denen dann die Literaturstellen zugeordnet werden. Auf diese Art stehen halbwegs verwandte Stellen beieinander und das Literaturverzeichnis wird bis zu einem gewissen Grad auch für sich allein lesbar.

Die nebenstehende Gliederung des Literaturverzeichnisses hat nichts mit der Kapiteleinteilung des Buches zu tun und jede Stelle kann in irgendeinem Kapitel zitiert werden. Bei Zeitschriftenaufsätzen wird dieses Schema verwendet:

Jahrgang (Jahr) Heft-Nr. im Jahr, Seiten. Beispiel [20-7a]: 8(1964)2, S.55-64.

Natürlich gibt es Fälle, bei denen diese Angaben nicht vollständig vorliegen, z.B. gibt es viele Zeitschriften, die überhaupt keine Jahrgangsnummerierung (Band-Nr., Volume) pflegen.

Im Lauf der Jahre ändern sich oft die Namen von Zeitschriften, Jahrbüchern und Verlagen, z.B. wurden aus den „Unterrichtsblättern der Deutschen Bundespost" die „Deutsche Telekom Unterrichtsblätter." Verlage schließen sich zusammen und kooperieren miteinander, z.B. finden sich in einem Prospekt des dpunkt-Verlags auch Bücher von Hüthig, Heise, R. v. Decker und Morgan Kaufmann Publishers. Eine zu genaue Angabe von Verlagsnamen und -ort kann innerhalb weniger Jahre eher irreführend werden, deshalb geben wir in der Regel nur eine Kurzbezeichnung des Verlags an. In Ausnahmefällen wird man dann einen Buchhändler oder Bibliothekar um Rat fragen müssen.

## 0 Allgemeine Grundlagen, Umfeld der NT

### [00] Geschichte

1 Aschoff, V.: Geschichte der Nachrichtentechnik. Springer.
a Band 1: Beiträge zur Geschichte der Nachrichtentechnik von ihren Anfängen bis zum Ende des 18. Jahrhunderts. 2. A. 1989.
b Band 2: Nachrichtentechnische Entwicklungen in der 1.Hälfte des 19. Jahrhunderts. 1987.
2 Dettmar, G.: Die Entwicklung der Starkstromtechnik in Deutschland. VDE Verlag.
a Teil 1: Die Anfänge bis etwa 1890. 2. A. 1989.
b Teil 2: Humburg, K.: Von 1890 bis 1920. 1991.
3 Jäger, K.: Lexikon der Elektrotechniker. VDE Verlag 1996.

4 Herter, E.: Elektrotechnik in Württemberg. Teubner 1998.
5 Fredeke, E.: Strom fürs Neckarland. Geschichte der Neckarwerke Elektrizitätsversorgungs–AG von 1945 bis 1997. Neckarwerke Esslingen.
6 Flichy, P.: Tele. Geschichte der modernen Kommunikation. Campus-Verlag 1994.
7 Weinreich, G.: Wegbereiter der Nachrichtentechnik. Unterrichtsblatt 53(2000)1, S. 32-36.

## [01] Elektrotechnik

1 Küpfmüller, K.; Kohn, G.: Theoretische Elektrotechnik und Elektronik. 15. A. Springer 2000.
2 Webster, J. G. (ed.): Wiley Encyclopedia of Electrical and Electronics Engineering. 24 Volume Set plus Supplement 1. Wiley 2001.
3 Siehe [16-1].
4 Führer, A.; Heidemann, K.; Nerreter, W.: Grundgebiete der Elektrotechnik. Hanser.
a Band 1: Stationäre Vorgänge. 7. A., 2003.
b Band 2: Zeitabhängige Vorgänge. 7. A., 2003.
c Band 3: Aufgaben. 2000.

## [02] Elektronik/Mikroelektronik

1 Tietze, U.; Schenk, Ch.: Halbleiter-Schaltungstechnik. 12. A. Springer 2002.
2 Lindner, H.; Brauer, H.; Lehmann, C.: Taschenbuch der Elektrotechnik und Elektronik. 7. A. Fachbuchverlag Leipzig 1999.
3 Koß, G.; Reinhold, W.: Lehr- und Übungsbuch Elektronik. 2.A. Fachbuchverlag Leipzig 2000.

## [03] Physik

1 Hering, E.; Martin, R.; Stohrer, M.: Physik für Ingenieure. 8. A. Springer 2002.
2 Kuchling, H.: Taschenbuch der Physik. 17. A. Fachbuchverlag Leipzig 2001.

## [04] Mathematik

1 Preuß, W.; Wenisch, G.: Lehr- und Übungsbuch. Fachbuchverlag Leipzig.
a Band 1: Mengen – Zahlen – Funktionen – Gleichungen. 1995.
b Band 2: Analysis. 2. A. 2000.
c Band 3: Lineare Algebra - Stochastik. 2. A. 2001.
2 Preuß, W.; Wenisch, G.: Lehr- und Übungsbuch Mathematik für Informatiker. 2. A. Fachbuchverlag Leipzig 2002.
3 Minorski, V. P.: Aufgabensammlung der höheren Mathematik. 14. A. Fachbuchverlag Leipzig 2001.
4 Bartsch, H.-J.: Taschenbuch mathematischer Formeln. 19. A. Fachbuchverlag Leipzig 2001.
5 Eikelberg, M.: Einführung in die Arbeit mit Maple V. Fachbuchverlag Leipzig 1998.
6 Jahnke, E.; Emde, F.; Lösch, F.: Tafeln höherer Funktionen. 7. A. Teubner 1966

## [05] Regelungstechnik

1 Lutz, H.; Wendt, W.: Taschenbuch der Regelungstechnik. 5. A. Verlag Harri Deutsch 2003.
2 Stein, G.; Pretschner, A.; Steinert, J. V.; Rehwagen, F.: Regelungstechnik mit CADCS. Fachbuchverlag Leipzig 1998.

3 Lunze, J.: Regelungstechnik. Springer.
a Band 1: Systemtheoretische Grundlagen, Analyse und Entwurf einschleifiger Regelungen. 3. A. 2001.
b Band 2: Mehrgrößensysteme, digitale Regelung. 1997.
4 Mann, H.; Schiffelgen, H.; Froriep, R: Einführung in die Regelungstechnik. 8. A. Hanser 2000.

### [06] Wörterbücher

1 Held, G.: Dictionary of Communications Technology. 3rd ed. Wiley 2002.
2 Petersen, J. K.: The Illustrated Telecommunications Dictionary. 2nd ed. CRC Press 2002.
3 Simon, K.: Englisch für Ingenieure. 4. A. Springer 2000.

### [07] Normen

1 Klein, : Einführung in die DIN-Normen. 13. A. Teubner 2001.
2 Magee, S.: Guide to Software Engineering Standards and Specifications. Artech House 1997.
3 Magee, S.; Tripp, L.: Guide to Standards and Specifications for Designing web Software. Artech House 1998.

### [08] Qualitätsmanagement

1 Cassel, M.: Qualitätsmanagement nach ISO 9001:2000. Hanser 2000.

## 1 Nachrichtentechnik allgemein

### [10] Ältere Literaturstellen

1 Steinbuch, K.: Die informierte Gesellschaft. Deutsche Verlagsanstalt 1996.

### [11] Übergreifende Darstellungen

1 Bergmann, F.; Gerhardt, H.-J.: Handbuch der Telekommunikation. Hanser 2000.
2 Freeman, R. L.: Fundamentals of Telecommunication. Wiley 1999.
3 Osso, R.: Handbook of Communications Technologies. The Next Decade. Springer / CRC Press 2000.
4 Terplan, K.; Morreale, P.: The Telecommunications Handbook. Springer / CRC Press 2000.
5 Klußmann, N.: Lexikon der Kommunikations- und Informationstechnik. 3. A. Hüthig 2001.
6 Göbel, J.: Kommunikationstechnik. Grundlagen und Anwendungen. Hüthig 1999.
7 Arnold, F. (Hrsg.): Handbuch der Telekommunikation. (Loseblattwerk, 4 Bände) Verlagsgruppe Deutscher Wirtschaftsdienst 1998.
8 Werner, M.: Nachrichtentechnik. 3. A. Vieweg 2002.
9 Gibson, J. D.: The Communications Handbook. 2nd ed. CRC Press 2002.
10 Bergmann, F.; Gerhardt, H.-J.; Frohberg, W.: Taschenbuch der Telekommunikation. 2. A. Fachbuchverlag Leipzig 2003.

### [12] Optische Nachrichtentechnik

1 Herter, E.; Graf, M.: Optische Nachrichtentechnik. Hanser 1994.
2 Bononi, A. (ed.): Optical Networking. Springer 1999.
3 Volotinen, T.; Griffoen, W.; Gadonna, M.; Limberger, H. G. (eds.): Reliability of Optical

Fibres and Components. Final report of COST 246. Springer 1999.
4 Guekos, G. (ed.): Photonic Devices for Telecommunications. How to Model and Measure. Springer 1999.

**[13] Hochfrequenztechnik**

1 Lange, K.; Löcherer, K.-H. (Hrsg.): Taschenbuch der Hochfrequenztechnik. 5. A. Springer 1992.
a Band 1: Grundlagen.
b Band 2: Komponenten.
c Band 3: Systeme.
2 Saunders, S. R.: Antennas and Propagation for Wireless Communication Systems. Wiley 2002.
3 Voges, E.: Hochfrequenztechnik. 2. A. Hüthig 1991.
a Band 1: Bauelemente und Schaltungen.
b Band 2: Leistungsröhren, Antennen und Funkübertragungen, Funk- und Radartechnik.
4 Geißler, R.; Kammerloher, W.; Schneider, H. W.: Berechnungs- und Entwurfsverfahren der Hochfrequenztechnik. Vieweg. Band 1: 1993; Band 2: 1994.

**[14] Messtechnik**

1 Kiefer, R.; Winterling, P.: DWDM, SDH&Co. Technik und Troubleshooting in optischen Netzen. 2. A. Hüthig 2002.
2 Mäusl, R.; Schlagheck, E.: Meßverfahren in der Nachrichten-Übertragungstechnik. 2. A. Hüthig 1991.
3 Hoffmann, J.: Taschenbuch der Messtechnik. 3. A. Fachbuchverlag Leipzig 2002.
4 Schöne, A.: Meßtechnik. 2. A. Springer 1997.
5 Haug, A.; Haug, F.: Angewandte Elektrische Messtechnik. Vieweg 1991.
6 Hofmann, W.: Nachrichtenmesstechnik. Einführung in die Grundlagen. Hüthig 2002.

**[15] Gerätekonstruktion**

1 Krause, W.: Gerätekonstruktion in Feinwerktechnik und Elektronik. 3. A. Hanser 2000.
2 Rieg, F.: Hackenschmidt, R.: Finite Elemente Analyse für Ingenieure. Hanser 2000.
3 Durcansky, G.: EMV-gerechtes Gerätedesign. Franzis 1991.

**[16] Werkstoffe**

1 Fischer, H.; Hofmann, H.; Spindler, J.: Werkstoffe in der Elektrotechnik. 4. A. Hanser 2000.
2 Bergmann, W.: Werkstofftechnik. Hanser.
a Band 1: Grundlagen. 5. A. 2003.
b Band 2: Anwendung. 3. A, 2001.
3 Merkel, M.; Thomas, K.-H.: Taschenbuch der Werkstoffe. 5. A. Hanser 2000.
4 Uchino, K.: Ferroelectric Devices. Marcel Dekker 2000.

# 2 Signale und Systeme


## [20] Ältere Literaturstellen

1 Kündig, A.: Digitale Telephonie. Blaue TR-Reihe Heft 103. Hallwag-Verlag Bern 1972.
2 Feldtkeller, R.: Einführung in die Siebschaltungstheorie der elektrischen Nachrichtentechnik. 6. A. Hirzel 1967.
3 Rühl, H.: Zweipole und Vierpole in elektronischen Schaltungen. Hüthig 1975.
4 Steinbuch, K.; Rupprecht, W.: Nachrichtentechnik. 3. A. Springer 1982.
a Band 1: Schaltungstechnik.
b Band 2: Nachrichtenübertragung.
c Band 3: Wendt, S.: Nachrichtenverarbeitung.
5 Khakzar, H.: Verstärkerberechnung mit der Signalflußmethode. AEÜ 35(1981)1, S. 43-46.
6 Khakzar, H.: Transistor-Verstärker. Lehrgang Nr. 9225/73.147 Technische Akademie Esslingen 1987.
7 Phase-Locked Loop (PLL).
a Hartl, Ph.: Das Prinzip des „Phase Locked Loop“ und seine Anwendung in Nachrichtenempfängern für die Raumfahrt. Raumfahrtforschung 8(1964)2, S. 55-64.
b Best, R.: Theorie und Anwendung des Phase-Locked Loop. 3. A. AT-Verlag Aarau 1982.
8 Wolf, H.: Über Phasen- und Gruppenlaufzeit. NTZ 16(1963)9, S. 457-460.
9 Mattaei, G.: Young, L.; Jones, E. M. T.: Microwave filters, impedance-matching networks, and coupling structures. Artech House 1980.
10 Fano, R. M.: Informationsübertragung. Oldenbourg 1966.

## [21] Übergreifende Darstellungen

1 Küpfmüller, K.: Die Systemtheorie der elektrischen Nachrichtenübertragung. 4. A. Hirzel 1974.
2 Unbehauen, R.: Systemtheorie. Oldenbourg.
a Band 1: Allgemeine Grundlagen, Signale und lineare Systeme im Zeit- und Frequenzbereich. 8. A. 2002.
b Band 2: Mehrdimensionale, adaptive und nichtlineare Systeme. 7. A. 1998.
3 Bossert, M.; Frey, T.: Signal- und Systemtheorie. Teubner 1998.
4 Scheithauer, R.: Signale und Systeme. Teubner 1998.
5 Whitaker, J. C. (ed.): Signal Measurement, Analysis and Testing. CRC Press 2000.

## [22] Grundlagen

1 Verdz, S.; McLaughlin, S. (eds.): Information Theory: 50 Years of Discovery. IEEE 2000.

## [23] Signalbeschreibung

1 Hahn, S. L.: Hilbert Transforms in Signal Processing. Artech House 1997.
2 Hirsch, H. L: Statistical Signal Characterization Algorithms and Analysis Programs: Software and User´s Manual. Artech House 1992.

## [24] Abtastsysteme

1 Waggener, W. N.: Pulse Code Modulation Systems Design. Artech House 1999.

### [25] Theorie der Netzwerke

1 Ellis, M. G.: PC Filter: Electronic Filter Design. Software and User´s Guide. Artech House 1994.
2 SigaCad Ltd.: Gspice for Windows. Artech House 1996.
3 Siehe [20-9].
4 Budimir, D.: Generalized Filter Design by Computer Optimization. Artech House 1998.
5 Rodrigues, P. J. C.: Computer-aided Analysis of Nonlinear Microwave Circuits. Artech House 1998.
6 Justus, O.: Elektrische Netzwerke mit PSpice. Fachbuchverlag Leipzig 1998.
7 Duyan, H.; Hahnloser, G.; Traeger, D. H.: PSpice für Windows. 2. A. Teubner 1996.
8 Mildenberger, O.: Entwurf analoger und digitaler Filter. Vieweg 1992.
9 Rupprecht, W.: Orthogonalfilter und adaptive Datensignalentzerrung. CCG Texte 4. Datakontext-Verlag 1987.
10 Khakzar, H.; Mayer, A.; Oetinger, R.: Entwurf und Simulation von Halbleiterschaltungen mit PSpice. 3. A. expert Verlag 1997.

### [26] Übertragung über lineare Systeme

1 Siehe [51-1].
2 Siehe [51-2].
3 Siehe [51-3].

### [27] Verstärkung und Schwingungserzeugung

1 Pothecary, N.: Feedforward Linear Power Amplifiers. Artech House 1999.
2 Siehe [53-3].
3 Siehe [53-4].
4 Camargo, E.: Design of FET Frequency Multipliers and Harmonic Oscillators. Artech House 1998.
5 Ehrhardt, D.: Verstärkertechnik. Vieweg 1992.
6 Hajimiri, A.; Lee, T. H: The Design of Low Noise Oscillators. Kluwer 1999.
7 Palmisano, G.; Palumbo, G.; Pennisi, S.: CMOS Current Amplifiers. Kluwer 1999.
8 Sjöland, H.: Highly Linear Integrated Wideband Amplifiers. Kluwer 1999.
9 Cripps, S.: Advanced Techniques in RF Power Amplifier Design. Artech House 2002.

### [28] Zufällige Signale

1 Schneeweiss, W. G.: Zufallsprozesse in dynamischen Systemen. Springer 1974.
2 Fischer, F. A.: Einführung in die statistische Übertragungstheorie. Bibl. Institut Mannheim 1969.
3 Mildenberger, O.: Grundlagen der Statistischen Systemtheorie. Verlag Harri Deutsch 1986.
4 Chen, S.; Li, X.; Yong, J.; Zhou, X. Y. (eds.): Control of Distributed Parameter and Stochastic Systems. Kluwer 1999.
5 Landstorfer, F.; Graf, H.: Rauschprobleme in der Nachrichtentechnik. Oldenbourg 1981.

**[29] Signalverarbeitung**

1 Pirsch, P.: Architectures for Digital Signal Processing. Wiley 2002.
2 Madisetti, V. K.; Williams, D. B. (eds.): The Digital Signal Processing Handbook. CRC Press 1998.
3 Meyer, M.: Signalverarbeitung. 2. A. Vieweg 2000.
4 Gerdsen, P.; Kröger, P.: Digitale Signalverarbeitung in der Nachrichtenübertragung. 2. A. Springer 1997.
5 Liu, H.: Signal processing applications in CDMA communications. Artech House 2000.
6 Werner, M.: Digitale Siganlverarbeitung mit MATLAB. 2. A. Vieweg 2003.
7 Haykin, S.; Kosko, B. (eds.): Intelligent Signal Processing. IEEE 2001.

# 3 Wellenausbreitung

**[30] Ältere Literaturstellen**

1 Supraleitende Koaxialleitungen.
Meyer, W.: Theorie und Praxis der Hochfrequenz-Supraleitung. Mikrowellen-Magazin (1977)2, S. 112-117.
2 Unger, H.-G.: Elektromagnetische Theorie für die Hochfrequenztechnik. Hüthig
a Teil 1. 2. A. 1988.
b Teil 2. 2. A. 1989.
3 Stadler, E.: Hochfrequenztechnik – kurz und bündig. Vogel 1973.
4 Frommer, E.; u.a.: Grundlagen der Funktechnik. R. v. Decker 1974.
5 Traeger, A.: Aufbau von Hohlkabel-Übertragungswegen. Der Fernmelde-Ing. 30(1976)5.
6 Zinke, O.; Brunswig, H.: Hochfrequenzfilter, Leitungen und Antennen. 4. A. Springer 1990.

**[31] Übergreifende Darstellungen**

1 Strassacker, G.: Rotation, Divergenz und das Drumherum. 4. A. Teubner 1999.
2 Strassacker, G.: Analytische und numerische Methoden der Feldberechnung. Teubner 1992.
3 Hilberg, W.: Impulse auf Leitungen. Oldenbourg 1981.
4 Schwab, A. J.: Begriffswelt der Feldtheorie. 6. A. Springer 2002.
5 Unger, H.-G.; Hinken, J.: Elektromagnetische Wellen auf Leitungen. 4. A. Hüthig 1996.

**[32] Wellenleiter aus Kupfer**

1 Delmastro, P.: TRANSLIN: Transmission Line Analysis and Desing, Software and User Manual. Artech House 1999.
2 Gupta, K. C.; Garg, R.; Bahl, I.; Bhartia, P.: Microstrip Lines and Slotlines. 2nd ed. Artech House 1996.
3 Grabinski, H.: Theorie und Simulation von Leitbahnen. Springer 1991.
4 Grabinski, H.; Nordholz, P. (eds.): Signal Propagation on Interconnects. Kluwer 1998.

**[33] Passive HF-Bauelemente**

1 Mongia, R.; Bahl, I. J.; Bhartia, P.: Coupled-Line Circuits for RF and Microwave. Artech House 1999.
2 Siehe [20-9].

## [34] Lichtwellenleiter

1 Siehe [58-9].
2 Siehe [58-5a].
3 Lemme, H.: Lichtwellenleiter für Kurzstreckenverbindungen. Elektronik (1999)12, S. 66-78.

## [35] Elektromagnetische Verträglichkeit

1 Gonschorek, K. H.; Singer, H. (Hrsg.): Elektromagnetische Verträglichkeit. Teubner 1992.
2 Schwab, A. J.: Elektromagnetische Verträglichkeit. 4. A. Springer 1996.
3 Chatterton, P. A.; Houlden, M. A.: EMC. Wiley 1992.
4 Siehe [15-3].
5 Tsaliovich, A. (ed.): Electromagnetic Shielding Handbook for Wired and Wireless EMC Applications. Kluwer 1999.
6 Siehe [15-3].
7 CE-Zeichen im Anlagen und Schaltschrankbau. Seminarunterlagen, botronic gmbh Stuttgart 1998.
8 Kohling, A.: CE-Kennzeichnung: Teure Unkenntnis. EET (1999)1, S. 28-31.
9 Säufferer, M.: CE-Kennzeichnung: Routefinder im Richtliniendschungel. EET (1999)1, S. 34-36.
10 EMV-gerechtes Hardwaredesign. Seminarunterlagen der botronic gmbh Stuttgart 1997.
11 Lohrey, H.: Sicher abgeschirmt. EET (1999)1, S. 32-33.
12 Lohrey, H.: EMV und Steuerungstechnik – welchen Beitrag leisten Gehäuse? etz (1999)13-14, S. 32-33.
13 Bochtler, U.; Haller, B.: Angriffspunkt Schaltschrankwand. EMC Kompendium 1997, S. 300-302.
14 Herriegel, M.; Bochtler, U.: EMI Shielding Practice. PCIM Europe, Nov/Dec 1994.
15 Bochtler, U.; Jacobsen, M.: Optimal abgeschirmt. Elektroautomation (1997)12, S. 16-18.
16 Bochtler, U.; Jacobsen, M.; Krüger, B.: Schwachstelle Kabeldurchführung. Elektroautomation (1997)4, S. 214-216.
17 Bochtler, U.; Eidher, R.: EMV-Praxis im Anlagen- und Schaltschrankbau: Wirkungsvolle Störbarrieren. EET (1999)1.
18 Habiger, E.: Elektromagnetische Verträglichkeit. Grundzüge ihrer Sicherstellung in der Geräte- und Anlagentechnik. Hüthig Heidelberg 1992.
19 Bochtler, U.; Herrigel, M.: Netzstörungen – ein wichtiger Parameter für die einwandfreie System- und Anlagenfunktion. EMC Kompendium. KM Verlagsgesellschaft München 1996.
20 Bochtler, U.; Herrigel, M.: Feldsonden identifizieren EMV-Störer. EMV ESD Magazin (1994)4, S. 27-29.

## [36] Gekoppelte Leitungen

1 Walker, C. S.: Capacitance, Inductance and Crosstalk. 2nd ed. Artech House 1999.
2 Siehe [33-1].

## [37] Frequenzzuweisungen

1 Eiselt, S.: Jahrbuch 2000 Computerpraxis und Telekommunikation, Kapitel Funksysteme und -geräte. Hüthig und Pflaum 1999.
2 Final Acts of the World Radiocommunication Conference (WRC 97). International

Telecommunications Union Genf 1997.
3 Radio Regulations. International Telecommunications Union Genf 1998.
4 Frequenzbereichszuweisungsplan für die Bundesrepublik Deutschland und internationale Zuweisung der Frequenzbereiche 9kHz–400GHz. Regulierungsbehörde für Telekommunikation und Post Mainz 1998.
5 Vollzugs-Ordnung für den Funkdienst (VO-Funk). Regulierungsbehörde für Telekommunikation und Post Mainz 1998.

**[38] Einflüsse auf die Ausbreitung**
1 Siehe [13-1a].
2 Blaunstein, N.: Radio Propagation in Cellular Networks. Artech House 2000.
3 Siwiak, K.: Radiowave Propagation and Antennas for Personal Communications. 2nd ed. Artech House 1998.
4 Siehe [50-9].
5 Siehe [50-5].

**[39] Antennen**
1 Fujimoto, K.; James, J. R. (eds.): Mobile Antenna Systems Handbook. 2nd ed. Artech House 2001.
2 Sazonov, D. M.: Microwave circuits and antennas. Mir Publishers Moscow 1990.
3 Mailloux, R.: Phased Array Antenna Handbook. Artech House 1994.
4 Diaz, L.; Milligan, Th.: Antenna Engineering Using Physical Optics: Practical CAD Techniques and Software. Artech House 1996.
5 Litva, J.; Lo, T.: Digital Beamforming in Wireless Communications. Artech House 1996.

# 4 Nachrichtenverarbeitung

**[40] Ältere Literaturstellen**
1 Steinbuch, K. (Hrsg.): Taschenbuch der Nachrichtenverarbeitung. Springer 1962.
2 Steinbuch, K.; Weber, W. (Hrsg.): Taschenbuch der Informatik. Springer 1974.
a Band 1: Grundlagen der technischen Informatik.
b Band 2: Struktur und Programmierung von EDV-Systemen.
c Band 3: Anwendungen und spezielle Systeme der Nachrichtenverarbeitung.
3 Swoboda, J.: Codierung zur Fehlerkorrektur und Fehlererkennung. Oldenbourg 1973.
4 Knuth, D. E.: The Art of Computer Programming. Addison.
a Volume 1: Fundamental Algorithms. 2nd ed. 1973.
b Volume 2: Seminumerical Algorithms. 2nd ed. 1981.
c Volume 3: Sorting and Searching. 1973.
5 Spaniol, O.: Arithmetik in Rechenanlagen. Logik und Entwurf. Teubner 1976.
6 Millmann, J.; Taub, H.: Pulse, Digital, and Switching Waveforms. McGraw Hill, International Student Edition 1965.
7 Kampe, G.: SIMSCRIPT. Vieweg 1971.
8 Lutz, Th.; Klimesch, H.: Die Datenbank im Informationssystem. Oldenbourg 1971.
9 Lutz, Th.: Datenbanken. Praxis, Methode und mathematische Darstellung. SRA 1976.

## [41] Übergreifende Darstellungen

1 Horn, C.; Kerner, I. O.; Forbig, P. (Hrsg.): Lehr- und Übungsbuch Informatik. Fachbuchverlag Leipzig.
Band 1: Grundlagen und Überblick. 3. A. 2003.
Band 2: Theorie der Informatik. 2. A. 2001.
Band 3: Praktische Informatik. 1997.
Band 4: Technische Informatik und Systemgestaltung. 1998.
2 Broy, M.: Informatik. Eine grundlegende Einführung. Springer.
Band 1: Programmierung und Rechnerstrukturen. 2. A. 1998.
Band 2: Systemstrukturen und Theoretische Informatik. 2. A. 1998.
3 Goos, G.: Vorlesungen über Informatik. Springer.
Band 1: Grundlagen und funktionales Programmieren. 3. A. 2000.
Band 2: Objektorientiertes Programmieren und Algorithmen. 3. A. 2001.
Band 3: Berechenbarkeit, formale Sprachen, Spezifikationen. 1997.
Band 4: Paralleles Rechnen und nicht-analytische Lösungsverfahren. 1998.
4 Blieberger, J.; Klasek, J., A.; Schildt, G.-H.: Informatik. 4. A. Springer 2001.
5 Rechenberg, P.; Pomberger, G. (Hrsg.): Informatik-Handbuch. 3. A. Hanser 2002.
6 Schneider, U.; Werner, D. (Hrsg.): Taschenbuch der Informatik. 4. A. Fachbuchverlag Leipzig 2001.
7 Rechenberg, P.: Was ist Informatik? 3. A. Hanser 2000.
8 Zemanek, H.: Das geistige Umfeld der Informationstechnik. Springer 1992.
9 Philippow, E. (Hrsg.): Taschenbuch der Elektrotechnik. Band 2: Grundlagen der Informationstechnik. 3. A. Hanser 1987.
10 Schiffmann, W.; Schmitz, R.: Technische Informatik. Springer.
Band 1: Grundlagen der digitalen Elektronik. 4. A. 2001.
Band 2: Grundlagen der Computertechnik. 4. A. 2002.
11 Broy, M.; Spaniol, O. (Hrsg.): Lexikon Informatik und Kommunikationstechnik. 2. A. Springer 1999.
12 Schneider, H.-J. (Hrsg.): Lexikon Informatik und Datenverarbeitung. 4. A. Oldenbourg 1998.

## [42] Grundlagen

1 Codierung
a Sweeney, P.: Codierung zur Fehlererkennung und Fehlerkorrektur. Hanser 1992.
2 Digitaltechnik
a Lipp, H. M.: Grundlagen der Digitaltechnik. 4. A. Oldenbourg 2002.
b Borgmeyer, J.: Grundlagen der Digitaltechnik. 2. A. Hanser 2001.
c Borucki, L.: Digitaltechnik. 5. A. Teubner 2000.
d Liebig, H.; Thome, S.: Logischer Entwurf digitaler Systeme. 3. A. Springer 1996.
e Urbanski, K.; Woitowitz, R.: Digitaltechnik. Ein Lehr- und Übungsbuch. 3. A. Springer 2000.
f Sasao, T.: Switching Theory for Logic Synthesis. Kluwer 1999.
g Hertwig, A.; Brück, R.: Entwurf digitaler Systeme. Hanser 2000.
h Lipp, H. M.: Methodical Aspects of Logic Synthesis. In: Folberth, O. G.; Grobman, W. D. (eds.): VLSI: Technology and Design. IEEE 1984.
3 A/D-, D/A-Umsetzung
a Seitzer, D.: Electronic Analog-to-Digital Converters: Principles, Circuits. Devices, Testing. Wiley 1983.

b van de Plassche, R. J.: Analog-to-Digital and Digital-to-Analog Converters. Kluwer 1994.

4 Neuronale Netze

a Zakharin, S.; Ladewig-Riebler, P.; Thozer, S.: Neuronale Netze für Ingenieure. Vieweg 1998.

b Braun, H.: Neuronale Netze. Optimierung durch Lernen und Evolution. Springer 1997.

c Braun, H.; Feulner, J.; Malaka, R.: Praktikum Neuronale Netze. Springer 1997.

d Haykin, S.: Neural Networks: A Comprehensive Foundation. 2nd ed. IEEE 1999.

5 Fuzzy

a Bothe, H.-H.: Neuro-Fuzzy-Methoden. Einführung in Theorie und Anwendungen. Springer 1998.

b Kiendl, H.: Fuzzy Control methodenorientiert. Oldenbourg 1997.

c Höppner, F.; Klawonn, F.; Kruse, R.; Runkler, Th.: Fuzzy Cluster Analysis. Wiley 2002.

d Gabrielli, A.; Gandolfi, E.: A Fast Digital Fuzzy Processor. IEEE Micro 19(1999)1, S. 68-79.

6 Simulation

a Spiro, H.: Simulation integrierter Schaltungen. 2. A. Oldenbourg 1990.

b Kaiser, D.: Simulation elektronischer Schaltungen. Oldenbourg 1997.

c Dubi, A.: Monte Carlo Applications in Systems Engineering. Wiley 2002.

7 Test

a Abramovici, M.; Breuer, M. A.; Friedman, A. D.: Digital Systems Testing and Testable Design. IEEE 1995.

b Parker, K. P.: The Boundary-Scan Handbook. 2nd ed. Kluwer 1998.

c Runyon, S.: Testing Big Chips Becomes an Internal Affair. IEEE Spectrum 36(1999)4, S. 49-55.

8 VLSI

a Hörbst, E.; Oechslein, H.; Pfleiderer, H. J.: VLSI-Auswirkungen auf konventionelle Rechnerstrukturen. Informatik-Spektrum 8(1985)1, S. 7-19.

b Klar, H.: Integrierte Digitale Schaltungen MOS/BICMOS. 2. A. Springer 1996.

c Hoppe, B.: ASIC-Design. Realisierung von VLSI-Systemen mit Mentor V8. Springer 1999.

d Baker, R. J.; Li, H. W.; Boyce, D. E.: CMOS: Circuit, Design, Layout, and Simulation. IEEE 1998.

e Roy, K.; Prasad, S.: Low Power CMOS VLSI Circuit Design. Wiley 2000.

f Siehe [48-1a].

9 Kersten, R.: Aus der DKE. Einführung von Vorsätzen für binäre Vielfache. NTZ 51(1998)10, S. 72.

## [43] Rechnersysteme

1 Systeme

a Flik, T.: Mikroprozessortechnik. 6. A. Springer 2001.

b Urbanek, P.: Mikrocomputertechnik. Teubner 1999.

c Beierlein, T.; Hagenbruch, O. (Hrsg.): Taschenbuch Mikroprozessortechnik. 2. A. Fachbuchverlag Leipzig 2001.

2 Rechnerarchitektur

a Giloi, W. K.: Rechnerarchitektur. 2. A. Springer 1993.

b Tanenbaum, A. S.: Structured Computer Organization. 4th ed. Prentice Hall 1999.

c Patterson; D. A.; Hennessy, J. L.: Computer Organization & Design. The Hardware/Software Interface. 2nd ed. Morgan Kaufmann 1997.

d Volkert, J.: Parallelrechner. In [41-5], S. 365-386.

e Oberschelp, W.; Vossen, G.: Rechneraufbau und Rechnerstukturen. 8. A. Oldenbourg 2000.

f Eberle, H.: Architektur moderner RISC-Mikroprozessoren. Informatik-Spektrum 20(1997)5, S. 259-267.
g Märtin, C.: Einführung in die Rechnerarchitektur. Fachbuchverlag Leipzig 2003.
3 Echtzeitverarbeitung, Realzeitsysteme
a Lauber, R.; Göhner, P.: Prozessautomatisierung. Springer. Band 1: 3. A. 1999, Band 2: 1999.
b Jacobson, E.: Einführung in die Prozeßdatenverarbeitung. 2. A. Hanser 1996.
c Rembold, V.; Levi, P.: Realzeitsysteme zur Prozeßautomatisierung. Hanser 1994.
d Färber, G.: Prozeßrechentechnik. Grundlagen, Hardware, Echtzeitverhalten. 3. A. Springer 1994.
e Motsch, W.: Prozeßrechnerstrukturen. Vieweg 1995.
f Laplante, P. A.: Real-Time Systems Design and Analysis: An Engineer's Handbook. 2nd ed. IEEE 1997.
4 Smart Card
a Tual, J.-P.: MASSC. A Generic Architecture for Multiapplication Smart Cards. IEEE Micro 19(1999)5, S. 52-61.
b Hansmann, U.; Nicklous, M. S.; Schäck, T.; Schneider, A.; Seliger, F.: Smart Card Application Development Using Java. 2nd ed. Springer 2002.
c Hendry, M.: Smart Card Security and Applications. 2nd ed. Artech House 2001.
d Rankl, W.; Effing, W.: Handbuch der Chipkarten. Aufbau – Funktionsweise – Einsatz von Smart Cards. 4. A. Hanser 2002.
5 Microcontroller
a Schaaf, B.-D.: Mikrocomputertechnik. Mit Mikrocontrollern der Familie 8051. 2. A. Hanser 2002.
b Wallrabe, A.: Mikrocontroller-Praxis. Einstieg mit dem MC68HC11. Hanser 1997.
c Lipovski, J.: Introduction to Microcontrollers. Architecture, Programming, and Interfacing of the Motorola 68Hc12. Academic Press 1999.
6 Speicherprogrammierbare Steuerungen (SPS)
a Krätzig, J.: Speicherprogrammierbare Steuerungen verstehen und anwenden. Hanser 1992.
b Auer, A.; Auer, P.: SPS-Praktikum mit STEP5-, STEP7- und IEC 1131-Syntax. CD-ROM. 3. A. Hanser 2002.
7 Schmitt, F.-J.; von Wendorff, W. C.; Westerholz, K.: Embedded-Control-Architekturen. Hanser 1999.
8 Hardware/Software-Systeme
a Teich, J.: Digitale Hardware/Software-Systeme. Synthese und Optimierung. Springer 1997.
b van den Hurk, J.; Jess, J.: System Level Hardware/Software Co-Design. An Industrial Approach. Kluwer 1997.
9 Rajsuman, R.: System-on-a-Chip: Design and Test. Artech 2000.
10 Tran-Gia, P.: Analytische Leistungsbewertung verteilter Systeme. Springer 1996.
11 Beichelt, F.: Zuverlässigkeitstheorie. In [41-9] S. 825-871.

### [44] Hardware-Elemente

1 Prozessoren
a Shriver, B.; Smith, B.: The Anatomy of a High-Performance Microprocessor. A Systems Perspective. IEEE 1998.
b Bode, A.: Rechnerarchitektur und Prozessoren. In [41-5], S. 297-324.
c Patterson, D. A.: Reduced Instruction Set Computers. Comm of the ACM 28(1985)1, S. 8-21.
d Evans, J. S.; Eckhouse, R.: Alpha RISC Architecture for Programmers. Prentice Hall 1999.

2 Speicher
a Rhein, D.; Freitag, H.: Mikroelektronische Speicher. Speicherzellen, Schaltkreise, Systeme. Springer 1992.
b Sharma, A. K.: Semiconductor Memories: Technology, Testing, and Reliability. IEEE 1997.
c Prince, B.: High Performance Memories. Wiley 2002.
d Hellwagner, H.: Arbeitsspeicher- und Bussysteme. In [41-5], S. 325-342.
3 Peripherie
a Proebster, W.; Schwarzstein, D.: Externe Speicher und Peripheriegeräte. In [41-5], S. 343-364.
b MacDonald, L. W.; Lowe, A. C. (eds.): Display Systems. Design and Applications. Wiley 2002.
c Tränkler, H.-R.; Obermeier, E. (Hrsg.): Sensortechnik. Handbuch für Praxis und Wissenschaft. Springer 1998.
d Proebster, W. E.; Louis, H. P.; Eissfeldt, E.: Datendrucker. Oldenbourg 1992.
e Frank, R.: Understanding Smart Sensors. 2nd ed. Artech 2000.
4 Bussysteme
a Schnell, G. (Hrsg.): Bussysteme in der Automatisierungstechnik. 3. A. Vieweg 1999.
b Schürmann, B.: Rechnerverbindungsstruktruren. Vieweg 1997.
c Scherff, B.; Haese, E.; Wenzek, H. R.: Feldbussysteme in der Praxis. Springer 1999.
d Dietsch, A.: Feldbus. Informatik-Spektrum 13(1990)4, S. 217-220.
e Etschberger, K. (Hrsg.): Controller-Area-Network. 3. A. Hanser 2002.
f Langmann, R.: Interbus. Technologie zur Automation. Hanser 1999.

## [45] Betriebssysteme, Sytemsoftware

1 Betriebssysteme - Allgemein
a Tanenbaum, A. S.: Modern Operating Systems. 2nd ed. Prentice Hall 2001.
b Schupp, P.: Standard-Betriebssysteme. 2. A. Oldenbourg 1990.
c Siegert, H.-J.; Baumgarten, U.: Betriebssysteme. 5. A. Oldenbourg 2001.
d Brause, R.: Betriebssysteme. Grundlagen und Konzepte. 2. A. Springer 2001.
e Silberschatz, A.; Gagne, G.; Galvin, P. B.: Applied Operating System Concepts. 2nd ed. Wiley 2003.
f Borrmann, L.: Betriebssysteme. In [41-5], S. 631-672.

2 Betriebssysteme – Beispiele
a Brecht, W.: Einführung in UNIX. 3. A. Vieweg 1999.
b Gulbins, J.; Obermayr, K.: AIX UNIX System V.4. Begriffe, Konzepte, Kommandos. Springer 1996.
c Kofler, M.: Linux. Installation, Konfiguration, Anwendung. 6. A. Addison 2002.
d Siehe [68-4].
e Rajagopal, R.: Windows NT, UNIX, and NetWare Migration and Coexistence. Springer 1998.
f Handschuch, T.: SOLARIS 7 - Systemadministration. 2. A. Springer 1999.
g Schäffus, B.: Das Betriebssystem Open VMS. 3. A. Springer 1996.
3 Systemprogrammierung
a Weber, H.: Praktische Systemprogrammierung. Vieweg 1997.
b Krienke, R.: UNIX-Shellprogrammierung. 2. A. Hanser 2001.
c Stevens, W. R.: Programmieren von UNIX-Netzwerken. 2. A. Hanser 2000.

4 Compiler
a Aho, A. V.; Sethi, R.; Ullman, J.: Compilerbau. Teil1 und Teil 2. 2. A. Oldenbourg 1999.
b Wirth, N.: Grundlagen und Techniken des Compilerbaus. Addison 1996.
c Wilhelm, R.; Maurer, D.: Übersetzerbau. Theorie, Konstruktion, Generierung. 2. A. Springer 1997.
d Güting, R. H.; Erwig, M.: Übersetzerbau. Techniken, Werkzeuge, Anwendungen. Springer 1999.

## [46] Programmiersprachen

1 Allgemein
a Hopcroft, J. E.; Ullman, J. D.: Einführung in die Automatentheorie, formale Sprachen und Komplexitätstheorie. 3. A. Oldenbourg 1994.
b Goos, G.; Zimmermann, W.: Programmiersprachen. In [41-5], S. 469-516.
c Watt, D. A.: Programmiersprachen. Konzepte und Paradigmen. Hanser 1996.
2 Einzelne Sprachen
a Goll, J.; Grüner, U.; Wiese, H.: C als erste Programmiersprache. 3. A. Teubner 2000.
b Breymann, U.: C++. Einführung und professionelle Programmierung. 7. A. Hanser 2003.
c Goll, J.; Weiß, C.; Müller, F.: Java als erste Programmiersprache. Java 2 Plattform. 3. A. Teubner 2001.
d Herschel, R.: Standard-Pascal. 8. A. Oldenbourg 1992.
e Schmitt, G.: Fortran 90 Kurs - technisch orientiert. Oldenbourg 1996.
f Sturm, E.: Das neue PL/I für PC, Workstation und Mainframe. 5. A. Vieweg 2002.
g Kratzer, K. P.: ADA. Eine Einführung für Programmierer. Hanser 1996.
h Marincek, B.; Marais, J. L.; Zeller, E.: Oberon. Vieweg 1999.
i Doberenz, W.; Kowalski, T.: Visual Basic 6. Hanser 1999.
j Doberenz, W.; Kowalski, T.: Borland Delphi 7. Grundlagen und Profiwissen. Hanser 2002.
k Bothner, P. P.; Kähler, W.-M.: SMALLTALK. Vieweg 1998.
l Bothner, P. P.; Kähler, W.-M.: Programmieren in LISP. Vieweg 1993.
m Bothner, P. P.; Kähler, W.-M.: Programmieren in PROLOG. Vieweg 1991.
n Sigmon, K.: Matlab Primer. 5th ed. CRC Press 1998.
o Abell, M.; Braselton, J.: Mathematica by Example. 2nd ed. Academic Press 1997.
p Cohen, B.: VHDL Coding Styles and Methodologies. 2nd ed Kluwer 1999.
q Sagdeo, V.: The Complete Verilog Book. Kluwer 1998.

## [47] Softwaretechniken

1 Software-Engineering
a Kahlbrandt, R.: Software-Engineering mit der Unified Modeling Language. 2. A. Springer 2001.
b Balzert, H.: Lehrbuch der Software-Technik. Spektrum.
Band 1: Software-Entwicklung. 2. A. 2000.
Band 2: Software-Management, Software-Qualitätssicherung, Unternehmensmodellierung. 1997.
c Kilberth, K.: JSP. Einführung in die Methode des Jackson Structured Programming. 8. A. Vieweg 2001.
d Forbrig, P.: Objektorientierte Softwareentwicklung mit UML. 2. A. Fachbuchverlag Leipzig 2002

2 Verteilte Systeme
- a Linnhoff-Popien, C.: CORBA. Kommunikation und Management. Springer 1998.
- b Siegel, J.: A Preview of CORBA 3. IEEE Computer 32(1999)5, S. 114-116.

3 Softwareentwicklung
- a Vinek, G.: Objektorientierte Softwareentwicklung mit Smalltalk. Springer 1997.
- b Seemann, J.; Wolff von Gudenberg, J.: Software-Entwurf mit UML. Objektorientierte Modellierung mit Beispielen in Java. 2. A. Springer 2001.
- c Frick, A.: Der Software-Entwicklungsprozeß – Ganzheitliche Sicht. Grundlagen zu Entwicklungs-Prozeß-Modellen. Hanser 1995.
- d Tsakiridou, E.: Sechs Sterne für gute Software. Siemens Forschung und Innovation. (1998)II, S. 52-56.

## [48] Daten

1 Datenstrukturen und Algorithmen
- a Meinel, C.; Theobald, T.: Algorithmen und Datenstrukturen im VLSI-Design. Springer 1998.
- b Atallah, M. J.: Algorithms and Theory of Computation Handbook. CRC Press 1999.
- c Wirth, N.: Algorithmen und Datenstrukturen mit Modula-2. 5. A. Teubner 1996.
- d Nievergelt, J.: Algorithmen und Datenstrukturen. In [41-5], S. 427-468.

2 Datenbanken
- a Meier, A.: Relationale Datenbanken. Leitfaden für die Praxis. 4. A. Springer 2001.
- b Härder, T.; Rahm, E.: Datenbanksysteme. Konzepte und Techniken der Implementierung. 2. A. Springer 2001.
- c Misgeld, W. D.: SQL. Einstieg und Anwendung. 4. A. Hanser 2001.
- d Dittrich, K.: Datenbanksysteme. In [41-5], S. 877-912.
- e Kemper, A.; Eickler, A.: Datenbanksysteme. Eine Einführung. 4. A. Oldenbourg 2001.

3 Sicherheit
- a Pohl, H.; Weck, G. (Hrsg.): Sicherheit in der Informationstechnik. Fachbuchreihe. Oldenbourg.
- b Weck, G.: Datensicherheit. Teubner 1984.
- c [68-6].
- d Kersten, H.: Sicherheit in der Informationstechnik. 2. A. Oldenbourg 1995.
- e Horster, P. (Hrsg.): Systemsicherheit. Grundlagen, Konzepte, Realisierungen, Anwendungen. Vieweg 2000.

## [49] Anwendungen

1 CAD
- a Spiro, H.: CAD der Mikroelektronik. Simulation, Layout und Testdatenerstellung. Oldenbourg 1997.
- b Maheshwari, N.; Sapatnekar, S. S.: Timing Analysis and Optimization of Sequential Circuits. Kluwer 1998.
- c Geppert, L.: Design Tools for Analog and Digital ICs. IEEE Spectrum 36(1999)4, S. 41-48.

2 Grafische Datenverarbeitung
- a Encarnacao, J.; Straßer, W.; Klein, R.: Graphische Datenverarbeitung. Oldenbourg.
  Band 1: Gerätetechnik, Programmierung und Anwendung graphischer Systeme. 4. A. 1995.
  Band 2: Modellierung komplexer Objekte und photorealistische Bilderzeugung. 4. A. 1997.
- b Schumann, H.; Müller, W.: Visualisierung. Grundlagen und allgemeine Methoden. Springer

2000.
c Zavodnik, R.; Kopp, H.: Graphische Datenverarbeitung. Grundzüge und Anwendungen. Hanser 1995.
d Walsh, N.: Learning Perl/Tk. Graphical User Interface with Perl. O'Reilly 1999.
e Russ, J. C.: The Image Processing Handbook. 3rd ed. CRC Press 1999.
3 Künstliche Intelligenz
a Görz, G.; Rollinger, C.-R.; Schneeberger, J. (Hrsg.): Handbuch der künstlichen Intelligenz. 4. A. Oldenbourg 2003.
b Fogel, D.: Evolutionary Computation: Towards a New Philosophy of Machine Intelligence. 2nd ed. IEEE 2000.
c Herrmann, J.: Maschinelles Lernen und Wissensbasierte Systeme. Systematische Einführung mit praxisorientierten Fallstudien. Springer 1997.
d Lunze, J.: Künstliche Intelligenz für Ingenieure. Oldenbourg.
Band 1: Methodische Grundlagen und Softwaretechnologie. 1994.
Band 2: Technische Anwendungen. 1995.
e Lämmel, U.; Cleve, J.: Lehr- und Übungsbuch Künstliche Intelligenz. 2. A. Fachbuchverlag Leipzig 2004.
4 Mikrosystemtechnik
a Gerlach, G.; Dötzel, W. (Hrsg.): Grundlagen der Mikrosystemtechnik. Hanser 1997.
b Mescheder, U.: Mikrosystemtechnik. Konzepte und Anwendungen. Teubner 2000.
c Maluf, N.: An Introduction to Microelectromechanical Systems Engineering. Artech 2000.
5 Nachrichtenübertragung

# 5 Nachrichtenübertragung

## [50] Ältere Literaturstellen

1 Hölzler, E.; Thierbach, D.: Nachrichtenübertragung. Springer 1966.
2 Neuburger, E.: Einführung in die Theorie des linearen Optimalfilters. Oldenbourg 1972.
3 Fischer, F. A.: Einführung in die statistische Übertragungstheorie. Bibl. Inst. Mannheim 1969.
4 Weaver, D.: A Third Method of Generation and Detection Single-Sideband Signals. Proc. IRE 44(1956), S. 1703-1705.
5 Rahmig, G.: Niederfrequenz-Übertragungstechnik. Berliner Union/Kohlhammer Stuttgart 1972.
6 Herter, E.: Verfahren zur symmetrischen elektronischen Schleifenüberwachung auf beeinflussten Fernmeldeleitungen. Der Ing. der DBP 18(1969)5, S. 196-202.
7 Kühne, F.: Gegenkopplungsdemodulation von frequenzmodulierten Signalen. AEÜ 21(1967), S. 383-390 und 507-518.
8 Elsner, R.: Nachrichtentheorie 2. Der Übertragungskanal. Teubner 1977.
9 Herter, E.; Rupp, H.: Nachrichtenübertragung über Satelliten. 2. A. Springer 1983.
10 Vielfachzugriffsverfahren zu Fernmeldesatelliten im Zeitmultiplex. Frequenz 25(1971); Hefte 10 bis 12.
11 Hölzler, E.; Holzwarth, H.: Pulstechnik. Springer.
a Band 1: Grundlagen. 2. A. 1982.
b Band 2: Anwendungen und Systeme. 2. A. 1984.
12 Holbrook, B.; Dixon, J.: Load Rating Theory for Multichannel Amplifiers. Bell System Technical Journal 18(1939), S. 624-644.

13 Müller, H.: Bit Sequence Independence Through Scramblers in Digital Communications Systems. NTZ 27(1974), S. 475-479.

14 Sommer, J.: Neue PCM-Meßgeräte. Schiele & Schön 1980.

15 Donnevert, J.: Richtfunkübertragungstechnik. Oldenbourg 1974.

16 Häberle, H.; Herter, E.: The Influence of Modern Multiple Access Systems on Telecommunication Networks. NTZ 24(1971), S. 589–595.

17 Häberle, H.: Informationstechnische Grundlagen der Digitaltechnik. VDI-Bildungswerk 1966.

## [51] Übergreifende Darstellungen

1 Mildenberger, O.: Übertragungstechnik. Grundlagen analog und digital. Vieweg 1997.

2 Ohm, J.-R.; Lüke, H. D.: Signalübertragung. 8. A. Springer 2002.

3 Kammeyer, K. D.: Nachrichtenübertragung. 2. A. Teubner 1996.

4 Müller-Römer, F.: Stand der Einführung von DAB in Deutschland und weltweit. telekom praxis (1999)3, S. 12-18.

5 Pehl, E.: Digitale und analoge Nachrichtenübertragung. 2. A. Hüthig 2001.

6 Schneider, R.: Hinter den Kulissen des Rundfunks. Buchendorfer Verlag München 1994.

## [52] Modulation

1 Mäusl, R.; Göbel, J.: Analoge und digitale Modulationsverfahren. Hüthig 2002.

2 Okunev, Y.: Phase and Phase-Difference Modulation in Digital Communications. Artech House 1997.

3 Goiser, A. M. J.: Handbuch der Spread-Spectrum-Technik. Springer 1998.

4 Xiong, F.: Digital Modulation Techniques. Artech House 2000.

5 Biglieri, D.; McLane, S.: Introduction to Trellis Coded Modulation with Applications. Mac Millan New York 1991.

## [53] Übertragungsstrecke

1 Lamers, H.: Probleme bei der Einführung digitaler Vermittlungs- und Übertragungssysteme. Taschenbuch der Fernmeldepraxis 18(1981), S. 105-154.

2 Beck, J.: Wie man in den Berg ruft..... Echokompensation in Telekommunikationssystemen. Elektronik (1999)4, S. 76-83.

3 Cripps, S. C.: RF Power Amplifiers for Wireless Communications. Artech House 1999.

4 Abrie, P. L. D.: Design of RF and Microwave Amplifiers and Oscillators. Artech House 1999.

5 Manning, T.: Microwave Radio Transmission Design Guide. Artech House 1999.

6 Groe, J.; Larson, L.: CDMA Mobile Radio Design. Artech House 2000.

7 Cheah, J.: Practical Wireless Data Modem Design. Artech House 1999.

8 Meyr, H,; Ascheid, G.: Synchronization in Digital Communications. Volume 1. Phase-, Frequency-Locked Loops, and Amplitude Control. Wiley 1990.

9 Shaeffer, D.; Lee, T. H.: The Design and Implementation of Low-Power CMOS Radio Receivers. Kluwer 1999.

10 Bregmi, S.: Synchronization of Digital Telecommunications Networks. Wiley 2002.

## [54] Signalaufbereitung

1 Friedrichs, B.: Kanalcodierung. Springer 1996.

2 Themenheft Schwerpunktthema: Neue Codierverfahren für die Telekommunikation. it+ti (1999)1.
3 Johannesson, R.; Zigangirov, K. S.: Fundamentals of Convolutional Coding. IEEE 1999.
4 Bossert, M.: Channel Coding for Telecommunications. Wiley 2002.
5 Mildenberger, O.: Informationstheorie und Codierung. Vieweg 1990.
6 Lee, L. H. C.: Convolutional Coding: Fundamentals and Applications. Artech House 1997.
7 Lee, L. H. C.: Error-Control Block Codes for Communications Engineers. Artech House 2000.

**[55] Multiplexbildung und Vielfachzugriff**

1 Sexton, M.; Reid, A.: Broadband Networking: ATM, SDH, and SONET. Artech House 1997.
2 Kartalopoulos, S. V.: Understanding SONET/SDH and ATM: Communications Networks for the Next Millenium. IEEE 1999.
3 Harthun, N.; Bähr, A.: Einführung in die Bandspreiztechnik. Unterrichtsblätter 52(1999)3, S. 176-185.
4 Lee, J. S.; Miller, L. E.: CDMA Systems Engineering Handbook. Artech House 1998.
5 Glisic, S.; Vucetic, B.: Spread Spectrum CDMA Systems for Wireless Communications. Artech House 1997.
6 van Nee, R.; Prasad, R.: OFDM for Wireless Multimedia Communications. Artech House 2000.
7 Siehe [24-1].
8 Schulte, H.; Tangemann, M.: Multiplex- und Mehrfachzugriffsverfahren. Unterrichtsblätter 52(1999)6, S. 340-353.
9 Kiefer, R. (Hrsg.): Digitale Übertragung in SDH- und PDH-Netzen. 4. A. expert-Verlag 1999.

**[56] Übertragung auf Kupferleitungen**

1 Siehe [50-11].
2 Führer, D.: ADSL: High-Speed Multimedia per Telefon. Hüthig 2000.
3 Orth, B.; Pollakowski, M.: ADSL – zukunftsträchtige Übertragungstechnologie. Unterrichtsblätter 52(1999)5, S. 276-293.
4 Summers, C. K.: ADSL. Standards, Implementation, and Architecture. CRC Press 1999.

**[57] Richtfunk- und Satellitenübertragung**

1 Siehe [50-9].
2 Siehe [50-5].
3 Müller, M.: Digitale Richtfunksysteme in PDH- und SDH-Netzen. In [55-9].
4 Elbert, B.: The Satellite Communication Applications Handbook. Artech House 1997.
5 Siehe [50-6].
6 Dodel, H.: Satellitenkommunikation. Anwendungen, Verfahren, Wirtschaftlichkeit. Hüthig 1999.
7 Maral, G.; Bosquet, M.: Satellite Communication Systems. 4th ed. Wiley 2002.
8 Lutz, E.; Jahn, A.; Werner, M.: Satellite Systems for Personal and Broadband Communications. Springer 2000.
9 Elbert, B.: Introduction to Satellite Communication. 2nd ed. Artech House 1999.

10 Jamalipour, A.: Low Earth Orbital Satellites for Personal Communication Networks. Artech House 1998.
11 Maral, G.: VSAT Networks. Wiley 2002.
12 Morgan, W. L.: Communications Satellite Handbook. Wiley 1998.
13 Spilker, J. J. Jr.: Digital Communications by Satellite. Prentice Hall 1995.
14 Gordon, G.; Morgan, W. L.: Principles of Communications Satellites. Wiley 1993.
15 Johnson, C.: Das Handbuch der satellitengestützten Kommunikationsnetze. Neue Mediengesellschaft Ulm 1998.
16 International Telecommunications Union: Handbook of Satellite Communications. 3rd ed. Wiley 2002
17 Blaunstein, U.; Andersen, J. B.: Multipath Phenomena in Cellular Networks. Artech House 2002.


## [58] Optische Übertragung


1 Strobel, O.: Lichtwellenleiter-Übertragungs- und Sensortechnik. VDE-Verlag 1992.
2 Hoss, R. J.; Lacy, E. A.: Fiber Optics. 2nd ed. Prentice-Hall 1993.
3 Grau, G.: Optische Nachrichtentechnik. 3. A. Springer 1991.
4 van Etten, W.: van der Plaats, J.: Fundamentals of Optical Fiber Communications. Prentice Hall 1991.
5 Unger, H.-G.: Optische Nachrichtentechnik. Hüthig.
a Band 1: Optische Wellenleiter. 3.A. 1993.
b Band 2: Komponenten, Systeme, Meßtechnik. 2.A. 1992.
6 Eichler, J.; Eichler, H.-J.: Laser. 4. A. Springer 2002.
7 Hodgson, N.; Weber, H.: Optische Resonatoren. Springer 1992.
8 Ebeling, K. J.: Integrierte Optoelektronik. 2. A. Springer 1992.
9 Geckeler, S.: Lichtwellenleiter für die optische Nachrichtenübertragung. 3. A. Springer 1990.
10 Roßberg, R.: Lichtwellenleiter-Verbindungstechniken: Stecker und Spleiße. Schiele & Schön.
11 Wrobel, C.: Optische Übertragungstechnik in industrieller Praxis. Hüthig 1994.
12 Aschmoneit, E.-K.: Optische Systeme für die Satelliten- Kommunikation. NTZ 46(1993)1, S. 30-35.
13 Bell, T. E.: Light That Acts Like Natural Bits. IEEE Spectrum 27(1990)8.
14 Schunk, N.: Optische Faserverstärker in Analog modulierten Fernsehverteilsystemen. Bosch techn. Berichte (1991)54, S. 49-55.
15 Veith, G.; u.a.: Faseroptische Verstärker: Funktion und Systemeinsatz. TBTP 29(1992), S. 124-147.
16 Ebeling, K.-J.: Optoelektronische Informationstechnik: Trends und Perspektiven. Informationstechnik it 34(1992)4, S. 229-240.
17 Wrobel, C. P.: Optische Übertragungstechnik in der Praxis. 2. A. Hüthig 1998.
18 Harth, W.; Grothe, H.: Sende- und Empfangsdioden für die Optische Nachrichtentechnik. 2. A. Teubner 1998.
19 Opielka, D.: Optische Nachrichtentechnik. Vieweg 1998.
20 Wedding, B.: New Method for Optical Transmission Beyond Dispersion Limit. Electr. Letters 28(1992)14, S. 1298-1300.
21 Kartalopoulos, S. V.: DWDM: Networks, Devices and Technology. IEEE 2002.

22 Willebrand H.; Ghuman, B.: Optischer Richtfunk. Optische Freiraumübertragung in öffentlichen und privaten Netzen. Hüthig 2003.

# 6 Nachrichtenvermittlung

## [60] Ältere Literaturstellen

1 Tanenbaum, S.: Computer networks. Prentice-Hall 1981.
2 Bergmann: Lehrbuch der Fernmeldetechnik. In 2 Bänden. 5. A. Schiele & Schön 1986.
3 Kaufmann, H. O.: Fernmeldeinvestitionen im Rahmen der Volkswirtschaft, telcom report 3(1980)6, S. 423-434.
4 Schmitt, G.: Einführung in die Vermittlungstechnik. Oldenbourg 1965.
5 Gerke, P. R.: Rechnergesteuerte Vermittlungssysteme. Springer 1972.
6 Gerke, P. R.: Digitale Kommunikationsnetze. Springer 1991.

## [61] Übergreifende Darstellungen

1 Siegmund, G.: Technik der Netze. 5. A. Hüthig 2002.
2 Buchanan, W.: Handbook of Data Communications and Networks, Kluwer 1999.
3 Kühn, P. J.; Ulrich, R.: Broadband Communications. Kluwer 1998.
4 Thompson, R. A.: Telephone Switching Systems. Artech House 2000.
5 Kaderali, F.: Digitale Kommunikationstechnik II. Übertragungstechnik, Vermittlungstechnik, Datenkommunikation, ISDN. Vieweg 1995.
6 Conrads, D.: Telekommunikation. 4. A. Vieweg 2001.
7 Gerdsen, P.: Kröger, P.: Kommunikationssysteme. Springer1994.
a Band 1: Theorie, Entwurf, Meßtechnik.
b Band 2: Anleitung zum praktischen Entwurf (SDL).
8 Schröter, O. F.: Datenübertragung im Netz der Telekom. R.v. Decker 1996.
9 Kopitz, D.; Marks, B.: RDS: The Radio Data System. Artech House 1999.
10 Auer, E.: Die technische Gestaltung und Verwirklichung eines offenen Telekommunikationsnetzes. In: MMB-Mitteilungen der GI/ITG-Interessengruppe „Messung, Modellierung und Bewertung von Rechensystemen", (1997)32, S. 9-22.
11 Mitschele-Thiel, A.: Systems Engineering with SDL. Developing Performance-Critical Communication Systems. Wiley 2001.
12 Siegmund, G.: Next Generation Networks. IP-basierte Telekommunikation. Hüthig 2002.
13 Orlamünder, H.: High-Speed-Netze. Kommunikationsnetze der Zukunft: Internet, ATM, Multimedia. Hüthig 2000.

## [62] Zeichengabe

1 Siegmund, G.: Signalisierungsverfahren Nr. 7. Grundlagen, Technik, Anwendungen (Teil 1). NET (1999)6, S. 56-59.
2 Onvural, R. O.: Cherukuri, R.: Signaling in ATM Networks. Artech House 1997.

## [63] Verkehrstheorie

1 Akimaru, H.; Kawashima, K.: Teletraffic. Theory and Applications. 2nd ed. Springer 1999.
2 Saito, H.: Teletraffic Technologies in ATM Networks. Artech 1994.

3 Roberts, J.; Mocci, U.; Virtamo, J. (eds.): Broadband Network Traffic. Springer 1996.
4 Syski, R.: Introduction to Congestion Theory in Telephone Systems. 2nd ed. North Holland 1986.
5 Gelenbe, E.; Pujolle, G.: Introduction to Queueing Networks. 2nd ed. Wiley 2002.
6 Chao, X.; Miyazawa, M.; Pinedo, M.: Queueing Networks: Customers, Signals and Product Form Solutions. Wiley 2002.
7 Tabellenbücher und Diagramme
a Siemens AG: Tabellenbuch Fernsprechverkehrstheorie. 3. A. München 1981.
b Lotze, A.; u.a.: Mehrere Bücher mit Tabellen und Diagrammen für die Dimensionierung von Mischungen, Linksystemen und Fernsprechnetzen. Universität Stuttgart, IND 1963-1979.
c Kühn, P.: Tabellen für Wartesysteme. Universität Stuttgart, IND 1976.
8 Bazlen, D.; Kampe, G.; Lotze, A.: Design Parameters and Loss Calculation of Link Systems. IEEE Trans. COM 22(1974)12, S. 1908-1920.
9 Kühn, P.: Approximate Analysis of General Queueing Networks by Decomposition. IEEE Trans. COM 27(1979)1, S. 113-126.

## [64] ATM

1 Siegmund, G.: ATM - Die Technik. 4. A. Hüthig 2003.
2 Rathgeb, E.; Wallmeier, E.: ATM - Infrastruktur für die Hochleistungskommunikation. Springer 1997.
3 Pandya, A. S.; Sen, E.: ATM Technology for Broadband Telecommunications Networks. CRC Press 1999.
4 Neelakanta, P. S.: A Textbook on ATM Telecommunications. CRC Press 2000.
5 Detken, K.-O.: ATM in TCP/IP–Netzen. Hüthig 1998.
6 Sos, E.: ATM – Kommunikationstechnologie der Zukunft. Unterrichtsblätter 52(1999)2, S. 92-115.
7 Rahman, M. A.: Guide to ATM Systems and Technology. Artech House 1998.
8 Coover, E. R.: ATM Switches. Artech House 1997.

## [65] Verteilte Systeme

1 Detken, K.-O.: Local Area Networks. Hüthig 1999.
2 Siehe [44-4e].
3 Wild, F.: A Guide to the TCP/IP Protocol Suite. 2nd ed. Artech House 1998.
4 Kauffels, F.-J.: Lokale Netze. Datacom-Verlag 1993.
5 Stiegler, L.: Wireless LAN, Bluetooth und RFID. Technik, Anwendungen, Sicherheit. Hüthig 2003.

## [66] Netzmanagement

1 Sellin, R.: TMN. Die Basis für das Telekom-Management der Zukunft. Hüthig 1995.
2 Rose, M. T.: The Simple Book. Prentice-Hall 1991.
3 Stiegler, L.: Einführung in die ASN.1-Kommunikationsplattform. Unterrichtsblätter 52(1999)1, S. 32-48.
4 IFIP/IEEE International Symposium on Integrated Network Management. Boston. MA. 24.-28.5.1999.
5 Raman, L.: Fundamentals of Telecommunications Network Management. IEEE 1999.

6 Chen, G.; Kong, Q.: Integrated Telecommunications Management Solutions. IEEE 2000.
7 Rozenblit, M.; Security for Telecommunications Network Management. IEEE 2000.
8 Terplan, K.: Telecom Operations Management Solutions with NetExpert. CRC Press 1998.
9 Swaminathan, V.: Telecommunications Service Management: Principles, Frameworks, and Systems. Artech House 1999.
10 Pan, H.: SNMP–Based ATM Network Management. Artech House 1998.

**[67] Intelligente Netze**

1 Siegmund, G. (Hrsg.): Intelligente Netze. Technik, Dienste, Vermarktung. 2. A. Hüthig 2001.

**[68] Internet**

1 Rüdebusch, T.: Internet – Technik, Dienste und Anwendungen. telekom praxis (1997)10, S. 36-41.
2 Lange, L.: The Internet. IEEE Spectrum 36(1999)1, S. 35-40.
3 Internet - frischer Wind in der Telekommunikation. Vorträge der ITG-Fachtagung 21./22.10.1998. ITG Fachbericht 153.
4 Krause, J.: Windows 2000 als Internet-Plattform. Hanser 2000.
5 Potempa, Th.; Franke, P.; Osowski, W.; Schmidt, M.-E.: Informationen finden im Internet. 3. A. Hanser 2001.
6 Fuhrberg, K.; Häger, D.; Wolf, S.: Internet–Sicherheit. Browser, Firewalls und Verschlüsselung. 3. A. Hanser 2001.
7 Kommer, I.; Lankau, R.: Websites gestalten mit Frontpage 2000. Hanser 2000.
8 Lankau, R.: Webdesign und Webpublishing. Projektmanagement für Websites. 2. A. Hanser 2001.
9 Muller, N. J.: Desktop Encyclopedia of the Internet. Artech House 1999.
10 Siehe [07-3].
11 Wilder, F.: A Guide to the TCP/IP Protocol Suite. 2nd ed. Artech House 1998.
12 Hughes, L.: Internet e-mail: Protocols, Standards and Implementation. Artech House 1998.
13 Oppliger, R.: Internet and Intranet Security. 2nd ed. Artech House 2002.
14 Siehe [07-3].
15 Verschiedene Artikel in IEEE Comm. Mag. 37(1999)12, betr. Multiprotocol Label Switching (MPLS). Guest Editor: Geng-Sheng Kuo
16 van der Heijden, M.; Libertel, M. T. (eds.): Understanding WAP: Wireless Applications, Devices and Services. Artech House 2000.
17 Schiffer, S.; Templ, J.: Internetdienste. In [41-5], S. 1009-1024.
18 Buchanan, W. J.: The Complete Handbook of the Internet. Kluwer 2002
19 Horster, P. (Hrsg.): Kommunikationssicherheit im Zeichen des Internet. Vieweg 2001.
20 Wiese, H.: Das neue Internetprotokoll IPv6. Hanser 2001.
21 Stein, E.: Taschenbuch Rechnernetze und Internet. 2. A. Fachbuchverlag Leipzig 2004.

**[69] Optische Vermittlung**

1 Mouftah, H. T.; Elmirghani, J. M. H.: Photonic Switching Technology. Systems and Networks. IEEE 1998.

# 7 Anwendungsbeispiele

## [70] Ältere Literaturstellen

## [71] Übergreifende Darstellungen

## [72] Sprachverarbeitung


1 Eppinger, B.; Herter, E.: Sprachverarbeitung. Hanser 1993.

2 O´Shaugnessy, D.: Speech Communications: Human and Machine. IEEE 2000.

3 Becchetti, C.; Ricotti, L. P.: Speech Recognition: Theory and C++ Implementation. Wiley 2002.

4 Klevans, R. L.; Rodman, R. D.: Voice Recognotion. Artech House 1997.

5 Rodman, R. D.: Computer Speech Technology. Artech House 1999.

6 N.N.: Stimmen aus dem Web. Eine neue Technologie transformiert Web-Seiten und E-Mail in gesprochene Sprache. Siemens Forschung und Innovation (1999)1, S. 40-43.


## [73] Bildverarbeitung, Fernsehen


1 Mäusl, R.: Fernsehtechnik. 3. A. Hüthig 2003.

2 Schönfelder, H.: Bildkommunikation. Springer 1983.

3 Reimers, U.: Digitale Fernsehtechnik. 2. A. Springer 1997.

4 Dambacher, P.: Digitale Technik für den Fernsehrundfunk. Springer 1997.

5 McConnell, K. R.; Bodson, D.; Urban, S.: FAX: Digital Facsimile Technology and Applications. 3rd ed. Artech House 1999.

6 Effelsberg, W.; Steimetz, R.: Video Compression Techniques. dpunkt.verlag 1998.

7 Pfister, M; Behnke, S.; Rojas, R.: Recognition of Handwritten ZIP-Codes in a Postal Sorting System. Künstliche Intelligenz (1999)2, S. 5-11.

8 Krisch, L.: Fernsehtechnik. Vieweg 1993.

9 Schönfelder, H.: Fernsehtechnik im Wandel. Technologische Fortschritte verändern die Fernsehwelt. Springer 1996.


## [74] Ortung und Navigation


1 Ludloff, A. K.: Praxiswissen Radar und Radarsignalverarbeitung. 3. A. Vieweg 2002.

2 Mansfeld, W.: Satellitenortung und Navigation. Vieweg 1998.

3 Barton, D. K.; Leonev, S. A. (eds.): Radar Technology Encyclopedia, CD-Rom edition. Artech House 1999.

4 Schrödter, F.: GPS-Satelliten-Navigation: Technik, Systeme, Funktionen und praktischer Einsatz. Franzis 1994.

5 Dodel, H.; Häupler, D.: Satellitennavigation. Galileo, GPS, Glonass, integrierte Verfahren. Hüthig 2003.


## [75] Kryptologie


1 Bauer, F. L.: Entzifferte Geheimnisse. 3. A. Springer 2000.

2 Franz, E.; Pfitzmann, A.: Einführung in die Steganographie und Ableitung eines neuen Stegoparadigmas. Informatik-Spektrum 21(1998), S. 183-193.

3 Pfitzman, A.: Mehrseitige Sicherheit durch verteilte Systeme. Stiftungsfeier 1998 der Alcatel-SEL-Stiftung.
4 Deavours, C. A.; Kahn, D.; Kruh, L.; Mellen, G.; Winkel, B. J. (eds.): Selections from CRYPTOLOGIA: History, People, and Technology. Artech House 1999.
5 Beutelspacher, A.: Kryptologie. 6. A. Vieweg 2002.
6 Ertel, W.: Angewandte Kryptographie. 2. A. Fachbuchverlag Leipzig 2003

# 8 Teilnehmeranschluss

## [80] Ältere Literaturstellen

1 Siehe [50-5]

## [81] Übergreifende Darstellungen

1 Plate, J.: Das Telefon-Handbuch. 2. A. Pflaum- Verlag München 1995.
2 Rosenbaum, O.: Online-Lexikon. Zurechtfinden auf der Datenautobahn. VDE-Verlag 1998.
3 Daly, E. A.; Hansell, K. J.: Visual Telephony. Artech House 1999.
4 Schaphorst, R.: Videoconferencing and Videotelephony: Technology and Standards. 2nd ed. Artech House 1999.
5 Siehe [73-5].
6 Walters, R.: Computer Telephony Integration. 2nd ed. Artech House 1999.

## [82] Klassischer Fernsprechanschluss

1 Schmidt, K.-H. (Hrsg.): Endgeräte am analogen Telekommunikationsnetz. R.v. Decker 1992.

## [83] Schnittstellen

1 Reibold, H.: Windows-Standardschnittstelle Internet–Explorer. Hüthig 1999.
2 Schummy, H.; Ohl, R.: Handbuch digitaler Schnittstellen. Vieweg 1994.

## [84] Moderne Anschlusstechniken

1 Mehrere Artikel im Taschenbuch telekom praxis 1994. Schiele & Schön.
2 Teubner, A.: Weiterentwicklung der Anschlussnetze. NTZ 52(1999)6, S. 44-46.
3 Webb, W.: Introduction to Wireless Local Loop. 2nd ed. Artech House 2000.
4 Frohberg W. (Hrsg.): Access-Technologien für den Zugang zu Telekommunikationsnetzen. Hüthig 2001.

## [85] Power Line Carrier

1 Borchers, E.: Keine Vision, sondern Wirklichkeit: Power Line Communication mit 2 Mbit/s. telekom praxis (1999)5, S. 34-42.
2 Mayer, S.; Ströver, W. A.: 2-Mbit/sec-Anschluß über das Mittelspannungsnetz. NTZ 52 (1999)6, S. 50-51.

## [86] ISDN

1 Bocker, P.: ISDN – Digitale Netze für Sprach-, Text-, Daten-, Video- und Multimedia-kommunikation. 4. A. Springer 1997.

2 Kanbach, A.; Körber, A.: ISDN – Die Technik. Schnittstellen – Protokolle – Dienste – Endsysteme. 3. A. Hüthig 1999.

## [87] Mobilkommunikation

1 Kruse, J.(Hrsg.): Zellularer Mobilfunk. R.v. Decker 1992.
2 Preibisch, H.(Hrsg.): GSM-Mobilfunk-Übertragungstechnik. Schiele & Schön 1994.
3 Jung, P.: Analyse und Entwurf digitaler Mobilfunksysteme. Teubner 1997.
4 Walke, B.: Mobilfunknetze und ihre Protokolle. 3. A. Teubner 2001.
a Band 1: Grundlagen, GSM, UMTS und andere zellulare Mobilfunknetze.
b Band 2: Bündelfunk, schnurlose Telefonsysteme; W-ATM, HIPERLAN, Satellitenfunk, UPT.
5 Biala, J.: Mobilfunk und intelligente Netze. 2. A. Vieweg 1995.
6 Gibson, J. D. (ed.): The Mobile Communications Handbook. 2nd ed. Springer/IEEE/CRC Press 1999.
7 Pandya, R.: Mobile and Personal Communication Services and Systems. IEEE 2000.
8 Geng, N.; Wiesbeck. W.: Planungsmethoden für die Mobilkommunikation. Springer 1998.
9 Walke, B. H.: Mobile Radio Networks. Networking, Protocols and Traffic Performance. 2nd ed. Wiley 2002.
10 Eberspächer, J.; Vöge, H.-J.; Bettstetter, Ch.: GSM Switching, Services and Protocols. 2nd ed. Wiley 2002.
11 Steele, R.; Hanzo, L. (eds.): Mobile Radio Communications. 2nd ed. Wiley 2002.
12 Ojanperä, T.; Prasad, R. (eds.): Wideband CDMA for Third generation Mobile Communications. Artech House 1998.
13 Heine, G.: GSM Networks. Protocols, Terminology and Implementation. Artech House 1999.
14 Catedra, M. F.; Perez, J.: Cell Planning for Wireless Communications. Artech House 1999.
15 Calhoun, G. C.: Third Generation Wireless Communications. Post Shannon Architectures. Artech House 2003.
16 Lustig, M.; Müller, N.; Teckhoff, J.; Weller, A.: Planung von GSM-Mobilfunknetzen mit dem Software-Tool Pegasus. Unterrichtsblätter 52(1999)5, S. 294-305.
17 Tabbane, S.: Handbook of Mobile Radio Networks. Artech House 2000.
18 Prasad, R.: Mohr, W.; Konhäuser, W. (eds.): Third Generation Mobile Communications Systems. Artech House 2000.
19 Walke, B.; Althoff, M. P.; Seidenberg, P.: UMTS. The Fundamentals. Wiley 2003
20 Springer, A.; Weigel, R.: UMTS. The Physical Layer of the Universal Mobile Telecommunications System. Springer 2002.

## [88] Nutzung vorhandener Leitungen

1 Herter, E.: Nachrichtennetz. Deutsche Patentanmeldung 199 36 164.9 vom 31.7.1999.
2 Herter, E.: Telekommunikationssystem. Deutsche Patentanmeldung 199 50 918.2 vom 23.10.1999.
3 Herter, E.: Funkkonzentrator. HerterKom GmbH Stuttgart 2000.
4 Azcorra, A.; Larrabeiti, D.; Hernandez–Valencia, E. J.; Berrocal, J.: IP/ATM Integrator Services over Broadband Access Copper Technologies. IEEE Comm. Mag. 37(1999)5, S. 90-97.

# 9 Entwicklungstendenzen


## [91] Zukunftsprognosen

1 Gabor, D.: Menschheit von Morgen. Scherz Verlag 1965.
2 Fouke, J. (ed.): Engineering Tomorrow. IEEE 2000.

## [92] Nachrichtentechnik im Menschen

1 Gerke, P. R.: Alles nur Technik ? Unser Geist auf dem Prüfstand. Informationsverarbeitung und Gehirn. Shaker Verlag Aachen 1998.

## [93] Nachrichtentechnik im Haushalt

1 System „Butler". HerterKom GmbH Stuttgart 2000.

## [94] Multimedia

1 De Natale, F.; Pupolin, S. (eds.): Multimedia Communications. Springer 1999.
2 Weinknecht, J.; Bellinghausen, I.: Multimedia-Recht . Hüthig 1997.
3 Steinmetz, R.: Multimedia-Technologie. 3. A. Springer 2000.
4 Rückert, J.: Multimediale Kommunikation im Bürobereich. In: Gerner, N.; Hegering, H.-G.; Swoboda, J. (Hrsg.): Kommunikation in Verteilten Systemen. Tutorium. Technische Universität München 1993, S. 337–366.
5 Hennig, P. A.: Taschenbuch Multimedia. 3. A. Fachbuchverlag Leipzig 2003.

## [95] Electronic Commerce

1 Merz, M.: E-Commerce und E-Business. 2. A. dpunkt.Verlag 2002.
2 Bieser, W.; Kersten, H.: Die elektronische Signatur im Rechts- und Geschäftsverkehr. 3. A. Hüthig 2003.
3 Jllik, J. A.: Electronic Commerce. Grundlagen und Technik für die Erschließung elektronischer Märkte. 2. A. Oldenbourg 2002.
4 Rajput, W.: E-Commerce Systems Architecture and Applications. Artech House 2000.

## [96] Bioinformatik

1 Reckter, B.: Winzige Bio-Computer erobern scharenweise die Welt. VDI-Nachrichten (1999)44, S. 24.

# Sachwortverzeichnis

## Symbole



## A

## D

## E



## F

## M

**N**



**O**

## Q



## R



## S

## T



## U

## V



## W

## Y



## Z